南方电网公司
技术标准体系表（2019版）

中国南方电网有限责任公司　组编

内 容 提 要

企业标准体系表是指导企业标准化工作的重要文件，是标准化科学管理的重要基础，是企业制修订标准年度计划和中长期标准规划的主要依据，是促进企业积极规范采用国际、国内先进标准的重要措施。技术标准体系表是企业标准化建设的核心，“十一五”以来，南方电网公司（简称公司）研究建立了公司系统统一的技术标准体系表并逐年滚动修订，为推进公司数字化转型发挥了重要支撑作用。为承接南方电网公司新时代、高质量发展战略，提升技术标准管理水平，依据DL/T 485《电力企业标准体系表编制导则》，按照全专业、全过程、全方位、全层级的原则，结合公司技术标准化管理实际情况，公司生产技术部组织南网科研院对《南方电网公司技术标准体系表（2018版）》进行修编，形成了《南方电网公司技术标准体系表（2019版）》。

《南方电网公司技术标准体系表（2019版）》所收录的标准，可在公司技术标准信息平台（内网网址：http://10.91.3.91:8001/jsbz/）查询和获取，可供南方电网公司规划建设、生产运维、市场营销、运行与控制、数字化、安全监管等各环节技术及管理人员阅读和使用，也可供高等院校电力专业及电力系统相关人员查询参考。

图书在版编目（CIP）数据

南方电网公司技术标准体系表：2019版/中国南方电网有限责任公司组编．—北京：中国电力出版社，2019.12
ISBN 978-7-5198-3425-8

Ⅰ．①南…　Ⅱ．①中…　Ⅲ．①电力工程－技术标准－中国　Ⅳ．①TM7-65

中国版本图书馆CIP数据核字（2019）第289885号

出版发行：中国电力出版社
地　　址：北京市东城区北京站西街19号
邮政编码：100005
网　　址：http://www.cepp.sgcc.com.cn
责任编辑：岳　璐　王　南（010-63412339）
责任校对：黄　蓓　常燕昆　朱丽芳
装帧设计：赵姗姗
责任印制：石　雷

印　　刷：三河市百盛印装有限公司
版　　次：2019年12月第一版
印　　次：2019年12月北京第一次印刷
开　　本：880毫米×1230毫米　横16开本
印　　张：56.75
字　　数：2027千字
印　　数：0001—1000册
定　　价：169.00元

编 委 会

主　　编　汪际峰

常务副主编　钟连宏

副 主 编　丁　士　李志强　黎小林

编 写 组　刘　昌　李战鹰　涂　亮　宋禹飞　王　宏　周育忠　王　昕　李俊超　石嘉豪　袁　皓

目　　录

南方电网公司技术标准体系表（2019版）编制说明

为提高公司规划建设、生产运行的质量，促进电网高质量发展，提升技术管理水平，南方电网公司按照全专业、全过程、全方位、全层级的原则，结合技术标准化管理工作实际需求，组织研究建立了南方电网公司技术标准体系并每年滚动修编《南方电网公司技术标准体系表》，技术标准体系表为公司生产经营各项工作提供了技术依据，同时对促进国内外技术标准与公司实际的深度融合具有重要的作用。

此次修订，主要根据DL/T 485《电力企业标准体系表编制导则》相关要求，结合各专业实际需要，对体系架构进行了优化和补充，对2018年所发布的公司现行的企业标准、团体标准、行业标准、国家标准和国外先进标准进行筛选、梳理和分类，对技术标准体系表内作废标准信息进行更新代替，最终形成《南方电网公司技术标准体系表（2019版）》。

《南方电网公司技术标准体系表（2019版）》由编制说明、技术标准体系结构图、技术标准统计表及技术标准体系明细表组成，共收录标准11215项，其中，企业标准467项，团体标准208项，行业标准4845项，国家标准4618项，国际标准1077项。

本体系表所收录的标准在南方电网技术标准信息平台（内网网址：http://10.91.3.91:8001/jsbz/）上已实现在线查询和获取。

一、编制依据

1. GB/T 13016　标准体系构建原则和要求
2. GB/T 13017　企业标准体系表编制指南
3. GB/T 15496　企业标准体系　要求
4. GB/T 15497　企业标准体系　产品实现
5. GB/T 19273　企业标准化工作　评价与改进
6. DL/T 485　电力企业标准体系表编制导则

二、术语和定义

1. 技术标准：对标准化领域中需要协调统一的技术事项所制定的标准。
2. 技术标准体系：企业范围内的技术标准按其内在联系形成的科学有机整体，是企业标准体系的组成部分。
3. 技术标准体系表：企业范围内的技术标准体系内的技术标准按其内在联系排列起来的图表。
4. 技术标准体系结构图：简称“结构图”，是技术标准体系表的简化示意图，揭示技术标准体系的层次、概况和内在联系。
5. 类别与类目：结构图的层次结构中，每一层级的技术标准按专业分类法划分若干集合（方框），称为“类别”；每一类别中的技术标准按专业种类或涉及对象划分若干分支，称为“类目”。类别和类目用数字编号和中文名称表示。

三、编制目的和作用

通过建立健全公司技术标准体系表，促进技术标准在公司系统的贯彻执行，为工程技术人员提供技术工作依据，为公司生产经营活动提供清晰、全面的技术支撑。理顺公司技术标准交叉重复矛盾，为公司技术标准年度制修订计划和长远规划提供编制依据。

四、编制思路与原则

1．技术标准体系结构图采用 GB/T 13017 所推荐的两层层次结构，第一层是技术基础标准，第二层是技术专业标准。

2．技术基础标准部分采用 GB/T 13017 所推荐的 7 个类别，是技术专业标准的编制、实施的基础。

3．技术专业标准部分参照 DL/T 485，并结合技术专业分类法和生产流程分类法相结合的原则设置 12 个类别，划分 105 个类目。

4．技术标准体系明细表参照 GB/T 13016 和 DL/T 485 规定格式，并结合南网实际，增加了阶段、分阶段、专业、分专业字段。

5．本体系表依照 DL/T 485 未收录法律法规类的规章制度。

6．本体系表所收录的标准为已发布实施且现行有效的，含企业、团体、行业、国家、国际的技术标准。

7．参照《电力行业标准化管理办法》，体系表中同一类目的标准使用优先次序为：企业标准、团体标准、行业标准、国家标准、国际标准。故同一类目标准排列顺序为：企业标准、团体标准、行业标准、国家标准、国际标准；同类型标准按标准编号由小到大的顺序排列。

五、结构图

本体系结构图采用 GB/T 13017 所推荐的两层层次结构，第一层是技术基础标准，第二层是技术专业标准。公司技术标准体系结构图详见图 1。

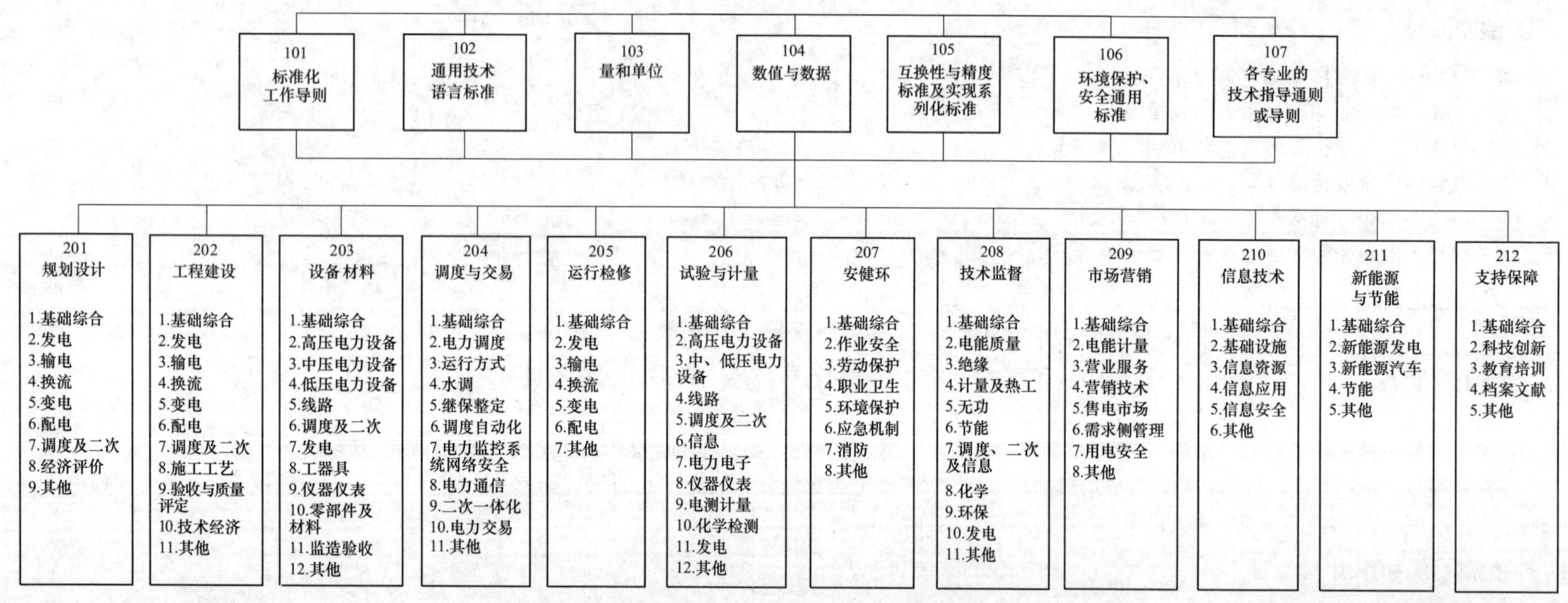

图 1　南方电网公司技术标准体系结构图

六、技术标准体系明细表格式及要求

1．技术标准体系明细表是技术标准体系表的核心部分，系统展现技术标准体系中各层级、各类别、各类目所收录的标准。

2．参照 GB/T 13016 和 DL/T 485，结合南网实际，技术标准体系明细表采用格式见表 1。

表 1　　技术标准体系明细表（格式）

体系结构号	标准编号	标准名称	实施日期	与国际标准对应关系	被代替标准编号	阶段	分阶段	专业	分专业

表 1 中：

（1）“体系结构号”指该标准在技术标准体系明细表中的分类编号，标示为“类别编号”+“.”+“类目编号”+“–”+“本类目的顺序编号”。

（2）“标准编号”指该标准的编码。

（3）“标准名称”是指该标准的名称。

（4）“与国际标准对应关系”指按照 GB/T 20000.2 所明确的在标准编制过程中采用国际标准的方法，其中代号“IDT”表示等同，“MOD”表示修改，“NEQ”表示非等效。

（5）“阶段”是指该标准适用的公司资产全生命周期管理的阶段，包括规划、设计、采购、建设、运维、修试、退役等。

（6）“分阶段”是指该标准适用的公司资产全生命周期管理的分阶段，是针对“阶段”的细分，包括规划、初设、施工图、招标、品控、施工工艺、验收与质量评定、试运行、运行、维护、检修、试验、退役、报废等。

（7）“专业”是指该标准适用的专业，包括基础综合、发电、输电、换流、变电、配电、用电、调度及二次、附属设施及工器具、信息、技术经济、其他等。

（8）“分专业”指该标准适用的分专业，是针对“专业”的细分，分类可详见《公司技术标准体系资产全生命周期映射表》。

3．收录范围

本体系表所收录带有标准编号的标准包含：

（1）国家标准及相关专业标准：GB、GBJ（建设标准）、JJG（F）（计量标准）等。

（2）电力行业标准：DL、NB，以及仍有效的原电力部、水利电力部、能源部和电力规划设计的标准（如 SD、DLGJ、DLJ、NDGJ）等。

（3）其他相关行业标准：JB、CECS、YD、GA 等。

（4）南方电网公司企业技术标准：Q/CSG。

（5）团体标准：T/CEC、T/CSEE。

（6）国际标准：IEC、ISO、ITU 等。

本体系表所收录标准的标准编号代码含义详见表 2。

4．编排方式

技术标准体系明细表的技术标准依次按类别、类目进行初步分类，同一类目中技术标准按企业标准、团体标准、行业标准、国家标准、国际标准的顺序进行排列；同一类目中的同类型的技术标准按标准编号由小到大的顺序进行排列。

表 2

本体系表所收录标准的标准编号代码含义

序号	代　　码	含 义 说 明	序号	代　　码	含 义 说 明
1	GB	国家标准	8	SD、SL、NB、SH	原水电部、水利、能源、石化标准
2	GBJ、CECS、JGJ、JJ、CJ	国家、建协和建设部工程标准	9	JB、YD、SJ	机械、通信、电子行业标准
3	DL、NB、SDGJ、DLGJ、NDGJ	电力行业、电力规划设计标准	10	Q/CSG	南方电网企业标准
4	LD、HJ	劳动和劳动安全、环保标准	11	T/CEC、T/CSEE	中电联、电机工程学会团体标准
5	SY、HG、JT、YB	石油、化工、交通、冶金标准	12	IEC、ISO、ITU	国际标准
6	JJG 、JJF	国家计量检定规程、技术规范	13	IEEE、ASTM、ANSI、ASME、BS、DIN、NF、EN、CISPR	其他国家及协会标准
7	AQ、TSG、BMB、GA	国家安监、质监、保密、公安标准			

七、技术标准体系标准统计表

——按体系结构图的类别统计（单位：项）

类别名称	GB	JJG、JJF	DL	SD	Q/CSG	JB	YD	SL	HJ	GA	TSG	CECS	JGJ	SJ	NB	AQ	JT	BMB	SH	YB	SY	CJ	HG	T/CEC	CSEE	国际标准	其他	小计	采用关系数量
101　标准化工作导则	42	1	4	0	1	0	0	1	0	2	0	0	0	0	0	0	0	0	0	0	0	0	0	1	0	0	0	52	13
102　通用技术语言标准	403	11	61	0	0	18	8	6	1	9	0	0	1	5	7	0	0	0	0	0	0	1	1	0	4	35	47	583	166
103　量和单位	17	0	0	0	0	0	0	1	0	0	0	0	0	0	0	0	0	0	0	0	0	0	0	1	0	0	0	19	14
104　数值与数据	8	0	0	0	0	0	0	0	0	0	0	0	0	0	0	0	0	0	0	0	0	0	0	0	0	2	2	10	2
105　互换性与精度标准及实现系列化标准	26	2	0	0	0	0	0	0	0	0	0	0	0	0	1	0	0	0	0	0	0	0	0	0	0	0	0	29	12
106　环境保护、安全通用标准	74	1	9	0	0	4	0	3	9	0	0	0	1	0	0	1	0	0	0	0	0	0	0	0	0	1	12	114	17
107　各专业的技术指导通则或导则	10	0	6	1	6	0	0	0	0	0	0	0	0	0	1	0	0	0	0	0	0	0	0	1	0	7	7	32	7
201　规划设计	152	0	325	1	30	10	18	46	4	0	0	1	9	5	89	0	3	0	0	0	1	1	0	5	7	27	34	741	39

续表

类别名称	GB	JJG、JJF	DL	SD	Q/CSG	JB	YD	SL	HJ	GA	TSG	CECS	JGJ	SJ	NB	AQ	JT	BMB	SH	YB	SY	CJ	HG	T/CEC	CSEE	国际标准	其他	小计	采用关系数量
202 工程建设	169	0	309	2	6	1	22	34	2	0	0	8	56	1	47	0	3	0	0	1	0	2	2	3	7	11	25	700	23
203 设备材料	870	10	494	3	103	382	191	17	1	1	0	3	1	31	90	0	1	0	1	8	2	0	5	39	12	460	473	2738	498
204 调度与交易	115	0	165	0	143	3	164	5	0	0	0	1	0	0	3	0	0	0	0	0	0	0	0	2	6	100	103	710	106
205 运行检修	62	0	178	2	38	2	3	11	0	0	3	0	0	0	6	0	0	0	0	0	3	0	0	6	6	9	11	331	14
206 试验与计量	657	139	276	0	15	73	89	8	3	1	0	0	4	14	40	0	0	1	5	1	1	0	0	11	21	233	241	1600	423
207 安健环	264	0	62	0	8	3	4	2	28	22	4	0	6	4	3	24	0	0	0	1	1	0	1	3	1	18	33	474	75
208 技术监督	202	42	89	1	2	5	14	4	17	0	3	0	0	4	24	1	0	0	1	0	1	0	0	3	4	9	20	437	80
209 市场营销	96	13	57	1	29	1	0	0	0	0	0	0	0	0	3	0	0	0	0	0	0	0	0	13	4	7	11	228	11
210 信息技术	746	1	25	0	59	0	283	0	0	32	0	0	1	74	0	3	0	0	0	0	0	1	0	0	7	124	183	1415	292
211 新能源与节能	307	2	20	0	25	19	1	0	0	0	0	0	13	11	241	0	3	0	0	1	0	1	0	29	10	32	54	737	56
212 支持保障	176	0	22	0	2	0	0	1	1	0	0	0	2	5	2	2	0	0	0	0	0	2	0	2	0	2	48	265	23
共计	4396	222	2102	11	467	521	797	139	66	67	10	13	94	154	557	31	10	1	7	12	9	8	9	119	89	1077	1304	11215	1871

——按标准级别统计

标准级别	标准代码	标准数量（项）	比率（%）	备注
国家标准	GB、GB/T、GBJ、GBZ、JJG、JJF	4618	41.18%	其中，直接使用和间接采用的国际、国外技术标准数量总计 2948 项，采用率 26.29%
电力行业技术标准	DL、NB、SD、SDGJ、DLGJ、NDGJ	2671	23.82%	
相关行业技术标准	JB、CESE、YD、SH、SL、AQ、TSG、BMB、GA 等	2174	19.38%	
团体标准	T/CEC、T/CSEE	208	1.85%	
企业技术标准	Q/CSG	467	4.16%	
国际标准	IEC、ISO、ITU 等	1077	9.60%	
总计		11215	100%	

八、公司技术标准体系表（2019 版）修编说明

（一）公司技术标准体系表（2019 版）收录标准数量构成表

标准类型	2018 版	保持	更新	删除	新增	2019 版
国家标准	4051	3892	108	51	618	4618
行业标准	4284	4038	161	85	646	4845
团体标准	127	115	0	12	93	208
企业标准	404	393	5	6	69	467
国际标准	1227	690	366	171	21	1077
合计	10093	9128	640	325	1447	11215
统计	10093（2018 版）+1447–325=11215（2019 版）					

注：

1.“保持”是指上一版体系表中已收录的，且无需变动的。

2.“更新”是指上一版体系表中已收录的，且需修正的（主要是修订的标准）。

3.“删除”是指上一版体系表中已收录的，且需剔除的（主要是废止的标准）。

4.“新增”是指上一版体系表中未收录的，且需补录的（含制定、修订的标准）。

（二）公司技术标准体系表（2019 版）主要修编内容

1. 新增标准 1447 项（企业标准 69 项、团体标准 93 项、行业标准 646 项、国家标准 618 项、国际标准 21 项）。

2. 体系表（2018 版）中的标准，被删除 325 项（企业标准 6 项、团体标准 12 项、行业标准 85 项、国家标准 51 项、国际标准 171 项）；被体系表（2018 版）继承的 9768 项，其中保持不变的 9128 项（企业标准 393 项、团体标准 115 项、行业标准 4038 项、国家标准 3892 项、国际标准 690 项），更新版本及内容的 640 项（企业标准 5 项、行业标准 161 项、国家标准 108 项、国际标准 366 项）。

九、其他

1. 公司技术标准体系表（2019 版）内的标准分为强制性标准和推荐性标准，强制性标准必须严格遵照执行，推荐性标准可参考执行。强制性标准包括国家发布的强制性标准和南方电网公司的企业标准。

2. 在标准执行过程中，当某些技术标准条款发生冲突时，需上报技术标准化委员会，经技术标准化委员会办公室邀请专家讨论并出具执行意见后方可执行。

十、南方电网公司技术标准体系明细表（2019 版）

体系结构号	标准编号	标 准 名 称	实施日期	与国际标准对应关系	代替标准	阶段	分阶段	专业	分专业
101 标准化工作导则									
101-1	Q/CSG 1101001—2015	南方电网公司技术标准评价要素及评价方法	2015-12-15			标准化工作导则			
101-2	T/CEC 181—2018	电力企业标准化工作 评价与改进	2018-9-1			标准化工作导则			
101-3	DL/T 485—2018	电力企业标准体系表编制导则	2018-7-1		DL/T 485—2012	标准化工作导则			
101-4	DL/T 800—2018	电力企业标准编写导则	2018-7-1		DL/T 800—2012	标准化工作导则			
101-5	DL/T 847—2004	供电企业质量管理体系文件编写导则	2004-6-1			标准化工作导则			
101-6	DLGJ 142—1998	电力勘测设计标准化管理办法	1998-6-5			标准化工作导则			
101-7	SL 1—2014	水利技术标准编写规定	2014-10-3		SL 1—2002	标准化工作导则			
101-8	GA/T 1183—2014	数据交换格式标准编写要求	2014-9-28			标准化工作导则			
101-9	GA/T 1293—2016	应用软件接口标准编写技术要素	2016-5-11			标准化工作导则			
101-10	GB/T 1.1—2009	标准化工作导则 第 1 部分：标准的结构和编写	2010-1-1	ISO/IEC Directives-Part 2—2004，NEQ	GB/T 1.1—2000；GB/T 1.2—2002	标准化工作导则			
101-11	GB/T 3533.1—2017	标准化效益评价 第 1 部分：经济效益评价通则	2017-12-1		GB/T 3533.1—2009	标准化工作导则			
101-12	GB/T 3533.2—2017	标准化效益评价 第 2 部分：社会效益评价通则	2017-12-1			标准化工作导则			
101-13	GB/T 3533.3—1984	评价和计算标准化经济效果 数据资料的收集和处理方法	1985-10-1			标准化工作导则			
101-14	GB/T 10112—1999	术语工作 原则与方法	2000-10-1	ISO/DIS 704:1997，NEQ	GB 10112—1988	标准化工作导则			
101-15	GB/T 12366—2009	综合标准化工作指南	2009-11-1		GB 12366.1—1990；GB 12366.2—1990；GB 12366.3—1990；GB 12366.4—1991	标准化工作导则			

续表

体系结构号	标准编号	标 准 名 称	实施日期	与国际标准对应关系	代替标准	阶段	分阶段	专业	分专业
101-16	GB/T 13016—2018	标准体系构建原则和要求	2018-9-1		GB/T 13016—2009	标准化工作导则			
101-17	GB/T 13017—2018	企业标准体系表编制指南	2018-9-1		GB/T 13017—2008	标准化工作导则			
101-18	GB/T 15496—2017	企业标准体系 要求	2018-7-1		GB/T 15496—2003	标准化工作导则			
101-19	GB/T 15497—2017	企业标准体系 产品实现	2018-7-1		GB/T 15497—2003	标准化工作导则			
101-20	GB/T 15498—2017	企业标准体系 基础保障	2018-7-1		GB/T 15498—2003	标准化工作导则			
101-21	GB/T 15624—2011	服务标准化工作指南	2012-4-1		GB/T 15624.1—2003	标准化工作导则			
101-22	GB/T 16832—2012	国际贸易单证用格式设计基本样式	2012-11-1	ISO 8439: 1990，MOD	GB/T 16832—1997	标准化工作导则			
101-23	GB/Z 18509—2016	电磁兼容 电磁兼容标准起草导则	2016-9-1	IEC Guide 107: 2009	GB/Z 18509—2001	标准化工作导则			
101-24	GB/T 19273—2017	企业标准化工作 评价与改进	2018-7-1		GB/T 19273—2003	标准化工作导则			
101-25	GB/T 19678.1—2018	使用说明的编制 构成、内容和表示方法 第 1 部分：通则和详细要求	2019-7-1		GB/T 19678—2005	标准化工作导则			
101-26	GB/T 20000.1—2014	标准化工作指南 第 1 部分：标准化和相关活动的通用术语	2015-6-1	ISO/IEC Guide 2: 2004，MOD	GB/T 20000.1—2002	标准化工作导则			
101-27	GB/T 20000.2—2009	标准化工作指南 第 2 部分：采用国际标准	2010-1-1	ISO/IEC Guide 21-1: 2005，MOD	GB/T 20000.2—2001	标准化工作导则			
101-28	GB/T 20000.3—2014	标准化工作指南 第 3 部分：引用文件	2015-6-1		GB/T 20000.3—2003	标准化工作导则			
101-29	GB/T 20000.6—2006	标准化工作指南 第 6 部分：标准化良好行为规范	2006-12-1	ISO/IEC Guide 59: 1994，MOD		标准化工作导则			
101-30	GB/T 20001.5—2017	标准编写规则 第 5 部分：规范标准	2018-4-1			标准化工作导则			

续表

体系结构号	标准编号	标 准 名 称	实施日期	与国际标准对应关系	代替标准	阶段	分阶段	专业	分专业
101-31	GB/T 20001.6—2017	标准编写规则 第 6 部分：规程标准	2018-4-1			标准化工作导则			
101-32	GB/T 20001.7—2017	标准编写规则 第 7 部分：指南标准	2018-4-1			标准化工作导则			
101-33	GB/T 20000.8—2014	标准化工作指南 第 8 部分：阶段代码系统的使用原则和指南	2015-6-1	ISO Guide 69: 1999		标准化工作导则			
101-34	GB/T 20000.9—2014	标准化工作指南 第 9 部分：采用其他国际标准化文件	2015-6-1	ISO/IEC Guide 21-2: 2005		标准化工作导则			
101-35	GB/T 20000.10—2016	标准化工作指南 第 10 部分：国家标准的英文译本翻译通则	2017-3-1			标准化工作导则			
101-36	GB/T 20000.11—2016	标准化工作指南 第 11 部分：国家标准的英文译本通用表述	2017-3-1			标准化工作导则			
101-37	GB/T 20001.1—2001	标准编写规则 第 1 部分：术语	2002-3-1	ISO 10241: 1992，NEQ	GB/T 1.6—1997	标准化工作导则			
101-38	GB/T 20001.2—2015	标准编写规则 第 2 部分：符号标准	2016-1-1		GB/T 20001.2—2001	标准化工作导则			
101-39	GB/T 20001.3—2015	标准编写规则 第 3 部分：分类标准	2016-1-1		GB/T 20001.3—2001	标准化工作导则			
101-40	GB/T 20001.4—2015	标准编写规则 第 4 部分：试验方法标准	2016-1-1		GB/T 20001.4—2001	标准化工作导则			
101-41	GB/T 20001.10—2014	标准编写规则 第 10 部分：产品标准	2015-6-1			标准化工作导则			
101-42	GB/T 20002.3—2014	标准中特定内容的起草 第 3 部分：产品标准中涉及环境的内容	2015-6-1	ISO Guide 64: 2008，MOD	GB/T 20000.5—2004	标准化工作导则			
101-43	GB/T 20002.4—2015	标准中特定内容的起草 第 4 部分：标准中涉及安全的内容	2016-1-1	ISO/IEC Guide 51: 2004，MOD	GB/T 20000.4—2003	标准化工作导则			
101-44	GB/T 20003.1—2014	标准制定的特殊程序 第 1 部分：涉及专利的标准	2014-5-1			标准化工作导则			
101-45	GB/T 20004.1—2016	团体标准化 第 1 部分：良好行为指南	2016-4-25			标准化工作导则			

续表

体系结构号	标准编号	标准名称	实施日期	与国际标准对应关系	代替标准	阶段	分阶段	专业	分专业
101-46	GB/T 20004.2—2018	团体标准化　第2部分：良好行为评价指南	2019-2-1			标准化工作导则			
101-47	GB/T 22373—2008	标准文献元数据	2009-1-1			标准化工作导则			
101-48	GB/T 33719—2017	标准中融入可持续性的指南	2017-12-1	ISO Guide 82: 2014		标准化工作导则			
101-49	GB/Z 33750—2017	物联网　标准化工作指南	2017-12-1			标准化工作导则			
101-50	GB/T 34654—2017	电工术语标准编写规则	2018-4-1			标准化工作导则			
101-51	GB/T 35778—2017	企业标准化工作　指南	2018-7-1			标准化工作导则			
101-52	JJF 1022—2014	计量标准命名与分类编码	2014-7-23		JJF 1022—1991	标准化工作导则			
102　通用技术语言标准									
——术语									
102-1	T/CSEE 0089—2018	电力通信术语规范				通用技术语言标准			
102-2	DL/T 419—2015	电力用油名词术语	2015-9-1		DL/T 419—1991	通用技术语言标准			
102-3	DL/T 575.1—1999	控制中心人机工程设计导则　第1部分：术语及定义	2000-7-1			通用技术语言标准			
102-4	DL/T 701—2012	火力发电厂热工自动化术语	2012-7-1		DL/T 701—1999	通用技术语言标准			
102-5	DL/Z 860.2—2006	变电站通信网络和系统第2部分：术语	2006-10-1	IEC/TS 61850-2: 2003，IDT		通用技术语言标准			
102-6	DL/T 861—2004	电力可靠性基本名词术语	2004-6-1	IEC 60050-191: 1990，NEQ；IEC 60050-191，Amend 1—1999 and Amend 2—2002，NEQ；IEEE Std.859，NEQ；IEEE Std.1366—1998，Part4，NEQ		通用技术语言标准			

续表

体系结构号	标准编号	标 准 名 称	实施日期	与国际标准对应关系	代替标准	阶段	分阶段	专业	分专业
102-7	DL/Z 890.2—2010	能量管理系统应用程序接口（EMS-API）第2部分：术语	2010-5-24	IEC 61970-2 IS: 2004, IDT		通用技术语言标准			
102-8	DL/T 958—2014	名词术语 电力燃料	2014-8-1		DL/T 958—2005	通用技术语言标准			
102-9	DL/T 1033.1—2016	电力行业词汇 第1部分：动力工程	2016-12-1		DL/T 1033.1—2006	通用技术语言标准			
102-10	DL/T 1033.2—2006	电力行业词汇 第2部分：电力系统	2007-5-1			通用技术语言标准			
102-11	DL/T 1033.3—2014	电力行业词汇 第3部分：发电厂、水力发电	2015-3-1		DL/T 1033.3—2006	通用技术语言标准			
102-12	DL/T 1033.4—2016	电力行业词汇 第4部分：火力发电	2016-12-1		DL/T 1033.4—2006	通用技术语言标准			
102-13	DL/T 1033.5—2014	电力行业词汇 第5部分：核能发电	2015-3-1		DL/T 1033.5—2006	通用技术语言标准			
102-14	DL/T 1033.6—2014	电力行业词汇 第6部分：新能源发电	2015-3-1		DL/T 1033.6—2006	通用技术语言标准			
102-15	DL/T 1033.7—2006	电力行业词汇 第7部分：输电系统	2007-5-1			通用技术语言标准			
102-16	DL/T 1033.8—2006	电力行业词汇 第8部分：供电和用电	2007-5-1			通用技术语言标准			
102-17	DL/T 1033.9—2006	电力行业词汇 第9部分：电网调度	2007-5-1			通用技术语言标准			
102-18	DL/T 1033.10—2016	电力行业词汇 第10部分：电力设备	2016-12-1		DL/T 1033.10—2006	通用技术语言标准			
102-19	DL/T 1033.11—2014	电力行业词汇 第11部分：事故、保护、安全和可靠性	2015-3-1		DL/T 1033.11—2006	通用技术语言标准			
102-20	DL/T 1033.12—2006	电力行业词汇 第12部分：电力市场	2007-5-1			通用技术语言标准			
102-21	DL/Z 1080.2—2018	电力企业应用集成 配电管理系统接口 第2部分：术语	2019-5-1		DL/Z 1080.2—2007	通用技术语言标准			
102-22	DL/T 1171—2012	电网设备通用数据模型命名规范	2012-12-1			通用技术语言标准			

续表

体系结构号	标准编号	标 准 名 称	实施日期	与国际标准对应关系	代替标准	阶段	分阶段	专业	分专业
102-23	DL/T 1193—2012	柔性输电术语	2012-12-1			通用技术语言标准			
102-24	DL/T 1194—2012	电能质量术语	2012-12-1			通用技术语言标准			
102-25	DL/T 1252—2013	输电杆塔命名规则	2014-4-1			通用技术语言标准			
102-26	DL/T 1365—2014	名词术语 电力节能	2015-3-1			通用技术语言标准			
102-27	DL/T 1499—2016	电力应急术语	2016-6-1			通用技术语言标准			
102-28	DL/T 1624—2016	电力系统厂站和主设备命名规范	2017-5-1		SD 240—1987	通用技术语言标准			
102-29	NB/T 10097—2018	地热能术语	2019-3-1			通用技术语言标准			
102-30	NB/T 33028—2018	电动汽车充放电设施术语	2018-7-1			通用技术语言标准			
102-31	NB/T 42010—2013	往复式内燃燃气发电机组术语	2014-4-1			通用技术语言标准			
102-32	SL 26—2012	水利水电工程技术术语	2012-4-20		SL 26—1992	通用技术语言标准			
102-33	SL 543—2011	水工金属结构术语	2011-9-1			通用技术语言标准			
102-34	SL 697—2014	水利水电工程移民术语	2015-1-27			通用技术语言标准			
102-35	JB/T 8156—2013	换向器和集电环术语	2014-7-1		JB/T 8156—1999	通用技术语言标准			
102-36	JB/T 12516—2015	现代制造服务业 装备制造业 术语	2016-1-1			通用技术语言标准			
102-37	YD/T 1034—2013	接入网名词术语	2014-1-1		YD/T 1034—2000	通用技术语言标准			
102-38	YD/T 1080—2018	数字蜂窝移动通信名词术语	2019-4-1		YD/T 1080—2000	通用技术语言标准			

续表

体系结构号	标准编号	标 准 名 称	实施日期	与国际标准对应关系	代替标准	阶段	分阶段	专业	分专业
102-39	YD/T 1765—2008	通信安全防护名词术语	2008-7-1			通用技术语言标准			
102-40	YD/T 2592—2013	身份管理（IdM）术语	2013-7-22			通用技术语言标准			
102-41	YD/T 2960—2015	移动互联网术语	2016-1-1			通用技术语言标准			
102-42	YD/T 3203—2016	网络电子身份标识 eID 术语和定义	2017-1-1			通用技术语言标准			
102-43	SJ/T 11468—2014	电子电气产品有害物质限制使用　术语	2015-4-1			通用技术语言标准			
102-44	HJ 682—2014	污染场地术语	2014-7-1			通用技术语言标准			
102-45	JGJ/T 84—2015	岩土工程勘察术语标准	2015-9-1		JGJ 84—95	通用技术语言标准			
102-46	DA/T 58—2014	电子档案管理基本术语	2015-8-1			通用技术语言标准			
102-47	HG/T 3095—1988	橡胶火焰试验术语	1989-5-1			通用技术语言标准			
102-48	GB/T 2296—2001	太阳电池型号命名方法	2002-5-1		GB/T 2296—1980	通用技术语言标准			
102-49	GB/T 2297—1989	太阳光伏能源系统术语	1990-1-1		GB 2297—1980	通用技术语言标准			
102-50	GB/T 2422—2012	环境试验　试验方法编写导则　术语和定义	2013-2-1	IEC 60068-5-2: 1990，IDT	GB/T 2422—1995	通用技术语言标准			
102-51	GB/T 2900.1—2008	电工术语　基本术语	2009-5-1	IEC 60050-101: 1998，REF	GB/T 2900.1—1992	通用技术语言标准			
102-52	GB/T 2900.4—2008	电工术语　电工合金	2009-5-1		GB/T 2900.4—1994	通用技术语言标准			
102-53	GB/T 2900.5—2013	电工术语　绝缘固体、液体和气体	2014-4-9	IEC 60050-212: 2010，IDT	GB/T 2900.5—2002	通用技术语言标准			
102-54	GB/T 2900.7—1996	电工术语　电炭	1997-7-1		GB 2900.7—1984	通用技术语言标准			

续表

体系结构号	标准编号	标 准 名 称	实施日期	与国际标准对应关系	代替标准	阶段	分阶段	专业	分专业
102-55	GB/T 2900.8—2009	电工术语 绝缘子	2009-11-1	IEC 60050-471: 2007, IDT	GB/T 2900.8—1995	通用技术语言标准			
102-56	GB/T 2900.10—2013	电工术语 电缆	2014-4-9		GB/T 2900.10—2001	通用技术语言标准			
102-57	GB/T 2900.12—2008	电工术语 避雷器、低压电涌保护器及元件	2008-9-1	IEC PAS 60099-7: 2004, REF	GB/T 2900.12—1989	通用技术语言标准			
102-58	GB/T 2900.13—2008	电工术语 可信性与服务质量	2009-4-1	IEC 60050-191: 1990, Amend.1: 1999 and Amend.2: 2002，IDT	GB 14733.3—1993；GB 3187—1994	通用技术语言标准			
102-59	GB/T 2900.16—1996	电工术语 电力电容器	1997-7-1	IEC 60050(421): 1990, NEQ	GB 2900.16—1983	通用技术语言标准			
102-60	GB/T 2900.17—2009	电工术语 量度继电器	2009-11-1	IEC/TC 1/2033/CDV, REF	GB/T 2900.17—1994	通用技术语言标准			
102-61	GB/T 2900.18—2008	电工术语 低压电器	2009-1-1	IEC 60050-441: 1984, REF	GB/T 2900.18—1992	通用技术语言标准			
102-62	GB/T 2900.19—1994	电工术语 高电压试验技术和绝缘配合	1995-1-1	IEC 60，REF；IEC 50, REF；IEC 71，REF	GB 2900.19—1982	通用技术语言标准			
102-63	GB/T 2900.20—2016	电工术语 高压开关设备和控制设备	2016-9-1	IEC 60050（441）: 1984	GB/T 2900.20—1994	通用技术语言标准			
102-64	GB/T 2900.22—2005	电工名词术语 电焊机	2006-4-1		GB/T 2900.22—1985	通用技术语言标准			
102-65	GB/T 2900.25—2008	电工术语 旋转电机	2009-1-1	IEC 60050-411-amd 1: 2007，IDT；IEC 60050-411: 1996，IDT	GB/T 2900.25—1994	通用技术语言标准			
102-66	GB/T 2900.26—2008	电工术语 控制电机	2009-4-1		GB/T 2900.26—1994	通用技术语言标准			
102-67	GB/T 2900.28—2007	电工术语 电动工具	2007-9-1		GB/T 2900.28—1994	通用技术语言标准			
102-68	GB/T 2900.32—1994	电工术语 电力半导体器件	1995-1-1	IEC 50（521），REF；IEC 747，REF	GB 2900.32—1982	通用技术语言标准			
102-69	GB/T 2900.33—2004	电工术语 电力电子技术	2004-12-1	IEC 60050-551: 1998, IDT；IEC 60050-551-20: 2001，IDT	GB/T 2900.33—1993	通用技术语言标准			

续表

体系结构号	标准编号	标 准 名 称	实施日期	与国际标准对应关系	代替标准	阶段	分阶段	专业	分专业
102-70	GB/T 2900.35—2008	电工术语　爆炸性环境用设备	2009-5-1	IEC 60050-426: 2008, IDT	GB/T 2900.35—1998	通用技术语言标准			
102-71	GB/T 2900.36—2003	电工术语　电力牵引	2003-10-1	IEC 60050（811）: 1991, MOD	GB 3367.10—1984; GB 3367.9—1984; GB 2900.36—1996	通用技术语言标准			
102-72	GB/T 2900.39—2009	电工术语　电机、变压器专用设备	2009-11-1		GB/T 2900.39—1994	通用技术语言标准			
102-73	GB/T 2900.40—1985	电工名词术语　电线电缆专用设备	1986-2-1			通用技术语言标准			
102-74	GB/T 2900.41—2008	电工术语　原电池和蓄电池	2009-5-1	IEC 60050（482）: 2003, IDT	GB 2900.11—1988; GB 2900.62—2003	通用技术语言标准			
102-75	GB/T 2900.49—2004	电工术语　电力系统保护	2004-12-1	IEC 60050-448: 1995, IDT	GB/T 2900.49—1994	通用技术语言标准			
102-76	GB/T 2900.50—2008	电工术语　发电、输电及配电　通用术语	2009-5-1	IEC 60050-601: 1985, MOD	GB/T 2900.50—1998	通用技术语言标准			
102-77	GB/T 2900.51—1998	电工术语　架空线路	1999-6-1	IEC 60050(466): 1990, IDT		通用技术语言标准			
102-78	GB/T 2900.52—2008	电工术语　发电、输电及配电　发电	2009-5-1	IEC 60050-602: 1983, MOD	GB/T 2900.52—2000	通用技术语言标准			
102-79	GB/T 2900.53—2001	电工术语　风力发电机组	2002-4-1	IEC 60050-415: 1999, IDT		通用技术语言标准			
102-80	GB/T 2900.54—2002	电工术语　无线电通信: 发射机、接收机、网络和运行	2002-8-1	IEC 60050-713: 1998, IDT		通用技术语言标准			
102-81	GB/T 2900.55—2016	电工术语　带电作业	2016-11-1	IEC 60050-651: 2014, IDT	GB/T 2900.55—2002	通用技术语言标准			
102-82	GB/T 2900.56—2008	电工术语　控制技术	2009-5-1	IEC 60050-351: 2006, IDT	GB/T 2900.56—2002	通用技术语言标准			
102-83	GB/T 2900.57—2008	电工术语　发电、输电及配电　运行	2009-5-1	IEC 60050-604: 1987, MOD	GB/T 2900.57—2002	通用技术语言标准			
102-84	GB/T 2900.58—2008	电工术语　发电、输电及配电　电力系统规划和管理	2009-5-1	IEC 60050-603: 1986, MOD	GB/T 2900.58—2002	通用技术语言标准			
102-85	GB/T 2900.59—2008	电工术语　发电、输电及配电　变电站	2009-5-1	IEC 60050-605: 1983, MOD	GB/T 2900.59—2002	通用技术语言标准			

续表

体系结构号	标准编号	标准名称	实施日期	与国际标准对应关系	代替标准	阶段	分阶段	专业	分专业
102-86	GB/T 2900.63—2003	电工术语　基础继电器	2003-6-1	IEC 60050-444: 2002, IDT		通用技术语言标准			
102-87	GB/T 2900.64—2013	电工术语　时间继电器	2014-4-9	IEC 60050-445: 2010, IDT	GB/T 2900.64—2003	通用技术语言标准			
102-88	GB/T 2900.65—2004	电工术语　照明	2004-12-1	IEC 60050(845): 1987, MOD	GB/T 7451—1987	通用技术语言标准			
102-89	GB/T 2900.66—2004	电工术语　半导体器件和集成电路	2004-12-1	IEC 60050-521: 2002, IDT		通用技术语言标准			
102-90	GB/T 2900.68—2005	电工术语　电信网、电信业务和运行	2006-6-1	IEC 60050-715: 1996, IDT		通用技术语言标准			
102-91	GB/T 2900.69—2005	电工术语　综合业务数字网（ISDN）第1部分：总则	2006-6-1	IEC 60050-716-1: 1995, IDT		通用技术语言标准			
102-92	GB/T 2900.72—2008	电工术语　多相系统与多相电路	2009-1-1	IEC 60050-141: 2004, IDT		通用技术语言标准			
102-93	GB/T 2900.73—2008	电工术语　接地与电击防护	2009-1-1	IEC 60050-195: 1998, MOD		通用技术语言标准			
102-94	GB/T 2900.74—2008	电工术语　电路理论	2009-1-1	IEC 60050-131: 2002, MOD		通用技术语言标准			
102-95	GB/T 2900.77—2008	电工术语　电工电子测量和仪器仪表　第1部分：测量的通用术语	2009-5-1	IEC 60050（300-311）: 2001，IDT		通用技术语言标准			
102-96	GB/T 2900.79—2008	电工术语　电工电子测量和仪器仪表　第3部分：电测量仪器仪表的类型	2009-5-1	IEC 60050（300-313）: 2001，IDT		通用技术语言标准			
102-97	GB/T 2900.83—2008	电工术语　电的和磁的器件	2009-5-1	IEC 60050-151: 2001, IDT		通用技术语言标准			
102-98	GB/T 2900.84—2009	电工术语　电价	2009-11-1	IEC 60050-691: 1973, MOD		通用技术语言标准			
102-99	GB/T 2900.86—2009	电工术语　声学和电声学	2009-11-1	IEC 60050-801: 1994, IDT		通用技术语言标准			
102-100	GB/T 2900.87—2011	电工术语　电力市场	2011-12-1	IEC 60050-617: 2009, IDT		通用技术语言标准			

续表

体系结构号	标准编号	标 准 名 称	实施日期	与国际标准对应关系	代替标准	阶段	分阶段	专业	分专业
102-101	GB/T 2900.88—2011	电工术语　超声学	2011-12-1	IEC 60050-802: 2011，IDT		通用技术语言标准			
102-102	GB/T 2900.89—2012	电工术语　电工电子测量和仪器仪表　第 2 部分：电测量的通用术语	2012-9-1	IEC 60050（300-312）：2001，IDT		通用技术语言标准			
102-103	GB/T 2900.90—2012	电工术语　电工电子测量和仪器仪表　第 4 部分：各类仪表的特殊术语	2012-9-1	IEC 60050（300-314）：2001，IDT		通用技术语言标准			
102-104	GB/T 2900.91—2015	电工术语　量和单位	2016-4-1	IEC 60050-112: 2010，IDT		通用技术语言标准			
102-105	GB/T 2900.93—2015	电工术语　电物理学	2016-4-1	IEC 60050-113: 2010，IDT		通用技术语言标准			
102-106	GB/T 2900.94—2015	电工术语　互感器	2016-4-1	IEC 60050-321: 1986，NEQ	部分代替：GB/T 2900.15—1997	通用技术语言标准			
102-107	GB/T 2900.95—2015	电工术语　变压器、调压器和电抗器	2016-4-1	IEC 60050-421: 1990，NEQ	部分代替：GB/T 2900.15—1997	通用技术语言标准			
102-108	GB/T 2900.96—2015	电工术语　计算机网络技术	2016-4-1	IEC 60050-732: 2010，IDT		通用技术语言标准			
102-109	GB/T 2900.98—2016	电工术语　电化学	2016-11-1	IEC 60050-114: 2014，IDT		通用技术语言标准			
102-110	GB/T 2900.99—2016	电工术语　可信性	2017-7-1	IEC 60050-192: 2015	部分代替：GB/T 2900.13—2008	通用技术语言标准			
102-111	GB/T 2900.100—2017	电工术语　超导电性	2018-5-1	IEC 60050-815: 2015	GB/T 13811—2003	通用技术语言标准			
102-112	GB/T 2900.101—2017	电工术语　风险评估	2018-5-1	IEC 60050-903: 2013		通用技术语言标准			
102-113	GB/T 3099.3—2017	紧固件术语　表面处理	2018-4-1	ISO 1891-2: 2014		通用技术语言标准			
102-114	GB/T 3375—1994	焊接术语	1995-5-1		GB 3375—1982	通用技术语言标准			
102-115	GB/T 4210—2015	电工术语　电子设备用机电元件	2016-4-1	IEC 60050-581: 2008，IDT	GB/T 4210—2001	通用技术语言标准			

续表

体系结构号	标准编号	标 准 名 称	实施日期	与国际标准对应关系	代替标准	阶段	分阶段	专业	分专业
102-116	GB/T 4365—2003	电工术语 电磁兼容	2003-5-1	IEC 60050-161: 1990，IDT	GB/T 4365—1995	通用技术语言标准			
102-117	GB/T 4776—2017	电气安全术语	2018-2-1		GB/T 4776—2008	通用技术语言标准			
102-118	GB/T 4894—2009	信息与文献 术语	2010-2-1	ISO 5127: 2001，MOD	GB/T 4894—1985；GB/T 13143—1991	通用技术语言标准			
102-119	GB/T 5075—2016	电力金具名词术语	2016-11-1		GB/T 5075—2001	通用技术语言标准			
102-120	GB/T 5169.1—2015	电工电子产品着火危险试验 第1部分：着火试验术语	2016-2-1	IEC 60695-4: 2012，IDT	GB/T 5169.1—2007	通用技术语言标准			
102-121	GB/T 5271.1—2000	信息技术 词汇 第1部分：基本术语	2001-3-1	ISO/IEC 2382-1: 1993，EQV	GB/T 5271.1—1985	通用技术语言标准			
102-122	GB/T 5329—2003	试验筛与筛分试验 术语	2004-6-1	ISO 2395: 1990	GB/T 5329—1985	通用技术语言标准			
102-123	GB/T 5698—2001	颜色术语	2001-12-1	ISO 7967-5: 2010，IDT	GB 5698—1985	通用技术语言标准			
102-124	GB/T 5894—2015	机械密封名词术语	2016-7-1		GB/T 5894—1986	通用技术语言标准			
102-125	GB/T 5907.1—2014	消防词汇 第1部分：通用术语	2014-12-1		GB/T 5907—1986；GB/T 14107—1993	通用技术语言标准			
102-126	GB/T 5907.2—2015	消防词汇 第2部分：火灾预防	2015-8-1			通用技术语言标准			
102-127	GB/T 5907.3—2015	消防词汇 第3部分：灭火救援	2015-8-1			通用技术语言标准			
102-128	GB/T 5907.4—2015	消防词汇 第4部分：火灾调查	2015-8-1			通用技术语言标准			
102-129	GB/T 5907.5—2015	消防词汇 第5部分：消防产品	2015-8-1		GB/T 4718—2006；GB/T 16283—1996	通用技术语言标准			
102-130	GB/T 6809.2—2013	往复式内燃机 零部件和系统术语 第2部分：气门、凸轮轴传动和驱动机构	2014-10-1	ISO 7967-3: 2010，IDT	GB/T 6809.2—2006	通用技术语言标准			
102-131	GB/T 6809.3—2013	往复式内燃机 零部件和系统术语 第3部分：主要运动件	2014-10-1	ISO 7967-2: 2010，IDT	GB/T 6809.3—2006	通用技术语言标准			

续表

体系结构号	标准编号	标 准 名 称	实施日期	与国际标准对应关系	代替标准	阶段	分阶段	专业	分专业
102-132	GB/T 6809.5—2016	往复式内燃机 零部件和系统术语 第5部分：冷却系统	2016-11-1	ISO 7967-5: 2010，IDT	GB/T 6809.5—2010	通用技术语言标准			
102-133	GB/T 6809.9—2013	往复式内燃机 零部件和系统术语 第9部分：监控系统	2014-10-1		GB/T 6809.9—2007	通用技术语言标准			
102-134	GB/T 6809.10—2018	往复式内燃机 零部件和系统术语 第10部分：点火系统	2019-7-1			通用技术语言标准			
102-135	GB/T 6809.11—2018	往复式内燃机 零部件和系统术语 第11部分：燃油系统	2019-7-1			通用技术语言标准			
102-136	GB/T 8582—2008	电工电子设备机械结构术语	2009-4-1		GB/T 8582—2000	通用技术语言标准			
102-137	GB/T 9637—2001	电工术语 磁性材料与元件	2002-8-1	IEC 60050（221）：1990，EQV	GB/T 9637—1988	通用技术语言标准			
102-138	GB/T 9820.1—2013	计时学术语 第1部分：科学技术定义	2014-12-1	ISO 6426-1: 1982，IDT	GB/T 9820—1988	通用技术语言标准			
102-139	GB/T 10113—2003	分类与编码通用术语	2003-12-1		GB/T 10113—1988	通用技术语言标准			
102-140	GB/T 11457—2006	信息技术 软件工程术语	2006-7-1		GB/T 11457—1995	通用技术语言标准			
102-141	GB/T 11464—2013	电子测量仪器术语	2014-7-15		GB/T 11464—1989	通用技术语言标准			
102-142	GB/T 11804—2005	电工电子产品环境条件术语	2005-8-1		GB/T 11804—1989	通用技术语言标准			
102-143	GB/T 12200.1—1990	汉语信息处理词汇 01部分：基本术语	1990-8-1			通用技术语言标准			
102-144	GB/T 12604.9—2008	无损检测 术语 红外检测	2009-5-1		GB/T 12604.9—1996	通用技术语言标准			
102-145	GB/T 12604.10—2011	无损检测 术语 磁记忆检测	2012-3-1			通用技术语言标准			
102-146	GB/T 12604.11—2015	无损检测 术语 X射线数字成像检测	2015-10-1			通用技术语言标准			

续表

体系结构号	标准编号	标 准 名 称	实施日期	与国际标准对应关系	代替标准	阶段	分阶段	专业	分专业
102-147	GB/T 12903—2008	个体防护装备术语	2009-10-1		GB/T 12903—1991	通用技术语言标准			
102-148	GB/T 12905—2000	条码术语	2001-3-1	BS EN 1556: 1998, REF	GB/T 12905—1991	通用技术语言标准			
102-149	GB/T 13400.1—2012	网络计划技术 常用术语	2013-6-1		GB/T 13400.1—1992	通用技术语言标准			
102-150	GB/T 13361—2012	技术制图 通用术语	2012-12-1		GB/T 13361—1992	通用技术语言标准			
102-151	GB/T 13498—2017	高压直流输电术语	2018-7-1	IEC 60633: 2015	GB/T 13498—2007	通用技术语言标准			
102-152	GB/T 13622—2012	无线电管理术语	2012-10-1		GB/T 13622—1992	通用技术语言标准			
102-153	GB/T 13725—2001	建立术语数据库的一般原则与方法	2002-6-1		GB/T 13725—1992	通用技术语言标准			
102-154	GB/T 13962—2009	光学仪器术语	2010-2-1		GB/T 13962—1998	通用技术语言标准			
102-155	GB/T 13966—2013	分析仪器术语	2014-6-1		GB/T 13966—1992	通用技术语言标准			
102-156	GB/T 13983—1992	仪器仪表基本术语	1993-7-1			通用技术语言标准			
102-157	GB/T 14002—2008	劳动定员定额术语	2008-7-1		GB/T 14002—1992	通用技术语言标准			
102-158	GB/T 14286—2008	带电作业工具设备术语	2009-8-1	IEC 60743: 2001, MOD	GB/T 14286—2002	通用技术语言标准			
102-159	GB/Z 14429—2005	远动设备及系统 第 1-3 部分：总则 术语	2005-12-1	IEC TR3 60870-1-3: 1997，IDT	GB/T 14429—1993	通用技术语言标准			
102-160	GB/T 14498—1993	工程地质术语	1994-3-1			通用技术语言标准			
102-161	GB/T 14733.1—1993	电信术语 电信、信道和网	1994-8-1	IEV 701，IDT		通用技术语言标准			
102-162	GB/T 14733.11—2008	电信术语 传输	2009-3-1	IEC 60050（704）: 1993，IDT	GB/T 14733.11—1993	通用技术语言标准			

续表

体系结构号	标准编号	标　准　名　称	实施日期	与国际标准对应关系	代替标准	阶段	分阶段	专业	分专业
102-163	GB/T 14733.12—2008	电信术语　光纤通信	2009-3-1	IEC 60050（731）:1991，IDT	GB/T 14733.12—1993	通用技术语言标准			
102-164	GB/T 14733.4—2012	电信术语　电信中的交换和信令	2013-2-1	IEC 60050（714）:1992，IDT	GB/T 14733.4—1993	通用技术语言标准			
102-165	GB/T 14733.6—2005	电信术语　空间无线电通信	2006-6-1	IEC 60050-725: 1994，IDT	GB/T 14733.6—1993	通用技术语言标准			
102-166	GB/T 15135—2018	燃气轮机　词汇	2019-7-1		GB/T 15135—2002	通用技术语言标准			
102-167	GB/T 15166.1—1994	交流高压熔断器　术语	1995-2-1	IEC 50: 1984，REF；IEC 291A: 1975，REF；IEC 291: 1969，REF；IEC 282-2: 1970，REF；IEC 282-1: 1985，REF		通用技术语言标准			
102-168	GB/T 15236—2008	职业安全卫生术语	2009-10-1		GB/T 15236—1994	通用技术语言标准			
102-169	GB/T 15463—2018	静电安全术语	2019-1-1		GB/T 15463—2008	通用技术语言标准			
102-170	GB/T 15565.1—2008	图形符号　术语　第 1 部分：通用	2009-1-1		GB/T 15565—1995	通用技术语言标准			
102-171	GB/T 16786—2007	术语工作　计算机应用数据类目	2008-1-1	ISO 12620: 1999，NEQ	GB/T 16786—1997	通用技术语言标准			
102-172	GB/T 17532—2005	术语工作　计算机应用词汇	2005-12-1	ISO 1087-2: 2000，MOD	GB/T 17532—1998	通用技术语言标准			
102-173	GB/T 17624.1—1998	电磁兼容综述电磁兼容基本术语和定义的应用与解释	1999-1-2	IEC 61000—1—1: 1991，IDT		通用技术语言标准			
102-174	GB/T 17694—2009	地理信息　术语	2009-10-1	ISO/TS 19104: 2008，IDT	GB/T 17694—1999	通用技术语言标准			
102-175	GB/T 18811—2012	电子商务基本术语	2012-11-1	UN/CEFACT 3.0，IDT	GB/T 18811—2002	通用技术语言标准			
102-176	GB/T 19000—2016	质量管理体系　基础和术语	2017-7-1	ISO 9000: 2005，IDT	GB/T 19000—2008	通用技术语言标准			
102-177	GB/T 19099—2003	术语标准化项目管理指南	2003-12-1	ISO 15188: 2001，MOD		通用技术语言标准			

续表

体系结构号	标准编号	标 准 名 称	实施日期	与国际标准对应关系	代替标准	阶段	分阶段	专业	分专业
102-178	GB/T 19100—2003	术语工作 概念体系的建立	2003-12-1			通用技术语言标准			
102-179	GB/T 19101—2003	建立术语语料库的一般原则与方法	2003-12-1			通用技术语言标准			
102-180	GB/T 19202—2017	热带气旋命名	2018-7-1		GB/T 19202—2003	通用技术语言标准			
102-181	GB/T 19596—2017	电动汽车术语	2018-5-1		GB/T 19596—2004	通用技术语言标准			
102-182	GB/T 19663—2005	信息系统雷电防护术语	2005-6-1			通用技术语言标准			
102-183	GB/T 20720.1—2006	企业控制系统集成 第 1 部分：模型和术语	2007-7-1	IEC 62264-1: 2003，IDT		通用技术语言标准			
102-184	GB/T 20839—2007	智能运输系统 通用术语	2007-5-1			通用技术语言标准			
102-185	GB/T 23000—2017	信息化和工业化融合管理体系 基础和术语	2017-5-22			通用技术语言标准			
102-186	GB/T 23691—2009	项目管理 术语	2009-10-1			通用技术语言标准			
102-187	GB/T 23694—2013	风险管理 术语	2014-7-1	ISO Guide 73: 2009，IDT	GB/T 23694—2009	通用技术语言标准			
102-188	GB/T 24050—2004	环境管理 术语	2004-10-1	ISO 14050: 2002，IDT	GB/T 24050—2000	通用技术语言标准			
102-189	GB/T 24548—2009	燃料电池电动汽车 术语	2010-7-1			通用技术语言标准			
102-190	GB/T 25069—2010	信息安全技术 术语	2011-2-1			通用技术语言标准			
102-191	GB/T 25109.1—2010	企业资源计划 第 1 部分：ERP 术语	2010-12-1			通用技术语言标准			
102-192	GB/T 26863—2011	火电站监控系统术语	2011-12-1			通用技术语言标准			
102-193	GB/T 26972—2011	聚光型太阳能热发电术语	2012-8-1			通用技术语言标准			

续表

体系结构号	标准编号	标 准 名 称	实施日期	与国际标准对应关系	代替标准	阶段	分阶段	专业	分专业
102-194	GB/T 27203—2016	合格评定 用于人员认证的人员能力词汇	2017-5-1	ISO/IEC TS 17027: 2014		通用技术语言标准			
102-195	GB/T 28816—2012	燃料电池 术语	2013-2-1	IEC/TS 62282-1: 2010，IDT		通用技术语言标准			
102-196	GB 29262—2012	信息技术 面向服务的体系结构（SOA）术语	2013-6-1			通用技术语言标准			
102-197	GB/T 29840—2013	全钒液流电池 术语	2014-3-7			通用技术语言标准			
102-198	GB/T 30042—2013	个体防护装备 眼面部防护 名词术语	2014-9-1	ISO 4007—2012，MOD		通用技术语言标准			
102-199	GB/T 30247—2013	信息技术 数字版权管理术语	2014-7-15			通用技术语言标准			
102-200	GB/T 30269.2—2013	信息技术 传感器网络 第2部分：术语	2014-7-15			通用技术语言标准			
102-201	GB/T 30520—2014	会议分类和术语	2014-8-1			通用技术语言标准			
102-202	GB/T 31066—2014	电工术语 水轮机控制系统	2015-6-1			通用技术语言标准			
102-203	GB/T 31724—2015	风能资源术语	2016-1-1			通用技术语言标准			
102-204	GB/T 32005—2015	电磁超材料术语	2016-10-1			通用技术语言标准			
102-205	GB/T 32267—2015	分析仪器性能测定术语	2017-1-1			通用技术语言标准			
102-206	GB/T 32467—2015	化学分析方法验证确认和内部质量控制 术语及定义	2016-7-1			通用技术语言标准			
102-207	GB/T 32507—2016	电能质量 术语	2016-9-1			通用技术语言标准			
102-208	GB/Z 32582—2016	电子电气产品与系统环境标准化 环境因素标准化术语	2016-11-1	IEC 62542 FDIS: 2013		通用技术语言标准			
102-209	GB/T 32876—2016	电气信息结构、文件编制和图形符号术语	2017-3-1	IEC TR 62154: 2005		通用技术语言标准			

续表

体系结构号	标准编号	标 准 名 称	实施日期	与国际标准对应关系	代替标准	阶段	分阶段	专业	分专业
102-210	GB/T 32910.1—2017	数据中心 资源利用 第1部分：术语	2018-5-1			通用技术语言标准			
102-211	GB/T 32934—2016	全球热带气旋中文名称	2017-3-1			通用技术语言标准			
102-212	GB/T 32935—2016	全球热带气旋等级	2017-3-1			通用技术语言标准			
102-213	GB/T 33172—2016	资产管理 综述、原则和术语	2017-5-1	ISO 55000: 2014		通用技术语言标准			
102-214	GB/T 33260.1—2016	检出能力 第1部分：术语和定义	2017-7-1	ISO 11843-1: 1997		通用技术语言标准			
102-215	GB/T 33590.2—2017	智能电网调度控制系统技术规范 第2部分：术语	2017-12-1			通用技术语言标准			
102-216	GB/T 33745—2017	物联网 术语	2017-12-1			通用技术语言标准			
102-217	GB/T 33847—2017	信息技术 中间件术语	2017-12-1			通用技术语言标准			
102-218	GB/T 33905.3—2017	智能传感器 第3部分：术语	2018-2-1			通用技术语言标准			
102-219	GB/T 33984—2017	电动机软起动装置 术语	2018-2-1			通用技术语言标准			
102-220	GB/T 34110—2017	信息与文献 文件管理体系 基础与术语	2017-11-1	ISO 30300: 2011		通用技术语言标准			
102-221	GB/T 34118—2017	高压直流系统用电压源换流器术语	2018-2-1	IEC 62747: 2014		通用技术语言标准			
102-222	GB/T 34357—2017	无损检测 术语 漏磁检测	2018-4-1			通用技术语言标准			
102-223	GB/T 34365—2017	无损检测 术语 工业计算机层析成像（CT）检测	2018-4-1			通用技术语言标准			
102-224	GB/T 34913—2017	民用建筑能耗分类及表示方法	2018-5-1			通用技术语言标准			
102-225	GB/T 35295—2017	信息技术 大数据 术语	2018-7-1			通用技术语言标准			

续表

体系结构号	标准编号	标 准 名 称	实施日期	与国际标准对应关系	代替标准	阶段	分阶段	专业	分专业
102-226	GB/T 35408—2017	电子商务质量管理 术语	2018-4-1			通用技术语言标准			
102-227	GB/T 36416.1—2018	试验机词汇 第1部分：材料试验机	2019-1-1			通用技术语言标准			
102-228	GB/T 36416.2—2018	试验机词汇 第2部分：无损检测仪器	2019-1-1			通用技术语言标准			
102-229	GB/T 36416.3—2018	试验机词汇 第3部分：振动试验系统与冲击试验机	2019-1-1			通用技术语言标准			
102-230	GB/T 36417.2—2018	全分布式工业控制网络 第2部分：术语	2019-1-1			通用技术语言标准			
102-231	GB/T 36550—2018	抽水蓄能电站基本名词术语	2019-2-1			通用技术语言标准			
102-232	GB/T 36688—2018	设施管理 术语	2019-4-1			通用技术语言标准			
102-233	GB/T 37031—2018	半导体照明术语	2018-12-28			通用技术语言标准			
102-234	GB/T 37043—2018	智慧城市 术语	2018-12-28			通用技术语言标准			
102-235	GB/T 50095—2014	水文基本术语和符号标准	2015-8-1		GB/T 50095—1998	通用技术语言标准			
102-236	GB/T 50228—2011	工程测量基本术语标准	2012-6-1		GB/T 50228—1996	通用技术语言标准			
102-237	GB/T 50279—2014	岩土工程基本术语标准	2015-8-1		GB/T 50279—1998	通用技术语言标准			
102-238	GB/T 50297—2006	电力工程基本术语标准	2006-11-1		GB/T 50297—1999	通用技术语言标准			
102-239	GB/T 50780—2013	电子工程建设术语标准	2013-9-1			通用技术语言标准			
102-240	GB/T 50875—2013	工程造价术语标准	2013-9-1			通用技术语言标准			
102-241	GBZ/T 224—2010	职业卫生名词术语	2010-8-1			通用技术语言标准			

续表

体系结构号	标准编号	标 准 名 称	实施日期	与国际标准对应关系	代替标准	阶段	分阶段	专业	分专业
102-242	JJF 1001—2011	通用计量术语及定义	2012-3-1		JJF 1001—1998	通用技术语言标准			
102-243	JJF 1004—2004	流量计量名词术语及定义	2005-3-21		JJG 1004—1986	通用技术语言标准			
102-244	JJF 1005—2016	标准物质通用术语和定义	2017-5-30		JJF 1005—2005	通用技术语言标准			
102-245	JJF 1007—2007	温度计量名词术语及定义	2008-5-21		JJF 1007—1987	通用技术语言标准			
102-246	JJF 1008—2008	压力计量名词术语及定义	2008-9-25		JJF 1008—1987	通用技术语言标准			
102-247	JJF 1009—2006	容量计量术语及定义	2007-3-8		JJF 1009—1987	通用技术语言标准			
102-248	JJF 1011—2006	力值与硬度计量术语及定义	2007-3-8		JJF 1011—1987	通用技术语言标准			
102-249	JJF 1012—2007	湿度与水分计量名词术语及定义	2008-5-21		JJF 1012—1987	通用技术语言标准			
102-250	JJF 1013—1989	磁学计量常用名词术语及定义（试行）	1990-5-21		调整（转号）JJG 1013—1989	通用技术语言标准			
102-251	JJF 1023—1991	常用电学计量名词术语（试行）	1991-12-1		调整（转号）JJG 1023—1991	通用技术语言标准			
102-252	JJF 1188—2008	无线电计量名词术语及定义	2008-5-20			通用技术语言标准			
102-253	ASTM D1711—2015	电气绝缘材料的标准术语	2015-11-1		ASTM D1711—2014a	通用技术语言标准			
102-254	ASTM D2864—2017a	电绝缘液体和气体的相关标准术语	2017-3-1		ASTM D2864—2017	通用技术语言标准			
102-255	ASTM F819—2010（2015）	有关工人电气防护装置的术语	2015-1-1		ASTM F819—2010	通用技术语言标准			
102-256	IEC 60050-112—2010	国际电工词汇 第 112 部分：量和单位	2010-1-27	IEV 112—2010，IDT	IEC 60050-111—1996; IEC 60050-111—1996/ Amd 1—2005	通用技术语言标准			
102-257	IEC 60050-113 AMD 1—2014	国际电工词汇 第 113 部分：电工学用物理现象：修改件 1	2014-8-13			通用技术语言标准			

续表

体系结构号	标准编号	标 准 名 称	实施日期	与国际标准对应关系	代替标准	阶段	分阶段	专业	分专业
102-258	IEC 60050-114—2014	国际电工词汇 第 114 部分：电化学	2014-3-25		IEC 60050-111—1996；IEC 60050-111—1996/Amd 1—2005	通用技术语言标准			
102-259	IEC 60050-151 AMD 2—2014	国际电工词汇 第151部分：电气和磁性器件；修改件2	2014-8-13			通用技术语言标准			
102-260	IEC 60050-161 AMD 5—2015	国际电工词汇 第 161 部分：电磁兼容性；修改件 5	2015-2-25			通用技术语言标准			
102-261	IEC 60050-192—2015	国际电工词汇 第 192 部分：可靠性	2015-2-26		IEC 60050-191—1990/Amd 1—1999	通用技术语言标准			
102-262	IEC 60050-212 — 2010/Amd 2—2015	国际电工词汇表（IEV）第 272 部分：电绝缘固体、液体和气体；修改件 7	2015-8-14			通用技术语言标准			
102-263	IEC 60050-300 AMD 1—2015	国际电工词汇 电气和电子测量及测量仪器 第 312 部分：关于电气测量的一般术语；修改件 1	2015-2-25			通用技术语言标准			
102-264	IEC 60050-351—2013	国际电工词汇 第 351 部分：控制技术	2013-11-25		IEC 60050-351—2006	通用技术语言标准			
102-265	IEC 60050-442 AMD 1—2015	国际电工词汇 第 442 部分：电气附件；修改件 1	2015-2-25			通用技术语言标准			
102-266	IEC 60050-445—2010	国际电工词汇 第 445 部分：时间继电器	2010-10-13	IEV 445—2011，IDT	IEC 60050-445—2002	通用技术语言标准			
102-267	IEC 60050-447—2010	国际电工词汇 第 447 部分：测量继电器	2010-6-29	C01-447PR，IDT	IEC 60050-446—1983	通用技术语言标准			
102-268	IEC 60050-461—2008	国际电工词汇 第 461 部分：电缆	2008-6-11	NF C01-461—2008，IDT；IEV 461—2008 IDT	IEC 60050-461—1984；IEC 60050-461—1984/Amd 1—1993；IEC 60050-461—1984/Amd 2—1999	通用技术语言标准			
102-269	IEC 60050-561—2014	国际电工词汇 第 561 部分：频率控制、选择和检测用压电、电介质和静电设备以及相关材料	2014-11-7		IEC 60050-561—1991；IEC 60050-561—1991/Amd 1—1995；IEC 60050-561—1991/Amd 2—1997	通用技术语言标准			

续表

体系结构号	标准编号	标 准 名 称	实施日期	与国际标准对应关系	代替标准	阶段	分阶段	专业	分专业
102-270	IEC 60050-617—2009	国际电工词汇 第 617 部分：电力机构/电力市场	2009-3-24	IEV 617—2009，IDT；UNE-IEC 60050-617—2010，IDT		通用技术语言标准			
102-271	IEC 60050-651—2014	国际电工词汇 第 651 部分：带电作业	2014-4-4		IEC 60050-651—1999	通用技术语言标准			
102-272	IEC 60050-705 AMD 1—2015	国际电工词汇 第 705 章：无线电波传播	2015-2-25			通用技术语言标准			
102-273	IEC 60050-732—2010/Amd 2—2016	国际电工词汇 第 732 部分：计算机网络技术	2016-12-26			通用技术语言标准			
102-274	IEC 60050-802—2011	国际电工词汇 第 802 部分：超声波学	2011-1-12	IEV 802—2011，IDT		通用技术语言标准			
102-275	IEC 60050-851 AMD 1—2014	国际电工词汇 第 851 部分：电焊；修改件 1	2014-2-14			通用技术语言标准			
102-276	IEC 60050-901—2013	国际电工词汇 第 901 部分：标准化	2013-11-28		IEC 60050-901—1973	通用技术语言标准			
102-277	IEC 60050-902—2013	国际电工词汇 第 902 部分：合格评定	2013-11-28		IEC 60050-902—1973	通用技术语言标准			
102-278	IEC 60050-903 AMD 1—2014	国际电工词汇 第 903 部分：风险评估；修改件 1	2014-8-13			通用技术语言标准			
102-279	IEC 60050-161—1990/Amd 8—2018	国际电工词汇 第 161 部分：计算机网络技术部分：电磁兼容性 第 732 第 851 部分：电焊	2018-10-17			通用技术语言标准			
102-280	IEC 60050-471—2007/Amd 1—2015	国际电工词汇 第 471 部分：绝缘子	2015-2-25			通用技术语言标准			
102-281	IEC 60633—1998+Amd 1—2009+Amd 2—2015	高电压直流输电（HVDC）术语	2015-7-29			通用技术语言标准			
102-282	IEC/TS 62282-1—2013	燃料电池技术 第 1 部分：术语	2013-11-4		IEC/TS 62282-1—2010	通用技术语言标准			
102-283	ISO 24156-1—2014	图形符号概念建模的术语工作及其与 UML 的关系 第 1 部分：导则中的术语工作中使用 UML 和心智图符号	2014-10-3		ISO/TR 24156—2008	通用技术语言标准			

续表

体系结构号	标准编号	标准名称	实施日期	与国际标准对应关系	代替标准	阶段	分阶段	专业	分专业
——代码、代号、标志、符号									
102-284	DL/T 291—2012	营销业务信息分类与代码编制导则	2012-3-1			通用技术语言标准			
102-285	DL/T 318—2017	输变电工程施工机具产品型号编制方法	2017-12-1		DL/T 318—2010	通用技术语言标准			
102-286	DL/T 396—2010	电压等级代码	2010-10-1			通用技术语言标准			
102-287	DL/T 397—2010	电力地理信息系统图形符号分类与代码	2010-10-1			通用技术语言标准			
102-288	DL/T 495—2012	电力行业单位类别代码	2012-3-1		DL/T 495—1992	通用技术语言标准			
102-289	DL/T 503—2009	电力工程项目分类代码	2009-12-1		DL/T 503—1992	通用技术语言标准			
102-290	DL/T 510—2010	全国电网名称代码	2010-10-1		DL 510—1993	通用技术语言标准			
102-291	DL/T 517—2012	电力科技成果分类与代码	2012-3-1		DL/T 517—1993	通用技术语言标准			
102-292	DL/T 518—2012	电力生产人身事故伤害分类与代码	2012-3-1		DL/T 518.1—1993	通用技术语言标准			
102-293	DL/T 518.1—2016	电力生产事故分类与代码　第1部分：人身事故	2016-12-1		DL/T 518.1—1993；DL/T 518.3—1993；DL/T 518.2—1993	通用技术语言标准			
102-294	DL/T 518.2—2016	电力生产事故分类与代码　第2部分：设备事故	2016-12-1		DL/T 518.4—1993；DL/T 518.5—1993	通用技术语言标准			
102-295	DL/T 1449—2015	电力行业统计编码规范	2015-9-1			通用技术语言标准			
102-296	DL/T 1714—2017	电力可靠性管理代码规范	2017-12-1			通用技术语言标准			
102-297	DL/T 1816—2018	电化学储能电站标识系统编码导则	2018-7-1			通用技术语言标准			
102-298	NB/T 31145—2018	风电场标识系统编码规范	2018-10-1			通用技术语言标准			
102-299	NB/T 33030—2018	国民经济行业用电分类	2018-10-1			通用技术语言标准			

续表

体系结构号	标准编号	标准名称	实施日期	与国际标准对应关系	代替标准	阶段	分阶段	专业	分专业
102-300	NB/T 42072—2016	继电保护及安全自动装置产品型号编制办法	2016-12-1		JB/T 10103—1999	通用技术语言标准			
102-301	NB/T 47037—2013	电站阀门型号编制方法	2014-4-1		JB/T 4018—1999	通用技术语言标准			
102-302	SL 330—2011	水情信息编码	2011-7-12		SL 330—2005	通用技术语言标准			
102-303	SL 574—2012	水利统计主要指标分类及编码	2012-12-10			通用技术语言标准			
102-304	SL 701—2014	水利信息分类	2015-2-24			通用技术语言标准			
102-305	SJ/T 2406—2018	微波电路型号命名方法	2018-4-1			通用技术语言标准			
102-306	SJ/T 11485—2015	LED 型号命名规则	2015-10-1			通用技术语言标准			
102-307	SJ/T 11625—2016	超级电容器分类及型号命名方法	2016-9-1			通用技术语言标准			
102-308	JB/T 2197—1996	电气绝缘材料产品分类、命名及型号编制方法	1997-7-1		JB 2197—1977	通用技术语言标准			
102-309	JB/T 2599—2012	铅酸蓄电池名称、型号编制与命名办法	2012-11-1		JB/T 2599—1993	通用技术语言标准			
102-310	JB/T 2626—2004	电力系统继电器、保护及自动化装置　常用电气技术的文字符号	2005-4-1		JB/T 2626—1992	通用技术语言标准			
102-311	JB/T 3837—2016	变压器类产品型号编制方法	2017-4-1		JB/T 3837—2010	通用技术语言标准			
102-312	JB/T 4237—2013	液力元件　图形符号	2013-9-1		JB/T 4237—1986	通用技术语言标准			
102-313	JB/T 6478—2013	水轮机、蓄能泵和水泵水轮机用符号	2014-7-1		JB/T 6478—1992	通用技术语言标准			
102-314	JB/T 7081—2013	电工专用试验仪器设备型号编制方法	2014-7-1		JB/T 7081—1993	通用技术语言标准			
102-315	JB/T 7114.1—2013	电力电容器产品型号编制方法　第 1 部分：电容器单元、集合式电容器及箱式电容器	2014-7-1		部分代替：JB/T 7114—2005	通用技术语言标准			

续表

体系结构号	标准编号	标 准 名 称	实施日期	与国际标准对应关系	代替标准	阶段	分阶段	专业	分专业
102-316	JB/T 8165—2013	电器附件产品型号编制方法	2014-7-1		JB/T 8165—1999	通用技术语言标准			
102-317	JB/T 8430—2014	机器人　分类及型号编制方法	2014-11-1		JB/T 8430—1996	通用技术语言标准			
102-318	JB/T 8459—2011	避雷器产品型号编制方法	2012-4-1		JB/T 8459—2006	通用技术语言标准			
102-319	JB/T 8754—2018	高压开关设备和控制设备型号编制办法	2018-12-1		JB/T 8754—2007	通用技术语言标准			
102-320	JB/T 8848—2018	液力元件　系列型谱	2018-12-1			通用技术语言标准			
102-321	YD/T 908—2011	光缆型号命名方法	2012-2-1		YD/T 908—2000	通用技术语言标准			
102-322	CJJ/T 186—2012	城市地理编码技术规范	2013-3-1			通用技术语言标准			
102-323	GA/T 74—2017	安全防范系统通用图形符号	2017-6-23		GA/T 74—2000	通用技术语言标准			
102-324	GA 480.1—2004	消防安全标志通用技术条件　第 1 部分：通用要求和试验方法	2004-10-1			通用技术语言标准			
102-325	GA 480.2—2004	消防安全标志通用技术条件　第 2 部分：常规消防安全标志	2004-10-1			通用技术语言标准			
102-326	GA 480.3—2004	消防安全标志通用技术条件　第 3 部分：蓄光消防安全标志	2004-10-1			通用技术语言标准			
102-327	GA 480.4—2004	消防安全标志通用技术条件　第 4 部分：逆向反射消防安全标志	2004-10-1			通用技术语言标准			
102-328	GA 480.5—2004	消防安全标志通用技术条件　第 5 部分：荧光消防安全标志	2004-10-1			通用技术语言标准			
102-329	GA 480.6—2004	消防安全标志通用技术条件　第 6 部分：搪瓷消防安全标志	2004-10-1			通用技术语言标准			

续表

体系结构号	标准编号	标 准 名 称	实施日期	与国际标准对应关系	代替标准	阶段	分阶段	专业	分专业
102-330	GA/T 1214—2015	消防装备器材编码方法	2015-3-12			通用技术语言标准			
102-331	GA/T 1250—2015	消防产品分类及型号编制导则	2015-3-3			通用技术语言标准			
102-332	JG/T 151—2015	建筑产品分类和编码	2016-1-1		JG/T 151—2003	通用技术语言标准			
102-333	CY/T 110—2015	电子图书标识	2015-1-29			通用技术语言标准			
102-334	CY/T 154—2017	中文出版物夹用英文的编辑规范	2017-4-17			通用技术语言标准			
102-335	CB/T 3824—1998	电线、电缆物资分类与代码	2001-1-1			通用技术语言标准			
102-336	RB/T 188—2015	认证项目分类及编码	2016-7-1			通用技术语言标准			
102-337	RB/T 191—2015	检测机构统一标识代码编码规则	2016-7-1			通用技术语言标准			
102-338	QX/T 166—2012	防雷工程专业设计常用图形符号	2013-3-1			通用技术语言标准			
102-339	QX/T 327—2016	气象卫星数据分类与编码规范	2016-11-1			通用技术语言标准			
102-340	QX/T 342—2016	气象灾害预警信息编码规范	2017-3-1			通用技术语言标准			
102-341	QX/T 355—2016	电线积冰气象风险等级	2017-5-1			通用技术语言标准			
102-342	QX/T 431—2018	雷电防护技术文档分类与编码	2018-10-1			通用技术语言标准			
102-343	GB 190—2009	危险货物包装标志	2010-5-1	联合国《关于危险货物运输的建议书 规章范本》(第 15 修订版)，MOD	GB 190—1990	通用技术语言标准			
102-344	GB/T 191—2008	包装储运图示标志	2008-10-1	ISO 780: 1997，MOD	GB/T 191—2000	通用技术语言标准			
102-345	GB/T 324—2008	焊缝符号表示法	2009-1-1	ISO 2553: 1992，MOD	GB/T 324—1988	通用技术语言标准			

续表

体系结构号	标准编号	标 准 名 称	实施日期	与国际标准对应关系	代替标准	阶段	分阶段	专业	分专业
102-346	GB/T 1526—1989	信息处理 数据流程图、程序流程图、系统流程图、程序网络图和系统资源图的文件编制符号及约定	1990-1-1	ISO 5807: 1985，IDT	GB 1526—1979	通用技术语言标准			
102-347	GB/T 1971—2006	旋转电机 线端标志与旋转方向	2017-3-23	IEC 60034-8: 2002	GB 1971—2006	通用技术语言标准			
102-348	GB/T 2260—2007	中华人民共和国行政区划代码	2008-2-1		GB/T 2260—2002	通用技术语言标准			
102-349	GB/T 2260—2007/XG1—2016	《中华人民共和国行政区划代码》国家标准第 1 号修改单	2017-1-1			通用技术语言标准			
102-350	GB/T 2261.1—2003	个人基本信息分类与代码 第 1 部分：人的性别代码	2003-12-1		GB/T 2261—1980	通用技术语言标准			
102-351	GB/T 2261.2—2003	个人基本信息分类与代码 第 2 部分：婚姻状况代码	2003-12-1		GB/T 4766—1984	通用技术语言标准			
102-352	GB/T 2261.3—2003	个人基本信息分类与代码 第 3 部分：健康状况代码	2003-12-1		GB/T 4767—1984	通用技术语言标准			
102-353	GB/T 2261.4—2003	个人基本信息分类与代码 第 4 部分：从业状况（个人身份）代码	2003-12-1			通用技术语言标准			
102-354	GB/T 2261.5—2003	个人基本信息分类与代码 第 5 部分：港澳台侨属代码	2003-12-1			通用技术语言标准			
102-355	GB/T 2261.6—2003	个人基本信息分类与代码 第 6 部分：人大代表、政协委员代码	2003-12-1			通用技术语言标准			
102-356	GB/T 2261.7—2003	个人基本信息分类与代码 第 7 部分：院士代码	2003-12-1			通用技术语言标准			
102-357	GB/T 2659—2000	世界各国和地区名称代码	2001-3-1	ISO 3166-1: 1997，EQV	GB/T 2659—1994	通用技术语言标准			

续表

体系结构号	标准编号	标 准 名 称	实施日期	与国际标准对应关系	代替标准	阶段	分阶段	专业	分专业
102-358	GB/T 2691—2016	电阻器和电容器的标志代码	2016-12-1	IEC 60062: 2004，IDT	GB/T 2691—1994	通用技术语言标准			
102-359	GB 2894—2008	安全标志及其使用导则	2009-10-1		GB 16179—1996；GB 18217—2000；GB 2894—1996	通用技术语言标准			
102-360	GB/T 3102.11—1993	物理科学和技术中使用的数学符号	2017-3-23	ISO 31/11-92	GB 3102.11—1993	通用技术语言标准			
102-361	GB 3304—1991	中国各民族名称的罗马字母拼写法和代码	1992-4-1		GB 3304—1982	通用技术语言标准			
102-362	GB/T 3469—2013	信息资源的内容形式和媒体类型标识	2014-4-15		GB/T 3469—1983	通用技术语言标准			
102-363	GB/T 3977—2008	颜色的表示方法	2008-11-1	CIE 15: 2004，NEQ	GB/T 3977—1997	通用技术语言标准			
102-364	GB/T 4327—2008	消防技术文件用消防设备图形符号	2009-5-1	ISO 6790: 1986，MOD	GB/T 4327—1993	通用技术语言标准			
102-365	GB/T 4658—2006	学历代码	2007-3-1		GB 4658—1984	通用技术语言标准			
102-366	GB/T 4754—2017	国民经济行业分类	2017-10-1		GB/T 4754—2011	通用技术语言标准			
102-367	GB/T 4761—2008	家庭关系代码	2009-1-1		GB/T 4761—1984	通用技术语言标准			
102-368	GB/T 4762—1984	政治面貌代码	1985-10-1			通用技术语言标准			
102-369	GB/T 4831—2016	旋转电机产品型号编制方法	2016-9-1		GB/T 4831—1984	通用技术语言标准			
102-370	GB/T 4880.1—2005	语种名称代码 第 1 部分：2 字母代码	2005-12-1	ISO 639-1: 2002，MOD	GB/T 4880—1991	通用技术语言标准			
102-371	GB/T 4880.2—2000	语种名称代码 第 2 部分：3 字母代码	2001-5-1	ISO 639-2: 1998，EQV		通用技术语言标准			
102-372	GB/T 4881—1985	中国语种代码	1985-10-1			通用技术语言标准			
102-373	GB/T 4884—1985	绝缘导线的标记	2017-3-23	IEC 391-72	GB 4884—1985	通用技术语言标准			

续表

体系结构号	标准编号	标 准 名 称	实施日期	与国际标准对应关系	代替标准	阶段	分阶段	专业	分专业
102-374	GB/T 5276—2015	紧固件 螺栓、螺钉、螺柱及螺母 尺寸代号和标注	2017-1-1	ISO 225: 2010，MOD	GB/T 5276—1985	通用技术语言标准			
102-375	GB/T 5587—2016	银基电触头基本形状、尺寸、符号及标注	2016-9-1		GB/T 5587—2003	通用技术语言标准			
102-376	GB/T 6388—1986	运输包装收发货标志	1987-4-1			通用技术语言标准			
102-377	GB/T 6512—2012	运输方式代码	2013-6-1	UN/CEFACT Rec.19，MOD	GB/T 6512—1998	通用技术语言标准			
102-378	GB/T 6565—2015	职业分类与代码	2015-10-1		GB/T 6565—2009	通用技术语言标准			
102-379	GB/T 6864—2003	中华人民共和国学位代码	2003-12-1		GB/T 6864—1986	通用技术语言标准			
102-380	GB/T 6865—2009	语种熟练程度和外语考试等级代码	2009-12-1		GB/T 6865—1986	通用技术语言标准			
102-381	GB 6944—2012	危险货物分类和品名编号	2012-12-1	UN 联合国《关于危险货物运输的建议书规章范本》（第 16 修订版）	GB 6944—2005	通用技术语言标准			
102-382	GB/T 6988.1—2008	电气技术用文件的编制 第 1 部分：规则	2008-11-1	IEC 61082-1: 2006，IDT	GB/T 6988.1—1997；GB/T 6988.2—1997；GB/T 6988.3—1997；GB/T 6988.4—2002	通用技术语言标准			
102-383	GB/T 6995.1—2008	电线电缆识别标志方法 第 1 部分：一般规定	2009-3-1		GB 6995.1—1986	通用技术语言标准			
102-384	GB/T 6995.2—2008	电线电缆识别标志方法 第 2 部分：标准颜色	2009-3-1		GB 6995.2—1986	通用技术语言标准			
102-385	GB/T 6995.3—2008	电线电缆识别标志方法 第 3 部分：电线电缆识别标志	2009-3-1		GB 6995.3—1986	通用技术语言标准			
102-386	GB/T 6995.4—2008	电线电缆识别标志方法 第 4 部分：电气装备电线电缆绝缘线芯识别标志	2009-3-1		GB 6995.4—1986	通用技术语言标准			
102-387	GB/T 6995.5—2008	电线电缆识别标志方法 第 5 部分：电力电缆绝缘线芯识别标志	2009-3-1		GB 6995.5—1986	通用技术语言标准			

续表

体系结构号	标准编号	标准名称	实施日期	与国际标准对应关系	代替标准	阶段	分阶段	专业	分专业
102-388	GB/T 7144—2016	气瓶颜色标志	2016-9-1		GB 7144—1999	通用技术语言标准			
102-389	GB/T 7156—2003	文献保密等级代码与标识	2003-12-1		GB/T 7156—1987	通用技术语言标准			
102-390	GB 7231—2003	工业管道的基本识别色、识别符号和安全标识	2003-10-1		GB 7231—1987	通用技术语言标准			
102-391	GB/T 8561—2001	专业技术职务代码	2001-10-1		GB/T 8561—1988	通用技术语言标准			
102-392	GB/T 8563.1—2005	奖励、纪律处分信息分类与代码　第1部分：奖励代码	2005-10-1		GB/T 8563—1988	通用技术语言标准			
102-393	GB/T 8563.2—2005	奖励、纪律处分信息分类与代码　第2部分：荣誉称号和荣誉奖章代码	2005-10-1		GB/T 8560—1988	通用技术语言标准			
102-394	GB/T 8563.3—2005	奖励、纪律处分信息分类与代码　第3部分：纪律处分代码	2005-10-1		GB/T 8562—1988	通用技术语言标准			
102-395	GB/T 10114—2003	县级以下行政区划代码编制规则	2003-1-2		GB/T 10114—1988	通用技术语言标准			
102-396	GB/T 10302—2010	中华人民共和国铁路车站站名代码	2010-12-1		GB/T 10302—1988	通用技术语言标准			
102-397	GB 11643—1999	公民身份号码	1999-7-1		GB 11643—1989	通用技术语言标准			
102-398	GB 11714—1997	全国组织机构代码编制规则	1998-1-1		GB/T 11714—1995	通用技术语言标准			
102-399	GB 12268—2012	危险货物品名表	2012-12-1	UN 联合国《关于危险货物运输的建议书规章范本》（第16修订版）	GB/T 12268—2005	通用技术语言标准			
102-400	GB/T 12402—2000	经济类型分类与代码	2001-3-1		GB/T 12402—1990	通用技术语言标准			
102-401	GB/T 12403—1990	干部职务名称代码	1991-5-1			通用技术语言标准			

续表

体系结构号	标准编号	标 准 名 称	实施日期	与国际标准对应关系	代替标准	阶段	分阶段	专业	分专业
102-402	GB/T 12404—1997	单位隶属关系代码	1998-3-1		GB 12404—1990	通用技术语言标准			
102-403	GB/T 12407—2008	职务级别代码	2009-1-1		GB/T 12407—1990	通用技术语言标准			
102-404	GB/T 12408—1990	社会兼职代码	1991-5-1			通用技术语言标准			
102-405	GB 13495.1—2015	消防安全标志 第 1 部分：标志	2015-8-1		GB 13495—1992	通用技术语言标准			
102-406	GB/T 13534—2009	颜色标志的代码	2009-11-1	IEC 60757: 1983，IDT	GB/T 13534—1992	通用技术语言标准			
102-407	GB/T 13745—2009	学科分类与代码	2009-11-1		GB/T 13745—1992	通用技术语言标准			
102-408	GB/T 13745—2009/XG1—2012	《学科分类与代码》国家标准第 1 号修改单	2012-3-1			通用技术语言标准			
102-409	GB/T 13745—2009/XG2—2016	《学科分类与代码》国家标准第 2 号修改单	2016-7-30			通用技术语言标准			
102-410	GB/T 13861—2009	生产过程危险和有害因素分类与代码	2009-12-1		GB/T 13861—1992	通用技术语言标准			
102-411	GB/T 13923—2006	基础地理信息要素分类与代码	2006-10-1		GB 14804—1993；GB/T 13923—1992；GB/T 15660—1995	通用技术语言标准			
102-412	GB/T 14085—1993	信息处理系统计算机系统配置图符号及约定	1993-8-1	ISO 8790: 1987，IDT		通用技术语言标准			
102-413	GB/T 14163—2009	工时消耗分类、代号和标准工时构成	2009-9-1		GB/T 14163—1993	通用技术语言标准			
102-414	GB/T 14393—2008	贸易单证中代码的位置	2008-11-1	ISO 8440: 1986；Cor. 1: 2000，IDT	GB/T 14393—1993	通用技术语言标准			
102-415	GB/T 14693—2008	无损检测 符号表示法	2008-7-1		GB/T 14693—1993	通用技术语言标准			
102-416	GB/T 14885—2010	固定资产分类与代码	2013-12-25			通用技术语言标准			
102-417	GB/T 14945—2010	货物运输常用残损代码	2011-5-1		GB/T 14945—1994	通用技术语言标准			

续表

体系结构号	标准编号	标 准 名 称	实施日期	与国际标准对应关系	代替标准	阶段	分阶段	专业	分专业
102-418	GB/T 14946.1—2009	全国干部、人事管理信息系统指标体系与数据结构 第1部分：指标体系分类与代码	2009-12-1		GB/T 14946—2002	通用技术语言标准			
102-419	GB/T 15421—2008	国际贸易方式代码	2008-9-1		GB/T 15421—1994	通用技术语言标准			
102-420	GB/T 15514—2015	中华人民共和国口岸及相关地点代码	2016-2-1		GB/T 15514—2008	通用技术语言标准			
102-421	GB 15630—1995	消防安全标志设置要求	1996-2-1			通用技术语言标准			
102-422	GB/T 16502—2009	用人单位用人形式分类与代码	2009-11-1		GB/T 16502—1996	通用技术语言标准			
102-423	GB/T 16705—1996	环境污染类别代码	1997-7-1			通用技术语言标准			
102-424	GB/T 16706—1996	环境污染源类别代码	1997-7-1			通用技术语言标准			
102-425	GB/T 16835—1997	高等学校本科、专科专业名称代码	1998-3-1			通用技术语言标准			
102-426	GB/T 16962—2010	国际贸易付款方式分类与代码	2011-5-1		GB/T 16962—1997	通用技术语言标准			
102-427	GB/T 16902.3—2013	设备用图形符号表示规则 第3部分：应用导则	2013-11-30			通用技术语言标准			
102-428	GB/T 17152—2008	运费代码（FCC）运费和其他费用的统一描述	2008-11-1	联合国欧洲经济委员会第23号建议(UN/ECE Rec No.23)，MOD	GB/T 17152—1997	通用技术语言标准			
102-429	GB/T 17215.352—2009	交流电测量设备 特殊要求 第52部分：符号	2010-2-1	IEC 62053-52: 2005，IDT	GB/T 17441—1998	通用技术语言标准			
102-430	GB/T 17295—2008	国际贸易计量单位代码	2008-11-1		GB/T 17295—1998	通用技术语言标准			
102-431	GB/T 17296—2009	中国土壤分类与代码	2009-11-1		GB/T 17296—2000	通用技术语言标准			
102-432	GB/T 17297—1998	中国气候区划名称与代码 气候带和气候大区	1998-10-1			通用技术语言标准			

续表

体系结构号	标准编号	标 准 名 称	实施日期	与国际标准对应关系	代替标准	阶段	分阶段	专业	分专业
102-433	GB/T 18209.1—2010	机械电气安全 指示、标志和操作 第1部分：关于视觉、听觉和触觉信号的要求	2017-3-23	IEC 61310-1: 2007	GB 18209.1—2010	通用技术语言标准			
102-434	GB/T 18209.2—2010	机械电气安全 指示、标志和操作 第2部分：标志要求	2017-3-23	IEC 61310-2: 2007	GB 18209.2—2010	通用技术语言标准			
102-435	GB/T 18349—2001	集成电路/计算机硬件描述语言 Verilog	2001-10-1	IEEE Std 1364—1995，IDT		通用技术语言标准			
102-436	GB/T 19201—2006	热带气旋等级	2006-5-15		GB/T 19201—2003	通用技术语言标准			
102-437	GB/T 20501.1—2013	公共信息导向系统 导向要素的设计原则与要求 第1部分：总则	2013-11-30			通用技术语言标准			
102-438	GB/T 20501.2—2013	公共信息导向系统 导向要素的设计原则与要求 第2部分：位置标志	2013-11-30		部分代替：GB/T 20501.1—2006；GB/T 20501.2—2006	通用技术语言标准			
102-439	GB/T 20501.6—2013	公共信息导向系统 导向要素的设计原则与要求 第6部分：导向标志	2013-11-30		部分代替：GB/T 20501.1—2006；GB/T 20501.2—2006	通用技术语言标准			
102-440	GB/T 20295—2014	二进制逻辑元件和模拟元件符号的应用	2015-4-1	IEC TR 61734: 2006，IDT	GB/T 20295—2006	通用技术语言标准			
102-441	GB/T 23732—2009	中国标准文本编码	2009-11-1			通用技术语言标准			
102-442	GB/T 28528—2012	水轮机、蓄能泵和水泵水轮机型号编制方法	2012-11-1			通用技术语言标准			
102-443	GB/T 28591—2012	风力等级	2012-8-1			通用技术语言标准			
102-444	GB/T 29264—2012	信息技术服务 分类与代码	2013-6-1			通用技术语言标准			
102-445	GB/T 29870—2013	能源分类与代码	2014-4-15			通用技术语言标准			
102-446	GB/T 30096—2013	实验室仪器和设备常用文字符号	2014-5-1			通用技术语言标准			
102-447	GB/T 30149—2013	电网通用模型描述规范	2014-8-1			通用技术语言标准			

续表

体系结构号	标准编号	标 准 名 称	实施日期	与国际标准对应关系	代替标准	阶段	分阶段	专业	分专业
102-448	GB/T 31286—2014	全国组织机构代码与名称	2014-10-10			通用技术语言标准			
102-449	GB/T 31287—2014	全国组织机构代码应用标识规范	2014-10-10			通用技术语言标准			
102-450	GB/T 31521—2015	公共信息标志 材料、构造和电气装置的一般要求	2015-12-1			通用技术语言标准			
102-451	GB/T 31525—2015	图形标志 电动汽车充换电设施标志	2015-12-1			通用技术语言标准			
102-452	GB/T 31866—2015	物联网标识体系 物品编码 Ecode	2016-10-1			通用技术语言标准			
102-453	GB 32100—2015	法人和其他组织统一社会信用代码编码规则	2015-10-1			通用技术语言标准			
102-454	GB 32100—2015/XG1—2016	《法人和其他组织统一社会信用代码编码规则》国家标准第1号修改单	2016-4-18			通用技术语言标准			
102-455	GB/T 32374—2015	化学品危险信息短语与代码	2017-1-1			通用技术语言标准			
102-456	GB/T 32510—2016	抽水蓄能电厂标识系统（KKS）编码导则	2016-9-1			通用技术语言标准			
102-457	GB/T 32572—2016	自然灾害承灾体分类与代码	2016-11-1			通用技术语言标准			
102-458	GB/T 32808—2016	阀门 型号编制方法	2017-3-1			通用技术语言标准			
102-459	GB/T 32843—2016	科技资源标识	2017-9-1			通用技术语言标准			
102-460	GB/T 32844—2016	科普资源分类与代码	2017-3-1			通用技术语言标准			
102-461	GB/T 32847—2016	科技平台 大型科学仪器设备分类与代码	2017-3-1			通用技术语言标准			
102-462	GB/T 32853—2016	地理信息 要素概念字典与注册簿	2017-3-1	ISO 19126: 2009		通用技术语言标准			
102-463	GB/T 32867—2016	中国标准关联标识符(ISLI)	2016-8-29	ISO 17316: 2015		通用技术语言标准			

续表

体系结构号	标准编号	标 准 名 称	实施日期	与国际标准对应关系	代替标准	阶段	分阶段	专业	分专业
102-464	GB/T 32875—2016	电子商务参与方分类与编码	2017-3-1			通用技术语言标准			
102-465	GB/T 33081—2016	移动式升降工作平台　操作者控制符号和其他标记	2017-5-1	ISO 20381: 2009		通用技术语言标准			
102-466	GB/T 33113—2016	水资源管理信息对象代码编制规范	2017-5-1			通用技术语言标准			
102-467	GB/T 33184—2016	地理信息　地理信息权限表达语言	2017-2-1	ISO 19149: 2011		通用技术语言标准			
102-468	GB/T 33601—2017	电网设备通用模型数据命名规范	2017-9-1			通用技术语言标准			
102-469	GB/Z 34429—2017	地理信息　影像和格网数据	2018-4-1	ISO/TR 19121: 2000		通用技术语言标准			
102-470	GB/T 34836—2017	信息与文献　文字名称表示代码	2018-5-1	ISO 15924: 2004		通用技术语言标准			
102-471	GB/T 35415—2017	产品标准技术指标索引分类与代码	2018-4-1			通用技术语言标准			
102-472	GB/T 35416—2017	无形资产分类与代码	2018-4-1			通用技术语言标准			
102-473	GB/T 35419—2017	物联网标识体系　Ecode在一维条码中的存储	2018-4-1			通用技术语言标准			
102-474	GB/T 35420—2017	物联网标识体系　Ecode在二维码中的存储	2018-4-1			通用技术语言标准			
102-475	GB/T 35421—2017	物联网标识体系　Ecode在射频标签中的存储	2018-4-1			通用技术语言标准			
102-476	GB/T 35422—2017	物联网标识体系　Ecode的注册与管理	2018-4-1			通用技术语言标准			
102-477	GB/T 35423—2017	物联网标识体系　Ecode在 NFC 标签中的存储	2018-4-1			通用技术语言标准			
102-478	GB/T 35429—2017	质量技术服务分类与代码	2018-4-1			通用技术语言标准			
102-479	GB/T 35432—2017	检测技术服务分类与代码	2018-4-1			通用技术语言标准			

续表

体系结构号	标准编号	标　准　名　称	实施日期	与国际标准对应关系	代替标准	阶段	分阶段	专业	分专业
102-480	GB/T 35561—2017	突发事件分类与编码	2018-7-1			通用技术语言标准			
102-481	GB/T 35691—2017	光伏发电站标识系统编码导则	2018-7-1			通用技术语言标准			
102-482	GB/T 35707—2017	水电厂标识系统编码导则	2018-7-1			通用技术语言标准			
102-483	GB/T 35929—2018	包装　触摸危险标识　要求	2018-9-1			通用技术语言标准			
102-484	GB/T 36049—2018	家用和类似用途变频控制器　型号命名方法	2018-10-1			通用技术语言标准			
102-485	GB/T 36377—2018	计量器具识别编码	2019-1-1			通用技术语言标准			
102-486	GB/T 36378.1—2018	传感器分类与代码　第1部分：物理量传感器	2019-1-1			通用技术语言标准			
102-487	GB/T 36475—2018	软件产品分类	2019-1-1			通用技术语言标准			
102-488	GB/T 36554—2018	智慧安居信息服务资源分类与编码规则	2019-2-1			通用技术语言标准			
102-489	GB/T 36596—2018	国际贸易商业发票标识符编制规则	2019-1-1			通用技术语言标准			
102-490	GB/T 36604—2018	物联网标识体系　Ecode平台接入规范	2019-4-1			通用技术语言标准			
102-491	GB/T 36605—2018	物联网标识体系　Ecode解析规范	2019-4-1			通用技术语言标准			
102-492	GB/T 36680—2018	品牌　分类	2019-4-1			通用技术语言标准			
102-493	GB/T 36962—2018	传感数据分类与代码	2019-7-1			通用技术语言标准			
102-494	GB/T 37032—2018	物联网标识体系　总则	2019-7-1			通用技术语言标准			
102-495	GB/T 50549—2010	电厂标识系统编码标准	2010-12-1			通用技术语言标准			
102-496	GB/T 51061—2014	电网工程标识系统编码规范	2015-8-1			通用技术语言标准			

续表

体系结构号	标准编号	标 准 名 称	实施日期	与国际标准对应关系	代替标准	阶段	分阶段	专业	分专业
102-497	IEC 60027-7—2010	电气技术用文字符号 第7部分：发电、传输和分配	2010-5-11	C03-007PR，IDT		通用技术语言标准			
102-498	IEC/TR 61916—2017	电工器件 一般规则的协调	2017-3-28		IEC/TR 61916—2014	通用技术语言标准			
——制图									
102-499	T/CSEE/Z 0020—2016	架空输电线路山火分布图绘制技术导则	2017-5-1			通用技术语言标准、运维	维护	输电	线路
102-500	T/CSEE 0023—2016	输电线路舞动区域分布图绘制技术导则	2017-5-1			通用技术语言标准、设计、运维	初设、维护	输电	线路
102-501	T/CSEE 0090—2018	电力通信网资源通用图例与技术规定				通用技术语言标准			
102-502	DL/T 374—2010	电力系统污区分布图绘制方法	2010-10-1			通用技术语言标准、规划、设计、运维	初设、施工图、运行、维护	输电	线路
102-503	DL/T 1230—2016	电力系统图形描述规范	2017-5-1		DL/T 1230—2013	通用技术语言标准			
102-504	DL/T 1533—2016	电力系统雷区分布图绘制方法	2016-6-1			通用技术语言标准			
102-505	DL/T 1570—2016	架空输电线路涉鸟故障风险分级及分布图绘制	2016-7-1			通用技术语言标准、运维	维护	输电	线路
102-506	DL/T 5028.1—2015	电力工程制图标准 第1部分：一般规则部分	2015-12-1		DL 5028—1993	通用技术语言标准			
102-507	DL/T 5028.2—2015	电力工程制图标准 第2部分：机械部分	2015-12-1		DL 5028—1993	通用技术语言标准			
102-508	DL/T 5028.3—2015	电力工程制图标准 第3部分：电气、仪表与控制部分	2015-12-1		DL 5028—1993	通用技术语言标准			
102-509	DL/T 5028.4—2015	电力工程制图标准 第4部分：土建部分	2015-12-1		DL 5028—1993	通用技术语言标准			
102-510	DL/T 5127—2001	水力发电工程 CAD 制图技术规定	2001-7-1			通用技术语言标准			

续表

体系结构号	标准编号	标 准 名 称	实施日期	与国际标准对应关系	代替标准	阶段	分阶段	专业	分专业
102-511	DL/T 5156.1—2015	电力工程勘测制图标准　第1部分：测量	2015-9-1		DL/T 5156.1—2002	通用技术语言标准			
102-512	DL/T 5156.2—2015	电力工程勘测制图标准　第2部分：岩土工程	2015-9-1		DL/T 5156.2—2002	通用技术语言标准			
102-513	DL/T 5156.3—2015	电力工程勘测制图标准　第3部分：水文气象	2015-9-1		DL/T 5156.3—2002	通用技术语言标准			
102-514	DL/T 5156.4—2015	电力工程勘测制图标准　第4部分：水文地质	2015-9-1		DL/T 5156.4—2002	通用技术语言标准			
102-515	DL/T 5156.5—2015	电力工程勘测制图标准　第5部分：物探	2015-9-1		DL/T 5156.5—2002	通用技术语言标准			
102-516	DL/T 5347—2006	水电水利工程基础制图标准	2007-3-1			通用技术语言标准			
102-517	DL/T 5348—2006	水电水利工程水工建筑制图标准	2007-3-1			通用技术语言标准			
102-518	DL/T 5349—2006	水电水利工程水力机械制图标准	2007-3-1			通用技术语言标准			
102-519	DL/T 5350—2006	水电水利工程电气制图标准	2007-3-1			通用技术语言标准			
102-520	DL/T 5351—2006	水电水利工程地质制图标准	2007-3-1			通用技术语言标准			
102-521	DL/T 5442—2010	输电线路铁塔制图和构造规定	2010-12-15			通用技术语言标准			
102-522	YD/T 5015—2015	通信工程制图与图形符号规定	2016-1-1		YD/T 5015—2007	通用技术语言标准			
102-523	JB/T 3077—1991	汽轮机图形符号	1992-7-1		JB 3077—1982	通用技术语言标准			
102-524	JB/T 5872—1991	高压开关设备电气图形符号及文字符号	1992-10-1			通用技术语言标准			
102-525	JB/T 7073—2006	电机和水轮机图样简化规定	2007-3-1		JB/T 7073—1993	通用技术语言标准			
102-526	SJ/T 10460—2016	太阳光伏能源系统图用图形符号	2016-9-1		SJ/T 10460—1993	通用技术语言标准			

续表

体系结构号	标准编号	标 准 名 称	实施日期	与国际标准对应关系	代替标准	阶段	分阶段	专业	分专业
102-527	GB/T 2625—1981	过程检测和控制流程图用图形符号和文字代号	1982-3-1			通用技术语言标准			
102-528	GB/T 2893.2—2008	图形符号 安全色和安全标志 第2部分：产品安全标签的设计原则	2009-7-1	ISO 3864-2: 2004，MOD		通用技术语言标准			
102-529	GB/T 2893.4—2013	图形符号 安全色和安全标志 第4部分：安全标志材料的色度属性和光度属性	2013-11-30	ISO 3864-4: 2011，MOD		通用技术语言标准			
102-530	GB/T 3769—2010	电声学 绘制频率特性图和极坐标图的标度和尺寸	2011-5-1	IEC 60263: 1982，IDT	GB/T 3769—1983	通用技术语言标准			
102-531	GB/T 4091—2001	常规控制图	2001-12-1	ISO 8258: 1991，IDT	GB 4091.1—1983；GB 4091.2—1983；GB 4091.3—1983；GB 4091.4—1983；GB 4091.5—1983；GB 4091.6—1983；GB 4091.7—1983；GB 4091.8—1983；GB 4091.9—1983	通用技术语言标准			
102-532	GB/T 4457.5—2013	机械制图 剖面区域的表示法	2014-10-1		GB/T 4457.5—1984	通用技术语言标准			
102-533	GB/T 4458.3—2013	机械制图 轴测图	2014-10-1		GB/T 4458.3—1984	通用技术语言标准			
102-534	GB/T 4460—2013	机械制图 机构运动简图用图形符号	2014-10-1	ISO 3952-4: 1997，NEQ	GB/T 4460—1984	通用技术语言标准			
102-535	GB/T 4728.1—2018	电气简图用图形符号 第1部分：一般要求	2019-2-1		GB/T 4728.1—2005	通用技术语言标准			
102-536	GB/T 4728.2—2018	电气简图用图形符号 第2部分：符号要素、限定符号和其他常用符号	2019-2-1		GB/T 4728.2—2005	通用技术语言标准			
102-537	GB/T 4728.3—2018	电气简图用图形符号 第3部分：导体和连接件	2019-2-1		GB/T 4728.3—2005	通用技术语言标准			
102-538	GB/T 4728.4—2018	电气简图用图形符号 第4部分：基本无源元件	2019-2-1		GB/T 4728.4—2005	通用技术语言标准			

续表

体系结构号	标准编号	标 准 名 称	实施日期	与国际标准对应关系	代替标准	阶段	分阶段	专业	分专业
102-539	GB/T 4728.5—2018	电气简图用图形符号 第5部分：半导体管和电子管	2019-2-1		GB/T 4728.5—2005	通用技术语言标准			
102-540	GB/T 4728.6—2008	电气简图用图形符号 第6部分：电能的发生与转换	2009-1-1	IEC 60617 DB，IDT	GB/T 4728.6—2000	通用技术语言标准			
102-541	GB/T 4728.7—2008	电气简图用图形符号 第7部分：开关、控制和保护器件	2009-1-1	IEC 60617 DB，IDT	GB/T 4728.7—2000	通用技术语言标准			
102-542	GB/T 4728.8—2008	电气简图用图形符号 第8部分：测量仪表、灯和信号器件	2009-1-1	IEC 60617 DB，IDT	GB/T 4728.8—2000	通用技术语言标准			
102-543	GB/T 4728.9—2008	电气简图用图形符号 第9部分：电信 交换和外围设备	2009-1-1	IEC 60617 DB，IDT	GB/T 4728.9—1999	通用技术语言标准			
102-544	GB/T 4728.10—2008	电气简图用图形符号 第10部分：电信 传输	2009-1-1	IEC 60617 DB，IDT	GB/T 4728.10—1999	通用技术语言标准			
102-545	GB/T 4728.11—2008	电气简图用图形符号 第11部分：建筑安装平面布置图	2009-1-1	IEC 60617 DB，IDT	GB/T 4728.11—2000	通用技术语言标准			
102-546	GB/T 4728.12—2008	电气简图用图形符号 第12部分：二进制逻辑元件	2009-1-1	IEC 60617 DB，IDT	GB/T 4728.12—1996	通用技术语言标准			
102-547	GB/T 4728.13—2008	电气简图用图形符号 第13部分：模拟元件	2009-1-1	IEC 60617 DB，IDT	GB/T 4728.13—1996	通用技术语言标准			
102-548	GB/T 5465.1—2009	电气设备用图形符号 第1部分：概述与分类	2009-11-1	IEC 60417: 2007，MOD		通用技术语言标准			
102-549	GB/T 5465.2—2008	电气设备用图形符号 第2部分：图形符号	2009-1-1	IEC 60417 DB: 2007，IDT	GB/T 5465.2—1996	通用技术语言标准			
102-550	GB/T 10001.1—2012	公共信息图形符号 第1部分：通用符号	2013-6-1		GB/T 10001.1—2006	通用技术语言标准			
102-551	GB/T 10001.10—2014	公共信息图形符号 第10部分：通用符号要素	2015-2-1			通用技术语言标准			
102-552	GB/T 10609.3—2009	技术制图 复制图的折叠方法	2010-9-1		GB/T 10609.3—1989	通用技术语言标准			
102-553	GB/T 11943—2008	锅炉制图	2008-7-1		GB/T 11943—1989	通用技术语言标准			

续表

体系结构号	标准编号	标 准 名 称	实施日期	与国际标准对应关系	代替标准	阶段	分阶段	专业	分专业
102-554	GB/T 14689—2008	技术制图 图纸幅面和格式	2009-1-1	ISO 5457: 1999，MOD	GB/T 14689—1993	通用技术语言标准			
102-555	GB/T 14690—1993	技术制图 比例	1994-7-1	ISO 5455: 1979，EQV	GB 4457.2—1984	通用技术语言标准			
102-556	GB/T 14691—1993	技术制图 字体	1994-7-1	ISO 3098/1: 1974，EQV	GB 4457.3—1984	通用技术语言标准			
102-557	GB/T 16273.1—2008	设备用图形符号 第 1 部分：通用符号	2009-1-1	ISO 7000: 2004，NEQ	GB/T 16273.1—1996	通用技术语言标准			
102-558	GB/T 16900—2008	图形符号表示规则 总则	2009-1-1		GB/T 16900—1997	通用技术语言标准			
102-559	GB/T 16901.2—2013	技术文件用图形符号表示规则 第 2 部分：图形符号（包括基准符号库中的图形符号）的计算机电子文件格式规范及其交换要求	2014-4-9	IEC 81714-2: 2006，MOD	GB/T 16901.2—2000	通用技术语言标准			
102-560	GB/T 16901.3—2009	技术文件用图形符号表示规则 第 3 部分：连接点、网络的分类及其编码	2009-11-1	IEC 81714-3: 2004，IDT	GB/T 16901.3—2003	通用技术语言标准			
102-561	GB/T 16902.1—2017	设备用图形符号表示规则 第 1 部分：符号原图的设计原则	2018-2-1		GB/T 16902.1—2004	通用技术语言标准			
102-562	GB/T 16902.2—2008	设备用图形符号表示规则 第 2 部分：箭头的形式和使用	2009-1-1	ISO 80416-2: 2001，MOD	GB/T 1252—1989	通用技术语言标准			
102-563	GB/T 16902.4—2017	设备用图形符号表示规则 第 4 部分：图形符号用作图标的重绘指南	2018-2-1		GB/T 16902.4—2010	通用技术语言标准			
102-564	GB/T 16902.5—2017	设备用图形符号表示规则 第 5 部分：图标的设计指南	2018-2-1			通用技术语言标准			
102-565	GB/T 18135—2008	电气工程 CAD 制图规则	2009-5-1		GB/T 18135—2000	通用技术语言标准			
102-566	GB/T 21654—2008	顺序功能表图用 GRAFCET 规范语言	2008-11-1	IEC 60848: 2002，IDT	GB/T 6988.6—1993	通用技术语言标准			

续表

体系结构号	标准编号	标 准 名 称	实施日期	与国际标准对应关系	代替标准	阶段	分阶段	专业	分专业
102-567	GB/T 23371.1—2013	电气设备用图形符号基本规则 第1部分：注册用图形符号的生成	2014-4-9	IEC 80416-1：2008，IDT	GB/T 5465.11—2007	通用技术语言标准			
102-568	GB/T 23371.2—2009	电气设备用图形符号基本规则 第2部分：箭头的形式与使用	2009-11-1			通用技术语言标准			
102-569	GB/T 23371.3—2009	电气设备用图形符号基本规则 第3部分：应用导则	2009-11-1	IEC 80416-3：2002，IDT		通用技术语言标准			
102-570	GB/T 24340—2009	工业机械电气图用图形符号	2010-2-1			通用技术语言标准			
102-571	GB/T 24341—2009	工业机械电气设备 电气图、图解和表的绘制	2010-2-1			通用技术语言标准			
102-572	GB/T 34043—2017	物联网智能家居 图形符号	2018-2-1			通用技术语言标准			
102-573	GB/T 35417—2017	设备用图形符号 计算机用图标	2018-4-1			通用技术语言标准			
102-574	GB/T 35706—2017	电网冰区分布图绘制技术导则	2018-7-1			通用技术语言标准			
102-575	GB/T 35968—2018	降水量图形产品规范	2018-9-1			通用技术语言标准			
102-576	GB/T 36290.2—2018	电站流程图 第2部分：图形符号	2019-1-1			通用技术语言标准			
102-577	GB/T 50103—2010	总图制图标准	2011-3-1		GB/T 50103—2001	通用技术语言标准			
102-578	GB/T 50104—2010	建筑制图标准	2011-3-1		GB/T 50104—2001	通用技术语言标准			
102-579	GB/T 50105—2010	建筑结构制图标准	2011-3-1		GB/T 50105—2001	通用技术语言标准			
102-580	GB/T 50106—2010	建筑给水排水制图标准	2011-3-1		GB/T 50106—2001	通用技术语言标准			
102-581	GB/T 50114—2010	暖通空调制图标准	2011-3-1		GB/T 50114—2001	通用技术语言标准			
102-582	IEC 60848—2013	顺序功能表图用 GRAFCET 规范语言	2013-2-27	EN 60848—2013，TDT	IEC 60848—2002	通用技术语言标准			

续表

体系结构号	标准编号	标 准 名 称	实施日期	与国际标准对应关系	代替标准	阶段	分阶段	专业	分专业
102-583	IEC 80416-3 Edition 1.1—2011	设备所用图形符号的基本原则 第3部分：图形符号应用指南	2011-10-18		IEC 80416-3—2002	通用技术语言标准			
103 量和单位									
103-1	T/CEC 107—2016	直流配电电压	2017-1-1			量和单位			
103-2	SL 2—2014	水利水电量和单位	2015-1-30		SL 2.1—1998；SL 2.2—1998；SL 2.3—1998	量和单位			
103-3	GB/T 156—2017	标准电压	2018-5-1	IEC 60038: 2009	GB/T 156—2007	量和单位			
103-4	GB/T 762—2002	标准电流等级	2002-12-1	IEC 60059: 1999，EQV	GB/T 762—1996	量和单位			
103-5	GB/T 1980—2005	标准频率	2006-4-1	IEC 60196: 1965，MOD	GB/T 1980—1996	量和单位			
103-6	GB 3100—1993	国际单位制及其应用	1994-7-1	ISO 1000: 1992，EQV	GB 3100—1986	量和单位			
103-7	GB/T 3101—1993	有关量、单位和符号的一般原则	2017-3-23	ISO 31-0: 1992	GB 3101—1993	量和单位			
103-8	GB/T 3102.1—1993	空间和时间的量和单位	2017-3-23	ISO 31-1: 1992	GB 3102.1—1993	量和单位			
103-9	GB/T 3102.3—1993	力学的量和单位	2017-3-23	ISO 31/3-92	GB 3102.3—1993	量和单位			
103-10	GB/T 3102.4—1993	热学的量和单位	2017-3-23	ISO 31/4-92	GB 3102.4—1993	量和单位			
103-11	GB/T 3102.5—1993	电学和磁学的量和单位	2017-3-23	ISO 31/5-92	GB 3102.5—1993	量和单位			
103-12	GB/T 3102.6—1993	光及有关电磁辐射的量和单位	2017-3-23	ISO 31/6-92	GB 3102.6—1993	量和单位			
103-13	GB/T 3102.7—1993	声学的量和单位	2017-3-23		GB 3102.7—1993	量和单位			
103-14	GB/T 3102.8—1993	物理化学和分子物理学的量和单位	2017-3-23	ISO 31-8: 1992	GB 3102.8—1993	量和单位			
103-15	GB/T 3102.9—1993	原子物理学和核物理学的量和单位	2017-3-23	ISO 31/9-92	GB 3102.9—1993	量和单位			
103-16	GB/T 3102.10—1993	核反应和电离辐射的量和单位	2017-3-23	ISO 31/10-92	GB 3102.10—1993	量和单位			
103-17	GB/T 3926—2007	中频设备额定电压	2008-3-1		GB/T 3926—1983	量和单位			
103-18	GB/T 9019—2015	压力容器公称直径	2016-7-1		GB/T 9019—2001	量和单位			
103-19	GB/T 14559—1993	变化量的符号和单位	1994-2-1	IEC 27-191A，REF；IEC 27-1，REF		量和单位			

续表

体系结构号	标准编号	标 准 名 称	实施日期	与国际标准对应关系	代替标准	阶段	分阶段	专业	分专业
104 数值与数据									
104-1	GB/T 2822—2005	标准尺寸	2005-12-1		GB/T 2822—1981	数值与数据			
104-2	GB/T 8170—2008	数值修约规则与极限数值的表示和判定	2009-1-1		GB/T 8170—1987；GB/T 1250—1989	数值与数据			
104-3	GB/T 16656.45—2013	工业自动化系统与集成 产品数据表达与交换 第45部分：集成通用资源：材料和其他工程特性	2014-6-1		GB/T 16656.45—2001	数值与数据			
104-4	GB/T 17564.1—2011	电气项目的标准数据元素类型和相关分类模式 第1部分：定义 原则和方法	2011-12-1	IEC 61360-1：2009，IDT	GB/T 17564.1—2005	数值与数据			
104-5	GB/T 17564.2—2013	电气元器件的标准数据元素类型和相关分类模式 第2部分：EXPRESS 字典模式	2014-4-9		GB/T 17564.2—2005	数值与数据			
104-6	GB/T 18784.2—2005	CAD/CAM 数据质量保证方法	2006-4-1			数值与数据			
104-7	GB/T 34052.1—2017	统计数据与元数据交换（SDMX） 第1部分：框架	2018-2-1			数值与数据			
104-8	GB/Z 34052.2—2017	统计数据与元数据交换（SDMX） 第2部分：信息模型 统一建模语言（UML）概念设计	2018-2-1			数值与数据			
104-9	IEC 60038—2009	IEC 标准电压	2009-6-17		IEC 60038—1983; IEC 60038—1983/Amd 1—1994；IEC 60038—1983/Amd 2—1997；IEC 60038—1983+Amd 1—1994+Amd 2—1997	数值与数据			
104-10	IEC 60059—1999+Amd 1—2009	IEC 标准电流额定值	2009-8-11			数值与数据			

续表

体系结构号	标准编号	标 准 名 称	实施日期	与国际标准对应关系	代替标准	阶段	分阶段	专业	分专业
105 互换性与精度标准及实现系列化标准									
105-1	NB/T 42023—2013	试验数据的测量不确定度处理	2014-4-1			互换性与精度标准及实现系列化标准			
105-2	GB/T 321—2005	优先数和优先数系	2005-12-1		GB/T 321—1980	互换性与精度标准及实现系列化标准			
105-3	GB/T 1031—2009	产品几何技术规范（GPS）表面结构 轮廓法 表面粗糙度参数及其数值	2009-11-1		GB/T 1031—1995	互换性与精度标准及实现系列化标准			
105-4	GB/T 1182—2018	产品几何技术规范（GPS）几何公差 形状、方向、位置和跳动公差标注	2019-4-1		GB/T 1182—2008	互换性与精度标准及实现系列化标准			
105-5	GB/T 1800.1—2009	产品几何技术规范（GPS）极限与配合 第1部分：公差、偏差和配合的基础	2009-11-1	ISO 286-1: 1988，MOD	GB 1800.1—1997；GB 1800.2—1998；GB 1800.3—1998	互换性与精度标准及实现系列化标准			
105-6	GB/T 1800.2—2009	产品几何技术规范（GPS）极限与配合 第2部分：标准公差等级和孔、轴极限偏差表	2009-11-1	ISO 286-2: 1988，MOD	GB/T 1800.4—1999	互换性与精度标准及实现系列化标准			
105-7	GB/T 1801—2009	产品几何技术规范（GPS）极限与配合 公差带和配合的选择	2009-11-1	ISO 1829: 1975，MOD	GB/T 1801—1999	互换性与精度标准及实现系列化标准			
105-8	GB/T 2828.1—2012	计数抽样检验程序 第1部分：按接收质量限（AQL）检索的逐批检验抽样计划	2013-2-15		GB/T 2828.1—2003	互换性与精度标准及实现系列化标准			
105-9	GB/T 2828.2—2008	计数抽样检验程序 第2部分：按极限质量LQ检索的孤立批检验抽样方案	2009-1-1	ISO 2859-2: 1985，NEQ	GB/T 15239—1994	互换性与精度标准及实现系列化标准			

续表

体系结构号	标准编号	标 准 名 称	实施日期	与国际标准对应关系	代替标准	阶段	分阶段	专业	分专业
105-10	GB/T 2828.4—2008	计数抽样检验程序 第4部分：声称质量水平的评定程序	2009-1-1	ISO 2859-4: 2002，MOD	GB/T 14162—1993；GB/T 14437—1997	互换性与精度标准及实现系列化标准			
105-11	GB/T 2828.11—2008	计数抽样检验程序 第11部分：小总体声称质量水平的评定程序	2009-1-1		GB/T 15482—1995	互换性与精度标准及实现系列化标准			
105-12	GB/T 4249—2018	产品几何技术规范（GPS）基础 概念、原则和规则	2019-4-1		GB/T 4249—2009	互换性与精度标准及实现系列化标准			
105-13	GB/T 16671—2018	产品几何技术规范（GPS）几何公差 最大实体要求（MMR）、最小实体要求（LMR）和可逆要求（RPR）	2019-4-1		GB/T 16671—2009	互换性与精度标准及实现系列化标准			
105-14	GB/T 17852—2018	产品几何技术规范（GPS）几何公差 轮廓度公差标注	2019-4-1		GB/T 17852—1999	互换性与精度标准及实现系列化标准			
105-15	GB/Z 26958.30—2017	产品几何技术规范（GPS）滤波 第30部分：稳健轮廓滤波器基本概念	2017-9-1	ISO/TS 16610-30: 2009		互换性与精度标准及实现系列化标准			
105-16	GB/T 27418—2017	测量不确定度评定和表示	2018-7-1	ISO/IEC Guide 98-3: 2008		互换性与精度标准及实现系列化标准			
105-17	GB/T 27419—2018	测量不确定度评定和表示 补充文件1：基于蒙特卡洛方法的分布传播	2018-12-1			互换性与精度标准及实现系列化标准			
105-18	GB/T 28863—2012	商品质量监督抽样检验程序 具有先验质量信息的情形	2013-2-15			互换性与精度标准及实现系列化标准			

续表

体系结构号	标准编号	标 准 名 称	实施日期	与国际标准对应关系	代替标准	阶段	分阶段	专业	分专业
105-19	GB/T 33523.2—2017	产品几何技术规范（GPS）表面结构区域法 第 2 部分：术语、定义及表面结构参数	2018-5-1	ISO 25178-2: 2012		互换性与精度标准及实现系列化标准			
105-20	GB/T 33523.6—2017	产品几何技术规范（GPS）表面结构区域法 第 6 部分：表面结构测量方法的分类	2017-9-1	ISO 25178-6: 2010		互换性与精度标准及实现系列化标准			
105-21	GB/T 33523.601—2017	产品几何技术规范（GPS）表面结构区域法 第 601 部分：接触（触针）式仪器的标称特性	2017-9-1	ISO 25178-601: 2010		互换性与精度标准及实现系列化标准			
105-22	GB/T 33523.701—2017	产品几何技术规范（GPS）表面结构区域法 第 701 部分：接触（触针）式仪器的校准与测量标准	2017-9-1	ISO 25178-701: 2010		互换性与精度标准及实现系列化标准			
105-23	GB/T 34634—2017	产品几何技术规范（GPS）光滑工件尺寸（500mm～10000mm）测量 计量器具选择	2018-4-1			互换性与精度标准及实现系列化标准			
105-24	GB/T 34874.3—2017	产品几何技术规范（GPS）X 射线三维尺寸测量机 第 3 部分：验收检测和复检检测	2018-5-1			互换性与精度标准及实现系列化标准			
105-25	GB/T 34879—2017	产品几何技术规范（GPS）光学共焦显微镜计量特性及测量不确定度评定导则	2018-5-1			互换性与精度标准及实现系列化标准			
105-26	GB/T 34881—2017	产品几何技术规范（GPS）坐标测量机的检测不确定度评估指南	2018-5-1	ISO/TS 23165: 2006		互换性与精度标准及实现系列化标准			
105-27	GB/T 34890—2017	产品几何技术规范（GPS）数字摄影三坐标测量系统的验收检测和复检检测	2018-5-1			互换性与精度标准及实现系列化标准			

续表

体系结构号	标准编号	标 准 名 称	实施日期	与国际标准对应关系	代替标准	阶段	分阶段	专业	分专业
105-28	JJF 1059.1—2012	测量不确定度评定与表示	2013-6-3		JJF 1059—1999	互换性与精度标准及实现系列化标准			
105-29	JJF 1059.2—2012	用蒙特卡洛法评定测量不确定度	2013-6-21			互换性与精度标准及实现系列化标准			
106　环境保护、安全通用标准									
——环保									
106-1	DL/T 5252—2010	火力发电厂环境影响评价气象测试技术规定	2010-10-1		SDGJ 95—1990	环境保护、安全通用标准			
106-2	JB/T 4160—2013	电工产品热带自然环境条件	2014-7-1		JB/T 4160—1999	环境保护、安全通用标准			
106-3	JB/T 4375—2013	电工产品户内户外腐蚀场所使用环境条件	2013-12-31		JB/T 4375—1999	环境保护、安全通用标准			
106-4	JB/T 9535—2013	户内户外防腐电工产品环境技术要求	2014-7-1		JB/T 9535—1999	环境保护、安全通用标准			
106-5	JB/T 9536—2013	户内户外防腐低压电器环境技术要求	2014-7-1		JB/T 9536—1999	环境保护、安全通用标准			
106-6	LD 80—1995	噪声作业分级	1996-6-1	ISO TC43 ISO R1999，EQV		环境保护、安全通用标准			
106-7	HJ 2.1—2016	建设项目环境影响评价技术导则　总纲	2017-1-1		HJ 2.1—2011	环境保护、安全通用标准			
106-8	HJ/T 2.3—1993	环境影响评价技术导则　地面水环境	1994-4-1			环境保护、安全通用标准			

续表

体系结构号	标准编号	标准名称	实施日期	与国际标准对应关系	代替标准	阶段	分阶段	专业	分专业
106-9	HJ 2.4—2009	环境影响评价技术导则 声环境	2010-4-1		HJ/T 2.4—1995	环境保护、安全通用标准			
106-10	HJ/T 13—1996	火电厂建设项目环境影响报告书编制规范	1996-6-1			环境保护、安全通用标准			
106-11	HJ/T 88—2003	环境影响评价技术导则 水利水电工程	2003-7-1		SDJ 302—1988	环境保护、安全通用标准			
106-12	HJ 772—2015	环境统计技术规范 污染源统计	2016-1-1			环境保护、安全通用标准			
106-13	HJ 2300—2018	污染防治可行技术指南编制导则	2018-3-1			环境保护、安全通用标准			
106-14	HJ 2543—2016	环境标志产品技术要求 干式电力变压器	2017-1-1		HJ/T 224—2005	环境保护、安全通用标准			
106-15	GBJ 122—1988	工业企业噪声测量规范	1988-12-1			环境保护、安全通用标准			
106-16	GB/T 2423.3—2016	环境试验 第2部分：试验方法 试验Cab：恒定湿热试验	2017-7-1	IEC 60068-2-78: 2012	GB/T 2423.3—2006	环境保护、安全通用标准			
106-17	GB/T 2424.1—2015	环境试验 第3部分：支持文件及导则 低温和高温试验	2016-5-1		GB/T 2424.1—2005	环境保护、安全通用标准			
106-18	GB 3096—2008	声环境质量标准	2008-10-1		GB 3096—1993；GB/T 14623—1993	环境保护、安全通用标准			
106-19	GB/T 3222.1—2006	声学 环境噪声的描述、测量与评价 第1部分：基本参量与评价方法	2006-12-1	ISO 1996-1: 2003，IDT	GB/T 3222—1994	环境保护、安全通用标准			
106-20	GB/T 4797.2—2017	环境条件分类 自然环境条件 气压	2018-7-1	IEC 60721-2-3: 2013	GB/T 4797.2—2005	环境保护、安全通用标准			

续表

体系结构号	标准编号	标 准 名 称	实施日期	与国际标准对应关系	代替标准	阶段	分阶段	专业	分专业
106-21	GB/T 5468—1991	锅炉烟尘测试方法	1992-8-1		GB 5468—1985	环境保护、安全通用标准			
106-22	GB/T 6999—2010	环境试验用相对湿度查算表	2011-5-1		GB/T 6999—1986	环境保护、安全通用标准			
106-23	GB 10070—1988	城市区域环境振动标准	1989-7-1			环境保护、安全通用标准			
106-24	GB/T 11369—2008	轻型燃气轮机烟气污染物测量	2009-1-1		GB 11369—1989；GB 11370—1989	环境保护、安全通用标准			
106-25	GB 12348—2008	工业企业厂界环境噪声排放标准	2008-10-1		GB 12348—1990；GB 12349—1990	环境保护、安全通用标准			
106-26	GB 12523—2011	建筑施工场界环境噪声排放标准	2012-7-1		GB 12523—1990；GB 12524—1990	环境保护、安全通用标准			
106-27	GB/T 13616—2009	数字微波接力站电磁环境保护要求	2017-3-23		GB 13616—2009	环境保护、安全通用标准			
106-28	GB 13690—2009	化学品分类和危险性公示通则	2010-5-1	GHS ST/SG/AC.10/30/Rev.2，NEQ	GB 13690—1992	环境保护、安全通用标准			
106-29	GB/T 14367—2006	声学 噪声源声功率级的测定 基础标准使用指南	2006-12-1	ISO 3740—2000，MOD	GB/T 14367—1993	环境保护、安全通用标准			
106-30	GB/T 15265—1994	环境空气 降尘的测定 重量法	1995-6-1			环境保护、安全通用标准			
106-31	GB 18483—2001	饮食业油烟排放标准	2002-1-1		GWPB 5—2000	环境保护、安全通用标准			
106-32	GB/T 18883—2002	室内空气质量标准	2003-3-1			环境保护、安全通用标准			

续表

体系结构号	标准编号	标 准 名 称	实施日期	与国际标准对应关系	代替标准	阶段	分阶段	专业	分专业
106-33	GB/T 19886—2005	声学 隔声罩和隔声间噪声控制指南	2006-4-1	ISO 15667: 2000，IDT		环境保护、安全通用标准			
106-34	GB/T 24001—2016	环境管理体系 要求及使用指南	2017-5-1	ISO 14001: 2015	GB/T 24001—2004	环境保护、安全通用标准			
106-35	GB/T 24004—2017	环境管理体系 通用实施指南	2018-7-1	ISO 14004: 2016	GB/T 24004—2004	环境保护、安全通用标准			
106-36	GB/T 24020—2000	环境管理 环境标志和声明 通用原则	2000-10-1	ISO 14020: 1998，IDT		环境保护、安全通用标准			
106-37	GB/T 36381—2018	废弃液体化学品分类规范	2019-1-1			环境保护、安全通用标准			
106-38	GB/T 50121—2005	建筑隔声评价标准	2005-10-1		GBJ 121—1988	环境保护、安全通用标准			
106-39	GB/T 50378—2014	绿色建筑评价标准（附条文说明）	2015-1-1		GB/T 50378—2006	环境保护、安全通用标准			
106-40	GB 50433—2008	开发建设项目水土保持技术规范	2008-7-1		SL 204—1998	环境保护、安全通用标准			
106-41	GB/T 51141—2015	既有建筑绿色改造评价标准	2016-8-1			环境保护、安全通用标准			
——安全									
106-42	DL/T 325—2010	电力行业职业健康监护技术规范	2011-5-1			环境保护、安全通用标准			
106-43	DL/T 477—2010	农村电网低压电气安全工作规程	2011-5-1		DL 477—2001	环境保护、安全通用标准			

续表

体系结构号	标准编号	标准名称	实施日期	与国际标准对应关系	代替标准	阶段	分阶段	专业	分专业
106-44	DL 493—2015	农村低压安全用电规程	2015-9-1		DL 493—2001	环境保护、安全通用标准			
106-45	DL/T 692—2018	电力行业紧急救护技术规范	2018-7-1		DL/T 692—2008	环境保护、安全通用标准			
106-46	DL/T 1004—2018	电力企业管理体系整合导则	2018-10-1		DL/T 1004—2006	环境保护、安全通用标准			
106-47	DL/T 1345—2014	直升机电力作业安全工作规程	2015-3-1			环境保护、安全通用标准			
106-48	DL/T 1500—2016	电网气象灾害预警系统技术规范	2016-6-1			环境保护、安全通用标准			
106-49	HJ 941—2018	企业突发环境事件风险分级方法	2018-3-1			环境保护、安全通用标准			
106-50	SL 214—2015	水闸安全评价导则	2015-4-21		SL 214—1998	环境保护、安全通用标准			
106-51	SL 258—2017	水库大坝安全评价导则	2017-4-9		SL 258—2000	环境保护、安全通用标准			
106-52	SL/Z 679—2015	堤防工程安全评价导则	2015-4-21			环境保护、安全通用标准			
106-53	JGJ/T 77—2010	施工企业安全生产评价标准	2010-11-1		JGJ/T 77—2003	环境保护、安全通用标准			
106-54	AQ/T 9006—2010	企业安全生产标准化基本规范	2010-6-1			环境保护、安全通用标准			
106-55	QX/T 97—2008	用电需求气象条件等级	2018-8-1			环境保护、安全通用标准			

续表

体系结构号	标准编号	标 准 名 称	实施日期	与国际标准对应关系	代替标准	阶段	分阶段	专业	分专业
106-56	QX/T 104—2009	接地降阻剂	2009-11-1			环境保护、安全通用标准			
106-57	QX/T 105—2018	雷电防护装置施工质量验收规范	2019-4-1		QX/T 105—2009	环境保护、安全通用标准			
106-58	QX/T 116—2018	重大气象灾害应急响应启动等级	2019-4-1		QX/T 116—2010	环境保护、安全通用标准			
106-59	QX/T 309—2017	防雷安全管理规范	2018-4-1		QX/T 309—2015	环境保护、安全通用标准			
106-60	QX/T 317—2016	防雷装置检测质量考核通则	2016-10-1			环境保护、安全通用标准			
106-61	QX/T 325—2016	电网运行气象预报预警服务产品	2016-11-1			环境保护、安全通用标准			
106-62	QX/T 341—2016	降雨过程强度等级	2017-3-1			环境保护、安全通用标准			
106-63	QX/T 344—2016	卫星遥感火情监测方法 第一部分总则	2017-3-1			环境保护、安全通用标准			
106-64	QX/T 393—2017	冷空气过程监测指标	2018-3-1			环境保护、安全通用标准			
106-65	SN/T 3060—2011	危险品风险管理通则	2012-4-1			环境保护、安全通用标准			
106-66	GBZ 230—2010	职业性接触毒物危害程度分级	2010-11-1		GB 5044—1985	环境保护、安全通用标准			
106-67	GBZ/T 277—2016	职业病危害评价通则	2017-5-1			环境保护、安全通用标准			

续表

体系结构号	标准编号	标 准 名 称	实施日期	与国际标准对应关系	代替标准	阶段	分阶段	专业	分专业
106-68	GB 2893—2008	安全色	2009-10-1	ISO 3864-1: 2002，MOD	GB 2893—2001	环境保护、安全通用标准			
106-69	GB/T 2893.1—2013	图形符号 安全色和安全标志 第1部分：安全标志和安全标记的设计原则	2013-11-30		GB/T 2893.1—2004	环境保护、安全通用标准			
106-70	GB/T 3608—2008	高处作业分级	2009-6-1		GB/T 3608—1993	环境保护、安全通用标准			
106-71	GB/T 4208—2017	外壳防护等级（IP代码）	2018-2-1	IEC 60529: 2013	GB/T 4208—2008	环境保护、安全通用标准			
106-72	GB 5083—1999	生产设备安全卫生设计总则	1999-12-1	DIN 31000/VDE 1000: 1993，REF；γ OCT 12. 2.003: 1992，REF	GB 5083—1985	环境保护、安全通用标准			
106-73	GB/T 6721—1986	企业职工伤亡事故经济损失统计标准	1987-5-1			环境保护、安全通用标准			
106-74	GB 6722—2014	爆破安全规程	2015-7-1		GB 6722—2003	环境保护、安全通用标准			
106-75	GB 6722—2014/XG1—2016	《爆破安全规程》国家标准第1号修改单	2017-1-3			环境保护、安全通用标准			
106-76	GB/T 12801—2008	生产过程安全卫生要求总则	2009-10-1		GB 12801—1991	环境保护、安全通用标准			
106-77	GB/T 13869—2017	用电安全导则	2018-7-1		GB/T 13869—2008	环境保护、安全通用标准			
106-78	GB/T 14711—2013	中小型旋转电机通用安全要求	2017-3-23		GB 14711—2013	环境保护、安全通用标准			
106-79	GB/T 15499—1995	事故伤害损失工作日标准	1995-10-1			环境保护、安全通用标准			

续表

体系结构号	标准编号	标 准 名 称	实施日期	与国际标准对应关系	代替标准	阶段	分阶段	专业	分专业
106-80	GB/T 17094—1997	室内空气中二氧化碳卫生标准	1998-1-2			环境保护、安全通用标准			
106-81	GB/T 17095—1997	室内空气中可吸入颗粒物卫生标准	1998-1-2			环境保护、安全通用标准			
106-82	GB 17914—2013	易燃易爆性商品储存养护技术条件	2014-7-1		GB 17914—1999	环境保护、安全通用标准			
106-83	GB 18218—2018	危险化学品重大危险源辨识	2019-3-1		GB 18218—2009	环境保护、安全通用标准			
106-84	GB 19517—2009	国家电气设备安全技术规范	2010-10-1		GB 19517—2004	环境保护、安全通用标准			
106-85	GB/T 22696.1—2008	电气设备的安全　风险评估和风险降低　第 1 部分：总则	2009-11-1			环境保护、安全通用标准			
106-86	GB/T 22696.2—2008	电气设备的安全　风险评估和风险降低　第 2 部分：风险分析和风险评价	2009-11-1			环境保护、安全通用标准			
106-87	GB/T 22696.3—2008	电气设备的安全　风险评估和风险降低　第 3 部分：危险、危险处境和危险事件的示例	2009-11-1			环境保护、安全通用标准			
106-88	GB/T 22696.4—2011	电气设备的安全　风险评估和风险降低　第 4 部分：风险降低	2011-12-1			环境保护、安全通用标准			
106-89	GB/T 22696.5—2011	电气设备的安全　风险评估和风险降低　第 5 部分：风险评估和降低风险的方法示例	2011-12-1			环境保护、安全通用标准			
106-90	GB/T 25295—2010	电气设备安全设计导则	2011-5-1			环境保护、安全通用标准			

续表

体系结构号	标准编号	标 准 名 称	实施日期	与国际标准对应关系	代替标准	阶段	分阶段	专业	分专业
106-91	GB/T 28001—2011	职业健康安全管理体系要求	2012-2-1	OHSAS 18001: 2007，IDT	GB/T 28001—2001	环境保护、安全通用标准			
106-92	GB/T 28002—2011	职业健康安全管理体系实施指南	2012-2-1	OHSAS 18002: 2008，IDT	GB/T 28002—2002	环境保护、安全通用标准			
106-93	GB 28644.1—2012	危险货物例外数量及包装要求	2012-12-1			环境保护、安全通用标准			
106-94	GB 28644.2—2012	危险货物有限数量及包装要求	2012-12-1			环境保护、安全通用标准			
106-95	GB 28645.2—2012	危险品检验安全规范　密封蓄电池	2012-12-1			环境保护、安全通用标准			
106-96	GB/T 29480—2013	接近电气设备的安全导则	2013-7-1			环境保护、安全通用标准			
106-97	GB/T 29481—2013	电气安全标志	2013-12-1			环境保护、安全通用标准			
106-98	GB/T 30146—2013	公共安全　业务连续性管理体系　要求	2014-5-1			环境保护、安全通用标准			
106-99	GB/T 31595—2015	公共安全　业务连续性管理体系　指南	2016-1-1			环境保护、安全通用标准			
106-100	GB/T 32936—2016	爆炸危险场所雷击风险评价方法	2017-3-1			环境保护、安全通用标准			
106-101	GB/T 33000—2016	企业安全生产标准化基本规范	2017-4-1			环境保护、安全通用标准			
106-102	GB/Z 33586—2017	降低户外雷击风险的安全措施	2017-12-1	IEC/TR 62713: 2013		环境保护、安全通用标准			

续表

体系结构号	标准编号	标 准 名 称	实施日期	与国际标准对应关系	代替标准	阶段	分阶段	专业	分专业
106-103	GB/T 34065—2017	分析仪器的安全要求	2018-2-1	IEC 61010-2-081: 2001		环境保护、安全通用标准			
106-104	GB/T 35047—2018	公共安全　大规模疏散　规划指南	2018-11-1			环境保护、安全通用标准			
106-105	GB/T 35227—2017	地面气象观测规范　风向和风速	2018-7-1			环境保护、安全通用标准			
106-106	GB/T 35228—2017	地面气象观测规范　降水量	2018-7-1			环境保护、安全通用标准			
106-107	GB/T 35229—2017	地面气象观测规范　雪深与雪压	2018-7-1			环境保护、安全通用标准			
106-108	GB/T 35237—2017	地面气象观测规范　自动观测	2018-7-1			环境保护、安全通用标准			
106-109	GB/T 35625—2017	公共安全　业务连续性管理体系　业务影响分析指南（BIA）	2018-6-1			环境保护、安全通用标准			
106-110	GB/T 36743—2018	森林火险气象等级	2019-4-1			环境保护、安全通用标准			
106-111	GB/T 37104—2018	包装　触摸危险警示　要求	2019-7-1			环境保护、安全通用标准			
106-112	GB 50194—2014	建设工程施工现场供用电安全规范	2015-1-1		GB 50194—1993	环境保护、安全通用标准			
106-113	JJG 46—2005	施工现场临时用电安全技术规范	2005-7-1		JJG 46—1988	环境保护、安全通用标准			
106-114	IEC 60529—1989/Amd 2—2013/ Cor 1—2019	外壳防护等级（TP 代码）	2019-1-16			环境保护、安全通用标准			

续表

体系结构号	标准编号	标 准 名 称	实施日期	与国际标准对应关系	代替标准	阶段	分阶段	专业	分专业
107 各专业的技术指导通则或导则									
107-1	Q/CSG 10012—2005	城市配电网技术导则	2006-1-1			各专业的技术指导通则或导则			
107-2	Q/CSG 11006—2009	数字化变电站技术规范	2009-11-26			各专业的技术指导通则或导则			
107-3	Q/CSG 1107001—2018	南方电网 35kV～500kV 变电站装备技术导则（变电一次分册）			Q/CSG 1203004.1—2014	各专业的技术指导通则或导则			
107-4	Q/CSG 1107003—2019	35kV～500kV 交流输电线路装备技术导则	2019-2-27		Q/CSG 1203004.2—2015	各专业的技术指导通则或导则			
107-5	Q/CSG 1203004.3—2017	南方电网公司 20kV 及以下电网装备技术导则	2017-1-3		Q/CSG 1203004.3—2014	各专业的技术指导通则或导则			
107-6	Q/CSG 1203005—2015	南方电网电力二次装备技术导则	2015-8-12			各专业的技术指导通则或导则			
107-7	T/CEC 101.1—2016	能源互联网 第 1 部分：总则	2017-1-1			各专业的技术指导通则或导则			
107-8	DL/T 876—2004	带电作业绝缘配合导则	2004-6-1			各专业的技术指导通则或导则			
107-9	DL/T 1406—2015	配电自动化技术导则	2015-9-1			各专业的技术指导通则或导则			
107-10	DL/T 1412—2015	优质电力园区供电技术规范	2015-9-1			各专业的技术指导通则或导则			
107-11	DL/T 1439—2015	镇村户配电技术导则	2015-9-1			各专业的技术指导通则或导则			

续表

体系结构号	标准编号	标 准 名 称	实施日期	与国际标准对应关系	代替标准	阶段	分阶段	专业	分专业
107-12	DL/T 1773—2017	电力系统电压和无功电力技术导则	2018-6-1		SD 325—1989	各专业的技术指导通则或导则			
107-13	DL/T 5416—2009	水工建筑物强震动安全监测技术规范	2009-12-1			各专业的技术指导通则或导则			
107-14	NB/T 41009—2017	定制电力技术导则	2018-3-1			各专业的技术指导通则或导则			
107-15	SD 131—1984	电力系统技术导则	1984-12-24			各专业的技术指导通则或导则			
107-16	GB/T 9969—2008	工业产品使用说明书 总则	2009-5-1			各专业的技术指导通则或导则			
107-17	GB/T 15587—2008	工业企业能源管理导则	2009-5-1		GB/T 15587—1995	各专业的技术指导通则或导则			
107-18	GB/T 19001—2016	质量管理体系 要求	2017-7-1	ISO 9001: 2008，IDT	GB/T 19001—2008	各专业的技术指导通则或导则			
107-19	GB/T 19002—2018	质量管理体系 GB/T 19001—2016 应用指南	2019-7-1			各专业的技术指导通则或导则			
107-20	GB/T 19028—2018	质量管理 人员参与和能力指南	2019-7-1			各专业的技术指导通则或导则			
107-21	GB/T 25296—2010	电气设备安全通用试验导则	2011-5-1			各专业的技术指导通则或导则			
107-22	GB/Z 26854—2011	电特性的标准化	2011-12-1	IEC/TR 62510: 2008，IDT		各专业的技术指导通则或导则			
107-23	GB/Z 28805—2012	能源系统需求开发的智能电网方法	2013-5-1			各专业的技术指导通则或导则			

续表

体系结构号	标准编号	标准名称	实施日期	与国际标准对应关系	代替标准	阶段	分阶段	专业	分专业
107-24	GB/T 30155—2013	智能变电站技术导则	2014-8-1			各专业的技术指导通则或导则			
107-25	GB/T 33602—2017	电力系统通用服务协议	2017-12-1			各专业的技术指导通则或导则			
107-26	NFPA 900—2019	建筑物能源法规	2019-1-1		NFPA 900—2016	各专业的技术指导通则或导则			
107-27	IEC 60071-1—2011	绝缘配合　第1部分：定义、原理和规则	2011-3-30			各专业的技术指导通则或导则			
107-28	IEC 62305-1—2010	雷电防护　第1部分：一般原则	2010-12-9	EN 62305-1—2011，MOD；COST R IEC 62305-1—2010，IDT	IEC 62305-1—2006	各专业的技术指导通则或导则			
107-29	IEC 62305-2—2010	雷电防护　第2部分：风险管理	2010-12-9	COST R IEC 62305-2—2010，IDT	IEC 62305-2—2006	各专业的技术指导通则或导则			
107-30	IEC 62305-3—2010	雷电防护　第3部分：建筑物的物理损害和生命危险	2010-12-9	EN 62305-3—2011，MOD	IEC 62305-3—2006	各专业的技术指导通则或导则			
107-31	IEC 62305-4—2010	雷电防护　第4部分：建筑物中电气和电子系统	2010-12-9	EN 62345-4—2011，MOD	IEC 62305-4—2006	各专业的技术指导通则或导则			
107-32	ISO/IEC 31010—2009	风险管理风险评估技术	2009-11-27	NF C20-300-3-9—2010，IDT	IEC 60300-3-9—1995	各专业的技术指导通则或导则			
201　规划设计									
201.1　规划设计-基础综合									
201.1-1	Q/CSG 11516—2009	500kV及以上交直流输变电工程可行性研究内容深度规定	2009-10-13			规划	规划	基础综合	
201.1-2	Q/CSG 1201003—2015	220kV及以上电网规划技术原则（系统一次部分）	2015-4-10			规划	规划	基础综合	

续表

体系结构号	标准编号	标 准 名 称	实施日期	与国际标准对应关系	代替标准	阶段	分阶段	专业	分专业
201.1-3	Q/CSG 1201014—2016	变电站和换流站噪声控制设计规程	2017-1-1			设计、采购、建设、运维、修试	初设、施工图、招标、品控、施工工艺、验收与质量评定、试运行、运行、维护、检修、试验	基础综合	
201.1-4	Q/CSG 1201018—2017	南方电网提高综合防灾保障能力规划设计原则	2017-8-1			规划、设计、采购、建设、运维、修试	规划、初设、施工图、招标、品控、施工工艺、验收与质量评定、试运行、运行、维护、检修、试验	基础综合	
201.1-5	T/CEC 106—2016	微电网规划设计评价导则	2017-1-1			规划、设计	规划、初设、施工图	基础综合	
201.1-6	DL/T 256—2012	城市电网供电安全标准	2012-7-1			设计、采购、建设、运维、修试	初设、施工图、招标、品控、施工工艺、验收与质量评定、试运行、运行、维护、检修、试验	基础综合	
201.1-7	DL/T 562—1995	高海拔污秽地区悬式绝缘子串片数选用导则	1995-10-1			设计、采购、建设、运维、修试、退役	初设、施工图、招标、品控、施工工艺、验收与质量评定、试运行、运行、维护、检修、试验、退役、报废	基础综合	
201.1-8	DL/T 575.2—1999	控制中心人机工程设计导则 第2部分：视野与视区划分	2000-7-1		DL/T 575.1—1995	设计、采购、建设、运维、修试	初设、施工图、招标、品控、施工工艺、验收与质量评定、试运行、运行、维护、检修、试验	基础综合	
201.1-9	DL/T 575.3—1999	控制中心人机工程设计导则 第3部分：手可及范围与操作区划分	2000-7-1			设计、采购、建设、运维、修试	初设、施工图、招标、品控、施工工艺、验收与质量评定、试运行、运行、维护、检修、试验	基础综合	
201.1-10	DL/T 575.4—1999	控制中心人机工程设计导则 第4部分：受限空间尺寸	2000-7-1			设计、采购、建设、运维、修试	初设、施工图、招标、品控、施工工艺、验收与质量评定、试运行、运行、维护、检修、试验	基础综合	

续表

体系结构号	标准编号	标 准 名 称	实施日期	与国际标准对应关系	代替标准	阶段	分阶段	专业	分专业
201.1-11	DL/T 575.5—1999	控制中心人机工程设计导则 第5部分：控制中心设计原则	2000-7-1			设计、采购、建设、运维、修试	初设、施工图、招标、品控、施工工艺、验收与质量评定、试运行、运行、维护、检修、试验	基础综合	
201.1-12	DL/T 575.6—1999	控制中心人机工程设计导则 第6部分：控制中心总体布局原则	2000-7-1			设计、采购、建设、运维、修试	初设、施工图、招标、品控、施工工艺、验收与质量评定、试运行、运行、维护、检修、试验	基础综合	
201.1-13	DL/T 575.7—1999	控制中心人机工程设计导则 第7部分：控制室的布局	2000-7-1			设计、采购、建设、运维、修试	初设、施工图、招标、品控、施工工艺、验收与质量评定、试运行、运行、维护、检修、试验	基础综合	
201.1-14	DL/T 575.8—1999	控制中心人机工程设计导则 第8部分：工作站的布局和尺寸	2000-7-1			设计、采购、建设、运维、修试	初设、施工图、招标、品控、施工工艺、验收与质量评定、试运行、运行、维护、检修、试验	基础综合	
201.1-15	DL/T 575.9—1999	控制中心人机工程设计导则 第9部分：显示器、控制器及相互作用	2000-7-1			设计、采购、建设、运维、修试	初设、施工图、招标、品控、施工工艺、验收与质量评定、试运行、运行、维护、检修、试验	基础综合	
201.1-16	DL/T 575.10—1999	控制中心人机工程设计导则 第10部分：环境要求原则	2000-7-1			设计、采购、建设、运维、修试	初设、施工图、招标、品控、施工工艺、验收与质量评定、试运行、运行、维护、检修、试验	基础综合	
201.1-17	DL/T 575.11—1999	控制中心人机工程设计导则 第11部分：控制室的评价原则	2000-7-1			设计、采购、建设、运维、修试	初设、施工图、招标、品控、施工工艺、验收与质量评定、试运行、运行、维护、检修、试验	基础综合	
201.1-18	DL/T 575.12—1999	控制中心人机工程设计导则 第12部分：视觉显示终端（VDT）工作站	2000-7-1			设计、采购、建设、运维、修试	初设、施工图、招标、品控、施工工艺、验收与质量评定、试运行、运行、维护、检修、试验	基础综合	
201.1-19	DL/T 620—1997	交流电气装置的过电压保护和绝缘配合	1997-10-1		SDJ 7—1979	设计、采购、建设、运维、修试、退役	初设、施工图、招标、品控、施工工艺、验收与质量评定、试运行、运行、维护、检修、试验、退役、报废	基础综合	

续表

体系结构号	标准编号	标准名称	实施日期	与国际标准对应关系	代替标准	阶段	分阶段	专业	分专业
201.1-20	DL/T 1344—2014	干扰性用户接入电力系统技术规范	2015-3-1			设计、采购、建设、运维、修试、退役	初设、施工图、招标、品控、施工工艺、验收与质量评定、试运行、运行、维护、检修、试验、退役、报废	基础综合	
201.1-21	DL/T 1678—2016	电力工程接地降阻技术规范	2017-5-1			设计、建设	初设、施工图、施工工艺、验收与质量评定、试运行	基础综合	
201.1-22	DL/T 5034—2006	电力工程水文地质勘测技术规程	2006-10-1		DL/T 5034—1994	设计	初设、施工图	基础综合	
201.1-23	DL/T 5093—2016	电力岩土工程勘测资料整编技术规程	2016-6-1		DL/T 5093—1999	设计	初设、施工图	基础综合	
201.1-24	DL/T 5118—2010	农村电力网规划设计导则	2011-5-1		DL/T 5118—2000	规划、设计、采购、建设、运维、修试、退役	规划、初设、施工图、招标、品控、施工工艺、验收与质量评定、试运行、运行、维护、检修、试验、退役、报废	基础综合	
201.1-25	DL/T 5136—2012	火力发电厂、变电站二次接线设计技术规程	2013-3-1		DL/T 5136—2001	规划、设计、采购、建设、运维、修试、退役	规划、初设、施工图、招标、品控、施工工艺、验收与质量评定、试运行、运行、维护、检修、试验、退役、报废	基础综合	
201.1-26	DL/T 5159—2012	电力工程物探技术规程	2012-12-1		DL/T 5159—2002	设计	初设、施工图	基础综合	
201.1-27	DL/T 5160—2015	电力工程岩土描述技术规程	2015-9-1		DL/T 5160—2002	设计	初设、施工图	基础综合	
201.1-28	DL/T 5222—2005	导体和电器选择设计技术规定	2005-6-1		SDGJ 14—1986	设计、采购、建设、运维、修试、退役	初设、施工图、招标、品控、施工工艺、验收与质量评定、试运行、运行、维护、检修、试验、退役、报废	基础综合	
201.1-29	DL/T 5229—2016	电力工程竣工图文件编制规定	2016-6-1		DL/T 5229—2005	设计	施工图	基础综合	
201.1-30	DL/T 5408—2009	发电厂、变电站电子信息系统 220/380V 电源电涌保护配置、安装及验收规程	2009-12-1			设计、采购、建设、运维、修试、退役	初设、施工图、招标、品控、施工工艺、验收与质量评定、试运行、运行、维护、检修、试验、退役、报废	基础综合	

续表

体系结构号	标准编号	标准名称	实施日期	与国际标准对应关系	代替标准	阶段	分阶段	专业	分专业
201.1-31	DL/T 5429—2009	电力系统设计技术规程	2009-12-1		SDJ 161—1985	设计、采购、建设、运维、修试、退役	初设、施工图、招标、品控、施工工艺、验收与质量评定、试运行、运行、维护、检修、试验、退役、报废	基础综合	
201.1-32	DL/T 5444—2010	电力系统设计内容深度规定	2010-12-15			设计	初设、施工图	基础综合	
201.1-33	DL/T 5448—2012	输变电工程可行性研究内容深度规定	2012-3-1			规划	规划	基础综合	
201.1-34	DL/T 5506—2015	电力系统继电保护设计技术规范	2015-12-1			设计、采购、建设、运维、修试、退役	初设、施工图、招标、品控、施工工艺、验收与质量评定、试运行、运行、维护、检修、试验、退役、报废	基础综合	
201.1-35	DL/T 5522—2017	特高压输变电工程压覆矿产资源调查内容深度规定	2017-8-1			规划	规划	基础综合	
201.1-36	DL/T 5543—2018	特高压输变电工程环境影响评价内容深度规定	2018-10-1			规划	规划	基础综合	
201.1-37	DLGJ 134—1997	电力工程设计文件质量特性和质量评定实施细则（试行）	1997-10-1			设计	初设、施工图	基础综合	
201.1-38	DLGJ 137—1997	电力工程标准设计分类编号及项目名称	1997-9-19			设计	初设、施工图	基础综合	
201.1-39	DLGJ 141—1998	电力勘测设计科研管理办法	1998-6-5		1990 年颁发《电力勘测设计科研管理办法》	设计	初设、施工图	基础综合	
201.1-40	DLGJ 148—1997	电力优秀工程勘测、设计评选管理办法	1997-2-24			设计	初设、施工图	基础综合	
201.1-41	DLGJ 155—2000	电力勘测设计声像档案管理办法	2001-1-1		《电力勘测设计科技文件材料立卷归档办法》（DLGJ 105-91）；1992 年颁发的《声像档案管理办法》	设计	初设、施工图	基础综合	
201.1-42	DLGJ 159.1—2001	电力工程勘测设计阶段的划分规定	2001-9-1		《火力发电厂勘测设计阶段的划分规定》（1993 年版）	设计	初设、施工图	基础综合	

续表

体系结构号	标准编号	标准名称	实施日期	与国际标准对应关系	代替标准	阶段	分阶段	专业	分专业
201.1-43	DLGJ 159.2—2001	电力勘测设计生产岗位责任制度	2001-8-1			设计	初设、施工图	基础综合	
201.1-44	DLGJ 159.3—2001	电力勘测设计专业间联系配合制度	2001-9-11		《电力勘测设计专业间联系配合制度》（1993年版）	设计	初设、施工图	基础综合	
201.1-45	DLGJ 159.4—2001	电力设计图纸会签制度	2001-9-1		《电力设计图纸会签制度》（1993年版）	设计	初设、施工图	基础综合	
201.1-46	DLGJ 159.6—2001	电力设计成品质量评定方法	2001-9-1		《电力设计成品质量评定方法》（1993年版）	设计	初设、施工图	基础综合	
201.1-47	DLGJ 159.7—2001	电力勘测设计成品校审制度	2001-9-1		《电力勘测设计成品校审制度》（1993年版）	设计	初设、施工图	基础综合	
201.1-48	DLGJ 159.8—2001	电力勘测设计驻工地代表制度	2001-9-1		《电力勘测设计驻地工地代表制度》（1993年版）	设计	初设、施工图	基础综合	
201.1-49	DLGJ 159.9—2001	电力勘测设计质量事故报告和处理规定	2001-9-1		《电力勘测设计质量事故报告和处理规定》（1993年版）	设计	初设、施工图	基础综合	
201.1-50	DLGJ 161—2003	电力勘测设计工程成品电子文件与电子档案管理办法	2004-3-1			设计	初设、施工图	基础综合	
201.1-51	DLGJ 162—2003	电力勘测设计文书档案管理规定	2004-3-1		DLGJ 143—1998	设计	初设、施工图	基础综合	
201.1-52	SL 22—2011	农村水电供电区电力发展规划导则	2011-10-7		SL 22—1992	规划	规划	基础综合	
201.1-53	SL 30—2009	水电新农村电气化标准	2010-3-25		SL 30—2003	设计	初设、施工图	基础综合	
201.1-54	SL 174—2014	水利水电工程混凝土防渗墙施工技术规范	2015-1-27		SL 174—1996	设计、采购、建设、运维、修试、退役	初设、施工图、招标、品控、施工工艺、验收与质量评定、试运行、运行、维护、检修、试验、退役、报废	基础综合	
201.1-55	SL 346—2006	水利信息系统项目建议书编制规定	2006-10-1			规划	规划	基础综合	
201.1-56	SL 504—2011	水文设施工程项目建议书编制规程	2011-4-25			规划	规划	基础综合	

续表

体系结构号	标准编号	标 准 名 称	实施日期	与国际标准对应关系	代替标准	阶段	分阶段	专业	分专业
201.1-57	SL 505—2011	水文设施工程可行性研究报告编制规程	2011-4-25			规划	规划	基础综合	
201.1-58	SL 506—2011	水文设施工程初步设计报告编制规程	2011-4-25			设计	初设	基础综合	
201.1-59	SJ/T 207.1—2018	设计文件管理制度 第1部分：设计文件的分类和组成	2018-10-1			设计	初设、施工图	基础综合	
201.1-60	SJ/T 207.2—2018	设计文件管理制度 第2部分：设计文件的格式	2018-7-1			设计	初设、施工图	基础综合	
201.1-61	SJ/T 207.3—2018	设计文件管理制度 第3部分：文字内容和表格形式设计文件的编制方法	2018-7-1			设计	初设、施工图	基础综合	
201.1-62	SJ/T 207.4—2018	设计文件管理制度 第4部分：设计文件的编号	2018-7-1			设计	初设、施工图	基础综合	
201.1-63	SJ/T 207.5—2018	设计文件管理制度 第5部分：设计文件的更改	2018-7-1			设计	初设、施工图	基础综合	
201.1-64	JB/T 12065—2014	高海拔覆冰地区盘型悬式绝缘子片数选择导则	2014-11-1			设计、采购、建设、运维、修试、退役	初设、施工图、招标、品控、施工工艺、验收与质量评定、试运行、运行、维护、检修、试验、退役、报废	基础综合	
201.1-65	JB/T 12066—2014	高海拔污秽地区盘型悬式绝缘子片数选择导则	2014-11-1			设计、采购、建设、运维、修试、退役	初设、施工图、招标、品控、施工工艺、验收与质量评定、试运行、运行、维护、检修、试验、退役、报废	基础综合	
201.1-66	CH/T 6002—2015	管线测绘技术规程	2015-8-1			设计	初设、施工图	基础综合	
201.1-67	YD/T 5032—2018	会议电视系统工程设计规范	2019-4-1		YD/T 5032—2005；YD/T 5135—2005	设计、采购、建设、运维、修试、退役	初设、施工图、招标、品控、施工工艺、验收与质量评定、试运行、运行、维护、检修、退役、报废	基础综合	
201.1-68	JGJ 55—2011	普通混凝土配合比设计规程	2011-12-1		JGJ 55—2000	设计、采购、建设	初设、施工图、招标、施工工艺、验收与质量评定、试运行	基础综合	

续表

体系结构号	标准编号	标 准 名 称	实施日期	与国际标准对应关系	代替标准	阶段	分阶段	专业	分专业
201.1-69	JGJ 92—2016	无粘结预应力混凝土结构技术规程	2016-9-1		JGJ 92—2004	设计、采购、建设、运维、修试、退役	初设、施工图、招标、品控、施工工艺、验收与质量评定、试运行、运行、维护、检修、退役、报废	基础综合	
201.1-70	JGJ 339—2015	非结构构件抗震设计规范	2015-10-1			设计、采购、建设、运维、修试、退役	初设、施工图、招标、品控、施工工艺、验收与质量评定、试运行、运行、维护、检修、退役、报废	基础综合	
201.1-71	JGJ 369—2016	预应力混凝土结构设计规范	2016-9-1			设计、采购、建设、运维、修试、退役	初设、施工图、招标、品控、施工工艺、验收与质量评定、试运行、运行、维护、检修、退役、报废	基础综合	
201.1-72	JGJ/T 329—2015	交错桁架钢结构设计规程	2015-12-1			设计、采购、建设、运维、修试、退役	初设、施工图、招标、品控、施工工艺、验收与质量评定、试运行、运行、维护、检修、退役、报废	基础综合	
201.1-73	JGJ 116—2009	建筑抗震加固技术规程	2009-8-1		JGJ 116—1998	设计、采购、建设、运维、修试、退役	初设、施工图、招标、品控、施工工艺、验收与质量评定、试运行、运行、维护、检修、试验、退役、报废	基础综合	
201.1-74	JGJ 140—2004	预应力混凝土结构抗震设计规程	2004-5-1			设计、采购、建设、运维、修试、退役	初设、施工图、招标、品控、施工工艺、验收与质量评定、试运行、运行、维护、检修、试验、退役、报废	基础综合	
201.1-75	JTS 154-1—2011	防波堤设计与施工规范	2012-1-1		JTJ 298—1998	设计、采购、建设、运维、修试、退役	初设、施工图、招标、品控、施工工艺、验收与质量评定、试运行、运行、维护、检修、试验、退役、报废	基础综合	
201.1-76	CECS 160—2004	建筑工程抗震性态设计通则（试用）	2004-8-1			设计、采购、建设、运维、修试、退役	初设、施工图、招标、品控、施工工艺、验收与质量评定、试运行、运行、维护、检修、试验、退役、报废	基础综合	

续表

体系结构号	标准编号	标准名称	实施日期	与国际标准对应关系	代替标准	阶段	分阶段	专业	分专业
201.1-77	GBJ 143—1990	架空电力线路、变电所对电视差转台、转播台无线电干扰防护间距标准	1991-8-1			设计	初设、施工图	基础综合	
201.1-78	GB/T 311.4—2010	绝缘配合　第4部分：电网绝缘配合及其模拟的计算导则	2011-5-1	IEC 60071-4: 2004，MOD		设计	初设、施工图	基础综合	
201.1-79	GB/T 3836.15—2017	爆炸性环境　第15部分：电气装置的设计、选型和安装	2018-7-1	IEC 60079-14: 2007	GB 3836.15—2000	设计	初设、施工图	基础综合	
201.1-80	GB 18306—2015	中国地震动参数区划图	2016-6-1		GB 18306—2001	规划、设计	规划、初设、施工图	基础综合	
201.1-81	GB/T 18379—2001	建筑物电气装置的电压区段	2001-1-2	IEC 60449: 1973，NEQ	JB/T 5980—1992	设计	初设、施工图	基础综合	
201.1-82	GB/T 23686—2018	电子电气产品环境意识设计	2019-4-1		GB/T 23686—2009	设计、采购、建设、运维、修试	初设、施工图、招标、品控、施工工艺、验收与质量评定、试运行、运行、维护、检修、试验	基础综合	
201.1-83	GB/T 26218.1—2010	污秽条件下使用的高压绝缘子的选择和尺寸确定　第1部分：定义、信息和一般原则	2011-7-1	IEC/TS 60815-1: 2008，MOD	GB/T 16434—1996；GB/T 5582—1993	设计、运维	初设、运行	基础综合	
201.1-84	GB/T 26218.2—2010	污秽条件下使用的高压绝缘子的选择和尺寸确定　第2部分：交流系统用瓷和玻璃绝缘子	2011-7-1	IEC/TS 60815-2: 2008，MOD	GB/T 16434—1996；GB/T 5582—1993	设计、采购	初设、品控	基础综合	
201.1-85	GB/Z 35728—2017	互联电力系统设计导则	2018-7-1			设计、采购、建设、运维	初设、施工图、招标、品控、施工工艺、验收与质量评定、试运行、运行、维护	基础综合	
201.1-86	GB/Z 35733—2017	对构成及接入智能电网设备的电磁兼容要求导则	2018-7-1			设计、采购、建设、运维	初设、施工图、招标、品控、施工工艺、验收与质量评定、试运行、运行、维护	基础综合	
201.1-87	GB/T 36937—2018	实验室仪器及设备环境意识设计	2019-7-1			设计、采购、建设、运维	初设、施工图、招标、品控、施工工艺、验收与质量评定、试运行、运行、维护	基础综合	

续表

体系结构号	标准编号	标 准 名 称	实施日期	与国际标准对应关系	代替标准	阶段	分阶段	专业	分专业
201.1-88	GB 50003—2011	砌体结构设计规范	2012-8-1		GB 50003—2001	设计、采购、建设、运维、修试、退役	初设、施工图、招标、品控、施工工艺、验收与质量评定、试运行、运行、维护、检修、退役、报废	基础综合	
201.1-89	GB 50007—2011	建筑地基基础设计规范	2012-8-1		GB 50007—2002	设计、采购、建设、运维	初设、施工图、招标、品控、施工工艺、验收与质量评定、试运行、运行、维护	基础综合	
201.1-90	GB 50009—2012	建筑结构荷载规范	2012-10-1		GB 50009—2001; GB 50009—2006	设计、采购、建设、运维	初设、施工图、招标、品控、施工工艺、验收与质量评定、试运行、运行、维护	基础综合	
201.1-91	GB 50010—2010	混凝土结构设计规范	2011-7-1		GB 50010—2010	设计、采购、建设、运维	初设、施工图、招标、品控、施工工艺、验收与质量评定、试运行、运行、维护	基础综合	
201.1-92	GB 50011—2010	建筑抗震设计规范	2010-12-1		GB 50011—2001	设计、采购、建设、运维、修试、退役	初设、施工图、招标、品控、施工工艺、验收与质量评定、试运行、运行、维护、检修、试验、退役、报废	基础综合	
201.1-93	GB 50016—2014	建筑设计防火规范	2015-5-1		GBJ 16—1987	设计、采购、建设、运维、修试、退役	初设、施工图、招标、品控、施工工艺、验收与质量评定、试运行、运行、维护、检修、试验、退役、报废	基础综合	
201.1-94	GB 50017—2017	钢结构设计标准	2018-7-1		GB 50017—2003	设计、采购、建设、运维	初设、施工图、招标、品控、施工工艺、验收与质量评定、试运行、运行、维护	基础综合	
201.1-95	GB 50021—2001	岩土工程勘察规范（2009年版）	2009-7-1		GB 50021—1994	设计	初设、施工图	基础综合	
201.1-96	GB/T 50046—2018	工业建筑防腐蚀设计标准	2019-3-1		GB 50046—2008	设计、采购、建设、运维、修试、退役	初设、施工图、招标、品控、施工工艺、验收与质量评定、试运行、运行、维护、检修、试验、退役、报废	基础综合	

续表

体系结构号	标准编号	标 准 名 称	实施日期	与国际标准对应关系	代替标准	阶段	分阶段	专业	分专业
201.1-97	GB/T 50062—2008	电力装置的继电保护和自动装置设计规范	2009-6-1		GB 50062—1992	设计、采购、建设、运维、修试、退役	初设、施工图、招标、品控、施工工艺、验收与质量评定、试运行、运行、维护、检修、试验、退役、报废	基础综合	
201.1-98	GB/T 50064—2014	交流电气装置的过电压保护和绝缘配合设计规范	2014-12-1		GBJ 64—1983	设计、采购、建设、运维、修试、退役	初设、施工图、招标、品控、施工工艺、验收与质量评定、试运行、运行、维护、检修、试验、退役、报废	基础综合	
201.1-99	GB/T 50065—2011	交流电气装置的接地设计规范	2012-6-1		GBJ 65—83	设计、采购、建设、运维、修试、退役	初设、施工图、招标、品控、施工工艺、验收与质量评定、试运行、运行、维护、检修、试验、退役、报废	其他	
201.1-100	GB 50116—2013	火灾自动报警系统设计规程	2014-5-1		GB 50116—1998	设计、采购、建设、运维、修试、退役	初设、施工图、招标、品控、施工工艺、验收与质量评定、试运行、运行、维护、检修、试验、退役、报废	基础综合	
201.1-101	GB 50117—2014	构筑物抗震鉴定标准	2015-2-1		GBJ 117—1988	设计、采购、建设、运维、修试、退役	初设、施工图、招标、品控、施工工艺、验收与质量评定、试运行、运行、维护、检修、试验、退役、报废	基础综合	
201.1-102	GB 50137—2011	城市用地分类与规划建设用地标准	2012-2-1		GBJ 137—90	规划	规划	基础综合	
201.1-103	GB 50140—2005	建筑灭火器配置设计规范	2005-10-1		GBJ 140—1990	设计、采购、建设、运维、修试、退役	初设、施工图、招标、品控、施工工艺、验收与质量评定、试运行、运行、维护、检修、试验、退役、报废	基础综合	
201.1-104	GB 50151—2010	泡沫灭火系统设计规范	2011-6-1		GB 50151—1992（2000）；GB 50196—1993（2002）	设计、采购、建设、运维、修试、退役	初设、施工图、招标、品控、施工工艺、验收与质量评定、试运行、运行、维护、检修、试验、退役、报废	基础综合	

续表

体系结构号	标准编号	标准名称	实施日期	与国际标准对应关系	代替标准	阶段	分阶段	专业	分专业
201.1-105	GB 50191—2012	构筑物抗震设计规范	2012-10-1		GB 50191—1993	设计、采购、建设、运维、修试、退役	初设、施工图、招标、品控、施工工艺、验收与质量评定、试运行、运行、维护、检修、试验、退役、报废	基础综合	
201.1-106	GB 50222—2017	建筑内部装修设计防火规范	2018-4-1			设计、采购、建设、运维、修试、退役	初设、施工图、招标、品控、施工工艺、验收与质量评定、试运行、运行、维护、检修、试验、退役、报废	基础综合	
201.1-107	GB 50229—2019	火力发电厂与变电站设计防火标准	2019-8-1		GB 50229—2006	设计、采购、建设	初设、施工图、招标、品控、施工工艺、验收与质量评定、试运行	基础综合	
201.1-108	GB 50260—2013	电力设施抗震设计规范	2013-9-1		GB 50260—1996	设计、采购、建设、运维、修试、退役	初设、施工图、招标、品控、施工工艺、验收与质量评定、试运行、运行、维护、检修、试验、退役、报废	基础综合	
201.1-109	GB/T 50293—2014	城市电力规划规范	2015-5-1		GB 50293—1999	规划	规划	基础综合	
201.1-110	GB 50314—2015	智能建筑设计标准	2015-11-1		GB/T 50314—2006	设计、采购、建设、运维、修试、退役	初设、施工图、招标、品控、施工工艺、验收与质量评定、试运行、运行、维护、检修、试验、退役、报废	基础综合	
201.1-111	GB 50368—2005	住宅建筑规范	2006-3-1			设计、采购、建设、运维、修试、退役	初设、施工图、招标、品控、施工工艺、验收与质量评定、试运行、运行、维护、检修、试验、退役、报废	基础综合	
201.1-112	GB 50413—2007	城市抗震防灾规划标准（附条文说明）	2007-11-1			规划	规划	基础综合	
201.1-113	GB 50515—2010	导（防）静电地面设计规范	2010-12-1			设计、采购、建设、运维、修试、退役	初设、施工图、招标、品控、施工工艺、验收与质量评定、试运行、运行、维护、检修、试验、退役、报废	基础综合	

续表

体系结构号	标准编号	标准名称	实施日期	与国际标准对应关系	代替标准	阶段	分阶段	专业	分专业
201.1-114	GB/T 50703—2011	电力系统安全自动装置设计规范	2012-6-1			设计、采购、建设、运维、修试、退役	初设、施工图、招标、品控、施工工艺、验收与质量评定、试运行、运行、维护、检修、试验、退役、报废	基础综合	
201.1-115	GB 50838—2015	城市综合管廊工程技术规范	2009-11-1			设计、采购、建设、运维、修试、退役	初设、施工图、招标、品控、施工工艺、验收与质量评定、试运行、运行、维护、检修、试验、退役、报废	基础综合	
201.1-116	GB 50974—2014	消防给水及消防栓系统技术规程	2014-10-1			设计、采购、建设、运维、修试、退役	初设、施工图、招标、品控、施工工艺、验收与质量评定、试运行、运行、维护、检修、试验、退役、报废	基础综合	
201.1-117	GB 51143—2015	防灾避难场所设计规范	2016-8-1			设计、采购、建设、运维、修试、退役	初设、施工图、招标、品控、施工工艺、验收与质量评定、试运行、运行、维护、检修、试验、退役、报废	基础综合	
201.1-118	GB 51162—2016	重型结构和设备整体提升技术规范	2016-12-1			设计、采购、建设、运维、修试、退役	初设、施工图、招标、品控、施工工艺、验收与质量评定、试运行、运行、维护、检修、试验、退役、报废	基础综合	
201.1-119	GB 51245—2017	工业建筑节能设计统一标准	2018-1-1			设计、采购、建设	初设、施工图、招标、品控、施工工艺、验收与质量评定、试运行	基础综合	
201.1-120	IEC 60909-3 Corri 1—2013	三相交流系统中短路电流　第3部分：两个独立的同时单线路对地短路和部分短路电流流入大地情况下的电流，勘误表1	2013-9-11			设计	初设、施工图	基础综合	
201.1-121	IEC 61160—2005	设计评审	2005-9-27	BS EN 61160—2006，IDT；EN 61160—2005，IDT	IEC 61160—1992；IEC，61160 AMD 1—1994；IEC 61160—2005；IEC 5617/1044/FDIS—2005	设计	初设、施工图	基础综合	

续表

体系结构号	标准编号	标 准 名 称	实施日期	与国际标准对应关系	代替标准	阶段	分阶段	专业	分专业
201.1-122	IEC TR 60865-2—2015	短路电流 效应计算 第2部分：计算实例	2015-4-22		IEC/TR 60865-2—1994	设计	初设、施工图	基础综合	
201.1-123	IEC TR 62511—2014	互联电力系统的设计指南	2014-9-25			设计	初设、施工图	基础综合	
201.1-124	DIN VDE 0228-3—1988	抗电力设备通信干扰设备的措施 交流电器引设备产生的干扰	1988-9-1		DIN 57228-3—1977	设计、采购、建设、运维	初设、施工图、招标、品控、施工工艺、验收与质量评定、试运行、运行、维护	基础综合	
201.1-125	DIN VDE 0228-4—1987	抗电力设备干扰时通讯设备的措施 直流过牵引设备产生的干扰	1987-12-1		DIN 57228-4—1977	设计、采购、建设、运维	初设、施工图、招标、品控、施工工艺、验收与质量评定、试运行、运行、维护	基础综合	
201.1-126	DIN VDE 0845-6-1—2013	高压系统对电信系统的影响 第1部分：一般，限制，计算和测量方法	2013-4-1		DIN VDE 0228-1—1987	设计、采购、建设	初设、施工图、招标、品控、施工工艺、验收与质量评定、试运行	基础综合	
201.1-127	DIN VDE 0845-6-2—2014	电力供应对电信系统的电磁影响 第二部分：三相交流系统的影响	2014-9-1		DIN VDE 0228-2—1987；VDE 0228-2—1987	设计、采购、建设	初设、施工图、招标、品控、施工工艺、验收与质量评定、试运行	基础综合	
201.2 规划设计-发电									
201.2-1	Q/CSG 11517—2009	电厂接入系统设计内容深度规定	2009-10-13			设计	初设、施工图	发电、变电	火电、水电、光伏、风电、储能、其他
201.2-2	T/CEC 164—2018	火力发电厂智能化技术导则	2018-4-1			规划、设计、采购、建设、运维、修试、退役	规划、初设、施工图、招标、品控、施工工艺、验收与质量评定、试运行、运行、维护、检修、试验、退役、报废	发电	火电
201.2-3	T/CSEE 0067—2018	汽轮发电机组弹簧隔振基础设计规程				规划、设计、采购、建设、运维、修试、退役	规划、初设、施工图、招标、品控、施工工艺、验收与质量评定、试运行、运行、维护、检修、试验、退役、报废	发电	火电
201.2-4	DL/T 331—2010	发电机与电网规划设计关键参数配合导则	2011-5-1			规划、设计、采购、建设	规划、初设、施工图、招标、品控、施工工艺、验收与质量评定、试运行	基础综合	

续表

体系结构号	标准编号	标 准 名 称	实施日期	与国际标准对应关系	代替标准	阶段	分阶段	专业	分专业
201.2-5	DL/T 435—2018	电站锅炉炉膛防爆规程	2019-5-1		DL/T 435—2004	规划、设计、采购、建设、运维、修试、退役	规划、初设、施工图、招标、品控、施工工艺、验收与质量评定、试运行、运行、维护、检修、试验、退役、报废	发电	火电
201.2-6	DL/T 445—2002	大中型水轮机选用导则	2002-7-1		DL 445—1991	规划、设计、采购、建设、运维、修试、退役	规划、初设、施工图、招标、品控、施工工艺、验收与质量评定、试运行、运行、维护、检修、试验、退役、报废	发电	水电
201.2-7	DL/T 785—2001	火力发电厂中温中压管道（件）安全技术导则	2002-2-1			规划、设计、采购、建设、运维、修试、退役	规划、初设、施工图、招标、品控、施工工艺、验收与质量评定、试运行、运行、维护、检修、试验、退役、报废	发电	火电
201.2-8	DL/T 805.1—2011	火电厂汽水化学导则 第1部分：锅炉给水加氧处理导则	2011-11-1		DL/T 805.1—2002	规划、设计、采购、建设、运维、修试、退役	规划、初设、施工图、招标、品控、施工工艺、验收与质量评定、试运行、运行、维护、检修、试验、退役、报废	发电	火电
201.2-9	DL/T 891—2004	热电联产电厂热力产品	2005-4-1			规划、设计、采购、建设、运维、修试、退役	规划、初设、施工图、招标、品控、施工工艺、验收与质量评定、试运行、运行、维护、检修、试验、退役、报废	发电	火电
201.2-10	DL/T 1022—2015	火电机组仿真机技术规范	2015-12-1		DL/T 1022—2006	规划、设计、采购、建设、运维、修试、退役	规划、初设、施工图、招标、品控、施工工艺、验收与质量评定、试运行、运行、维护、检修、试验、退役、报废	发电	火电
201.2-11	DL/T 1091—2018	火力发电厂锅炉炉膛安全监控系统技术规程	2019-5-1		DL/T 1091—2008	规划、设计、采购、建设、运维、修试、退役	规划、初设、施工图、招标、品控、施工工艺、验收与质量评定、试运行、运行、维护、检修、试验、退役、报废	发电	火电
201.2-12	DL/T 1309—2013	大型发电机组涉网保护技术规范	2014-4-1			规划、设计、采购、建设、运维、修试、退役	规划、初设、施工图、招标、品控、施工工艺、验收与质量评定、试运行、运行、维护、检修、试验、退役、报废	发电	火电

续表

体系结构号	标准编号	标 准 名 称	实施日期	与国际标准对应关系	代替标准	阶段	分阶段	专业	分专业
201.2-13	DL/T 1547—2016	智能水电厂技术导则	2016-6-1			规划、设计、采购、建设、运维、修试、退役	规划、初设、施工图、招标、品控、施工工艺、验收与质量评定、试运行、运行、维护、检修、试验、退役、报废	发电	水电
201.2-14	DL/T 1548—2016	水轮机调节系统设计与应用导则	2016-6-1			设计、采购、建设、运维、修试、退役	初设、施工图、招标、品控、施工工艺、验收与质量评定、试运行、运行、维护、检修、试验、退役、报废	发电	水电
201.2-15	DL/T 1549—2016	可逆式水泵水轮机调节系统技术条件	2016-6-1			规划、设计、采购、建设、运维、修试、退役	规划、初设、施工图、招标、品控、施工工艺、验收与质量评定、试运行、运行、维护、检修、试验、退役、报废	发电	水电
201.2-16	DL/T 1556—2016	火力发电厂 PROFIBUS 现场总线控制系统技术规程	2016-6-1			规划、设计、采购、建设、运维、修试、退役	规划、初设、施工图、招标、品控、施工工艺、验收与质量评定、试运行、运行、维护、检修、试验、退役、报废	发电	火电
201.2-17	DL/T 1572.1—2016	变电站和发电厂直流辅助电源系统短路电流　第 1 部分：短路电流计算	2016-7-1	IEC 61660-1: 1997, IDT		设计	初设、施工图	发电、变电	火电、水电、光伏、风电、储能、其他
201.2-18	DL/T 1572.2—2016	变电站及发电厂直流辅助电源系统短路电流　第 2 部分：效应计算	2016-7-1	IEC 61660-2: 1997, IDT		设计	初设、施工图	发电、变电	火电、水电、光伏、风电、储能、其他
201.2-19	DL/T 1572.3—2016	变电站和发电厂直流辅助电源系统短路电流　第 3 部分：算例	2016-7-1	IEC 61660-3: 2000, IDT		设计	初设、施工图	发电、变电	火电、水电、光伏、风电、储能、其他
201.2-20	DL/T 1646—2016	采用吸收式热泵技术的热电联产机组技术指标计算方法	2017-5-1	ASTM D7151-13, MOD		规划、设计	规划、初设、施工图	发电	火电
201.2-21	DL/T 1904—2018	可逆式抽水蓄能机组振动保护技术导则	2019-5-1			规划、设计、采购、建设、运维、修试、退役	规划、初设、施工图、招标、品控、施工工艺、验收与质量评定、试运行、运行、维护、检修、试验、退役、报废	发电	水电

续表

体系结构号	标准编号	标 准 名 称	实施日期	与国际标准对应关系	代替标准	阶段	分阶段	专业	分专业
201.2-22	DL/T 5010—2005	水电水利工程物探规程	2005-6-1		DL 5010—1992	规划、设计	规划、初设、施工图	发电	水电
201.2-23	DL/T 5016—2011	混凝土面板堆石坝设计规范	2011-11-1		DL 5016—1999	设计、采购、建设、运维、修试、退役	初设、施工图、招标、品控、施工工艺、验收与质量评定、试运行、运行、维护、检修、试验、退役、报废	发电	水电
201.2-24	DL/T 5020—2007	水电工程可行性研究报告编制规程	2007-12-1		DL 5020—1993；DL 5021—1993	规划	规划	发电	水电
201.2-25	DL 5022—2012	火力发电厂土建结构设计技术规定	2012-3-1		DL 5022—1993	设计、采购、建设、运维、修试、退役	初设、施工图、招标、品控、施工工艺、验收与质量评定、试运行、运行、维护、检修、试验、退役、报废	发电	火电
201.2-26	DL/T 5032—2018	火力发电厂总图运输设计规范	2018-7-1		DL/T 5032—2005	设计、采购、建设、运维、修试	初设、施工图、招标、品控、施工工艺、验收与质量评定、试运行、运行、维护、检修、试验	发电	火电
201.2-27	DL/T 5035—2016	发电厂供暖通风与空气调节设计规范	2016-12-1		DL/T 5035—2004	设计、采购、建设、运维、修试、退役	初设、施工图、招标、品控、施工工艺、验收与质量评定、试运行、运行、维护、检修、试验、退役、报废	发电	火电
201.2-28	DL/T 5042—2010	河流水电规划编制规范	2010-12-15		DL 5042—1995	规划	规划	发电	水电
201.2-29	DL/T 5046—2018	发电厂废水治理设计规范	2018-10-1		DL/T 5046—2006	设计、采购、建设、运维、修试、退役	初设、施工图、招标、品控、施工工艺、验收与质量评定、试运行、运行、维护、检修、试验、退役、报废	发电	火电
201.2-30	DL/T 5050—2010	水电水利工程坑探规程	2010-12-15		DL/T 5050—2000	规划、设计	规划、初设、施工图	发电	水电
201.2-31	DL/T 5052—2016	火力发电厂辅助及附属建筑物建筑面积标准	2016-6-1		DL/T 5052—1996	规划、设计	规划、初设、施工图	发电、附属设施及工器具	火电、生产楼宇
201.2-32	DL/T 5054—2016	火力发电厂汽水管道设计规范	2016-6-1		DL/T 5054—1996	设计、采购、建设、运维、修试、退役	初设、施工图、招标、品控、施工工艺、验收与质量评定、试运行、运行、维护、检修、试验、退役、报废	发电	火电

续表

体系结构号	标准编号	标 准 名 称	实施日期	与国际标准对应关系	代替标准	阶段	分阶段	专业	分专业
201.2-33	DL/T 5057—2009	水工混凝土结构设计规范	2009-12-1		DL/T 5057—1996	设计、采购、建设、运维、修试、退役	初设、施工图、招标、品控、施工工艺、验收与质量评定、试运行、运行、维护、检修、试验、退役、报废	发电	水电
201.2-34	DL/T 5064—2007	水电工程建设征地移民安置规划设计规范	2007-12-1		DL/T 5064—1996	规划、设计	规划、初设	发电	水电
201.2-35	DL/T 5065—2009	水力发电厂计算机监控系统设计规范	2009-12-1		DL 5065—1996	设计、采购、建设、运维、修试、退役	初设、施工图、招标、品控、施工工艺、验收与质量评定、试运行、运行、维护、检修、试验、退役、报废	发电	水电
201.2-36	DL/T 5067—1996	风力发电场项目可行性研究报告编制规程	1997-6-1			规划、设计	规划、初设	发电	风电
201.2-37	DL/T 5072—2007	火力发电厂保温油漆设计规程	2007-12-1		DL/T 5072—1997	设计、采购、建设、运维	初设、施工图、招标、品控、施工工艺、验收与质量评定、试运行、运行、维护	发电	火电
201.2-38	DL 5077—1997	水工建筑物荷载设计规范	1998-2-1			设计、采购、建设、运维、修试、退役	初设、施工图、招标、品控、施工工艺、验收与质量评定、试运行、运行、维护、检修、试验、退役、报废	发电	水电
201.2-39	DL/T 5079—2007	水电站引水渠道及前池设计规范	2008-6-1		DL/T 5079—1997	设计、采购、建设、运维、修试、退役	初设、施工图、招标、品控、施工工艺、验收与质量评定、试运行、运行、维护、检修、试验、退役、报废	发电	水电
201.2-40	DL/T 5094—2012	火力发电厂建筑设计规程	2012-3-1		DL/T 5094—1999	设计、采购、建设、运维、修试、退役	初设、施工图、招标、品控、施工工艺、验收与质量评定、试运行、运行、维护、检修、试验、退役、报废	发电、附属设施及工器具	火电、变电站构筑物
201.2-41	DL/T 5098—2010	水电工程砂石加工系统设计规范	2010-12-15		DL/T 5098—1999	设计、采购、建设、运维、修试、退役	初设、施工图、招标、品控、施工工艺、验收与质量评定、试运行、运行、维护、检修、试验、退役、报废	发电	水电

续表

体系结构号	标准编号	标准名称	实施日期	与国际标准对应关系	代替标准	阶段	分阶段	专业	分专业
201.2-42	DL/T 5101—1999	火力发电厂振冲法地基处理技术规范	1999-10-1		DL 5024—1993 部分	设计、建设、退役	初设、施工图、施工工艺、验收与质量评定、试运行、报废	发电	水电
201.2-43	DL/T 5104—2016	电力工程工程地质测绘技术规程	2016-6-1		DL/T 5104—1999	规划、设计、建设、退役	规划、初设、施工图、施工工艺、验收与质量评定、试运行、报废	基础综合	
201.2-44	DL/T 5107—1999	水电水利工程沉沙池设计规范	2000-7-1			设计、采购、建设、运维、修试、退役	初设、施工图、招标、品控、施工工艺、验收与质量评定、试运行、运行、维护、检修、试验、退役、报废	发电	水电
201.2-45	DL/T 5133—2001	水电水利工程施工机械选择设计导则	2002-2-1			设计、采购、建设	初设、施工图、招标、品控、施工工艺、验收与质量评定、试运行	发电	水电
201.2-46	DL/T 5134—2001	水电水利工程施工交通设计导则	2002-2-1			设计、采购、建设	初设、施工图、招标、品控、施工工艺、验收与质量评定、试运行	发电	水电
201.2-47	DL/T 5145—2012	火力发电厂制粉系统设计计算技术规定	2012-12-1			设计、采购、建设、运维、修试、退役	初设、施工图、招标、品控、施工工艺、验收与质量评定、试运行、运行、维护、检修、试验、退役、报废	发电	火电
201.2-48	DL/T 5153—2014	火力发电厂厂用电设计技术规程	2015-3-1		DL/T 5153—2002	设计、采购、建设、运维、修试、退役	初设、施工图、招标、品控、施工工艺、验收与质量评定、试运行、运行、维护、检修、试验、退役、报废	发电	火电
201.2-49	DL/T 5166—2002	溢洪道设计规范	2002-12-1		SDJ 341—1989	设计、采购、建设、运维、修试、退役	初设、施工图、招标、品控、施工工艺、验收与质量评定、试运行、运行、维护、检修、试验、退役、报废	发电	水电
201.2-50	DL/T 5167—2002	水电水利工程启闭机设计规范	2002-12-1			设计、采购、建设、运维、修试、退役	初设、施工图、招标、品控、施工工艺、验收与质量评定、试运行、运行、维护、检修、试验、退役、报废	发电	水电

续表

体系结构号	标准编号	标准名称	实施日期	与国际标准对应关系	代替标准	阶段	分阶段	专业	分专业
201.2-51	DL/T 5174—2003	燃气-蒸汽联合循环电厂设计规定	2003-6-1			设计、采购、建设、运维、修试、退役	初设、施工图、招标、品控、施工工艺、验收与质量评定、试运行、运行、维护、检修、试验、退役、报废	发电	火电
201.2-52	DL/T 5175—2003	火力发电厂热工控制系统设计技术规定	2003-6-1		NDGJ 16—1989	设计、采购、建设、运维、修试、退役	初设、施工图、招标、品控、施工工艺、验收与质量评定、试运行、运行、维护、检修、试验、退役、报废	发电	火电
201.2-53	DL/T 5176—2003	水电工程预应力锚固设计规范	2003-6-1			设计、采购、建设、运维、修试、退役	初设、施工图、招标、品控、施工工艺、验收与质量评定、试运行、运行、维护、检修、试验、退役、报废	发电	水电
201.2-54	DL/T 5180—2003	水电枢纽工程等级划分及设计安全标准	2003-6-1		SDJ 12—1978；SDJ 217—1987	设计	初设、施工图	发电	水电
201.2-55	DL/T 5186—2004	水力发电厂机电设计规范	2004-6-1		SDJ 173—1985	设计、采购、建设、运维、修试、退役	初设、施工图、招标、品控、施工工艺、验收与质量评定、试运行、运行、维护、检修、试验、退役、报废	发电	水电
201.2-56	DL/T 5187.1—2016	火力发电厂运煤设计技术规程　第1部分：运煤系统	2016-12-1		DL/T 5187.1—2004	设计、采购、建设、运维、修试、退役	初设、施工图、招标、品控、施工工艺、验收与质量评定、试运行、运行、维护、检修、试验、退役、报废	发电	火电
201.2-57	DL/T 5187.3—2012	火力发电厂运煤设计技术规程　第3部分：运煤自动化	2012-3-1			设计、采购、建设、运维、修试、退役	初设、施工图、招标、品控、施工工艺、验收与质量评定、试运行、运行、维护、检修、试验、退役、报废	发电	火电
201.2-58	DL/T 5188—2004	火力发电厂辅助机器基础隔振设计规程	2004-6-1			设计、采购、建设、运维、修试、退役	初设、施工图、招标、品控、施工工艺、验收与质量评定、试运行、运行、维护、检修、试验、退役、报废	发电	火电

续表

体系结构号	标准编号	标准名称	实施日期	与国际标准对应关系	代替标准	阶段	分阶段	专业	分专业
201.2-59	DL/T 5195—2004	水工隧洞设计规范	2004-6-1		SD 134—1984	设计、采购、建设、运维、修试、退役	初设、施工图、招标、品控、施工工艺、验收与质量评定、试运行、运行、维护、检修、试验、退役、报废	发电	水电
201.2-60	DL/T 5203—2005	火力发电厂煤和制粉系统防爆设计技术规程	2005-6-1			设计、采购、建设、运维、修试、退役	初设、施工图、招标、品控、施工工艺、验收与质量评定、试运行、运行、维护、检修、试验、退役、报废	发电	火电
201.2-61	DL/T 5204—2016	发电厂油气管道设计规程	2016-6-1		DL/T 5204—2005	设计、采购、建设、运维、修试、退役	初设、施工图、招标、品控、施工工艺、验收与质量评定、试运行、运行、维护、检修、试验、退役、报废	发电	火电、水电、其他
201.2-62	DL/T 5206—2005	水电工程预可行性研究报告编制规程	2005-6-1			规划	规划	发电	水电
201.2-63	DL/T 5212—2005	水电工程招标设计报告编制规程	2005-6-1			设计、采购	初设、施工图、招标、品控	发电	水电
201.2-64	DL/T 5226—2013	发电厂电力网络计算机监控系统设计技术规程	2014-4-1		DL/T 5226—2005	设计、采购、建设、运维、修试、退役	初设、施工图、招标、品控、施工工艺、验收与质量评定、试运行、运行、维护、检修、试验、退役、报废	发电	火电、水电、其他
201.2-65	DL/T 5227—2005	火力发电厂辅助系统（车间）热工自动化设计技术规定	2005-6-1			设计、采购、建设、运维、修试、退役	初设、施工图、招标、品控、施工工艺、验收与质量评定、试运行、运行、维护、检修、试验、退役、报废	发电	火电
201.2-66	DL/T 5228—2005	水力发电厂 110kV～500kV 电力电缆施工设计规范	2006-6-1			设计、采购、建设、运维、修试、退役	初设、施工图、招标、品控、施工工艺、验收与质量评定、试运行、运行、维护、检修、试验、退役、报废	发电	水电
201.2-67	DL/T 5240—2010	火力发电厂燃烧系统设计计算技术规程	2010-10-1			设计	初设、施工图	发电	火电

续表

体系结构号	标准编号	标准名称	实施日期	与国际标准对应关系	代替标准	阶段	分阶段	专业	分专业
201.2-68	DL/T 5330—2015	水工混凝土配合比设计规程	2015-9-1		DL/T 5330—2005	设计	初设、施工图	发电	水电
201.2-69	DL/T 5336—2006	水电水利工程水库区工程地质勘察技术规程	2006-10-1			规划、设计、建设	规划、初设、施工图、施工工艺、验收与质量评定、试运行	发电	水电
201.2-70	DL/T 5337—2006	水电水利工程边坡工程地质勘察技术规程	2006-10-1			规划、设计、建设	规划、初设、施工图、施工工艺、验收与质量评定、试运行	发电	水电
201.2-71	DL/T 5339—2018	火力发电厂水工设计规范	2019-5-1		DL/T 5339—2006	设计、采购、建设、运维、修试、退役	初设、施工图、招标、品控、施工工艺、验收与质量评定、试运行、运行、维护、检修、试验、退役、报废	发电	火电
201.2-72	DL/T 5345—2006	梯级水电厂集中监控工程设计规范	2007-3-1			设计、采购、建设、运维、修试、退役	初设、施工图、招标、品控、施工工艺、验收与质量评定、试运行、运行、维护、检修、试验、退役、报废	发电	水电
201.2-73	DL/T 5346—2006	混凝土拱坝设计规范	2007-3-1		SD 145—1985	设计、采购、建设、运维、修试、退役	初设、施工图、招标、品控、施工工艺、验收与质量评定、试运行、运行、维护、检修、试验、退役、报废	发电	水电
201.2-74	DL/T 5353—2006	水电水利工程边坡设计规范	2007-3-1			设计、采购、建设、运维、修试、退役	初设、施工图、招标、品控、施工工艺、验收与质量评定、试运行、运行、维护、检修、试验、退役、报废	发电	水电
201.2-75	DL/T 5374—2018	火力发电厂初步可行性研究报告内容深度规定	2018-10-1		DL/T 5374—2008	规划	规划	发电	火电
201.2-76	DL/T 5375—2018	火力发电厂可行性研究报告内容深度规定	2018-10-1		DL/T 5375—2008	规划	规划	发电	火电
201.2-77	DL/T 5376—2007	水电工程建设征地处理范围界定规范	2007-12-1			规划、设计	规划、初设、施工图	发电	水电
201.2-78	DL/T 5378—2007	水电工程农村移民安置规划设计规范	2007-12-1			规划、设计	规划、初设、施工图	发电	水电

续表

体系结构号	标准编号	标 准 名 称	实施日期	与国际标准对应关系	代替标准	阶段	分阶段	专业	分专业
201.2-79	DL/T 5379—2007	水电工程移民专业项目规划设计规范	2007-12-1			规划、设计	规划、初设、施工图	发电	水电
201.2-80	DL/T 5380—2007	水电工程移民安置城镇迁建规划设计规范	2007-12-1			规划、设计	规划、初设、施工图	发电	水电
201.2-81	DL/T 5381—2007	水电工程水库库底清理设计规范	2007-12-1			设计、建设	初设、施工图、施工工艺、验收与质量评定	发电	水电
201.2-82	DL/T 5386—2007	水电水利工程混凝土预冷系统设计导则	2007-12-1			设计、采购、建设、运维、修试、退役	初设、施工图、招标、品控、施工工艺、验收与质量评定、试运行、运行、维护、检修、试验、退役、报废	发电	水电
201.2-83	DL/T 5388—2007	水电水利工程天然建筑材料勘察规程	2007-12-1		SDJ 17—1978	规划、设计	规划、初设、施工图	发电	水电
201.2-84	DL/T 5395—2007	碾压式土石坝设计规范	2008-6-1		SDJ 218—1984	设计、采购、建设、运维、修试、退役	初设、施工图、招标、品控、施工工艺、验收与质量评定、试运行、运行、维护、检修、试验、退役、报废	发电	水电
201.2-85	DL/T 5396—2007	水力发电厂高压电气设备选择及布置设计规范	2008-6-1		SDJ 5—1985	设计、采购、建设、运维、修试、退役	初设、施工图、招标、品控、施工工艺、验收与质量评定、试运行、运行、维护、检修、试验、退役、报废	发电	水电
201.2-86	DL/T 5397—2007	水电工程施工组织设计规范	2008-6-1		SDJ 338—1989	采购、建设	招标、品控、施工工艺、验收与质量评定、试运行	发电	水电
201.2-87	DL/T 5398—2007	水电站进水口设计规范	2008-6-1		SD 303—1988	设计、采购、建设、运维、修试、退役	初设、施工图、招标、品控、施工工艺、验收与质量评定、试运行、运行、维护、检修、试验、退役、报废	发电	水电
201.2-88	DL/T 5402—2007	水电水利工程环境保护设计规范	2008-6-1			设计	初设、施工图	发电	水电
201.2-89	DL/T 5410—2009	中小型水力发电工程地质勘察规范	2009-12-1			规划、设计	规划、初设、施工图	发电	水电

续表

体系结构号	标准编号	标准名称	实施日期	与国际标准对应关系	代替标准	阶段	分阶段	专业	分专业
201.2-90	DL/T 5411—2009	土石坝沥青混凝土面板和心墙设计规范	2009-12-1			设计、采购、建设、运维、修试、退役	初设、施工图、招标、品控、施工工艺、验收与质量评定、试运行、运行、维护、检修、试验、退役、报废	发电	水电
201.2-91	DL/T 5412—2009	水力发电厂火灾自动报警系统设计规范	2009-12-1			设计、采购、建设、运维、修试、退役	初设、施工图、招标、品控、施工工艺、验收与质量评定、试运行、运行、维护、检修、试验、退役、报废	发电	水电
201.2-92	DL/T 5413—2009	水力发电厂测量装置配置设计规范	2009-12-1			设计、采购、建设、运维、修试、退役	初设、施工图、招标、品控、施工工艺、验收与质量评定、试运行、运行、维护、检修、试验、退役、报废	发电	水电
201.2-93	DL/T 5414—2009	水电水利工程坝址工程地质勘察技术规程	2009-12-1			规划、设计	规划、初设、施工图	发电	水电
201.2-94	DL/T 5415—2009	水电水利工程地下建筑物工程地质勘察技术规程	2009-12-1			规划、设计	规划、初设、施工图	发电	水电
201.2-95	DL/T 5419—2009	水电建设项目水土保持方案技术规范	2009-12-1			规划、设计	规划、初设、施工图	发电	水电
201.2-96	DL/T 5427—2009	火力发电厂初步设计文件内容深度规定	2009-12-1			设计	初设	发电	火电
201.2-97	DL/T 5428—2009	火力发电厂热工保护系统设计技术规定	2009-12-1			设计、采购、建设、运维、修试、退役	初设、施工图、招标、品控、施工工艺、验收与质量评定、试运行、运行、维护、检修、试验、退役、报废	发电	火电
201.2-98	DL/T 5431—2009	水电水利工程水文计算规范	2009-12-1		SDJ 214—1983	规划、设计	规划、初设、施工图	发电	水电
201.2-99	DL/T 5439—2009	大型水、火电厂接入系统设计内容深度规定	2009-12-1		SDGJ 84—1988	设计、采购、建设、运维、修试、退役	初设、施工图、招标、品控、施工工艺、验收与质量评定、试运行、运行、维护、检修、试验、退役、报废	发电	水电、火电

续表

体系结构号	标准编号	标 准 名 称	实施日期	与国际标准对应关系	代替标准	阶段	分阶段	专业	分专业
201.2-100	DL 5454—2012	火力发电厂职业卫生设计规程	2012-3-1		DL 5053—1996	设计	初设、施工图	发电	火电
201.2-101	DL/T 5461.1—2012	火力发电厂施工图设计文件内容深度规定 第1部分：总的部分	2013-3-1			设计	施工图	发电、基础综合	火电
201.2-102	DL/T 5461.2—2013	火力发电厂施工图设计文件内容深度规定 第2部分：总图运输	2014-4-1			设计	施工图	发电	火电
201.2-103	DL/T 5461.3—2013	火力发电厂施工图设计文件内容深度规定 第3部分：热机	2014-4-1			设计	施工图	发电	火电
201.2-104	DL/T 5461.4—2013	火力发电厂施工图设计文件内容深度规定 第4部分：运煤	2014-4-1			设计	施工图	发电	火电
201.2-105	DL/T 5461.5—2013	火力发电厂施工图设计文件内容深度规定 第5部分：除灰渣	2014-4-1			设计	施工图	发电	火电
201.2-106	DL/T 5461.6—2013	火力发电厂施工图设计文件内容深度规定 第6部分：电厂化学	2014-4-1			设计	施工图	发电	火电
201.2-107	DL/T 5461.7—2013	火力发电厂施工图设计文件内容深度规定 第7部分：烟气脱硫	2014-4-1			设计	施工图	发电	火电
201.2-108	DL/T 5461.8—2013	火力发电厂施工图设计文件内容深度规定 第8部分：电气	2014-4-1			设计	施工图	发电	火电
201.2-109	DL/T 5461.9—2013	火力发电厂施工图设计文件内容深度规定 第9部分：仪表与控制	2014-4-1			设计	施工图	发电、用电	火电、电能计量
201.2-110	DL/T 5461.10—2013	火力发电厂施工图设计文件内容深度规定 第10部分：建筑	2014-4-1			设计	施工图	发电、附属设施及工器具	火电、变电站构筑物
201.2-111	DL/T 5461.11—2013	火力发电厂施工图设计文件内容深度规定 第11部分：土建结构	2014-4-1			设计	施工图	发电	火电

续表

体系结构号	标准编号	标 准 名 称	实施日期	与国际标准对应关系	代替标准	阶段	分阶段	专业	分专业
201.2-112	DL/T 5461.12—2013	火力发电厂施工图设计文件内容深度规定 第12部分：采暖通风及空气调节	2014-4-1			设计	施工图	发电	火电
201.2-113	DL/T 5461.13—2013	火力发电厂施工图设计文件内容深度规定 第13部分：水工工艺	2014-4-1			设计	施工图	发电	火电
201.2-114	DL/T 5461.14—2013	火力发电厂施工图设计文件内容深度规定 第14部分：水工结构	2014-4-1			设计	施工图	发电	火电
201.2-115	DL/T 5461.15—2013	火力发电厂施工图设计文件内容深度规定 第15部分：通信	2014-4-1			设计	施工图	发电、调度及二次	火电、电力通信
201.2-116	DL/T 5461.16—2013	火力发电厂施工图设计文件内容深度规定 第16部分：信息系统	2014-4-1			设计	施工图	发电、信息	火电、基础设施
201.2-117	DL/T 5480—2013	火力发电厂烟气脱硝设计技术规程	2014-4-1			设计、采购、建设、运维、修试、退役	初设、施工图、招标、品控、施工工艺、验收与质量评定、试运行、运行、维护、检修、试验、退役、报废	发电	火电
201.2-118	DL/T 5491—2014	电力工程交流不间断电源系统设计技术规程	2015-3-1			设计、采购、建设、运维、修试、退役	初设、施工图、招标、品控、施工工艺、验收与质量评定、试运行、运行、维护、检修、试验、退役、报废	基础综合	
201.2-119	DL/T 5508—2015	燃气分布式供能站设计规范	2015-12-1			设计、采购、建设、运维、修试、退役	初设、施工图、招标、品控、施工工艺、验收与质量评定、试运行、运行、维护、检修、试验、退役、报废	发电	火电
201.2-120	DL/T 5512—2016	火力发电厂热工检测及仪表设计规程	2016-12-1			设计、采购、建设、运维、修试、退役	初设、施工图、招标、品控、施工工艺、验收与质量评定、试运行、运行、维护、检修、试验、退役、报废	发电、用电	火电、电能计量
201.2-121	DL/T 5515—2016	发电厂蒸发冷却通风空调系统设计规程	2016-12-1			设计、采购、建设、运维、修试、退役	初设、施工图、招标、品控、施工工艺、验收与质量评定、试运行、运行、维护、检修、试验、退役、报废	发电	火电

续表

体系结构号	标准编号	标 准 名 称	实施日期	与国际标准对应关系	代替标准	阶段	分阶段	专业	分专业
201.2-122	DL/T 5516—2016	火力发电厂集中控制室及电子设备间布置设计规程	2016-12-1			设计、采购、建设、运维、修试、退役	初设、施工图、招标、品控、施工工艺、验收与质量评定、试运行、运行、维护、检修、试验、退役、报废	发电、调度及二次	火电、其他
201.2-123	DL/T 5521—2016	火力发电厂变频调速系统设计导则	2017-5-1			设计、采购、建设、运维、修试、退役	初设、施工图、招标、品控、施工工艺、验收与质量评定、试运行、运行、维护、检修、试验、退役、报废	发电	火电
201.2-124	DL/T 5525—2017	冷却塔塔芯部件选择设计导则	2017-8-1			设计、采购、建设、运维、修试、退役	初设、施工图、招标、品控、施工工艺、验收与质量评定、试运行、运行、维护、检修、试验、退役、报废	发电	火电
201.2-125	DL/T 5535—2017	发电厂热泵系统设计规程	2018-3-1			设计、采购、建设、运维、修试、退役	初设、施工图、招标、品控、施工工艺、验收与质量评定、试运行、运行、维护、检修、试验、退役、报废	发电	火电
201.2-126	DL/T 5537—2017	火力发电厂供热首站设计规范	2018-3-1			设计、采购、建设、运维、修试、退役	初设、施工图、招标、品控、施工工艺、验收与质量评定、试运行、运行、维护、检修、试验、退役、报废	发电	火电
201.2-127	DL/T 5507—2015	火力发电厂水工设计基础资料及其深度规定	2015-12-1		DLGJ 128—1996	设计、采购、建设、运维、修试、退役	初设、施工图、招标、品控、施工工艺、验收与质量评定、试运行、运行、维护、检修、试验、退役、报废	发电	火电
201.2-128	DL/T 5545—2018	火力发电厂间接空冷系统设计规范	2018-10-1			设计、采购、建设、运维、修试、退役	初设、施工图、招标、品控、施工工艺、验收与质量评定、试运行、运行、维护、检修、试验、退役、报废	发电	火电
201.2-129	DL/T 5546—2018	自然通风冷却塔防腐设计导则	2018-10-1			设计、采购、建设、运维、修试、退役	初设、施工图、招标、品控、施工工艺、验收与质量评定、试运行、运行、维护、检修、试验、退役、报废	发电	火电

续表

体系结构号	标准编号	标 准 名 称	实施日期	与国际标准对应关系	代替标准	阶段	分阶段	专业	分专业
201.2-130	DL/T 5550—2018	火力发电厂燃油系统设计规程	2019-5-1			设计、采购、建设、运维、修试、退役	初设、施工图、招标、品控、施工工艺、验收与质量评定、试运行、运行、维护、检修、试验、退役、报废	发电	火电
201.2-131	DL/T 5748—2017	水电水利工程航道水力学模拟技术规程	2018-3-1			规划、设计、采购、建设、运维、修试、退役	规划、初设、施工图、招标、品控、施工工艺、验收与质量评定、试运行、运行、维护、检修、试验、退役、报废	发电	水电
201.2-132	DLGJ 153—2000	火力发电厂支盘灌注桩暂行技术规定	2001-1-1			规划、设计、采购、建设、运维、修试、退役	规划、初设、施工图、招标、品控、施工工艺、验收与质量评定、试运行、运行、维护、检修、试验、退役、报废	发电	火电
201.2-133	DLGJ 158—2001	火力发电厂钢制平台扶梯设计技术规定	2001-12-1			设计、采购、建设、运维、修试、退役	初设、施工图、招标、品控、施工工艺、验收与质量评定、试运行、运行、维护、检修、试验、退役、报废	发电	火电
201.2-134	DLGJ 164—2003	电厂信息管理系统设计内容深度规定	2004-3-1			设计	初设、施工图	信息、发电	基础设施、其他
201.2-135	DLGJ 167—2004	火力发电厂调节阀选型导则	2004-12-31			设计、采购、建设、运维、修试、退役	初设、施工图、招标、品控、施工工艺、验收与质量评定、试运行、运行、维护、检修、试验、退役、报废	发电	火电
201.2-136	NDGJ 91—1989	火力发电厂电子计算机监视系统设计技术规定(试行)	1989-10-1			设计、采购、建设、运维、修试、退役	初设、施工图、招标、品控、施工工艺、验收与质量评定、试运行、运行、维护、检修、试验、退役、报废	发电	火电
201.2-137	NB/T 10072—2018	抽水蓄能电站设计规范	2019-3-1		DL/T 5208—2005	设计、采购、建设、运维、修试、退役	初设、施工图、招标、品控、施工工艺、验收与质量评定、试运行、运行、维护、检修、试验、退役、报废	发电	水电

续表

体系结构号	标准编号	标 准 名 称	实施日期	与国际标准对应关系	代替标准	阶段	分阶段	专业	分专业
201.2-138	NB/T 10073—2018	抽水蓄能电站工程地质勘察规程	2019-3-1			规划、设计	规划、初设、施工图	发电	水电
201.2-139	NB/T 10074—2018	水电工程地质测绘规程	2019-3-1		DL/T 5185—2004	规划、设计	规划、初设、施工图	发电	水电
201.2-140	NB/T 10075—2018	水电工程岩溶工程地质勘察规程	2019-3-1		DL/T 5338—2006	规划、设计	规划、初设、施工图	发电	水电
201.2-141	NB/T 10083—2018	水电工程水利计算规范	2019-3-1		DL/T 5105—1999	规划、设计	规划、初设、施工图	发电	水电
201.2-142	NB/T 10102—2018	水电工程建设征地实物指标调查规范	2019-5-1		DL/T 5377—2007	规划、设计	规划、初设、施工图	发电	水电
201.2-143	NB/T 35001—2011	梯级水电站水调自动化系统设计规范	2011-11-1			设计、采购、建设、运维、修试、退役	初设、施工图、招标、品控、施工工艺、验收与质量评定、试运行、运行、维护、检修、试验、退役、报废	调度及二次、发电	水调、水电
201.2-144	NB/T 35002—2011	水力发电厂工业电视系统设计规范	2011-11-1			设计、采购、建设、运维、修试、退役	初设、施工图、招标、品控、施工工艺、验收与质量评定、试运行、运行、维护、检修、试验、退役、报废	调度及二次、发电	水调、水电
201.2-145	NB/T 35003—2013	水电工程水情自动测报系统技术规范	2013-10-1		DL/T 5051—1996	规划、设计、采购、建设、运维、修试、退役	规划、初设、施工图、招标、品控、施工工艺、验收与质量评定、试运行、运行、维护、检修、试验、退役、报废	发电、调度及二次	水电、水调
201.2-146	NB/T 35005—2013	水电工程混凝土生产系统设计规范	2013-10-1		DL/T 5086—1999	规划、设计、采购、建设、运维、修试、退役	规划、初设、施工图、招标、品控、施工工艺、验收与质量评定、试运行、运行、维护、检修、试验、退役、报废	发电	水电
201.2-147	NB/T 35008—2013	水力发电厂照明设计规范	2013-10-1		DL/T 5140—2001	设计、采购、建设、运维、修试、退役	初设、施工图、招标、品控、施工工艺、验收与质量评定、试运行、运行、维护、检修、试验、退役、报废	发电	水电

续表

体系结构号	标准编号	标准名称	实施日期	与国际标准对应关系	代替标准	阶段	分阶段	专业	分专业
201.2-148	NB/T 35009—2013	抽水蓄能电站选点规划编制规范	2013-10-1		DL/T 5172—2003	规划	规划	发电	水电
201.2-149	NB/T 35010—2013	水力发电厂继电保护设计规范	2013-10-1		DL/T 5177—2003	设计、采购、建设、运维、修试、退役	初设、施工图、招标、品控、施工工艺、验收与质量评定、试运行、运行、维护、检修、试验、退役、报废	发电、调度及二次	水电、水调
201.2-150	NB/T 35011—2016	水电站厂房设计规范	2017-5-1		NB/T 35011—2013	设计、采购、建设、运维、修试、退役	初设、施工图、招标、品控、施工工艺、验收与质量评定、试运行、运行、维护、检修、试验、退役、报废	发电	水电
201.2-151	NB/T 35012—2013	水电工程对外交通专用公路设计规范	2013-10-1			设计、采购、建设、运维、修试、退役	初设、施工图、招标、品控、施工工艺、验收与质量评定、试运行、运行、维护、检修、试验、退役、报废	发电	水电
201.2-152	NB/T 35020—2013	水电水利工程液压启闭机设计规范	2013-10-1			设计、采购、建设、运维、修试、退役	初设、施工图、招标、品控、施工工艺、验收与质量评定、试运行、运行、维护、检修、试验、退役、报废	发电	水电
201.2-153	NB/T 35021—2014	水电站调压室设计规范	2014-11-1		DL/T 5058—1996	设计、采购、建设、运维、修试、退役	初设、施工图、招标、品控、施工工艺、验收与质量评定、试运行、运行、维护、检修、试验、退役、报废	发电	水电
201.2-154	NB/T 35022—2014	水电工程节能降耗分析设计导则	2014-11-1			设计、采购、建设、运维、修试、退役	初设、施工图、招标、品控、施工工艺、验收与质量评定、试运行、运行、维护、检修、试验、退役、报废	发电	水电
201.2-155	NB/T 35024—2014	水工建筑物抗冰冻设计规范	2014-11-1		DL/T 5082—1998	设计、采购、建设、运维、修试、退役	初设、施工图、招标、品控、施工工艺、验收与质量评定、试运行、运行、维护、检修、试验、退役、报废	发电	水电

续表

体系结构号	标准编号	标准名称	实施日期	与国际标准对应关系	代替标准	阶段	分阶段	专业	分专业
201.2-156	NB/T 35026—2014	混凝土重力坝设计规范	2014-11-1		DL 5108—1999	设计、采购、建设、运维、修试、退役	初设、施工图、招标、品控、施工工艺、验收与质量评定、试运行、运行、维护、检修、试验、退役、报废	发电	水电
201.2-157	NB/T 35029—2014	水电工程测量规范	2014-11-1			规划、设计	规划、初设、施工图	发电	水电
201.2-158	NB/T 35035—2014	水力发电厂水力机械辅助设备系统设计技术规定	2014-11-1		DL/T 5066—1996	设计、采购、建设、运维、修试、退役	初设、施工图、招标、品控、施工工艺、验收与质量评定、试运行、运行、维护、检修、试验、退役、报废	发电	水电
201.2-159	NB/T 35037—2014	水电工程鱼类增殖放流站设计规范	2014-11-1			设计、采购、建设、运维、修试、退役	初设、施工图、招标、品控、施工工艺、验收与质量评定、试运行、运行、维护、检修、试验、退役、报废	发电	水电
201.2-160	NB/T 35039—2014	水电工程地质观测规程	2015-3-1			规划、设计	规划、初设、施工图	发电	水电
201.2-161	NB/T 35040—2014	水力发电厂供暖通风与空气调节设计规范	2015-3-1		DL/T 5165—2002	设计、采购、建设、运维、修试、退役	初设、施工图、招标、品控、施工工艺、验收与质量评定、试运行、运行、维护、检修、试验、退役、报废	发电	水电
201.2-162	NB/T 35041—2014	水电工程施工导流设计规范	2015-3-1		DL/T 5114—2000	设计、采购、建设、运维、修试、退役	初设、施工图、招标、品控、施工工艺、验收与质量评定、试运行、运行、维护、检修、试验、退役、报废	发电	水电
201.2-163	NB/T 35044—2014	水力发电厂厂用电设计规程	2015-3-1		DL/T 5164—2002	设计、采购、建设、运维、修试、退役	初设、施工图、招标、品控、施工工艺、验收与质量评定、试运行、运行、维护、检修、试验、退役、报废	发电	水电
201.2-164	NB/T 35046—2014	水电工程设计洪水计算规范	2015-3-1		SL 44—93	规划、设计	规划、初设、施工图	发电	水电

续表

体系结构号	标准编号	标准名称	实施日期	与国际标准对应关系	代替标准	阶段	分阶段	专业	分专业
201.2-165	NB 35047—2015	水电工程水工建筑物抗震设计规范	2015-9-1		DL 5073—2000	设计、采购、建设、运维、修试、退役	初设、施工图、招标、品控、施工工艺、验收与质量评定、试运行、运行、维护、检修、试验、退役、报废	发电	水电
201.2-166	NB/T 35049—2015	水电工程泥沙设计规范	2015-9-1		DL/T 5089—1999	设计、采购、建设	初设、施工图、招标、品控、施工工艺、验收与质量评定、试运行	发电	水电
201.2-167	NB/T 35050—2015	水力发电厂接地设计技术导则	2015-9-1		DL/T 5091—1999	设计、采购、建设、运维、修试、退役	初设、施工图、招标、品控、施工工艺、验收与质量评定、试运行、运行、维护、检修、试验、退役、报废	发电	水电
201.2-168	NB/T 35052—2015	水电工程地质勘察水质分析规程	2015-9-1		DL/T 5194—2004	规划、设计	规划、初设、施工图	发电	水电
201.2-169	NB/T 35053—2015	水电站分层取水进水口设计规范	2015-9-1			设计、采购、建设、运维、修试、退役	初设、施工图、招标、品控、施工工艺、验收与质量评定、试运行、运行、维护、检修、试验、退役、报废	发电	水电
201.2-170	NB/T 35054—2015	水电工程过鱼设施设计规范	2015-9-1			设计、采购、建设、运维、修试、退役	初设、施工图、招标、品控、施工工艺、验收与质量评定、试运行、运行、维护、检修、试验、退役、报废	发电	水电
201.2-171	NB 35055—2015	水电工程钢闸门设计规范	2016-3-1		DL/T 5039—1995	设计、采购、建设、运维、修试、退役	初设、施工图、招标、品控、施工工艺、验收与质量评定、试运行、运行、维护、检修、试验、退役、报废	发电	水电
201.2-172	NB/T 35056—2015	水电站压力钢管设计规范	2016-3-1		DL/T 5141—2001	设计、采购、建设、运维、修试、退役	初设、施工图、招标、品控、施工工艺、验收与质量评定、试运行、运行、维护、检修、试验、退役、报废	发电	水电

续表

体系结构号	标准编号	标准名称	实施日期	与国际标准对应关系	代替标准	阶段	分阶段	专业	分专业
201.2-173	NB 35057—2015	水电工程防震抗震设计规范	2016-3-1			设计、采购、建设、运维、修试、退役	初设、施工图、招标、品控、施工工艺、验收与质量评定、试运行、运行、维护、检修、试验、退役、报废	发电	水电
201.2-174	NB/T 35060—2015	水电工程移民安置环境保护设计规范	2016-3-1			设计、采购、建设、运维、修试、退役	初设、施工图、招标、品控、施工工艺、验收与质量评定、试运行、运行、维护、检修、试验、退役、报废	发电	水电
201.2-175	NB/T 35061—2015	水电工程动能设计规范	2016-3-1		DL/T 5015—1996	设计、采购、建设、运维、修试、退役	初设、施工图、招标、品控、施工工艺、验收与质量评定、试运行、运行、维护、检修、试验、退役、报废	发电	水电
201.2-176	NB/T 35062—2015	碾压式土石坝施工组织设计规范	2016-3-1		DL/T 5116—2000	建设	施工工艺、验收与质量评定	发电	水电
201.2-177	NB/T 35066—2015	水电工程覆盖层钻探技术规程	2016-3-1			规划、设计	规划、初设、施工图	发电	水电
201.2-178	NB/T 35067—2015	水力发电厂过电压保护和绝缘配合设计技术导则	2016-3-1		DL/T 5090—1999	设计	初设、施工图	发电	水电
201.2-179	NB/T 35068—2015	河流水电规划环境影响评价规范	2016-3-1			规划、设计	规划、初设、施工图	发电	水电
201.2-180	NB/T 35069—2015	水电工程建设征地移民安置规划大纲编制规程	2016-3-1			规划	规划	发电	水电
201.2-181	NB/T 35070—2015	水电工程建设征地移民安置规划报告编制规程	2016-3-1			规划	规划	发电	水电
201.2-182	NB/T 35071—2015	抽水蓄能电站水能规划设计规范	2016-3-1			规划、设计	规划、初设、施工图	发电	水电
201.2-183	NB 35074—2015	水电工程劳动安全与工业卫生设计规范	2016-3-1		DL 5061—1996	设计	初设、施工图	发电	水电
201.2-184	NB/T 35076—2016	水力发电厂二次接线设计规范	2016-6-1		DL/T 5132—2001	设计、采购、建设、运维、修试、退役	初设、施工图、招标、品控、施工工艺、验收与质量评定、试运行、运行、维护、检修、试验、退役、报废	发电、调度及二次	水电、水调

续表

体系结构号	标准编号	标准名称	实施日期	与国际标准对应关系	代替标准	阶段	分阶段	专业	分专业
201.2-185	NB/T 35079—2016	地下厂房岩壁吊车梁设计规范	2016-6-1			设计、采购、建设、运维、修试、退役	初设、施工图、招标、品控、施工工艺、验收与质量评定、试运行、运行、维护、检修、试验、退役、报废	发电	水电
201.2-186	NB/T 35080—2016	水电站气垫式调压室设计规范	2016-6-1			设计、采购、建设、运维、修试、退役	初设、施工图、招标、品控、施工工艺、验收与质量评定、试运行、运行、维护、检修、试验、退役、报废	发电	水电
201.2-187	NB/T 35084—2016	水电工程施工规划报告编制规程	2017-5-1			规划	规划	发电	水电
201.2-188	NB/T 35085—2016	水电工程移民安置区工程地质勘察规程	2017-5-1			规划	规划	发电	水电
201.2-189	NB/T 35086—2016	水电工程闸门止水装置设计规范	2017-5-1			设计、采购、建设、运维、修试、退役	初设、施工图、招标、品控、施工工艺、验收与质量评定、试运行、运行、维护、检修、试验、退役、报废	发电	水电
201.2-190	NB/T 35090—2016	水电站地下厂房设计规范	2017-5-1			设计、采购、建设、运维、修试、退役	初设、施工图、招标、品控、施工工艺、验收与质量评定、试运行、运行、维护、检修、试验、退役、报废	发电	水电
201.2-191	NB/T 35091—2016	水电工程生态流量计算规范	2017-5-1			规划、设计	规划、初设、施工图	发电	水电
201.2-192	NB/T 35092—2017	混凝土坝温度控制设计规范	2017-8-1			设计	初设、施工图	发电	水电
201.2-193	NB/T 35093—2017	水电工程水库回水计算规范	2017-8-1			规划、设计	规划、初设、施工图	发电	水电
201.2-194	NB/T 35094—2017	水电工程水温计算规范	2017-8-1			规划、设计	规划、初设、施工图	发电	水电
201.2-195	NB/T 35095—2017	水电工程小流域水文计算规范	2017-8-1			规划、设计	规划、初设、施工图	发电	水电

续表

体系结构号	标准编号	标 准 名 称	实施日期	与国际标准对应关系	代替标准	阶段	分阶段	专业	分专业
201.2-196	NB/T 35096—2017	水电工程移民安置独立评估规范	2017-8-1			规划、设计	规划、初设、施工图	发电	水电
201.2-197	NB/T 35098—2017	水电工程区域构造稳定性勘察规程	2018-3-1		DL/T 5335—2006	规划、设计	规划、初设、施工图	发电	水电
201.2-198	NB/T 35108—2018	气体绝缘金属封闭开关设备配电装置设计规范	2018-7-1		DL/T 5139—2001	设计、采购、建设、运维、修试、退役	初设、施工图、招标、品控、施工工艺、验收与质量评定、试运行、运行、维护、检修、试验、退役、报废	发电	水电
201.2-199	NB/T 35110—2018	水电站地下埋藏式月牙肋钢岔管设计规范	2018-7-1			设计、采购、建设、运维、修试、退役	初设、施工图、招标、品控、施工工艺、验收与质量评定、试运行、运行、维护、检修、试验、退役、报废	发电	水电
201.2-200	NB/T 35111—2018	水电工程渣场设计规范	2018-7-1			设计、采购、建设、运维、修试、退役	初设、施工图、招标、品控、施工工艺、验收与质量评定、试运行、运行、维护、检修、试验、退役、报废	发电	水电
201.2-201	NB/T 35115—2018	水电工程钻探规程	2018-7-1		DL/T 5013—2005	规划、设计	规划、初设、施工图	发电	水电
201.2-202	NB/T 42029.1—2014	往复式内燃燃气电站设计规范 第1部分：总体设计	2014-8-1			设计、采购、建设、运维、修试、退役	初设、施工图、招标、品控、施工工艺、验收与质量评定、试运行、运行、维护、检修、试验、退役、报废	发电、基础综合	火电
201.2-203	NB/T 42029.2—2014	往复式内燃燃气电站设计规范 第2部分：基础建设	2014-8-1			设计、采购、建设、运维、修试、退役	初设、施工图、招标、品控、施工工艺、验收与质量评定、试运行、运行、维护、检修、试验、退役、报废	发电	火电
201.2-204	NB/T 42029.3—2014	往复式内燃燃气电站设计规范 第3部分：燃气发电机组	2014-8-1			设计、采购、建设、运维、修试、退役	初设、施工图、招标、品控、施工工艺、验收与质量评定、试运行、运行、维护、检修、试验、退役、报废	发电	火电

续表

体系结构号	标准编号	标准名称	实施日期	与国际标准对应关系	代替标准	阶段	分阶段	专业	分专业
201.2-205	NB/T 42029.4—2014	往复式内燃燃气电站设计规范　第4部分：燃气供给系统	2014-8-1			设计、采购、建设、运维、修试、退役	初设、施工图、招标、品控、施工工艺、验收与质量评定、试运行、运行、维护、检修、试验、退役、报废	发电	火电
201.2-206	NB/T 42029.5—2014	往复式内燃燃气电站设计规范　第5部分：冷却系统	2014-8-1			设计、采购、建设、运维、修试、退役	初设、施工图、招标、品控、施工工艺、验收与质量评定、试运行、运行、维护、检修、试验、退役、报废	发电	火电
201.2-207	NB/T 42029.6—2014	往复式内燃燃气电站设计规范　第6部分：输、配电系统	2014-8-1			设计、采购、建设、运维、修试、退役	初设、施工图、招标、品控、施工工艺、验收与质量评定、试运行、运行、维护、检修、试验、退役、报废	发电	火电
201.2-208	NB/T 42029.7—2014	往复式内燃燃气电站设计规范　第7部分：管控系统	2014-8-1			设计、采购、建设、运维、修试、退役	初设、施工图、招标、品控、施工工艺、验收与质量评定、试运行、运行、维护、检修、试验、退役、报废	发电	火电
201.2-209	NB/T 42034—2014	孤网运行的小水电机组设计导则	2014-11-1			设计、采购、建设、运维、修试、退役	初设、施工图、招标、品控、施工工艺、验收与质量评定、试运行、运行、维护、检修、试验、退役、报废	发电	水电
201.2-210	NB/T 42109—2017	往复式内燃燃气发电机组混合气特性计算方法	2017-12-1			规划、设计	规划、初设、施工图	发电	火电
201.2-211	NB/T 42162—2018	小水电机组选型设计规范	2018-10-1			设计、采购、建设、运维、修试、退役	初设、施工图、招标、品控、施工工艺、验收与质量评定、试运行、运行、维护、检修、试验、退役、报废	发电	水电
201.2-212	SDJ 302—1988	水利水电工程环境影响评价规范（试行）	1989-7-1			规划、设计	规划、初设、施工图	发电	水电
201.2-213	SL 25—2006	砌石坝设计规范	2006-6-1		SL 25—1991	设计	初设、施工图	发电	水电
201.2-214	SL 44—2006	水利水电工程设计洪水计算规范	2006-10-1		SL 44—1993	设计	初设、施工图	发电	水电

体系结构号	标准编号	标 准 名 称	实施日期	与国际标准对应关系	代替标准	阶段	分阶段	专业	分专业
201.2-215	SL 45—2006	江河流域规划环境影响评价规范	2006-12-1		SL 45—1992	规划、设计	规划、初设、施工图	发电	水电
201.2-216	SL 73.1—2013	水利水电工程制图标准 基础制图	2013-4-14		SL 73.1—95	规划、设计	规划、初设、施工图	发电、基础综合	水电
201.2-217	SL 73.2—2013	水利水电工程制图标准 水工建筑图	2013-4-14		SL 73.2—95	规划、设计	规划、初设、施工图	发电	水电
201.2-218	SL 73.3—2013	水利水电工程制图标准 勘测图	2013-4-14		SL 73.3—95	规划、设计	规划、初设、施工图	发电	水电
201.2-219	SL 73.4—2013	水利水电工程制图标准 水力机械图	2013-4-14		SL 73.4—95	规划、设计	规划、初设、施工图	发电	水电
201.2-220	SL 73.5—2013	水利水电工程制图标准 电气图	2013-4-14		SL 73.4—95	规划、设计	规划、初设、施工图	发电	水电
201.2-221	SL 73.6—2015	水利水电工程制图标准 水土保持图	2016-1-28		SL 73.6—2001	规划、设计	规划、初设、施工图	发电	水电
201.2-222	SL 74—2013	水工钢闸门设计规范	2013-11-26		SL 74—1995	设计、采购、建设、运维、修试、退役	初设、施工图、招标、品控、施工工艺、验收与质量评定、试运行、运行、维护、检修、试验、退役、报废	发电	水电
201.2-223	SL 189—2013	小型水利水电工程碾压式土石坝设计规范	2014-3-11		SL 189—1996	设计、采购、建设、运维、修试、退役	初设、施工图、招标、品控、施工工艺、验收与质量评定、试运行、运行、维护、检修、试验、退役、报废	发电	水电
201.2-224	SL 196—2015	水文调查规范	2015-5-5		SL 196—1997	规划	规划	发电	水电
201.2-225	SL 197—2013	水利水电工程测量规范	2013-12-17		SL 197—1997	规划、设计	规划、初设、施工图	发电	水电
201.2-226	SL 205—2015	水电站引水渠道及前池设计规范	2015-6-9		SL/T 205—1997	设计、采购、建设、运维、修试、退役	初设、施工图、招标、品控、施工工艺、验收与质量评定、试运行、运行、维护、检修、试验、退役、报废	发电	水电
201.2-227	SL 228—2013	混凝土面堆石坝设计规范	2013-4-22		SL 228—98	设计、采购、建设、运维、修试、退役	初设、施工图、招标、品控、施工工艺、验收与质量评定、试运行、运行、维护、检修、试验、退役、报废	发电	水电

续表

体系结构号	标准编号	标 准 名 称	实施日期	与国际标准对应关系	代替标准	阶段	分阶段	专业	分专业
201.2-228	SL 251—2015	水利水电工程天然建筑材料勘察规程	2015-6-5		SL 251—2000	规划	规划	发电	水电
201.2-229	SL 265—2016	水闸设计规范	2017-2-28		SL 265—2001	设计、采购、建设、运维、修试、退役	初设、施工图、招标、品控、施工工艺、验收与质量评定、试运行、运行、维护、检修、试验、退役、报废	发电	水电
201.2-230	SL 266—2014	水电站厂房设计规范	2014-7-21		SL 266—2001	设计、采购、建设、运维、修试、退役	初设、施工图、招标、品控、施工工艺、验收与质量评定、试运行、运行、维护、检修、试验、退役、报废	发电	水电
201.2-231	SL 274—2001	碾压式土石坝设计规范	2002-3-1		SDJ 218—1984	设计、采购、建设、运维、修试、退役	初设、施工图、招标、品控、施工工艺、验收与质量评定、试运行、运行、维护、检修、试验、退役、报废	发电	水电
201.2-232	SL 290—2009	水利水电工程建设征地移民安置规划设计规范	2009-10-31		SL/T 290—2003	设计	初设、施工图	发电	水电
201.2-233	SL 298—2004	防汛物资储备定额编制规程	2004-5-20			规划、设计、采购	规划、初设、施工图、招标、品控	其他	水电
201.2-234	SL 311—2004	水利水电工程高压配电装置设计规范	2005-2-1		SDJ 5—1985	设计、采购、建设、运维、修试、退役	初设、施工图、招标、品控、施工工艺、验收与质量评定、试运行、运行、维护、检修、试验、退役、报废	发电	水电
201.2-235	SL 314—2018	碾压混凝土坝设计规范	2018-10-17		SL 314—2004	设计、采购、建设、运维、修试、退役	初设、施工图、招标、品控、施工工艺、验收与质量评定、试运行、运行、维护、检修、试验、退役、报废	发电	水电
201.2-236	SL 328—2005	水利水电工程设计工程量计算规定	2006-1-1			设计	初设、施工图	发电	水电
201.2-237	SL 344—2006	水利水电工程电缆设计规范	2006-10-1			设计、采购、建设、运维、修试、退役	初设、施工图、招标、品控、施工工艺、验收与质量评定、试运行、运行、维护、检修、试验、退役、报废	发电、输电	水电、电缆

续表

体系结构号	标准编号	标准名称	实施日期	与国际标准对应关系	代替标准	阶段	分阶段	专业	分专业
201.2-238	SL 455—2010	水利水电工程继电保护设计规范	2010-6-1			设计、采购、建设、运维、修试、退役	初设、施工图、招标、品控、施工工艺、验收与质量评定、试运行、运行、维护、检修、试验、退役、报废	发电、调度及二次	水电、继电保护及安全自动装置
201.2-239	SL 725—2016	水利水电工程安全监测设计规范	2016-8-23			设计、采购、建设、运维、修试、退役	初设、施工图、招标、品控、施工工艺、验收与质量评定、试运行、运行、维护、检修、试验、退役、报废	发电	水电
201.2-240	SL 735—2016	大中型水库库区和移民安置区基础设施建设和经济发展规划编制规程	2016-5-22			规划	规划	发电	水电
201.2-241	SL 736—2016	水文数据目录服务规范	2016-5-5			规划、设计	规划、初设、施工图	发电	水电
201.2-242	SL 522—2010	小水电站接入电力系统技术规定	2011-3-30			规划、设计、采购、建设、运维、修试、退役	规划、初设、施工图、招标、品控、施工工艺、验收与质量评定、试运行、运行、维护、检修、试验、退役、报废	发电	水电
201.2-243	SL 566—2012	水利水电工程水文自动测报系统设计规范	2012-12-19			设计、采购、建设、运维、修试、退役	初设、施工图、招标、品控、施工工艺、验收与质量评定、试运行、运行、维护、检修、试验、退役、报废	发电	水电
201.2-244	SL 567—2012	水利水电工程地质勘察资料整编规程	2012-12-10		SDJ 19—78	规划、设计	规划、初设、施工图	发电	水电
201.2-245	SL 587—2012	水利水电工程接地设计规范	2012-12-19			设计、采购、建设、运维、修试、退役	初设、施工图、招标、品控、施工工艺、验收与质量评定、试运行、运行、维护、检修、试验、退役、报废	发电	水电
201.2-246	SL 644—2014	水利水电工程库底清理设计规范	2014-10-28			设计	初设、施工图	发电	水电
201.2-247	SL 652—2014	水库枢纽工程地质勘察规范	2015-2-25			规划、设计	规划、初设、施工图	发电	水电

续表

体系结构号	标准编号	标 准 名 称	实施日期	与国际标准对应关系	代替标准	阶段	分阶段	专业	分专业
201.2-248	SL 654—2014	水利水电工程合理使用年限及耐久性设计规范	2014-4-26			设计	初设、施工图	发电	水电
201.2-249	SL 655—2014	水利水电工程调压室设计规范	2014-7-22			设计、采购、建设、运维、修试、退役	初设、施工图、招标、品控、施工工艺、验收与质量评定、试运行、运行、维护、检修、试验、退役、报废	发电	水电
201.2-250	SL 704—2015	水闸与泵站工程地质勘察规范	2015-4-30			规划、设计	规划、初设、施工图	发电	水电
201.2-251	JB/T 10499—2005	透平型发电机非正常运行工况设计和应用导则	2005-8-1			设计	初设、施工图	发电	火电
201.2-252	HJ 178—2018	烟气循环流化床法烟气脱硫工程通用技术规范	2018-5-1		HJ/T 178—2005	规划、设计、采购、建设、运维、修试、退役	规划、初设、施工图、招标、品控、施工工艺、验收与质量评定、试运行、运行、维护、检修、试验、退役、报废	发电	火电
201.2-253	HJ 179—2018	石灰石/石灰-石膏湿法烟气脱硫工程通用技术规范	2018-5-1		HJ/T 179—2005	规划、设计、采购、建设、运维、修试、退役	规划、初设、施工图、招标、品控、施工工艺、验收与质量评定、试运行、运行、维护、检修、试验、退役、报废	发电	火电
201.2-254	HJ 562—2010	火电厂烟气脱硝工程技术规范 选择性催化还原法	2010-4-1			规划、设计、采购、建设、运维、修试、退役	规划、初设、施工图、招标、品控、施工工艺、验收与质量评定、试运行、运行、维护、检修、试验、退役、报废	发电	火电
201.2-255	HJ 563—2010	火电厂烟气脱硝工程技术规范 选择性非催化还原法	2010-4-1			规划、设计、采购、建设、运维、修试、退役	规划、初设、施工图、招标、品控、施工工艺、验收与质量评定、试运行、运行、维护、检修、试验、退役、报废	发电	火电
201.2-256	JC/T 2423—2017	玻璃熔窑余热发电设计规范	2017-10-1			设计、采购、建设、运维、修试、退役	初设、施工图、招标、品控、施工工艺、验收与质量评定、试运行、运行、维护、检修、试验、退役、报废	发电	火电

续表

体系结构号	标准编号	标 准 名 称	实施日期	与国际标准对应关系	代替标准	阶段	分阶段	专业	分专业
201.2-257	GB/T 150.1—2011	压力容器 第 1 部分：通用要求	2017-3-23		GB 150.1—2011	设计、采购	初设、招标	发电	水电、火电
201.2-258	GB/T 150.2—2011	压力容器 第 2 部分：材料	2017-3-23		GB 150.2—2011	设计、采购	初设、招标	发电	水电、火电
201.2-259	GB/T 150.3—2011	压力容器 第 3 部分：设计	2017-3-23		GB 150.3—2011	设计、采购	初设、招标	发电	水电、火电
201.2-260	GB/T 9652.1—2007	水轮机控制系统技术条件	2008-2-1		GB/T 9652.1—1997	规划、设计、采购、建设、运维、修试、退役	规划、初设、施工图、招标、品控、施工工艺、验收与质量评定、试运行、运行、维护、检修、试验、退役、报废	发电、调度及二次	水电、水调
201.2-261	GB/T 17285—2009	电气设备电源特性的标记安全要求	2017-3-23	IEC 61293: 1994	GB 17285—2009	设计	初设、施工图	发电	其他
201.2-262	GB/T 19962—2016	地热电站接入电力系统技术规定	2017-3-1		GB/T 19962—2005	规划、设计、采购、建设、运维、修试、退役	规划、初设、施工图、招标、品控、施工工艺、验收与质量评定、试运行、运行、维护、检修、试验、退役、报废	发电	其他
201.2-263	GB/T 26921—2011	电机系统（风机、泵、空气压缩机）优化设计指南	2012-3-1			设计、采购、建设	初设、施工图、招标、品控、施工工艺、验收与质量评定、试运行	发电	其他
201.2-264	GB/T 31153—2014	小型水力发电站汇水区降水资源气候评价方法	2015-1-1			规划、设计	规划、初设、施工图	发电	水电
201.2-265	GB/T 32576—2016	抽水蓄能电站厂用电继电保护整定计算导则	2016-11-1			规划、设计	规划、初设、施工图	发电、调度及二次	水电、继电保护及安全自动装置
201.2-266	GB/T 32797—2016	热电联产系统 用于规划、评估和采购的技术说明	2017-3-1	ISO 26382: 2010		规划、设计、采购、建设、运维、修试、退役	规划、初设、施工图、招标、品控、施工工艺、验收与质量评定、试运行、运行、维护、检修、试验、退役、报废	发电	火电
201.2-267	GB/T 33340—2016	往复式内燃燃气发电机组安全设计规范	2017-7-1			设计、采购、建设、运维、修试、退役	初设、施工图、招标、品控、施工工艺、验收与质量评定、试运行、运行、维护、检修、试验、退役、报废	发电	火电

续表

体系结构号	标准编号	标 准 名 称	实施日期	与国际标准对应关系	代替标准	阶段	分阶段	专业	分专业
201.2-268	GB/T 33349—2016	往复式内燃燃气电站系统通用技术条件	2017-7-1			规划、设计、采购、建设、运维、修试、退役	规划、初设、施工图、招标、品控、施工工艺、验收与质量评定、试运行、运行、维护、检修、试验、退役、报废	发电	其他
201.2-269	GB/T 35641—2017	工程测绘基本技术要求	2018-7-1			规划、设计	规划、初设、施工图	基础综合	
201.2-270	GB 50049—2011	小型火力发电厂设计规范	2011-12-1		GB 50049 E—1994；GB 50049—1994	设计、采购、建设、运维、修试、退役	初设、施工图、招标、品控、施工工艺、验收与质量评定、试运行、运行、维护、检修、试验、退役、报废	发电	水电
201.2-271	GB 50071—2014	小型水力发电站设计规范	2015-8-1		GB 50071—2002	设计、采购、建设、运维、修试、退役	初设、施工图、招标、品控、施工工艺、验收与质量评定、试运行、运行、维护、检修、试验、退役、报废	发电	水电
201.2-272	GB 50073—2013	洁净厂房设计规范	2013-9-1			设计、采购、建设、运维、修试、退役	初设、施工图、招标、品控、施工工艺、验收与质量评定、试运行、运行、维护、检修、试验、退役、报废	附属设施及工器具、发电	生产楼宇、其他
201.2-273	GB/T 50102—2014	工业循环水冷却设计规范	2015-8-1		GB/T 50102—2003	设计、采购、建设、运维、修试、退役	初设、施工图、招标、品控、施工工艺、验收与质量评定、试运行、运行、维护、检修、试验、退役、报废	发电	火电
201.2-274	GB 50199—2013	水利水电工程结构可靠性设计统一标准	2014-5-1		GB 50199—1994	设计	初设、施工图	发电	水电
201.2-275	GB 50287—2016	水力发电工程地质勘察规范（附条文说明）	2017-4-1		GB 50287—2006	规划、设计、采购、建设、运维、修试、退役	规划、初设、施工图、招标、品控、施工工艺、验收与质量评定、试运行、运行、维护、检修、试验、退役、报废	发电	水电
201.2-276	GB 50487—2008	水利水电工程地质勘察规范	2009-8-1			规划、设计	规划、初设、施工图	发电	水电

续表

体系结构号	标准编号	标 准 名 称	实施日期	与国际标准对应关系	代替标准	阶段	分阶段	专业	分专业
201.2-277	GB/T 50619—2010	火力发电厂海水淡化工程设计规范	2011-6-1			设计、采购、建设、运维、修试、退役	初设、施工图、招标、品控、施工工艺、验收与质量评定、试运行、运行、维护、检修、试验、退役、报废	发电、其他	火电
201.2-278	GB 50660—2011	大中型火力发电厂设计规范	2012-3-1			设计、采购、建设、运维、修试、退役	初设、施工图、招标、品控、施工工艺、验收与质量评定、试运行、运行、维护、检修、试验、退役、报废	发电	火电
201.2-279	GB 50764—2012	电厂动力管道设计规范	2012-10-1			设计、采购、建设、运维、修试、退役	初设、施工图、招标、品控、施工工艺、验收与质量评定、试运行、运行、维护、检修、试验、退役、报废	发电	其他
201.2-280	GB 51018—2014	水土保持工程设计规范	2015-8-1			设计、建设	初设、施工图、施工工艺、验收与质量评定、试运行	发电	水电
201.2-281	IEC 62270—2013	水电厂自动化用计算机控制指南	2013-9-16		IEC 62270—2004	规划、设计、采购、建设、运维、修试、退役	规划、初设、施工图、招标、品控、施工工艺、验收与质量评定、试运行、运行、维护、检修、退役、报废	发电、调度及二次	水电、水调
201.3 规划设计-输电									
201.3-1	Q/CSG 11512—2010	±800kV 直流架空输电线路设计技术规程	2010-6-1			设计、采购、建设、运维、修试、退役	初设、施工图、招标、品控、施工工艺、验收与质量评定、试运行、运行、维护、检修、试验、退役、报废	换流、输电	其他、线路
201.3-2	Q/CSG 1201011—2016	输电线路防风设计技术规范	2016-8-1			设计、采购、建设、运维、修试、退役	初设、施工图、招标、品控、施工工艺、验收与质量评定、试运行、运行、维护、检修、试验、退役、报废	输电	线路
201.3-3	Q/CSG 1203056.1—2018	110kV～500kV 架空输电线路杆塔复合横担技术规定 第1部分：设计规定（试行）	2018-12-28			设计、采购、建设、运维、修试、退役	初设、施工图、招标、品控、施工工艺、验收与质量评定、试运行、运行、维护、检修、试验、退役、报废	输电	线路

续表

体系结构号	标准编号	标准名称	实施日期	与国际标准对应关系	代替标准	阶段	分阶段	专业	分专业
201.3-4	Q/CSG 1203060.2—2019	绞合型复合材料芯架空导线　第2部分：导线设计、施工工艺及验收技术规范（试行）	2019-2-27			设计、采购、建设、运维、修试、退役	初设、施工图、招标、品控、施工工艺、验收与质量评定、试运行、运行、维护、检修、试验、退役、报废	输电	线路
201.3-5	T/CSEE 0077—2018	重腐蚀地区输电线路钢制杆塔腐蚀防护材料选用技术导则				设计、采购、建设、运维、修试、退役	初设、施工图、招标、品控、施工工艺、验收与质量评定、试运行、运行、维护、检修、试验、退役、报废	输电	线路
201.3-6	DL/T 368—2010	输电线路用绝缘子污秽外绝缘的高海拔修正	2010-10-1			设计	初设、施工图	输电	线路
201.3-7	DL/T 401—2017	高压电缆选用导则	2017-12-1	IEC 183: 1984，NEQ	DL/T 401—2002	设计、采购、建设、运维、修试、退役	初设、施工图、招标、品控、施工工艺、验收与质量评定、试运行、运行、维护、检修、试验、退役、报废	输电	电缆
201.3-8	DL/T 436—2005	高压直流架空送电线路技术导则	2006-6-1		DL 436—1991	设计、采购、建设、运维、修试、退役	初设、施工图、招标、品控、施工工艺、验收与质量评定、试运行、运行、维护、检修、试验、退役、报废	换流、输电	其他、线路
201.3-9	DL/T 691—1999	高压架空送电线路无线电干扰计算方法	2000-7-1			设计	初设、施工图	输电	线路
201.3-10	DL/T 1122—2009	架空输电线路外绝缘配置技术导则	2009-12-1			设计、采购、建设、运维、修试、退役	初设、施工图、招标、品控、施工工艺、验收与质量评定、试运行、运行、维护、检修、试验、退役、报废	输电	线路
201.3-11	DL/T 1378—2014	光纤复合架空地线（OPGW）防雷接地技术导则	2015-3-1			设计、采购、建设、运维、修试、退役	初设、施工图、招标、品控、施工工艺、验收与质量评定、试运行、运行、维护、检修、试验、退役、报废	输电	其他

续表

体系结构号	标准编号	标准名称	实施日期	与国际标准对应关系	代替标准	阶段	分阶段	专业	分专业
201.3-12	DL/T 1519—2016	交流输电线路架空地线接地技术导则	2016-6-1			设计、采购、建设、运维、修试、退役	初设、施工图、招标、品控、施工工艺、验收与质量评定、试运行、运行、维护、检修、试验、退役、报废	输电	其他
201.3-13	DL/T 1676—2016	交流输电线路用避雷器选用导则	2017-5-1			设计、采购、建设、运维、修试、退役	初设、施工图、招标、品控、施工工艺、验收与质量评定、试运行、运行、维护、检修、试验、退役、报废	输电	线路
201.3-14	DL/T 1784—2017	多雷区 110kV～500kV 交流同塔多回输电线路防雷技术导则	2018-6-1			设计、采购、建设、运维、修试、退役	初设、施工图、招标、品控、施工工艺、验收与质量评定、试运行、运行、维护、检修、试验、退役、报废	输电	线路
201.3-15	DL/T 1840—2018	交流高压架空输电线路对短波无线电测向台（站）保护间距要求	2018-7-1			设计	初设、施工图	输电	线路
201.3-16	DL/T 1841—2018	交流高压架空输电线路与对空情报雷达站防护距离要求	2018-7-1			设计	初设、施工图	输电	线路
201.3-17	DL/T 5033—2006	输电线路对电信线路危险和干扰影响防护设计规程	2006-10-1		DL 5033—1994；DL 5063—1996	设计	初设、施工图	输电	线路
201.3-18	DL/T 5040—2017	交流架空输电线路对无线电台影响防护设计规范	2017-12-1		DL/T 5040—2006	设计	初设、施工图	输电	线路
201.3-19	DL/T 5049—2016	架空输电线路大跨越工程勘测技术规程	2017-5-1		DL/T 5049—2006	设计	初设、施工图	输电	线路
201.3-20	DL/T 5076—2008	220kV 及以下架空送电线路勘测技术规程	2008-11-1		DL 5076—1997；DL 5146—2001	设计	初设、施工图	输电	线路
201.3-21	DL/T 5092—1999	（110～500）kV 架空送电线路设计技术规程	1999-10-1		SDJ 3—1979	设计、采购、建设、运维、修试、退役	初设、施工图、招标、品控、施工工艺、验收与质量评定、试运行、运行、维护、检修、试验、退役、报废	输电	线路
201.3-22	DL/T 5122—2000	500kV 架空送电线路勘测技术规程	2001-1-1		SDGJ 68—1987	设计	初设、施工图	输电	线路

续表

体系结构号	标准编号	标准名称	实施日期	与国际标准对应关系	代替标准	阶段	分阶段	专业	分专业
201.3-23	DL/T 5130—2001	架空送电线路钢管杆设计技术规定	2002-2-1			设计、采购、建设、运维、修试、退役	初设、施工图、招标、品控、施工工艺、验收与质量评定、试运行、运行、维护、检修、试验、退役、报废	输电	线路
201.3-24	DL/T 5154—2012	架空输电线路杆塔结构设计技术规定	2013-3-1		DL/T 5154—2002	设计、采购、建设、运维、修试、退役	初设、施工图、招标、品控、施工工艺、验收与质量评定、试运行、运行、维护、检修、试验、退役、报废	输电	线路
201.3-25	DL/T 5217—2013	220kV～500kV 紧凑型架空输电线路设计技术规程	2014-4-1		DL/T 5217—2005	设计、采购、建设、运维、修试、退役	初设、施工图、招标、品控、施工工艺、验收与质量评定、试运行、运行、维护、检修、试验、退役、报废	输电	线路
201.3-26	DL/T 5219—2014	架空输电线路基础设计技术规程	2015-3-1		DL/T 5219—2005	设计、采购、建设、运维、修试、退役	初设、施工图、招标、品控、施工工艺、验收与质量评定、试运行、运行、维护、检修、试验、退役、报废	输电	线路
201.3-27	DL/T 5221—2016	城市电力电缆线路设计技术规定	2016-12-1		DL/T 5221—2005	设计、采购、建设、运维、修试、退役	初设、施工图、招标、品控、施工工艺、验收与质量评定、试运行、运行、维护、检修、试验、退役、报废	输电	电缆
201.3-28	DL/T 5224—2014	高压直流输电大地返回系统设计技术规范	2014-11-1		DL/T 5224—2005	设计、采购、建设、运维、修试、退役	初设、施工图、招标、品控、施工工艺、验收与质量评定、试运行、运行、维护、检修、试验、退役、报废	换流、输电	其他、线路
201.3-29	DL/T 5254—2010	架空输电线路钢管塔设计技术规定	2011-5-1			设计、采购、建设、运维、修试、退役	初设、施工图、招标、品控、施工工艺、验收与质量评定、试运行、运行、维护、检修、试验、退役、报废	输电	线路
201.3-30	DL/T 5340—2015	直流架空输电线路对电信线路危险和干扰影响防护设计技术规程	2015-12-1		DL/T 5340—2006	设计	初设、施工图	输电	线路

续表

体系结构号	标准编号	标准名称	实施日期	与国际标准对应关系	代替标准	阶段	分阶段	专业	分专业
201.3-31	DL/T 5405—2008	城市电力电缆线路初步设计内容深度规程	2008-11-1			设计	初设	输电	电缆
201.3-32	DL/T 5440—2009	重覆冰架空输电线路设计技术规程	2009-12-1			设计、采购、建设、运维、修试、退役	初设、施工图、招标、品控、施工工艺、验收与质量评定、试运行、运行、维护、检修、试验、退役、报废	输电	线路
201.3-33	DL/T 5451—2012	架空输电线路工程初步设计内容深度规定	2012-3-1			设计	初设	输电	线路
201.3-34	DL/T 5463—2012	110kV～750kV 架空输电线路施工图设计内容深度规定	2013-3-1			设计	施工图	输电	线路
201.3-35	DL/T 5484—2013	电力电缆隧道设计规程	2014-4-1			设计、采购、建设、运维、修试、退役	初设、施工图、招标、品控、施工工艺、验收与质量评定、试运行、运行、维护、检修、试验、退役、报废	输电	电缆
201.3-36	DL/T 5485—2013	110kV～750kV 架空输电线路大跨越设计技术规程	2014-4-1			设计、采购、建设、运维、修试、退役	初设、施工图、招标、品控、施工工艺、验收与质量评定、试运行、运行、维护、检修、试验、退役、报废	输电	线路
201.3-37	DL/T 5486—2013	特高压架空输电线路杆塔结构设计技术规程	2014-4-1			设计、采购、建设、运维、修试、退役	初设、施工图、招标、品控、施工工艺、验收与质量评定、试运行、运行、维护、检修、试验、退役、报废	输电	线路
201.3-38	DL/T 5490—2014	500kV 交流海底电缆线路设计技术规程	2014-11-1			设计、采购、建设、运维、修试、退役	初设、施工图、招标、品控、施工工艺、验收与质量评定、试运行、运行、维护、检修、试验、退役、报废	输电	电缆
201.3-39	DL 5497—2015	高压直流架空输电线路设计技术规程	2015-9-1			设计、采购、建设、运维、修试、退役	初设、施工图、招标、品控、施工工艺、验收与质量评定、试运行、运行、维护、检修、试验、退役、报废	换流、输电	其他、线路

续表

体系结构号	标准编号	标准名称	实施日期	与国际标准对应关系	代替标准	阶段	分阶段	专业	分专业
201.3-40	DL/T 5501—2015	冻土地区架空输电线路基础设计技术规程	2015-9-1			设计、采购、建设、运维、修试、退役	初设、施工图、招标、品控、施工工艺、验收与质量评定、试运行、运行、维护、检修、试验、退役、报废	输电	线路
201.3-41	DL/T 5504—2015	特高压架空输电线路大跨越设计技术规程	2015-12-1			设计、采购、建设、运维、修试、退役	初设、施工图、招标、品控、施工工艺、验收与质量评定、试运行、运行、维护、检修、试验、退役、报废	换流、输电	其他、线路
201.3-42	DL/T 5509—2015	架空输电线路覆冰勘测规程	2015-12-1			设计	初设、施工图	输电	线路
201.3-43	DL/T 5511—2016	直流融冰系统设计技术规程	2016-6-1			设计、采购、建设、运维、修试、退役	初设、施工图、招标、品控、施工工艺、验收与质量评定、试运行、运行、维护、检修、试验、退役、报废	换流	其他
201.3-44	DL/T 5514—2016	城市电力电缆线路施工图设计文件内容深度规定	2016-12-1			设计	初设	输电	电缆
201.3-45	DL/T 5530—2017	特高压输变电工程水土保持方案内容深度规定	2017-12-1			设计	初设、施工图	基础综合、输电、变电	其他、其他
201.3-46	DL/T 5536—2017	直流架空输电线路对无线电台影响防护设计规范	2018-3-1			设计	初设、施工图	换流、基础综合	其他
201.3-47	DL/T 5539—2018	采动影响区架空输电线路设计规范	2018-7-1			设计、采购、建设、运维、修试、退役	初设、施工图、招标、品控、施工工艺、验收与质量评定、试运行、运行、维护、检修、试验、退役、报废	输电	线路
201.3-48	DL/T 5544—2018	架空输电线路锚杆基础设计规程	2018-10-1			设计、采购、建设、运维、修试、退役	初设、施工图、招标、品控、施工工艺、验收与质量评定、试运行、运行、维护、检修、试验、退役、报废	输电	线路
201.3-49	DL/T 5551—2018	架空输电线路荷载规范	2019-5-1			设计、采购、建设、运维、修试	初设、施工图、招标、品控、施工工艺、验收与质量评定、试运行、运行、维护、检修、试验	输电	线路

续表

体系结构号	标准编号	标准名称	实施日期	与国际标准对应关系	代替标准	阶段	分阶段	专业	分专业
201.3-50	DL/T 5708—2014	架空输电线路戈壁碎石土地基掏挖基础设计与施工技术导则	2015-3-1			设计、采购、建设	初设、施工图、招标、品控、施工工艺、验收与质量评定、试运行	基础综合、输电	其他
201.3-51	NB/T 42165—2018	多端线路保护技术要求	2018-10-1			设计、采购、建设、运维、修试、退役	初设、施工图、招标、品控、施工工艺、验收与质量评定、试运行、运行、维护、检修、试验、退役、报废	输电	线路
201.3-52	DLGJ 129—1996	电缆扎带设计技术标准	1996-10-1			设计、采购、建设、运维、修试、退役	初设、施工图、招标、品控、施工工艺、验收与质量评定、试运行、运行、维护、检修、试验、退役、报废	输电	电缆
201.3-53	JB/T 10181.11—2014	电缆载流量计算 第11部分：载流量公式（100%负荷因数）和损耗计算 一般规定	2014-10-1	IEC 60287-1-1: 2006，IDT	JB/T 10181.1—2000	设计	初设、施工图	输电	电缆
201.3-54	JB/T 10181.12—2014	电缆载流量计算 第12部分：载流量公式（100%负荷因数）和损耗计算 双回路平面排列电缆金属套涡流损耗因数	2014-10-1	IEC 60287-1-2: 1993，IDT	JB/T 10181.2—2000	设计	初设、施工图	输电	电缆
201.3-55	JB/T 10181.21—2014	电缆载流量计算 第21部分：热阻 热阻的计算	2014-10-1	IEC 60287-2-1: 2006，IDT	JB/T 10181.3—2000	设计	初设、施工图	输电	电缆
201.3-56	JB/T 10181.22—2014	电缆载流量计算 第22部分：热阻 自由空气中不受到日光直接照射的电缆群载流量降低因数的计算	2014-10-1	IEC 60287-2-2: 1995，IDT	JB/T 10181.4—2000	设计	初设、施工图	输电	电缆
201.3-57	JB/T 10181.31—2014	电缆载流量计算 第31部分：运行条件相关 基准运行条件和电缆选型	2014-10-1	IEC 60287-3-1: 1999，IDT	JB/T 10181.5—2000	设计	初设、施工图	输电	电缆
201.3-58	JB/T 10181.32—2014	电缆载流量计算 第32部分：运行条件相关 电力电缆截面的经济优化选择	2014-10-1	IEC 60287-3-2: 1995，IDT	JB/T 10181.6—2000	设计	初设、施工图	输电	电缆
201.3-59	SY/T 10017—2017	海底电缆地震资料采集技术规程	2017-8-1			设计	初设、施工图	输电	电缆

续表

体系结构号	标准编号	标准名称	实施日期	与国际标准对应关系	代替标准	阶段	分阶段	专业	分专业
201.3-60	GB 7495—1987	架空电力线路与调幅广播收音台的防护间距	1987-11-1			设计	初设、施工图	输电	线路
201.3-61	GB/T 15707—2017	高压交流架空输电线路无线电干扰限值	2018-7-1		GB 15707—1995	设计	初设、施工图	输电	线路
201.3-62	GB/T 17502—2009	海底电缆管道路由勘察规范	2010-4-1		GB 17502—1998	规划、设计	规划、初设、施工图	输电	电缆
201.3-63	GB/T 29782—2013	电线电缆环境意识设计导则	2012-2-1			设计	初设、施工图	输电	线路、电缆
201.3-64	GB/T 31487.1—2015	直流融冰装置　第1部分：系统设计和应用导则	2015-12-1			设计、采购、建设、运维、修试、退役	初设、施工图、招标、品控、施工工艺、验收与质量评定、试运行、运行、维护、检修、试验、退役、报废	换流、输电	其他、其他
201.3-65	GB/T 35692—2017	高压直流输电工程系统规划导则	2018-7-1			规划	规划	换流、输电	其他、线路
201.3-66	GB/T 36551—2018	同心绞架空导线性能计算方法	2019-2-1			设计	初设、施工图	输电	线路
201.3-67	GB 50061—2010	66kV及以下架空电力线路设计规范	2010-7-1		GB 50061—1997	设计、采购、建设、运维、修试、退役	初设、施工图、招标、品控、施工工艺、验收与质量评定、试运行、运行、维护、检修、试验、退役、报废	输电	线路
201.3-68	GB 50217—2018	电力工程电缆设计标准	2018-9-1		GB 50217—2007	设计、采购、建设、运维、修试、退役	初设、施工图、招标、品控、施工工艺、验收与质量评定、试运行、运行、维护、检修、试验、退役、报废	输电	电缆
201.3-69	GB 50289—2016	城市工程管线综合规划规范	2016-12-1			设计	初设	输电	电缆
201.3-70	GB 50545—2010	110kV～750kV架空输电线路设计规范	2010-7-1			设计、采购、建设、运维、修试、退役	初设、施工图、招标、品控、施工工艺、验收与质量评定、试运行、运行、维护、检修、试验、退役、报废	输电	线路

续表

体系结构号	标准编号	标 准 名 称	实施日期	与国际标准对应关系	代替标准	阶段	分阶段	专业	分专业
201.3-71	GB 50548—2010	330kV～750kV架空输电线路勘测规范	2010-12-1			设计	初设、施工图	输电	线路
201.3-72	GB 50665—2011	1000kV 架空输电线路设计规范	2012-5-1			设计、采购、建设、运维、修试、退役	初设、施工图、招标、品控、施工工艺、验收与质量评定、试运行、运行、维护、检修、试验、退役、报废	输电	线路
201.3-73	GB 50790—2013	±800kV直流架空输电线路设计规范	2013-5-1			设计、采购、建设、运维、修试、退役	初设、施工图、招标、品控、施工工艺、验收与质量评定、试运行、运行、维护、检修、试验、退役、报废	换流、输电	其他、线路
201.3-74	IEC 60287-1-1—2014	电缆额定电流的计算 第1-1部分: 额定电流方程(100%负载因数）和损耗计算 总则	2014-11-13			设计	初设、施工图	输电	电缆
201.3-75	IEC 60287-2-1—2015	电缆额定电流的计算 第2-1 部分：热阻 热阻计算	2015-4-9		IEC 60287-2-1—1994+Amd 1—2001+Amd 2—2006; IEC 60287-2-1—1994; IEC 60287-2-1—1994+Amd 1—2001; IEC 60287-2-1—1994/Amd 1—2001；IEC 60287-2-1—1994/Amd 2—2006	设计	初设、施工图	输电	电缆
201.3-76	IEC/TS 60815-1—2008	在污染条件下使用的高压绝瞬子的选择和尺寸 第2部分：交流系统用的陶瓷和玻璃绝缘子	2008-10-29	BS DD IEC/TS 60815-1—2009，IDT	IEC TR 60815—1986; IEC 36/264/DTS—2007	设计、采购、运维	初设、施工图、招标、品控、运行、维护	输电	线路
201.3-77	IEC/TS 60815-2—2008	在污染条件下使用的高压绝瞬子的选择和尺寸 第2部分：尺寸、信息和一般原则	2008-10-29	BS DD IEC/TS 60815-2—2009，IDT		设计、采购、运维	初设、施工图、招标、品控、运行、维护	输电	线路
201.3-78	IEC/TS 60815-3—2008	在污染条件下使用的高压绝瞬子的选择和尺寸 第3部分：交流系统用的聚合物绝缘子	2008-10-28			设计、采购、运维	初设、施工图、招标、品控、运行、维护	输电	线路

续表

体系结构号	标准编号	标准名称	实施日期	与国际标准对应关系	代替标准	阶段	分阶段	专业	分专业
201.4 规划设计-换流									
201.4-1	Q/CSG 11511—2010	±800kV 直流换流站设计技术规程	2010-6-1			设计、采购、建设、运维、修试、退役	初设、施工图、招标、品控、施工工艺、验收与质量评定、试运行、运行、维护、检修、试验、退役、报废	换流	换流阀、换流变、其他
201.4-2	Q/CSG 11513—2010	±800kV 直流接地极设计技术规程	2010-6-1			设计、采购、建设、运维、修试、退役	初设、施工图、招标、品控、施工工艺、验收与质量评定、试运行、运行、维护、检修、试验、退役、报废	换流	其他
201.4-3	Q/CSG 11514—2010	±800kV 直流阀厅设计技术规程	2010-6-1			设计、采购、建设、运维、修试、退役	初设、施工图、招标、品控、施工工艺、验收与质量评定、试运行、运行、维护、检修、试验、退役、报废	换流	换流阀、其他
201.4-4	Q/CSG 11515—2010	±800kV 换流站交直流场设计技术规程	2010-1-1			设计、采购、建设、运维、修试、退役	初设、施工图、招标、品控、施工工艺、验收与质量评定、试运行、运行、维护、检修、试验、退役、报废	换流、变电	换流阀、换流变、其他、变压器、互感器、电抗器、开关、避雷器、其他
201.4-5	T/CSEE 0030—2017	±800kV 特高压直流工程换流站消防设计导则	2018-5-1			设计、采购、建设、运维、修试、退役	初设、施工图、招标、品控、施工工艺、验收与质量评定、试运行、运行、维护、检修、试验、退役、报废	换流	换流阀、换流变、其他
201.4-6	T/CSEE/Z 0081.5—2018	统一潮流控制器（UOFC）工程可行性研究内容深度规定				规划	规划	换流	其他
201.4-7	T/CSEE/Z 0081.6—2018	统一潮流控制器（UOFC）工程设计指南				设计、采购、建设、运维、修试、退役	初设、施工图、招标、品控、施工工艺、验收与质量评定、试运行、运行、维护、检修、试验、退役、报废	换流	其他
201.4-8	DL/T 437—2012	高压直流接地极技术导则	2012-3-1		DL/T 437—1991	设计、采购、建设、运维、修试、退役	初设、施工图、招标、品控、施工工艺、验收与质量评定、试运行、运行、维护、检修、试验、退役、报废	换流	其他

续表

体系结构号	标准编号	标 准 名 称	实施日期	与国际标准对应关系	代替标准	阶段	分阶段	专业	分专业
201.4-9	DL/T 1087—2008	±800kV 特高压直流换流站二次设备抗扰度要求	2008-11-1			设计、采购、建设	初设、施工图、招标、品控、施工工艺、验收与质量评定、试运行	换流	其他
201.4-10	DL/T 5043—2010	高压直流换流站初步设计内容深度规定	2010-12-15			设计	初设	换流	换流阀、换流变、其他
201.4-11	DL/T 5393—2007	高压直流换流站接入系统设计内容深度规定	2007-12-1			设计	初设、施工图	换流、变电、输电	换流阀、换流变、其他、变压器、互感器、电抗器、开关、避雷器、其他、线路、电缆、其他
201.4-12	DL/T 5426—2009	±800kV 高压直流输电系统成套设计规程	2009-12-1			设计、采购、建设、运维、修试、退役	初设、施工图、招标、品控、施工工艺、验收与质量评定、试运行、运行、维护、检修、试验、退役、报废	换流	其他
201.4-13	DL/T 5459—2012	换流站建筑结构设计技术规程	2013-3-1			设计、采购、建设、运维、修试、退役	初设、施工图、招标、品控、施工工艺、验收与质量评定、试运行、运行、维护、检修、试验、退役、报废	换流	其他
201.4-14	DL/T 5460—2012	换流站站用电设计技术规定	2013-3-1			设计、采购、建设、运维、修试、退役	初设、施工图、招标、品控、施工工艺、验收与质量评定、试运行、运行、维护、检修、试验、退役、报废	换流	其他
201.4-15	DL/T 5499—2015	换流站二次系统设计技术规程	2015-9-1			设计、采购、建设、运维、修试、退役	初设、施工图、招标、品控、施工工艺、验收与质量评定、试运行、运行、维护、检修、试验、退役、报废	换流	其他
201.4-16	DL/T 5502—2015	串补站初步设计内容深度规定	2015-12-1			设计	初设	换流	其他
201.4-17	DL/T 5503—2015	直流换流站施工图设计内容深度规定	2015-12-1			设计	施工图	换流	换流阀、换流变、其他

续表

体系结构号	标准编号	标 准 名 称	实施日期	与国际标准对应关系	代替标准	阶段	分阶段	专业	分专业
201.4-18	DL/T 5526—2017	换流站噪声控制设计规程	2017-8-1			设计、采购、建设、运维、修试、退役	初设、施工图、招标、品控、施工工艺、验收与质量评定、试运行、运行、维护、检修、试验、退役、报废	换流	其他
201.4-19	GB/T 311.3—2017	绝缘配合 第3部分：高压直流换流站绝缘配合程序	2018-4-1	IEC 60071-5: 2014	GB/T 311.3—2007	设计、采购、建设、运维、修试、退役	初设、施工图、招标、品控、施工工艺、验收与质量评定、试运行、运行、维护、检修、试验、退役、报废	换流	其他
201.4-20	GB/T 28541—2012	±800kV高压直流换流站设备的绝缘配合	2012-11-1			设计、采购、建设、运维、修试、退役	初设、施工图、招标、品控、施工工艺、验收与质量评定、试运行、运行、维护、检修、试验、退役、报废	换流	其他
201.4-21	GB/Z 30424—2013	高压直流输电晶闸管阀设计导则	2014-7-13			设计、采购、建设、运维、修试、退役	初设、施工图、招标、品控、施工工艺、验收与质量评定、试运行、运行、维护、检修、试验、退役、报废	换流	其他
201.4-22	GB/T 30553—2014	基于电压源换流器的高压直流输电	2014-10-28			设计、采购、建设、运维、修试、退役	初设、施工图、招标、品控、施工工艺、验收与质量评定、试运行、运行、维护、检修、试验、退役、报废	换流	其他
201.4-23	GB/T 31460—2015	高压直流换流站无功补偿与配置技术导则	2015-12-1			设计、采购、建设、运维、修试、退役	初设、施工图、招标、品控、施工工艺、验收与质量评定、试运行、运行、维护、检修、试验、退役、报废	换流	其他
201.4-24	GB/T 35703—2017	柔性直流输电系统成套设计规范	2018-7-1			设计、采购、建设、运维、修试、退役	初设、施工图、招标、品控、施工工艺、验收与质量评定、试运行、运行、维护、检修、试验、退役、报废	换流	换流阀、换流变、其他

体系结构号	标准编号	标 准 名 称	实施日期	与国际标准对应关系	代替标准	阶段	分阶段	专业	分专业
201.4-25	GB/T 36498—2018	柔性直流换流站绝缘配合导则	2019-4-1			设计、采购、建设、运维、修试、退役	初设、施工图、招标、品控、施工工艺、验收与质量评定、试运行、运行、维护、检修、试验、退役、报废	换流	换流阀、换流变、其他
201.4-26	GB/T 50789—2012	±800kV 直流换流站设计规范	2012-12-1			设计、采购、建设、运维、修试、退役	初设、施工图、招标、品控、施工工艺、验收与质量评定、试运行、运行、维护、检修、试验、退役、报废	换流	换流阀、换流变、其他
201.4-27	GB/T 51200—2016	高压直流换流站设计规范	2017-7-1			设计、采购、建设、运维、修试、退役	初设、施工图、招标、品控、施工工艺、验收与质量评定、试运行、运行、维护、检修、试验、退役、报废	换流	换流阀、换流变、其他
201.5 规划设计-变电									
201.5-1	DL/T 615—2013	高压交流断路器参数选用导则	2014-4-1		DL/T 615—1997	设计、采购、建设、运维、修试、退役	初设、施工图、招标、品控、施工工艺、验收与质量评定、试运行、运行、维护、检修、试验、退役、报废	变电	开关
201.5-2	DL/T 728—2013	气体绝缘金属封闭开关设备选用导则	2014-4-1		DL/T 728—2000	设计、采购、建设、运维、修试、退役	初设、施工图、招标、品控、施工工艺、验收与质量评定、试运行、运行、维护、检修、试验、退役、报废	变电	变压器、互感器、电抗器、开关、避雷器、其他
201.5-3	DL/T 866—2015	电流互感器和电压互感器选择及计算规程	2015-9-1		DL/T 866—2004	设计、采购、建设、运维、修试、退役	初设、施工图、招标、品控、施工工艺、验收与质量评定、试运行、运行、维护、检修、试验、退役、报废	变电	互感器
201.5-4	DL/T 1219—2013	串联电容器补偿装置 设计导则	2013-8-1			设计、采购、建设、运维、修试、退役	初设、施工图、招标、品控、施工工艺、验收与质量评定、试运行、运行、维护、检修、试验、退役、报废	变电	其他

续表

体系结构号	标准编号	标 准 名 称	实施日期	与国际标准对应关系	代替标准	阶段	分阶段	专业	分专业
201.5-5	DL/T 1410—2015	1000kV 可控并联电抗器技术规范	2015-9-1			设计、采购、建设、运维、修试、退役	初设、施工图、招标、品控、施工工艺、验收与质量评定、试运行、运行、维护、检修、试验、退役、报废	变电	电抗器
201.5-6	DL/T 1873—2018	智能变电站系统配置描述（SCD）文件技术规范	2018-10-1			设计、采购、建设、运维、修试、退役	初设、施工图、招标、品控、施工工艺、验收与质量评定、试运行、运行、维护、检修、试验、退役、报废	变电	变压器、互感器、电抗器、开关、避雷器、其他
201.5-7	DL/T 1875—2018	智能变电站即插即用接口规范	2018-10-1			设计、采购、建设、运维、修试、退役	初设、施工图、招标、品控、施工工艺、验收与质量评定、试运行、运行、维护、检修、试验、退役、报废	变电	变压器、互感器、电抗器、开关、避雷器、其他
201.5-8	DL/T 5014—2010	330kV～750kV 变电站无功补偿装置设计技术规定	2010-12-15		DL/T 5014—1992	设计、采购、建设、运维、修试、退役	初设、施工图、招标、品控、施工工艺、验收与质量评定、试运行、运行、维护、检修、试验、退役、报废	变电	电抗器、其他
201.5-9	DL/T 5056—2007	变电站总布置设计技术规程	2008-6-1		DL/T 5056—1996	设计、采购、建设、运维、修试、退役	初设、施工图、招标、品控、施工工艺、验收与质量评定、试运行、运行、维护、检修、试验、退役、报废	变电	变压器、互感器、电抗器、开关、避雷器、其他
201.5-10	DL/T 5103—2012	35kV～220kV 无人值班变电站设计规程	2012-3-1		DL/T 5103—1999	设计、采购、建设、运维、修试、退役	初设、施工图、招标、品控、施工工艺、验收与质量评定、试运行、运行、维护、检修、试验、退役、报废	变电	变压器、互感器、电抗器、开关、避雷器、其他
201.5-11	DL/T 5143—2018	变电站和换流站给水排水设计规程	2019-5-1		DL/T 5143—2002	设计、采购、建设、运维、退役	初设、施工图、招标、品控、施工工艺、验收与质量评定、试运行、运行、维护、退役、报废	变电	其他
201.5-12	DL/T 5149—2001	220kV～550kV 变电所计算机监控系统设计技术规程	2002-5-1		DLGJ 107—1992	设计、采购、建设、运维、修试、退役	初设、施工图、招标、品控、施工工艺、验收与质量评定、试运行、运行、维护、检修、试验、退役、报废	变电	其他

续表

体系结构号	标准编号	标 准 名 称	实施日期	与国际标准对应关系	代替标准	阶段	分阶段	专业	分专业
201.5-13	DL/T 5155—2016	220kV～1000kV 变电站站用电设计技术规程	2016-12-1		DL/T 5155—2002	设计、采购、建设、运维、修试、退役	初设、施工图、招标、品控、施工工艺、验收与质量评定、试运行、运行、维护、检修、试验、退役、报废	变电	其他
201.5-14	DL/T 5170—2015	变电站岩土工程勘测技术规程	2015-9-1		DL/T 5170—2002	设计	初设、施工图	变电	其他
201.5-15	DL/T 5216—2017	35kV～220kV 城市地下变电站设计规程	2018-3-1		DL/T 5216—2005	设计、采购、建设、运维、修试、退役	初设、施工图、招标、品控、施工工艺、验收与质量评定、试运行、运行、维护、检修、试验、退役、报废	变电	变压器、互感器、电抗器、开关、避雷器、其他
201.5-16	DL/T 5218—2012	220kV～750kV 变电站设计技术规程	2012-12-1		DL/T 5218—2005	设计、采购、建设、运维、修试、退役	初设、施工图、招标、品控、施工工艺、验收与质量评定、试运行、运行、维护、检修、试验、退役、报废	变电	变压器、互感器、电抗器、开关、避雷器、其他
201.5-17	DL/T 5242—2010	35kV～220kV 变电站无功补偿装置设计技术规定	2010-10-1			设计、采购、建设、运维、修试、退役	初设、施工图、招标、品控、施工工艺、验收与质量评定、试运行、运行、维护、检修、试验、退役、报废	变电	变压器、互感器、电抗器、开关、避雷器、其他
201.5-18	DL/T 5430—2009	无人值班变电站远方监控中心设计技术规程	2009-12-1		SDJ 161—1985	设计、采购、建设、运维、修试、退役	初设、施工图、招标、品控、施工工艺、验收与质量评定、试运行、运行、维护、检修、试验、退役、报废	变电	其他
201.5-19	DL/T 5452—2012	变电工程初步设计内容深度规定	2012-3-1			设计	初设	变电	变压器、互感器、电抗器、开关、避雷器、其他
201.5-20	DL/T 5453—2012	串补站设计技术规程	2012-3-1			设计、采购、建设、运维、修试、退役	初设、施工图、招标、品控、施工工艺、验收与质量评定、试运行、运行、维护、检修、试验、退役、报废	变电	其他

续表

体系结构号	标准编号	标准名称	实施日期	与国际标准对应关系	代替标准	阶段	分阶段	专业	分专业
201.5-21	DL/T 5457—2012	变电站建筑结构设计技术规程	2012-12-1			设计、采购、建设、运维、修试、退役	初设、施工图、招标、品控、施工工艺、验收与质量评定、试运行、运行、维护、检修、试验、退役、报废	变电	其他
201.5-22	DL/T 5458—2012	变电工程施工图设计内容深度规定	2013-3-1			设计	施工图	变电	变压器、互感器、电抗器、开关、避雷器、其他
201.5-23	DL/T 5495—2015	35kV～110kV户内变电站设计规程	2015-9-1			设计、采购、建设、运维、修试、退役	初设、施工图、招标、品控、施工工艺、验收与质量评定、试运行、运行、维护、检修、试验、退役、报废	变电	变压器、互感器、电抗器、开关、避雷器、其他
201.5-24	DL/T 5496—2015	220kV～500kV户内变电站设计规程	2015-9-1			设计、采购、建设、运维、修试、退役	初设、施工图、招标、品控、施工工艺、验收与质量评定、试运行、运行、维护、检修、试验、退役、报废	变电	变压器、互感器、电抗器、开关、避雷器、其他
201.5-25	DL/T 5498—2015	330kV～500kV无人值班变电站设计技术规程	2015-9-1			设计、采购、建设、运维、修试、退役	初设、施工图、招标、品控、施工工艺、验收与质量评定、试运行、运行、维护、检修、试验、退役、报废	变电	变压器、互感器、电抗器、开关、避雷器、其他
201.5-26	DL/T 5477—2013	串联补偿站及静止无功补偿工程建设预算项目划分导则	2013-10-1			设计、建设	施工图、施工工艺、验收与质量评定	变电	其他
201.5-27	DL/T 5510—2016	智能变电站设计技术规定	2016-6-1			设计、采购、建设、运维、修试、退役	初设、施工图、招标、品控、施工工艺、验收与质量评定、试运行、运行、维护、检修、试验、退役、报废	变电	变压器、互感器、电抗器、开关、避雷器、其他
201.5-28	DL/T 5517—2016	串补站施工图设计文件内容深度规定	2016-12-1			设计	施工图	变电	其他
201.5-29	DL/T 5529—2017	电力系统串联电容补偿系统设计规程	2017-12-1			设计、采购、建设、运维、修试、退役	初设、施工图、招标、品控、施工工艺、验收与质量评定、试运行、运行、维护、检修、试验、退役、报废	变电	其他

续表

体系结构号	标准编号	标 准 名 称	实施日期	与国际标准对应关系	代替标准	阶段	分阶段	专业	分专业
201.5-30	DL/T 5735—2016	1000kV可控并联电抗器设计技术导则	2016-12-1			设计、采购、建设、运维、修试、退役	初设、施工图、招标、品控、施工工艺、验收与质量评定、试运行、运行、维护、检修、试验、退役、报废	变电	电抗器
201.5-31	NB/T 42155—2018	高原用交流40.5kV金属封闭开关设备最小安全距离	2018-10-1			设计、采购、建设、运维	初设、施工图、招标、品控、施工工艺、验收与质量评定、试运行、运行、维护	变电	开关
201.5-32	GB/T 13540—2009	高压开关设备和控制设备的抗震要求	2010-4-1	IEC 62271-2：2003，MOD	GB/T 13540—1992	设计、采购、建设、运维	初设、施工图、招标、品控、施工工艺、验收与质量评定、试运行、运行、维护	变电	开关、其他
201.5-33	GB/T 17468—2008	电力变压器选用导则	2009-8-1		GB/T 17468—1998	设计、采购、建设、运维、修试、退役	初设、施工图、招标、品控、施工工艺、验收与质量评定、试运行、运行、维护、检修、试验、退役、报废	变电	变压器
201.5-34	GB/T 26868—2011	高压滤波装置设计与应用导则	2011-12-1			采购、运维	招标、品控、运行、维护	变电	其他
201.5-35	GB/T 30085—2013	工业系统、装置和设备及工业产品 电缆和电线的标记	2014-4-9			设计、采购、建设、运维、修试、退役	初设、施工图、招标、品控、施工工艺、验收与质量评定、试运行、运行、维护、检修、试验、退役、报废	变电	其他
201.5-36	GB 50059—2011	35kV～110kV变电站设计规范	2012-8-1		GB 50059—1992	设计、采购、建设、运维、修试、退役	初设、施工图、招标、品控、施工工艺、验收与质量评定、试运行、运行、维护、检修、试验、退役、报废	变电	变压器、互感器、电抗器、开关、避雷器、其他
201.5-37	GB 50227—2017	并联电容器装置设计规范	2017-11-1		GB 50227—2008	设计、采购、建设、运维、修试、退役	初设、施工图、招标、品控、施工工艺、验收与质量评定、试运行、运行、维护、检修、试验、退役、报废	变电	其他

续表

体系结构号	标准编号	标 准 名 称	实施日期	与国际标准对应关系	代替标准	阶段	分阶段	专业	分专业
201.5-38	GB/T 51071—2014	330kV～750kV 智能变电站设计规范	2015-8-1			设计、采购、建设、运维、修试、退役	初设、施工图、招标、品控、施工工艺、验收与质量评定、试运行、运行、维护、检修、试验、退役、报废	变电	变压器、互感器、电抗器、开关、避雷器、其他
201.5-39	GB/T 51072—2014	110（66）kV～220kV 智能变电站设计规范	2015-8-1			设计、采购、建设、运维、修试、退役	初设、施工图、招标、品控、施工工艺、验收与质量评定、试运行、运行、维护、检修、试验、退役、报废	变电	变压器、互感器、电抗器、开关、避雷器、其他
201.5-40	IEEE 693—2005	变电站抗震设计推荐规程	2005-11-8			设计、采购、建设、运维	初设、施工图、招标、品控、施工工艺、验收与质量评定、试运行、运行、维护	变电	变压器、互感器、电抗器、开关、避雷器、其他
201.5-41	IEEE 1127—2013	社区可接受和环境兼容的变电站设计、建设和运营的指南	2013-12-11	IEEE 1127—1998，IDT		设计、采购、建设、运维、修试、退役	初设、施工图、招标、品控、施工工艺、验收与质量评定、试运行、运行、维护、检修、试验、退役、报废	变电	其他
201.6 规划设计-配电									
201.6-1	Q/CSG 10701—2008	20kV 输配电设计标准（试行）	2008-11-10			设计、采购、建设、运维、修试、退役	初设、施工图、招标、品控、施工工艺、验收与质量评定、试运行、运行、维护、检修、试验、退役、报废	输电、配电	线路、线缆
201.6-2	Q/CSG 115003—2011	35～110kV 配电网项目可行性研究内容深度规定	2011-4-20			规划	规划	配电	变压器、线缆、开关、其他
201.6-3	Q/CSG 115004—2011	10（20）千伏及以下配网项目可行性研究内容深度规定	2011-4-20			规划	规划	配电	变压器、线缆、开关、其他
201.6-4	Q/CSG 1201001—2014	配电自动化规划设计技术导则	2014-2-1			规划	规划	配电	变压器、线缆、开关、其他
201.6-5	Q/CSG 1201012—2016	配电线路防风设计技术规范	2016-8-25			设计、采购、建设、运维、修试、退役	初设、施工图、招标、品控、施工工艺、验收与质量评定、试运行、运行、维护、检修、试验、退役、报废	配电	线缆、其他

续表

体系结构号	标准编号	标准名称	实施日期	与国际标准对应关系	代替标准	阶段	分阶段	专业	分专业
201.6-6	Q/CSG 1201019—2018	主动配电网规划技术导则	2018-12-28			规划	规划	配电	变压器、线缆、开关、其他
201.6-7	T/CEC 103—2016	新型城镇化配电网发展评估规范	2017-1-1			设计	初设、施工图	配电	变压器、线缆、开关、其他
201.6-8	T/CEC 166—2018	中压直流配电网典型网架结构及供电方案技术导则	2018-4-1			设计、采购、建设、运维、修试、退役	初设、施工图、招标、品控、施工工艺、验收与质量评定、试运行、运行、维护、检修、试验、退役、报废	配电	变压器、线缆、开关、其他
201.6-9	T/CEC 167—2018	直流配电网与交流配电网互联技术要求	2018-4-1			设计、采购、建设、运维、修试、退役	初设、施工图、招标、品控、施工工艺、验收与质量评定、试运行、运行、维护、检修、试验、退役、报废	配电	变压器、线缆、开关、其他
201.6-10	T/CSEE 0034—2017	配电网网格法规划技术规范	2018-5-1			规划	规划	配电	变压器、线缆、开关、其他
201.6-11	DL/T 390—2016	县域配电自动化技术导则	2016-6-1		DL/T 390—2010	设计、采购、建设、运维、修试、退役	初设、施工图、招标、品控、施工工艺、验收与质量评定、试运行、运行、维护、检修、试验、退役、报废	配电	变压器、线缆、开关、其他
201.6-12	DL/T 499—2001	农村低压电力技术规程	2002-2-1		DL/T 499—1992	设计、建设、运维	初设、施工图、施工工艺、验收与质量评定、试运行、运行、维护	配电	变压器、线缆、开关、其他
201.6-13	DL/T 599—2016	中低压配电网改造技术导则	2016-6-1		DL/T 599—2005	设计、采购、建设、运维、修试、退役	初设、施工图、招标、品控、施工工艺、验收与质量评定、试运行、运行、维护、检修、试验、退役、报废	配电	变压器、线缆、开关、其他
201.6-14	DL/T 601—1996	架空绝缘配电线路设计技术规程	1996-10-1			设计、采购、建设、运维、修试、退役	初设、施工图、招标、品控、施工工艺、验收与质量评定、试运行、运行、维护、检修、试验、退役、报废	输电	线路

续表

体系结构号	标准编号	标 准 名 称	实施日期	与国际标准对应关系	代替标准	阶段	分阶段	专业	分专业
201.6-15	DL/T 1531—2016	20kV配电网过电压保护与绝缘配合	2016-6-1			设计、采购、建设、运维、修试、退役	初设、施工图、招标、品控、施工工艺、验收与质量评定、试运行、运行、维护、检修、试验、退役、报废	配电	其他
201.6-16	DL/T 1674—2016	35kV及以下配网防雷技术导则	2017-5-1			设计、采购、建设、运维、修试、退役	初设、施工图、招标、品控、施工工艺、验收与质量评定、试运行、运行、维护、检修、试验、退役、报废	配电	变压器、线缆、开关、其他
201.6-17	DL/T 5078—1997	农村小型化变电所设计规程	1998-6-1			设计、采购、建设、运维、修试、退役	初设、施工图、招标、品控、施工工艺、验收与质量评定、试运行、运行、维护、检修、试验、退役、报废	配电	变压器、线缆、开关、其他
201.6-18	DL/T 5119—2000	农村小型化无人值班变电所设计规程	2001-1-1			设计、采购、建设、运维、修试、退役	初设、施工图、招标、品控、施工工艺、验收与质量评定、试运行、运行、维护、检修、试验、退役、报废	配电	变压器、线缆、开关、其他
201.6-19	DL/T 5131—2015	农村电网建设与改造技术导则	2015-9-1		DL/T 5131—2001	设计、采购、建设、运维、修试、退役	初设、施工图、招标、品控、施工工艺、验收与质量评定、试运行、运行、维护、检修、试验、退役、报废	配电	变压器、线缆、开关、其他
201.6-20	DL/T 5220—2005	10kV及以下架空配电线路设计技术规程	2005-6-1		SDJ 206—1987	设计、采购、建设、运维、修试、退役	初设、施工图、招标、品控、施工工艺、验收与质量评定、试运行、运行、维护、检修、试验、退役、报废	配电	线缆
201.6-21	DL/T 5253—2010	架空平行集束绝缘导线低压配电线路设计与施工规程	2011-5-1			设计、采购、建设、运维、修试、退役	初设、施工图、招标、品控、施工工艺、验收与质量评定、试运行、运行、维护、检修、试验、退役、报废	输电	线路

续表

体系结构号	标准编号	标 准 名 称	实施日期	与国际标准对应关系	代替标准	阶段	分阶段	专业	分专业
201.6-22	DL/T 5352—2018	高压配电装置设计规范	2018-7-1		DL/T 5352—2006	设计、采购、建设、运维、修试、退役	初设、施工图、招标、品控、施工工艺、验收与质量评定、试运行、运行、维护、检修、试验、退役、报废	配电	变压器、开关、其他
201.6-23	DL 5449—2012	20kV 配电设计技术规定	2012-3-1			设计、采购、建设、运维、修试、退役	初设、施工图、招标、品控、施工工艺、验收与质量评定、试运行、运行、维护、检修、试验、退役、报废	配电	线缆
201.6-24	DL/T 5450—2012	20kV 配电设备选型技术规定	2012-3-1			设计、采购、建设、运维、修试、退役	初设、施工图、招标、品控、施工工艺、验收与质量评定、试运行、运行、维护、检修、试验、退役、报废	配电	变压器、开关、其他
201.6-25	DL/T 5534—2017	配电网可行性研究报告内容深度规定	2018-3-1			规划	规划	配电	变压器、线缆、开关、其他
201.6-26	DL/T 5542—2018	配电网规划设计规程	2018-7-1			规划、设计、采购、建设、运维、修试、退役	规划、初设、施工图、招标、品控、施工工艺、验收与质量评定、试运行、运行、维护、检修、试验、退役、报废	配电	变压器、线缆、开关、其他
201.6-27	DL/T 5552—2018	配电网规划研究报告内容深度规定	2019-5-1			规划	规划	配电	变压器、线缆、开关、其他
201.6-28	DL/T 5771—2018	农村电网 35kV 配电化技术导则	2018-10-1			设计、采购、建设、运维、修试、退役	初设、施工图、招标、品控、施工工艺、验收与质量评定、试运行、运行、维护、检修、试验、退役、报废	配电	变压器、线缆、开关、其他
201.6-29	DL/T 5709—2014	配电自动化规划设计导则	2015-3-1			设计、采购、建设、运维、修试、退役	初设、施工图、招标、品控、施工工艺、验收与质量评定、试运行、运行、维护、检修、试验、退役、报废	配电	其他

续表

体系结构号	标准编号	标 准 名 称	实施日期	与国际标准对应关系	代替标准	阶段	分阶段	专业	分专业
201.6-30	DL/T 5729—2016	配电网规划设计技术导则	2016-6-1			设计、采购、建设、运维、修试、退役	初设、施工图、招标、品控、施工工艺、验收与质量评定、试运行、运行、维护、检修、试验、退役、报废	配电	线缆
201.6-31	JGJ 16—2008	民用建筑电气设计规范（附条文说明）	2008-8-1		JGJ/T 16—1992	设计、采购、建设、运维、修试、退役	初设、施工图、招标、品控、施工工艺、验收与质量评定、试运行、运行、维护、检修、试验、退役、报废	配电	变压器、线缆、开关、其他
201.6-32	JGJ 354—2014	体育建筑电气设计规范	2015-5-1			设计、采购、建设、运维、修试、退役	初设、施工图、招标、品控、施工工艺、验收与质量评定、试运行、运行、维护、检修、试验、退役、报废	配电	变压器、线缆、开关、其他
201.6-33	NB/T 41007—2017	交流电弧炉供电技术导则 供电设计	2017-12-1			设计、采购、建设、运维、修试、退役	初设、施工图、招标、品控、施工工艺、验收与质量评定、试运行、运行、维护、检修、试验、退役、报废	配电	其他
201.6-34	NB/T 42141—2017	矿热炉供电系统用无功补偿装置设计与应用导则	2018-3-1			设计、采购、建设、运维、修试、退役	初设、施工图、招标、品控、施工工艺、验收与质量评定、试运行、运行、维护、检修、试验、退役、报废	配电	其他
201.6-35	NB/T 42166—2018	配电网电压时间型馈线保护控制技术规范	2018-10-1			设计、采购、建设、运维、修试、退役	初设、施工图、招标、品控、施工工艺、验收与质量评定、试运行、运行、维护、检修、试验、退役、报废	配电	变压器、开关、其他
201.6-36	QX/T 331—2016	智能建筑防雷设计规范	2016-11-1			设计、采购、建设、运维、修试、退役	初设、施工图、招标、品控、施工工艺、验收与质量评定、试运行、运行、维护、检修、试验、退役、报废	配电	其他

体系结构号	标准编号	标 准 名 称	实施日期	与国际标准对应关系	代替标准	阶段	分阶段	专业	分专业
201.6-37	SL 222—2013	农村水电供电区电力系统设计导则	2014-1-28		SL 222—1999	设计	初设	配电	变压器、线缆、开关、其他
201.6-38	GB 20052—2013	三相配电变压器能效限定值及能效等级	2013-10-1		GB 20052—2006	设计、采购、修试	初设、施工图、招标、品控、试验	配电	变压器
201.6-39	GB/T 35689—2017	配电信息交换总线技术要求	2018-7-1			设计、采购、建设	初设、施工图、招标、品控、施工工艺、验收与质量评定、试运行	配电	其他
201.6-40	GB/T 35727—2017	中低压直流配电电压导则	2018-7-1			设计、采购、建设、运维、修试、退役	初设、施工图、招标、品控、施工工艺、验收与质量评定、试运行、运行、维护、检修、试验、退役、报废	配电	其他
201.6-41	GB/T 36040—2018	居民住宅小区电力配置规范	2018-10-1			设计、采购、建设、运维、修试、退役	初设、施工图、招标、品控、施工工艺、验收与质量评定、试运行、运行、维护、检修、试验、退役、报废	配电	变压器、线缆、开关、其他
201.6-42	GB 50052—2009	供配电系统设计规范	2010-7-1		GB 50052—1995	设计、采购、建设、运维、修试、退役	初设、施工图、招标、品控、施工工艺、验收与质量评定、试运行、运行、维护、检修、试验、退役、报废	配电	变压器、线缆、开关、其他
201.6-43	GB 50053—2013	20kV 及以下变电所设计规范	2014-7-1		GB 50053—1994	设计、采购、建设、运维、修试、退役	初设、施工图、招标、品控、施工工艺、验收与质量评定、试运行、运行、维护、检修、试验、退役、报废	配电	变压器、线缆、开关、其他
201.6-44	GB 50054—2011	低压配电设计规范	2012-6-1		GB 50054—1995	设计、采购、建设、运维、修试、退役	初设、施工图、招标、品控、施工工艺、验收与质量评定、试运行、运行、维护、检修、试验、退役、报废	配电	线缆
201.6-45	GB 50055—2011	通用用电设备配电设计规范	2012-6-1		GB 50055—1993	设计、采购、建设、运维、修试、退役	初设、施工图、招标、品控、施工工艺、验收与质量评定、试运行、运行、维护、检修、试验、退役、报废	配电	线缆

续表

体系结构号	标准编号	标准名称	实施日期	与国际标准对应关系	代替标准	阶段	分阶段	专业	分专业
201.6-46	GB 50060—2008	3～110kV 高压配电装置设计规范	2009-6-1		GB 50060—1992	设计	初设、施工图	配电	其他
201.6-47	GB 50613—2010	城市配电网规划设计规范	2011-2-1			设计、采购、建设、运维、修试、退役	初设、施工图、招标、品控、施工工艺、验收与质量评定、试运行、运行、维护、检修、试验、退役、报废	配电	变压器、线缆、开关、其他
201.7 规划设计-调度及二次									
201.7-1	Q/CSG 110010—2011	南方电网继电保护通用技术规范	2011-12-1			设计、采购、建设、运维、修试、退役	初设、施工图、招标、品控、施工工艺、验收与质量评定、试运行、运行、维护、检修、试验、退役、报废	调度及二次	继电保护及安全自动装置
201.7-2	Q/CSG 1201002—2015	中国南方电网有限责任公司 35kV 及以上电网二次系统规划技术原则	2015-1-20			规划、设计、采购、建设、运维、修试、退役	规划、初设、施工图、招标、品控、施工工艺、验收与质量评定、试运行、运行、维护、检修、试验、退役、报废	调度及二次	电力调度、运行方式、继电保护及安全自动装置、调度自动化、电力通信、其他
201.7-3	Q/CSG 1201010—2016	110kV 变电站二次接线标准	2016-4-1			设计、建设、运维、修试、退役	初设、施工图、施工工艺、验收与质量评定、试运行、运行、维护、检修、试验、退役、报废	调度及二次	电力调度、运行方式、继电保护及安全自动装置、调度自动化、其他
201.7-4	Q/CSG 1201016—2017	南方电网 500kV 变电站二次接线标准	2017-4-1		Q/CSG 11102002—2012	设计、建设、运维、修试、退役	初设、施工图、施工工艺、验收与质量评定、试运行、运行、维护、检修、试验、退役、报废	调度及二次	电力调度、运行方式、继电保护及安全自动装置、调度自动化、其他
201.7-5	Q/CSG 1201017—2017	南方电网 220kV 变电站二次接线标准	2017-4-1		Q/CSG 11102001—2012	设计、建设、运维、修试、退役	初设、施工图、施工工艺、验收与质量评定、试运行、运行、维护、检修、试验、退役、报废	调度及二次	电力调度、运行方式、继电保护及安全自动装置、调度自动化、其他
201.7-6	T/CSEE 0011—2016	电力通信机房设计规范	2017-5-1			设计、采购、建设、运维、修试、退役	初设、施工图、招标、品控、施工工艺、验收与质量评定、试运行、运行、维护、检修、试验、退役、报废	调度及二次	电力通信

续表

体系结构号	标准编号	标 准 名 称	实施日期	与国际标准对应关系	代替标准	阶段	分阶段	专业	分专业
201.7-7	DL/T 5002—2005	地区电网调度自动化设计技术规程	2006-6-1		DL 5002—1991	设计、采购、建设、运维、修试、退役	初设、施工图、招标、品控、施工工艺、验收与质量评定、试运行、运行、维护、检修、试验、退役、报废	调度及二次	调度自动化
201.7-8	DL/T 5003—2017	电力系统调度自动化设计规程	2017-12-1		DL/T 5003—2005	设计、采购、建设、运维、修试、退役	初设、施工图、招标、品控、施工工艺、验收与质量评定、试运行、运行、维护、检修、试验、退役、报废	调度及二次	调度自动化
201.7-9	DL/T 5025—2005	电力系统数字微波通信工程设计技术规程	2005-6-1		DL 5025—1993	设计、采购、建设、运维、修试、退役	初设、施工图、招标、品控、施工工艺、验收与质量评定、试运行、运行、维护、检修、试验、退役、报废	调度及二次	电力通信
201.7-10	DL/T 5041—2012	火力发电厂厂内通信设计技术规定	2012-3-1		DL/T 5041—1995	设计、采购、建设、运维、修试、退役	初设、施工图、招标、品控、施工工艺、验收与质量评定、试运行、运行、维护、检修、试验、退役、报废	调度及二次	电力通信
201.7-11	DL/T 5044—2014	电力工程直流电源系统设计技术规程	2015-3-1		DL/T 5044—2004	设计、采购、建设、运维、修试、退役	初设、施工图、招标、品控、施工工艺、验收与质量评定、试运行、运行、维护、检修、试验、退役、报废	调度及二次	调度自动化
201.7-12	DL/T 5157—2012	电力系统调度通信交换网设计技术规程	2013-3-1		DL/T 5157—2002	设计、采购、建设、运维、修试、退役	初设、施工图、招标、品控、施工工艺、验收与质量评定、试运行、运行、维护、检修、试验、退役、报废	调度及二次	电力通信
201.7-13	DL/T 5184—2004	水电水利工程通信设计内容和深度规定	2004-6-1			设计	初设、施工图	调度及二次	电力通信
201.7-14	DL/T 5189—2004	电力线载波通信设计技术规程	2004-6-1		SDGJ 75—1986	设计、采购、建设、运维、修试、退役	初设、施工图、招标、品控、施工工艺、验收与质量评定、试运行、运行、维护、检修、试验、退役、报废	调度及二次	电力通信

续表

体系结构号	标准编号	标准名称	实施日期	与国际标准对应关系	代替标准	阶段	分阶段	专业	分专业
201.7-15	DL/T 5225—2016	220kV～1000kV 变电站通信设计规程	2017-5-1		DL/T 5225—2005	设计、采购、建设、运维、修试、退役	初设、施工图、招标、品控、施工工艺、验收与质量评定、试运行、运行、维护、检修、试验、退役、报废	调度及二次	电力通信
201.7-16	DL/T 5364—2015	电力调度数据网络工程初步设计内容深度规定	2015-12-1		DL/T 5364—2006	设计	初设、施工图	调度及二次	电力通信
201.7-17	DL/T 5365—2018	电力数据通信网络工程初步设计文件内容深度规定	2019-5-1		DL/T 5365—2006	设计	初设、施工图	调度及二次	电力通信
201.7-18	DL/T 5392—2007	电力系统数字同步网工程设计规范	2007-12-1			设计、采购、建设、运维、修试、退役	初设、施工图、招标、品控、施工工艺、验收与质量评定、试运行、运行、维护、检修、试验、退役、报废	调度及二次	电力通信
201.7-19	DL/T 5404—2007	电力系统同步数字系列（SDH）光缆通信工程设计技术规定	2008-6-1			设计、采购、建设、运维、修试、退役	初设、施工图、招标、品控、施工工艺、验收与质量评定、试运行、运行、维护、检修、试验、退役、报废	调度及二次	电力通信
201.7-20	DL/T 5446—2012	电力系统调度自动化工程可行性研究报告内容深度规定	2012-3-1			规划	规划	调度及二次	调度自动化
201.7-21	DL/T 5447—2012	电力系统通信系统设计内容深度规定	2012-3-1		DLGJ 165—2003	设计	初设、施工图	调度及二次	电力通信
201.7-22	DL/T 5505—2015	电力应急通信设计技术规程	2015-12-1			设计、采购、建设、运维、修试、退役	初设、施工图、招标、品控、施工工艺、验收与质量评定、试运行、运行、维护、检修、试验、退役、报废	调度及二次	电力通信
201.7-23	DL/T 5518—2016	电力工程厂站内通信光缆设计规程	2017-5-1			设计、采购、建设、运维、修试、退役	初设、施工图、招标、品控、施工工艺、验收与质量评定、试运行、运行、维护、检修、试验、退役、报废	调度及二次	电力通信

续表

体系结构号	标准编号	标准名称	实施日期	与国际标准对应关系	代替标准	阶段	分阶段	专业	分专业
201.7-24	DL/T 5524—2017	电力系统光传送网（OTN）设计规程	2017-8-1			设计、采购、建设、运维、修试、退役	初设、施工图、招标、品控、施工工艺、验收与质量评定、试运行、运行、维护、检修、试验、退役、报废	调度及二次	电力通信
201.7-25	DL/T 5734—2016	电力通信超长站距光传输工程设计技术规程	2016-7-1			设计、采购、建设、运维、修试、退役	初设、施工图、招标、品控、施工工艺、验收与质量评定、试运行、运行、维护、检修、试验、退役、报废	调度及二次	电力通信
201.7-26	DLGJ 146—1998	火力发电厂、变电所通信站面积标准	1999-1-1		电力工业部（80）电火字第5号《火力发电厂、变电所通信室房屋面积定额》（电力载波、厂内通信部分）	设计	初设、施工图	调度及二次	电力通信
201.7-27	DLGJ 151—2000	电力系统光缆通信工程可行性研究内容深度规定	2001-1-1			规划	规划	调度及二次	电力通信
201.7-28	DLGJ 152—2000	电力系统光缆通信工程初步设计内容深度规定	2001-1-1			设计	初设	调度及二次	电力通信
201.7-29	DLGJ 163—2003	微波通信工程初步设计内容深度规定	2004-3-1			设计	初设	调度及二次	电力通信
201.7-30	NB/T 35004—2013	水力发电厂自动化设计技术规范	2013-10-1		DL/T 5081—1997	设计、采购、建设、运维、修试、退役	初设、施工图、招标、品控、施工工艺、验收与质量评定、试运行、运行、维护、检修、试验、退役、报废	调度及二次	电力调度、运行方式、继电保护及安全自动装置、调度自动化、其他
201.7-31	NB/T 35042—2014	水力发电厂通信设计规范	2015-3-1		DL/T 5080—1997	设计、采购、建设、运维、修试、退役	初设、施工图、招标、品控、施工工艺、验收与质量评定、试运行、运行、维护、检修、试验、退役、报废	调度及二次	电力通信
201.7-32	YD 5003—2014	通信建筑工程设计规范	2014-7-1		YD/T 5003—2005	设计、采购、建设、运维、修试、退役	初设、施工图、招标、品控、施工工艺、验收与质量评定、试运行、运行、维护、检修、试验、退役、报废	调度及二次	电力通信

续表

体系结构号	标准编号	标 准 名 称	实施日期	与国际标准对应关系	代替标准	阶段	分阶段	专业	分专业
201.7-33	YD 5076—2014	固定电话交换网工程设计规范	2014-7-1		YD/T 5076—2005；YD 5153—2007；YD/T 5155—2007	设计、采购、建设、运维、修试、退役	初设、施工图、招标、品控、施工工艺、验收与质量评定、试运行、运行、维护、检修、试验、退役、报废	调度及二次	电力通信
201.7-34	YD/T 5080—2005	SDH光缆通信工程网管系统设计规范（附条文说明）	2006-6-1		YD 5080—1999	设计、采购、建设、运维、修试、退役	初设、施工图、招标、品控、施工工艺、验收与质量评定、试运行、运行、维护、检修、试验、退役、报废	调度及二次	电力通信
201.7-35	YD 5092—2014	波分复用（WDM）光纤传输系统工程设计规范	2014-7-1		YD/T 5092—2005；YD/T 5166—2009	设计、采购、建设、运维、修试、退役	初设、施工图、招标、品控、施工工艺、验收与质量评定、试运行、运行、维护、检修、试验、退役、报废	调度及二次	电力通信
201.7-36	YD/T 5094—2005	No.7信令网工程设计规范（附条文说明）	2006-1-1		YD/T 5094—2000	设计、采购、建设、运维、修试、退役	初设、施工图、招标、品控、施工工艺、验收与质量评定、试运行、运行、维护、检修、试验、退役、报废	调度及二次	电力通信
201.7-37	YD 5095—2014	同步数字体系（SDH）光纤传输系统工程设计规范	2014-7-1		YD/T 5095—2005；YD/T 5024—2005；YD/T 5119—2005	设计、采购、建设、运维、修试、退役	初设、施工图、招标、品控、施工工艺、验收与质量评定、试运行、运行、维护、检修、试验、退役、报废	调度及二次	电力通信
201.7-38	YD/T 5184—2018	通信局（站）节能设计规范	2019-4-1		YD 5184—2009	设计、采购、建设、运维、修试、退役	初设、施工图、招标、品控、施工工艺、验收与质量评定、试运行、运行、维护、检修、试验、退役、报废	调度及二次	电力通信
201.7-39	YD 5193—2014	互联网数据中心（IDC）工程设计规范	2014-7-1			设计、采购、建设、运维、修试、退役	初设、施工图、招标、品控、施工工艺、验收与质量评定、试运行、运行、维护、检修、试验、退役、报废	调度及二次	电力通信

续表

体系结构号	标准编号	标 准 名 称	实施日期	与国际标准对应关系	代替标准	阶段	分阶段	专业	分专业
201.7-40	YD 5199—2014	分组传送网（PTN）工程设计暂行规定	2014-7-1			设计、采购、建设、运维、修试、退役	初设、施工图、招标、品控、施工工艺、验收与质量评定、试运行、运行、维护、检修、试验、退役、报废	调度及二次	电力通信
201.7-41	YD 5206—2014	宽带光纤接入工程设计规范	2014-7-1			设计、采购、建设、运维、修试、退役	初设、施工图、招标、品控、施工工艺、验收与质量评定、试运行、运行、维护、检修、试验、退役、报废	调度及二次	电力通信
201.7-42	YD 5208—2014	光传送网（OTN）工程设计暂行规定	2014-7-1			设计、采购、建设、运维、修试、退役	初设、施工图、招标、品控、施工工艺、验收与质量评定、试运行、运行、维护、检修、试验、退役、报废	调度及二次	电力通信
201.7-43	YD/T 5211—2014	通信工程设计文件编制规定	2014-7-1			设计	初设、施工图	调度及二次	电力通信
201.7-44	YD/T 5213—2015	数字蜂窝移动通信网 TD-LTE 无线网工程设计暂行规定	2015-7-1			设计、采购、建设、运维、修试、退役	初设、施工图、招标、品控、施工工艺、验收与质量评定、试运行、运行、维护、检修、试验、退役、报废	调度及二次	电力通信
201.7-45	YD 5214—2015	无线局域网工程设计规范	2015-7-1			设计、采购、建设、运维、修试、退役	初设、施工图、招标、品控、施工工艺、验收与质量评定、试运行、运行、维护、检修、试验、退役、报废	调度及二次	电力通信
201.7-46	YD/T 5227—2015	云计算资源池系统设备安装工程设计规范	2016-1-1			设计、采购、建设、运维、修试、退役	初设、施工图、招标、品控、施工工艺、验收与质量评定、试运行、运行、维护、检修、试验、退役、报废	调度及二次	电力通信
201.7-47	YD/T 5239—2018	模块化组合式机房设计规范	2019-4-1			设计、建设、运维、退役、修试	初设、施工工艺、验收与质量评定、试运行、运行、维护、退役、报废、检修、试验	调度及二次	电力通信

续表

体系结构号	标准编号	标准名称	实施日期	与国际标准对应关系	代替标准	阶段	分阶段	专业	分专业
201.7-48	YD/T 5240—2018	时间同步网工程设计规范	2019-4-1			设计、建设、运维、退役、修试	初设、施工工艺、验收与质量评定、试运行、运行、维护、退役、报废、检修、试验	调度及二次	电力通信
201.7-49	GXG 75-1—2008	通信建设工程概算预算编制办法	2008-5-1	IEC 60598-2-4: 1997		设计	初设、施工图	调度及二次	电力通信
201.7-50	GB/T 32425—2015	通信产品环境意识设计导则	2016-7-1			设计、采购、建设、运维	初设、施工图、招标、品控、施工工艺、验收与质量评定、试运行、运行、维护	调度及二次	电力通信
201.7-51	GB/T 32426—2015	面向消费者的通信终端产品环境友好声明	2016-7-1			设计	初设、施工图	调度及二次	电力通信
201.7-52	GB/T 50587—2010	水库调度设计规范	2010-12-1			设计、采购、建设、运维、修试、退役	初设、施工图、招标、品控、施工工艺、验收与质量评定、试运行、运行、维护、检修、试验、退役、报废	调度及二次	电力调度
201.7-53	GB 50689—2011	通信局（站）防雷与接地工程设计规范	2012-5-1			设计、采购、建设、运维、修试、退役	初设、施工图、招标、品控、施工工艺、验收与质量评定、试运行、运行、维护、检修、试验、退役、报废	调度及二次	电力通信
201.7-54	GB/T 50853—2013	城市通信工程规划规范	2013-9-1			规划、设计、采购、建设、运维、修试、退役	规划、初设、施工图、招标、品控、施工工艺、验收与质量评定、试运行、运行、维护、检修、试验、退役、报废	调度及二次	电力通信
201.7-55	GB/T 50980—2014	电力调度通信中心工程设计规范	2014-12-1			设计、采购、建设、运维、修试、退役	初设、施工图、招标、品控、施工工艺、验收与质量评定、试运行、运行、维护、检修、试验、退役、报废	调度及二次	电力通信
201.7-56	GB/T 51154—2015	海底光缆工程设计规范	2016-8-1			设计、采购、建设、运维、修试、退役	初设、施工图、招标、品控、施工工艺、验收与质量评定、试运行、运行、维护、检修、试验、退役、报废	调度及二次	电力通信

续表

体系结构号	标准编号	标准名称	实施日期	与国际标准对应关系	代替标准	阶段	分阶段	专业	分专业
201.7-57	GB 51158—2015	通信线路工程设计规范	2016-6-1			设计、采购、建设、运维、修试、退役	初设、施工图、招标、品控、施工工艺、验收与质量评定、试运行、运行、维护、检修、试验、退役、报废	调度及二次	电力通信
201.7-58	GB/T 51242—2017	同步数字体系（SDH）光纤传输系统工程设计规范	2018-1-1			设计、采购、建设、运维、修试、退役	初设、施工图、招标、品控、施工工艺、验收与质量评定、试运行、运行、维护、检修、试验、退役、报废	调度及二次	电力通信
201.7-59	ANSI CEA 709.2-A—2000	控制网络电力线（PL）信道规范		GB/Z 20177.2—2006，MOD; EIA CEA-709.2-A—2000，IDT		设计、采购、建设、运维、修试、退役	初设、施工图、招标、品控、施工工艺、验收与质量评定、试运行、运行、维护、检修、试验、退役、报废	调度及二次	电力通信
201.7-60	ANSI IEEE 1692—2011	来自闪电效果的通信设施防护指南	2011-6-16	IEEE 1692—2011，IDT		设计、采购、建设、运维	初设、施工图、招标、品控、施工工艺、验收与质量评定、试运行、运行、维护	调度及二次	电力通信
201.7-61	ANSI IEEE 1451.7—2011	信息技术　传感器和制动器用智能转换器接口　第7部分：传感器射频识别（RFID）系统通信协议和电子数据表（TEDS）格式		ISO/IEC/IEEE 21450—2010，IDT	IEEE 1451.7—2010	设计、采购、建设、运维、修试、退役	初设、施工图、招标、品控、施工工艺、验收与质量评定、试运行、运行、维护、检修、试验、退役、报废	调度及二次	电力通信
201.7-62	IEC 60461—2010	时间码和控制码	2010-3-30	EN 60461—2011，IDT	IEC 60461—2001	设计	初设、施工图	调度及二次	电力通信
201.7-63	IEC 60728-7-1—2015	电视信号、声音信号和交互信号设备用电缆网络　第7-1部分：混合光纤同轴电缆外部线缆状况监测物理层规范	2015-4-29			设计	初设、施工图	调度及二次	电力通信
201.7-64	IEC/TR 61334-1-1—1995	采用配电线载波的配电自动化系统　第1部分：总则　第1篇：配电自动化系统的体系结构	1995-11-27			设计	初设、施工图	调度及二次	电力通信

续表

体系结构号	标准编号	标 准 名 称	实施日期	与国际标准对应关系	代替标准	阶段	分阶段	专业	分专业
201.7-65	IEC 61334-1-2—1997	采用配电线载波的配电自动化系统 第1部分：总则 第2篇：制定规范的导则	1997-12-15			设计	初设、施工图	调度及二次	电力通信
201.7-66	IEC/TR 61334-1-4—1995	采用配电线载波的配电自动化系统 第1部分：总则 第4篇：中低压配电网载波信号传输参数	1995-11-28			设计	初设、施工图	调度及二次	电力通信
201.7-67	IEC/TR 62000—2010	不同单模光纤组合用指南	2010-11-29		IEC/TR 62000—2005	设计	初设、施工图	调度及二次	电力通信
201.7-68	IEC/TR 61282-9—2016	纤维光学通信系统设计指南 第9部分：偏振模散射计量和理论量和理论指南	2016-3-24		IEC/TR 61282-9—2006	设计	初设、施工图	调度及二次	电力通信
201.7-69	ITU-T G7712/Y.1703—2010/Amd 2—2016	数据通信网的架构和规范	2016-2-26			设计	初设、施工图	调度及二次	电力通信
201.8 规划设计-经济评价									
201.8-1	Q/CSG 1201005—2015	办公用房装修投资控制标准	2015-8-12		Q/CSG 115006—2011	设计、采购、建设	初设、施工图、招标、品控、施工工艺、验收与质量评定	技术经济	
201.8-2	Q/CSG 1201013—2016	技术业务用房可行性研究投资控制指标	2016-12-31			规划	规划	技术经济	
201.8-3	DL/T 5088—1999	水电水利工程工程量计算规定	1999-10-1			设计、采购、建设、运维、修试、退役	初设、施工图、招标、品控、施工工艺、验收与质量评定、试运行、运行、维护、检修、试验、退役、报废	技术经济	
201.8-4	DL/T 5435—2009	火力发电工程经济评价导则	2009-12-1			规划	规划	技术经济	
201.8-5	DL/T 5438—2009	输变电工程经济评价导则	2009-12-1			规划	规划	技术经济	
201.8-6	DL/T 5441—2010	水电建设项目经济评价规范	2010-12-15			规划	规划	技术经济	
201.8-7	DL/T 5464—2013	火力发电工程初步设计概算编制导则	2013-10-1			设计、采购	初设、招标	技术经济	
201.8-8	DL/T 5465—2013	火力发电工程施工图预算编制导则	2013-10-1			设计、采购	施工图、招标	技术经济	

续表

体系结构号	标准编号	标准名称	实施日期	与国际标准对应关系	代替标准	阶段	分阶段	专业	分专业
201.8-9	DL/T 5466—2013	火力发电工程可行性研究投资估算编制导则	2013-10-1			规划	规划	技术经济	
201.8-10	DL/T 5467—2013	输变电工程初步设计概算编制导则	2013-10-1			设计、采购	初设、招标	技术经济	
201.8-11	DL/T 5468—2013	输变电工程施工图预算编制导则	2013-10-1			设计、采购、建设	施工图、品控、施工工艺、验收与质量评定	技术经济	
201.8-12	DL/T 5469—2013	输变电工程可行性研究投资估算编制导则	2013-10-1			规划	规划	技术经济	
201.8-13	DL/T 5471—2013	变电站、开关站、换流站工程建设预算项目划分导则	2013-10-1			设计	施工图	技术经济	
201.8-14	DL/T 5472—2013	架空输电线路工程建设预算项目划分导则	2013-10-1			设计、采购、建设	施工图、品控、施工工艺、验收与质量评定	技术经济	
201.8-15	DL/T 5476—2013	电缆输电线路工程建设预算项目划分导则	2013-10-1			设计、采购、建设	施工图、品控、施工工艺、验收与质量评定	技术经济	
201.8-16	DL/T 5478—2013	20kV及以下配电网工程建设预算项目划分导则	2013-10-1			设计、采购	初设、招标	技术经济	
201.8-17	DL/T 5479—2013	通信工程建设预算项目划分导则	2013-10-1			设计、采购、建设	施工图、品控、施工工艺、验收与质量评定	技术经济	
201.8-18	NB/T 35030—2014	水电工程投资匡算编制规定	2014-11-1			规划	规划	技术经济	
201.8-19	NB/T 35031—2014	水电工程安全监测系统专项投资编制细则	2014-11-1			设计	初设、施工图	技术经济	
201.8-20	NB/T 35032—2014	水电工程调整概算编制规定	2014-11-1			设计	初设	技术经济	
201.8-21	NB/T 35033—2014	水电工程环境保护专项投资编制细则	2014-11-1			设计	初设、施工图	技术经济	
201.8-22	NB/T 35034—2014	水电工程投资估算编制规定	2014-11-1			规划	规划	技术经济	
201.8-23	NB/T 35106—2017	水电工程分标概算编制规定	2018-3-1			设计、采购、建设	初设、施工图、品控、施工工艺、验收与质量评定、招标	技术经济	
201.8-24	NB/T 35107—2017	水电工程招标设计概算编制规定	2018-3-1			设计、采购、建设	施工图、品控、施工工艺、验收与质量评定、招标	技术经济	

续表

体系结构号	标准编号	标 准 名 称	实施日期	与国际标准对应关系	代替标准	阶段	分阶段	专业	分专业
201.9 规划设计-其他									
201.9-1	Q/CSG 1201004—2015	办公用房建设标准	2015-8-6		Q/CSG 115007—2011	设计、采购、建设	初设、施工图、招标、品控、施工工艺、验收与质量评定	其他	
201.9-2	Q/CSG 1201006—2015	小型基建规划内容深度规定	2015-8-6			规划	规划	其他	
201.9-3	Q/CSG 1201007—2015	小型基建项目可行性研究内容深度规定	2015-8-7			规划	规划	其他	
201.9-4	Q/CSG 1201015—2016	技术业务用房可行性研究技术导则	2016-12-30			规划	规划	其他	
201.9-5	DL/T 5085—1999	钢－混凝土组合结构设计规程	1999-10-1		DLGJ 99—1991	设计、采购、建设、运维、修试、退役	初设、施工图、招标、品控、施工工艺、验收与质量评定、试运行、运行、维护、检修、试验、退役、报废	其他	
201.9-6	DL/T 5202—2004	电能量计量系统设计技术规程	2005-6-1			设计、采购、建设、运维、修试、退役	初设、施工图、招标、品控、施工工艺、验收与质量评定、试运行、运行、维护、检修、试验、退役、报废	其他	
201.9-7	JB/T 6182—2014	仪器仪表设计评审指南	2014-10-1		JB/T 6182—1992	设计	初设、施工图	其他	
201.9-8	JTG D63—2007	公路桥涵地基与基础设计规范	2007-12-1		JTJ 024—1985	设计、采购、建设、运维、修试、退役	初设、施工图、招标、品控、施工工艺、验收与质量评定、试运行、运行、维护、检修、试验、退役、报废	其他	
201.9-9	JTG/T D65-04—2007	公路涵洞设计细则	2007-7-1			设计、采购、建设、运维、修试、退役	初设、施工图、招标、品控、施工工艺、验收与质量评定、试运行、运行、维护、检修、试验、退役、报废	其他	
201.9-10	TB 10009—2016	铁路电力牵引供电设计规范（附条文说明）	2016-9-1		TB 10009—2005	设计、采购、建设、运维、修试、退役	初设、施工图、招标、品控、施工工艺、验收与质量评定、试运行、运行、维护、检修、试验、退役、报废	其他	

续表

体系结构号	标准编号	标 准 名 称	实施日期	与国际标准对应关系	代替标准	阶段	分阶段	专业	分专业
201.9-11	CJJ 45—2015	城市道路照明设计标准	2016-6-1			设计、采购、建设、运维、修试、退役	初设、施工图、招标、品控、施工工艺、验收与质量评定、试运行、运行、维护、检修、试验、退役、报废	其他	
201.9-12	QX/T 384—2017	防雷工程专业设计方案编制导则	2017-10-1			设计	初设、施工图	其他	
201.9-13	GB/T 12668.4—2006	调速电气传动系统 第4部分：一般要求 交流电压1000V以上但不超过35kV的交流调速电气传动系统额定值的规定	2006-9-1	IEC 61800-4: 2002，IDT		设计、采购、建设、运维、修试、退役	初设、施工图、招标、品控、施工工艺、验收与质量评定、试运行、运行、维护、检修、试验、退役、报废	其他	
201.9-14	GB/T 12668.8—2017	调速电气传动系统 第8部分：电源接口的电压规范	2018-7-1	IEC/TS 61800-8: 2010		设计、采购、建设、运维、修试、退役	初设、施工图、招标、品控、施工工艺、验收与质量评定、试运行、运行、维护、检修、试验、退役、报废	其他	
201.9-15	GB/T 16251—2008	工作系统设计的人类工效学原则	2009-1-1	ISO 6385: 2004，IDT	GB/T 16251—1996	设计	初设、施工图	其他	
201.9-16	GB/T 17214.1—1998	工业过程测量和控制装置工作条件 第1部分：气候条件	1998-10-1	IEC 654-1: 1993，IDT	ZBY 120—1983	设计、采购、建设、运维、修试、退役	初设、施工图、招标、品控、施工工艺、验收与质量评定、试运行、运行、维护、检修、试验、退役、报废	其他	
201.9-17	GB/T 17214.2—2005	工业过程测量和控制装置的工作条件 第2部分：动力	2006-4-1	IEC 60654-2: 1979，IDT	JB/T 9237.2—1999	设计、采购、建设、运维、修试、退役	初设、施工图、招标、品控、施工工艺、验收与质量评定、试运行、运行、维护、检修、试验、退役、报废	其他	
201.9-18	GB/T 17214.4—2005	工业过程测量和控制装置的工作条件 第4部分：腐蚀和侵蚀影响	2006-4-1	IEC 60654-4: 1987，IDT	JB/T 9237.1—1999	设计、采购、建设、运维、修试、退役	初设、施工图、招标、品控、施工工艺、验收与质量评定、试运行、运行、维护、检修、试验、退役、报废	其他	
201.9-19	GB/T 20430—2006	声学 开放式工厂的噪声控制设计规程	2006-12-1	ISO 15664—2001，IDT		设计、采购、建设、运维、修试、退役	初设、施工图、招标、品控、施工工艺、验收与质量评定、试运行、运行、维护、检修、试验、退役、报废	其他	

续表

体系结构号	标准编号	标 准 名 称	实施日期	与国际标准对应关系	代替标准	阶段	分阶段	专业	分专业
201.9-20	GB/T 25849—2010	移动式升降工作平台 设计计算、安全要求和测试方法	2011-12-1	ISO 16368—2003，MOD		设计、采购、建设、运维、修试、退役	初设、施工图、招标、品控、施工工艺、验收与质量评定、试运行、运行、维护、检修、试验、退役、报废	其他	
201.9-21	GB/T 27547—2011	升降工作平台 导架爬升式工作平台	2012-5-1	ISO 16369—2007，MOD		设计、采购、建设、运维、修试、退役	初设、施工图、招标、品控、施工工艺、验收与质量评定、试运行、运行、维护、检修、试验、退役、报废	其他	
201.9-22	GB/T 28564—2012	电工电子设备机柜 模数化设计要求	2012-11-1			设计、采购、建设、运维、修试、退役	初设、施工图、招标、品控、施工工艺、验收与质量评定、试运行、运行、维护、检修、试验、退役、报废	其他	
201.9-23	GB/T 30032.2—2013	移动式升降工作平台 带有特殊部件的设计、计算、安全要求和试验方法 第2部分：装有非导电（绝缘）部件的移动式升降工作平台	2014-3-1	ISO 16653-2—2009，MOD		设计、采购、建设、运维、修试、退役	初设、施工图、招标、品控、施工工艺、验收与质量评定、试运行、运行、维护、检修、试验、退役、报废	其他	
201.9-24	GB/T 31841—2015	电工电子设备机械结构 电磁屏蔽和静电放电防护设计指南	2016-2-1			设计、采购、建设、运维、修试、退役	初设、施工图、招标、品控、施工工艺、验收与质量评定、试运行、运行、维护、检修、试验、退役、报废	其他	
201.9-25	GB/T 31842—2015	电工电子设备机械结构 环境防护设计指南	2016-2-1			设计、采购、建设、运维、修试、退役	初设、施工图、招标、品控、施工工艺、验收与质量评定、试运行、运行、维护、检修、试验、退役、报废	其他	
201.9-26	GB/T 31845—2015	电工电子设备机械结构 热设计规范	2016-2-1			设计、采购、建设、运维、修试、退役	初设、施工图、招标、品控、施工工艺、验收与质量评定、试运行、运行、维护、检修、试验、退役、报废	其他	

续表

体系结构号	标准编号	标准名称	实施日期	与国际标准对应关系	代替标准	阶段	分阶段	专业	分专业
201.9-27	GB/T 32356—2015	电子电气产品可再生利用设计导则	2016-7-1			设计、采购、建设、运维、修试、退役	初设、施工图、招标、品控、施工工艺、验收与质量评定、试运行、运行、维护、检修、试验、退役、报废	其他	
201.9-28	GB/T 33262—2016	工业机器人模块化设计规范	2017-7-1			设计、采购、建设、运维、修试、退役	初设、施工图、招标、品控、施工工艺、验收与质量评定、试运行、运行、维护、检修、试验、退役、报废	其他	
201.9-29	GB/T 33263—2016	机器人软件功能组件设计规范	2017-7-1			设计、采购、建设、运维、修试、退役	初设、施工图、招标、品控、施工工艺、验收与质量评定、试运行、运行、维护、检修、试验、退役、报废	其他	
201.9-30	GB/T 35116—2017	机器人设计平台系统集成体系结构	2018-7-1			设计、采购、建设、运维、修试、退役	初设、施工图、招标、品控、施工工艺、验收与质量评定、试运行、运行、维护、检修、试验、退役、报废	其他	
201.9-31	GB/T 35127—2017	机器人设计平台集成数据交换规范	2018-7-1			设计、采购、建设、运维、修试、退役	初设、施工图、招标、品控、施工工艺、验收与质量评定、试运行、运行、维护、检修、试验、退役、报废	其他	
201.9-32	GB 50015—2009	建筑给水排水设计规范	2010-4-1		GB 50015—2003	设计、采购、建设、运维、修试、退役	初设、施工图、招标、品控、施工工艺、验收与质量评定、试运行、运行、维护、检修、试验、退役、报废	其他	
201.9-33	GB 50019—2015	工业建筑供暖通风与空气调节设计规范	2015-5-11		GB 50019—2003	设计、采购、建设、运维、修试、退役	初设、施工图、招标、品控、施工工艺、验收与质量评定、试运行、运行、维护、检修、试验、退役、报废	其他	

续表

体系结构号	标准编号	标 准 名 称	实施日期	与国际标准对应关系	代替标准	阶段	分阶段	专业	分专业
201.9-34	GB 50041—2008	锅炉房设计规范	2008-8-1		GB 50041—1992	设计、采购、建设、运维、修试、退役	初设、施工图、招标、品控、施工工艺、验收与质量评定、试运行、运行、维护、检修、试验、退役、报废	其他	
201.9-35	GB 50057—2010	建筑物防雷设计规范	2011-10-1		GB 50057—1994	设计、采购、建设、运维、修试、退役	初设、施工图、招标、品控、施工工艺、验收与质量评定、试运行、运行、维护、检修、试验、退役、报废	其他	
201.9-36	GB 50058—2014	爆炸危险环境电力装置设计规范	2014-10-1		GB 50058—1992	设计、采购、建设、运维、修试、退役	初设、施工图、招标、品控、施工工艺、验收与质量评定、试运行、运行、维护、检修、试验、退役、报废	其他	
201.9-37	GB 50072—2010	冷库设计规范	2010-7-1		GB 50072—2001	设计、采购、建设、运维、修试、退役	初设、施工图、招标、品控、施工工艺、验收与质量评定、试运行、运行、维护、检修、试验、退役、报废	其他	
201.9-38	GB 50096—2011	住宅设计规范	2012-8-1			设计、采购、建设、运维、修试、退役	初设、施工图、招标、品控、施工工艺、验收与质量评定、试运行、运行、维护、检修、试验、退役、报废	其他	
201.9-39	GB 50176—2016	民用建筑热工设计规范	2017-4-1		GB 50176—1993	设计、采购、建设、运维、修试、退役	初设、施工图、招标、品控、施工工艺、验收与质量评定、试运行、运行、维护、检修、试验、退役、报废	其他	
201.9-40	GB 50219—2014	水喷雾灭火系统技术规范	2015-8-1		GB 50219—1995	设计、采购、建设、运维、修试、退役	初设、施工图、招标、品控、施工工艺、验收与质量评定、试运行、运行、维护、检修、试验、退役、报废	其他	

续表

体系结构号	标准编号	标 准 名 称	实施日期	与国际标准对应关系	代替标准	阶段	分阶段	专业	分专业
201.9-41	GB 50264—2013	工业设备及管道绝热工程设计规范	2013-10-1		GB 50264—1997	设计、采购、建设、运维、修试、退役	初设、施工图、招标、品控、施工工艺、验收与质量评定、试运行、运行、维护、检修、试验、退役、报废	其他	
201.9-42	GB 50395—2007	视频安防监控系统工程设计规范	2007-8-1			设计、采购、建设、运维、修试、退役	初设、施工图、招标、品控、施工工艺、验收与质量评定、试运行、运行、维护、检修、试验、退役、报废	其他	
201.9-43	GB 50582—2010	室外作业场地照明设计标准	2010-12-1			设计、采购、建设、运维、修试、退役	初设、施工图、招标、品控、施工工艺、验收与质量评定、试运行、运行、维护、检修、试验、退役、报废	其他	
201.9-44	GB 50585—2010	岩土工程勘察安全规范	2010-12-1			设计	初设、施工图	其他	
201.9-45	GB 50736—2012	民用建筑供暖通风与空气调节设计规范	2012-10-1		GB 50019—2003	设计、采购、建设、运维、修试、退役	初设、施工图、招标、品控、施工工艺、验收与质量评定、试运行、运行、维护、检修、试验、退役、报废	其他	
201.9-46	GB 50799—2012	电子会议系统工程设计规范	2013-1-1			设计、采购、建设、运维、修试、退役	初设、施工图、招标、品控、施工工艺、验收与质量评定、试运行、运行、维护、检修、试验、退役、报废	其他	
201.9-47	GB/T 51077—2015	电动汽车电池更换站设计规范	2015-9-1			设计、采购、建设、运维、修试、退役	初设、施工图、招标、品控、施工工艺、验收与质量评定、试运行、运行、维护、检修、试验、退役、报废	其他	
202 工程建设									
202.1 工程建设-基础综合									
202.1-1	Q/CSG 11102001—2013	标准设计和典型造价总体技术原则	2013-4-10			设计、采购、建设、运维、修试、退役	初设、施工图、招标、品控、施工工艺、验收与质量评定、试运行、运行、维护、检修、试验、退役、报废	基础综合	

续表

体系结构号	标准编号	标 准 名 称	实施日期	与国际标准对应关系	代替标准	阶段	分阶段	专业	分专业
202.1-2	T/CSEE 0022—2016	输变电工程地质灾害危险性评估技术导则	2017-5-1			设计、采购、建设、运维	初设、施工图、招标、品控、施工工艺、验收与质量评定、试运行、运行、维护	基础综合	
202.1-3	DL/T 399—2010	±800kV及以下直流输电工程主要设备监理导则	2010-10-1			采购、建设、运维	品控、施工工艺、验收与质量评定、试运行、运行、维护	基础综合	
202.1-4	DL/T 1902—2018	高压交、直流空心复合绝缘子施工、运行和维护管理规范	2019-5-1			建设、运维	施工工艺、验收与质量评定、试运行、运行、维护	基础综合	
202.1-5	DL/T 1918—2018	电力工程接地用铝铜合金技术条件	2019-5-1			设计、采购、建设、运维、修试、退役	初设、施工图、招标、品控、施工工艺、验收与质量评定、试运行、运行、维护、检修、试验、退役、报废	基础综合	
202.1-6	DL/T 5138—2014	电力工程数字摄影测量规程	2015-3-1		DL/T 5138—2001	设计、建设	初设、施工图、施工工艺、验收与质量评定	基础综合	
202.1-7	DL/T 5158—2012	电力工程气象勘测技术规程	2012-3-1		DL/T 5158—2002	设计、建设	初设、施工图、施工工艺、验收与质量评定	基础综合	
202.1-8	DL/T 5297—2013	混凝土面板堆石坝挤压边墙技术规范	2014-4-1			设计、采购、建设、运维、修试、退役	初设、施工图、招标、品控、施工工艺、验收与质量评定、试运行、运行、维护、检修、试验、退役、报废	基础综合	
202.1-9	DL/T 5434—2009	电力建设工程监理规范	2009-12-1			建设	施工工艺、验收与质量评定、试运行	基础综合	
202.1-10	DL/T 5445—2010	电力工程施工测量技术规范	2010-12-15			建设	施工工艺、验收与质量评定	基础综合	
202.1-11	DL/T 5481—2013	电力岩土工程监理规程	2014-4-1			建设	施工工艺、验收与质量评定、试运行	基础综合	
202.1-12	DL/T 5492—2014	电力工程遥感调查技术规程	2015-3-1			设计、建设	初设、施工图、施工工艺、验收与质量评定	基础综合	
202.1-13	DLGJ 125—1996	电力岩土工程监理技术规定	1996-10-1			建设	施工工艺、验收与质量评定、试运行	基础综合	

续表

体系结构号	标准编号	标 准 名 称	实施日期	与国际标准对应关系	代替标准	阶段	分阶段	专业	分专业
202.1-14	HJ 169—2018	建设项目环境风险评价技术导则	2019-3-1			设计、采购、建设	初设、施工图、招标、品控、施工工艺、验收与质量评定、试运行	基础综合	
202.1-15	14K207	管道、设备防腐蚀设计与施工	2015-2-2			设计、采购、建设、运维	初设、施工图、招标、品控、施工工艺、验收与质量评定、试运行、运行、维护	基础综合	
202.1-16	JGJ/T 408—2017	建筑施工测量标准	2017-11-1			设计、建设	初设、施工图、施工工艺、验收与质量评定	基础综合	
202.1-17	JGJ/T 434—2018	建筑工程施工现场监管信息系统技术标准	2018-7-1			建设	施工工艺、验收与质量评定、试运行	基础综合	
202.1-18	GBZ/T 196—2007	建设项目职业病危害预评价技术导则	2008-2-1			设计、采购、建设	初设、施工图、招标、品控、施工工艺、验收与质量评定、试运行	基础综合	
202.1-19	GBZ/T 197—2007	建设项目职业病危害控制效果评价技术导则	2008-2-1			设计、采购、建设	初设、施工图、招标、品控、施工工艺、验收与质量评定、试运行	基础综合	
202.1-20	GB/T 32146.1—2015	检验检测实验室设计与建设技术要求 第 1 部分：通用要求	2016-7-1			设计、采购、建设、运维、修试、退役	初设、施工图、招标、品控、施工工艺、验收与质量评定、试运行、运行、维护、检修、试验、退役、报废	基础综合	
202.1-21	GB/T 32146.2—2015	检验检测实验室设计与建设技术要求 第 2 部分：电气实验室	2016-7-1			设计、采购、建设、运维、修试、退役	初设、施工图、招标、品控、施工工艺、验收与质量评定、试运行、运行、维护、检修、试验、退役、报废	基础综合	
202.1-22	GB/T 35975—2018	起重吊具 分类	2018-9-1			建设	施工工艺、验收与质量评定、试运行	基础综合	
202.1-23	GB/T 50319—2013	建设工程监理规范	2014-3-1		GB 50319—2000	设计、采购、建设	初设、施工图、招标、品控、施工工艺、验收与质量评定、试运行	基础综合	
202.1-24	GB/T 50326—2017	建设工程项目管理规范	2018-1-1		GB/T 50326—2006	设计、采购、建设	初设、施工图、招标、品控、施工工艺、验收与质量评定、试运行	基础综合	

体系结构号	标准编号	标 准 名 称	实施日期	与国际标准对应关系	代替标准	阶段	分阶段	专业	分专业
202.1-25	GB/T 50328—2014	建设工程文件归档整理规范	2015-5-1		GB/T 50328—2001	设计、采购、建设	初设、施工图、招标、品控、施工工艺、验收与质量评定、试运行	基础综合	
202.1-26	GB/T 50353—2013	建筑工程建筑面积计算规范	2014-7-1			设计、建设	初设、施工图、施工工艺、验收与质量评定	基础综合	
202.1-27	GB/T 50358—2017	建设项目工程总承包管理规范	2018-1-1		GB/T 50358—2005	设计、采购、建设	初设、施工图、招标、品控、施工工艺、验收与质量评定、试运行	基础综合	
202.2 工程建设-发电									
202.2-1	Q/CSG 1205013—2017	抽水蓄能电站充电导则	2017-7-1			建设	施工工艺、验收与质量、试运行、运行维护	发电	水电
202.2-2	DL/T 490—2011	发电机励磁系统及装置安装、验收规程	2011-11-1		DL/T 490—1992	建设、运维、修试、退役	施工工艺、验收与质量评定、试运行、运行、维护、检修、试验、退役、报废	发电	火电、水电
202.2-3	DL/T 819—2010	火力发电厂焊接热处理技术规程	2011-5-1		DL/T 819—2002	建设、运维、修试	施工工艺、验收与质量评定、试运行、运行、维护、检修、试验	发电	火电
202.2-4	DL/T 1212—2013	火力发电厂现场总线设备安装技术导则	2013-8-1			建设、运维、修试	施工工艺、验收与质量评定、试运行、运行、维护、检修、试验	发电	火电
202.2-5	DL/T 1270—2013	火力发电建设工程机组甩负荷试验导则	2014-4-1			建设、运维、修试	施工工艺、验收与质量评定、试运行、运行、维护、检修、试验	发电	火电
202.2-6	DL/T 1760—2017	可逆式水轮发电机组及其附属设备出厂检验导则	2018-3-1			采购	品控	发电	水电
202.2-7	DL/T 1903—2018	水电水利工程仓储运行管理规程	2019-5-1			建设、运维、修试、退役	施工工艺、验收与质量评定、试运行、运行、维护、检修、试验、退役、报废	发电	水电
202.2-8	DL/T 5006—2007	水电水利工程岩体观测规程	2007-12-1		DL 5006—1992	建设、运维、修试	施工工艺、验收与质量评定、试运行、运行、维护、检修、试验	发电	水电

续表

体系结构号	标准编号	标　准　名　称	实施日期	与国际标准对应关系	代替标准	阶段	分阶段	专业	分专业
202.2-9	DL/T 5038—2012	灯泡贯流式水轮发电机组安装工艺规程	2012-3-1		DL/T 5038—1994	建设、运维、修试	施工工艺、验收与质量评定、试运行、运行、维护、检修、试验	发电	水电
202.2-10	DL/T 5055—2007	水工混凝土掺用粉煤灰技术规范	2007-12-1		DL/T 5055—1996	建设、运维、修试	施工工艺、验收与质量评定、试运行、运行、维护、检修、试验	发电	水电
202.2-11	DL/T 5070—2012	水轮机金属蜗壳现场制造安装及焊接工艺导则	2012-3-1		DL/T 5070—1997	建设、运维、修试	施工工艺、验收与质量评定、试运行、运行、维护、检修、试验	发电	水电
202.2-12	DL/T 5071—2012	混流式水轮机转轮现场制造工艺导则	2012-3-1		DL/T 5071—1997	建设、运维、修试	施工工艺、验收与质量评定、试运行、运行、维护、检修、试验	发电	水电
202.2-13	DL/T 5083—2010	水电水利工程预应力锚索施工规范	2011-5-1		DL/T 5083—2004	建设、运维、修试	施工工艺、验收与质量评定、试运行、运行、维护、检修、试验	发电	水电
202.2-14	DL/T 5099—2011	水工建筑物地下工程开挖施工技术规范	2011-11-1		DL/T 5099—1999	建设、运维、修试	施工工艺、验收与质量评定、试运行、运行、维护、检修、试验	发电	水电
202.2-15	DL/T 5111—2012	水电水利工程施工监理规范	2012-12-1		DL/T 5111—2000	建设、采购	施工工艺、验收与质量评定、试运行、品控	发电	水电
202.2-16	DL/T 5112—2009	水工碾压混凝土施工规范	2009-12-1		DL/T 5112—2000	建设、运维、修试	施工工艺、验收与质量评定、试运行、运行、维护、检修、试验	发电	水电
202.2-17	DL/T 5115—2016	混凝土面板堆石坝接缝止水技术规范	2017-5-1		DL/T 5115—2008	建设、运维、修试	施工工艺、验收与质量评定、试运行、运行、维护、检修、试验	发电	水电
202.2-18	DL/T 5128—2009	混凝土面板堆石坝施工规范	2009-12-1		DL/T 5128—2001	建设、运维、修试	施工工艺、验收与质量评定、试运行、运行、维护、检修、试验	发电	水电
202.2-19	DL/T 5144—2015	水工混凝土施工规范	2015-9-1		DL/T 5144—2001	建设、运维、修试	施工工艺、验收与质量评定、试运行、运行、维护、检修、试验	发电	水电
202.2-20	DL/T 5148—2012	水工建筑物水泥灌浆施工技术规范	2012-3-1		DL/T 5148—2001	建设、运维、修试	施工工艺、验收与质量评定、试运行、运行、维护、检修、试验	发电	水电

续表

体系结构号	标准编号	标 准 名 称	实施日期	与国际标准对应关系	代替标准	阶段	分阶段	专业	分专业
202.2-21	DL/T 5173—2012	水电水利工程施工测量规范	2012-3-1		DL/T 5173—2003	建设	施工工艺、验收与质量评定、试运行	发电	水电
202.2-22	DL/T 5181—2017	水电水利工程锚喷支护施工规范	2018-3-1		DL/T 5181—2003	建设、运维、修试	施工工艺、验收与质量评定、试运行、运行、维护、检修、试验	发电	水电
202.2-23	DL 5190.2—2012	电力建设施工技术规范 第2部分：锅炉机组	2012-3-1		DL 5047—1995	建设、运维、修试	施工工艺、验收与质量评定、试运行、运行、维护、检修、试验	发电	火电
202.2-24	DL 5190.3—2012	电力建设施工技术规范 第3部分：汽轮发电机组	2012-3-1		DL 5011—1992	建设、运维、修试	施工工艺、验收与质量评定、试运行、运行、维护、检修、试验	发电	火电
202.2-25	DL 5190.4—2012	电力建设施工技术规范 第4部分：热工仪表及控制装置	2012-3-1		DL/T 5190.5—2004	建设、运维、修试	施工工艺、验收与质量评定、试运行、运行、维护、检修、试验	发电	火电
202.2-26	DL 5190.6—2012	电力建设施工技术规范 第6部分：水处理及制氢设备和系统	2012-3-1		DL/T 5190.4—2004	建设、运维、修试	施工工艺、验收与质量评定、试运行、运行、维护、检修、试验	发电	火电
202.2-27	DL 5190.8—2012	电力建设施工技术规范 第8部分：加工配制	2012-3-1			建设、运维、修试	施工工艺、验收与质量评定、试运行、运行、维护、检修、试验	发电	火电
202.2-28	DL/T 5199—2004	水电水利工程混凝土防渗墙施工规范	2005-4-1			建设、运维、修试	施工工艺、验收与质量评定、试运行、运行、维护、检修、试验	发电	水电
202.2-29	DL/T 5200—2004	水电水利工程高压喷射灌浆技术规范	2005-4-1			建设、运维、修试	施工工艺、验收与质量评定、试运行、运行、维护、检修、试验	发电	水电
202.2-30	DL/T 5207—2005	水工建筑物抗冲磨防空蚀混凝土技术规范	2005-6-1			建设、运维、修试	施工工艺、验收与质量评定、试运行、运行、维护、检修、试验	发电	水电
202.2-31	DL/T 5214—2016	水电水利工程振冲法地基处理技术规范	2017-5-1		DL/T 5214—2005	建设	施工工艺	发电	水电
202.2-32	DL/T 5215—2005	水工建筑物止水带技术规范	2005-6-1			建设、运维、修试	施工工艺、验收与质量评定、试运行、运行、维护、检修、试验	发电	水电

续表

体系结构号	标准编号	标 准 名 称	实施日期	与国际标准对应关系	代替标准	阶段	分阶段	专业	分专业
202.2-33	DL/T 5238—2010	土坝灌浆技术规范	2010-10-1		SD 266—1988	建设、运维、修试	施工工艺、验收与质量评定、试运行、运行、维护、检修、试验	发电	水电
202.2-34	DL/T 5241—2010	水工混凝土耐久性技术规范	2010-10-1			建设、运维、修试	施工工艺、验收与质量评定、试运行、运行、维护、检修、试验	发电	水电
202.2-35	DL/T 5243—2010	水电水利工程场内施工道路技术规范	2010-10-1			建设、运维、修试	施工工艺、验收与质量评定、试运行、运行、维护、检修、试验	发电	水电
202.2-36	DL/T 5244—2010	水电水利工程常规水工模型试验规程	2010-10-1			设计、建设、运维、修试	初设、施工图、施工工艺、验收与质量评定、试运行、运行、维护、检修、试验	发电	水电
202.2-37	DL/T 5245—2010	水电水利工程掺气减蚀模型试验规程	2010-10-1			设计、建设、运维、修试	初设、施工图、施工工艺、验收与质量评定、试运行、运行、维护、检修、试验	发电	水电
202.2-38	DL/T 5246—2010	水电水利工程滑坡涌浪模拟技术规程	2010-10-1			设计、建设、运维、修试	初设、施工图、施工工艺、验收与质量评定、试运行、运行、维护、检修、试验	发电	水电
202.2-39	DL/T 5247—2010	水电站有压输水系统水工模型试验规程	2010-10-1			设计、建设、运维、修试	初设、施工图、施工工艺、验收与质量评定、试运行、运行、维护、检修、试验	发电	水电
202.2-40	DL/T 5255—2010	水电水利工程边坡施工技术规范	2011-5-1			设计、建设、运维、修试	初设、施工图、施工工艺、验收与质量评定、试运行、运行、维护、检修、试验	发电	水电
202.2-41	DL/T 5258—2010	土石坝浇筑式沥青混凝土防渗墙施工技术规范	2011-5-1			设计、建设、运维、修试	初设、施工图、施工工艺、验收与质量评定、试运行、运行、维护、检修、试验	发电	水电
202.2-42	DL/T 5267—2012	水电水利工程覆盖层灌浆技术规范	2012-3-1			设计、建设、运维、修试	初设、施工图、施工工艺、验收与质量评定、试运行、运行、维护、检修、试验	发电	水电

续表

体系结构号	标准编号	标准名称	实施日期	与国际标准对应关系	代替标准	阶段	分阶段	专业	分专业
202.2-43	DL/T 5268—2012	混凝土面板堆石坝翻模固坡施工技术规程	2012-3-1			设计、建设、运维、修试	初设、施工图、施工工艺、验收与质量评定、试运行、运行、维护、检修、试验	发电	水电
202.2-44	DL/T 5269—2012	水电水利工程砾石土心墙堆石坝施工规范	2012-3-1			设计、建设、运维、修试	初设、施工图、施工工艺、验收与质量评定、试运行、运行、维护、检修、试验	发电	水电
202.2-45	DL/T 5271—2012	水电水利工程砂石加工系统施工技术规程	2012-7-1			建设	施工工艺	其他	
202.2-46	DL/T 5274—2012	水电水利工程施工重大危险源辩识及评价导则	2012-7-1			设计、建设、运维、修试	初设、施工图、施工工艺、验收与质量评定、试运行、运行、维护、检修、试验	发电	水电
202.2-47	DL/T 5294—2013	火力发电建设工程机组调试技术规范	2014-4-1			设计、建设、运维、修试	初设、施工图、施工工艺、验收与质量评定、试运行、运行、维护、检修、试验	发电	火电
202.2-48	DL/T 5296—2013	水工混凝土掺用氧化镁技术规范	2014-4-1			建设	施工工艺、验收与质量评定	其他	
202.2-49	DL/T 5298—2013	水工混凝土抑制碱-骨料反应技术规范	2014-4-1			建设	施工工艺	其他	
202.2-50	DL/T 5302—2013	水电水利工程施工机械安全操作规程专用汽车	2014-4-1			建设、运维	施工工艺、验收与质量评定、试运行、运行、维护	发电	水电
202.2-51	DL/T 5304—2013	水工混凝土掺用石灰石粉技术规范	2014-4-1			设计、建设、运维、修试	初设、施工图、施工工艺、验收与质量评定、试运行、运行、维护、检修、试验	发电	水电
202.2-52	DL/T 5305—2013	水电水利工程施工机械安全操作规程运输类车辆	2014-4-1			建设	施工工艺	其他	
202.2-53	DL/T 5307—2013	水电水利工程施工度汛风险评估规程	2014-4-1			建设	施工工艺	发电	水电
202.2-54	DL/T 5308—2013	水电水利工程施工安全监测技术规范	2014-4-1			建设	施工工艺	发电	水电

续表

体系结构号	标准编号	标准名称	实施日期	与国际标准对应关系	代替标准	阶段	分阶段	专业	分专业
202.2-55	DL/T 5311—2013	水电水利工程砂石料开采及加工系统运行规范	2014-4-1			建设	施工工艺	发电	水电
202.2-56	DL/T 5333—2005	水电水利工程爆破安全监测规程	2006-6-1			建设	施工工艺	发电	水电
202.2-57	DL/T 5358—2006	水电水利工程金属结构设备防腐蚀技术规程	2007-5-1			设计、建设、运维、修试	初设、施工图、施工工艺、验收与质量评定、试运行、运行、维护、检修、试验	发电	水电
202.2-58	DL/T 5363—2016	水工碾压式沥青混凝土施工规范	2017-5-1		DL/T 5363—2006	建设	施工工艺	发电	水电
202.2-59	DL/T 5387—2007	水工混凝土掺用磷渣粉技术规范	2007-12-1			设计、建设、运维、修试	初设、施工图、施工工艺、验收与质量评定、试运行、运行、维护、检修、试验	发电	水电
202.2-60	DL/T 5389—2007	水工建筑物岩石基础开挖工程施工技术规范	2007-12-1			建设	施工工艺	发电	水电
202.2-61	DL/T 5400—2016	水工建筑物滑动模板施工技术规范	2016-6-1		DL/T 5400—2007	建设	施工工艺	发电	水电
202.2-62	DL/T 5406—2010	水工建筑物化学灌浆施工规范	2010-10-1			建设	施工工艺	发电	水电
202.2-63	DL/T 5407—2009	水电水利工程斜井竖井施工规范	2009-12-1			建设	施工工艺	发电	水电
202.2-64	DL/T 5420—2009	水轮发电机定子现场装配工艺导则	2009-12-1			建设	施工工艺	发电	水电
202.2-65	DL/T 5432—2009	水电水利工程项目建设管理规范	2009-12-1			设计、建设、运维、修试	初设、施工图、施工工艺、验收与质量评定、试运行、运行、维护、检修、试验	发电	水电
202.2-66	DL/T 5519—2016	火力发电工程施工组织大纲设计导则	2017-5-1			建设	施工工艺、验收与质量评定、试运行	发电	水电
202.2-67	DL/T 5719—2015	水电水利工程施工基坑排水技术规范	2015-9-1			建设	施工工艺	发电	水电
202.2-68	DL/T 5724—2015	水电工程砂石系统废水处理技术规范	2015-9-1			建设	施工工艺	发电	水电

续表

体系结构号	标准编号	标准名称	实施日期	与国际标准对应关系	代替标准	阶段	分阶段	专业	分专业
202.2-69	DL/T 5741—2016	水电水利工程截流施工技术规范	2017-5-1			建设	施工工艺	发电	水电
202.2-70	DL/T 5742—2016	水电水利地下工程施工测量规范	2017-5-1			建设	施工工艺	发电	水电
202.2-71	DL/T 5743—2016	水电水利工程土工合成材料施工规范	2017-5-1			建设	施工工艺	发电	水电
202.2-72	DL/T 5762—2018	梯级水电厂集中监控系统安装及验收规程	2018-7-1			建设	施工工艺、验收与质量评定、试运行	发电	水电
202.2-73	DL/T 5772—2018	水电水利工程水力学安全监测规程	2019-5-1			建设	施工工艺	发电	水电
202.2-74	DL/T 5773—2018	水电水利工程施工机械安全操作规程　混凝土运输车	2019-5-1			建设	施工工艺	发电	水电
202.2-75	DL/T 5777—2018	水工混凝土掺用硅粉技术规范	2019-5-1			设计、建设、运维、修试	初设、施工图、施工工艺、验收与质量评定、试运行、运行、维护、检修、试验	发电	水电
202.2-76	DL/T 5778—2018	水工混凝土用速凝剂技术规范	2019-5-1			设计、建设、运维、修试	初设、施工图、施工工艺、验收与质量评定、试运行、运行、维护、检修、试验	发电	水电
202.2-77	DLGJ 150—1999	火力发电厂循环水泵房进水流道及其布置设计技术规定	1999-5-1			设计、建设	初设、施工图、施工工艺、验收与质量评定、试运行	发电	火电
202.2-78	NB/T 10077—2018	堆石混凝土筑坝技术导则	2019-3-1			设计、建设、运维、修试	初设、施工图、施工工艺、验收与质量评定、试运行、运行、维护、检修、试验	其他	
202.2-79	NB/T 10078—2018	水轮机进水球阀选用、试验及验收规范	2019-3-1			设计、建设、运维、修试	初设、施工图、施工工艺、验收与质量评定、试运行、运行、维护、检修、试验	发电	水电
202.2-80	NB/T 10079—2018	水电工程水生生态调查与评价技术规范	2019-3-1			规划、设计	规划、初设	发电	水电
202.2-81	NB/T 10080—2018	水电工程陆生生态调查与评价技术规范	2019-3-1			规划、设计	规划、初设	发电	水电

续表

体系结构号	标准编号	标 准 名 称	实施日期	与国际标准对应关系	代替标准	阶段	分阶段	专业	分专业
202.2-82	NB/T 10084—2018	水电工程运行调度规程编制导则	2019-3-1			规划、设计	规划、初设	发电	水电
202.2-83	NB/T 10085—2018	水电工程水文预报规范	2019-3-1			设计	初设	发电	水电
202.2-84	NB/T 10108—2018	水电工程阶段性蓄水移民安置实施方案专题报告编制规程	2019-5-1			规划、设计	规划、初设	发电	水电
202.2-85	NB/T 35036—2014	水电工程固定卷扬式启闭机通用技术条件	2014-11-1		SD 315—1989	设计、采购、建设、运维、修试、退役	初设、施工图、招标、品控、施工工艺、验收与质量评定、试运行、运行、维护、检修、试验、退役、报废	发电	水电
202.2-86	NB/T 35038—2014	水电工程建设征地移民安置综合监理规范	2014-11-1			建设	施工工艺	发电	水电
202.2-87	NB/T 35051—2015	水电工程启闭机制造安装及验收规范	2015-9-1		DL/T 5019—1994	建设、运维、修试	施工工艺、验收与质量评定、试运行、运行、维护、检修、试验	发电	水电
202.2-88	NB/T 35077—2016	水电工程数字流域基础地理信息系统技术规范	2016-6-1			设计、采购、建设、运维、修试、退役	初设、施工图、招标、品控、施工工艺、验收与质量评定、试运行、运行、维护、检修、试验、退役、报废	发电	水电
202.2-89	NB/T 35082—2016	水电工程陡边坡植被混凝土生态修复技术规范	2016-12-1			建设	施工工艺	发电	水电
202.2-90	NB/T 35083—2016	水电工程竣工图文件编制规程	2016-12-1			建设	施工工艺	发电	水电
202.2-91	NB/T 35087—2016	水电工程钢闸门液压自动挂脱梁系列参数	2017-5-1			设计、采购、建设、运维、修试、退役	初设、施工图、招标、品控、施工工艺、验收与质量评定、试运行、运行、维护、检修、试验、退役、报废	发电	水电
202.2-92	NB/T 35099—2017	水电工程三维地质建模技术规程	2018-3-1			设计	初设	发电	水电
202.2-93	NB/T 35100—2017	水电工程覆盖层预应力锚索技术规范	2018-3-1			建设	施工工艺	发电	水电

续表

体系结构号	标准编号	标 准 名 称	实施日期	与国际标准对应关系	代替标准	阶段	分阶段	专业	分专业
202.2-94	NB/T 35101—2017	水电工程弹性波测试技术规程	2018-3-1			建设	施工工艺	发电	水电
202.2-95	NB/T 35102—2017	水电工程钻孔土工原位测试规程	2018-3-1		DL/T 5354—2006	建设	施工工艺	发电	水电
202.2-96	NB/T 35103—2017	水电工程钻孔抽水试验规程	2018-3-1		DL/T 5213—2005	设计	初设	发电	水电
202.2-97	NB/T 35104—2017	水电工程钻孔注水试验规程	2018-3-1			设计	初设	发电	水电
202.2-98	NB/T 35105—2017	水电工程电磁法勘探技术规程	2018-3-1			设计	初设	发电	水电
202.2-99	NB/T 35109—2018	水电工程三维激光扫描测量规程	2018-7-1			设计	初设	发电	水电
202.2-100	NB/T 35112—2018	水电工程层析成像技术规程	2018-7-1			设计	初设	发电	水电
202.2-101	NB/T 35114—2018	水电岩土工程及岩体测试造孔规程	2018-7-1		DL/T 5125—2009	建设、运维、修试	施工工艺、验收与质量评定、试运行、运行、维护、检修、试验	发电	水电
202.2-102	NB/T 35116—2018	水电工程全球导航卫星系统（GNSS）测量规程	2018-7-1			建设、运维、修试	施工工艺、验收与质量评定、试运行、运行、维护、检修、试验	发电	水电
202.2-103	NB/T 35117—2018	水电工程钻孔振荡式渗透试验规程	2018-7-1			建设、运维、修试	施工工艺、验收与质量评定、试运行、运行、维护、检修、试验	发电	水电
202.2-104	NB/T 35120—2018	水电工程施工总布置设计规范	2018-10-1		DL/T 5192—2004	建设	施工工艺、验收与质量评定、试运行	发电	水电
202.2-105	NB/T 35121—2018	水电工程沟水治理设计规范	2018-10-1			设计	初设	发电	水电
202.2-106	NB/T 42041—2014	小水电机组安装技术规范	2015-3-1			建设	施工工艺	发电	水电
202.2-107	NB/T 42145—2018	全钒液流电池　安装技术规范	2018-7-1			建设	施工工艺	发电	储能
202.2-108	SL 41—2018	水利水电工程启闭机设计规范	2019-1-23		SL 41—2011；SL 491—2010；SL 507—2010；SL 508—2010	设计	初设、施工图	发电	水电

续表

体系结构号	标准编号	标准名称	实施日期	与国际标准对应关系	代替标准	阶段	分阶段	专业	分专业
202.2-109	SL 174—2014	水利水电工程混凝土防渗墙施工技术规范	2015-1-27		SL 174—1996	建设	施工工艺	发电	水电
202.2-110	SL/T 241—1999	水利水电建设用起重机技术条件	1999-12-1		SD 160—1985	建设	施工工艺	发电	水电
202.2-111	SL 252—2017	水利水电工程等级划分及洪水标准	2017-4-9		SL 252—2000	规划、设计、建设、运维	规划、初设、施工图、施工工艺、验收与质量评定、试运行、运行、维护	发电	水电
202.2-112	SL 288—2014	水利工程施工监理规范	2015-1-30		SL 288—2003	建设	施工工艺、验收与质量评定、试运行	发电	水电
202.2-113	SL 303—2017	水利水电工程施工组织设计规范	2017-12-8		SL 303—2004	建设	施工工艺	发电	水电
202.2-114	SL/T 375—2017	水利水电建设用缆索起重机技术条件	2017-6-24		SL 375—2007	建设	施工工艺	发电	水电
202.2-115	SL/T 425—2017	水利水电起重机械安全规程	2017-8-5		SL 425—2008	建设	施工工艺、验收与质量评定、试运行、运行、维护、检修、试验	发电	水电
202.2-116	SL 677—2014	水工混凝土施工规范	2015-1-27		SDJ 207—1982；JGJ 109—1996；JGJ 108—1996	建设	施工工艺	发电	水电
202.2-117	SL 688—2014	水轮发电机组推力轴承、导轴承安装调整工艺导则	2014-6-28		SD 288—1988	建设、运维、修试	施工工艺、验收与质量评定、试运行、运行、维护、检修、试验	发电	水电
202.2-118	SL/T 734—2016	水利工程质量检测技术规程	2016-9-7			建设、运维、修试	施工工艺、验收与质量评定、试运行、运行、维护、检修、试验	发电	水电
202.2-119	SL/T 743—2016	箱式水电站	2016-11-15			建设	施工工艺	发电	水电
202.2-120	SL/T 752—2017	绿色小水电评价标准	2017-8-5			设计、建设	初设、施工图、施工工艺、验收与质量评定、试运行、运行、维护、检修、试验	发电	水电
202.2-121	SL/T 757—2017	水工混凝土施工组织设计规范	2018-3-1		SL 512—2011	建设	施工工艺	发电	水电

续表

体系结构号	标准编号	标 准 名 称	实施日期	与国际标准对应关系	代替标准	阶段	分阶段	专业	分专业
202.2-122	SL 763—2018	火电建设项目水资源论证导则	2018-6-20			规划	规划	发电	火电
202.2-123	HJ 2053—2018	燃煤电厂超低排放烟气治理工程技术规范	2018-6-1			建设	施工工艺	发电	火电
202.2-124	JGJ/T 385—2015	高性能混凝土评价标准	2016-4-1			建设、修试	施工工艺、试验	发电	水电
202.2-125	CECS 146—2003	碳纤维片材加固混凝土结构技术规程（2007 年版）	2003-5-1			建设	施工工艺	发电	水电
202.2-126	15D202-3	UPS 与 EPS 电源装置的设计与安装	2015-6-1		04D202-3	设计、采购、建设、运维、修试、退役	初设、施工图、招标、品控、施工工艺、验收与质量评定、试运行、运行、维护、检修、试验、退役、报废	基础综合	
202.2-127	GB/T 8564—2003	水轮发电机组安装技术规范	2004-3-1		GB 8564—1988	建设	施工工艺	发电	水电
202.2-128	GB/T 14173—2008	水利水电工程钢闸门制造、安装及验收规范	2009-1-1		GB/T 14173—1993；GB/T 814—1989	设计、采购、建设、运维、修试、退役	初设、施工图、招标、品控、施工工艺、验收与质量评定、试运行、运行、维护、检修、试验、退役、报废	发电	水电
202.2-129	GB/T 14902—2012	预拌混凝土	2013-9-1		GB/T 14902—2003	建设	施工工艺	发电	水电
202.2-130	GB/T 20303.1—2016	起重机 司机室和控制站 第 1 部分：总则	2016-6-1	ISO 8566-1：2010，IDT	GB/T 20303.1—2006	设计、采购、建设、运维、修试、退役	初设、施工图、招标、品控、施工工艺、验收与质量评定、试运行、运行、维护、检修、试验、退役、报废	基础综合	
202.2-131	GB/T 32575—2016	发电工程数据移交	2016-11-1			建设、运维	验收与质量评定、运行、维护	发电	其他
202.2-132	GB 50330—2013	建筑边坡工程技术规范	2014-6-1		GB 50330—2002	设计、采购、建设、运维、退役	初设、施工图、招标、品控、施工工艺、验收与质量评定、试运行、运行、维护、退役、报废	基础综合	
202.3 工程建设-输电									
202.3-1	Q/CSG 11501—2008	35kV 及以下架空电力线路抗冰加固技术导则	2008-6-2			设计、采购、建设、运维、退役	初设、施工图、招标、品控、施工工艺、验收与质量评定、试运行、运行、维护、退役、报废	输电	线路

续表

体系结构号	标准编号	标 准 名 称	实施日期	与国际标准对应关系	代替标准	阶段	分阶段	专业	分专业
202.3-2	Q/CSG 1203056.4—2018	110kV～500kV 架空输电线路杆塔复合横担技术规定 第4部分：施工与验收（试行）	2018-12-28			建设	施工工艺、验收与质量评定	输电	线路
202.3-3	T/CSEE 0021.2—2016	输变电工程数字化设计技术导则 第2部分：输电线路工程	2017-5-1			设计、采购、建设、运维、退役	初设、施工图、招标、品控、施工工艺、验收与质量评定、试运行、运行、维护、退役、报废	输电	线路
202.3-4	T/CSEE 0059—2017	输变电工程地基基础检测规范	2018-5-1			设计、采购、建设、运维、退役	初设、施工图、招标、品控、施工工艺、验收与质量评定、试运行、运行、维护、退役、报废	输电	线路
202.3-5	DL/T 319—2018	架空输电线路施工抱杆通用技术条件及试验方法	2018-7-1		DL/T 319—2010	设计、采购、建设、运维、修试	初设、施工图、招标、品控、施工工艺、验收与质量评定、试运行、运行、维护、检修、试验	输电	线路
202.3-6	DL/T 342—2010	额定电压 66kV～220kV 交联聚乙烯绝缘电力电缆接头安装规程	2011-5-1			设计、采购、建设、运维、修试	初设、施工图、招标、品控、施工工艺、验收与质量评定、试运行、运行、维护、检修、试验	输电	电缆
202.3-7	DL/T 343—2010	额定电压 66kV～220kV 交联聚乙烯绝缘电力电缆 GIS 终端安装规程	2011-5-1			设计、采购、建设、运维、修试	初设、施工图、招标、品控、施工工艺、验收与质量评定、试运行、运行、维护、检修、试验	输电	电缆
202.3-8	DL/T 344—2010	额定电压 66kV～220kV 交联聚乙烯绝缘电力电缆户外终端安装规程	2011-5-1			设计、采购、建设、运维、修试	初设、施工图、招标、品控、施工工艺、验收与质量评定、试运行、运行、维护、检修、试验	输电	电缆
202.3-9	DL/T 875—2016	架空输电线路施工机具基本技术要求	2016-6-1		DL/T 875—2004	设计、采购、建设、运维、修试	初设、施工图、招标、品控、施工工艺、验收与质量评定、试运行、运行、维护、检修、试验	输电	线路
202.3-10	DL/T 1601—2016	光纤复合架空相线施工、验收及运行规范	2016-12-1			设计、采购、建设、运维、修试	初设、施工图、招标、品控、施工工艺、验收与质量评定、试运行、运行、维护、检修、试验	输电	线路

续表

体系结构号	标准编号	标 准 名 称	实施日期	与国际标准对应关系	代替标准	阶段	分阶段	专业	分专业
202.3-11	DL/T 5106—2017	跨越电力线路架线施工规程	2018-3-1		DL/T 5106—1999	建设	施工工艺	输电	线路
202.3-12	DL/T 5235—2010	±800kV 及以下直流架空输电线路工程施工及验收规程	2010-10-1			建设	施工工艺、验收与质量评定	换流、输电	其他、线路
202.3-13	DL 5319—2014	架空输电线路大跨越工程施工及验收规范	2014-8-1			建设	施工工艺、验收与质量评定	输电	线路
202.3-14	DL/T 5527—2017	架空输电线路工程施工组织大纲设计导则	2017-8-1			建设	施工工艺	输电	线路
202.3-15	DL/T 5744.1—2016	额定电压 66kV～220kV 交联聚乙烯绝缘电力电缆敷设规程 第 1 部分：直埋敷设	2017-5-1			建设、运维	施工工艺、验收与质量评定、试运行、运行、维护	输电	电缆
202.3-16	DL/T 5744.2—2016	额定电压 66kV～220kV 交联聚乙烯绝缘电力电缆敷设规程 第 2 部分：排管敷设	2017-5-1			建设、运维、修试	施工工艺、验收与质量评定、试运行、运行、维护、检修、试验	输电	电缆
202.3-17	DL/T 5744.3—2016	额定电压 66kV～220kV 交联聚乙烯绝缘电力电缆敷设规程 第 3 部分：隧道敷设	2017-5-1			建设、运维、修试	施工工艺、验收与质量评定、试运行、运行、维护、检修、试验	输电	电缆
202.3-18	DL/T 5755—2017	沙漠地区输电线路杆塔基础工程技术规范	2018-3-1			建设、运维、修试	施工工艺、验收与质量评定、试运行、运行、维护、检修、试验	输电	线路
202.4 工程建设-换流									
202.4-1	DL/T 5231—2010	±800kV 及以下直流输电接地极施工及验收规程	2010-10-1			建设、运维、修试	施工工艺、验收与质量评定、试运行、运行、维护、检修、试验	换流	换流阀、换流变、其他
202.4-2	DL/T 5232—2010	±800kV 及以下直流换流站电气装置安装工程施工及验收规程	2010-10-1			建设、运维、修试	施工工艺、验收与质量评定、试运行、运行、维护、检修、试验	换流	换流阀、换流变、其他
202.4-3	DL/T 5233—2010	±800kV 及以下直流换流站电气装置施工质量检验及评定规程	2010-10-1			建设、运维、修试	施工工艺、验收与质量评定、试运行、运行、维护、检修、试验	换流	换流阀、换流变、其他

体系结构号	标准编号	标 准 名 称	实施日期	与国际标准对应关系	代替标准	阶段	分阶段	专业	分专业
202.4-4	DL/T 5234—2010	±800kV及以下直流输电工程启动及竣工验收规程	2010-10-1			建设、运维、修试	施工工艺、验收与质量评定、试运行、运行、维护、检修、试验	基础综合	
202.4-5	DL/T 5541—2018	换流站接地极工程建设预算项目划分导则	2018-7-1			规划、设计	规划、初设、施工图	换流	换流阀、换流变、其他
202.5 工程建设-变电									
202.5-1	DL/T 5520—2016	变电工程施工组织大纲设计导则	2017-5-1			建设	施工工艺、验收与质量评定	变电	变压器、互感器、电抗器、开关、避雷器、其他
202.5-2	GB 50147—2010	电气装置安装工程 高压电器施工及验收规范	2010-12-1		GBJ 147—1990	建设、运维、修试	施工工艺、验收与质量评定、试运行、运行、维护、检修、试验	变电	变压器、互感器、电抗器
202.5-3	GB 50148—2010	电气装置安装工程 电力变压器、油浸电抗器、互感器施工及验收规范	2010-12-1		GBJ 148—90	建设、运维、修试	施工工艺、验收与质量评定、试运行、运行、维护、检修、试验	变电	其他
202.5-4	GB 50149—2010	电气装置安装工程 母线装置施工及验收规范	2011-10-1		GBJ 149—1990	建设、运维、修试	施工工艺、验收与质量评定、试运行、运行、维护、检修、试验	变电	其他
202.5-5	GB 50169—2016	电气装置安装工程 接地装置施工及验收规范	2017-4-1		GB 50169—2006	建设、运维、修试	施工工艺、验收与质量评定、试运行、运行、维护、检修、试验	变电	其他
202.5-6	GB 50171—2012	电气装置安装工程盘、柜及二次回路结线施工及验收规范	2012-12-1		GB 50171—1992	建设、运维、修试	施工工艺、验收与质量评定、试运行、运行、维护、检修、试验	变电	其他
202.5-7	GB 50172—2012	电气装置安装工程蓄电池施工及验收规范	2012-12-1		GB 50172—1992	建设、运维、修试	施工工艺、验收与质量评定、试运行、运行、维护、检修、试验	变电	变压器、互感器、电抗器、开关、避雷器、其他
202.5-8	IEEE 1268—2016	Guide For Safety In The Installation of Mobile Substation Equip- ment	2016-1-29		IEEE 1268—2005	建设、运维、修试	施工工艺、验收与质量评定、试运行、运行、维护、检修、试验	变电	其他

续表

体系结构号	标准编号	标 准 名 称	实施日期	与国际标准对应关系	代替标准	阶段	分阶段	专业	分专业
202.6 工程建设-配电									
202.6-1	T/CEC 132—2017	新型城镇化配电网建设改造成效评价技术规范	2017-8-1			建设、运维、退役、修试	施工工艺、验收与质量评定、试运行、运行、维护、退役、报废、检修、试验	配电	变压器、线缆、开关、其他
202.6-2	DL/T 358—2010	7.2kV～12kV 预装式户外开关站安装与验收规程	2011-5-1			建设、运维、修试	施工工艺、验收与质量评定、试运行、运行、维护、检修、试验	配电	变压器、线缆、开关、其他
202.6-3	DL/T 602—1996	架空绝缘配电线路施工及验收规程	1996-10-1			建设、运维、修试	施工工艺、验收与质量评定、试运行、运行、维护、检修、试验	配电	线缆、开关、其他
202.6-4	DL/T 5700—2014	城市居住区供配电设施建设规范	2015-3-1			建设、运维、退役、修试	施工工艺、验收与质量评定、试运行、运行、维护、退役、报废、检修、试验	配电	变压器、线缆、开关、其他
202.6-5	DL/T 5717—2015	农村住宅电气工程技术规范	2015-9-1			建设、运维、修试	施工工艺、验收与质量评定、试运行、运行、维护、检修、试验	配电	变压器、线缆、开关、其他
202.6-6	DL/T 5756—2017	额定电压 35kV（U_m=40.5kV）及以下冷缩式电缆附件安装规程	2018-3-1			建设、运维、修试	施工工艺、验收与质量评定、试运行、运行、维护、检修、试验	配电	其他
202.6-7	DL/T 5757—2017	额定电压 35kV（U_m=40.5kV）及以下热缩式电缆附件安装规程	2018-3-1			建设、运维、修试	施工工艺、验收与质量评定、试运行、运行、维护、检修、试验	配电	其他
202.6-8	DL/T 5758—2017	额定电压 35kV（U_m=40.5kV）及以下预制式电缆附件安装规程	2018-3-1			建设、运维、修试	施工工艺、验收与质量评定、试运行、运行、维护、检修、试验	配电	其他
202.6-9	DL/T 5782—2018	20kV 及以下配电网工程后评价导则	2019-5-1			规划、设计、建设、运维、修试	规划、初设、施工图、施工工艺、验收与质量评定、试运行、运行、维护、检修、试验	配电	变压器、线缆、开关、其他

续表

体系结构号	标准编号	标 准 名 称	实施日期	与国际标准对应关系	代替标准	阶段	分阶段	专业	分专业
202.6-10	YD 5210—2014	240V 直流供电系统工程技术规范	2014-7-1			建设、运维、退役、修试	施工工艺、验收与质量评定、试运行、运行、维护、退役、报废、检修、试验	配电	变压器、线缆、开关、其他
202.6-11	CJJ/T 72—2015	无轨电车牵引供电网工程技术规范	2016-5-1		CJJ 72—1997	建设、运维、退役、修试	施工工艺、验收与质量评定、试运行、运行、维护、退役、报废、检修、试验	配电	变压器、线缆、开关、其他
202.6-12	GB/T 36932—2018	家用和类似用途电器安装及布线通用要求	2019-7-1			建设、运维、修试	施工工艺、验收与质量评定、试运行、运行、维护、检修、试验	配电	其他
202.6-13	IEC 60364-5-55—2011/Amd 2—2016	建筑物的电气设施 第5-55 部分：电气设备的选择和安装 其他设备	2016-7-28			建设、运维、修试	施工工艺、验收与质量评定、试运行、运行、维护、检修、试验	配电	变压器、开关、其他
202.6-14	IEC 60364-7-713—2013	建筑物的电气设施 第7-713 部分：特殊设施或场所的要求 家具	2013-2-6		IEC 60364-7-713—1996	建设、运维、修试	施工工艺、验收与质量评定、试运行、运行、维护、检修、试验	配电	其他
202.7 工程建设-调度及二次									
202.7-1	T/CSEE 0087.3—2018	电力量子保密通信系统 第3 部分：网络工程验收				建设、运维、退役、修试	施工工艺、验收与质量评定、试运行、运行、维护、退役、报废、检修、试验	调度及二次	电力通信
202.7-2	DL/T 1101—2009	35kV～110kV 变电站自动化系统验收规范	2009-12-1			建设、运维、修试	施工工艺、验收与质量评定、试运行、运行、维护、检修、试验	调度及二次	调度自动化
202.7-3	DL/T 1146—2009	DL/T 860 实施技术规范	2009-12-1			建设、运维、退役、修试	施工工艺、验收与质量评定、试运行、运行、维护、退役、报废、检修、试验	调度及二次	电力通信
202.7-4	DL/T 1733—2017	电力通信光缆安装技术要求	2017-12-1			建设、运维、修试	施工工艺、验收与质量评定、试运行、运行、维护、检修、试验	调度及二次	电力通信
202.7-5	DL/T 1874—2018	智能变电站系统规格描述（SSD）建模工程实施技术规范	2018-10-1			建设	施工工艺、验收与质量评定	调度及二次	调度自动化

续表

体系结构号	标准编号	标准名称	实施日期	与国际标准对应关系	代替标准	阶段	分阶段	专业	分专业
202.7-6	DL/T 5344—2018	电力光纤通信工程验收规范	2019-5-1		DL/T 5344—2006	建设	验收与质量评定	调度及二次	电力通信
202.7-7	DL/T 5715—2015	电力光纤到户组网技术规程	2015-9-1			建设、运维、修试	施工工艺、验收与质量评定、试运行、运行、维护、检修、试验	调度及二次	电力通信
202.7-8	DL/T 5780—2018	智能变电站监控系统建设规范	2019-5-1			建设、运维、修试	施工工艺、验收与质量评定、试运行、运行、维护、检修、试验	调度及二次	调度自动化
202.7-9	SL 651—2014	水文监测数据通信规约	2014-4-17			设计、建设	初设、施工图、施工工艺、验收与质量评定、试运行	调度及二次	电力通信
202.7-10	YD 5044—2014	同步数字体系（SDH）光纤传输系统工程验收规范	2014-7-1		YD/T 5044—2005；YD/T 5149—2007；YD/T 5150—2007	建设	验收与质量评定	调度及二次	电力通信
202.7-11	YD 5077—2014	固定电话交换网工程验收规范	2014-7-1		YD/T 5077—2005；YD 5154—2007；YD/T 5156—2007	建设	验收与质量评定	调度及二次	电力通信
202.7-12	YD 5122—2014	波分复用（WDM）光纤传输系统工程验收规范	2014-7-1		YD/T 5122—2005；YD/T 5176—2009	建设	验收与质量评定	调度及二次	电力通信
202.7-13	YD/T 5126—2015	通信电源设备安装工程施工监理规范	2016-1-1		YD 5126—2005	建设	施工工艺、验收与质量评定、试运行	调度及二次	电力通信
202.7-14	YD 5201—2014	通信建设工程安全生产操作规范	2014-7-1			建设、运维、修试	施工工艺、验收与质量评定、试运行、运行、维护、检修、试验	调度及二次	电力通信
202.7-15	YD 5204—2014	通信建设工程施工安全监理暂行规定	2014-7-1			建设	施工工艺、验收与质量评定、试运行	调度及二次	电力通信
202.7-16	YD 5205—2014	通信建设工程节能与环境保护监理暂行规定	2014-7-1			建设	施工工艺、验收与质量评定、试运行	调度及二次	电力通信
202.7-17	YD 5125—2014	通信设备安装工程施工监理规范	2014-7-1		YD 5125—2005	建设	施工工艺、验收与质量评定、试运行	调度及二次	电力通信
202.7-18	YD 5200—2014	分组传送网（PTN）工程验收暂行规定	2014-7-1			建设、运维、修试	施工工艺、验收与质量评定、试运行、运行、维护、检修、试验	调度及二次	电力通信

续表

体系结构号	标准编号	标准名称	实施日期	与国际标准对应关系	代替标准	阶段	分阶段	专业	分专业
202.7-19	YD 5207—2014	宽带光纤接入工程验收规范	2014-7-1			建设、运维、修试	施工工艺、验收与质量评定、试运行、运行、维护、检修、试验	调度及二次	电力通信
202.7-20	YD 5209—2014	光传送网（OTN）工程验收暂行规定	2014-7-1			建设、运维、修试	施工工艺、验收与质量评定、试运行、运行、维护、检修、试验	调度及二次	电力通信
202.7-21	YD/T 5241—2018	通信光缆和电缆线路工程安装标准图集	2019-4-1			建设、运维、退役、修试	施工工艺、验收与质量评定、试运行、运行、维护、退役、报废、检修、试验	调度及二次	电力通信
202.7-22	YD/T 5242—2018	通信用光电混合缆工程技术规范	2019-4-1			建设、运维、退役、修试	施工工艺、验收与质量评定、试运行、运行、维护、退役、报废、检修、试验	调度及二次	电力通信
202.7-23	GB 50093—2013	自动化仪表工程施工及质量验收规范	2013-9-1		GB 50131—2007；GB 50093—2002	建设、运维、修试	施工工艺、验收与质量评定、试运行、运行、维护、检修、试验	调度及二次	其他
202.7-24	GB/T 51117—2015	数字同步网工程技术规范	2016-5-1			建设、运维、修试	施工工艺、验收与质量评定、试运行、运行、维护、检修、试验	调度及二次	电力通信
202.7-25	IEC 60874-1—2011	纤维光学互连器件和无源器件 光纤光缆连接器 第1部分：总规范	2011-11-24		IEC 60874-1—2006；IEC b0874-1-1—2011；IEC 86 B/3272/FDIS 2011	建设、运维、修试	施工工艺、验收与质量评定、试运行、运行、维护、检修、试验	调度及二次	电力通信
202.7-26	IEC 61918—2018	工业通信网络 工业场所中通信网络的安装	2018-9-20		IEC 61918—2013	建设、运维、修试	施工工艺、验收与质量评定、试运行、运行、维护、检修、试验	调度及二次	电力通信
202.8 工程建设-施工工艺									
202.8-1	T/CSEE 0009—2016	输变电工程施工用液压绞磨技术规范	2017-5-1			建设、运维、修试	施工工艺、验收与质量评定、试运行、运行、维护、检修、试验	输电、变电	其他、其他
202.8-2	T/CSEE 0044—2017	特高压钢管塔及钢管构架加工技术规程	2018-5-1			设计、采购、建设、运维	初设、施工图、招标、品控、验收与质量评定、试运行、运行	换流	其他

续表

体系结构号	标准编号	标 准 名 称	实施日期	与国际标准对应关系	代替标准	阶段	分阶段	专业	分专业
202.8-3	DL/T 371—2010	架空输电线路放线滑车	2010-10-1			采购、建设	品控、验收与质量评定	输电	其他
202.8-4	DL/T 372—2010	输电线路张力架线用牵引机通用技术条件	2010-10-1			设计、采购	初设、招标	输电	其他
202.8-5	DL/T 453—1991	高压充油电缆施工工艺规程	1992-6-1			建设、运维、修试	施工工艺、验收与质量评定、试运行、运行、维护、检修、试验	输电	电缆
202.8-6	DL/T 678—2013	电力钢结构焊接通用技术条件	2013-8-1		DL/T 678—1999	建设、运维、修试	施工工艺、验收与质量评定、试运行、运行、维护、检修、试验	基础综合	
202.8-7	DL/T 754—2013	母线焊接技术规程	2013-8-1		DL/T 754—2001	建设、运维、修试	施工工艺、验收与质量评定、试运行、运行、维护、检修、试验	变电	其他
202.8-8	DL/T 868—2014	焊接工艺评定规程	2014-8-1		DL/T 868—2004	建设、运维、修试	施工工艺、验收与质量评定、试运行、运行、维护、检修、试验	其他	
202.8-9	DL/T 1079—2016	输电线路张力放线用防扭钢丝绳	2016-7-1		DL/T 1079—2007	采购、建设	招标、施工工艺	附属设施及工器具	工器具
202.8-10	DL/T 1109—2009	输电线路张力架线用张力机通用技术条件	2009-12-1			采购、建设	招标、施工工艺	附属设施及工器具	工器具
202.8-11	DL/T 1621—2016	发电厂轴瓦巴氏合金焊接技术导则	2016-12-1			建设、运维、修试	施工工艺、验收与质量评定、试运行、运行、维护、检修、试验	发电	火电、水电、光伏、风电
202.8-12	DL/T 1762—2017	钢管塔焊接技术导则	2018-3-1			建设、运维、修试	施工工艺、验收与质量评定、试运行、运行、维护、检修、试验	输电	线路
202.8-13	DL/T 5037—1994	轴流式水轮机埋件安装工艺导则	1995-3-1			建设、运维、修试	施工工艺、验收与质量评定、试运行、运行、维护、检修、试验	发电	水电

续表

体系结构号	标准编号	标 准 名 称	实施日期	与国际标准对应关系	代替标准	阶段	分阶段	专业	分专业
202.8-14	DL/T 5100—2014	水工混凝土外加剂技术规程	2014-8-1		DL/T 5100—1999	建设、运维、修试	施工工艺、验收与质量评定、试运行、运行、维护、检修、试验	基础综合	
202.8-15	DL/T 5102—2013	土工离心模型试验技术规程	2014-4-1		DL/T 5102—1999	建设、运维、修试	施工工艺、验收与质量评定、试运行、运行、维护、检修、试验	基础综合	
202.8-16	DL/T 5110—2013	水电水利工程模板施工规范	2013-8-1		DL/T 5110—2000	建设、运维、修试	施工工艺、验收与质量评定、试运行、运行、维护、检修、试验	发电	水电
202.8-17	DL/T 5129—2013	碾压式土石坝施工规范	2014-4-1		DL/T 5129—2001	建设、运维、修试	施工工艺、验收与质量评定、试运行、运行、维护、检修、试验	基础综合	
202.8-18	DL/T 5135—2013	水电水利工程爆破施工技术规范	2014-4-1		DL/T 5135—2001	建设、运维、修试	施工工艺、验收与质量评定、试运行、运行、维护、检修、试验	发电	水电
202.8-19	DL 5162—2013	水电水利工程施工安全防护设施技术规范	2014-4-1		DL 5162—2002	建设、运维、修试	施工工艺、验收与质量评定、试运行、运行、维护、检修、试验	发电	水电
202.8-20	DL/T 5169—2013	水工混凝土钢筋施工规范	2013-8-1		DL/T 5169—2002	建设、运维、修试	施工工艺、验收与质量评定、试运行、运行、维护、检修、试验	基础综合	
202.8-21	DL 5190.1—2012	电力建设施工技术规范 第1部分：土建结构工程	2012-7-1		SDJ 69—1987	建设、运维、修试	施工工艺、验收与质量评定、试运行、运行、维护、检修、试验	基础综合	
202.8-22	DL 5190.5—2012	电力建设施工技术规范 第5部分：管道及系统	2012-3-1		DL 5031—1994	建设、运维、修试	施工工艺、验收与质量评定、试运行、运行、维护、检修、试验	基础综合	
202.8-23	DL 5190.9—2012	电力建设施工技术规范 第9部分：水工结构工程	2012-7-1		SDJ 280—1990	建设、运维、修试	施工工艺、验收与质量评定、试运行、运行、维护、检修、试验	基础综合	

续表

体系结构号	标准编号	标准名称	实施日期	与国际标准对应关系	代替标准	阶段	分阶段	专业	分专业
202.8-24	DL/T 5198—2013	水电水利工程岩壁梁施工规程	2013-8-1		DL/T 5198—2004	建设、运维、修试	施工工艺、验收与质量评定、试运行、运行、维护、检修、试验	发电	水电
202.8-25	DL/T 5230—2009	水轮发电机转子现场装配工艺导则	2009-12-1			建设、运维、修试	施工工艺、验收与质量评定、试运行、运行、维护、检修、试验	发电	水电
202.8-26	DL/T 5276—2012	±800kV及以下换流站母线、跳线施工工艺导则	2012-7-1			建设、运维、修试	施工工艺、验收与质量评定、试运行、运行、维护、检修、试验	换流	其他
202.8-27	DL/T 5285—2018	输变电工程架空导线（800mm^{2}以下）及地线液压压接工艺规程	2018-7-1		DL/T 5285—2013	建设、运维、修试	施工工艺、验收与质量评定、试运行、运行、维护、检修、试验	基础综合、输电、变电	其他
202.8-28	DL/T 5286—2013	±800kV架空输电线路张力架线施工工艺导则	2013-8-1			建设、运维、修试	施工工艺、验收与质量评定、试运行、运行、维护、检修、试验	换流、输电	其他、线路
202.8-29	DL/T 5287—2013	±800kV架空输电线路铁塔组立施工工艺导则	2013-8-1			建设、运维、修试	施工工艺、验收与质量评定、试运行、运行、维护、检修、试验	换流、输电	其他、线路
202.8-30	DL/T 5288—2013	架空输电线路大跨越工程跨越塔组立施工工艺导则	2013-8-1			建设、运维、修试	施工工艺、验收与质量评定、试运行、运行、维护、检修、试验	输电	线路
202.8-31	DL/T 5289—2013	1000kV架空输电线路铁塔组立施工工艺导则	2013-8-1			建设、运维、修试	施工工艺、验收与质量评定、试运行、运行、维护、检修、试验	输电	线路
202.8-32	DL/T 5290—2013	1000kV架空输电线路张力架线施工工艺导则	2013-8-1			建设、运维、修试	施工工艺、验收与质量评定、试运行、运行、维护、检修、试验	输电	线路
202.8-33	DL/T 5291—2013	1000kV输变电工程导地线液压施工工艺规程	2013-8-1			建设、运维、修试	施工工艺、验收与质量评定、试运行、运行、维护、检修、试验	输电	线路

续表

体系结构号	标准编号	标 准 名 称	实施日期	与国际标准对应关系	代替标准	阶段	分阶段	专业	分专业
202.8-34	DL/T 5301—2013	架空输电线路无跨越架不停电跨越架线施工工艺导则	2014-4-1			建设、运维、修试	施工工艺、验收与质量评定、试运行、运行、维护、检修、试验	输电	线路
202.8-35	DL/T 5306—2013	水电水利工程清水混凝土施工规范	2014-4-1			建设、运维、修试	施工工艺、验收与质量评定、试运行、运行、维护、检修、试验	发电	水电
202.8-36	DL/T 5309—2013	水电水利工程水下混凝土施工规范	2014-4-1			建设、运维、修试	施工工艺、验收与质量评定、试运行、运行、维护、检修、试验	发电	水电
202.8-37	DL/T 5310—2013	沥青混凝土面板堆石坝及库盆施工规范	2014-4-1			建设、运维、修试	施工工艺、验收与质量评定、试运行、运行、维护、检修、试验	发电	水电
202.8-38	DL/T 5315—2014	水工混凝土建筑物修补加固技术规程	2014-8-1			建设、运维、修试	施工工艺、验收与质量评定、试运行、运行、维护、检修、试验	发电	水电
202.8-39	DL/T 5316—2014	水电水利工程软土地基施工监测技术规范	2014-8-1			建设、运维、修试	施工工艺、验收与质量评定、试运行、运行、维护、检修、试验	发电	水电
202.8-40	DL/T 5317—2014	水电水利工程聚脲涂层施工技术规程	2014-8-1			建设、运维、修试	施工工艺、验收与质量评定、试运行、运行、维护、检修、试验	发电	水电
202.8-41	DL/T 5318—2014	架空输电线路扩径导线架线施工工艺导则	2014-8-1			建设、运维、修试	施工工艺、验收与质量评定、试运行、运行、维护、检修、试验	输电	线路
202.8-42	DL/T 5320—2014	架空输电线路大跨越工程架线施工工艺导则	2014-8-1			建设、运维、修试	施工工艺、验收与质量评定、试运行、运行、维护、检修、试验	输电	线路
202.8-43	DL/T 5342—2018	110kV～750kV 架空输电线路铁塔组立施工工艺导则	2018-7-1		DL/T 5342—2006	建设、运维、修试	施工工艺、验收与质量评定、试运行、运行、维护、检修、试验	输电	线路

续表

体系结构号	标准编号	标准名称	实施日期	与国际标准对应关系	代替标准	阶段	分阶段	专业	分专业
202.8-44	DL/T 5343—2018	110kV～750kV架空输电线路张力架线施工工艺导则	2018-7-1		SDJJS 2—1987；DL/T 5343—2006	建设、运维、修试	施工工艺、验收与质量评定、试运行、运行、维护、检修、试验	输电	线路
202.8-45	DL/T 5425—2018	深层搅拌法地基处理技术规范	2019-5-1		DL/T 5425—2009	建设、运维、修试	施工工艺、验收与质量评定、试运行、运行、维护、检修、试验	发电	水电
202.8-46	DL/T 5702—2014	水电水利工程沉井施工技术规程	2015-3-1			建设、运维、修试	施工工艺、验收与质量评定、试运行、运行、维护、检修、试验	发电	水电
202.8-47	DL/T 5707—2014	电力工程电缆防火封堵施工工艺导则	2015-3-1			建设、运维、修试	施工工艺、验收与质量评定、试运行、运行、维护、检修、试验	输电	电缆
202.8-48	DL/T 5710—2014	电力建设土建工程施工技术检验规范	2015-3-1			建设、运维、修试	施工工艺、验收与质量评定、试运行、运行、维护、检修、试验	基础综合	
202.8-49	DL/T 5712—2014	水电水利工程接缝灌浆施工技术规范	2015-3-1			建设、运维、修试	施工工艺、验收与质量评定、试运行、运行、维护、检修、试验	发电	水电
202.8-50	DL/T 5726—2015	1000kV串联电容器补偿装置施工工艺导则	2015-12-1			建设、运维、修试	施工工艺、验收与质量评定、试运行、运行、维护、检修、试验	变电	其他
202.8-51	DL/T 5727—2016	绝缘子用常温固化硅橡胶防污闪涂料现场施工技术规范	2016-6-1			建设、运维、修试	施工工艺、验收与质量评定、试运行、运行、维护、检修、试验	输电	其他
202.8-52	DL/T 5728—2016	水电水利工程控制性灌浆施工规范	2016-6-1			建设、运维、修试	施工工艺、验收与质量评定、试运行、运行、维护、检修、试验	发电	水电
202.8-53	DL/T 5733—2016	架空输电线路接地模块施工工艺导则	2016-7-1			建设、运维、修试	施工工艺、验收与质量评定、试运行、运行、维护、检修、试验	输电	线路

续表

体系结构号	标准编号	标准名称	实施日期	与国际标准对应关系	代替标准	阶段	分阶段	专业	分专业
202.8-54	DL/T 5736—2016	火力发电厂烟囱（烟道）防腐蚀工程施工技术规程	2016-12-1			建设、运维、修试	施工工艺、验收与质量评定、试运行、运行、维护、检修、试验	发电	火电
202.8-55	DL/T 5737—2016	火力发电厂圆形贮煤仓施工技术规范	2016-12-1			建设、运维、修试	施工工艺、验收与质量评定、试运行、运行、维护、检修、试验	发电	火电
202.8-56	DL/T 5738—2016	电力建设工程变形缝施工技术规范	2016-12-1			建设、运维、修试	施工工艺、验收与质量评定、试运行、运行、维护、检修、试验	基础综合	
202.8-57	DL/T 5739—2016	火力发电工程消防施工技术导则	2016-12-1			建设、运维、修试	施工工艺、验收与质量评定、试运行、运行、维护、检修、试验	发电	火电
202.8-58	DL/T 5740—2016	智能变电站施工技术规范	2016-12-1			建设、运维、修试	施工工艺、验收与质量评定、试运行、运行、维护、检修、试验	基础综合	
202.8-59	DL/T 5749—2017	土石坝填筑数字化施工规范	2018-3-1			建设、运维、修试	施工工艺、验收与质量评定、试运行、运行、维护、检修、试验	基础综合	
202.8-60	DL/T 5750—2017	水工混凝土表面保温施工技术规范	2018-3-1			建设、运维、修试	施工工艺、验收与质量评定、试运行、运行、维护、检修、试验	发电	水电
202.8-61	DL/T 5753—2017	±200kV及以下柔性直流换流站换流阀施工工艺导则	2018-3-1			建设、运维、修试	施工工艺、验收与质量评定、试运行、运行、维护、检修、试验	换流	换流阀
202.8-62	DL/T 5760—2018	电除尘器施工工艺导则	2018-7-1		SDJ 99—1988	建设、运维、修试	施工工艺、验收与质量评定、试运行、运行、维护、检修、试验	基础综合	
202.8-63	DL/T 5761—2018	水工混凝土界面处理剂施工技术规范	2018-7-1			建设、运维、修试	施工工艺、验收与质量评定、试运行、运行、维护、检修、试验	发电	水电

续表

体系结构号	标准编号	标 准 名 称	实施日期	与国际标准对应关系	代替标准	阶段	分阶段	专业	分专业
202.8-64	DL/T 5763—2018	袋式除尘器施工工艺导则	2018-7-1			建设、运维、修试	施工工艺、验收与质量评定、试运行、运行、维护、检修、试验	基础综合	
202.8-65	DL/T 5775—2018	水电水利工程水泥改性膨胀土施工技术规范	2019-5-1			建设、运维、修试	施工工艺、验收与质量评定、试运行、运行、维护、检修、试验	发电	水电
202.8-66	DL/T 5776—2018	水平定向钻敷设电力管线技术规定	2019-5-1			建设、运维、修试	施工工艺、验收与质量评定、试运行、运行、维护、检修、试验	基础综合	
202.8-67	DZ/T 0155—1995	钻孔灌注桩施工规程	1996-3-1			建设、运维、修试	施工工艺、验收与质量评定、试运行、运行、维护、检修、试验	基础综合	
202.8-68	NB/T 20277—2014	A240（S32101）双相不锈钢焊接规范	2014-11-1			建设、运维、修试	施工工艺、验收与质量评定、试运行、运行、维护、检修、试验	发电	其他
202.8-69	NB/T 35007—2013	水电工程施工地质规程	2013-10-1		DL/T 5109—1999	建设、运维、修试	施工工艺、验收与质量评定、试运行、运行、维护、检修、试验	发电	水电
202.8-70	NB/T 35027—2014	水电工程土工膜防渗技术规范	2014-11-1			建设、运维、修试	施工工艺、验收与质量评定、试运行、运行、维护、检修、试验	发电	水电
202.8-71	SD JJS 2—1987	超高压架空输电线路张力架线施工工艺导则	1987-11-1			建设、运维、修试	施工工艺、验收与质量评定、试运行、运行、维护、检修、试验	输电	线路
202.8-72	SDJ 277—1990	架空电力线路内爆压接施工工艺规程	1990-3-1			建设、运维、修试	施工工艺、验收与质量评定、试运行、运行、维护、检修、试验	输电	线路
202.8-73	SL 36—2016	水工金属结构焊接通用技术条件	2016-10-20		SL 36—2006	建设、运维、修试	施工工艺、验收与质量评定、试运行、运行、维护、检修、试验	发电	水电

续表

体系结构号	标准编号	标准名称	实施日期	与国际标准对应关系	代替标准	阶段	分阶段	专业	分专业
202.8-74	SL 649—2014	水文设施工程施工规程	2014-4-17			建设、运维、修试	施工工艺、验收与质量评定、试运行、运行、维护、检修、试验	发电	水电
202.8-75	SL 668—2014	水轮发电机组推力轴承、导轴承安装调整工艺导则	2014-6-28		SD 288—98	建设、运维、修试	施工工艺、验收与质量评定、试运行、运行、维护、检修、试验	发电	水电
202.8-76	SJ/T 11110—2016	银电镀层规范	2016-6-1			建设、运维、修试	施工工艺、验收与质量评定、试运行、运行、维护、检修、试验	基础综合	
202.8-77	JGJ/T 98—2010	砌筑砂浆配合比设计规程	2011-8-1		JGJ 98—2000	建设、运维、修试	施工工艺、验收与质量评定、试运行、运行、维护、检修、试验	基础综合	
202.8-78	JGJ 133—2001	金属与石材幕墙工程技术规范	2001-6-1			建设、运维、修试	施工工艺、验收与质量评定、试运行、运行、维护、检修、试验	基础综合	
202.8-79	JGJ/T 220—2010	抹灰砂浆技术规程	2011-3-1			建设、运维、修试	施工工艺、验收与质量评定、试运行、运行、维护、检修、试验	基础综合	
202.8-80	JGJ/T 435—2018	施工现场模块化设施技术标准	2018-11-1			建设、运维、修试	施工工艺、验收与质量评定、试运行、运行、维护、检修、试验	基础综合	
202.8-81	HG/T 4077—2009	防腐蚀涂层涂装技术规范	2009-7-1			建设、运维、修试	施工工艺、验收与质量评定、试运行、运行、维护、检修、试验	基础综合	
202.8-82	HG/T 20691—2017	高压喷射注浆施工技术规范	2018-1-1		HG/T 20691—2006	建设、运维、修试	施工工艺、验收与质量评定、试运行、运行、维护、检修、试验	基础综合	
202.8-83	YD 5219—2015	通信局（站）防雷与接地工程施工监理暂行规定	2015-7-1			建设	施工工艺、验收与质量评定	调度及二次	电力通信
202.8-84	YD/T 5234—2016	数字蜂窝移动通信网 LTE 无线网工程施工监理规范	2016-10-1			建设	施工工艺、验收与质量评定	调度及二次	电力通信

续表

体系结构号	标准编号	标准名称	实施日期	与国际标准对应关系	代替标准	阶段	分阶段	专业	分专业
202.8-85	YB/T 4454—2015	评估海洋环境中混凝土结构钢筋锈蚀速率的对比试验方法	2015-10-1			建设、运维、修试	施工工艺、验收与质量评定、试运行、运行、维护、检修、试验	基础综合	
202.8-86	GB/T 985.2—2008	埋弧焊的推荐坡口	2008-9-1	ISO 9692-2: 1998,MOD	GB 986—1988	建设、运维、修试	施工工艺、验收与质量评定、试运行、运行、维护、检修、试验	基础综合	
202.8-87	GB/T 3323—2005	金属熔化焊焊接接头射线照相	2006-1-1	EN 1435，MOD	GB/T 3323—1987	建设、运维、修试	施工工艺、验收与质量评定、试运行、运行、维护、检修、试验	基础综合	
202.8-88	GB 9448—1999	焊接与切割安全	2000-5-1	ANSI/AWS Z49.1，EQV	GB 9448—1988	建设、运维、修试	施工工艺、验收与质量评定、试运行、运行、维护、检修、试验	基础综合	
202.8-89	GB/T 9793—2012	热喷涂 金属和其他无机覆盖层 锌、铝及其合金	2013-3-1	ISO 2063: 2005	GB/T 9793—1997	建设、运维、修试	施工工艺、验收与质量评定、试运行、运行、维护、检修、试验	基础综合	
202.8-90	GB/T 12467.1—2009	金属材料熔焊质量要求 第1部分：质量要求相应等级的选择准则	2010-4-1	ISO 15609-6: 2013	GB/T 12467.1—1998	建设、运维、修试	施工工艺、验收与质量评定、试运行、运行、维护、检修、试验	基础综合	
202.8-91	GB/T 12467.2—2009	金属材料熔焊质量要求 第2部分：完整质量要求	2010-4-1	ISO 3834-2: 2005，IDT	GB/T 12467.2—1998	建设、运维、修试	施工工艺、验收与质量评定、试运行、运行、维护、检修、试验	基础综合	
202.8-92	GB/T 12467.3—2009	金属材料熔焊质量要求 第3部分：一般质量要求	2010-4-1	ISO 3834-3: 2005，IDT	GB/T 12467.3—1998	建设、运维、修试	施工工艺、验收与质量评定、试运行、运行、维护、检修、试验	基础综合	
202.8-93	GB/T 12467.4—2009	金属材料熔焊质量要求 第4部分：基本质量要求	2010-4-1	ISO 3834-4: 2005，IDT	GB/T 12467.4—1998	建设、运维、修试	施工工艺、验收与质量评定、试运行、运行、维护、检修、试验	基础综合	
202.8-94	GB/T 15579.9—2017	弧焊设备 第9部分：安装和使用	2018-7-1	IEC 60974-9: 2010		建设、运维、修试	施工工艺、验收与质量评定、试运行、运行、维护、检修、试验	基础综合	

续表

体系结构号	标准编号	标准名称	实施日期	与国际标准对应关系	代替标准	阶段	分阶段	专业	分专业
202.8-95	GB/T 16672—1996	焊缝—工作位置—倾角和转角的定义	1997-7-1	ISO 6947: 1990，IDT		建设	施工工艺、验收与质量评定	基础综合	
202.8-96	GB/T 16545—2015	金属和合金的腐蚀 腐蚀试样上腐蚀产物的清除	2016-6-1		GB/T 16545—1996	建设	施工工艺、验收与质量评定	基础综合	
202.8-97	GB/T 18290.2—2015	无焊连接 第2部分：压接连接 一般要求、试验方法和使用导则	2016-7-1		GB/T 18290.2—2000	建设、修试	施工工艺、验收与质量评定、检修、试验	基础综合	
202.8-98	GB/T 18290.4—2015	无焊连接 第4部分：不可接触无焊绝缘位移连接 一般要求、试验方法和使用导则	2016-7-1		GB/T 18290.4—2000	建设、修试	施工工艺、验收与质量评定、检修、试验	基础综合	
202.8-99	GB/T 18290.5—2015	无焊连接 第5部分：压入式连接 一般要求、试验方法和使用导则	2016-7-1		GB/T 18290.5—2000	建设、修试	施工工艺、验收与质量评定、检修、试验	基础综合	
202.8-100	GB/T 19804—2005	焊接结构的一般尺寸公差和形位公差	2005-12-1	ISO 13920: 1996，IDT		建设、修试	施工工艺、验收与质量评定、检修、试验	基础综合	
202.8-101	GB/T 19866—2005	焊接工艺规程及评定的一般原则	2006-4-1	ISO 15607: 2003，IDT		建设、修试	施工工艺、验收与质量评定、检修、试验	基础综合	
202.8-102	GB/T 19867.1—2005	电弧焊焊接工艺规程	2006-4-1	ISO 15609-1: 2004，IDT		建设、修试	施工工艺、验收与质量评定、检修、试验	基础综合	
202.8-103	GB/T 19867.6—2016	激光-电弧复合焊接工艺规程	2017-5-1	ISO 15609-6: 2013		建设、修试	施工工艺、验收与质量评定、检修、试验	基础综合	
202.8-104	GB/T 20262—2006	焊接、切割及类似工艺用气瓶减压器安全规范	2017-3-23		GB 20262—2006	建设、修试	施工工艺、验收与质量评定、检修、试验	基础综合	
202.8-105	GB/T 25776—2010	焊接材料焊接工艺性能评定方法	2011-6-1			建设、修试	施工工艺、验收与质量评定、检修、试验	基础综合	
202.8-106	GB 29403—2012	反击式水轮机泥沙磨损技术导则	2013-6-1			建设	施工工艺、验收与质量评定	发电	水电

续表

体系结构号	标准编号	标 准 名 称	实施日期	与国际标准对应关系	代替标准	阶段	分阶段	专业	分专业
202.8-107	GB/T 35987—2018	海洋工程结构物称重作业规范	2018-9-1			建设、运维、修试	施工工艺、验收与质量评定、试运行、运行、维护、检修、试验	发电	风电
202.8-108	GB 50235—2010	工业金属管道工程施工规范	2011-6-1		GB 50235—1997	建设、运维、修试	施工工艺、验收与质量评定、试运行、运行、维护、检修、试验	基础综合	
202.8-109	GB 50236—2011	现场设备、工业管道焊接工程施工规范	2011-10-1		GB 50236—1998	建设、运维、修试	施工工艺、验收与质量评定、试运行、运行、维护、检修、试验	基础综合	
202.8-110	GB 50606—2010	智能建筑工程施工规范	2011-2-1			建设、运维、修试	施工工艺、验收与质量评定、试运行、运行、维护、检修、试验	基础综合	
202.8-111	GB 50661—2011	钢结构焊接规范	2012-8-1			建设、运维、修试	施工工艺、验收与质量评定、试运行、运行、维护、检修、试验	基础综合	
202.8-112	GB 50738—2011	通风与空调工程施工规范	2012-5-1			建设、运维、修试	施工工艺、验收与质量评定、试运行、运行、维护、检修、试验	基础综合	
202.8-113	GB 50901—2013	钢—混凝土组合结构施工规范	2014-7-1			建设、运维、修试	施工工艺、验收与质量评定、试运行、运行、维护、检修、试验	基础综合	
202.8-114	ISO 6520-2—2013	焊接和相关工艺金属材料中几何缺陷的分类 第2部分：压力焊接	2013-8-1	EN ISO 6520-2-2013. IDT	ISO 6520-2—2001	建设、运维、修试	施工工艺、验收与质量评定、试运行、运行、维护、检修、试验	基础综合	
202.8-115	ISO 17636-2—2013	焊缝的无损检测放射线检验 第2部分：带数字探测器的X射线和Y射线技术	2013-1-8	EN ISO 17636-2—2013，IDT		建设、运维、修试	施工工艺、验收与质量评定、试运行、运行、维护、检修、试验	基础综合	
202.8-116	NF C13-200—2018	高压电气安装 生产场地和工业、商业和农业安装的附加规范	2018-6-23		NF C13-200—200909（C13-200）	建设、运维、修试	施工工艺、验收与质量评定、试运行、运行、维护、检修、试验	基础综合	

续表

体系结构号	标准编号	标准名称	实施日期	与国际标准对应关系	代替标准	阶段	分阶段	专业	分专业
202.9 工程建设-验收与质量评定									
202.9-1	Q/CSG 1202001—2017	公司基建工程质量控制（WHS）标准	2017-10-25			建设、运维、修试	施工工艺、验收与质量评定、试运行、运行、维护、检修、试验	基础综合	
202.9-2	Q/CSG 1202002—2018	抽水蓄能电站主机设备安装质量标准	2018-4-16			建设、运维、修试	施工工艺、验收与质量评定、试运行、运行、维护、检修、试验	发电	水电
202.9-3	T/CEC 141—2017	变压器油中溶解气体在线监测装置现场安装及验收规范	2017-8-1			建设、运维、修试	施工工艺、验收与质量评定、试运行、运行、维护、检修、试验	变电	变压器
202.9-4	T/CEC 5003—2017	电力工程测量成果质量检验规程	2017-8-1			建设、运维、修试	施工工艺、验收与质量评定、试运行、运行、维护、检修、试验	基础综合	
202.9-5	T/CSEE 0045—2017	电力光传送网（OTN）通信工程验收规范	2018-5-1			建设、修试	验收与质量评定、检修、试验	调度及二次	电力通信
202.9-6	DL/T 274—2012	±800kV 高压直流设备交接试验	2012-3-1			建设、运维、修试	施工工艺、验收与质量评定、试运行、运行、维护、检修、试验	换流	换流阀、换流变、其他
202.9-7	DL/T 377—2010	高压直流设备验收试验	2010-10-1			建设、运维、修试	施工工艺、验收与质量评定、试运行、运行、维护、检修、试验	换流	换流阀、换流变、其他
202.9-8	DL/T 446—1991	水轮机模型验收试验规程	1992-4-1			建设、运维、修试	施工工艺、验收与质量评定、试运行、运行、维护、检修、试验	发电	水电
202.9-9	DL/T 618—2011	气体绝缘金属封闭开关设备现场交接试验规程	2011-11-1		DL/T 618—1997	建设、运维、修试	施工工艺、验收与质量评定、试运行、运行、维护、检修、试验	变电	开关
202.9-10	DL/T 655—2017	火力发电厂锅炉炉膛安全监控系统验收测试规程	2017-8-1		DL/T 655—2006	建设、运维、修试	施工工艺、验收与质量评定、试运行、运行、维护、检修、试验	发电	火电

续表

体系结构号	标准编号	标 准 名 称	实施日期	与国际标准对应关系	代替标准	阶段	分阶段	专业	分专业
202.9-11	DL/T 656—2016	火力发电厂汽轮机控制及保护系统验收测试规程	2016-7-1		DL/T 656—2006；DL/T 1012—2006	建设、运维、修试	施工工艺、验收与质量评定、试运行、运行、维护、检修、试验	发电	火电
202.9-12	DL/T 657—2015	火力发电厂模拟量控制系统验收测试规程	2015-12-1			建设、运维、修试	施工工艺、验收与质量评定、试运行、运行、维护、检修、试验	发电	火电
202.9-13	DL/T 658—2017	火力发电厂开关量控制系统验收测试规程	2017-8-1		DL/T 658—2006	建设、运维、修试	施工工艺、验收与质量评定、试运行、运行、维护、检修、试验	发电	火电
202.9-14	DL/T 659—2016	火力发电厂分散控制系统验收测试规程	2016-7-1		DL/T 659—2006	建设、运维、修试	施工工艺、验收与质量评定、试运行、运行、维护、检修、试验	发电	火电
202.9-15	DL/T 782—2001	110kV及以上送变电工程启动及竣工验收规程	2002-2-1		（83）水电基字第4号	建设、修试	验收与质量评定、检修、试验	变电、输电	变压器、互感器、电抗器、开关、避雷器、其他、线路、电缆、其他
202.9-16	DL/T 822—2012	水电厂计算机监控系统试验验收规程	2012-12-1		DL/T 822—2002	建设、修试	验收与质量评定、检修、试验	发电	水电
202.9-17	DL/T 952—2013	火力发电厂超滤水处理装置验收导则	2014-4-1		DL/Z 952—2005	建设、修试	验收与质量评定、检修、试验	发电	水电
202.9-18	DL/T 1068—2007	水轮机进水液动蝶阀选用试验及验收导则	2007-12-1			设计、采购、建设、修试	验收与质量评定、检修、试验	发电	水电
202.9-19	DL/T 1129—2009	直流换流站二次电气设备交接试验规程	2009-12-1			建设、修试	验收与质量评定、检修、试验	换流	其他
202.9-20	DL/T 1130—2009	高压直流输电工程系统试验规程	2009-12-1			建设、修试	验收与质量评定、检修、试验	换流	其他
202.9-21	DL/T 1160—2012	电站锅炉受热面电弧喷涂施工及验收规范	2012-12-1			建设、修试	验收与质量评定、检修、试验	发电	火电

续表

体系结构号	标准编号	标准名称	实施日期	与国际标准对应关系	代替标准	阶段	分阶段	专业	分专业
202.9-22	DL/T 1210—2013	火力发电厂自动发电控制性能测试验收规程	2013-8-1			建设、修试	验收与质量评定、检修、试验	发电	火电
202.9-23	DL/T 1220—2013	串联电容器补偿装置 交接试验及验收规范	2013-8-1			建设、修试	验收与质量评定、检修、试验	变电	其他
202.9-24	DL/T 1231—2018	电力系统稳定器整定试验导则	2018-10-1		DL/T 1231—2013	建设、修试	验收与质量评定、检修、试验	变电	其他
202.9-25	DL/T 1279—2013	110kV及以下海底电力电缆线路验收规范	2014-4-1			建设、修试	验收与质量评定、检修、试验	输电	电缆
202.9-26	DL/T 1311—2013	电力系统实时动态监测主站应用要求及验收细则	2014-4-1			建设、修试	验收与质量评定、检修、试验	变电	其他
202.9-27	DL/T 1362—2014	输变电工程项目质量管理规程	2015-3-1			建设、修试	验收与质量评定、检修、试验	变电、输电	变压器、互感器、电抗器、开关、避雷器、其他、线路、电缆、其他
202.9-28	DL/T 1395—2014	水电工程设备铸锻件检验验收规范	2015-3-1			建设、修试	验收与质量评定、检修、试验	发电	水电
202.9-29	DL/T 1428—2015	直接空冷系统验收导则	2015-9-1			建设、修试	验收与质量评定、检修、试验	发电	火电
202.9-30	DL/T 1798—2018	换流变压器交接及预防性试验规程	2018-7-1			建设、运维、修试	施工工艺、验收与质量评定、试运行、运行、维护、检修、试验	换流	换流阀、换流变、其他
202.9-31	DL/T 1846—2018	变电站机器人巡检系统验收规范	2018-7-1			建设、修试	验收与质量评定、检修、试验	变电	其他
202.9-32	DL/T 1847—2018	发电厂曝气生物滤池验收导则	2018-7-1			建设、修试	验收与质量评定、检修、试验	发电	火电、水电、光伏、风电、储能、其他
202.9-33	DL/T 1849—2018	电站减温减压装置订货、验收导则	2018-7-1			采购、建设、修试	招标、品控、验收与质量评定、检修、试验	基础综合	
202.9-34	DL/T 1850—2018	电站用水泵出口液控止回蝶阀订货、验收导则	2018-7-1			采购、建设、修试	招标、品控、验收与质量评定、检修、试验	基础综合	
202.9-35	DL/T 1866—2018	发电厂水处理用折叠式滤元验收导则	2018-10-1			建设、修试	验收与质量评定、检修、试验	发电	火电、水电、光伏、风电、储能、其他

续表

体系结构号	标准编号	标准名称	实施日期	与国际标准对应关系	代替标准	阶段	分阶段	专业	分专业
202.9-36	DL/T 1879—2018	智能变电站监控系统验收规范	2019-5-1			建设、修试	验收与质量评定、检修、试验	调度及二次	调度自动化
202.9-37	DL/T 1947—2018	交流特高压电气设备现场交接特殊试验监督规程	2019-5-1			建设、修试	验收与质量评定、检修、试验	基础综合	
202.9-38	DL/T 5017—2007	水电水利工程压力钢管制造安装及验收规范	2007-12-1		DL 5017—1993	建设、修试	验收与质量评定、检修、试验	发电	水电
202.9-39	DL/T 5113.1—2005	水电水利基本建设工程 单元工程质量等级评定标准 第1部分：土建工程	2005-6-1		SDJ 249.1—1988	建设、运维、修试	施工工艺、验收与质量评定、试运行、运行、维护、检修、试验	发电	水电
202.9-40	DL/T 5113.3—2012	水电水利基本建设工程 单元工程质量等级评定标准 第3部分：水轮发电机组安装工程	2012-3-1		SDJ 249.3—1988	建设、运维、修试	施工工艺、验收与质量评定、试运行、运行、维护、检修、试验	发电	水电
202.9-41	DL/T 5113.4—2012	水电水利基本建设工程 单元工程质量等级评定标准 第4部分：水力机械辅助设备安装工程	2012-3-1		SDJ 249.4—1988	建设、运维、修试	施工工艺、验收与质量评定、试运行、运行、维护、检修、试验	发电	水电
202.9-42	DL/T 5113.5—2012	水电水利基本建设工程 单元工程质量等级评定标准 第5部分：发电电气设备安装工程	2012-3-1		SDJ 249.5—1988	建设、运维、修试	施工工艺、验收与质量评定、试运行、运行、维护、检修、试验	发电	水电
202.9-43	DL/T 5113.6—2012	水电水利基本建设工程 单元工程质量等级评定标准 第6部分：升压变电电气设备安装工程	2012-3-1		SDJ 249.6—1988	建设、运维、修试	施工工艺、验收与质量评定、试运行、运行、维护、检修、试验	发电	水电
202.9-44	DL/T 5113.7—2015	水电水利基本建设工程 单元工程质量等级评定标准 第7部分：碾压式土石坝工程	2015-9-1			建设、运维、修试	施工工艺、验收与质量评定、试运行、运行、维护、检修、试验	发电	水电
202.9-45	DL/T 5113.8—2012	水电水利基本建设工程 单元工程质量等级评定标准 第8部分：水工碾压混凝土工程	2012-7-1		DL/T 5113.8—2000	建设、运维、修试	施工工艺、验收与质量评定、试运行、运行、维护、检修、试验	发电	水电

续表

体系结构号	标准编号	标准名称	实施日期	与国际标准对应关系	代替标准	阶段	分阶段	专业	分专业
202.9-46	DL/T 5113.9—2017	水电水利基本建设工程 单元工程质量等级评定标准 第9部分：土工合成材料应用工程	2018-3-1			建设、运维、修试	施工工艺、验收与质量评定、试运行、运行、维护、检修、试验	发电	水电
202.9-47	DL/T 5113.10—2012	水电水利基本建设工程 单元工程质量等级评定标准 第10部分：沥青混凝土工程	2012-3-1			建设、运维、修试	施工工艺、验收与质量评定、试运行、运行、维护、检修、试验	发电	水电
202.9-48	DL/T 5161.1—2018	电气装置安装工程质量检验及评定规程 第1部分：通则	2019-5-1		DL/T 5161.10—2002	建设、运维、修试	施工工艺、验收与质量评定、试运行、运行、维护、检修、试验	变电	变压器、互感器、电抗器、开关、避雷器、其他
202.9-49	DL/T 5161.2—2018	电气装置安装工程质量检验及评定规程 第2部分：高压电器施工质量检验	2019-5-1		DL/T 5161.2—2002	建设、运维、修试	施工工艺、验收与质量评定、试运行、运行、维护、检修、试验	变电	变压器、互感器、电抗器、开关、避雷器、其他
202.9-50	DL/T 5161.3—2018	电气装置安装工程质量检验及评定规程 第3部分：电力变压器、油浸电抗器、互感器施工质量检验	2019-5-1		DL/T 5161.3—2002	建设、运维、修试	施工工艺、验收与质量评定、试运行、运行、维护、检修、试验	变电	变压器、互感器、电抗器、开关、避雷器、其他
202.9-51	DL/T 5161.4—2018	电气装置安装工程质量检验及评定规程 第4部分：母线装置施工质量检验	2019-5-1		DL/T 5161.4—2002	建设、运维、修试	施工工艺、验收与质量评定、试运行、运行、维护、检修、试验	变电	变压器、互感器、电抗器、开关、避雷器、其他
202.9-52	DL/T 5161.5—2018	电气装置安装工程质量检验及评定规程 第5部分：电缆线路施工质量检验	2019-5-1		DL/T 5161.5—2002	建设、运维、修试	施工工艺、验收与质量评定、试运行、运行、维护、检修、试验	变电	变压器、互感器、电抗器、开关、避雷器、其他
202.9-53	DL/T 5161.6—2018	电气装置安装工程质量检验及评定规程 第6部分：接地装置施工质量检验	2019-5-1		DL/T 5161.6—2002	建设、运维、修试	施工工艺、验收与质量评定、试运行、运行、维护、检修、试验	变电	变压器、互感器、电抗器、开关、避雷器、其他
202.9-54	DL/T 5161.7—2018	电气装置安装工程质量检验及评定规程 第7部分：旋转电机施工质量检验	2019-5-1		DL/T 5161.7—2002	建设、运维、修试	施工工艺、验收与质量评定、试运行、运行、维护、检修、试验	变电	变压器、互感器、电抗器、开关、避雷器、其他

续表

体系结构号	标准编号	标准名称	实施日期	与国际标准对应关系	代替标准	阶段	分阶段	专业	分专业
202.9-55	DL/T 5161.8—2018	电气装置安装工程质量检验及评定规程　第 8 部分：盘、柜及二次回路接线施工质量检验	2019-5-1		DL/T 5161.8—2002	建设、运维、修试	施工工艺、验收与质量评定、试运行、运行、维护、检修、试验	变电	变压器、互感器、电抗器、开关、避雷器、其他
202.9-56	DL/T 5161.9—2018	电气装置安装工程质量检验及评定规程　第 9 部分：蓄电池施工质量检验	2019-5-1		DL/T 5161.9—2002	建设、运维、修试	施工工艺、验收与质量评定、试运行、运行、维护、检修、试验	变电	变压器、互感器、电抗器、开关、避雷器、其他
202.9-57	DL/T 5161.10—2018	电气装置安装工程质量检验及评定规程　第 10 部分：66kV及以下架空电力线路施工质量检验	2019-5-1		DL/T 5161.10—2002	建设、运维、修试	施工工艺、验收与质量评定、试运行、运行、维护、检修、试验	变电	变压器、互感器、电抗器、开关、避雷器、其他
202.9-58	DL/T 5161.11—2018	电气装置安装工程质量检验及评定规程　第 11 部分：通信工程施工质量检验	2019-5-1		DL/T 5161.11—2002	建设、运维、修试	施工工艺、验收与质量评定、试运行、运行、维护、检修、试验	变电	变压器、互感器、电抗器、开关、避雷器、其他
202.9-59	DL/T 5161.12—2018	电气装置安装工程质量检验及评定规程　第 12 部分：低压电器施工质量检验	2019-5-1		DL/T 5161.12—2002	建设、运维、修试	施工工艺、验收与质量评定、试运行、运行、维护、检修、试验	变电	变压器、互感器、电抗器、开关、避雷器、其他
202.9-60	DL/T 5161.13—2018	电气装置安装工程质量检验及评定规程　第 13 部分：电力变流设备施工质量检验	2019-5-1		DL/T 5161.13—2002	建设、运维、修试	施工工艺、验收与质量评定、试运行、运行、维护、检修、试验	变电	变压器、互感器、电抗器、开关、避雷器、其他
202.9-61	DL/T 5161.14—2018	电气装置安装工程质量检验及评定规程　第 14 部分：起重机电气装置施工质量检验	2019-5-1		DL/T 5161.14—2002	建设、运维、修试	施工工艺、验收与质量评定、试运行、运行、维护、检修、试验	变电	变压器、互感器、电抗器、开关、避雷器、其他
202.9-62	DL/T 5161.15—2018	电气装置安装工程质量检验及评定规程　第 15 部分：爆炸及火灾危险环境电气装置施工质量检验	2019-5-1		DL/T 5161.15—2002	建设、运维、修试	施工工艺、验收与质量评定、试运行、运行、维护、检修、试验	变电	变压器、互感器、电抗器、开关、避雷器、其他

续表

体系结构号	标准编号	标 准 名 称	实施日期	与国际标准对应关系	代替标准	阶段	分阶段	专业	分专业
202.9-63	DL/T 5161.16—2018	电气装置安装工程质量检验及评定规程 第16部分：1kV及以下配线工程施工质量检验	2019-5-1		DL/T 5161.16—2002	建设、运维、修试	施工工艺、验收与质量评定、试运行、运行、维护、检修、试验	变电	变压器、互感器、电抗器、开关、避雷器、其他
202.9-64	DL/T 5161.17—2018	电气装置安装工程质量检验及评定规程 第17部分：电气照明装置施工质量检验	2019-5-1		DL/T 5161.17—2002	建设、运维、修试	施工工艺、验收与质量评定、试运行、运行、维护、检修、试验	变电	变压器、互感器、电抗器、开关、避雷器、其他
202.9-65	DL/T 5168—2016	110kV～750kV架空输电线路施工质量检验及评定规程	2016-7-1		DL/T 5168—2002	建设、运维、修试	施工工艺、验收与质量评定、试运行、运行、维护、检修、试验	输电	线路
202.9-66	DL/T 5191—2004	风力发电场项目建设工程验收规程	2004-6-1			建设、运维、修试	施工工艺、验收与质量评定、试运行、运行、维护、检修、试验	发电	风电
202.9-67	DL/T 5210.1—2012	电力建设施工质量验收及评价规程 第1部分：土建工程	2012-7-10		DL/T 5210.1—2005	建设、运维、修试	施工工艺、验收与质量评定、试运行、运行、维护、检修、试验	基础综合	
202.9-68	DL/T 5210.2—2018	电力建设施工质量验收规程 第2部分：锅炉机组	2018-7-1		DL/T 5210.2—2009；DL/T 5210.8—2009	建设、运维、修试	施工工艺、验收与质量评定、试运行、运行、维护、检修、试验	基础综合	
202.9-69	DL/T 5210.3—2018	电力建设施工质量验收规程 第3部分：汽轮发电机组	2018-7-1		DL/T 5210.3—2009；DL/T 5210.5—2009；DL/T 5210.6—2009	建设、运维、修试	施工工艺、验收与质量评定、试运行、运行、维护、检修、试验	基础综合	
202.9-70	DL/T 5210.4—2018	电力建设施工质量验收规程 第4部分：热工仪表及控制装置	2018-7-1		DL/T 5210.4—2009	建设、运维、修试	施工工艺、验收与质量评定、试运行、运行、维护、检修、试验	基础综合	
202.9-71	DL/T 5210.5—2018	电力建设施工质量验收规程 第5部分：焊接	2019-5-1		DL/T 5210.7—2010	建设、运维、修试	施工工艺、验收与质量评定、试运行、运行、维护、检修、试验	基础综合	
202.9-72	DL/T 5236—2010	±800kV及以下直流架空输电线路工程施工质量检验及评定规程	2010-10-1			建设、运维、修试	施工工艺、验收与质量评定、试运行、运行、维护、检修、试验	换流	其他

续表

体系结构号	标准编号	标 准 名 称	实施日期	与国际标准对应关系	代替标准	阶段	分阶段	专业	分专业
202.9-73	DL/T 5251—2010	水工混凝土建筑物缺陷检测和评估技术规程	2010-10-1			建设、运维	验收与质量评定、运行、维护	基础综合、发电	水电
202.9-74	DL/T 5257—2010	火电厂烟气脱硝工程施工验收技术规程	2011-5-1			建设	验收与质量评定	发电	火电
202.9-75	DL/T 5272—2012	大坝安全监测自动化系统实用化要求及验收规程	2012-7-1			建设、运维	施工工艺、验收与质量评定、运行、维护	发电	水电
202.9-76	DL/T 5275—2012	±800kV及以下直流输电系统接地极施工质量检验及评定规程	2012-7-1			建设、运维、修试	施工工艺、验收与质量评定、试运行、运行、维护、检修、试验	换流	其他
202.9-77	DL 5279—2012	输变电工程达标投产验收规程	2012-7-1			建设	验收与质量评定	变电、输电	变压器、互感器、电抗器、开关、避雷器、其他、线路、电缆、其他
202.9-78	DL/T 5284—2012	碳纤维复合芯铝绞线施工工艺及验收导则	2012-12-1			建设	施工工艺、验收与质量评定	输电	线路
202.9-79	DL/T 5293—2013	电气装置安装工程电气设备交接试验报告统一格式	2014-4-1			建设	验收与质量评定	变电	变压器、互感器、电抗器、开关、避雷器、其他
202.9-80	DL/T 5295—2013	火力发电建设工程机组调试质量验收及评价规程	2014-4-1			建设	验收与质量评定	发电	火电
202.9-81	DL/T 5300—2013	1000kV架空输电线路工程施工质量检验及评定规程	2014-4-1			建设	验收与质量评定	输电	线路
202.9-82	DL/T 5312—2013	1000kV变电站电气装置安装工程施工质量检验及评定规程	2014-4-1			建设	验收与质量评定	变电	变压器、互感器、电抗器、开关、避雷器、其他
202.9-83	DL/T 5313.9—2018	水电水利基本建设工程单元工程质量等级评定标准 第9部分：土工合成材料应用工程	2018-7-1			建设	验收与质量评定	发电	水电

续表

体系结构号	标准编号	标准名称	实施日期	与国际标准对应关系	代替标准	阶段	分阶段	专业	分专业
202.9-84	DL/T 5313.14—2018	水电水利基本建设工程单元工程质量等级评定标准 第14部分：混凝土面板堆石坝工程	2018-7-1			建设	验收与质量评定	发电	水电
202.9-85	DL/T 5385—2007	大坝安全监测系统施工监理规范	2007-12-1			建设、运维	施工工艺、验收与质量评定、运行、维护	发电	水电
202.9-86	DL/T 5403—2007	火电厂烟气脱硫工程调整试运及质量验收评定规程	2008-6-1			建设	验收与质量评定	发电	火电
202.9-87	DL/T 5417—2009	火电厂烟气脱硫工程施工质量验收及评定规程	2009-12-1			建设	验收与质量评定	发电	火电
202.9-88	DL/T 5418—2009	火电厂烟气脱硫吸收塔施工及验收规程	2009-12-1			建设	验收与质量评定	发电	火电
202.9-89	DL/T 5424—2009	水电水利工程锚杆无损检测规程	2009-12-1			建设	验收与质量评定	发电	水电
202.9-90	DL/T 5437—2009	火力发电建设工程启动试运及验收规程	2009-12-1			建设	验收与质量评定、试运行	发电	火电
202.9-91	DL/T 5523—2017	输变电工程项目后评价导则	2017-8-1			建设	验收与质量评定	基础综合	
202.9-92	DL/T 5531—2017	火力发电工程项目后评价导则	2017-12-1			建设	验收与质量评定	基础综合	
202.9-93	DL/T 5716—2015	电力光纤到户施工及验收规范	2015-9-1			建设	施工工艺、验收与质量评定	其他	
202.9-94	DL/T 5732—2016	架空输电线路大跨越工程施工质量检验及评定规程	2016-7-1			建设	验收与质量评定	输电	线路
202.9-95	DL/T 5746—2017	火力发电厂烟囱（烟道）防腐蚀工程施工质量验收规范	2017-8-1			建设	验收与质量评定	发电	火电
202.9-96	DL/T 5751—2017	水电水利工程压力钢管波纹管伸缩节制造安装及验收规范	2018-3-1			建设	施工工艺、验收与质量评定	发电	水电
202.9-97	DL/T 5754—2017	智能变电站工程调试质量检验评定规程	2018-3-1			建设	验收与质量评定	基础综合	

续表

体系结构号	标准编号	标 准 名 称	实施日期	与国际标准对应关系	代替标准	阶段	分阶段	专业	分专业
202.9-98	DL/T 5759—2017	配电系统电气装置安装工程施工及验收规范	2018-6-1			建设	施工工艺、验收与质量评定	配电	变压器、线缆、开关、其他
202.9-99	DL/T 5764—2018	火电工程质量评价标准	2018-7-1			建设	验收与质量评定	发电	火电
202.9-100	DL/T 5774—2018	水电水利基础处理工程竣工资料整编及验收规范	2019-5-1			设计、建设、运维	初设、验收与质量评定、试运行、运行、维护	发电	水电
202.9-101	DL/T 5779—2018	气体绝缘金属封闭输电线路施工及验收规范	2019-5-1			建设	施工工艺、验收与质量评定	输电	线路
202.9-102	DL/T 5781—2018	配电自动化系统验收技术规范	2019-5-1			建设	验收与质量评定	配电	其他
202.9-103	NB/T 10076—2018	水电工程项目档案验收工作导则	2019-3-1			建设	验收与质量评定	发电	水电
202.9-104	NB/T 35013—2013	水电工程建设征地移民安置验收规程	2013-10-1			建设	验收与质量评定	基础综合	
202.9-105	NB/T 35014—2013	水电工程安全验收评价报告编制规程	2013-10-1			建设	验收与质量评定	基础综合	
202.9-106	NB/T 35016—2013	土石筑坝材料碾压试验规程	2013-10-1			建设	验收与质量评定	基础综合	
202.9-107	NB/T 35028—2014	水电工程勘探验收规程	2014-11-1			建设	验收与质量评定	基础综合	
202.9-108	NB/T 35045—2014	水电工程钢闸门制造安装及验收规范	2015-3-1		DL/T 5018—2004	建设	施工工艺、验收与质量评定	基础综合	
202.9-109	NB/T 35048—2015	水电工程验收规程	2015-9-1		DL/T 5123—2000	建设	施工工艺、验收与质量评定	发电	火电
202.9-110	NB/T 35064—2015	水电工程安全鉴定规程	2016-3-1			建设	验收与质量评定	基础综合	
202.9-111	NB/T 35097.2—2017	水电工程单元工程质量等级评定标准 第 2 部分：金属结构及启闭机安装工程	2018-3-1		SDJ 249.2—1988	建设	验收与质量评定	基础综合	
202.9-112	NB/T 35119—2018	水电工程水土保持设施验收规程	2018-10-1			建设	验收与质量评定	基础综合	

续表

体系结构号	标准编号	标准名称	实施日期	与国际标准对应关系	代替标准	阶段	分阶段	专业	分专业
202.9-113	NB/T 42127—2017	小水电机组验收检验导则	2018-3-1			建设	验收与质量评定	发电	火电
202.9-114	DLGJ 159.5—2001	电力勘测成品质量评定方法	2001-9-1		《电力勘测成品质量评定方法》（1993 年版）	建设	验收与质量评定	基础综合	
202.9-115	DRZ/T 01—2004	火力发电厂锅炉汽包水位测量系统技术规定	2004-12-20			建设	验收与质量评定	基础综合	
202.9-116	YS 5426—2014	铜母线焊接施工及验收规范	2014-11-1			建设	施工工艺、验收与质量评定	基础综合	
202.9-117	SB/T 11211—2017	建筑工程材料采购与验收技术规范	2018-6-1			建设	施工工艺、验收与质量评定	基础综合	
202.9-118	SL 223—2008	水利水电建设工程验收规程	2008-6-3		SL 223—1999	建设	施工工艺、验收与质量评定	基础综合	
202.9-119	SL 297—2004	防汛储备物资验收标准	2004-5-20			建设	验收与质量评定	基础综合	
202.9-120	SL 316—2015	泵站安全鉴定规程	2015-6-9		SL 316—2004	建设	验收与质量评定	基础综合	
202.9-121	SL 317—2015	泵站设备安装及验收规范	2015-5-2		SL 317—2004	建设	施工工艺、验收与质量评定	基础综合	
202.9-122	SL 381—2007	水利水电工程启闭机制造安装及验收规范	2007-10-14			建设	验收与质量评定	基础综合	
202.9-123	SL 631—2012	水利水电工程单元工程施工质量验收评定标准.土石方工程	2012-12-19		SDJ 249.1—88；SL 38—92	建设	验收与质量评定	基础综合	
202.9-124	SL 632—2012	水利水电工程单元工程施工质量验收评定标准.混凝土工程	2012-12-19		SDJ 249.1—88；SL 38—92	建设	验收与质量评定	基础综合	
202.9-125	SL 635—2012	水利水电工程单元工程施工质量验收评定标准.水工金属结构安装工程	2012-12-19		SDJ 249.2—1988	建设	验收与质量评定	基础综合	
202.9-126	SL 650—2014	水文设施工程验收规程	2014-4-17			建设	施工工艺、验收与质量评定	基础综合	
202.9-127	SL 682—2014	水利水电工程移民安置验收规程	2015-3-3			建设	施工工艺、验收与质量评定	基础综合	

续表

体系结构号	标准编号	标 准 名 称	实施日期	与国际标准对应关系	代替标准	阶段	分阶段	专业	分专业
202.9-128	SL 765—2018	水利水电建设工程安全设施验收导则	2018-6-2			建设	验收与质量评定	基础综合	
202.9-129	SL 766—2018	大坝安全监测系统鉴定技术规范	2019-3-5			建设	验收与质量评定	基础综合	
202.9-130	JGJ 18—2012	钢筋焊接及验收规程	2012-8-1		JGJ 18—2003	建设	施工工艺、验收与质量评定	基础综合	
202.9-131	JGJ/T 29—2015	建筑涂饰工程施工及验收规程	2015-11-1		JGJ/T 29—2003	建设	施工工艺、验收与质量评定	基础综合	
202.9-132	JGJ 59—2011	建筑施工安全检查标准	2012-7-1		JGJ 59—1999	建设	验收与质量评定	基础综合	
202.9-133	JGJ 126—2015	外墙饰面砖工程施工及验收规程	2015-9-1		JGJ 126—2000	建设	施工工艺、验收与质量评定	基础综合	
202.9-134	JGJ 139—2001	玻璃幕墙工程质量检验标准	2002-3-1			建设	验收与质量评定	基础综合	
202.9-135	JGJ 360—2015	建筑隔震工程施工及验收规范	2015-12-1			建设	施工工艺、验收与质量评定	基础综合	
202.9-136	YD/T 5033—2018	会议电视系统工程验收规范	2019-4-1		YD/T 5033—2005；YD/T 5136—2005	建设	验收与质量评定	基础综合	
202.9-137	YD/T 5145—2007	自动交换光网络（ASON）工程验收暂行规定	2007-12-1			建设	验收与质量评定	基础综合	
202.9-138	YD 5198—2014	IP 多媒体子系统（IMS）核心网工程验收暂行规定	2014-7-1			建设	验收与质量评定	基础综合	
202.9-139	YD 5215—2015	无线局域网工程验收规范	2015-7-1			建设	验收与质量评定	基础综合	
202.9-140	YD/T 5231—2016	支持多业务承载的本地IP/ MPLS 网络工程验收规范	2016-10-1			建设	验收与质量评定	基础综合	
202.9-141	YD/T 5236—2018	云计算资源池系统设备安装工程验收规范	2019-4-1			建设	验收与质量评定	基础综合	
202.9-142	QX/T 105—2009	防雷装置施工质量监督与验收规范	2009-11-1			建设	验收与质量评定	基础综合	
202.9-143	GY 5057—2006	中短波广播天线馈线系统安装工程施工及验收规范（附条文说明）	2007-1-1			建设	施工工艺、验收与质量评定	基础综合	

体系结构号	标准编号	标 准 名 称	实施日期	与国际标准对应关系	代替标准	阶段	分阶段	专业	分专业
202.9-144	GB/T 15659—2014	水电新农村电气化验收规程	2015-1-9			建设	验收与质量评定	基础综合	
202.9-145	GB 17681—1999	易燃易爆罐区安全监控预警系统验收技术要求	1999-12-1			建设	验收与质量评定	基础综合	
202.9-146	GB/T 20043—2005	水轮机、蓄能泵和水泵水轮机水力性能现场验收试验规程	2006-6-1	IEC 60041: 1991，MOD		建设	验收与质量评定	基础综合	
202.9-147	GB/T 22140—2018	小型水轮机现场验收试验规程	2018-12-1		GB/T 22140—2008	建设	验收与质量评定	基础综合	
202.9-148	GB/T 22385—2008	大坝安全监测系统验收规范	2009-8-1			建设	验收与质量评定	基础综合	
202.9-149	GB/T 25928—2010	过程工业自动化系统出厂验收测试（FAT）、现场验收测试（SAT）、现场综合测试（SIT）规范	2011-5-1	IEC 62381: 2006 Ed.1.0		建设	验收与质量评定	基础综合	
202.9-150	GB/T 30100—2013	建筑墙板试验方法	2014-9-1			建设	验收与质量评定	基础综合	
202.9-151	GB/T 30370—2013	火力发电机组一次调频试验及性能验收导则	2015-3-1			建设	验收与质量评定	基础综合	
202.9-152	GB/T 30372—2013	火力发电厂分散控制系统验收导则	2015-3-1			建设	验收与质量评定	基础综合	
202.9-153	GB/Z 32519.3—2016	1000MW 级水轮发电机 第3部分：安装质量检测导则	2016-9-1			建设	施工工艺、验收与质量评定	发电	水电
202.9-154	GB/Z 32585—2016	1000MW 级混流式水轮机模型验收试验导则	2016-11-1			建设	验收与质量评定	基础综合	
202.9-155	GB/T 37140—2018	检验检测实验室技术要求验收规范	2019-7-1			建设	验收与质量评定	基础综合	
202.9-156	GB/T 50107—2010	混凝土强度检验评定标准	2010-12-1		GBJ 107—87	建设	验收与质量评定	基础综合	
202.9-157	GB 50150—2016	电气装置安装工程电气设备交接试验标准	2016-12-1			建设	验收与质量评定	基础综合	
202.9-158	GB 50166—2007	火灾自动报警系统施工及验收规范	2008-3-1		GB 50166—1992	建设	施工工艺、验收与质量评定	基础综合	

续表

体系结构号	标准编号	标准名称	实施日期	与国际标准对应关系	代替标准	阶段	分阶段	专业	分专业
202.9-159	GB 50168—2006	电气装置安装工程　电缆线路施工及验收规范	2006-11-1		GB 50168—1992	建设	施工工艺、验收与质量评定	基础综合	
202.9-160	GB 50170—2006	电气装置安装工程旋转电机施工及验收规范	2006-11-1		GB 50170—1992	建设	施工工艺、验收与质量评定	基础综合	
202.9-161	GB 50173—2014	电气装置安装工程 66kV 及以下架空电力线路施工及验收规范	2015-1-1		GB 50173—1992	建设	施工工艺、验收与质量评定	基础综合	
202.9-162	GB 50184—2011	工业金属管道工程施工质量验收规范	2011-12-1		GB 50184—1993	建设	验收与质量评定	基础综合	
202.9-163	GB 50185—2010	工业设备及管道绝热工程施工质量验收规范	2010-12-1		GB 50185—1993	建设	验收与质量评定	基础综合	
202.9-164	GB 50201—2012	土方与爆破工程施工及验收规范	2012-8-1		GBJ 201—1983	建设	施工工艺、验收与质量评定	基础综合	
202.9-165	GB 50202—2018	建筑地基基础工程施工质量验收标准（附：条文说明）	2018-10-1		GB 50202—2002	建设	验收与质量评定	基础综合	
202.9-166	GB 50203—2011	砌体结构工程施工质量验收规范	2012-5-1		GB 50203—2002	建设	验收与质量评定	基础综合	
202.9-167	GB 50204—2015	混凝土结构工程施工质量验收规范	2015-9-1		GB 50204—2002	建设	验收与质量评定	基础综合	
202.9-168	GB 50205—2001	钢结构工程施工质量验收规范	2002-3-1		GB 50205—1995	建设	验收与质量评定	基础综合	
202.9-169	GB 50206—2012	木结构工程施工质量验收规范	2012-8-1		GB 50206—2002	建设	验收与质量评定	基础综合	
202.9-170	GB 50207—2012	屋面工程质量验收规范	2012-10-1		GB 50207—2002	建设	验收与质量评定	基础综合	
202.9-171	GB 50208—2011	地下防水工程质量验收规范（附条文说明）	2012-10-1		GB 50208—2002	建设	验收与质量评定	基础综合	
202.9-172	GB 50209—2010	建筑地面工程施工质量验收规范	2010-12-1		GB 50209—2002	建设	验收与质量评定	基础综合	
202.9-173	GB 50210—2018	建筑装饰装修工程质量验收标准	2018-9-1		GB 50210—2001	建设	验收与质量评定	基础综合	

续表

体系结构号	标准编号	标准名称	实施日期	与国际标准对应关系	代替标准	阶段	分阶段	专业	分专业
202.9-174	GB 50224—2010	建筑防腐蚀工程施工质量验收规范	2011-2-1		GB 50224—1995	建设	验收与质量评定	基础综合	
202.9-175	GB 50231—2009	机械设备安装工程施工及验收通用规范	2009-10-1			建设	施工工艺、验收与质量评定	基础综合	
202.9-176	GB 50233—2014	110kV～750kV架空输电线路施工及验收规范	2015-8-1		GB 50233—2005; GB 50389—2006	建设	施工工艺、验收与质量评定	输电	线路
202.9-177	GB 50242—2002	建筑给排水及采暖工程施工质量验收规范	2002-4-1		GBJ 242—1982; GBJ 302—1988部分	建设	验收与质量评定	基础综合	
202.9-178	GB 50243—2016	通风与空调工程施工质量验收规范	2017-7-1		GB 50243—2002	建设	施工工艺、验收与质量评定	基础综合	
202.9-179	GB 50252—2010	工业安装工程施工质量验收统一标准	2010-7-1		GB 50252—94	建设	验收与质量评定	基础综合	
202.9-180	GB 50254—2014	电气装置安装工程 低压电器施工及验收规范	2014-10-1		GB 50254—1996	建设	施工工艺、验收与质量评定	基础综合	
202.9-181	GB 50255—2014	电气装置安装工程 电力变流设备施工及验收规范	2014-10-1		GB 50255—1996	建设	施工工艺、验收与质量评定	基础综合	
202.9-182	GB 50256—2014	电气装置安装工程 起重机电气装置施工及验收规范	2015-8-1		GB 50256—1996	建设	施工工艺、验收与质量评定	基础综合	
202.9-183	GB 50257—2014	电气装置安装工程 爆炸和火灾危险环境电气装置施工及验收规范	2015-8-1		GB 50257—1996	建设	施工工艺、验收与质量评定	基础综合	
202.9-184	GB 50261—2017	自动喷水灭火系统施工及验收规范	2018-1-1		GB 50261—2005	建设	施工工艺、验收与质量评定	基础综合	
202.9-185	GB/T 50266—2013	工程岩体试验方法标准	2013-9-1		GB/T 50266—1999	建设	验收与质量评定	基础综合	
202.9-186	GB 50268—2008	给水排水管道工程施工及验收规范	2009-5-1		GB 50268—1997; CJJ 3—1990	建设	施工工艺、验收与质量评定	基础综合	
202.9-187	GB 50270—2010	输送设备安装工程施工及验收规范	2010-12-1			建设	施工工艺、验收与质量评定	基础综合	
202.9-188	GB 50274—2010	制冷设备、空气分离设备安装工程施工及验收规范	2011-2-1		GB 50274—98	建设	施工工艺、验收与质量评定	基础综合	
202.9-189	GB 50275—2010	风机、压缩机、泵安装工程施工及验收规范	2011-2-1		GB 50275—1998	建设	施工工艺、验收与质量评定	基础综合	

续表

体系结构号	标准编号	标准名称	实施日期	与国际标准对应关系	代替标准	阶段	分阶段	专业	分专业
202.9-190	GB 50278—2010	起重设备安装工程施工及验收规范	2010-12-1		GB 50278—1998	建设	施工工艺、验收与质量评定	基础综合	
202.9-191	GB 50281—2006	泡沫灭火系统施工及验收规范	2006-11-1		GB 50281—1998	建设	施工工艺、验收与质量评定	基础综合	
202.9-192	GB 50300—2013	建筑工程施工质量验收统一标准	2014-6-1		GB 50300—2001	建设	验收与质量评定	基础综合	
202.9-193	GB 50303—2015	建筑电气工程施工质量验收规范	2016-8-1		GB 50303—2002	建设	验收与质量评定	基础综合	
202.9-194	GB 50310—2002	电梯工程施工质量验收规范	2002-6-1		GBJ 310—1988; GB 50182—1993	建设	验收与质量评定	基础综合	
202.9-195	GB/T 50312—2016	综合布线系统工程验收规范	2017-4-1		GB 50312—2007	建设	验收与质量评定	基础综合	
202.9-196	GB/T 50315—2011	砌体工程现场检测技术标准	2012-3-1		GB/T 50315—2000	建设	验收与质量评定	基础综合	
202.9-197	GB 50339—2013	智能建筑工程质量验收规范	2014-2-1		GB 50339—2003	建设	验收与质量评定	基础综合	
202.9-198	GB 50374—2006	通信管道工程施工及验收规范	2007-5-1			建设	施工工艺、验收与质量评定	基础综合	
202.9-199	GB/T 50375—2016	建筑工程施工质量评价标准	2017-4-1		GB/T 50375—2006	建设	验收与质量评定	基础综合	
202.9-200	GB 50444—2008	建筑灭火器配置验收及检查规范	2008-11-1			建设	验收与质量评定	基础综合	
202.9-201	GB 50462—2015	数据中心基础设施施工及验收规范	2016-8-1		GB 50462—2008	建设	施工工艺、验收与质量评定	基础综合	
202.9-202	GB 50478—2008	地热电站岩土工程勘察规范	2009-8-1			规划、设计	规划、初设	发电	其他
202.9-203	GB 50550—2010	建筑结构加固工程施工质量验收规范	2011-2-1			建设	施工工艺、验收与质量评定	基础综合	
202.9-204	GB 50575—2010	1kV 及以下配线工程施工与验收规范	2010-12-1			建设	验收与质量评定	基础综合	
202.9-205	GB 50576—2010	铝合金结构工程施工质量验收规范	2010-12-1			建设	验收与质量评定	基础综合	

续表

体系结构号	标准编号	标 准 名 称	实施日期	与国际标准对应关系	代替标准	阶段	分阶段	专业	分专业
202.9-206	GB 50586—2010	铝母线焊接工程施工及验收规范	2010-12-1			建设	施工工艺、验收与质量评定	基础综合	
202.9-207	GB 50601—2010	建筑物防雷工程施工与质量验收规范	2011-2-1			建设	施工工艺、验收与质量评定	基础综合	
202.9-208	GB 50729—2012	±800kV及以下直流换流站土建工程施工质量验收规范	2012-10-1			建设、运维、修试	施工工艺、验收与质量评定、试运行、运行、维护、检修、试验	基础综合	
202.9-209	GB 50766—2012	水电水利工程压力钢管制作安装及验收规范	2012-12-1			建设、运维、修试	施工工艺、验收与质量评定、试运行、运行、维护、检修、试验	发电	水电
202.9-210	GB 50774—2012	±800kV及以下换流站干式平波电抗器施工及验收规范	2012-12-1			建设、运维、修试	施工工艺、验收与质量评定、试运行、运行、维护、检修、试验	基础综合	
202.9-211	GB/T 50775—2012	±800kV及以下换流站换流阀施工及验收规范	2012-12-1			建设、运维、修试	施工工艺、验收与质量评定、试运行、运行、维护、检修、试验	基础综合	
202.9-212	GB 50776—2012	±800kV及以下换流站换流变压器施工及验收规范	2012-12-1			建设、运维、修试	施工工艺、验收与质量评定、试运行、运行、维护、检修、试验	基础综合	
202.9-213	GB 50777—2012	±800kV及以下换流站构支架施工及验收规范	2012-12-1			建设、运维、修试	施工工艺、验收与质量评定、试运行、运行、维护、检修、试验	基础综合	
202.9-214	GB/T 50784—2013	混凝土结构现场检测技术标准	2013-9-1			建设	施工工艺、验收与质量评定	基础综合	
202.9-215	GB 50843—2013	建筑边坡工程鉴定与加固技术规范	2013-5-1			建设	施工工艺、验收与质量评定	基础综合	
202.9-216	GB/T 50876—2013	小型水电站安全检测与评价规范	2014-3-1			建设	验收与质量评定	基础综合	
202.9-217	GB/T 50976—2014	继电保护及二次回路安装及验收规范	2014-12-1			建设	施工工艺、验收与质量评定	基础综合	
202.9-218	GB 51049—2014	电气装置安装工程串联电容器补偿装置施工及验收规范	2015-8-1			建设	施工工艺、验收与质量评定	基础综合	

续表

体系结构号	标准编号	标 准 名 称	实施日期	与国际标准对应关系	代替标准	阶段	分阶段	专业	分专业
202.9-219	GB 51043—2014	电子会议系统工程施工与质量验收规范	2015-8-1			建设	施工工艺、验收与质量评定	基础综合	
202.9-220	GB/T 51103—2015	电磁屏蔽室工程施工及质量验收规范	2016-2-1			建设	施工工艺、验收与质量评定	基础综合	
202.9-221	GB 51120—2015	通信局（站）防雷与接地工程验收规范	2016-5-1			建设	验收与质量评定	基础综合	
202.9-222	GB/T 51126—2015	波分复用（WDM）光纤传输系统工程验收规范	2016-5-1			建设	验收与质量评定	基础综合	
202.9-223	GB 51171—2016	通信线路工程验收规范	2016-12-1			建设	验收与质量评定	基础综合	
202.9-224	IEC 60041—1991	测定水轮机、蓄水泵和水泵滑轮机水力性能的现场验收试验	1991-11-30	EN 60041—1994, EQV；BS EN 60041，IDT	IEC 60041—1963	建设	验收与质量评定	基础综合	
202.9-225	IEC 60041 Corri 1—1996	测定水轮机、蓄水泵和水泵滑轮机水力性能的现场验收试验（修改单 1）	1996-3-1	EN 60041—1994, EQV；BS EN 60041，IDT		建设	验收与质量评定	基础综合	
202.9-226	ISO 2314—2009	燃气轮机 验收试验	2009-12-15		ISO 2314—1989；ISO 2314—1989/Amd 1—1997；ISO 2314—1989/Cor 1—1997	采购、建设、修试	招标、品控、验收与质量评定、试验	发电	其他
202.10 工程建设-技术经济									
202.10-1	DL/T 5205—2016	电力建设工程工程量清单计算规范 输电线路工程	2017-5-1		DL/T 5205—2011	设计、建设	初设、施工图、施工工艺、验收与质量评定、试运行	技术经济	
202.10-2	DL/T 5341—2016	电力建设工程工程量清单计算规范 变电工程	2017-5-1		DL/T 5341—2011	设计、建设	初设、施工图、施工工艺、验收与质量评定、试运行	技术经济	
202.10-3	DL/T 5369—2016	电力建设工程工程量清单计算规范 火力发电工程	2017-5-1		DL/T 5369—2011	设计、建设	初设、施工图、施工工艺、验收与质量评定、试运行	技术经济	
202.10-4	DL/T 5382—2007	水电工程建设征地移民安置补偿费用概（估）算编制规范	2007-12-1			规划、设计、建设	规划、初设、施工图、施工工艺、验收与质量评定、试运行	技术经济	
202.10-5	DL/T 5528—2017	输变电工程结算审核报告编制导则	2017-8-1			建设	施工工艺、验收与质量评定、试运行	技术经济	

续表

体系结构号	标准编号	标准名称	实施日期	与国际标准对应关系	代替标准	阶段	分阶段	专业	分专业
202.10-6	DL/T 5538—2017	电力系统安全稳定控制工程建设预算项目划分导则	2018-3-1			设计、建设	初设、施工图、施工工艺、验收与质量评定、试运行	技术经济	
202.10-7	DL/T 5548—2018	变电工程技术经济指标编制导则	2018-10-1			规划、设计、建设	规划、初设、施工图、施工工艺、验收与质量评定、试运行	技术经济	
202.10-8	DL/T 5549—2018	输电工程（架空线路）技术经济指标编制导则	2018-10-1			规划、设计	规划、初设、施工图	技术经济	
202.10-9	DL/T 5745—2016	电力建设工程工程量清单计价规范	2017-5-1			规划、设计、采购	规划、初设、施工图、招标	技术经济	
202.10-10	DL/T 5765—2018	20kV及以下配电网工程工程量清单计价规范	2018-7-1			规划、设计、采购	规划、初设、施工图、招标	技术经济	
202.10-11	DL/T 5766—2018	20kV及以下配电网工程工程量清单计算规范	2018-7-1			规划、设计、采购	规划、初设、施工图、招标	技术经济	
202.10-12	DL/T 5767—2018	电网技术改造工程工程量清单计价规范	2018-7-1			规划、设计、采购	规划、初设、施工图、招标	技术经济	
202.10-13	DL/T 5768—2018	电网技术改造工程工程量清单计算规范	2018-7-1			规划、设计、采购	规划、初设、施工图、招标	技术经济	
202.10-14	DL/T 5769—2018	电网检修工程工程量清单计价规范	2018-7-1			规划、设计、采购	规划、初设、施工图、招标	技术经济	
202.10-15	DL/T 5770—2018	电网检修工程工程量清单计算规范	2018-7-1			规划、设计、采购	规划、初设、施工图、招标	技术经济	
202.10-16	DLGJ 106—1991	电力工程勘测装备定额（试行）	1991-12-27			设计、建设	初设、施工图、施工工艺、验收与质量评定、试运行	技术经济	
202.10-17	NB/T 35072—2015	水电工程水土保持专项投资编制细则	2016-3-1			设计、建设	初设、施工图、施工工艺、验收与质量评定、试运行	技术经济	
202.10-18	NB/T 35073—2015	水电工程水文测报和泥沙监测专项投资编制细则	2016-3-1			设计、建设	初设、施工图、施工工艺、验收与质量评定、试运行	技术经济	

体系结构号	标准编号	标 准 名 称	实施日期	与国际标准对应关系	代替标准	阶段	分阶段	专业	分专业
202.10-19	SL 19—2014	水利基本建设项目竣工财务决算编制规程	2014-6-28		SL 19—2008	建设	验收与质量评定	技术经济	
202.10-20	SL 557—2012	水利基本建设项目竣工决算审计规程	2012-6-28			建设	验收与质量评定	技术经济	
202.10-21	TY02-31—2015	通用安装工程消耗量定额	2015-9-1			设计、建设	初设、施工图、施工工艺、验收与质量评定、试运行	技术经济	
202.10-22	GB/T 20523—2006	企业物流成本构成与计算	2007-5-1			采购、建设、运维、修试、退役	招标、品控、施工工艺、验收与质量评定、试运行、运行、维护、检修、试验、退役、报废	技术经济	
202.10-23	GB 50500—2013	建设工程工程量清单计价规范	2013-4-1		GB 50500—2008	设计、建设	初设、施工图、施工工艺、验收与质量评定、试运行	技术经济	
202.10-24	GB 50856—2013	通用安装工程工程量计算规范	2013-7-1			规划、设计、采购	规划、初设、施工图、招标	技术经济	
202.10-25	GB/T 51095—2015	建设工程造价咨询规范	2015-11-1			规划、设计、建设	规划、初设、施工图、施工工艺、验收与质量评定、试运行	技术经济	
202.10-26	GB/T 51262—2017	建设工程造价鉴定规范	2018-3-1			规划、设计、建设	规划、初设、施工图、施工工艺、验收与质量评定、试运行	技术经济	
202.11 工程建设-其他									
202.11-1	DL/T 825—2002	电能计量装置安装接线规则	2002-12-1			建设	施工工艺、验收与质量评定	其他	
202.11-2	DL/T 5024—2005	电力工程地基处理技术规程	2005-6-1		DL/T 5024—1993	建设	施工工艺	其他	
202.11-3	DL/T 5084—2012	电力工程水文技术规程	2012-12-1		DL/T 5084—1998	建设	施工工艺、验收与质量评定	其他	
202.11-4	DL/T 5096—2008	电力工程钻探技术规程	2008-11-1		DL 5096—1999; DL 5171—2002	建设	施工工艺	其他	
202.11-5	DL/T 5193—2004	环氧树脂砂浆技术规程	2004-6-1			建设	施工工艺	其他	

体系结构号	标准编号	标 准 名 称	实施日期	与国际标准对应关系	代替标准	阶段	分阶段	专业	分专业
202.11-6	DL/T 5264—2011	贫胶渣砾料碾压混凝土施工导则	2011-11-1			建设	施工工艺、验收与质量评定	其他	
202.11-7	DL/T 5334—2016	电力工程勘测安全规程	2016-12-1		DL 5334—2006	建设	施工工艺	其他	
202.11-8	DL/T 5394—2007	电力工程地下金属构筑物防腐技术导则	2007-12-1			建设	施工工艺、验收与质量评定	其他	
202.11-9	DL/T 5493—2014	电力工程基桩检测技术规程	2015-3-1			建设	验收与质量评定	其他	
202.11-10	NB/T 47015—2011	压力容器焊接规程	2011-10-1		JB/T 4709—2000	建设	施工工艺、验收与质量评定	其他	
202.11-11	SL 254—2000	泵站技术改造规程	2000-8-1		SD 141—1985	建设	施工工艺、验收与质量评定	其他	
202.11-12	JB/T 3223—2017	焊接材料质量管理规程	2018-4-1		JB/T 3223—1996	建设	验收与质量评定	其他	
202.11-13	JTG F10—2006	公路路基施工技术规范	2007-1-1		JTJ 015—1991	建设	施工工艺	其他	
202.11-14	JTG G10—2016	公路工程施工监理规范（附条文说明）	2016-10-1		JTG G10—2006	建设	施工工艺、验收与质量评定	其他	
202.11-15	JGJ/T 14—2011	混凝土小型空心砌块建筑技术规程	2012-4-1		JGJ/T 14—2004	建设	施工工艺、验收与质量评定	其他	
202.11-16	JGJ/T 15—2008	早期推定混凝土强度试验方法标准	2008-9-1		JGJ 15—1983	建设	验收与质量评定	其他	
202.11-17	JGJ/T 23—2011	回弹法检测混凝土抗压强度技术规程	2011-12-1		JGJ/T 23—2001	建设	验收与质量评定	其他	
202.11-18	JGJ 52—2006	普通混凝土用砂、石质量及检验方法标准	2007-6-1		JGJ 52—1992；JGJ 53—1992	建设	验收与质量评定	其他	
202.11-19	JGJ/T 53—2011	房屋渗漏修缮技术规程	2011-12-1		CJJ 62—1995	建设	施工工艺	其他	
202.11-20	JGJ 63—2006	混凝土用水标准	2006-12-1		JGJ 63—1989	建设	施工工艺	其他	
202.11-21	JGJ 79—2012	建筑地基处理技术规范	2013-6-1		JGJ 79—2002	建设	施工工艺、验收与质量评定	其他	
202.11-22	JGJ 85—2010	预应力筋用锚具、夹具和连接器应用技术规程	2010-10-1		JGJ 85—2002	建设	施工工艺	其他	
202.11-23	JGJ 94—2008	建筑桩基技术规范	2008-10-1		JGJ 94—1994	建设	施工工艺、验收与质量评定	其他	

续表

体系结构号	标准编号	标准名称	实施日期	与国际标准对应关系	代替标准	阶段	分阶段	专业	分专业
202.11-24	JGJ/T 104—2011	建筑工程冬期施工规程	2011-12-1		JGJ/T 104—1997	建设	施工工艺	其他	
202.11-25	JGJ 106—2014	建筑基桩检测技术规范	2014-10-1		JGJ 106—2003	建设	验收与质量评定	其他	
202.11-26	JGJ 107—2016	钢筋机械连接技术规程	2016-8-1		JGJ 107—2010	建设	施工工艺、验收与质量评定	其他	
202.11-27	JGJ/T 110—2017	建筑工程饰面砖粘结强度检验标准（附条文说明）	2017-11-1		JGJ 110—2008	建设	验收与质量评定	其他	
202.11-28	JGJ 113—2015	建筑玻璃应用技术规程	2016-4-1		JGJ 113—2009	建设	施工工艺、验收与质量评定	其他	
202.11-29	JGJ 120—2012	建筑基坑支护技术规程	2012-10-1		JGJ 120—1999	建设	施工工艺、验收与质量评定	其他	
202.11-30	JGJ 123—2012	既有建筑地基基础加固技术规范	2013-6-1		JGJ 123—2000	建设	施工工艺、验收与质量评定	其他	
202.11-31	JGJ 138—2016	组合结构设计规范	2016-12-1		JGJ 138—2001	设计	初设、施工图	其他	
202.11-32	JGJ/T 157—2014	建筑轻质条板隔墙技术规程	2014-6-5		JGJ/T 157—2008	建设	施工工艺、验收与质量评定	其他	
202.11-33	JGJ 169—2009	清水混凝土应用技术规程	2009-6-1			建设	施工工艺、验收与质量评定	其他	
202.11-34	JGJ/T 175—2018	自流平地面工程技术标准（附条文说明）	2018-10-1		JGJ/T 175—2009	建设	施工工艺、验收与质量评定	其他	
202.11-35	JGJ/T 182—2009	锚杆锚固质量无损检测技术规程	2010-7-1			建设	验收与质量评定	其他	
202.11-36	JGJ/T 188—2009	施工现场临时建筑物技术规范	2010-7-1			建设	施工工艺	其他	
202.11-37	JGJ 190—2010	建筑工程检测试验技术管理规范	2010-7-1			建设	验收与质量评定	其他	
202.11-38	JGJ 196—2010	建筑施工塔式起重机安装、使用、拆卸安全技术规程	2010-7-1			建设	施工工艺	其他	
202.11-39	JGJ/T 197—2010	混凝土预制拼装塔机基础技术规程	2011-1-1			建设	施工工艺	其他	
202.11-40	JGJ/T 198—2010	施工企业工程建设技术标准化管理规范	2010-10-1			建设	施工工艺、验收与质量评定	其他	

续表

体系结构号	标准编号	标 准 名 称	实施日期	与国际标准对应关系	代替标准	阶段	分阶段	专业	分专业
202.11-41	JGJ/T 204—2010	建筑施工企业管理基础数据标准	2010-7-1			建设	施工工艺、验收与质量评定	其他	
202.11-42	JGJ/T 205—2010	建筑门窗工程检测技术规程	2010-8-1			建设	验收与质量评定	其他	
202.11-43	JGJ 206—2010	海砂混凝土应用技术规范	2010-12-1			建设	施工工艺、验收与质量评定	其他	
202.11-44	JGJ/T 208—2010	后锚固法检测混凝土抗压强度技术规程	2010-10-1			建设	验收与质量评定	其他	
202.11-45	JGJ 209—2010	轻型钢结构住宅技术规程	2010-10-1			建设	施工工艺、验收与质量评定	其他	
202.11-46	JGJ/T 212—2010	地下工程渗漏治理技术规程	2011-1-1			建设	施工工艺、验收与质量评定	其他	
202.11-47	JGJ/T 213—2010	现浇混凝土大直径管桩复合地基技术规程	2011-3-1			建设	施工工艺、验收与质量评定	其他	
202.11-48	JGJ 214—2010	铝合金门窗工程技术规范	2011-3-1			建设	施工工艺、验收与质量评定	其他	
202.11-49	JGJ/T 216—2010	铝合金结构工程施工规程	2011-3-1			建设	施工工艺	其他	
202.11-50	JGJ/T 219—2010	混凝土结构用钢筋间隔件应用技术规程	2011-8-1			建设	施工工艺、验收与质量评定	其他	
202.11-51	JGJ/T 223—2010	预拌砂浆应用技术规程	2011-1-1			建设	施工工艺、验收与质量评定	其他	
202.11-52	JGJ 224—2010	预制预应力混凝土装配整体式框架结构技术规程	2011-10-1			建设	施工工艺、验收与质量评定	其他	
202.11-53	JGJ/T 225—2010	大直径扩底灌注桩技术规程	2011-8-1			建设	施工工艺、验收与质量评定	其他	
202.11-54	JGJ 230—2010	倒置式屋面工程技术规程	2011-10-1			建设	施工工艺、验收与质量评定	其他	
202.11-55	JGJ/T 235—2011	建筑外墙防水工程技术规程	2011-12-1			建设	施工工艺、验收与质量评定	其他	
202.11-56	JGJ/T 241—2011	人工砂混凝土应用技术规程	2011-12-1			建设	施工工艺、验收与质量评定	其他	
202.11-57	JGJ/T 281—2012	高强混凝土应用技术规程	2012-11-1			建设	施工工艺、验收与质量评定	其他	

续表

体系结构号	标准编号	标 准 名 称	实施日期	与国际标准对应关系	代替标准	阶段	分阶段	专业	分专业
202.11-58	14D504	接地装置安装	2015-1-1		03D501-4	建设	施工工艺、验收与质量评定	其他	
202.11-59	14D202-1	蓄电池选用与安装	2015-1-1		95D202-1	设计、建设	初设、施工图、施工工艺、验收与质量评定	其他	
202.11-60	CJJ/T 29—2010	建筑排水塑料管道工程技术规程	2011-10-1		CJJ/T 29—1998	建设	施工工艺、验收与质量评定	其他	
202.11-61	CECS 52—2010	整体预应力装配式板柱结构技术规程	2011-3-1		CECS 52—1993	建设	施工工艺、验收与质量评定	其他	
202.11-62	CECS 277—2010	建筑给水排水薄壁不锈钢管连接技术规程	2010-8-1			建设	施工工艺、验收与质量评定	其他	
202.11-63	CECS 278—2010	剪压法检测混凝土抗压强度技术规程	2010-9-1			建设	验收与质量评定	其他	
202.11-64	CECS 279—2010	强夯地基处理技术规程	2010-11-1			建设	施工工艺	其他	
202.11-65	CECS 280—2010	钢管结构技术规程	2010-12-1			建设	施工工艺、验收与质量评定	其他	
202.11-66	CECS 281—2010	自承重砌体墙技术规程	2011-1-1			建设	施工工艺、验收与质量评定	其他	
202.11-67	CECS 283—2010	轻钢构架固模剪力墙结构技术规程	2011-3-1		CECS 283—2010	建设	施工工艺、验收与质量评定	其他	
202.11-68	YS/T 5209—2018	强夯地基技术规程	1993-7-1		YSJ 209—1992	建设	施工工艺、验收与质量评定	其他	
202.11-69	YS/T 5211—2018	注浆技术规程	2019-4-1		YSJ 210—1992；YSJ 211—1992	建设	施工工艺、验收与质量评定	其他	
202.11-70	YSJ 212—1992	灌注桩基础技术规程	2002-6-21			建设	施工工艺、验收与质量评定	其他	
202.11-71	JTS 155—2012	码头船舶岸电设施建设技术规范	2012-8-1			建设	施工工艺、验收与质量评定	其他	
202.11-72	GB 175—2007	通用硅酸盐水泥	2008-6-1	ENV 197-1: 2000, NEQ	GB 12958—1999；GB 1344—1999；GB 175—1999	建设	施工工艺、验收与质量评定	其他	
202.11-73	GB/T 1499.1—2017	钢筋混凝土用钢 第 1 部分：热轧光圆钢筋	2018-9-1	ISO 6935-1: 2007	GB 1499.1—2008	建设	施工工艺、验收与质量评定	其他	

续表

体系结构号	标准编号	标 准 名 称	实施日期	与国际标准对应关系	代替标准	阶段	分阶段	专业	分专业
202.11-74	GB/T 1499.2—2018	钢筋混凝土用钢 第2部分：热轧带肋钢筋	2018-11-1		GB/T 1499.2—2007	建设	施工工艺、验收与质量评定	其他	
202.11-75	GB/T 1499.3—2010	钢筋混凝土用钢 第3部分：钢筋焊接网	2011-9-1		GB/T 1499.3—2002	建设	施工工艺、验收与质量评定	其他	
202.11-76	GB/T 7946—2015	脉冲电子围栏及其安装和安全运行	2015-12-1		GB/T 7946—2008	建设	施工工艺、验收与质量评定、试运行	其他	
202.11-77	GB/T 12573—2008	水泥取样方法	2009-4-1			建设	验收与质量评定	其他	
202.11-78	GB/T 13544—2011	烧结多孔砖和多孔砌块	2017-3-23		GB 13544—2011	建设	施工工艺、验收与质量评定	其他	
202.11-79	GB/T 14684—2011	建设用砂	2012-2-1		GB/T 14684—2001	建设	施工工艺、验收与质量评定	其他	
202.11-80	GB/T 14685—2011	建设用卵石、碎石	2012-2-1		GB/T 14685—2001	建设	施工工艺、验收与质量评定	其他	
202.11-81	GB/T 19769.2—2015	功能块 第2部分：软件工具要求	2016-7-1		GB/T 19769.2—2005	建设	施工工艺	其他	
202.11-82	GB/Z 24978—2010	火灾自动报警系统性能评价	2010-12-1			建设	验收与质量评定	其他	
202.11-83	GB/Z 24979—2010	点型感烟/感温火灾探测器性能评价	2010-12-1			建设	验收与质量评定	其他	
202.11-84	GB/T 25181—2010	预拌砂浆	2011-8-1			建设	施工工艺	其他	
202.11-85	GB/T 30788—2014	钢制管道外部缠绕防腐蚀冷缠矿脂带作业规范	2014-12-1			建设	施工工艺、验收与质量评定	其他	
202.11-86	GB/T 50002—2013	建筑模数协调标准	2014-3-1		GBJ 2—86；GB/T 50100—2001	建设	施工工艺、验收与质量评定	其他	
202.11-87	GB/T 50081—2002	普通混凝土力学性能试验方法标准	2003-6-1		GBJ 81—1985	建设	验收与质量评定	其他	
202.11-88	GB 50086—2015	岩土锚杆与喷射混凝土支护工程技术规范	2016-2-1		GB 50086—2001	建设	施工工艺、验收与质量评定	其他	
202.11-89	GB/T 50123—1999	土工试验方法标准	1999-10-1		GBJ 123—1988	建设	验收与质量评定	其他	
202.11-90	GB 50141—2008	给水排水构筑物工程施工及验收规范	2009-5-1		GBJ 141—1990	建设	验收与质量评定	其他	

续表

体系结构号	标准编号	标 准 名 称	实施日期	与国际标准对应关系	代替标准	阶段	分阶段	专业	分专业
202.11-91	GB/T 50152—2012	混凝土结构试验方法标准	2012-8-1		GB 50152—1992	建设	验收与质量评定	其他	
202.11-92	GB 50164—2011	混凝土质量控制标准	2012-5-1		GB 50164—1992	建设	施工工艺、验收与质量评定	其他	
202.11-93	GB 50212—2014	建筑防腐蚀工程施工规范	2015-1-1		GB 50212—2002	建设	施工工艺、验收与质量评定	其他	
202.11-94	GB 50214—2013	组合钢模板技术规范	2014-3-1			建设	施工工艺、验收与质量评定	其他	
202.11-95	GB 50345—2012	屋面工程技术规范	2012-10-1		GB 50345—2004	建设	施工工艺、验收与质量评定	其他	
202.11-96	GB 50366—2005	地源热泵系统工程技术规范	2006-1-1			建设	施工工艺、验收与质量评定	其他	
202.11-97	GB 50496—2009	大体积混凝土施工规范	2009-10-1			建设	施工工艺、验收与质量评定	其他	
202.11-98	GB/T 50502—2009	建筑施工组织设计规范	2009-10-1			建设	施工工艺、验收与质量评定	其他	
202.11-99	GB/T 50589—2010	环氧树脂自流平地面工程技术规范	2010-12-1			建设	施工工艺、验收与质量评定	其他	
202.11-100	GB/T 50640—2010	建筑工程绿色施工评价标准	2011-10-1			建设	验收与质量评定	其他	
202.11-101	GB/T 50719—2011	电磁屏蔽室工程技术规范	2012-6-1			建设	施工工艺、验收与质量评定	其他	
202.11-102	GB/T 51238—2018	岩溶地区建筑地基基础技术标准	2019-4-1			建设	施工工艺、验收与质量评定	其他	
203 设备材料									
203.1 设备材料-基础综合									
203.1-1	Q/CSG 1203047—2017	设备身份证编码二维码标识技术规范	2017-10-1			采购、运维	招标、运行、维护	基础综合	
203.1-2	Q/CSG 1205010—2017	高压直流换流站设备技术文档体系规范	2017-1-20			技术监督		换流	其他
203.1-3	DL/T 687—2010	微机型防止电气误操作系统通用技术条件	2011-5-1		DL/T 687—1999	设计、采购、运维	初设、招标、维护	变电	其他

续表

体系结构号	标准编号	标准名称	实施日期	与国际标准对应关系	代替标准	阶段	分阶段	专业	分专业
203.1-4	DL/T 700—2017	电力物资分类与编码导则	2018-3-1		DL/T 700.1—1999；DL/T 700.2—1999；DL/T 700.3—1999	技术监督		基础综合	
203.1-5	DL/T 1868—2018	电力资产全寿命周期管理体系规范	2018-10-1			规划、设计、采购、建设、运维、修试、退役	规划、初设、施工图、招标、品控、施工工艺、验收与质量评定、试运行、运行、维护、检修、试验、退役、报废	基础综合	
203.1-6	JB/T 8726—2011	机械密封腔尺寸	2011-8-1		JB/T 8726—1998	技术监督、采购、运维	招标、品控、运行、维护	基础综合	
203.1-7	JB/T 9683—2012	绝缘子 产品型号编制方法	2012-11-1		JB/T 9683—1999	采购	招标	基础综合	
203.1-8	GB/T 13384—2008	机电产品包装通用技术条件	2009-1-1		GB/T 13384—1992；GB/T 15464—1995	技术监督		基础综合	
203.1-9	GB/T 20626.1—2017	特殊环境条件 高原电工电子产品 第1部分：通用技术要求	2018-4-1		GB/T 20626.1—2006	采购、运维、修试	招标、品控、运行、维护、检修、试验	基础综合	
203.1-10	GB/T 35119—2017	产品生命周期数据管理规范	2018-7-1			技术监督		基础综合	
203.1-11	ASTM B1004—2016	电气连接系统的接触性能分类的标准实施规程	2016-10-1		ASTM B868—1996（2013）	技术监督		基础综合	
203.1-12	IEC 61163-1—2006	可靠性应力筛选 第1部分：批生产可修复产品	2006-6-26	EN 61163-1—2006 IDT	IEC 61163-1—1995；IEC 60300-3-7—1999	采购、运维、修试	招标、品控、运行、维护、检修	输电、变电	其他
203.1-13	IEC 62041—2017	变压器、电源、电抗器及类似产品 EMS要求	2017-8-10		IEC 62041—2010	采购、运维	招标、运行、维护	变电	变压器
203.1-14	IEC 62502—2010	可靠性分析技术事件树分析（ETA）	2010-10-27	EN 62502—2010，IDT；C20-319PR，IDT		采购、运维	招标、品控、运行、维护	基础综合	
203.2 设备材料-高压电力设备									
203.2-1	Q/CSG 11518—2010	直流融冰装置技术导则	2010-5-1			设计、采购、建设、运维	初设、施工图、招标、品控、验收与质量评定、试运行、运行	换流	其他
203.2-2	Q/CSG 1203001—2013	220kV瓷柱式高压交流六氟化硫断路器技术规范	2013-12-1		Q/CSG 123004.2—2011	采购、运维、修试	招标、品控、运行、维护、检修、试验	变电	开关

续表

体系结构号	标准编号	标 准 名 称	实施日期	与国际标准对应关系	代替标准	阶段	分阶段	专业	分专业
203.2-3	Q/CSG 123004.1—2011	500kV瓷柱式高压交流六氟化硫断路器技术规范	2011-10-14			采购、运维、修试	招标、品控、运行、维护、检修、试验	变电	开关
203.2-4	Q/CSG 123005.1—2011	500kV交流高压隔离开关和接地开关技术规范	2011-10-14			采购、运维、修试	招标、品控、运行、维护、检修、试验	变电	开关
203.2-5	Q/CSG 123005.2—2011	220kV隔离开关和接地开关技术规范	2011-10-14			采购、运维、修试	招标、品控、运行、维护、检修、试验	变电	开关
203.2-6	Q/CSG 123006.1—2011	500kV电容式电压互感器技术规范	2011-10-14			采购、运维、修试	招标、品控、运行、维护、检修、试验	变电	互感器
203.2-7	Q/CSG 123007.1—2011	500kV电流互感器技术规范	2011-10-14			采购、运维、修试	招标、品控、运行、维护、检修、试验	变电	互感器
203.2-8	Q/CSG 1101004—2013	500kV并联电抗器（含中性点电抗）技术规范	2013-3-28			采购、运维、修试	招标、品控、运行、维护、检修、试验	变电	电抗器
203.2-9	Q/CSG 1101011—2013	静止同步补偿器（STATCOM）技术规范	2013-5-1			采购、运维、修试	招标、品控、运行、维护、检修、试验	变电	其他
203.2-10	Q/CSG 1203021—2016	变电设备在线监测装置通用技术规范	2017-1-10			采购、运维、修试	招标、品控、运行、维护、检修、试验	变电	其他
203.2-11	Q/CSG 1203022—2016	直流偏磁抑制装置技术规范	2017-1-9			采购、运维、修试	招标、品控、运行、维护、检修、试验	变电	其他
203.2-12	Q/CSG 1203043—2017	柔性直流输电系统换流器技术规范	2017-5-3			采购、运维、修试	招标、品控、运行、维护、检修、试验	变电	其他
203.2-13	T/CEC 130—2016	10kV～110kV干式空心并联电抗器技术要求	2017-1-1			采购、运维	招标、品控、运行、维护	变电	电抗器
203.2-14	T/CEC 155—2018	柔性输电用压接型绝缘栅双极晶体管（IGBT）器件的一般要求	2018-4-1			采购、运维	招标、品控、运行、维护	变电	其他
203.2-15	T/CEC 177—2018	交、直流系统用工厂复合化瓷或玻璃绝缘子定义、试验方法及接收准则	2018-9-1			采购、运维、修试	招标、品控、运行、维护、检修、试验	变电	其他
203.2-16	T/CEC 183—2018	高压交直流空心复合绝缘子技术规范	2019-2-1			采购、运维	招标、品控、运行、维护	变电	其他
203.2-17	T/CEC 188—2018	550kV及以下气体绝缘金属封闭开关设备（GIS）用绝缘拉杆	2019-2-1			采购、运维	招标、品控、运行、维护	变电	其他

续表

体系结构号	标准编号	标 准 名 称	实施日期	与国际标准对应关系	代替标准	阶段	分阶段	专业	分专业
203.2-18	T/CSEE 0066—2017	柔性直流输电用联接变压器	2018-5-1			设计、采购、建设、运维	初设、施工图、招标、品控、验收与质量评定、试运行、运行	换流	其他
203.2-19	DL/T 271—2012	330kV～750kV 油浸式并联电抗器使用技术条件	2012-7-1		SD 327—1989	采购、运维	招标、品控、运行、维护	变电	电抗器
203.2-20	DL/T 272—2012	220kV～750kV 油浸式电力变压器使用技术条件	2012-7-1		SD 326—1989	采购、运维	招标、品控、运行、维护	变电	变压器
203.2-21	DL/T 378—2010	变压器出线端子用绝缘防护罩通用技术条件	2010-10-1			采购、运维	招标、品控、运行、维护	变电	变压器
203.2-22	DL/T 402—2016	高压交流断路器	2016-7-1	IEC 62271-100: 2008，MOD	DL/T 402—2007	采购、运维	招标、品控、运行、维护	变电	开关
203.2-23	DL/T 403—2017	高压交流真空断路器	2018-3-1		DL/T 403—2000	采购、运维	招标、品控、运行、维护	变电	开关
203.2-24	DL/T 442—2017	高压并联电容器单台保护用熔断器使用技术条件	2018-6-1		DL/T 442—1991	采购、运维	招标、品控、运行、维护	变电	其他
203.2-25	DL/T 462—1992	高压并联电容器用串联电抗器订货技术条件	1992-11-1			采购、运维	招标、品控、运行、维护	变电	其他
203.2-26	DL/T 486—2010	高压交流隔离开关和接地开关	2011-5-1	IEC 62271-102: 2002	DL/T 486—2000	采购、运维	招标、品控、运行、维护	变电	开关
203.2-27	DL/T 536—1993	耦合电容器及电容分压器订货技术条件	1994-5-1			采购、运维	招标、品控、运行、维护	变电	其他
203.2-28	DL/T 537—2018	高压/低压预装式变电站	2019-5-1		DL/T 537—2002	采购、运维	招标、品控、运行、维护	变电	其他
203.2-29	DL/T 579—1995	开关设备用接线座订货技术条件	1995-12-1	IEC 947-7-1: 1989，NEQ		采购、运维	招标、品控、运行、维护	变电	开关
203.2-30	DL/T 593—2016	高压开关设备和控制设备标准的共用技术要求	2016-7-1		DL/T 593—2006	采购、运维	招标、品控、运行、维护	变电	开关
203.2-31	DL/T 594—1996	环氧玻璃布硬质层压高压开关间隔板	1996-5-1			采购、运维	招标、品控、运行、维护	变电	开关
203.2-32	DL/T 604—2009	高压并联电容器装置使用技术条件	2009-12-1		DL/T 604—1996	采购、运维	招标、品控、运行、维护	变电	其他
203.2-33	DL/T 617—2010	气体绝缘金属封闭开关设备技术条件	2010-10-1		DL/T 617—1997	采购、运维	招标、品控、运行、维护	变电	开关

续表

体系结构号	标准编号	标准名称	实施日期	与国际标准对应关系	代替标准	阶段	分阶段	专业	分专业
203.2-34	DL/T 628—1997	集合式高压并联电容器订货技术条件	1998-3-1			采购、运维	招标、品控、运行、维护	变电	其他
203.2-35	DL/T 646—2012	输变电钢管结构制造技术条件	2012-12-1		DL/T 646—2006	采购、运维	招标、品控、运行、维护	变电、输电	变压器、开关、线路
203.2-36	DL/T 653—2009	高压并联电容器用放电线圈使用技术条件	2009-12-1		DL/T 653—1998	采购、运维	招标、品控、运行、维护	变电	其他
203.2-37	DL/T 662—2009	六氟化硫气体回收装置技术条件	2009-12-1		DL/T 662—1999	采购、建设、运维、修试	招标、品控、验收与质量评定、运行、维护、检修、试验	附属设施及工器具	工器具
203.2-38	DL/T 690—2013	高压交流断路器的合成试验	2014-4-1	IEC 62271-101: 2006, MOD	DL/T 690—1999	采购、运维	招标、品控、运行、维护	变电	开关
203.2-39	DL/T 725—2013	电力用电流互感器使用技术规范	2014-4-1		DL/T 725—2000	采购、运维	招标、品控、运行、维护	变电	互感器
203.2-40	DL/T 726—2013	电力用电磁式电压互感器使用技术规范	2014-4-1		DL/T 726—2000	采购、运维	招标、品控、运行、维护	变电	互感器
203.2-41	DL/T 760.3—2012	均压环、屏蔽环和均压屏蔽环	2012-12-1		DL/T 760.3—2001	采购、运维	招标、品控、运行、维护	变电、输电	变压器、开关、线路
203.2-42	DL/T 804—2014	交流电力系统金属氧化物避雷器使用导则	2015-3-1		DL/T 804—2002	采购、运维	招标、品控、运行、维护	变电	避雷器
203.2-43	DL/T 810—2012	±500kV 及以上电压等级直流棒形悬式复合绝缘子技术条件	2012-7-1	IEC 61109: 1992, NEQ	DL/T 810—2002	采购、运维	招标、品控、运行、维护	变电、输电	变压器、开关、线路
203.2-44	DL/T 811—2002	进口 110kV～500kV 棒式支柱绝缘子技术规范	2002-9-1		SD 331—1989	采购、运维	招标、品控、运行、维护	变电、输电	变压器、开关、线路
203.2-45	DL/T 840—2016	高压并联电容器使用技术条件	2017-5-1		DL/T 840—2003	采购、运维	招标、品控、运行、维护	变电	其他
203.2-46	DL/T 841—2003	高压并联电容器用阻尼式限流器使用技术条件	2003-6-1			采购、运维	招标、品控、运行、维护	变电、输电	变压器、开关、线路
203.2-47	DL/T 865—2004	126kV～550kV 电容式瓷套管技术规范	2004-6-1		SD 330—1989	采购、运维	招标、品控、运行、维护	变电、输电	变压器、开关、线路
203.2-48	DL/T 1001—2006	复合绝缘高压穿墙套管技术条件	2006-10-1			采购、运维	招标、品控、运行、维护	变电	其他
203.2-49	DL/T 1010.1—2006	高压静止无功补偿装置 第1部分：系统设计	2007-3-1			采购、运维	招标、品控、运行、维护	变电	其他

续表

体系结构号	标准编号	标准名称	实施日期	与国际标准对应关系	代替标准	阶段	分阶段	专业	分专业
203.2-50	DL/T 1048—2007	标称电压高于1000V的交流用棒形支柱复合绝缘子—定义、试验方法及验收规则	2007-12-1			采购、运维	招标、品控、运行、维护	变电、输电	变压器、开关、线路
203.2-51	DL/T 1094—2018	电力变压器用绝缘油选用导则	2018-7-1		DL/T 1094—2008	采购、运维	招标、品控、运行、维护	变电	变压器
203.2-52	DL/T 1155—2012	非传统互感器技术条件	2012-12-1			采购、运维	招标、品控、运行、维护	变电	互感器
203.2-53	DL/T 1156—2012	串联补偿装置用金属氧化物限压器	2012-12-1			采购、运维	招标、品控、运行、维护	变电	避雷器
203.2-54	DL/T 1215.1—2013	链式静止同步补偿器　第1部分：功能规范导则	2013-8-1			采购、运维	招标、品控、运行、维护	变电	其他
203.2-55	DL/T 1215.3—2013	链式静止同步补偿器　第3部分：控制保护监测系统	2013-8-1			采购、运维	招标、品控、运行、维护	变电	其他
203.2-56	DL/T 1217—2013	磁控型可控并联电抗器技术规范	2013-8-1			采购、运维	招标、品控、运行、维护	变电	电抗器
203.2-57	DL/T 1218—2013	固定式直流融冰装置通用技术条件	2013-8-1			采购、运维	招标、品控、运行、维护	变电	其他
203.2-58	DL/T 1251—2013	电力用电容式电压互感器使用技术规范	2014-4-1		SD 333—1989	采购、运维	招标、品控、运行、维护	变电	互感器
203.2-59	DL/T 1267—2013	组合式变压器使用技术条件	2014-4-1			采购、运维	招标、品控、运行、维护	变电、配电	变压器
203.2-60	DL/T 1268—2013	三相组合互感器使用技术规范	2014-4-1			采购、运维	招标、品控、运行、维护	变电	互感器
203.2-61	DL/T 1284—2013	500kV 干式空心限流电抗器使用导则	2014-4-1			采购、运维	招标、品控、运行、维护	变电	电抗器
203.2-62	DL/T 1376—2014	超高压分级式可控并联电抗器技术规范	2015-3-1			采购、运维	招标、品控、运行、维护	变电	变压器
203.2-63	DL/T 1386—2014	电力变压器用吸湿器选用导则	2015-3-1			采购、运维	招标、品控、运行、维护	变电	变压器
203.2-64	DL/T 1387—2014	电力变压器用绕组线选用导则	2015-3-1			采购、运维	招标、品控、运行、维护	变电	变压器
203.2-65	DL/T 1388—2014	电力变压器用电工钢带选用导则	2015-3-1			采购、运维	招标、品控、运行、维护	变电	变压器

续表

体系结构号	标准编号	标 准 名 称	实施日期	与国际标准对应关系	代替标准	阶段	分阶段	专业	分专业
203.2-66	DL/T 1389—2014	500kV 变压器中性点接地电抗器选用导则	2015-3-1			采购、运维	招标、品控、运行、维护	变电	变压器
203.2-67	DL/T 1411—2015	智能高压设备技术导则	2015-9-1			采购、运维	招标、品控、运行、维护	变电	变压器
203.2-68	DL/T 1472.1—2015	换流站直流场用支柱绝缘子 第1部分：技术条件	2015-12-1			采购、运维	招标、品控、运行、维护	变电、输电	变压器、开关、线路
203.2-69	DL/T 1472.2—2015	换流站直流场用支柱绝缘子 第2部分：尺寸与特性	2015-12-1			采购、运维	招标、品控、运行、维护	变电	其他
203.2-70	DL/T 1498.1—2016	变电设备在线监测装置技术规范 第1部分：通则	2016-6-1			采购、运维	招标、品控、运行、维护	变电	其他
203.2-71	DL/T 1498.2—2016	变电设备在线监测装置技术规范 第2部分：变压器油中溶解气体在线监测装置	2016-6-1			采购、运维	招标、品控、运行、维护	变电	其他
203.2-72	DL/T 1498.3—2016	变电设备在线监测装置技术规范 第3部分：电容型设备及金属氧化物避雷器绝缘在线监测装置	2016-6-1			采购、运维	招标、品控、运行、维护	变电	互感器
203.2-73	DL/T 1498.4—2017	变电设备在线监测装置技术规范 第4部分：气体绝缘金属封闭开关设备局部放电特高频在线监测装置	2017-12-1			采购、运维	招标、品控、运行、维护	变电	其他
203.2-74	DL/T 1515—2016	电子式互感器接口技术规范	2016-6-1			采购、运维	招标、品控、运行、维护	变电	互感器
203.2-75	DL/T 1538—2016	电力变压器用真空有载分接开关使用导则	2016-6-1			采购、运维	招标、品控、运行、维护	变电	变压器
203.2-76	DL/T 1539—2016	电力变压器（电抗器）用高压套管选用导则	2016-6-1			采购、运维	招标、品控、运行、维护	变电	变压器
203.2-77	DL/T 1541—2016	电力变压器中性点直流限（隔）流装置技术规范	2016-6-1			采购、运维	招标、品控、运行、维护	变电	变压器
203.2-78	DL/T 1542—2016	电子式电流互感器选用导则	2016-6-1			采购、运维	招标、品控、运行、维护	变电	互感器
203.2-79	DL/T 1543—2016	电子式电压互感器选用导则	2016-6-1			采购、运维	招标、品控、运行、维护	变电	互感器

续表

体系结构号	标准编号	标 准 名 称	实施日期	与国际标准对应关系	代替标准	阶段	分阶段	专业	分专业
203.2-80	DL/T 1633—2016	紧凑型高压并联电容器装置技术规范	2017-5-1			采购、运维	招标、品控、运行、维护	变电	其他
203.2-81	DL/T 1647—2016	防火电力电容器使用技术条件	2017-5-1			采购、运维	招标、品控、运行、维护	变电、配电	其他
203.2-82	DL/T 1667—2016	变电站不锈钢复合材料耐腐蚀接地装置	2017-5-1			采购、运维	招标、品控、运行、维护	变电、输电	变压器、开关、线路
203.2-83	DL/T 1673—2016	换流变压器阀侧套管技术规范	2017-5-1			采购、运维	招标、品控、运行、维护	变电、输电	变压器、开关、线路
203.2-84	DL/T 1675—2016	高压直流接地极馈电元件技术条件	2017-5-1			采购、运维	招标、品控、运行、维护	变电	其他
203.2-85	DL/T 1679—2016	高压直流接地极用煅烧石油焦炭技术条件	2017-5-1			采购、运维	招标、品控、运行、维护	变电	其他
203.2-86	DL/T 1776—2017	电力系统用交流滤波电容器技术导则	2018-6-1			采购、运维	招标、品控、运行、维护	变电	其他
203.2-87	DL/T 1805—2018	电力变压器用有载分接开关选用导则	2018-7-1			采购、运维	招标、品控、运行、维护	变电	变压器
203.2-88	DL/T 1810—2018	110（66）kV 六氟化硫气体绝缘电力变压器使用技术条件	2018-7-1			采购、运维	招标、品控、运行、维护	变电	变压器
203.2-89	DL/T 1848—2018	220kV 和 110kV 变压器中性点过电压保护技术规范	2018-7-1			采购、运维	招标、品控、运行、维护	变电	变压器
203.2-90	DL/T 1945—2018	高压直流输电系统换流变压器标准化接口规范	2019-5-1			采购、运维	招标、品控、运行、维护	换流	换流变
203.2-91	NB/T 10091—2018	高压开关设备温度在线监测装置技术规范	2019-3-1			采购、运维	招标、品控、运行、维护	变电	开关
203.2-92	NB/T 42025—2013	额定电压 72.5kV 及以上智能气体绝缘金属封闭开关设备	2014-4-1			采购、运维	招标、品控、运行、维护	变电	开关
203.2-93	NB/T 42043—2014	高压静止同步补偿装置	2015-3-1			采购、运维	招标、品控、运行、维护	变电	其他
203.2-94	NB/T 42100—2016	高压并联电容器组投切用固态复合开关	2017-5-1			采购、运维	招标、品控、运行、维护	变电	开关

续表

体系结构号	标准编号	标准名称	实施日期	与国际标准对应关系	代替标准	阶段	分阶段	专业	分专业
203.2-95	NB/T 42105—2016	高压交流气体绝缘金属封闭开关设备用盆式绝缘子	2017-5-1			采购、运维	招标、品控、运行、维护	变电	开关
203.2-96	NB/T 42107—2017	高压直流断路器	2017-12-1			采购、运维	招标、品控、运行、维护	变电	开关
203.2-97	NB/T 42153—2018	交流插拔式无间隙金属氧化物避雷器	2018-7-1			采购、运维	招标、品控、运行、维护	变电	其他
203.2-98	NB/T 42159—2018	三电平交流/直流双向变换器技术规范	2018-10-1			采购、运维	招标、品控、运行、维护	变电	其他
203.2-99	NB/T 42160—2018	三电平直流/直流双向变换器技术规范	2018-10-1			采购、运维	招标、品控、运行、维护	变电	其他
203.2-100	JB/T 831—2016	热带电力变压器、互感器、调压器、电抗器	2017-4-1		JB/T 831—2005	采购、运维	招标、品控、运行、维护	变电	变压器
203.2-101	JB/T 832—1998	湿热带型高压电器	1998-12-1		JB 832—1966	采购、运维	招标、品控、运行、维护	变电	变压器
203.2-102	JB/T 2426—2016	发电厂和变电所自用三相变压器技术参数和要求	2017-4-1		JB/T 2426—2004	采购、运维	招标、品控、运行、维护	变电	变压器
203.2-103	JB/T 3283—2010	晶闸管交流电力控制器	2010-7-1		JB/T 3283—1983	采购、运维	招标、品控、运行、维护	变电	其他
203.2-104	JB/T 3855—2008	高压交流真空断路器	2008-7-1		JB/T 3855—1996	采购、运维	招标、品控、运行、维护	变电	开关
203.2-105	JB/T 5346—2014	高压并联电容器用串联电抗器	2014-10-1		JB/T 5346—1998	采购、运维	招标、品控、运行、维护	变电	电抗器
203.2-106	JB/T 6479—2014	交流电力系统阻波器用有串联间隙金属氧化物避雷器	2014-10-1		JB/T 6479—1992	采购、运维	招标、品控、运行、维护	变电	避雷器
203.2-107	JB/T 6758.1—2007	换位导线　第1部分：一般规定	2007-9-1			采购、运维	招标、品控、运行、维护	变电	其他
203.2-108	JB 7112—2000	集合式高电压并联电容器	2000-1-10		JB 7112—1993	采购、运维	招标、品控、运行、维护	变电	其他
203.2-109	JB/T 8315—2007	变压器用强迫油循环风冷却器	2007-7-1		JB/T 8315—1996	采购、运维	招标、品控、运行、维护	变电	变压器
203.2-110	JB/T 8316—2007	变压器用强迫油循环水冷却器	2007-7-1		JB/T 8316—1996	采购、运维	招标、品控、运行、维护	变电	变压器

续表

体系结构号	标准编号	标准名称	实施日期	与国际标准对应关系	代替标准	阶段	分阶段	专业	分专业
203.2-111	JB/T 8318—2007	变压器用成型绝缘件技术条件	2007-7-1		JB/T 8318—1996	采购、运维	招标、品控、运行、维护	变电	变压器
203.2-112	JB/T 8448.1—2018	变压器类产品用密封制品技术条件 第1部分：橡胶密封制品	2018-12-1		JB/T 8448.1—2004	采购、运维	招标、品控、运行、维护	变电	变压器
203.2-113	JB/T 8448.2—2018	变压器类产品用密封制品技术条件 第2部分：软木橡胶密封制品	2018-12-1			采购、运维	招标、品控、运行、维护	变电	变压器
203.2-114	JB/T 8677—2015	防爆断路器	2016-3-1		JB/T 8677—1997	采购、运维	招标、品控、运行、维护	变电	开关
203.2-115	JB/T 8970—2014	高压并联电容器用放电线圈	2014-10-1		JB/T 8970—1999	采购、运维	招标、品控、运行、维护	变电	其他
203.2-116	JB/T 9643—2014	防腐蚀型油浸式电力变压器	2014-10-1		JB/T 9643—1999	采购、运维	招标、品控、运行、维护	变电、配电	变压器
203.2-117	JB/T 9672.1—2013	串联间隙金属氧化物避雷器 第1部分：3kV及以下直流系统用有串联间隙金属氧化物避雷器	2014-7-1		JB/T 9672.1—1999	采购、运维	招标、品控、运行、维护	变电	避雷器
203.2-118	JB/T 9694—2008	高压交流六氟化硫断路器	2008-7-1		JB/T 9694—1999	采购、运维	招标、品控、运行、维护	变电	开关
203.2-119	JB/T 10217—2013	组合式变压器	2013-9-1		JB/T 10217—2000	采购、运维	招标、品控、运行、维护	变电、配电	变压器
203.2-120	JB/T 10432—2016	三相组合互感器	2017-4-1		JB/T 10432—2004	采购、运维	招标、品控、运行、维护	变电	互感器
203.2-121	JB/T 10433—2015	三相电压互感器	2016-3-1		JB/T 10433—2004	采购、运维	招标、品控、运行、维护	变电	互感器
203.2-122	JB/T 10557—2006	高压无功就地补偿装置	2006-10-1			采购、运维	招标、品控、运行、维护	变电	其他
203.2-123	JB/T 10609—2006	交流三相组合式有串联间隙金属氧化物避雷器	2007-3-1			采购、运维	招标、品控、运行、维护	变电	避雷器
203.2-124	JB/T 10941—2010	合成薄膜绝缘电流互感器	2010-7-1			采购、运维	招标、品控、运行、维护	变电	互感器

续表

体系结构号	标准编号	标准名称	实施日期	与国际标准对应关系	代替标准	阶段	分阶段	专业	分专业
203.2-125	JB/T 11056—2010	变压器专用设备　气相干燥设备	2010-7-1			采购、运维	招标、品控、运行、维护	变电	变压器
203.2-126	SH 0040—1991	超高压变压器油	1992-7-1	ASTM D3487-82		采购、运维	招标、品控、运行、维护	变电	变压器
203.2-127	GB/T 772—2005	高压绝缘子瓷件　技术条件	2006-4-1		GB 772—1987	采购、运维	招标、品控、运行、维护	变电、输电	变压器、开关、线路
203.2-128	GB/T 1094.1—2013	电力变压器　第1部分：总则	2017-3-23	IEC 60076-1: 2011	GB 1094.1—2013	采购、运维	招标、品控、运行、维护	变电	变压器
203.2-129	GB/T 1094.1—2013/XG1—2018	电力变压器　第1部分：总则（第1号修改单）	2018-2-1			采购、运维	招标、品控、运行、维护	变电	变压器
203.2-130	GB/T 1094.2—2013	电力变压器　第2部分：液浸式变压器的温升	2017-3-23	IEC 60076-2: 2011	GB 1094.2—2013	采购、运维	招标、品控、运行、维护	变电	变压器
203.2-131	GB/T 1094.3—2017	电力变压器　第3部分：绝缘水平、绝缘试验和外绝缘空气间隙	2018-7-1	IEC 60076-3: 2013	GB/T 1094.3—2003	采购、运维	招标、品控、运行、维护	变电	变压器
203.2-132	GB/T 1094.5—2008	电力变压器　第5部分：承受短路的能力	2017-3-23	IEC 60076-5: 2006	GB 1094.5—2008	采购、运维	招标、品控、运行、维护	变电	变压器
203.2-133	GB/T 1094.6—2011	电力变压器　第6部分：电抗器	2011-12-1	IEC 289-87，IDT	GB/T 10229—1988	采购、运维	招标、品控、运行、维护	变电	变压器
203.2-134	GB/T 1094.7—2008	电力变压器　第7部分：油浸式电力变压器负载导则	2009-8-1	IEC 60076-7: 2005，MOD	GB/T 15164—1994	采购、运维	招标、品控、运行、维护	变电	变压器
203.2-135	GB/T 1094.10—2003	电力变压器　第10部分：声级测定	2003-1-2	IEC 60076-10: 2001，MOD	GB/T 7328—1987	采购、运维	招标、品控、运行、维护	变电	变压器
203.2-136	GB/T 1094.12—2013	电力变压器　第12部分：干式电力变压器负载导则	2014-4-9	IEC 905: 1987，EQV	GB/T 17211—1998	采购、运维	招标、品控、运行、维护	变电	变压器
203.2-137	GB/Z 1094.14—2011	电力变压器　第14部分：采用高温绝缘材料的液浸式变压器的设计和应用	2012-5-1			采购、运维	招标、品控、运行、维护	变电	变压器
203.2-138	GB/T 1984—2014	高压交流断路器	2017-3-23	IEC 62271-100: 2008	GB 1984—2014	采购、运维	招标、品控、运行、维护	变电	开关
203.2-139	GB/T 1985—2014	高压交流隔离开关和接地开关	2017-3-23	IEC 62271-102: 2001+A1：2011	GB 1985—2014	采购、运维	招标、品控、运行、维护	变电	开关

续表

体系结构号	标准编号	标准名称	实施日期	与国际标准对应关系	代替标准	阶段	分阶段	专业	分专业
203.2-140	GB/T 4109—2008	交流电压高于 1000V 的绝缘套管	2009-4-1	IEC 60137 Ed.6.0，MOD	GB 12944.1—1991；GB 4109—1999	采购、运维	招标、品控、运行、维护	变电、输电	变压器、开关、线路
203.2-141	GB/T 4787—2010	高压交流断路器用均压电容器	2011-2-1		GB/T 4787—1996	采购、运维	招标、品控、运行、维护	变电	其他
203.2-142	GB/T 6115.1—2008	电力系统用串联电容器　第 1 部分：总则	2009-4-1	IEC 62271-106: 2011	GB/T 6115.1—1998	采购、运维	招标、品控、运行、维护	变电	其他
203.2-143	GB/T 6115.3—2002	电力系统用串联电容器　第 3 部分：内部熔丝	2003-4-1	IEC 60358-1: 2012		采购、运维	招标、品控、运行、维护	变电	其他
203.2-144	GB/T 6115.4—2014	电力系统用串联电容器　第 4 部分：晶闸管控制的串联电容器	2015-1-22			采购、运维	招标、品控、运行、维护	变电	其他
203.2-145	GB/T 6451—2015	油浸式电力变压器技术参数和要求	2016-4-1		GB/T 6451—2008	采购、运维	招标、品控、运行、维护	变电	变压器
203.2-146	GB/T 7674—2008	额定电压 72.5kV 及以上气体绝缘金属封闭开关设备	2017-3-23	IEC 62271-203: 2003	GB 7674—2008	采购、运维	招标、品控、运行、维护	变电	开关
203.2-147	GB/T 8287.1—2008	标称电压高于 1000V 系统用户内和户外支柱绝缘子　第 1 部分：瓷或玻璃绝缘子的试验	2009-4-1	IEC 60168: 2001，MOD	GB 12744—1991；GB 8287.1—1998	采购、运维	招标、品控、运行、维护	变电、输电	变压器、开关、线路
203.2-148	GB/T 8287.2—2008	标称电压高于 1000V 系统用户内和户外支柱绝缘子　第 2 部分：尺寸与特性	2009-4-1	IEC 60273: 1990，MOD	GB 12744—1991；GB 8287.2—1999	采购、运维	招标、品控、运行、维护	变电、输电	变压器、开关、线路
203.2-149	GB/T 8349—2000	金属封闭母线	2000-12-1	IEC 60216-2: 2005	GB 8349—1987	采购、运维	招标、品控、运行、维护	变电	开关
203.2-150	GB/T 9090—1988	标准电容器	1989-1-1	ISO 5466-80，REF		采购、运维	招标、品控、运行、维护	变电	其他
203.2-151	GB/T 10230.1—2007	分接开关　第 1 部分：性能要求和试验方法	2017-3-23	IEC 60214-1: 2003	GB 10230.1—2007	采购、运维	招标、品控、运行、维护	变电	开关
203.2-152	GB/T 10230.2—2007	分接开关　第 2 部分：应用导则	2008-7-1	IEC 60214-2: 2004，IDT		采购、运维	招标、品控、运行、维护	变电	开关
203.2-153	GB/T 10241—2007	旋转变压器通用技术条件	2008-5-1		GB 10241—1988	采购、运维	招标、品控、运行、维护	变电	开关

续表

体系结构号	标准编号	标 准 名 称	实施日期	与国际标准对应关系	代替标准	阶段	分阶段	专业	分专业
203.2-154	GB/T 11022—2011	高压开关设备和控制设备标准的共用技术要求	2012-5-1	IEC 62271-1：2007，MOD	GB/T 11022—1999	采购、运维	招标、品控、运行、维护	变电	开关
203.2-155	GB/T 11024.1—2010	标称电压 1000V 以上交流电力系统用并联电容器 第 1 部分：总则	2011-2-1	IEC 60871-1：2005，MOD	GB/T 11024.1—2001	采购、运维	招标、品控、运行、维护	变电	其他
203.2-156	GB/T 11024.2—2001	标称电压 1kV 以上交流电力系统用并联电容器 第 2 部分：耐久性试验	2002-6-1	IEC/TS 60871-2: 1999，IDT	GB/T 11024—1989	采购、运维	招标、品控、运行、维护	变电	其他
203.2-157	GB/T 11024.4—2001	标称电压 1kV 以上交流电力系统用并联电容器 第 4 部分：内部熔丝	2002-6-1	IEC 60871-4: 1996，IDT		采购、运维	招标、品控、运行、维护	变电	其他
203.2-158	GB/T 11032—2010	交流无间隙金属氧化物避雷器	2017-3-23	IEC 60099-4: 2006	GB 11032—2010	采购、运维	招标、品控、运行、维护	变电	避雷器
203.2-159	GB/T 12944—2011	高压穿墙瓷套管	2011-12-1		GB/T 12944.2—1991	采购、运维	招标、品控、运行、维护	变电、输电	变压器、开关、线路
203.2-160	GB/T 13026—2017	交流电容式套管型式与尺寸	2018-7-1		GB/T 13026—2008	采购、运维	招标、品控、运行、维护	变电、输电	变压器、开关、线路
203.2-161	GB/T 13499—2002	电力变压器应用导则	2003-3-1	IEC 60076-8：1997，IDT	GB/T 13499—1992	采购、运维	招标、品控、运行、维护	变电	变压器
203.2-162	GB/T 14808—2016	高压交流接触器、基于接触器的控制器及电动机起动器	2017-3-1	IEC 62271-106: 2011	GB/T 14808—2001	采购、运维	招标、品控、运行、维护	变电	其他
203.2-163	GB/T 14810—2014	额定电压 72.5kV 及以上交流负荷开关	2014-10-28		GB/T 14810—1993	采购、运维	招标、品控、运行、维护	变电	开关
203.2-164	GB/T 15166.2—2008	高压交流熔断器 第 2 部分：限流熔断器	2009-8-1	IEC 60282-1：2005，MOD	部分代替：GB 15166.2—1994；GB 15166.4—1994	采购、运维	招标、品控、运行、维护	变电	其他
203.2-165	GB/T 15166.3—2008	高压交流熔断器 第 3 部分：喷射熔断器	2009-8-1	IEC 60282-2：1995，MOD	GB 15166.3—1994；GB 15166.4—1994	采购、运维	招标、品控、运行、维护	变电	其他
203.2-166	GB/T 15166.4—2008	高压交流熔断器 第 4 部分：并联电容器外保护用熔断器	2009-8-1	IEC 60549: 1976，MOD	GB 15166.4—1994；GB 15166.5—1994	采购、运维	招标、品控、运行、维护	变电	其他

续表

体系结构号	标准编号	标准名称	实施日期	与国际标准对应关系	代替标准	阶段	分阶段	专业	分专业
203.2-167	GB/T 15166.5—2008	高压交流熔断器　第 5 部分：用于电动机回路的高压熔断器的熔断件选用导则	2009-8-1	IEC 60644: 1979，MOD	GB 15166.2—1994	采购、运维	招标、品控、运行、维护	变电	其他
203.2-168	GB/T 15166.6—2008	高压交流熔断器　第 6 部分：用于变压器回路的高压熔断器的熔断件选用导则	2009-8-1	IEC 60787: 1983，MOD	GB 15166.2—1994	采购、运维	招标、品控、运行、维护	变电	其他
203.2-169	GB/T 16926—2009	高压交流负荷开关　熔断器组合电器	2017-3-23	IEC 62271-105: 2002	GB 16926—2009	采购、运维	招标、品控、运行、维护	变电	开关
203.2-170	GB/T 17701—2008	设备用断路器	2017-3-23	IEC 60934: 2007	GB 17701—2008	采购、运维	招标、品控、运行、维护	变电	其他
203.2-171	GB/T 18494.1—2014	变流变压器　第 1 部分：工业用变流变压器	2015-2-1		GB/T 18494.1—2001	采购、运维	招标、品控、运行、维护	变电	变压器
203.2-172	GB/T 18494.2—2007	变流变压器　第 2 部分：高压直流输电用换流变压器	2007-8-1	IEC 61378-2: 2001，MOD		采购、运维	招标、品控、运行、维护	变电	变压器
203.2-173	GB 18494.3—2012	变流变压器　第 3 部分：应用导则	2012-11-1	IEC 61378-3: 2006 MOD		采购、运维	招标、品控、运行、维护	变电	变压器
203.2-174	GB/T 19249—2017	反渗透水处理设备	2018-11-1			设计、采购、运维	初设、招标、品控、运行、维护	换流	换流阀
203.2-175	GB/T 19749.1—2016	耦合电容器和电容分压器　第 1 部分：总则	2016-9-1	IEC 60358-1: 2012	GB/T 19749—2005	采购、运维	招标、品控、运行、维护	变电	其他
203.2-176	GB/T 20836—2007	高压直流输电用油浸式平波电抗器	2007-8-1			采购、运维	招标、品控、运行、维护	换流	其他
203.2-177	GB/T 20837—2007	高压直流输电用油浸式平波电抗器技术参数和要求	2007-8-1			采购、运维	招标、品控、运行、维护	换流	其他
203.2-178	GB/T 20838—2007	高压直流输电用油浸式换流变压器技术参数和要求	2007-8-1			采购、运维	招标、品控、运行、维护	换流	其他
203.2-179	GB/T 20840.2—2014	互感器　第 2 部分：电流互感器的补充技术要求	2017-3-23	IEC 61869-2: 2012	GB 20840.2—2014	采购、运维	招标、品控、运行、维护	变电	互感器
203.2-180	GB/T 20840.3—2013	互感器　第 3 部分：电磁式电压互感器的补充技术要求	2017-3-23	IEC 61869-3: 2011	GB 20840.3—2013	采购、运维	招标、品控、运行、维护	变电	互感器
203.2-181	GB/T 20840.4—2015	互感器　第 4 部分：组合互感器的补充技术要求	2017-3-23	IEC 61869-4: 2013	GB 20840.4—2015	采购、运维	招标、品控、运行、维护	变电	互感器

续表

体系结构号	标准编号	标 准 名 称	实施日期	与国际标准对应关系	代替标准	阶段	分阶段	专业	分专业
203.2-182	GB/T 20840.5—2013	互感器 第5部分：电容式电压互感器的补充技术要求	2013-7-1		GB/T 4703—2007	采购、运维	招标、品控、运行、维护	变电	互感器
203.2-183	GB/T 20840.6—2017	互感器 第6部分：低功率互感器的补充通用技术要求	2018-5-1	IEC 61869-6: 2016		采购、运维	招标、品控、运行、维护	变电	互感器
203.2-184	GB/T 20840.7—2007	互感器 第7部分：电子式电压互感器	2007-8-1	IEC 60044-7: 1999，MOD		采购、运维	招标、品控、运行、维护	变电	互感器
203.2-185	GB/T 20840.9—2017	互感器 第9部分：互感器的数字接口	2018-5-1	IEC 61869-9: 2016		采购、运维	招标、品控、运行、维护	变电	互感器
203.2-186	GB/T 20993—2012	高压直流输电系统用直流滤波电容器及中性母线冲击电容器	2012-11-1		GB/T 20993—2007	采购、运维	招标、品控、运行、维护	换流	其他
203.2-187	GB/T 20994—2007	高压直流输电系统用并联电容器及交流滤波电容器	2008-2-1			采购、运维	招标、品控、运行、维护	换流	其他
203.2-188	GB/T 21420—2008	高压直流输电用光控晶闸管的一般要求	2008-9-1			采购、运维	招标、品控、运行、维护	换流	其他
203.2-189	GB/T 22382—2017	额定电压 72.5kV 及以上气体绝缘金属封闭开关设备与电力变压器之间的直接连接	2018-2-1	IEC 62271-211: 2014	GB/T 22382—2008	采购、运维	招标、品控、运行、维护	变电	避雷器
203.2-190	GB/T 22389—2008	高压直流换流站无间隙金属氧化物避雷器导则	2009-8-1	Cigre 33/14.05，NEQ		采购、运维	招标、品控、运行、维护	变电	避雷器
203.2-191	GB/T 22674—2008	直流系统用套管	2009-10-1	IEC 62199: 2004，MOD		采购、运维	招标、品控、运行、维护	换流	其他
203.2-192	GB/T 23753—2009	330kV 及 500kV 油浸式并联电抗器技术参数和要求	2009-11-1			采购、运维	招标、品控、运行、维护	变电	电抗器
203.2-193	GB/T 23755—2009	三相组合式电力变压器	2009-11-1			采购、运维	招标、品控、运行、维护	变电	变压器
203.2-194	GB/T 25091—2010	高压直流隔离开关和接地开关	2011-2-1			采购、运维	招标、品控、运行、维护	换流	其他
203.2-195	GB/T 25092—2010	高压直流输电用干式空心平波电抗器	2011-2-1			采购、运维	招标、品控、运行、维护	换流	其他
203.2-196	GB/T 25093—2010	高压直流系统交流滤波器	2011-2-1	IEC/PAS 62001: 2004，NEQ		采购、运维	招标、品控、运行、维护	换流	其他

续表

体系结构号	标准编号	标 准 名 称	实施日期	与国际标准对应关系	代替标准	阶段	分阶段	专业	分专业
203.2-197	GB/T 25307—2010	高压直流旁路开关	2011-5-1			采购、运维	招标、品控、运行、维护	换流	其他
203.2-198	GB/T 25308—2010	高压直流输电系统直流滤波器	2011-5-1			采购、运维	招标、品控、运行、维护	换流	其他
203.2-199	GB/T 25309—2010	高压直流转换开关	2011-5-1			采购、运维	招标、品控、运行、维护	换流	其他
203.2-200	GB/T 26215—2010	高压直流输电系统换流阀阻尼吸收回路用电容器	2011-7-1			采购、运维	招标、品控、运行、维护	换流	换流阀
203.2-201	GB/T 26218.3—2011	污秽条件下使用的高压绝缘子的选择和尺寸确定 第3部分：交流系统用复合绝缘子	2012-5-1	IEC/TS 60815-3: 2008，MOD	JB/T 8737—1998	采购、运维	招标、品控、运行、维护	变电、输电	变压器、开关、线路
203.2-202	GB/T 27747—2011	额定电压 72.5kV 及以上交流隔离断路器	2012-5-1	IEC 62271-108: 2005，MOD		采购、运维	招标、品控、运行、维护	变电	开关
203.2-203	GB/T 28525—2012	额定电压 72.5kV 及以上紧凑型成套开关设备	2017-3-23	IEC 62271-205: 2008	GB 28525—2012	采购、运维	招标、品控、运行、维护	变电	开关
203.2-204	GB/T 28547—2012	交流金属氧化物避雷器选择和使用导则	2012-11-1	IEC 60099-5: 2000，NEQ		采购、运维	招标、品控、运行、维护	变电	避雷器
203.2-205	GB/T 28565—2012	高压交流串联电容器用旁路开关	2012-11-1			采购、运维	招标、品控、运行、维护	变电	开关
203.2-206	GB/T 28810—2012	高压开关设备和控制设备电子及其相关技术在开关设备和控制设备的辅助设备中的应用	2013-2-1	IEC 62063: 1999，MOD		采购、运维	招标、品控、运行、维护	变电	开关
203.2-207	GB/T 28811—2012	高压开关设备和控制设备基于 IEC 61850 的数字接口	2013-5-1	IEC 62271-3: 2006，MOD		采购、运维	招标、品控、运行、维护	变电	开关
203.2-208	GB/T 28819—2012	充气高压开关设备用铝合金外壳	2013-2-1			采购、运维	招标、品控、运行、维护	变电	开关
203.2-209	GB/T 30547—2014	高压直流输电系统滤波器用电阻器	2014-10-28			采购、运维	招标、品控、运行、维护	变电	其他
203.2-210	GB/T 30841—2014	高压并联电容器装置的通用技术要求	2015-1-22			采购、运维	招标、品控、运行、维护	变电	其他

续表

体系结构号	标准编号	标准名称	实施日期	与国际标准对应关系	代替标准	阶段	分阶段	专业	分专业
203.2-211	GB/T 30846—2014	具有预定极间不同期操作高压交流断路器	2015-1-22			采购、运维	招标、品控、运行、维护	变电	开关
203.2-212	GB/T 31462—2015	500kV 和 750kV 级分级式可控并联电抗器本体技术规范	2015-12-1			采购、运维	招标、品控、运行、维护	变电	电抗器
203.2-213	GB/T 31487.2—2015	直流融冰装置　第 2 部分：晶闸管阀	2015-12-1			采购、运维	招标、品控、运行、维护	变电	其他
203.2-214	GB/T 31846—2015	高压机柜　通用技术规范	2016-2-1			采购、运维	招标、品控、运行、维护	变电	其他
203.2-215	GB/T 31954—2015	高压直流输电系统用交流 PLC 滤波电容器	2016-4-1			采购、运维	招标、品控、运行、维护	变电	其他
203.2-216	GB/T 32130—2015	高压直流输电系统用直流 PLC 滤波电容器	2016-5-1			采购、运维	招标、品控、运行、维护	换流	其他
203.2-217	GB/T 33597—2017	换位导线	2017-12-1			设计、采购、运维、修试	初设、品控、运行、试验	变电	其他
203.2-218	GB/T 34139—2017	柔性直流输电换流器技术规范	2018-2-1			采购、运维	招标、品控、运行、维护	变电	其他
203.2-219	GB/T 34865—2017	高压直流转换开关用电容器	2018-5-1			采购、运维	招标、品控、运行、维护	变电	开关
203.2-220	GB/T 34869—2017	串联补偿装置电容器组保护用金属氧化物限压器	2018-5-1			采购、运维	招标、品控、运行、维护	变电	避雷器
203.2-221	GB/T 34870.1—2017	超级电容器　第 1 部分：总则	2018-5-1			采购、运维	招标、品控、运行、维护	变电	其他
203.2-222	GB/Z 34935—2017	油浸式智能化电力变压器技术规范	2018-5-1			采购、运维	招标、品控、运行、维护	变电	变压器
203.2-223	GB/T 35702.1—2017	高压直流系统用电压源换流器阀损耗　第 1 部分：一般要求	2018-7-1			采购、运维	招标、品控、运行、维护	变电	其他
203.2-224	GB/T 35702.2—2017	高压直流系统用电压源换流器阀损耗　第 2 部分：模块化多电平换流器	2018-7-1			采购、运维	招标、品控、运行、维护	变电	其他

续表

体系结构号	标准编号	标准名称	实施日期	与国际标准对应关系	代替标准	阶段	分阶段	专业	分专业
203.2-225	GB/T 36271.1—2018	交流1kV以上电力设施　第1部分：通则	2019-1-1			设计、采购、运维	初设、招标、运行、维护	基础综合	
203.2-226	GB/T 36559—2018	高压直流输电用晶闸管阀	2019-2-1			采购、运维	招标、品控、运行、维护	换流	换流阀
203.2-227	GB/T 36955—2018	柔性直流输电用启动电阻技术规范	2019-7-1			采购、运维	招标、品控、运行、维护	换流	其他
203.2-228	GB/T 37008—2018	柔性直流输电用电抗器技术规范	2019-7-1			采购、运维	招标、品控、运行、维护	换流	其他
203.2-229	GB/T 37010—2018	柔性直流输电换流阀技术规范	2019-7-1			采购、运维	招标、品控、运行、维护	换流	换流阀
203.2-230	GB/T 37011—2018	柔性直流输电用变压器技术规范	2019-7-1			采购、运维	招标、品控、运行、维护	换流	换流变
203.2-231	GB/T 37012—2018	柔性直流输电接地设备技术规范	2019-7-1			采购、运维	招标、品控、运行、维护	换流	其他
203.2-232	GB/T 37015.1—2018	柔性直流输电系统性能　第1部分：稳态	2019-7-1			采购、运维	招标、品控、运行、维护	换流	换流阀、换流变、其他
203.2-233	GB/T 37015.2—2018	柔性直流输电系统性能　第2部分：暂态	2019-7-1			采购、运维	招标、品控、运行、维护	换流	换流阀、换流变、其他
203.2-234	JJG（电力）01—1994	电测量变送器	1994-11-1			采购、运维	招标、品控、运行、维护	变电	其他
203.2-235	ANSI IEEE C 57.12.10—2011	油浸式电力变压器的标准要求			IEEE C 57.12.10—2010	采购、运维	招标、品控、运行、维护	变电	变压器
203.2-236	BS EN 62217—2013	室内外用聚合物高压绝缘子　一般定义、试验方法和验收标准	2013-4-30			采购、运维	招标、品控、运行、维护	变电	其他
203.2-237	DIN EN 62271-203—2012	高压并关设备和控制设备　第203部分：额定电压超过52kV的气体绝缘金属壳开关装置（IEC 62271-203—2011）德文版本 EN 62271-203—2012	2012-11-1	EN 62271-203—2012，IDT；IEC 62271-203—2011，IDT	DIN EN 62271-203—2004	采购、运维	招标、品控、运行、维护	变电	开关

续表

体系结构号	标准编号	标 准 名 称	实施日期	与国际标准对应关系	代替标准	阶段	分阶段	专业	分专业
203.2-238	DIN IEC 62271-37-013—2012	高压开关设备和控制装置 第 37-013 部分：交流发电机断路器（IEC 17A/993/CD—2011）	2012-9-1	IEC 17A/993/CD—2011，IDT		采购、运维	招标、品控、运行、维护	变电	开关
203.2-239	NF C42-569-5—2012	互感器 第 5 部分：电容电压互感器附加要求	2012-6-30	EN 61869-5—2011，IDT；IEC 61869-5—2011，IDT	NF EN 60044-5—200409（C42-544-5）	采购、运维	招标、品控、运行、维护	变电	互感器
203.2-240	NF C64-471-102/A1—2012	高压开关设备和控制装置 第 102 部分：交流电隔离开关和接地开关	2012-8-18	EN 62271-l02/A1 —2011，1DT；IEC 62271-102 AMD 1—2011，IDT；IEC 62271—102 AMD 1 CORRIGE-NDUM 1—2012，IDT		采购、运维	招标、品控、运行、维护	变电	互感器
203.2-241	IEC 60076-1—2011	电力变压器 第 1 部分：总则	2011-4-20	BS EN 60076-1—2011，IDT；EN 60076-1—2011，IDT	IEC 60076-1—1993；IEC 60076-1—1993/Amd 1—1999；IEC 60076-1—1993+Amd 1—1999	采购、运维	招标、品控、运行、维护	变电	变压器
203.2-242	IEC 60076-2—2011	电力变压器 第 2 部分：温升	2011-2-23	DIN EN 60076-2—1994，EQV；EN60076-2—1997，EQV	IEC 60076-2—1993	采购、运维	招标、品控、运行、维护	变电	变压器
203.2-243	IEC 60076-3—2013	电力变压器 第 3 部分：绝缘水平、电介质试验和空气中的外间隙	2013-7-31		IEC 60076-3—2000	采购、运维	招标、品控、运行、维护	变电	变压器
203.2-244	IEC 60076-4—2002	电力变压器 第 4 部分：雷电冲击和开关试验导则电力变压器和电抗器	2002-6-6	BS EN 60076-4—2002，IDT；EN 60076-4—2002，IDT；DIN EN 60076-4—2003，IDT；OEVE/OENORM EN 60076-4—2003，IDT	IEC 60076-4—1976；IEC 60722—1982	采购、运维	招标、品控、运行、维护	变电	变压器
203.2-245	IEC 60076-5—2006	电源变压器 第 5 部分：抗短路能力	2006-2-7	BS EN 60076-5—2006，IDT；EN60076-5—2006，IDT	IEC 60076-5—2000	采购、运维	招标、品控、运行、维护	变电	变压器
203.2-246	IEC 60076-8—1997	电力变压器 第 8 部分：应用指南	1997-10-1	BS IEC 60076-8—1998，IDT；UNE 207005—2002，IDT	IEC 60606—1978	采购、运维	招标、品控、运行、维护	变电	变压器

续表

体系结构号	标准编号	标 准 名 称	实施日期	与国际标准对应关系	代替标准	阶段	分阶段	专业	分专业
203.2-247	IEC 60076-13—2006	电力变压器 第 13 部分：自我保护式充液变压器	2006-5-24	BS EN 60076-13—2006，IDT；EN 60076-13—2006，IDT		采购、运维	招标、品控、运行、维护	变电	变压器
203.2-248	IEC 60076-14—2013	电力变压器 第 14 部分：使用高温绝缘材料的液浸电力变压器	2013-9-16		IEC/TS 60076-14—2009	采购、运维	招标、品控、运行、维护	变电	变压器
203.2-249	IEC 60076-15—2015	电力变压器 第 15 部分：充气电力变压器	2015-4-22		IEC 60076-15—2008	采购、运维	招标、品控、运行、维护	变电	变压器
203.2-250	IEC 60099-4—2014	避雷器 第 4 部分：交流系统用无间隙金属氧化物避雷器	2014-6-30		IEC 60099-4—2004；IEC 60099-4—2004/Amd 1—2006；IEC 60099-4—2004/Amd 2—2009；IEC 60099-4—2004+Amd 1—2006；IEC 60099-4—2004+Amd 1—2006+Amd 2—2009	采购、运维	招标、品控、运行、维护	变电	避雷器
203.2-251	IEC 60099-5—2018	避雷器 第 5 部分：选择和应用建议	2018-1-19		IEC 60099-5—2013	采购、运维	招标、品控、运行、维护	变电	避雷器
203.2-252	IEC 60099-9—2014	避雷装置 第 9 部分：HVDC 换流站无间隙金属氧化物避雷装置	2014-6-26			采购、运维	招标、品控、运行、维护	变电	避雷器
203.2-253	IEC 60143-4—2010	电力系统用串联电容器 第 4 部分：可控硅控制的串联电容器	2010-11-25	EN 60143-4—2010，IDT		采购、运维	招标、运行、维护	换流	其他
203.2-254	SANS 60282-1—2014	高压熔断器 第 1 部分：限流熔断器	2014-12-18		SANS 60282-1—2010	采购、运维	招标、品控、运行、维护	变电	其他
203.2-255	IEC 60684-3-283—2010	柔性绝缘套管 第 3 部分：单个型号套管规范活页 283；母线绝缘用热缩减聚烯套管	2010-12-9	EN 60684-3-283—2011，IDT		采购、运维	招标、品控、运行、维护	变电	其他
203.2-256	IEC 61148—2011	子管堆叠散件及组件以及大功率变流设备用端子记号	2011-10-20		IEC 61148—1992；IEC 61148 CORRI 1—1995；IEC 61148 Corri 1—1995；IEC 22/185/ FDIS—2011	采购、运维	招标、品控、运行、维护	变电	其他

续表

体系结构号	标准编号	标准名称	实施日期	与国际标准对应关系	代替标准	阶段	分阶段	专业	分专业
203.2-257	IEC 61378-1 Corrigendum1—2012	变流变压器 第1部分：工业用变压器，勘误表1	2012-1-24	BS EN 61378-1—1999，NEQ		采购、运维	招标、品控、运行、维护	变电	变压器
203.2-258	IEC 61558-2-16 AMD 1—2013	电力变压器、反应器、供电机组及其组合的安全性 第2-16部分：开关电源装置用开关电源装置和变压器的详细要求和试验	2013-8-12			采购、运维	招标、品控、运行、维护	变电	变压器
203.2-259	IEC 61869-5—2011	互感器 第5部分：电容电压互感器附加要求	2011-7-1		IEC PAS 60044-5—2002；IEC 60044-5—2004；IEC 38/411/FDIS—2011	采购、运维	招标、品控、运行、维护	变电	其他
203.2-260	IEC 61936-1 AMD 1—2014	交流电压大于1kV的电力装置 第1部分：通用规则	2014-2-26			采购、运维	招标、品控、运行、维护	变电	其他
203.2-261	IEC 62271-1—2017	高压开关设备和控制设备 第1部分：交流开关设备和控制设备的通用规范	2017-7-12		IEC 62271-1—2007	采购、运维	招标、品控、运行、维护	变电	开关
203.2-262	IEC 62271-3—2015	高压开关设备和控制设备 第3部分：以IEC 61850为基础的数字接口	2015-3-10		IEC 62271-3—2006	采购、运维	招标、品控、运行、维护	变电	开关
203.2-263	IEC 62271-4—2013	高压开关设备和控制设备 第4部分：六氟化硫及其混合物的处理程序	2013-8-26		IEC/TR 62271-303—2008	采购、运维	招标、品控、运行、维护	变电	开关
203.2-264	IEC/IEEE 62271-37-082—2012/Cor 1—2014	高压开关装置和控制设备 第37-082部分：交流电路断路器上声压级测量用标准操作规程 勘误表1	2014-1-16			采购、运维	招标、品控、运行、维护	变电	其他
203.2-265	IEC 62271-100—2008/Amd 2—2017/Cor 1—2018	高压开关设备和控制装置 第100部分：高压交流断路器 修改件1 勘误表1	2018-1-12			采购、运维	招标、品控、运行、维护	变电	开关
203.2-266	IEC 62271-101—2010	高压开关设备和控制装置 第101部分：综合性试验	2010-11-1		IEC 62271-101—2006	采购、运维	招标、品控、运行、维护	变电	开关
203.2-267	IEC 62271-102—2018	高压开关设备和控制装置 第102部分：交流电隔离开关和接地开关 修改件1 勘误表1	2018-5-15		IEC 62271-102—2001	采购、运维	招标、品控、运行、维护	变电	开关

续表

体系结构号	标准编号	标 准 名 称	实施日期	与国际标准对应关系	代替标准	阶段	分阶段	专业	分专业
203.2-268	IEC 62271-103 Corri 1—2013	高压开关装置和控制装置 第 103 部分：大于 1kV 小于等于 52kV 额定电压用开关勘误表 1	2013-10-10			采购、运维	招标、品控、运行、维护	变电	开关
203.2-269	IEC 62271-104—2015	高压开关装置和控制器 第 104 部分：额定电压为 52kV 及其以上的高压开关	2009-4-1	HD 355.2 S2—1991，IDT；BS 5463 Pt.2，IDT；DIN VDE 0670-302—1992，EQV；SS IEC 265-2，IDT；EN 60265-2—1993，IDT	IEC 62271-104—2009	采购、运维	招标、品控、运行、维护	变电	开关
203.2-270	IEC 62271-106 Corri 1—2014	高压开关设备和控制设备 第 106 部分：交流接触器、基于接触器的控制器和电机起动器 勘误表 1	2014-2-6			采购、运维	招标、品控、运行、维护	变电	开关
203.2-271	IEC 62271-109 AMD 1—2013	高压开关装置和控制装置 第 109 部分：交流电流串联电容器迂回开关	2013-5-28	EN 62271-109/A1—2013，IDT	IEC 17 A/1038/FDIS—2013	采购、运维	招标、品控、运行、维护	变电	开关
203.2-272	IEC 62271-110—2017/Cor 2—2018	高压开关设备和控制设备 第 110 部分：感应负载开关	2018-2-16			采购、运维	招标、品控、运行、维护	变电	开关
203.2-273	IEC 62271-112—2013	高压开关装置和控制装置 第 112 部分：传输线上二次灭弧交流电高速接地开关	2013-8-6			采购、运维	招标、品控、运行、维护	变电	开关
203.2-274	IEC 62271-200—2011/Cor 1—2015	高压开关设备和控制设备 第 200 部分：额定电压大于 1kV 小于等于 52kV 的交流金属封闭式开关设备和控制设备	2015-6-5		IEC 62271-200—2003；IEC 17 C/523/FDIS—2011	采购、运维	招标、品控、运行、维护	变电	开关
203.2-275	IEC 62271-201—2014	高压开关设备和控制设备 第 201 部分：额定电压大于 1kV 小于等于 52kV 的交流固态绝缘封闭开关设备和控制设备	2014-3-26		IEC 62271-201—2006	采购、运维	招标、品控、运行、维护	变电	开关
203.2-276	IEC 62271-202—2014	高压开关设备和控制设备 第 202 部分：高压/低压预制装配式变电站	2014-3-26		IEC 62271-202—2006	采购、运维	招标、品控、运行、维护	变电	开关

续表

体系结构号	标准编号	标准名称	实施日期	与国际标准对应关系	代替标准	阶段	分阶段	专业	分专业
203.2-277	IEC 62271-203—2011/Cor 1—2013	高压开关装置和控制装置 第203部分：高于52kV额定电压的气体绝缘金属封装开关装置 勘误表1	2013-7-11			采购、运维	招标、品控、运行、维护	变电	开关
203.2-278	IEC 62271-204—2011	高压开关设备和控制设备 第204部分额定电压高于52kV的刚性气体绝缘输电线路	2011-8-1	IEC TR 61644—1998；IEC 17C/510/FDIS—2011	IEC TR 61644—1998；IEC 17C/510/FDIS—2011	采购、运维	招标、品控、运行、维护	变电	开关
203.2-279	IEC 62271-205—2008	高压开关装置和控制设备 第205部分：额定功率大于52kV的盒式开关组件	2008-1-1	DIN EN 62271-205—2008，IDT；BS EN 62271-205—2008，IDT；NF C64-471-205—2008，IDT；C64-471-205PR，IDT；OEVE/OENORM EN 62271-205—2009，IDT	IEC 17 C/418/FDIS—2007	采购、运维	招标、品控、运行、维护	变电	开关
203.2-280	IEC 62271-206—2011	高压开关装置和控制设备 第206部分：高于1kV和高于并包括52kV的额定电压用现场指示系统	2011-1-1	EN 62271-206—2011，IDT	IEC 61958—2000；IEC 17 C/491/FDIS—2010	采购、运维	招标、品控、运行、维护	变电	开关
203.2-281	IEC 62271-207—2012/Cor 1—2013	高压开关装置和控制设备 第207部分：额定电压大于52kV气体绝缘开关装置组件用抗地震能力勘误表1	2013-1-25	TS EN 62271-207—2013，IDT		采购、运维	招标、品控、运行、维护	变电	开关
203.2-282	IEC 62501—2009	高压直流电（HVDC）功率发射电源转换器（VSC）阀	2009-6-25	BS EN 62501—2009，IDT；EN 62501—2009 IDT；NF C53-701—2009，IDT	IEC 22 F/185/FDIS—2008	采购、运维	招标、品控、运行、维护	变电	其他
203.2-283	IEC/TR 60146-1-2—2011	半导体转换器一般要求和电网整流转换器 第1-2部分：应用指南	2011-1-26		IEC/TR 60146-1-2—1991	采购、运维	招标、品控、运行、维护	变电	其他
203.2-284	IEC/TR 60919-1—2010+Amd 1—2013	带线性换向变换器的高压直流（HVDC）系统的性能 第一部分：稳态条件	2013-4-30			采购、运维	招标、品控、运行、维护	变电	其他
203.2-285	IEC/TR 60919-2—2008/Amd 1—2015	高压直流（HVDC）系统性能 第2部分：故障和开关	2015-6-19			采购、运维	招标、品控、运行、维护	变电	其他

续表

体系结构号	标准编号	标准名称	实施日期	与国际标准对应关系	代替标准	阶段	分阶段	专业	分专业
203.2-286	IEC/TR 60919-3—2009	带有线性整流转换器的高压直流（HVDC）系统的性能 第3部分：动态条件	2009-10-13		IEC/TS 60919-3—1999	采购、运维	招标、品控、运行、维护	变电	其他
203.2-287	IEC/TR 62271-208—2009	高压开关装置和控制器 第208部分：由高压开关设备组件及高压/低压预制变电站产生的恒稳态工频电磁场的量化方法	2009-10-28	CLC FprTR 62271-208—2009，IDT		采购、运维	招标、品控、运行、维护	变电	开关
203.2-288	IEC/TR 62271-300—2006	高压开关装置和控制器 第300部分：交流电流断路器的抗震鉴定	2006-11-15		IEC 61166—1993	采购、运维	招标、品控、运行、维护	变电	开关
203.2-289	IEC/TR 62271-301—2009	高压开关装置和控制器 第301部分：高压端子尺寸标准化	2009-9-17		IEC/TR 62271-301—2004	采购、运维	招标、品控、运行、维护	变电	开关
203.2-290	IEC/TR 62271-302—2010	高压开关装置和控制器 第302部分：带有特定非同步操作杆的交流电路断路器	2010-6-21			采购、运维	招标、品控、运行、维护	变电	开关
203.2-291	IEC/TR 62271-305—2009	高压开关装置和控制器 第305部分：额定电压高于52kV的空气绝缘隔离开关的电容电流切换功能	2009-11-25			采购、运维	招标、品控、运行、维护	变电	开关
203.2-292	IEC/TR 62543—2011	使用电压源转换器（VSC）的高压直流（HVDC）传动装置	2011-3-30		IEC/PAS 62543—2008	采购、运维	招标、品控、运行、维护	变电	其他
203.2-293	IEC/TR 62544—2011	高压直流输电（HVDC）用有源滤波器	2011-8-19		IEC/PAS 62544—2008	采购、运维	招标、品控、运行、维护	变电	其他
203.2-294	IEC 60871-1—2014	额定电压1000V以上交流电力系统用并联电容器 第1部分：总则	2014-5-22		IEC 60871-1—2005	采购、运维	招标、品控、运行、维护	变电	其他
203.2-295	IEC 60871-4—2014	额定电压大于1000V的交流电力系统用并联电容器 第4部分：内部熔断器	2014-3-26		IEC 60871-4—1996	采购、运维	招标、品控、运行、维护	变电	其他
203.2-296	IEC/TS 60871-2—2014	额定电压1000V以上交流电力系统用并联电容器 第2部分：耐久性试验	2014-11-25		IEC/TS 60871-2—1999	采购、运维	招标、品控、运行、维护	变电	其他

续表

体系结构号	标准编号	标准名称	实施日期	与国际标准对应关系	代替标准	阶段	分阶段	专业	分专业
203.2-297	IEC/TS 61936-2—2015	超过 1kV 交流电和 1.5kV 直流电的电力装置 第 2 部分：直流电	2015-3-5			采购、运维	招标、品控、运行、维护	变电	其他
203.2-298	IEC/TS 62271-210—2013	高压开关装置和控制器 第 210 部分：额定电压高于 1kV 小于等于 52kV 的铁壳封闭式开关装置和控制器的地震规范	2006-11-15		IEC 61166—1993	采购、运维	招标、品控、运行、维护	变电	开关
203.2-299	IEC/TS 62271-304—2019	高压开关装置和控制器 第 304 部分：恶劣气候条件下用额定电压高于 1kV 小于等于 52kV 的室内封闭式开关装置和控制器的设计等级	2019-3-21		IEC/TS 62271-304—2008	采购、运维	招标、品控、运行、维护	变电	开关
203.2-300	IEC/TS 62344—2013	高压直流（HVDC）连接用接地电极站的设计通用导则	2013-1-24		IEC/PAS 62344—2007	采购、运维	招标、品控、运行、维护	变电	开关
203.2-301	IEEE 1031—2011	传输静态乏补偿器的功能规范指南	2011-5-14			采购、运维	招标、品控、运行、维护	变电	其他
203.2-302	IEEE C37.010—2016	Guide For Ac High-Voltage Circuit Breakers > 1000 Vac Rated On A Symmetrical Current Basis	2016-9-22		IEEE C37.010—1999（R2005）	采购、运维	招标、品控、运行、维护	变电	开关
203.2-303	IEEE C57.12.10—2017	液体侵入式电力变压器用要求	2017-12-6		IEEE C57.12.10—2010	采购、运维	招标、品控、运行、维护	变电	变压器
203.2-304	IEEE C57.135—2011	移相变压器的应用、规范和测试指南	2011-6-16			采购、运维	招标、品控、运行、维护	变电	变压器
203.2-305	IEEE C57.19.00—2004	电力装置套管的一般要求和试验程序	2004-12-8	ANSI/IEEE C 57.19.00—2004，IDT		采购、运维	招标、品控、运行、维护	变电	其他
203.2-306	IEEE C57.19.01—2017	户外电器套管特性参数及尺寸	2017-12-6		IEEE C57.19.01—2000；IEEE C57.19.01—2000（R2005）	采购、运维	招标、品控、运行、维护	变电	其他
203.2-307	IEEE C62.22—2009	交流系统中金属氧化物电涌放电器应用指南	2009-3-19	ANSI/IEEE C 62.22—2009，IDT	IEEE C62.22—1997	采购、运维	招标、品控、运行、维护	变电	其他

续表

体系结构号	标准编号	标 准 名 称	实施日期	与国际标准对应关系	代替标准	阶段	分阶段	专业	分专业
——特、超高压									
203.2-308	Q/CSG 11602—2007	±800kV 直流输电用换流变压器（试行）	2007-1-1			设计、采购、建设、运维	初设、施工图、招标、品控、验收与质量评定、试运行、运行	换流	其他
203.2-309	Q/CSG 11603—2007	±800kV 直流输电用干式平波电抗器（试行）	2007-10-1			设计、采购、建设、运维	初设、施工图、招标、品控、验收与质量评定、试运行、运行	换流	其他
203.2-310	Q/CSG 11604—2007	±800kV 直流输电用晶闸管换流阀（试行）	2007-10-1			设计、采购、建设、运维	初设、施工图、招标、品控、验收与质量评定、试运行、运行	换流	其他
203.2-311	Q/CSG 11605—2007	±800kV 直流输电用直流侧穿墙套管（试行）	2007-10-1			设计、采购、建设、运维	初设、施工图、招标、品控、验收与质量评定、试运行、运行	换流	其他
203.2-312	Q/CSG 11606—2007	±800kV 直流输电用无间隙金属氧化物避雷器（试行）	2007-10-1			设计、采购、建设、运维	初设、施工图、招标、品控、验收与质量评定、试运行、运行	换流	其他
203.2-313	Q/CSG 11607—2007	±800kV 直流输电用旁路开关（试行）	2007-10-1			设计、采购、建设、运维	初设、施工图、招标、品控、验收与质量评定、试运行、运行	换流	其他
203.2-314	Q/CSG 11608—2007	±800kV 直流输电用直流转换开关设备（试行）	2007-1-1			设计、采购、建设、运维	初设、施工图、招标、品控、验收与质量评定、试运行、运行	换流	其他
203.2-315	Q/CSG 11609—2007	±800kV 直流输电用线路棒形悬式复合绝缘子	2007-10-1			设计、采购、建设、运维	初设、施工图、招标、品控、验收与质量评定、试运行、运行	换流	其他
203.2-316	Q/CSG 11610—2007	±800kV 直流输电用支柱绝缘子（试行）	2007-10-1			设计、采购、建设、运维	初设、施工图、招标、品控、验收与质量评定、试运行、运行	换流	其他
203.2-317	Q/CSG 11611—2007	±800kV 直流输电用隔离开关和接地开关（试行）	2007-10-1			设计、采购、建设、运维	初设、施工图、招标、品控、验收与质量评定、试运行、运行	换流	其他

续表

体系结构号	标准编号	标 准 名 称	实施日期	与国际标准对应关系	代替标准	阶段	分阶段	专业	分专业
203.2-318	Q/CSG 11612—2007	±800kV 直流输电用直流滤波电容器及中性母线电容器（试行）	2007-10-1			设计、采购、建设、运维	初设、施工图、招标、品控、验收与质量评定、试运行、运行	换流	其他
203.2-319	Q/CSG 11613—2007	±800kV 直流输电用交流PLC 阻波器（试行）	2007-10-1			设计、采购、建设、运维	初设、施工图、招标、品控、验收与质量评定、试运行、运行	换流	其他
203.2-320	Q/CSG 11614—2007	±800kV 直流输电用交流PLC 耦合电容器（试行）	2007-1-1			设计、采购、建设、运维	初设、施工图、招标、品控、验收与质量评定、试运行、运行	换流	其他
203.2-321	Q/CSG 11615—2007	±800kV 直流输电用直流PLC 阻波器	2007-1-1			设计、采购、建设、运维	初设、施工图、招标、品控、验收与质量评定、试运行、运行	换流	其他
203.2-322	Q/CSG 11616—2007	±800kV 直流输电用直流PLC 耦合电容器（试行）	2007-1-1			设计、采购、建设、运维	初设、施工图、招标、品控、验收与质量评定、试运行、运行	换流	其他
203.2-323	Q/CSG 11619—2007	±800kV 直流输电用换流阀冷却系统（试行）	2007-1-31			设计、采购、建设、运维	初设、施工图、招标、品控、验收与质量评定、试运行、运行	换流	其他
203.2-324	Q/CSG 11621—2009	高压直流系统直流滤波器	2009-6-15			设计、采购、建设、运维	初设、施工图、招标、品控、验收与质量评定、试运行、运行	换流	其他
203.2-325	Q/CSG 11622—2009	高压直流系统交流滤波器	2009-6-15			设计、采购、建设、运维	初设、施工图、招标、品控、验收与质量评定、试运行、运行	换流	其他
203.2-326	DL/T 1725—2017	超高压磁控型可控并联电抗器技术规范	2017-12-1			设计、采购、建设、运维	初设、施工图、招标、品控、验收与质量评定、试运行、运行	换流	其他
203.2-327	DL/T 1726—2017	特高压直流穿墙套管技术规范	2017-12-1			设计、采购、建设、运维	初设、施工图、招标、品控、验收与质量评定、试运行、运行	换流	其他

续表

体系结构号	标准编号	标准名称	实施日期	与国际标准对应关系	代替标准	阶段	分阶段	专业	分专业
203.2-328	JB/T 8439—2008	使用于高海拔地区的高压交流电机防电晕技术要求	2008-12-1			设计、采购、建设、运维	初设、施工图、招标、品控、验收与质量评定、试运行、运行	换流	其他
203.2-329	GB/T 25082—2010	800kV 直流输电用油浸式换流变压器技术参数和要求	2011-2-1			设计、采购、建设、运维	初设、施工图、招标、品控、验收与质量评定、试运行、运行	换流	其他
203.2-330	GB/T 25083—2010	±800kV 直流系统用金属氧化物避雷器	2011-2-1			设计、采购、建设、运维	初设、施工图、招标、品控、验收与质量评定、试运行、运行	换流	其他
203.2-331	GB/T 26166—2010	±800kV 直流系统用穿墙套管	2011-7-1			设计、采购、建设、运维	初设、施工图、招标、品控、验收与质量评定、试运行、运行	换流	其他
203.2-332	GB/T 32516—2016	超高压分级式可控并联电抗器晶闸管阀	2016-9-1			设计、采购、建设、运维	初设、施工图、招标、品控、验收与质量评定、试运行、运行	换流	其他
203.3 设备材料-中压电力设备									
203.3-1	Q/CSG 11061—2007	20kV 配电设备技术标准（试行）	2008-12-8			设计、采购	初设、施工图、招标、品控	配电	其他
203.3-2	Q/CSG 110029—2012	10kV 油浸式非晶合金铁心配电变压器技术规范	2012-4-27			设计、采购、修试	初设、施工图、招标、品控、试验	配电	变压器
203.3-3	Q/CSG 1101002—2013	10kV 油浸式配电变压器技术规范	2013-3-1			设计、采购、修试	初设、施工图、招标、品控、试验	配电	变压器
203.3-4	Q/CSG 1101003—2013	10kV 户外柱上开关技术规范	2013-3-1			设计、采购、修试	初设、施工图、招标、品控、试验	配电	开关
203.3-5	Q/CSG 1101006—2013	10kV 户外跌落式熔断器技术规范	2013-5-10			设计、采购、修试	初设、施工图、招标、品控、试验	配电	开关
203.3-6	Q/CSG 1101009—2013	10kV 干式配电变压器技术规范	2013-5-10			设计、采购、修试	初设、施工图、招标、品控、试验	配电	变压器

续表

体系结构号	标准编号	标 准 名 称	实施日期	与国际标准对应关系	代替标准	阶段	分阶段	专业	分专业
203.3-7	Q/CSG 1203014—2016	10kV 柱上真空断路器成套设备技术规范	2016-3-12			设计、采购、修试	初设、施工图、招标、品控、试验	配电	开关
203.3-8	Q/CSG 1203015—2016	10kV 柱上真空负荷开关成套设备技术规范	2016-1-1			设计、采购、修试	初设、施工图、招标、品控、试验	配电	开关
203.3-9	Q/CSG 1203016—2016	12kV 固体绝缘环网柜技术规范	2016-1-1			设计、采购、修试	初设、施工图、招标、品控、试验	配电	开关
203.3-10	Q/CSG 1203055—2018	10kV 天然酯绝缘油配电变压器技术规范	2018-12-28			设计、采购、修试	初设、施工图、招标、品控、试验	配电	变压器
203.3-11	T/CEC 108—2016	配网复合材料电杆	2017-1-1			采购、建设	品控、验收与质量评定	配电	其他
203.3-12	T/CEC 109—2016	10kV～66kV 油浸式并联电抗器技术要求	2017-1-1			设计、采购、修试	初设、施工图、招标、品控、试验	变电	电抗器
203.3-13	T/CEC 110—2016	配电线路串联调压装置技术规范	2017-1-1			设计、采购	初设、招标	配电	线缆
203.3-14	T/CEC 111—2016	柱上变压器一体化成套设备技术条件	2017-1-1			设计、采购、修试	初设、施工图、招标、品控、试验	配电	变压器
203.3-15	T/CEC 163—2018	10kV 少维护有载调压配电变压器技术规范	2018-4-1			设计、采购、修试	初设、施工图、招标、品控、试验	配电	变压器
203.3-16	T/CSEE 0082—2018	中压配电线路用多腔室间隙防雷装置通用技术条件				设计、采购、修试	初设、施工图、招标、品控、试验	配电	线缆
203.3-17	DL/T 267—2012	油浸式全密封卷铁心配电变压器使用技术条件	2012-7-1			设计、采购、修试	初设、施工图、招标、品控、试验	配电	变压器
203.3-18	DL/T 403—2016	12kV～40.5kV高压真空断路器订货技术条件	2011-5-1			设计、采购	初设、施工图、招标、品控、试验	配电	开关
203.3-19	DL/T 404—2018	3.6kV～40.5kV 交流金属封闭开关设备和控制设备	2019-5-1		DL/T 404—2007	设计、采购、修试	初设、施工图、招标、品控、试验	配电	开关

续表

体系结构号	标准编号	标准名称	实施日期	与国际标准对应关系	代替标准	阶段	分阶段	专业	分专业
203.3-20	DL/T 406—2010	交流自动分段器订货技术条件	2011-5-1		DL/T 406—1991	设计、采购、修试	初设、施工图、招标、品控、试验	配电	开关
203.3-21	DL/T 472—1992	可控气吹开断器订货技术条件	1992-11-1			设计、采购、修试	初设、施工图、招标、品控、试验	配电	开关
203.3-22	DL/T 640—1997	户外交流高压跌落式熔断器及熔断件订货技术条件	1998-6-1	IEC 282-2: 1995，EQV	SD 319—1989	设计、采购、修试	初设、施工图、招标、品控、试验	配电	其他
203.3-23	DL/T 780—2001	配电系统中性点接地电阻器	2002-2-1	ANSI/IEEE 32: 1990，NEQ		设计、采购、修试	初设、施工图、招标、品控、试验	配电	其他
203.3-24	DL/T 813—2002	12kV 高压交流自动重合器技术条件	2002-9-1		SD 317—1989	设计、采购、修试	初设、施工图、招标、品控、试验	配电	其他
203.3-25	DL/T 844—2003	12kV 少维护户外配电开关设备通用技术条件	2003-6-1			设计、采购、修试	初设、施工图、招标、品控、试验	配电	开关
203.3-26	DL/T 1057—2007	自动跟踪补偿消弧线圈成套装置技术条件	2007-12-1			设计、采购、修试	初设、施工图、招标、品控、试验	配电	其他
203.3-27	DL/T 1216—2013	配电网静止同步补偿装置技术规范	2013-8-1			设计、采购、修试	初设、施工图、招标、品控、试验	配电	其他
203.3-28	DL/T 1226—2013	固态切换开关技术规范	2013-8-1			设计、采购、修试	初设、施工图、招标、品控、试验	配电	开关
203.3-29	DL/T 1263—2013	12kV～40.5kV 电缆分接箱技术条件	2014-4-1			设计、采购、修试	初设、施工图、招标、品控、试验	配电	线缆
203.3-30	DL/T 1390—2014	12kV 高压交流自动用户分界开关设备	2015-3-1			设计、采购、修试	初设、施工图、招标、品控、试验	配电	开关
203.3-31	DL/T 1438—2015	单相配电变压器选用导则	2015-9-1			设计	初设	配电	变压器
203.3-32	DL/T 1535—2016	10kV～35kV 干式空心限流电抗器使用导则	2016-6-1			设计	初设	变电	电抗器
203.3-33	DL/T 1586—2016	12kV 固体绝缘金属封闭开关设备和控制设备	2016-7-1			设计、采购、修试	初设、施工图、招标、品控、试验	配电	开关
203.3-34	DL/T 1658—2016	35kV 及以下固体绝缘管型母线	2017-5-1			设计、采购、修试	初设、施工图、招标、品控、试验	配电	其他

续表

体系结构号	标准编号	标准名称	实施日期	与国际标准对应关系	代替标准	阶段	分阶段	专业	分专业
203.3-35	DL/Z 1697—2017	柔性直流配电系统用电压源换流器技术导则	2017-8-1			设计、采购	初设、施工图、招标、品控	换流	换流变
203.3-36	DL/T 1813—2018	油浸式非晶合金铁心配电变压器选用导则	2018-7-1			设计	初设	配电	变压器
203.3-37	DL/T 1832—2018	配电网串联电容器补偿装置技术规范	2018-7-1			设计、采购、建设、运维、修试、退役	初设、施工图、招标、品控、施工工艺、验收与质量评定、试运行、运行、维护、检修、试验、退役、报废	配电	线缆
203.3-38	DL/T 1853—2018	10kV有载调容调压变压器技术导则	2018-10-1			设计、采购、修试	初设、施工图、招标、品控、试验	配电	变压器
203.3-39	DL/T 1861—2018	高过载能力配电变压器技术导则	2018-10-1			设计、采购	初设、施工图、招标、品控	配电	变压器
203.3-40	NB/T 42028—2014	磁控电抗器型高压静止无功补偿装置（MSVC）	2014-8-1			设计、采购、修试	初设、施工图、招标、品控、试验	变电	电抗器
203.3-41	NB/T 42044—2014	3.6kV～40.5kV智能交流金属封闭开关设备和控制设备	2015-3-1			设计、采购、修试	初设、施工图、招标、品控、试验	配电	开关
203.3-42	NB/T 42049—2015	3kV及以下直流系统用无间隙金属氧化物避雷器	2015-9-1			设计、采购	初设、施工图、招标、品控	用电	其他
203.3-43	NB/T 42066—2016	6kV～35kV级干式铝绕组电力变压器技术参数和要求	2016-6-1			设计、采购、修试	初设、施工图、招标、品控、试验	配电	变压器
203.3-44	NB/T 42067—2016	6kV～36kV级油浸式铝绕组配电变压器技术参数和要求	2016-6-1			设计、采购、修试	初设、施工图、招标、品控、试验	配电	变压器
203.3-45	JB/T 10317—2014	单相油浸式配电变压器技术参数和要求	2014-10-1		JB/T 10317—2014	设计、采购、修试	初设、施工图、招标、品控、试验	配电	变压器
203.3-46	JB/T 10558—2006	柱上式高压无功补偿装置	2006-10-1			采购、运维	招标、品控、运行、维护	变电	互感器
203.3-47	JB/T 10777—2018	中性点接地电阻器	2018-12-1			设计、采购、修试	初设、施工图、招标、品控、试验	输电、配电	其他

续表

体系结构号	标准编号	标准名称	实施日期	与国际标准对应关系	代替标准	阶段	分阶段	专业	分专业
203.3-48	JB/T 10840—2008	3.6kV～40.5kV 高压交流金属封闭电缆分接开关设备	2008-7-1			设计、采购、修试	初设、施工图、招标、品控、试验	配电	开关
203.3-49	GB/T 1094.11—2007	电力变压器 第11部分：干式变压器	2017-3-23	IEC 60076-11: 2004	GB 1094.11—2007	设计、采购、修试	初设、施工图、招标、品控、试验	配电	变压器
203.3-50	GB/T 2819—1995	移动电站通用技术条件	1996-8-1		GB 2819—1981	设计、采购、修试	初设、施工图、招标、品控、试验	配电	线缆
203.3-51	GB/T 3804—2017	3.6kV～40.5kV 高压交流负荷开关	2018-4-1	IEC 62271-103: 2011	GB 3804—2004	设计、采购、修试	初设、施工图、招标、品控、试验	配电	开关
203.3-52	GB/T 3906—2006	3.6kV～40.5kV 交流金属封闭开关设备和控制设备	2017-3-23	IEC 62271-200: 2003	GB 3906—2006	设计、采购、修试	初设、施工图、招标、品控、试验	配电	开关
203.3-53	GB/T 6916—2008	湿热带电力电容器	2009-4-1		GB/T 6916—1997	设计、采购、修试	初设、施工图、招标、品控、试验	变电	其他
203.3-54	GB/T 10228—2015	干式电力变压器技术参数和要求	2016-4-1		GB/T 10228—2008	设计、采购、修试	初设、施工图、招标、品控、试验	配电	变压器
203.3-55	GB/T 17467—2010	高压/低压预装式变电站	2017-3-23	IEC 62271-202: 2006	GB 17467—2010	设计、采购	初设、施工图、招标、品控	变电	其他
203.3-56	GB/T 22072—2018	干式非晶合金铁心配电变压器技术参数和要求	2019-7-1		GB/T 22072—2008	设计、采购	初设、施工图、招标、品控	配电	变压器
203.3-57	GB/T 25284—2010	12kV～40.5kV 高压交流自动重合器	2017-3-23	IEC 62271-111: 2005	GB 25284—2010	设计、采购、修试	初设、施工图、招标、品控、试验	配电	其他
203.3-58	GB/T 25289—2010	20kV 油浸式配电变压器技术参数和要求	2011-5-1			采购、运维	招标、品控、运行、维护	配电	变压器
203.3-59	GB/T 25438—2010	三相油浸式立体卷铁心配电变压器技术参数和要求	2011-5-1			设计、采购、修试	初设、施工图、招标、品控、试验	配电	变压器
203.3-60	GB/T 25446—2010	油浸式非晶合金铁心配电变压器技术参数和要求	2011-5-1			设计、采购、修试	初设、施工图、招标、品控、试验	配电	变压器
203.3-61	GB/T 28182—2011	额定电压 52kV 及以下带串联间隙避雷器	2012-6-1	IEC 60099-6: 2002, MOD		设计、采购、修试	初设、施工图、招标、品控、试验	配电	其他
203.3-62	GB/T 32825—2016	三相干式立体卷铁心配电变压器技术参数和要求	2017-3-1			设计、采购、修试	初设、施工图、招标、品控、试验	配电	变压器

续表

体系结构号	标准编号	标 准 名 称	实施日期	与国际标准对应关系	代替标准	阶段	分阶段	专业	分专业
203.3-63	NEMA C37.85—2002（R2010）	电力开关用交流高压电力真空断路器的X射线辐射极限	2002-1-1	NEMA C 37.85—2002，IDT	SI C37.85，ANSI C37.85	设计、采购、修试	初设、施工图、招标、品控、试验	变电、配电	开关
203.3-64	ANSI IEEE C 57.135—2011	移相变压器的应用、规范和测试指南	2011-6-16			设计、采购、修试	初设、施工图、招标、品控、试验	配电	变压器
203.3-65	ANSI UL 1561—2012	干式通用和电力变压器的安全性标准			ANSI UL 1561—2003；ANSI UL 1561—2011	设计、采购、修试	初设、施工图、招标、品控、试验	配电	变压器
203.3-66	IEC 60549—2013	并联电力电容器外部保护用高压熔断器	2013-4-23	EN 60549—2013，IDT	IEC 60549—1976	设计、采购、修试	初设、施工图、招标、品控、试验	变电	其他
203.3-67	IEEE C 57.16—2011	干式空芯系列连接电抗器的标准要求、术语和试验规范	2011-10-31	IEEE C 57.16-2U11，IDT		设计、采购、修试	初设、施工图、招标、品控、试验	变电	电抗器
203.4 设备材料-低压电力设备									
203.4-1	Q/CSG 1203002—2013	变电站站用交流电源系统技术规范	2012-9-28			设计、采购	初设、施工图、招标、品控	变电	其他
203.4-2	Q/CSG 1203003—2013	变电站直流电源系统技术规范	2012-9-28			设计、采购	初设、施工图、招标、品控	变电	其他
203.4-3	T/CSEE 0062—2017	400V～1000V架空配电线路绝缘导线用耐张线夹	2018-5-1			设计、采购	初设、施工图、招标、品控、试验	配电	线缆
203.4-4	T/CSEE 0063—2017	配电网用户侧电压源变流器技术导则	2018-5-1			设计、采购	初设、施工图、招标、品控、试验	配电	其他
203.4-5	JB/T 7613—2013	电力电容器产品包装通用技术条件	2014-7-1		JB/T 7613—1994	设计、采购	初设、施工图、招标、品控、试验	配电、变电	其他
203.4-6	JB/T 10695—2007	低压无功功率动态补偿装置	2007-7-1			设计、采购	初设、施工图、招标、品控	配电	其他
203.4-7	JB/T 10775—2007	6kV～35kV级干式并联电抗器技术参数和要求	2008-2-1			设计、采购、修试	初设、施工图、招标、品控、试验	配电	其他
203.4-8	JB/T 10932—2010	低压电力滤波装置	2010-7-1			设计、采购	初设、施工图、招标、品控	配电	其他
203.4-9	DL/T 329—2010	基于DL/T 860的变电站低压电源设备通信接口	2011-5-1			设计、采购	初设、施工图、招标、品控	变电	其他
203.4-10	DL/T 339—2010	低压变频调速装置技术条件	2011-5-1			设计、采购	初设、施工图、招标、品控	配电、用电	其他

续表

体系结构号	标准编号	标准名称	实施日期	与国际标准对应关系	代替标准	阶段	分阶段	专业	分专业
203.4-11	DL/T 375—2010	户外配电箱通用技术条件	2011-5-1			设计、采购	初设、施工图、招标、品控	配电、用电	其他
203.4-12	DL/T 379—2010	低压晶闸管投切滤波装置技术规范	2010-10-1			设计、采购	初设、施工图、招标、品控	配电、用电	其他
203.4-13	DL/T 459—2017	电力用直流电源设备	2018-3-1		DL/T 459—2000	设计、采购	初设、施工图、招标、品控	变电、配电、用电	其他
203.4-14	DL/T 597—2017	低压无功补偿控制器使用技术条件	2018-6-1		DL/T 597—1996	设计、采购	初设、施工图、招标、品控	配电、用电	其他
203.4-15	DL/T 637—1997	阀控式密封铅酸蓄电池订货技术条件	1998-6-1	IEC 896-2: 1995，NEQ；JISC 8707: 1992，NEQ		设计、采购	初设、施工图、招标、品控	变电、配电、用电	其他
203.4-16	DL/T 842—2015	低压并联电容器装置使用技术条件	2015-9-1		DL/T 842—2003	设计、采购	初设、施工图、招标、品控	配电、用电	其他
203.4-17	DL/T 1074—2007	电力用直流和交流一体化不间断电源设备	2008-6-1			设计、采购	初设、施工图、招标、品控	变电、配电、用电	其他
203.4-18	DL/T 1196—2012	互感器负荷箱通用技术条件	2012-12-1			设计、采购	初设、施工图、招标、品控	用电	其他
203.4-19	DL/T 1441—2015	智能低压配电箱技术条件	2015-9-1			设计、采购	初设、施工图、招标、品控	配电	其他
203.4-20	DL/T 1442—2015	智能配变终端技术条件	2015-9-1			设计、采购	初设、施工图、招标、品控	调度及二次	继电保护及安全自动装置
203.4-21	DL/T 1796—2017	低压有源电力滤波器技术规范	2018-6-1			设计、采购	初设、施工图、招标、品控	配电、用电	其他
203.4-22	NB/T 41006—2014	低压有源无功综合补偿装置	2014-8-1			设计、采购	初设、施工图、招标、品控	配电、用电	其他
203.4-23	NB/T 42039—2014	宽压输入稳压输出隔离型直流-直流模块电源	2014-11-1			设计、采购	初设、施工图、招标、品控	变电、配电、用电	其他
203.4-24	NB/T 42057—2015	低压静止无功发生器	2015-12-1			设计、采购	初设、施工图、招标、品控	用电	其他
203.4-25	NB/T 42108—2017	家用和类似用途低压电路用的连接器件 汇流排	2017-12-1			设计、采购	初设、施工图、招标、品控	用电	需求侧管理

续表

体系结构号	标准编号	标 准 名 称	实施日期	与国际标准对应关系	代替标准	阶段	分阶段	专业	分专业
203.4-26	NB/T 42133—2017	全钒液流电池用电解液技术条件	2018-3-1			设计、采购	初设、施工图、招标、品控	变电、配电、用电	其他
203.4-27	NB/T 42134—2017	全钒液流电池管理系统技术条件	2018-3-1			设计、采购	初设、施工图、招标、品控	变电、配电、用电	其他
203.4-28	NB/T 42135—2017	锌溴液流电池通用技术条件	2018-3-1			设计、采购	初设、施工图、招标、品控	变电、配电、用电	其他
203.4-29	NB/T 42147—2018	全封闭型电动机-压缩机用无功耗及低功耗电子式起动器	2018-7-1			设计、采购	初设、施工图、招标、品控	配电、用电	其他
203.4-30	NB/T 42148.1—2018	电池驱动器具及设备的开关 第1部分：通用要求	2018-7-1			设计、采购	初设、施工图、招标、品控	配电	开关
203.4-31	NB/T 42149—2018	具有远程控制功能的小型断路器（RC-MCB）	2018-7-1			设计、采购	初设、施工图、招标、品控	配电	开关
203.4-32	NB/T 42150—2018	低压电涌保护器专用保护设备	2018-7-1			设计、采购	初设、施工图、招标、品控	配电、用电	其他
203.4-33	NB/T 42156—2018	配电网串联电容器补偿装置	2018-10-1			设计、采购	初设、施工图、招标、品控	配电	其他
203.4-34	JB/T 3752.1—2013	低压成套开关设备和控制设备 产品型号编制方法 第1部分：低压成套开关设备	2014-7-1		JB/T 3752.1—1999	设计、采购	初设、施工图、招标、品控	配电	开关
203.4-35	JB/T 3752.2—2013	低压成套开关设备和控制设备 产品型号编制方法 第2部分：电控设备	2014-7-1		JB/T 3752.2—1999	设计、采购	初设、施工图、招标、品控	配电	开关
203.4-36	JB/T 5877—2002	低压固定封闭式成套开关设备	2002-12-1		JB/T 5877—1991	设计、采购	初设、施工图、招标、品控	配电	开关
203.4-37	JB/T 6749—2013	爆炸性环境用电气设备 防爆照明（动力）配电箱	2014-7-1		JB/T 6749—1993	设计、采购	初设、施工图、招标、品控	配电	其他
203.4-38	JB/T 7115—2011	低压电动机就地无功补偿装置	2012-4-1		JB/T 7115—1993	设计、采购	初设、施工图、招标、品控	用电	其他
203.4-39	JB/T 8176—1999	电力和通信线路针式绝缘子钢脚	2000-1-1		JB/T 8176—1995	采购	招标	配电	线缆
203.4-40	JB/T 8456—2017	低压直流成套开关设备和控制设备	2018-4-1		JB/T 8456—2005	设计、采购	初设、施工图、招标、品控	配电	开关

续表

体系结构号	标准编号	标准名称	实施日期	与国际标准对应关系	代替标准	阶段	分阶段	专业	分专业
203.4-41	JB/T 8634—2017	湿热带型电控设备	2018-4-1		JB/T 8634—1997	设计、采购	初设、施工图、招标、品控	配电	开关
203.4-42	JB/T 8635—2014	防腐密封型低压成套开关设备和控制设备	2014-10-1		JB/T 8635—1997	设计、采购	初设、施工图、招标、品控	配电	开关
203.4-43	JB/T 8734.1—2016	额定电压 450/750V 及以下聚氯乙烯绝缘电缆电线和软线 第1部分：一般规定	2016-9-1		JB/T 8734.1—2012	设计、采购	初设、施工图、招标、品控	配电	线缆
203.4-44	JB/T 8734.2—2016	额定电压 450/750V 及以下聚氯乙烯绝缘电缆电线和软线 第 2 部分：固定布线用电缆电线	2016-9-1		JB/T 8734.2—2012	设计、采购	初设、施工图、招标、品控	配电	线缆
203.4-45	JB/T 8734.3—2016	额定电压 450/750V 及以下聚氯乙烯绝缘电缆电线和软线 第 3 部分：连接用软电线和软电缆	2016-9-1		JB/T 8734.3—2012	设计、采购	初设、施工图、招标、品控	配电	线缆
203.4-46	JB/T 8734.4—2016	额定电压 450/750V 及以下聚氯乙烯绝缘电缆电线和软线 第 4 部分：安装用电线	2016-9-1		JB/T 8734.4—2012	设计、采购	初设、施工图、招标、品控	配电	线缆
203.4-47	JB/T 8734.5—2016	额定电压 450/750V 及以下聚氯乙烯绝缘电缆电线和软线 第5部分：屏蔽电线	2016-9-1		JB/T 8734.5—2012	设计、采购	初设、施工图、招标、品控	配电	线缆
203.4-48	JB/T 8735.1—2016	额定电压450/750 V及以下橡皮绝缘软线和软电缆 第1部分：一般要求	2016-9-1		JB/T 8735.1—2011	设计、采购	初设、施工图、招标、品控	配电	线缆
203.4-49	JB/T 8735.2—2016	额定电压450/750V及以下橡皮绝缘软线和软电缆 第2部分：通用橡套软电缆	2016-9-1		JB/T 8735.2—2011	设计、采购	初设、施工图、招标、品控	配电	线缆
203.4-50	JB/T 8735.3—2016	额定电压450/750V及以下橡皮绝缘软线和软电缆 第3部分：橡皮绝缘编织软电线	2016-9-1		JB/T 8735.3—2011	设计、采购	初设、施工图、招标、品控	配电	线缆
203.4-51	JB/T 9661—1999	低压抽出式成套开关设备	2000-1-1		ZB K36001—1989	设计、采购	初设、施工图、招标、品控	配电	开关
203.4-52	JB/T 9665—2013	低压成套开关设备和控制设备辅件产品型号编制方法	2014-7-1		JB/T 9665—1999	设计、采购	初设、施工图、招标、品控	配电	开关

续表

体系结构号	标准编号	标准名称	实施日期	与国际标准对应关系	代替标准	阶段	分阶段	专业	分专业
203.4-53	JB/T 10316—2013	低压成套开关设备和控制设备绝缘支撑部件和绝缘材料	2014-7-1		JB/T 10316—2002	设计、采购	初设、施工图、招标、品控	配电	开关
203.4-54	JB/T 10583—2006	低压绝缘子瓷件技术条件	2006-10-11		GB/T 773—1993	设计、采购	初设、施工图、招标、品控	配电、用电	其他
203.4-55	JB/T 10585.1—2006	低压电力线路绝缘子　第1部分：低压架空电力线路绝缘子	2006-10-11		GB/T 1386.1—1997	设计、采购	初设、施工图、招标、品控	配电、用电	其他
203.4-56	JB/T 10585.2—2006	低压电力线路绝缘子　第2部分：架空电力线路用拉紧绝缘子	2006-10-11		GB/T 1386.2—1997	设计、采购	初设、施工图、招标、品控	配电、用电	其他
203.4-57	JB/T 10585.3—2006	低压电力线路绝缘子　第3部分：低压布线用绝缘子	2006-10-11		GB/T 1386.3—1997	设计、采购	初设、施工图、招标、品控	配电、用电	其他
203.4-58	JB/T 11627—2013	自恢复式小型熔断器	2014-7-1			设计、采购	初设、施工图、招标、品控	配电	开关
203.4-59	JB/T 11626—2013	可燃性粉尘环境用电气设备　用外壳和限制表面温度保护的电气设备粉尘防爆照明（动力）配电箱	2014-7-1			设计、采购	初设、施工图、招标、品控	配电、用电	其他
203.4-60	JB/T 11898—2014	电磁开关	2014-10-1			设计、采购	初设、施工图、招标、品控	配电	开关
203.4-61	JB/T 11899—2014	家用和类似用途电子开关性能要求	2014-10-1			设计、采购	初设、施工图、招标、品控	用电	其他
203.4-62	JB/T 12148—2015	家用和类似用途带USB充电接口的插座	2015-10-1			设计、采购	初设、施工图、招标、品控	用电	其他
203.4-63	JB/T 12149—2015	家用和类似用途带防雷保护的移动式插座	2015-10-1			设计、采购	初设、施工图、招标、品控	用电	其他
203.4-64	JB/T 12150—2015	家用和类似用途电容性负载的电源开关	2015-10-1			设计、采购	初设、施工图、招标、品控	用电	其他
203.4-65	JB/T 12260—2015	AT供电方式单相牵引变压器	2016-3-1			设计、采购	初设、施工图、招标、品控	配电	变压器
203.4-66	JB/T 12685—2016	高压电机定子线圈　技术条件	2016-6-1			设计、采购	初设、施工图、招标、品控	配电、用电	其他

续表

体系结构号	标准编号	标准名称	实施日期	与国际标准对应关系	代替标准	阶段	分阶段	专业	分专业
203.4-67	JB/T 12686—2016	推杆电动机通用技术条件	2016-6-1			设计、采购	初设、施工图、招标、品控	配电、用电	其他
203.4-68	JB/T 12815—2016	小型熔断器　贴片式熔断体	2016-9-1			设计、采购	初设、施工图、招标、品控	配电	开关
203.4-69	JB/T 13034—2017	器具电子开关电气性能要求及试验方法标准	2017-7-1			设计、采购	初设、施工图、招标、品控	用电	其他
203.4-70	JB/T 13075—2017	工业机械电气设备及系统用的 EtherMAC 系统结构与通讯规范	2017-7-1			采购	招标	配电	其他
203.4-71	SD 237—1987	额定电压 1kV 及以下架空绝缘电线	1988-11-1	IEC 227，NEQ；IEC 228，NEQ；IEC 502，NEQ；JIS 3340，NEQ；ANSI/UL 83，NEQ		设计、采购	初设、招标	配电	线缆
203.4-72	SJ/T 11557—2015	低压复合式开关总规范	2016-4-1			设计、采购	初设、施工图、招标、品控	配电	开关
203.4-73	GA/T 670—2006	安全防范系统雷电浪涌防护技术要求	2007-6-1			设计、采购、运维	初设、招标、运行、维护	配电	其他
203.4-74	JG/T 439—2014	家居配线箱	2015-2-1			设计、采购	初设、施工图、招标、品控	用电	其他
203.4-75	GB/T 5013.1—2008	额定电压 450/750V 及以下橡皮绝缘电缆　第 1 部分：一般要求	2008-9-1	IEC 60245-1: 2003，IDT	GB 5013.1—1997	设计、采购	初设、施工图、招标、品控	配电	线缆
203.4-76	GB/T 5013.3—2008	额定电压 450/750V 及以下橡皮绝缘电缆　第 3 部分：耐热硅橡胶绝缘电缆	2008-9-1	IEC 60245-3: 2003，IDT	GB 5013.3—1997	设计、采购	初设、施工图、招标、品控	配电	线缆
203.4-77	GB/T 5013.4—2008	额定电压 450/750V 及以下橡皮绝缘电缆　第 4 部分：软线和软电缆	2008-9-1	IEC 60245-4: 2003，IDT	GB 5013.4—1997	设计、采购	初设、施工图、招标、品控	配电	线缆
203.4-78	GB/T 5013.5—2008	额定电压 450/750V 及以下橡皮绝缘电缆　第 5 部分：电梯电缆	2008-9-1	IEC 60245-5: 2003，IDT	GB 5013.5—1997	设计、采购	初设、施工图、招标、品控	配电	线缆
203.4-79	GB/T 5013.6—2008	额定电压 450/750V 及以下橡皮绝缘电缆　第 6 部分：电焊机电缆	2008-9-1	IEC 60245-6: 2003，IDT	GB 5013.6—1997	设计、采购	初设、施工图、招标、品控	配电	线缆

续表

体系结构号	标准编号	标 准 名 称	实施日期	与国际标准对应关系	代替标准	阶段	分阶段	专业	分专业
203.4-80	GB/T 5013.7—2008	额定电压450/750V及以下橡皮绝缘电缆 第7部分：耐热乙烯-乙酸乙烯酯橡皮绝缘电缆	2008-9-1	IEC 60245-7：2003，IDT	GB 5013.7—1997	设计、采购	初设、施工图、招标、品控	配电	线缆
203.4-81	GB/T 5013.8—2013	额定电压450/750V及以下橡皮绝缘电缆 第8部分：特软电线	2013-12-2		GB/T 5013.8—2006	设计、采购	初设、施工图、招标、品控	配电	线缆
203.4-82	GB/T 5023.1—2008	额定电压450/750V及以下聚氯乙烯绝缘电缆 第1部分：一般要求	2009-5-1	IEC 60227-1：2007，IDT	GB 5023.1—1997	设计、采购	初设、施工图、招标、品控	配电	线缆
203.4-83	GB/T 5023.3—2008	额定电压450/750V及以下聚氯乙烯绝缘电缆 第3部分：固定布线用无护套电缆	2009-5-1	IEC 60227-3：2007，IDT	GB 5023.3—1997	设计、采购	初设、施工图、招标、品控	配电	线缆
203.4-84	GB/T 5023.4—2008	额定电压450/750V及以下聚氯乙烯绝缘电缆 第4部分：固套电缆	2009-5-1	IEC 60227-4：2007，IDT	GB 5023.4—1997	设计、采购	初设、施工图、招标、品控	配电	线缆
203.4-85	GB/T 5023.5—2008	额定电压450/750V及以下聚氯乙烯绝缘电缆 第5部分：软电缆（软线）	2009-5-1	IEC 60227-5：2007，IDT	GB 5023.5—1997	设计、采购	初设、施工图、招标、品控	配电	线缆
203.4-86	GB/T 5023.6—2006	额定电压450/750V及以下聚氯乙烯绝缘电缆 第6部分：电梯电缆和挠性连接用电缆	2006-12-1	IEC 60227-6：2007，IDT	GB 5023.6—1997	设计、采购	初设、施工图、招标、品控	配电	线缆
203.4-87	GB/T 5023.7—2008	额定电压450/750V及以下聚氯乙烯绝缘电缆 第7部分：二芯或多芯屏蔽和非屏蔽软电缆	2009-5-1	IEC 60227-7：2007，IDT	GB 5023.7—1997	设计、采购	初设、施工图、招标、品控	配电	线缆
203.4-88	GB/T 5171.1—2014	小功率电动机 第1部分：通用技术条件	2014-10-28		GB/T 5171—2002	设计、采购	初设、施工图、招标、品控	配电、用电	其他
203.4-89	GB/T 7251.1—2013	低压成套开关设备和控制设备 第1部分：总则	2017-3-23	IEC 61439-1: 2011	GB 7251.1—2013	设计、采购	初设、施工图、招标、品控	配电	开关
203.4-90	GB/T 7251.3—2017	低压成套开关设备和控制设备 第3部分：由一般人员操作的配电板（DBO）	2018-5-1	IEC 61439-3: 2012	GB 7251.3—2006	设计、采购	初设、施工图、招标、品控	配电	开关

续表

体系结构号	标准编号	标 准 名 称	实施日期	与国际标准对应关系	代替标准	阶段	分阶段	专业	分专业
203.4-91	GB/T 7251.4—2017	低压成套开关设备和控制设备 第 4 部分：对建筑工地用成套设备（ACS）的特殊要求	2018-5-1	IEC 61439-4: 2012	GB 7251.4—2006	设计、采购	初设、施工图、招标、品控	配电	开关
203.4-92	GB/T 7251.5—2017	低压成套开关设备和控制设备 第 5 部分：公用电网电力配电成套设备	2018-2-1	IEC 61439-5: 2014	GB/T 7251.5—2008	设计、采购	初设、施工图、招标、品控	配电	开关
203.4-93	GB/T 7251.6—2015	低压成套开关设备和控制设备 第 6 部分：母线干线系统（母线槽）	2017-3-23	IEC 61439-6: 2012	GB 7251.6—2015	设计、采购	初设、施工图、招标、品控	配电	开关
203.4-94	GB/T 7251.7—2015	低压成套开关设备和控制设备 第 7 部分：特定应用的成套设备：如码头、露营地、市集广场、电动车辆充电站	2015-12-1			设计、采购	初设、施工图、招标、品控	配电	开关
203.4-95	GB/T 7251.8—2005	低压成套开关设备和控制设备 智能型成套设备通用技术要求	2005-8-1			设计、采购	初设、施工图、招标、品控	配电	开关
203.4-96	GB/T 7251.10—2014	低压成套开关设备和控制设备 第 10 部分：规定成套设备的指南	2015-6-1			设计、采购	初设、施工图、招标、品控	配电	开关
203.4-97	GB/T 7251.12—2013	低压成套开关设备和控制设备 第 2 部分：成套电力开关和控制设备	2017-3-23	IEC 61439-2: 2011	GB 7251.12—2013	设计、采购	初设、施工图、招标、品控	配电	开关
203.4-98	GB/T 7346—2015	控制电机基本外形结构型式	2015-12-1		GB/T 7346—1998	设计、采购	初设、施工图、招标、品控	配电、用电	其他
203.4-99	GB/T 9330.2—2008	塑料绝缘控制电缆 第 2 部分：聚氯乙烯绝缘和护套控制电缆	2009-4-1		GB 9330.2—1988	设计、采购	初设、施工图、招标、品控	配电	线缆
203.4-100	GB/T 9364.1—2015	小型熔断器 第 1 部分：小型熔断器定义和小型熔断体通用要求	2016-4-1		GB 9364.1—1997	设计、采购	初设、施工图、招标、品控	用电	其他
203.4-101	GB/T 9364.2—2018	小型熔断器 第 2 部分：管状熔断体	2018-12-1		GB/T 9364.2—1997	设计、采购	初设、施工图、招标、品控	用电	其他
203.4-102	GB/T 9364.3—2018	小型熔断器 第 3 部分：超小型熔断体	2018-12-1		GB/T 9364.3—1997	设计、采购	初设、施工图、招标、品控	用电	其他

续表

体系结构号	标准编号	标　准　名　称	实施日期	与国际标准对应关系	代替标准	阶段	分阶段	专业	分专业
203.4-103	GB/T 9364.4—2016	小型熔断器　第 4 部分：通用模件熔断体（UMF）穿孔式和表面贴装式	2017-3-1	IEC 60127-4: 2012	GB 9364.4—2006	设计、采购	初设、施工图、招标、品控	用电	其他
203.4-104	GB/T 9364.6—2001	小型熔断器　第 6 部分：小型管状熔断体的熔断器座	2017-3-23	IEC 60127-6: 1994	GB 9364.6—2001	设计、采购	初设、施工图、招标、品控	用电	其他
203.4-105	GB/T 9364.7—2016	小型熔断器　第 7 部分：特殊应用的小型熔断体	2017-3-1	IEC 60127: 2013		设计、采购	初设、施工图、招标、品控	用电	其他
203.4-106	GB/T 9364.10—2013	小型熔断器　第 10 部分：用户指南	2014-5-10			设计、采购	初设、招标、品控	用电	其他
203.4-107	GB/T 9364.11—2016	小型熔断器　第 11 部分：LED 灯用熔断体	2017-3-1			设计、采购	初设、施工图、招标、品控	用电	其他
203.4-108	GB/T 10235—2012	弧焊电源　防触电装置	2017-3-23		GB 10235—2012	采购、运维	招标、运行、运行、维护	附属设施及工器具	工器具
203.4-109	GB/T 10963.1—2005	电气附件-家用及类似场所用过电流保护断路器　第 1 部分：用于交流的断路器	2017-3-23	IEC 60898-1: 2002 IDT	GB 10963.1—2005	设计、采购	初设、施工图、招标、品控	用电	其他
203.4-110	GB/T 10963.2—2008	家用及类似场所用过电流保护断路器　第 2 部分：用于交流和直流的断路器	2017-3-23	IEC 60898-2: 2003	GB 10963.2—2008	设计、采购	初设、施工图、招标、品控	用电	其他
203.4-111	GB/T 10963.3—2016	家用及类似场所用过电流保护断路器　第 3 部分：用于直流的断路器	2016-11-1			设计、采购	初设、施工图、招标、品控	用电	其他
203.4-112	GB/T 11918.1—2014	工业用插头插座和耦合器　第 1 部分：通用要求	2015-1-22		GB/T 11918—2001	设计、采购	初设、施工图、招标、品控	用电	其他
203.4-113	GB/T 11918.2—2014	工业用插头插座和耦合器　第 2 部分：带插销和插套的电器附件的尺寸兼容性和互换性要求	2015-1-22		GB/T 11919—2001	设计、采购	初设、施工图、招标、品控	用电	其他
203.4-114	GB/T 12725—2011	碱性铁镍蓄电池通用规范	2012-7-1		GB/T 12725—1991	设计、采购	初设、施工图、招标、品控	配电、用电	其他
203.4-115	GB/T 12747.1—2017	标称电压 1000V 及以下交流电力系统用自愈式并联电容器　第 1 部分：总则　性能、试验和定额　安全要求　安装和运行导则	2018-2-1	IEC 60831-1: 2014	GB/T 12747.1—2004	设计、采购	初设、施工图、招标、品控	配电、用电	其他

续表

体系结构号	标准编号	标 准 名 称	实施日期	与国际标准对应关系	代替标准	阶段	分阶段	专业	分专业
203.4-116	GB/T 12747.2—2017	标称电压1000V及以下交流电力系统用自愈式并联电容器 第2部分：老化试验、自愈性试验和破坏试验	2018-2-1	IEC 60831-2: 2014	GB/T 12747.2—2004	设计、采购	初设、施工图、招标、品控	配电、用电	其他
203.4-117	GB/T 13337.1—2011	固定性排气式铅酸蓄电池 第1部分：技术条件	2011-12-1	IEC 60896-11: 2002 NEQ	GB/T 13337.1—1991	设计、采购	初设、施工图、招标、品控	配电、用电	其他
203.4-118	GB/T 13337.2—2011	固定性排气式铅酸蓄电池 第2部分：规格及尺寸	2011-12-1		GB/T 13337.2—1991	设计、采购	初设、施工图、招标、品控	配电、用电	其他
203.4-119	GB/T 13539.1—2015	低压熔断器 第1部分：基本要求	2017-3-23	IEC 60269-1: 2009	GB 13539.1—2015	设计、采购	初设、施工图、招标、品控	配电	开关
203.4-120	GB/T 13539.5—2013	低压熔断器 第5部分：低压熔断器应用指南	2013-7-1	IEC 60947-4-2: 2011		设计、采购	初设、施工图、招标、品控	配电	开关
203.4-121	GB/T 14048.1—2012	低压开关设备和控制设备 第1部分：总则	2017-3-23	IEC 60947-1: 2011	GB 14048.1—2012	设计、采购	初设、施工图、招标、品控	配电	开关
203.4-122	GB/T 14048.2—2008	低压开关设备和控制设备 第2部分：断路器	2017-3-23	IEC 60947-2: 2006	GB 14048.2—2008	设计、采购	初设、施工图、招标、品控	配电	开关
203.4-123	GB/T 14048.3—2017	低压开关设备和控制设备 第3部分：开关、隔离器、隔离开关及熔断器组合电器	2018-7-1	IEC 60947-3: 2015	GB 14048.3—2008	设计、采购	初设、施工图、招标、品控	配电	开关
203.4-124	GB/T 14048.4—2010	低压开关设备和控制设备 第4-1部分：接触器和电动机起动器 机电式接触器和电动机起动器（含电动机保护器）	2017-3-23	IEC 60947-4-1: 2009-09 Ed.3.0	GB 14048.4—2010	设计、采购	初设、施工图、招标、品控	配电	开关
203.4-125	GB/T 14048.5—2017	低压开关设备和控制设备 第5-1部分：控制电路电器和开关元件 机电式控制电路电器	2018-5-1	IEC 60947-5-1: 2016	GB 14048.5—2008	设计、采购	初设、施工图、招标、品控	配电	开关
203.4-126	GB/T 14048.6—2016	低压开关设备和控制设备 第4-2部分：接触器和电动机起动器 交流电动机用半导体控制器和起动器（含软起动器）	2017-3-1	IEC 60947-4-2: 2011	GB 14048.6—2008	设计、采购	初设、施工图、招标、品控	配电	开关

续表

体系结构号	标准编号	标 准 名 称	实施日期	与国际标准对应关系	代替标准	阶段	分阶段	专业	分专业
203.4-127	GB/T 14048.7—2016	低压开关设备和控制设备 第 7-1 部分：辅助器件 铜导体的接线端子排	2016-9-1	IEC 60947-7-1: 2009（第 3.0 版），MOD	GB/T 14048.7—2006	设计、采购	初设、施工图、招标、品控	配电	开关
203.4-128	GB/T 14048.8—2016	低压开关设备和控制设备 第 7-2 部分：辅助器件 铜导体的保护导体接线端子排	2016-11-1	IEC 60947-7-2: 2009（第 3.0 版），MOD	GB/T 14048.8—2006	设计、采购	初设、施工图、招标、品控	配电	开关
203.4-129	GB/T 14048.9—2008	低压开关设备和控制设备 第 6-2 部分：多功能电器（设备）控制与保护开关电器（设备）（CPS）	2017-3-23	IEC 60947-6-2: 2007	GB 14048.9—2008	设计、采购	初设、施工图、招标、品控	配电	开关
203.4-130	GB/T 14048.10—2016	低压开关设备和控制设备 第 5-2 部分：控制电路电器和开关元件 接近开关	2017-3-1	IEC 60947-5-2: 2012	GB/T 14048.10—2008	设计、采购	初设、施工图、招标、品控	配电	开关
203.4-131	GB/T 14048.11—2016	低压开关设备和控制设备 第 6-1 部分：多功能电器 转换开关电器	2016-11-1	IEC 60947-6-1: 2013（2.1 版），MOD	GB/T 14048.11—2008	设计、采购	初设、施工图、招标、品控	配电	开关
203.4-132	GB/T 14048.12—2016	低压开关设备和控制设备 第 4-3 部分：接触器和电动机起动器 非电动机负载用交流半导体控制器和接触器	2017-7-1	IEC 60947-4-3: 2014	GB/T 14048.12—2006	设计、采购	初设、施工图、招标、品控	配电	开关
203.4-133	GB/T 14048.13—2017	低压开关设备和控制设备 第 5-3 部分：控制电路电器和开关元件 在故障条件下具有确定功能的接近开关（PDDB）的要求	2018-4-1	IEC 60947-5-3: 2013 Ed 2.0	GB/T 14048.13—2006	设计、采购	初设、施工图、招标、品控	配电	开关
203.4-134	GB/T 14048.14—2006	低压开关设备和控制设备 第 5-5 部分：控制电路电器和开关元件-具有机械锁闩功能的电气紧急制动装置	2007-4-1	IEC 60947-7-3: 2009（2.0 版）IDT		设计、采购	初设、施工图、招标、品控	配电	开关
203.4-135	GB/T 14048.15—2006	低压开关设备和控制设备 第 5-6 部分：控制电路电器和开关元件-接近传感器和开关放大器的 DC 接口（NAMUR）	2007-4-1	IEC 60947-5-6: 1999，IDT		设计、采购	初设、施工图、招标、品控	配电	开关

续表

体系结构号	标准编号	标 准 名 称	实施日期	与国际标准对应关系	代替标准	阶段	分阶段	专业	分专业
203.4-136	GB/T 14048.16—2016	低压开关设备和控制设备 第8部分：旋转电机用装入式热保护（PTC）控制单元	2017-3-1	IEC 60947-8: 2011	GB/T 14048.16—2006	设计、采购	初设、施工图、招标、品控	配电	开关
203.4-137	GB/T 14048.18—2016	低压开关设备和控制设备 第7-3部分：辅助器件 熔断器接线端子排的安全要求	2016-9-1	IEC 60947-7-3: 2009（2.0版）IDT	GB/T 14048.18—2008	设计、采购	初设、施工图、招标、品控	配电	开关
203.4-138	GB/T 14048.19—2013	低压开关设备和控制设备 第5-7部分：控制电路电器和开关元件 用于带模拟输出的接近设备的要求	2014-4-9			设计、采购	初设、施工图、招标、品控	配电	开关
203.4-139	GB/T 14048.20—2013	低压开关设备和控制设备 第5-8部分：控制电路电器和开关元件 三位使能开关	2014-4-9			设计、采购	初设、施工图、招标、品控	配电	开关
203.4-140	GB/T 14048.21—2013	低压开关设备和控制设备 第5-9部分：控制电路电器和开关元件 流量开关	2014-4-9			设计、采购	初设、施工图、招标、品控	配电	开关
203.4-141	GB/T 14048.22—2017	低压开关设备和控制设备 第7-4部分：辅助器件 铜导体的PCB接线端子排	2018-7-1	IEC 60947-7-4: 2013		设计、采购	初设、施工图、招标、品控	配电	开关
203.4-142	GB/T 16915.6—2015	家用和类似用途固定式电气装置的开关 第2-5部分：住宅和楼宇电子系统（HBES）用开关及有关附件	2016-4-1			设计、采购	初设、施工图、招标、品控	配电、用电	其他
203.4-143	GB/T 16916.1—2014	家用和类似用途的不带过电流保护的剩余电流动作断路器（RCCB） 第1部分：一般规则	2017-3-23	IEC 61008-1: 2012	GB 16916.1—2014	设计、采购	初设、施工图、招标、品控	用电	其他
203.4-144	GB/T 16917.1—2014	家用和类似用途的带过电流保护的剩余电流动作断路器（RCBO） 第1部分：一般规则	2017-3-23	IEC 61009-1: 2012	GB 16917.1—2014	设计、采购	初设、施工图、招标、品控	用电	其他
203.4-145	GB/T 15576—2008	低压成套无功功率补偿装置	2009-4-1		GB/T 15576—1995	设计、采购	初设、施工图、招标、品控	配电、用电	其他

续表

体系结构号	标准编号	标准名称	实施日期	与国际标准对应关系	代替标准	阶段	分阶段	专业	分专业
203.4-146	GB/T 16895.3—2017	低压电气装置　第5-54部分：电气设备的选择和安装接地配置和保护导体	2018-2-1	IEC 60364-5-54: 2011	GB/T 16895.3—2004	设计、采购	初设、施工图、招标、品控	配电、用电	其他
203.4-147	GB/T 16895.4—1997	建筑物电气装置　第5部分：电气设备的选择和安装第53章：开关设备和控制设备	2017-3-23	IEC 60364-5-53: 1994	GB 16895.4—1997	设计、采购	初设、施工图、招标、品控	配电、用电	其他
203.4-148	GB/T 16895.5—2012	低压电气装置　第4-43部分：安全防护　过电流保护	2017-3-23	IEC 60364-4-43: 2008	GB 16895.5—2012	设计、采购	初设、施工图、招标、品控	配电、用电	其他
203.4-149	GB/T 16895.6—2014	低压电气装置　第5-52部分：电气设备的选择和安装布线系统	2015-6-1		GB 16895.6—2000；GB/T 16895.15—2002	设计、采购	初设、施工图、招标、品控	配电、用电	其他
203.4-150	GB/T 16895.7—2009	低压电气装置　第7-704部分：特殊装置或场所的要求　施工和拆除场所的电气装置	2017-3-23	IEC 60364-7-704: 2005	GB 16895.7—2009	设计、采购	初设、施工图、招标、品控	配电、用电	其他
203.4-151	GB/T 16895.19—2017	低压电气装置　第7-702部分：特殊装置或场所的要求　游泳池和喷泉	2018-2-1	IEC 60364-7-702: 2010	GB/T 16895.19—2002	设计、采购	初设、施工图、招标、品控	配电、用电	其他
203.4-152	GB/T 16895.20—2017	低压电气装置　第5-55部分：电气设备的选择和安装其他设备	2018-7-1	IEC 60364-5-55: 2012	GB 16895.20—2003	设计、采购	初设、施工图、招标、品控	配电、用电	其他
203.4-153	GB/T 16895.22—2004	建筑物电气装置　第5-53部分：电气设备的选择和安装-隔离、开关和控制设备　第534节：过电压保护电器	2017-3-23		GB 16895.22—2004	设计、采购	初设、施工图、招标、品控	配电、用电	其他
203.4-154	GB/T 16895.28—2017	低压电气装置　第7-714部分：特殊装置或场所的要求　户外照明装置	2018-2-1	IEC 60364-7-714: 2011	GB/T 16895.28—2008	设计、采购	初设、施工图、招标、品控	配电、用电	其他
203.4-155	GB/T 16895.33—2017	低压电气装置　第5-56部分：电气设备的安装和选择安全设施	2018-2-1	IEC 60364-5-56: 2009		设计、采购	初设、施工图、招标、品控	配电、用电	其他
203.4-156	GB/T 16895.34—2018	低压电气装置　第7-753部分：特殊装置或场所的要求　加热电缆及埋入式加热系统	2018-10-1			设计、采购	初设、施工图、招标、品控	配电、用电	其他

续表

体系结构号	标准编号	标准名称	实施日期	与国际标准对应关系	代替标准	阶段	分阶段	专业	分专业
203.4-157	GB/T 16915.1—2014	家用和类似用途固定式电气装置的开关　第1部分：通用要求	2017-3-23	IEC 60669-1: 2007（Ed3.2）	GB 16915.1—2014	设计、采购	初设、施工图、招标、品控	用电	其他
203.4-158	GB/T 16915.5—2012	家用和类似用途固定式电气装置的开关　第2-4部分：隔离开关的特殊要求	2017-3-23	IEC 60669-2-4: 2004 Ed.1	GB 16915.5—2012	设计、采购	初设、施工图、招标、品控	用电	其他
203.4-159	GB/T 16915.7—2017	家用和类似用途固定式电气装置的开关　第2-6部分：外部或内部标识和照明用消防开关的特殊要求	2018-2-1	IEC 60669-2-6: 2012		设计、采购	初设、施工图、招标、品控	用电	其他
203.4-160	GB/T 16935.1—2008	低压系统内设备的绝缘配合　第1部分：原理、要求和试验	2008-7-1	IEC 60664-1: 2007，IDT	GB/T 16935.1—1997	设计、采购	初设、施工图、招标、品控	配电、用电	其他
203.4-161	GB/T 16935.4—2011	低压系统内设备的绝缘配合　第4部分：高频电压应力考虑事项	2012-5-1	IEC 60664-4: 2005，IDT		设计、采购	初设、施工图、招标、品控	配电、用电	其他
203.4-162	GB/Z 16935.6—2016	低压系统内设备的绝缘配合　第2-2部分：交界面考虑　应用指南	2016-9-1	IEC/TR 60664-2-2: 2002（第1版）IDT		设计、采购	初设、施工图、招标、品控	配电、用电	其他
203.4-163	GB/T 17478—2004	低压直流电源设备的性能特性	2005-2-1	IEC 61204: 2001，MOD	GB 17478—1998	设计、采购	初设、施工图、招标、品控	配电、用电	其他
203.4-164	GB/T 17886.1—1999	标称电压1kV及以下交流电力系统用非自愈式并联电容器　第1部分：总则--性能、试验和定额--安全要求　安装和运行导则	2000-5-1	IEC 60931-1: 1996，IDT	GB/T 3983.1—1989	设计、采购	初设、施工图、招标、品控	配电、用电	其他
203.4-165	GB/T 17886.2—1999	标称电压1kV及以下交流电力系统用非自愈式并联电容器　第2部分：老化试验和破坏试验	2000-5-1	IEC 60931-2: 1995，IDT		设计、采购	初设、施工图、招标、品控	配电、用电	其他
203.4-166	GB/T 17886.3—1999	标称电压1kV及以下交流电力系统用非自愈式并联电容器　第3部分：内部熔丝	2000-5-1	IEC 60931-3: 1996，IDT		设计、采购	初设、施工图、招标、品控	配电、用电	其他

续表

体系结构号	标准编号	标准名称	实施日期	与国际标准对应关系	代替标准	阶段	分阶段	专业	分专业
203.4-167	GB/T 18216.12—2010	交流1000V和直流1500V以下低压配电系统电气安全防护措施的试验、测量或监控设备 第12部分：性能测量和监控装置（PMD）	2011-5-1			设计、采购	初设、招标	变电	其他
203.4-168	GB/T 18499—2008	家用和类似用途的剩余电流动作保护器（RCD）电磁兼容性	2017-3-23	IEC 61543: 1995	GB 18499—2008	设计、采购	初设、施工图、招标、品控	配电、用电	其他
203.4-169	GB/T 18802.1—2011	低压电涌保护器(SPD）第1部分：低压配电系统的电涌保护器 性能要求和试验方法	2017-3-23	IEC 61643-1: 2005	GB 18802.1—2011	设计、采购	初设、施工图、招标、品控	配电、用电	其他
203.4-170	GB/T 18802.12—2014	低压电涌保护器(SPD）第12部分：低压配电系统的电涌保护器 选择和使用导则	2015-1-22		GB/T 18802.12—2006	设计、采购	初设、施工图、招标、品控	配电、用电	其他
203.4-171	GB/T 18802.21—2016	低压电涌保护器 第21部分：电信和信号网络的电涌保护器（SPD）性能要求和试验方法	2016-9-1	IEC 61643-21: 2012 IDT		设计、采购	初设、施工图、招标、品控	配电、用电	其他
203.4-172	GB/T 18802.22—2008	低压电涌保护器 第22部分：电信和信号网络的电涌保护器（SPD）选择和使用导则	2009-11-1	IEC 61643-22: 2004，IDT		设计、采购	初设、施工图、招标、品控	配电、用电	其他
203.4-173	GB/T 18802.311—2017	低压电涌保护器元件 第311部分：气体放电管(GDT)的性能要求和测试回路	2018-5-1	IEC 61643—311: 2013	GB/T 18802.311—2007	设计、采购	初设、施工图、招标、品控	配电、用电	其他
203.4-174	GB/T 18802.312—2017	低压电涌保护器元件 第312部分：气体放电管（GDT）的选择和使用导则	2018-7-1	IEC 61643-312: 2013		设计、采购	初设、施工图、招标、品控	配电、用电	其他
203.4-175	GB/T 18858.1—2012	低压开关设备和控制设备 控制器 设备接口（CDI）第1部分：总则	2013-2-1		GB/T 18858.1—2002	设计、采购	初设、施工图、招标、品控	配电	开关
203.4-176	GB/T 18858.2—2012	低压开关设备和控制设备 控制器 设备接口（CDI）第2部分：执行器传感器接口（AS-i）	2013-2-1		GB/T 18858.2—2002	设计、采购	初设、施工图、招标、品控	配电	开关

续表

体系结构号	标准编号	标准名称	实施日期	与国际标准对应关系	代替标准	阶段	分阶段	专业	分专业
203.4-177	GB/T 18858.3—2012	低压开关设备和控制设备 控制器 设备接口（CDI） 第3部分：DeviceNet	2013-2-1	IEC 62026-3: 2008 IDT	GB/T 18858.3—2002	设计、采购	初设、施工图、招标、品控	配电	开关
203.4-178	GB/T 18858.3—2012/XG1—2014	《低压开关设备和控制设备 控制器-设备接口（CDI） 第3部分：DeviceNet》国家标准第1号修改单	2015-7-1	IEC 62026-3：2008，IDT		设计、采购	初设、施工图、招标、品控	配电	开关
203.4-179	GB/T 18858.7—2014	低压开关设备和控制设备 控制器 设备接口（CDIs）第7部分：CompoNet	2015-1-22			设计、采购	初设、施工图、招标、品控	配电	开关
203.4-180	GB/T 19215.2—2003	电气安装用电缆槽管系统 第2部分：特殊要求 第1节：用于安装在墙上或天花板上的电缆槽管系统	2004-2-1	IEC 61084-2-1—1996，IDT		设计、采购	初设、施工图、招标、品控	配电、用电	其他
203.4-181	GB/T 19215.3—2012	电气安装用电缆槽管系统 第2部分：特殊要求 第2节：安装在地板下和与地板齐平的电缆槽管系统	2017-3-23	IEC 61084-2-2: 2003 Ed.1	GB 19215.3—2012	设计、采购	初设、施工图、招标、品控	配电、用电	其他
203.4-182	GB/T 19215.4—2017	电气安装用电缆槽管系统 第2部分：特殊要求 第4节：辅助端	2018-2-1	IEC 61084-2-4: 1996		设计、采购	初设、施工图、招标、品控	配电、用电	其他
203.4-183	GB/T 19638.1—2014	固定型阀控式铅酸蓄电池 第1部分：技术条件	2015-1-22		GB/T 19638.2—2005	设计、采购	初设、施工图、招标、品控	变电、配电、用电	其他
203.4-184	GB/T 19638.2—2014	固定型阀控式铅酸蓄电池 第2部分：产品品种和规格	2015-1-22			设计、采购	初设、施工图、招标、品控	变电、配电、用电	其他
203.4-185	GB/T 19639.1—2014	通用阀控式铅酸蓄电池 第1部分：技术条件	2015-7-1		GB/T 19639.1—2005	设计、采购	初设、施工图、招标、品控	变电、配电、用电	其他
203.4-186	GB/T 19639.2—2014	通用阀控式铅酸蓄电池 第2部分：规格型号	2015-7-1		GB/T 19639.2—2007	设计、采购	初设、施工图、招标、品控	变电、配电、用电	其他
203.4-187	GB/T 19826—2014	电力工程直流电源设备通用技术条件及安全要求	2014-10-28	ISO 3452-4: 1998，IDT	GB/T 19826—2005	设计、采购	初设、施工图、招标、品控	变电、配电、用电	其他
203.4-188	GB/T 20044—2012	电气附件 家用和类似用途的不带过电流保护的移动式剩余电流装置（PRCD）	2017-3-23	IEC 61540: 1999	GB 20044—2012	设计、采购	初设、施工图、招标、品控	配电、用电	其他

续表

体系结构号	标准编号	标 准 名 称	实施日期	与国际标准对应关系	代替标准	阶段	分阶段	专业	分专业
203.4-189	GB/T 20641—2014	低压成套开关设备和控制设备 空壳体的一般要求	2015-6-1		GB/T 20641—2006	设计、采购	初设、施工图、招标、品控	配电	开关
203.4-190	GB/T 21207.1—2014	低压开关设备和控制设备 入网工业设备描述 第1部分：设备描述编制总则	2015-4-1		GB/T 21207—2007	设计、采购	初设、施工图、招标、品控	配电	开关
203.4-191	GB/T 21207.2—2014	低压开关设备和控制设备 入网工业设备描述 第2部分：起动器和类似设备的根设备描述	2015-4-1			设计、采购	初设、施工图、招标、品控	配电	开关
203.4-192	GB/T 21560.3—2008	低压直流电源 第3部分：电磁兼容性（EMC）	2008-11-1	IEC 61204-3: 2000，MOD		设计、采购	初设、施工图、招标、品控	配电、用电	其他
203.4-193	GB/T 21560.6—2008	低压直流电源 第6部分：评定低压直流电源性能的要求	2008-11-1	IEC 61204-6: 2000，MOD		设计、采购	初设、施工图、招标、品控	配电、用电	其他
203.4-194	GB 21713—2008	低压交流电源（不高于1000V）中的浪涌特性	2008-11-1			设计、采购	初设、施工图、招标、品控	配电、用电	其他
203.4-195	GB/T 21707—2018	变频调速专用三相异步电动机绝缘规范	2019-1-1			设计、采购	初设、施工图、招标、品控	配电、用电	其他
203.4-196	GB/T 22582—2008	电力电容器 低压功率因数补偿装置	2009-10-1	IEC 61921: 2003，MOD		设计、采购	初设、施工图、招标、品控	配电、用电	其他
203.4-197	GB/T 22710—2008	低压断路器用电子式控制器	2009-10-1			设计、采购	初设、施工图、招标、品控	配电、用电	其他
203.4-198	GB/T 24274—2009	低压抽出式成套开关设备和控制设备	2010-2-1			设计、采购	初设、施工图、招标、品控	配电	开关
203.4-199	GB/T 24275—2009	低压固定封闭式成套开关设备和控制设备	2010-2-1			设计、采购	初设、施工图、招标、品控	配电	开关
203.4-200	GB/T 25099—2010	配电降压节电装置	2011-2-1			设计、采购	初设、施工图、招标、品控	配电	其他
203.4-201	GB/T 25316—2010	静止式岸电装置	2011-5-1			设计、采购、修试	初设、施工图、招标、品控、试验	配电	其他
203.4-202	GB/Z 25842.2—2012	低压开关设备和控制设备 过电流保护电器 第2部分：过电流条件下的选择性	2013-2-1			设计、采购	初设、施工图、招标、品控	配电	开关

续表

体系结构号	标准编号	标准名称	实施日期	与国际标准对应关系	代替标准	阶段	分阶段	专业	分专业
203.4-203	GB/T 27746—2011	低压电器用金属氧化物压敏电阻器（MOV）技术规范	2012-5-1			设计、采购	初设、施工图、招标、品控	配电、用电	其他
203.4-204	GB/T 28567—2012	电线电缆专用设备技术要求	2012-11-1			设计、采购	初设、施工图、招标、品控	配电	线缆
203.4-205	GB/T 29312—2012	低压无功功率补偿投切装置	2013-6-1			设计、采购	初设、施工图、招标、品控	配电	其他
203.4-206	GB/T 32503.1—2016	家用和类似用途变频控制器的安全　第1部分：通用要求	2016-9-1			设计、采购	初设、施工图、招标、品控	用电	其他
203.4-207	GB/T 32509—2016	全钒液流电池通用技术条件	2016-9-1			设计、采购	初设、施工图、招标、品控	变电、配电、用电	其他
203.4-208	GB/T 32891.1—2016	旋转电机　效率分级（IE代码）第1部分：电网供电的交流电动机	2017-3-1	IEC 60034-30-1: 2014		设计、采购	初设、施工图、招标、品控	配电、用电	其他
203.4-209	GB/T 32902—2016	具有自动重合闸功能的剩余电流保护断路器（CBAR）	2017-3-1			设计、采购	初设、施工图、招标、品控	配电	开关
203.4-210	GB/T 34927—2017	电动机软起动装置　通用技术条件	2018-5-1			设计、采购	初设、施工图、招标、品控	配电、用电	其他
203.4-211	GB/T 34928—2017	负载换相型软起动装置	2018-5-1			设计、采购	初设、施工图、招标、品控	配电、用电	其他
203.4-212	GB/T 34929—2017	单元级联型软起动装置	2018-5-1			设计、采购	初设、施工图、招标、品控	配电、用电	其他
203.4-213	GB/T 34940.1—2017	静态切换系统（STS）第1部分：总则和安全要求	2018-5-1	IEC 62310-1: 2005		设计、采购	初设、施工图、招标、品控	配电、用电	其他
203.4-214	GB/T 34940.2—2017	静态切换系统（STS）第2部分：电磁兼容性（EMC）要求	2018-5-1	IEC 62310-2: 2006		设计、采购	初设、施工图、招标、品控	配电、用电	其他
203.4-215	GB/T 34940.3—2017	静态切换系统（STS）第3部分：确定性能的方法和试验要求	2018-5-1	IEC 62310-3: 2008		设计、采购	初设、施工图、招标、品控	配电、用电	其他
203.4-216	GB/T 35685.1—2017	低压封闭式开关设备和控制设备　第1部分：在维修和维护工作中提供隔离功能的封闭式隔离开关	2018-7-1			设计、采购	初设、施工图、招标、品控	配电	开关

续表

体系结构号	标准编号	标 准 名 称	实施日期	与国际标准对应关系	代替标准	阶段	分阶段	专业	分专业
203.4-217	GB/T 35743—2017	低压开关设备和控制设备用于信息交换的产品数据与特性	2018-7-1			设计、采购	初设、施工图、招标、品控	配电	开关
203.4-218	GB/T 36295—2018	家用和类似用途机械式磁性接近开关	2019-1-1			设计、采购	初设、施工图、招标、品控	用电	其他
203.4-219	GB/T 37144—2018	低压机柜 电气机械结构	2019-7-1			设计、采购	初设、施工图、招标、品控	配电、用电	其他
203.4-220	GB/T 37145—2018	低压机柜 抽出式功能单元机械结构	2019-7-1			设计、采购	初设、施工图、招标、品控	配电、用电	其他
203.4-221	GB/Z 36281—2018	与附加功能组合的剩余电流保护电器	2019-1-1			设计、采购	初设、施工图、招标、品控	配电、用电	其他
203.4-222	ANSI C37.17—1991	交流和通用直流低压电力断路器的断开装置		NEMA C 37.17—1997，IDT	ANSI C37.17—1979；ANSI C 37.17—1988	设计、采购	初设、施工图、招标、品控	配电	开关
203.4-223	NEMA C136.10—2017	锁定式光控装置和配套的插座物理和电气可互换性及测试	2017-1-1	NEMA C 136.10—2010，IDT	NEMA C136.10—2010	设计、采购	初设、施工图、招标、品控	配电、用电	其他
203.4-224	ANSI UL 891A—2012	配电盘安全性标准（提案日期 03-30-2012）				设计、采购	初设、施工图、招标、品控	配电、用电	其他
203.4-225	ANSI UL 891—2012	配电盘安全性标准			ANSI UL 891—2005	设计、采购	初设、施工图、招标、品控	配电、用电	其他
203.4-226	UL 1066—2012	有外壳的低压交流或直流断路器安全性标准	2012-4-13	UL 1066—2012，IDT		设计、采购	初设、施工图、招标、品控	配电、用电	其他
203.4-227	UL 5085-3 BULLETIN—2012	低压变压器的安全性标准 第 3 部分：2 类和 3 类变压器	2012-6-29			设计、采购	初设、施工图、招标、品控	配电	变压器
203.4-228	BS 1363-2-2016+A1—2018	13A 插头、电源插座、适配器和连接装置 13A 有开关和无开关电源插座规格	2018-2-28		BS 1363-2—2016	设计、采购	初设、施工图、招标、品控	配电、用电	其他
203.4-229	BS EN 61439-3—2012	低压开关设备和控制设备装配模块普通人可操作配电屏（DBO）		EN 61439-3—2012，IDT；IEC 61439-3—2012. IDT	BS EN 60439-3—1991+A2—2001	设计、采购	初设、施工图、招标、品控	配电、用电	其他
203.4-230	DIN VDE 0100-540—2012	低压电力设备 第 5-54 部分：电气设备的选择和安装，接地措施和保护导体	2012-6-1	HD 60364-5-54—2011，IDT；IEC 60364 -5-54—2011，IDT	DIN VDE 0100-540—2007	设计、采购	初设、施工图、招标、品控	配电、用电	其他

续表

体系结构号	标准编号	标准名称	实施日期	与国际标准对应关系	代替标准	阶段	分阶段	专业	分专业
203.4-231	EN 60831-1—2014	额定电压不超过1000V交流系统用自愈式并联电力电容 第1部分：总则.性能、试验和额定值安全性要求安装和使用指南（IEC 33/496/CDV—2012）德文版本 Fpr EN 60831-1—2012	2014-6-6	FprEN 60831-1—2012，IDT；IEC 33/496/CDV—2012，IDT	EN 60831-1—1996；EN 60831-1—1996+A1—2003	设计、采购	初设、施工图、招标、品控	配电、用电	其他
203.4-232	NF C14.100 A1—2011	低压主线路装置	2011-3-16			设计、采购	初设、施工图、招标、品控	配电、用电	其他
203.4-233	NF C14-100—2008	低压电源装置			NF C14-100—1969	设计、采购	初设、施工图、招标、品控	配电、用电	其他
203.4-234	NF C63-130/A1—2012	低压开关设备和控制装置 第3部分：开关、断路器、开关一断路器和熔断器组合元件	2012-9-22	EN 60947-3/A1—2012，IDT；EN 60947-3/A1/AC—2012，IDT；EN 60947-3/A1/AC—2013，IDT；CEI 60947-3/A1—2012，IDT；CEI 60947-3/A1/AC1—2012，IDT；CEI 60947-3/A1/AC2—2013，IDT	NF C63-130/A1—2001	设计、采购	初设、施工图、招标、品控	配电	开关
203.4-235	NF C63-130—2009	低压开关设备和控制设备 第3部分：开关、切断器、开关切断器和结合有熔丝的元件	2009-8-1	EN 60947-3—2009，IDT；CEI 60947-3—2008，IDT	NF EN 60947-3—199908（C63-130）；NF EN 60947-3/A1—200109（C63-130/A1）；NF EN 60947-3/A2—200511（C63-130/A2）	设计、采购	初设、施工图、招标、品控	配电	开关
203.4-236	NF EN 61439-3—2012	低压开关设备和控制装置组件 第3部分：预计在非专业人员可能进入的场所中使用低压开关设备和控制装置组件的特殊要求配电盘	2012-9-22	EN 61439-3—2012，IDT；EN 61439-3/AC—2013，IDT；CEI 61439-3—2012，IDT	NF EN 60439-3—199109（C63-423）；NF EN 60439-3/A1—199409（C63-423/A1）；NF EN 60439-3/A2—200109（C63-423/A2）；NF EN 60439-3/AC—201001（C63-423/ AC）	设计、采购	初设、施工图、招标、品控	配电	开关
203.4-237	IEC 60269-2—2013+Amd 1—2016	低压熔断器 第2部分：指定人员使用的熔断器（主要是工业用熔断器）的补充要求 熔断器A至K标准化系统实例	2016-8-5			设计、采购	初设、施工图、招标、品控	配电	开关

续表

体系结构号	标准编号	标　准　名　称	实施日期	与国际标准对应关系	代替标准	阶段	分阶段	专业	分专业
203.4-238	IEC 60269-3 Edition 4.1—2013	低压熔断器　第 3 部分：非熟练人员使用的熔断器（主要是家用和类似用途的熔断器）的补充要求 A 型至 F 型熔断器的标准系统样例	2013-6-5		IEC 60269-3—2010	设计、采购	初设、施工图、招标、品控	配电	开关
203.4-239	IEC 60269-4—2009+Amd 1—2012+Amd 2—2016	低压熔断器　第 4 部分：半导体设备保护用熔断器补充要求	2016-8-12			设计、采购	初设、施工图、招标、品控	配电	开关
203.4-240	IEC/TR 60269-5—2014	低压熔断器　第 5 部分：低压熔断器应用指南	2014-3-7		IEC/TR 60269-5—2010	设计、采购	初设、施工图、招标、品控	配电	开关
203.4-241	IEC 60269-6—2010	低压熔断器　第 6 部分：对太阳能系统保护用熔断器的附加要求	2010-9-29			设计、采购	初设、施工图、招标、品控	配电	开关
203.4-242	IEC 60364-1—2005/Cor 1—2009	低压电气设备　第 1 部分：基本原则一般特性的评定和术语	2009-8-28			设计、采购	初设、施工图、招标、品控	配电、用电	其他
203.4-243	IEC 60364-2—2014	额定电压小于等于 1000V 的交流系统用自愈式并联电力电容器　第 2 部分：老化试验、自愈试验和破坏试验				设计、采购	初设、施工图、招标、品控	配电、用电	其他
203.4-244	IEC 60664-3—2016	低压系统内设备的绝缘协调　第 3 部分：防止污染保护使用的涂层、密封或浇铸	2016-11-4		IEC 60664-3—2003/Amd 1—2010/Cor 1—2010；IEC 60664-3—2003+Amd 1—2010；IEC 60664-3—2003/Amd 1—2010；IEC 60664-3—2003	设计、采购	初设、施工图、招标、品控	配电、用电	其他
203.4-245	IEC 60364-4-42—2010+Amd 1—2014	低压电气装置　第 4-42 部分：安全性防护热效应防护	2014-11-13			设计、采购	初设、施工图、招标、品控	配电、用电	其他
203.4-246	IEC 60364-4-44—2007+Amd 1—2015+Amd 2—2018	低压电气装置　第 4-44 部分：安全保护电压扰动和电磁扰动保护 勘误表 2	2018-1-16			设计、采购	初设、施工图、招标、品控	配电、用电	其他
203.4-247	IEC 60364-5-52—2009/Cor 1—2011	低压电气设备　第 5-52 部分：电气设备的选择和安装配线系　修改单 1	2011-2-10	HD 60364-5-52—2011，MOD		设计、采购	初设、施工图、招标、品控	配电、用电	其他

续表

体系结构号	标准编号	标准名称	实施日期	与国际标准对应关系	代替标准	阶段	分阶段	专业	分专业
203.4-248	IEC 60364-5-54—2011	低压电气设备 第5-54部分：电气设备的选择和安装接地安排和保护导体	2011-3-23		IEC 60364-5-54—2002	设计、采购	初设、施工图、招标、品控	配电、用电	其他
203.4-249	IEC 60364-5-56—2018	低压电气设备 第5-56部分：电气设备的选择和安装安全性服务	2018-11-2	HB 60364-5-56—2010，IDT；PN-HD 60364-5-56—2010，IDT	IEC 60364-5-56—2009	设计、采购	初设、施工图、招标、品控	配电、用电	其他
203.4-250	IEC 60364-6—2016	低压电气装置 第6部分：检验	2016-4-27		IEC 60364-6—2006	设计、采购	初设、施工图、招标、品控	配电、用电	其他
203.4-251	IEC 60364-7-701—2006	低压电气设备 第7-701部分：特殊装置或位置要求句含浴池或淋浴器的场所	2006-2-13	HD 60364-7-701—2007，MOD	IEC 60364-7-701—1984	设计、采购	初设、施工图、招标、品控	配电、用电	其他
203.4-252	IEC 60364-7-702—2010	低压电气设备 第7-702部分：专用设施或场所的要求游泳池和喷泉	2010-5-12		IEC 60364-7-702—1997	设计、采购	初设、施工图、招标、品控	配电、用电	其他
203.4-253	IEC 60364-7-705—2006	低压电气设备 第7-702部分：规定安装或位置的要求农业或园艺	2006-7-10	HD 60364-7-705—2007，MOD	IEC 60364-7-705—1984	设计、采购	初设、施工图、招标、品控	配电、用电	其他
203.4-254	IEC 60364-7-717—2009	低压电气设备 第7-717部分：特殊装置或部位的要求移动或可运输装置	2009-7-30	DIN VDE 0100-717—2010 MOD；HD 60364-7-717—2010，MOD；PN-HD 60364-7-717—2010 MOD	IEC 60364-7-717—2001	设计、采购	初设、施工图、招标、品控	配电、用电	其他
203.4-255	IEC 60364-7-718—2011	低压电气设备 第5-718部分：专门安装或位置的要求公共设施和工作场所	2011-3-23			设计、采购	初设、施工图、招标、品控	配电、用电	其他
203.4-256	IEC 60364-7-722—2018	低压电气装置 第7-722部分：特殊安装或场所要求电动车辆的供应	2018-9-21		IEC 60364-7-722—2015	设计、采购	初设、施工图、招标、品控	配电、用电	其他
203.4-257	IEC 60364-7-753—2014	低压电气装置 第7-753部分：特殊安装或场所要求供热电缆和嵌入式加热系统	2014-5-7		IEC 60364-7-753—2005	设计、采购	初设、施工图、招标、品控	配电、用电	其他
203.4-258	IEC/TR 60664-2-1—2011/Cor 1—2011	低压系统中设备的绝缘配合 第2-1部分：应用指南IEC 60664系列标准应用说明、尺寸测量示例和介质性能试验	2011-10-24	DIN EN 60664-1 Bb.1 2012 IDT		设计、采购	初设、施工图、招标、品控	配电、用电	其他

体系结构号	标准编号	标 准 名 称	实施日期	与国际标准对应关系	代替标准	阶段	分阶段	专业	分专业
203.4-259	IEC 60831-1—2014/Cor 1—2014	额定电压小于等于 1000V 的交流系统用自愈式并联电力电容器 第 1 部分：总则 性能、试验和定额安全要求 安装和运行准则 勘误表 1	2014-5-23			设计、采购	初设、施工图、招标、品控	配电、用电	其他
203.4-260	IEC 60939-1—2010	抑制电磁干扰用无源滤波装置 第 1 部分：通用规范	2010-7-1	EN 60939-1—2010，IDT	IEC 60939-1 CORRi 1—2005; IEC 60939-1 Corri 1—2005；IEC 60939-1—2005 ；IEC 40/2046/FDIS—2010	设计、采购	初设、施工图、招标、品控	配电、用电	其他
203.4-261	IEC 60947-1—2007+Amd 1—2010+Amd 2—2014	低压开关和控制设备 第 1 部分：一般规则	2014-9-9			设计、采购	初设、施工图、招标、品控	配电	开关
203.4-262	SANS 60947-2—2017	低压开关设备和控制设备 第 2 部分：断路器	2017-3-31	IEC 60947-2—2016，IDT	SANS 60947-2—2014	设计、采购	初设、施工图、招标、品控	配电	开关
203.4-263	IEC 60947-2—2016	低压开关设备 第 2 部分：断路器	2016-6-7		IEC 60947-2—2006+Amd 1—2009+Amd 2 —2013; IEC 60947-2—2006+Amd 1—2009; IEC 60947-2—2006	设计、采购	初设、施工图、招标、品控	配电	开关
203.4-264	IEC 60947-3—2008+Amd 1—2012+Amd 2—2015	低压开关装置和控制器 第 3 部分：开关、隔离器、开关隔离器和熔断器组合电器	2015-7-27			设计、采购	初设、施工图、招标、品控	配电	开关
203.4-265	IEC 60947-4-1—2018	低压开关装置和控制装置 第 4-1 部分：接触器和电动机起动器机电接触器和电动机起动器	2018-10-25		IEC 60947-4-1—2009	设计、采购	初设、施工图、招标、品控	配电	开关
203.4-266	IEC 60947-4-2—2011/Cor 1—2012	低压开关装置和控制装置 第 4-2 部分：接触器和电动机起动器 交流电（AC）半导体电动机控制器和起动器	2012-7-25	DIN EN 60447-4-2—2013，IDT		设计、采购	初设、施工图、招标、品控	配电	开关
203.4-267	IEC 60947-4-3—2014	低压开关设备和控制设备 第 4-3 部分：接触器和电动机起动器 非电动机负载用交流半导体控制器和接触器	2014-5-7		IEC 60947-4-3—1999; IEC 60947-4-3—1999/Amd 1—2006；IEC 60947-4-3—1999/Amd 2—2011; IEC 60947-4-3— 1999+Amd 1—2006；IEC 60947-4-3—1999+Amd 1—2006 +Amd 2—2011	设计、采购	初设、施工图、招标、品控	配电	开关

续表

体系结构号	标准编号	标准名称	实施日期	与国际标准对应关系	代替标准	阶段	分阶段	专业	分专业
203.4-268	IEC 60947-5-2 Edition 3.1 —2012	低压开关设备和控制设备　第 5-2 部分：控制电路器件和切换元件　接近开关	2012-9-27		IEC 60947-5-2—2007	设计、采购	初设、施工图、招标、品控	配电	开关
203.4-269	IEC 60947-5-8—2006	低压开关和控制设备　第 5-8 部分：控制电路器件和切换元件三位启动开关	2006-10-11	EN 60947-5-8—2006，IDT		设计、采购	初设、施工图、招标、品控	配电	开关
203.4-270	IEC 60947-5-9—2006	低压开关和控制设备　第 5-9 部分：控制电路设备和开关元件流速开关	2006-12-8			设计、采购	初设、施工图、招标、品控	配电	开关
203.4-271	IEC 60947-6-1—2013	低压开关设备和控制设备　第 6-1 部分：多功能设备转换开关设备	2013-12-13			设计、采购	初设、施工图、招标、品控	配电	开关
203.4-272	IEC 60947-6-2—2007	低压开关和控制设备　第 6-2 部分：多功能设备控制和保护开关器件（或设备）（CPS）	2007-3-30			设计、采购	初设、施工图、招标、品控	配电	开关
203.4-273	IEC 60947-7-4—2019	低压开关设备和控制设备　第 7-4 部分：辅助设备铜导线用 PCB 接线端子	2019-1-18		IEC 60947-7-4—2013	设计、采购	初设、施工图、招标、品控	配电	开关
203.4-274	IEC 60947-8—2011	低压开关和控制设备　第 8 部分：旋转电机用嵌入式热保护（PTC）控制装置	2011-5-18		IEC 60947-8—2006	设计、采购	初设、施工图、招标、品控	配电	开关
203.4-275	IEC 61204-7—2016	低压直流输出电源　第 7 部分：安全要求	2016-11-7		IEC 61204-7—2006	设计、采购	初设、施工图、招标、品控	配电、用电	其他
203.4-276	IEC/TR 61439-0—2013	低压开关装置和控制装置装配　第 0 部分：指定装配用指南	2013-4-29		IEC/TR 61439-0—2010	设计、采购	初设、施工图、招标、品控	配电	开关
203.4-277	IEC 61439-1—2011	低压开关设备和控制设备组件　第 1 部分：一般规则	2011-8-19		IEC 61439-1—2009	设计、采购	初设、施工图、招标、品控	配电	开关
203.4-278	IEC 61439-2—2011	低压开关设备和控制设备组件　第 2 部分：电力开关设备和控制设备组件	2011-8-19		IEC 61439-2—2009	设计、采购	初设、施工图、招标、品控	配电	开关
203.4-279	IEC 61439-5—2014	低压开关设备和控制设备组合装置　第 5 部分：公用电网中配电用组合装置	2014-8-25		IEC 61439-5—2010	设计、采购	初设、施工图、招标、品控	配电	开关

续表

体系结构号	标准编号	标准名称	实施日期	与国际标准对应关系	代替标准	阶段	分阶段	专业	分专业
203.4-280	IEC 61439-7—2018	低压开关装置和控制装置装配件 第7部分：码头、露营地点、市集广场、电动汽车装配件	2018-12-6		IEC/TS 61439-7—2014	设计、采购	初设、施工图、招标、品控	配电	开关
203.4-281	IEC 61558-2-4—2009	不大于1100V的变压器·电抗器·变电站及类似供电产品的安全性 第2-4部分：绝缘变压器的变电站专门要求和实验	2009-2-11		IEC 61558-2-4—1997	设计、采购	初设、施工图、招标、品控	配电	变压器
203.4-282	IEC 61558-2-6—2009	不大于1100V的变压器、电抗器、变电站及类似供电产品的安全性 第2-6部分：安全绝缘变压器和包含有安全绝缘变压器的变电站专门要求和实验	2009-2-11		IEC 61558-2-6—1997	设计、采购	初设、施工图、招标、品控	配电	变压器
203.4-283	IEC 61558-2-13—2009	不大于1100V的变压器、电抗器、变电站及类似供电产品的安全性 第2-13部分：自动变压器和包含有自动变压器的变电站专门要求和实验	2009-2-11		IEC 61558-2-13— 1999	设计、采购	初设、施工图、招标、品控	配电	变压器
203.4-284	IEC 61558-2-16—2009	电压小于1100V用变压器、电抗器、电源装置及类似设备的安全性 第2-16部分：开关电源装置和开关电源装置用变压器的特殊要求和检测	2009-6-17	EN 61558-2-16—2009，IDT	IEC 61558-2-17—1997	设计、采购	初设、施工图、招标、品控	配电	变压器
203.4-285	IEC 61558-2-26—2013	电力变压器 第2-26部分：反应器、供电机组及其组合的安全性全部用于节约能源和其他用途的变压器和供电机组的详细要求和试验	2013-7-10	EN 61558-2-26—2013，IDT		设计、采购	初设、施工图、招标、品控	配电	变压器
203.4-286	IEC TR 61641—2014	封闭式低压成套开关设备和控制设备在内部故障引起电弧情况下的试验导则	2014-9-9		IEC/TR 61641—2008	设计、采购	初设、施工图、招标、品控	配电	开关
203.4-287	IEC 61643-11—2011	低压浪涌保护装置 第11部分：两街道低压功率配电系统的浪涌保护装置试验方法和要求	2011-3-9		IEC 61643-1—2005	设计、采购	初设、施工图、招标、品控	配电、用电	其他

续表

体系结构号	标准编号	标　准　名　称	实施日期	与国际标准对应关系	代替标准	阶段	分阶段	专业	分专业
203.4-288	IEC 61643-21 Edition 1.2—2012	低压电涌保护装置　第21部分：连接到通讯和信号网络的电涌保护装置性能要求和试验方法	2012-7-27			设计、采购	初设、施工图、招标、品控	配电、用电	其他
203.4-289	IEC 61643-311—2013	低压浪涌保护装置的元件　第311部分：排气管（GDT）性能要求和测试电路	2013-4-11		IEC 61643-311—2001	设计、采购	初设、施工图、招标、品控	配电、用电	其他
203.4-290	IEC 61643-312 Corrigendum 1—2013	低压浪涌保护装置用元件　第312分：气体放电管筛选和应用原理.勘误表1	2013-7-16			设计、采购	初设、施工图、招标、品控	配电、用电	其他
203.4-291	IEC/TR 61912-1—2007	低压开关设备和控制器的短路额定值的应用	2007-8-23	DIN EN 60947-1 Bb.1—2008，IDT	IEC/TR 61912—2006	设计、采购	初设、施工图、招标、品控	配电	开关
203.4-292	IEC/TR 61912-2—2009	低压开关设备和控制设备过电流保护装置　第2部分：过电流条件下的选择性	2009-5-13			设计、采购	初设、施工图、招标、品控	配电	开关
203.4-293	IEC 61915-2 Corrigendum 1—2012	低压开关设备和控制设备网络工业设备的外观　第2部分：起动器和类似设备的根设备外观	2012-7-27	NF C63-010-2—2012，IDT		设计、采购	初设、施工图、招标、品控	配电	开关
203.4-294	IEC 61936-1—2010+Amd 1—2014	交流电压大于1kV的电力装置　第1部分：通用规则修改单1	2014-2-26			设计、采购	初设、施工图、招标、品控	配电、用电	其他
203.4-295	IEC 61951-1—2017	含碱性或其它非酸性电解质的蓄电池和蓄电池组　便携式密封可再充电的单电池　第1部分：镍-镉	2017-3-7		IEC 61951-1—2013	设计、采购	初设、施工图、招标、品控	配电、用电	其他
203.4-296	IEC 62026-7—2010	低压开关装置和控制器装置接口（CDIs）　第7部分：混合网络	2010-12-9		IEC/PAS 62026-7—2009	设计、采购	初设、施工图、招标、品控	配电	开关
203.4-297	IEC 62040-4—2013	不间断电源系统（UP5）　第4部分：环境因素　要求和报告	2013-4-29			设计、采购	初设、施工图、招标、品控	配电、用电	其他
203.4-298	IEC 62208—2011	对低压开关设备和控制设备所用空外壳的一般要求	2011-8-19		IEC 62208—2002	设计、采购	初设、施工图、招标、品控	配电	开关
203.4-299	JIS C 8201-2-1—2011	低压开关设备和控制设备　第2-1部分：断路器	2011-9-20	IEC 60947-2—2006，MOD	JIS C8201-2-1—2004	设计、采购	初设、施工图、招标、品控	配电	开关

续表

体系结构号	标准编号	标 准 名 称	实施日期	与国际标准对应关系	代替标准	阶段	分阶段	专业	分专业
203.4-300	JIS C 8201-2-2—2011	低压开关设备和控制设备 第2-2部分：具有剩余电流保护功能的断路器	2011-9-20	IEC 60947-2—2006，MOD	JIS C8201-2-2—2004	设计、采购	初设、施工图、招标、品控	配电	开关
203.4-301	JIS C 60364-5-55—2011	建筑物电气装置 第5-55部分：电气设备的选择和安装其他设备	2011-9-20	IEC 60364-5-55—2008，IDT	JIS C60364-5-55—2006	设计、采购	初设、施工图、招标、品控	配电、用电	其他
203.5 设备材料-线路									
203.5-1	Q/CSG 1101005—2013	架空线路钢管塔、角钢塔技术规范	2013-5-15			设计、采购	初设、招标	输电	线路
203.5-2	Q/CSG 1203051—2018	交流输电线路用复合外套金属氧化物避雷器技术规范	2018-5-17			设计、采购	初设、招标	输电	线路
203.5-3	Q/CSG 1203056.2—2018	110kV～500kV 架空输电线路杆塔复合横担技术规定 第2部分：元件技术（试行）	2018-12-28			设计、采购	初设、招标	输电	线路
203.5-4	Q/CSG 1203060.1—2019	绞合型复合材料芯架空导线 第1部分：导线技术规范（试行）	2019-2-27			设计、采购	初设、招标	输电	线路
203.5-5	T/CEC 143—2017	超高性能混凝土电杆	2017-8-1			采购、建设	品控、验收与质量评定	输电	线路
203.5-6	T/CEC 158—2018	架空导线用防腐脂技术条件	2018-4-1			采购、运维	招标、品控、运行、维护	输电	线路
203.5-7	T/CEC 186—2018	可融冰光纤复合架空地线及其接续盒	2019-2-1			设计、采购	初设、招标	输电	线路
203.5-8	DL/T 248—2012	输电线路杆塔不锈钢复合材料耐腐蚀接地装置	2012-7-1			采购、建设、运维	品控、验收与质量评定、运行	输电	线路
203.5-9	DL/T 284—2012	输电线路杆塔及电力金具用热浸镀锌螺栓与螺母	2012-3-1		DL/T 764.4—2002	采购、建设	品控、验收与质量评定	输电	线路
203.5-10	DL/T 361—2010	气体绝缘金属封闭输电线路使用导则	2010-10-1			设计、运维	初设、运行	输电	线路
203.5-11	DL/T 376—2010	复合绝缘子用硅橡胶绝缘材料通用技术条件	2010-10-1			设计、采购	初设、招标	输电	线路
203.5-12	DL/T 815—2012	交流输电线路用复合外套金属氧化物避雷器	2012-3-1		DL/T815—2002	采购、建设、运维、修试	品控、验收与质量评定、运行、检修	输电	线路

续表

体系结构号	标准编号	标准名称	实施日期	与国际标准对应关系	代替标准	阶段	分阶段	专业	分专业
203.5-13	DL/T 832—2016	光纤复合架空地线	2016-6-1		DL/T 832—2003	设计、采购、运维	初设、招标、运行	输电	线路
203.5-14	DL/T 978—2018	气体绝缘金属封闭输电线路技术条件	2019-5-1		DL/T 978—2005	设计、采购	初设、招标	输电	线路
203.5-15	DL/T 1000.1—2018	标称电压高于1000V架空线路绝缘子 使用导则 第1部分：交流系统用瓷或玻璃绝缘子	2019-5-1		DL/T 1000.1—2006	设计、运维	初设、运行	输电	线路
203.5-16	DL/T 1000.2—2015	标称电压高于1000V架空线路用绝缘子使用导则 第2部分：直流系统用瓷或玻璃绝缘子	2015-12-1		DL/T 1000.2—2006	设计、运维	初设、运行	输电	线路
203.5-17	DL/T 1000.3—2015	标称电压高于1000V架空线路用绝缘子使用导则 第3部分：交流系统用棒形悬式复合绝缘子	2015-12-1		DL/T 864—2004	设计、运维	初设、运行	输电	线路
203.5-18	DL/T 1000.4—2018	标称电压高于1000V架空线路绝缘子 使用导则 第4部分：直流系统用棒形悬式复合绝缘子	2019-5-1			设计、运维	初设、运行	输电	线路
203.5-19	DL/T 1058—2016	交流架空线路用复合相间间隔棒技术条件	2016-7-1		DL/T 1058—2007	设计、采购	初设、招标	输电	线路
203.5-20	DL/T 1236—2013	输电杆塔用地脚螺栓与螺母	2013-8-1			采购、建设	品控、验收与质量评定	输电	线路
203.5-21	DL/T 1293—2013	交流架空输电线路绝缘子并联间隙使用导则	2014-4-1			设计、运维	初设、运行	输电	线路
203.5-22	DL/T 1294—2013	交流电力系统金属氧化物避雷器用脱离器使用导则	2014-4-1			采购、运维、修试	招标、品控、运行、维护、检修	输电	线路
203.5-23	DL/T 1307—2013	铝基陶瓷纤维复合芯超耐热铝合金绞线	2014-4-1			采购、建设	品控、验收与质量评定	输电	线路
203.5-24	DL/T 1372—2014	架空输电线路跳线技术条件	2015-3-1			设计、采购	初设、招标	输电	线路
203.5-25	DL/T 1470—2015	交流系统用盘形悬式复合瓷或玻璃绝缘子串元件	2015-12-1			采购、建设	品控、验收与质量评定	输电	线路
203.5-26	DL/T 1471—2015	高压直流线路用盘形悬式复合瓷或玻璃绝缘子串元件	2015-12-1			采购、建设	品控、验收与质量评定	输电	线路

续表

体系结构号	标准编号	标 准 名 称	实施日期	与国际标准对应关系	代替标准	阶段	分阶段	专业	分专业
203.5-27	DL/T 1564—2016	垂线装置	2016-7-1			设计、运维	初设、维护	输电	线路
203.5-28	DL/T 1565—2015	引张线装置	2016-7-1			采购、建设	品控、验收与质量评定	输电	线路
203.5-29	DL/T 1613—2016	光纤复合架空相线及相关附件	2016-12-1			采购、建设	品控、验收与质量评定	输电	线路
203.5-30	DL/T 1740—2017	直流气体绝缘金属封闭输电线路技术条件	2018-3-1			采购、建设	品控、验收与质量评定	输电	线路
203.5-31	DL/T 1897—2018	交、直流架空线路用长棒形瓷绝缘子串元件 使用导则	2019-5-1			设计、运维	初设、运行	输电	线路
203.5-32	DL/T 1899.1—2018	电力架空光缆接头盒 第1部分：光纤复合架空地线接头盒	2019-5-1			采购、建设	品控、验收与质量评定	输电	线路
203.5-33	DL/T 1899.2—2018	电力架空光缆接头盒 第2部分：全介质自承式光缆接头盒	2019-5-1			采购、建设	品控、验收与质量评定	输电	线路
203.5-34	DL/T 1899.3—2018	电力架空光缆接头盒 第3部分：光纤复合架空相线接头盒	2019-5-1			采购、建设	品控、验收与质量评定	输电	线路
203.5-35	NB/T 42042—2014	架空绞线用中强度铝合金线	2015-3-1			采购、建设	品控、验收与质量评定	输电	线路
203.5-36	NB/T 42060—2015	钢芯耐热铝合金架空导线	2016-3-1			采购、建设	品控、验收与质量评定	输电	线路
203.5-37	NB/T 42061—2015	钢芯软铝绞线	2016-3-1			采购、建设	品控、验收与质量评定	输电	线路
203.5-38	NB/T 42062—2015	扩径型钢芯铝绞线	2016-3-1			采购、建设、运维	品控、验收与质量评定、运行	输电	线路
203.5-39	JB/T 8177—1999	绝缘子金属附件热镀锌层通用技术条件	2000-1-1	IEC 60168: 1994，NEQ；IEC 60383-1: 1994，NEQ	JB/T 8177—1995	采购、建设、运维	品控、验收与质量评定、运行	输电	线路
203.5-40	JB/T 8999—2014	光纤复合架空地线	2014-10-1		JB/T 8999—1999	设计、采购	初设、品控	输电	线路
203.5-41	JB/T 9680—2012	高压架空输电线路地线用绝缘子	2012-11-1		JB/T 9680—1999	采购、建设、运维	品控、验收与质量评定、运行	输电	线路

续表

体系结构号	标准编号	标 准 名 称	实施日期	与国际标准对应关系	代替标准	阶段	分阶段	专业	分专业
203.5-42	JB/T 10497—2005	交流输电线路用复合外套有串联间隙金属氧化物避雷器	2005-9-1	IEC 60099-4: 2001, NEQ		设计、采购、修试	初设、施工图、招标、品控、试验	输电	线路
203.5-43	YB/T 124—2017	铝包钢绞线	2018-4-1		YB/T 124—1997	采购、运维	招标、品控、运行、维护	输电	线路
203.5-44	GB/T 1000—2016	高压线路针式瓷绝缘子尺寸与特性	2016-11-1		GB/T 1000.2—1988	设计、采购、建设	初设、招标、施工工艺	输电	线路
203.5-45	GB/T 1001.1—2003	标称电压高于1000V的架空线路绝缘子 第1部分：交流系统用瓷或玻璃绝缘子元件 定义、试验方法和判定准则	2004-2-1	IEC 60383-1: 1993, MOD	GB 1001—1986；GB 1001.1—1988	设计、采购、修试	初设、施工图、招标、品控、试验	输电	线路
203.5-46	GB/T 1179—2017	圆线同心绞架空导线	2018-5-1	IEC 61089: 1991	GB/T 1179—2008	设计、采购	初设、品控	输电	线路
203.5-47	GB/T 2694—2018	输电线路铁塔制造技术条件	2019-2-1		GB/T 2694—2010	采购、建设	品控、验收与质量评定	输电	线路
203.5-48	GB/T 3195—2016	铝及铝合金拉制圆线材	2017-9-1		GB/T 3195—2008	设计、采购	初设、品控	输电	线路
203.5-49	GB/T 3428—2012	架空绞线用镀锌钢线	2013-6-1		GB/T 3428—2002	设计、采购	初设、品控	输电	线路
203.5-50	GB/T 3953—2009	电工圆铜线	2009-12-1		GB/T 3953—1983	设计、采购	初设、品控	输电	线路
203.5-51	GB/T 3955—2009	电工圆铝线	2009-12-1		GB/T 3955—1983	采购、建设	品控、验收与质量评定	输电	线路
203.5-52	GB/T 4056—2008	绝缘子串元件的球窝连接尺寸	2009-3-1	IEC 60120: 1984, IDT	GB/T 4056—1994	设计、运维	初设、运行	输电	线路
203.5-53	GB/T 4623—2014	环形混凝土电杆	2017-3-23		GB 4623—2014	设计、建设	施工图、施工工艺	其他	线路
203.5-54	GB/T 7253—2005	标称电压高于1000V的架空线路绝缘子 交流系统用瓷或玻璃绝缘子件 盘形悬式绝缘子件的特性	2006-6-1	IEC 60305: 1995, MOD	GB/T 7253—1987	设计、采购	初设、品控	输电	线路
203.5-55	GB/T 13476—2009	先张法预应力混凝土管桩	2017-3-23	JIS A 5373: 2004	GB 13476—2009	设计、采购	初设、品控	输电	线路

续表

体系结构号	标准编号	标 准 名 称	实施日期	与国际标准对应关系	代替标准	阶段	分阶段	专业	分专业
203.5-56	GB/T 17048—2017	架空绞线用硬铝线	2018-5-1	IEC 60889: 1987	GB/T 17048—2009	设计、采购	初设、品控	输电	线路
203.5-57	GB/T 20141—2018	型线同心绞架空导线	2018-12-28		GB/T 20141—2006	采购、运维	招标、品控、运行、维护	输电	线路
203.5-58	GB/T 21421.1—2008	标称电压高于1000V的架空线路用复合绝缘子串件 第1部分：标准强度等级和端部附件	2008-9-1	IEC 61466-1: 1997，IDT		设计、运维	初设、运行	输电	线路
203.5-59	GB/T 21421.2—2014	标称电压高于1000V的架空线路用复合绝缘子串元件 第2部分：尺寸与特性	2015-1-22		GB/T 20876.2—2007	采购、建设、运维	品控、验收与质量评定、运行	输电	线路
203.5-60	GB/T 21206—2007	线路柱式绝缘子特性	2008-5-1	IEC 60720: 1981，MOD	JB/T 8179—1999	设计、运维	初设、运行	输电	线路
203.5-61	GB/T 22383—2017	额定电压 72.5kV 及以上刚性气体绝缘输电线路	2018-7-1	IEC 62271-204: 2011	GB/T 22383—2008	运维	维护	输电	线路
203.5-62	GB/T 22709—2008	架空线路玻璃或瓷绝缘子串元件绝缘体机械破损后的残余强度	2009-10-1	IEC/TR 60797: 1984，MOD		设计、采购	初设、品控	输电	线路
203.5-63	GB/T 25094—2010	架空输电线路抢修杆塔通用技术条件	2011-2-1			设计、采购	初设、品控	输电	线路
203.5-64	GB/T 26874—2011	高压架空线路用长棒形瓷绝缘子元件特性	2011-12-1	IEC 60433: 1998，MOD		设计、采购	初设、品控	输电	线路
203.5-65	GB/T 29324—2012	架空导线用纤维增强树脂基复合材料芯棒	2013-6-1			设计、采购	初设、品控	输电	线路
203.5-66	GB/T 29325—2012	架空导线用软铝型线	2013-6-1			设计、采购	初设、品控	输电	线路
203.5-67	GB/T 30550—2014	含有一个或多个间隙的同心绞架空导线	2014-10-28			设计、采购、运维	初设、品控、运行	输电	线路
203.5-68	GB/T 30551—2014	架空绞线用耐热铝合金线	2014-10-28			设计、采购、运维、修试	初设、品控、运行、维护、检修	输电	其他
203.5-69	GB/T 32502—2016	复合材料芯架空导线	2016-9-1			设计、采购	初设、品控	输电	线路

续表

体系结构号	标准编号	标准名称	实施日期	与国际标准对应关系	代替标准	阶段	分阶段	专业	分专业
203.5-70	GB/T 32520—2016	交流1kV以上架空输电和配电线路用带外串联间隙金属氧化物避雷器（EGLA）	2016-9-1	IEC 60099-8: 2011		设计、采购	初设、品控	输电、配电	线路、线缆
203.5-71	GB/T 33363—2016	预应力热镀锌钢绞线	2017-9-1			采购、建设	品控、验收与质量评定	输电	线路
203.5-72	GB/T 34937—2017	架空线路绝缘子　标称电压高于1500V直流系统用悬垂和耐张复合绝缘子　定义、试验方法及接收准则	2018-5-1			设计、采购	初设、招标	输电	线路
203.5-73	GB/T 34939.1—2017	±800kV直流支柱复合绝缘子　第1部分：环氧玻璃纤维实心芯体复合绝缘子	2018-5-1			设计、采购	初设、招标	输电	线路
203.5-74	GB/T 36292—2018	架空导线用防腐脂	2019-1-1			采购、运维	招标、品控、运行、维护	输电	线路
203.5-75	ASTM A363—2003（2014）	地面架空线用镀锌钢丝绳的规格	2003-10-1			设计、采购	初设、招标	输电	线路
203.5-76	ASTM A394—2008（2015）	钢输电塔镀锌螺栓和裸螺栓规格	2015-1-1		ASTM A394—2008e1	设计、采购	初设、招标	输电	其他
203.5-77	ASTM A475—2003（2014）	镀锌钢丝绳规格	2003-10-1			设计、采购	初设、招标	输电	线路
203.5-78	ASTM A779/A779M—2016	预应力混凝土用无镀层、致密、应力释放的七股绞钢绞线规格	2016-9-1		ASTM A779/A779M—2012	设计、采购	初设、招标	输电	线路
203.5-79	ASTM A925—2003（2014）	锌-5%铝-铈合金涂覆钢架空金属绞线规格	2003-10-1		ASTM A925—2003（2009）e1	设计、采购	初设、招标	输电	线路
203.5-80	ASTM B1—2013（2018）	冷拉铜线规格	2018-10-1		ASTM B1—2013	设计、采购	初设、招标	输电	线路
203.5-81	ASTM B8—2011（2017）	硬、中等硬或软的同心绞捻铜导线的标准规范	2017-4-1		ASTM B8—2011	设计、采购	初设、招标	输电	线路
203.5-82	ASTM B9—1976（2017）e1	青铜制电车架空线规格	2017-4-1		ASTM B9—1976（2017）	设计、采购	初设、招标	输电	线路
203.5-83	ASTM B47—1995a（2017）	铜电车电线规格	2017-4-1		ASTM B47—1995a（2012）	设计、采购	初设、招标	输电	线路

续表

体系结构号	标准编号	标 准 名 称	实施日期	与国际标准对应关系	代替标准	阶段	分阶段	专业	分专业
203.5-84	ASTM B48—2000（2016）	电导线用矩形和正方形软裸铜线规格	2016-10-1		ASTM B48—2000（2011）	设计、采购	初设、招标	输电	线路
203.5-85	ASTM B99/B99M—2015	一般用途铜硅合金电线的标准规格	2015-10-1		ASTM B99/B99M—2011	设计、采购	初设、招标	输电	线路
203.5-86	ASTM B105—2005（2012）	电导体用硬拉铜合金线标准规格	2005-10-1			设计、采购	初设、招标	输电	线路
203.5-87	ASTM B116—1995（2017）	工业运输用 9 号深槽铜及 8 号铜制电车架空线规格	2017-4-1		ASTM B116—1995（2012）	设计、采购	初设、招标	输电	线路
203.5-88	ASTM B228—2011a（2016）	同心式绞合铜包钢导体的标准规格	2016-4-1		ASTM B228—2011a	设计、采购	初设、招标	输电	线路
203.5-89	ASTM B229—2012（2017）	芯线扭绞的铜与包铜组合钢导线标准规范	2017-4-1		ASTM B229—2012	设计、采购	初设、招标	输电	线路
203.5-90	ASTM B230/B230M—2007（2016）	电工用 1350-H19 铝线规格	2016-10-1		ASTM B230/B230M—2007（2012）	设计、采购	初设、招标	输电	线路
203.5-91	ASTM B231/B231M—2016	同心绞合 1350 铝导线规格	2016-10-1		ASTM B231/B231M—2012	设计、采购	初设、招标	输电	线路
203.5-92	ASTM B246—2015	电工用镀锡冷拉和中冷拉铜线规格	2015-4-1		ASTM B246—2005（2010）	设计、采购	初设、招标	输电	线路
203.5-93	ASTM B258—2018	用作导体的实心圆导线的 AWG 尺寸的标准公称直径和横截面积的标准规范	2018-10-1		ASTM B258—2014	设计、采购	初设、招标	输电	线路
203.5-94	ASTM B398/B398M—2015	电工用 6201-T81 铝合金丝规格	2015-5-1		ASTM B398/B398M—2014	设计、采购	初设、招标	输电	线路
203.5-95	ASTM B400/B400M—2019	紧密的圆形同芯绞 1350 型铝导线的标准规范	2019-3-1		ASTM B400/B400M—2014	设计、采购	初设、招标	输电	线路
203.5-96	ASTM B401—2012（2016）	致密圆形钢芯加强同心绞捻铝导线规格（ACSR/COMP）	2016-10-1		ASTM B401—2012	设计、采购	初设、招标	输电	线路
203.5-97	ASTM B416—1998（2018）	同心绞捻的包铝钢导线规格	2018-10-1		ASTM B416—1998（2013）	设计、采购	初设、招标	输电	线路
203.5-98	ASTM B496—2016	实心圆同心绞合铜导线规格	2016-4-1		ASTM B496—2014	设计、采购	初设、招标	输电	线路
203.5-99	ASTM B498/B498M—2008（2016）	钢芯铝线（ACSR）用镀锌钢芯线的规格	2016-10-1		ASTM B498/B498M—2008	设计、采购	初设、招标	输电	线路

续表

体系结构号	标准编号	标 准 名 称	实施日期	与国际标准对应关系	代替标准	阶段	分阶段	专业	分专业
203.5-100	ASTM B500/B500M—2012（2018）	高架电导体用金属涂覆钢绞线芯的标准规格	2018-3-1		ASTM B500/B500M—2012	设计、采购	初设、招标	输电	线路
203.5-101	ASTM B524/B524M—2018	铝合金芯加固的同心绞合铝导线（ACAR，1350/6201）规格	2018-3-1		ASTM B524/B524M—1999（2016）	设计、采购	初设、招标	输电	线路
203.5-102	ASTM B566—2004a（2016）	包铜铝丝规格	2016-4-1		ASTM B566—2004a（2011）	设计、采购	初设、招标	输电	线路
203.5-103	ASTM B738—2013（2018）	用作电导线的细丝束绞和绳绞束绞的铜导线的规格	2018-10-1		ASTM B738—2013	设计、采购	初设、招标	输电	线路
203.5-104	ASTM B778—2019	异形钢丝致密同芯铝绞线规格（AAC/TW）	2019-3-1		ASTM B778—2014	设计、采购	初设、招标	输电	线路
203.5-105	ASTM B779—2018	钢芯异形钢丝致密同芯绞捻铝导线规格（ACSR/TW）	2018-3-1		ASTM B779—2014	设计、采购	初设、招标	输电	线路
203.5-106	ASTM B784—2001（2017）e1	绝缘电缆用改进的同芯绞捻铜导线规格	2017-4-1		ASTM B784—2001（2012）	设计、采购	初设、招标	输电	线路
203.5-107	ASTM B787/B787M—2004（2014）	后绝缘用 19 股线组合单层绞合铜导线规格	2004-9-1			设计、采购	初设、招标	输电	线路
203.5-108	ASTM B800—2005（2015）	电工用退火及中温回火 8000 系列铝合金导线规格	2005-10-1		ASTM B800—2005（2011）	设计、采购	初设、招标	输电	线路
203.5-109	ASTM B801—2018	后续涂层或绝缘材料用 8000 系列铝合金同芯绞线的规格	2018-3-1		ASTM B801—2016	设计、采购	初设、招标	输电	线路
203.5-110	ASTM B803/B803M—2008（2016）	高架电导性用高强度锌-5%铝-混合稀土合金-涂层钢芯线标准规格	2016-10-1		ASTM B803/B803M—2008e1	设计、采购	初设、招标	输电	线路
203.5-111	ASTM B836—2000（2015）	使用单根输入线结构的压缩圆绞合铝导线规格	2000-4-10		ASTM B836—2000（2011）	设计、采购	初设、招标	输电	线路
203.5-112	ASTM B856—2018	钢覆同心绞合铝导线（ACSS）标准规格	2018-3-1		ASTM B856—2013	设计、采购	初设、招标	输电	线路
203.5-113	ASTM B857—2018	覆钢异形钢丝紧凑型同心绞合铝导线（ACSS/TW）规格	2018-3-1		ASTM B857—2014	设计、采购	初设、招标	输电	线路
203.5-114	ASTM B901—2004（2015）	使用单根输入线结构的侧偏圆绞合铝导体规格	2004-4-1		ASTM B901—2004（2011）	设计、采购	初设、招标	输电	线路

续表

体系结构号	标准编号	标 准 名 称	实施日期	与国际标准对应关系	代替标准	阶段	分阶段	专业	分专业
203.5-115	ASTM B902/B902M—2013（2018）	使用单根输入线结构的圆绞合硬、中硬或软扁平铜导线规格	2018-10-1		ASTM B902/B902M—2013e1	设计、采购	初设、招标	输电	线路
203.5-116	ASTM B911/B911M—2012（2016）	钢心铝绞线（ACSR）双绞导线（ACSR/TP）标准规范	2016-10-1		ASTM B911/B911M—2012	设计、采购	初设、招标	输电	线路
203.5-117	ASTM B957/B957M—2016	架空导线用高强度及超高强度镀锌钢芯线的标准规范	2016-12-1		ASTM B957/B957M—2008e1	设计、采购	初设、招标	输电	线路
203.5-118	ASTM B958/B958M—2016	架空导线用A级高强度及超高强度 5%锌铝稀土合金镀层钢芯线的标准规范	2016-12-1		ASTM B958/B958M—2008e1	设计、采购	初设、招标	输电	线路
203.5-119	ASTM D2655—2017	额定电压为0到2000V的电线和电缆用交联聚乙烯绝缘材料的标准规范	2017-11-1		ASTM D2655—2012	设计、采购	初设、品控	输电	线路
203.5-120	ASTM D4246—2014	在90℃下使用的电线和电缆用耐臭氧热塑性弹性体绝缘材料的规格	2014-11-1		ASTM D4246—2002（2010）	设计、采购	初设、品控	输电	线路
203.5-121	NF C 67-220—2005	架空线路支架D级和E级水泥电杆	2005-12-1		NF C67-220—1987（C67-220）	设计、采购、运维、修试	初设、招标、运行、维护、试验	输电	线路
203.5-122	IEC 61394 Corrigendum 1—2012	架空线铝、铝合金和钢制裸导体用润滑脂要求	2012-8-13			设计、采购、建设、运维	初设、品控、试运行、运行	输电	线路
203.5-123	IEC 61952—2008	架空电线用绝缘子额定电压为1000V的交流电流用复合线柱绝缘子	2008-5-27		IEC 61952—2002	设计、采购、建设、运维	初设、品控、试运行、运行	输电	线路
203.5-124	BS EN 60305—1996	标称电压1000V以上架空线用绝缘子 交流设备用陶瓷或玻璃绝缘子 盘形和针形悬式绝缘子串元件的特性	1996-1-1			采购、建设、运维	品控、验收与质量评定、运行	输电	线路
——电缆									
203.5-125	T/CEC 118—2016	额定电压35kV（U_m=40.5kV）及以下冷缩电缆附件技术规范	2017-1-1			采购	招标、品控	输电	电缆
203.5-126	T/CEC 119—2016	额定电压35kV（U_m=40.5kV）及以下热缩电缆附件技术规范	2017-1-1			采购	招标、品控	输电	电缆

续表

体系结构号	标准编号	标准名称	实施日期	与国际标准对应关系	代替标准	阶段	分阶段	专业	分专业
203.5-127	T/CEC 120—2016	额定电压35kV（U_m=40.5kV）及以下预制电缆附件技术规范	2017-1-1			采购	招标、品控	输电	电缆
203.5-128	T/CSEE 0083—2018	交流500kV交联聚乙烯海底电缆及附件技术规范				采购	招标、品控	输电	电缆
203.5-129	DL/T 413—2006	额定电压35kV（U_m=40.5kV）及以下电力电缆热缩式附件技术条件	2006-10-1	IEC 60502—4: 1997，NEQ	DL 413—1991	采购	招标、品控	输电	电缆
203.5-130	DL 508—1993	交流110～330kV自容式充油电缆及其附件订货技术规范	1993-9-1	IEC 141-1: 1976，EQV		采购	招标、品控	输电	电缆
203.5-131	DL 509—1993	交流110kV交联聚乙烯绝缘电缆及其附件订货技术规范	1993-9-1	IEC 840: 1988，EQV		采购	招标、品控	输电	电缆
203.5-132	DL/T 802.1—2007	电力电缆用导管技术条件 第1部分：总则	2007-12-1			采购	招标、品控	输电	电缆
203.5-133	DL/T 802.2—2017	电力电缆用导管 第2部分：玻璃纤维增强塑料电缆导管	2017-12-1		DL/T 802.2—2007	采购、运维	招标、品控、运行、维护	输电	电缆
203.5-134	DL/T 802.3—2007	电力电缆用导管技术条件 第3部分：氯化聚氯乙烯及硬聚氯乙烯塑料电缆导管	2007-12-1			采购	招标、品控	输电	电缆
203.5-135	DL/T 802.4—2007	电力电缆用导管技术条件 第4部分：氯化聚氯乙烯及硬聚氯乙烯塑料双壁波纹电缆导管	2007-12-1			采购	招标、品控	输电	电缆
203.5-136	DL/T 802.5—2007	电力电缆用导管技术条件 第5部分：纤维水泥电缆导管	2007-12-1			采购	招标、品控	输电	电缆
203.5-137	DL/T 802.6—2007	电力电缆用导管技术条件 第6部分：承插式混凝土预制电缆导管	2007-12-1			采购	招标、品控	输电	电缆
203.5-138	DL/T 802.7—2010	电力电缆用导管技术条件 第7部分：非开挖用改性聚丙烯塑料电缆导管	2011-5-1			采购	招标、品控	输电	电缆

续表

体系结构号	标准编号	标 准 名 称	实施日期	与国际标准对应关系	代替标准	阶段	分阶段	专业	分专业
203.5-139	DL/T 802.8—2014	电力电缆用导管技术条件 第8部分：埋地用改性聚丙烯塑料单壁波纹电缆导管	2015-3-1			采购	招标、品控	输电	电缆
203.5-140	DL/T 802.9—2018	电力电缆用导管技术条件 第9部分：高强度聚氯乙烯塑料电缆导管	2019-5-1			采购	招标、品控	输电	电缆
203.5-141	DL/T 1506—2016	高压交流电缆在线监测系统通用技术规范	2016-6-1			设计、采购	初设、招标	输电	电缆
203.5-142	DL/T 1573—2016	电力电缆分布式光纤测温系统技术规范	2016-7-1			设计、采购	初设、招标	输电	电缆
203.5-143	DL/T 1888—2018	160kV～500kV 挤包绝缘直流电缆使用技术规范	2019-5-1			设计、运维	初设、运行	输电	电缆
203.5-144	NB/T 42051—2015	额定电压 0.6/1kV 铝合金导体交联聚乙烯绝缘电缆	2015-9-1			采购	招标、品控	输电	电缆
203.5-145	JB/T 2171—2016	额定电压 0.6/1kV 野外（农用）直埋电缆	2017-4-1		JB/T 2171—1999	采购	招标、品控	输电	电缆
203.5-146	JB/T 4015.1—2013	电缆设备通用部件 收放线装置 第1部分：基本技术要求	2014-7-1		JB/T 4015.1—1999	设计、采购、运维、修试	初设、招标、运行、维护、试验	输电	电缆
203.5-147	JB/T 4015.2—2013	电缆设备通用部件 收放线装置 第2部分：立柱式收放线装置	2014-7-1		JB/T 4015.2—1999	设计、采购、运维、修试	初设、招标、运行、维护、试验	输电	电缆
203.5-148	JB/T 4015.3—2013	电缆设备通用部件 收放线装置 第3部分：行车式收放线装置	2014-7-1		JB/T 4015.3—1999	设计、采购	初设、招标	输电	电缆
203.5-149	JB/T 4015.4—2013	电缆设备通用部件 收放线装置 第4部分：导轨式收放线装置	2014-7-1		JB/T 4015.4—1999	设计、采购、运维、修试	初设、招标、运行、维护、试验	输电	电缆
203.5-150	JB/T 4015.5—2013	电缆设备通用部件 收放线装置 第5部分：柜式收线装置	2014-7-1		JB/T 4015.5—1999	设计、采购、运维、修试	初设、招标、运行、维护、试验	输电	电缆
203.5-151	JB/T 4015.6—2013	电缆设备通用部件 收放线装置 第6部分：静盘放线装置	2014-7-1		JB/T 4015.6—1999	设计、采购、运维、修试	初设、招标、运行、维护、试验	输电	电缆

续表

体系结构号	标准编号	标 准 名 称	实施日期	与国际标准对应关系	代替标准	阶段	分阶段	专业	分专业
203.5-152	JB/T 4032.1—2013	电缆设备通用部件 牵引装置 第1部分：基本技术要求	2014-7-1		JB/T 4032.1—1999	设计、采购、运维、修试	初设、招标、运行、维护、试验	输电	电缆
203.5-153	JB/T 4032.2—2013	电缆设备通用部件 牵引装置 第2部分：轮式牵引装置	2014-7-1		JB/T 4032.2—1999	设计、采购、运维、修试	初设、招标、运行、维护、试验	输电	电缆
203.5-154	JB/T 4032.3—2013	电缆设备通用部件 牵引装置 第3部分：履带式牵引装置	2014-7-1		JB/T 4032.3—1999	设计、采购、运维、修试	初设、招标、运行、维护、试验	输电	电缆
203.5-155	JB/T 4032.4—2013	电缆设备通用部件 牵引装置 第4部分：轮带式牵引装置	2014-7-1		JB/T 4032.4—1999	设计、采购、运维、修试	初设、招标、运行、维护、试验	输电	电缆
203.5-156	JB/T 4033.1—2013	电缆设备通用部件 绕包装置 第1部分：基本技术要求	2014-7-1		JB/T 4033.1—1999	设计、采购、运维、修试	初设、招标、运行、维护、试验	输电	电缆
203.5-157	JB/T 4033.2—2013	电缆设备通用部件 绕包装置 第2部分：普通式绕包装置	2014-7-1		JB/T 4033.4—1999	设计、采购、运维、修试	初设、招标、运行、维护、试验	输电	电缆
203.5-158	JB/T 4033.3—2013	电缆设备通用部件 绕包装置 第3部分：平面式绕包装置	2014-7-1		JB/T 4033.2—1999	设计、采购、运维、修试	初设、招标、运行、维护、试验	输电	电缆
203.5-159	JB/T 4033.4—2013	电缆设备通用部件 绕包装置 第4部分：半切线式绕包装置	2014-7-1		JB/T 4033.2—1999；JB/T 4033.3—1999	设计、采购	初设、招标	输电	电缆
203.5-160	JB/T 5268.1—2011	电缆金属套 第1部分总则	2011-8-1		JB/T 5268.1—1991	采购、运维	招标、品控、运行、维护	输电	电缆
203.5-161	JB/T 5268.2—2011	电缆金属套 第二部分铅套	2011-8-1		JB/T 5268.2—1991	采购、运维	招标、品控、运行、维护	输电	电缆
203.5-162	JB/T 6464—2006	额定电压1kV（U_m=1.2kV）到35kV（U_m=40.5kV）挤包绝缘电力电缆绕包式直通接头	2007-4-1		JB/T 6464—1992	设计、采购、运维、修试	初设、招标、运行、维护、试验	输电	电缆
203.5-163	JB/T 6465—2006	额定电压35kV（U_m=40.5kV）电力电缆瓷套式终端	2007-4-1		JB/T 6465—1992	设计、采购、运维、修试	初设、招标、运行、维护、试验	输电	电缆

续表

体系结构号	标准编号	标准名称	实施日期	与国际标准对应关系	代替标准	阶段	分阶段	专业	分专业
203.5-164	JB/T 6466—2006	额定电压 1kV（U_m=1.2kV）到 10kV（U_m=12kV）纸绝缘电力电缆瓷套式终端	2007-2-1		JB/T 6466—1992	设计、采购、运维、修试	初设、招标、运行、维护、试验	输电	电缆
203.5-165	JB/T 6743—2013	户内户外钢制电缆桥架防腐环境技术要求	2014-7-1		JB/T 6743—1993	设计、采购、运维、修试	初设、招标、运行、维护、试验	输电	电缆
203.5-166	JB/T 7829—2006	额定电压 1kV（U_m=1.2kV）到 35kV（U_m=40.5kV）电力电缆热收缩式终端	2007-2-1		JB/T 7829—1995	采购、运维、修试	招标、运行、维护、试验	输电	电缆
203.5-167	JB/T 7830—2006	额定电压 1kV（U_m=1.2kV）到 10kV（U_m=12kV）挤包绝缘电力电缆热收缩式直通接头	2007-2-1		JB/T 7830—1995	采购、运维、修试	招标、运行、维护、试验	输电	电缆
203.5-168	JB/T 7831—2006	额定电压 1kV（U_m=1.2kV）到 10kV（U_m=12kV）电力电缆树脂浇铸式终端	2007-2-1		JB/T 7831—1995	采购、运维、修试	招标、运行、维护、试验	输电	电缆
203.5-169	JB/T 7832—2006	额定电压 1kV（U_m=1.2kV）到 10kV（U_m=12kV）电力电缆树脂浇铸式直通接头	2007-2-1		JB/T 7832—1995	采购、运维、修试	招标、运行、维护、试验	输电	电缆
203.5-170	JB/T 8503.1—2006	额定电压 6kV（U_m=7.2kV）到 35kV（U_m=40.5kV）挤包绝缘电力电缆预制件装配式附件　第 1 部分：终端	2007-4-1		JB/T 8503.1—1996	采购、运维、修试	招标、运行、维护、试验	输电	电缆
203.5-171	JB/T 8503.2—2006	额定电压 6kV（U_m=7.2kV）到 35kV（U_m=40.5kV）挤包绝缘电力电缆预制件装配式附件　第 2 部分：直通接头	2007-4-1		JB/T 8503.2—1996	采购、运维、修试	招标、运行、维护、试验	输电	电缆
203.5-172	JB/T 8640—2014	额定电压 26/35kV 及以下电力电缆附件型号编制方法	2014-10-1		JB/T 8640—1997	设计、采购、运维、修试	初设、招标、运行、维护、试验	输电	电缆
203.5-173	JB/T 8996—2014	高压电缆选择导则	2014-10-1		JB/T 8996—1999	设计、采购、运维、修试	初设、招标、运行、维护、试验	输电	电缆
203.5-174	JB/T 8997.1—2013	电线电缆大孔径机用线盘　第 1 部分：一般规定	2014-7-1		JB/T 8997.1—1999	采购	招标、品控	输电	电缆

续表

体系结构号	标准编号	标准名称	实施日期	与国际标准对应关系	代替标准	阶段	分阶段	专业	分专业
203.5-175	JB/T 8997.2—2013	电线电缆大孔径机用线盘　第2部分：钢板焊接机用线盘	2014-7-1		JB/T 8997.2—1999	采购	招标、品控	输电	电缆
203.5-176	JB/T 8997.3—2013	电线电缆大孔径机用线盘　第3部分：钢板冲压卷边机用线盘　一般型	2014-7-1		JB/T 8997.3—1999	采购	招标、品控	输电	电缆
203.5-177	JB/T 8997.4—2013	电线电缆大孔径机用线盘　第4部分：钢板冲压卷边机用线盘　加强型	2014-7-1		JB/T 8997.4—1999	采购	招标、品控	输电	电缆
203.5-178	JB/T 10260—2014	架空绝缘电缆用绝缘料	2014-10-1		JB/T 10260—2001	采购、运维	招标、品控、运行、维护	输电	电缆
203.5-179	JB/T 10261—2014	额定电压 450/750V 及以下聚氯乙烯绝缘尼龙护套电线和电缆	2014-10-1		JB/T 10261—2001	设计、采购、运维、修试	初设、招标、运行、维护、试验	配电	线缆
203.5-180	JB/T 10739—2007	额定电压6kV(U_m=7.2kV)到35kV（U_m=40.5kV）挤包绝缘电力电缆　可分离连接器	2007-11-1			设计、采购、运维、修试	初设、招标、运行、维护、试验	输电	电缆
203.5-181	JB/T 10740.1—2007	额定电压6kV(U_m=7.2kV)到35kV（U_m=40.5kV）挤包绝缘电力电缆　冷收缩式附件　第1部分：终端	2007-11-1			设计、采购、运维、修试	初设、招标、运行、维护、试验	输电	电缆
203.5-182	JB/T 10740.2—2007	额定电压6kV(U_m=7.2kV)到35kV（U_m=40.5kV）挤包绝缘电力电缆　冷收缩式附件　第2部分：直通接头	2007-11-1			设计、采购、运维、修试	初设、招标、运行、维护、试验	输电	电缆
203.5-183	JB/T 11167.3—2011	额定电压10kV（U_m=12kV）至110kV（U_m=126kV）交联聚乙烯绝缘大长度交流海底电缆及附件　第3部分：额定电压10kV（U_m=12kV）至110kV（U_m=126kV）交联聚乙烯绝缘大长度交流海底电缆附件	2011-8-1			设计、采购、运维、修试	初设、招标、运行、维护、试验	输电	电缆

续表

体系结构号	标准编号	标准名称	实施日期	与国际标准对应关系	代替标准	阶段	分阶段	专业	分专业
203.5-184	JB/T 12147—2015	塑料电缆桥架	2015-10-1			设计、采购、运维、修试	初设、招标、运行、维护、试验	输电	电缆
203.5-185	JB/T 13106—2017	额定电压 0.6/1kV 硅橡胶绝缘电力电缆	2018-1-1			设计、采购、运维、修试	初设、招标、运行、维护、试验	配电	线缆
203.5-186	JB/T 13107—2017	额定电压 0.6/1kV 及以下硅橡胶绝缘及护套扁电缆	2018-1-1			设计、采购、运维、修试	初设、招标、运行、维护、试验	配电	线缆
203.5-187	JB/T 13108—2017	额定电压 450/750V 及以下硅橡胶绝缘控制电缆	2018-1-1			设计、采购、运维、修试	初设、招标、运行、维护、试验	配电	线缆
203.5-188	JB/T 13484—2018	额定电压 0.6/1kV 氟塑料绝缘电力电缆	2018-12-1			设计、采购、运维、修试	初设、招标、运行、维护、试验	配电	线缆
203.5-189	JB/T 13485—2018	额定电压 450/750V 及以下氟塑料绝缘控制电缆	2018-12-1			设计、采购、运维、修试	初设、招标、运行、维护、试验	配电	线缆
203.5-190	JB/T 13486—2018	计算机与仪表屏蔽电缆	2018-12-1			设计、采购	初设、招标、运行、维护、试验	配电	线缆
203.5-191	JG/T 313—2014	额定电压 0.6/1kV 及以下金属护套无机矿物绝缘电缆及终端	2015-2-1		JG/T 313—2011	设计、采购、运维、修试	初设、招标、运行、维护、试验	配电	线缆
203.5-192	JG/T 442—2014	额定电压 0.6/1kV 双层共挤绝缘辐照交联无卤低烟阻燃电力电缆	2015-2-1			设计、采购、运维、修试	初设、招标、运行、维护、试验	配电	线缆
203.5-193	JG/T 441—2014	额定电压 450/750V 及以下双层共挤绝缘辐照交联无卤低烟阻燃电线	2015-2-1			设计、采购	初设、招标	配电	线缆
203.5-194	SJ/T 2085—2016	聚氯乙烯绝缘安装用柔软电线电缆	2016-9-1		SJ/T 2085—1982	设计、采购	初设、品控	配电	线缆
203.5-195	SJ/T 2086—2016	聚氯乙烯绝缘安装电线电缆	2016-9-1		SJ/T 2086—1982	设计、采购	初设、品控	配电	线缆

续表

体系结构号	标准编号	标准名称	实施日期	与国际标准对应关系	代替标准	阶段	分阶段	专业	分专业
203.5-196	SJ/T 2932—2016	阻燃聚氯乙烯绝缘安装电线电缆	2016-9-1		SJ/T 2932—1982	设计、采购	初设、品控	配电	线缆
203.5-197	GB/T 2952.1—2008	电缆外护层 第1部分：总则	2009-11-1		GB/T 2952.1—1989	设计、采购	初设、品控	输电	电缆
203.5-198	GB/T 2952.2—2008	电缆外护层 第2部分：金属套电缆外护层	2009-11-1		GB 2952.2—1989；GB 2952.4—1989	设计、采购、运维、修试	初设、招标、运行、维护、试验	输电	电缆
203.5-199	GB/T 2952.3—2008	电缆外护层 第3部分：非金属套电缆通用外护层	2009-11-1		GB/T 2952.3—1989	设计、采购、运维、修试	初设、招标、运行、维护、试验	输电	电缆
203.5-200	GB/T 3956—2008	电缆的导体	2009-10-1	IEC 60228: 2004，IDT	GB/T 3956—1997	设计、采购、运维、修试	初设、招标、运行、维护、试验	输电	电缆
203.5-201	GB/T 7969—2003	电力电缆纸	2017-3-23	IEC 554-3-1: 1979	GB 7969—2003	设计、采购、运维、修试	初设、招标、运行、维护、试验	输电	电缆
203.5-202	GB/T 9326.2—2008	交流500kV及以下纸或聚丙烯复合纸绝缘金属套充油电缆及附件 第2部分：交流500kV及以下纸绝缘铅套充油电缆	2009-5-1		GB 9326.2—1988	设计、采购	初设、招标	输电	电缆
203.5-203	GB/T 9326.3—2008	交流500kV及以下纸或聚丙烯复合纸绝缘金属套充油电缆及附件 第3部分：终端	2009-5-1		GB 9326.3—1988	设计、采购、运维、修试	初设、招标、运行、维护、试验	输电	电缆
203.5-204	GB/T 9326.4—2008	交流500kV及以下纸或聚丙烯复合纸绝缘金属套充油电缆及附件 第4部分：接头	2009-5-1		GB 9326.4—1988	设计、采购、运维、修试	初设、招标、运行、维护、试验	输电	电缆
203.5-205	GB/T 9326.5—2008	交流500kV及以下纸或聚丙烯复合纸绝缘金属套充油电缆及附件 第5部分：压力供油箱	2009-5-1		GB 9326.5—1988	设计、采购、运维、修试	初设、招标、运行、维护、试验	输电	电缆
203.5-206	GB/T 9330.1—2008	塑料绝缘控制电缆 第1部分：一般规定	2009-4-1		GB 9330.1—1988	设计、采购、运维、修试	初设、招标、运行、维护、试验	配电	线缆

续表

体系结构号	标准编号	标准名称	实施日期	与国际标准对应关系	代替标准	阶段	分阶段	专业	分专业
203.5-207	GB/T 11017.2—2014	额定电压 110kV（U_m=126kV）交联聚乙烯绝缘电力电缆及其附件 第 2 部分：电缆	2015-1-22		GB/T 11017.2—2002	设计、采购、运维、修试	初设、招标、运行、维护、试验	输电	电缆
203.5-208	GB/T 11017.3—2014	额定电压 110kV（U_m=126kV）交联聚乙烯绝缘电力电缆及其附件 第 3 部分：电缆附件	2015-1-22		GB/T 11017.3—2002	设计、采购、运维、修试	初设、招标、运行、维护、试验	输电	电缆
203.5-209	GB/T 12527—2008	额定电压 1kV 及以下架空绝缘电缆	2009-4-1		GB 12527—1990	设计、采购、运维、修试	初设、招标、运行、维护、试验	输电	电缆
203.5-210	GB/T 12706.1—2008	额定电压 1kV（U_m=1.2kV）到 35kV（U_m=40.5kV）挤包绝缘电力电缆及附件 第 1 部分：额定电压 1kV（U_m=1.2kV）和 3kV（U_m=3.6kV）电缆	2009-11-1	IEC 60502-1：2004，MOD	GB/T 12706.1—2002	设计、采购、运维、修试	初设、招标、运行、维护、试验	输电	电缆
203.5-211	GB/T 12706.2—2008	额定电压 1kV（U_m=1.2kV）到 35kV（U_m=40.5kV）挤包绝缘电力电缆及附件 第 2 部分：额定电压 6kV（U_m=7.2kV）到 30kV（U_m=36kV）电缆	2009-11-1	IEC 60502-4：2005，MOD	GB/T 12706.2—2002	设计、采购、运维、修试	初设、招标、运行、维护、试验	输电	电缆
203.5-212	GB/T 12706.3—2008	额定电压 1kV（U_m=1.2kV）到 35kV（U_m=40.5kV）挤包绝缘电力电缆及附件 第 3 部分：额定电压 35kV（U_m=40.5kV）电缆	2009-11-1	IEC 60502-2：2005，NEQ	GB/T 12706.3—2002	设计、采购、运维、修试	初设、招标、运行、维护、试验	输电	电缆
203.5-213	GB/T 12976.1—2008	额定电压 35kV（U_m=40.5kV）及以下纸绝缘电力电缆及其附件 第 1 部分：额定电压 30kV 及以下电缆一般规定和结构要求	2009-4-1		GB 12976.1—1991；GB 12976.2—1991；GB 12976.3—1991	设计、采购、运维、修试	初设、招标、运行、维护、试验	输电	电缆
203.5-214	GB/T 12976.2—2008	额定电压 35kV（U_m=40.5kV）及以下纸绝缘电力电缆及其附件 第 2 部分：额定电压 35kV 电缆一般规定和结构要求	2009-4-1	IEC 60055-2：1981，NEQ	GB 12976.1—1991；GB 12976.2—1991；GB 12976.3—1991	设计、采购、运维、修试	初设、招标、运行、维护、试验	输电	电缆

续表

体系结构号	标准编号	标准名称	实施日期	与国际标准对应关系	代替标准	阶段	分阶段	专业	分专业
203.5-215	GB/T 13033.1—2007	额定电压 750V 及以下矿物绝缘电缆及终端　第 1 部分：电缆	2007-8-1	IEC 60702-1: 2002，IDT	GB 13033.1—1991	设计、采购、运维、修试	初设、招标、运行、维护、试验	配电	线缆
203.5-216	GB/T 13033.2—2007	额定电压 750V 及以下矿物绝缘电缆及终端　第 2 部分：终端	2007-8-1	IEC 60702-2: 2002，IDT	GB/T 13033.2—1991	设计、采购	初设、招标	配电	线缆
203.5-217	GB/T 14049—2008	额定电压 10kV 架空绝缘电缆	2009-4-1		GB 14049—1993	设计、采购、运维、修试	初设、招标、运行、维护、试验	配电	线缆
203.5-218	GB/T 18890.2—2015	额定电压 220kV（U_m=252kV）交联聚乙烯绝缘电力电缆及其附件　第 2 部分：电缆	2016-5-1		GB/Z 18890.2—2002	设计、采购、运维、修试	初设、招标、运行、维护、试验	输电	电缆
203.5-219	GB/T 18890.3—2015	额定电压 220kV（U_m=252kV）交联聚乙烯绝缘电力电缆及其附件　第 3 部分：电缆附件	2016-5-1		GB/Z 18890.3—2002	设计、采购、运维、修试	初设、招标、运行、维护、试验	输电	电缆
203.5-220	GB/T 19666—2005	阻燃和耐火电线电缆通则	2005-8-1	IEC 60331: 1999；IEC 60332: 2000；IEC 60754: 1997；IEC 61034: 1997		设计、采购、运维、修试	初设、招标、运行、维护、试验	输电	电缆
203.5-221	GB/T 22078.2—2008	额定电压 500kV（U_m=550kV）交联聚乙烯绝缘电力电缆及其附件　第 2 部分：额定电压 500kV（U_m=550kV）交联聚乙烯绝缘电力电缆	2009-4-1			设计、采购	初设、品控	输电	电缆
203.5-222	GB/T 22078.3—2008	额定电压 500kV（U_m=550kV）交联聚乙烯绝缘电力电缆及其附件　第 3 部分：额定电压 500kV（U_m=550kV）交联聚乙烯绝缘电力电缆附件	2009-4-1			设计、采购、运维、修试	初设、招标、运行、维护、试验	输电	电缆
203.5-223	GB/T 22381—2017	额定电压 72.5kV 及以上气体绝缘金属封闭开关设备与充流体及挤包绝缘电力电缆的连接　充流体及干式电缆终端	2018-2-1	IEC 62271-209: 2007	GB/T 22381—2008	设计、采购	初设、品控	输电	电缆

续表

体系结构号	标准编号	标 准 名 称	实施日期	与国际标准对应关系	代替标准	阶段	分阶段	专业	分专业
203.5-224	GB/T 27794—2011	电力电缆用承插式混凝土导管	2012-8-1			设计、采购、运维、修试	初设、招标、运行、维护、试验	输电	电缆
203.5-225	GB 28374—2012	电缆防火涂料	2012-9-1			设计、采购、运维、修试	初设、招标、运行、维护、试验	输电	电缆
203.5-226	GB/T 29839—2013	额定电压 1kV（U_m=1.2kV）及以下光纤复合低压电缆	2014-3-7			设计、采购、运维、修试	初设、招标、运行、维护、试验	配电	线缆
203.5-227	GB/T 30552—2014	电缆导体用铝合金线	2014-10-28			设计、采购、运维、修试	初设、招标、运行、维护、试验	输电	电缆
203.5-228	GB/T 31840.1—2015	额定电压 1kV（U_m=1.2kV）到 35kV（U_m=40.5kV）铝合金芯挤包绝缘电力电缆 第 1 部分：额定电压 1kV（U_m=1.2kV）和 3kV（U_m=3.6kV）电缆	2016-2-1			设计、采购、运维、修试	初设、招标、运行、维护、试验	配电	线缆
203.5-229	GB/T 31840.2—2015	额定电压 1kV（U_m=1.2kV）到 35kV（U_m=40.5kV）铝合金芯挤包绝缘电力电缆 第 2 部分：额定电压 6kV（U_m=7.2kV）到 30kV（U_m=36kV）电缆	2016-2-1			设计、采购	初设、品控	配电	线缆
203.5-230	GB/T 31840.3—2015	额定电压 1kV（U_m=1.2kV）到 35kV（U_m=40.5kV）铝合金芯挤包绝缘电力电缆 第 3 部分：额定电压 35kV（U_m=40.5kV）电缆	2016-2-1			设计、采购	初设、品控	配电	线缆
203.5-231	GB/T 32346.2—2015	额定电压 220kV（U_m=252kV）交联聚乙烯绝缘大长度交流海底电缆及附件 第 2 部分：大长度交流海底电缆	2016-7-1			设计、采购、运维、修试	初设、招标、运行、维护、试验	输电	电缆
203.5-232	GB/T 32346.3—2015	额定电压 220kV（U_m=252kV）交联聚乙烯绝缘大长度交流海底电缆及附件 第 3 部分：海底电缆附件	2016-7-1			设计、采购	初设、招标	输电	电缆

续表

体系结构号	标准编号	标准名称	实施日期	与国际标准对应关系	代替标准	阶段	分阶段	专业	分专业
203.5-233	GB/T 32795—2016	海缆铠装用镀锌或锌合金钢丝	2017-7-1			设计、采购	初设、招标	输电	电缆
203.5-234	GB/T 33367—2016	铠装电缆用铝合金带材	2017-11-1			设计、采购	初设、招标	输电	电缆
203.5-235	GB/T 34926—2017	额定电压 0.6/1kV 及以下云母带矿物绝缘波纹铜护套电缆及终端	2018-5-1			设计、采购	初设、招标	配电	线缆
203.5-236	GB/T 36016—2018	铠装连续热电偶电缆及铠装连续热电偶	2018-10-1			设计、采购	初设、招标	输电	电缆
203.5-237	ASTM B976—2011（2015）	复合芯铝导线用纤维增强铝基复合材料芯线的规格	2011-4-1		ASTM B976—2011	设计、采购	初设、招标	输电	电缆
203.5-238	ASTM C1433M—2018	涵洞，暴雨排水沟和下水道所用的预制钢筋混凝土整体方形管的标准规格	2018-1-1		ASTM C1433M—2016b	设计、采购	初设、招标	输电	电缆
203.5-239	ASTM E2181M—2011	压实矿物绝缘、金属铠装、基底金属热点偶电缆标准规格	2011-11-1			设计、采购	初设、招标	输电	电缆
203.5-240	ASTM F1837M—1997（2018）	热缩电缆入口封层规格（米制）	2018-10-1		ASTM F1837M—1997（2012）e1	设计、采购、运维、修试	初设、招标、运行、维护、试验	输电	电缆
203.5-241	ANSI ICEAS-90-661—2012	通用和局域网（LAN）通信配线系统技术要求用 3.5 和 5E 类单独非铠装的双绞线室内电缆（凯装或非铠装）的标准			ANSI ICEA A 90-661—2008	设计、采购、运维、修试	初设、招标、运行、维护、试验	配电	线缆
203.5-242	ANSI NEMA ICEAS-93-639 WC 74—2012	用于电能输电和配电的 5kV～ 46kV 铠装电力电缆			ANSI NEMA ICEAS 93-639 WC 74—2006	设计、采购、运维、修试	初设、招标、运行、维护、试验	输电	电缆
203.5-243	ANSI ICEAS-108-720—2012	额定电压 46kV～345kV 的挤压绝缘电力电缆			ANSI ICEA A 108-720—2004	设计、采购、运维、修试	初设、招标、运行、维护、试验	输电	电缆
203.5-244	BS EN 61914—2016	电气装置用电缆夹具	2016-3-31		BS EN 61914—2009	设计、采购、建设、运维	初设、品控、试运行、运行	输电	电缆

体系结构号	标准编号	标 准 名 称	实施日期	与国际标准对应关系	代替标准	阶段	分阶段	专业	分专业
203.5-245	NF C 33-223—1998	电力系统用绝缘电缆及其附件 额定电压从 6/10（12）kV 到 18/30（36）kV 的配电网络用交联聚乙烯电缆	1998-3-1	HD 605 S1/A1—1996，IDT；HD 620 S1—1996，IDT	C33-223—1992（C33-223）	采购、建设	品控、验收与质量评定	配电	线缆
203.5-246	NF C 33-400—2001	电力系统用绝缘电缆 电度表仪器电缆	2001-10-1		C33-400—1995（C33-400）	设计、建设、运维	初设、试运行、运行	配电	线缆
203.5-247	NF C 68-115—2012	电缆管理导管系统 第25部分：详细要求. 导管固定装置	2012-6-16	EN 61386-25—2011，IDT；CEI 61386-25—2011，IDT		设计、建设、运维	初设、试运行、运行	输电	电缆
203.5-248	NF C 90-130-2-5—2005	同轴电缆 第 2-5 部分：电缆配电网络用电缆分规范 在 5MHz—3000MHz 运行的系统用室外引入电缆	2005-9-20	EN 50117-2-5—2004，IDT；EN 50117-2-5/AC—2012，IDT		设计、建设、运维	初设、试运行、运行	配电	线缆
203.5-249	IEC 60502-2—2014	额定电压从 1kV（U_m=1.2kV）到 30kV（U_m=35kV）的挤压绝缘电力电缆及其附件 第 2 部分：额定电压从 6kV（U_m=7.2kV）到 30kV（U_m=3.6kV）的电缆	2014-2-20		IEC 60502-2—2005	设计、采购、建设、运维	初设、品控、试运行、运行	输电	电缆
203.5-250	IEC 61386-25—2011	电缆管理导管系统 第25部分：特定要求.导管固定装置	2011-9-22			设计、采购、建设、运维	初设、品控、试运行、运行	输电	电缆
203.5-251	IEC 61537—2006	电缆管理电缆槽系统和电缆梯架系统	2006-10-11	BS EN 61537—2007，IDT；EN 61537—2007，IDT	IEC 61537—2001	设计、采购、建设、运维	初设、品控、试运行、运行	输电	电缆
203.5-252	IEC 62549—2011	电缆导管用铰接系统和挠性系统	2011-10-24			设计、采购、建设、运维	初设、品控、试运行、运行	输电	电缆
203.6 设备材料-调度及二次									
——继电保护及安全自动装置									
203.6-1	Q/CSG 110001—2012	南方电网安全稳定控制系统技术规范	2012-2-10			采购、运维、修试	招标、品控、运行、维护、检修、试验	调度及二次	继电保护及安全自动装置
203.6-2	Q/CSG 110006—2011	电力系统稳定器（PSS）技术条件	2011-12-1			采购、运维、修试	招标、品控、运行、维护、检修、试验	调度及二次	继电保护及安全自动装置

续表

体系结构号	标准编号	标 准 名 称	实施日期	与国际标准对应关系	代替标准	阶段	分阶段	专业	分专业
203.6-3	Q/CSG 110007—2011	南方电网500kV母线保护技术规范	2011-12-1			采购、运维、修试	招标、品控、运行、维护、检修、试验	调度及二次	继电保护及安全自动装置
203.6-4	Q/CSG 110009—2011	南方电网500kV变压器保护及并联电抗器保护技术规范	2011-12-1			采购、运维、修试	招标、品控、运行、维护、检修、试验	调度及二次	继电保护及安全自动装置
203.6-5	Q/CSG 110015—2012	南方电网220kV变压器保护技术规范	2012-2-15			采购、运维、修试	招标、品控、运行、维护、检修、试验	调度及二次	继电保护及安全自动装置
203.6-6	Q/CSG 110022—2012	南方电网220kV母线保护技术规范	2012-3-16			采购、运维、修试	招标、品控、运行、维护、检修、试验	调度及二次	继电保护及安全自动装置
203.6-7	Q/CSG 110032—2012	南方电网 10kV～110kV元件保护技术规范	2012-5-28			采购、运维、修试	招标、品控、运行、维护、检修、试验	调度及二次	继电保护及安全自动装置
203.6-8	Q/CSG 110033—2012	南方电网大型发电机及发变组保护技术规范	2012-4-26			采购、运维、修试	招标、品控、运行、维护、检修、试验	调度及二次	继电保护及安全自动装置
203.6-9	Q/CSG 110035—2012	南方电网 10kV～110kV线路保护技术规范	2012-5-28			采购、运维、修试	招标、品控、运行、维护、检修、试验	调度及二次	继电保护及安全自动装置
203.6-10	Q/CSG 110040—2012	小电流接地选线装置技术规范	2012-10-8			采购、运维、修试	招标、品控、运行、维护、检修、试验	调度及二次	继电保护及安全自动装置
203.6-11	Q/CSG 1203006—2015	220kV线路保护技术规范	2015-12-31		Q/CSG 110011—2012	采购、运维、修试	招标、品控、运行、维护、检修、试验	调度及二次	继电保护及安全自动装置
203.6-12	Q/CSG 1203007—2015	串联电容补偿装置保护技术规范	2016-1-4			采购、运维、修试	招标、品控、运行、维护、检修、试验	调度及二次	继电保护及安全自动装置
203.6-13	Q/CSG 1203008—2015	直流输电系统直流保护及故障录波装置技术规范	2015-12-31			采购、运维、修试	招标、品控、运行、维护、检修、试验	调度及二次	继电保护及安全自动装置
203.6-14	Q/CSG 1203009—2015	直流输电系统交流滤波器保护及直流滤波器保护技术规范	2015-12-31			采购、运维、修试	招标、品控、运行、维护、检修、试验	调度及二次	继电保护及安全自动装置

续表

体系结构号	标准编号	标 准 名 称	实施日期	与国际标准对应关系	代替标准	阶段	分阶段	专业	分专业
203.6-15	Q/CSG 1203013—2016	继电保护信息系统技术规范	2016-3-1		Q/CSG 110030—2012	采购、运维、修试	招标、品控、运行、维护、检修、试验	调度及二次	继电保护及安全自动装置
203.6-16	Q/CSG 1203017—2016	配电自动化站所终端技术规范	2016-1-1			设计、采购、运维	初设、招标、维护	调度及二次	调度自动化
203.6-17	Q/CSG 1203018—2016	配电自动化馈线终端技术规范	2016-4-1			设计、采购、运维	初设、招标、维护	调度及二次	调度自动化
203.6-18	Q/CSG 1203019—2016	配电线路故障指示器技术规范	2016-1-1			设计、采购	初设、招标	调度及二次	调度自动化
203.6-19	Q/CSG 1203020—2016	输电线路在线监测装置通用技术规范	2017-1-9			设计、采购	初设、招标	调度及二次	调度自动化
203.6-20	Q/CSG 1203034—2017	直流融冰装置控制保护技术规范	2017-4-1			采购、运维、修试	招标、品控、运行、维护、检修、试验	调度及二次	继电保护及安全自动装置
203.6-21	Q/CSG 1203035—2017	500kV 线路和辅助保护技术规范	2017-3-1		Q/CSG 110013—2011	采购、运维、修试	招标、品控、运行、维护、检修、试验	调度及二次	继电保护及安全自动装置
203.6-22	Q/CSG 1203036—2017	220kV 两相式供电线路保护技术规范	2017-5-2			采购、运维、修试	招标、品控、运行、维护、检修、试验	调度及二次	继电保护及安全自动装置
203.6-23	Q/CSG 1203037—2017	10kV～110kV T 接线路差动保护技术规范	2017-3-24			采购、运维、修试	招标、品控、运行、维护、检修、试验	调度及二次	继电保护及安全自动装置
203.6-24	Q/CSG 1203040—2017	故障录波器及行波测距装置技术规范	2017-5-1		Q/CSG 110031—2012	采购、运维、修试	招标、品控、运行、维护、检修、试验	调度及二次	继电保护及安全自动装置
203.6-25	Q/CSG 1203041—2017	柔性直流输电系统控制保护系统（含多端控制保护）技术规范	2017-5-1			采购、运维、修试	招标、品控、运行、维护、检修、试验	调度及二次	继电保护及安全自动装置
203.6-26	Q/CSG 1203042—2017	STATCOM 装置控制保护技术规范	2017-5-1			采购、运维、修试	招标、品控、运行、维护、检修、试验	调度及二次	继电保护及安全自动装置
203.6-27	Q/CSG 1203044—2017	500kV 站用变压器保护技术规范	2017-4-1			采购、运维、修试	招标、品控、运行、维护、检修、试验	调度及二次	继电保护及安全自动装置

续表

体系结构号	标准编号	标准名称	实施日期	与国际标准对应关系	代替标准	阶段	分阶段	专业	分专业
203.6-28	Q/CSG 1203045—2017	智能变电站继电保护及相关二次设备信息描述规范	2017-8-15			采购、运维、修试	招标、品控、运行、维护、检修、试验	调度及二次	继电保护及安全自动装置
203.6-29	Q/CSG 1203046—2017	抽水蓄能发电电动机变压器组继电保护配置导则	2017-4-1			规划、设计	规划、初设、施工图	调度及二次	继电保护及安全自动装置
203.6-30	Q/CSG 1203050—2018	高压直流极（阀组）控制系统技术规范	2018-5-17			采购、运维、修试	招标、品控、运行、维护、检修、试验	调度及二次	继电保护及安全自动装置
203.6-31	Q/CSG 1203057—2018	±100kV 及以下直流控制保护及保护设备技术导则	2018-12-28			采购、运维、修试	招标、品控、运行、维护、检修、试验	调度及二次	继电保护及安全自动装置
203.6-32	Q/CSG 1203059—2019	保护屏柜及端子箱接线端子排技术规范	2019-2-27			采购、运维、修试	招标、品控、运行、维护、检修、试验	调度及二次	继电保护及安全自动装置
203.6-33	Q/CSG 1203061—2019	二次控制电缆技术标准	2019-2-27			采购、运维、修试	招标、品控、运行、维护、检修、试验	调度及二次	继电保护及安全自动装置
203.6-34	Q/CSG 1204008—2015	智能变电站继电保护及相关设备二次回路接口规范	2015-12-21			采购、运维、修试	招标、品控、运行、维护、检修、试验	调度及二次	继电保护及安全自动装置
203.6-35	Q/CSG 1204013—2016	继电保护信息系统主站-子站以太网 103 通信规范	2016-3-30			采购、运维、修试	招标、品控、运行、维护、检修、试验	调度及二次	继电保护及安全自动装置
203.6-36	Q/CSG 1204014—2016	继电保护信息系统主站-子站 DL/T 860 工程实施规范	2016-3-30			采购、运维、修试	招标、品控、运行、维护、检修、试验	调度及二次	继电保护及安全自动装置
203.6-37	Q/CSG 1204015—2016	继电保护信息系统主站-分站通信规范	2016-3-30			采购、运维、修试	招标、品控、运行、维护、检修、试验	调度及二次	继电保护及安全自动装置
203.6-38	Q/CSG 1204033—2018	南方电网备自投装置配置与技术功能规范	2018-12-28		Q/CSG 110012—2011	采购、运维、修试	招标、品控、运行、维护、检修、试验	调度及二次	继电保护及安全自动装置
203.6-39	Q/CSG 1204040—2018	南方电网执行站稳控执行站装置标准化技术规范	2018-12-28			设计、建设	初设、验收与质量评定	调度及二次	继电保护及安全自动装置

续表

体系结构号	标准编号	标 准 名 称	实施日期	与国际标准对应关系	代替标准	阶段	分阶段	专业	分专业
203.6-40	T/CSEE 0048—2017	暂态录波型故障指示器技术规范	2018-5-1			设计、采购	初设、招标	调度及二次	调度自动化
203.6-41	T/CSEE/Z 0064—2017	直流配电网用直流控制与保护设备技术要求	2018-5-1			设计、采购	初设、施工图、招标、品控、试验	调度及二次	继电保护及安全自动装置
203.6-42	DL/T 242—2012	高压并联电抗器保护装置通用技术条件	2012-7-1			采购、运维、修试	招标、品控、运行、维护、检修、试验	调度及二次	继电保护及安全自动装置
203.6-43	DL/T 243—2012	继电保护及控制设备数据采集及信息交换技术导则	2012-7-1			采购、运维	招标、品控、运行、维护	调度及二次	继电保护及安全自动装置
203.6-44	DL/T 250—2012	并联补偿电容器保护装置通用技术条件	2012-7-1			采购、运维、修试	招标、品控、运行、维护、检修、试验	调度及二次	继电保护及安全自动装置
203.6-45	DL/T 252—2012	高压直流输电系统用换流变压器保护装置通用技术条件	2012-7-1			采购、运维、修试	招标、品控、运行、维护、检修、试验	调度及二次	继电保护及安全自动装置
203.6-46	DL/T 280—2012	电力系统同步相量测量装置通用技术条件	2012-3-1			设计、建设	初设、验收与质量评定	调度及二次	调度自动化
203.6-47	DL/T 282—2018	合并单元技术条件	2019-5-1		DL/T 282—2012	采购、运维、修试	招标、品控、运行、维护、检修、试验	调度及二次	继电保护及安全自动装置
203.6-48	DL/T 294.1—2011	发电机灭磁及转子过电压保护装置技术条件 第1部分：磁场断路器	2011-11-1			设计、采购、运维、修试	初设、招标、品控、运行、维护、检修、试验	调度及二次、发电	继电保护及安全自动装置、水电
203.6-49	DL/T 294.2—2011	发电机灭磁及转子过电压保护装置技术条件 第2部分：非线性电阻	2011-11-1			设计、采购、运维、修试	初设、招标、品控、运行、维护、检修、试验	调度及二次、发电	继电保护及安全自动装置、水电
203.6-50	DL/T 314—2010	电力系统低压减负荷和低压解列装置通用技术条件	2011-5-1			采购、运维、修试	招标、品控、运行、维护、检修、试验	调度及二次	继电保护及安全自动装置
203.6-51	DL/T 315—2010	电力系统低频减负荷和低频解列装置通用技术条件	2011-5-1			采购、运维、修试	招标、品控、运行、维护、检修、试验	调度及二次	继电保护及安全自动装置

续表

体系结构号	标准编号	标准名称	实施日期	与国际标准对应关系	代替标准	阶段	分阶段	专业	分专业
203.6-52	DL/T 317—2010	继电保护设备标准化设计规范	2011-5-1			采购、运维、修试	招标、品控、运行、维护、检修、试验	调度及二次	继电保护及安全自动装置
203.6-53	DL/T 357—2010	输电线路行波故障测距装置技术条件	2010-10-1			采购、运维、修试	招标、品控、运行、维护、检修、试验	调度及二次	继电保护及安全自动装置
203.6-54	DL/T 478—2013	继电保护和安全自动装置通用技术条件	2013-8-1		DL/T 478—2010	采购、运维、修试	招标、品控、运行、维护、检修、试验	调度及二次	继电保护及安全自动装置
203.6-55	DL/T 479—2017	阻抗保护功能技术规范	2018-3-1		DL/T 479—1992	采购、运维、修试	招标、品控、运行、维护、检修、试验	调度及二次	继电保护及安全自动装置
203.6-56	DL/T 483—1992	静态重合闸装置技术条件	1992-10-1			采购、运维、修试	招标、品控、运行、维护、检修、试验	调度及二次	继电保护及安全自动装置
203.6-57	DL/T 524—2002	继电保护专用电力线载波收发信机技术条件	2002-12-1		DL/T 524—1993	采购、运维、修试	招标、品控、运行、维护、检修、试验	调度及二次	继电保护及安全自动装置
203.6-58	DL/T 526—2013	备用电源自动投入装置技术条件	2014-4-1		DL/T 526—2002	采购、运维、修试	招标、品控、运行、维护、检修、试验	调度及二次	继电保护及安全自动装置
203.6-59	DL/T 527—2013	继电保护及控制装置电源模块（模件）技术条件	2014-4-1		DL/T 527—2002	采购、运维、修试	招标、品控、运行、维护、检修、试验	调度及二次	继电保护及安全自动装置
203.6-60	DL/T 553—2013	电力系统动态记录装置通用技术条件	2014-4-1		DL/T 553—1994; DL/T 663—1999	采购、运维、修试	招标、品控、运行、维护、检修、试验	调度及二次	继电保护及安全自动装置
203.6-61	DL/T 624—2010	继电保护微机型试验装置技术条件	2011-5-1		DL/T 624—1997	采购、修试	招标、试验	调度及二次	继电保护及安全自动装置
203.6-62	DL/T 670—2010	母线保护装置通用技术条件	2011-5-1		DL/T 670—1999	采购、运维、修试	招标、品控、运行、维护、检修、试验	调度及二次	继电保护及安全自动装置
203.6-63	DL/T 671—2010	发电机变压器组保护装置通用技术条件	2011-5-1		DL/T 671—1999	采购、运维、修试	招标、品控、运行、维护、检修、试验	调度及二次	继电保护及安全自动装置

续表

体系结构号	标准编号	标准名称	实施日期	与国际标准对应关系	代替标准	阶段	分阶段	专业	分专业
203.6-64	DL/T 672—2017	变电站及配电线路用电压无功调节控制系统使用技术条件	2018-6-1		DL/T 672—1999	采购、运维、修试	招标、品控、运行、维护、检修、试验	调度及二次	调度自动化
203.6-65	DL/T 688—1999	电力系统远方跳闸信号传输装置	2000-7-1			采购、运维、修试	招标、品控、运行、维护、检修、试验	调度及二次	继电保护及安全自动装置
203.6-66	DL/Z 713—2000	500kV 变电所保护和控制设备抗扰度要求	2001-1-1			采购、运维、修试	招标、品控、运行、维护、检修、试验	调度及二次	继电保护及安全自动装置
203.6-67	DL/T 720—2013	电力系统继电保护及安全自动装置柜（屏）通用技术条件	2014-4-1		DL/T 720—2000	采购、运维、修试	招标、品控、运行、维护、检修、试验	调度及二次	继电保护及安全自动装置
203.6-68	DL/T 744—2012	微机型电动机保护装置通用技术条件	2012-7-1		DL/T 744—2001	采购、运维、修试	招标、品控、运行、维护、检修、试验	调度及二次	继电保护及安全自动装置
203.6-69	DL/T 770—2012	微机变压器保护装置通用技术条件	2012-7-1	IEC 60255，NEQ	DL/T 770—2001	采购、运维、修试	招标、品控、运行、维护、检修、试验	调度及二次	继电保护及安全自动装置
203.6-70	DL/T 823—2017	反时限电流保护功能技术规范	2018-6-1		DL/T 823—2002	采购、运维、修试	招标、品控、运行、维护、检修、试验	调度及二次	继电保护及安全自动装置
203.6-71	DL/T 856—2018	电力用直流电源和一体化电源监控装置	2019-5-1		DL/T 856—2004	采购、运维、修试	招标、品控、运行、维护、检修、试验	调度及二次	继电保护及安全自动装置
203.6-72	DL/T 872—2016	小电流接地系统单相接地故障选线装置技术条件	2017-5-1		DL/T 872—2004	采购、运维、修试	招标、品控、运行、维护、检修、试验	调度及二次	继电保护及安全自动装置
203.6-73	DL/T 993—2006	电力系统失步解列装置通用技术条件	2006-10-1			采购、运维、修试	招标、品控、运行、维护、检修、试验	调度及二次	继电保护及安全自动装置
203.6-74	DL/T 1010.3—2006	高压静止无功补偿装置 第3部分：控制系统	2007-3-1			采购、运维、修试	招标、品控、运行、维护、检修、试验	调度及二次	继电保护及安全自动装置
203.6-75	DL/T 1075—2016	保护测控装置技术条件	2017-5-1		DL/T 1075—2007	采购、运维、修试	招标、品控、运行、维护、检修、试验	调度及二次	继电保护及安全自动装置

续表

体系结构号	标准编号	标准名称	实施日期	与国际标准对应关系	代替标准	阶段	分阶段	专业	分专业
203.6-76	DL/T 1092—2008	电力系统安全稳定控制系统通用技术条件	2008-11-1			采购、运维、修试	招标、品控、运行、维护、检修、试验	调度及二次	继电保护及安全自动装置
203.6-77	DL/T 1347—2014	交流滤波器保护装置通用技术条件	2015-3-1			采购、运维、修试	招标、品控、运行、维护、检修、试验	调度及二次	继电保护及安全自动装置
203.6-78	DL/T 1348—2014	自动准同期装置通用技术条件	2015-3-1			采购、运维、修试	招标、品控、运行、维护、检修、试验	调度及二次	继电保护及安全自动装置
203.6-79	DL/T 1349—2014	断路器保护装置通用技术条件	2015-3-1			采购、运维、修试	招标、品控、运行、维护、检修、试验	调度及二次	继电保护及安全自动装置
203.6-80	DL/T 1350—2014	变电站故障解列装置通用技术条件	2015-3-1			采购、运维、修试	招标、品控、运行、维护、检修、试验	调度及二次	继电保护及安全自动装置
203.6-81	DL/T 1402—2015	厂站端同步相量应用技术规范	2015-9-1			建设、运维	验收与质量评定、试运行、运行、维护	调度及二次	调度自动化
203.6-82	DL/T 1405.1—2015	智能变电站的同步相量测量装置　第 1 部分：通信接口规范	2015-9-1			采购、运维、修试	招标、品控、运行、维护、检修、试验	调度及二次	调度自动化
203.6-83	DL/T 1405.2—2018	智能变电站的同步相量测量装置　第 2 部分：技术规范	2019-5-1			采购、运维、修试	招标、品控、运行、维护、检修、试验	调度及二次	调度自动化
203.6-84	DL/T 1405.3—2018	智能变电站的同步相量测量装置　第 3 部分：检测规范	2019-5-1			修试	检修、试验	调度及二次	调度自动化
203.6-85	DL/T 1415—2015	高压并联电容器装置保护导则	2015-9-1			采购、运维、修试	招标、品控、运行、维护、检修、试验	调度及二次	继电保护及安全自动装置
203.6-86	DL/T 1504—2016	弧光保护装置通用技术条件	2016-6-1			采购、运维、修试	招标、品控、运行、维护、检修、试验	调度及二次	继电保护及安全自动装置
203.6-87	YD/T 1529—2006	光纤线路自动切换保护装置技术条件	2007-1-1			采购、运维、修试	招标、品控、运行、维护、检修、试验	调度及二次	继电保护及安全自动装置

续表

体系结构号	标准编号	标准名称	实施日期	与国际标准对应关系	代替标准	阶段	分阶段	专业	分专业
203.6-88	DL/T 1639—2016	变电站继电保护信息以太网 103 传输规范	2017-5-1			采购、运维、修试	招标、品控、运行、维护、检修、试验	调度及二次	继电保护及安全自动装置
203.6-89	DL/T 1734—2017	过激磁保护功能技术规范	2018-3-1		SD 278—1988	采购、运维、修试	招标、品控、运行、维护、检修、试验	调度及二次	继电保护及安全自动装置
203.6-90	DL/T 1771—2017	比率差动保护功能技术规范	2018-6-1		SD 276—1988	采购、运维、修试	招标、品控、运行、维护、检修、试验	调度及二次	继电保护及安全自动装置
203.6-91	DL/T 1772—2017	功率方向元件技术规范	2018-6-1		SD 277—1988	采购、运维、修试	招标、品控、运行、维护、检修、试验	调度及二次	继电保护及安全自动装置
203.6-92	DL/T 1777—2017	智能变电站二次设备屏柜光纤回路技术规范	2018-6-1			采购、运维、修试	招标、品控、运行、维护、检修、试验	调度及二次	继电保护及安全自动装置
203.6-93	DL/T 1778—2017	柔性直流保护和控制设备技术条件	2018-6-1			采购、运维、修试	招标、品控、运行、维护、检修、试验	调度及二次	继电保护及安全自动装置
203.6-94	DL/T 1789—2017	光纤电流互感器技术规范	2018-6-1			采购、建设、运维、修试	招标、品控、验收与质量评定、运行、维护、检修、试验	调度及二次	继电保护及安全自动装置
203.6-95	DL/T 1792—2017	发电机组功率突降保护装置通用技术条件	2018-6-1			采购、运维、修试	招标、品控、运行、维护、检修、试验	调度及二次	继电保护及安全自动装置
203.6-96	DL/T 1881—2018	智能变电站智能控制柜技术规范	2019-5-1			采购、运维、修试	招标、品控、运行、维护、检修、试验	调度及二次	继电保护及安全自动装置
203.6-97	DL/T 1890—2018	智能变电站状态监测系统站内接口规范	2019-5-1			采购、运维、修试	招标、品控、运行、维护、检修、试验	调度及二次	继电保护及安全自动装置
203.6-98	DL/T 1910—2018	配电网分布式馈线自动化技术规范	2019-5-1			运维	运行	调度及二次	调度自动化
203.6-99	NB/T 42167—2018	预制舱式二次组合设备技术要求	2018-10-1			采购、运维、修试	招标、品控、运行、维护、检修、试验	调度及二次	继电保护及安全自动装置

续表

体系结构号	标准编号	标准名称	实施日期	与国际标准对应关系	代替标准	阶段	分阶段	专业	分专业
203.6-100	NB/T 42015—2013	智能变电站网络报文记录及分析装置技术条件	2014-4-1			采购、运维、修试	招标、品控、运行、维护、检修、试验	调度及二次	继电保护及安全自动装置
203.6-101	NB/T 42071—2016	保护和控制用智能单元设备通用技术条件	2016-12-1			采购、运维、修试	招标、品控、运行、维护、检修、试验	调度及二次	继电保护及安全自动装置
203.6-102	NB/T 42076—2016	弧光保护装置选用导则	2016-12-1			采购、运维、修试	招标、品控、运行、维护、检修、试验	调度及二次	继电保护及安全自动装置
203.6-103	NB/T 42088—2016	继电保护信息系统子站技术规范	2016-12-1			采购、运维、修试	招标、品控、运行、维护、检修、试验	调度及二次	继电保护及安全自动装置
203.6-104	SL 692—2014	小型水电站监控保护设备应用导则	2015-1-27			规划	规划	调度及二次	继电保护及安全自动装置
203.6-105	JB/T 3322—2002	信号继电器	2002-12-1		JB/T 3322—1994	运维、修试	运行、维护、检修、试验	调度及二次	继电保护及安全自动装置
203.6-106	JB/T 3346—2002	反时限过电流继电器	2002-12-1		JB/T 3346—1993	运维、修试	运行、维护、检修、试验	调度及二次	继电保护及安全自动装置
203.6-107	JB/T 3347—1996	负序、零序电流增量继电器	1996-10-1		JB 3347—1983	运维、修试	运行、维护、检修、试验	调度及二次	继电保护及安全自动装置
203.6-108	JB/T 3702—1997	时间继电器	1988-12-1		JB 3702—1993；JB 6523—1992	运维、修试	运行、维护、检修、试验	调度及二次	继电保护及安全自动装置
203.6-109	JB/T 3777—2002	保持中间继电器	2002-12-1		JB/T 3777—1993	运维、修试	运行、维护、检修、试验	调度及二次	继电保护及安全自动装置
203.6-110	JB/T 3778—2002	延时中间继电器	2002-12-1		JB/T 3778—1993	运维、修试	运行、维护、检修、试验	调度及二次	继电保护及安全自动装置
203.6-111	JB/T 3779—2002	快速中间继电器	2002-12-1		JB/T 3779—1993	运维、修试	运行、维护、检修、试验	调度及二次	继电保护及安全自动装置

续表

体系结构号	标准编号	标准名称	实施日期	与国际标准对应关系	代替标准	阶段	分阶段	专业	分专业
203.6-112	JB/T 3780—2002	普通中间继电器	2002-12-1		JB/T 3780—1993	运维、修试	运行、维护、检修、试验	调度及二次	继电保护及安全自动装置
203.6-113	JB/T 3945—2002	冲击继电器	2002-12-1		JB/T 3945—1995	运维、修试	运行、维护、检修、试验	调度及二次	继电保护及安全自动装置
203.6-114	JB/T 3950—1999	自动准同期装置	2000-1-1		JB 3950—1985	采购、运维、修试	招标、品控、运行、维护、检修、试验	调度及二次	继电保护及安全自动装置
203.6-115	JB/T 3962—2002	综合重合闸装置技术条件	2002-12-1		JB/T 3962—1991	运维、修试	运行、维护、检修、试验	调度及二次	继电保护及安全自动装置
203.6-116	JB/T 4259—1996	热带量度继电器及保护装置　技术要求	1997-1-1		JB 4259—1986	采购、建设、运维、修试	招标、品控、验收与质量评定、运行、维护、检修、试验	调度及二次	继电保护及安全自动装置
203.6-117	JB/T 5777.2—2002	电力系统二次电路用控制及继电保护屏（柜、台）通用技术条件	2002-12-1		JB/T 5777.2—1991	采购、建设、运维、修试	招标、品控、验收与质量评定、运行、维护、检修、试验	调度及二次	继电保护及安全自动装置
203.6-118	JB/T 6516—2002	电力系统稳定控制装置	2002-12-1		JB/T 6516—1992	运维、修试	运行、维护、检修、试验	调度及二次	继电保护及安全自动装置
203.6-119	JB/T 7103—1993	继电器及其装置用线圈通用技术条件	1994-1-1			采购、建设、运维、修试	招标、品控、验收与质量评定、运行、维护、检修、试验	调度及二次	继电保护及安全自动装置
203.6-120	JB/T 7104—2007	电力系统二次设备用电气连接件通用技术条件	2007-7-1		JB/T 7104—1993	采购、建设、运维、修试	招标、品控、验收与质量评定、运行、维护、检修、试验	调度及二次	继电保护及安全自动装置
203.6-121	JB/T 7105—2002	35kV 变电站（所）成套集控保护屏、柜、台通用技术条件	2002-12-1		JB/T 7105—1993	采购、建设、运维、修试	招标、品控、验收与质量评定、运行、维护、检修、试验	调度及二次	继电保护及安全自动装置
203.6-122	JB/T 7638—2002	湿热带电力系统二次电路用控制及继电保护屏（柜、台）技术条件	2002-12-1		JB/T 7638—1994	采购、建设、运维、修试	招标、品控、验收与质量评定、运行、维护、检修、试验	调度及二次	继电保护及安全自动装置
203.6-123	JB/T 8322—1996	双位置继电器	1996-10-1			运维、修试	运行、维护、检修、试验	调度及二次	继电保护及安全自动装置

续表

体系结构号	标准编号	标准名称	实施日期	与国际标准对应关系	代替标准	阶段	分阶段	专业	分专业
203.6-124	JB/T 8627—2007	双金属片式热过载继电器	2007-11-1		JB 8627—1997	运维、修试	运行、维护、检修、试验	调度及二次	继电保护及安全自动装置
203.6-125	JB/T 8664—1997	高压输电线路保护屏（柜）	1998-2-1		JB/DQ 2399—1988	运维、修试	运行、维护、检修、试验	调度及二次	继电保护及安全自动装置
203.6-126	JB/T 9561—1999	负序反时限过流保护装置	2000-1-1		ZB K45010—1989	运维、修试	运行、维护、检修、试验	调度及二次	继电保护及安全自动装置
203.6-127	JB/T 9562—1999	电压继电器与保护装置	2000-1-1		ZB K45011—1990	运维、修试	运行、维护、检修、试验	调度及二次	继电保护及安全自动装置
203.6-128	JB/T 9563—1999	过激励磁保护装置	2000-1-1		ZB K45012—1989	运维、修试	运行、维护、检修、试验	调度及二次	继电保护及安全自动装置
203.6-129	JB/T 9564—1999	差动保护装置	2000-1-1		ZB K45013—1989	运维、修试	运行、维护、检修、试验	调度及二次	继电保护及安全自动装置
203.6-130	JB/T 9569—1999	超高压输电线路距离保护装置	2000-1-1		ZB K45021—1990	运维、修试	运行、维护、检修、试验	调度及二次	继电保护及安全自动装置
203.6-131	JB/T 9572—1999	发电机逆功率保护装置和逆功率继电器	2000-1-1		ZB K45024—1990	采购、建设、运维、修试	招标、品控、验收与质量评定、运行、维护、检修、试验	调度及二次	继电保护及安全自动装置
203.6-132	JB/T 9575—1999	电流继电器与保护装置	2000-1-1		ZB K45027—1990	运维、修试	运行、维护、检修、试验	调度及二次	继电保护及安全自动装置
203.6-133	JB/T 9647—2014	变压器用气体继电器	2014-10-1		JB/T 9647—1999	采购、建设、运维、修试	招标、品控、验收与质量评定、运行、维护、检修、试验	调度及二次	继电保护及安全自动装置
203.6-134	JB/T 9663—2013	低压无功功率自动补偿控制器	2014-7-1		JB/T 9663—1999	运维、修试	运行、维护、检修、试验	调度及二次	继电保护及安全自动装置

续表

体系结构号	标准编号	标 准 名 称	实施日期	与国际标准对应关系	代替标准	阶段	分阶段	专业	分专业
203.6-135	JB/T 10182—2000	母线差动保护屏	2000-10-1			运维、修试	运行、维护、检修、试验	调度及二次	继电保护及安全自动装置
203.6-136	JB/T 10428—2015	变压器用多功能保护装置	2016-3-1		JB/T 10428—2004	运维、修试	运行、维护、检修、试验	调度及二次	继电保护及安全自动装置
203.6-137	JB/T 12762—2015	自恢复式过欠压保护器	2016-3-1			运维、修试	运行、维护、检修、试验	调度及二次	继电保护及安全自动装置
203.6-138	JB/T 13097—2017	电磁式继电器	2017-10-1			运维、修试	运行、维护、检修、试验	调度及二次	继电保护及安全自动装置
203.6-139	GB/T 6115.2—2017	电力系统用串联电容器 第2部分：串联电容器组用保护设备	2018-4-1	IEC 60143-2: 2012	GB/T 6115.2—2002	采购、建设、运维、修试	招标、品控、施工工艺、验收与质量评定、运行、维护、检修、试验	调度及二次	继电保护及安全自动装置
203.6-140	GB/T 6829—2017	剩余电流动作保护电器（RCD）的一般要求	2018-5-1	IEC/TR 60755: 2008	GB/Z 6829—2008	采购、建设、运维、修试	招标、品控、施工工艺、验收与质量评定、运行、维护、检修、试验	调度及二次	继电保护及安全自动装置
203.6-141	GB/T 7267—2015	电力系统二次回路保护及自动化机柜（屏）基本尺寸系列	2015-12-1		GB/T 7267—2003	采购、建设	招标、品控、验收与质量评定	调度及二次	继电保护及安全自动装置
203.6-142	GB/T 7268—2015	电力系统保护及其自动化装置用插箱及插件面板基本尺寸系列	2015-12-1		GB/T 7268—2005	采购、建设	招标、品控、验收与质量评定	调度及二次	继电保护及安全自动装置
203.6-143	GB/Z 11024.3—2001	标称电压1kV以上交流电力系统用并联电容器 第3部分：并联电容器和并联电容器组的保护	2002-6-1	IEC/TR 60871-3: 1996，IDT		采购、建设、运维、修试	招标、品控、施工工艺、验收与质量评定、运行、维护、检修、试验	调度及二次	继电保护及安全自动装置
203.6-144	GB/T 11920—2008	电站电气部分集中控制设备及系统通用技术条件	2009-8-1		GB 11920—1989	采购、建设、运维、修试	招标、品控、施工工艺、验收与质量评定、运行、维护、检修、试验	调度及二次	继电保护及安全自动装置

续表

体系结构号	标准编号	标 准 名 称	实施日期	与国际标准对应关系	代替标准	阶段	分阶段	专业	分专业
203.6-145	GB/T 14285—2006	继电保护和安全自动装置技术规程	2006-11-1		GB 14285—1993	规划、采购、建设、运维、修试	规划、招标、品控、施工工艺、验收与质量评定、运行、维护、检修、试验	调度及二次	继电保护及安全自动装置
203.6-146	GB/T 14598.1—2002	电气继电器 第23部分：触点性能	2003-5-1	IEC 60255-23: 1994，IDT	GB/T 14598.1—1993	采购、建设、运维、修试	招标、品控、施工工艺、验收与质量评定、运行、维护、检修、试验	调度及二次	继电保护及安全自动装置
203.6-147	GB/T 14598.2—2011	量度继电器和保护装置 第1部分：通用要求	2012-6-1	IEC 60255-0-20: 1974，IDT；IEC 60255-1-0: 1975，IDT；IEC 60255-1-00: 1975，IDT；IEC 60255-1: 1967，IDT；IEC 60255-1: 2009，IDT	GB/T 14047—1993	采购、建设、运维、修试	招标、品控、施工工艺、验收与质量评定、运行、维护、检修、试验	调度及二次	继电保护及安全自动装置
203.6-148	GB/T 14598.6—1993	电气继电器 第十八部分：有或无通用继电器的尺寸	1994-4-1	IEC 255-18: 1982，IDT	SJ/Z 9073.4—1987	采购、建设	招标、品控、施工工艺、验收与质量评定	调度及二次	继电保护及安全自动装置
203.6-149	GB/T 14598.8—2008	电气继电器 第20部分：保护系统	2009-3-1	IEC 60255-20: 1984，MOD	GB/T 14598.8—1995	采购、建设、运维、修试	招标、品控、施工工艺、验收与质量评定、运行、维护、检修、试验	调度及二次	继电保护及安全自动装置
203.6-150	GB/T 14598.24—2017	量度继电器和保护装置 第24部分：电力系统暂态数据交换（COMTRADE）通用格式	2018-2-1	IEC 60255-24: 2013	GB/T 22386—2008	采购、修试	招标、品控、检修、试验	调度及二次	继电保护及安全自动装置
203.6-151	GB/T 14598.27—2017	量度继电器和保护装置 第27部分：产品安全要求	2018-5-1	IEC 60255-27: 2013	GB 14598.27—2008	采购、修试	招标、品控、检修、试验	调度及二次	继电保护及安全自动装置
203.6-152	GB/T 14598.121—2017	量度继电器和保护装置 第121部分：距离保护功能要求	2018-2-1	IEC 60255-121: 2014		采购、运维、修试	招标、品控、运行、维护、检修、试验	调度及二次	继电保护及安全自动装置
203.6-153	GB/T 14598.127—2013	量度继电器和保护装置 第127部分：过/欠电压保护功能要求	2013-12-2			采购、运维、修试	招标、品控、运行、维护、检修、试验	调度及二次	继电保护及安全自动装置

续表

体系结构号	标准编号	标准名称	实施日期	与国际标准对应关系	代替标准	阶段	分阶段	专业	分专业
203.6-154	GB/T 14598.149—2016	量度继电器和保护装置　第149部分：电热继电器功能要求	2016-9-1	IEC 60255-149: 2013，IDT	GB/T 14598.15—1998	采购、运维、修试	招标、品控、运行、维护、检修、试验	调度及二次	继电保护及安全自动装置
203.6-155	GB/T 14598.300—2017	变压器保护装置通用技术要求	2018-7-1		GB/T 14598.300—2008	采购、建设、运维、修试	招标、品控、施工工艺、验收与质量评定、运行、维护、检修、试验	调度及二次	继电保护及安全自动装置
203.6-156	GB/T 14598.302—2016	弧光保护装置技术要求	2016-9-1			采购、建设、运维、修试	招标、品控、施工工艺、验收与质量评定、运行、维护、检修、试验	调度及二次	继电保护及安全自动装置
203.6-157	GB/T 15145—2017	输电线路保护装置通用技术条件	2018-2-1		GB/T 15145—2008	采购、建设、运维、修试	招标、品控、施工工艺、验收与质量评定、运行、维护、检修、试验	调度及二次	继电保护及安全自动装置
203.6-158	GB/T 16608.1—2003	有质量评定的有或无基础机电继电器　第1部分：总规范	2004-8-1	IEC 61811-1: 1999, IDT	GB/T 16608—1996	建设、修试	验收与质量评定、检修、试验	调度及二次	继电保护及安全自动装置
203.6-159	GB/T 22387—2016	剩余电流动作继电器	2017-3-1		GB/T 22387—2008	采购、建设、修试	招标、品控、施工工艺、检修、试验	调度及二次	继电保护及安全自动装置
203.6-160	GB/T 22390.1—2008	高压直流输电系统控制与保护设备　第1部分：运行人员控制系统	2009-8-1			采购、建设、运维、修试	招标、品控、施工工艺、验收与质量评定、运行、维护、检修、试验	调度及二次	继电保护及安全自动装置
203.6-161	GB/T 22390.2—2008	高压直流输电系统控制与保护设备　第2部分：交直流系统站控设备	2009-8-1			采购、建设、运维、修试	招标、品控、施工工艺、验收与质量评定、运行、维护、检修、试验	调度及二次	继电保护及安全自动装置
203.6-162	GB/T 22390.3—2008	高压直流输电系统控制与保护设备　第3部分：直流系统极控设备	2009-8-1			采购、建设、运维、修试	招标、品控、施工工艺、验收与质量评定、运行、维护、检修、试验	调度及二次	继电保护及安全自动装置
203.6-163	GB/T 22390.4—2008	高压直流输电系统控制与保护设备　第4部分：直流系统保护设备	2009-8-1			采购、建设、运维、修试	招标、品控、施工工艺、验收与质量评定、运行、维护、检修、试验	调度及二次	继电保护及安全自动装置

续表

体系结构号	标准编号	标准名称	实施日期	与国际标准对应关系	代替标准	阶段	分阶段	专业	分专业
203.6-164	GB/T 22390.5—2008	高压直流输电系统控制与保护设备　第5部分：直流线路故障定位装置	2009-8-1			采购、建设、运维、修试	招标、品控、施工工艺、验收与质量评定、运行、维护、检修、试验	调度及二次	继电保护及安全自动装置
203.6-165	GB/T 22390.6—2008	高压直流输电系统控制与保护设备　第6部分：换流站暂态故障录波装置	2009-8-1			采购、建设、运维、修试	招标、品控、施工工艺、验收与质量评定、运行、维护、检修、试验	调度及二次	继电保护及安全自动装置
203.6-166	GB/T 25843—2017	±800kV特高压直流输电控制与保护设备技术要求	2018-7-1		GB/Z 25843—2010	采购、建设、运维、修试	招标、品控、施工工艺、验收与质量评定、运行、维护、检修、试验	调度及二次	继电保护及安全自动装置
203.6-167	GB/T 31143—2014	电弧故障保护电器（AFDD）的一般要求	2015-4-1			采购、建设、修试	招标、品控、施工工艺、检修、试验	调度及二次	继电保护及安全自动装置
203.6-168	GB/T 31955.1—2015	超高压可控并联电抗器控制保护系统技术规范　第1部分：分级调节式	2016-4-1			采购、建设、运维、修试	招标、品控、施工工艺、验收与质量评定、运行、维护、检修、试验	调度及二次	继电保护及安全自动装置
203.6-169	GB/T 32890—2016	继电保护IEC 61850工程应用模型	2017-3-1			建设、运维、修试	验收与质量评定、运行、维护、检修、试验	调度及二次	继电保护及安全自动装置
203.6-170	GB/T 32897—2016	智能变电站多功能保护测控一体化装置通用技术条件	2017-3-1			采购、建设、运维、修试	招标、品控、施工工艺、验收与质量评定、运行、维护、检修、试验	调度及二次	继电保护及安全自动装置
203.6-171	GB/T 32901—2016	智能变电站继电保护通用技术条件	2017-3-1			采购、建设、运维、修试	招标、品控、施工工艺、验收与质量评定、运行、维护、检修、试验	调度及二次	继电保护及安全自动装置
203.6-172	GB/T 34122—2017	220kV～750kV电网继电保护和安全自动装置配置技术规范	2018-2-1			规划、设计	规划、初设	调度及二次	继电保护及安全自动装置
203.6-173	GB/T 34123—2017	电力系统变频器保护技术规范	2018-2-1			采购、修试	招标、品控、检修、试验	调度及二次	继电保护及安全自动装置

续表

体系结构号	标准编号	标 准 名 称	实施日期	与国际标准对应关系	代替标准	阶段	分阶段	专业	分专业
203.6-174	GB/Z 34124—2017	智能保护测控设备技术规范	2018-2-1			采购、修试	招标、品控、检修、试验	调度及二次	其他
203.6-175	GB/T 34125—2017	电力系统继电保护及安全自动装置户外柜通用技术条件	2018-2-1			采购、建设	招标、品控、施工工艺、验收与质量评定	调度及二次	继电保护及安全自动装置
203.6-176	GB/T 34126—2017	站域保护控制装置技术导则	2018-2-1			采购、修试	招标、品控、检修、试验	调度及二次	继电保护及安全自动装置
203.6-177	GB/T 34132—2017	智能变电站智能终端装置通用技术条件	2018-2-1			采购、修试	招标、品控、检修、试验	调度及二次	继电保护及安全自动装置
203.6-178	GB/Z 34161—2017	智能微电网保护设备技术导则	2018-4-1			采购、修试	招标、品控、检修、试验	调度及二次	继电保护及安全自动装置
203.6-179	GB/T 35732—2017	配电自动化智能终端技术规范	2018-7-1			采购、修试	招标、品控、检修、试验	调度及二次	继电保护及安全自动装置
203.6-180	GB/T 35745—2017	柔性直流输电控制与保护设备技术要求	2018-7-1			采购、运维、修试	招标、品控、运行、维护、检修、试验	调度及二次	继电保护及安全自动装置
203.6-181	GB/T 36273—2018	智能变电站继电保护和安全自动装置数字化接口技术规范	2019-1-1			采购、运维、修试	招标、品控、运行、维护、检修、试验	调度及二次	继电保护及安全自动装置
203.6-182	GB/T 36283—2018	智能变电站二次舱通用技术条件	2019-1-1			采购、运维、修试	招标、品控、运行、维护、检修、试验	调度及二次	继电保护及安全自动装置
203.6-183	GB/T 36640—2018	固体继电器	2019-4-1			采购、运维、修试	招标、品控、运行、维护、检修、试验	调度及二次	继电保护及安全自动装置
203.6-184	GB/T 37155.1—2018	区域保护控制系统技术导则 第1部分：功能规范	2019-7-1			采购、运维、修试	招标、品控、运行、维护、检修、试验	调度及二次	继电保护及安全自动装置
203.6-185	IEC 60255-1—2009	测量继电器和保护设备 第1部分：共同要求	2009-8-18	BS EN 60255-1—2010，IDT；EN 60255-1—2010，IDT	IEC 60255-6—1988；IEC 60255-1—1967	采购、修试	招标、品控、检修、试验	调度及二次	继电保护及安全自动装置

续表

体系结构号	标准编号	标准名称	实施日期	与国际标准对应关系	代替标准	阶段	分阶段	专业	分专业
203.6-186	IEC 60255-127—2010	测量继电器和保护设备 第127部分：过/欠电流保护的功能要求	2010-4-27	C45-200-127PR，IDT		采购、修试	招标、品控、检修、试验	调度及二次	继电保护及安全自动装置
203.6-187	IEC 60255-151—2009	测量继电器和保护设备 第151部分：过/欠电流保护的功能要求	2009-8-28	DIN EN 60255-151—2010，IDT；EN 60255-151—2009，IDT；NF C45-200-151—2010，IDT；OEVEIOENORM EN 60255-151—2010，IDT	IEC 60255-3—1989	采购、修试	招标、品控、检修、试验	调度及二次	继电保护及安全自动装置
203.6-188	IEEE C37.90—2005（R2011）	与电源设备有关的继电器和中继系统	2005-9-22			采购、修试	招标、品控、检修、试验	调度及二次	其他
203.6-189	IEEE C37.113—2015	传输线路保护继电器的应用	2015-10-5		IEEE C37.113—1999（R2004）	采购、修试	招标、品控、检修、试验	调度及二次	继电保护及安全自动装置
——电力通信									
203.6-190	Q/CSG 110003—2011	南方电网电力光缆技术规范	2011-11-8			规划、设计、采购	规划、初设、招标、品控	调度及二次	电力通信
203.6-191	Q/CSG 110009—2012	南方电网语音交换系统技术规范	2012-2-1			设计、采购	初设、招标、品控	调度及二次	电力通信
203.6-192	Q/CSG 1203011—2016	南方电网通信电源技术规范	2016-1-22		Q/CSG 110021—2011	设计、采购	初设、招标、品控	调度及二次	电力通信
203.6-193	Q/CSG 1204018—2016	南方电网光通信网络技术规范	2015-3-25		Q/CSG 110002—2011	设计、采购	初设、招标、品控	调度及二次	电力通信
203.6-194	Q/CSG 1204022—2017	电力无线专网技术规范	2017-2-1			设计、采购	初设、招标、品控	调度及二次	电力通信
203.6-195	Q/CSG 1204027—2018	南方电网通信电源监控系统技术规范	2018-5-17			设计、采购	初设、招标、品控	调度及二次	电力通信
203.6-196	Q/CSG 1204043—2019	南方电网视频会议系统技术规范	2019-2-27		Q/CSG 110002—2012	规划、设计、采购	规划、初设、招标、品控	调度及二次	电力通信
203.6-197	T/CEC 192—2018	电力通信机房动力环境监控系统及接口技术规范	2019-2-1			设计、采购	初设、招标、品控	调度及二次	电力通信
203.6-198	T/CSEE 0086—2018	SDH 光传输系统智能分析预警及辅助决策系统技术规范				设计、采购	初设、招标、品控	调度及二次	电力通信

续表

体系结构号	标准编号	标 准 名 称	实施日期	与国际标准对应关系	代替标准	阶段	分阶段	专业	分专业
203.6-199	T/CSEE 0087.2—2018	电力量子保密通信系统 第2部分：VPN网关设备				设计、采购	初设、招标、品控	调度及二次	电力通信
203.6-200	DL/T 629—1997	电力线载波结合设备分频滤波器	1998-5-1			设计、采购	初设、招标、品控	调度及二次	电力通信
203.6-201	DL/T 767—2013	全介质自承式光缆(ADSS)用预绞式金具技术条件和试验方法	2013-8-1		DL/T 767—2003	采购、建设	品控、验收与质量评定	调度及二次	电力通信
203.6-202	DL/T 788—2016	全介质自承式光缆	2016-6-1		DL/T 788—2001	设计、采购	初设、招标、品控	调度及二次	电力通信
203.6-203	DL/T 795—2016	电力系统数字调度交换机	2017-5-1		DL/T 795—2001	设计、采购	初设、招标、品控	调度及二次	电力通信
203.6-204	DL/T 1124—2009	数字电力线载波机	2009-12-1			设计、采购	初设、招标、品控	调度及二次	电力通信
203.6-205	DL/T 1241—2013	电力工业以太网交换机技术规范	2013-8-1			设计、采购	初设、招标、品控	调度及二次	电力通信
203.6-206	DL/T 1407—2015	低压电力线载波通信设备通用技术条件	2015-9-1			设计、采购	初设、招标、品控	调度及二次	电力通信
203.6-207	DL/T 1443—2015	农网工频载波通信系统技术规范	2015-9-1			设计、采购	初设、招标、品控	调度及二次	电力通信
203.6-208	DL/T 1509—2016	电力系统光传送网(OTN)技术要求	2016-6-1			设计、采购	初设、招标、品控	调度及二次	电力通信
203.6-209	DL/T 1623—2016	智能变电站预制光缆技术规范	2016-12-1			设计、采购	初设、招标、品控	调度及二次	电力通信
203.6-210	DL/T 1894—2018	电力光纤传感器通用规范	2019-5-1			设计、采购	初设、招标、品控	调度及二次	电力通信
203.6-211	DL/T 1912—2018	智能变电站以太网交换机技术规范	2019-5-1			设计、采购	初设、招标、品控	调度及二次	电力通信
203.6-212	NB/T 42050—2015	光纤复合中压电缆	2015-9-1			设计、采购	初设、招标、品控	调度及二次	电力通信
203.6-213	JB/T 8310.1—2015	光缆连接器 第1部分：总则	2016-3-1		JB/T 8310.1—1996	设计、采购	初设、招标、品控	调度及二次	电力通信
203.6-214	JB/T 8310.2—2015	光缆连接器 第2部分：室外光缆连接器	2016-3-1		JB/T 8310.2—1996	设计、采购	初设、招标、品控	调度及二次	电力通信

续表

体系结构号	标准编号	标准名称	实施日期	与国际标准对应关系	代替标准	阶段	分阶段	专业	分专业
203.6-215	JB/T 8310.3—2015	光缆连接器　第3部分：光缆终端分线盒	2016-3-1		JB/T 8310.3—1996	设计、采购	初设、招标、品控	调度及二次	电力通信
203.6-216	YD/T 206.18—1997	架空通信线路铁件　拉线地锚	1998-1-1		YD 252—81	设计、采购	初设、招标、品控	调度及二次	电力通信
203.6-217	YD/T 206.19—1997	架空通信线路铁件　钢地锚	1998-1-1		YD 253—81	设计、采购	初设、招标、品控	调度及二次	电力通信
203.6-218	YD/T 694—2004	总配线架	2004-9-1		YD/T 694—1999	设计、采购	初设、招标、品控	调度及二次	电力通信
203.6-219	YD/T 731—2018	通信用48V整流器	2018-7-1		YD/T 731—2008	设计、采购	初设、招标、品控	调度及二次	电力通信
203.6-220	YD/T 769—2018	通信用中心管填充式室外光缆	2019-4-1		YD/T 769—2010	设计、采购	初设、招标、品控	调度及二次	电力通信
203.6-221	YD/T 778—2011	光纤配线架	2011-6-1		YD/T 778—2006	设计、采购	初设、招标、品控	调度及二次	电力通信
203.6-222	YD/T 815—2015	通信用光缆线路监测尾缆	2016-1-1		YD/T 815—1996	设计、采购	初设、招标、品控	调度及二次	电力通信
203.6-223	YD/T 839.2—2014	通信电缆光缆用填充和涂覆复合物　第2部分：纤膏	2015-4-1		YD/T 839.3—2000	设计、采购	初设、招标、品控	调度及二次	电力通信
203.6-224	YD/T 839.3—2014	通信电缆光缆用填充和涂覆复合物　第3部分：缆膏	2015-4-1		YD/T 839.2—2000；YD/T 839.3—2000	设计、采购	初设、招标、品控	调度及二次	电力通信
203.6-225	YD/T 839.4—2014	通信电缆光缆用填充和涂覆复合物　第4部分：涂覆复合物	2015-4-1		YD/T 839.4—2000	设计、采购	初设、招标、品控	调度及二次	电力通信
203.6-226	YD/T 841.1—2016	地下通信管道用塑料管　第1部分：总则	2016-10-1		YD/T 841.1—2008	设计、采购	初设、招标、品控	调度及二次	电力通信
203.6-227	YD/T 841.2—2016	地下通信管道用塑料管　第2部分：实壁管	2016-10-1		YD/T 841.2—2008	设计、采购	初设、招标、品控	调度及二次	电力通信
203.6-228	YD/T 841.3—2016	地下通信管道用塑料管　第3部分：双壁波纹管	2016-10-1		YD/T 841.3—2008	设计、采购	初设、招标、品控	调度及二次	电力通信
203.6-229	YD/T 841.4—2016	地下通信管道用塑料管　第4部分：硅芯管	2016-7-1		YD/T 841.5—2008	设计、采购	初设、招标、品控	调度及二次	电力通信
203.6-230	YD/T 841.5—2016	地下通信管道用塑料管　第5部分：梅花管	2016-10-1			设计、采购	初设、招标、品控	调度及二次	电力通信

续表

体系结构号	标准编号	标　准　名　称	实施日期	与国际标准对应关系	代替标准	阶段	分阶段	专业	分专业
203.6-231	YD/T 841.8—2014	地下通信管道用塑料管　第8部分：塑料合金复合型管	2015-4-1			设计、采购	初设、招标、品控	调度及二次	电力通信
203.6-232	YD/T 882—1996	STM-1，STM-4，STM-16再生中继设备主要技术要求	1997-4-1			设计、采购	初设、招标、品控	调度及二次	电力通信
203.6-233	YD/T 901—2018	通信用层绞填充式室外光缆	2019-4-1		YD/T 901—2009	设计、采购	初设、招标、品控	调度及二次	电力通信
203.6-234	YD/T 939—2014	传输设备用电源分配列柜	2015-4-1		YD/T 939—2005	设计、采购	初设、招标、品控	调度及二次	电力通信
203.6-235	YD/T 988—2015	通信光缆交接箱	2016-1-1		YD/T 988—2007	设计、采购	初设、招标、品控	调度及二次	电力通信
203.6-236	YD/T 1022—2018	同步数字体系（SDH）设备功能要求	2019-4-1		YD/T 1022—1999	设计、采购	初设、招标、品控	调度及二次	电力通信
203.6-237	YD/T 1051—2018	通信局（站）电源系统总技术要求	2019-4-1		YD/T 1051—2010	设计、采购	初设、招标、品控	调度及二次	电力通信
203.6-238	YD/T 1058—2015	通信用高频开关电源系统	2015-7-1		YD/T 1058—2007	设计、采购	初设、招标、品控	调度及二次	电力通信
203.6-239	YD/T 1095—2018	通信用交流不间断电源（UPS）	2018-7-1		YD/T 1095—2008	设计、采购	初设、招标、品控	调度及二次	电力通信
203.6-240	YD/T 1099—2013	以太网交换机技术要求	2014-1-1		YD/T 1099—2005	设计、采购	初设、招标、品控	调度及二次	电力通信
203.6-241	YD/T 1113—2015	通信电缆光缆用无卤低烟阻燃材料	2015-7-1		YD/T 1113—2001	设计、采购	初设、招标、品控	调度及二次	电力通信
203.6-242	YD/T 1114—2015	无卤阻燃光缆	2015-7-1		YD/T 1114—2001	设计、采购	初设、招标、品控	调度及二次	电力通信
203.6-243	YD/T 1119—2014	通信电缆　无线通信用物理发泡聚烯烃绝缘皱纹外导体超柔射频同轴电缆	2015-4-1		YD/T 1119—2001	设计、采购	初设、招标、品控	调度及二次	电力通信
203.6-244	YD/T 1128—2001	电话交换设备总技术规范（补充件1）	2001-11-1			设计、采购	初设、招标、品控	调度及二次	电力通信
203.6-245	YD/T 1154—2015	单波道用掺铒光纤放大器性能要求和试验方法	2015-7-1		YD/T 1154—2001	采购、建设	品控、验收与质量评定	调度及二次	电力通信
203.6-246	YD/T 1166—2001	STM-64 再生中继设备技术要求	2001-11-1			设计、采购	初设、招标、品控	调度及二次	电力通信

续表

体系结构号	标准编号	标　准　名　称	实施日期	与国际标准对应关系	代替标准	阶段	分阶段	专业	分专业
203.6-247	YD/T 1167—2001	STM-64 分插复用（ADM）设备技术要求	2001-11-1			设计、采购	初设、招标、品控	调度及二次	电力通信
203.6-248	YD/T 1181.1—2015	光缆用非金属加强件的特性　第 1 部分：玻璃纤维增强塑料杆	2015-7-1		YD/T 1181.1—2002	设计、采购	初设、招标、品控	调度及二次	电力通信
203.6-249	YD/T 1181.4—2015	光缆用非金属加强件的特性　第 4 部分：玻纤纱	2015-7-1			设计、采购	初设、招标、品控	调度及二次	电力通信
203.6-250	YD/T 1181.5—2018	光缆用非金属加强件的特性　第 5 部分：玄武岩纤维增强塑料杆	2019-4-1			设计、采购	初设、招标、品控	调度及二次	电力通信
203.6-251	YD/T 1198.1—2014	光纤活动连接器插芯技术条件　第 1 部分：陶瓷插芯	2015-4-1		YD/T 1198—2002	设计、采购	初设、招标、品控	调度及二次	电力通信
203.6-252	YD/T 1255—2013	具有路由功能的以太网交换机技术要求	2014-1-1		YD/T 1255—2003	设计、采购	初设、招标、品控	调度及二次	电力通信
203.6-253	YD/T 1258.1—2015	室内光缆　第 1 部分：总则	2015-7-1		YD/T 1258.1—2003	设计、采购	初设、招标、品控	调度及二次	电力通信
203.6-254	YD/T 1272.6—2015	光纤活动连接器　第 6 部分：MC 型	2015-7-1			设计、采购	初设、招标、品控	调度及二次	电力通信
203.6-255	YD/T 1363.6—2015	通信局（站）电源、空调及环境集中监控管理系统　第 6 部分：图像集中监控系统	2015-7-1		YD/T 1623—2007	设计、采购	初设、招标、品控	调度及二次	电力通信
203.6-256	YD/T 1376—2005	通信用直流-直流模块电源	2005-12-1		YD/T 732—1994	设计、采购	初设、招标、品控	调度及二次	电力通信
203.6-257	YD/T 1436—2014	室外型通信电源系统	2015-4-1			设计、采购	初设、招标、品控	调度及二次	电力通信
203.6-258	YD/T 1437—2014	数字配线架	2015-4-1		YD/T 1437—2006	设计、采购	初设、招标、品控	调度及二次	电力通信
203.6-259	YD/T 1537—2015	通信系统用户外机柜	2015-7-1		YD/T 1537—2006	设计、采购	初设、招标、品控	调度及二次	电力通信
203.6-260	YD/T 1634—2016	光传送网（OTN）物理层接口	2016-7-1	ITU-TG.959.1: 2012，IDT	YD/T 1634—2007	设计、采购	初设、招标、品控	调度及二次	电力通信
203.6-261	YD/T 1959—2009	继电保护设备和复用器之间 2048kbit/s 光接口技术要求	2009-9-1			设计、采购	初设、招标、品控	调度及二次	电力通信

续表

体系结构号	标准编号	标准名称	实施日期	与国际标准对应关系	代替标准	阶段	分阶段	专业	分专业
203.6-262	YD/T 1990—2009	光传送网（OTN）网络总体技术要求	2010-1-1			设计、采购	初设、招标、品控	调度及二次	电力通信
203.6-263	YD/T 1997.1—2014	通信用引入光缆　第1部分：蝶形光缆	2015-4-1		YD/T 1997—2009	设计、采购	初设、招标、品控	调度及二次	电力通信
203.6-264	YD/T 1997.2—2015	通信用引入光缆　第2部分：圆形光缆	2015-7-1			设计、采购	初设、招标、品控	调度及二次	电力通信
203.6-265	YD/T 1997.3—2015	通信用引入光缆　第3部分：预制成端光缆组件	2015-7-1			设计、采购	初设、招标、品控	调度及二次	电力通信
203.6-266	YD/T 2000.1—2014	平面光波导集成光路器件　第1部分：基于平面光波导（PLC）的光功率分路器	2015-4-1		YD/T 2000.1—2009	设计、采购	初设、招标、品控	调度及二次	电力通信
203.6-267	YD/T 2062—2009	通信用应急电源（EPS）	2010-1-1			设计、采购	初设、招标、品控	调度及二次	电力通信
203.6-268	YD/T 2336.1—2016	分组传送网（PTN）网络管理技术要求　第1部分：基本原则	2016-7-1			设计、采购	初设、招标、品控	调度及二次	电力通信
203.6-269	YD/T 2336.2—2016	分组传送网（PTN）网络管理技术要求　第2部分：NMS 系统功能	2016-7-1			设计、采购	初设、招标、品控	调度及二次	电力通信
203.6-270	YD/T 2336.5—2016	分组传送网（PTN）网络管理技术要求　第5部分：基于 IDL/IIOP 技术的 EMS-NMS 接口信息模型	2016-7-1			设计、采购	初设、招标、品控	调度及二次	电力通信
203.6-271	YD/T 2336.6—2016	分组传送网（PTN）网络管理技术要求　第6部分：基于 XML 技术的 EMS-NMS 接口信息模型	2016-7-1			设计、采购	初设、招标、品控	调度及二次	电力通信
203.6-272	YD/T 2374—2011	分组传送网（PTN）总体技术要求	2012-2-1	ITU-T G.8110.1；ITU-T Y.1731；IETF RFC5654；IETF RFC5921；IETF RFC5586		设计、采购	初设、招标、品控	调度及二次	电力通信
203.6-273	YD/T 2397—2012	分组传送网（PTN）设备技术要求	2012-6-1			设计、采购	初设、招标、品控	调度及二次	电力通信

续表

体系结构号	标准编号	标 准 名 称	实施日期	与国际标准对应关系	代替标准	阶段	分阶段	专业	分专业
203.6-274	YD/T 2484—2013	分组增强型光传送网（OTN）设备技术要求	2013-6-1			设计、采购	初设、招标、品控	调度及二次	电力通信
203.6-275	YD/T 2507.9—2015	2GHz TD-SCDMA 数字蜂窝移动通信网 增强型高速分组接入（HSPA+） Iub 接口技术要求 第 9 部分：执行特定操作维护通道的建立和维护	2015-4-30			设计、采购	初设、招标、品控	调度及二次	电力通信
203.6-276	YD/T 2554.2—2015	塑料光纤活动接器 第 2 部分：SC 型	2015-7-1			设计、采购	初设、招标、品控	调度及二次	电力通信
203.6-277	YD/T 2618.3—2014	40Gb/s 相位调制光收发合一模块技术条件 第 3 部分：相干接收和双极性相移键控调制	2015-4-1			设计、采购	初设、招标、品控	调度及二次	电力通信
203.6-278	YD/T 2718—2014	波长选择开关技术（WSS）技术条件	2014-10-14			设计、采购	初设、招标、品控	调度及二次	电力通信
203.6-279	YD/T 2719—2014	移动通信用直放站机箱	2015-4-1			设计、采购	初设、招标、品控	调度及二次	电力通信
203.6-280	YD/T 2720—2014	数据终端设备供电技术要求	2015-4-1	IEEE 802.3at—2009，NEQ		设计、采购	初设、招标、品控	调度及二次	电力通信
203.6-281	YD/T 2759—2014	10Gbit/s 单纤双向光收发合一模块	2015-4-1			设计、采购	初设、招标、品控	调度及二次	电力通信
203.6-282	YD/T 2760—2014	千兆以太网铜缆小型化可插拔收发模块技术条件	2014-10-14			设计、采购	初设、招标、品控	调度及二次	电力通信
203.6-283	YD/T 2761—2014	通信电源用交联聚烯烃绝缘电缆	2015-4-1			设计、采购	初设、招标、品控	调度及二次	电力通信
203.6-284	YD/T 2768—2014	通信户外机房用温控设备 第 1 部分：嵌入式温控设备	2015-4-1			设计、采购	初设、招标、品控	调度及二次	电力通信
203.6-285	YD/T 2768.3—2018	通信户外机房用温控设备 第 3 部分：机柜用空调热管一体化设备	2019-4-1			设计、采购	初设、招标、品控	调度及二次	电力通信
203.6-286	YD/T 2769—2014	通信户外机房用温控设备 第 2 部分 相变材料温控设备	2015-4-1			设计、采购	初设、招标、品控	调度及二次	电力通信

续表

体系结构号	标准编号	标 准 名 称	实施日期	与国际标准对应关系	代替标准	阶段	分阶段	专业	分专业
203.6-287	YD/T 2795.1—2015	智能光分配网络 光配线设施 第1部分：智能光配线架	2015-4-30			设计、采购	初设、招标、品控	调度及二次	电力通信
203.6-288	YD/T 2795.2—2016	智能光分配网络 光配线设施 第2部分：智能光缆交接箱	2016-7-1			设计、采购	初设、招标、品控	调度及二次	电力通信
203.6-289	YD/T 2795.3—2015	智能光分配网络 光配线设施 第3部分：智能光缆分纤箱	2015-4-30			设计、采购	初设、招标、品控	调度及二次	电力通信
203.6-290	YD/T 2796.1—2015	并行传输有源光缆光模块 第1部分：4×10Gb/s AOC	2015-7-1			设计、采购	初设、招标、品控	调度及二次	电力通信
203.6-291	YD/T 2796.2—2016	并行传输有源光缆光模块 第2部分：12×10Gb/s CXP AOC	2016-10-1			设计、采购	初设、招标、品控	调度及二次	电力通信
203.6-292	YD/T 2796.3—2018	并行传输有源光缆光模块 第3部分：4×25Gb/s AOC	2019-4-1			设计、采购	初设、招标、品控	调度及二次	电力通信
203.6-293	YD/T 2797.1—2015	通信用光纤预制棒技术要求 第1部分：波长段扩展的非色散位移单模光纤预制棒	2015-4-30			设计、采购	初设、招标、品控	调度及二次	电力通信
203.6-294	YD/T 2797.2—2018	通信用光纤预制棒技术要求 第2部分：弯曲损耗不敏感单模光纤预制棒	2019-4-1			设计、采购	初设、招标、品控	调度及二次	电力通信
203.6-295	YD/T 2798.1—2015	用于光通信的光收发合一模块测试方法 第1部分：单波长型	2015-7-1			设计、采购	初设、招标、品控	调度及二次	电力通信
203.6-296	YD/T 2805.1—2015	相移光学解调器 第1部分：用于40Gb/s的差分正交相移键控（DQPSK）光学解调器技术条件	2015-7-1			设计、采购	初设、招标、品控	调度及二次	电力通信
203.6-297	YD/T 2831—2015	通信用风/光供电系统防雷技术条件	2015-7-1			设计、采购	初设、招标、品控	调度及二次	电力通信

续表

体系结构号	标准编号	标准名称	实施日期	与国际标准对应关系	代替标准	阶段	分阶段	专业	分专业
203.6-298	YD/T 2896.22—2018	智能光分配网络　接口技术要求　第22部分：基于Socket的智能光分配网络设施与智能光分配网络管理系统的接口	2019-4-1			设计、采购	初设、招标、品控	调度及二次	电力通信
203.6-299	YD/T 2896.4—2016	智能光分配网络　接口技术要求　第4部分：网络管理系统与OSS的接口	2016-4-1			设计、采购	初设、招标、品控	调度及二次	电力通信
203.6-300	YD/T 2896.5—2016	智能光分配网络　接口技术要求　第5部分：智能管理终端与OSS的接口	2016-4-1			设计、采购	初设、招标、品控	调度及二次	电力通信
203.6-301	YD/T 2966—2015	通信电缆　聚四氟乙烯绝缘射频同轴电缆　皱纹铜管外导体型	2016-1-1			设计、采购	初设、招标、品控	调度及二次	电力通信
203.6-302	YD/T 2967—2015	通信电缆　聚四氟乙烯绝缘射频同轴电缆　微孔绝缘双层外导体型	2016-1-1			设计、采购	初设、招标、品控	调度及二次	电力通信
203.6-303	YD/T 2968—2015	光通信用40Gb/s PIN-TIA光接收组件	2016-1-1			设计、采购	初设、招标、品控	调度及二次	电力通信
203.6-304	YD/T 2969.1—2015	100Gbit/s双偏振正交相移键控（DP-QPSK）光收发模块　第1部分：168引脚的光模块	2016-1-1			设计、采购	初设、招标、品控	调度及二次	电力通信
203.6-305	YD/T 2969.2—2018	100Gbit/s双偏振正交相移键控（DP-QPSK）光收发模块　第2部分：CFP相干光模块	2019-4-1			设计、采购	初设、招标、品控	调度及二次	电力通信
203.6-306	YD/T 2969.3—2018	100Gbit/s双偏振正交相移键控（DP-QPSK）光收发模块　第3部分：CFP2-ACO光模块	2019-4-1			设计、采购	初设、招标、品控	调度及二次	电力通信
203.6-307	YD/T 2970—2015	可变带宽波长选择开关	2016-1-1			设计、采购	初设、招标、品控	调度及二次	电力通信
203.6-308	YD/T 2971—2015	光旁路保护装置	2016-1-1			设计、采购	初设、招标、品控	调度及二次	电力通信

续表

体系结构号	标准编号	标准名称	实施日期	与国际标准对应关系	代替标准	阶段	分阶段	专业	分专业
203.6-309	YD/T 2972—2015	通信保护用金属氧化物压敏电阻器	2016-1-1			设计、采购	初设、招标、品控	调度及二次	电力通信
203.6-310	YD/T 2973—2015	远程泵浦光放大器	2016-1-1			设计、采购	初设、招标、品控	调度及二次	电力通信
203.6-311	YD/T 2974—2015	基于 SDN 的智能型通信网络 总体技术要求	2016-1-1			设计、采购	初设、招标、品控	调度及二次	电力通信
203.6-312	YD/T 3023—2016	通信用组播式光开关	2016-4-1			设计、采购	初设、招标、品控	调度及二次	电力通信
203.6-313	YD/T 3024—2016	阵列掺铒光纤放大器	2016-4-1			设计、采购	初设、招标、品控	调度及二次	电力通信
203.6-314	YD/T 3025—2016	小型化掺铒光纤放大器	2016-4-1			设计、采购	初设、招标、品控	调度及二次	电力通信
203.6-315	YD/T 3042.1—2016	高精度同步网网络管理技术要求 第1部分：基本原则	2016-7-1			设计、采购	初设、招标、品控	调度及二次	电力通信
203.6-316	YD/T 3042.2—2016	高精度同步网网络管理技术要求 第2部分：EMS系统功能	2016-6-1			设计、采购	初设、招标、品控	调度及二次	电力通信
203.6-317	YD/T 3042.3—2016	高精度同步网网络管理技术要求 第3部分：NMS系统功能	2016-7-1			设计、采购	初设、招标、品控	调度及二次	电力通信
203.6-318	YD/T 3042.4—2016	高精度同步网网络管理技术要求 第4部分：EMS-NMS接口功能	2016-7-1			设计、采购	初设、招标、品控	调度及二次	电力通信
203.6-319	YD/T 3042.5—2016	高精度同步网网络管理技术要求 第5部分：EMS-NMS接口通用信息模型	2016-7-1			设计、采购	初设、招标、品控	调度及二次	电力通信
203.6-320	YD/T 3042.6—2016	高精度同步网网络管理技术要求 第6部分：基于IDL-IIOP技术的EMS-NMS接口信息模型	2016-7-1			设计、采购	初设、招标、品控	调度及二次	电力通信
203.6-321	YD/T 3055—2016	智能型通信网络 策略控制系统技术要求	2016-7-1			设计、采购	初设、招标、品控	调度及二次	电力通信
203.6-322	YD/T 3069—2016	光传送网（OTN）互联互通技术要求	2016-7-1			设计、采购	初设、招标、品控	调度及二次	电力通信

续表

体系结构号	标准编号	标 准 名 称	实施日期	与国际标准对应关系	代替标准	阶段	分阶段	专业	分专业
203.6-323	YD/T 3073—2016	面向集团客户接入的分组传送网（PTN）技术要求	2016-7-1			设计、采购	初设、招标、品控	调度及二次	电力通信
203.6-324	YD/T 3087—2016	通信用嵌入式太阳能光伏电源系统	2016-7-1			设计、采购	初设、招标、品控	调度及二次	电力通信
203.6-325	YD/T 3088—2016	通信用 336V 整流器	2016-7-1		YD/T 2336.1—2011	设计、采购	初设、招标、品控	调度及二次	电力通信
203.6-326	YD/T 3089—2016	通信用 336V 直流供电系统	2016-7-1		YD/T 2336.2—2011	设计、采购	初设、招标、品控	调度及二次	电力通信
203.6-327	YD/T 3090—2016	通信用壁挂式电源系统	2016-7-1			设计、采购	初设、招标、品控	调度及二次	电力通信
203.6-328	YD/T 3091—2016	通信用 240V/336V 直流供电系统运行后评估要求与方法	2016-7-1			采购、建设	品控、验收与质量评定	调度及二次	电力通信
203.6-329	YD/T 3094—2016	智能化固定通信终端技术要求	2016-10-1			设计、采购	初设、招标、品控	调度及二次	电力通信
203.6-330	YD/T 3096—2016	数据中心接入以太网交换机设备技术要求	2016-10-1			设计、采购	初设、招标、品控	调度及二次	电力通信
203.6-331	YD/T 3114—2016	智能光分配网络　管理系统技术要求	2016-10-1			设计、采购	初设、招标、品控	调度及二次	电力通信
203.6-332	YD/T 3115—2016	智能光分配网络　管理终端技术要求	2016-10-1			设计、采购	初设、招标、品控	调度及二次	电力通信
203.6-333	YD/T 3119—2016	光传送网（OTN）带宽无损调整技术要求	2016-10-1			设计、采购	初设、招标、品控	调度及二次	电力通信
203.6-334	YD/T 3125.1—2016	通信用增强型 SFP 光收发合一模块（SFP+）　第 1 部分：8.5Gb/s 和 10Gb/s	2016-10-1			设计、采购	初设、招标、品控	调度及二次	电力通信
203.6-335	YD/T 3127—2016	混合光纤放大器	2016-10-1			设计、采购	初设、招标、品控	调度及二次	电力通信
203.6-336	YD/T 3129.1—2016	通信用集成光发射组件　第 1 部分：波长可调 10Gb/s 强度调制	2016-10-1			设计、采购	初设、招标、品控	调度及二次	电力通信
203.6-337	YD/T 3129.2—2017	通信用集成光发射组件　第 2 部分：10×10Gb/s 强度调制	2018-1-1			设计、采购	初设、招标、品控	调度及二次	电力通信

续表

体系结构号	标准编号	标 准 名 称	实施日期	与国际标准对应关系	代替标准	阶段	分阶段	专业	分专业
203.6-338	YD/T 3130—2016	通信用智能小型化热插拔（Smart SFP）光收发合一模块	2016-10-1			设计、采购	初设、招标、品控	调度及二次	电力通信
203.6-339	YD/T 3131—2016	无线基站 BBU 与 RRU 互连用 SFP/SFP+光收发合一模块	2016-10-1			设计、采购	初设、招标、品控	调度及二次	电力通信
203.6-340	YD/T 3218—2017	智能型通信网络　云计算数据中心网络服务质量（QoS）管理要求	2017-7-1			设计、采购	初设、招标、品控	调度及二次	电力通信
203.6-341	YD/T 3219—2017	智能型通信网络　支持云计算的广域网互联技术要求	2017-7-1			设计、采购	初设、招标、品控	调度及二次	电力通信
203.6-342	YD/T 3224—2017	通信户外机房用安全门技术要求和检测方法	2017-7-1			采购、建设	品控、验收与质量评定	调度及二次	电力通信
203.6-343	YD/T 3225—2017	通信机房用馈线窗技术要求和检测方法	2017-7-1			采购、建设	品控、验收与质量评定	调度及二次	电力通信
203.6-344	YD/T 3226—2017	通信用蓄电池架	2017-7-1			设计、采购	初设、招标、品控	调度及二次	电力通信
203.6-345	YD/T 3230—2017	数字移动通信终端通用技术要求和测试方法	2017-7-1			采购、建设	品控、验收与质量评定	调度及二次	电力通信
203.6-346	YD/T 3243—2017	远程呈现视频会议系统业务需求	2017-7-1			设计、采购	初设、招标、品控	调度及二次	电力通信
203.6-347	YD/T 3244—2017	远程呈现视频会议系统系统架构	2017-7-1			设计、采购	初设、招标、品控	调度及二次	电力通信
203.6-348	YD/T 3245.1—2017	远程呈现视频会议系统协议技术要求　第 1 部分：媒体参数	2017-7-1			设计、采购	初设、招标、品控	调度及二次	电力通信
203.6-349	YD/T 3245.2—2018	远程呈现视频会议系统协议技术要求　第 2 部分：信令流程	2019-4-1			设计、采购	初设、招标、品控	调度及二次	电力通信
203.6-350	YD/T 3245.3—2018	远程呈现视频会议系统协议技术要求　第 3 部分：媒体传输	2019-4-1			设计、采购	初设、招标、品控	调度及二次	电力通信
203.6-351	YD/T 3250—2017	智能光分配网络　光纤活动连接器	2017-7-1			设计、采购	初设、招标、品控	调度及二次	电力通信

续表

体系结构号	标准编号	标准名称	实施日期	与国际标准对应关系	代替标准	阶段	分阶段	专业	分专业
203.6-352	YD/T 3251.1—2017	移动通信分布系统无源器件　第1部分：一般要求和试验方法	2017-7-1			采购、建设	品控、验收与质量评定	调度及二次	电力通信
203.6-353	YD/T 3251.2—2017	移动通信分布系统无源器件　第2部分：功分器	2017-7-1			设计、采购	初设、招标、品控	调度及二次	电力通信
203.6-354	YD/T 3251.3—2017	移动通信分布系统无源器件　第3部分：耦合器	2017-7-1			设计、采购	初设、招标、品控	调度及二次	电力通信
203.6-355	YD/T 3251.4—2017	移动通信分布系统无源器件　第4部分：电桥	2017-7-1			设计、采购	初设、招标、品控	调度及二次	电力通信
203.6-356	YD/T 3251.5—2017	移动通信分布系统无源器件　第5部分：合路器	2017-7-1			设计、采购	初设、招标、品控	调度及二次	电力通信
203.6-357	YD/T 3251.6—2017	移动通信分布系统无源器件　第6部分：负载	2017-7-1			设计、采购	初设、招标、品控	调度及二次	电力通信
203.6-358	YD/T 3251.7—2018	移动通信分布系统无源器件　第7部分：衰减器	2019-4-1			设计、采购	初设、招标、品控	调度及二次	电力通信
203.6-359	YD/T 3253—2017	无线传感器网与电信网结合的网关设备技术要求	2017-7-1			设计、采购	初设、招标、品控	调度及二次	电力通信
203.6-360	YD/T 3287.3—2018	智能光分配网络　接口测试方法　第3部分：智能管理终端与智能光分配网络管理系统的接口	2019-4-1			设计、采购	初设、招标、品控	调度及二次	电力通信
203.6-361	YD/T 3296.1—2017	数字通信用聚烯烃绝缘室外对绞电缆　第1部分：总则	2017-7-1			设计、采购	初设、招标、品控	调度及二次	电力通信
203.6-362	YD/T 3296.2—2018	数字通信用聚烯烃绝缘室外对绞电缆　第2部分：非填充电缆	2019-4-1			设计、采购	初设、招标、品控	调度及二次	电力通信
203.6-363	YD/T 3297—2017	通信用耐火光缆	2017-7-1			设计、采购	初设、招标、品控	调度及二次	电力通信
203.6-364	YD/T 3319—2018	通信用240V/336V输入的直流-直流模块电源	2018-7-1			设计、采购	初设、招标、品控	调度及二次	电力通信
203.6-365	YD/T 3320.1—2018	通信高热密度机房用温控设备　第1部分：列间式温控设备	2018-7-1			设计、采购	初设、招标、品控	调度及二次	电力通信

续表

体系结构号	标准编号	标 准 名 称	实施日期	与国际标准对应关系	代替标准	阶段	分阶段	专业	分专业
203.6-366	YD/T 3320.2—2018	通信高热密度机房用温控设备 第 2 部分：背板式温控设备	2019-4-1			设计、采购	初设、招标、品控	调度及二次	电力通信
203.6-367	YD/T 3322—2018	通信用架空钢绞线绝缘安全护套技术要求和测试方法	2018-7-1			采购、建设	品控、验收与质量评定	调度及二次	电力通信
203.6-368	YD/T 3329—2018	移动通信终端无障碍技术要求	2019-4-1			设计、采购	初设、招标、品控	调度及二次	电力通信
203.6-369	YD/T 3349.1—2018	接入网用轻型光缆 第 1 部分：中心管式	2019-4-1			设计、采购	初设、招标、品控	调度及二次	电力通信
203.6-370	YD/T 3349.2—2018	接入网用轻型光缆 第 2 部分：束状式	2019-4-1			设计、采购	初设、招标、品控	调度及二次	电力通信
203.6-371	YD/T 3349.3—2018	接入网用轻型光缆 第 3 部分：层绞式	2019-4-1			设计、采购	初设、招标、品控	调度及二次	电力通信
203.6-372	YD/T 3350.1—2018	通信用全干式室外光缆 第 1 部分：层绞式	2019-4-1			设计、采购	初设、招标、品控	调度及二次	电力通信
203.6-373	YD/T 3351—2018	通信电缆 数字通信用平行双导线电缆及组件	2019-4-1			设计、采购	初设、招标、品控	调度及二次	电力通信
203.6-374	YD/T 3352—2018	射频同轴电缆连接器保护用回缩套管	2019-4-1			设计、采购	初设、招标、品控	调度及二次	电力通信
203.6-375	YD/T 3353.1—2018	通信光缆电缆用色母料 第 1 部分：光纤松套管用色母料	2019-4-1			设计、采购	初设、招标、品控	调度及二次	电力通信
203.6-376	YD/T 3356.1—2018	100Gb/s 及以上速率光收发组件 第 1 部分：4×25Gb/s CLR4	2019-4-1			设计、采购	初设、招标、品控	调度及二次	电力通信
203.6-377	YD/T 3357.1—2018	100Gb/s QSFP28 光收发合一模块 第 1 部分：4×25Gb/s SR4	2019-4-1			设计、采购	初设、招标、品控	调度及二次	电力通信
203.6-378	YD/T 3357.2—2018	100Gb/s QSFP28 光收发合一模块 第 2 部分：4×25Gb/s LR4	2019-4-1			设计、采购	初设、招标、品控	调度及二次	电力通信
203.6-379	YD/T 3357.3—2018	100Gb/s QSFP28 光收发合一模块 第 3 部分：4×25Gb/s CLR4	2019-4-1			设计、采购	初设、招标、品控	调度及二次	电力通信

续表

体系结构号	标准编号	标准名称	实施日期	与国际标准对应关系	代替标准	阶段	分阶段	专业	分专业
203.6-380	YD/T 3358.1—2018	双通道光收发合一模块 第1部分：2×10Gb/s	2019-4-1			设计、采购	初设、招标、品控	调度及二次	电力通信
203.6-381	YD/T 3358.2—2018	双通道光收发合一模块 第2部分：2×25Gb/s	2019-4-1			设计、采购	初设、招标、品控	调度及二次	电力通信
203.6-382	YD/T 3392—2018	通信电缆 聚四氟乙烯绝缘射频同轴电缆 实心绝缘镀银铜带绕包编织外导体型	2019-4-1			设计、采购	初设、招标、品控	调度及二次	电力通信
203.6-383	YD/T 3393—2018	10Gbps 及以下速率数据传输用综合电缆	2019-4-1			设计、采购	初设、招标、品控	调度及二次	电力通信
203.6-384	YD/T 3408—2018	通信用48V磷酸铁锂电池管理系统技术要求和试验方法	2019-4-1			采购、建设	品控、验收与质量评定	调度及二次	电力通信
203.6-385	YD/T 3415—2018	软件定义分组传送网（SPTN）总体技术要求	2019-4-1			设计、采购	初设、招标、品控	调度及二次	电力通信
203.6-386	YD/T 3416—2018	软件定义分组传送网（SPTN）控制器层间接口技术要求	2019-4-1			设计、采购	初设、招标、品控	调度及二次	电力通信
203.6-387	YD/T 3417—2018	软件定义光传送网（SDOTN）控制器层间接口技术要求	2019-4-1			设计、采购	初设、招标、品控	调度及二次	电力通信
203.6-388	YD/T 3418—2018	分组传送网（PTN）网络流量和性能监测分析技术要求	2019-4-1			设计、采购	初设、招标、品控	调度及二次	电力通信
203.6-389	YD/T 3419—2018	分组承载设备精确时间协议（PTP）边界时钟和从时钟性能要求	2019-4-1			设计、采购	初设、招标、品控	调度及二次	电力通信
203.6-390	YD/T 3423—2018	通信用240V/336V直流配电单元	2019-4-1			设计、采购	初设、招标、品控	调度及二次	电力通信
203.6-391	YD/T 3424—2018	通信用 240V 直流供电系统使用技术要求	2019-4-1			设计、采购	初设、招标、品控	调度及二次	电力通信
203.6-392	YD/T 3426—2018	通信用阀控式密封铅碳蓄电池	2019-4-1			设计、采购	初设、招标、品控	调度及二次	电力通信
203.6-393	YD/T 3427—2018	通信用高倍率阀控式密封铅酸蓄电池	2019-4-1			设计、采购	初设、招标、品控	调度及二次	电力通信

续表

体系结构号	标准编号	标 准 名 称	实施日期	与国际标准对应关系	代替标准	阶段	分阶段	专业	分专业
203.6-394	YD/T 3428—2018	通信机房用光纤槽道	2019-4-1			设计、采购	初设、招标、品控	调度及二次	电力通信
203.6-395	YD/T 3432—2018	通信用偏振保持光纤特性	2019-4-1			设计、采购	初设、招标、品控	调度及二次	电力通信
203.6-396	YD/T 3433—2018	用于 OTDR 测试的 ONU 光模块内置波长选择性反射器技术要求和测试方法	2019-4-1			采购、建设	品控、验收与质量评定	调度及二次	电力通信
203.6-397	YD/T 3434—2018	基于 Gx 接口的漫游总体技术要求	2019-4-1			设计、采购	初设、招标、品控	调度及二次	电力通信
203.6-398	YD/T 3436.1—2018	架空通信线路配件 第 1 部分：通用技术条件	2019-4-1		YD/T 206.1—1997	设计、采购	初设、招标、品控	调度及二次	电力通信
203.6-399	YD/T 3436.2—2018	架空通信线路配件 第 2 部分：带槽夹板类	2019-4-1		YD/T 206.7—1997；YD/T 206.8—1997；YD/T 206.9—1997	设计、采购	初设、招标、品控	调度及二次	电力通信
203.6-400	YD/T 3436.3—2018	架空通信线路配件 第 3 部分：挂钩类	2019-4-1		YD/T 206.21—1997	设计、采购	初设、招标、品控	调度及二次	电力通信
203.6-401	CECS 341—2013	电力通信系统防雷技术规程	2013-9-1			设计、采购	初设、招标、品控	调度及二次	电力通信
203.6-402	SJ/T 10361—1993	电力调度通信总机技术要求	2017-7-1			设计、采购	初设、招标、品控	调度及二次	电力通信
203.6-403	SJ/T 10796—2001	防静电活动地板通用规范	2017-7-1			设计、采购	初设、招标、品控	调度及二次	电力通信
203.6-404	SJ/T 11520.8.2—2015	同轴通信电缆 第 8-2 部分：50-047 型聚四氟乙烯（PTFE）绝缘半柔电缆详细规范	2018-1-1			设计、采购	初设、招标、品控	调度及二次	电力通信
203.6-405	SJ/T 11520.8.3—2015	同轴通信电缆 第 8-3 部分：50-086 型聚四氟乙烯（PTFE）绝缘半柔电缆详细规范	2018-1-1			设计、采购	初设、招标、品控	调度及二次	电力通信
203.6-406	SJ/T 11520.8.4—2015	同轴通信电缆 第 8-4 部分：50-141 型聚四氟乙烯（PTFE）绝缘半柔电缆详细规范	2015-10-1			设计、采购	初设、招标、品控	调度及二次	电力通信

续表

体系结构号	标准编号	标准名称	实施日期	与国际标准对应关系	代替标准	阶段	分阶段	专业	分专业
203.6-407	SJ/T 11520.8.5—2015	同轴通信电缆 第8-5部分：50-250型聚四氟乙烯（PTFE）绝缘半柔电缆详细规范	2015-10-1			设计、采购	初设、招标、品控	调度及二次	电力通信
203.6-408	SJ/T 11520.8.8—2015	同轴通信电缆 第8-8部分：75-141型聚四氟乙烯（PTFE）绝缘半柔电缆详细规范	2015-10-1			设计、采购	初设、招标、品控	调度及二次	电力通信
203.6-409	SJ/T 11520.8.9—2015	同轴通信电缆 第8-9部分：75-250型聚四氟乙烯（PTFE）绝缘半柔电缆详细规范	2015-10-1			设计、采购	初设、招标、品控	调度及二次	电力通信
203.6-410	SJ/T 11570.1—2016	介电滤波器 第1部分：总规范	2016-6-1	IEC 61337-1: 2004，MOD		设计、采购	初设、招标、品控	调度及二次	电力通信
203.6-411	SJ/T 11570.2—2016	介电滤波器 第2部分：使用指南	2016-6-1	IEC 61337-2: 2004，MOD		设计、采购	初设、招标、品控	调度及二次	电力通信
203.6-412	SJ/T 11595—2016	会议系统用流媒体实时总线技术要求	2016-6-1			设计、采购	初设、招标、品控	调度及二次	电力通信
203.6-413	GB/T 4011—2013	1.2/4.4mm 同轴综合通信电缆	2013-12-2		GB/T 4011—1983	设计、采购	初设、招标、品控	调度及二次	电力通信
203.6-414	GB/T 4012—2013	2.6/9.5mm 同轴综合通信电缆	2013-12-2		GB/T 4012—1983	设计、采购	初设、招标、品控	调度及二次	电力通信
203.6-415	GB/T 7329—2008	电力线载波结合设备	2008-10-1	IEC 60481: 1974，NEQ	GB/T 7329—1998	设计、采购	初设、招标、品控	调度及二次	电力通信
203.6-416	GB/T 7330—2008	交流电力系统阻波器	2008-10-1	IEC 60353: 1989，NEQ	GB/T 7330—1998	设计、采购	初设、招标、品控	调度及二次	电力通信
203.6-417	GB/T 7424.4—2003	光缆 第4部分：分规范 光纤复合架空地线	2004-8-1	IEC 60794-1: 1999，NEQ		设计、采购	初设、招标、品控	调度及二次	电力通信
203.6-418	GB/T 7247.2—2018	激光产品的安全 第2部分：光纤通信系统（OFCS）的安全	2018-10-1			设计、采购	初设、招标、品控	调度及二次	电力通信
203.6-419	GB/T 11444.4—1996	国内卫星通信地球站发射、接收和地面通信设备技术要求 第四部分：中速数据传输设备	1997-12-1	IESS 308，REF	GB 12406—1990	设计、采购	初设、招标、品控	调度及二次	电力通信

续表

体系结构号	标准编号	标 准 名 称	实施日期	与国际标准对应关系	代替标准	阶段	分阶段	专业	分专业
203.6-420	GB/T 12357.1—2015	通信用多模光纤　第1部分：A1类多模光纤特性	2016-3-1		GB/T 12357.1—2004	设计、采购	初设、招标、品控	调度及二次	电力通信
203.6-421	GB/T 13621—1999	100～1000MHz 接力通信系统的容量系列波道配置及设备的主要技术要求	2000-6-1		GB/T 13621—1992	设计、采购	初设、招标、品控	调度及二次	电力通信
203.6-422	GB/T 13849.1—2013	聚烯烃绝缘聚烯烃护套市内通信电缆　第1部分：总则	2013-12-2		GB/T 13849.1—1993	设计、采购	初设、招标、品控	调度及二次	电力通信
203.6-423	GB/T 13849.2—1993	聚烯烃绝缘聚烯烃护套市内通信电缆　第2部分：铜芯实心或泡沫（带皮泡沫）聚烯烃绝缘非填充式挡潮层聚乙烯护套市内通信电缆	1994-8-1	IEC 841-4-2，IDT		设计、采购	初设、招标、品控	调度及二次	电力通信
203.6-424	GB/T 13849.3—1993	聚烯烃绝缘聚烯烃护套市内通信电缆　第3部分：铜芯、实心或泡沫（带皮泡沫）聚烯烃绝缘、填充式、挡潮层聚乙烯护套市内通信电缆	1994-8-1		GB 13849—92	设计、采购	初设、招标、品控	调度及二次	电力通信
203.6-425	GB/T 13849.4—1993	聚烯烃绝缘聚烯烃护套市内通信电缆　第4部分：铜芯、实心聚烯烃绝缘（非填充）、自承式、挡潮层聚乙烯护套市内通信电缆	1994-8-1		GB 13849—92	设计、采购	初设、招标、品控	调度及二次	电力通信
203.6-426	GB/T 13849.5—1993	聚烯烃绝缘聚烯烃护套市内通信电缆　第5部分：铜芯、实心或泡沫（带皮泡沫）聚烯烃绝缘、隔离式（内屏蔽）、挡潮层聚乙烯护套市内通信电缆	1994-8-1		GB 13849—92	设计、采购	初设、招标、品控	调度及二次	电力通信
203.6-427	GB/T 13993.1—2016	通信光缆　第1部分：总则	2016-11-1		GB/T 13993.1—2004	设计、采购	初设、招标、品控	调度及二次	电力通信
203.6-428	GB/T 13993.2—2014	通信光缆　第2部分：核心网用室外光缆	2015-4-1		GB/T 13993.2—2002	设计、采购	初设、招标、品控	调度及二次	电力通信
203.6-429	GB/T 13993.3—2014	通信光缆　第3部分：综合布线用室内光缆	2015-4-1		GB/T 13993.3—2001	设计、采购	初设、招标、品控	调度及二次	电力通信

续表

体系结构号	标准编号	标 准 名 称	实施日期	与国际标准对应关系	代替标准	阶段	分阶段	专业	分专业
203.6-430	GB/T 13993.4—2014	通信光缆 第4部分：接入网用室外光缆	2015-4-1		GB/T 13993.4—2002	设计、采购	初设、招标、品控	调度及二次	电力通信
203.6-431	GB/T 14381—1993	程控数字用户自动电话交换机通用技术条件	1994-1-1	CCITT G.712，G.732，K.20，Q.504，Q.507，Q.514，Q.517，Q551～554，REF		设计、采购	初设、招标、品控	调度及二次	电力通信
203.6-432	GB/T 15542—1995	数字程控自动电话交换机技术要求	1995-12-1			设计、采购	初设、招标、品控	调度及二次	电力通信
203.6-433	GB/T 15844—2017	移动通信专业调频收发信机通用规范	2018-7-1		GB/T 15844.1—1995；GB/T 15844.2—1995；GB/T 15844.4—1995	设计、采购	初设、招标、品控	调度及二次	电力通信
203.6-434	GB/T 16529.2—1997	光纤光缆接头 第2部分：分规范 光纤光缆接头盒和集纤盘	1998-10-1			设计、采购	初设、招标、品控	调度及二次	电力通信
203.6-435	GB/T 16712—2008	同步数字体系（SDH）设备功能块特性	2009-4-1	ITU-T G.783: 2006，NEQ	GB/T 16712—1996	设计、采购	初设、招标、品控	调度及二次	电力通信
203.6-436	GB/T 17737.1—2013	同轴通信电缆 第1部分：总规范 总则、定义和要求	2014-6-15		GB/T 12269—1990；GB/T 17737.1—2000	设计、采购	初设、招标、品控	调度及二次	电力通信
203.6-437	GB/T 17737.4—2013	同轴通信电缆 第4部分：漏泄电缆分规范	2014-6-15		GB/T 15285—1994	设计、采购	初设、招标、品控	调度及二次	电力通信
203.6-438	GB/T 17737.5—2013	同轴通信电缆 第5部分：CATV用干线和配线电缆分规范	2014-6-15		GB/T 11323—1989	设计、采购	初设、招标、品控	调度及二次	电力通信
203.6-439	GB/T 17738.1—2013	射频同轴电缆组件 第1部分：总规范 一般要求和试验方法	2014-6-15		GB/T 17738.1—1999	采购、建设	品控、验收与质量评定	调度及二次	电力通信
203.6-440	GB/T 17738.2—2013	射频同轴电缆组件 第2部分：柔软同轴电缆组件分规范	2014-6-15		GB/T 15866—1995	设计、采购	初设、招标、品控	调度及二次	电力通信
203.6-441	GB/T 17738.3—2013	射频同轴电缆组件 第3部分：半柔同轴电缆组件分规范	2014-6-15		GB/T 16531—1996	设计、采购	初设、招标、品控	调度及二次	电力通信
203.6-442	GB/T 17738.4—2013	射频同轴电缆组件 第4部分：半硬同轴电缆组件分规范	2014-6-15		GB/T 15867—1995	设计、采购	初设、招标、品控	调度及二次	电力通信

续表

体系结构号	标准编号	标准名称	实施日期	与国际标准对应关系	代替标准	阶段	分阶段	专业	分专业
203.6-443	GB/T 18480—2001	海底光缆规范	2002-5-1			设计、采购	初设、招标、品控	调度及二次	电力通信
203.6-444	GB/T 18899—2002	全介质自承式光缆	2003-5-1	IEEE P1222—1997，NEQ		设计、采购	初设、招标、品控	调度及二次	电力通信
203.6-445	GB/T 18901.1—2002	光纤传感器 第1部分：总规范	2003-5-1	IEC 61757-1: 1998，IDT		设计、采购	初设、招标、品控	调度及二次	电力通信
203.6-446	GB/T 19287—2016	电信设备的抗扰度通用要求	2016-11-1		GB/T 19287—2003	设计、采购	初设、招标、品控	调度及二次	电力通信
203.6-447	GB/T 19856.1—2005	雷电防护 通信线路 第1部分：光缆	2006-4-1	IEC 61663-1: 1999，IDT		设计、采购	初设、招标、品控	调度及二次	电力通信
203.6-448	GB/T 21646—2008	400MHz 频段模拟公众无线对讲机技术规范和测量方法	2008-11-1	IEC 60706-5: 1994		采购、建设	品控、验收与质量评定	调度及二次	电力通信
203.6-449	GB/T 29233—2012	管道、直埋和非自承式架空敷设用单模通信室外光缆	2013-6-1	IEC 60794-3-11—2010，MOD		设计、采购	初设、招标、品控	调度及二次	电力通信
203.6-450	GB/T 29797—2013	13.56MHz 射频识别读/写设备规范	2014-5-1			设计、采购	初设、招标、品控	调度及二次	电力通信
203.6-451	GB/T 30094—2013	工业以太网交换机技术规范	2014-5-1			设计、采购	初设、招标、品控	调度及二次	电力通信
203.6-452	GB/T 31243—2014	通信网络产品可拆卸设计规范	2015-4-1			设计、采购	初设、招标、品控	调度及二次	电力通信
203.6-453	GB/T 31244—2014	通信终端产品可拆卸设计规范	2015-4-1			设计、采购	初设、招标、品控	调度及二次	电力通信
203.6-454	GB/T 31834—2015	20GHz 及以下数字通信用高速平行电缆	2016-2-1			设计、采购	初设、招标、品控	调度及二次	电力通信
203.6-455	GB/T 31983.11—2015	低压窄带电力线通信 第11部分：3kHz～500kHz 频带划分、输出电平和电磁骚扰限值	2016-4-1			设计、采购	初设、招标、品控	调度及二次	电力通信
203.6-456	GB/T 31983.31—2017	低压窄带电力线通信 第31部分：窄带正交频分复用电力线通信 物理层规范	2017-12-1			设计、采购	初设、招标、品控	调度及二次	电力通信
203.6-457	GB/T 34081—2017	波长选择开关	2017-11-1			设计、采购	初设、招标、品控	调度及二次	电力通信

续表

体系结构号	标准编号	标 准 名 称	实施日期	与国际标准对应关系	代替标准	阶段	分阶段	专业	分专业
203.6-458	GB/T 34996—2017	800/900MHz 射频识别读/写设备规范	2018-5-1			设计、采购	初设、招标、品控	调度及二次	电力通信
203.6-459	ANSI ICEAS 115-730—2012	多住户单元（MDU）光纤电缆标准				设计、采购	初设、招标、品控	调度及二次	电力通信
203.6-460	ANSI SCTE 104—2012	自动化系统至压缩系统的通信应用程序接口（API）			ANSI SCTE 104—2011	设计、采购	初设、招标、品控	调度及二次	电力通信
203.6-461	IEC CISPR 32—2015	信息技术设备无线电干扰性能测量范围和方法	2015-3-31		IEC CISPR 32—2012；IEC CISPR 22—2008；IEC CISPR 13—2009+Amd 1—2015；IEC CISPR 13—2009/Amd 1—2015；IEC CISPR 13—2009	采购、建设	品控、验收与质量评定	调度及二次	电力通信
203.6-462	DIN EN 50411-2-2—2012	光纤通信系统中使用的光纤组织者和闭合器。产品规格。第 2-2 部分：密封 PAN 纤维接头类型 1，分类 S 和 A	2012-11-1		DIN EN 50411-2-2—2007	设计、采购	初设、招标、品控	调度及二次	电力通信
203.6-463	EN 50411-2-4—2012	用于光纤传递系统的纤维形成体和闭路 产品规范 第 2-4 部分：S&A 类密封圆盖纤维接缝闭路类型 1	2012-2-10		EN 50411-2-4—2006	设计、采购	初设、招标、品控	调度及二次	电力通信
203.6-464	IEC 60445—2017	人机界面、标志和识别的基本原则和安全原则设备终端、导体终端和导体的识别	2017-8-4		IEC 60445—2010	设计、采购	初设、招标、品控	调度及二次	电力通信
203.6-465	IEC 60793-1-20—2014	光纤 第 1-20 部分：测量方法和试验规程纤维几何结构	2014-10-10		IEC 60793-1-20—2001	设计、采购	初设、招标、品控	调度及二次	电力通信
203.6-466	IEC 60793-1-30—2010	光纤 第 1-30 部分：测量方法和试验规程纤维验证试验	2010-5-19	EN 60793-1-30—2011，IDT	IEC 60793-1-30—2001	采购、建设	品控、验收与质量评定	调度及二次	电力通信
203.6-467	IEC 60793-1-31—2019	光纤 第 1-31 部分：测量方法和试验规程抗拉强度	2019-2-6	EN 60793—1-31—2010 IDT	IEC 60793-1-31—2010	设计、采购	初设、招标、品控	调度及二次	电力通信
203.6-468	IEC 60793-1-32—2018	光纤 第 1-32 部分：测量方法和试验规程涂层的可剥离性	2018-11-16	EN 60793-1-32—2010，IDT	IEC 60793-1-32—2010	设计、采购	初设、招标、品控	调度及二次	电力通信

续表

体系结构号	标准编号	标准名称	实施日期	与国际标准对应关系	代替标准	阶段	分阶段	专业	分专业
203.6-469	IEC 60793-1-41—2010	光纤 第1-41部分：测量方法和试验规程频带宽度	2010-8-31	EN 60793-1-41—2010. IDT	IEC 60793-1-41—2003	设计、采购	初设、招标、品控	调度及二次	电力通信
203.6-470	IEC 60793-1-43—2015	光纤 第1-43部分：测量方法数值孔径测量	2015-3-27		IEC 60793-1-43—2001	采购、建设	品控、验收与质量评定	调度及二次	电力通信
203.6-471	IEC 60793-1-50—2014	光纤 第1-50部分：测量方法和试验规程湿热（稳态）试验	2014-9-9		IEC 60793-1-50—2001	采购、建设	品控、验收与质量评定	调度及二次	电力通信
203.6-472	IEC 60793-1-52—2014	光纤 第1-52部分：测量方法温度试验变化	2014-2-5		IEC 60793-1-52—2001	采购、建设	品控、验收与质量评定	调度及二次	电力通信
203.6-473	IEC 60793-1-53—2014	光纤 第1-53部分：测量方法.水浸渍试验	2014-2-5		IEC 60793-1-53—2001	采购、建设	品控、验收与质量评定	调度及二次	电力通信
203.6-474	IEC 60793-2-10—2017	光纤 第2-10部分：产品规格 A1类多模光纤截面规格	2017-8-10		IEC 60793-2-10—2015	设计、采购	初设、招标、品控	调度及二次	电力通信
203.6-475	IEC 60794-1-2—2017	光缆 第1-2部分：总规范光缆基本试验规程	2017-1-12		IEC 60794-1-2—2013	设计、采购	初设、招标、品控	调度及二次	电力通信
203.6-476	IEC 60794-1-24—2014	光缆 第1-24部分：总规范.基本光缆试验规程.电气试验方法	2014-5-13			采购、建设	品控、验收与质量评定	调度及二次	电力通信
203.6-477	IEC 60794-2-20—2013	光缆 第2-20部分：室内光缆多纤配电光缆的系列规范	2013-11-5		IEC 60794-2-20—2008	设计、采购	初设、招标、品控	调度及二次	电力通信
203.6-478	IEC 60794-3—2014	光缆 第3部分：室外光缆分规范	2014-9-9		IEC 60794-3—2001	设计、采购	初设、招标、品控	调度及二次	电力通信
203.6-479	IEC 60794-3-11—2010	光纤电缆 第3-11部分：室外电缆管道和直埋单模光纤远程通信光缆用详细规范	2010-6-16	EN 64794-3-11—2010，IDT	IEC 60794-3-11—2007	设计、采购	初设、招标、品控	调度及二次	电力通信
203.6-480	IEC 60794-3-21—2015	光缆 第3-21部分：室外电缆 房屋布线用自立式架空通信光缆的产品规范	2015-11-19		IEC 60794-3-21—2005	设计、采购	初设、招标、品控	调度及二次	电力通信
203.6-481	IEC 60794-5—2014	光缆 第5部分：分规范在微管中气吹安装用微型光缆	2014-10-8		IEC 60794-5—2006	设计、采购	初设、招标、品控	调度及二次	电力通信

续表

体系结构号	标准编号	标准名称	实施日期	与国际标准对应关系	代替标准	阶段	分阶段	专业	分专业
203.6-482	IEC 60825-2—2010	激光产品的安全　第2部分：光纤通信系统（OFCS）的安全性	2010-12-14	EN 60825-2/A2—2010，IDT；PN-EN60825-2/A2—2010，IDT	IEC 60825-2—2007	设计、采购	初设、招标、品控	调度及二次	电力通信
203.6-483	IEC 60870-5-101—2003	远程控制设备和系统　第5部分：传输协议第101节：基本遥控工作的副标准	2003-2-7	NF C46-951-01—2004，IDT；BS EN60870-5-101—2003，IDT；DIN EN60870-5-101—2003，IDT；EN 60870-5-101—2003，IDT	IEC 60870-5-101—1995；IEC 60870-5-101—1995/Amd 1—2000；IEC 60870-5-101—1995/Amd 2—2001	设计、采购	初设、招标、品控	调度及二次	电力通信
203.6-484	IEC 60874-1-1—2011	光纤光缆连接器　第1-1部分：空白详细规范	2011-11-17		IEC 60874-1-1—2006	设计、采购	初设、招标、品控	调度及二次	电力通信
203.6-485	IEC 60875-1—2015	纤维光学互连器件和无源器件　非波长选择型纤维光学分路器　第1部分：总规范	2015-5-7		IEC 60875-1—2010	设计、采购	初设、招标、品控	调度及二次	电力通信
203.6-486	IEC 61169-1—2013	射频连接器　第19部分：分规范.SSMB型射频同轴连接器	2013-7-10	EN 61169-1—2013，IDT	IEC 61169-1—1992；IEC 61169-1—1992/Amd 1—1996；IEC 61169-1—1992/Amd 2—1997；IEC 61169-1—1992+Amd 1—1996+Amd 2—1997	设计、采购	初设、招标、品控	调度及二次	电力通信
203.6-487	IEC 61169-26—2013	射频连接器　第26部分：TNCA系列射频同轴电缆连接器分规范	2013-1-29	C93-560-26PR，IDT	IEC 46 F/220 A/FDIS—2012；IEC 46 F/220/FDIS—2012	设计、采购	初设、招标、品控	调度及二次	电力通信
203.6-488	IEC 61169-42—2013	射频连接器　第42部分：CQN系列快速锁定射频同轴连接器的分规范	2013-1-16	EN 61169-42—2013，IDT	IEC/PAS 61169-42—2009	设计、采购	初设、招标、品控	调度及二次	电力通信
203.6-489	IEC 61169-43—2013	射频连接器　第43部分：RBMA系列盲插射频（RF）同轴连接器分规范	2013-3-20	EN 61169-43—2013，IDT	IEC/PAS 61169-43—2010	设计、采购	初设、招标、品控	调度及二次	电力通信
203.6-490	IEC 61280-1-3—2010	光纤通信子系统试验程序　第1-3部分：一般通信子系统中心波长和谱宽测量	2010-3-18	BS EN 61280-1-3—2010，IDT	IEC 61280-1-3—1998	采购、建设	品控、验收与质量评定	调度及二次	电力通信
203.6-491	IEC 61280-2-1—2010	光纤通信子系统试验程序　第2-1部分：数字系统接收器灵敏度和过载测量	2010-3-18	BS EN 61280-2-1—2010，IDT；EN61280-2-1—2010，IDT；PN-EN61280-2-1—2010，IDT	IEC 61280-2-1—1998	采购、建设	品控、验收与质量评定	调度及二次	电力通信

续表

体系结构号	标准编号	标 准 名 称	实施日期	与国际标准对应关系	代替标准	阶段	分阶段	专业	分专业
203.6-492	IEC 61280-2-9—2009	光纤通信子系统试验程序 第2-9部分：数字系统密集波长分配多元系统光学信噪比测量	2009-2-11		IEC 61280-2-9—2002	采购、建设	品控、验收与质量评定	调度及二次	电力通信
203.6-493	IEC 61280-4-1—2009	光纤通信试验程序 第4-1部分:绝缘电缆车间多模衰变测量	2009-6-10	EN 61280-4-1—2009，IDT	IEC 61280-4-1—2003	采购、建设	品控、验收与质量评定	调度及二次	电力通信
203.6-494	IEC 61300-1—2016	光纤连接器和无源组件基础试验和测量过程 第1部分：总则和指南	2016-7-28		IEC 61300-1—2011	采购、建设	品控、验收与质量评定	调度及二次	电力通信
203.6-495	IEC 61300-2-1—2009	光纤互连器件和无源元件基本测试和测量程序 第2-1部分：测试振动〔正弦曲线〕	2009-8-18	DIN EN 61300-2-1—2010，IDT；BS EN 61300-2-1—2010, IDT；EN 61300-2-1— 2009 IDT；NFC93- 902-1—2010，IDT；UNE-EN61300-1—2010 IDT	IEC 61300-2-1—2003	采购、建设	品控、验收与质量评定	调度及二次	电力通信
203.6-496	IEC 61300-2-6—2010	光纤互连装置和无源元件基本试验和测量规程 第2-6部分:试验藕合器的抗拉强度	2010-12-9	EN 61300-2-6—2011，IDT	IEC 61300-2-6—1995	采购、建设	品控、验收与质量评定	调度及二次	电力通信
203.6-497	IEC 61300-2-9—2017	光纤互连设备和被动元件基本测试和测量程序 第29部分：震动测试	2017-1-6		IEC 61300-2-9—2010	采购、建设	品控、验收与质量评定	调度及二次	电力通信
203.6-498	IEC 61300-2-12—2009	光纤互连器件和无源元件基本试验和测量规程 第2-12部分：测试碰撞	2009-7-14	DIN EN 61300-2-12—2010, IDT; BS EN 61300-2-12—2010, IDT；EN 61300-2-12—2009.IDT; C93-902-12PR，IDT	IEC 61300-2-12—2005	采购、建设	品控、验收与质量评定	调度及二次	电力通信
203.6-499	IEC 61300-2-17—2010	光纤互连装置和无源元件基本试验和测量规程 第2-17部分：冷式法	2010-11-29	EN 61300-2-17—2011. IDT	IEC 61300-2-17—2003	采购、建设	品控、验收与质量评定	调度及二次	电力通信
203.6-500	IEC 61300-2-23—2010	光纤互连装置和无源元件基本试验和测量规程 第2-23部分：试验非加压式光纤器件外壳密封	2010-11-10	EN 61300-2-23—2011，IDT	IEC 61300-2-23—1995	采购、建设	品控、验收与质量评定	调度及二次	电力通信

续表

体系结构号	标准编号	标 准 名 称	实施日期	与国际标准对应关系	代替标准	阶段	分阶段	专业	分专业
203.6-501	IEC 61300-2-24—2010	光纤互连装置和无源元件 基本试验和测量规程 第2-24部分：试验通过施加应力陶瓷准直套管的试镜试验	2010-4-21	BS EN 61300-2-24—2010 IDT；EN 61300-2-24—2010 IDT	IEC 61300-2-24—1999	采购、建设	品控、验收与质量评定	调度及二次	电力通信
203.6-502	IEC 61300-2-44—2013	纤维光学互连器件和无源器件 基本试验和测量程序 第2-44部分：试验 纤维光学器件的应变消除的挠曲	2013-7-15		IEC 61300-2-44—2008	采购、建设	品控、验收与质量评定	调度及二次	电力通信
203.6-503	IEC 61300-2-47—2016	纤维光学互连器件和无源器件 基本试验和测量程序 第2-47部分：试验 热冲击	2016-5-19		IEC 61300-2-47—2010	采购、建设	品控、验收与质量评定	调度及二次	电力通信
203.6-504	IEC 61300-2-48—2009	光纤连接装置和无源元件 基本试验方法和测量规程 第2-48部分：试验温度潮湿循环	2009-3-5	DIN EN 61300-2-48—2009，IDT；BS EN 61300-2-48—2009 IDT；EN 61300-2-48—2009，IDT；JIS C 61300-2-48—2010，IDT；OEVE/OENORM EN 61300-2-48—2010，IDT	IEC 61300-2-48—2003	采购、建设	品控、验收与质量评定	调度及二次	电力通信
203.6-505	IEC 61300-3-6—2008	光纤连接装置和无源元件 基本试验和测量程序 第3-6部分：检验和测量回波损耗	2008-12-9	DIN EN 61300-3-6—2009，IDT；BS EN 61300-3-6—2009 IDT；EN 61300-3-6—2009，IDT；NF C93-903-6—2009，IDT；OEVEJOE-NORMEN 61300-3-6—2009，IDT：PN-EN 61300-3-6—2009	IEC 61300-3-6—2005	采购、建设	品控、验收与质量评定	调度及二次	电力通信
203.6-506	IEC 61300-3-22—2010	光纤互连装置和无源元件 基本试验和测量规程 第3-22部分：检查和测量套管压缩力	2010-12-9	EN 61300-3-22—2011，IDT	IEC 61300-3-22—1997	采购、建设	品控、验收与质量评定	调度及二次	电力通信
203.6-507	IEC 61300-3-39—2011	光纤互连装置和无源部件 基本试验和测量步骤	2011-11-22		IEC 61300-3-39—1997	采购、建设	品控、验收与质量评定	调度及二次	电力通信
203.6-508	IEC 61300-3-45—2011	光纤互连器件和无源元件 基本试验和测量规程 第3-45部分：检验和测量.随机成对多模光纤连接器的衰减	2011-5-12			采购、建设	品控、验收与质量评定	调度及二次	电力通信

续表

体系结构号	标准编号	标 准 名 称	实施日期	与国际标准对应关系	代替标准	阶段	分阶段	专业	分专业
203.6-509	IEC 61314-1—2011	光学纤维连接器和无源元件 光纤输出端 第1部分：总规范	2011-11-24		IEC 61314-1—2009	设计、采购	初设、招标、品控	调度及二次	电力通信
203.6-510	IEC 61753-081-2—2014	光纤互连器件和无源元件性能标准 第081-2部分：C类中型非连接器化的单模光纤1×N DWDM器件 受控环境	2014-4-24		IEC 61753-081-2—2009	设计、采购	初设、招标、品控	调度及二次	电力通信
203.6-511	IEC 61753-086-6—2010	光纤互连装置和无源元件性能标准 第086-6部分：0类非连接单模双向1490/1550nm下游和1310nm上游WWDM设备非受控环境	2010-12-14	EN 61753-086-6—2011，IDT		设计、采购	初设、招标、品控	调度及二次	电力通信
203.6-512	IEC 61753-087-2—2010	光纤互连装置和无源元件性能标准 第087部分：C类非连接器单模双向1310nm上游和下游WWDM设备受控环境	2010-12-9	EN 61753-087-2—2011，IDT	IEC 86 B/3095/FD1S—2010	设计、采购	初设、招标、品控	调度及二次	电力通信
203.6-513	IEC 61753-121-2—2017	光纤互连装置和无源元件性能标准 第121-2部分：单模光纤和圆柱形插芯连接器用于C类控制环境的单芯和双芯线	2017-5-23		IEC 61753-121-2—2010	设计、采购	初设、招标、品控	调度及二次	电力通信
203.6-514	IEC 61753-121-3—2010	光纤互连装置和无源元件性能标准 第121-3部分：U类非受控环境用单工及双工单模光纤和圆柱形套管结构连接器	2010-4-29	C93-909-121-3PR，IDT		设计、采购	初设、招标、品控	调度及二次	电力通信
203.6-515	IEC 61754-15—2009	光纤连接器和无源元件光纤连接器接口 第15部分：LSH连接器系列	2009-6-10	DIN EN 61754-15—2010，IDT；BS EN 61754-15—2009，IDT；EN 61754-15—2009，IDT	IEC 61754-15—1999	设计、采购	初设、招标、品控	调度及二次	电力通信
203.6-516	IEC 61754-24—2009	光纤连接器和无源元件光纤连接器接口 第24部分：基于3EC61076-3-117的有防护壳的SC-RT型连接器	2009-9-30	DIN EN 61754-24-11—2010 IDT；BSEN 61754-24-I 1—2009，IDT；EN 61754-24-11—2009，IDT；OEVE/OENORM EN61754-24-11—2010，IDT		设计、采购	初设、招标、品控	调度及二次	电力通信

续表

体系结构号	标准编号	标准名称	实施日期	与国际标准对应关系	代替标准	阶段	分阶段	专业	分专业
203.6-517	IEC 61754-24-21—2009	光纤连接器和无源元件 光纤连接器接口 第24-21部分：基于IEC 61076-3—106106的有防护壳的SC-RJ型连接器	2009-6-10	BS BN 61754-24-21—2009，IDT；EN61754-24-21—2009，IDT		设计、采购	初设、招标、品控	调度及二次	电力通信
203.6-518	IEC 61758-1—2008	光纤连接器和无源元件终端接口标准 第1部分：总则和导则	2008-4-25	DIN EN 61758-1—2009，IDT；BS EN 61758-1—2008，IDT；EN 61758-1— 2008，IDT；C93-922- 1PR，IDT；OEVE/OENORMEN 61758-1—2009，IDT		设计、采购	初设、招标、品控	调度及二次	电力通信
203.6-519	IEC 61883-1—2008	用户音频/视频设备数字接口 第1部分：总则	2008-2-7	DIN EN 61883-1—2010，IDT；EN 61883-1—2009. IDT	IEC 61883-1—2003	设计、采购	初设、招标、品控	调度及二次	电力通信
203.6-520	IEC 61937-11—2010	数字音频适用IEC 60958的非线性脉冲编码调制（PCM）的编码音频位流接口 第11部分：MPEG-4AAC及其在LATM/LOAS中的扩展	2010-5-19	EN 61937-11—2010，IDT		设计、采购	初设、招标、品控	调度及二次	电力通信
203.6-521	IEC 61937-12—2010	数字音频适用IEC60958的非线性脉冲编码调制（PCM）编码音频比特流接口 第12部分：按照DRA格式的非线性脉冲编码调制（PCM）比特流	2010-5-19	EN 61937-12—2010 IDT		设计、采购	初设、招标、品控	调度及二次	电力通信
203.6-522	IEC 61977—2015	光纤互连器件和无源元件 光纤滤波器 通用规范	2015-8-28		IEC 61977—2010	设计、采购	初设、招标、品控	调度及二次	电力通信
203.6-523	IEC 62074-1—2014	纤维光学互连器件和无源器件 光纤波分复用器（WDM）第1部分：通用规范	2014-2-6		IEC 62074-1—2009	设计、采购	初设、招标、品控	调度及二次	电力通信
203.6-524	IEC 62134-1—2009	光纤连接装置和无源元件 光纤连接器光纤适配器 第1部分：总规范	2009-6-25	EN 62134-1—2009，IDT	IEC 62134-1—2002	设计、采购	初设、招标、品控	调度及二次	电力通信

续表

体系结构号	标准编号	标准名称	实施日期	与国际标准对应关系	代替标准	阶段	分阶段	专业	分专业
203.6-525	IEC 62148-2—2010	光纤有源元件及器件包装接口标准 第2部分：SFF10针收发器	2010-12-15	EN 62148-2—2011，IDT	IEC 62148-2—2003；IEC 62148-7—2003；IEC 62148-9—2003	设计、采购	初设、招标、品控	调度及二次	电力通信
203.6-526	IEC 62148-3—2010	光纤有源元件及器件包装和接口标准 第3部分：SFFMT- RT20针收发器	2010-11-25	EN 62148-3—2011，IDT	IEC 62148-3—2003；IEC 62148-10—2003；IEC 62148-8—2003	设计、采购	初设、招标、品控	调度及二次	电力通信
203.6-527	IEC 62148-11—2009	光纤有源元件和器件光纤连接器包装和接口标准 第11部分：14引线有源器件模块	2009-6-25	EN 62148-11—2009 IDT	IEC 62148-11—2003	设计、采购	初设、招标、品控	调度及二次	电力通信
203.6-528	IEC 62148-16—2009	光纤有源元件及器件包装和接口标准 第16部分：与LC连接器接口一同使用的发射器和接收器部件	2009-8-6	DIN EN 62148-16—2010，IDT；BS EN62148-16—2010，IDT；EN 62148-16—2009 IDT；NFC 93-883-16—2010 IDT		设计、采购	初设、招标、品控	调度及二次	电力通信
203.6-529	IEC 62149-2—2014	光纤有源元件和器件 性能标准 第2部分：850nm离散垂直空腔表面发射激光器	2014-5-26		IEC 62149-2—2009	设计、采购	初设、招标、品控	调度及二次	电力通信
203.6-530	IEC 62149-4—2010	光纤有源元件和器件性能标准 第4部分：千兆位以太网用1300nm光纤收发器	2010-4-29	EN 62149-4—2010，IDT	IEC 62149-4—2003	设计、采购	初设、招标、品控	调度及二次	电力通信
203.6-531	IEC 62149-5—2009	光纤有源元件和设备性能标准 第5部分：包括LD驱动器和CDR集成电路的ATM-PON收发机	2009-8-11	EN 62149-5—2011，IDT	IEC 62149-5—2003	设计、采购	初设、招标、品控	调度及二次	电力通信
203.6-532	IEC 62150-2—2010	光纤有源元件和器件 试验和测量程序 第2部分：ATM- PON收发器	2010-12-9	EN 62150-2—2011，IDT	IEC 62150-2—2004	设计、采购	初设、招标、品控	调度及二次	电力通信
203.6-533	IEC 62514—2010	家用网络多媒体网关导则	2010-5-31	EN 62514—2010，IDT		设计、采购	初设、招标、品控	调度及二次	电力通信
203.6-534	IEC 62604-2—2017	具有评估质量的表面声波（SAW）和体声波（BAW）双工器 第2部分：使用指南	2017-11-29		IEC 62604-2—2011	设计、采购	初设、招标、品控	调度及二次	电力通信

续表

体系结构号	标准编号	标准名称	实施日期	与国际标准对应关系	代替标准	阶段	分阶段	专业	分专业
203.6-535	IEC 62614—2010	光纤测量多模衰减的发射条件要求	2010-7-22	EN 62614—2010，IDT	IEC/PAS 62614—2009	设计、采购	初设、招标、品控	调度及二次	电力通信
203.6-536	IEC 61753-088-2—2013	光纤互连器件和无源元件性能标准 第088-2部分：带有800GHz信道间隔的c类非连接式单模光纤局域网波分多路复用设备(LANWDM)可控环境	2013-3-18		IEC/PAS 61753-088-2—2010	设计、采购	初设、招标、品控	调度及二次	电力通信
203.6-537	IEC/TR 61242-4—2010	光学放大器 第4部分：光学放大器（包括拉曼放大器）的无损和安全使用的最大允许光能			IEC/TR 61292-4—2014	设计、采购	初设、招标、品控	调度及二次	电力通信
203.6-538	IEC/TR 62627-02—2010	光纤互连设备和无源元件 第02部分：SC塞型固定衰减器的系列测试结果报告	2010-6-28			设计、采购	初设、招标、品控	调度及二次	电力通信
203.6-539	IEC/TR 62627-03-01—2011	光纤互连设备和无源元件 第03-01部分：可靠性.温度和湿度循环器件连接器的纤维活塞故障用验收试验的设计：界限分析	2011-4-7			设计、采购	初设、招标、品控	调度及二次	电力通信
203.6-540	ITU-TG.666—2011	PMD补偿器和PMD补偿接收机的特征	2011-2-25		ITU-TG 666—2008	设计、采购	初设、招标、品控	调度及二次	电力通信
203.6-541	ITU-TG.671—2012	光组件和子系统的传输特性	2012-2-13		ITU-TG 671—2009	设计、采购	初设、招标、品控	调度及二次	电力通信
203.6-542	ITU-TG.874—2017	光传输网络要素的管理方面	2017-9-6		ITU-TG 874—2008	设计、采购	初设、招标、品控	调度及二次	电力通信
203.6-543	ITU-T K.76—2008	电信网络设备的EMC要求（9kHz-150kHz）	2008-7-7			设计、采购	初设、招标、品控	调度及二次	电力通信
203.6-544	ITU-T L.12—2008	光纤接合	2008-3-1			设计、采购	初设、招标、品控	调度及二次	电力通信
203.7 设备材料-发电									
203.7-1	T/CEC 131.1—2016	铅酸蓄电池二次利用 第1部分：总则	2017-1-1			退役	退役、报废	发电	其他

续表

体系结构号	标准编号	标准名称	实施日期	与国际标准对应关系	代替标准	阶段	分阶段	专业	分专业
203.7-2	T/CEC 131.2—2016	铅酸蓄电池二次利用 第2部分：电池评价分级及成组技术规范	2017-1-1			退役	退役、报废	发电	其他
203.7-3	T/CEC 131.3—2016	铅酸蓄电池二次利用 第3部分：电池修复技术规范	2017-1-1			退役	退役、报废	发电	其他
203.7-4	T/CEC 131.4—2016	铅酸蓄电池二次利用 第4部分：电池维护技术规范	2017-1-1			退役	退役、报废	发电	其他
203.7-5	T/CEC 131.5—2016	铅酸蓄电池二次利用 第5部分：电池贮存与运输技术规范	2017-1-1			退役	退役、报废	发电	其他
203.7-6	NB/T 10092—2018	全钒液流电池用橡胶类密封件技术条件	2019-3-1			采购、运维、修试	招标、品控、运行、维护、检修、试验	发电	水电
203.7-7	NB/T 42157—2018	铅炭铅酸蓄电池通用技术规范	2018-10-1			采购、运维、修试	招标、品控、运行、维护、检修、试验	发电	水电
203.7-8	JB/T 6517—2018	大型发电机氢油水控制系统技术条件	2018-10-1			采购、运维、修试	招标、品控、运行、维护、检修、试验	发电	其他
203.7-9	JB/T 7025—2018	25MW以下汽轮机转子体和主轴锻件 技术条件	2018-10-1			设计、采购、运维	初设、招标、运行、维护	发电	其他
203.7-10	JB/T 7026—2018	50MW以下汽轮发电机转子锻件 技术条件	2018-10-1			设计、采购、运维	初设、招标、运行、维护	发电	其他
203.7-11	JB/T 7028—2018	25MW以下汽轮机轮盘及叶轮锻件 技术条件	2018-10-1			设计、采购、运维	初设、招标、运行、维护	发电	其他
203.7-12	JB/T 12387—2015	电站用高温高压球阀	2016-3-1			采购、运维	招标、品控、运行、维护	发电	其他
203.7-13	JB/T 12795—2018	发电机电能再生利用装置	2018-12-1			采购、运维、修试	招标、品控、运行、维护、检修、试验	发电	其他
203.7-14	JB/T 13371—2018	空内冷发电机转子不等壁厚矩形含银铜导线技术条件	2018-10-1			采购、运维、修试	招标、品控、运行、维护、检修、试验	发电	其他
203.7-15	SJ/T 11486—2015	小功率LED芯片技术规范	2015-10-1			设计、采购、运维	初设、招标、运行、维护	基础综合	
203.7-16	SJ/T 11568—2016	锂离子电池用电解液溶剂	2016-6-1			设计、采购、运维	初设、招标、运行、维护	基础综合	

续表

体系结构号	标准编号	标准名称	实施日期	与国际标准对应关系	代替标准	阶段	分阶段	专业	分专业
203.7-17	HJ 2534—2013	环境标志产品技术要求电池	2014-3-1		HJ/T 238—2006；HJ/T 239—2006	设计、采购	初设、招标	基础综合	
203.7-18	HG/T 2692—2015	蓄电池用硫酸	2016-1-1		HG/T 2692—2007	采购	招标	基础综合	
203.7-19	GB/T 150.4—2011	压力容器 第4部分：制造、检验和验收	2017-3-23		GB 150.4—2011	设计、采购	初设、招标、验收	发电	水电
203.7-20	GB/T 755—2008	旋转电机 定额和性能	2017-3-23		GB 755—2008	采购	招标	发电	水电、火电、其他
203.7-21	GB/T 14824—2008	高压交流发电机断路器	2009-8-1	IEEE Std C37.013: 1997，MOD		设计、采购	初设、招标	发电	其他
203.7-22	GB/T 32504—2016	民用铅酸蓄电池安全技术规范	2016-9-1			设计、采购	初设、招标	发电	其他
203.7-23	GB/T 33509—2017	机械密封通用规范	2017-9-1			设计、采购、运维	初设、招标、运行、维护	发电	其他
203.7-24	GB/T 34130.1—2017	电源母线系统 第1部分：通用要求	2018-2-1	IEC 61534-1: 2014		设计、运维	初设、采购、运行	发电	其他
203.7-25	GB/T 36042—2018	超超临界汽轮机转子体锻件技术条件	2018-10-1			设计、采购、运维	初设、招标、运行、维护	发电	其他
203.7-26	GB/T 36043—2018	大型汽轮发电机组轴系动力特性技术规范	2018-10-1			设计、采购、运维	初设、招标、运行、维护	发电	其他
203.7-27	GB/T 36544—2018	变电站用质子交换膜燃料电池供电系统	2019-2-1			设计、采购、运维	初设、招标、运行、维护	发电	其他
203.7-28	GB/T 21210—2016	单速三相笼型感应电动机起动性能	2017-3-1		GB/T 21210—2007	采购、运维、修试	招标、品控、运行、维护、检修、试验	发电	其他
203.7-29	SJ/T 11732—2018	超级电容器用有机电解液规范	2019-1-1			设计、采购、运维	初设、招标、运行、维护	用电	其他
203.7-30	SJ 20941—2005	锂离子蓄电池通用规范	2006-6-1			设计、采购、运维	初设、招标、运行、维护	发电	其他
203.7-31	IEC 60034-2-2—2010	旋转电机 第2-2部分：试验中大型机械的分离损失测定用特殊方法补充件 IEC 60034-2-1	2010-3-16		IEC 2/1585/FDIS—2009	设计、采购	初设、招标	发电	其他
203.7-32	IEC 60034-5—2006	旋转电机 第5部分：旋转电机整体设计防护（IP代码）分类	2006-11-1			设计、采购	初设、招标	发电	其他

续表

体系结构号	标准编号	标 准 名 称	实施日期	与国际标准对应关系	代替标准	阶段	分阶段	专业	分专业
203.7-33	IEC 60034-18-1—2010	旋转电机 第18-1部分：绝缘系统的功能性评估总指南	2010-3-10		IEC 60034-18-1—1992；IEC 60034-18-1—1992/Amd 1—1996	设计、采购	初设、招标	发电	其他
203.7-34	IEC 60034-18-32—2010	旋转电机 第18-32部分：绝缘系统的功能性评定模绕线组用试验规程电气耐久性的评定	2010-10-13	EN 60034-18-32—2010，IDT	IEC/TS 60034-18-32—1995	设计、采购	初设、招标	发电	其他
203.7-35	IEC 60034-18-41—2014	旋转电机 第18-41部分：电压转换器供电的旋转电机用无局部放电的电绝缘结构（Ⅰ型）质量鉴定和质量控制试验	2014-3-6		IEC/TS 60034-18-41—2006	设计、采购	初设、招标	发电	其他
203.7-36	IEC 60034-26—2006	旋转电机 第26部分：不平衡电压对三相感应发动机性能的影响	2006-7-24	EN 60034-26—2006，IDT	IEC/TS 60034-26—2002	设计、采购	初设、招标	发电	其他
203.7-37	IEC 60034-27—2006	旋转电机 第27部分：在旋转电机的缠绕绝缘体定子上的局部离线放电测量	2006-12-14			设计、采购	初设、招标	发电	其他
203.7-38	IEC 60079-26—2014	电气设备 第26部分：设备保护水平（EPL）为Ga稼的设备	2014-10-28	EN 60079-26—2007，IDT	IEC 60079-26—2006	设计、采购	初设、招标	发电	其他
203.7-39	IEC 62485-2—2010	蓄电池组和蓄电池装置安全性要求 第2部分：稳流蓄电池	2010-6-16			设计、运维	初设、采购、运行	发电	其他
203.7-40	ANSI C50.41—2012	发电站用多相感应电动机			ANSI C50.41—2000	设计、采购	初设、招标	发电	其他
——水电									
203.7-41	Q/CSG 1205015—2018	水电站发电设备在线监测系统技术规范	2018-4-16			采购、运维、修试	招标、品控、运行、维护、检修、试验	发电	水电
203.7-42	T/CSEE 0043—2017	大型水轮发电机组高强度热轧磁轭钢板技术条件	2018-5-1			设计、采购、运维	初设、招标、运行、维护	发电	水电
203.7-43	DL/T 269—2012	钢弦式锚索测力计	2012-7-1			设计、采购、运维	初设、招标、运行、维护	发电	水电

续表

体系结构号	标准编号	标 准 名 称	实施日期	与国际标准对应关系	代替标准	阶段	分阶段	专业	分专业
203.7-44	DL/T 443—2016	水轮发电机组及其附属设备出厂检验导则	2016-6-1		DL/T 443—1991	采购	品控、招标	发电	水电
203.7-45	DL/T 563—2016	水轮机电液调节系统及装置技术规程	2016-6-1		DL/T 563—2004	运维	运行、维护	发电	水电
203.7-46	DL/T 578—2008	水电厂计算机监控系统基本技术条件	2008-11-1		DL/T 578—1995	设计、采购	初设、招标	发电	水电
203.7-47	DL/T 583—2018	大中型水轮发电机静止整流励磁系统技术条件	2018-7-1		DL/T 583—2006	设计、采购、运维	初设、招标、运行、维护	发电	水电
203.7-48	DL/T 622—2012	立式水轮发电机弹性金属塑料推力轴瓦技术条件	2012-3-1		DL/T 622—1997	设计、采购、运维	初设、招标、运行、维护	发电	水电
203.7-49	DL/T 948—2005	混凝土坝监测仪器系列型谱	2005-6-1			设计、采购、运维	初设、招标、运行、维护	发电	水电
203.7-50	DL/T 1016—2006	电容式引张线仪	2007-3-1			设计、采购、运维	初设、招标、运行、维护	发电	水电
203.7-51	DL/T 1017—2006	电容式位移计	2007-3-1			设计、采购、运维	初设、招标、运行、维护	发电	水电
203.7-52	DL/T 1018—2006	电容式测缝计	2007-3-1			设计、采购、运维	初设、招标、运行、维护	发电	水电
203.7-53	DL/T 1019—2006	电容式垂线坐标仪	2007-3-1			设计、采购、运维	初设、招标、运行、维护	发电	水电
203.7-54	DL/T 1020—2006	电容式静力水准仪	2007-3-1			设计、采购、运维	初设、招标、运行、维护	发电	水电
203.7-55	DL/T 1021—2006	电容式量水堰水位计	2007-3-1			设计、采购、运维	初设、招标、运行、维护	发电	水电
203.7-56	DL/T 1024—2015	水电仿真机技术规范	2015-12-1		DL/T 1024—2006	设计、采购	初设、招标	发电	水电
203.7-57	DL/T 1043—2007	钢弦式测缝计	2007-12-1			设计、采购、运维	初设、招标、运行、维护	发电	水电
203.7-58	DL/T 1044—2007	钢弦式应变计	2007-12-1			设计、采购、运维	初设、招标、运行、维护	发电	水电
203.7-59	DL/T 1045—2007	钢弦式孔隙水压力计	2007-12-1			设计、采购、运维	初设、招标、运行、维护	发电	水电

续表

体系结构号	标准编号	标 准 名 称	实施日期	与国际标准对应关系	代替标准	阶段	分阶段	专业	分专业
203.7-60	DL/T 1046—2007	引张线式水平位移计	2007-12-1			设计、采购、运维	初设、招标、运行、维护	发电	水电
203.7-61	DL/T 1047—2007	水管式沉降仪	2007-12-1			设计、采购、运维	初设、招标、运行、维护	发电	水电
203.7-62	DL/T 1061—2007	光电式（CCD）垂线坐标仪	2007-12-1			设计、采购、运维	初设、招标、运行、维护	发电	水电
203.7-63	DL/T 1062—2007	光电式（CCD）引张线仪	2007-12-1			设计、采购、运维	初设、招标、运行、维护	发电	水电
203.7-64	DL/T 1063—2007	差阻式位移计	2007-12-1			设计、采购、运维	初设、招标、运行、维护	发电	水电
203.7-65	DL/T 1064—2007	差动电阻式锚索测力计	2007-12-1			设计、采购、运维	初设、招标、运行、维护	发电	水电
203.7-66	DL/T 1065—2007	差阻式锚杆应力计	2007-12-1			设计、采购、运维	初设、招标、运行、维护	发电	水电
203.7-67	DL/T 1067—2007	蒸发冷却水轮发电机（发电/电动机）基本技术条件	2007-12-1			设计、采购、运维	初设、招标、运行、维护	发电	水电
203.7-68	DL/T 1086—2008	光电式（CCD）静力水准仪	2008-11-1			设计、采购、运维	初设、招标、运行、维护	发电	水电
203.7-69	DL/T 1107—2009	水电厂自动化元件基本技术条件	2009-12-1			设计、采购、运维	初设、招标、运行、维护	发电	水电
203.7-70	DL/T 1120—2018	水轮机调节系统测试与实时仿真装置技术规程	2018-10-1		DL/T 1120—2009	运维	运行、维护	发电	水电
203.7-71	DL/T 1133—2009	钢弦式仪器测量仪表	2009-12-1			设计、采购、运维	初设、招标、运行、维护	发电	水电
203.7-72	DL/T 1134—2009	大坝安全监测数据自动采集装置	2009-12-1			设计、采购、运维	初设、招标、运行、维护	发电	水电
203.7-73	DL/T 1135—2009	电位器式位移计	2009-12-1			设计、采购、运维	初设、招标、运行、维护	发电	水电
203.7-74	DL/T 1136—2009	钢弦式钢筋应力计	2009-12-1			设计、采购、运维	初设、招标、运行、维护	发电	水电
203.7-75	DL/T 1137—2009	钢弦式土压力计	2009-12-1			设计、采购、运维	初设、招标、运行、维护	发电	水电

续表

体系结构号	标准编号	标 准 名 称	实施日期	与国际标准对应关系	代替标准	阶段	分阶段	专业	分专业
203.7-76	DL/T 1197—2012	水轮发电机组状态在线监测系统技术条件	2012-12-1			设计、采购、运维	初设、招标、运行、维护	发电	水电
203.7-77	DL/T 1272—2013	多点变位计装置	2014-4-1			设计、采购、运维	初设、招标、运行、维护	发电	水电
203.7-78	DL/T 1625—2016	梯级水电厂集中监控系统基本技术条件	2017-5-1			设计、采购、运维	初设、招标、运行、维护	发电	水电
203.7-79	DL/T 1627—2016	水轮发电机励磁系统晶闸管整流桥技术条件	2017-5-1			设计、采购、运维	初设、招标、运行、维护	发电	水电
203.7-80	DL/T 1628—2016	水轮发电机励磁变压器技术条件	2017-5-1			设计、采购、运维	初设、招标、运行、维护	发电	水电
203.7-81	DL/T 1754—2017	水电站大坝运行安全管理信息系统技术规范	2018-3-1			设计、采购、建设	初设、招标、施工工艺	发电	水电
203.7-82	DL/T 1802—2018	水电厂自动发电控制及自动电压控制系统技术规范	2018-7-1			设计、采购、运维	初设、招标、运行、维护	发电	水电
203.7-83	DL/T 1803—2018	水电厂辅助设备控制装置技术条件	2018-7-1			设计、采购、运维	初设、招标、运行、维护	发电	水电
203.7-84	DL/T 1804—2018	水轮发电机组振动摆度装置技术条件	2018-7-1			设计、采购、运维	初设、招标、运行、维护	发电	水电
203.7-85	DL/T 1819—2018	抽水蓄能电站静止变频装置技术条件	2018-7-1			设计、采购、运维	初设、招标、运行、维护	发电	水电
203.7-86	DL/T 1822—2018	电站用抽汽止回阀订货验收导则	2018-7-1			设计、采购、建设、运维	初设、招标、验收与质量评定、运行、维护	发电	水电
203.7-87	DL/T 1851—2018	发电厂钢制衬胶管道和管件	2018-7-1			设计、采购、运维	初设、招标、运行、维护	发电	水电
203.7-88	DL/T 1855—2018	电厂水处理设备用不锈钢筛管技术要求	2018-10-1			设计、采购、运维	初设、招标、运行、维护	发电	水电
203.7-89	DL/T 1858—2018	水电厂自动滤水器技术条件	2018-10-1			设计、采购、运维	初设、招标、运行、维护	发电	水电
203.7-90	DL/T 1859—2018	水电厂转速监测装置技术条件	2018-10-1			设计、采购、运维	初设、招标、运行、维护	发电	水电
203.7-91	DL/T 5703—2014	水电水利工程预应力锚杆用水泥锚固剂技术规程	2015-3-1			采购、运维	招标、品控、运行、维护	发电	水电

续表

体系结构号	标准编号	标准名称	实施日期	与国际标准对应关系	代替标准	阶段	分阶段	专业	分专业
203.7-92	DL/T 5720—2015	水工自密实混凝土技术规程	2015-9-1			设计、采购、运维	初设、招标、运行、维护	发电	水电
203.7-93	NB/T 35088—2016	水电机组机械液压过速保护装置基本技术条件	2017-5-1			设计、采购、运维	初设、招标、运行、维护	发电	水电
203.7-94	NB/T 35089—2016	水轮机筒形阀技术规范	2017-5-1			设计、采购、运维	初设、招标、运行、维护	发电	水电
203.7-95	NB/T 35118—2018	水电站油系统技术规范	2018-7-1			设计、采购、运维	初设、招标、运行、维护	发电	水电
203.7-96	NB/T 42021—2013	高压变频调速用干式变流变压器	2014-4-1			设计、采购、运维	初设、招标、运行、维护	发电	水电
203.7-97	NB/T 42022—2013	高压变频调速用油浸式变流变压器	2014-4-1			设计、采购、运维	初设、招标、运行、维护	发电	水电
203.7-98	NB/T 42033—2014	小水电站群集中控制系统基本技术条件	2014-11-1			设计、采购、运维	初设、招标、运行、维护	发电	水电
203.7-99	NB/T 42035—2014	水轮机调压阀及其控制系统基本技术条件	2014-11-1			设计、采购、运维	初设、招标、运行、维护	发电	水电
203.7-100	NB/T 42054—2015	小型水轮机操作器技术条件	2015-12-1			设计、采购、运维	初设、招标、运行、维护	发电	水电
203.7-101	NB/T 42055—2015	小水电低压机组自动化控制技术规范	2015-12-1			设计、采购、运维	初设、招标、运行、维护	发电	水电
203.7-102	NB/T 42056—2015	小型水轮机进水阀门基本技术条件	2015-12-1			设计、采购、运维	初设、招标、运行、维护	发电	水电
203.7-103	NB/T 42078—2016	小型水轮机通流部件技术条件	2016-12-1			设计、采购、运维	初设、招标、运行、维护	发电	水电
203.7-104	NB/T 42079—2016	小水电机组励磁功率单元技术条件	2016-12-1			设计、采购、运维	初设、招标、运行、维护	发电	水电
203.7-105	NB/T 42095—2016	小水电机组高油压调速器基本技术条件	2017-5-1	IEC 61362: 2012，MOD		设计、采购、运维	初设、招标、运行、维护	发电	水电
203.7-106	NB/T 42096—2016	小型水轮发电机产品质量控制规范	2017-5-1			设计、采购、运维	初设、招标、品控、运行、维护	发电	水电
203.7-107	NB/T 42097—2016	小水电机组无刷励磁技术条件	2017-5-1			设计、采购、运维	初设、招标、运行、维护	发电	水电

续表

体系结构号	标准编号	标 准 名 称	实施日期	与国际标准对应关系	代替标准	阶段	分阶段	专业	分专业
203.7-108	NB/T 42098—2016	小型水轮机产品质量控制规范	2017-5-1			设计、采购、运维	初设、招标、运行、维护	发电	水电
203.7-109	NB/T 42126—2017	小水电机组通用技术条件	2018-3-1			设计、采购、运维	初设、招标、运行、维护	发电	水电
203.7-110	NB/T 42128—2017	小型水轮机进水阀门控制系统基本技术条件	2018-3-1			设计、采购、运维	初设、招标、运行、维护	发电	水电
203.7-111	NB/T 42129—2017	小水电机组自动化元件(装置)及其系统基本技术条件	2018-3-1			设计、采购、运维	初设、招标、运行、维护	发电	水电
203.7-112	NB/T 42161—2018	微小型水轮发电机组电子负荷控制器技术条件	2018-10-1			设计、采购、运维	初设、招标、运行、维护	发电	水电
203.7-113	NB/T 47063—2017	电站安全阀	2018-6-1		JB/T 9624—1999	采购、运维	招标、品控、运行、维护	发电	水电
203.7-114	SL 61—2015	水文自动测报系统技术规范	2015-6-5		SL 61—2003	设计、采购、运维	初设、招标、运行、维护	发电	水电
203.7-115	SL 180—2015	水文自动测报系统设备遥测终端机	2015-5-2		SL/T 180—1996	设计、采购、运维	初设、招标、运行、维护	发电	水电
203.7-116	SL 268—2001	大坝安全自动监测系统设备基本技术条件	2001-12-1			设计、采购、运维	初设、招标、运行、维护	发电	水电
203.7-117	SL 321—2005	大中型水轮发电机基本条件	2005-7-1		SD 152—1987	设计、采购、运维	初设、招标、运行、维护	发电	水电
203.7-118	SL 340—2006	流速流量记录仪	2006-7-1			设计、采购、运维	初设、招标、运行、维护	发电	水电
203.7-119	SL 551—2012	土石坝安全监测技术规范	2012-6-28		SL 60—1994; SL 169—1996	设计、采购、运维	初设、招标、运行、维护	发电	水电
203.7-120	SL 576—2012	水工金属结构铸锻件通用技术条件	2013-1-19			设计、采购、运维	初设、招标、运行、维护	发电	水电
203.7-121	SL 615—2013	水轮机电液调节系统及装置基本技术条件	2013-12-6			设计、采购、运维	初设、招标、运行、维护	发电	水电
203.7-122	SL 696—2014	水型水轮机进水阀门基本技术条件	2015-1-27			设计、采购、运维	初设、招标、品控、运行、维护	发电	水电
203.7-123	SL 755—2017	中小型水轮机调节系统技术规程	2018-3-1			设计、采购、运维	初设、招标、运行、维护	发电	水电

续表

体系结构号	标准编号	标 准 名 称	实施日期	与国际标准对应关系	代替标准	阶段	分阶段	专业	分专业
203.7-124	SD 298—1988	QL 型螺杆式启闭机技术条件	1989-5-1			设计、采购、运维	初设、招标、运行、维护	发电	水电
203.7-125	JB/T 1270—2014	水轮机、水轮发电机大轴锻件 技术条件	2014-11-1		JB/T 1270—2002	设计、采购、运维	初设、招标、运行、维护	发电	水电
203.7-126	JB/T 3334.1—2013	水轮发电机用制动器 第1部分：水轮发电机用立式制动器	2014-7-1		JB/T 3334.1—2000	设计、采购、运维	初设、招标、运行、维护	发电	水电
203.7-127	JB/T 3334.2—2013	水轮发电机用制动器 第2部分：水轮发电机用卧式制动器	2014-7-1		JB/T 3334.2—2000	设计、采购、运维	初设、招标、运行、维护	发电	水电
203.7-128	JB/T 7023—2014	水轮发电机镜板锻件技术条件	2014-11-1		JB/T 7023—2002	设计、采购、运维	初设、招标、运行、维护	发电	水电
203.7-129	JB/T 7071—2013	灯泡式水轮发电机基本技术条件	2014-7-1		JB/T 7071—2005	设计、采购、运维	初设、招标、运行、维护	发电	水电
203.7-130	JB/T 7072—2004	水轮机调速器及油压装置系列型谱	2004-6-1		JB/T 7072—1993	设计、采购、运维	初设、招标、运行、维护	发电	水电
203.7-131	JB/T 7349—2014	水轮机不锈钢叶片铸件	2014-10-1		JB/T 7349—2002；JB/T 7350—2002	设计、采购、运维	初设、招标、运行、维护	发电	水电
203.7-132	JB/T 8727—2017	液压软管总成	2018-1-1		JB/T 8727—2004	设计、采购、运维	初设、招标、运行、维护	发电	水电
203.7-133	JB/T 10264—2014	混流式水轮机焊接转轮上冠、下环铸件	2014-10-1		JB/T 10264—2001	设计、采购、运维	初设、招标、运行、维护	发电	水电
203.7-134	JB/T 10484—2004	大型水轮机主轴 技术规范	2005-4-1			设计、采购、运维	初设、招标、运行、维护	发电	水电
203.7-135	JB/T 10180—2014	水轮发电机推力轴承弹性金属塑料瓦技术条件	2014-10-1		JB/T 10180—2000	设计、采购、运维	初设、招标、运行、维护	发电	水电
203.7-136	JB/T 11027—2010	电渣熔铸大型水轮机铸件技术条件	2010-7-1			设计、采购、运维	初设、招标、运行、维护	发电	水电
203.7-137	JB/T 12213—2015	水电站技术供水可调式射流泵装置	2015-10-1			设计、采购、运维	初设、招标、运行、维护	发电	水电
203.7-138	JB/T 12218—2015	永磁无铁心发电机 技术条件	2015-10-1			设计、采购	初设、招标	发电	水电

续表

体系结构号	标准编号	标准名称	实施日期	与国际标准对应关系	代替标准	阶段	分阶段	专业	分专业
203.7-139	JB/T 12495—2015	电站空冷机组清洗装置	2016-1-1			设计、采购、运维	初设、招标、运行、维护	发电	水电
203.7-140	JB/T 12620—2016	水轮机进水液动球阀技术条件	2016-6-1			设计、采购、运维	初设、招标、运行、维护	发电	水电
203.7-141	JB/T 13372—2018	水轮发电机制动器用微型吸尘器	2018-10-1			设计、采购、运维	初设、招标、运行、维护	发电	水电
203.7-142	HG/T 21584—1995	磁性液位计	1996-3-1			设计、采购、运维	初设、招标、运行、维护	发电	水电
203.7-143	GB/T 7894—2009	水轮发电机基本技术条件	2015-7-1			设计、采购、运维	初设、招标、运行、维护	发电	水电
203.7-144	GB/T 7935—2005	液压元件通用技术条件	2006-1-1		GB/T 7935—1987	设计、采购、运维	初设、招标、运行、维护	发电	水电
203.7-145	GB/T 10969—2008	水轮机、蓄能泵和水泵水轮机通流部件技术条件	2009-4-1	IEC 60193: 1999，REF	GB/T 10969—1996	设计、采购、运维	初设、招标、运行、维护	发电	水电
203.7-146	GB/T 12224—2015	钢制阀门　一般要求	2016-7-1		GB/T 12224—2005.	设计、采购、运维	初设、招标、运行、维护	发电	水电
203.7-147	GB/T 14478—2012	大中型水轮机进水阀门基本技术条件	2012-11-1		GB/T 14478—1993	设计、采购、运维	初设、招标、运行、维护	发电	水电
203.7-148	GB/T 15468—2006	水轮机基本技术条件	2006-8-1		GB/T 15468—1995	设计、采购、运维	初设、招标、运行、维护	发电	水电
203.7-149	GB/T 15966—2017	水文仪器基本参数及通用技术条件	2018-5-1		GB 27993—2011	设计、采购、运维	初设、招标、运行、维护	发电	水电
203.7-150	GB/T 18110—2016	小型水电站机电设备导则	2017-1-1	IEC 61116: 1992	GB/T 18110—2000	设计、采购、运维	初设、招标、运行、维护	发电	水电
203.7-151	GB/T 19184—2003	水斗式水轮机空蚀评定	2004-1-1	IEC 60609-2—1997，MOD		设计、采购、建设、运维	初设、招标、运行、维护	发电	水电
203.7-152	GB/T 19624—2004	在用含缺陷压力容器安全评定	2005-6-1			设计、采购、建设、运维	初设、招标、运行、维护	发电	水电
203.7-153	GB/T 20834—2014	发电电动机基本技术条件	2015-1-22		GB/T 20834—2007	设计、采购、运维	初设、招标、运行、维护	发电	水电

体系结构号	标准编号	标　准　名　称	实施日期	与国际标准对应关系	代替标准	阶段	分阶段	专业	分专业
203.7-154	GB/T 21717—2008	小型水轮机型式参数及性能技术规定	2008-7-1			设计、采购、运维	初设、招标、运行、维护	发电	水电
203.7-155	GB/T 21718—2008	小型水轮机基本技术条件	2008-7-1			设计、采购、运维	初设、招标、运行、维护	发电	水电
203.7-156	GB/T 22581—2008	混流式水泵水轮机基本技术条件	2009-10-1			设计、采购、运维	初设、招标、运行、维护	发电	水电
203.7-157	GB/T 27989—2011	小型水轮发电机基本技术条件	2012-6-1			设计、采购、运维	初设、招标、运行、维护	发电	水电
203.7-158	GB/T 28545—2012	水轮机、蓄能泵和水泵水轮机更新改造和性能改善导则	2012-11-1	IEC 62256—2008，MOD		设计、采购、运维	初设、招标、运行、维护	发电	水电
203.7-159	GB/T 28546—2012	大中型水电机组包装、运输和保管规范	2012-11-1			设计、采购	初设、招标	发电	水电
203.7-160	GB/T 28572—2012	大中型水轮机进水阀门系列	2012-11-1			设计、采购	初设、招标	发电	水电
203.7-161	GB/T 30141—2013	水轮机筒形阀基本技术条件	2014-5-14			设计、采购	初设、招标	发电	水电
203.7-162	GB/T 30954—2014	水文自动测报系统　通用设备	2015-1-10			设计、采购	初设、招标	发电	水电
203.7-163	GB/Z 32519.1—2016	1000MW 级水轮发电机　第1部分：技术导则	2016-9-1			设计、采购	初设、招标	发电	水电
203.7-164	GB/Z 32583—2016	1000MW 级混流式水轮机技术导则	2016-11-1			设计、采购	初设、招标	发电	水电
203.7-165	GB/T 32594—2016	抽水蓄能电站保安电源技术导则	2016-11-1			设计、采购	初设、招标	发电	水电
203.7-166	GB/T 32715—2016	整装微型水轮发电机组	2017-3-1			设计、采购	初设、招标	发电	水电
203.7-167	GB/T 32898—2016	抽水蓄能发电电动机变压器组继电保护配置导则	2017-3-1			设计、采购	初设、招标	发电	水电
203.7-168	GB/T 34863—2017	冷却塔节能用水轮机技术规范	2018-5-1			设计、采购	初设、招标	发电	水电
——燃气轮机									
203.7-169	T/CEC 195—2018	凝汽器蒸汽喷射抽真空系统	2019-2-1			设计、采购、运维	初设、招标、运行、维护	发电	其他

续表

体系结构号	标准编号	标准名称	实施日期	与国际标准对应关系	代替标准	阶段	分阶段	专业	分专业
203.7-170	DL/T 1505—2016	大型燃气轮发电机组继电保护装置通用技术条件	2016-6-1			设计、采购、运维	初设、招标、运行、维护	发电	其他
203.7-171	DL/T 1942—2018	燃气轮发电机组静止变频启动系统通用技术条件	2019-5-1			设计、采购、运维	初设、招标、运行、维护	发电	其他
203.7-172	NB/T 42113—2017	中小功率燃气发电机组技术条件	2017-12-1			设计、采购	初设、招标	发电	其他
203.7-173	JB/T 5884—2018	燃气轮机控制与保护系统	2018-12-1		JB/T 5884—1991	设计、采购、运维	初设、招标、运行、维护	发电	其他
203.7-174	JB/T 6224—1992	燃气轮机　质量控制规范	1993-1-1			设计、采购、运维	初设、招标、运行、维护	发电	其他
203.7-175	JB/T 6689—1993	燃气轮机　压气机叶片燕尾根槽公差及技术要求	1994-1-1			设计、采购、运维	初设、招标、运行、维护	发电	其他
203.7-176	JB/T 6690—1993	燃气轮机　透平叶片枞树型叶根、槽公差及技术要求	1994-1-1			设计、采购、运维	初设、招标、运行、维护	发电	其他
203.7-177	JB/T 7822—1995	燃气轮机　电气设备通用技术条件	1996-7-1			设计、采购、运维	初设、招标、运行、维护	发电	其他
203.7-178	JB/T 9589—1999	燃气轮机　基本部件	2000-1-1		ZB K56001—1989	设计、采购、运维	初设、招标、运行、维护	发电	其他
203.7-179	GB/T 10489—2009	轻型燃气轮机通用技术要求	2010-1-1		GB/T 10489—1989	设计、采购、运维	初设、招标、运行、维护	发电	其他
203.7-180	JB/T 11031—2010	燃气轮机大型球墨铸铁件技术条件	2010-7-1			设计、采购、运维	初设、招标、运行、维护	发电	其他
203.7-181	JB/T 11032—2010	燃气轮机压气机轮盘不锈钢锻件　技术条件	2010-7-1			设计、采购、运维	初设、招标、运行、维护	发电	其他
203.7-182	JB/T 11033—2010	燃气轮机压气机轮盘合金钢锻件　技术条件	2010-1-1			设计、采购、运维	初设、招标、运行、维护	发电	其他
203.7-183	GB/T 13673—2010	航空派生型燃气轮机辅助设备通用技术要求	2011-3-1		GB/T 13673—1992	设计、采购、运维	初设、招标、运行、维护	发电	其他
203.7-184	GB/T 14099.3—2009	燃气轮机　采购　第3部分：设计要求	2010-1-1	IDT ISO 3977-3: 2004		设计、采购、运维	初设、招标、运行、维护	发电	其他
203.7-185	GB/T 14099.4—2010	燃气轮机　采购　第4部分：燃料与环境	2011-3-1	ISO 3977-4: 2002，IDT		设计、采购、运维	初设、招标、运行、维护	发电	其他

续表

体系结构号	标准编号	标 准 名 称	实施日期	与国际标准对应关系	代替标准	阶段	分阶段	专业	分专业
203.7-186	GB/T 14099.5—2010	燃气轮机 采购 第5部分：在石油和天然气工业中的应用	2011-3-1	ISO 3977-5: 2001，IDT		设计、采购、运维	初设、招标、运行、维护	发电	其他
203.7-187	GB/T 14099.7—2006	燃气轮机采购 第7部分：技术信息	2006-7-1	ISO 3977-7: 2002，IDT		设计、采购、运维	初设、招标、运行、维护	发电	其他
203.7-188	GB/T 14099.8—2009	燃气轮机 采购 第8部分：检查、试验、安装和调试	2010-1-1	IDT ISO 3977-8: 2002		设计、采购、运维	初设、招标、运行、维护	发电	其他
203.7-189	GB/T 14099.9—2006	燃气轮机采购 第9部分：可靠性、可用性、可维护性和安全性	2006-7-1	ISO 3977-9; 1999，IDT		设计、采购、运维	初设、招标、运行、维护	发电	其他
203.7-190	GB/T 14411—2008	轻型燃气轮机控制和保护系统	2009-1-1		GB/T 14411—1993	设计、采购	初设、招标	发电	其他
203.7-191	GB/T 15736—2016	燃气轮机辅助设备通用技术要求	2017-7-1		GB/T 15736—1995	设计、采购	初设、招标	发电	其他
203.7-192	GB/T 16637—2008	轻型燃气轮机电气设备通用技术要求	2008-10-1		GB/T 16637—1996	设计、采购、运维	初设、招标、运行、维护	发电	其他
203.7-193	GB/T 37089—2018	往复式内燃机驱动的交流发电机组 控制器	2019-7-1			设计、采购、运维	初设、招标、运行、维护	发电	其他
——火电									
203.7-194	T/CEC 154—2018	电站煤粉锅炉入炉燃料的分类与选择	2018-4-1			设计、采购	初设、招标	发电	火电
203.7-195	T/CEC 156.1—2018	火力发电企业智能燃煤系统技术规范 第1部分：智能燃煤系统结构和功能	2018-4-1			设计、采购	初设、招标	发电	火电
203.7-196	T/CEC 156.2—2018	火力发电企业智能燃煤系统技术规范 第2部分：燃煤接卸输送和掺配设备	2018-4-1			设计、采购	初设、招标	发电	火电
203.7-197	T/CEC 156.3—2018	火力发电企业智能燃煤系统技术规范 第3部分：燃煤计量和质量检测设备设施	2018-4-1			设计、采购	初设、招标	发电	火电
203.7-198	T/CEC 156.4—2018	火力发电企业智能燃煤系统技术规范 第4部分：储煤场设备设施	2018-4-1			设计、采购	初设、招标	发电	火电

续表

体系结构号	标准编号	标准名称	实施日期	与国际标准对应关系	代替标准	阶段	分阶段	专业	分专业
203.7-199	T/CEC 156.5—2018	火力发电企业智能燃煤系统技术规范　第5部分：智能化管控平台	2018-4-1			设计、采购	初设、招标	发电	火电
203.7-200	T/CEC 156.6—2018	火力发电企业智能燃煤系统技术规范　第6部分：燃料管理信息系统	2018-4-1			设计、采购	初设、招标	发电	火电
203.7-201	DL/T 439—2018	火力发电厂高温紧固件技术导则	2018-7-1		DL/T 439—2006	设计、采购	初设、招标	发电	火电
203.7-202	DL/T 892—2004	电站汽轮机技术条件	2005-4-1	IEC 60045-1：1991，MOD	SD 269—1988	设计、采购	初设、招标	发电	火电、水电
203.7-203	DL/T 922—2016	火力发电用钢制通用阀门订货、验收导则	2017-5-1		DL/T 922—2005	设计、采购	初设、招标	发电	火电
203.7-204	DL/T 994—2006	火电厂风机水泵用高压变频器	2006-10-1			设计、采购、运维	初设、招标、运行、维护	发电	火电
203.7-205	DL/T 1073—2007	电厂厂用电源快速切换装置通用技术条件	2008-6-1			设计、采购	初设、招标	发电	火电
203.7-206	DL/T 1493—2016	燃煤电厂超净电袋复合除尘器	2016-6-1			设计、采购、运维	初设、招标、运行、维护	发电	火电
203.7-207	DL/T 1521—2016	火力发电厂微米级干雾除尘装置	2016-6-1			设计、采购、运维	初设、招标、运行、维护	发电	火电
203.7-208	DL/T 1648—2016	发电厂及变电站辅机变频器高低电压穿越技术规范	2017-5-1			设计、采购	初设、招标	发电	火电
203.7-209	DL/T 1828—2018	火电厂烟气脱硝再生催化剂	2018-7-1			设计、采购	初设、招标	发电	火电
203.7-210	DL/T 1896—2018	火力发电厂烟气脱硝用催化剂技术条件	2019-5-1			设计、采购	初设、招标	发电	火电
203.7-211	NB/T 25035—2014	发电厂共箱封闭母线技术要求	2014-11-1			设计、采购	初设、招标	发电	水电、火电
203.7-212	NB/T 25036—2014	发电厂离相封闭母线技术要求	2014-11-1			设计、采购	初设、招标	发电	水电、火电
203.7-213	NB/T 42085—2016	汽轮发电机轴系扭振监测和保护装置 技术要求	2016-12-1			设计、采购	初设、招标	发电	火电

续表

体系结构号	标准编号	标准名称	实施日期	与国际标准对应关系	代替标准	阶段	分阶段	专业	分专业
203.7-214	NB/T 47052—2016	简单压力容器	2016-12-1			设计、采购、运维	初设、招标、运行、维护	发电	水电、火电
203.7-215	JB/T 10598—2006	一般用干螺杆空气压缩机技术条件	2006-10-11		GB/T 13278—1991	设计、采购	初设、招标	发电	火电
203.7-216	JB/T 10919—2008	除尘脱硫一体化设备	2008-12-1			设计、采购	初设、招标	发电	火电
203.7-217	JB/T 10963—2010	湿法烟气脱硫装置专用设备　增压风机	2010-7-1			设计、采购、运维	初设、招标、运行、维护	发电	火电
203.7-218	JB/T 10964—2010	湿法烟气脱硫装置专用设备　吸收塔浆液喷嘴	2010-7-1			设计、采购、运维	初设、招标、运行、维护	发电	火电
203.7-219	JB/T 10982—2010	湿法烟气脱硫装置专用设备　真空带式石膏脱水设备	2010-7-1			设计、采购、运维	初设、招标、运行、维护	发电	火电
203.7-220	JB/T 10983—2010	湿法烟气脱硫装置专用设备　侧进式搅拌器	2010-7-1			设计、采购、运维	初设、招标、运行、维护	发电	火电
203.7-221	JB/T 10984—2010	湿法烟气脱硫装置专用设备　石灰石/石膏旋流器	2010-7-1			设计、采购、运维	初设、招标、运行、维护	发电	火电
203.7-222	JB/T 10989—2010	湿法烟气脱硫装置专用设备　除雾器	2010-7-1			设计、采购、运维	初设、招标、运行、维护	发电	火电
203.7-223	JB/T 10990—2010	湿法烟气脱硫装置专用设备　回转式烟气换热器（RGGH）	2010-7-1			设计、采购、运维	初设、招标、运行、维护	发电	火电
203.7-224	JB/T 10991—2010	湿法烟气脱硫装置专用设备　喷淋管	2010-7-1			设计、采购、运维	初设、招标、运行、维护	发电	火电
203.7-225	JB/T 10992—2010	湿法烟气脱硫装置专用设备　烟气挡板门	2010-7-1			设计、采购	初设、招标	发电	火电
203.7-226	JB/T 11264—2012	湿法烟气脱硫装置专用设备　氧化风管	2012-11-1			设计、采购	初设、招标	发电	火电
203.7-227	JB/T 12537—2015	湿法烟气脱硫装置专用设备　吸收塔	2016-3-1			设计、采购	初设、招标	发电	火电
203.7-228	JB/T 12590—2016	袋式除尘器用防爆电磁脉冲阀	2016-6-1			设计、采购、运维	初设、招标、运行、维护	发电	火电

续表

体系结构号	标准编号	标　准　名　称	实施日期	与国际标准对应关系	代替标准	阶段	分阶段	专业	分专业
203.7-229	JB/T 12591—2016	低低温电除尘器	2016-6-1			设计、采购、运维	初设、招标、运行、维护	发电	火电
203.7-230	JB/T 12592—2016	低低温高效燃煤烟气处理系统	2016-6-1			设计、采购	初设、招标	发电	火电
203.7-231	JB/T 12593—2016	燃煤烟气湿法脱硫后湿式电除尘器	2016-6-1			设计、采购	初设、招标	发电	火电
203.7-232	JB/T 12594—2016	湿式电除尘器　灰水循环利用装置	2016-6-1			设计、采购	初设、招标	发电	火电
203.7-233	JB/T 12708—2016	机械通风冷却塔用水轮机技术条件	2016-6-1			设计、采购	初设、招标	发电	火电
203.7-234	GB/T 754—2007	发电用汽轮机参数系列	2008-5-1		GB/T 754—1965；GB/T 4773—1984	设计、采购	初设、招标	发电	火电、水电
203.7-235	GB/T 7064—2017	隐极同步发电机技术要求	2018-7-1		GB 7064—2008	设计、采购	初设、招标	发电	火电
203.7-236	GB/T 7409.3—2007	同步电机励磁系统大、中型同步发电机励磁系统技术要求	2007-8-1		GB/T 7409.3—1997	设计、采购	初设、招标	发电	火电
203.7-237	GB/T 13279—2015	一般用固定的往复活塞空气压缩机	2016-6-1		GB/T 13279—2002	设计、采购、运维	初设、招标、运行、维护	发电	火电
203.7-238	GB/T 13928—2015	微型往复活塞空气压缩机	2016-6-1		GB/T 13928—2002	设计、采购、运维	初设、招标、运行、维护	发电	火电
203.7-239	GB/T 28559—2012	超临界及超超临界汽轮机叶片	2012-11-1			设计、采购、运维	初设、招标、运行、维护	发电	火电
203.7-240	GB/T 33199.1—2016	机械振动　旋转机械扭振　第1部分：50MW以上陆地安装的透平和燃气轮机发电机组	2017-7-1	ISO 22266-1: 2009		设计、采购	初设、招标	发电	火电
203.7-241	GB/T 33202—2016	发电机爪极精密锻件　工艺编制原则	2017-7-1			设计、采购、建设	初设、招标、施工工艺	发电	火电
203.7-242	GB/T 34348—2017	电站锅炉技术条件	2018-5-1			设计、采购	初设、招标	发电	火电
203.7-243	GB/T 36285—2018	火力发电厂汽轮机电液控制系统技术条件	2019-1-1			设计、采购、运维	初设、招标、运行、维护	发电	火电

续表

体系结构号	标准编号	标 准 名 称	实施日期	与国际标准对应关系	代替标准	阶段	分阶段	专业	分专业
203.7-244	GB/T 36293—2018	火力发电厂分散控制系统技术条件	2019-1-1			设计、采购、运维	初设、招标、运行、维护	发电	火电
203.7-245	ASTM A106/A106M—2018	高温用无缝碳钢管规格	2018-5-1		ASTM A106/A106M—2015	设计、采购	初设、招标	发电	火电
203.7-246	ASTM A335/A335M—2019	高温用无缝铁素体合金钢管标准规范	2019-3-1		ASTM A335/A335M—2018b	设计、采购	初设、招标	发电	火电
203.7-247	ANSI/NFPA 85A—2007	锅炉燃烧系统危害规范			ANSI NFPA 85—2004	设计、采购	初设、招标	发电	火电
203.8 设备材料-工器具									
203.8-1	T/CSEE 0078—2018	输变电工程用定扭矩电动扳手				采购、运维、修试	招标、品控、运行、维护、检修、试验	附属设施及工器具	工器具
203.8-2	DL/T 463—2006	带电作业用绝缘子卡具	2007-3-1		DL 488—1992; DL 463—1992	采购、运维、修试	招标、品控、运行、维护、检修、试验	附属设施及工器具	工器具
203.8-3	DL/T 636—2017	带电作业用导线飞车	2018-3-1		DL/T 636—2006	采购、运维、修试	招标、品控、运行、维护、检修、试验	附属设施及工器具	工器具
203.8-4	DL/T 642—2016	隔爆型电动执行机构	2016-6-1		DL/T 642—1997	采购、运维、修试	招标、品控、运行、维护、检修、试验	附属设施及工器具	工器具
203.8-5	DL/T 676—2012	带电作业用绝缘鞋（靴）通用技术条件	2012-3-1		DL/T 676—1999	采购、建设、运维、修试	招标、品控、验收与质量评定、运行、维护、检修、试验	附属设施及工器具	工器具
203.8-6	DL/T 699—2007	带电作业用绝缘托瓶架通用技术条件	2007-12-1		DL/T 699—1999	采购、建设、运维、修试	招标、品控、验收与质量评定、运行、维护、检修、试验	附属设施及工器具	工器具
203.8-7	DL/T 733—2014	输变电工程用绞磨	2014-8-1		DL/T 733—2000	采购、运维、修试	招标、品控、运行、维护、检修、试验	附属设施及工器具	工器具
203.8-8	DL/T 778—2014	带电作业用绝缘袖套	2014-8-1	IEC 60984: 2002, MOD	DL 778—2001	采购、运维、修试	招标、品控、运行、维护、检修、试验	附属设施及工器具	工器具
203.8-9	DL/T 779—2001	带电作业用绝缘绳索类工具	2002-2-1		DL 779—2001	采购、运维、修试	招标、品控、运行、维护、检修、试验	附属设施及工器具	工器具
203.8-10	DL/T 803—2015	带电作业用绝缘毯	2015-12-1		DL/T 803—2002	采购、运维、修试	招标、品控、运行、维护、检修、试验	附属设施及工器具	工器具
203.8-11	DL/T 853—2015	带电作业用绝缘垫	2015-12-1		DL/T 853—2004	采购、运维、修试	招标、品控、运行、维护、检修、试验	附属设施及工器具	工器具

续表

体系结构号	标准编号	标 准 名 称	实施日期	与国际标准对应关系	代替标准	阶段	分阶段	专业	分专业
203.8-12	DL/T 858—2004	架空配电线路带电安装及作业工具设备	2004-6-1	IEC 61911: 1998, MOD		采购、运维、修试	招标、品控、运行、维护、检修、试验	附属设施及工器具	工器具
203.8-13	DL/T 877—2004	带电作业用工具、装置和设备使用的一般要求	2004-6-1	IEC 61477: 2001, IDT		采购、运维、修试	招标、品控、运行、维护、检修、试验	附属设施及工器具	工器具
203.8-14	DL/T 879—2004	带电作业用便携式接地和接地短路装置	2004-6-1	IEC 61230: 1993, IDT	SD 332—1989	采购、运维、修试	招标、品控、运行、维护、检修、试验	附属设施及工器具	工器具
203.8-15	DL/T 880—2004	带电作业用导线软质遮蔽罩	2004-6-1	IEC 61497: 2002, MOD		采购、运维、修试	招标、品控、运行、维护、检修、试验	附属设施及工器具	工器具
203.8-16	DL/T 972—2005	带电作业工具、装置和设备的质量保证导则	2006-6-1	IEC 61318: 2003, IDT		采购、运维、修试	招标、品控、运行、维护、检修、试验	附属设施及工器具	工器具
203.8-17	DL/T 974—2018	带电作业用工具库房	2019-5-1		DL/T 974—2005	采购、建设、运维、修试	招标、品控、验收与质量评定、运行、维护、检修、试验	附属设施及工器具	工器具
203.8-18	DL/T 975—2005	带电作业用防机械刺穿手套	2006-6-1	IEC 61942: 1997, MOD		采购、运维、修试	招标、品控、运行、维护、检修、试验	附属设施及工器具	工器具
203.8-19	DL/T 1125—2009	10kV 带电作业用绝缘服装	2009-12-1			采购、运维、修试	招标、品控、运行、维护、检修、试验	附属设施及工器具	工器具
203.8-20	DL/T 1209.2—2014	变电站登高作业及防护器材技术要求 第2部分：拆卸型检修平台	2014-8-1			采购、建设、运维、修试	招标、品控、验收与质量评定、运行、维护、检修、试验	附属设施及工器具	工器具
203.8-21	DL/T 1209.3—2014	变电站登高作业及防护器材技术要求 第3部分：升降型检修平台	2014-8-1			采购、建设、运维、修试	招标、品控、验收与质量评定、运行、维护、检修、试验	附属设施及工器具	工器具
203.8-22	DL/T 1209.4—2014	变电站登高作业及防护器材技术要求 第4部分：复合材料快装脚手架	2014-8-1			采购、建设、运维、修试	招标、品控、验收与质量评定、运行、维护、检修、试验	附属设施及工器具	工器具
203.8-23	DL/T 1399.1—2014	电力试验/检测车 第1部分：通用技术条件	2015-3-1			采购、建设、运维、修试	招标、品控、验收与质量评定、运行、维护、检修、试验	附属设施及工器具	工器具
203.8-24	DL/T 1399.2—2016	电力试验/检测车 第2部分：电力互感器检测车	2017-5-1			采购、运维、修试	招标、品控、运行、维护、检修、试验	附属设施及工器具	工器具
203.8-25	DL/T 1413—2015	变电站用接地线绕线装置	2015-9-1			采购、运维、修试	招标、品控、运行、维护、检修、试验	附属设施及工器具	工器具

续表

体系结构号	标准编号	标 准 名 称	实施日期	与国际标准对应关系	代替标准	阶段	分阶段	专业	分专业
203.8-26	DL/T 1465—2015	10kV 带电作业用绝缘平台	2015-12-1			采购、运维、修试	招标、品控、运行、维护、检修、试验	附属设施及工器具	工器具
203.8-27	DL/T 1468—2015	电力用车载式带电水冲洗装置	2015-12-1			采购、运维、修试	招标、品控、运行、维护、检修、试验	附属设施及工器具	工器具
203.8-28	DL/T 1643—2016	电杆用登高板	2017-5-1			采购、运维、修试	招标、品控、运行、维护、检修、试验	附属设施及工器具	工器具
203.8-29	DL/T 1659—2016	电力作业用软梯技术要求	2017-5-1			采购、运维、修试	招标、品控、运行、维护、检修、试验	附属设施及工器具	工器具
203.8-30	DL/T 1692—2017	安全工器具柜技术条件	2017-8-1			采购、建设、运维、修试	招标、品控、验收与质量评定、运行、维护、检修、试验	附属设施及工器具	工器具
203.8-31	DL/T 1728—2017	人货两用型输电杆塔登塔装备	2017-12-1			采购、运维、修试	招标、品控、运行、维护、检修、试验	附属设施及工器具	工器具
203.8-32	DL/T 1743—2017	带电作业用绝缘导线剥皮器	2018-3-1			采购、运维、修试	招标、品控、运行、维护、检修、试验	附属设施及工器具	工器具
203.8-33	DL/T 1882—2018	验电器用工频高压发生器	2019-5-1			采购、运维、修试	招标、品控、运行、维护、检修、试验	附属设施及工器具	工器具
203.8-34	SL 673—2014	水电站桥式起重机	2015-1-27			采购、运维、修试	招标、品控、运行、维护、检修、试验	附属设施及工器具	工器具
203.8-35	JB/T 4207.1—1999	手动起重设备用吊钩	2000-1-1			采购、运维、修试	招标、品控、运行、维护、检修、试验	附属设施及工器具	工器具
203.8-36	JB/T 9008.1—2014	钢丝绳电动葫芦　第 1 部分：型式与基本参数、技术条件	2014-10-1		JB/T 9008.1—2004	采购、运维、修试	招标、品控、运行、维护、检修、试验	附属设施及工器具	工器具
203.8-37	JB/T 11169—2011	固定式升降工作平台	2011-8-1			采购、运维、修试	招标、品控、运行、维护、检修、试验	附属设施及工器具	工器具
203.8-38	JB/T 12011—2014	高压互感器真空干燥注油设备	2014-11-1			采购、运维、修试	招标、品控、运行、维护、检修、试验	附属设施及工器具	工器具
203.8-39	JB/T 12012—2014	集成式真空注油设备	2014-11-1			采购、运维、修试	招标、品控、运行、维护、检修、试验	附属设施及工器具	工器具
203.8-40	JB/T 12983—2016	钢丝绳手扳葫芦	2017-4-1			采购、运维、修试	招标、品控、运行、维护、检修、试验	附属设施及工器具	工器具
203.8-41	QB/T 2206—2011	断线钳	2012-7-1		QB/T 2206—1996	采购、运维、修试	招标、品控、运行、维护、检修、试验	附属设施及工器具	工器具

续表

体系结构号	标准编号	标准名称	实施日期	与国际标准对应关系	代替标准	阶段	分阶段	专业	分专业
203.8-42	GJB 2347—1995	无人机通用规范	1995-12-1			采购、运维、修试	招标、品控、运行、维护、检修、试验	附属设施及工器具	工器具
203.8-43	GJB 5433—2005	无人机系统通用要求	2005-10-1			采购、运维、修试	招标、品控、运行、维护、检修、试验	附属设施及工器具	工器具
203.8-44	GB/T 4388—2008	呆扳手、梅花扳手、两用扳手的型式	2009-9-1	NEQ ISO 7738: 2001; ISO 10102: 2001; ISO 10103: 2001; ISO 10104: 2001	GB/T 4388—1995	采购、运维、修试	招标、品控、运行、维护、检修、试验	附属设施及工器具	工器具
203.8-45	GB/T 4393—2008	呆扳手、梅花扳手、两用扳手 技术规范	2009-9-1	NEQ ISO 1711-1: 2007	GB/T 4393—1995	采购、运维、修试	招标、品控、运行、维护、检修、试验	附属设施及工器具	工器具
203.8-46	GB/T 5305—2008	手工具包装、标志、运输与贮存	2009-9-1		GB/T 5305—1985	采购、运维、修试	招标、品控、运行、维护、检修、试验	附属设施及工器具	工器具
203.8-47	GB/T 6568—2008	带电作业用屏蔽服装	2009-8-1	IEC 60895: 2002，MOD	GB 6568.1—2000; GB 6568.2—2000	采购、运维、修试	招标、品控、运行、维护、检修、试验	附属设施及工器具	工器具
203.8-48	GB/T 8918—2006	重要用途钢丝绳	2017-3-23	ISO 3154: 1988	GB 8918—2006	采购、运维、修试	招标、品控、运行、维护、检修、试验	附属设施及工器具	工器具
203.8-49	GB/T 12167—2006	带电作业用铝合金紧线卡线器	2006-11-1		GB/T 12167—1990	采购、运维、修试	招标、品控、运行、维护、检修、试验	附属设施及工器具	工器具
203.8-50	GB/T 12168—2006	带电作业用遮蔽罩	2006-11-1	IEC 61229: 2002，MOD	GB/T 12168—1990	采购、运维、修试	招标、品控、运行、维护、检修、试验	附属设施及工器具	工器具
203.8-51	GB/T 13034—2008	带电作业用绝缘滑车	2009-8-1		GB/T 13034—2003	采购、运维、修试	招标、品控、运行、维护、检修、试验	附属设施及工器具	工器具
203.8-52	GB/T 13035—2008	带电作业用绝缘绳索	2009-8-1		GB/T 13035—2003	采购、运维、修试	招标、品控、运行、维护、检修、试验	附属设施及工器具	工器具
203.8-53	GB 13398—2008	带电作业用空心绝缘管、泡沫填充绝缘管和实心绝缘棒	2010-2-1	IEC 61235: 1993，MOD; IEC 60855: 1985，MOD	GB 13398—2003	采购、运维、修试	招标、品控、运行、维护、检修、试验	附属设施及工器具	工器具
203.8-54	GB/T 14405—2011	通用桥式起重机	2011-12-1			采购、运维、修试	招标、品控、运行、维护、检修、试验	附属设施及工器具	工器具
203.8-55	GB/T 14545—2008	带电作业用小水量冲洗工具（长水柱短水枪型）	2009-8-1		GB/T 14545—2003	采购、运维、修试	招标、品控、运行、维护、检修、试验	附属设施及工器具	工器具
203.8-56	GB/T 15632—2008	带电作业用提线工具通用技术条件	2010-2-1		GB 15632—1995	采购、运维、修试	招标、品控、运行、维护、检修、试验	附属设施及工器具	工器具

续表

体系结构号	标准编号	标准名称	实施日期	与国际标准对应关系	代替标准	阶段	分阶段	专业	分专业
203.8-57	GB/T 17620—2008	带电作业用绝缘硬梯	2010-2-1		GB 17620—1998	采购、运维、修试	招标、品控、运行、维护、检修、试验	附属设施及工器具	工器具
203.8-58	GB/T 17622—2008	带电作业用绝缘手套	2009-8-1	IEC 60903: 2002，MOD	GB 17622—1998	采购、运维、修试	招标、品控、运行、维护、检修、试验	附属设施及工器具	工器具
203.8-59	GB/T 17889.1—2012	梯子　第1部分：术语、型式和功能尺寸	2012-12-1		GB/T 17889.1—1999	采购、运维、修试	招标、品控、运行、维护、检修、试验	附属设施及工器具	工器具
203.8-60	GB/T 17889.2—2012	梯子　第2部分：要求、试验和标志	2012-12-1	EN 131-2—2010，IDT	GB/T 17889.2—1999	采购、运维、修试	招标、品控、运行、维护、检修、试验	附属设施及工器具	工器具
203.8-61	GB/T 17889.4—2012	梯子　第4部分：带有单个或多个铰链的梯子	2012-12-1	EN 131-4: 2007 IDT		采购、运维、修试	招标、品控、运行、维护、检修、试验	附属设施及工器具	工器具
203.8-62	GB/T 18037—2008	带电作业工具基本技术要求与设计导则	2009-8-1		GB/T 18037—2000	采购、运维、修试	招标、品控、运行、维护、检修、试验	附属设施及工器具	工器具
203.8-63	GB/T 18269—2008	交流1kV、直流1.5kV及以下电压等级带电作业用绝缘手工工具	2009-8-1	IEC 60900: 2004，MOD		采购、运维、修试	招标、品控、运行、维护、检修、试验	附属设施及工器具	工器具
203.8-64	GB/T 25725—2010	带电作业工具专用车	2011-5-1			采购、运维、修试	招标、品控、运行、维护、检修、试验	附属设施及工器具	工器具
203.8-65	GB/T 33215—2016	气瓶安全泄压装置	2017-7-1			采购、运维、修试	招标、品控、运行、维护、检修、试验	附属设施及工器具	工器具
203.8-66	GB/T 34570.1—2017	电动工具用可充电电池包和充电器的安全　第1部分：电池包的安全	2018-4-1			采购、运维、修试	招标、品控、运行、维护、检修、试验	附属设施及工器具	工器具
203.8-67	GB/T 34570.2—2017	电动工具用可充电电池包和充电器的安全　第2部分：充电器的安全	2018-4-1			采购、运维、修试	招标、品控、运行、维护、检修、试验	附属设施及工器具	工器具
203.8-68	GB/T 35018—2018	民用无人驾驶航空器系统分类及分级	2018-12-1			采购、运维、修试	招标、品控、运行、维护、检修、试验	附属设施及工器具	工器具
203.8-69	GB/T 36008—2018	机器人与机器人装备　协作机器人	2018-10-1			采购、建设、运维、修试	招标、品控、验收与质量评定、运行、维护、检修、试验	附属设施及工器具	工器具
203.8-70	IEC 60832-1—2010	带电作业绝缘杆及附件设备　第1部分：绝缘杆	2010-2-11	EN 60832-1—2010，IDT	IEC 60832—1988	采购、运维、修试	招标、品控、运行、维护、检修、试验	附属设施及工器具	工器具
203.8-71	IEC 60832-2—2010	带电作业绝缘杆及附件设备　第2部分：附件设备	2010-2-11	EN 60832-2—2010，IDT	IEC 60832—1988	采购、运维、修试	招标、品控、运行、维护、检修、试验	附属设施及工器具	工器具

续表

体系结构号	标准编号	标准名称	实施日期	与国际标准对应关系	代替标准	阶段	分阶段	专业	分专业
203.8-72	IEC 61111—2009	带电作业电气绝缘垫	2009-4-7	DIN EN 61111—2010 IDT；NF C 18-421—2009，IDT	IEC 61111—1992；IEC 61111—1992/Amd 1—2002；IEC 61111—1992+Amd 1—2002	采购、运维、修试	招标、品控、运行、维护、检修、试验	附属设施及工器具	工器具
203.8-73	IEC 61112—2009	带电作业电气绝缘涂层	2009-4-7	DIN EN 61112—2010，IDT；EN 61111—2009. IDT；EN 61112—2009，IDT；NFC18-422—2009，IDT	IEC 61112—1992；IEC 61112—1992/Amd 1—2002；IEC 61112—1992+Amd 1—2002	采购、运维、修试	招标、品控、运行、维护、检修、试验	附属设施及工器具	工器具
203.8-74	IEC 61236—2010	带电作业坐垫、硬夹钳及其附件	2010-10-1	EN 61236—2011，IDT	IEC 61236—1993；IEC 61236 Corri 1—1999；IEC 61236 CORRI 1—1999；IEC 61236 CORRI 2—2000；IEC 61236 Corri 2—2000；IEC 78/850/CDV—2010	采购、运维、修试	招标、品控、运行、维护、检修、试验	附属设施及工器具	工器具
203.8-75	IEC 61243-1—2003+Amd 1—2009	带电作业电压检电器 第1部分：电压超过1kV的交流用电容型	2009-6-25			采购、运维、修试	招标、品控、运行、维护、检修、试验	附属设施及工器具	工器具
203.8-76	IEC 61243-3—2014/Cor 2—2015	带电作业 电压检测器 第3部分：两级低压型	2015-5-7			采购、运维、修试	招标、品控、运行、维护、检修、试验	附属设施及工器具	工器具
203.8-77	IEC 61481-2—2014	带电作业相位比较器 第2部分：用于1kV至36kV交流电压的电阻式	2014-10-24		IEC 61481—2001；IEC 61481—2001/Amd 1—2002；IEC 61481—2001+Amd 1—2002；IEC 61481—2001/Amd 2—2004；IEC 61481—2001+Amd 1—2002+Amd 2—2004	采购、运维、修试	招标、品控、运行、维护、检修、试验	附属设施及工器具	工器具
203.8-78	IEC 62192—2009	带电作业绝缘绳索	2009-2-20	DIN EN 62192—2010，IDT；EN 62192—2009，IDT；NF C18-408—2009，IDT；C18-408PR，IDT；OEVE/OENORM EN 62192—2010. IDT		采购、运维、修试	招标、品控、运行、维护、检修、试验	附属设施及工器具	工器具

体系结构号	标准编号	标 准 名 称	实施日期	与国际标准对应关系	代替标准	阶段	分阶段	专业	分专业
203.9 设备材料-仪器仪表									
203.9-1	Q/CSG 11617—2007	±800kV 直流输电用直流电流测量装置（试行）	2007-10-1			采购	招标	附属设施及工器具	工器具
203.9-2	Q/CSG 11618—2007	±800kV 直流输电用直流电压测量装置（试行）	2007-10-1			采购	招标	附属设施及工器具	工器具
203.9-3	Q/CSG 1203025—2017	变压器油中溶解气体在线监测装置技术规范	2017-2-15			采购	招标	附属设施及工器具	工器具
203.9-4	T/CEC 121—2016	高压电缆接头内置式导体测温装置技术规范	2017-1-1			采购	招标	附属设施及工器具	工器具
203.9-5	DL/Z 249—2012	变压器油中溶解气体在线监测装置选用导则	2012-7-1			采购	招标	附属设施及工器具	工器具
203.9-6	DL/T 326—2010	步进式引张线仪	2011-5-1			设计、采购、运维	初设、招标、运行、维护	附属设施及工器具、发电	工器具、水电
203.9-7	DL/T 327—2010	步进式垂线坐标仪	2011-5-1			设计、采购、运维	初设、招标、运行、维护	附属设施及工器具、发电	工器具、水电
203.9-8	DL/T 328—2010	真空激光准直位移测量装置	2011-5-1			设计、采购、运维	初设、招标、运行、维护	附属设施及工器具、发电	工器具、水电
203.9-9	DL/T 415—2009	带电作业用火花间隙检测装置	2009-12-1		DL 415—1991	采购、运维、修试	招标、品控、运行、维护、检修、试验	附属设施及工器具	工器具
203.9-10	DL/T 500—2017	电压监测仪使用技术条件	2018-6-1		DL/T 500—2009	采购	招标	附属设施及工器具	工器具
203.9-11	DL/T 668—2017	测量用互感器检验装置	2018-3-1		DL/T 668—1999	采购、修试、退役	招标、品控、检修、试验、退役、报废	用电	电能计量
203.9-12	DL/T 740—2014	电容型验电器	2014-8-1	IEC 61243-1：2003，MOD	DL 740—2000	采购	招标	附属设施及工器具	工器具
203.9-13	DL/T 845.1—2004	电阻测量装置通用技术条件 第1部分：电子式绝缘电阻表	2004-6-1			采购	招标	附属设施及工器具	工器具
203.9-14	DL/T 845.2—2004	电阻测量装置通用技术条件 第2部分：工频接地电阻测试仪	2004-6-1			采购	招标	附属设施及工器具	工器具

续表

体系结构号	标准编号	标 准 名 称	实施日期	与国际标准对应关系	代替标准	阶段	分阶段	专业	分专业
203.9-15	DL/T 845.3—2004	电阻测量装置通用技术条件 第3部分：直流电阻测试仪	2004-6-1			采购	招标	附属设施及工器具	工器具
203.9-16	DL/T 845.4—2004	电阻测量装置通用技术条件 第4部分：回路电阻测试仪	2004-6-1			采购	招标	附属设施及工器具	工器具
203.9-17	DL/T 846.1—2016	高电压测试设备通用技术条件 第1部分：高电压分压器测量系统	2017-5-1		DL/T 846.1—2004	采购	招标	附属设施及工器具	工器具
203.9-18	DL/T 846.2—2004	高电压测试设备通用技术条件 第2部分：冲击电压测量系统	2004-6-1			采购	招标	附属设施及工器具	工器具
203.9-19	DL/T 846.3—2017	高电压测试设备通用技术条件 第3部分：高压开关综合特性测试仪	2018-6-1		DL/T 846.3—2004	采购	招标	附属设施及工器具	工器具
203.9-20	DL/T 846.4—2016	高电压测试设备通用技术条件 第4部分：脉冲电流法局部放电测量仪	2017-5-1		DL/T 846.4—2004	采购	招标	附属设施及工器具	工器具
203.9-21	DL/T 846.5—2018	高电压测试设备通用技术条件 第5部分：六氟化硫气体湿度仪	2019-5-1		DL/T 846.5—2004	采购	招标	附属设施及工器具	工器具
203.9-22	DL/T 846.6—2018	高电压测试设备通用技术条件 第6部分：六氟化硫气体检漏仪	2019-5-1		DL/T 846.6—2004	采购	招标	附属设施及工器具	工器具
203.9-23	DL/T 846.7—2016	高电压测试设备通用技术条件 第7部分：绝缘油介电强度测试仪	2017-5-1		DL/T 846.7—2004	采购	招标	附属设施及工器具	工器具
203.9-24	DL/T 846.8—2017	高电压测试设备通用技术条件 第8部分：有载分接开关测试仪	2018-6-1		DL/T 846.8—2004	采购	招标	附属设施及工器具	工器具
203.9-25	DL/T 846.9—2004	高电压测试设备通用技术条件 第9部分：真空开关真空度测试仪	2004-6-1			采购	招标	附属设施及工器具	工器具
203.9-26	DL/T 846.10—2016	高电压测试设备通用技术条件 第10部分：暂态地电压局部放电检测仪	2017-5-1			采购	招标	附属设施及工器具	工器具

续表

体系结构号	标准编号	标 准 名 称	实施日期	与国际标准对应关系	代替标准	阶段	分阶段	专业	分专业
203.9-27	DL/T 846.11—2016	高电压测试设备通用技术条件　第11部分：特高频局部放电检测仪	2017-5-1			采购	招标	附属设施及工器具	工器具
203.9-28	DL/T 846.12—2016	高电压测试设备通用技术条件　第12部分：电力电容测试仪	2017-5-1			采购	招标	附属设施及工器具	工器具
203.9-29	DL/T 848.1　2004	高压试验装置通用技术条件　第1部分：直流高压发生器	2004 6 1			采购	招标	附属设施及工器具	工器具
203.9-30	DL/T 848.2—2018	高压试验装置通用技术条件　第2部分：工频高压试验装置	2019-5-1		DL/T 848.2—2004	采购	招标	附属设施及工器具	工器具
203.9-31	DL/T 848.3—2004	高压试验装置通用技术条件　第3部分：无局放试验变压器	2004-6-1			采购	招标	附属设施及工器具	工器具
203.9-32	DL/T 848.4—2004	高压试验装置通用技术条件　第4部分：三倍频试验变压器装置	2004-6-1			采购	招标	附属设施及工器具	工器具
203.9-33	DL/T 848.5—2004	高压试验装置通用技术条件　第5部分：冲击电压发生器	2004-6-1			采购	招标	附属设施及工器具	工器具
203.9-34	DL/T 849.1—2004	电力设备专用测试仪器通用技术条件　第1部分：电缆故障闪测仪	2004-6-1			采购	招标	附属设施及工器具	工器具
203.9-35	DL/T 849.2—2004	电力设备专用测试仪器通用技术条件　第2部分：电缆故障定点仪	2004-6-1			采购	招标	附属设施及工器具	工器具
203.9-36	DL/T 849.3—2004	电力设备专用测试仪器通用技术条件　第3部分：电缆路径仪	2004-6-1			采购	招标	附属设施及工器具	工器具
203.9-37	DL/T 849.4—2004	电力设备专用测试仪器通用技术条件　第4部分：超低频高压发生器	2004-6-1			采购	招标	附属设施及工器具	工器具
203.9-38	DL/T 849.5—2004	电力设备专用测试仪器通用技术条件　第5部分：振荡波高压发生器	2004-6-1			采购	招标	附属设施及工器具	工器具

续表

体系结构号	标准编号	标准名称	实施日期	与国际标准对应关系	代替标准	阶段	分阶段	专业	分专业
203.9-39	DL/T 849.6—2016	电力设备专用测试仪器通用技术条件 第6部分：高压谐振试验装置	2017-5-1		DL/T 849.6—2004	采购	招标	附属设施及工器具	工器具
203.9-40	DL/T 947—2005	土石坝监测仪器系列型谱	2005-6-1		SD 314—1989	设计、采购、运维	初设、招标、运行、维护	附属设施及工器具、发电	工器具、水电
203.9-41	DL/T 962—2005	高压介质损耗测试仪通用技术条件	2005-6-1			采购	招标	附属设施及工器具	工器具
203.9-42	DL/T 963—2005	变压比测试仪通用技术条件	2005-6-1			采购	招标	附属设施及工器具	工器具
203.9-43	DL/T 971—2017	带电作业用便携式核相仪	2018-3-1		DL/T 971—2005	采购	招标	附属设施及工器具	工器具
203.9-44	DL/T 980—2005	数字多用表检定规程	2006-6-1			采购、修试、退役	招标、品控、检修、试验、退役、报废	附属设施及工器具	工器具
203.9-45	DL/T 987—2017	氧化锌避雷器阻性电流测试仪通用技术条件	2018-6-1		DL/T 987—2005	采购	招标	附属设施及工器具	工器具
203.9-46	DL/T 1013—2018	大中型水轮发电机微机励磁调节器试验导则	2018-7-1		DL/T 1013—2006	采购	招标	附属设施及工器具	工器具
203.9-47	DL/T 1104—2009	电位器式仪器测量仪	2009-12-1			设计、采购、运维	初设、招标、运行、维护	附属设施及工器具、发电	工器具、水电
203.9-48	DL/T 1119—2010	输电线路工频参数测试仪通用技术条件	2011-5-1			采购	招标	附属设施及工器具	工器具
203.9-49	DL/T 1140—2012	电气设备六氟化硫激光检漏仪通用技术条件	2012-3-1			采购	招标	附属设施及工器具	工器具
203.9-50	DL/T 1152—2012	电压互感器二次回路电压降测试仪通用技术条件	2012-12-1			采购、修试、退役	招标、品控、检修、试验、退役、报废	用电	电能计量
203.9-51	DL/T 1157—2012	配电线路故障指示器技术条件	2012-12-1			采购	招标	附属设施及工器具	工器具
203.9-52	DL/T 1221—2013	互感器综合特性测试仪通用技术条件	2013-8-1			采购、修试、退役	招标、品控、检修、试验、退役、报废	用电	电能计量
203.9-53	DL/T 1256—2013	变压器空、负载损耗测试仪通用技术条件	2014-4-1			采购	招标	附属设施及工器具	工器具

续表

体系结构号	标准编号	标 准 名 称	实施日期	与国际标准对应关系	代替标准	阶段	分阶段	专业	分专业
203.9-54	DL/T 1258—2013	互感器校验仪通用技术条件	2014-4-1			采购、修试、退役	招标、品控、检修、试验、退役、报废	用电	电能计量
203.9-55	DL/T 1273—2013	光电式（CCD）双金属管标仪	2014-4-1			设计、采购、运维	初设、招标、运行、维护	附属设施及工器具、发电	工器具、水电
203.9-56	DL/T 1305—2013	变压器油介损测试仪通用技术条件	2014-4-1			采购	招标	附属设施及工器具	工器具
203.9-57	DL/T 1334—2014	压阻式仪器测量仪表	2014-8-1			设计、采购、运维	初设、招标、运行、维护	附属设施及工器具、发电	工器具、水电
203.9-58	DL/T 1335—2014	压阻式渗压计	2014-8-1			设计、采购、运维	初设、招标、运行、维护	附属设施及工器具、发电	工器具、水电
203.9-59	DL/T 1369—2014	标准谐波有功电能表	2015-3-1			采购、运维、修试、退役	招标、品控、运行、维护、检修、试验、退役、报废	用电	电能计量
203.9-60	DL/T 1392—2014	直流电源系统绝缘监测装置技术条件	2015-3-1			采购	招标	附属设施及工器具	工器具
203.9-61	DL/T 1394—2014	电子式电流、电压互感器校验仪技术条件	2015-3-1			采购、运维、修试、退役	招标、品控、运行、维护、检修、试验、退役、报废	用电	电能计量
203.9-62	DL/T 1397.1—2014	电力直流电源系统用测试设备通用技术条件　第1部分：蓄电池电压巡检仪	2015-3-1			采购	招标	附属设施及工器具	工器具
203.9-63	DL/T 1397.2—2014	电力直流电源系统用测试设备通用技术条件　第2部分：蓄电池容量放电测试仪	2015-3-1			采购	招标	附属设施及工器具	工器具
203.9-64	DL/T 1397.3—2014	电力直流电源系统用测试设备通用技术条件　第3部分：充电装置特性测试系统	2015-3-1			采购	招标	附属设施及工器具	工器具
203.9-65	DL/T 1397.4—2014	电力直流电源系统用测试设备通用技术条件　第4部分：直流断路器动作特性测试系统	2015-3-1			采购	招标	附属设施及工器具	工器具

续表

体系结构号	标准编号	标准名称	实施日期	与国际标准对应关系	代替标准	阶段	分阶段	专业	分专业
203.9-66	DL/T 1397.5—2014	电力直流电源系统用测试设备通用技术条件 第5部分：蓄电池内阻测试仪	2015-3-1			采购	招标	附属设施及工器具	工器具
203.9-67	DL/T 1397.6—2014	电力直流电源系统用测试设备通用技术条件 第6部分：便携式接地巡测仪	2015-3-1			采购	招标	附属设施及工器具	工器具
203.9-68	DL/T 1397.7—2014	电力直流电源系统用测试设备通用技术条件 第7部分：蓄电池单体活化仪	2015-3-1			采购	招标	附属设施及工器具	工器具
203.9-69	DL/T 1416—2015	超声波法局部放电测试仪通用技术条件	2015-9-1			采购	招标	附属设施及工器具	工器具
203.9-70	DL/T 1433—2015	变压器铁芯接地电流测量装置通用技术条件	2015-9-1			采购	招标	附属设施及工器具	工器具
203.9-71	DL/T 1436—2015	架空绞线用复合芯棒卷绕试验机技术要求	2015-9-1			采购	招标	附属设施及工器具	工器具
203.9-72	DL/T 1437—2015	手拉葫芦无载动作试验装置技术要求	2015-9-1			采购	招标	附属设施及工器具	工器具
203.9-73	DL/T 1508—2016	架空输电线路导地线覆冰监测装置	2016-6-1			采购、建设、运维、修试	品控、验收与质量评定、运行、维护、检修	输电	其他
203.9-74	DL/T 1516—2016	相对介损及电容测试仪通用技术条件	2016-6-1			采购	招标	附属设施及工器具	工器具
203.9-75	DL/T 1528—2016	电能计量现场手持设备技术规范	2016-6-1			采购、修试、退役	招标、品控、检修、试验、退役、报废	用电	电能计量
203.9-76	DL/T 1567—2016	开合无功补偿设备测试装置通用技术条件	2016-7-1			采购、修试、退役	招标、品控、检修、试验、退役、报废	其他	
203.9-77	DL/T 1571—2016	机器人检测劣化盘形悬式瓷绝缘子技术规范	2016-7-1			设计、采购	初设、招标	输电	线路
203.9-78	DL/T 1735—2017	大坝安全监测仪器电缆基本技术条件	2018-3-1			采购	招标	附属设施及工器具	工器具
203.9-79	DL/T 1736—2017	光纤光栅仪器基本技术条件	2018-3-1			采购	招标	附属设施及工器具	工器具
203.9-80	DL/T 1737—2017	钢弦式温度计	2018-3-1			采购	招标	附属设施及工器具	工器具

续表

体系结构号	标准编号	标 准 名 称	实施日期	与国际标准对应关系	代替标准	阶段	分阶段	专业	分专业
203.9-81	DL/T 1738—2017	双金属管标装置	2018-3-1			采购	招标	附属设施及工器具	工器具
203.9-82	DL/T 1739—2017	静力水准装置	2018-3-1			采购	招标	附属设施及工器具	工器具
203.9-83	DL/T 1742—2017	差动电阻式仪器测量仪表	2018-3-1			采购	招标	附属设施及工器具	工器具
203.9-84	DL/T 1745—2017	低压电能计量箱技术条件	2018-3-1			采购、修试、退役	招标、品控、检修、试验、退役、报废	用电	电能计量
203.9-85	DL/T 1746—2017	变电站端子箱	2018-3-1			采购	招标	附属设施及工器具	工器具
203.9-86	DL/T 1779—2017	高压电气设备电晕放电检测用紫外成像仪技术条件	2018-6-1			采购	招标	附属设施及工器具	工器具
203.9-87	DL/T 1790—2017	变压器现场局部放电测量用电源装置通用技术条件	2018-6-1			采购	招标	附属设施及工器具	工器具
203.9-88	DL/T 1791—2017	电力巡检用头戴式红外成像测温仪技术规范	2018-6-1			采购	招标	附属设施及工器具	工器具
203.9-89	DL/Z 1812—2018	低功耗电容式电压互感器选用导则	2018-7-1			采购	招标	附属设施及工器具	工器具
203.9-90	DL/T 1911—2018	智能变电站监控系统试验装置技术规范	2019-5-1			采购	招标	附属设施及工器具	工器具
203.9-91	DL/T 1944—2018	智能变电站手持式光数字信号试验装置技术规范	2019-5-1			采购	招标	附属设施及工器具	工器具
203.9-92	DL/T 1951—2018	变压器绕组变形测试仪通用技术条件	2019-5-1			采购	招标	附属设施及工器具	工器具
203.9-93	DL/T 1953—2018	电容电流测试仪通用技术条件	2019-5-1			采购	招标	附属设施及工器具	工器具
203.9-94	DL/T 5137—2001	电测量及电能计量装置设计技术规程	2002-5-1			设计、采购、建设、运维	初设、施工图、招标、品控、施工工艺、验收与质量评定、试运行、运行、维护	用电	电能计量
203.9-95	DL/T 5237—2010	灌浆记录仪技术导则	2010-10-1			采购	招标	附属设施及工器具	工器具
203.9-96	NB/T 42086—2016	无线测温装置技术要求	2016-12-1			采购	招标	附属设施及工器具	工器具

续表

体系结构号	标准编号	标 准 名 称	实施日期	与国际标准对应关系	代替标准	阶段	分阶段	专业	分专业
203.9-97	NB/T 42087—2016	合并单元测试设备技术规范	2016-12-1			采购、修试、退役	招标、品控、检修、试验、退役、报废	用电	电能计量
203.9-98	NB/T 42125—2017	电压监测仪技术要求	2017-12-1			采购	招标	附属设施及工器具	工器具
203.9-99	SL 65—2012	浮箱履带式挖掘机技术条件	2013-1-19		SL/T 65—94	采购	招标	附属设施及工器具	工器具
203.9-100	SL/T 232—1999	动态流量与流速标准装置校验方法	1999-3-1			采购	招标	附属设施及工器具	工器具
203.9-101	SL/T 243—1999	水位计通用技术条件	1999-12-1		SD 221—1987	设计、采购、运维	初设、招标、运行、维护	附属设施及工器具、发电	工器具、水电
203.9-102	SD 106—1982	土工试验仪器系列型谱	1983-8-1			采购	招标	附属设施及工器具	工器具
203.9-103	JB/T 5470—1991	直接作用模拟指示静电系电压表	1992-7-1			采购	招标	附属设施及工器具	工器具
203.9-104	JB/T 5483—2015	标准扭矩仪 技术规范	2016-3-1		JB/T 5483—1991	采购	招标	附属设施及工器具	工器具
203.9-105	JB/T 5750—2014	气象仪器防盐雾、防潮湿、防霉菌 工艺技术要求	2014-11-1			采购	招标	附属设施及工器具	工器具
203.9-106	JB/T 6514—2002	电气转速信号装置	2002-12-1		JB/T 6514—1992	采购	招标	附属设施及工器具	工器具
203.9-107	JB/T 6786—1993	测量用交流稳压电源装置	1994-1-1	IEC 443-74，NEQ		采购	招标	附属设施及工器具	工器具
203.9-108	JB/T 6787—2013	表度盘通用技术条件	2014-7-1		JB/T 6787—1993	采购	招标	附属设施及工器具	工器具
203.9-109	JB/T 6822—2018	压电式加速度传感器	2018-12-1			采购	招标	附属设施及工器具	工器具
203.9-110	JB/T 6910—2015	微量计量泵	2016-3-1		JB/T 6910—1993	采购	招标	附属设施及工器具	工器具
203.9-111	JB/T 7082—2013	绝缘介质耐电压试验设备	2014-7-1		JB/T 7082—1993	采购	招标	附属设施及工器具	工器具
203.9-112	JB/T 7088—1993	局部放电检测仪	1994-1-1	IEC 270: 1981，NEQ		采购	招标	附属设施及工器具	工器具

续表

体系结构号	标准编号	标准名称	实施日期	与国际标准对应关系	代替标准	阶段	分阶段	专业	分专业
203.9-113	JB/T 7368—2015	工业过程控制系统用阀门定位器	2016-3-1		JB/T 7368—1994	采购	招标	附属设施及工器具	工器具
203.9-114	JB/T 7585—2013	直流低电阻测试仪	2014-7-1		JB/T 7585—1994	采购	招标	附属设施及工器具	工器具
203.9-115	JB/T 7586—1994	局部放电检测仪视在放电校准器	1995-6-1			采购	招标	附属设施及工器具	工器具
203.9-116	JB/T 7902—2015	无损检测　线型像质计通用规范	2016-3-1		JB/T 7902—2006	采购	招标	附属设施及工器具	工器具
203.9-117	JB/T 8207—1999	工业自动化仪表用电源电压	2000-1-1		JB/T 8207—1995	设计、采购、运维	初设、招标、运行、维护	附属设施及工器具、发电	工器具、水电
203.9-118	JB/T 8225—1999	实验室直流电阻器	2000-1-1	IEC477: 1974	JB/T 8225—1995；ZB Y162—1983	采购	招标	附属设施及工器具	工器具
203.9-119	JB/T 8317—2007	变压器冷却器用油流继电器	2007-7-1		JB/T 8317—1996	采购	招标	附属设施及工器具	工器具
203.9-120	JB/T 8450—2016	变压器用绕组温控器	2017-4-1		JB/T 8450—2005	采购	招标	附属设施及工器具	工器具
203.9-121	JB/T 8612—2015	电液伺服动静万能试验机	2016-3-1		JB/T 8612—1997	采购	招标	附属设施及工器具	工器具
203.9-122	JB/T 8749.2—2013	调压器　第2部分：感应调压器	2013-9-1		JB/T 10093—2000	采购	招标	附属设施及工器具	工器具
203.9-123	JB/T 8749.3—2013	调压器　第3部分：接触调压器	2013-9-1		JB/T 10091—2001	采购	招标	附属设施及工器具	工器具
203.9-124	JB/T 8749.4—2013	调压器　第4部分：柱式调压器	2013-9-1		JB/T 7067—2002	采购	招标	附属设施及工器具	工器具
203.9-125	JB/T 8749.5—2013	调压器　第5部分：磁性调压器	2013-9-1		JB/T 10092—2000	采购	招标	附属设施及工器具	工器具
203.9-126	JB/T 8749.6—2014	调压器　第6部分：感应稳压器	2014-10-1		JB/T 10090—2001	采购	招标	附属设施及工器具	工器具
203.9-127	JB/T 8749.7—2014	调压器　第7部分：接触稳压器	2014-10-1		JB/T 10089—2001	采购	招标	附属设施及工器具	工器具
203.9-128	JB/T 8749.8—2014	调压器　第8部分：柱式稳压器	2014-10-1		JB/T 8449—2002	采购	招标	附属设施及工器具	工器具

续表

体系结构号	标准编号	标准名称	实施日期	与国际标准对应关系	代替标准	阶段	分阶段	专业	分专业
203.9-129	JB/T 8803—2015	双金属温度计	2016-3-1		JB/T 8803—1998	采购	招标	附属设施及工器具	工器具
203.9-130	JB/T 9248—2015	电磁流量计	2016-3-1		JB/T 9248—1999	采购	招标	附属设施及工器具	工器具
203.9-131	JB/T 9249—2015	涡街流量计	2016-3-1		JB/T 9249—1999	采购	招标	附属设施及工器具	工器具
203.9-132	JB/T 9261—2015	电容物位计	2016-3-1		JB/T 9261—1999	采购	招标	附属设施及工器具	工器具
203.9-133	JB/T 9370—2015	扭转试验机　技术规范	2016-3-1		JB/T 9370—1999	采购	招标	附属设施及工器具	工器具
203.9-134	JB/T 9376—2015	线材扭转试验机　技术规范	2016-3-1		JB/T 9376—1999	采购	招标	附属设施及工器具	工器具
203.9-135	JB/T 9517—1999	磁电式速度传感器	2000-1-1			采购	招标	附属设施及工器具	工器具
203.9-136	JB/T 10430—2015	变压器用速动油压继电器	2016-3-1		JB/T 10430—2004	采购	招标	附属设施及工器具	工器具
203.9-137	JB/T 10492—2011	金属氧化物避雷器用监测装置	2012-4-1		JB/T 10492—2004	采购	招标	附属设施及工器具	工器具
203.9-138	JB/T 10549—2006	SF_6 气体密度继电器和密度表通用技术条件	2006-10-1			采购	招标	附属设施及工器具	工器具
203.9-139	JB/T 10665—2016	电能表用微型电流互感器	2016-9-1		JB/T 10665—2006	采购、修试、退役	招标、品控、检修、试验、退役、报废	用电	电能计量
203.9-140	JB/T 10667—2016	电能表用微型电压互感器	2016-9-1		JB/T 10667—2006	采购、修试、退役	招标、品控、检修、试验、退役、报废	用电	电能计量
203.9-141	JB/T 10692—2018	变压器用油位计	2018-12-1		JB/T 10692—2007	采购	招标	附属设施及工器具	工器具
203.9-142	JB/T 11481—2013	电力测功器	2014-7-1			采购	招标	附属设施及工器具	工器具
203.9-143	JB/T 11605—2013	无损检测仪器　金属磁记忆检测仪　技术条件	2014-7-1			采购	招标	附属设施及工器具	工器具
203.9-144	JB/T 12236—2015	数字化电量变送器	2015-10-1			采购	招标	附属设施及工器具	工器具

体系结构号	标准编号	标 准 名 称	实施日期	与国际标准对应关系	代替标准	阶段	分阶段	专业	分专业
203.9-145	JB/T 12237—2015	可编程压力传感器	2015-10-1			采购	招标	附属设施及工器具	工器具
203.9-146	JB/T 12240—2015	无线传感器网络节点型压力传感器	2015-10-1			采购	招标	附属设施及工器具	工器具
203.9-147	JB/T 12275—2015	金属材料落锤冲击试验机	2016-3-1			采购	招标	附属设施及工器具	工器具
203.9-148	JB/T 12389—2015	一体化火焰检测器	2016-3-1			采购	招标	附属设施及工器具	工器具
203.9-149	JB/T 12454—2015	无损检测仪器　声扫频检测仪	2016-3-1			采购	招标	附属设施及工器具	工器具
203.9-150	JB/T 12455—2015	无损检测仪器　涡流扫频检测仪	2016-3-1			采购	招标	附属设施及工器具	工器具
203.9-151	JB/T 12456—2015	无损检测仪器　线路板检测用 X 射线检测仪技术条件	2016-3-1			采购	招标	附属设施及工器具	工器具
203.9-152	JB/T 12458—2015	无损检测仪器　多通道数字超声检测仪	2016-3-1			采购	招标	附属设施及工器具	工器具
203.9-153	JB/T 12466—2015	无损检测　超声探头通用规范	2016-3-1			采购	招标	附属设施及工器具	工器具
203.9-154	JB/T 12596—2016	金属电容式压力传感器	2016-6-1			采购	招标	附属设施及工器具	工器具
203.9-155	JB/T 12725—2016	无损检测仪器　超声自动检测系统	2016-6-1			采购	招标	附属设施及工器具	工器具
203.9-156	JB/T 12726—2016	无损检测仪器　试样　通用技术条件	2017-1-1			采购	招标	附属设施及工器具	工器具
203.9-157	JB/T 12727.3—2016	无损检测仪器　试样　第 3 部分：电磁（涡流）检测试样	2017-1-1			采购	招标	附属设施及工器具	工器具
203.9-158	JB/T 12727.4—2016	无损检测仪器　试样　第 4 部分：磁粉检测用试样	2017-1-1			采购	招标	附属设施及工器具	工器具
203.9-159	JB/T 12727.5—2016	无损检测仪器　试样　第 5 部分：渗透检测试样	2017-1-1			采购	招标	附属设施及工器具	工器具
203.9-160	JB/T 13150—2017	无损检测仪器　涡流检测仪用变阵列探头	2018-1-1			采购	招标	附属设施及工器具	工器具

续表

体系结构号	标准编号	标 准 名 称	实施日期	与国际标准对应关系	代替标准	阶段	分阶段	专业	分专业
203.9-161	SJ/T 10406—2016	声频功率放大器通用规范	2016-6-1		SJ/T 10406—1993	采购	招标	附属设施及工器具	工器具
203.9-162	SJ/T 11386—2008	接地导通电阻测试仪通用规范	2008-3-10			采购	招标	附属设施及工器具	工器具
203.9-163	SJ 20722—1998	热电阻温度传感器总规范	1998-5-1			采购	招标	附属设施及工器具	工器具
203.9-164	SN/T 4095.1—2015	实验室仪器设备期间核查管理规范	2015-9-1			运维、修试	运行、维护、检修、试验	用电	电能计量
203.9-165	SY/T 7326—2016	恒电位仪通用技术条件	2017-5-1			采购	招标	附属设施及工器具	工器具
203.9-166	JT/T 659—2006	混凝土超声检测仪	2006-10-1			采购	招标	附属设施及工器具	工器具
203.9-167	GB/T 777—2008	工业自动化仪表用模拟气动信号	2009-1-1	IEC 60382: 1991，IDT	GB/T 777—1985	采购	招标	附属设施及工器具	工器具
203.9-168	GB/T 1226—2017	一般压力表	2018-7-1		GB/T 1226—2010	采购	招标	附属设施及工器具	工器具
203.9-169	GB/T 1227—2017	精密压力表	2018-7-1		GB/T 1227—2010	采购	招标	附属设施及工器具	工器具
203.9-170	GB/T 1242—2000	安装式指示和记录电测量仪表的尺寸	2001-5-1	IEC 61554: 1999，NEQ	GB/T 1242—1989	采购	招标	附属设施及工器具	工器具
203.9-171	GB/T 3408.1—2008	大坝监测仪器 应变计 第1部分：差动电阻式应变计	2008-5-1		GB/T 3408—1994	采购	招标	附属设施及工器具	工器具
203.9-172	GB/T 3409.1—2008	大坝监测仪器 钢筋计 第1部分：差动电阻式钢筋计	2008-7-1		GB/T 3409—1994	采购	招标	附属设施及工器具	工器具
203.9-173	GB/T 3409.2—2016	大坝监测仪器 钢筋计 第2部分：振弦式钢筋计	2017-1-1			采购	招标	附属设施及工器具	工器具
203.9-174	GB/T 3410.1—2008	大坝监测仪器 测缝计 第1部分：差动电阻式测缝计	2008-5-1		GB/T 3410—1994	采购	招标	附属设施及工器具	工器具
203.9-175	GB/T 3411—1994	差动电阻式孔隙压力计	1995-10-1		GB 3411—1982	采购	招标	附属设施及工器具	工器具
203.9-176	GB/T 3412—1994	电阻比电桥	1995-10-1		GB 3412—1982	采购	招标	附属设施及工器具	工器具

续表

体系结构号	标准编号	标 准 名 称	实施日期	与国际标准对应关系	代替标准	阶段	分阶段	专业	分专业
203.9-177	GB/T 3927—2008	直流电位差计	2009-3-1	IEC 60523: 1997, IDT	GB/T 3927—1983	采购	招标	附属设施及工器具	工器具
203.9-178	GB/T 3928—2008	直流电阻分压箱	2009-3-1	IEC 60524: 1997, IDT	GB/T 3928—1983	采购	招标	附属设施及工器具	工器具
203.9-179	GB/T 3930—2008	测量电阻用直流电桥	2009-3-1	IEC 60564: 1997, IDT	GB/T 3930—1983	采购	招标	附属设施及工器具	工器具
203.9-180	GB/T 5729—2003	电子设备用固定电阻器 第1部分：总规范	2004-8-1	IEC 60115-1: 2001, IDT	GB/T 5729—1994	采购	招标	附属设施及工器具	工器具
203.9-181	GB/T 6003.1—2012	试验筛 技术要求和检验 第1部分：金属丝编织网试验筛	2013-3-1	ISO 3310-1: 2000	GB/T 6003.1—1997	采购	招标	附属设施及工器具	工器具
203.9-182	GB/T 6003.2—2012	试验筛 技术要求和检验 第2部分：金属穿孔板试验筛	2013-10-1	ISO 3310-2: 1999	GB/T 6003.2—1997	采购	招标	附属设施及工器具	工器具
203.9-183	GB/T 6592—2010	电工和电子测量设备性能表示	2011-5-1	IEC 60359: 2001, IDT	GB/T 6592—1996	采购	招标	附属设施及工器具	工器具
203.9-184	GB/T 7260.1—2008	不间断电源设备 第1-1部分：操作人员触及区使用的UPS的一般规定和安全要求	2017-3-23	IEC 62040-1-1: 2002	GB 7260.1—2008	采购	招标	附属设施及工器具	工器具
203.9-185	GB/T 7260.2—2009	不间断电源设备（UPS） 第2部分：电磁兼容性（EMC）要求	2017-3-23	IEC 62040-2: 2005	GB 7260.2—2009	采购	招标	附属设施及工器具	工器具
203.9-186	GB/T 7260.4—2008	不间断电源设备 第1-2部分：限制触及区使用的UPS的一般规定和安全要求	2017-3-23	IEC 62040-1-2: 2002	GB 7260.4—2008	采购	招标	附属设施及工器具	工器具
203.9-187	GB/T 7676.1—2017	直接作用模拟指示电测量仪表及其附件 第1部分：定义和通用要求	2018-4-1		GB/T 7676.1—1998	采购、修试、退役	招标、品控、检修、试验、退役、报废	用电	电能计量
203.9-188	GB/T 7676.2—2017	直接作用模拟指示电测量仪表及其附件 第2部分：电流表和电压表的特殊要求	2018-4-1		GB/T 7676.2—1998	采购、修试、退役	招标、品控、检修、试验、退役、报废	用电	电能计量
203.9-189	GB/T 7676.3—2017	直接作用模拟指示电测量仪表及其附件 第3部分：功率表和无功功率表的特殊要求	2018-4-1		GB/T 7676.3—1998	采购、修试、退役	招标、品控、检修、试验、退役、报废	用电	电能计量

续表

体系结构号	标准编号	标准名称	实施日期	与国际标准对应关系	代替标准	阶段	分阶段	专业	分专业
203.9-190	GB/T 7676.4—2017	直接作用模拟指示电测量仪表及其附件　第4部分：频率表的特殊要求	2018-4-1		GB/T 7676.4—1998	采购、修试、退役	招标、品控、检修、试验、退役、报废	用电	电能计量
203.9-191	GB/T 7676.5—2017	直接作用模拟指示电测量仪表及其附件　第5部分：相位表、功率因数表和同步指示器的特殊要求	2018-4-1		GB/T 7676.5—1998	采购、修试、退役	招标、品控、检修、试验、退役、报废	用电	电能计量
203.9-192	GB/T 7676.6—2017	直接作用模拟指示电测量仪表及其附件　第6部分：电阻表（阻抗表）和电导表的特殊要求	2018-4-1		GB/T 7676.6—1998	采购、修试、退役	招标、品控、检修、试验、退役、报废	用电	电能计量
203.9-193	GB/T 7676.7—2017	直接作用模拟指示电测量仪表及其附件　第7部分：多功能仪表的特殊要求	2018-4-1		GB/T 7676.7—1998	采购、修试、退役	招标、品控、检修、试验、退役、报废	用电	电能计量
203.9-194	GB/T 7676.8—2017	直接作用模拟指示电测量仪表及其附件　第8部分：附件的特殊要求	2018-4-1		GB/T 7676.8—1998	采购、修试、退役	招标、品控、检修、试验、退役、报废	用电	电能计量
203.9-195	GB/T 7676.9—2017	直接作用模拟指示电测量仪表及其附件　第9部分：推荐的试验方法	2018-4-1		GB/T 7676.9—1998	采购、修试、退役	招标、品控、检修、试验、退役、报废	用电	电能计量
203.9-196	GB/T 7782—2008	计量泵	2009-2-1		GB/T 7782—1996	采购	招标	附属设施及工器具	工器具
203.9-197	GB/T 9091—2008	感应分压器	2009-3-1	IEC 60618: 1997，IDT	GB/T 9091—1988	采购、修试、退役	招标、品控、检修、试验、退役、报废	用电	电能计量
203.9-198	GB/T 11150—2001	电能表检验装置	2002-3-1	IEC 60736: 1982，NEQ	GB/T 11150—1989	采购、运维、修试、退役	招标、品控、运行、维护、检修、试验、退役、报废	用电	电能计量
203.9-199	GB/T 11461—2013	频谱分析仪通用规范	2014-5-15		GB/T 11461—1989；GB/T 11462—1989	采购	招标	附属设施及工器具	工器具
203.9-200	GB/T 11469—2013	无线电高度表通用规范	2014-7-15		GB/T 11469—1989	采购	招标	附属设施及工器具	工器具
203.9-201	GB/T 11605—2005	湿度测量方法	2005-12-1		GB/T 11605—1989	采购	招标	附属设施及工器具	工器具

续表

体系结构号	标准编号	标 准 名 称	实施日期	与国际标准对应关系	代替标准	阶段	分阶段	专业	分专业
203.9-202	GB/T 11828.1—2002	水位测量仪器 第 1 部分：浮子式水位计	2003-3-1		GB 11828—1989；GB 11830—1989	设计、采购、运维	初设、招标、运行、维护	附属设施及工器具、发电	工器具、水电
203.9-203	GB/T 21978.2—2014	降水量观测仪器 第 2 部分：翻斗式雨量传感器	2015-1-19		GB/T 11832—2002	采购	招标	附属设施及工器具	工器具
203.9-204	GB/T 12114—2013	合成信号发生器通用规范	2014-7-15	IEC 716: 1981，REF	GB/T 12114—1989；GB 12115—1989	采购	招标	附属设施及工器具	工器具
203.9-205	GB 12358—2006	作业场所环境气体检测报警仪 通用技术要求	2006-12-1		GB 12358—1990	采购	招标	附属设施及工器具	工器具
203.9-206	GB/T 13743—1992	直流磁电系检流计	1993-8-1			采购	招标	附属设施及工器具	工器具
203.9-207	GB/T 13824—2015	旋转与往复式机器的机械振动 对振动烈度测量仪的要求	2016-7-1		GB/T 13824—1992	采购	招标	附属设施及工器具	工器具
203.9-208	GB/T 13850—1998	交流电量转换为模拟量或数字信号的电测量变送器	1999-5-1	IEC 688: 1992，IDT	GB 13850.1—1992；GB 13850.2—1992	采购、修试、退役	招标、品控、检修、试验、退役、报废	用电	电能计量
203.9-209	GB/T 14913—2008	直流数字电压表及直流模数转换器	2009-3-1		GB/T 14913—1994	采购、修试、退役	招标、品控、检修、试验、退役、报废	用电	电能计量
203.9-210	GB/T 16896.1—2005	高电压冲击测量仪器和软件 第 1 部分：对仪器的要求	2005-12-1	IEC 61083: 2001，MOD	GB 813—1989；GB 16896.1—1997	采购	招标	附属设施及工器具	工器具
203.9-211	GB/T 16896.2—2016	高电压和大电流试验测量用仪器和软件 第 2 部分：对冲击电压和冲击电流试验用软件的要求	2016-9-1		GB/T 16896.2—2010	采购	招标	附属设施及工器具	工器具
203.9-212	GB/T 19870—2018	工业检测型红外热像仪	2018-12-1		GB/T 19870—2005	采购	招标	附属设施及工器具	工器具
203.9-213	GB/T 20840.1—2010	互感器 第 1 部分：通用技术要求	2011-8-1	IEC 61869-1: 2007，MOD		采购、修试、退役	招标、品控、检修、试验、退役、报废	用电	电能计量
203.9-214	GB/T 20840.8—2007	互感器 第 8 部分：电子式电流互感器	2007-8-1	IEC 60044-8: 2002，MOD		采购、修试、退役	招标、品控、检修、试验、退役、报废	用电	电能计量
203.9-215	GB/T 21487.1—2008	转轴振动测量系统 第 1 部分：径向振动的相对和绝对检测	2007-4-1			采购	招标	附属设施及工器具	工器具

续表

体系结构号	标准编号	标准名称	实施日期	与国际标准对应关系	代替标准	阶段	分阶段	专业	分专业
203.9-216	GB/T 22065—2008	压力式六氟化硫气体密度控制器	2009-1-1			采购	招标	附属设施及工器具	工器具
203.9-217	GB/T 24833—2009	1000kV 变电站监控系统技术规范	2010-5-1			采购	招标	附属设施及工器具	工器具
203.9-218	GB/T 25482—2010	自动闭口闪点仪	2011-5-1			采购	招标	附属设施及工器具	工器具
203.9-219	GB/T 26216.1—2010	高压直流输电系统直流电流测量装置　第 1 部分：电子式直流电流测量装置	2011-7-1			采购	招标	附属设施及工器具	工器具
203.9-220	GB/T 26216.2—2010	高压直流输电系统直流电流测量装置　第 2 部分：电磁式直流电流测量装置	2011-7-1			采购	招标	附属设施及工器具	工器具
203.9-221	GB/T 26217—2010	高压直流输电系统直流电压测量装置	2011-7-1			采购	招标	附属设施及工器具	工器具
203.9-222	GB/T 26873—2011	火花试验机	2011-12-1			采购	招标	附属设施及工器具	工器具
203.9-223	GB/T 27505—2011	压力控制器	2012-1-1			采购	招标	附属设施及工器具	工器具
203.9-224	GB/T 27663—2011	全站仪	2012-5-1			采购	招标	附属设施及工器具	工器具
203.9-225	GB/T 29815—2013	基于 HART 协议的电磁流量计通用技术条件	2014-3-15			采购	招标	附属设施及工器具	工器具
203.9-226	GB/T 29816—2013	基于 HART 协议的阀门定位器通用技术条件	2014-3-15			采购	招标	附属设施及工器具	工器具
203.9-227	GB/T 29817—2013	基于 HART 协议的压力/差压变送器通用技术条件	2014-3-15			采购	招标	附属设施及工器具	工器具
203.9-228	GB/T 29818—2013	基于 HART 协议的质量流量计通用技术条件	2014-3-15			采购	招标	附属设施及工器具	工器具
203.9-229	GB/T 30242—2013	磁电式速度传感器通用技术条件	2014-7-1			采购	招标	附属设施及工器具	工器具
203.9-230	GB/T 32191—2015	泄漏电流测试仪	2016-7-1			采购	招标	附属设施及工器具	工器具
203.9-231	GB/T 32192—2015	耐电压测试仪	2016-7-1			采购	招标	附属设施及工器具	工器具

续表

体系结构号	标准编号	标准名称	实施日期	与国际标准对应关系	代替标准	阶段	分阶段	专业	分专业
203.9-232	GB/T 32194—2015	手持式数字多用表	2016-7-1			采购、修试、退役	招标、品控、检修、试验、退役、报废	附属设施及工器具	工器具
203.9-233	GB/T 32195—2015	无损检测仪器　质量检验规则	2016-7-1			采购	招标	附属设施及工器具	工器具
203.9-234	GB/T 32196—2015	无损检测仪器　型号编制方法	2016-7-1			采购	招标	附属设施及工器具	工器具
203.9-235	GB/T 32201—2015	气体流量计	2016-7-1			采购	招标	附属设施及工器具	工器具
203.9-236	GB/T 32209—2015	多组分有害气体检测报警器	2016-7-1			采购	招标	附属设施及工器具	工器具
203.9-237	GB/T 32856—2016	高压电能表通用技术要求	2017-3-1			采购、修试、退役	招标、品控、检修、试验、退役、报废	用电	电能计量
203.9-238	GB/T 33350.6—2016	雷电防护系统部件（LPSC）第6部分：雷击计数器（LSC）的要求	2017-7-1	IEC 62561-6: 2011		采购	招标	附属设施及工器具	工器具
203.9-239	GB/T 50063—2017	电力装置电测量仪表装置设计规范	2017-7-1		GB/T 50063—2008	设计、采购、修试、退役	初设、施工图、招标、品控、检修、试验、退役、报废	用电	电能计量
203.9-240	GB/T 33708—2017	静止式直流电能表	2017-12-1			采购、修试、退役	招标、品控、检修、试验、退役、报废	用电	电能计量
203.9-241	GB/T 33885—2017	无损检测仪器　抽样、出厂检验、型式检验基本要求	2018-2-1			采购	招标	附属设施及工器具	工器具
203.9-242	GB/T 33886—2017	无损检测仪器　工业电子内窥镜检测仪	2018-2-1			采购	招标	附属设施及工器具	工器具
203.9-243	GB/T 33887—2017	无损检测仪器　工业光纤内窥镜检测仪	2018-2-1			采购	招标	附属设施及工器具	工器具
203.9-244	GB/T 33889—2017	无损检测仪器　涡流—漏磁综合检测仪技术规则	2018-2-1			采购	招标	附属设施及工器具	工器具
203.9-245	GB/T 34036—2017	智能记录仪表　通用技术条件	2018-2-1			采购	招标	附属设施及工器具	工器具
203.9-246	GB/T 35086—2018	MEMS 电场传感器通用技术条件	2018-12-1			采购	招标	附属设施及工器具	工器具

体系结构号	标准编号	标 准 名 称	实施日期	与国际标准对应关系	代替标准	阶段	分阶段	专业	分专业
203.9-247	GB/T 35791—2017	中性点非有效接地系统单相接地故障行波选线装置技术要求	2018-7-1			采购	招标	附属设施及工器具	工器具
203.9-248	GB/T 36015—2018	无损检测仪器工业X射线数字成像装置性能和检测规则	2018-10-1			采购	招标	附属设施及工器具	工器具
203.9-249	GB/T 36017—2018	无损检测仪器X射线荧光分析管	2018-10-1			采购	招标	附属设施及工器具	工器具
203.9-250	GB/T 36071—2018	无损检测仪器X射线实时成像系统检测仪技术要求	2018-10-1			采购	招标	附属设施及工器具	工器具
203.9-251	GB/T 36414—2018	工业过程测量和控制 仪表容错性能技术规范	2019-1-1			采购	招标	附属设施及工器具	工器具
203.9-252	JJF 1701.1—2018	测量用互感器型式评价大纲 第1部分：标准电流互感器	2018-5-27			采购、修试、退役	招标、品控、检修、试验、退役、报废	用电	电能计量
203.9-253	JJF 1701.2—2018	测量用互感器型式评价大纲 第2部分：标准电压互感器	2018-5-27			采购、修试、退役	招标、品控、检修、试验、退役、报废	用电	电能计量
203.9-254	JJG 124—2005	电流表、电压表、功率表及电阻表	2006-4-9		JJG 124—1993	采购、修试、退役	招标、品控、检修、试验、退役、报废	附属设施及工器具	工器具
203.9-255	JJG 410—1994	精密交流电压校准源	1995-3-1		JJG 410—1986	采购	招标	附属设施及工器具	工器具
203.9-256	JJG 780—1992	交流数字功率表	1993-1-1			采购、修试、退役	招标、品控、检修、试验、退役、报废	附属设施及工器具	工器具
203.9-257	JJG 873—1994	直流高阻电桥	1995-3-1			采购、修试、退役	招标、品控、检修、试验、退役、报废	附属设施及工器具	工器具
203.9-258	JJG 1005—2005	电子式绝缘电阻表	2006-1-9			采购、修试、退役	招标、品控、检修、试验、退役、报废	附属设施及工器具	工器具
203.9-259	JJG 2059—2014	电导率计量器具检定系统表	2015-2-25		JJG 2059—1990	采购	招标	附属设施及工器具	工器具
203.9-260	ASTM F1796—2009（2014）	高电压检测器规格 第1部分：超过600伏交流电用电容型	2009-4-1		ASTM F1796—2009	采购	招标	附属设施及工器具	工器具
203.9-261	ASTM F1835—1997（2018）	电缆编接设备指南	2018-10-1		ASTM F1835—1997（2012）e1	采购	招标	附属设施及工器具	工器具
203.9-262	BS EN 50470-1—2006	电能计量设备（a.c.）一般要求、试验和试验条件，测量设备（等级指数A，B和C）	2006-12-29			采购、修试、退役	招标、品控、检修、试验、退役、报废	用电	电能计量

体系结构号	标准编号	标 准 名 称	实施日期	与国际标准对应关系	代替标准	阶段	分阶段	专业	分专业
203.9-263	BS EN 50470-2—2006	电能计量设备（a.c.）特殊要求.有功电能(等级指数A，B）电极量表	2006-12-29			采购、修试、退役	招标、品控、检修、试验、退役、报废	用电	电能计量
203.9-264	BS EN 50470-3—2006+A1—2018	电能计量设备（a.c.）特殊要求，有功电能（等级指数A，B和C）静态计	2019-1-31		BS EN 50470-3—2006	采购、修试、退役	招标、品控、检修、试验、退役、报废	用电	电能计量
203.9-265	DIN EN 837-1—1997	压力表　第1部分：布尔登管压力计.尺寸、计量、要求和检验	1997-2-1		DIN 16005—1987；DIN 16006—1987；DIN 16007—1987；DIN 16063—1987；DIN 16064—1987；DIN 16070—1987；DIN 16099—1987；DIN 16102—1983；DIN 16103—1987；DIN 16109—1987；DIN 16117—1987；DIN 16123—1987；DIN 16128—1987；DIN 16254—1983；DIN 16258—1987；DIN 16259—1987；DIN 16288—1987	采购、修试、退役	招标、品控、检修、试验、退役、报废	附属设施及工器具	工器具
203.9-266	DIN EN 837-2—1997	压力表　第2部分：压力计的选用和安装建议	1997-5-1		DIN 16255—1984	采购、修试、退役	招标、品控、检修、试验、退役、报废	附属设施及工器具	工器具
203.9-267	DIN EN 837-3—1997	压力表　第3部分：隔膜压力计.尺寸、测量技术、要求和检验	1997-2-1		DIN 16005—1987；DIN 16007—1987；DIN 16013—1987；DIN 16014—1987；DIN 16026—1987；DIN 16027—1987；DIN 16099—1987；DIN 16109—1987；DIN 16117—1987；DIN 16123—1987；DIN 16128—1987；DIN 16254—1983；DIN 16258—1987；DIN 16288—1987	采购、修试、退役	招标、品控、检修、试验、退役、报废	附属设施及工器具	工器具

续表

体系结构号	标准编号	标准名称	实施日期	与国际标准对应关系	代替标准	阶段	分阶段	专业	分专业
203.9-268	EN 50470-1—2006	电流测定仪（a.c.）第1部分：一般要求试验和测试条件测试设备（级别A，B，C）	2006-10-27			采购	招标	附属设施及工器具	工器具
203.9-269	EN 50470-2—2006	电流测定仪（a.c） 第2部分：专门要求活性能机电测试仪（级别A，B，C）	2006-10-27			采购	招标	附属设施及工器具	工器具
203.9-270	EN 50470-3—2006	电流测定仪（a.c.） 第3部分：专门要求活性能测试仪（级别A，B，C）	2006-10-27			采购	招标	附属设施及工器具	工器具
203.9-271	EN 55216-2-3—2006	无线电干扰和防干扰测量设备规范 第2-3部分：干扰和防干扰测量方法辐射干扰测量	2006-12-15			采购	招标	附属设施及工器具	工器具
203.9-272	IEC 60524—1975	直流电阻电压比例箱	1975-1-1	BS 5765—1979，IDT；NEN 10524—1977，IDT；EN 60524—1993，IDT；DINIEC 60524—1979，IDT：HD 614 S1—1992，IDT；BS EN 60524，IDT		采购	招标	附属设施及工器具	工器具
203.9-273	IEC 60618—1997	感应电压分压器	1997-10-9	BS 5862—1980，IDT；DS/IEC 618—1983，IDT；NEN10618—1979. IDT；SNV 413415，IDT；DIN IEC 60618—1980，IDT；EN60618—1997，IDT	IEC 60618—1978	采购	招标	附属设施及工器具	工器具
203.9-274	IEC 61083-2—2013	高压和高电流冲击试验中测量用仪器和软件 第2部分：电压和电流冲击试验用软件的要求	2013-3-20	EN 61083-2—2013，IDT	IEC 61083-2—1996；IEC 42/318/FDIS—2012	采购、运维	招标、品控、运行、维护	附属设施及工器具	工器具
203.9-275	IEC 61869-3—2011	仪表变压器 第3部分：感应式电压互感器用附加要求	2011-7-13		IEC 60044-2—1997；IEC 60044-2—1997/Amd 1—2000；IEC 60044-2—1997/Amd 2—2002；IEC 60044-2—1997+Amd 1—2000+Amd 2—2002；IEC 60044-2—1997+Amd 1—2000	采购	招标	附属设施及工器具	工器具

体系结构号	标准编号	标 准 名 称	实施日期	与国际标准对应关系	代替标准	阶段	分阶段	专业	分专业
203.9-276	IEC 61869-4 Corri 1—2014	仪表用变压器 第 4 部分：组合式变压器的附加要求勘误表 1	2014-8-27			采购	招标	附属设施及工器具	工器具
203.9-277	IEC 62053-22—2003	电量测量设备（交流电）特殊要求 第 22 部分：静态电度表（0.2S 和 0.5S 级）	2003-1-28	OEVE/OENORM EN62053-22—2004，IDT；EN 62053-22—2003，IDT；BS EN 62053-22—2003，IDT；NF C44-101—2003，IDT	IEC 60687—1992	采购、修试、退役	招标、品控、检修、试验、退役、报废	用电	电能计量
203.9-278	IEC 62059-32-1—2011	电能测量设备可靠性 第 32-1 部分：耐久性—应用提高温度测试计量特性的稳定性	2011-12-7			采购、修试、退役	招标、品控、检修、试验、退役、报废	用电	电能计量
203.9-279	IEC 62059-41—2006	电计量设备可靠性 第 41 部分：可靠性预测	2006-3-15	DIN EN 62059-41—2007，IDT；EN 62059-41—2006，IDT		采购、修试、退役	招标、品控、检修、试验、退役、报废	用电	电能计量
203.9-280	IEC 62460—2008	温度—纯元素热电偶结合电动势（EMF）表	2008-7-21			采购	招标	附属设施及工器具	工器具
203.10 设备材料-零部件及材料									
——线材类									
203.10-1	T/CEC 157—2018	架空线路钢线用盘条技术条件	2018-4-1			采购、运维	招标、品控、运行、维护	输电	线路
203.10-2	DL/T 247—2012	输变电设备用铜包铝母线	2012-7-1			采购、运维	招标、品控、运行、维护	输电、变电	其他
203.10-3	DL/T 373—2010	电力复合脂技术条件	2010-10-1			设计、采购	初设、招标	其他	
203.10-4	DL/T 627—2018	绝缘子用常温固化硅橡胶防污闪涂料	2019-5-1		DL/T 627—2012	采购、运维	招标、品控、运行、维护	变电、输电	变压器、开关、线路
203.10-5	DL/T 695—2014	电站钢制对焊管件	2014-8-1		DL/T 695—1999	采购、运维	招标、品控、运行、维护	发电	其他
203.10-6	DL/T 1190—2012	额定电压 10kV 及以下绝缘穿刺线夹	2012-12-1			采购、运维	招标、品控、运行、维护	配电	线缆
203.10-7	DL/T 1289—2013	可拆卸式全钢瓦楞结构架空导线交货盘	2014-4-1			采购、运维	招标、品控、运行、维护	输电	线路

续表

体系结构号	标准编号	标准名称	实施日期	与国际标准对应关系	代替标准	阶段	分阶段	专业	分专业
203.10-8	DL/T 1310—2013	架空输电线路旋转连接器	2014-4-1			采购、运维	招标、品控、运行、维护	输电	线路
203.10-9	DL/T 1312—2013	电力工程接地用铜覆钢技术条件	2014-4-1			采购、运维	招标、品控、运行、维护	输电、变电	其他
203.10-10	DL/T 1811—2018	电力变压器用天然酯绝缘油选用导则	2018-7-1			采购、运维	招标、品控、运行、维护	变电	变压器
203.10-11	NB/T 42002—2012	电工用铜包铝母线	2013-3-1			采购、运维	招标、品控、运行、维护	输电、变电	其他
203.10-12	NB/T 42018—2013	屏蔽用铜包铝合金线	2014-4-1			采购、运维	招标、品控、运行、维护	输电	其他
203.10-13	NB/T 42106—2016	铝管支撑性耐热铝合金扩径导线	2017-5-1			采购、建设	品控、验收与质量评定	变电	其他
203.10-14	NB/T 47020—2012	压力容器法兰分类与技术条件	2013-3-1		JB/T 4700—2000	采购、运维	招标、品控、运行、维护	变电	其他
203.10-15	NB/T 47021—2012	甲型平焊法兰	2013-3-1		JB/T 4701—2000	采购、运维	招标、品控、运行、维护	输电、变电、换流	其他
203.10-16	NB/T 47022—2012	乙型平焊法兰	2013-3-1		JB/T 4702—2000	采购、运维	招标、品控、运行、维护	输电、变电、换流	其他
203.10-17	NB/T 47023—2012	长颈对焊法兰	2013-3-1		JB/T 4703—2000	采购、运维	招标、品控、运行、维护	输电、变电、换流	其他
203.10-18	NB/T 47024—2012	非金属软垫片	2013-3-1		JB/T 4704—2000	采购、运维	招标、品控、运行、维护	输电、变电、换流	其他
203.10-19	NB/T 47025—2012	缠绕垫片	2013-3-1		JB/T 4705—2000	采购、运维	招标、品控、运行、维护	输电、变电、换流	其他
203.10-20	NB/T 47026—2012	金属包垫片	2013-3-1		JB/T 4706—2000	采购、运维	招标、品控、运行、维护	输电、变电、换流	其他
203.10-21	NB/T 47027—2012	压力容器法兰用紧固件	2013-3-1		JB/T 4707—2000	采购、运维	招标、品控、运行、维护	输电、变电、换流	其他
203.10-22	NB/T 47044—2014	电站阀门	2014-11-1		JB/T 3595—2002	采购、运维	招标、品控、运行、维护	发电	其他
203.10-23	JB/T 4002—2013	防爆低压电气用接线端子	2014-7-1		JB/T 4002—1992	采购、运维	招标、品控、运行、维护	配电	其他

续表

体系结构号	标准编号	标准名称	实施日期	与国际标准对应关系	代替标准	阶段	分阶段	专业	分专业
203.10-24	JB/T 8137.1—2013	电线电缆交货盘　第1部分：一般规定	2014-7-1		JB/T 8137.1—1999	采购、运维	招标、品控、运行、维护	输电	电缆
203.10-25	JB/T 8137.2—2013	电线电缆交货盘　第2部分：全木结构交货盘	2014-7-1		JB/T 8137.2—1999	采购、运维	招标、品控、运行、维护	输电	电缆
203.10-26	JB/T 8137.3—2013	电线电缆交货盘　第3部分：全钢瓦楞结构交货盘	2014-7-1		JB/T 8137.3—1999	采购、运维	招标、品控、运行、维护	输电	电缆
203.10-27	JB/T 8137.4—2013	电线电缆交货盘　第4部分：型钢复合结构交货盘	2014-7-1		JB/T 8137.4—1999	采购、运维	招标、品控、运行、维护	输电	电缆
203.10-28	JB/T 10216—2013	电控配电用电缆桥架	2014-7-1		JB/T 10216—2000	采购、运维	招标、品控、运行、维护	配电	线缆
203.10-29	JB/T 11900—2014	电缆管理用导管系统　耐腐蚀套接紧定式钢导管配件	2014-10-1			采购、运维	招标、品控、运行、维护	输电	电缆
203.10-30	JB/T 12747—2015	竹代木复合材料电线电缆交货盘	2016-3-1			采购、运维	招标、品控、运行、维护	输电	电缆
203.10-31	JB/T 12750—2015	多层板电线电缆交货盘	2016-3-1			采购、运维	招标、品控、运行、维护	输电	电缆
203.10-32	YD/T 1485—2006	光缆用中密度聚乙烯护套料	2006-10-1	ASTM D 1248—2002，NEQ		采购、运维	招标、品控、运行、维护	输电	电缆
203.10-33	YD/T 3431—2018	通信电缆光缆用护套材料热塑性聚氨酯弹性体	2019-4-1			采购、运维	招标、品控、运行、维护	配电	线缆
203.10-34	GB/T 3952—2016	电工用铜线坯	2017-7-1		GB/T 3952—2008	采购、运维	招标、品控、运行、维护	输电	线路
203.10-35	GB/T 3954—2014	电工圆铝杆	2015-2-1		GB/T 3954—2008	采购、运维	招标、品控、运行、维护	输电	线路
203.10-36	GB/T 5585.1—2018	电工用铜、铝及其合金母线　第1部分：铜和铜合金母线	2019-7-1		GB/T 5585.1—2005	采购、运维、修试	招标、品控、运行、维护、检修、试验	输电、变电	其他
203.10-37	GB/T 5585.2—2018	电工用铜、铝及其合金母线　第2部分：铝和铝合金母线	2019-7-1		GB/T 5585.2—2005	采购、运维、修试	招标、品控、运行、维护、检修、试验	输电、变电	其他
203.10-38	GB/T 5591.1—2017	电气绝缘用柔软复合材料　第1部分：定义和一般要求	2018-5-1	IEC 60626-1: 2009	GB/T 5591.1—2002	采购、运维	招标、品控、运行、维护	输电	线路
203.10-39	GB/T 5591.3—2018	电气绝缘用柔软复合材料　第3部分：单项材料规范	2019-1-1		GB/T 5591.3—2008	采购、运维	招标、品控、运行、维护	输电	线路
203.10-40	GB/T 8750—2014	半导体封装用键合金丝	2015-2-1		GB/T 8750—2007	采购、运维	招标、品控、运行、维护	输电	线路

续表

体系结构号	标准编号	标 准 名 称	实施日期	与国际标准对应关系	代替标准	阶段	分阶段	专业	分专业
203.10-41	GB/T 8894—2014	铜及铜合金波导管	2015-2-1		GB/T 8894—2007	采购、运维	招标、品控、运行、维护	输电	线路
203.10-42	GB/T 11091—2014	电缆用铜带	2015-5-1		GB/T 11091—2005	采购、运维	招标、品控、运行、维护	输电	电缆
203.10-43	GB/T 12970.1—2009	电工软铜绞线 第 1 部分：一般规定	2009-12-1		GB/T 12970.1—1991	采购	招标	输电	线路
203.10-44	GB/T 12970.2—2009	电工软铜绞线 第 2 部分：软铜绞线	2009-12-1		GB/T 12970.2—1991	采购	招标	输电	线路
203.10-45	GB/T 12970.3—2009	电工软铜绞线 第 3 部分：软铜天线	2009-12-1		GB/T 12970.3—1991	采购	招标	输电	线路
203.10-46	GB/T 12970.4—2009	电工软铜绞线 第 4 部分：铜电刷线	2009-12-1		GB/T 12970.4—1991	采购	招标	输电	线路
203.10-47	GB/T 13542.4—2009	电气绝缘用薄膜 第 4 部分：聚酯薄膜	2009-12-1	IEC 60674-3-2: 1992，MOD	GB 12802.2—2004	采购、运维	招标、品控、运行、维护	变电	其他
203.10-48	GB/T 14315—2008	电力电缆导体用压接型铜、铝接线端子和连接管	2009-10-1		GB/T 14315—1993	采购、运维	招标、品控、运行、维护	输电	电缆
203.10-49	GB/T 14316—2008	间距 1.27mm 绝缘刺破型端接式聚氯乙烯绝缘带状电缆	2009-4-1		GB 14316—1993	采购、运维	招标、品控、运行、维护	输电	电缆
203.10-50	GB/T 15022.1—2009	电气绝缘用树脂基活性复合物 第 1 部分：定义及一般要求	2009-12-1	IEC 60455-1—1998，IDT	GB/T 15022—1994	采购、运维	招标、品控、运行、维护	变电	其他
203.10-51	GB/T 15022.3—2011	电气绝缘用树脂基活性复合物 第 3 部分：无填料环氧树脂复合物	2012-5-1	IEC 60455-3-1: 2003，IDT		采购、运维	招标、品控、运行、维护	变电	其他
203.10-52	GB/T 15022.5—2011	电气绝缘用树脂基活性复合物 第 5 部分：石英填料环氧树脂复合物	2012-5-1	IEC 60455-3-2: 2003，MOD		采购、运维	招标、品控、运行、维护	变电	其他
203.10-53	GB/T 15022.2—2017	电气绝缘用树脂基活性复合物 第 2 部分：试验方法	2018-7-1	IEC 60455-2: 2015	GB/T 15022.2—2007	采购、运维	招标、品控、运行、维护	变电	其他
203.10-54	GB/T 15022.7—2017	电气绝缘用树脂基活性复合物 第 7 部分：环氧酸酐真空压力浸渍（VPI）树脂	2018-5-1			采购、运维	招标、品控、运行、维护	变电	其他

续表

体系结构号	标准编号	标准名称	实施日期	与国际标准对应关系	代替标准	阶段	分阶段	专业	分专业
203.10-55	GB/T 15022.8—2017	电气绝缘用树脂基活性复合物　第 8 部分：环氧改性不饱和聚酯真空压力浸渍（VPI）树脂	2018-4-1			采购、运维	招标、品控、运行、维护	变电	其他
203.10-56	GB/T 17116.1—2018	管道支吊架　第 1 部分：技术规范	2018-10-1		GB/T 17116.1—1997	采购、运维	招标、品控、运行、维护	输电	电缆
203.10-57	GB/T 17116.2—2018	管道支吊架　第 2 部分：管道连接部件	2018-9-1		GB/T 17116.2—1997	采购、运维	招标、品控、运行、维护	输电	电缆
203.10-58	GB/T 17116.3—2018	管道支吊架　第 3 部分：中间连接件和建筑结构连接件	2018-10-1		GB/T 17116.3—1997	采购、运维	招标、品控、运行、维护	输电	电缆
203.10-59	GB/T 17464—2012	连接器件　电气铜导线　螺纹型和无螺纹型夹紧件的安全要求　适用于 $0.2mm^2$ 以上至 $35mm^2$（包括）导线的夹紧件的通用要求和特殊要求	2017-3-23	IEC 60999-1: 1999 Ed.2	GB 17464—2012	采购、运维	招标、品控、运行、维护	输电	其他
203.10-60	GB/T 17937—2009	电工用铝包钢线	2009-12-1		GB/T 17937—1999	采购、运维	招标、品控、运行、维护	输电	线路
203.10-61	GB/T 18616—2002	爆炸性环境保护电缆用的波纹金属软管	2002-7-1	ISO 10807: 1994，EQV		采购、运维	招标、品控、运行、维护	输电	电缆
203.10-62	GB/T 18813—2014	变压器铜带	2015-5-1		GB/T 18813—2002	采购、运维	招标、品控、运行、维护	变电	变压器
203.10-63	GB/T 19849—2014	电缆用无缝铜管	2015-5-1		GB/T 19849—2005	采购、运维	招标、品控、运行、维护	输电	电缆
203.10-64	GB/T 20041.1—2015	电缆管理用导管系统　第 1 部分：通用要求	2015-12-1	IEC 61386-1: 2008，MOD	GB/T 20041.1—2005	采购、运维	招标、品控、运行、维护	输电	电缆
203.10-65	GB/T 20041.21—2017	电缆管理用导管系统　第 21 部分：刚性导管系统的特殊要求	2018-2-1	IEC 61386-21: 2002	GB 20041.21—2008	采购、运维	招标、品控、运行、维护	输电	电缆
203.10-66	GB/T 20041.22—2009	电缆管理用导管系统　第 22 部分：可弯曲导管系统的特殊要求	2017-3-23	IEC 61386-22: 2002	GB 20041.22—2009	采购、运维	招标、品控、运行、维护	输电	电缆
203.10-67	GB/T 20041.23—2009	电缆管理用导管系统　第 23 部分：柔性导管系统的特殊要求	2017-3-23	IEC 61386-23: 2002	GB 20041.23—2009	采购、运维	招标、品控、运行、维护	输电	电缆

续表

体系结构号	标准编号	标准名称	实施日期	与国际标准对应关系	代替标准	阶段	分阶段	专业	分专业
203.10-68	GB/T 20041.24—2009	电缆管理用导管系统　第24部分：埋入地下的导管系统的特殊要求	2017-3-23	IEC 61386-24: 2004	GB 20041.24—2009	采购、运维	招标、品控、运行、维护	输电	电缆
203.10-69	GB/T 20041.25—2016	电缆管理用导管系统　第25部分：导管固定装置的特殊要求	2016-9-1	IEC 61386-25: 2011 MOD		采购、运维	招标、品控、运行、维护	输电	电缆
203.10-70	GB/T 32129—2015	电线电缆用无卤低烟阻燃电缆料	2016-5-1			采购、运维	招标、品控、运行、维护	输电	电缆
203.10-71	GB/T 33816—2017	断路器用铜带	2017-12-1			采购、运维	招标、品控、运行、维护	变电	开关
203.10-72	GB/T 33882—2017	换向器用银无氧铜线坯	2018-2-1			采购、运维	招标、品控、运行、维护	换流	其他
203.10-73	GB/T 34938—2017	平面型电磁屏蔽材料通用技术要求	2018-5-1			采购、运维	招标、品控、运行、维护	输电、变电	其他
203.10-74	GB/T 35575—2017	电磁屏蔽薄膜通用技术要求	2018-7-1			采购、运维	招标、品控、运行、维护	输电、变电	其他
203.10-75	GB/T 35674—2017	电磁屏蔽用全方位导电海绵通用技术要求	2018-7-1			采购、运维	招标、品控、运行、维护	输电、变电	其他
203.10-76	GB/T 35675—2017	电磁屏蔽用金属化纤维通用技术要求	2018-7-1			采购、运维	招标、品控、运行、维护	输电、变电	其他
203.10-77	ASTM B49—2017	电工用铜棒规格	2017-4-1		ASTM B49—2016	采购、运维	招标、品控、运行、维护	输电、变电	其他
203.10-78	ASTM B324—2001（2016）	电气用矩形和方形铝线规格	2016-10-1		ASTM B324—2001（2012）	采购、运维	招标、品控、运行、维护	输电、变电	其他
203.10-79	ASTM B327—2016	制造锌模铸合金用中间合金的规格	2016-5-1		ASTM B327—2013a	采购、运维	招标、品控、运行、维护	输电、变电	其他
203.10-80	ASTM B520—2012（2017）	电气用镀锡铜包钢线标准规范	2017-4-1		ASTM B520—2012	采购、运维	招标、品控、运行、维护	输电	其他
203.10-81	ASTM B559—2012（2017）	电气用镀镍包铜钢丝	2017-4-1		ASTM B559—2012	采购、运维	招标、品控、运行、维护	输电	其他
203.10-82	ASTM D1248—2016	电线电缆用聚乙烯塑料挤压材料规格	2016-11-15		ASTM D1248—2012	采购、运维	招标、品控、运行、维护	输电	电缆
203.10-83	ASTM D1351—2014	电线电缆用聚乙烯热塑性绝缘材料的规格	2014-3-1		ASTM D1351—2008	采购、运维	招标、品控、运行、维护	输电	电缆

续表

体系结构号	标准编号	标 准 名 称	实施日期	与国际标准对应关系	代替标准	阶段	分阶段	专业	分专业
203.10-84	ASTM D1933—2003（2017）	用作电绝缘材料的氮气的规格	2017-1-1		ASTM D1933—2003（2008）	采购、运维	招标、品控、运行、维护	变电	其他
203.10-85	ASTM D2100/D2100M—1995（2017）	电工绝缘用石棉纺织品规格	2017-6-1		ASTM D2100/D2100M—1995（2009）e1	采购、运维	招标、品控、运行、维护	变电	其他
203.10-86	ASTM D2442—1975（2016）	电气和电子设备用铝陶瓷规格	2016-11-1		ASTM D2442— 1975（2012）	采购、运维	招标、品控、运行、维护	输电	其他
203.10-87	ASTM D2802—2014	电线及电缆用耐臭氧乙烯-烯烃聚合物绝缘材料的规格	2014-11-1		ASTM D2802—2003（2010）	采购、运维	招标、品控、运行、维护	输电	其他
203.10-88	ASTM D2902—2000（2013）e1	电气绝缘含氟聚合物树脂制热收缩管规格	2000-4-10			采购、运维	招标、品控、运行、维护	输电	其他
203.10-89	ASTM D3144—2000（2013）e1	电绝缘用交联聚偏氟乙烯热收缩管的标准规范	2000-4-10			采购、运维	招标、品控、运行、维护	输电	其他
203.10-90	ASTM D3150—2018	电绝缘用交联及非交联聚氯乙烯热收缩管的标准规范	2018-5-1		ASTM D3150—2011	采购、运维	招标、品控、运行、维护	输电	其他
203.10-91	ASTM D3283—1998（2012）	电绝缘材料用气体的标准规格	1998-10-10		ASTM D 3283—2004	采购、运维	招标、品控、运行、维护	输电、变电	其他
203.10-92	ASTM D3487—2016e1	电气装置用矿物绝缘油的规格	2016-6-15		ASTM D 3487—2009	采购、运维	招标、品控、运行、维护	变电	其他
203.10-93	ASTM D4063—1999（2016）	电绝缘用合成纤维板的规格	2016-5-15		ASTM D 4063—2009	采购、运维	招标、品控、运行、维护	变电	其他
203.10-94	ASTM D4313—2017	电线及电缆用普通，重型及超重型交联氯化聚乙烯（CM）套管规范	2017-11-1		ASTM D 4313—2010	采购、运维	招标、品控、运行、维护	输电、配电	其他
203.10-95	ASTM D4363—2017	电线和电缆的热塑氯化聚乙烯（CM）套管规范	2017-9-1		ASTM D 4363—2010	采购、运维	招标、品控、运行、维护	输电、配电	其他
203.10-96	ASTM D748—2018	固定式云母介电电容器用天然云母块和云母薄片规格	2018-3-15		ASTM D 748—2011	采购、运维	招标、品控、运行、维护	变电	其他
203.10-97	ASTM E1974—2011	电气设备外罩 5-250G 的标准规格	2011-9-1			采购、运维	招标、品控、运行、维护	变电	其他
203.10-98	NF C 26-145-3-8—2012	电工用塑料薄膜规范 第3部分：单项材料规范. 活页8：电气绝缘用平衡双周定向聚萘二甲酸乙二醇酯（PEN）薄膜	2012-7-27	EN 60674-3-8—2011，IDT；CEI 60674-3-8—2011，IDT		采购、运维	招标、品控、运行、维护	变电	其他

续表

体系结构号	标准编号	标 准 名 称	实施日期	与国际标准对应关系	代替标准	阶段	分阶段	专业	分专业
203.10-99	IEC 60317-13—2010	特种绕组线规范 第 13 部分：200 级涂覆聚酞胺—酞亚胺涂覆聚酯或聚胺酯漆包的圆铜线	2010-3-18		NF C 31-663—1995	采购、运维	招标、品控、运行、维护	变电	其他
203.10-100	IEC 60317-17—2010	特种绕组线规范 第 17 部分：105 级聚乙烯醇缩乙醛漆包扁铜线	2010-3-10		NF C 31-667 A2—2005	采购、运维	招标、品控、运行、维护	变电	其他
203.10-101	NF C 32-207 A1—2009	装置用绝缘电缆和导线用轻型聚氯乙烯套管保护的额定电压为 300/500V 的聚氯乙烯绝缘电缆. 国家级系列	2009-2-28			采购、运维	招标、品控、运行、维护	输电、变电、配电	电缆、线缆、其他
203.10-102	NF C 32-211 A1—2004	设备用绝缘电缆和软线 Ⅱ级照明链用扁平柔性聚氯乙烯绝缘和销装电缆，认可的国家型号系列	2000-5-20			采购、运维	招标、品控、运行、维护	输电、变电、配电	电缆、线缆、其他
203.10-103	NF C 32-212 A1—2000	设备用绝缘电缆和软线 Ⅱ类灯具的内外布线用电缆	2000-5-20			采购、运维	招标、品控、运行、维护	输电、变电、配电	电缆、线缆、其他
203.10-104	NF C 32-330—2002	设备用绝缘电缆和软线 采用嵌入建筑物墙壁内的带金属护套的电热电缆用加热设备	2002-6-20		NF C 32-330—1996	采购、运维	招标、品控、运行、维护	输电、变电、配电	电缆、线缆、其他
203.10-105	NF C 32-331—2002	装置用绝缘电缆和软线 采用嵌入建筑物墙壁内的电热电缆加热设备用馈电线电缆	2002-9-5		NF C 32-331—1995	采购、运维	招标、品控、运行、维护	输电、变电、配电	电缆、线缆、其他
203.10-106	NF C 32-332—2002	装置用绝缘电缆和软线 采用嵌入建筑物墙壁内的带金属护套的电热电缆加热设备用金属护套的电线电缆	2002-9-5		NF C 32-332—1996	采购、运维	招标、品控、运行、维护	输电、变电、配电	电缆、线缆、其他
203.10-107	IEC 60216-3—2006	电气绝缘材料耐热性能 第 3 部分：耐热性能计算指南	2006-4-26	BS EN 60216-3—2006，IDT	IEC 60216-3—2002	采购、运维	招标、品控、运行、维护	变电	其他
203.10-108	IEC 60216-4-1—2006	电气绝缘材料耐热性能 第 4-1 部分：老化箱专用烘箱	2006-1-19	BS EN 60216-4-1—2006，IDT；EN60216-4-1—2006，IDT；NF C26-304-1—2006 IDT	IEC 60216-4-1—1990	采购、运维	招标、品控、运行、维护	变电	其他

续表

体系结构号	标准编号	标准名称	实施日期	与国际标准对应关系	代替标准	阶段	分阶段	专业	分专业
203.10-109	IEC 60216-6—2006	电气绝缘材料耐热性能　第6部分：使用固定时间框架法测定绝缘材料的耐热指数（T1和RTE）	2006-5-29	BS EN 60216-6—2006，IDT；DIN EN 60216-6—2007，IDT；EN 60216-6—2006，IDT	IEC 60216-6—2003	采购、运维	招标、品控、运行、维护	变电	其他
203.10-110	IEC 60243-1—2013	绝缘材料电气强度试验方法　第1部分：工业频率试验	2013-3-26	EN 60243-1—2013，IDT	IEC 60243-1—1998	采购、运维	招标、品控、运行、维护	变电	其他
203.10-111	IEC 60264-3-1—2009	绕组导线的包装　第3-1部分：圆锥筒形交付绕线盘基本尺寸规格	2009-8-28			采购、运维	招标、品控、运行、维护	变电	其他
203.10-112	IEC 60264-5-1—1997	绕组导线的包装　第5-1部分：锥形法兰圆柱筒形交付绕线盘基本尺寸规格	1997-6-5			采购、运维	招标、品控、运行、维护	变电	其他
203.10-113	IEC 60317-0-4—2015	特种绕组导线规范　第0-4部分：总要求缠绕树脂或涂有清漆的玻璃纤维、裸露或涂有彩釉的矩形铜线	2015-10-23		IEC 60317-0-4—1997；IEC 60317-0-4—1997+Amd 1—1999+Amd 2—2005；IEC 60317-0-4—1997/Amd 2—2005；IEC 60317-0-4—1997+Amd 1—1999；IEC 60317-0-4—1997/Amd 1—1999	采购、运维	招标、品控、运行、维护	变电	其他
203.10-114	IEC 60317-3 Edition 3.1—2011	特种绕组线规范　第3部分：155级漆包圆铜线	2011-2-17		IEC 60317-3—2004	采购、运维	招标、品控、运行、维护	变电	其他
203.10-115	IEC 60317-15 Edition 3.1—2010	特种绕组线规范　第15部分：180级聚酸亚胺漆包铝圆线	2010-6-16		IEC 60317-15—2004	采购、运维	招标、品控、运行、维护	变电	其他
203.10-116	IEC 60404-8-1—2015	磁性材料　第8-1部分：单项材料规范、硬磁材料	2015-3-27		IEC 60404-8-1—2001；IEC 60404-8-1—2001/Amd 1—2004；IEC 60404-8-1—2001+Amd 1—2004	采购、运维	招标、品控、运行、维护	变电	其他
203.10-117	IEC 60455-3-5—2006	电绝缘用化合反应生成树脂　第3部分：单体材料规范规范5：浸剂树脂基不饱和聚酯	2006-3-8	DIN EN 60455-3-5—2006，IDT；BS EN 60455-3-5—2006 IDT；EN 60455-3-5—2006 IDT；NF C26-163-5—2006；IDT	IEC 60455-3-5—2001	采购、运维	招标、品控、运行、维护	输电、配电	其他

续表

体系结构号	标准编号	标准名称	实施日期	与国际标准对应关系	代替标准	阶段	分阶段	专业	分专业
203.10-118	IEC 60455-3-8—2013	电气绝缘用树脂基活性化合物　第3部分：单项材料规格　活页8：电缆附件树脂	2013-4-29	EN 60455-3-8—2013，IDT		采购、运维	招标、品控、运行、维护	输电、配电	其他
203.10-119	IEC 60464-1 Edition 2.1—2013	电气绝缘用清漆　第1部分：定义和一般要求			IEC 60464-1—1998	采购、运维	招标、品控、运行、维护	输电、配电	其他
203.10-120	IEC 60626-1—2009	电气绝缘用组合柔性材料　第1部分：定义和一般要求	2009-8-31		IEC 60626-1—1995；IEC 60626-1—1995/Amd 1—1996	采购、运维	招标、品控、运行、维护	输电、配电	其他
203.10-121	IEC 60626-3 Edition 3.1—2012	电气绝缘用柔软复合材料　第3部分：单项材料规格	2012-7-17		IEC 60626-3—2008	采购、运维	招标、品控、运行、维护	输电、配电	其他
203.10-122	IEC 60674-3-1—2012	绝缘材料　电工用热固性树脂工业硬质层压板　第3-1部分：单项材料规范　工业硬质层压板类型的要求	2012-7-24		IEC 60893-3-1—2003	采购、运维	招标、品控、运行、维护	输电、配电	其他
203.10-123	IEC 60893-3-2—2003+ Amd 1—2011	绝缘材料　电工用热固性树脂工业硬质层压片　第3-2部分：单项材料规范环氧树脂基硬质层压板的要求	2011-11-28		IEC 60893-3-2—2003	采购、运维	招标、品控、运行、维护	变电	其他
203.10-124	IEC 60893-3-3 Edition2.1—2012	绝缘材料　电工用工业刚性热固性树脂基层压板材　第3-3部分：单项材料规范.兰聚氰胺树脂基刚性层压板的要求	2012-1-27		IEC 60893-3-3—2003	采购、运维	招标、品控、运行、维护	变电	其他
203.10-125	IEC 60893-3-4 Edition2.1—2012	绝缘材料　基于电气目的热固树脂的工业刚性层压板　第3-4部分：独立材料的规格，基于酚醛树脂的刚性层压板要求	2012-10-14		IEC 60893-3-4—2003	采购、运维	招标、品控、运行、维护	变电	其他
203.10-126	IEC 60893-3-5—2009	绝缘材料　基于电气目的热固树脂的工业刚性层压板　第3-5部分：独立材料的规格基于聚酯树脂的刚性层压板要求	2009-10-13			采购、运维	招标、品控、运行、维护	变电	其他
203.10-127	IEC 61099—2010	绝缘液体用于电气的未使用合成有机酯规范	2010-8-31	BS BN 61099—2010 IDT；EN 61099—2010，IDT	IEC 61099—1992	采购、运维	招标、品控、运行、维护	变电	其他

续表

体系结构号	标准编号	标 准 名 称	实施日期	与国际标准对应关系	代替标准	阶段	分阶段	专业	分专业
203.10-128	IEC 61212-3-1—2013	绝缘材料　电工用热固性树脂基工业刚性圆形层压管和棒　第3部分：单项材料规格活页 1：圆形层压轧制管	2013-4-29	EN 61212-3-1—2013 IDT	IEC 61212-3-1—2006	采购、运维	招标、品控、运行、维护	变电	其他
203.10-129	IEC 61212-3-2—2013	绝缘材料　电工用基于热固树脂的工业刚性圆形层压管材和杆材　第3部分：单项材料规范活页 2：圆形层压模制管材	2013-4-29	EN 61212-3-2—2013 IDT	IEC 61212-3-2—2006	采购、运维	招标、品控、运行、维护	变电	其他
203.10-130	ISO 10352—2010	纤维增强塑料一模塑料和预浸料单位面积质量的测定	2010-11-25	EN ISO 10352—2010. IDT	ISO 10352—1997	采购、运维	招标、品控、运行、维护	变电	其他
203.10-131	ASTM B961—2013	空间电子设备用镀银铜及铜绞线的规格	2013-4-1			采购、运维	招标、品控、运行、维护	输电、配电	其他
203.10-132	ASTM D1305—2016	电绝缘纸和硫酸盐（牛皮纸）纸板规格	2016-11-1		ASTM D1305—2016	采购、运维	招标、品控、运行、维护	变电	其他
——金具、器配件									
203.10-133	T/CEC 124—2016	断路器操作箱通用技术条件	2017-1-1			采购、运维	招标、品控、运行、维护	变电	开关
203.10-134	T/CEC 136—2017	输电线路钢管塔用直缝焊管	2017-8-1			采购、运维	招标、品控、运行、维护	输电	其他
203.10-135	T/CEC 139—2017	电力设备隔声罩技术条件	2017-8-1			采购、运维	招标、品控、运行、维护	变电、配电	其他
203.10-136	T/CEC 189—2018	电气设备灭弧室喷口用耐烧蚀聚四氟乙烯复合材料技术条件	2019-2-1			采购、运维	招标、品控、运行、维护	其他	
203.10-137	DL/T 346—2010	设备线夹	2011-5-1			采购、运维	招标、品控、运行、维护	输电	其他
203.10-138	DL/T 347—2010	T 型线夹	2011-5-1			采购、运维	招标、品控、运行、维护	输电	其他
203.10-139	DL/T 380—2010	接地降阻材料技术条件	2010-10-1			采购、运维	招标、品控、运行、维护	发电、输电、变电	其他
203.10-140	DL/T 515—2018	电站弯管	2018-7-1		DL/T 515—2004	采购、运维	招标、品控、运行、维护	发电、输电、变电	其他

续表

体系结构号	标准编号	标 准 名 称	实施日期	与国际标准对应关系	代替标准	阶段	分阶段	专业	分专业
203.10-141	DL/T 538—2006	高压带电显示装置	2006-10-1	IEC 61958: 2000，MOD	DL/T 538—1993	采购、运维	招标、品控、运行、维护	变电	其他
203.10-142	DL/T 682—1999	母线金具用沉头螺钉	2000-7-1			采购、运维	招标、品控、运行、维护	变电、配电	其他
203.10-143	DL/T 683—2010	电力金具产品型号命名方法	2011-5-1		DL/T 683—1999	采购、运维	招标、品控、运行、维护	输电、变电、配电	其他
203.10-144	DL/T 689—2012	输变电工程液压压接机	2012-12-1		DL/T 689—1999	采购、运维	招标、品控、运行、维护	输电、变电	其他
203.10-145	DL/T 696—2013	软母线金具	2014-4-1		DL/T 696—1999	采购、运维	招标、品控、运行、维护	变电、配电	其他
203.10-146	DL/T 697—2013	硬母线金具	2014-4-1		DL/T 697—1999	采购、运维	招标、品控、运行、维护	变电、配电	其他
203.10-147	DL/T 756—2009	悬垂线夹	2009-12-1		DL/T 756—2001	采购、运维	招标、品控、运行、维护	输电	线路
203.10-148	DL/T 757—2009	耐张线夹	2009-12-1		DL/T 757—2001	采购、运维	招标、品控、运行、维护	输电	线路
203.10-149	DL/T 758—2009	接续金具	2009-12-1		DL/T 758—2001	采购、运维	招标、品控、运行、维护	输电	线路
203.10-150	DL/T 759—2009	连接金具	2009-12-1		DL/T 759—2001	采购、运维	招标、品控、运行、维护	输电	线路
203.10-151	DL/T 763—2013	架空线路用预绞式金具技术条件	2013-8-1		DL/T 763—2001	采购、运维	招标、品控、运行、维护	输电	线路
203.10-152	DL/T 764—2014	电力金具用杆部带销孔六角头螺栓	2015-3-1		DL/T 764.1—2001	采购、运维	招标、品控、运行、维护	输电	其他
203.10-153	DL/T 765.1—2001	架空配电线路金具技术条件	2002-2-1			采购、运维	招标、品控、运行、维护	配电	其他
203.10-154	DL/T 765.2—2004	额定电压 10kV 及以下架空裸导线金具	2004-6-1			采购、运维	招标、品控、运行、维护	配电	其他
203.10-155	DL/T 765.3—2004	额定电压 10kV 及以下架空绝缘导线金具	2004-6-1		DL/T 464.1—1992	采购、运维	招标、品控、运行、维护	配电	其他
203.10-156	DL/T 766—2013	光纤复合架空地线(OPGW)用预绞式金具技术条件和试验方法	2013-8-1		DL/T 766—2003	采购、运维	招标、品控、运行、维护	输电	其他

续表

体系结构号	标准编号	标准名称	实施日期	与国际标准对应关系	代替标准	阶段	分阶段	专业	分专业
203.10-157	DL/T 768.1—2017	电力金具制造质量　第1部分：可锻铸铁件	2017-8-1		DL/T 768.1—2002	采购、运维	招标、品控、运行、维护	输电	其他
203.10-158	DL/T 768.2—2017	电力金具制造质量　第2部分：黑色金属锻制件	2017-12-1		DL/T 768.2—2002	采购、运维	招标、品控、运行、维护	输电	其他
203.10-159	DL/T 768.3—2017	电力金具制造质量　第3部分：冲压件	2017-12-1		DL/T 768.3—2002	采购、运维	招标、品控、运行、维护	输电	其他
203.10-160	DL/T 768.4—2017	电力金具制造质量　第4部分：球墨铸铁件	2017-12-1		DL/T 768.4—2002	采购、运维	招标、品控、运行、维护	输电	其他
203.10-161	DL/T 768.5—2017	电力金具制造质量　第5部分：铝制件	2017-12-1		DL/T 768.5—2002	采购、运维	招标、品控、运行、维护	输电	其他
203.10-162	DL/T 768.6—2002	电力金具制造质量焊接件	2002-9-1		SD 218.2—1987	采购、运维	招标、品控、运行、维护	输电	其他
203.10-163	DL/T 768.7—2012	电力金具制造质量钢铁件热镀锌层	2012-12-1		DL/T 768.7—2002	采购、运维	招标、品控、运行、维护	输电	其他
203.10-164	DL/T 1098—2016	间隔棒技术条件和试验方法	2016-6-1	IEC 61854: 1998，MOD	DL/T 1098—2009	采购、运维	招标、品控、运行、维护	输电	线路
203.10-165	DL/T 1099—2009	防振锤技术条件和试验方法	2009-12-1	IEC 61897: 1998，MOD	GB 2336—2000	采购、运维	招标、品控、运行、维护	输电	线路
203.10-166	DL/T 1145—2009	绝缘工具柜	2009-12-1			采购、运维	招标、品控、运行、维护	附属设施及工器具	工器具
203.10-167	DL/T 1192—2012	架空输电线路接续管保护装置	2012-12-1			采购、运维	招标、品控、运行、维护	输电	其他
203.10-168	DL/T 1266—2013	变压器用片式散热器选用导则	2014-4-1			采购、运维	招标、品控、运行、维护	变电	变压器
203.10-169	DL/T 1288—2013	电力金具能耗测试与节能技术评价要求	2014-4-1			采购、运维	招标、品控、运行、维护	输电	其他
203.10-170	DL/T 1342—2014	电气接地工程用材料及连接件	2014-8-1			采购、运维	招标、品控、运行、维护	输电	其他
203.10-171	DL/T 1343—2014	电力金具用闭口销	2015-3-1		DL/T 764.2—2001	采购、运维	招标、品控、运行、维护	输电	其他
203.10-172	DL/T 1366—2014	电力设备用六氟化硫气体	2015-3-1			采购、运维	招标、品控、运行、维护	变电	其他

续表

体系结构号	标准编号	标 准 名 称	实施日期	与国际标准对应关系	代替标准	阶段	分阶段	专业	分专业
203.10-173	DL/T 1401—2015	输变电钢结构用钢管制造技术条件	2015-9-1			采购、运维	招标、品控、运行、维护	输电、变电	其他
203.10-174	DL/T 1457—2015	电力工程接地用锌包钢技术条件	2015-12-1			采购、运维	招标、品控、运行、维护	输电、变电	其他
203.10-175	DL/T 1469—2015	输变电设备外绝缘用硅橡胶辅助伞裙使用导则	2015-12-1			采购、运维	招标、品控、运行、维护	输电、变电	其他
203.10-176	DL/T 1530—2016	高压绝缘光纤柱	2016-6-1			采购、运维	招标、品控、运行、维护	输电	其他
203.10-177	DL/T 1536—2016	电站调节阀选用导则	2016-6-1			采购、运维	招标、品控、运行、维护	变电、配电	其他
203.10-178	DL/T 1537—2016	电站止回阀选型及使用规程	2016-6-1			采购、运维	招标、品控、运行、维护	变电、配电	其他
203.10-179	DL/T 1579—2016	棒形悬式复合绝缘子用端部装配件技术规范	2016-7-1			采购、运维	招标、品控、运行、维护	输电、配电	其他
203.10-180	DL/T 1580—2016	交、直流棒形悬式复合绝缘子用芯棒技术规范	2016-7-1			采购、运维	招标、品控、运行、维护	输电	其他
203.10-181	DL/T 1632—2016	输电线路钢管塔用法兰技术要求	2017-5-1			采购、运维	招标、品控、运行、维护	输电	其他
203.10-182	DL/T 1642—2016	环形混凝土电杆用脚扣	2017-5-1			采购、运维	招标、品控、运行、维护	输电	其他
203.10-183	DL/T 1806—2018	油浸式电力变压器用绝缘纸板及绝缘件选用导则	2018-7-1			采购、运维	招标、品控、运行、维护	变电	变压器
203.10-184	DL/T 1817—2018	变压器低压侧用绝缘铜管母使用技术条件	2018-7-1			采购、运维	招标、品控、运行、维护	变电	变压器
203.10-185	DL/T 1837—2018	电力用矿物绝缘油换油指标	2018-7-1			采购、运维	招标、品控、运行、维护	变电、配电	其他
203.10-186	DL/T 1838—2018	电力用圆形及异形绝缘管	2018-7-1			采购、运维	招标、品控、运行、维护	变电、配电	其他
203.10-187	NB/T 42037—2014	防腐电缆桥架	2014-11-1			采购、运维	招标、品控、运行、维护	输电	电缆
203.10-188	NB/T 42059—2015	交流电力系统金属氧化物避雷器用脱离器	2016-3-1			采购、运维	招标、品控、运行、维护	变电	避雷器
203.10-189	NB/T 42136—2017	电网设施金属构件 湿热环境防腐涂层技术要求	2018-3-1			采购、运维	招标、品控、运行、维护	输电、变电、配电	其他

续表

体系结构号	标准编号	标　准　名　称	实施日期	与国际标准对应关系	代替标准	阶段	分阶段	专业	分专业
203.10-190	NB/T 42152—2018	非线性金属氧化物电阻片通用技术要求	2018-7-1			采购、运维	招标、品控、运行、维护	输电、变电	其他
203.10-191	NB/T 47038—2013	恒力弹簧支吊架	2014-4-1		JB/T 8130.1—1999	采购、运维	招标、品控、运行、维护	输电	其他
203.10-192	NB/T 47039—2013	可变弹簧支吊架	2014-4-1		JB/T 8130.2—1999	采购、运维	招标、品控、运行、维护	输电	其他
203.10-193	NB/T 47054—2016	整体式绝缘接头	2017-5-1			采购、运维	招标、品控、运行、维护	变电	避雷器
203.10-194	JB/T 900—2015	电气用衬垫云母板	2015-10-1		JB/T 900—1999	采购、运维	招标、品控、运行、维护	发电	其他
203.10-195	JB/T 901—2015	电气用云母箔	2015-10-1		JB/T 901—1995	采购、运维	招标、品控、运行、维护	发电	其他
203.10-196	JB/T 2650—2000	大型交流电机集电环与刷架	2000-10-1		JB 2650—1979	采购、运维	招标、品控、运行、维护	发电	其他
203.10-197	JB/T 3078—2015	电气绝缘用漆　有机硅浸渍漆	2015-10-1		JB/T 3078—1999	采购、运维	招标、品控、运行、维护	发电、变电	其他
203.10-198	JB/T 3958.1—2015	电气用热固性模塑料　第1部分：一般要求	2015-10-1		JB/T 3958.1—1999	采购、运维	招标、品控、运行、维护	发电、变电	其他
203.10-199	JB/T 4307—2004	绝缘子胶装用水泥胶合剂	2004-6-1		JB/T 4307—1986	采购、运维	招标、品控、运行、维护	输电、变电、配电	其他
203.10-200	JB/T 5345—2016	变压器用蝶阀	2017-4-1		JB/T 5345—2005	采购、运维	招标、品控、运行、维护	变电、配电	变压器
203.10-201	JB/T 5347—2013	变压器用片式散热器	2013-9-1		JB/T 5347—1999	采购、运维	招标、品控、运行、维护	变电、配电	变压器
203.10-202	JB/T 5658—2015	电气用压敏胶黏带　涂橡胶或丙烯酸胶黏剂的聚酯薄膜胶黏带	2015-10-1	IEC 60454-3-2: 2006	JB/T 5657—1991；JB/T 5658—1991	采购、运维	招标、品控、运行、维护	变电、配电	其他
203.10-203	JB/T 5659—2015	电气用压敏胶黏带　涂压敏胶黏剂的聚酰亚胺薄膜胶黏带	2015-10-1	IEC 60454-3-7: 1998	JB/T 5659—1991	采购、运维	招标、品控、运行、维护	变电、配电	其他
203.10-204	JB/T 5822—2015	电气用玻璃纤维增强酚醛模塑料	2015-10-1		JB/T 5822—1991	采购、运维	招标、品控、运行、维护	变电、配电	其他
203.10-205	JB/T 5889—1991	绝缘子用有色金属铸件技术条件	1992-10-1			采购、运维	招标、品控、运行、维护	输电、变电、配电	其他

续表

体系结构号	标准编号	标 准 名 称	实施日期	与国际标准对应关系	代替标准	阶段	分阶段	专业	分专业
203.10-206	JB/T 6236—2015	电气绝缘用树脂浸渍玻璃纤维网状无纬绑扎带	2015-10-1		JB/T 6236.1—1992；JB/T 6236.3—1992	采购、运维	招标、品控、运行、维护	变电、配电	其他
203.10-207	JB/T 6302—2016	变压器用油面温控器	2017-4-1		JB/T 6302—2005	采购、运维	招标、品控、运行、维护	变电、配电	变压器
203.10-208	JB/T 6484—2016	变压器用储油柜	2017-4-1		JB/T 6484—2005	采购、运维	招标、品控、运行、维护	变电、配电	变压器
203.10-209	JB/T 7065—2015	变压器用压力释放阀	2016-3-1		JB/T 7065—2004；JB/T 7069—2004	采购、运维	招标、品控、运行、维护	变电、配电	变压器
203.10-210	JB/T 7068—2015	互感器用金属膨胀器	2016-3-1		JB/T 7068—2002	采购、运维	招标、品控、运行、维护	变电	互感器
203.10-211	JB/T 7093—2015	绝缘软管 硅树脂玻璃纤维自熄管	2015-10-1		JB/T 7093—1993	采购、运维	招标、品控、运行、维护	变电、配电	其他
203.10-212	JB/T 7100—2015	电气用柔软云母板	2015-10-1		JB/T 7100—1993	采购、运维	招标、品控、运行、维护	变电、配电	其他
203.10-213	JB/T 7631—2016	变压器用电子温控器	2017-4-1		JB/T 7631—2005	采购、运维	招标、品控、运行、维护	变电、配电	变压器
203.10-214	JB/T 8150—1999	环氧层压玻璃布管	2000-1-1		JB/T 8150.2—1995	采购、运维	招标、品控、运行、维护	变电、配电	变压器
203.10-215	JB/T 8168—1999	脉冲电容器及直流电容器	2000-1-1		JB/T 8168—1995	采购、运维	招标、品控、运行、维护	换流	其他
203.10-216	JB/T 8178—1999	悬式绝缘子铁帽 技术条件	2000-1-1		JB/T 8178—1995	采购、运维	招标、品控、运行、维护	输电、配电	其他
203.10-217	JB/T 8971—2013	干式变压器用横流式冷却风机	2013-9-1		JB/T 8971—1999	采购、运维	招标、品控、运行、维护	变电、配电	变压器
203.10-218	JB/T 8992—2013	交、直流电机用背包式空—水冷却装置	2014-7-1		JB/T 8992—1999	采购、运维	招标、品控、运行、维护	发电	其他
203.10-219	JB/T 9545—2013	变压器冷却风扇用三相异步电动机技术条件	2014-7-1		JB/T 9545—2002	采购、运维	招标、品控、运行、维护	变电、配电	变压器
203.10-220	JB/T 9550—2011	铜铋银触头材料技术条件	2012-4-1		JB/T 9550—1999	采购、运维	招标、品控、运行、维护	变电、配电	其他
203.10-221	JB/T 9556—2015	电气绝缘用漆 常温固化覆盖漆通用规范	2015-10-1	IEC 60464-3-1: 2001	JB/T 9556—1999	采购、运维	招标、品控、运行、维护	变电、配电	其他
203.10-222	JB/T 9612.1—2013	电工用异形铜及铜合金排 第1部分：一般规定	2014-7-1		JB/T 9612.1—1999	采购、运维	招标、品控、运行、维护	发电	其他

续表

体系结构号	标准编号	标准名称	实施日期	与国际标准对应关系	代替标准	阶段	分阶段	专业	分专业
203.10-223	JB/T 9612.2—2013	电工用异形铜及铜合金排 第2部分：梯形排	2014-7-1		JB/T 9612.2—1999	采购、运维	招标、品控、运行、维护	发电	其他
203.10-224	JB/T 9612.3—2013	电工用异形铜及铜合金排 第3部分：七边形排	2014-7-1		JB/T 9612.3—1999	采购、运维	招标、品控、运行、维护	发电	其他
203.10-225	JB/T 9612.4—2013	电工用异形铜及铜合金排 第4部分：凹形排	2014-7-1		JB/T 9612.4—1999	采购、运维	招标、品控、运行、维护	发电	其他
203.10-226	JB/T 9612.5—2013	电工用异形铜及铜合金排 第5部分：哑铃形排	2014-7-1		JB/T 9612.5—1999	采购、运维	招标、品控、运行、维护	发电	其他
203.10-227	JB/T 9642—2013	变压器用风扇	2013-9-1		JB/T 9642—1999	采购、运维	招标、品控、运行、维护	变电、配电	变压器
203.10-228	JB/T 9669—2013	避雷器用橡胶密封件及材料规范	2014-7-1		JB/T 9669—1999	采购、运维	招标、品控、运行、维护	变电	避雷器
203.10-229	JB/T 9670—2014	金属氧化物避雷器电阻片用氧化锌	2014-10-1		JB/T 9670—1999	采购、运维	招标、品控、运行、维护	变电	避雷器
203.10-230	JB/T 9673—1999	绝缘子 产品包装	2000-1-1		JB/Z 94—1989	采购、运维	招标、品控、运行、维护	输电、配电	其他
203.10-231	JB/T 9677—1999	盘形悬式绝缘子钢脚	2000-1-1	IEC 60120: 1984，EQV	ZB K50001—1987	采购、运维	招标、品控、运行、维护	输电、配电	其他
203.10-232	JB/T 10112—2013	变压器用油泵	2013-9-1		JB/T 10112—1999	采购、运维	招标、品控、运行、维护	变电、配电	变压器
203.10-233	JB/T 10263—2016	低压抽出式成套开关设备和控制设备辅助电路用接插件	2017-4-1		JB/T 10263—2001	采购、运维	招标、品控、运行、维护	变电、配电	开关
203.10-234	JB/T 10319—2014	变压器用波纹油箱	2014-10-1		JB/T 10319—2002	采购、运维	招标、品控、运行、维护	变电、配电	变压器
203.10-235	JB/T 10323—2016	低压抽出式成套开关设备和控制设备主电路用接插件	2017-4-1		JB/T 10323—2002	采购、运维	招标、品控、运行、维护	变电、配电	开关
203.10-236	JB/T 10942—2010	干式变压器用F级预浸料	2010-7-1			采购、运维	招标、品控、运行、维护	变电	变压器
203.10-237	JB/T 11203—2011	高压交流真空开关设备用固封极柱	2012-4-1			采购、运维	招标、品控、运行、维护	变电	开关
203.10-238	JB/T 11493—2013	变压器用闸阀	2013-9-1			采购、运维	招标、品控、运行、维护	变电、配电	变压器
203.10-239	JB/T 11621—2013	电化学气体传感器	2014-7-1			采购、运维	招标、品控、运行、维护	变电	其他

续表

体系结构号	标准编号	标 准 名 称	实施日期	与国际标准对应关系	代替标准	阶段	分阶段	专业	分专业
203.10-240	JB/T 11778—2014	铜铝复合导体母线槽	2014-10-1			采购、运维	招标、品控、运行、维护	变电、配电	其他
203.10-241	JB/T 11867—2014	屏蔽用铜包铝合金线	2014-10-1			采购、运维	招标、品控、运行、维护	输电、变电	其他
203.10-242	JB/T 11868.1—2014	电工用铜包钢线 第 1 部分：硬态铜包钢线	2014-10-1			采购、运维	招标、品控、运行、维护	输电、变电	其他
203.10-243	JB/T 11868.2—2014	电工用铜包钢线 第 2 部分：软态铜包钢线	2014-10-1			采购、运维	招标、品控、运行、维护	输电、变电	其他
203.10-244	JB/T 12165—2015	电气绝缘用无卤低烟阻燃玻璃纤维布带	2015-10-1			采购、运维	招标、品控、运行、维护	输电、变电	其他
203.10-245	JB/T 12168—2015	电气用压敏胶黏带 涂压敏胶黏剂的 PVC 薄膜胶黏带	2015-10-1			采购、运维	招标、品控、运行、维护	输电、变电	其他
203.10-246	JB/T 12169—2015	电气用压纸板和薄纸板薄纸板	2015-10-1			采购、运维	招标、品控、运行、维护	输电、变电	其他
203.10-247	JB/T 12171—2015	电气用压敏胶黏带 涂压敏胶黏剂的聚四氟乙烯薄膜胶黏带	2015-10-1	IEC 60454-3-14: 2001		采购、运维	招标、品控、运行、维护	输电、变电	其他
203.10-248	JB/T 12172—2015	电气用玻璃及玻璃聚酯纤维机织带	2015-10-1	IEC 61067-3-1: 1995, MOD		采购、运维	招标、品控、运行、维护	输电、变电	其他
203.10-249	JB/T 12173—2015	电气用聚酯纤维机织带	2015-10-1	IEC 61068-3-1: 1995, MOD		采购、运维	招标、品控、运行、维护	输电、变电	其他
203.10-250	JB/T 12175—2015	电气用真空浸胶环氧玻璃布板	2015-10-1			采购、运维	招标、品控、运行、维护	输电、变电	其他
203.10-251	JB/T 12257—2018	电气绝缘用复合围板	2018-12-1			采购、运维	招标、品控、运行、维护	变电	其他
203.10-252	JB/T 12423—2015	电气用聚碳酸酯薄膜	2016-3-1			采购、运维	招标、品控、运行、维护	输电、变电	其他
203.10-253	JB/T 12424—2015	电气用热固性模塑制品可视缺陷定义及分类（SMC/BMC）	2016-3-1			采购、运维	招标、品控、运行、维护	输电、变电	其他
203.10-254	JB/T 12426—2015	电气用热收缩聚四氟乙烯软管	2016-3-1			采购、运维	招标、品控、运行、维护	输电、变电	其他
203.10-255	JB/T 12427—2015	电气用热收缩半软质聚偏二氟乙烯软管	2016-3-1			采购、运维	招标、品控、运行、维护	输电、变电	其他
203.10-256	JB/T 12428—2015	电气用热收缩半硬质聚偏二氟乙烯软管	2016-3-1			采购、运维	招标、品控、运行、维护	输电、变电	其他

体系结构号	标准编号	标　准　名　称	实施日期	与国际标准对应关系	代替标准	阶段	分阶段	专业	分专业
203.10-257	JB/T 12529—2015	工业钨铼热电偶技术条件	2016-3-1			采购、运维	招标、品控、运行、维护	发电、变电	其他
203.10-258	JB/T 12550—2015	气动减压阀	2016-3-1			采购、运维	招标、品控、运行、维护	发电、变电	其他
203.10-259	JB/T 12878—2016	母线绝缘用聚烯烃热收缩管	2017-4-1			采购、运维	招标、品控、运行、维护	变电、配电	变压器
203.10-260	JB/T 13060—2017	变压器专用低噪声冷却通风机	2017-7-1			采购、运维	招标、品控、运行、维护	变电、配电	变压器
203.10-261	JB/T 13109—2017	催化燃烧式气体传感器	2018-1-1			采购、运维	招标、品控、运行、维护	变电、配电	其他
203.10-262	JB/T 13110—2017	电涡流式接近开关传感器	2018-1-1			采购、运维	招标、品控、运行、维护	变电、配电	其他
203.10-263	JB/T 13111—2017	热式质量流量传感器	2018-1-1			采购、运维	招标、品控、运行、维护	变电、配电	其他
203.10-264	JB/T 13112—2017	仪器仪表用钢化玻璃表盖	2018-1-1			采购、运维	招标、品控、运行、维护	变电、配电	其他
203.10-265	JB/T 13145—2017	电气绝缘用水溶性半无机硅钢片漆	2018-1-1			采购、运维	招标、品控、运行、维护	变电	其他
203.10-266	JB/T 13395—2018	电气用热收缩焊锡管	2018-12-1			采购、运维	招标、品控、运行、维护	变电	其他
203.10-267	JB/T 13396—2018	电气用热缩型压接端子	2018-12-1			采购、运维	招标、品控、运行、维护	变电	其他
203.10-268	JB/T 13478—2018	电气绝缘用导磁板	2018-12-1			采购、运维	招标、品控、运行、维护	变电	其他
203.10-269	JB/T 13535—2018	电磁屏蔽　吸波片	2019-5-1			采购、运维	招标、品控、运行、维护	变电	其他
203.10-270	JB/T 13538—2018	电磁屏蔽用镀金属层导电粉体	2019-5-1			采购、运维	招标、品控、运行、维护	变电	其他
203.10-271	JB/T 13574—2018	电气绝缘用树脂基活性复合物　环氧滴浸树脂	2019-5-1			采购、运维	招标、品控、运行、维护	变电	其他
203.10-272	JB/T 13575—2018	电气绝缘用树脂基活性复合物　环氧连续沉浸树脂	2019-5-1			采购、运维	招标、品控、运行、维护	变电	其他
203.10-273	JB/T 13593—2018	电气用氟弹性体热收缩管	2019-10-1			采购、运维	招标、品控、运行、维护	变电	其他

续表

体系结构号	标准编号	标准名称	实施日期	与国际标准对应关系	代替标准	阶段	分阶段	专业	分专业
203.10-274	QB/T 4900—2015	双电层电容器纸	2016-3-1			采购、运维	招标、品控、运行、维护	换流	其他
203.10-275	YS/T 1070—2015	真空断路器用银及其合金钎料环	2015-10-1			采购、运维	招标、品控、运行、维护	变电、配电	开关
203.10-276	YS/T 1096—2016	电工用镉铜棒	2016-9-1			采购、运维	招标、品控、运行、维护	发电、变电	其他
203.10-277	YS/T 1105—2016	半导体封装用键合银丝	2016-9-1			采购、运维	招标、品控、运行、维护	发电、变电	其他
203.10-278	YB/T 122—2017	高炉用石墨块	2018-1-1		YB/T 122—1997	采购、运维	招标、品控、运行、维护	发电、变电	其他
203.10-279	YB/T 4361—2014	钢筋混凝土用耐蚀钢筋	2014-10-1			采购、运维	招标、品控、运行、维护	发电、输电、变电	其他
203.10-280	YB/T 4362—2014	钢筋混凝土用不锈钢钢筋	2014-10-1			采购、运维	招标、品控、运行、维护	发电、输电、变电	其他
203.10-281	YB/T 4517—2016	700MW及以上级大型电机用冷轧无取向电工钢带	2016-7-1			采购、运维	招标、品控、运行、维护	发电	其他
203.10-282	YB/T 4518—2016	500kV 及以上变压器用冷轧取向电工钢带	2016-7-1			采购、运维	招标、品控、运行、维护	变电	变压器
203.10-283	YB/T 4450—2015	一般用途涂塑钢丝	2015-10-1			采购、运维	招标、品控、运行、维护	发电、输电、变电	其他
203.10-284	YB/T 4451—2015	预应力混凝土用刻痕钢绞线	2015-10-1			采购、运维	招标、品控、运行、维护	发电、输电、变电	其他
203.10-285	SJ/T 99—2016	变压器和扼流圈用铁心片及铁心叠厚系列	2016-6-1		SJ 97—1965；SJ 99—1987	采购、运维	招标、品控、运行、维护	变电、配电	变压器
203.10-286	SJ/T 10464—2015	电容器用金属化聚丙烯薄膜	2015-10-1		SJ/T 10464—1993	采购、运维	招标、品控、运行、维护	换流	其他
203.10-287	SJ/T 10465—2015	电容器用金属化聚酯薄膜	2015-10-1		SJ/T 10465—1993	采购、运维	招标、品控、运行、维护	换流	其他
203.10-288	SJ/T 11519—2015	电子连接用镀锡铜线规范	2015-10-1			采购、运维	招标、品控、运行、维护	变电、配电	其他
203.10-289	SY/T 0516—2016	绝缘接头与绝缘法兰技术规范	2017-5-1		SY/T 0516—2008	采购、运维	招标、品控、运行、维护	发电、输电、变电	其他
203.10-290	HG/T 4770—2014	电力变压器用防腐涂料	2015-6-1			采购、运维	招标、品控、运行、维护	变电、配电	变压器

续表

体系结构号	标准编号	标 准 名 称	实施日期	与国际标准对应关系	代替标准	阶段	分阶段	专业	分专业
203.10-291	HG/T 4823—2015	电池用硫酸锰	2016-1-1			采购、运维	招标、品控、运行、维护	变电、配电	变压器
203.10-292	JG/T 94—2013	钢筋气压焊机	2013-8-1		JG/T 94—1999	采购、运维	招标、品控、运行、维护	变电、配电	变压器
203.10-293	JG/T 486—2015	混凝土用复合掺合料	2016-4-1			采购、运维	招标、品控、运行、维护	变电、配电	变压器
203.10-294	JGJ 366—2015	混凝土结构成型钢筋应用技术规程	2016-6-1			采购、运维	招标、品控、运行、维护	变电、配电	变压器
203.10-295	CECS 187—2005	油浸变压器排油注氮装置技术规程	2005-10-1			采购、运维	招标、品控、运行、维护	变电、配电	变压器
203.10-296	JC/T 452—2009	通用水泥质量等级	2010-6-1		JC/T 452—2002	采购、运维	招标、品控、运行、维护	其他	
203.10-297	GB/T 2—2016	紧固件 外螺纹零件末端	2016-6-1		GB/T 2—2001	采购、运维	招标、品控、运行、维护	输电、变电	其他
203.10-298	GB 93—1987	标准型弹簧垫圈	1988-2-1	DIN 137	GB 93—1976；GB 92—1958	采购、运维	招标、品控、运行、维护	输电、变电	其他
203.10-299	GB/T 95—2002	平垫圈 C 级	2003-6-1	EQV ISO 7091: 2000	GB/T 95—1985	采购、运维	招标、品控、运行、维护	输电、变电	其他
203.10-300	GB/T 197—2018	普通螺纹 公差	2018-10-1		GB/T 197—2003	采购、运维	招标、品控、运行、维护	输电、变电	其他
203.10-301	GB/T 699—2015	优质碳素结构钢	2016-11-1		GB/T 699—1999	采购、运维	招标、品控、运行、维护	输电、变电	其他
203.10-302	GB/T 984—2001	堆焊焊条	2002-6-1	ANSI/AWS A5.13，EQV	GB/T 984—1985	采购、运维	招标、品控、运行、维护	输电、变电	其他
203.10-303	GB 1173—2013	铸造铝合金	2014-6-1		GB/T 1173—1995	采购、运维	招标、品控、运行、维护	输电、变电	其他
203.10-304	GB/T 1303.4—2009	电气用热固性树脂工业硬质层压板 第 4 部分：环氧树脂硬质层压板	2009-12-1	IEC 60893-3-2—2003，MOD	GB/T 1303.1—1998	采购、运维	招标、品控、运行、维护	其他	
203.10-305	GB/T 1591—2018	低合金高强度结构钢	2019-2-1		GB/T 1591—2008	采购、运维	招标、品控、运行、维护	输电、变电	其他
203.10-306	GB/T 2061—2013	散热器散热片专用铜及铜合金箔材	2014-5-1		GB/T 2061—2004	采购、运维	招标、品控、运行、维护	输电、变电	其他

续表

体系结构号	标准编号	标准名称	实施日期	与国际标准对应关系	代替标准	阶段	分阶段	专业	分专业
203.10-307	GB/T 2314—2008	电力金具通用技术条件	2009-8-1	IEC 61284: 1997，MOD	GB 2314—1997	采购、运维	招标、品控、运行、维护	输电、变电、配电	其他、变压器
203.10-308	GB/T 2315—2017	电力金具标称破坏载荷系列及连接型式尺寸	2018-7-1		GB/T 2315—2008	采购、运维	招标、品控、运行、维护	输电、变电、配电	其他、变压器
203.10-309	GB/T 2658—2015	小型交流风机通用技术条件	2015-12-1		GB/T 2658—1995	采购、运维	招标、品控、运行、维护	发电	风电
203.10-310	GB/T 2903—2015	铜—铜镍（康铜）热电偶丝	2015-12-1		GB/T 2903—1998	采购、运维	招标、品控、运行、维护	输电、变电	其他
203.10-311	GB/T 2940—2005	柴油机用喷油泵、调速器、喷油器弹簧技术条件	2006-1-1		GB/T 2940—1982	采购、运维	招标、品控、运行、维护	发电、变电	其他
203.10-312	GB/T 3077—2015	合金结构钢	2016-11-1		GB/T 3077—1999	采购、运维	招标、品控、运行、维护	输电、变电	其他
203.10-313	GB/T 3098.1—2010	紧固件机械性能　螺栓、螺钉和螺柱	2011-10-1	ISO 898-1—2009，MOD	GB/T 3098.1—2000	采购、运维	招标、品控、运行、维护	其他	
203.10-314	GB/T 3098.7—2000	紧固件机械性能　自挤螺钉	2001-2-1	ISO 7085—1999，IDT	GB/T 3098.7—1986	采购、运维	招标、品控、运行、维护	其他	
203.10-315	GB/T 3103.1—2002	紧固件公差　螺栓、螺钉、螺柱和螺母	2003-6-1	ISO 4759-1—2000，IDT	GB/T 3103.1—1982	采购、运维	招标、品控、运行、维护	其他	
203.10-316	GB/T 3615—2016	电解电容器用铝箔	2017-9-1		GB/T 3615—2007	采购、运维	招标、品控、运行、维护	换流	其他
203.10-317	GB/T 3797—2016	电气控制设备	2016-9-1		GB/T 3797—2005	采购、运维	招标、品控、运行、维护	发电、变电	其他
203.10-318	GB/T 4990—2010	热电偶用补偿导线合金丝	2011-5-1		GB/T 4990—1995	采购、运维	招标、品控、运行、维护	发电、变电	其他
203.10-319	GB/T 4994—2015	铁—铜镍（康铜）热电偶丝	2015-12-1		GB/T 4994—1998	采购、运维	招标、品控、运行、维护	发电、变电	其他
203.10-320	GB/T 5117—2012	非合金钢及细晶粒钢焊条	2013-3-1	ISO 2560—2009，MOD	GB/T 5117—1995	采购、运维	招标、品控、运行、维护	其他	
203.10-321	GB/T 5273—2016	高压电器端子尺寸标准化	2016-11-1	IEC/TR 62271-301: 2009，MOD	GB/T 5273—1985	采购	招标	基础综合	
203.10-322	GB/T 5293—2018	埋弧焊用非合金钢及细晶粒钢实心焊丝、药芯焊丝和焊丝—焊剂组合分类要求	2018-10-1		GB/T 5293—1999	采购、运维	招标、品控、运行、维护	发电、变电	其他
203.10-323	GB/T 7113.1—2014	绝缘软管　第1部分：定义和一般要求	2015-2-1		GB/T 7113—2003	采购、运维	招标、品控、运行、维护	发电、变电	其他

续表

体系结构号	标准编号	标准名称	实施日期	与国际标准对应关系	代替标准	阶段	分阶段	专业	分专业
203.10-324	GB/T 8411.3—2009	陶瓷和玻璃绝缘材料　第3部分：材料性能	2009-11-1	IEC 60672-3: 1997		采购、运维	招标、品控、运行、维护	发电、变电	其他
203.10-325	GB/T 11026.4—2012	电气绝缘材料　耐热性　第4部分：老化烘箱　单室烘箱	2013-6-1	IEC 60216-4-1—2006，IDT	GB/T 11026.4—1999	采购、运维	招标、品控、运行、维护	其他	
203.10-326	GB/T 12228—2006	通用阀门　碳素钢锻件技术条件	2007-5-1		GB/T 12228—1989	采购、运维	招标、品控、运行、维护	发电、变电	其他
203.10-327	GB/T 12233—2006	通用阀门　铁制截止阀与升降式止回阀	2007-5-1		GB/T 12233—1989	采购、运维	招标、品控、运行、维护	发电、变电	其他
203.10-328	GB/T 12241—2005	安全阀一般要求	2005-8-1	ISO 4126-1—1991，MOD	GB/T 12241—1989	采购、运维	招标、品控、运行、维护	基础综合	
203.10-329	GB/T 12470—2018	埋弧焊用热强钢实心焊丝、药芯焊丝和焊丝—焊剂组合分类要求	2018-10-1		GB/T 12470—2003	采购、运维	招标、品控、运行、维护	其他	
203.10-330	GB/T 12973—2013	换向器与集电环尺寸	2014-5-10		GB/T 12973—1991	采购、运维	招标、品控、运行、维护	发电、变电	其他
203.10-331	GB/T 13657—2011	双酚A型环氧树脂	2012-6-1		GB/T 13657—1992	采购、运维	招标、品控、运行、维护	输电、变电、配电	其他、变压器
203.10-332	GB/T 15601—2013	管法兰用金属包覆垫片	2014-10-1		GB/T 15601—1995	采购、运维	招标、品控、运行、维护	发电、变电	其他
203.10-333	GB/T 16316—1996	电气安装用导管配件的技术要求　第1部分:通用要求	1997-1-1	IEC 1035-1: 1990，EQV		采购、运维	招标、品控、运行、维护	发电、变电	其他
203.10-334	GB/T 16935.3—2016	低压系统内设备的绝缘配合　第3部分：利用涂层、罐封和模压进行防污保护	2016-11-1		GB/T 16935.3—2005	设计、采购	初设、施工图、招标、品控	配电、用电	其他
203.10-335	GB/T 17854—2018	埋弧焊用不锈钢焊丝—焊剂组合分类要求	2018-10-1		GB/T 17854—1999	采购、运维	招标、品控、运行、维护	其他	
203.10-336	GB/T 17951.2—2014	半工艺冷轧无取向电工钢带	2015-4-1		GB/T 17951.2—2002	采购、运维	招标、品控、运行、维护	发电、变电	其他
203.10-337	GB/T 19449.2—2004	带有法兰接触面的空心圆锥接口　第2部分:安装孔—尺寸	2004-8-1	ISO 12164-2: 2001，IDT		采购、运维	招标、品控、运行、维护	发电、变电	其他
203.10-338	GB/T 20235—2006	银氧化锡电触头材料技术条件	2006-12-1		GB 13397—1992	采购、运维	招标、品控、运行、维护	发电、变电	其他
203.10-339	GB/T 21698—2008	复合接地体技术条件	2008-12-1			采购、运维	招标、品控、运行、维护	输电、变电	其他

续表

体系结构号	标准编号	标 准 名 称	实施日期	与国际标准对应关系	代替标准	阶段	分阶段	专业	分专业
203.10-340	GB/T 23641—2018	电气用纤维增强不饱和聚酯模塑料（SMC/BMC）	2019-1-1		GB/T 23641—2009	采购、运维	招标、品控、运行、维护	其他	
203.10-341	GB 25998—2010	矿物棉装饰吸声板	2011-10-1	JIS A 6301—2007，NEQ		采购、运维	招标、品控、运行、维护	发电、变电	其他
203.10-342	GB/T 26867—2011	铜铬电触头技术条件	2011-12-1			采购、运维	招标、品控、运行、维护	发电、变电	其他
203.10-343	GB/T 28535—2018	铅酸蓄电池隔板	2019-7-1		GB/T 28535—2012	采购、运维	招标、品控、运行、维护	发电、变电	其他
203.10-344	GB 29415—2013	耐火电缆槽盒	2014-8-1			采购、运维	招标、品控、运行、维护	发电、变电	其他
203.10-345	GB/T 29822—2013	钨铼热电偶丝及分度表	2014-3-15			采购、运维	招标、品控、运行、维护	发电、变电	其他
203.10-346	GB/T 29920—2013	电工用稀土高铁铝合金杆	2014-8-1			采购、运维	招标、品控、运行、维护	输电、变电	其他
203.10-347	GB/T 30147—2013	安防监控视频实时智能分析设备技术要求	2014-8-1			采购、运维	招标、品控、运行、维护	输电、变电、配电	其他
203.10-348	GB/T 30562—2014	钛及钛合金焊丝	2014-12-1			采购、运维	招标、品控、运行、维护	输电、变电、配电	其他
203.10-349	GB/T 31235—2014	±800kV 直流输电线路金具技术规范	2015-4-1			采购、运维	招标、品控、运行、维护	输电	其他
203.10-350	GB/T 31239—2014	1000kV 变电站金具技术规范	2015-4-1			采购、运维	招标、品控、运行、维护	变电	其他
203.10-351	GB/T 31296—2014	混凝土防腐阻锈剂	2015-10-1			采购、运维、修试	招标、品控、运行、维护、检修	输电、变电	其他
203.10-352	GB/T 31438—2015	混凝土灌注桩用钢薄壁声测管	2015-8-1			采购、运维	招标、品控、运行、维护	输电、变电、配电	其他
203.10-353	GB/T 31838.1—2015	固体绝缘材料 介电和电阻特性 第1部分：总则	2016-2-1	IEC 62631-1: 2011		采购、运维	招标、品控、运行、维护	输电、变电、配电	其他
203.10-354	GB/T 31946—2015	水电站压力钢管用钢板	2016-6-1			采购、运维	招标、品控、运行、维护	发电	水电
203.10-355	GB/T 32288—2015	电力变压器用电工钢铁心	2016-11-1			采购、运维	招标、品控、运行、维护	变电、配电	变压器

续表

体系结构号	标准编号	标　准　名　称	实施日期	与国际标准对应关系	代替标准	阶段	分阶段	专业	分专业
203.10-356	GB/T 32499—2016	连接器件　任何材料的夹紧件用铝线的连接器件及铝基夹紧件用铜线的连接器件	2016-9-1	IEC 61545: 1996		采购、运维	招标、品控、运行、维护	输电、变电、配电	其他
203.10-357	GB/T 32511—2016	电磁屏蔽塑料通用技术要求	2016-9-1			采购、运维	招标、品控、运行、维护	输电、变电、配电	其他
203.10-358	GB/T 32517—2016	固定装置中永久性连接用安装式耦合器	2016-9-1	IEC 61535: 2012		采购、运维	招标、品控、运行、维护	输电、变电、配电	其他
203.10-359	GB/T 32968—2016	钢筋混凝土用锌铝合金镀层钢筋	2017-7-1			采购、运维	招标、品控、运行、维护	输电、变电、配电	其他
203.10-360	GB/T 33143—2016	锂离子电池用铝及铝合金箔	2017-9-1			采购、运维	招标、品控、运行、维护	输电、变电、配电	其他
203.10-361	GB/T 33214—2016	钢、镍及镍合金的激光-电弧复合焊接接头　缺欠质量分级指南	2017-7-1	ISO 12932: 2013		采购、运维	招标、品控、运行、维护	输电、变电、配电	其他
203.10-362	GB/T 33228—2016	电站高频导电用铝合金挤压管材	2017-11-1			采购、运维	招标、品控、运行、维护	发电、变电	其他、变压器
203.10-363	GB/T 33229—2016	电气元件用涂层铝及铝合金带材	2017-11-1			采购、运维	招标、品控、运行、维护	其他	
203.10-364	GB/T 33240—2016	钢筋混凝土用镀锌铝合金-环氧树脂复合涂层钢筋	2017-9-1			采购、运维	招标、品控、运行、维护	其他	
203.10-365	GB/T 33366—2016	电子机柜用铝合金挤压棒材	2017-7-1			采购、运维	招标、品控、运行、维护	其他	
203.10-366	GB/T 33953—2017	钢筋混凝土用耐蚀钢筋	2018-4-1			采购、运维	招标、品控、运行、维护	其他	
203.10-367	GB/T 33959—2017	钢筋混凝土用不锈钢钢筋	2018-4-1			采购、运维	招标、品控、运行、维护	其他	
203.10-368	GB/T 34182—2017	复合材料电缆支架	2018-8-1			采购、运维	招标、品控、运行、维护	输电	电缆
203.10-369	GB/T 34320—2017	六氟化硫电气设备用分子筛吸附剂使用规范	2018-4-1			采购、运维	招标、品控、运行、维护	变电	其他
203.10-370	GB/T 34662—2017	电气设备　可接触热表面的温度指南	2018-5-1	IEC Guide 117: 2010		采购、运维	招标、品控、运行、维护	其他	
203.10-371	GB/T 34864—2017	开关磁阻电动机通用技术条件	2018-5-1			采购、运维	招标、品控、运行、维护	其他	

续表

体系结构号	标准编号	标 准 名 称	实施日期	与国际标准对应关系	代替标准	阶段	分阶段	专业	分专业
203.10-372	GB/T 35693—2017	±800kV 特高压直流输电工程阀厅金具技术规范	2018-7-1			采购、运维	招标、品控、运行、维护	换流	其他
203.10-373	GB/T 36010—2018	铂铑 40-铂铑 20 热电偶丝及分度表	2018-10-1			采购、运维	招标、品控、运行、维护	输电、变电、配电	其他
203.10-374	GB/T 36034—2018	埋弧焊用高强钢实心焊丝、药芯焊丝和焊丝-焊剂组合分类要求	2018-10-1			采购、运维	招标、品控、运行、维护	输电、变电、配电	其他
203.10-375	GB/T 36037—2018	埋弧焊和电渣焊用焊剂	2018-10-1			采购、运维	招标、品控、运行、维护	输电、变电、配电	其他
203.10-376	GB/T 36130—2018	铁塔结构用热轧钢板和钢带	2019-2-1			采购、运维	招标、品控、运行、维护	输电、变电、配电	其他
203.10-377	GB/T 36146—2018	锂离子电池用压延铜箔	2019-2-1			采购、运维	招标、品控、运行、维护	输电、变电、配电	其他
203.10-378	GB/T 36363—2018	锂离子电池用聚烯烃隔膜	2019-1-1			采购、运维	招标、品控、运行、维护	发电	储能
203.10-379	GB/T 36763—2018	电磁屏蔽用硫化橡胶通用技术要求	2019-4-1			采购、运维	招标、品控、运行、维护	输电、变电、配电	其他
203.10-380	GB/T 37204—2018	全钒液流电池用电解液	2019-11-1			采购、运维	招标、品控、运行、维护	发电	储能
203.10-381	GB 50018—2002	冷弯薄壁型钢结构技术规范	2003-1-1			采购、运维	招标、品控、运行、维护	输电、变电、配电	其他
203.10-382	JJG 75—1995	标准铂铑 10-铂热电偶	1995-12-1		JJG 75—1982	采购、运维	招标、品控、运行、维护	其他	
203.10-383	ANSI 80.1—2005	镀锌刚性钢导管（GCR）		NEMA C 80. 1—2005，IDT	ANSI C 80.1—1995	采购、运维	招标、品控、运行、维护	其他	
203.10-384	ANSI C 12.9—2005	变压器额定仪表用测试开关			ANSI C 12.9—1993	采购、运维	招标、品控、运行、维护	变电、配电	变压器
203.10-385	ANSI UL 360—2012	防液体渗漏的柔性钢制导线管的安全性标准（提议时间 2016-6-22）			ANSI UL 360—2008；ANSI UL 360 a—2009	采购、运维	招标、品控、运行、维护	其他	
203.10-386	ANSI UL 810 A—2012	电化学电容器标准	2012-9-21		ANSI UL 810 A—2008；ANSI UL 810 A—2011	采购、运维	招标、品控、运行、维护	其他	

续表

体系结构号	标准编号	标 准 名 称	实施日期	与国际标准对应关系	代替标准	阶段	分阶段	专业	分专业
203.10-387	ANSI UL 1682—2017	针型和套管型插头、插座和电缆连接器的安全性标准	2017-2-15		UL 1682—2013	采购、运维	招标、品控、运行、维护	其他	
203.10-388	ANSI UL 2255—2012	插座封盖安全性标准			ANSI UL 2255—2011	采购、运维	招标、品控、运行、维护	其他	
203.10-389	ASTM B942—2010（2015）	脆性钢丝端电接触性能规格及质量保证指南	2010-10-1		ASTM B942—2010e1	采购、运维	招标、品控、运行、维护	其他	
203.10-390	BS EN 62770—2014	电工用液体　适用于变压器和类似电气设备未使用过的天然酯	2014-4-30			采购、运维	招标、品控、运行、维护	变电、配电	变压器
203.10-391	DIN EN 10265—1996	磁性材料　具有特殊机械性能和磁性的钢板与带	1996-1-1			采购、运维	招标、品控、运行、维护	其他	
203.10-392	NF C 93-643-116—2012	绝缘软套管　第3部分：各种型号套管规范活页116和117：聚氯丁烯型材、通用用途	2012-6-9	EN 60684-3-116—2011，IDT；IEC60684-3-116—2010，IDT	NF C 93-643-116—2003	采购、运维	招标、品控、运行、维护	其他	
203.10-393	IEC 60252-2 AMD 1—2013	交流电动机电容器　第2部分：电动机启动电容器	2013-8-29	EN 60252-2/A1—2013，IDT		采购、运维	招标、品控、运行、维护	其他	
203.10-394	IEC 60641-1—2007	电工用压纸板和薄纸板规范　第1部分：定义和一般要求	2007-11-14		IEC 60641-1—1979；IEC 60641-1—1979/Amd 1— 1993；IEC 60641-1— 1979+Amd 1—1993	采购、运维	招标、品控、运行、维护	其他	
203.10-395	IEC 60684-3-205—2011	绝缘软套管　第3部分：各种型号套管的规范.活页205：标称收缩率为1.7:1和2:1阻燃热收缩氯化聚烯烃套管	2011-6-21		IEC 15/626/FDIS-201	采购、运维	招标、品控、运行、维护	变电、配电	其他
203.10-396	IEC 60684-3-214—2013	绝缘软管　第3部分：各种型号软管的规范.活页214：中厚壁不阻燃聚烯烃热收缩软管	2013-11-19		IEC 60684-3-214—2005	采购、运维	招标、品控、运行、维护	变电、配电	其他
203.10-397	IEC 60684-3-216 AMD 2—2013	绝缘软套管　第3部分：各种型号软管的规范.活页216：热缩、阻燃、耐火套管	2013-12-12			采购、运维	招标、品控、运行、维护	变电、配电	其他
203.10-398	IEC 60684-3-247—2011	绝缘软管　第3部分：各种类型软管的规格.活页247：夹墙、厚和中等墙壁用非火焰迟钝型热缩式聚烯烃套管	2011-6-23			采购、运维	招标、品控、运行、维护	变电、配电	其他

体系结构号	标准编号	标 准 名 称	实施日期	与国际标准对应关系	代替标准	阶段	分阶段	专业	分专业
203.10-399	IEC 60684-3-271—2011	绝缘软管 第3部分：各种型号软管规范.活页 271：阻燃、耐流体、收缩比2:1的热收缩，弹性体软管	2011-6-21		IEC 60684-3-271—2004	采购、运维	招标、品控、运行、维护	变电、配电	其他
203.10-400	IEC 60684-3-280—2010+Amd 1—2013	绝缘软套管 第3部分：各种型号软管的规范.活页 280：热收缩抗漏电聚烯烃软管	2013-12-12			采购、运维	招标、品控、运行、维护	变电、配电	其他
203.10-401	IEC 60684-3-283 AMD I—2013	绝缘软套管 第3部分：各种型号软管的规范活页 283；母线绝缘用热缩减聚烯烃套管	2013-12-12			采购、运维	招标、品控、运行、维护	变电、配电	其他
203.10-402	IEC 60763-1—2010	电气用途的层压板 第1部分：定义、分类和一般要求	2010-8-6	EN 60763—1—2011，IDT	IEC 60763-1—1983	采购、运维	招标、品控、运行、维护	其他	
203.10-403	IEC 60763-3-1—2010	电气用层压板 第3部分：单个材料规范活页 1：LB3 1A.1和3.1A.2型层合预压纸板的要求	2010-8-6	EN 60763-3-1—2011，IDT	IEC 60763-3-1—1992	采购、运维	招标、品控、运行、维护	其他	
203.10-404	IEC 62027—2011	零部件表的编辑	2011-10-12		IEC 62027—2000	采购、运维、修试	招标、品控、运行、维护、检修、试验	基础综合	
203.10-405	IEC/TR 62655—2013	高压熔断器教程和应用指南	2013-5-22		IEC 60787—2007	采购、运维	招标、品控、运行、维护	变电	其他
203.10-406	ISO 4032—2012	六角规则螺母（类型1）产品等级A和B	2012-12-13		ISO 4032—1999	采购、运维	招标、品控、运行、维护	其他	
——电力电子类									
203.10-407	T/CEC 123—2016	断路器选相控制器通用技术条件	2017-1-1			运维、修试	运行、维护、检修、试验	变电	开关
203.10-408	DL/T 781—2001	电力用高频开关整流模块	2002-2-1			运维、修试	运行、维护、检修、试验	换流	其他
203.10-409	DL/T 857—2004	发电厂、变电所蓄电池用整流逆变设备技术条件	2004-6-1			采购、建设、运维、修试	招标、品控、验收与质量评定、运行、维护、检修、试验	发电、变电	其他
203.10-410	NB/T 31040—2012	具有短路保护功能的电涌保护器	2013-3-1			采购、运维、修试	招标、品控、运行、维护、检修、试验	输电、变电、配电	其他
203.10-411	NB/T 32002—2012	太阳能草坪灯	2012-12-1			采购、运维、修试	招标、品控、运行、维护、检修、试验	输电、变电、配电	其他

体系结构号	标准编号	标　准　名　称	实施日期	与国际标准对应关系	代替标准	阶段	分阶段	专业	分专业
203.10-412	NB/T 32003—2012	太阳能热利用自限温电热带	2012-12-1			采购、运维、修试	招标、品控、运行、维护、检修、试验	输电、变电、配电	其他
203.10-413	JB/T 8949.1—2013	普通整流管　第1部分：螺栓形器件	2013-9-1		JB/T 8949.1—1999	采购、运维、修试	招标、品控、运行、维护、检修、试验	换流	其他
203.10-414	JB/T 8949.2—2013	普通整流管　第2部分：平板形器件	2013-9-1		JB/T 8949.2—1999	采购、运维、修试	招标、品控、运行、维护、检修、试验	换流	其他
203.10-415	JB/T 8950.1—2013	普通晶闸管　第1部分：螺栓形器件	2013-9-1		JB/T 8950.1—1999	采购、运维、修试	招标、品控、运行、维护、检修、试验	换流	其他
203.10-416	JB/T 8950.2—2013	普通晶闸管　第2部分：平板形器件	2013-9-1		JB/T 8950.2—1999	采购、运维、修试	招标、品控、运行、维护、检修、试验	换流	其他
203.10-417	JB/T 10259—2014	电缆和光缆用阻水带	2014-10-1		JB/T 10259—2001	采购、运维、修试	招标、品控、运行、维护、检修、试验	输电、配电	电缆、线缆
203.10-418	JB/T 10367—2014	液压减压阀	2014-11-1		JB/T 10367—2002	采购、运维、修试	招标、品控、运行、维护、检修、试验	发电、变电	其他
203.10-419	JB/T 10372—2014	液压压力继电器	2014-11-1		JB/T 10372—2002	采购、运维、修试	招标、品控、运行、维护、检修、试验	发电、变电	其他
203.10-420	JB/T 11340.1—2012	阀控式铅酸蓄电池安全阀　第1部分：安全阀	2012-11-1			采购、运维	招标、品控、运行、维护	其他	
203.10-421	JB/T 12617—2016	充电式电动工具开关	2016-6-1			采购、运维、修试	招标、品控、运行、维护、检修、试验	发电、变电	其他
203.10-422	SJ/T 11558.1—2016	LED驱动电源　第1部分：通用规范	2016-9-1			采购、运维、修试	招标、品控、运行、维护、检修、试验	发电、变电	其他
203.10-423	SJ/T 11626—2016	超级电容器用充电器通用规范	2016-9-1			采购、运维、修试	招标、品控、运行、维护、检修、试验	发电、变电	其他
203.10-424	SJ/T 1885.41.1—2018	电子设备用固定电容器　第41-1部分：空白详细规范　高压复合介质固定电容器	2018-7-1			采购、运维、修试	招标、品控、运行、维护、检修、试验	用电	其他
203.10-425	SJ/T 1885.41—2018	电子设备用固定电容器　第41部分：分规范　高压复合介质固定电容器	2018-7-1			采购、运维、修试	招标、品控、运行、维护、检修、试验	用电	其他
203.10-426	SJ/T 9014.8.2—2018	半导体器件　分立器件　第8-2部分：超结金属氧化物半导体场效应晶体管空白详细规范	2018-7-1			采购、运维、修试	招标、品控、运行、维护、检修、试验	换流	其他

续表

体系结构号	标准编号	标 准 名 称	实施日期	与国际标准对应关系	代替标准	阶段	分阶段	专业	分专业
203.10-427	HG/T 4340—2012	环氧云铁中间漆	2013-3-1			采购、运维、修试	招标、品控、运行、维护、检修、试验	发电、变电	其他
203.10-428	GB/T 1981.6—2014	电气绝缘用漆 第6部分：环保型水性浸渍漆	2015-2-1			采购、运维、修试	招标、品控、运行、维护、检修、试验	发电、变电	其他
203.10-429	GB/T 2471—1995	电阻器和电容器优先数系	1996-8-1	IEC 63: 1963，IDT	GB 2471—1981	采购、运维、修试	招标、品控、运行、维护、检修、试验	发电、变电	其他
203.10-430	GB/T 2775—2016	电子设备用电容器和电阻器 轴端、轴套和单孔轴套安装及轴控电子元件的优选尺寸	2016-11-1	IEC 60915: 2006.IDT	GB/T 2775—1993；GB/T 14120—1993	采购、运维、修试	招标、品控、运行、维护、检修、试验	发电、变电	其他
203.10-431	GB/T 3859.1—2013	半导体变流器 通用要求和电网换相变流器 第1-1部分：基本要求规范	2013-12-2	IEC 60146-1-1: 2009.MOD	GB/T 3859.1—1993	采购、运维、修试	招标、品控、运行、维护、检修、试验	换流	其他
203.10-432	GB/T 3859.2—2013	半导体变流器 通用要求和电网换相变流器 第1-2部分：应用导则	2013-12-2	IEC/TR 60146-1-2: 2011，MOD	GB/T 3859.2—1993	采购、运维、修试	招标、品控、运行、维护、检修、试验	换流	其他
203.10-433	GB/T 3859.3—2013	半导体变流器 通用要求和电网换相变流器 第1-3部分：变压器和电抗器	2013-12-2	IEC 60146-1-3: 1991，MOD	GB/T 3859.3—1993	采购、运维、修试	招标、品控、运行、维护、检修、试验	换流	其他
203.10-434	GB/T 4589.1—2006	半导体器件 第10部分：分立器件和集成电路总规范	2007-2-1	IEC 60747-10—1991，IDT	GB/T 4589.1—1989	采购、运维、修试	招标、品控、运行、维护、检修、试验	换流	其他
203.10-435	GB/T 4797.1—2018	环境条件分类 自然环境条件 温度和湿度	2018-12-1		GB/T 4797.1—2005	采购、运维、修试	招标、品控、运行、维护、检修、试验	基础综合	
203.10-436	GB/T 4797.4—2006	电工电子产品 自然环境条件 太阳辐射与温度	2007-9-1	IEC 60721-2-4: 2002，IDT	GB/T 4797.4—1989	采购、运维、修试	招标、品控、运行、维护、检修、试验	基础综合	
203.10-437	GB/T 4798.10—2006	电工电子产品应用环境条件 导言	2007-9-1	IEC 60721-3-0: 2002，IDT	GB/T 4798.10—1991	采购、运维、修试	招标、品控、运行、维护、检修、试验	基础综合	
203.10-438	GB/T 5966—2011	电子设备用固定电容器 第8部分：分规范 1类瓷介固定电容器	2012-7-1	IEC 60384-8: 2005	GB/T 5966—1996	采购、运维、修试	招标、品控、运行、维护、检修、试验	用电	其他
203.10-439	GB/T 6346.25—2018	电子设备用固定电容器 第25部分：分规范 表面安装导电高分子固体电解质铝固定电容器	2018-7-1			采购、运维、修试	招标、品控、运行、维护、检修、试验	用电	其他

续表

体系结构号	标准编号	标 准 名 称	实施日期	与国际标准对应关系	代替标准	阶段	分阶段	专业	分专业
203.10-440	GB/T 6346.2501—2018	电子设备用固定电容器 第25-1部分：空白详细规范 表面安装导电高分子固体电解质铝固定电容器 评定水平EZ	2018-7-1			采购、运维、修试	招标、品控、运行、维护、检修、试验	用电	其他
203.10-441	GB/T 6346.2601—2018	电子设备用固定电容器 第26-1部分：空白详细规范 导电高分子固体电解质铝固定电容器 评定水平EZ	2019-1-1			采购、运维、修试	招标、品控、运行、维护、检修、试验	用电	其他
203.10-442	GB/T 6346.26—2018	电子设备用固定电容器 第26部分：分规范 导电高分子固体电解质铝固定电容器	2019-1-1			采购、运维、修试	招标、品控、运行、维护、检修、试验	用电	其他
203.10-443	GB/T 8871—2001	交流接触器节电器	2017-3-23		GB 8871—2001	采购、运维、修试	招标、品控、运行、维护、检修、试验	配电	其他
203.10-444	GB/T 10185—2012	电子设备用固定电容器 第7部分：分规范 金属箔式聚苯乙烯膜介质直流固定电容器	2013-2-15	IEC 60770-1: 2010	GB/T 10185—1988	采购、运维、修试	招标、品控、运行、维护、检修、试验	用电	其他
203.10-445	GB/T 10186—2012	电子设备用固定电容器 第7-1部分：空白详细规范 金属箔式聚苯乙烯膜介质直流固定电容器 评定水平E	2013-2-15		GB/T 10186—1988	采购、运维、修试	招标、品控、运行、维护、检修、试验	用电	其他
203.10-446	GB/T 10190—2012	电子设备用固定电容器 第16部分：分规范 金属化聚丙烯膜介质直流固定电容器	2013-2-15	IEC 60384-16: 2005	GB/T 10190—1988	采购、运维、修试	招标、品控、运行、维护、检修、试验	用电	其他
203.10-447	GB/T 11026.2—2012	电气绝缘材料 耐热性 第2部分：试验判断标准的选择	2013-6-1	IEC 60216-2: 2005	GB/T 11026.2—2000	采购、运维、修试	招标、品控、运行、维护、检修、试验	输电、变电	其他
203.10-448	GB/T 11918.4—2014	工业用插头插座和耦合器 第4部分：有或无联锁带开关的插座和连接器	2015-1-22			采购、运维、修试	招标、品控、运行、维护、检修、试验	用电	其他
203.10-449	GB/T 12560—1999	半导体器件 分立器件分规范	2000-3-1	IEC 747-11: 1985 QC750100，IDT		采购、运维、修试	招标、品控、运行、维护、检修、试验	换流	其他
203.10-450	GB/T 15291—2015	半导体器件 第6部分：晶闸管	2017-1-1	IEC 60747-6: 2000	GB/T 15291—1994	采购、运维、修试	招标、品控、运行、维护、检修、试验	换流	其他
203.10-451	GB/T 15395—1994	电子设备机柜通用技术条件	1995-8-1		SJ 2167—1982	采购、运维、修试	招标、品控、运行、维护、检修、试验	配电	其他

续表

体系结构号	标准编号	标 准 名 称	实施日期	与国际标准对应关系	代替标准	阶段	分阶段	专业	分专业
203.10-452	GB/T 15651.4—2017	半导体器件　分立器件 第5-4部分：光电子器件　半导体激光器	2017-12-1	IEC 60747-5-4: 2006 IDT		采购、运维、修试	招标、品控、运行、维护、检修、试验	用电	其他
203.10-453	GB/T 16514.2—2005	电子设备用机电开关　第5-1部分：按钮开关 空白详细规范	2006-4-1	IEC 61020-5-1: 1991，IDT		采购、运维、修试	招标、品控、运行、维护、检修、试验	配电	其他
203.10-454	GB/T 17573—1998	半导体器件　分立器件和集成电路　第1部分：总则	1999-6-1	IEC 747-1: 1983，IDT		采购、运维、修试	招标、品控、运行、维护、检修、试验	配电	其他
203.10-455	GB/T 17614.1—2015	工业过程控制系统用变送器　第1部分：性能评定方法	2015-8-1	IEC 60770-1: 2010	GB/T 17614.1—2008	采购、运维、修试	招标、品控、运行、维护、检修、试验	换流	其他
203.10-456	GB/T 17702—2013	电力电子电容器	2013-7-1	IEC 61071: 2007	GB/T 17702.1—1999；GB/T 17702.2—1999	采购、运维、修试	招标、品控、运行、维护、检修、试验	换流	其他
203.10-457	GB/T 20129—2015	无损检测用电子直线加速器	2016-5-1		GB/T 20129—2006	采购、运维、修试	招标、品控、运行、维护、检修、试验	输电、变电	其他
203.10-458	GB/T 20626.2—2018	特殊环境条件　高原电工电子产品　第2部分：选型和检验规范	2019-7-1		GB/T 20626.2—2006	采购、运维、修试	招标、品控、运行、维护、检修、试验	基础综合	
203.10-459	GB/T 20626.3—2006	特殊环境条件高原电工电子产品　第3部分：雷电、污秽、凝露的防护要求	2007-4-1			采购、运维、修试	招标、品控、运行、维护、检修、试验	基础综合	
203.10-460	GB/T 25081—2010	高压带电显示装置（VPIS）	2017-3-23	IEC 61958: 2000	GB 25081—2010	运维、修试	运行、维护、检修、试验	输电、变电	其他
203.10-461	GB/T 29332—2012	半导体器件　分立器件 第9部分：绝缘栅双极晶体管（IGBT）	2013-6-1	IEC 60747-9: 2007，IDT		采购、运维、修试	招标、品控、运行、维护、检修、试验	用电	其他
203.10-462	GB/T 30835—2014	锂离子电池用炭复合磷酸铁锂正极材料	2015-4-1			运维、修试	运行、维护、检修、试验	变电	其他
203.10-463	GB/T 30836—2014	锂离子电池用钛酸锂及其炭复合负极材料	2015-4-1			运维、修试	运行、维护、检修、试验	变电	其他
203.10-464	GB/T 30854—2014	LED 发光用氮化镓基外延片	2015-4-1			运维、修试	运行、维护、检修、试验	变电	其他
203.10-465	GB/T 30855—2014	LED 外延芯片用磷化镓衬底	2015-4-1			运维、修试	运行、维护、检修、试验	变电	其他

续表

体系结构号	标准编号	标准名称	实施日期	与国际标准对应关系	代替标准	阶段	分阶段	专业	分专业
203.10-466	GB/T 30856—2014	LED 外延芯片用砷化镓衬底	2015-4-1			运维、修试	运行、维护、检修、试验	变电	其他
203.10-467	GB/T 31134—2014	电气用纤维增强环氧粉状模塑料（EP-PMC）	2015-2-1			运维、修试	运行、维护、检修、试验	变电	其他
203.10-468	GB/T 31135—2014	电气用纤维增强不饱和聚酯粉状模塑料（UP-PMC）	2015-2-1			运维、修试	运行、维护、检修、试验	变电	其他
203.10-469	GB/T 31242—2014	设备互连用单模光纤特性	2015-4-1			运维、修试	运行、维护、检修、试验	变电	其他
203.10-470	GB 31252—2014	防火监控报警插座与开关	2015-10-16			运维、修试	运行、维护、检修、试验	变电	其他
203.10-471	GB/T 31844—2015	电工电子设备机柜　铰链	2016-2-1			运维、修试	运行、维护、检修、试验	变电	其他
203.10-472	GB/T 32882—2016	电子电气产品包装物的材料声明	2017-3-1			运维、修试	运行、维护、检修、试验	变电	其他
203.10-473	GB/T 32886—2016	电子电气产品可回收利用材料选择导则	2017-3-1			运维、修试	运行、维护、检修、试验	变电	其他
203.10-474	GB/T 33588.1—2017	雷电防护系统部件（LPSC）第 1 部分：连接件的要求	2017-12-1	IEC 62561-1: 2012		运维、修试	运行、维护、检修、试验	输电、变电	其他
203.10-475	GB/T 33588.2—2017	雷电防护系统部件（LPSC）第 2 部分：导体和接地极的要求	2017-12-1	IEC 62561-2: 2012		运维、修试	运行、维护、检修、试验	输电、变电	其他
203.10-476	GB/T 33588.3—2017	雷电防护系统部件（LPSC）第 3 部分：隔离放电间隙（ISG）的要求	2017-12-1	IEC 62561-3: 2012		运维、修试	运行、维护、检修、试验	输电、变电	其他
203.10-477	GB/T 33588.4—2017	雷电防护系统部件（LPSC）第 4 部分：导体紧固件的要求	2017-12-1	IEC 62561-4: 2010		运维、修试	运行、维护、检修、试验	输电、变电	其他
203.10-478	GB/T 33588.5—2017	雷电防护系统部件（LPSC）第 5 部分：接地极检测箱和接地极密封件的要求	2017-12-1	IEC 62561-5: 2011		运维、修试	运行、维护、检修、试验	输电、变电	其他
203.10-479	GB/T 33588.7—2017	雷电防护系统部件（LPSC）第 7 部分：接地降阻材料的要求	2017-12-1	IEC 62561-7: 2011		运维、修试	运行、维护、检修、试验	输电、变电	其他
203.10-480	GB/T 34114—2017	电动机用电磁制动器通用技术条件	2018-2-1			运维、修试	运行、维护、检修、试验	输电、变电	其他
203.10-481	GB/T 35010.1—2018	半导体芯片产品　第 1 部分：采购和使用要求	2018-8-1			采购、运维、修试	招标、品控、运行、维护、检修、试验	用电	其他

续表

体系结构号	标准编号	标准名称	实施日期	与国际标准对应关系	代替标准	阶段	分阶段	专业	分专业
203.10-482	GB/T 35010.2—2018	半导体芯片产品 第2部分：数据交换格式	2018-8-1			采购、运维、修试	招标、品控、运行、维护、检修、试验	用电	其他
203.10-483	GB/T 35010.3—2018	半导体芯片产品 第3部分：操作、包装和贮存指南	2018-8-1			采购、运维、修试	招标、品控、运行、维护、检修、试验	用电	其他
203.10-484	GB/T 35010.4—2018	半导体芯片产品 第4部分:芯片使用者和供应商要求	2018-8-1			采购、运维、修试	招标、品控、运行、维护、检修、试验	用电	其他
203.10-485	GB/T 35010.5—2018	半导体芯片产品 第5部分：电学仿真要求	2018-8-1			采购、运维、修试	招标、品控、运行、维护、检修、试验	用电	其他
203.10-486	GB/T 35010.6—2018	半导体芯片产品 第6部分：热仿真要求	2018-8-1			采购、运维、修试	招标、品控、运行、维护、检修、试验	用电	其他
203.10-487	GB/T 35010.7—2018	半导体芯片产品 第7部分：数据交换的XML格式	2018-8-1			采购、运维、修试	招标、品控、运行、维护、检修、试验	用电	其他
203.10-488	GB/T 35010.8—2018	半导体芯片产品 第8部分:数据交换的EXPRESS格式	2018-8-1			采购、运维、修试	招标、品控、运行、维护、检修、试验	用电	其他
203.10-489	GB/T 36356—2018	功率半导体发光二极管芯片技术规范	2019-1-1			采购、运维、修试	招标、品控、运行、维护、检修、试验	用电	其他
203.10-490	GB/T 36357—2018	中功率半导体发光二极管芯片技术规范	2019-1-1			采购、运维、修试	招标、品控、运行、维护、检修、试验	用电	其他
203.10-491	GB/T 36358—2018	半导体光电子器件 功率发光二极管空白详细规范	2019-1-1			采购、运维、修试	招标、品控、运行、维护、检修、试验	用电	其他
203.10-492	GB/T 36359—2018	半导体光电子器件 小功率发光二极管空白详细规范	2019-1-1			采购、运维、修试	招标、品控、运行、维护、检修、试验	用电	其他
203.10-493	GB/T 36360—2018	半导体光电子器件 中功率发光二极管空白详细规范	2019-1-1			采购、运维、修试	招标、品控、运行、维护、检修、试验	用电	其他
203.10-494	BS EN 50168-3 A1—2009	雷电防护元件（LPC）绝缘火花隙的要求				运维、修试	运行、维护、检修、试验	输电、变电	其他
203.10-495	EN 62561-1—2012	防雷系统组件（LPSC）第1部分：连接组件的要求	2012-6-1		EN 50164-1—2008	运维、修试	运行、维护、检修、试验	输电、变电	其他
203.10-496	EN 62561-2—2012	防雷系统组件（LPSC）第2部分：导线和接地电极的要求	2012-6-1		EN 50164-2—2008	运维、修试	运行、维护、检修、试验	输电、变电	其他

体系结构号	标准编号	标　准　名　称	实施日期	与国际标准对应关系	代替标准	阶段	分阶段	专业	分专业
203.10-497	DIN EN 62561-3—2018	防雷系统组件（LPSC）第3部分：隔离火花间隙的要求（ISG）	2018-2-1	EN 62561-3—2017，IDT；IEC 62561-3—2017，IDT	DIN 48810—2001；DIN EN 50164-3—2003	运维、修试	运行、维护、检修、试验	输电、变电	其他
203.10-498	NF C 93-643-271—2012	绝缘软管　第3部分：各种型号软管规范.活页 271：阻燃、耐流体、收缩比 2:1 的热收缩 弹性体软管	2012-6-30	EN 60684-3-271—2011，IDT；CEI 60684-3-271—2011，IDT	NF EN 60684-3-271—200412（C93-643-271）	采购、运维	招标、品控、运行、维护	其他	
203.10-499	IEC 60252-1 Edition 2.1—2013	交流电动机用电容器　第1部分：总贝小性能、试验和定额 安全性要求 安装和运行导则	2013-8-29		IEC 60252-1—2010	运维、修试	招标、品控、运行、维护	其他	
203.10-500	IEC 60748-1—2002	半导体器件　集成电路　第1部分：总则	2002-5-8		IEC 60748-1—1984；IEC 60748-1—1984/Amd 1—1991；IEC 60748-1—1984/Amd 2—1993；IEC 60748-1—1984/Amd 3—1995	运维、修试	招标、品控、运行、维护、检修、试验	换流	其他
203.10-501	IEC 62501 AMD 1—2014	高电压直流输电（HVDC）用电压源换流器（VSC）电子管电气测试	2014-8-12			运维、修试	运行、维护、检修、试验	换流	其他
203.10-502	IEC 62561-4—2017	防雷系统组件（LPSC）第4部分：导体紧固件的要求	2017-7-28		IEC 62561-4—2010	运维、修试	运行、维护、检修、试验	输电、变电	其他
203.10-503	IEC 62561-5—2017	防雷系统组件（LPSC）第5部分：接地电极检查外壳和接地电极密封的要求	2017-7-28		IEC 62561-5—2011	运维、修试	运行、维护、检修、试验	输电、变电	其他
203.10-504	IEC 62561-6—2018	防雷系统组件（LPSC）第6部分：闪电计数器的要求	2018-1-25		IEC 62561-6—2011	运维、修试	运行、维护、检修、试验	输电、变电	其他
203.10-505	IEC 62561-7—2018	防雷系统组件（LPSC）第7部分：接地增强化合物的要求	2018-1-25		IEC 62561-7—2011	运维、修试	运行、维护、检修、试验	输电、变电	其他
203.11　设备材料-监造验收									
203.11-1	Q/CSG 1203049—2018	六氟化硫气体变压器监造技术导则	2018-4-16			采购	品控	变电、配电	变压器
203.11-2	Q/CSG 1205019—2018	电力设备交接验收规程	2018-5-17			采购	品控	基础综合	
203.11-3	T/CSEE 0040—2017	大型调相机产品监造及出厂试验导则	2018-5-1			采购	品控	基础综合	

续表

体系结构号	标准编号	标 准 名 称	实施日期	与国际标准对应关系	代替标准	阶段	分阶段	专业	分专业
203.11-4	DL/T 363—2018	超、特高压电力变压器（电抗器）设备监造导则	2018-7-1		DL/T 363—2010	采购	品控	换流、变电	其他
203.11-5	DL/T 521—2018	真空净油机验收及使用维护导则	2018-7-1		DL/T 521—2004	采购	品控	变电	其他
203.11-6	DL/T 586—2008	电力设备监造技术导则	2008-11-1		DL/T 586—1995	采购	品控	换流、变电	其他
203.11-7	DL/T 998—2016	石灰石—石膏湿法烟气脱硫装置性能验收试验规范	2016-6-1		DL/T 998—2006	采购	品控	发电	火电
203.11-8	DL/T 1544—2016	电子式互感器现场交接验收规范	2016-6-1			采购	品控	变电	互感器
203.11-9	DL/T 1793—2017	柔性直流输电设备监造技术导则	2018-6-1			采购	品控	变电	互感器
203.11-10	SL 544—2011	水利工程设备制造监理技术导则	2011-9-1			设计、采购、运维	初设、招标、运行、维护	发电	水电
203.11-11	SL 582—2012	水工金属结构制造安装质量检验通则	2012-10-20			采购	品控	发电	水电
203.11-12	JB/T 9678—2012	盘形悬式绝缘子用钢化玻璃绝缘件外观质量	2012-11-1		JB/T 9678—1999	采购	招标、品控	输电	线路
203.11-13	GB/T 2317.4—2008	电力金具试验方法 第4部分：验收规则	2009-10-1		GB/T 2317.4—2000	采购	招标、品控	输电	线路
203.11-14	GB/T 17215.811—2017	交流电测量设备 验收检验 第11部分：通用验收检验方法	2018-7-1	IEC 62058-11: 2008	部分代替： GB/T 17442—1998； GB/T 3925—1983	采购	招标、品控	用电	电能计量
203.11-15	GB/T 17215.821—2017	交流电测量设备 验收检验 第21部分：机电式有功电能表的特殊要求（0.5级、1级和2级）	2017-12-29	IEC 62058-21: 2008	部分代替： GB/T 3925—1983	采购	招标、品控	用电	电能计量
203.11-16	GB/T 21429—2008	户外和户内电气设备用空心复合绝缘子 定义、试验方法、接收准则和设计推荐	2008-9-1	IEC 61462: 1998，MOD		采购	招标、品控	变电	其他
203.11-17	GB/T 26429—2010	设备工程监理规范	2011-7-1			采购	品控	换流、变电	其他
203.12 设备材料-其他									
203.12-1	Q/CSG 110014—2011	南方电网电能质量监测系统技术规范	2011-12-15			运维	运行、维护	配电	其他

续表

体系结构号	标准编号	标 准 名 称	实施日期	与国际标准对应关系	代替标准	阶段	分阶段	专业	分专业
203.12-2	Q/CSG 1208001—2019	电能质量监测系统主站技术规范（试行）	2019-2-27			运维	运行、维护	配电	其他
203.12-3	Q/CSG 1208002—2019	电能质量监测终端技术规范（试行）	2019-2-27			运维	运行、维护	配电	其他
203.12-4	T/CEC 138—2017	油浸式变压器用阻尼橡胶材料技术条件	2017-8-1			采购、运维	招标、品控、运行、维护	变电	变压器
203.12-5	T/CEC 187—2018	电磁式电压互感器用碳化硅消谐器技术规范	2019-2-1			采购、运维	招标、品控、运行、维护	变电	互感器
203.12-6	DL/T 283.1—2018	电力视频监控系统及接口 第1部分：技术要求	2019-5-1		DL/T 283.1—2012	运维	运行、维护	变电	其他
203.12-7	DL/T 627—2012	绝缘子用常温固化硅橡胶防污闪涂料	2012-7-1			采购、运维	招标、品控、运行、维护	配电	开关
203.12-8	DL/T 680—2015	电力行业耐磨管道技术条件	2015-9-1		DL/T 680—1999	采购、运维、修试	招标、品控、运行、维护、检修	变电	其他
203.12-9	DL/T 721—2013	配电自动化远方终端	2013-8-1	IEC 60870-05-101,NEQ	DL/T 721—2000	设计、采购、运维	初设、招标、维护	配电	其他
203.12-10	DL/T 1059—2007	电力设备母线用热缩管	2007-12-1			采购、运维、修试	招标、品控、运行、维护、检修	变电	其他
203.12-11	DL/T 1227—2013	电能质量监测装置技术规范	2013-8-1			运维	运行、维护	配电	其他
203.12-12	DL/T 1229—2013	动态电压恢复器技术规范	2013-8-1			采购、运维、修试	招标、品控、运行、维护、检修	变电	其他
203.12-13	DL/T 1283—2013	电力系统雷电定位监测系统技术规程	2014-4-1			采购、运维、修试	招标、品控、运行、维护、检修	变电	其他
203.12-14	DL/T 1295—2013	串联补偿装置用火花间隙	2014-4-1			采购、运维、修试	招标、品控、运行、维护、检修	变电	其他
203.12-15	DL/T 1296—2013	串联谐振型故障电流限制器技术规范	2014-4-1			采购、运维、修试	招标、品控、运行、维护、检修	变电	其他
203.12-16	DL/T 1297—2013	电能质量监测系统技术规范	2014-4-1			采购、运维	招标、品控、运行、维护	配电	其他
203.12-17	DL/T 1314—2013	电力工程用缓释型离子接地装置技术条件	2014-4-1			采购、运维、修试	招标、品控、运行、维护、检修	输电	其他
203.12-18	DL/T 1315—2013	电力工程接地装置用放热焊剂技术条件	2014-4-1			采购、运维、修试	招标、品控、运行、维护、检修	输电	其他

续表

体系结构号	标准编号	标准名称	实施日期	与国际标准对应关系	代替标准	阶段	分阶段	专业	分专业
203.12-19	DL/T 1353—2014	六氟化硫处理系统技术规范	2015-3-1			采购、运维、修试	招标、品控、运行、维护、检修	输电	其他
203.12-20	DL/T 1617—2016	变压器油腐蚀性硫处理设备技术条件	2016-12-1			采购、运维、修试	招标、品控、运行、维护、检修	输电	其他
203.12-21	DL/T 1677—2016	电力工程用降阻接地模块技术条件	2017-5-1			采购、运维、修试	招标、品控、运行、维护、检修	输电	其他
203.12-22	DL/T 1761—2017	电厂多腔孔陶瓷复合绝热材料技术规范	2018-3-1			采购、运维	招标、品控、运行、维护	发电	其他
203.12-23	DL/T 1893—2018	变电站辅助监控系统技术及接口规范	2019-5-1			设计、采购、运维	初设、招标、维护	变电	其他
203.12-24	DL/T 1900—2018	智能变电站网络记录分析装置技术规范	2019-5-1			设计、采购、运维	初设、招标、维护	变电	其他
203.12-25	JB/T 10943—2010	电气绝缘用玻璃纤维 增强挤拉型材 干式变压器用撑条	2010-7-1			采购、运维	招标、品控、运行、维护	变电	变压器
203.12-26	JB/T 12010—2014	非晶合金铁心变压器真空注油设备	2014-11-1			采购、运维、修试	招标、品控、运行、维护、检修	变电	变压器
203.12-27	JB/T 12482—2015	线杆综合作业车	2016-3-1			运维	维护	输电	其他
203.12-28	JB/T 13366—2018	真空技术 电力电容器真空干燥浸渍设备	2018-10-1			采购、运维、修试	招标、品控、运行、维护、检修	变电	其他
203.12-29	YD/T 2061—2009	通信机房用恒温恒湿空调系统	2010-1-1			设计、采购、运维	初设、招标、维护	附属设施及工器具	生产楼宇
203.12-30	YD/T 2166—2010	通信机房精密空调自适应监控系统	2011-1-1			设计、采购、运维	初设、招标、维护	附属设施及工器具	生产楼宇
203.12-31	YD/T 2323—2016	通信配电系统电能质量补偿设备	2016-7-1		YD/T 2323—2011	设计、采购、运维	初设、招标、维护	附属设施及工器具	生产楼宇
203.12-32	CECS 211—2006	自动门应用技术规程	2006-12-1			采购、运维、修试	招标、品控、运行、维护、检修	输电	其他
203.12-33	GB 2536—2011	电工流体 变压器和开关用的未使用过的矿物绝缘油	2012-6-1	IEC 60296: 2003，MOD	GB 2536—1990	采购、运维、修试	招标、品控、运行、维护、检修	输电	其他
203.12-34	GB/T 3836.16—2017	爆炸性环境 第16部分：电气装置的检查与维护	2018-7-1	IEC 60079-17: 2007	GB 3836.16—2006	采购、运维、修试	招标、品控、运行、维护、检修	变电	其他
203.12-35	GB/T 3929—1983	标准电池	1984-6-1	IEC 428: 1973，REF	JB 1824—1976	采购、运维、修试	招标、品控、运行、维护、检修	变电	其他

续表

体系结构号	标准编号	标 准 名 称	实施日期	与国际标准对应关系	代替标准	阶段	分阶段	专业	分专业
203.12-36	GB/T 4272—2008	设备及管道绝热技术通则	2009-1-1		GB/T 11790—1996；GB/T 4272—1992	采购、运维、修试	招标、品控、运行、维护、检修	变电	其他
203.12-37	GB/T 5008.1—2013	起动用铅酸蓄电池 第1部分：技术条件和试验方法	2013-7-1	IEC 60095-1：2006，MOD	GB/T 5008.1—2005	采购、运维、修试	招标、品控、运行、维护、检修	变电	其他
203.12-38	GB/T 5008.2—2013	起动用铅酸蓄电池 第2部分：产品品种规格和端子尺寸、标记	2013-7-1	IEC 60095-2：2009，MOD	GB/T 5008.2—2005；GB/T 5008.3—2005	采购、运维、修试	招标、品控、运行、维护、检修	变电	其他
203.12-39	GB/T 10067.35—2015	电热装置基本技术条件 第35部分：中频真空感应熔炼炉	2016-5-1			采购、运维、修试	招标、品控、运行、维护、检修	变电	其他
203.12-40	GB/T 10067.43—2014	电热装置基本技术条件 第43部分：强迫对流井式电阻炉	2015-1-22			采购、运维、修试	招标、品控、运行、维护、检修	变电	其他
203.12-41	GB/T 10067.44—2014	电热装置基本技术条件 第44部分：箱式电阻炉	2015-1-22			采购、运维、修试	招标、品控、运行、维护、检修	变电	其他
203.12-42	GB/T 10067.45—2014	电热装置基本技术条件 第45部分：真空淬火炉	2015-1-22			采购、运维、修试	招标、品控、运行、维护、检修	变电	其他
203.12-43	GB/T 10067.412—2015	电热装置基本技术条件 第412部分：箱式淬火炉	2016-4-1			采购、运维、修试	招标、品控、运行、维护、检修	变电	其他
203.12-44	GB/T 10067.413—2015	电热装置基本技术条件 第413部分：实验用电阻炉	2016-4-1			采购、运维、修试	招标、品控、运行、维护、检修	变电	其他
203.12-45	GB 11120—2011	涡轮机油	2012-6-1	ISO 80068: 2006，MOD	GB 11120—1989	采购、运维、修试	招标、品控、运行、维护、检修	发电	其他
203.12-46	GB/T 11313.9—2013	射频连接器 第9部分：SMC系列射频同轴连接器分规范	2014-6-15	IEC 60169-9：1978，NEQ	GB/T 15887—1995	采购、运维、修试	招标、品控、运行、维护、检修	其他	
203.12-47	GB/T 11313.11—2018	射频连接器 第11部分：外导体内径为9.5mm（0.374in）、特性阻抗为50Ω、螺纹连接的射频同轴连接器（4.1/9.5型）分规范	2019-1-1			采购、运维、修试	招标、品控、运行、维护、检修	其他	
203.12-48	GB/T 11313.13—2018	射频连接器 第13部分：1.6/5.6和1.8/5.6型射频同轴连接器分规范	2019-1-1			采购、运维、修试	招标、品控、运行、维护、检修	其他	
203.12-49	GB/T 11313.15—2018	射频连接器 第15部分：外导体内径为4.13mm（0.163in）、特性阻抗为50Ω、螺纹连接的射频同轴连接器（SMA型）	2018-10-1			采购、运维、修试	招标、品控、运行、维护、检修	其他	

续表

体系结构号	标准编号	标准名称	实施日期	与国际标准对应关系	代替标准	阶段	分阶段	专业	分专业
203.12-50	GB/T 11313.18—2013	射频连接器　第18部分：SSMA系列射频同轴连接器分规范	2014-6-15	IEC 611969-18: 2011，IDT	GB/T 15889—1995	采购、运维、修试	招标、品控、运行、维护、检修	其他	
203.12-51	GB/T 11313.19—2013	射频连接器　第19部分：SSMB型射频同轴连接器分规范	2014-6-15	IEC 611969-19: 2011，IDT	GB/T 15890—1995	采购、运维、修试	招标、品控、运行、维护、检修	其他	
203.12-52	GB/T 11313.24—2013	射频连接器　第24部分：75Ω电缆分配系统用螺纹连接射频同轴连接器（F型）分规范	2014-6-15	IEC 61169-24: 2009，NEQ	GB/T 11313.24—2001	采购、运维、修试	招标、品控、运行、维护、检修	其他	
203.12-53	GB/T 11313.38—2018	射频连接器　第38部分：50Ω背板和面板用模块滑入式射频连接器（TMA型）分规范	2019-1-1			采购、运维、修试	招标、品控、运行、维护、检修	其他	
203.12-54	GB/T 11313.39—2018	射频连接器　第39部分：CQM系列快速锁紧射频连接器分规范	2018-10-1			采购、运维、修试	招标、品控、运行、维护、检修	其他	
203.12-55	GB/T 11313.43—2018	射频连接器　第43部分：RBMA系列盲配射频同轴连接器分规范	2019-1-1			采购、运维、修试	招标、品控、运行、维护、检修	其他	
203.12-56	GB/T 11322.1—2013	射频电缆　第0部分：详细规范设计指南　第1篇　同轴电缆	2014-6-15	IEC 60096: 2000，MOD	GB/T 11322.1—1997	采购、运维、修试	招标、品控、运行、维护、检修	其他	
203.12-57	GB/T 12022—2014	工业六氟化硫	2014-12-1		GB/T 12022—2006	采购、运维、修试	招标、品控、运行、维护、检修	输电、变电	其他
203.12-58	GB/T 14194—2017	压缩气体气瓶充装规定	2018-5-1		GB/T 14194—2006	采购、运维、修试	招标、品控、运行、维护、检修	输电、变电	其他
203.12-59	GB/T 14294—2008	组合式空调机组	2009-6-1		GB 13326—1991；GB/T 14294—1993	采购、运维、修试	招标、品控、运行、维护、检修	变电	其他
203.12-60	GB/T 17263—2013	普通照明用自镇流荧光灯性能要求	2014-11-1		GB/T 17263—2002	采购、运维、修试	招标、品控、运行、维护、检修	变电	其他
203.12-61	GB/T 18430.1—2007	蒸气压缩循环冷水（热泵）机组　第1部分：工业或商业用及类似用途的冷水（热泵）机组	2008-2-1		GB/T 18430.1—2001	采购、运维、修试	招标、品控、运行、维护、检修	发电	其他

续表

体系结构号	标准编号	标　准　名　称	实施日期	与国际标准对应关系	代替标准	阶段	分阶段	专业	分专业
203.12-62	GB/T 18430.2—2016	蒸气压缩循环冷水（热泵）机组　第2部分：户用及类似用途的冷水（热泵）机组	2017-7-1		GB/T 18430.2—2008	采购、运维、修试	招标、品控、运行、维护、检修	发电	其他
203.12-63	GB/T 19436.1—2013	机械电气安全　电敏保护设备　第1部分：一般要求和试验	2014-2-1	IEC 61496-1: 2008，IDT	GB/T 19436.1—2004	采购、运维、修试	招标、品控、运行、维护、检修	其他	
203.12-64	GB/T 19436.2—2013	机械电气安全　电敏保护设备　第2部分：使用有源光电保护装置（AOPDs）设备的特殊要求	2014-2-1	IEC 61496-2: 2006，IDT	GB/T 19436.2—2004	采购、运维、修试	招标、品控、运行、维护、检修	其他	
203.12-65	GB/T 19436.4—2016	机械电气安全　电敏保护设备　第4部分：使用视觉保护装置（VBPD）设备的特殊要求	2016-9-1	IEC/TR 61496-4: 2007		采购、运维、修试	招标、品控、运行、维护、检修	其他	
203.12-66	GB/T 20629.1—2006	电气用非纤维素纸　第1部分：定义和一般要求	2007-4-1		NF C 27-228-1—1995	采购、运维	招标、品控、运行、维护	其他	
203.12-67	GB/T 22715—2016	旋转交流电机定子成型线圈耐冲击电压水平	2016-9-1	IEC 60034-15: 2009	GB/T 22715—2008	采购、运维、修试	招标、品控、运行、维护、检修	发电	其他
203.12-68	GB 28184—2011	消防设备电源监控系统	2012-8-1			采购、运维、修试	招标、品控、运行、维护、检修	变电	其他
203.12-69	GB/Z 28818—2012	高电压下户外用聚合物材料的选用导则	2013-2-1	IEC/TR 62039: 2007，IDT		采购、运维、修试	招标、品控、运行、维护、检修	输电、变电	其他
203.12-70	GB/T 29629—2013	静止无功补偿装置水冷却设备	2013-12-2			采购、运维、修试	招标、品控、运行、维护、检修	变电	其他
203.12-71	GB/Z 29630—2013	静止无功补偿装置　系统设计和应用导则	2013-12-2			采购、运维、修试	招标、品控、运行、维护、检修	变电	其他
203.12-72	GB/T 29733—2013	混凝土结构用成型钢筋制品	2014-6-1			采购、运维、修试	招标、品控、运行、维护、检修	附属设施及工器具	变电站构筑物
203.12-73	GB/T 30425—2013	高压直流输电换流阀水冷却设备	2014-7-13			采购、运维、修试	招标、品控、运行、维护、检修	换流	换流阀
203.12-74	GB/T 30549—2014	永磁交流伺服电动机　通用技术条件	2014-10-28			采购、运维、修试	招标、品控、运行、维护、检修	其他	
203.12-75	GB/T 30839.1—2014	工业电热装置能耗分等　第1部分：通用要求	2015-1-22			采购、运维、修试	招标、品控、运行、维护、检修	发电	火电

续表

体系结构号	标准编号	标 准 名 称	实施日期	与国际标准对应关系	代替标准	阶段	分阶段	专业	分专业
203.12-76	GB/T 30839.4—2014	工业电热装置能耗分等 第4部分：间接电阻炉	2015-2-1			采购、运维、修试	招标、品控、运行、维护、检修	发电	火电
203.12-77	GB/T 30839.41—2014	工业电热装置能耗分等 第41部分：推送式电阻加热机组	2015-2-1			采购、运维、修试	招标、品控、运行、维护、检修	发电	火电
203.12-78	GB/T 30839.43—2015	工业电热装置能耗分等 第43部分：箱式电阻炉	2016-4-1			采购、运维、修试	招标、品控、运行、维护、检修	发电	火电
203.12-79	GB/T 30839.45—2015	工业电热装置能耗分等 第45部分：箱式淬火电阻炉	2016-4-1			采购、运维、修试	招标、品控、运行、维护、检修	发电	火电
203.12-80	GB/T 30839.47—2018	工业电热装置能耗分等 第47部分：电热浴炉	2019-1-1			采购、运维、修试	招标、品控、运行、维护、检修	发电	火电
203.12-81	GB/T 30839.48—2018	工业电热装置能耗分等 第48部分：铝材退火炉	2019-7-1			采购、运维、修试	招标、品控、运行、维护、检修	发电	火电
203.12-82	GB/T 31133—2014	电力设备用液压式提升设备技术规范	2015-2-1			采购、运维、修试	招标、品控、运行、维护、检修	变电	其他
203.12-83	GB/T 31538—2015	混凝土接缝防水用预埋注浆管	2016-2-1			采购、运维、修试	招标、品控、运行、维护、检修	输电、变电	其他
203.12-84	GB/T 31847—2015	电工电子设备机械结构模数序列及其应用	2016-2-1			采购、运维、修试	招标、品控、运行、维护、检修	输电、变电	其他
203.12-85	GB/T 32068.1—2015	铅酸蓄电池环保设施运行技术规范 第1部分：铅尘、铅烟处理系统	2016-11-1			采购、运维、修试	招标、品控、运行、维护、检修	变电	其他
203.12-86	GB/T 32068.2—2015	铅酸蓄电池环保设施运行技术规范 第2部分：酸雾处理系统	2016-5-1			采购、运维、修试	招标、品控、运行、维护、检修	变电	其他
203.12-87	GB/T 32068.3—2015	铅酸蓄电池环保设施运行技术规范 第3部分：废水处理系统	2016-5-1			采购、运维、修试	招标、品控、运行、维护、检修	变电	其他
203.12-88	GB/T 32197—2015	机器人控制器开放式通信接口规范	2016-7-1			建设	施工工艺	变电	其他
203.12-89	GB/T 34115—2017	永磁式直线电动机通用技术条件	2018-2-1			采购、运维、修试	招标、品控、运行、维护、检修	变电	其他
203.12-90	GB/T 35144—2017	机器人机构的模块化功能构件规范	2018-7-1			采购、运维、修试	招标、品控、运行、维护、检修	变电	其他

续表

体系结构号	标准编号	标 准 名 称	实施日期	与国际标准对应关系	代替标准	阶段	分阶段	专业	分专业
203.12-91	GB/T 34526—2017	混合气体气瓶充装规定	2018-5-1			采购、运维、修试	招标、品控、运行、维护、检修	变电	其他
203.12-92	GB/T 36417.1—2018	全分布式工业控制网络 第1部分：总则	2019-1-1			采购、运维、修试	招标、品控、运行、维护、检修	变电	其他
203.12-93	GB/T 36417.3—2018	全分布式工业控制网络 第3部分：接口通用要求	2019-1-1			采购、运维、修试	招标、品控、运行、维护、检修	变电	其他
203.12-94	GB/T 36417.4—2018	全分布式工业控制网络 第4部分：异构网络技术规范	2019-1-1			采购、运维、修试	招标、品控、运行、维护、检修	变电	其他
203.12-95	GB/T 36531—2018	生产现场可视化管理系统技术规范	2019-2-1			采购、运维、修试	招标、品控、运行、维护、检修	变电	其他
203.12-96	IEC 60376—2018	Specification of technical grade sulphur hexafluoride (SF_6) and complementary gases to be used in its mixtures for use in electrical equipment	2018-5-24		IEC 60376—2005	采购、运维	招标、品控、运行、维护	变电	其他
203.12-97	ASTM A1009—2018	变压器和电感器用软磁锰锌铁氧体芯材标准规范	2018-10-1		ASTM A1009—2005（2010）	采购、运维	招标、品控、运行、维护	变电	其他
203.12-98	ASTM D3664—2016	电气设备中电容器用双轴取向聚合树薄膜的规格	2016-11-1		ASTM D 3664—2009	采购、运维	招标、品控、运行、维护	变电	其他
203.12-99	ASTM D6871—2017	电气设备用自然（植物油）酯液的规格	2017-11-1		ASTM D 6871—2008	采购、运维	招标、品控、运行、维护	变电	其他
203.12-100	ASTM E977—2005（2014）	导电材料的热电分类规程	2005-7-1		ASTM E 977—2010	采购、运维	招标、品控、运行、维护	变电	其他
203.12-101	NF C 27-228-3-3—2012	电工非纤维质纸 第3部分：单项材料规范活页3：无填充芳纶（聚芳酰胺）纸	2012-7-6	EN 60819-3-3—2011，IDT；CEI 60819-3-3—2011，IDT	NF EN 60819-3-3—200610（C27-228-3-3）	采购、运维	招标、品控、运行、维护	其他	
204 调度与交易									
204.1 调度与交易-基础综合									
204.1-1	NB/T 35043—2014	水电工程三相交流系统短路电流计算导则	2015-3-1		DL/T 5163—2002	运维	运行	发电	水电
204.1-2	GB/T 14909—2005	能量系统用分析技术导则	2006-1-1		GB/T 14909—1994	运维	运行	调度及二次	基础综合
204.1-3	GB/T 31464—2015	电网运行准则	2015-12-1			各专业的技术指导通则或导则			

续表

体系结构号	标准编号	标 准 名 称	实施日期	与国际标准对应关系	代替标准	阶段	分阶段	专业	分专业
204.1-4	GB/T 31992—2015	电力系统通用告警格式	2016-4-1			各专业的技术指导通则或导则			
204.1-5	GB/T 35682—2017	电网运行与控制数据规范	2018-7-1			运维	运行	调度及二次	基础综合
204.2 调度与交易-电力调度									
204.2-1	Q/CSG 110012—2012	中国南方电网调度信息披露系统功能规范	2012-3-1			设计、采购、运维	初设、招标、运行	调度及二次	基础综合
204.2-2	Q/CSG 110013—2012	南方电网电厂并网运行及辅助服务管理源数据交换规范	2011-7-1			设计、采购、运维	初设、招标、运行	调度及二次	基础综合
204.2-3	Q/CSG 110036—2011	南方电网节能发电调度评价规范	2012-6-1			技术监督		调度及二次	基础综合
204.2-4	Q/CSG 1204006—2015	南方电网机网协调二次系统技术规范	2015-4-30			设计、采购	初设、招标、品控	调度及二次	基础综合
204.2-5	DL/T 279—2012	发电机励磁系统调度管理规程	2012-3-1			建设、运维	试运行、运行	调度及二次	电力调度
204.2-6	DL/T 904—2015	火力发电厂技术经济指标计算方法	2015-9-1		DL/T 904—2004	建设、运维	试运行、运行	调度及二次	电力调度
204.2-7	DL/T 961—2005	电网调度规范用语	2005-6-1			运维	运行	调度及二次	电力调度
204.2-8	DL/T 1170—2012	电力调度工作流程描述规范	2012-12-1			运维	运行	调度及二次	电力调度
204.2-9	DL/T 1870—2018	电力系统网源协调技术规范	2018-10-1			各专业的技术指导通则或导则			
204.2-10	DL/T 1883—2018	配电网运行控制技术导则	2019-5-1			运维	运行	调度及二次	电力调度
204.2-11	NB/T 31047—2013	风电调度运行管理规范	2014-4-1			建设、运维	试运行、运行	调度及二次	电力调度
204.3 调度与交易-运行方式									
204.3-1	Q/CSG 11004—2009	南方电网安全稳定计算分析导则	2009-8-20			规划、运维	规划、运行	调度及二次	运行方式
204.3-2	Q/CSG 110014—2012	南方电网电厂并网运行及辅助服务管理算法规范	2012-2-13			设计、建设、运维	初设、施工工艺、验收与质量评定、试运行、运行	调度及二次	调度自动化

续表

体系结构号	标准编号	标 准 名 称	实施日期	与国际标准对应关系	代替标准	阶段	分阶段	专业	分专业
204.3-3	Q/CSG 110021—2012	南方电网运行方式编制规范	2012-3-10			运维	运行	调度及二次	运行方式
204.3-4	Q/CSG 1204017—2016	南方电网有功功率运行备用技术规范	2016-6-1			运维	运行	调度及二次	运行方式
204.3-5	Q/CSG 11104002—2012	南方电网运行安全风险量化评估技术规范	2012-12-11			运维	运行	调度及二次	运行方式
204.3-6	T/CSEE 0088—2018	中长期电力负荷预测技术规范				规划、设计、运维	规划、初设、运行	调度及二次	运行方式
204.3-7	DL/T 262—2012	火力发电机组煤耗在线计算导则	2012-7-1			运维	运行	发电	火电
204.3-8	DL/T 428—2010	电力系统自动低频减负荷技术规定	2011-5-1		DL 428—1991	设计、运维	初设、运行	调度及二次	继电保护及安全自动装置
204.3-9	DL 497—1992	电力系统自动低频减负荷工作管理规程	1993-5-1			规划、设计、建设、运维	规划、初设、施工工艺、验收与质量评定、试运行、运行、维护	调度及二次	继电保护及安全自动装置
204.3-10	DL/T 606.1—2014	火力发电厂能量平衡导则 第1部分：总则	2015-3-1		DL/T 606.1—1996	设计、建设、运维	初设、施工工艺、验收与质量评定、试运行、运行	发电	火电
204.3-11	DL/T 606.2—2014	火力发电厂能量平衡导则 第2部分：燃料平衡	2015-3-1		DL/T 606.2—1996	设计、建设、运维	初设、施工工艺、验收与质量评定、试运行、运行	发电	火电
204.3-12	DL/T 606.4—2018	火力发电厂能量平衡导则 第4部分：电平衡	2019-5-1		DL/T 606.4—1996	设计、建设、运维	初设、施工工艺、验收与质量评定、试运行、运行	发电	火电
204.3-13	DL/T 723—2000	电力系统安全稳定控制技术导则	2001-1-1			规划、设计、建设、运维	规划、初设、验收与质量评定、试运行、运行、维护	调度及二次	运行方式
204.3-14	DL 755—2001	电力系统安全稳定导则	2001-7-1			规划、设计、建设、运维	规划、初设、验收与质量评定、试运行、运行、维护	调度及二次	运行方式
204.3-15	DL/T 1167—2012	同步发电机励磁系统建模导则	2012-12-1			设计、建设、运维	初设、验收与质量评定、运行	调度及二次	运行方式
204.3-16	DL/T 1172—2013	电力系统电压稳定评价导则	2014-4-1			规划、设计、运维	规划、初设、运行	调度及二次	运行方式

续表

体系结构号	标准编号	标准名称	实施日期	与国际标准对应关系	代替标准	阶段	分阶段	专业	分专业
204.3-17	DL/T 1234—2013	电力系统安全稳定计算技术规范	2013-8-1			规划、设计、建设、运维	规划、初设、验收与质量评定、试运行、运行、维护	调度及二次	运行方式
204.3-18	DL/T 1380—2014	电网运行模型数据交换规范	2015-3-1			规划、设计、运维	规划、初设、运行	调度及二次	运行方式
204.3-19	DL/T 1454—2015	电力系统自动低压减负荷技术规定	2015-12-1			规划、设计、建设、运维	规划、初设、施工工艺、验收与质量评定、试运行、运行、维护	调度及二次	继电保护及安全自动装置
204.3-20	DL/T 1711—2017	电网短期和超短期负荷预测技术规范	2017-12-1			规划、设计、运维	规划、初设、运行	调度及二次	运行方式
204.3-21	SL 585—2012	水利水电工程三相交流系统短路电流计算导则	2012-12-19			规划、设计、运维	规划、初设、运行	发电	水电
204.3-22	GB/T 7409.1—2008	同步电机励磁系统　定义	2009-3-1	IEC 60034-16-1: 1991，MOD	GB/T 7409.1—1997	规划、设计、运维	规划、初设、运行	调度及二次	运行方式
204.3-23	GB/T 7409.2—2008	同步电机励磁系统　电力系统研究用模型	2009-3-1	IEC 60034-16-2: 1991，MOD	GB/T 7409.2—1997	规划、设计、运维	规划、初设、运行	调度及二次	运行方式
204.3-24	GB/T 15544.1—2013	三相交流系统短路电流计算　第1部分：电流计算	2014-8-1	IEC 60909-0: 2001，IDT	GB/T 15544—1995	规划、设计、运维	规划、初设、运行	调度及二次	运行方式
204.3-25	GB/T 15544.2—2017	三相交流系统短路电流计算　第2部分：短路电流计算应用的系数	2018-7-1	IEC TR 60909-1: 2002		规划、设计、运维	规划、初设、运行	调度及二次	运行方式
204.3-26	GB/T 15544.3—2017	三相交流系统短路电流计算　第3部分：电气设备数据	2018-7-1	IEC TR 60909-2: 2008		规划、设计、运维	规划、初设、运行	调度及二次	运行方式
204.3-27	GB/T 15544.4—2017	三相交流系统短路电流计算　第4部分：同时发生两个独立单相接地故障时的电流以及流过大地的电流	2018-7-1	IEC 60909-3: 2009		规划、设计、运维	规划、初设、运行	调度及二次	运行方式
204.3-28	GB/T 15544.5—2017	三相交流系统短路电流计算　第5部分：算例	2018-7-1	IEC/TR 60909-4: 2000		规划、设计、运维	规划、初设、运行	调度及二次	运行方式
204.3-29	GB/Z 20996.1—2007	高压直流输电系统性能　第一部分：稳态	2008-2-1	IEC/TR 60919-1: 1988，IDT		规划、设计、建设、运维	规划、初设、施工图、验收与质量评定、试运行、运行、维护	调度及二次	运行方式

续表

体系结构号	标准编号	标准名称	实施日期	与国际标准对应关系	代替标准	阶段	分阶段	专业	分专业
204.3-30	GB/T 26399—2011	电力系统安全稳定控制技术导则	2011-12-1			规划、设计、采购、建设、运维	规划、初设、招标、施工工艺、验收与质量评定、试运行、运行、维护	调度及二次	运行方式
204.3-31	GB/T 28749—2012	企业能量平衡网络图绘制方法	2013-1-1			规划、设计、采购、建设、运维	规划、初设、招标、验收与质量评定、运行	用电	电能计量
204.3-32	GB/T 28751—2012	企业能量平衡表编制方法	2013-1-1			规划、设计、采购、建设、运维	规划、初设、招标、验收与质量评定、运行	用电	电能计量
204.3-33	GB/T 35698.1—2017	短路电流效应计算 第1部分：定义和计算方法	2018-7-1			规划、设计、建设、运维	规划、初设、验收与质量评定、运行、维护	基础综合	
204.4 调度与交易-水调									
204.4-1	Q/CSG 110016—2012	南方电网水电厂水库调度资料整编规范	2012-3-1			设计、建设、运维	初设、验收与质量评定、试运行、运行、维护	调度及二次	水调
204.4-2	Q/CSG 110017—2012	南方电网水电优化调度规范	2012-3-1			设计、运维	初设、运行、维护	调度及二次	水调
204.4-3	Q/CSG 110018—2012	南方电网水文气象情报预报规范	2012-3-1			运维	运行、维护	调度及二次	水调
204.4-4	Q/CSG 110020—2012	南方电网水调自动化系统信息交换编码规范	2012-3-1			设计、建设、运维	初设、验收与质量评定、试运行、运行、维护	调度及二次	水调
204.4-5	Q/CSG 1204007—2015	南方电网气象信息应用技术规范	2015-8-1			运维	运行、维护	调度及二次	水调
204.4-6	Q/CSG 1204020—2016	南方电网水电调度运行指标统计规范	2016-9-1			运维	运行、维护	调度及二次	水调
204.4-7	DL/T 295—2011	抽水蓄能机组自动控制系统技术条件	2011-11-1			采购、运维、修试	招标、品控、运行、维护、检修、试验	调度及二次	水调
204.4-8	DL/T 316—2010	电网水调自动化功能规范	2011-5-1			设计、建设、运维	初设、验收与质量评定、试运行、运行、维护	调度及二次	水调
204.4-9	DL/T 1313—2013	流域梯级水电站集中控制规程	2014-4-1			运维	运行、维护	调度及二次	水调

续表

体系结构号	标准编号	标准名称	实施日期	与国际标准对应关系	代替标准	阶段	分阶段	专业	分专业
204.4-10	DL/T 1650—2016	小水电站并网运行规范	2017-5-1			规划、设计、建设、运维	规划、初设、验收与质量评定、试运行、运行、维护	调度及二次	水调
204.4-11	DL/T 1666—2016	水电站水调自动化系统技术条件	2017-5-1			规划、设计、建设、运维	规划、初设、验收与质量评定、试运行、运行、维护	调度及二次	水调
204.4-12	SL 224—1998	水库洪水调度考评规定	1999-1-1			运维	运行、维护	调度及二次	水调
204.4-13	SL 247—2012	水文资料整编规范	2013-1-19		SL 247—1999	运维	运行、维护	调度及二次	水调
204.4-14	SL 706—2015	水库调度规程编制导则	2015-6-24			各专业的技术指导通则或导则			
204.4-15	QX/T 1—2000	Ⅱ型自动气象站	2000-10-1			规划、设计、建设、运维	规划、初设、施工图、施工工艺、验收与质量评定、试运行、运行、维护	调度及二次	水调
204.4-16	QX/T 50—2007	地面气象观测规范　第6部分：空气温度和湿度观测	2007-10-1			规划、设计、建设、运维	规划、初设、验收与质量评定、试运行、运行、维护	调度及二次	水调
204.4-17	QX/T 61—2007	地面气象观测规范　第17部分：自动气象站观测	2007-10-1			规划、设计、建设、运维	规划、初设、验收与质量评定、试运行、运行、维护	调度及二次	水调
204.4-18	GB 17621—1998	大中型水电站水库调度规范	1999-4-1			运维	运行、维护	调度及二次	水调
204.4-19	GB/T 22482—2008	水文情报预报规范	2009-1-1			运维	运行、维护	调度及二次	水调
204.5 调度与交易-继保整定									
204.5-1	Q/CSG 110026—2012	地区电网继电保护整定方案及整定计算书编制规范	2012-4-30			运维	运行、维护	调度及二次	继电保护及安全自动装置
204.5-2	Q/CSG 110027—2012	南方电网高压直流输电系统保护整定计算规程	2012-4-30			运维	运行、维护	调度及二次	继电保护及安全自动装置

续表

体系结构号	标准编号	标 准 名 称	实施日期	与国际标准对应关系	代替标准	阶段	分阶段	专业	分专业
204.5-3	Q/CSG 110028—2012	南方电网 220kV～500kV系统继电保护整定计算规程	2012-4-30			运维	运行、维护	调度及二次	继电保护及安全自动装置
204.5-4	Q/CSG 110037—2012	南方电网 10kV～110kV 系统继电保护整定计算规程	2011-5-1			运维	运行、维护	调度及二次	继电保护及安全自动装置
204.5-5	Q/CSG 1203038—2017	继电保护定值在线校核及预警系统技术规范	2017-8-1			采购、建设、运维、修试	招标、品控、验收与质量评定、运行、维护、检修、试验	调度及二次	继电保护及安全自动装置
204.5-6	Q/CSG 1203039—2017	继电保护整定计算系统技术规范	2017-8-1			采购、建设、运维、修试	招标、品控、验收与质量评定、运行、维护、检修、试验	调度及二次	继电保护及安全自动装置
204.5-7	Q/CSG 1204025—2017	大型发电机变压器继电保护整定计算规程	2017-3-1		Q/CSG 110034—2012	运维	运行、维护	调度及二次	继电保护及安全自动装置
204.5-8	Q/CSG 1204031—2018	串联电容补偿装置保护整定计算规程	2018-12-28			运维	运行、维护	调度及二次	继电保护及安全自动装置
204.5-9	Q/CSG 1204032—2018	南方电网安全自动装置定值整定规范	2018-12-28			运维	运行、维护	调度及二次	继电保护及安全自动装置
204.5-10	T/CSEE 0056—2017	小电流接地系统单相接地故障选线装置运行规程	2018-5-1			运维、修试	运行、维护、检修、试验	调度及二次	继电保护及安全自动装置
204.5-11	DL/T 277—2012	高压直流输电系统控制保护整定技术规程	2012-3-1			运维	运行、维护	调度及二次	继电保护及安全自动装置
204.5-12	DL/T 559—2018	220kV～750kV 电网继电保护装置运行整定规程	2019-5-1		DL/T 559—2007	运维	运行、维护	调度及二次	继电保护及安全自动装置
204.5-13	DL/T 584—2017	3kV～110kV 电网继电保护装置运行整定规程	2018-6-1		DL/T 584—2007	运维	运行、维护	调度及二次	继电保护及安全自动装置
204.5-14	DL/T 587—2016	继电保护和安全自动装置运行管理规程	2017-5-1		DL/T 587—2007	采购、运维	招标、品控、运行、维护	调度及二次	继电保护及安全自动装置

续表

体系结构号	标准编号	标 准 名 称	实施日期	与国际标准对应关系	代替标准	阶段	分阶段	专业	分专业
204.5-15	DL/T 623—2010	电力系统继电保护及安全自动装置运行评价规程	2011-5-1		DL/T 623—1997	采购、运维	招标、品控、运行、维护	调度及二次	继电保护及安全自动装置
204.5-16	DL/T 684—2012	大型发电机变压器继电保护整定计算导则	2012-7-1		DL/T 684—1999	运维	运行、维护	调度及二次	继电保护及安全自动装置
204.5-17	DL/T 1011—2016	电力系统继电保护整定计算数据交换格式规范	2017-5-1		DL/T 1011—2006	运维	运行、维护	调度及二次	继电保护及安全自动装置
204.5-18	DL/T 1502—2016	厂用电继电保护整定计算导则	2016-6-1			运维	运行、维护	调度及二次	继电保护及安全自动装置
204.5-19	DL/T 1640—2016	继电保护定值在线校核及预警技术规范	2017-5-1			采购、建设、运维、修试	招标、品控、验收与质量评定、运行、维护、检修、试验	调度及二次	继电保护及安全自动装置
204.5-20	DL/T 1663—2016	智能变电站继电保护在线监视和智能诊断技术导则	2017-5-1			采购、建设、运维、修试	招标、品控、验收与质量评定、运行、维护、检修、试验	调度及二次	继电保护及安全自动装置
204.5-21	GB/T 34121—2017	智能变电站继电保护配置工具技术规范	2018-2-1			采购、运维、修试	招标、品控、运行、维护、检修、试验	调度及二次	继电保护及安全自动装置
204.5-22	IEEE C37.111—2013	量度继电器和保护装置 第24部分：电力系统暂态数据交换通用格式	2013-4-1			采购、建设、修试	招标、品控、验收与质量评定、检修、试验	调度及二次	继电保护及安全自动装置
204.6 调度与交易-调度自动化									
204.6-1	Q/CSG 11005—2009	地/县级调度自动化主站系统技术规范	2009-10-14			建设	验收与质量评定、试运行	调度及二次	调度自动化
204.6-2	Q/CSG 110003—2012	南方电网EMS电网模型交换技术规范	2011-7-1			设计、建设	初设、验收与质量评定	调度及二次	调度自动化
204.6-3	Q/CSG 110006—2012	DL 634.5.104—2002 远动协议实施细则	2012-2-1			设计、建设	初设、验收与质量评定	调度及二次	调度自动化
204.6-4	Q/CSG 110007—2012	DL 634.5.101—2002 远动协议实施细则	2012-2-1			设计、建设	初设、验收与质量评定	调度及二次	调度自动化
204.6-5	Q/CSG 110016—2011	南方电网并网燃煤机组脱硫在线监测系统技术规范	2012-1-12		南网调自〔2008〕8号	建设	验收与质量评定、试运行	调度及二次	调度自动化

续表

体系结构号	标准编号	标准名称	实施日期	与国际标准对应关系	代替标准	阶段	分阶段	专业	分专业
204.6-6	Q/CSG 1202003—2018	南方电网调度大屏幕显示系统技术规范				设计、采购、运维	初设、招标、运行	调度及二次	调度自动化
204.6-7	Q/CSG 1203023—2017	数字及时间同步系统技术规范	2017-1-18		Q/CSG 110018—2011	建设、运维	验收与质量评定、运行、维护	调度及二次	调度自动化
204.6-8	Q/CSG 1203029—2017	220kV～500kV 变电站计算机监控系统技术规范	2017-3-1		Q/CSG 110024—2012	建设、运维	验收与质量评定、运行、维护	调度及二次	调度自动化
204.6-9	Q/CSG 1203030—2017	110kV 及以下变电站计算机监控系统技术规范	2017-3-1		Q/CSG 110025—2012	设计、建设	初设、验收与质量评定	调度及二次	调度自动化
204.6-10	Q/CSG 1203031—2017	换流站计算机监控系统技术规范	2017-4-1			建设	验收与质量评定、试运行	调度及二次	调度自动化
204.6-11	Q/CSG 1203032—2017	南方电网自动电压控制（AVC）技术规范	2017-5-2		Q/CSG 110008—2012	设计、建设	初设、验收与质量评定	调度及二次	调度自动化
204.6-12	Q/CSG 1203033—2017	南方电网自动发电控制（AGC）技术规范	2017-1-1		Q/CSG 110004—2012	设计、建设	初设、验收与质量评定	调度及二次	调度自动化
204.6-13	Q/CSG 1203052—2018	南方电网相量测量装置（PMU）技术规范	2018-5-17		Q/CSG 110011—2011	设计、建设	初设、验收与质量评定	调度及二次	调度自动化
204.6-14	Q/CSG 1203053—2018	北斗系统应用技术规范	2018-10-23			设计、建设	初设、验收与质量评定	调度及二次	调度自动化
204.6-15	Q/CSG 1203054—2018	调度自动化系统主站交流不间断电源技术规范	2018-10-23		Q/CSG 115001—2012	设计、建设	初设、验收与质量评定	调度及二次	调度自动化
204.6-16	Q/CSG 1204001—2014	并网火电厂脱硝监测技术规范	2014-2-20			设计、建设	初设、验收与质量评定	调度及二次	调度自动化
204.6-17	Q/CSG 1204002—2014	中国南方电网有限责任公司并网火电厂煤耗在线监测技术规范	2014-2-20			设计、建设	初设、验收与质量评定	调度及二次	调度自动化
204.6-18	Q/CSG 1204003—2014	南方电网 EMS 电网拓扑和运行数据交换规范	2016-6-10			设计、建设	初设、验收与质量评定	调度及二次	调度自动化
204.6-19	Q/CSG 1204004—2014	调度自动化系统及网络综合监管系统技术规范	2014-7-1			设计、建设	初设、验收与质量评定	调度及二次	调度自动化
204.6-20	Q/CSG 1204030—2018	南方电网变电站交流不间断电源技术规范				采购、运维	招标、品控、运行、维护	调度及二次	调度自动化
204.6-21	Q/CSG 1204035—2018	南方电网配网自动化 DL/T 634.5101—2002 规约实施细则	2018-12-28			设计、建设	初设、验收与质量评定	调度及二次	调度自动化

续表

体系结构号	标准编号	标准名称	实施日期	与国际标准对应关系	代替标准	阶段	分阶段	专业	分专业
204.6-22	Q/CSG 1204036—2018	南方电网配网自动化 DL/T 634.5104—2009 规约实施细则	2018-12-28			设计、建设	初设、验收与质量评定	调度及二次	调度自动化
204.6-23	Q/CSG 1204041—2018	南方电网自动化功能用房技术规范	2018-12-28			设计、建设	初设、验收与质量评定	调度及二次	调度自动化
204.6-24	Q/CSG 1204042—2019	分布式光伏发电系统调度监控技术要求（试行）	2019-2-27			建设、运维	验收与质量评定、运行、维护	调度及二次	调度自动化
204.6-25	T/CSEE 0047—2017	配电自动化建设及应用效果评价导则	2018-5-1			建设、运维、退役、修试	施工工艺、验收与质量评定、试运行、运行、维护、退役、报废、检修、试验	调度及二次	调度自动化
204.6-26	T/CSEE 0091—2018	地区电网自动电压控制（AVC）系统运行维护规范				运维	运行、维护	调度及二次	调度自动化
204.6-27	DL/T 321—2012	水力发电厂计算机监控系统与厂内设备及系统通信技术规定	2012-3-1			设计、采购、建设	初设、品控、验收与质量评定	调度及二次	调度自动化
204.6-28	DL/T 324—2010	大坝安全监测自动化系统通信规约	2011-5-1			设计、修试	初设、试验	调度及二次	调度自动化
204.6-29	DL/T 411—2018	电力大屏幕显示系统通用技术条件	2019-5-1		DL/T 411—1991；DL/T 631—1997；DL/T 632—1997	采购、修试、退役	招标、品控、检修、试验、退役、报废	调度及二次	调度自动化
204.6-30	DL/T 476—2012	电力系统实时数据通信应用层协议	2012-12-1		DL 476—1992	通用技术语言标准			
204.6-31	DL/T 516—2017	电力调度自动化运行管理规程	2017-12-1		DL/T 516—2006	运维	运行	调度及二次	调度自动化
204.6-32	DL/T 550—2014	地区电网调度控制系统技术规范	2015-3-1		DL/T 550—1994	设计、采购、建设、运维、修试、退役	初设、施工图、招标、品控、施工工艺、验收与质量评定、试运行、运行、维护、检修、试验、退役、报废	调度及二次	调度自动化
204.6-33	DL/T 630—1997	交流采样远动终端技术条件	1998-5-1			设计、采购、运维	初设、招标、维护	调度及二次	调度自动化
204.6-34	DL/Z 634.11—2005	远动设备及系统　第 1-1 部分：总则　基本原则	2006-6-1	IEC/TR 60870-1-1: 1988, IDT		规划、设计	规划、初设	调度及二次	调度自动化
204.6-35	DL/Z 634.14—2005	远动设备及系统　第 1-4 部分：远动数据传输的基本方面及 IEC 60870-5 与 IEC 60870-6 标准的结构	2006-6-1	IEC/TR 60870-1-4: 1994, IDT		设计	初设	调度及二次	调度自动化

续表

体系结构号	标准编号	标准名称	实施日期	与国际标准对应关系	代替标准	阶段	分阶段	专业	分专业
204.6-36	DL/Z 634.15—2005	远动设备及系统 第1-5部分：总则 带扰码的调制解调器传输过程对使用IEC 60875-5规约的传输系统的数据完整	2006-1-1	IEC/TR 60870-1-5: 2000，IDT		修试	试验	调度及二次	调度自动化
204.6-37	DL/T 634.56—2010	远动设备及系统 第5-6部分：IEC60870-5配套标准一致性测试导则	2010-10-1	IEC 60870-5-6: 2006，IDT	DL/Z 634.56—2004	各专业的技术指导通则或导则			
204.6-38	DL/T 634.5101—2002	远动设备及系统 第5-101部分：传输规约 基本远动任务配套标准	2002-12-1	IEC 608-70-5-101: 2002	DL/T 634—1997	运维、修试	维护、试验	调度及二次	调度自动化
204.6-39	DL/T 634.5104—2009	远动设备及系统 第5-104部分：传输规约 采用标准传输协议集的IEC60870-5-101网络访问	2009-12-1	IEC 60870-5-104: 2006，IDT	DL/T 634.5104—2002	运维、修试	维护、试验	调度及二次	调度自动化
204.6-40	DL/T 634.5124—2009	远动设备及系统 第5-124部分：传输规约 采用标准传输协议集的IEC60870-5-121网络访问	2009-12-1	IEC 60870-5-124: 2006	DL/T 634.5124—2002	运维、修试	维护、试验	调度及二次	调度自动化
204.6-41	DL/T 634.5601—2016	远动设备及系统 第5-601部分DL/T 634.510配套标准一致性测试用例	2016-6-1	IEC/TS 60870-5-601: 2006，IDT		建设、修试	验收与质量评定、试验	调度及二次	调度自动化
204.6-42	DL/T 667—1999	远动设备及系统 第5部分：传输规约 第103篇：继电保护设备信息接口配套标准	1999-10-1	IEC 60870-5-103: 1997，IDT		建设、修试	验收与质量评定、试验	调度及二次	调度自动化
204.6-43	DL/T 719—2000	远动设备及系统 第5部分传输规约 第102篇 电力系统电能累计量传输配套标准	2001-1-1	IEC 60870-5-102: 1996，IDT		建设、修试	验收与质量评定、试验	调度及二次	调度自动化
204.6-44	DL/T 814—2013	配电自动化系统技术规范	2014-4-1		DL/T 814—2002	设计、建设、运维	初设、验收与质量评定、运行	调度及二次	调度自动化
204.6-45	DL/Z 860.1—2018	电力自动化通信网络和系统 第1部分：概论	2019-5-1		DL/Z 860.1—2004	通用技术语言标准			
204.6-46	DL/T 860.3—2004	变电站通信网络和系统 第3部分：总体要求	2004-6-1	IEC 61850-3: 2002，IDT		规划、设计	规划、初设	调度及二次	调度自动化
204.6-47	DL/T 860.4—2018	电力自动化通信网络和系统 第4部分：系统和项目管理	2019-5-1		DL/T 860.4—2004	建设、修试、退役	验收与质量评定、试验、退役	调度及二次	调度自动化

续表

体系结构号	标准编号	标准名称	实施日期	与国际标准对应关系	代替标准	阶段	分阶段	专业	分专业
204.6-48	DL/T 860.5—2006	变电站通信网络和系统 第5部分：功能的通信要求和装置模型	2007-3-1	IEC 61850-5: 2003，IDT		修试	试验	调度及二次	调度自动化
204.6-49	DL/T 860.6—2012	电力企业自动化通信网络和系统 第6部分：与智能电子设备有关的变电站内通信配置描述语言	2012-12-1	IEC 61850-6，IDT	DL/T 860.6—2008	修试	试验	调度及二次	调度自动化
204.6-50	DL/T 860.10—2018	电力自动化通信网络和系统 第10部分：一致性测试	2019-5-1		DL/T 860.10—2006	修试	试验	调度及二次	调度自动化
204.6-51	DL/T 860.71—2014	电力自动化通信网络和系统 第7-1部分：基本通信结构原理和模型	2015-3-1	IEC 61850-7-1，IDT	DL/T 860.71—2006	修试	试验	调度及二次	调度自动化
204.6-52	DL/T 860.72—2013	电力自动化通信网络和系统 第7-2部分：基本信息和通信结构—抽象通信服务接口（ACSI）	2014-4-1	IDT IEC 61850-7-2: 2010，IDT	DL/T 860.72—2004	修试	试验	调度及二次	调度自动化
204.6-53	DL/T 860.73—2013	电力自动化通信网络和系统 第7-3部分：基本通信结构公用数据类	2014-4-1	IEC 61850-7-3: 2010，IDT	DL/T 860.73—2004	修试	试验	调度及二次	调度自动化
204.6-54	DL/T 860.74—2014	电力自动化通信网络和系统 第7-4部分：基本通信结构 兼容逻辑节点类和数据类	2015-3-1	IEC 61850-7-4: 2010，IDT	DL/T 860.74—2006	修试	试验	调度及二次	调度自动化
204.6-55	DL/T 860.81—2016	电力自动化通信网络和系统 第8-1部分：特定通信服务映射（SCSM）—映射到MMS（ISO 9506-1 和 ISO 9506-2）及ISO/ IEC 8802-3	2016-6-1	IEC 61850-8-1: 2011，IDT	DL/T 860.81—2006	修试	试验	调度及二次	调度自动化
204.6-56	DL/T 860.92—2016	电力自动化通信网络和系统 第9-2部分：特定通信服务映射（SCSM）—基于ISO/IEC 8802-3 的采样值	2016-6-1	IEC 61850-9-2: 2011，IDT	DL/T 860.92—2006	修试	试验	调度及二次	调度自动化
204.6-57	DL/T 860.801—2016	电力自动化通信网络和系统 第80-1部分：应用DL/T 634.5101或DL/T 634.5104交换基于CDC的数据模型信息导则	2016-6-1	IEC/TS 61850-80-1: 2008，IDT		修试	试验	调度及二次	调度自动化
204.6-58	DL/T 860.901—2014	电力自动化通信网络和系统 第901部分：DL/T 860在变电站间通信中的应用	2015-3-1	IEC/TR 61850-90-1: 2010，IDT		建设、修试	验收与质量评定、试验	调度及二次	调度自动化

续表

体系结构号	标准编号	标准名称	实施日期	与国际标准对应关系	代替标准	阶段	分阶段	专业	分专业
204.6-59	DL/T 860.7410—2016	电力自动化通信网络和系统 第7-410部分：基本通信结构水力发电厂监视与控制用通信	2016-6-1	IEC 61850-7-410: 2012，IDT		设计、建设	初设、验收与质量评定	调度及二次	调度自动化
204.6-60	DL/T 860.7420—2012	电力企业自动化通信网络和系统 第7-420部分：基本通信结构 分布式能源逻辑节点	2012-12-1	IEC 61850-7-420，IDT		设计、建设	初设、验收与质量评定	调度及二次	调度自动化
204.6-61	DL/Z 860.7510—2016	电力自动化通信网络和系统 第7-510部分：基本通信结构 水力发电厂建模原理与应用指南	2016-6-1	IEC 61850-7-510: 2012，IDT		设计、建设	初设、验收与质量评定	调度及二次	调度自动化
204.6-62	DL/T 860.904—2018	电力自动化通信网络和系统 第90-4部分：网络工程指南	2019-5-1			设计、建设	初设、验收与质量评定	调度及二次	调度自动化
204.6-63	DL/T 890.1—2007	能量管理系统应用程序接口（EMS-API）第1部分：导则和一般要求	2008-6-1	IEC 61970-1: 2005，IDT		建设、运维	验收与质量评定、运行	调度及二次	调度自动化
204.6-64	DL/T 890.301—2016	能量管理系统应用程序接口（EMS-API）第301部分：公共信息模型（CIM）基础	2016-6-1	IEC 61970-301: 2013，IDT	DL/T 890.301—2004	建设、运维	验收与质量评定、运行	调度及二次	调度自动化
204.6-65	DL/Z 890.401—2006	能量管理系统应用程序接口（EMS-API）第401部分：组件接口规范（CIS）框架	2007-5-1	IEC 61970-401 TS: 2005，IDT		建设、运维	验收与质量评定、运行	调度及二次	调度自动化
204.6-66	DL/T 890.402—2012	能量管理系统应用程序接口（EMS-API）第402部分：公共服务	2012-3-1	IEC 61970-402: 2008，IDT		建设、运维	验收与质量评定、运行	调度及二次	调度自动化
204.6-67	DL/T 890.403—2012	能量管理系统应用程序接口（EMS - API）第403部分：通用数据访问	2012-12-1	IEC 61970-403: 2008，IDT		建设、运维	验收与质量评定、运行	调度及二次	调度自动化
204.6-68	DL/T 890.404—2009	能量管理系统应用程序接口（EMS-API）第404部分：高速数据访问（HSDA）	2009-12-1	IEC 61970-404: 2007，IDT		建设、运维	验收与质量评定、运行	调度及二次	调度自动化
204.6-69	DL/T 890.405—2009	能量管理系统应用程序接口（EMS-API）第405部分：通用事件和订阅（GES）	2009-12-1	IEC 61970-405: 2007，IDT		建设、运维	验收与质量评定、运行	调度及二次	调度自动化
204.6-70	DL/T 890.407—2010	能量管理系统应用程序接口（EMS-API）第407部分：时间序列数据访问（TSDA）	2010-10-1	IEC 61970-407: 2007，IDT		建设、运维	验收与质量评定、运行	调度及二次	调度自动化

续表

体系结构号	标准编号	标准名称	实施日期	与国际标准对应关系	代替标准	阶段	分阶段	专业	分专业
204.6-71	DL/T 890.452—2018	能量管理系统应用程序接口（EMS-API）第452部分：CIM稳态输电网络模型子集	2019-5-1			建设、运维	验收与质量评定、运行	调度及二次	调度自动化
204.6-72	DL/T 890.453—2018	能量管理系统应用程序接口（EMS-API）第453部分：图形布局子集	2019-5-1		DL/T 890.453—2012	建设、运维	验收与质量评定、运行	调度及二次	调度自动化
204.6-73	DL/T 890.456—2016	能量管理系统应用程序接口（EMS-API）第456部分：电力系统状态解子集	2016-6-1	IEC 61970-456: 2013，IDT		建设、运维	验收与质量评定、运行	调度及二次	调度自动化
204.6-74	DL/T 890.501—2007	能量管理系统应用程序接口（EMS-API）第501部分：公共信息模型的资源描述框架（CIM RDF）模式	2008-6-1	IEC 61970-501: 2006，IDT		建设、运维	验收与质量评定、运行	调度及二次	调度自动化
204.6-75	DL/T 890.552—2014	能量管理系统应用程序接口 第552部分：CIMXML模型交换格式	2015-3-1	IEC 61970-552: 2013，IDT		建设、运维	验收与质量评定、运行	调度及二次	调度自动化
204.6-76	DL/T 924—2016	火力发电厂厂级监控信息系统技术条件	2016-7-1		DL/T 924—2005	设计、建设	初设、验收与质量评定	调度及二次	调度自动化
204.6-77	DL/T 1100.1—2018	电力系统的时间同步系统 第1部分：技术规范	2019-5-1		DL/T 1100.1—2009	设计、建设	初设、验收与质量评定	调度及二次	调度自动化
204.6-78	DL/T 1100.2—2013	电力系统的时间同步系统 第2部分：基于局域网的精确时间同步	2014-4-1			设计、建设	初设、验收与质量评定	调度及二次	调度自动化
204.6-79	DL/T 1100.3—2018	电力系统的时间同步系统 第3部分：基于数字同步网的时间同步技术规范	2019-5-1			设计、建设	初设、验收与质量评定	调度及二次	调度自动化
204.6-80	DL/T 1100.4—2018	电力系统的时间同步系统 第4部分：测试仪技术规范	2019-5-1			设计、建设	初设、验收与质量评定	调度及二次	调度自动化
204.6-81	DL/T 1100.6—2018	电力系统的时间同步系统 第6部分：监测规范	2019-5-1			设计、建设	初设、验收与质量评定	调度及二次	调度自动化
204.6-82	DL/T 1232—2013	电力系统动态消息编码规范	2013-8-1			通用技术语言标准			
204.6-83	DL/T 1233—2013	电力系统简单服务接口规范	2013-8-1			通用技术语言标准			
204.6-84	DL/T 1414.301—2015	电力市场通信 第301部分：公共信息模型	2015-9-1			数值与数据			

续表

体系结构号	标准编号	标准名称	实施日期	与国际标准对应关系	代替标准	阶段	分阶段	专业	分专业
204.6-85	DL/T 1414.351—2018	电力市场通信　第351部分:分区电价式市场模型交互子集	2019-5-1			数值与数据			
204.6-86	DL/T 1512—2016	变电站测控装置技术规范	2016-6-1			建设、修试	验收与质量评定、试验	调度及二次	调度自动化
204.6-87	DL/T 1649—2016	配电网调度控制系统技术规范	2017-5-1			设计、建设、运维	初设、验收与质量评定、运行	调度及二次	调度自动化
204.6-88	DL/T 1660—2016	电力系统消息总线接口规范	2017-5-1			通用技术语言标准			
204.6-89	DL/T 1707—2017	电网自动电压控制运行技术导则	2017-12-1			各专业的技术指导通则或导则			
204.6-90	DL/T 1708—2017	电力系统顺序控制技术规范	2017-12-1			设计、建设、运维	初设、验收与质量评定、运行	调度及二次	调度自动化
204.6-91	DL/T 1709.3—2017	智能电网调度控制系统技术规范　第3部分:基础平台	2017-12-1			设计、建设、运维	初设、验收与质量评定、运行	调度及二次	调度自动化
204.6-92	DL/T 1709.4—2017	智能电网调度控制系统技术规范　第4部分:实时监控与预警	2017-12-1			设计、建设、运维	初设、验收与质量评定、运行	调度及二次	调度自动化
204.6-93	DL/T 1709.5—2017	智能电网调度控制系统技术规范　第5部分:调度计划	2017-12-1			设计、建设、运维	初设、验收与质量评定、运行	调度及二次	调度自动化
204.6-94	DL/T 1709.6—2017	智能电网调度控制系统技术规范　第6部分:调度管理	2017-12-1			设计、建设、运维	初设、验收与质量评定、运行	调度及二次	调度自动化
204.6-95	DL/T 1709.7—2017	智能电网调度控制系统技术规范　第7部分:电网运行驾驶舱	2017-12-1			设计、建设、运维	初设、验收与质量评定、运行	调度及二次	调度自动化
204.6-96	DL/T 1709.8—2017	智能电网调度控制系统技术规范　第8部分:运行评估	2017-12-1			设计、建设、运维	初设、验收与质量评定、运行	调度及二次	调度自动化
204.6-97	DL/T 1709.9—2017	智能电网调度控制系统技术规范　第9部分:软件测试	2017-12-1			设计、建设、运维	初设、验收与质量评定、运行	调度及二次	调度自动化
204.6-98	DL/T 1709.10—2017	智能电网调度控制系统技术规范　第10部分:硬件设备测试	2017-12-1			设计、建设、运维	初设、验收与质量评定、运行	调度及二次	调度自动化

续表

体系结构号	标准编号	标准名称	实施日期	与国际标准对应关系	代替标准	阶段	分阶段	专业	分专业
204.6-99	DL/T 1871—2018	智能电网调度控制系统与变电站即插即用框架规范	2018-10-1			设计、建设、运维	初设、验收与质量评定、运行	调度及二次	调度自动化
204.6-100	DL/T 1908.907—2018	电力自动化通信网络和系统　第 90-7 部分：分布式能源（DER）系统功率变换器对象模型	2019-5-1			设计、建设、运维	初设、验收与质量评定、运行	调度及二次	调度自动化
204.6-101	DL/T 1913—2018	DL/T 860 变电站配置工具技术规范	2019-5-1			设计、建设、运维	初设、验收与质量评定、运行	调度及二次	调度自动化
204.6-102	DL/T 1914—2018	DL/T 698.45 至 DL/T 860 的数据模型映射规范	2019-5-1			设计、建设、运维	初设、验收与质量评定、运行	调度及二次	调度自动化
204.6-103	DL/T 5500—2015	配电自动化系统信息采集及分类技术规范	2015-9-1			设计、建设、运维	施工图、验收与质量评定、维护	调度及二次	调度自动化
204.6-104	NB/T 42014—2013	电气化铁路牵引变电所综合自动化系统	2014-4-1			采购、运维	招标、品控、运行、维护	调度及二次	调度自动化
204.6-105	SL 53—2013	小水电电网调度自动化技术规范（附条文说明）	2014-1-28		SL/T 53—1993	设计、建设、运维	初设、验收与质量评定、运行	调度及二次	调度自动化
204.6-106	GB/T 13729—2002	远动终端设备	2003-6-1		GB/T 13729—1992	规划、设计、采购	规划、初设、招标	调度及二次	调度自动化
204.6-107	GB/T 13730—2002	地区电网调度自动化系统	2003-6-1		GB/T 13730—1992	设计、建设、运维	初设、验收与质量评定、运行、维护	调度及二次	调度自动化
204.6-108	GB/T 15153.1—1998	远动设备及系统　第 2 部分：工作条件　第 1 篇：电源和电磁兼容性	1999-6-1	IEC 870-2-1: 1995，IDT		修试	试验	调度及二次	调度自动化
204.6-109	GB/T 15153.2—2000	远动设备及系统　第 2 部分：工作条件　第 2 篇：环境条件（气候、机械和其他非电影响因素）	2001-10-1	IEC 60870-2-2: 1996，IDT		运维	运行	调度及二次	调度自动化
204.6-110	GB/T 16435.1—1996	远动设备及系统接口（电气特性）	1997-7-1	IEC 870-3: 1989		修试	试验	调度及二次	调度自动化
204.6-111	GB/T 16436.1—1996	远动设备及系统　第 1 部分：总则　第 2 篇：制定规范的导则	1997-7-1	IEC 807-1-2: 1989，IDT		修试	试验	调度及二次	调度自动化
204.6-112	GB/T 16720.1—2005	工业自动化系统　制造报文规范　第 1 部分：服务定义	2005-6-1	IDT ISO 9506-1: 2003		规划、设计、采购	规划、初设、招标	基础综合	

续表

体系结构号	标准编号	标准名称	实施日期	与国际标准对应关系	代替标准	阶段	分阶段	专业	分专业
204.6-113	GB/T 16720.2—2005	工业自动化系统 制造报文规范 第2部分：协议规范	2005-6-1	IDT ISO 9506-2: 2003	GB/T 16720.2—1996；GB/T 16721—1996	规划、设计、采购	规划、初设、招标	基础综合	
204.6-114	GB/T 17463—1998	远动设备及系统 第4部分：性能要求	1999-6-1	IEC 870-4: 1990，IDT		修试	试验	调度及二次	调度自动化
204.6-115	GB/T 18657.1—2002	远动设备及系统 第5部分：传输规约 第1篇：传输帧格式	2002-8-1	IEC 60870-5-1: 1990，IDT		修试	试验	调度及二次	调度自动化
204.6-116	GB/T 18657.2—2002	远动设备及系统 第5部分：传输规约 第2篇：链路传输规则	2002-8-1	IEC 60870-5-2: 1992，IDT		修试	试验	调度及二次	调度自动化
204.6-117	GB/T 18657.3—2002	远动设备及系统 第5部分：传输规约 第3篇：应用数据的一般结构	2002-8-1	IEC 60870-5-3: 1992，IDT		修试	试验	调度及二次	调度自动化
204.6-118	GB/T 18657.4—2002	远动设备及系统 第5部分：传输规约 第4篇：应用信息元素的定义和编码	2002-8-1	IEC 60870-5-4: 1993，IDT		修试	试验	调度及二次	调度自动化
204.6-119	GB/T 18657.5—2002	远动设备及系统 第5部分：传输规约 第5篇：基本应用功能	2002-8-1	IEC 60870-5-5: 1995，IDT		修试	试验	调度及二次	调度自动化
204.6-120	GB/T 18700.1—2002	远动设备和系统 第6部分：与ISO标准和ITU-T建议兼容的远动协议 第503篇：TASE.2服务和协议	2002-12-1	IEC 60870-6-503: 1997，IDT		修试	试验	调度及二次	调度自动化
204.6-121	GB/T 18700.2—2002	远动设备和系统 第6部分：与ISO标准和ITU-T建议兼容的远动协议 第802篇：TASE.2对象模型	2002-12-1	IEC 60870-6-802: 1997，IDT		修试	试验	调度及二次	调度自动化
204.6-122	GB/T 18700.3—2002	远动设备和系统 第6-702部分：与ISO标准和ITU-T建议兼容的远动协议在端系统中提供TASE.2应用服务的功能协议子集	2003-6-1	IEC 60870-6-702: 1998，IDT		修试	试验	调度及二次	调度自动化
204.6-123	GB/Z 18700.4—2002	运动设备和系统 第6-602部分：与ISO标准和ITU-T建议兼容的远动协议 TASE传输协议子集	2003-6-1	IEC TS 60870-6-602: 2001，IDT		修试	试验	调度及二次	调度自动化

续表

体系结构号	标准编号	标准名称	实施日期	与国际标准对应关系	代替标准	阶段	分阶段	专业	分专业
204.6-124	GB/Z 18700.5—2003	远动设备及系统 第6-1部分：与ISO标准和ITU-T建议兼容的远协议标准的应用环境和结构	2004-3-1	IEC 60870-6-1: 1995，IDT		修试	试验	调度及二次	调度自动化
204.6-125	GB/T 18700.6—2005	远动设备和系统 第6-2部分：与ISO标准和ITU-T建议兼容的远动协议 OSI 1至4层基本标准的使用	2005-12-1	IEC 60870-6-2: 1995，IDT		修试	试验	调度及二次	调度自动化
204.6-126	GB/Z 18700.7—2005	远动设备和系统 第6-505部分：与ISO标准和ITU-T建议兼容的远动协议TASE.2用户指南	2005-12-1	IEC TR 60870-6-505: 2002，IDT		修试	试验	调度及二次	调度自动化
204.6-127	GB/T 18700.8—2005	远动设备和系统 第6-601部分：与ISO标准和ITU-T建议兼容的远动协议 在通过永久接入分组交换数据网连接的端系统中提供基于连接传输服务的功能协议集	2005-12-1	IEC 60870-6-601: 1994，IDT		修试	试验	调度及二次	调度自动化
204.6-128	GB/Z 25320.1—2010	电力系统管理及其信息交换 数据和通信安全 第1部分:通信网络和系统安全安全问题介绍	2011-5-1	IEC TS 62351-1: 2007，IDT		修试	试验	调度及二次	调度自动化
204.6-129	GB/Z 25320.2—2013	电力系统管理及其信息交换 数据和通信安全 第2部分：术语	2013-7-1	IEC/TS 62351-2 Ed1.0: 2008，IDT		通用技术语言标准			
204.6-130	GB/Z 25320.3—2010	电力系统管理及其信息交换 数据和通信安全 第3部分:通信网络和系统安全 包含TCP/IP的协议集	2011-5-1	IEC TS 62351-3: 2007，IDT		修试	试验	调度及二次	调度自动化
204.6-131	GB/Z 25320.4—2010	电力系统管理及其信息交换 数据和通信安全 第4部分：包含MMS的协议集	2011-5-1	IEC TS 62351-4: 2007，IDT		修试	试验	调度及二次	调度自动化
204.6-132	GB/Z 25320.5—2013	电力系统管理及其信息交换 数据和通信安全 第5部分：GB/T 18657等及其衍生标准的安全	2013-7-1	IEC/TS 62351-5: 2009，IDT		修试	试验	调度及二次	调度自动化
204.6-133	GB/Z 25320.6—2011	电力系统管理及其信息交换 数据和通信安全 第6部分：10IEC 61850的安全	2012-5-1	IEC TS 62351-6: 2007，IDT		修试	试验	调度及二次	调度自动化

体系结构号	标准编号	标 准 名 称	实施日期	与国际标准对应关系	代替标准	阶段	分阶段	专业	分专业
204.6-134	GB/Z 25320.7—2015	电力系统管理及其信息交换 数据和通信安全 第7部分：网络和系统管理（NSM）的数据对象模型	2015-12-1	IEC/TS 62351-7: 2010，IDT		修试	试验	调度及二次	调度自动化
204.6-135	GB/T 26865.2—2011	电力系统实时动态监测系统 第2部分:数据传输协议	2011-12-1			建设、运维	验收与质量评定、运行	调度及二次	调度自动化
204.6-136	GB/T 26866—2011	电力系统时间同步检测规范	2011-12-1			建设、修试	验收与质量评定、试验	调度及二次	调度自动化
204.6-137	GB/T 28815—2012	电力系统实时动态监测主站技术规范	2013-2-1			设计、建设、运维	初设、验收与质量评定、运行	调度及二次	调度自动化
204.6-138	GB/T 31994—2015	智能远动网关技术规范	2016-4-1			设计、运维、修试	初设、维护、试验	调度及二次	调度自动化
204.6-139	GB/T 32353—2015	电力系统实时动态监测系统数据接口规范	2016-7-1			建设、运维	验收与质量评定、运行	调度及二次	调度自动化
204.6-140	GB/T 33591—2017	智能变电站时间同步系统及设备技术规范	2017-12-1			设计、运维、修试	初设、运行、试验	调度及二次	调度自动化
204.6-141	GB/T 33603—2017	电力系统模型数据动态消息编码规范	2017-12-1			通用技术语言标准			
204.6-142	GB/T 33604—2017	电力系统简单服务接口规范	2017-12-1			通用技术语言标准			
204.6-143	GB/T 33607—2017	智能电网调度控制系统总体框架	2017-12-1			设计、建设、运维	初设、验收与质量评定、运行	调度及二次	调度自动化
204.6-144	GB/T 34039—2017	远程终端单元（RTU）技术规范	2018-2-1			建设、修试	验收与质量评定、试验	调度及二次	调度自动化
204.6-145	GB/T 35718.2—2017	电力系统管理及其信息交换长期互操作性 第2部分：监控和数据采集（SCADA）端到端品质码	2018-7-1			建设、运维	验收与质量评定、运行	调度及二次	调度自动化
204.6-146	GB/T 36050—2018	电力系统时间同步基本规定	2018-10-1			采购、建设	品控、验收与质量评定	调度及二次	调度自动化
204.6-147	IEC 61850-3—2013	电力系统自动化用通信网络和系统 第3部分:通用要求	2013-12-12		IEC 61850-3—2002	修试	试验	调度及二次	调度自动化
204.6-148	IEC 61850-4—2011	电力系统自动化用通信网络和系统 第4部分:系统和项目管理	2011-4-11		IEC 61850-4—2002	设计、建设、退役	初设、施工工艺、退役	调度及二次	调度自动化

续表

体系结构号	标准编号	标 准 名 称	实施日期	与国际标准对应关系	代替标准	阶段	分阶段	专业	分专业
204.6-149	IEC 61850-6—2009	电力系统自动化用通信网络和系统　第 6 部分：变电站相关的智能电子装置（IEDs）通信用结构描述语言	2009-12-17	BS EN 61850-6—2010 IDT；EN 61850- 6—2010 IDT	IEC 61850-6—2004	修试	试验	调度及二次	调度自动化
204.6-150	IEC 61850-7-1—2011	变电所的通信网络和系统　第 7-1 部分：基本通信结构原理和模型	2011-7-15		IEC 61850-7-1—2003	数值与数据			
204.6-151	IEC 61850-7-4—2010	变电站的通信网络和系统　第 7-4 部分：基本通信结构兼容逻辑节点种类和数据种类	2010-3-31	DIN EN 61850-7-4 —2010，IDT；BS EN 61850-7-4—2010，IDT；EN 61850-7-4 —2014，IDT	IEC 61850-7-4—2003	数值与数据			
204.6-152	IEC 61850-7-420—2009	电力系统自动化用通信网络和系统　第 7-420 部分：基本通信结构分布能源逻辑网点	2009-3-10	DFN EN 61850-7-420 —2009 IDT；BS EN 61850-7-420—2009 ，IDT；EN 61850-7-420—2009，IDT；C46 -908-7-420PR，IDT；OEVE/OE-NORM EN 61850-7-420 —2009，IDT	数值与数据				
204.6-153	IEC 61850-8-1—2011	变电站的通信网络和系统　第 8-1 部分：专用通信设施映像（SCSM）多媒体短信服务（MMS）（ISO9506-1 和 ISO 9506-2）和 ISO/IEC 8802-3 上的映像	2011-6-17		IEC 61850-8-1—2004	修试	试验	调度及二次	调度自动化
204.6-154	IEC 61850-9-2—2011	电力系统自动化用通信网络和系统　第 9-2 部分：专用通信服务映射（SCSM ）通过 ISO/IEC 8802-3 的抽样值	2011-9-22		IEC 61850-9-1—2003；IEC 61850-9-2—2004	修试	试验	调度及二次	调度自动化
204.6-155	IEC 61968-9—2013	电业应用综合配电管理系统接口　第 9 部分：仪表读数和控制界面	2013-10-16	DIN EN 61968-9—2010，IDT；BD EN 61968-9—2010，IDT；EN 61968—2009. IDTOEVE/OENORM EN 61968 -9—2010，IDT；PN-EN 61968-9—2010，IDT	IEC 61968-9—2009	建设、运维	验收与质量评定、运行	调度及二次	调度自动化
204.6-156	IEC 61970-1—2005	能量管理系统应用程序接口（EMS-API）第 1 部分：指南和一般要求	2005-12-7			建设、运维	验收与质量评定、运行	调度及二次	调度自动化

续表

体系结构号	标准编号	标 准 名 称	实施日期	与国际标准对应关系	代替标准	阶段	分阶段	专业	分专业
204.6-157	IEC 61970-301—2016	能量管理系统应用程序接口（EMS-API）第301部分：通用信息模型（CIM）基础	2016-12-16		IEC 61970-301—2013	建设、运维	验收与质量评定、运行	调度及二次	调度自动化
204.6-158	IEC 61970-452—2017	能源管理系统应用程序接口（EMS-API）第452部分：CIM静态传输网络模型配置文件	2017-7-26		IEC 61970-452—2015	建设、运维	验收与质量评定、运行	调度及二次	调度自动化
204.6-159	IEC 61970-453—2014	能量管理系统应用程序接口（EMS-API）第453部分：图表布局概况	2014-2-25		IEC 61970-453—2008	建设、运维	验收与质量评定、运行	调度及二次	调度自动化
204.6-160	IEC 61970-456—2018	能源管理系统应用程序接口（EMS-API）第456部分：解决电力系统状态配置文件	2018-3-19		IEC 61970-456—2013	建设、运维	验收与质量评定、运行	调度及二次	调度自动化
204.6-161	IEC 61970-501—2006	能量管理体系应用程序接口（EMS-API）第501部分：公共信息模型资源描述格式（CIMRDF ）计划	2006-3-8	BS BN 61970-501—2006，IDT；EN 61970-501—2006，IDT；NF C46-970-501—2006，IDT；C46-970-501，IDT		建设、运维	验收与质量评定、运行	调度及二次	调度自动化
204.6-162	IEC 61970-552—2016	能量管理系统应用程序接口（EMS-API）第552部分：CIMXML模型交换格式	2016-9-27		IEC 61970-552—2013	建设、运维	验收与质量评定、运行	调度及二次	调度自动化
204.6-163	IEC 62559-2—2015	用例方法 第2部分：用例,作用物清单和要求清单的模板定义	2015-4-30		IEC/PAS 62559—2008	通用技术语言标准			
204.6-164	IEC/TR 61850-1—2013	变电所的通信网络和系统 第1部分：引言和概要	2013-3-14		IEC/TR 61850-1—2003	通用技术语言标准			
204.6-165	IEC/TR 61850-90-1—2010	电力系统自动化用通信网络和系统 第90-1部分：变电站之间通信对标准 IEC 61850的使用	2010-3-16		IEC 57/992/DTR-20D9	建设、修试	验收与质量评定、试验	调度及二次	调度自动化
204.6-166	IEC/TR 61850-90-2—2016	电力自动化通信网络与系统 第90-2部分：变电站及控制中心间的通信 IEC 61850的使用	2016-2-25			建设、修试	验收与质量评定、试验	调度及二次	调度自动化
204.6-167	IEC/TR 61850-90-4—2013	电力系统自动化用通信网络和系统 第90-4部分：网络工程指南	2013-8-6			建设	施工工艺	调度及二次	调度自动化

续表

体系结构号	标准编号	标 准 名 称	实施日期	与国际标准对应关系	代替标准	阶段	分阶段	专业	分专业
204.6-168	IEC/TR 61850-90-5—2012	电力公用事业自动化用通信网络和系统 第 90-5 部分：按照 IEEE C37.118 传输同步相量信息 IEC 61850 的使用	2012-5-9			建设	施工工艺	调度及二次	调度自动化
204.6-169	IEC/TR 61850-90-7—2013	电力系统自动化用通信网络和系统 第 90-7 部分：分布式能源（DER）系统的电力转换器用对象模型	2013-2-21			设计	初设	调度及二次	调度自动化
204.6-170	IEC/TR 62541-1—2016	OPC 统一体系结构 第 1 部分：综述和概念	2016-10-5		IEC 61970-403—2008	建设、运维	验收与质量评定、运行	调度及二次	调度自动化
204.6-171	IEC/TS 61850-80-1—2016	电动控制的通信网络和系统 第 80-1 部分：使用 IEC 60870-5- 101 或 IEC 60870-5-104 基于 CDC 数据模型中交换信息指南	2016-7-28		IEC/TS 61850-80-1—2008	修试	试验	调度及二次	调度自动化
204.7 调度与交易-电力监控系统网络安全									
204.7-1	Q/CSG 1204009—2015	中国南方电网电力监控系统安全防护技术规范	2016-1-1			各专业的技术指导通则或导则			
204.7-2	T/CEC 180—2018	发电厂监控系统信息安全评估导则	2018-9-1			设计、建设、运维	初设、施工图、施工工艺、验收与质量评定、试运行、运行、维护	调度及二次	电力监控系统网络安全
204.7-3	T/CSEE 0015—2016	电力工业控制系统上线信息安全检测技术规范	2017-5-1			建设、修试	验收与质量评定、试验	调度及二次	电力监控系统网络安全
204.7-4	DL/Z 981—2005	电力系统控制及其通信数据和通信安全	2006-1-1	IEC TR 62210: 2003，IDT		设计、采购、运维	初设、招标、维护	调度及二次	电力监控系统网络安全
204.7-5	DL/T 1455—2015	电力系统控制类软件安全性及其测评技术要求	2015-12-1			建设、修试	验收与质量评定、试验	调度及二次	电力监控系统网络安全
204.7-6	DL/T 1511—2016	电力系统移动作业 PDA 终端安全防护技术规范	2016-6-1			设计、建设、运维	初设、施工图、施工工艺、验收与质量评定、试运行、运行、维护	调度及二次	电力监控系统网络安全
204.7-7	DL/T 1527—2016	用电信息安全防护技术规范	2016-6-1			设计、建设、运维	初设、施工图、施工工艺、验收与质量评定、试运行、运行、维护	调度及二次	电力监控系统网络安全

续表

体系结构号	标准编号	标准名称	实施日期	与国际标准对应关系	代替标准	阶段	分阶段	专业	分专业
204.7-8	DL/T 1931—2018	电力 LTE 无线通信网络安全防护要求	2019-5-1			设计、建设、运维	初设、施工图、施工工艺、验收与质量评定、试运行、运行、维护	调度及二次	电力监控系统网络安全
204.7-9	DL/T 1936—2018	配电自动化系统安全防护技术导则	2019-5-1			设计、建设、运维	初设、施工图、施工工艺、验收与质量评定、试运行、运行、维护	调度及二次	电力监控系统网络安全
204.7-10	DL/T 1941—2018	可再生能源发电站电力监控系统网络安全防护技术规范	2019-5-1			设计、建设、运维	初设、施工图、施工工艺、验收与质量评定、试运行、运行、维护	调度及二次	电力监控系统网络安全
204.7-11	JB/T 11960—2014	工业过程测量和控制安全网络和系统安全	2014-10-1	IEC/PAS 62443-3: 2008，IDT		设计、采购、建设、运维、修试	初设、施工图、招标、品控、施工工艺、验收与质量评定、试运行、运行、维护、检修、试验	调度及二次	电力监控系统网络安全
204.7-12	JB/T 11961—2014	工业通信网络　网络和系统安全　术语、概念和模型	2014-10-1	IEC/TS 62443-1-1: 2009，IDT		规划、设计、采购、建设、运维	规划、初设、施工图、招标、品控、施工工艺、验收与质量评定、试运行、运行、维护	调度及二次	电力监控系统网络安全
204.7-13	JB/T 11962—2014	工业通信网络　网络和系统安全　工业自动化和控制系统信息安全技术	2014-10-1	IEC/PAS 62443-3-1: 2009，IDT		规划、设计、采购、建设、运维	规划、初设、施工图、招标、品控、施工工艺、验收与质量评定、试运行、运行、维护	调度及二次	电力监控系统网络安全
204.7-14	YD/T 2853—2015	LTE 无线网络安全网关技术要求	2015-7-1			设计、建设、运维	初设、施工图、施工工艺、验收与质量评定、试运行、运行、维护	调度及二次	电力监控系统网络安全
204.7-15	YD/T 3339—2018	面向物联网的蜂窝窄带接入（NB-IoT）安全技术要求和测试方法	2019-4-1			设计、建设、运维	初设、施工图、施工工艺、验收与质量评定、试运行、运行、维护	调度及二次	电力监控系统网络安全
204.7-16	GM/T 0008—2012	安全芯片密码检测准则	2012-11-22			设计、建设、运维	初设、施工图、施工工艺、验收与质量评定、试运行、运行、维护	调度及二次	电力监控系统网络安全
204.7-17	GB/T 26333—2010	工业控制网络安全风险评估规范	2011-6-1			建设、运维、修试	验收与质量评定、试运行、运行、维护、检修、试验	调度及二次	电力监控系统网络安全

续表

体系结构号	标准编号	标准名称	实施日期	与国际标准对应关系	代替标准	阶段	分阶段	专业	分专业
204.7-18	GB/T 30976.1—2014	工业控制系统信息安全 第1部分：评估规范	2015-2-1			建设、修试	验收与质量评定、试验	调度及二次	电力监控系统网络安全
204.7-19	GB/T 30976.2—2014	工业控制系统信息安全 第2部分：验收规范	2015-2-1			建设、修试	验收与质量评定、试验	调度及二次	电力监控系统网络安全
204.7-20	GB/T 32919—2016	信息安全技术 工业控制系统安全控制应用指南	2017-3-1			规划、设计、采购、建设、运维、修试、退役	规划、初设、施工图、招标、品控、施工工艺、验收与质量评定、试运行、运行、维护、检修、试验、退役、报废	调度及二次	电力监控系统网络安全
204.7-21	GB/T 33007—2016	工业通信网络 网络和系统安全 建立工业自动化和控制系统安全程序	2017-5-1	IEC 62443-2-1: 2010		建设、运维	验收与质量评定、运行、维护	调度及二次	电力监控系统网络安全
204.7-22	GB/T 33008.1—2016	工业自动化和控制系统网络安全 可编程序控制器（PLC）第1部分：系统要求	2017-5-1			建设、运维	验收与质量评定、运行、维护	调度及二次	电力监控系统网络安全
204.7-23	GB/T 33009.1—2016	工业自动化和控制系统网络安全 集散控制系统（DCS）第1部分：防护要求	2017-5-1			建设、运维	验收与质量评定、运行、维护	调度及二次	电力监控系统网络安全
204.7-24	GB/T 33009.2—2016	工业自动化和控制系统网络安全 集散控制系统（DCS）第2部分：管理要求	2017-5-1			建设、运维	验收与质量评定、运行、维护	调度及二次	电力监控系统网络安全
204.7-25	GB/T 33009.3—2016	工业自动化和控制系统网络安全 集散控制系统（DCS）第3部分：评估指南	2017-5-1			建设、运维	验收与质量评定、运行、维护	调度及二次	电力监控系统网络安全
204.7-26	GB/T 33009.4—2016	工业自动化和控制系统网络安全 集散控制系统（DCS）第4部分：风险与脆弱性检测要求	2017-5-1			建设、运维	验收与质量评定、运行、维护	调度及二次	电力监控系统网络安全
204.7-27	GB/T 34040—2017	工业通信网络 功能安全现场总线行规 通用规则和行规定义	2018-2-1	IEC 61784-3: 2016		规划、设计、采购、建设、运维	规划、初设、施工图、招标、品控、施工工艺、验收与质量评定、试运行、运行、维护	调度及二次	电力监控系统网络安全
204.7-28	GB/Z 34066—2017	控制与通信网络 CIP Safety 规范	2018-2-1			规划、设计、采购、建设、运维	规划、初设、施工图、招标、品控、施工工艺、验收与质量评定、试运行、运行、维护	调度及二次	电力监控系统网络安全

续表

体系结构号	标准编号	标准名称	实施日期	与国际标准对应关系	代替标准	阶段	分阶段	专业	分专业
204.7-29	GB/T 36006—2018	控制与通信网络 Safety-over-EtherCAT 规范	2018-10-1			设计、建设、运维	初设、施工图、施工工艺、验收与质量评定、试运行、运行、维护	调度及二次	电力监控系统网络安全
204.7-30	GB/T 36323—2018	信息安全技术　工业控制系统安全管理基本要求	2019-1-1			设计、建设、运维	初设、施工图、施工工艺、验收与质量评定、试运行、运行、维护	调度及二次	电力监控系统网络安全
204.7-31	GB/T 36324—2018	信息安全技术　工业控制系统信息安全分级规范	2019-1-1			设计、建设、运维	初设、施工图、施工工艺、验收与质量评定、试运行、运行、维护	调度及二次	电力监控系统网络安全
204.7-32	GB/T 36466—2018	信息安全技术　工业控制系统风险评估实施指南	2019-1-1			设计、建设、运维	初设、施工图、施工工艺、验收与质量评定、试运行、运行、维护	调度及二次	电力监控系统网络安全
204.7-33	GB/T 36470—2018	信息安全技术　工业控制系统现场测控设备通用安全功能要求	2019-1-1			设计、建设、运维	初设、施工图、施工工艺、验收与质量评定、试运行、运行、维护	调度及二次	电力监控系统网络安全
204.7-34	GB/T 36572—2018	电力监控系统网络安全防护导则	2019-4-1			规划、设计、运维	规划、初设、维护	调度及二次	电力监控系统网络安全
204.7-35	GB/T 36951—2018	信息安全技术　物联网感知终端应用安全技术要求	2019-7-1			设计、建设、运维	初设、施工图、施工工艺、验收与质量评定、试运行、运行、维护	调度及二次	电力监控系统网络安全
204.7-36	GB/T 37024—2018	信息安全技术　物联网感知层网关安全技术要求	2019-7-1			设计、建设、运维	初设、施工图、施工工艺、验收与质量评定、试运行、运行、维护	调度及二次	电力监控系统网络安全
204.7-37	GB/T 37025—2018	信息安全技术　物联网数据传输安全技术要求	2019-7-1			设计、建设、运维	初设、施工图、施工工艺、验收与质量评定、试运行、运行、维护	调度及二次	电力监控系统网络安全
204.7-38	GB/T 37044—2018	信息安全技术　物联网安全参考模型及通用要求	2019-7-1			规划、设计、采购、建设、运维、修试、退役	规划、初设、施工图、招标、品控、施工工艺、验收与质量评定、试运行、运行、维护、检修、试验、退役、报废	调度及二次	电力监控系统网络安全
204.7-39	GB/T 37093—2018	信息安全技术　物联网感知层接入通信网的安全要求	2019-7-1			设计、建设、运维	初设、施工图、施工工艺、验收与质量评定、试运行、运行、维护	调度及二次	电力监控系统网络安全

续表

体系结构号	标准编号	标准名称	实施日期	与国际标准对应关系	代替标准	阶段	分阶段	专业	分专业
204.7-40	IEC/TS 62443-1-1—2009	工业通信网络 网络和系统安全 第1部分：术语、概念和模型	2009-7-30		IEC 65/423/DTS—2008	规划、设计、采购、建设、运维、修试、退役	规划、初设、施工图、招标、品控、施工工艺、验收与质量评定、试运行、运行、维护、检修、试验、退役、报废	调度及二次	电力监控系统网络安全
204.7-41	IEC 62443-3-3—2013/Cor 1—2014	工业通信网络 网络和系统安全 第3-3部分：系统安全要求和安全级别；勘误表1	2014-4-24			规划、设计、采购、建设、运维、修试、退役	规划、初设、施工图、招标、品控、施工工艺、验收与质量评定、试运行、运行、维护、检修、试验、退役、报废	调度及二次	电力监控系统网络安全
204.8 调度与交易-电力通信									
204.8-1	Q/CSG 110005—2011	南方电网公网通信技术应用规范	2011-11-11			设计、采购	初设、招标、品控	调度及二次	电力通信
204.8-2	Q/CSG 110010—2012	南方电网载波通信技术规范	2012-2-1			设计、采购	初设、招标、品控	调度及二次	电力通信
204.8-3	Q/CSG 1203010—2015	南方电网配电网工业以太网交换机技术规范	2015-12-31			设计、采购	初设、招标、品控	调度及二次	电力通信
204.8-4	Q/CSG 1203028—2017	南方电网应急通信网络及装备技术规范	2017-3-1			安全监管		调度及二次	电力通信
204.8-5	Q/CSG 1203062—2019	模块化多电平换流器阀控装置与实时仿真器通信协议（试行）	2019-2-27			设计、采购	初设、招标、品控	调度及二次	电力通信
204.8-6	Q/CSG 1204010—2015	南方电网配电网中压电力载波技术规范	2015-12-31			设计、采购	初设、招标、品控	调度及二次	电力通信
204.8-7	Q/CSG 1204011—2015	南方电网无源光网络（EPON）技术规范	2016-3-1			设计、采购	初设、招标、品控	调度及二次	电力通信
204.8-8	Q/CSG 1204012—2016	南方电网通信网络生产应用接口技术规范	2016-3-1			设计、采购	初设、招标、品控	调度及二次	电力通信
204.8-9	Q/CSG 1204016.1—2016	南方电网数据网络技术规范 第1部分：调度数据网络技术要求	2016-3-28		Q/CSG 110015—2011	规划、设计、采购	规划、初设、招标、品控	调度及二次	电力通信
204.8-10	Q/CSG 1204016.2—2016	南方电网数据网络技术规范 第2部分：综合数据网络技术要求	2016-3-28		Q/CSG 110015—2011	规划、设计、采购	初设、招标、品控	调度及二次	电力通信
204.8-11	Q/CSG 1204016.3—2016	南方电网数据网络技术规范 第3部分：数据网络设备技术要求	2016-3-28		Q/CSG 110015—2011	规划、设计、采购	初设、招标、品控	调度及二次	电力通信

续表

体系结构号	标准编号	标准名称	实施日期	与国际标准对应关系	代替标准	阶段	分阶段	专业	分专业
204.8-12	Q/CSG 1204019—2016	南方电网通信运行管控系统技术规范	2016-9-1		Q/CSG 118002—2012	设计、采购	初设、招标、品控	调度及二次	电力通信
204.8-13	Q/CSG 1204034—2018	南方电网配电数据网设备网管系统技术规范	2018-12-28			设计、采购	初设、招标、品控	调度及二次	电力通信
204.8-14	Q/CSG 1204037—2018	南方电网通信网管及业务应用系统安全防护技术规范	2018-12-28			设计、采购、运维	初设、招标、品控、运行	调度及二次	电力通信
204.8-15	Q/CSG 1204038—2018	南方电网无线蜂窝通信接入设备技术规范	2018-12-28			设计、采购	初设、招标、品控	调度及二次	电力通信
204.8-16	Q/CSG 1204039—2018	南方电网无线通信综合管理系统技术规范	2018-12-28			设计、采购	初设、招标、品控	调度及二次	电力通信
204.8-17	T/CEC 178—2018	电力系统通信统计分析规范	2018-9-1			运维、修试	运行、维护、检修、试验	调度及二次	电力通信
204.8-18	T/CSEE 0085—2018	电力通信光缆运行维护规程				运维	运行、维护	调度及二次	电力通信
204.8-19	DL/T 364—2010	光纤通道传输保护信息通用技术条件	2010-10-1			设计、采购	初设、招标、品控	调度及二次	电力通信
204.8-20	DL/T 395—2010	低压电力线通信宽带接入系统技术要求	2010-10-1			设计、采购	初设、招标、品控	调度及二次	电力通信
204.8-21	DL/T 544—2012	电力通信运行管理规程	2012-3-1		DL/T 544—1994	运维、修试	运行、维护、检修、试验	调度及二次	电力通信
204.8-22	DL/T 545—2012	电力系统微波通信运行管理规程	2012-3-1		DL/T 545—1994	设计、采购	初设、招标、品控	调度及二次	电力通信
204.8-23	DL/T 546—2012	电力线载波通信运行管理规程	2012-3-1		DL/T 546—1994	运维、修试	运行、维护、检修、试验	调度及二次	电力通信
204.8-24	DL/T 547—2010	电力系统光纤通信运行管理规程	2011-5-1		DL/T 547—1994	运维、修试	运行、维护、检修、试验	调度及二次	电力通信
204.8-25	DL/T 548—2012	电力系统通信站过电压防护规程	2012-3-1		DL 548—1994	运维、修试	运行、维护、检修、试验	调度及二次	电力通信
204.8-26	DL/T 598—2010	电力系统自动交换电话网技术规范	2011-5-1		DL/T 598—1996	设计、采购	初设、招标、品控	调度及二次	电力通信
204.8-27	DL/T 745—2001	复用型单边带电力线载波机远动信号接口	2001-7-1			设计、采购	初设、招标、品控	调度及二次	电力通信
204.8-28	DL/T 790.6—2010	采用配电线载波的配电自动化 第6部分：A-XDR编码规则	2010-10-1	IEC 61334-6: 2000，IDT		设计、采购	初设、招标、品控	调度及二次	电力通信

续表

体系结构号	标准编号	标　准　名　称	实施日期	与国际标准对应关系	代替标准	阶段	分阶段	专业	分专业
204.8-29	DL/Z 790.11—2001	采用配电线载波的配电自动化　第1部分：总则　第1篇：配电自动化系统的体系结构	2002-5-1	IEC 61334-1-1: 1995, IDT		设计、采购	初设、招标、品控	调度及二次	电力通信
204.8-30	DL/Z 790.12—2001	采用配电线载波的配电自动化　第1部分：总则　第2篇：制定规范的导则	2002-5-1	IEC 61334-1-2: 1997, IDT		设计、采购	初设、招标、品控	调度及二次	电力通信
204.8-31	DL/Z 790.14—2002	采用配电线载波的配电自动化　第14部分：总则　中低压配电线载波传输参数	2002-12-1	IEC 61334-1-4: 1995, IDT		设计、采购	初设、招标、品控	调度及二次	电力通信
204.8-32	DL/T 790.31—2001	采用配电线载波的配电自动化　第3部分：配电线载波信号传输要求　第1篇：频带和输出电平	2002-5-1	IEC 61334-3-1: 1998, IDT		设计、采购	初设、招标、品控	调度及二次	电力通信
204.8-33	DL/T 790.41—2002	采用配电线载波的配电自动化　第4部分：数据通信协议　第1篇：通信系统参考模型	2002-9-1	IEC 61334-4-1: 1996, IDT		设计、采购	初设、招标、品控	调度及二次	电力通信
204.8-34	DL/T 790.51—2002	采用配电线载波的配电自动化　第5部分：低层协议集　第1篇：扩频型移频键控（S-FSK）协议	2002-9-1	IEC 61334-5-1: 2001, IDT		设计、采购	初设、招标、品控	调度及二次	电力通信
204.8-35	DL/Z 790.52—2005	采用配电线载波的配电自动化　第5-2部分：低层协议集　移频键控（FSK）协议	2006-6-1	IEC 61334-5-2: 1998, IDT		设计、采购	初设、招标、品控	调度及二次	电力通信
204.8-36	DL/Z 790.53—2004	采用配电线载波的配电自动化　第5-3部分：低层协议集　自适应宽带扩频（SS-AW）协议	2004-6-1	IEC TS 61334-5-3: 2001, IDT		设计、采购	初设、招标、品控	调度及二次	电力通信
204.8-37	DL/Z 790.54—2004	采用配电线载波的配电自动化　第5-4部分：低层协议集　多载波调制（MCM）协议	2004-6-1	IEC TS 61334-5-4: 2001, IDT		设计、采购	初设、招标、品控	调度及二次	电力通信
204.8-38	DL/Z 790.55—2004	采用配电线载波的配电自动化　第5-5部分：低层协议集　快速跳频扩频通信（SS-FFH）协议	2005-4-1	IEC TS 61334-5-5: 2001, IDT		设计、采购	初设、招标、品控	调度及二次	电力通信
204.8-39	DL/T 790.321—2002	采用配电线载波的配电自动化　第3-21部分：配电线载波信号传输要求　中压绝缘电容型相相结合设备	2002-12-1	IEC 61334-3-21: 1996, IDT		设计、采购	初设、招标、品控	调度及二次	电力通信

续表

体系结构号	标准编号	标 准 名 称	实施日期	与国际标准对应关系	代替标准	阶段	分阶段	专业	分专业
204.8-40	DL/T 790.322—2002	采用配电线载波的配电自动化 第 3-22 部分：配电线载波信号传输要求 中压相地和注入式屏蔽地结合设备	2002-12-1	IEC 61334-3-22: 2001，IDT		设计、采购	初设、招标、品控	调度及二次	电力通信
204.8-41	DL/T 790.432—2004	采用配电线载波的配电自动化 第 4-32 部分：数据通信协议 数据链路层—逻辑链路控制	2004-6-1	IEC 61334-4-32: 1996，IDT		设计、采购	初设、招标、品控	调度及二次	电力通信
204.8-42	DL/T 790.433—2005	采用配电线载波的配电自动化 第 4-33 部分：数据通信协议 数据链路层 面向连接的协议	2006-6-1	IEC 61334-4-33: 1998，IDT		设计、采购	初设、招标、品控	调度及二次	电力通信
204.8-43	DL/T 790.441—2004	采用配电线载波的配电自动化 第 4-41 部分：数据通信协议 应用层协议—配电线报文规范	2004-6-1	IEC 61334-4-41: 1996，IDT		设计、采购	初设、招标、品控	调度及二次	电力通信
204.8-44	DL/T 790.442—2004	采用配电线载波的配电自动化 第 4-42 部分：数据通信协议 应用协议应用层	2005-4-1	IEC 61334-4-42: 1996，IDT		设计、采购	初设、招标、品控	调度及二次	电力通信
204.8-45	DL/T 790.461—2010	采用配电线载波的配电自动化 第 4-61 部分：数据通信协议 网络层无连接协议	2010-10-1	IEC 61334-4-61: 1998，IDT		设计、采购	初设、招标、品控	调度及二次	电力通信
204.8-46	DL/T 790.4511—2006	采用配电线载波的配电自动化 第 4-511 部分：数据通信协议 系统管理 CIASE 协议	2007-5-1	IEC 61334-4-511: 2000，IDT		设计、采购	初设、招标、品控	调度及二次	电力通信
204.8-47	DL/T 790.4512—2006	采用配电线载波的配电自动化 第 4-512 部分：数据通信协议 系统管理 采用 DL/T 790.51 协议集的系统管理信息库（MIB）	2007-5-1	IEC 61334-4-512: 2001，IDT		设计、采购	初设、招标、品控	调度及二次	电力通信
204.8-48	DL/T 798—2002	电力系统卫星通信运行管理规程	2002-9-1			运维、修试	运行、维护、检修、试验	调度及二次	电力通信
204.8-49	DL/T 888—2004	电力调度交换机电力 DTMF 信令规范	2005-4-1			设计、采购	初设、招标、品控	调度及二次	电力通信
204.8-50	DL/T 1169—2012	电力调度消息邮件传输规范	2012-12-1			通用技术语言标准			

续表

体系结构号	标准编号	标 准 名 称	实施日期	与国际标准对应关系	代替标准	阶段	分阶段	专业	分专业
204.8-51	DL/T 1173—2012	电力线载波机接口技术要求	2012-12-1			设计、采购	初设、招标、品控	调度及二次	电力通信
204.8-52	DL/T 1291—2013	基于SDH的电力自动交换光网络（ASON）技术规范	2014-4-1			设计、采购	初设、招标、品控	调度及二次	电力通信
204.8-53	DL/T 1306—2013	电力调度数据网技术规范	2014-4-1			设计、采购	初设、招标、品控	调度及二次	电力通信
204.8-54	DL/T 1440—2015	智能高压设备通信技术规范	2015-9-1			设计、采购	初设、招标、品控	调度及二次	电力通信
204.8-55	DL/T 1574—2016	基于以太网方式的无源光网络（EPON）系统技术条件	2016-7-1			设计、采购	初设、招标、品控	调度及二次	电力通信
204.8-56	DL/T 1661—2016	智能变电站监控数据与接口技术规范	2017-5-1			设计、采购	初设、招标、品控	调度及二次	电力通信
204.8-57	DL/T 1710—2017	电力通信站运行维护技术规范	2017-12-1			设计、采购	初设、招标、品控	调度及二次	电力通信
204.8-58	DL/T 1872—2018	电力系统即时消息传输规范	2018-10-1			通用技术语言标准			
204.8-59	DL/T 1909—2018	–48V电力通信直流电源系统技术规范	2019-5-1			设计、采购	初设、招标、品控	调度及二次	电力通信
204.8-60	DL/T 1933.4—2018	塑料光纤信息传输技术实施规范 第4部分：塑料光缆	2019-5-1			设计、采购	初设、招标、品控	调度及二次	电力通信
204.8-61	DL/T 1933.5—2018	塑料光纤信息传输技术实施规范 第5部分：光缆布线要求	2019-5-1			设计、采购	初设、招标、品控	调度及二次	电力通信
204.8-62	DLGJ 104—1991	微波站仪表配置规定	1991-3-20			设计、采购	初设、招标、品控	调度及二次	电力通信
204.8-63	YDB 008.1—2007	IP QoS 信令控制接口协议 第1部分：交换控制接口资源控制协议	2007-6-11			设计、采购	初设、招标、品控	调度及二次	电力通信
204.8-64	YDB 008.2—2007	IP QoS 信令控制接口协议 第2部分：网络控制接口资源控制协议	2007-6-11			设计、采购	初设、招标、品控	调度及二次	电力通信
204.8-65	YDB 008.3—2007	IP QoS 信令控制接口协议 第3部分：连接控制接口资源控制协议	2007-6-11			设计、采购	初设、招标、品控	调度及二次	电力通信

续表

体系结构号	标准编号	标 准 名 称	实施日期	与国际标准对应关系	代替标准	阶段	分阶段	专业	分专业
204.8-66	YDB 015—2007	MPLS 网络运行和维护（OAM）技术规范	2007-9-29			设计、采购	初设、招标、品控	调度及二次	电力通信
204.8-67	YDB 031—2009	公众 IP 网支持紧急呼叫的技术要求	2009-4-29			设计、采购	初设、招标、品控	调度及二次	电力通信
204.8-68	YDC 045—2007	基于软交换的网络组网总体技术要求	2007-3-16			设计、采购	初设、招标、品控	调度及二次	电力通信
204.8-69	YD/T 922—1997	在数字信道上使用的综合复用设备进网技术要求及检测方法	1998-1-1			设计、采购、修试	初设、招标、品控、检修、试验	调度及二次	电力通信
204.8-70	YD/T 1007—2014	接入网中传输性能指标的分配	2014-10-14		YD/T 1007—1999	设计、采购	初设、招标、品控	调度及二次	电力通信
204.8-71	YD/T 1033—2016	传输性能的指标系列	2016-10-1		TD/T 1033—2000	设计、采购	初设、招标、品控	调度及二次	电力通信
204.8-72	YD/T 1044—2000	IP 电话传真业务总体技术要求	2000-2-23			设计、采购	初设、招标、品控	调度及二次	电力通信
204.8-73	YD/T 1089—2014	接入网技术要求 接入网网元管理功能	2014-10-14		YD/T 1089—2000	设计、采购	初设、招标、品控	调度及二次	电力通信
204.8-74	YD/T 1125—2001	国内 No.7 信令方式技术规范—2Mbit/s 高速信令链路	2001-11-1			设计、采购	初设、招标、品控	调度及二次	电力通信
204.8-75	YD/T 1161—2001	IP 网络呼叫中心技术要求—基于 IP Enable 技术部分	2001-11-1			设计、采购	初设、招标、品控	调度及二次	电力通信
204.8-76	YD/T 1162.1—2005	多协议标记交换（MPLS）技术要求	2005-12-1		YD/T 1162.1—2001	设计、采购	初设、招标、品控	调度及二次	电力通信
204.8-77	YD/T 1267—2003	基于 SDH 传送网的同步网技术要求	2003-6-5			设计、采购	初设、招标、品控	调度及二次	电力通信
204.8-78	YD/T 1289.5—2007	同步数字体系（SDH）传送网网络管理技术要求 第 5 部分：网元管理系统（EMS）—网络管理系统（NMS）接口通用信息模型	2007-10-1			设计、采购	初设、招标、品控	调度及二次	电力通信
204.8-79	YD/T 1363.1—2014	通信局（站）电源、空调及环境集中监控管理系统 第 1 部分：系统技术要求	2014-10-14		YD/T 1363.1—2005	设计、采购	初设、招标、品控	调度及二次	电力通信
204.8-80	YD/T 1363.2—2014	通信局（站）电源、空调及环境集中监控管理系统 第 2 部分：互联协议	2014-10-14		YD/T 1363.2—2005	设计、采购	初设、招标、品控	调度及二次	电力通信

续表

体系结构号	标准编号	标准名称	实施日期	与国际标准对应关系	代替标准	阶段	分阶段	专业	分专业
204.8-81	YD/T 1363.3—2014	通信局（站）电源、空调及环境集中监控管理系统　第3部分：前端智能设备协议	2014-10-14		YD/T 1363.3—2005	设计、采购	初设、招标、品控	调度及二次	电力通信
204.8-82	YD/T 1363.5—2014	通信局（站）电源、空调及环境集中监控管理系统　第5部分：门禁集中监控系统	2014-10-14		YD/T 1622—2007	设计、采购	初设、招标、品控	调度及二次	电力通信
204.8-83	YD/T 1367—2015	2GHz TD-SCDMA 数字蜂窝移动通信网 终端设备技术要求	2015-10-1		YD/T 1367—2008	设计、采购	初设、招标、品控	调度及二次	电力通信
204.8-84	YD/T 1368.1—2015	2GHz TD-SCDMA 数字蜂窝移动通信网 终端设备测试方法　第1部分：基本功能、业务和性能测试	2015-10-1		YD/T 1368.1—2008	设计、采购	初设、招标、品控	调度及二次	电力通信
204.8-85	YD/T 1388.1—2005	基于软交换的业务技术要求　第1部分：业务体系	2005-12-1			设计、采购	初设、招标、品控	调度及二次	电力通信
204.8-86	YD/T 1388.2—2005	基于软交换的业务技术要求　第2部分：号码识别类业务	2005-12-1			设计、采购	初设、招标、品控	调度及二次	电力通信
204.8-87	YD/T 1388.3—2005	基于软交换的业务技术要求　第3部分：呼叫前转类业务	2005-12-1			设计、采购	初设、招标、品控	调度及二次	电力通信
204.8-88	YD/T 1388.4—2005	基于软交换的业务技术要求　第4部分：多方通话类业务	2005-12-1			设计、采购	初设、招标、品控	调度及二次	电力通信
204.8-89	YD/T 1388.5—2005	基于软交换的业务技术要求　第5部分：点击拨号类业务	2005-12-1			设计、采购	初设、招标、品控	调度及二次	电力通信
204.8-90	YD/T 1388.6—2005	基于软交换的业务技术要求　第6部分：视频多媒体业务	2005-12-1			设计、采购	初设、招标、品控	调度及二次	电力通信
204.8-91	YD/T 1650—2007	IP 传真数据非实时传送技术要求	2007-12-1			设计、采购	初设、招标、品控	调度及二次	电力通信
204.8-92	YD/T 1821—2018	通信局（站）机房环境条件要求与检测方法	2019-4-1		YD/T 1821—2008；YD/T 1712—2007（2017）	设计、采购、修试	初设、招标、品控、检修、试验	调度及二次	电力通信

续表

体系结构号	标准编号	标 准 名 称	实施日期	与国际标准对应关系	代替标准	阶段	分阶段	专业	分专业
204.8-93	YD/T 1879—2009	软交换互通系列互通设备技术要求	2009-9-1			设计、采购	初设、招标、品控	调度及二次	电力通信
204.8-94	YD/T 1880—2009	不同运营商软交换和电路交换网之间的互通技术要求	2009-9-1			设计、采购	初设、招标、品控	调度及二次	电力通信
204.8-95	YD/T 1881—2009	不同运营商软交换网络之间互通的协议技术要求	2009-9-1			设计、采购	初设、招标、品控	调度及二次	电力通信
204.8-96	YD/T 1927—2009	软交换业务接入控制设备技术要求	2009-9-1			设计、采购	初设、招标、品控	调度及二次	电力通信
204.8-97	YD/T 1928.1—2009	软交换网网络管理技术要求　第1部分:总体技术要求	2009-9-1			设计、采购	初设、招标、品控	调度及二次	电力通信
204.8-98	YD/T 1928.2—2009	软交换网网络管理技术要求　第2部分:网络管理系统功能	2009-9-1			设计、采购	初设、招标、品控	调度及二次	电力通信
204.8-99	YD/T 1970.1—2009	通信局(站)电源系统维护技术要求　第1部分：总则	2009-9-1			设计、采购	初设、招标、品控	调度及二次	电力通信
204.8-100	YD/T 1970.2—2010	通信局(站)电源系统维护技术要求　第2部分:高低压变配电系统	2011-1-1			设计、采购	初设、招标、品控	调度及二次	电力通信
204.8-101	YD/T 1970.3—2010	通信局（站）电源系统维护技术要求　第3部分：直流系统	2011-1-1			设计、采购	初设、招标、品控	调度及二次	电力通信
204.8-102	YD/T 1970.4—2009	通信局(站)电源系统维护技术要求　第4部分:不间断电源（UPS）系统	2009-9-1			设计、采购	初设、招标、品控	调度及二次	电力通信
204.8-103	YD/T 1970.6—2009	通信局(站)电源系统维护技术要求　第6部分:发电机组系统	2009-9-1			设计、采购	初设、招标、品控	调度及二次	电力通信
204.8-104	YD/T 1970.9—2014	通信局(站)电源系统维护技术要求　第9部分:光伏及风力发电系统	2014-10-14			设计、采购	初设、招标、品控	调度及二次	电力通信
204.8-105	YD/T 1970.10—2009	通信局(站)电源系统维护技术要求　第10部分：阀控式密封铅酸蓄电池	2009-9-1			设计、采购	初设、招标、品控	调度及二次	电力通信
204.8-106	YD/T 1991—2016	N×40Gbit/s 光波分复用（WDM）系统技术要求	2016-7-1		YD/T 1991—2009	设计、采购	初设、招标、品控	调度及二次	电力通信

续表

体系结构号	标准编号	标准名称	实施日期	与国际标准对应关系	代替标准	阶段	分阶段	专业	分专业
204.8-107	YD/T 2014—2009	统一通信业务需求	2010-1-1			设计、采购	初设、招标、品控	调度及二次	电力通信
204.8-108	YD/T 2253—2011	软交换网络通信安全	2011-6-1			设计、采购	初设、招标、品控	调度及二次	电力通信
204.8-109	YD/T 2290—2011	统一 IMS 网络与软交换网络互通信令流程技术要求	2011-6-1			设计、采购	初设、招标、品控	调度及二次	电力通信
204.8-110	YD/T 2305—2011	统一通信中即时通信及语音通信相关接口技术要求	2011-6-1			设计、采购	初设、招标、品控	调度及二次	电力通信
204.8-111	YD/T 2317.1—2011	基于多协议标记交换（MPLS）的组播技术要求 第1部分：MPLS 网络中的 IP 组播业务技术要求	2011-6-1			设计、采购	初设、招标、品控	调度及二次	电力通信
204.8-112	YD/T 2317.2—2011	基于多协议标记交换（MPLS）的组播技术要求 第2部分：基于流量工程的资源预留协议（RSVP-TE）的点对多点流量工程标签交换路径技术要求	2011-6-1			设计、采购	初设、招标、品控	调度及二次	电力通信
204.8-113	YD/T 2317.3—2011	基于多协议标记交换（MPLS）的组播技术要求 第3部分：基于标记分配协议（LDP）的点对多点和多点对多点标签交换路径技术要求	2011-6-1			设计、采购	初设、招标、品控	调度及二次	电力通信
204.8-114	YD/T 2317.4—2011	基于多协议标记交换（MPLS）的组播技术要求 第4部分：MPLS 组播与 VPN 组播业务间的服务接口技术要求	2011-6-1			设计、采购	初设、招标、品控	调度及二次	电力通信
204.8-115	YD/T 2444—2013	采用边界网关协议多协议扩展（MP-BGP）的基于 IPv6 骨干网的 IPv4 网络互联（4 over 6）测试方法	2013-6-1			设计、采购	初设、招标、品控	调度及二次	电力通信
204.8-116	YD/T 2445—2013	代理移动 IPv6 协议与双栈移动 IPv6 协议互操作技术要求	2013-6-1			设计、采购	初设、招标、品控	调度及二次	电力通信
204.8-117	YD/T 2457.2—2016	基于统一 IMS 的业务测试方法 多媒体电话业务（第一阶段） 第2部分：呼叫闭锁和多方通话业务	2016-7-1			设计、采购	初设、招标、品控	调度及二次	电力通信

续表

体系结构号	标准编号	标准名称	实施日期	与国际标准对应关系	代替标准	阶段	分阶段	专业	分专业
204.8-118	YD/T 2462—2013	软交换网络支持IPv6的技术要求	2013-6-1			设计、采购	初设、招标、品控	调度及二次	电力通信
204.8-119	YD/T 2463—2013	统一IMS网络支持IPv6的技术要求	2013-6-1			设计、采购	初设、招标、品控	调度及二次	电力通信
204.8-120	YD/T 2466.1—2013	通信资源管理系统功能技术要求　第1部分:网络与业务资源管理	2013-6-1			设计、采购	初设、招标、品控	调度及二次	电力通信
204.8-121	YD/T 2583.1—2018	蜂窝式移动通信设备电磁兼容性能要求和测量方法　第1部分：基站及其辅助设备	2018-7-1			采购、建设	品控、验收与质量评定	调度及二次	电力通信
204.8-122	YD/T 2583.3—2016	蜂窝式移动通信设备电磁兼容性能要求和测量方法　第3部分：多模基站及其辅助设备	2016-7-1			采购、建设	品控、验收与质量评定	调度及二次	电力通信
204.8-123	YD/T 2583.4—2016	蜂窝式移动通信设备电磁兼容性能要求和测量方法　第4部分：多模终端及其辅助设备	2016-10-1			采购、建设	品控、验收与质量评定	调度及二次	电力通信
204.8-124	YD/T 2583.6—2018	蜂窝式移动通信设备电磁兼容性能要求和测量方法　第6部分：900/1800MHz TDMA用户设备及其辅助设备	2019-4-1		YD/T 1032—2000	采购、建设	品控、验收与质量评定	调度及二次	电力通信
204.8-125	YD/T 2601—2013	支持IPv6访问的Web服务器的技术要求和测试方法	2014-1-1			采购、建设	品控、验收与质量评定	调度及二次	电力通信
204.8-126	YD/T 2603—2013	支持多业务承载的IP/MPLS网络技术要求	2014-1-1			设计、采购	初设、招标、品控	调度及二次	电力通信
204.8-127	YD/T 2604—2013	No.7信令与IP互通适配层技术要求 消息传递部分（MTP）第二级对等适配层（M2PA）	2014-1-1			设计、采购	初设、招标、品控	调度及二次	电力通信
204.8-128	YD/T 2605—2013	No.7信令与IP互通适配层测试方法 消息传递部分（MTP）第二级对等适配层（M2PA）	2014-1-1			采购、建设	品控、验收与质量评定	调度及二次	电力通信
204.8-129	YD/T 2606—2013	No.7信令与IP互通适配层技术要求 消息传递部分（MTP）第三级用户适配层（M3UA）	2014-1-1			设计、采购	初设、招标、品控	调度及二次	电力通信
204.8-130	YD/T 2607—2013	No.7信令与IP互通适配层测试方法　消息传递部分（MTP）第三级用户适配层（M3UA）	2014-1-1			采购、建设	品控、验收与质量评定	调度及二次	电力通信

续表

体系结构号	标准编号	标准名称	实施日期	与国际标准对应关系	代替标准	阶段	分阶段	专业	分专业
204.8-131	YD/T 2615.1—2013	公众无线局域网网络管理 第1部分：总体技术要求	2014-1-1			设计、采购	初设、招标、品控	调度及二次	电力通信
204.8-132	YD/T 2615.2—2013	公众无线局域网网络管理 第2部分：网络管理系统功能要求	2014-1-1			设计、采购	初设、招标、品控	调度及二次	电力通信
204.8-133	YD/T 2615.3—2013	公众无线局域网网络管理 第3部分：接口技术要求	2014-1-1			设计、采购	初设、招标、品控	调度及二次	电力通信
204.8-134	YD/T 2642—2013	内容提供商/服务提供商（CP/SP）的IPv6迁移设备技术要求	2014-1-1			设计、采购	初设、招标、品控	调度及二次	电力通信
204.8-135	YD/T 2689—2014	基于LTE技术的宽带集群通信（B-TrunC）系统总体技术要求（第一阶段）	2014-5-6			设计、采购	初设、招标、品控	调度及二次	电力通信
204.8-136	YD/T 2713—2014	光传送网（OTN）保护技术要求 YD/T 1814.2—2014	2014-10-14			设计、采购	初设、招标、品控	调度及二次	电力通信
204.8-137	YD/T 2731—2014	TD-LTE 蜂窝移动通信网分布式基站Ir接口技术要求	2014-10-14			设计、采购	初设、招标、品控	调度及二次	电力通信
204.8-138	YD/T 2732—2014	TD-LTE 蜂窝移动通信网分布式基站Ir接口测试方法	2014-10-14			设计、采购	初设、招标、品控	调度及二次	电力通信
204.8-139	YD/T 2741—2014	基于LTE技术的宽带集群通信（B-TrunC）系统接口技术要求（第一阶段）空中接口	2014-10-14			设计、采购	初设、招标、品控	调度及二次	电力通信
204.8-140	YD/T 2755—2014	分组传送网（PTN）互通技术要求	2014-10-14			设计、采购	初设、招标、品控	调度及二次	电力通信
204.8-141	YD/T 2764—2014	基于表述性状态转移（REST）技术的业务能力开放应用程序接口（API）地址本	2014-10-14			设计、采购	初设、招标、品控	调度及二次	电力通信
204.8-142	YD/T 2765—2014	基于表述性状态转移（REST）技术的业务能力开放应用程序接口（API）支付业务	2014-10-14			设计、采购	初设、招标、品控	调度及二次	电力通信
204.8-143	YD/T 2767—2014	通信局（站）电能管理系统	2014-10-14			设计、采购	初设、招标、品控	调度及二次	电力通信
204.8-144	YD/T 2855.5—2015	2GHz TD-SCDMA 数字蜂窝移动通信网 多载波高速分组接入 Uu 接口物理层技术要求 第5部分：物理层过程	2015-10-1			设计、采购	初设、招标、品控	调度及二次	电力通信

续表

体系结构号	标准编号	标　准　名　称	实施日期	与国际标准对应关系	代替标准	阶段	分阶段	专业	分专业
204.8-145	YD/T 2873.2—2017	基于载波的高速超宽带无线通信技术要求　第2部分：单载波空中接口物理层	2018-1-1			设计、采购	初设、招标、品控	调度及二次	电力通信
204.8-146	YD/T 2873.4—2017	基于载波的高速超宽带无线通信技术要求　第4部分：双载波空中接口物理层	2018-1-1			设计、采购	初设、招标、品控	调度及二次	电力通信
204.8-147	YD/T 3000—2016	富通信业务技术要求 内容共享业务	2016-4-1			设计、采购	初设、招标、品控	调度及二次	电力通信
204.8-148	YD/T 3001—2016	富通信业务技术要求 即时消息业务	2016-4-1			设计、采购	初设、招标、品控	调度及二次	电力通信
204.8-149	YD/T 3004—2016	模块化通信机房技术要求	2016-4-1			设计、采购	初设、招标、品控	调度及二次	电力通信
204.8-150	YD/T 3005—2016	基站供电变压器系统的防雷与接地技术要求	2016-4-1			设计、采购	初设、招标、品控	调度及二次	电力通信
204.8-151	YD/T 3006—2016	通信铁塔临近区域的防雷技术要求	2016-4-1			设计、采购	初设、招标、品控	调度及二次	电力通信
204.8-152	YD/T 3007—2016	小型无线系统的防雷与接地技术要求	2016-4-1			设计、采购	初设、招标、品控	调度及二次	电力通信
204.8-153	YD/T 3012—2016	接入网技术要求 DSL 系统支持时钟同步和时间同步	2016-4-1			设计、采购	初设、招标、品控	调度及二次	电力通信
204.8-154	YD/T 3032—2016	通信局站动力和环境能效要求和评测方法	2016-7-1			采购、建设	品控、验收与质量评定	调度及二次	电力通信
204.8-155	YD/T 3033—2016	通信局（站）用相变蓄能设备	2016-7-1			设计、采购	初设、招标、品控	调度及二次	电力通信
204.8-156	YD/T 3034—2016	基于统一 IMS 的业务技术要求 呼叫闭锁和多方通话业务（第一阶段）	2016-7-1			设计、采购	初设、招标、品控	调度及二次	电力通信
204.8-157	YD/T 3051—2016	基于代理移动 IP 协议的公众无线局域网支持 IP 移动性的技术要求	2016-7-1			设计、采购	初设、招标、品控	调度及二次	电力通信
204.8-158	YD/T 3060.2—2016	LTE 无线接入网网络管理技术要求　第2部分：节能管理	2016-7-1			设计、采购	初设、招标、品控	调度及二次	电力通信
204.8-159	YD/T 3070—2016	N×100Gbit/s 超长距离光波分复用（WDM）系统技术要求	2016-7-1			设计、采购	初设、招标、品控	调度及二次	电力通信

续表

体系结构号	标准编号	标准名称	实施日期	与国际标准对应关系	代替标准	阶段	分阶段	专业	分专业
204.8-160	YD/T 3077—2016	统一通信通讯录业务能力和相关接口技术要求	2016-7-1			设计、采购	初设、招标、品控	调度及二次	电力通信
204.8-161	YD/T 3081—2016	基于表述性状态转移（REST）技术的业务能力开放应用程序接口（API）图片共享	2016-7-1			设计、采购	初设、招标、品控	调度及二次	电力通信
204.8-162	YD/T 3092—2016	通信局（站）用接地铜排组件技术要求和检测方法	2016-7-1			采购、建设	品控、验收与质量评定	调度及二次	电力通信
204.8-163	YD/T 3101—2016	公众无线局域网组网技术要求	2016-10-1			设计、采购	初设、招标、品控	调度及二次	电力通信
204.8-164	YD/T 3102—2016	基于表述性状态转移（REST）技术的业务能力开放应用程序接口（API）用户信息业务	2016-10-1			设计、采购	初设、招标、品控	调度及二次	电力通信
204.8-165	YD/T 3103—2016	基于表述性状态转移（REST）技术的业务能力开放应用程序接口（API）终端能力信息业务	2016-10-1			设计、采购	初设、招标、品控	调度及二次	电力通信
204.8-166	YD/T 3120—2016	分组数字微波设备与分组传送网（PTN）网络互通技术要求	2016-10-1			设计、采购	初设、招标、品控	调度及二次	电力通信
204.8-167	YD/T 3136—2016	无线接入网自组织网络（SON）管理技术要求	2016-10-1			设计、采购	初设、招标、品控	调度及二次	电力通信
204.8-168	YD/T 3177—2016	基于 LTE 的语音解决方案（VoLTE）总体技术要求	2017-1-1			设计、采购	初设、招标、品控	调度及二次	电力通信
204.8-169	YD/T 3178—2016	移动终端支持基于 LTE 的语音解决方案（VoLTE）的技术要求	2017-1-1			设计、采购	初设、招标、品控	调度及二次	电力通信
204.8-170	YD/T 3180—2016	基于 LTE 的语音解决方案（VoLTE）演进分组系统（EPS）设备技术要求	2017-1-1			设计、采购	初设、招标、品控	调度及二次	电力通信
204.8-171	YD/T 3184—2016	通信终端支持富通信业务技术要求	2017-1-1			设计、采购	初设、招标、品控	调度及二次	电力通信
204.8-172	YD/T 3187—2016	基于表述性状态转移（REST）技术的业务能力开放应用程序接口（API）聊天业务	2017-1-1			设计、采购	初设、招标、品控	调度及二次	电力通信

续表

体系结构号	标准编号	标 准 名 称	实施日期	与国际标准对应关系	代替标准	阶段	分阶段	专业	分专业
204.8-173	YD/T 3188—2016	基于表述性状态转移（REST）技术的业务能力开放应用程序接口（API）文件传输业务	2017-1-1			设计、采购	初设、招标、品控	调度及二次	电力通信
204.8-174	YD/T 3189—2016	基于表述性状态转移（REST）技术的业务能力开放应用程序接口（API）状态呈现业务	2017-1-1			设计、采购	初设、招标、品控	调度及二次	电力通信
204.8-175	YD/T 3190—2016	基于表述性状态转移（REST）技术的业务能力开放应用程序接口（API）移动互联网用户上下文感知业务	2017-1-1			设计、采购	初设、招标、品控	调度及二次	电力通信
204.8-176	YD/T 3191—2016	基于表述性状态转移（REST）技术的业务能力开放应用程序接口（API）非结构化补充数据业务	2017-1-1			设计、采购	初设、招标、品控	调度及二次	电力通信
204.8-177	YD/T 3193—2016	基于统一IMS的Web实时通信（WebRTC）系统技术要求	2017-1-1			设计、采购	初设、招标、品控	调度及二次	电力通信
204.8-178	YD/T 3194—2016	统一 IMS 的需求（第二阶段）	2017-1-1			设计、采购	初设、招标、品控	调度及二次	电力通信
204.8-179	YD/T 3195—2016	基于统一 IMS（第二阶段）的业务技术要求 总体	2017-1-1			设计、采购	初设、招标、品控	调度及二次	电力通信
204.8-180	YD/T 3196—2016	基于统一 IMS（第二阶段）的业务技术要求 短消息业务	2017-1-1			设计、采购	初设、招标、品控	调度及二次	电力通信
204.8-181	YD/T 3217—2017	基于表述性状态转移（REST）技术的业务能力开放应用程序接口（API）视频共享	2017-7-1			设计、采购	初设、招标、品控	调度及二次	电力通信
204.8-182	YD/T 3252—2017	数字蜂窝移动通信终端支持 IPv6 技术要求	2017-7-1			设计、采购	初设、招标、品控	调度及二次	电力通信
204.8-183	YD/T 3255—2017	GSM 与 TD-SCDMA/WCDMA 移动通信网融合核心网网络运行管理指标	2017-7-1			设计、采购	初设、招标、品控	调度及二次	电力通信
204.8-184	YD/T 3256—2017	TD-SCDMA 多媒体广播系统（TD-MBMS）业务平台网络运行管理指标	2017-7-1			设计、采购	初设、招标、品控	调度及二次	电力通信

续表

体系结构号	标准编号	标 准 名 称	实施日期	与国际标准对应关系	代替标准	阶段	分阶段	专业	分专业
204.8-185	YD/T 3257—2017	TD-SCDMA/WCDMA 高速上行分组接入（HSUPA）网络运行管理指标	2017-7-1			设计、采购	初设、招标、品控	调度及二次	电力通信
204.8-186	YD/T 3258—2017	TD-SCDMA/WCDMA 高速下行分组接入（HSDPA）网络运行管理指标	2017-7-1			设计、采购	初设、招标、品控	调度及二次	电力通信
204.8-187	YD/T 3259—2017	TD-SCDMA/WCDMA 无线接入网网络运行管理指标	2017-7-1			运维、修试	运行、维护、检修、试验	调度及二次	电力通信
204.8-188	YD/T 3260—2017	IMS 网络运行管理指标	2017-7-1			设计、采购	初设、招标、品控	调度及二次	电力通信
204.8-189	YD/T 3261—2017	GSM/TD-SCDMA/WCDMA 移动通信网业务质量指标	2017-7-1			设计、采购	初设、招标、品控	调度及二次	电力通信
204.8-190	YD/T 3274—2017	LTE 核心网网络运行管理指标	2018-1-1			设计、采购	初设、招标、品控	调度及二次	电力通信
204.8-191	YD/T 3275—2017	LTE 核心网网络管理接口信息模型	2018-1-1			设计、采购	初设、招标、品控	调度及二次	电力通信
204.8-192	YD/T 3276—2017	LTE 无线接入网网络运行管理指标	2018-1-1			运维、修试	运行、维护、检修、试验	调度及二次	电力通信
204.8-193	YD/T 3277.1—2017	LTE 无线接入网网络管理技术要求 第1部分:接口信息模型	2018-1-1			设计、采购	初设、招标、品控	调度及二次	电力通信
204.8-194	YD/T 3301.1—2017	基于脉冲的高速超宽带无线通信技术要求 第1部分:空中接口物理层	2018-1-1			设计、采购	初设、招标、品控	调度及二次	电力通信
204.8-195	YD/T 3301.2—2017	基于脉冲的高速超宽带无线通信技术要求 第2部分:空中接口 MAC 层	2018-1-1			设计、采购	初设、招标、品控	调度及二次	电力通信
204.8-196	YD/T 3302—2017	LTE Diameter 信令网技术要求	2018-1-1			设计、采购	初设、招标、品控	调度及二次	电力通信
204.8-197	YD/T 3303—2017	800MHz/2GHz CDMA 数字蜂窝移动通信网 数字直放站技术要求和测试方法	2018-1-1			设计、采购	初设、招标、品控	调度及二次	电力通信
204.8-198	YD/T 3304—2017	13.56MHz 的近场通信设备射频指标和测试方法	2018-1-1			采购、建设	品控、验收与质量评定	调度及二次	电力通信
204.8-199	YD/T 3305—2017	受限应用协议（CoAP）测试方法	2018-1-1			采购、建设	品控、验收与质量评定	调度及二次	电力通信

续表

体系结构号	标准编号	标 准 名 称	实施日期	与国际标准对应关系	代替标准	阶段	分阶段	专业	分专业
204.8-200	YD/T 3308—2017	IP 组播 Ping 与路径探测协议	2018-1-1			设计、采购	初设、招标、品控	调度及二次	电力通信
204.8-201	YD/T 3309—2017	虚拟专用局域网服务（VPLS）与运营商骨干桥接（PBB）网络互联互通的技术要求	2018-1-1			设计、采购	初设、招标、品控	调度及二次	电力通信
204.8-202	YD/T 3310—2017	组播迁移技术要求 基于 DHCP 的 IPv6 组播迁移	2018-1-1			设计、采购	初设、招标、品控	调度及二次	电力通信
204.8-203	YD/T 3311—2017	组播迁移技术要求 基于 Radius 的 IPv6 组播迁移	2018-1-1			设计、采购	初设、招标、品控	调度及二次	电力通信
204.8-204	YD/T 3316—2018	基于统一 IMS（第二阶段）的业务技术要求 基本呼叫和补充业务	2018-7-1			设计、采购	初设、招标、品控	调度及二次	电力通信
204.8-205	YD/T 3317—2018	基于表述性状态转移（REST）技术的业务能力开放应用程序接口（API）定位业务	2018-7-1			设计、采购	初设、招标、品控	调度及二次	电力通信
204.8-206	YD/T 3344.3—2018	接入网技术要求 40Gbit/s 无源光网络（NG-PON2）第 3 部分：TC 层	2019-4-1			设计、采购	初设、招标、品控	调度及二次	电力通信
204.8-207	YD/T 3361—2018	TD-LTE 单模终端路测（DT）和呼叫质量测试（CQT）记录技术要求	2019-4-1			设计、采购	初设、招标、品控	调度及二次	电力通信
204.8-208	YD/T 3364—2018	基于 RADIUS 上报 IPv6 计费信息的技术要求	2019-4-1			设计、采购	初设、招标、品控	调度及二次	电力通信
204.8-209	YD/T 3376—2018	800MHz/2GHz cdma2000 数字蜂窝移动通信网（第二阶段）设备技术要求 基站子系统	2019-4-1			设计、采购	初设、招标、品控	调度及二次	电力通信
204.8-210	YD/T 3377—2018	800MHz/2GHz cdma2000 数字蜂窝移动通信网（第二阶段）设备测试方法 基站子系统	2019-4-1			修试	检修、试验	调度及二次	电力通信
204.8-211	YD/T 3378—2018	2GHz WCDMA 数字蜂窝移动通信网数字直放站设备网管接口技术要求	2019-4-1			设计、采购	初设、招标、品控	调度及二次	电力通信
204.8-212	YD/T 3379—2018	2GHz WCDMA 数字蜂窝移动通信网数字直放站设备网管接口测试方法	2019-4-1			修试	检修、试验	调度及二次	电力通信

续表

体系结构号	标准编号	标 准 名 称	实施日期	与国际标准对应关系	代替标准	阶段	分阶段	专业	分专业
204.8-213	YD/T 3380—2018	射频馈入数字分布系统网管技术要求	2019-4-1			设计、采购	初设、招标、品控	调度及二次	电力通信
204.8-214	YD/T 3381—2018	射频馈入数字分布系统网管测试方法	2019-4-1			修试	检修、试验	调度及二次	电力通信
204.8-215	YD/T 3382—2018	统一 IMS 网络（第二阶段）与 CDMA 网络短消息互通信令技术要求	2019-4-1			设计、采购	初设、招标、品控	调度及二次	电力通信
204.8-216	YD/T 3383—2018	受信任的无线局域网接入演进的分组核心网技术要求透明单连接模式	2019-4-1			设计、采购	初设、招标、品控	调度及二次	电力通信
204.8-217	YD/T 3394—2018	光无源器件动态监测方法	2019-4-1			修试	检修、试验	调度及二次	电力通信
204.8-218	YD/T 3401—2018	软件定义光网络（SDON）总体技术要求	2019-4-1			设计、采购	初设、招标、品控	调度及二次	电力通信
204.8-219	YD/T 3402—2018	城域 N×100Gbit/s 光波分复用（WDM）系统技术要求	2019-4-1			设计、采购	初设、招标、品控	调度及二次	电力通信
204.8-220	YD/T 3403—2018	分组增强型光传送网（OTN）互通技术要求	2019-4-1			设计、采购	初设、招标、品控	调度及二次	电力通信
204.8-221	YD/T 3409—2018	基于 LTE 技术的宽带集群通信（B-TrunC）系统 终端设备技术要求（第一阶段）	2019-4-1			设计、采购	初设、招标、品控	调度及二次	电力通信
204.8-222	YD/T 3410—2018	基于 LTE 技术的宽带集群通信（B-TrunC）系统 终端设备测试方法（第一阶段）	2019-4-1			修试	检修、试验	调度及二次	电力通信
204.8-223	YD/T 3422—2018	智能光分配网络 管理终端测试方法	2019-4-1			修试	检修、试验	调度及二次	电力通信
204.8-224	YD/T 3435—2018	移动核心网控制面拥塞管理的技术要求	2019-4-1			设计、采购	初设、招标、品控	调度及二次	电力通信
204.8-225	GB/T 4110—1983	脉冲编码调制通信系统系列	1984-10-1			设计、采购	初设、招标、品控	调度及二次	电力通信
204.8-226	GB/T 6282—1986	25～1000MHz 陆地移动通信网通过用户线接入公用通信网的接口参数	1987-4-1			设计、采购	初设、招标、品控	调度及二次	电力通信
204.8-227	GB/T 7611—2016	数字网系列比特率电接口特性	2016-12-1		GB/T 7611—2001	设计、采购	初设、招标、品控	调度及二次	电力通信

续表

体系结构号	标准编号	标准名称	实施日期	与国际标准对应关系	代替标准	阶段	分阶段	专业	分专业
204.8-228	GB/T 13159—2008	数字微波通信系统进网技术要求	2009-5-1		GB/T 13159—1991	设计、采购	初设、招标、品控	调度及二次	电力通信
204.8-229	GB/T 13620—2009	卫星通信地球站与地面微波站之间协调区的确定和干扰计算方法	2010-7-1		GB/T 13620—1992	设计、采购	初设、招标、品控	调度及二次	电力通信
204.8-230	GB/T 15123—2008	信息技术　系统间远程通信和信息交换 使用GB/T 3454的DTE/DCE接口备用控制操作	2009-1-1	ISO/IEC 8480: 1995，IDT	GB/T 15123—1994	设计、采购	初设、招标、品控	调度及二次	电力通信
204.8-231	GB/T 19286—2015	电信网络设备的电磁兼容性要求及测量方法	2016-3-9		GB 19286—2003	采购、建设	品控、验收与质量评定	调度及二次	电力通信
204.8-232	GB/T 19856.2—2005	雷电防护 通信线路 第2部分：金属导线	2006-4-1	IEC 61663-2: 2001，IDT		设计、采购	初设、招标、品控	调度及二次	电力通信
204.8-233	GB/T 20185—2006	同步数字体系设备和系统的光接口技术要求	2006-10-1			设计、采购	初设、招标、品控	调度及二次	电力通信
204.8-234	GB/T 25105.2—2014	工业通信网络　现场总线规范 类型10：PROFINET IO规范　第2部分：应用层协议规范	2015-4-1		GB/Z 25105.2—2010	设计、采购	初设、招标、品控	调度及二次	电力通信
204.8-235	GB/T 25105.3—2014	工业通信网络　现场总线规范 类型10：PROFINET IO规范　第3部分：PROFINET IO通信行规	2015-4-1		GB/Z 25105.3—2010	设计、采购	初设、招标、品控	调度及二次	电力通信
204.8-236	GB/T 25931—2010	网络测量和控制系统的精确时钟同步协议	2011-5-1	IEC 61588: 2009，IDT		设计、采购	初设、招标、品控	调度及二次	电力通信
204.8-237	GB/T 31230.1—2014	工业以太网现场总线EtherCAT　第1部分：概述	2015-4-1			设计、采购	初设、招标、品控	调度及二次	电力通信
204.8-238	GB/T 31230.2—2014	工业以太网现场总线EtherCAT　第2部分：物理层服务和协议规范	2015-4-1			设计、采购	初设、招标、品控	调度及二次	电力通信
204.8-239	GB/T 31230.3—2014	工业以太网现场总线EtherCAT　第3部分：数据链路层服务定义	2015-4-1			设计、采购	初设、招标、品控	调度及二次	电力通信
204.8-240	GB/T 31230.4—2014	工业以太网现场总线EtherCAT　第4部分：数据链路层协议规范	2015-4-1			设计、采购	初设、招标、品控	调度及二次	电力通信

续表

体系结构号	标准编号	标 准 名 称	实施日期	与国际标准对应关系	代替标准	阶段	分阶段	专业	分专业
204.8-241	GB/T 31230.5—2014	工业以太网现场总线 EtherCAT 第 5 部分：应用层服务定义	2015-4-1			设计、采购	初设、招标、品控	调度及二次	电力通信
204.8-242	GB/T 31230.6—2014	工业以太网现场总线 EtherCAT 第 6 部分：应用层协议规范	2015-4-1			设计、采购	初设、招标、品控	调度及二次	电力通信
204.8-243	GB/T 31990.1—2015	塑料光纤电力信息传输系统技术规范 第 1 部分：技术要求	2016-4-1			设计、采购	初设、招标、品控	调度及二次	电力通信
204.8-244	GB/T 31990.2—2015	塑料光纤电力信息传输系统技术规范 第 2 部分：收发通信单元	2016-4-1			设计、采购	初设、招标、品控	调度及二次	电力通信
204.8-245	GB/T 31990.3—2015	塑料光纤电力信息传输系统技术规范 第 3 部分：光电收发模块	2016-4-1			设计、采购	初设、招标、品控	调度及二次	电力通信
204.8-246	GB/T 31990.5—2017	塑料光纤电力信息传输系统技术规范 第 5 部分：综合布线	2018-7-1			设计、采购	初设、招标、品控	调度及二次	电力通信
204.8-247	GB/T 31998—2015	电力软交换系统技术规范	2016-4-1			设计、采购	初设、招标、品控	调度及二次	电力通信
204.8-248	GB/T 32657.2—2016	自动交换光网络（ASON）节点设备技术要求 第 2 部分：基于 OTN 的 ASON 节点设备技术要求	2016-11-1			设计、采购	初设、招标、品控	调度及二次	电力通信
204.8-249	GB 33473—2016	即时通信业务 HI 接口总体技术要求	2017-1-1			设计、采购	初设、招标、品控	调度及二次	电力通信
204.8-250	GB/T 33605—2017	电力系统消息邮件传输规范	2017-12-1			通用技术语言标准			
204.8-251	GB/T 33778—2017	视频监控系统无线传输设备射频技术指标与测试方法	2017-12-1			采购、建设	品控、验收与质量评定	调度及二次	电力通信
204.8-252	GB/T 33845—2017	接入网技术要求 吉比特的无源光网络（GPON）	2017-9-1			设计、采购	初设、招标、品控	调度及二次	电力通信
204.8-253	GB/T 37081—2018	接入网技术要求 10Gbit/s 以太网无源光网络（10G-EPON）	2019-4-1			设计、采购	初设、招标、品控	调度及二次	电力通信

续表

体系结构号	标准编号	标 准 名 称	实施日期	与国际标准对应关系	代替标准	阶段	分阶段	专业	分专业
204.8-254	GB/T 37083—2018	接入网技术要求 EPON 系统互通性	2019-4-1			设计、采购	初设、招标、品控	调度及二次	电力通信
204.8-255	GB/T 37173—2018	接入网技术要求 GPON 系统互通性	2019-4-1			设计、采购	初设、招标、品控	调度及二次	电力通信
204.8-256	IEC 61158-1—2014	工业通信网络 现场总线规范 第 1 部分：IEC61158 和 IEC61784 系列的概况和指导	2014-5-23		IEC/TR 61158-1—2010	设计、采购	初设、招标、品控	调度及二次	电力通信
204.8-257	IEC 61158-2—2014	工业通信网络 现场总线规范 第 2 部分：物理层规范和服务定义	2014-7-17		IEC 61158-2—2010	设计、采购	初设、招标、品控	调度及二次	电力通信
204.8-258	IEC 61158-3-1—2014	工业通信网络 数据总线规范 第 3-1 部分：数据联络层设备定义 1 型元件	2014-8-13		IEC 61158-3-1—2007	设计、采购	初设、招标、品控	调度及二次	电力通信
204.8-259	IEC 61158-3-2—2014	工业通信网络 数据总线规范 第 3-2 部分：数据联络层设备定义 2 型元件	2014-8-13		IEC 61158-3-2—2007	设计、采购	初设、招标、品控	调度及二次	电力通信
204.8-260	IEC 61158-3-3—2014	工业通信网络 现场总线规范 第 3-3 部分：数据联络层设备定义 3 型元件	2014-8-13		IEC 61158-3-3—2007	设计、采购	初设、招标、品控	调度及二次	电力通信
204.8-261	IEC 61158-3-4—2014	工业通信网络 数据总线规范 第 3-3 部分：数据联络层设备定义 4 型元件	2014-8-13		IEC 61158-3-4—2007	设计、采购	初设、招标、品控	调度及二次	电力通信
204.8-262	IEC 61158-3-12—2014	工业通信网络 现场总线规范 第 3-12 部分：数据链路层服务定义 类型 12 要素	2014-8-13		IEC 61158-3-12—2010	设计、采购	初设、招标、品控	调度及二次	电力通信
204.8-263	IEC 61158-3-13—2014	工业通信网络 现场总线规范 第 3-13 部分：数据联络层设备定义 13 型元件	2014-8-13		IEC 61158-3-13—2007	设计、采购	初设、招标、品控	调度及二次	电力通信
204.8-264	IEC 61158-3-14—2014	工业通信网络 现场总线规范 第 3-14 部分：数据链路层设备定义 14 型元件	2014-8-13		IEC 61158-3-14—2010	设计、采购	初设、招标、品控	调度及二次	电力通信
204.8-265	IEC 61158-3-19—2014	工业通信网络 现场总线规范 第 3-9 部分：数据链路层设备定义 19 型元件	2014-8-13		IEC 61158-3-19—2010	设计、采购	初设、招标、品控	调度及二次	电力通信

续表

体系结构号	标准编号	标 准 名 称	实施日期	与国际标准对应关系	代替标准	阶段	分阶段	专业	分专业
204.8-266	IEC 61158-3-22—2014	工业通信网络 现场总线规范 第 3-22 部分：数据链路层设备定义 22 型元件	2014-8-13		IEC 61158-3-22—2010	设计、采购	初设、招标、品控	调度及二次	电力通信
204.8-267	IEC 61158-3-24—2014	工业通信网络 现场总线规格 第 3-24 部分：数据链路层服务定义 24 类要素	2014-8-13			设计、采购	初设、招标、品控	调度及二次	电力通信
204.8-268	IEC 61158-4-1—2014	工业通信网络 现场总线规范 第 4-1 部分：数据联络层协议规范 1 型元件	2014-8-15		IEC 61158-4-1—2007	设计、采购	初设、招标、品控	调度及二次	电力通信
204.8-269	IEC 61158-4-2—2014	工业通信网络 现场总线规范 第 4-2 部分：数据链路层协议规范 2 型元件	2014-8-15		IEC 61158-4-2—2010	设计、采购	初设、招标、品控	调度及二次	电力通信
204.8-270	IEC 61158-4-3—2014	工业通信网络 现场总线规范 第 4-3 部分：数据链路层协议规范 3 型元件	2014-8-15		IEC 61158-4-3—2010	设计、采购	初设、招标、品控	调度及二次	电力通信
204.8-271	IEC 61158-4-4—2014	工业通信网络 数据总线规范 第 4-4 部分：数据联络层协议规范 4 型元件	2014-8-15		IEC 61158-4-4—2007	设计、采购	初设、招标、品控	调度及二次	电力通信
204.8-272	IEC 61158-4-7 Corri 1—2014	工业通信网络 数据总线规范 第 4-7 部分：数据联络层协议规范 7 型元件勘误表 1	2014-1-24			设计、采购	初设、招标、品控	调度及二次	电力通信
204.8-273	IEC 61158-4-11—2014	工业通信网络 现场总线规范 第 4-11 部分：数据链路层协议规范 11 型元件	2014-8-15		IEC 61158-4-11—2010	设计、采购	初设、招标、品控	调度及二次	电力通信
204.8-274	IEC 61158-4-12—2014	工业通信网络 现场总线规范 第 4-12 部分：数据链路层协议规范 12 型元件	2014-8-15		IEC 61158-4-12—2010	设计、采购	初设、招标、品控	调度及二次	电力通信
204.8-275	IEC 61158-4-13—2014	工业通信网络 数据总线规范 第 4-13 部分：数据联络层协议规范 13 型元件	2014-8-15		IEC 61158-4-13—2007	设计、采购	初设、招标、品控	调度及二次	电力通信
204.8-276	IEC 61158-4-14—2014	工业通信网络 现场总线规范 第 4-14 部分：数据链路层协议规范 14 型元件	2014-8-15		IEC 61158-4-14—2010	设计、采购	初设、招标、品控	调度及二次	电力通信
204.8-277	IEC 61158-4-19—2014	工业通信网络 现场总线规范 第 4-19 部分：数据链路层协议规范 19 型元件	2014-8-15		IEC 61158-4-19—2010	设计、采购	初设、招标、品控	调度及二次	电力通信

续表

体系结构号	标准编号	标 准 名 称	实施日期	与国际标准对应关系	代替标准	阶段	分阶段	专业	分专业
204.8-278	IEC 61158-4-20—2014	工业通信网络 现场总线规格 第4-20部分：数据链路层协议规格 第20类要素	2014-8-15			设计、采购	初设、招标、品控	调度及二次	电力通信
204.8-279	IEC 61158-4-22—2014	工业通信网络 现场总线规范 第4-22部分：数据链路层协议规范 22型元件	2014-8-15		IEC 61158-4-22—2010	设计、采购	初设、招标、品控	调度及二次	电力通信
204.8-280	IEC 61158-5-2—2014	工业通信网络 现场总线规范 第5-2部分：应用层协议规范 2型元件	2014-8-18		IEC 61158-5-2—2010	设计、采购	初设、招标、品控	调度及二次	电力通信
204.8-281	IEC 61158-5-3—2014	工业通信网络 现场总线规范 第5-3部分：应用层设备定义 3型元件	2014-8-18		IEC 61158-5-3—2010	设计、采购	初设、招标、品控	调度及二次	电力通信
204.8-282	IEC 61158-5-4—2014	工业通信网络 现场总线规范 第5-4部分：应用层设备定义 4型元件	2014-8-15		IEC 61158-5-4—2007	设计、采购	初设、招标、品控	调度及二次	电力通信
204.8-283	IEC 61158-5-5—2014	工业通信网络 现场总线规范 第5-5部分：应用层设备定义 5型元件	2014-8-15		IEC 61158-5-5—2007	设计、采购	初设、招标、品控	调度及二次	电力通信
204.8-284	IEC 61158-5-9—2014	工业通信网络 数据总线规范 第5-9部分：应用层设备定义 9型元件	2014-8-19		IEC 61158-5-9—2007	设计、采购	初设、招标、品控	调度及二次	电力通信
204.8-285	IEC 61158-5-10—2014	工业通信网络 现场总线规范 第5-10部分：应用层设备定义 10型元件	2014-8-18		IEC 61158-5-10—2010	设计、采购	初设、招标、品控	调度及二次	电力通信
204.8-286	IEC 61158-5-12—2014	工业通信网络 现场总线规范 第5-12部分：应用层设备定义 12型元件	2014-8-18		IEC 61158-5-12—2010	设计、采购	初设、招标、品控	调度及二次	电力通信
204.8-287	IEC 61158-5-13—2014	工业通信网络 现场总线规范 第5-13部分：数据联络层设备定义 13型元件	2014-8-18		IEC 61158-5-13—2007	设计、采购	初设、招标、品控	调度及二次	电力通信
204.8-288	IEC 61158-5-14—2014	工业通信网络 现场总线规范 第5-14部分：应用层设备定义 14型元件	2014-8-18		IEC 61158-5-14—2010	设计、采购	初设、招标、品控	调度及二次	电力通信
204.8-289	IEC 61158-5-19—2014	工业通信网络 现场总线规范 第5-19部分：应用层协议规范 19型元件	2014-8-18		IEC 61158-5-19—2010	设计、采购	初设、招标、品控	调度及二次	电力通信

续表

体系结构号	标准编号	标 准 名 称	实施日期	与国际标准对应关系	代替标准	阶段	分阶段	专业	分专业
204.8-290	IEC 61158-5-20—2014	工业通信网络 现场总线规范 第5-20部分：应用层设备定义 20型元件	2014-8-18		IEC 61158-5-20—2010	设计、采购	初设、招标、品控	调度及二次	电力通信
204.8-291	IEC 61158-5-22—2014	工业通信网络 现场总线规范 第5-22部分：数据链路层协议规范 22型元件	2014-8-18		IEC 61158-5-22—2010	设计、采购	初设、招标、品控	调度及二次	电力通信
204.8-292	IEC 61158-5-23—2014	工业通信网络 现场总线规格 第5-23部分：应用层服务定义 第23类要素	2014-8-18			设计、采购	初设、招标、品控	调度及二次	电力通信
204.8-293	IEC 61158-5-24—2014	工业通信网络 现场总线规格 第5-24部分：应用层服务定义 第24类要素	2014-8-18			设计、采购	初设、招标、品控	调度及二次	电力通信
204.8-294	IEC 61158-6-2—2014	工业通信网络 现场总线规范 第6-2部分: 应用层协议规范 2型元件	2014-8-19		IEC 61158-6-2—2010	设计、采购	初设、招标、品控	调度及二次	电力通信
204.8-295	IEC 61158-6-3—2014	工业通信网络 现场总线规范 第6-3部分: 应用层协议规范 3型元件	2014-8-19		IEC 61158-6-3—2010	设计、采购	初设、招标、品控	调度及二次	电力通信
204.8-296	IEC 61158-6-4—2014	工业通信网络 现场总线规范 第6-4部分: 应用层协议规范 4型元件	2014-8-19		IEC 61158-6-4—2007	设计、采购	初设、招标、品控	调度及二次	电力通信
204.8-297	IEC 61158-6-5—2014	工业通信网现场总线规第6-5部分：应用层协议规范 5型元件	2014-8-19		IEC 61158-6-5—2007	设计、采购	初设、招标、品控	调度及二次	电力通信
204.8-298	IEC 61158-6-9—2014	工业通信网络 现场总线规范 第6-9部分: 应用层协议规范 9型元件	2014-8-19		IEC 61158-6-9—2010	设计、采购	初设、招标、品控	调度及二次	电力通信
204.8-299	IEC 61158-6-10—2014	工业通信网络 现场总线规范 第6-10部分：应用层协议规范 10型元件	2014-8-19		IEC 61158-6-10—2010	设计、采购	初设、招标、品控	调度及二次	电力通信
204.8-300	IEC 61158-6-12—2014	工业通信网络 现场总线规范 第6-12部分：数据链路层协议规范 12型元件	2014-8-19		IEC 61158-6-12—2010	设计、采购	初设、招标、品控	调度及二次	电力通信
204.8-301	IEC 61158-6-13—2014	工业通信网络 现场总线规范 第6-13部分：应用层协议规范 13型元件	2014-8-19		IEC 61158-6-13—2007	设计、采购	初设、招标、品控	调度及二次	电力通信

续表

体系结构号	标准编号	标准名称	实施日期	与国际标准对应关系	代替标准	阶段	分阶段	专业	分专业
204.8-302	IEC 61158-6-14—2014	工业通信网络　现场总线规范　第 6-14 部分：应用层协议规范 14 型元件	2014-8-19		IEC 61158-6-14—2010	设计、采购	初设、招标、品控	调度及二次	电力通信
204.8-303	IEC 61158-6-19—2014	工业通信网络　现场总线规范　第 6-19 部分：应用层协议规范 19 型元件	2014-8-19		IEC 61158-6-19—2010	设计、采购	初设、招标、品控	调度及二次	电力通信
204.8-304	IEC 61158-6-20—2014	工业通信网络　现场总线规范　第 6-20 部分：应用层协议规范 20 型元件	2014-8-19		IEC 61158-6-20—2010	设计、采购	初设、招标、品控	调度及二次	电力通信
204.8-305	IEC 61158-6-22—2014	工业通信网络　现场总线规范　第 5-22 部分：应用层协议规范 22 型元件	2014-8-19		IEC 61158-6-22—2010	设计、采购	初设、招标、品控	调度及二次	电力通信
204.8-306	IEC 61158-6-23—2014	工业通信网络　现场总线规格　第 6-23 部分：应用层协议规格 第 23 类要素	2014-8-19			设计、采购	初设、招标、品控	调度及二次	电力通信
204.8-307	IEC 61158-6-24—2014	工业通信网络　现场总线规格　第 6-24 部分：应用层协议规格 第 24 类要素	2014-8-19			设计、采购	初设、招标、品控	调度及二次	电力通信
204.8-308	IEC 61784-1—2014	工业通信网络　配置文件　第 1 部分:现场总线配置文件	2014-8-19		IEC 61784-1—2010	设计、采购	初设、招标、品控	调度及二次	电力通信
204.8-309	IEC 61784-5-1—2013	工业通信网络　协议集　第 5-1 部分：现场总线的安装 CPF1 的安装协议集	2013-9-11			设计、采购	初设、招标、品控	调度及二次	电力通信
204.8-310	IEC 61784-5-2—2018	工业通信网络　简介　第 5-2 部分：现场总线的安装 CPF 2 的安装简介	2018-8-30		IEC 61784-5-3—2013	设计、采购	初设、招标、品控	调度及二次	电力通信
204.8-311	IEC 61784-5-3—2018	工业通信网络　简介　第 5-3 部分：现场总线的安装 CPF 3 的安装简介	2018-8-30		IEC 61784-5-2—2013	设计、采购	初设、招标、品控	调度及二次	电力通信
204.8-312	IEC 61784-5-6—2018	工业通信网络　简介　第 5-6 部分：现场总线的安装 CPF 6 的安装简介	2018-8-30		IEC 61784-5-6—2013	设计、采购	初设、招标、品控	调度及二次	电力通信
204.8-313	IEC 61784-5-8—2018	工业通信网络　简介　第 5-8 部分：现场总线的安装 CPF 8 的安装简介	2018-8-30		IEC 61784-5-8—2013	设计、采购	初设、招标、品控	调度及二次	电力通信

续表

体系结构号	标准编号	标 准 名 称	实施日期	与国际标准对应关系	代替标准	阶段	分阶段	专业	分专业
204.8-314	IEC 61784-5-11—2013	工业通信网络 配置文件 第 5-11 部分：现场总线的安装 CPFI1 的安装配置文件	2013-9-17		IEC 61784-5-11—2010	设计、采购	初设、招标、品控	调度及二次	电力通信
204.8-315	IEC 61784-5-13—2013	工业通信网络 配置文件 第 5-13 部分：现场总线的安装 CPF 13 的安装配置文件	2013-9-17			设计、采购	初设、招标、品控	调度及二次	电力通信
204.8-316	IEC 61784-5-14—2013	工业通信网络 配置文件 第 5-14 部分：现场总线的安装 CPF14 的安装配置文件	2013-9-13		IEC 61784-5-14—2010	设计、采购	初设、招标、品控	调度及二次	电力通信
204.8-317	IEC 61784-5-16—2013	工业通信网络 协议集 第 5-16 部分：现场总线的安装 CPF16 的安装协议集	2013-9-13			设计、采购	初设、招标、品控	调度及二次	电力通信
204.8-318	IEC 61784-5-17—2013	工业通信网络 配置文件 第 5-17 部分：现场总线的安装 CPF17 安装配置文件	2013-9-17			设计、采购	初设、招标、品控	调度及二次	电力通信
204.8-319	IEC 61784-5-18—2018	工业通信网络 简介 第 5-18 部分 ：现场总线的安装 CPF 18 的安装简介	2018-8-30		IEC 61784-5-18—2013	设计、采购	初设、招标、品控	调度及二次	电力通信
204.8-320	IEC 61784-5-19—2013	工业通信网络 配置文件 第 5-19 部分：现场总线的安装 CPF19 的安装配置文件	2013-9-9			设计、采购	初设、招标、品控	调度及二次	电力通信
204.8-321	IEC 62325-450—2013	能源市场通信信用框架 第 450 部分:配置文件和语境建模规则	2013-4-29		IEC 57/1324/FDIS—2013	设计、采购	初设、招标、品控	调度及二次	电力通信
204.8-322	IEC 62439-1—2010+Amd 1—2012+Amd 2—2016	工业通信网络 高可用性自动化网络 第 1 部分：一般概念和计算方法	2016-2-25			设计、采购	初设、招标、品控	调度及二次	电力通信
204.8-323	IEC 62591—2016	工业网络 无线通讯网络和通讯子协议 无线 HART	2016-3-30		IEC 62591—2010	设计、采购	初设、招标、品控	调度及二次	电力通信
204.8-324	IEC 62601—2015	工业网络 无线通信网络与通信概况 WIA-PA	2015-12-9		IEC 62601—2011	设计、采购	初设、招标、品控	调度及二次	电力通信
204.8-325	IEC 62601—2015	工业通信网络现场总线规范 WIA-PA 通信网络和通信轮廓	2015-12-9	BS DD IEC/PAS 62601—2009，IDT	IEC 62601—2011	设计、采购	初设、招标、品控	调度及二次	电力通信
204.8-326	IEC 62325-503—2018	能源市场通信框架 第 503 部分：IEC 62325-351 概要的市场数据交换指南	2018-7-26		IEC TS 62325-503—2014	各专业的技术指导通则或导则			

续表

体系结构号	标准编号	标 准 名 称	实施日期	与国际标准对应关系	代替标准	阶段	分阶段	专业	分专业
204.8-327	DIN EN 61850-7-3—2011	用于电力公用事业自动化的通信网络和系统 第 7-3 部分：基本的沟通结构 通用数据类（IEC61850-7-3：2010）	2011-8-1		DIN EN 61850-7-3—2004	设计、采购	初设、招标、品控	调度及二次	电力通信
204.9 调度与交易-二次一体化									
204.9-1	Q/CSG 1204005.11—2014	南方电网一体化电网运行智能系统技术规范 第 1-1 部分：体系及定义基本描述	2017-7-1			建设、运维	验收与质量评定、试运行、运行、维护	调度及二次	二次一体化
204.9-2	Q/CSG 1204005.12—2014	南方电网一体化电网运行智能系统技术规范 第 1 部分：体系及定义 第 2 篇：术语和定义	2014-7-1			建设、运维	验收与质量评定、试运行、运行、维护	调度及二次	二次一体化
204.9-3	Q/CSG 1204005.21—2014	南方电网一体化电网运行智能系统技术规范 第 2 部分：架构 第 1 篇：总体架构技术规范	2014-7-1			建设、运维	验收与质量评定、试运行、运行、维护	调度及二次	二次一体化
204.9-4	Q/CSG 1204005.22—2014	南方电网一体化电网运行智能系统技术规范 第 2 部分：架构 第 2 篇：主站系统架构技术规范	2014-7-1			建设、运维	验收与质量评定、试运行、运行、维护	调度及二次	二次一体化
204.9-5	Q/CSG 1204005.23—2014	南方电网一体化电网运行智能系统技术规范 第 2 部分：架构 第 3 篇：厂站系统架构技术规范	2014-7-1			建设、运维	验收与质量评定、试运行、运行、维护	调度及二次	二次一体化
204.9-6	Q/CSG 1204005.31—2014	南方电网一体化电网运行智能系统技术规范 第 3 部分：数据 第 1 篇：数据源规范	2014-7-1			建设、运维	验收与质量评定、试运行、运行、维护	调度及二次	二次一体化
204.9-7	Q/CSG 1204005.32—2014	南方电网一体化电网运行智能系统技术规范 第 3 部分：数据 第 2 篇：厂站数据架构	2014-7-1			建设、运维	验收与质量评定、试运行、运行、维护	调度及二次	二次一体化
204.9-8	Q/CSG 1204005.33—2014	南方电网一体化电网运行智能系统技术规范 第 3 部分：数据 第 3 篇：主站数据架构	2014-7-1			建设、运维	验收与质量评定、试运行、运行、维护	调度及二次	二次一体化

续表

体系结构号	标准编号	标 准 名 称	实施日期	与国际标准对应关系	代替标准	阶段	分阶段	专业	分专业
204.9-9	Q/CSG 1204005.34—2014	南方电网一体化电网运行智能系统技术规范 第 3 部分：数据 第 4 篇：IEC61850 实施规范	2014-7-1			建设、运维	验收与质量评定、试运行、运行、维护	调度及二次	二次一体化
204.9-10	Q/CSG 1204005.35—2014	南方电网一体化电网运行智能系统技术规范 第 3 部分：数据 第 5 篇：电网公共信息模型规范	2014-7-1			建设、运维	验收与质量评定、试运行、运行、维护	调度及二次	二次一体化
204.9-11	Q/CSG 1204005.36—2014	南方电网一体化电网运行智能系统技术规范 第 3 部分：数据 第 6 篇：全景建模规范	2014-7-1			建设、运维	验收与质量评定、试运行、运行、维护	调度及二次	二次一体化
204.9-12	Q/CSG 1204005.37—2014	南方电网一体化电网运行智能系统技术规范 第 3 部分：数据 第 7 篇：对象命名及编码	2014-7-1			建设、运维	验收与质量评定、试运行、运行、维护	调度及二次	二次一体化
204.9-13	Q/CSG 1204005.3.08—2014	南方电网一体化电网运行智能系统技术规范 第 3 部分：数据 第 8 篇：基于 SVG 的公共图形交换	2014-7-1			建设、运维	验收与质量评定、试运行、运行、维护	调度及二次	二次一体化
204.9-14	Q/CSG 1204005.39.1—2014	南方电网一体化电网运行智能系统技术规范 第 3 部分：数据 第 9 篇：数据接口与协议 第 1 分册：厂站主站间数据交换	2014-7-1			建设、运维	验收与质量评定、试运行、运行、维护	调度及二次	二次一体化
204.9-15	Q/CSG 1204005.39.2—2014	南方电网一体化电网运行智能系统技术规范 第 3 部分：数据 第 9 篇：数据接口与协议 第 2 分册：横向主站间数据交换	2014-7-1			建设、运维	验收与质量评定、试运行、运行、维护	调度及二次	二次一体化
204.9-16	Q/CSG 1204005.39.3—2014	南方电网一体化电网运行智能系统技术规范 第 3 部分：数据 第 9 篇：数据接口与协议 第 3 分册：纵向主站间数据交换	2014-7-1			建设、运维	验收与质量评定、试运行、运行、维护	调度及二次	二次一体化
204.9-17	Q/CSG 1204005.310—2014	南方电网一体化电网运行智能系统技术规范 第 3 部分：数据 第 10 篇：通用画面调用技术规范	2014-7-1			建设、运维	验收与质量评定、试运行、运行、维护	调度及二次	二次一体化

续表

体系结构号	标准编号	标准名称	实施日期	与国际标准对应关系	代替标准	阶段	分阶段	专业	分专业
204.9-18	Q/CSG 1204005.311—2014	南方电网一体化电网运行智能系统技术规范　第3部分：数据　第11篇：公共图形绘制规范	2014-7-1			建设、运维	验收与质量评定、试运行、运行、维护	调度及二次	二次一体化
204.9-19	Q/CSG 1204005.41—2014	南方电网一体化电网运行智能系统技术规范　第4部分：平台　第1篇：主站系统平台技术规范	2014-7-1			建设、运维	验收与质量评定、试运行、运行、维护	调度及二次	二次一体化
204.9-20	Q/CSG 1204005.42—2014	南方电网一体化电网运行智能系统技术规范　第4部分：平台　第2篇：厂站系统平台技术规范	2014-7-1			建设、运维	验收与质量评定、试运行、运行、维护	调度及二次	二次一体化
204.9-21	Q/CSG 1204005.43.1—2014	南方电网一体化电网运行智能系统技术规范　第4部分：平台　第3篇：运行服务总线（OSB）技术规范　第1分册：服务注册及管理	2014-7-1			建设、运维	验收与质量评定、试运行、运行、维护	调度及二次	二次一体化
204.9-22	Q/CSG 1204005.43.2—2014	南方电网一体化电网运行智能系统技术规范　第4部分：平台　第3篇：运行服务总线（OSB）技术规范　第2分册：OSB功能	2014-7-1			建设、运维	验收与质量评定、试运行、运行、维护	调度及二次	二次一体化
204.9-23	Q/CSG 1204005.44—2014	南方电网一体化电网运行智能系统技术规范　第4部分：平台　第4篇：安全防护技术规范	2014-7-1			建设、运维	验收与质量评定、试运行、运行、维护	调度及二次	二次一体化
204.9-24	Q/CSG 1204005.45—2014	南方电网一体化电网运行智能系统技术规范　第4部分：平台　第5篇：容灾备用技术规范	2014-7-1			建设、运维	验收与质量评定、试运行、运行、维护	调度及二次	二次一体化
204.9-25	Q/CSG 1204005.51.1—2014	南方电网一体化电网运行智能系统技术规范　第5部分：主站应用　第1篇：智能数据中心　第1分册：数据采集与交互类功能规范	2014-7-1			建设、运维	验收与质量评定、试运行、运行、维护	调度及二次	二次一体化
204.9-26	Q/CSG 1204005.51.2—2014	南方电网一体化电网运行智能系统技术规范　第5部分：主站应用　第1篇：智能数据中心　第2分册：全景数据建模类功能规范	2014-7-1			建设、运维	验收与质量评定、试运行、运行、维护	调度及二次	二次一体化

续表

体系结构号	标准编号	标准名称	实施日期	与国际标准对应关系	代替标准	阶段	分阶段	专业	分专业
204.9-27	Q/CSG 1204005.51.3—2014	南方电网一体化电网运行智能系统技术规范　第5部分：主站应用　第1篇：智能数据中心　第3分册：数据集成与服务类功能规范	2014-7-1			建设、运维	验收与质量评定、试运行、运行、维护	调度及二次	二次一体化
204.9-28	Q/CSG 1204005.52.1—2014	南方电网一体化电网运行智能系统技术规范　第5部分：主站应用　第2篇：智能监视中心　第1分册：稳态监视类功能规范	2014-7-1			建设、运维	验收与质量评定、试运行、运行、维护	调度及二次	二次一体化
204.9-29	Q/CSG 1204005.52.2—2014	南方电网一体化电网运行智能系统技术规范　第5部分：主站应用　第2篇：智能监视中心　第2分册：动态监视类功能规范	2014-7-1			建设、运维	验收与质量评定、试运行、运行、维护	调度及二次	二次一体化
204.9-30	Q/CSG 1204005.52.3—2014	南方电网一体化电网运行智能系统技术规范　第5部分：主站应用　第2篇：智能监视中心　第3分册：暂态监视类功能规范	2014-7-1			建设、运维	验收与质量评定、试运行、运行、维护	调度及二次	二次一体化
204.9-31	Q/CSG 1204005.52.4—2014	南方电网一体化电网运行智能系统技术规范　第5部分：主站应用　第2篇：智能监视中心　第4分册：环境监视类功能规范	2014-7-1			建设、运维	验收与质量评定、试运行、运行、维护	调度及二次	二次一体化
204.9-32	Q/CSG 1204005.52.5—2014	南方电网一体化电网运行智能系统技术规范　第5部分：主站应用　第2篇：智能监视中心　第5分册：节能环保监视类功能规范	2014-7-1			建设、运维	验收与质量评定、试运行、运行、维护	调度及二次	二次一体化
204.9-33	Q/CSG 1204005.52.6—2014	南方电网一体化电网运行智能系统技术规范　第5部分：主站应用　第2篇：智能监视中心　第6分册：在线计算类功能规范	2014-7-1			建设、运维	验收与质量评定、试运行、运行、维护	调度及二次	二次一体化
204.9-34	Q/CSG 1204005.52.7—2014	南方电网一体化电网运行智能系统技术规范　第5部分：主站应用　第2篇：智能监视中心　第7分册：事件记录类功能规范	2014-7-1			建设、运维	验收与质量评定、试运行、运行、维护	调度及二次	二次一体化

续表

体系结构号	标准编号	标 准 名 称	实施日期	与国际标准对应关系	代替标准	阶段	分阶段	专业	分专业
204.9-35	Q/CSG 1204005.52.8—2014	南方电网一体化电网运行智能系统技术规范 第5部分：主站应用 第2篇：智能监视中心 第8分册：在线预警类功能规范	2014-7-1			建设、运维	验收与质量评定、试运行、运行、维护	调度及二次	二次一体化
204.9-36	Q/CSG 1204005.53.1—2014	南方电网一体化电网运行智能系统技术规范 第5部分：主站应用 第3篇：智能控制中心 第1分册：手动操作类功能规范	2014-7-1			建设、运维	验收与质量评定、试运行、运行、维护	调度及二次	二次一体化
204.9-37	Q/CSG 1204005.53.2—2014	南方电网一体化电网运行智能系统技术规范 第5部分：主站应用 第3篇：智能控制中心 第2分册：自动控制类功能规范	2014-7-1			建设、运维	验收与质量评定、试运行、运行、维护	调度及二次	二次一体化
204.9-38	Q/CSG 1204005.54.1—2014	南方电网一体化电网运行智能系统技术规范 第5部分：主站应用 第4篇：智能管理中心 第1分册：并网审核类功能规范	2014-7-1			建设、运维	验收与质量评定、试运行、运行、维护	调度及二次	二次一体化
204.9-39	Q/CSG 1204005.54.2—2014	南方电网一体化电网运行智能系统技术规范 第5部分：主站应用 第4篇：智能管理中心 第2分册：定值整定类功能规范	2014-7-1			建设、运维	验收与质量评定、试运行、运行、维护	调度及二次	二次一体化
204.9-40	Q/CSG 1204005.54.3—2014	南方电网一体化电网运行智能系统技术规范 第5部分：主站应用 第4篇：智能管理中心 第3分册：运行方式类功能规范	2014-7-1			建设、运维	验收与质量评定、试运行、运行、维护	调度及二次	二次一体化
204.9-41	Q/CSG 1204005.54.4—2014	南方电网一体化电网运行智能系统技术规范 第5部分：主站应用 第4篇：智能管理中心 第4分册：离线计算类功能规范	2014-7-1			建设、运维	验收与质量评定、试运行、运行、维护	调度及二次	二次一体化
204.9-42	Q/CSG 1204005.54.5—2014	南方电网一体化电网运行智能系统技术规范 第5部分：主站应用 第4篇：智能管理中心 第5分册：安全风险分析与预控类功能规范	2014-7-1			建设、运维	验收与质量评定、试运行、运行、维护	调度及二次	二次一体化

续表

体系结构号	标准编号	标准名称	实施日期	与国际标准对应关系	代替标准	阶段	分阶段	专业	分专业
204.9-43	Q/CSG 1204005.54.6—2014	南方电网一体化电网运行智能系统技术规范 第5部分：主站应用 第4篇：智能管理中心 第6分册：经济运行分析与优化类功能规范	2014-7-1			建设、运维	验收与质量评定、试运行、运行、维护	调度及二次	二次一体化
204.9-44	Q/CSG 1204005.54.7—2014	南方电网一体化电网运行智能系统技术规范 第5部分：主站应用 第4篇：智能管理中心 第7分册：节能环保分析与优化类功能规范	2014-7-1			建设、运维	验收与质量评定、试运行、运行、维护	调度及二次	二次一体化
204.9-45	Q/CSG 1204005.54.8—2014	南方电网一体化电网运行智能系统技术规范 第5部分：主站应用 第4篇：智能管理中心 第8分册：电能质量分析与优化功能规范	2014-7-1			建设、运维	验收与质量评定、试运行、运行、维护	调度及二次	二次一体化
204.9-46	Q/CSG 1204005.54.9—2014	南方电网一体化电网运行智能系统技术规范 第5部分：主站应用 第4篇：智能管理中心 第9分册：统计评价类功能规范	2014-7-1			建设、运维	验收与质量评定、试运行、运行、维护	调度及二次	二次一体化
204.9-47	Q/CSG 1204005.54.10—2014	南方电网一体化电网运行智能系统技术规范 第5部分：主站应用 第4篇：智能管理中心 第10分册：用电管理类功能规范	2014-7-1			建设、运维	验收与质量评定、试运行、运行、维护	调度及二次	二次一体化
204.9-48	Q/CSG 1204005.54.11—2014	南方电网一体化电网运行智能系统技术规范 第5部分：主站应用 第4篇：智能管理中心 第11分册：信息发布类功能规范	2014-7-1			建设、运维	验收与质量评定、试运行、运行、维护	调度及二次	二次一体化
204.9-49	Q/CSG 1204005.55.1—2014	南方电网一体化电网运行智能系统技术规范 第5部分：主站应用 第5篇：电力系统运行驾驶舱 第1分册：技术规范	2014-7-1			建设、运维	验收与质量评定、试运行、运行、维护	调度及二次	二次一体化
204.9-50	Q/CSG 1204005.55.2—2014	南方电网一体化电网运行智能系统技术规范 第5部分：主站应用 第5篇：电力系统运行驾驶舱 第2分册：功能规范	2014-7-1			建设、运维	验收与质量评定、试运行、运行、维护	调度及二次	二次一体化

续表

体系结构号	标准编号	标准名称	实施日期	与国际标准对应关系	代替标准	阶段	分阶段	专业	分专业
204.9-51	Q/CSG 1204005.56—2017	南方电网一体化电网运行智能系统技术规范　第5部分：主站应用　第6篇：镜像系统功能规范	2017-3-1			建设、运维	验收与质量评定、试运行、运行、维护	调度及二次	二次一体化
204.9-52	Q/CSG 1204005.61—2014	南方电网一体化电网运行智能系统技术规范　第6部分：厂站应用　第1篇：智能数据中心功能规范	2014-7-1			建设、运维	验收与质量评定、试运行、运行、维护	调度及二次	二次一体化
204.9-53	Q/CSG 1204005.62—2014	南方电网一体化电网运行智能系统技术规范　第6部分：厂站应用　第2篇：智能监视中心功能规范	2014-7-1			建设、运维	验收与质量评定、试运行、运行、维护	调度及二次	二次一体化
204.9-54	Q/CSG 1204005.63—2014	南方电网一体化电网运行智能系统技术规范　第6部分：厂站应用　第3篇：智能控制中心功能规范	2014-7-1			建设、运维	验收与质量评定、试运行、运行、维护	调度及二次	二次一体化
204.9-55	Q/CSG 1204005.64—2014	南方电网一体化电网运行智能系统技术规范　第6部分：厂站应用　第4篇：智能管理中心功能规范	2014-7-1			建设、运维	验收与质量评定、试运行、运行、维护	调度及二次	二次一体化
204.9-56	Q/CSG 1204005.65—2014	南方电网一体化电网运行智能系统技术规范　第6部分：厂站应用　第5篇：厂站运行驾驶舱功能规范	2014-7-1			建设、运维	验收与质量评定、试运行、运行、维护	调度及二次	二次一体化
204.9-57	Q/CSG 1204005.66—2014	南方电网一体化电网运行智能系统技术规范　第6部分：厂站应用　第6篇：智能远动机功能规范	2014-7-1			建设、运维	验收与质量评定、试运行、运行、维护	调度及二次	二次一体化
204.9-58	Q/CSG 1204005.67.1—2014	南方电网一体化电网运行智能系统技术规范　第6部分：厂站应用　第7篇：厂站装置功能及接口规范　第1分册：通用技术条件	2014-7-1			建设、运维	验收与质量评定、试运行、运行、维护	调度及二次	二次一体化
204.9-59	Q/CSG 1204005.67.2—2014	南方电网一体化电网运行智能系统技术规范　第6部分：厂站应用　第7篇：厂站装置功能及接口规范　第2分册：一体化测控装置	2014-7-1			建设、运维	验收与质量评定、试运行、运行、维护	调度及二次	二次一体化

续表

体系结构号	标准编号	标准名称	实施日期	与国际标准对应关系	代替标准	阶段	分阶段	专业	分专业
204.9-60	Q/CSG 1204005.67.3—2014	南方电网一体化电网运行智能系统技术规范　第6部分：厂站应用　第7篇：厂站装置功能及接口规范　第3分册：一体化运行记录分析装置	2014-7-1			建设、运维	验收与质量评定、试运行、运行、维护	调度及二次	二次一体化
204.9-61	Q/CSG 1204005.67.4—2014	南方电网一体化电网运行智能系统技术规范　第6部分：厂站应用　第7篇：厂站装置功能及接口规范　第4分册：一体化在线监测装置	2014-7-1			建设、运维	验收与质量评定、试运行、运行、维护	调度及二次	二次一体化
204.9-62	Q/CSG 1204005.67.5—2014	南方电网一体化电网运行智能系统技术规范　第6部分：厂站应用　第7篇：厂站装置功能及接口规范　第5分册：合并单元	2014-7-1			建设、运维	验收与质量评定、试运行、运行、维护	调度及二次	二次一体化
204.9-63	Q/CSG 1204005.67.6—2014	南方电网一体化电网运行智能系统技术规范　第6部分：厂站应用　第7篇：厂站装置功能及接口规范　第6分册：智能终端	2014-7-1			建设、运维	验收与质量评定、试运行、运行、维护	调度及二次	二次一体化
204.9-64	Q/CSG 1204005.67.7—2014	南方电网一体化电网运行智能系统技术规范　第6部分：厂站应用　第7篇：厂站装置功能及接口规范　第7分册：工业以太网交换机	2014-7-1			建设、运维	验收与质量评定、试运行、运行、维护	调度及二次	二次一体化
204.9-65	Q/CSG 1204005.67.8—2014	南方电网一体化电网运行智能系统技术规范　第6部分：厂站应用　第7篇：厂站装置功能及接口规范　第8分册：调速器	2014-7-1			建设、运维	验收与质量评定、试运行、运行、维护	调度及二次	二次一体化
204.9-66	Q/CSG 1204005.67.9—2014	南方电网一体化电网运行智能系统技术规范　第6部分：厂站应用　第7篇：厂站装置功能及接口规范　第9分册：励磁控制器	2014-7-1			建设、运维	验收与质量评定、试运行、运行、维护	调度及二次	二次一体化
204.9-67	Q/CSG 1204005.68—2014	南方电网一体化电网运行智能系统技术规范　第6部分：厂站应用　第8篇：智能配电终端功能规范	2014-7-1			建设、运维	验收与质量评定、试运行、运行、维护	调度及二次	二次一体化

体系结构号	标准编号	标 准 名 称	实施日期	与国际标准对应关系	代替标准	阶段	分阶段	专业	分专业
204.9-68	Q/CSG 1204005.71—2014	南方电网一体化电网运行智能系统技术规范 第7部分：配置 第1篇：主站系统配置规范	2014-7-1			建设、运维	验收与质量评定、试运行、运行、维护	调度及二次	二次一体化
204.9-69	Q/CSG 1204005.72—2014	南方电网一体化电网运行智能系统技术规范 第7部分：配置 第2篇：主站辅助设施配置规范	2014-7-1			建设、运维	验收与质量评定、试运行、运行、维护	调度及二次	二次一体化
204.9-70	Q/CSG 1204005.73—2014	南方电网一体化电网运行智能系统技术规范 第7部分：配置 第3篇：主站二次接线标准	2014-7-1			建设、运维	验收与质量评定、试运行、运行、维护	调度及二次	二次一体化
204.9-71	Q/CSG 1204005.74—2014	南方电网一体化电网运行智能系统技术规范 第7部分：配置 第4篇：厂站系统配置规范	2014-7-1			建设、运维	验收与质量评定、试运行、运行、维护	调度及二次	二次一体化
204.9-72	Q/CSG 1204005.75—2014	南方电网一体化电网运行智能系统技术规范 第7部分：配置 第5篇：厂站辅助设施配置规范	2014-7-1			建设、运维	验收与质量评定、试运行、运行、维护	调度及二次	二次一体化
204.9-73	Q/CSG 1204028—2018	南方电网 OS2 主站运行管控功能模块技术规范				建设、运维	验收与质量评定、试运行、运行、维护	调度及二次	二次一体化
204.9-74	Q/CSG 1204029.46—2018	南方电网一体化电网运行智能系统技术规范 第4部分：平台 第6篇：调控一体化主站技术条件				建设、运维	验收与质量评定、试运行、运行、维护	调度及二次	二次一体化
204.10 调度与交易-电力交易									
204.10-1	Q/CSG 1204026—2018	电力交易安全校核技术规范	2018-5-17			规划、设计	规划、初设	调度及二次	电力通信
204.10-2	DL/Z 885—2004	电力系统控制及其通信解除管制的电力市场通信	2005-4-1	IEC TR 62195: 2000，IDT		规划、设计	规划、初设	调度及二次	电力通信
204.10-3	DL/T 1308—2013	节能发电调度信息发布技术规范	2014-4-1			规划、设计	规划、初设	调度及二次	电力通信
204.10-4	GB/T 37134—2018	并网发电厂辅助服务导则	2019-7-1			规划、设计	规划、初设	调度及二次	电力通信

续表

体系结构号	标准编号	标准名称	实施日期	与国际标准对应关系	代替标准	阶段	分阶段	专业	分专业
204.11 调度与交易-其他									
204.11-1	Q/CSG 11104001—2012	南方电网调度生产供电电源配置技术规范	2012-11-7			设计、运维	初设、维护	附属设施及工器具	生产楼宇
204.11-2	Q/CSG 1204023—2017	调度生产场所建筑物防灾技术规范	2017-3-1			设计、运维	初设、维护	附属设施及工器具	生产楼宇
204.11-3	Q/CSG 1204024—2017	调度生产空调配置技术规范	2017-2-3			设计、运维	初设、维护	附属设施及工器具	生产楼宇
205 运行检修									
205.1 运行检修-基础综合									
205.1-1	Q/CSG 10703—2007	接地装置运行维护规程	2007-12-20			运维	运行、维护	输电、变电	其他
205.1-2	Q/CSG 1203024—2017	输变电设备状态监测评价系统数据接口与协议	2017-2-15			运维	运行、维护	输电、变电	其他
205.1-3	Q/CSG 1203026—2017	输变电设备状态监测评价系统总体架构技术规范	2017-2-15			运维	运行、维护	输电、变电	其他
205.1-4	Q/CSG 1203027—2017	输变电设备状态监测评价系统主站应用功能技术规范	2017-2-15			运维	运行、维护	输电、变电	其他
205.1-5	Q/CSG 1205004—2016	电气工作票技术规范(调度检修申请单部分)	2017-1-1			运维、修试	运行、维护、检修、试验	基础综合	
205.1-6	Q/CSG 1205005—2016	电气工作票实施规范（发电、变电部分）	2017-1-1			运维、修试	运行、维护、检修、试验	基础综合	
205.1-7	Q/CSG 1205006—2016	电气工作票实施规范(输电线路部分)	2017-1-1		Q/CSQ 10005—2004	运维、修试	运行、维护、检修、试验	基础综合	
205.1-8	Q/CSG 1205007—2016	电气工作票实施规范(配电部分)	2017-1-1			运维、修试	运行、维护、检修、试验	基础综合	
205.1-9	Q/CSG 1205008—2016	电气操作导则(主网、配网部分)	2017-1-9		Q/CSG 10006—2004	运维、修试	运行、维护、检修、试验	基础综合	
205.1-10	Q/CSG 1205014—2018	电网一次设备退役报废技术导则	2018-4-16			退役	退役、报废	基础综合	
205.1-11	Q/CSG 1205021—2018	输变电设备状态评价大数据交换与发布技术规范	2018-12-28			采购、运维	招标、品控、运行、维护	输电、变电	其他
205.1-12	Q/CSG 1206007—2017	电力设备检修试验规程	2017-7-1			修试	检修、试验	输电、换流、变电	其他
205.1-13	DL/T 345—2010	带电设备紫外诊断技术应用导则	2011-5-1			修试	检修、试验	输电、变电、配电	其他

体系结构号	标准编号	标　准　名　称	实施日期	与国际标准对应关系	代替标准	阶段	分阶段	专业	分专业
205.1-14	DL/T 393—2010	输变电设备状态检修试验规程	2010-10-1			修试	检修、试验	输电、变电、配电	其他
205.1-15	DL/T 417—2006	电力设备局部放电现场测量导则	2007-3-1		DL 417—1991	修试	检修、试验	输电、变电、配电	其他
205.1-16	DL/T 664—2016	带电设备红外诊断应用规范	2017-5-1		DL/T 664—2008	修试	检修、试验	输电、变电、配电	其他
205.1-17	DL/T 729—2000	户内绝缘子运行条件　电气部分	2001-1-1	IEC 60660-1: 1984，NEQ		采购、运维	招标、品控、运行、维护	输电、变电、配电	其他
205.1-18	DL/T 907—2004	热力设备红外检测导则	2005-6-1			修试	检修、试验	输电、变电、配电	其他
205.1-19	DL/T 1467—2015	500kV 交流输变电设备带电水冲洗作业技术规范	2015-12-1			修试	检修、试验	输电、变电、配电	其他
205.1-20	GB/T 9414.5—2018	维修性　第 5 部分：测试性和诊断测试	2019-1-1		GB/T 9414.7—2000	修试	检修、试验	输电、变电、配电	其他
205.1-21	GB/T 25742.2—2013	机器状态监测与诊断　数据处理、通信与表示　第 2 部分：数据处理	2014-6-1	ISO 13374-2: 2007，IDT		修试	检修、试验	输电、变电、配电	其他
205.1-22	GB/T 25742.3—2018	机器状态监测与诊断　数据处理、通信与表示　第 3 部分：通信	2018-10-1			修试	检修、试验	输电、变电、配电	其他
205.1-23	GB/T 37047—2018	基于雷电定位系统（LLS）的地闪密度　总则	2019-7-1			采购、运维、修试	招标、品控、运行、维护、检修	输电、变电	其他
205.1-24	GB 50365—2005	空调通风系统运行管理规范	2006-3-1			运维、修试	运行、维护、检修、试验	变电、配电、发电	其他
205.1-25	IEC 61472—2013	带电作业　电压范围为 72.5kV～800kV 的交流系统的最小安全距离　计算方法	2013-4-11	EN 61472—2013. IDT	IEC 61472—2004；IEC 61472 Corni—2005；IEC 61472 Corri 2— 2006；IEC 78/1004/ FDIS— 2013	运维、修试	运行、维护、检修、试验	输电、变电	其他
205.2　运行检修-发电									
——水电									
205.2-1	T/CSEE 0026—2017	水轮机过流部件磨蚀焊接修复与超音速火焰喷涂防护技术导则	2017-12-1			运维、修试	运行、维护、检修、试验	发电	水电

续表

体系结构号	标准编号	标 准 名 称	实施日期	与国际标准对应关系	代替标准	阶段	分阶段	专业	分专业
205.2-2	DL/T 244—2012	直接空冷系统性能试验规程	2012-7-1			运维、修试	运行、维护、检修、试验	发电	水电
205.2-3	DL/T 290—2012	电厂辅机用油运行及维护管理导则	2012-3-1			运维	运行、维护	发电	水电
205.2-4	DL/T 293—2011	抽水蓄能可逆式水泵水轮机运行规程	2011-11-1			运维	运行、维护	发电	水电
205.2-5	DL/T 305—2012	抽水蓄能可逆式发电电动机运行规程	2012-3-1			运维	运行、维护	发电	水电
205.2-6	DL/T 444—1991	反击式水轮机气蚀损坏评定标准	1992-4-1			运维	运行、维护	发电	水电
205.2-7	DL/T 491—2008	大中型水轮发电机自并励励磁系统及装置运行和检修规程	2008-11-1		DL/T 491—1999	运维、修试	运行、维护、检修、试验	发电	水电
205.2-8	DL/T 556—2016	水轮发电机组振动监测装置设置导则	2016-6-1		DL/T 556—1994	设计、采购	初设、招标	发电	水电
205.2-9	DL/T 619—2012	水电厂自动化元件（装置）及其系统运行维护与检修试验规程	2012-3-1		DL/T 619—1997	运维	运行、维护	发电	水电
205.2-10	DL/T 710—2018	水轮机运行规程	2018-7-1		DL/T 710—1999	运维	运行、维护	发电	水电
205.2-11	DL/T 751—2014	水轮发电机运行规程	2014-8-1		DL/T 751—2001	运维	运行、维护	发电	水电
205.2-12	DL/T 792—2013	水轮机调节系统及装置运行与检修规程	2013-8-1		DL/T 792—2001	运维、修试	运行、维护、检修	发电	水电
205.2-13	DL/T 817—2014	立式水轮发电机检修技术规程	2014-8-1		DL/T 817—2002	运维、修试	运行、维护、检修	发电	水电
205.2-14	DL/T 862—2016	水电厂自动化元件（装置）安装和验收规程	2016-6-1		DL/T 862—2004	建设	施工工艺、验收与质量	发电	水电
205.2-15	DL/T 905—2016	汽轮机叶片、水轮机转轮焊接修复技术规程	2016-12-1		DL/T 905—2004	运维	运行、维护	发电	水电
205.2-16	DL/T 1009—2016	水电厂计算机监控系统运行及维护规程	2016-6-1		DL/T 1009—2006	运维	运行、维护	发电	水电
205.2-17	DL/T 1014—2016	水情自动测报系统运行维护规程	2016-6-1		DL/T 1014—2006	运维	运行、维护	发电	水电
205.2-18	DL/T 1066—2007	水电站设备检修管理导则	2007-12-1			运维、修试	运行、维护、检修	发电	水电

续表

体系结构号	标准编号	标 准 名 称	实施日期	与国际标准对应关系	代替标准	阶段	分阶段	专业	分专业
205.2-19	DL/T 1174—2012	抽水蓄能电站无人值班技术规范	2012-12-1			运维	运行、维护	发电	水电
205.2-20	DL/T 1225—2013	抽水蓄能电站生产准备导则	2013-8-1			运维	运行、维护	发电	水电
205.2-21	DL/T 1245—2013	水轮机调节系统并网运行技术导则	2013-8-1			建设	试运行	发电	水电
205.2-22	DL/T 1246—2013	水电站设备状态检修管理导则	2013-8-1			运维、修试	运行、维护、检修、试验	发电	水电
205.2-23	DL/T 1259—2013	水电厂水库运行管理规范	2014-4-1			运维	运行、维护	发电	水电
205.2-24	DL/T 1302—2013	抽水蓄能机组静止变频装置运行规程	2014-4-1			运维	运行、维护	发电	水电
205.2-25	DL/T 1303—2013	抽水蓄能发电电动机出口断路器运行规程	2014-4-1			运维	运行、维护	发电	水电
205.2-26	DL/T 1321—2014	大坝安全监测数据库表结构及标识符标准	2014-8-1			设计、建设	初设、施工工艺	发电	水电
205.2-27	DL/T 1558—2016	大坝安全监测系统运行维护规程	2016-6-1			运维	运行、维护	发电	水电
205.2-28	DL/T 1626—2016	700MW 及以上机组水电厂计算机监控系统基本技术条件	2017-5-1			设计、采购	初设、招标	发电	水电
205.2-29	DL/T 1770—2017	抽水蓄能电站输水系统充排水技术规程	2018-3-1			设计、采购	初设、招标	发电	水电
205.2-30	DL/T 1748—2017	水力发电厂设备防结露技术规范	2018-3-1			运维	运行、维护	发电	水电
205.2-31	DL/T 1809—2018	水电厂设备状态检修决策支持系统技术导则	2018-7-1			运维、修试	运行、维护、检修	发电	水电
205.2-32	DL/T 1869—2018	梯级水电厂集中监控系统运行维护规程	2018-10-1			运维	运行、维护	发电	水电
205.2-33	DL/T 5209—2005	混凝土坝安全监测资料整编规程	2005-6-1			运维	运行、维护	发电	水电
205.2-34	DL/T 5211—2005	大坝安全监测自动化技术规范	2005-6-1			设计、采购、运维	初设、招标、运行、维护	发电	水电
205.2-35	DL/T 5256—2010	土石坝安全监测资料整编规程	2011-5-1			运维	运行、维护	发电	水电
205.2-36	NB/T 42074—2016	无人值班小型水电站安全运行规范	2016-12-1			运维	运行、维护	发电	水电

续表

体系结构号	标准编号	标 准 名 称	实施日期	与国际标准对应关系	代替标准	阶段	分阶段	专业	分专业
205.2-37	NB/T 42075—2016	无人值班小型水电站监控技术规范	2016-12-1			设计、采购、建设	初设、招标、施工工艺	发电	水电
205.2-38	NB/T 42163—2018	小水电机组自并励励磁系统技术条件	2018-10-1			运维	运行、维护	发电	水电
205.2-39	SL 105—2007	水工金属结构防腐蚀规范	2008-2-26		SL 105—1995	运维	运行、维护	发电	水电
205.2-40	SL 210—2015	土石坝养护修理规程	2015-5-9		SL 210—1998	运维	运行、维护	发电	水电
205.2-41	SL 224—98	水库洪水调度考评规定	1999-1-1			运维	运行、维护	发电	水电
205.2-42	SL 230—2015	混凝土坝养护修理规程	2015-5-9		SL 230—1998	运维	运行、维护	发电	水电
205.2-43	SL 250—2000	水文情报预报规范	2001-11-1		SD 138—1985	运维	运行、维护	发电	水电
205.2-44	SL 306—2004	水利系统通信运行规程(附条文说明)	2005-3-1			运维	运行、维护	发电	水电
205.2-45	SL 715—2015	水利信息系统运行维护规范	2015-6-5			运维	运行、维护	发电	水电
205.2-46	SL 758—2018	水情预警信号	2018-9-1			运维	运行、维护	发电	水电
205.2-47	SL 764—2018	水工隧洞安全监测技术规范	2019-3-5			运维	运行、维护	发电	水电
205.2-48	SL 768—2018	水闸安全监测技术规范	2019-3-5			运维	运行、维护	发电	水电
205.2-49	GB/T 18482—2010	可逆式抽水蓄能机组启动试运行规程	2011-5-1		GB/T 18482—2001	建设	试运行	发电	水电
205.2-50	GB/T 28566—2012	发电机组并网安全条件及评价	2012-11-1			运维	运行、维护	发电	水电
205.2-51	GB/T 28570—2012	水轮发电机组状态在线监测系统技术导则	2012-11-1			设计、采购、建设	初设、招标、施工工艺	发电	水电
205.2-52	GB/T 32506—2016	抽水蓄能机组励磁系统运行检修规程	2016-9-1			运维、修试	运行、维护、检修	发电	水电
205.2-53	GB/T 32574—2016	抽水蓄能电站检修导则	2016-11-1			运维、修试	运行、维护、检修	发电	水电
205.2-54	GB/T 32745—2016	小型水轮机磨蚀防护导则	2017-1-1			运维	运行、维护	发电	水电
205.2-55	GB/T 32878—2016	可逆式水泵水轮机调节系统运行规程	2017-3-1			运维	运行、维护	发电	水电
205.2-56	GB/T 32894—2016	抽水蓄能机组工况转换技术导则	2017-3-1			运维	运行、维护	发电	水电
205.2-57	GB/T 35709—2017	灯泡贯流式水轮发电机组检修规程	2018-7-1			运维、修试	运行、维护、检修	发电	水电

续表

体系结构号	标准编号	标准名称	实施日期	与国际标准对应关系	代替标准	阶段	分阶段	专业	分专业
205.2-58	GB/T 36570—2018	水力发电厂消防设施运行维护规程	2019-4-1			运维、修试	运行、维护、检修	发电	水电
205.2-59	GB/T 50138—2010	水位观测标准	2010-12-1		GBJ 138—90	运维	运行、维护	发电	水电
205.2-60	GB/T 50960—2014	小水电电网安全运行技术规范	2014-10-1			运维	运行、维护	发电	水电
205.2-61	GB/T 50964—2014	小型水电站运行维护技术规范	2014-10-1			运维	运行、维护	发电	水电
205.2-62	ASME/PCC 2—2008	压力设备和管道的维修标准		ANSI ASME PCC-2—2006，IDT	ASME PCC 2—2006	运维、修试	运行、维护、检修	发电	水电
205.2-63	IEC 60545—1976	水轮机试运转、运行和维护导则	1976-1-1	BS 5671-79，IDT；DIN IEC 545-81，IDT；SNV 413331，IDT；UNE 20-168-85-85，IDT		运维、修试	运行、维护、检修	发电	水电
——火电									
205.2-64	T/CEC 162—2018	电站锅炉炉膛检修平台	2018-4-1			运维	运行、维护	发电	火电
205.2-65	T/CSEE 0057—2017	发电机组一次调频运行参数设置技术导则	2018-5-1			运维	运行、维护	发电	水电、火电
205.2-66	T/CSEE 0075—2018	火力发电厂湿烟气烟囱运行状态评估技术导则				运维	运行、维护	发电	火电
205.2-67	DL/T 297—2011	汽轮发电机合金轴瓦超声波检测	2011-11-1			运维	运行、维护	发电	火电
205.2-68	DL/T 302.1—2011	火力发电厂设备维修分析技术导则 第1部分：可靠性维修分析	2011-11-1			运维、修试	运行、维护、检修	发电	火电
205.2-69	DL/T 302.2—2011	火力发电厂设备维修分析技术导则 第2部分：风险维修分析	2011-11-1			运维、修试	运行、维护、检修	发电	火电
205.2-70	DL/T 332.1—2010	塔式炉超临界机组运行导则 第1部分：锅炉运行导则	2011-5-1			运维	运行、维护	发电	火电
205.2-71	DL/T 332.2—2010	塔式炉超临界机组运行导则 第2部分：汽轮机运行导则	2011-5-1			运维	运行、维护	发电	火电
205.2-72	DL/T 332.3—2010	塔式炉超临界机组运行导则 第3部分：化学运行导则	2011-5-1			运维	运行、维护	发电	火电
205.2-73	DL/T 335—2010	火电厂烟气脱硝（SCR）系统运行技术规范	2011-5-1			运维	运行、维护	发电	火电

续表

体系结构号	标准编号	标 准 名 称	实施日期	与国际标准对应关系	代替标准	阶段	分阶段	专业	分专业
205.2-74	DL/T 651—2017	氢冷发电机氢气湿度技术要求	2018-3-1		DL/T 651—1998	运维	运行、维护	发电	火电
205.2-75	DL/T 748.1—2001	火力发电厂锅炉机组检修导则 第1部分：总则	2001-7-1			运维、修试	运行、维护、检修	发电	火电
205.2-76	DL/T 748.2—2016	火力发电厂锅炉机组检修导则 第2部分：锅炉本体检修	2017-5-1		DL/T 748.2—2001	运维、修试	运行、维护、检修	发电	火电
205.2-77	DL/T 748.3—2001	火力发电厂锅炉机组检修导则 第3部分：阀门与汽水管道系统检修	2001-7-1			运维、修试	运行、维护、检修	发电	火电
205.2-78	DL/T 748.4—2016	火力发电厂锅炉机组检修导则 第4部分：制粉系统检修	2017-5-1		DL/T 748.4—2001	运维、修试	运行、维护、检修	发电	火电
205.2-79	DL/T 748.5—2001	火力发电厂锅炉机组检修导则 第5部分：烟风系统检修	2001-7-1			运维、修试	运行、维护、检修	发电	火电
205.2-80	DL/T 748.7—2001	火力发电厂锅炉机组检修导则 第7部分：除灰渣系统检	2001-7-1			运维、修试	运行、维护、检修	发电	火电
205.2-81	DL/T 748.9—2001	火力发电厂锅炉机组检修导则 第9部分：干输灰系统检修	2001-7-1			运维、修试	运行、维护、检修	发电	火电
205.2-82	DL/T 748.10—2016	火力发电厂锅炉机组检修导则 第10部分：脱硫系统检修	2017-5-1		DL/T 748.10—2001	运维、修试	运行、维护、检修	发电	火电
205.2-83	DL/T 774—2015	火力发电厂热工自动化系统检修运行维护规程	2015-12-1		DL/T 774—2004	运维、修试	运行、维护、检修	发电	火电
205.2-84	DL/T 801—2010	大型发电机内冷却水质及系统技术要求	2011-5-1		DL/T 801—2002	运维、修试	运行、维护、检修	发电	火电
205.2-85	DL/T 838—2017	燃煤火力发电企业设备检修导则	2018-3-1		DL/T 838—2003	运维、修试	运行、维护、检修	发电	火电
205.2-86	DL/T 863—2016	汽轮机启动调试导则	2016-12-1		DL/T 863—2004	运维、修试	运行、维护、检修	发电	火电
205.2-87	DL/T 970—2005	大型汽轮发电机非正常和特殊运行及维护导则	2006-6-1			运维	运行、维护	发电	火电
205.2-88	DL/T 1039—2016	发电机内冷水处理导则	2017-5-1		DL/T 1039—2007	运维	运行、维护	发电	火电
205.2-89	DL/T 1132—2009	电站炉水泵电机检修导则	2009-12-1			运维、修试	运行、维护、检修	发电	火电
205.2-90	DL/T 1163—2012	隐极发电机在线监测装置配置导则	2012-12-1			设计、采购	初设、招标	发电	火电

续表

体系结构号	标准编号	标 准 名 称	实施日期	与国际标准对应关系	代替标准	阶段	分阶段	专业	分专业
205.2-91	DL/T 1164—2012	汽轮发电机运行导则	2012-12-1			运维	运行、维护	发电	火电
205.2-92	DL/T 1461—2015	发电厂齿轮用油运行及维护管理导则	2015-12-1			运维	运行、维护	发电	火电
205.2-93	DL/T 1683—2017	1000MW 等级超超临界机组运行导则	2017-8-1			运维	运行、维护	发电	火电
205.2-94	DL/T 1695—2017	火力发电厂烟气脱硝调试导则	2017-8-1			运维	运行、维护	发电	火电
205.2-95	DL/T 1696—2017	石灰石—石膏湿法烟气脱硫调试导则	2017-8-1			运维	运行、维护	发电	火电
205.2-96	DL/T 1766.1—2017	水氢氢冷汽轮发电机检修导则 第1部分：总则	2018-3-1			运维、修试	运行、维护、检修	发电	火电
205.2-97	DL/T 1767—2017	数字式励磁调节器辅助控制技术要求	2018-3-1			设计、采购	初设、招标	发电	火电
205.2-98	DL/T 1769—2017	发电厂封闭母线运行与维护导则	2018-3-1			运维	运行、维护	发电	火电
205.2-99	DL/T 1835—2018	燃气轮机及联合循环机组启动调试导则	2018-7-1			运维	运行、维护	发电	火电
205.2-100	DL/T 1925—2018	燃气—蒸汽联合循环机组热工自动化系统检修运行维护规程	2019-5-1			运维、修试	运行、维护、检修	发电	火电
205.2-101	DL/T 1926—2018	火力发电机组自启停控制系统技术导则	2019-5-1			运维	运行、维护	发电	火电
205.2-102	DL/T 1927—2018	发电机、汽轮机轴颈焊接修复技术导则	2019-5-1			运维、修试	运行、维护、检修	发电	火电
205.2-103	DL/T 1928—2018	火力发电厂氢气系统安全运行技术导则	2019-5-1			运维	运行、维护	发电	火电
205.2-104	DL/T 1934—2018	火力发电厂直接空冷系统运行导则	2019-5-1			运维	运行、维护	发电	火电
205.2-105	NB/T 42121—2017	火电机组辅机变频器低电压穿越技术规范	2017-12-1			设计、采购、建设	初设、招标、施工工艺	发电	火电
205.2-106	SD 252—1988	全国地方小型火力发电厂电气运行规程（发电机、变压器部分）（试行）	1987-11-24			运维	运行、维护	发电	火电
205.2-107	WJ/T 2716—2018	柴油机涡轮增压器使用维护要求	2018-7-1			采购、运维	招标、品控、运行、维护	发电	火电

续表

体系结构号	标准编号	标 准 名 称	实施日期	与国际标准对应关系	代替标准	阶段	分阶段	专业	分专业
205.2-108	GB/T 14541—2017	电厂用矿物涡轮机油维护管理导则	2017-12-1		GB/T 14541—2005	运维	运行、维护	发电	火电
205.2-109	GB/T 31461—2015	火力发电机组快速减负荷控制技术导则	2015-12-1			运维	运行、维护	发电	火电
205.2-110	GB/T 34578—2017	火力发电厂热工仪表与执行装置运行维护与试验技术规程	2018-4-1			运维、修试	运行、维护、试验	发电	火电
205.2-111	GB/T 35729—2017	火力发电厂汽轮机数字电液控制系统运行维护与试验技术规程	2018-7-1			运维、修试	运行、维护、试验	发电	火电
205.2-112	GB/T 35731—2017	火力发电厂分散控制系统运行维护与试验技术规程	2018-7-1			运维、修试	运行、维护、试验	发电	火电
205.3 运行检修-输电									
205.3-1	Q/CSG 10702—2008	南方电网融冰技术规程编写导则	2008-7-5			运维	维护	输电	线路
205.3-2	Q/CSG 11104—2008	架空送电线路机载激光雷达测量技术规程	2008-7-30			设计、采购、运维	初设、招标、运行、维护	输电	线路
205.3-3	Q/CSG 1107002—2018	架空输电线路防雷技术导则	2018-10-23			运维	运行、维护	输电	线路
205.3-4	Q/CSG 1203056.5—2018	110kV～500kV 架空输电线路杆塔复合横担技术规定 第 5 部分：运行导则（试行）	2018-12-28			运维	运行、维护	输电	线路
205.3-5	Q/CSG 1203060.3—2019	绞合型复合材料芯架空导线 第 3 部分：导线运行维护技术规范（试行）	2019-2-27			运维	运行、维护	输电	线路
205.3-6	Q/CSG 1205020.1—2018	架空输电线路机巡标准 第 1 部分：总则（试行）	2018-12-28			运维	运行、维护	输电	线路
205.3-7	Q/CSG 1205020.2—2018	架空输电线路机巡标准 第 2 部分：机巡安全工作导则（试行）	2018-12-28			运维	运行、维护	输电	线路
205.3-8	Q/CSG 1205020.3—2018	架空输电线路机巡标准 第 3 部分：多旋翼无人机巡检技术导则（试行）	2018-12-28			运维	运行、维护	输电	线路
205.3-9	Q/CSG 1205020.4—2018	架空输电线路机巡标准 第 4 部分：固定翼无人机巡检技术导则（试行）	2018-12-28			运维	运行、维护	输电	线路

续表

体系结构号	标准编号	标准名称	实施日期	与国际标准对应关系	代替标准	阶段	分阶段	专业	分专业
205.3-10	Q/CSG 1205020.5—2018	架空输电线路机巡标准 第5部分：无人直升机巡检技术导则（试行）	2018-12-28			运维	运行、维护	输电	线路
205.3-11	Q/CSG 1205020.6—2018	架空输电线路机巡标准 第6部分：直升机巡检技术导则（试行）	2018-12-28			运维	运行、维护	输电	线路
205.3-12	Q/CSG 1205020.7—2018	架空输电线路机巡标准 第7部分：无人机巡检低空空域申请业务指南（试行）	2018-12-28			运维	运行、维护	输电	线路
205.3-13	Q/CSG 1205020.8—2018	架空输电线路机巡标准 第8部分：三维激光扫描点云数据分类及着色标准（试行）	2018-12-28			运维	运行、维护	输电	线路
205.3-14	Q/CSG 1205020.9—2018	架空输电线路机巡标准 第9部分：直升机巡检数据采集及分析业务指南（试行）	2018-12-28			运维	运行、维护	输电	线路
205.3-15	Q/CSG 1205020.10—2018	架空输电线路机巡标准 第10部分：直升机/无人机巡检设备性能检测规范（试行）	2018-12-28			运维	运行、维护	输电	线路
205.3-16	Q/CSG 1205020.11—2018	架空输电线路机巡标准 第11部分：直升机/无人机巡检设备维保（试行）	2018-12-28			运维	运行、维护	输电	线路
205.3-17	Q/CSG 1205020.12—2018	架空输电线路机巡标准 第12部分：直升机/无人机电力作业技术支持系统数据存储规范（试行）	2018-12-28			运维	运行、维护	输电	线路
205.3-18	Q/CSG 1205020.13—2018	架空输电线路机巡标准 第13部分：直升机/无人机电力作业技术支持系统数据接口规范（试行）	2018-12-28			运维	运行、维护	输电	线路
205.3-19	Q/CSG 1205020.14—2018	架空输电线路机巡标准 第14部分：直升机/无人机电力作业技术支持系统数据处理规范（试行）	2018-12-28			运维	运行、维护	输电	线路
205.3-20	T/CEC 117—2016	160kV～500kV 挤包绝缘直流电缆系统运行维护与试验导则	2017-1-1			运维	运行、维护	输电	电缆

续表

体系结构号	标准编号	标准名称	实施日期	与国际标准对应关系	代替标准	阶段	分阶段	专业	分专业
205.3-21	T/CSEE 0060—2017	架空输电线路通道山火卫星监测系统技术规范	2018-5-1			运维	运行、维护	输电	线路
205.3-22	T/CSEE 0061—2017	架空线路电流融冰技术导则	2018-5-1			运维	运行、维护	输电	线路
205.3-23	T/CSEE 0076—2018	输电线路钢制杆塔腐蚀状态评估导则				运维	运行、维护	输电	线路
205.3-24	DL/T 251—2012	±800kV 直流架空输电线路检修规程	2012-7-1			修试	检修	输电	线路
205.3-25	DL/T 257—2012	高压交直流架空线路用复合绝缘子施工、运行和维护管理规范	2012-7-1			运维	运行、维护	输电	线路
205.3-26	DL/T 288—2012	架空输电线路直升机巡视技术导则	2012-3-1			运维	维护	输电	线路
205.3-27	DL/T 289—2012	架空输电线路直升机巡视作业标志	2012-3-1			运维	维护	输电	线路
205.3-28	DL/T 307—2010	1000kV 交流架空输电线路运行规程	2011-5-1			运维	运行	输电	线路
205.3-29	DL/T 392—2015	1000kV 交流输电线路带电作业	2015-12-1		DL/T 392—2010	运维	维护	输电	线路
205.3-30	DL/T 400—2010	500kV 交流紧凑型输电线路带电作业技术导则	2011-5-1			运维	维护	输电	线路
205.3-31	DL/T 487—2000	330kV 及 500kV 交流架空送电线路绝缘子串的分布电压	2001-1-1		DL/T 487—1992	修试	试验	输电	线路
205.3-32	DL/T 741—2010	架空输电线路运行规程	2010-10-1		DL/T 741—2001	运维	运行	输电	线路
205.3-33	DL/T 881—2004	±500kV 直流输电线路带电作业技术导则	2004-6-1			运维	维护	输电	线路
205.3-34	DL/T 966—2005	送电线路带电作业技术导则	2006-6-1			运维	维护	输电	线路
205.3-35	DL/T 1006—2006	架空输电线路巡检系统	2007-3-1			运维	维护	输电	线路
205.3-36	DL/T 1007—2006	架空输电线路带电安装导则及作业工具设备	2007-3-1	IEC 61328: 2003，IDT		运维	维护	输电	线路
205.3-37	DL/T 1069—2016	架空输电线路导地线补修导则	2016-7-1		DL/T 1069—2007	修试	检修	输电	线路

续表

体系结构号	标准编号	标准名称	实施日期	与国际标准对应关系	代替标准	阶段	分阶段	专业	分专业
205.3-38	DL/T 1126—2017	同塔多回线路带电作业技术导则	2018-3-1		DL/T 1126—2009	运维	维护	输电	线路
205.3-39	DL/T 1148—2009	电力电缆线路巡检系统	2009-12-1			运维	运行、维护	输电、发电	电缆、水电、火电、其他
205.3-40	DL/T 1242—2013	±800kV 直流线路带电作业技术规范	2013-8-1			运维	维护	输电	线路
205.3-41	DL/T 1248—2013	架空输电线路状态检修导则	2013-8-1			修试	检修	输电	线路
205.3-42	DL/T 1249—2013	架空输电线路运行状态评估技术导则	2013-8-1			运维	运行	输电	线路
205.3-43	DL/T 1253—2013	电力电缆线路运行规程	2014-4-1			运维	运行	输电	电缆
205.3-44	DL/T 1278—2013	海底电力电缆运行规程	2014-4-1			运维	运行	输电	电缆
205.3-45	DL/T 1346—2014	直升机激光扫描输电线路作业技术规程	2015-3-1			运维	维护	输电	线路
205.3-46	DL/T 1453—2015	输电线路铁塔防腐蚀保护涂装	2015-9-1			建设	施工工艺	输电	线路
205.3-47	DL/T 1466—2015	750kV 交流同塔双回输电线路带电作业技术导则	2015-12-1			运维	维护	输电	线路
205.3-48	DL/T 1481—2015	架空输电线路故障风险计算导则	2015-12-1			运维	维护	输电	线路
205.3-49	DL/T 1482—2015	架空输电线路无人机巡检作业技术导则	2015-12-1			运维	维护	输电	线路
205.3-50	DL/T 1578—2016	架空输电线路无人直升机巡检系统	2016-7-1			运维	维护	输电	线路
205.3-51	DL/T 1609—2016	架空输电线路除冰机器人作业导则	2016-12-1			运维	维护	输电	线路
205.3-52	DL/T 1615—2016	碳纤维复合材料芯架空导线运行维护技术导则	2016-12-1			运维	运行、维护	输电	线路
205.3-53	DL/T 1620—2016	架空输电线路山火风险预报技术导则	2016-12-1			运维	维护	输电	线路
205.3-54	DL/T 1634—2016	高海拔地区输电线路带电作业技术导则	2017-5-1			运维	维护	输电	线路
205.3-55	DL/T 1635—2016	耐热导线输电线路带电作业技术导则	2017-5-1			运维	维护	输电	线路

续表

体系结构号	标准编号	标准名称	实施日期	与国际标准对应关系	代替标准	阶段	分阶段	专业	分专业
205.3-56	DL/T 1636—2016	电缆隧道机器人巡检技术导则	2017-5-1			运维	维护	输电	电缆
205.3-57	DL/T 1720—2017	架空输电线路直升机带电作业技术导则	2017-12-1			运维	维护	输电	线路
205.3-58	DL/T 1722—2017	架空输电线路机器人巡检技术导则	2017-12-1			运维	维护	输电	线路
205.3-59	DL/T 1922—2018	架空输电线路导地线机械震动除冰装置使用技术导则	2019-5-1			运维	维护	输电	线路
205.3-60	DL/T 1923—2018	架空输电线路机器人巡检系统通用技术条件	2019-5-1			运维	维护	输电	线路
205.3-61	DL/T 1956—2018	绝缘管型母线运行监测系统通用技术条件	2019-5-1			运维	维护	输电	线路
205.3-62	DL/T 5462—2012	架空输电线路覆冰观测技术规定	2013-3-1			运维	维护	输电	线路
205.3-63	YD/T 2979—2015	高压输电系统对通信设施危险影响防护技术要求	2016-1-1			运维	维护	输电	线路
205.3-64	QX/T 59—2007	地面气象观测规范 第15部分：电线积冰观测	2007-10-1			运维	维护	输电	线路
205.3-65	GJB 6722—2009	通用型无人机操作使用要求	2009-8-1			运维	维护	基础综合	
205.3-66	GB/T 19185—2008	交流线路带电作业安全距离计算方法	2009-8-1		GB/T 19185—2003	运维	维护	输电	线路
205.3-67	GB/T 25095—2010	架空输电线路运行状态监测系统	2011-2-1			运维	运行	输电	线路
205.3-68	GB/T 28813—2012	±800kV 直流架空输电线路运行规程	2013-2-1			运维	运行	输电	线路
205.3-69	GB/T 32673—2016	架空输电线路故障巡视技术导则	2016-11-1			修试	检修	输电	线路
205.3-70	GB/T 35221—2017	地面气象观测规范 总则	2018-7-1			运维	维护	基础综合	
205.3-71	GB/T 35235—2017	地面气象观测规范 电线积冰	2018-7-1			运维	维护	输电	线路
205.3-72	GB/T 35695—2017	架空输电线路涉鸟故障防治技术导则	2018-7-1			运维	维护	输电	线路
205.3-73	GB/T 35697—2017	架空输电线路在线监测装置通用技术规范	2018-7-1			运维	维护	输电	线路

续表

体系结构号	标准编号	标 准 名 称	实施日期	与国际标准对应关系	代替标准	阶段	分阶段	专业	分专业
205.3-74	GB/T 35721—2017	输电线路分布式故障诊断系统	2018-7-1			运维	运行、维护	输电	线路
205.3-75	GB/T 37013—2018	柔性直流输电线路检修规范	2019-7-1			修试	检修	输电	线路
205.3-76	ITU-T L.74—2008	电缆隧道的维护	2008-4-1			运维	维护	输电	电缆
205.4 运行检修-换流									
205.4-1	Q/CSG 1205009—2016	高压直流换流站运行规程编制导则	2017-1-10			建设、运维、修试、退役	施工工艺、验收与质量评定、试运行、运行、维护、检修、试验、退役	换流	其他
205.4-2	Q/CSG 1205012—2017	±800kV 特高压直流运行接线方式技术规范	2017-7-1			运维	运行、维护	换流	其他
205.4-3	Q/CSG 1205016—2018	高压直流换流阀冷却系统运行规范	2018-4-16			建设、运维、修试	试运行、运行、维护、检修、试验、	换流	换流阀
205.4-4	Q/CSG 1205017—2018	高压直流输电换流阀运行规范	2018-4-16			建设、运维、修试	试运行、运行、维护、检修、试验、	换流	换流阀
205.4-5	DL/T 348—2010	换流站设备巡检导则	2011-5-1			建设、运维、修试	试运行、运行、维护、检修、试验、	换流	其他
205.4-6	DL/T 349—2010	换流站运行操作导则	2011-5-1			建设、运维、修试	试运行、运行、维护、检修、试验	换流	其他
205.4-7	DL/T 350—2010	换流站运行规程编制导则	2011-5-1			建设、运维、修试、退役	施工工艺、验收与质量评定、试运行、运行、维护、检修、试验、退役	换流	其他
205.4-8	DL/T 351—2010	换流阀检修导则	2011-5-1			建设、运维、修试	试运行、运行、维护、检修、试验	换流	换流阀
205.4-9	DL/T 352—2010	直流断路器检修导则	2011-5-1			建设、运维、修试	试运行、运行、维护、检修、试验	换流	其他
205.4-10	DL/T 353—2010	高压直流测量装置检修导则	2011-5-1			建设、运维、修试	试运行、运行、维护、检修、试验	换流	其他
205.4-11	DL/T 354—2010	换流变压器、平波电抗器检修导则	2011-5-1			建设、运维、修试	试运行、运行、维护、检修、试验	换流	换流变

体系结构号	标准编号	标 准 名 称	实施日期	与国际标准对应关系	代替标准	阶段	分阶段	专业	分专业
205.4-12	DL/T 355—2010	滤波器及并联电容器装置检修导则	2011-5-1			建设、运维、修试	试运行、运行、维护、检修、试验	换流	其他
205.4-13	DL/T 1168—2012	高压直流输电系统保护运行评价规程	2012-12-1			建设、运维、修试	试运行、运行、维护、检修、试验	换流	其他
205.4-14	DL/T 1716—2017	高压直流输电换流阀冷却水运行管理导则	2017-12-1			建设、运维、修试	试运行、运行、维护、检修、试验	换流	换流阀
205.4-15	DL/T 1795—2017	柔性直流输电换流站运行规程	2018-6-1			建设、运维、修试	试运行、运行、维护、检修、试验	换流	其他
205.4-16	DL/T 1831—2018	柔性直流输电换流站检修规程	2018-7-1			建设、运维、修试	试运行、运行、维护、检修、试验	换流	其他
205.4-17	DL/T 1833—2018	柔性直流输电换流阀检修规程	2018-7-1			建设、运维、修试	试运行、运行、维护、检修、试验	换流	换流阀
205.4-18	GB/T 20989—2017	高压直流换流站损耗的确定	2018-2-1	IEC 61803: 2011	GB/T 20989—2007	设计、建设、运维、修试	初设、试运行、运行、维护、检修、试验	换流	其他
205.4-19	GB/Z 20996.2—2007	高压直流输电系统性能第二部分：故障与操作	2008-2-1	IEC/TR 60919-2: 1991, IDT		建设、运维、修试	试运行、运行、维护、检修、试验	换流	其他
205.4-20	GB/Z 20996.3—2007	高压直流系统的性能　第3部分：动态	2008-2-1	IEC/TR 60919-3: 1999		建设、运维、修试	试运行、运行、维护、检修、试验	换流	其他
205.4-21	GB/T 28814—2012	±800kV 换流站运行规程编制导则	2013-2-1			建设、运维、修试、退役	施工工艺、验收与质量评定、试运行、运行、维护、检修、试验、退役	换流	其他
205.4-22	GB/T 37014—2018	海上柔性直流换流站检修规范	2019-7-1			设计、运维、修试	初设、维护、检修、试验	换流	其他
205.4-23	IEC/TR 62543—2011+Amd 1—2013+Amd 2—2017	利用电压源换流器（VSC）的高压直流系统（HVDC）传输	2017-5-23			设计、运维、修试	初设、维护、检修、试验	换流	其他
205.5 运行检修-变电									
205.5-1	Q/CSG 110023—2012	变电站防止电气误操作闭锁装置技术规范	2012-4-6			采购、运维	招标、品控、运行、维护	变电	其他
205.5-2	Q/CSG 1205022—2018	串联电容器补偿装置运行规程	2018-12-28			运维	运行、维护	变电	其他

续表

体系结构号	标准编号	标 准 名 称	实施日期	与国际标准对应关系	代替标准	阶段	分阶段	专业	分专业
205.5-3	T/CEC 142—2017	变压器油中溶解气体在线监测装置运行导则	2017-8-1			采购、运维	招标、品控、运行、维护	变电	变压器
205.5-4	T/CEC 159—2018	变电站机器人巡检系统扩展接口技术规范	2018-4-1			运维	运行、维护	变电	其他
205.5-5	T/CEC 160—2018	变电站机器人巡检系统集中监控技术导则	2018-4-1			运维	运行、维护	变电	其他
205.5-6	T/CEC 161—2018	变电站机器人巡检系统运维检修技术导则	2018-4-1			采购、运维	招标、品控、运行、维护	变电	其他
205.5-7	DL/T 572—2010	电力变压器运行规程	2010-10-1		DL/T 572—1995	采购、运维	招标、品控、运行、维护	变电	变压器
205.5-8	DL/T 573—2010	电力变压器检修导则	2010-10-1		DL/T 573—1995	采购、运维	招标、品控、运行、维护	变电	变压器
205.5-9	DL/T 574—2010	变压器分接开关运行维修导则	2010-10-1		DL/T 574—1995	采购、运维	招标、品控、运行、维护	变电	变压器
205.5-10	DL/T 603—2017	气体绝缘金属封闭开关设备运行维护规程	2018-6-1		DL/T 603—2006	采购、运维	招标、品控、运行、维护	变电	变压器
205.5-11	DL/T 727—2013	互感器运行检修导则	2014-4-1		DL/T 727—2000	采购、运维	招标、品控、运行、维护	变电	互感器
205.5-12	DL/T 737—2010	农村无人值班变电站运行规定	2011-5-1		DL/T 737—2000	采购、运维	招标、品控、运行、维护	变电	其他
205.5-13	DL/T 739—2000	LW-10 型六氟化硫断路器检修工艺规程	2001-1-1			采购、运维	招标、品控、运行、维护	变电	开关
205.5-14	DL/T 969—2005	变电站运行导则	2006-6-1			采购、运维	招标、品控、运行、维护	变电	其他
205.5-15	DL/T 1023—2015	变电站仿真机技术规范	2015-12-1		DL/T 1023—2006	采购、运维	招标、品控、运行、维护	变电	其他
205.5-16	DL/T 1036—2006	变电设备巡检系统	2007-5-1			采购、运维	招标、品控、运行、维护	变电	其他
205.5-17	DL/T 1081—2008	12kV～40.5kV 户外高压开关运行规程	2008-11-1			采购、运维	招标、品控、运行、维护	变电	开关
205.5-18	DL/T 1215.5—2013	链式静止同步补偿器 第5部分：运行检修导则	2013-8-1			采购、运维	招标、品控、运行、维护	变电	其他
205.5-19	DL/T 1298—2013	静止无功补偿装置运行规程	2014-4-1			采购、运维	招标、品控、运行、维护	变电	其他

体系结构号	标准编号	标 准 名 称	实施日期	与国际标准对应关系	代替标准	阶段	分阶段	专业	分专业
205.5-20	DL/T 1403—2015	智能变电站监控系统技术规范	2015-9-1			采购、运维	招标、品控、运行、维护	变电	其他
205.5-21	DL/T 1404—2015	变电站监控系统防止电气误操作技术规范	2015-9-1			采购、运维	招标、品控、运行、维护	变电	其他
205.5-22	DL/T 1430—2015	变电设备在线监测系统技术导则	2015-9-1			采购、运维	招标、品控、运行、维护	变电	其他
205.5-23	DL/T 1552—2016	变压器油储存管理导则	2016-6-1			采购、运维	招标、品控、运行、维护	变电	变压器
205.5-24	DL/T 1553—2016	六氟化硫气体净化处理工作规程	2016-6-1			采购、运维	招标、品控、运行、维护	变电	开关
205.5-25	DL/T 1555—2016	六氟化硫气体泄漏在线监测报警装置运行维护导则	2016-6-1			采购、运维	招标、品控、运行、维护	变电	开关
205.5-26	DL/T 1610—2016	变电站机器人巡检系统通用技术条件	2016-12-1			采购、运维	招标、品控、运行、维护	变电	其他
205.5-27	DL/T 1637—2016	变电站机器人巡检技术导则	2017-5-1			采购、运维	招标、品控、运行、维护	变电	其他
205.5-28	DL/T 1682—2016	交流变电站接地安全导则	2017-5-1			采购、运维	招标、品控、运行、维护	变电	其他
205.5-29	DL/T 1684—2017	油浸式变压器（电抗器）状态检修导则	2017-8-1			采购、运维	招标、品控、运行、维护	变电	变压器
205.5-30	DL/T 1685—2017	油浸式变压器（电抗器）状态评价导则	2017-8-1			采购、运维	招标、品控、运行、维护	变电	变压器
205.5-31	DL/T 1686—2017	六氟化硫高压断路器状态检修导则	2017-8-1			采购、运维	招标、品控、运行、维护	变电	开关
205.5-32	DL/T 1687—2017	六氟化硫高压断路器状态评价导则	2017-8-1			采购、运维	招标、品控、运行、维护	变电	开关
205.5-33	DL/T 1688—2017	气体绝缘金属封闭开关设备状态评价导则	2017-8-1			采购、运维	招标、品控、运行、维护	变电	开关
205.5-34	DL/T 1689—2017	气体绝缘金属封闭开关设备状态检修导则	2017-8-1			采购、运维	招标、品控、运行、维护	变电	开关
205.5-35	DL/T 1690—2017	电流互感器状态评价导则	2017-8-1			采购、运维	招标、品控、运行、维护	变电	互感器
205.5-36	DL/T 1691—2017	电流互感器状态检修导则	2017-8-1			采购、运维	招标、品控、运行、维护	变电	互感器

续表

体系结构号	标准编号	标准名称	实施日期	与国际标准对应关系	代替标准	阶段	分阶段	专业	分专业
205.5-37	DL/T 1700—2017	隔离开关及接地开关状态检修导则	2017-8-1			采购、运维	招标、品控、运行、维护	变电	开关
205.5-38	DL/T 1701—2017	隔离开关及接地开关状态评价导则	2017-8-1			采购、运维	招标、品控、运行、维护	变电	开关
205.5-39	DL/T 1702—2017	金属氧化物避雷器状态检修导则	2017-8-1			采购、运维	招标、品控、运行、维护	变电	避雷器
205.5-40	DL/T 1703—2017	金属氧化物避雷器状态评价导则	2017-8-1			采购、运维	招标、品控、运行、维护	变电	避雷器
205.5-41	DL/T 1775—2017	串联电容器使用技术条件	2018-6-1			采购、运维	招标、品控、运行、维护	变电	开关
205.5-42	DL/T 1958—2018	电子式电压互感器状态检修导则	2019-5-1			采购、运维	招标、品控、运行、维护	变电	互感器
205.5-43	DL/T 1959—2018	电子式电压互感器状态评价导则	2019-5-1			采购、运维	招标、品控、运行、维护	变电	互感器
205.5-44	SY 5739—2012	变电设备检修劳动定额	2012-12-1		SY/T 5739—1995	采购、运维	招标、品控、运行、维护	变电	其他
205.5-45	SY/T 6353—2016	油气田变电站（所）安全管理规程	2016-6-1		SY 6353—2016	采购、运维	招标、品控、运行、维护	变电	其他
205.5-46	GB/T 13462—2008	电力变压器经济运行	2008-11-1		GB/T 13462—1992	采购、运维	招标、品控、运行、维护	变电	其他
205.5-47	GB/T 14542—2017	变压器油维护管理导则	2017-12-1	IEC 60422: 2013	GB/T 14542—2005	运维、修试	运行、维护、检修、试验	变电	变压器
205.5-48	GB/T 32893—2016	10kV 及以上电力用户变电站运行管理规范	2017-3-1			采购、运维	招标、品控、运行、维护	变电	变压器
205.5-49	GB/T 33266—2016	模块化机器人高速通用通信总线性能	2017-7-1			设计、采购	初设、招标、品控	调度及二次	电力通信
205.5-50	ASTM D2759—2000（2017）	在正压力下从变压器提取气体样品的规程	2017-10-1		ASTM D 2759—2010	采购、运维	招标、品控、运行、维护	变电	变压器
205.5-51	IEC 60071-5—2014	绝缘配合　第 5 部分：高压直流电流变压器站的工作程序	2014-10-24		IEC/TS 60071-5—2002	采购、运维	招标、品控、运行、维护	变电	变压器
205.5-52	IEEE C37.015—2017	Recommended Practice for Determining the Impact of Preventative Maintenance on the Reliability of Industrial and Commercial Power Systems	2017-12-6		IEEE C 37.015—2009	采购、运维	招标、品控、运行、维护	变电	电抗器

续表

体系结构号	标准编号	标　准　名　称	实施日期	与国际标准对应关系	代替标准	阶段	分阶段	专业	分专业
205.5-53	IEEE C37.10—2011	电力断路器的诊断和故障调查导则	2011-10-31			运维、修试	运行、维护、检修、试验	变电、配电	开关
205.6 运行检修-配电									
205.6-1	Q/CSG 1205003—2016	中低压配电运行标准	2016-5-1			运维	运行	配电	其他
205.6-2	DL/T 360—2010	7.2kV～12kV 预装式户外开关站运行及维护规程	2010-10-1			运维	运行、维护	配电	开关
205.6-3	DL/T 391—2010	12kV 户外高压真空断路器检修工艺规程	2011-5-1			修试	检修	配电	开关
205.6-4	DL/T 736—2010	农村电网剩余电流动作保护器安装运行规程	2011-5-1		DL/T 736—2000	运维	运行	配电	开关
205.6-5	DL/T 1102—2009	配电变压器运行规程	2009-12-1			运维	运行	配电	变压器
205.6-6	DL/T 1292—2013	配电网架空绝缘线路雷击断线防护导则	2014-4-1			运维	运行、维护	配电	线缆
205.6-7	DL/T 1417—2015	低压无功补偿装置运行规程	2015-9-1			运维	运行	配电	其他
205.6-8	DL/T 1753—2017	配网设备状态检修试验规程	2018-3-1			修试	检修、试验	配电	其他
205.6-9	SD 292—1988	架空配电线路及设备运行规程	1988-9-1			运维	运行	配电	线缆
205.6-10	SL 528—2018	小水电电网技术管理规程	2019-1-2		SL 526—2011； SL 527—2011； SL 528—2011	运维	运行	配电	线缆
205.6-11	SY/T 5750—2016	供电线路维修劳动定额	2017-5-1		SY/T 5750—2010	设计	初设	配电	其他
205.6-12	GB/T 13955—2017	剩余电流动作保护装置安装和运行	2018-7-1		GB/T 13955—2005	修试	检修、试验	配电	其他
205.6-13	GB/T 18857—2008	配电线路带电作业技术导则	2010-2-1		GB/T 18857—2002	运维	运行、维护	配电	线缆
205.6-14	GB/T 34577—2017	配电线路旁路作业技术导则	2018-4-1			运维	运行、维护	配电	线缆
205.6-15	GB/T 37136—2018	电力用户供配电设施运行维护规范	2019-7-1			运维	运行、维护	配电	其他

续表

体系结构号	标准编号	标 准 名 称	实施日期	与国际标准对应关系	代替标准	阶段	分阶段	专业	分专业
205.7 运行检修-其他									
205.7-1	DL/T 724—2000	电力系统用蓄电池直流电源装置运行与维护技术规程	2001-1-1			运维	运行、维护	变电	其他
205.7-2	DL/T 1228—2013	电能质量监测装置运行规程	2013-8-1			运维	运行、维护	配电	其他
205.7-3	DLGJ 127—1996	电力勘测设备保养技术规程	1996-10-1			运维	运行、维护	输电	其他
205.7-4	NB/T 42083—2016	电力系统用固定型铅酸蓄电池安全运行使用技术规范	2016-12-1	IEC 62485-2—2010，MOD		运维	运行、维护	变电	其他
205.7-5	NB/T 42144—2018	全钒液流电池 维护要求	2018-7-1			运维	运行、维护	发电	储能
205.7-6	JB/T 12483—2015	臂架式升降工作平台	2016-3-1			运维、修试	运行、维护、检修、试验	变电	其他
205.7-7	YD/T 1666—2007	远程视频监控系统的安全技术要求	2007-12-1			采购、运维、修试	招标、运行、维护、检修、试验	输电、变电	其他
205.7-8	YD/T 3425—2018	通信用氢燃料电池供电系统维护技术要求	2019-4-1			运维	运行、维护	调度及二次	电力通信
205.7-9	TSG Q7015—2016	起重机械定期检验规则	2016-7-1			运维、修试	运行、维护、检修、试验	附属设施及工器具	工器具
205.7-10	TSG Q7016—2016	起重机械安装改造重大修理监督检验规则	2016-7-1			运维、修试	运行、维护、检修、试验	附属设施及工器具	工器具
205.7-11	TSG R3001—2006	压力容器安装改造维修许可规则	2006-10-1			运维、修试	运行、维护、检修、试验	附属设施及工器具	工器具
205.7-12	GB 3836.13—2013	爆炸性环境 第 13 部分：设备的修理、检修、修复和改造	2014-11-14	IEC 60079-19: 2010，MOD	GB 3836.13—1997	运维、修试	运行、维护、检修、试验	变电	其他
205.7-13	GB/T 9089.5—2008	户外严酷条件下的电气设施 第 5 部分：操作要求	2017-3-23	IEC 60621-5: 1987	GB 9089.5—2008	修试	检修、试验	输电、变电、配电	其他
205.7-14	GB/T 13395—2008	电力设备带电水冲洗导则	2009-8-1		GB 13395—1992	运维、修试	运行、维护、检修、试验	变电	其他
205.7-15	GB/T 25097—2010	绝缘体带电清洗剂	2011-2-1			运维、修试	运行、维护、检修、试验	变电	其他
205.7-16	GB/T 25098—2010	绝缘体带电清洗剂使用导则	2011-2-1			运维、修试	运行、维护、检修、试验	变电	其他

续表

体系结构号	标准编号	标 准 名 称	实施日期	与国际标准对应关系	代替标准	阶段	分阶段	专业	分专业
205.7-17	GB/T 28537—2012	高压开关设备和控制设备中六氟化硫（SF_6）的使用和处理	2012-11-1	IEC 62271-303: 2008，MOD		运维、修试	运行、维护、检修、试验	附属设施及工器具	工器具
205.7-18	GB/T 31052.2—2016	起重机械 检查与维护规程 第 2 部分：流动式起重机	2017-5-1			运维、修试	运行、维护、检修、试验	附属设施及工器具	工器具
205.7-19	GB/T 31052.3—2016	起重机械 检查与维护规程 第 3 部分：塔式起重机	2017-5-1			运维、修试	运行、维护、检修、试验	附属设施及工器具	工器具
205.7-20	GB/T 31052.4—2017	起重机械 检查与维护规程 第 4 部分：臂架起重机	2017-12-1			运维、修试	运行、维护、检修、试验	附属设施及工器具	工器具
205.7-21	GB/T 31052.5—2015	起重机械 检查与维护规程 第 5 部分：桥式和门式起重机	2016-7-1			运维、修试	运行、维护、检修、试验	附属设施及工器具	工器具
205.7-22	GB/T 31052.6—2016	起重机械 检查与维护规程 第 6 部分：缆索起重机	2017-5-1			运维、修试	运行、维护、检修、试验	附属设施及工器具	工器具
205.7-23	GB/T 31052.7—2016	起重机械 检查与维护规程 第 7 部分：桅杆起重机	2016-9-1			运维、修试	运行、维护、检修、试验	附属设施及工器具	工器具
205.7-24	GB/T 31052.9—2016	起重机械 检查与维护规程 第 9 部分：升降机	2017-5-1			运维、修试	运行、维护、检修、试验	附属设施及工器具	工器具
205.7-25	GB/T 31052.10—2016	起重机械 检查与维护规程 第 10 部分：轻小型起重设备	2016-9-1			运维、修试	运行、维护、检修、试验	附属设施及工器具	工器具
205.7-26	GB/T 31052.11—2015	起重机械 检查与维护规程 第 11 部分：机械式停车设备	2016-5-1			运维、修试	运行、维护、检修、试验	附属设施及工器具	工器具
205.7-27	GB/T 31052.12—2017	起重机械 检查与维护规程 第 12 部分：浮式起重机	2017-12-1			运维、修试	运行、维护、检修、试验	附属设施及工器具	工器具
206 试验与计量									
206.1 试验与计量-基础综合									
206.1-1	DL/T 273—2012	±800kV 特高压直流设备预防性试验规程	2012-3-1			修试	检修、试验	基础综合	
206.1-2	DL/T 383—2010	污秽条件高压瓷套管的人工淋雨试验方法	2011-5-1			修试	检修、试验	基础综合	
206.1-3	DL/T 474.1—2018	现场绝缘试验实施导则 绝缘电阻、吸收比和极化指数试验	2018-7-1		DL/T 474.1—2006	修试	检修、试验	基础综合	
206.1-4	DL/T 474.2—2018	现场绝缘试验实施导则 直流高电压试验	2018-7-1		DL/T 474.2—2006	修试	检修、试验	基础综合	

续表

体系结构号	标准编号	标 准 名 称	实施日期	与国际标准对应关系	代替标准	阶段	分阶段	专业	分专业
206.1-5	DL/T 474.3—2018	现场绝缘试验实施导则 介质损耗因数 tanδ 试验	2018-7-1		DL/T 474.3—2006	修试	检修、试验	基础综合	
206.1-6	DL/T 474.4—2018	现场绝缘试验实施导则 交流耐压试验	2018-7-1		DL/T 474.4—2006	修试	检修、试验	基础综合	
206.1-7	DL/T 474.5—2018	现场绝缘试验导则 避雷器试验	2018-7-1		DL/T 474.5—2006	修试	检修、试验	基础综合	
206.1-8	DL/T 596—1996	电力设备预防性试验规程	1997-1-1		SD 301—1988	修试	检修、试验	基础综合	
206.1-9	DL/T 859—2015	高压交流系统用复合绝缘子人工污秽试验	2015-12-1		DL/T 859—2004	修试	检修、试验	基础综合	
206.1-10	DL/T 878—2004	带电作业用绝缘工具试验导则	2004-6-1			修试	试验	基础综合	
206.1-11	DL/T 976—2017	带电作业工具、装置和设备预防性试验规程	2018-3-1		DL/T 976—2005	修试	试验	基础综合	
206.1-12	DL/T 988—2005	高压交流架空送电线路、变电站工频电场和磁场测量方法	2006-6-1			修试	检修、试验	基础综合	
206.1-13	DL/T 991—2006	电力设备金属光谱分析技术导则	2006-10-1			修试	检修、试验	基础综合	
206.1-14	DL/T 992—2006	冲击电压测量实施细则	2006-10-1		ZB F 24001—1990	修试	检修、试验	基础综合	
206.1-15	DL/T 1041—2007	电力系统电磁暂态现场试验导则	2007-12-1			修试	检修、试验	基础综合	
206.1-16	DL/T 1082—2008	高压实验室技术条件	2008-11-1			设计、采购、运维、修试	初设、招标、运行、检修、试验	基础综合	
206.1-17	DL/T 1845—2018	电力设备高合金钢里氏硬度试验方法	2018-7-1			修试	检修、试验	基础综合	
206.1-18	NB/T 42154—2018	高压/低压预装式变电站试验导则	2018-10-1	STL Guide to the interpretation of IEC 62271-202		修试	检修、试验	基础综合	
206.1-19	HB/Z 261—2014	电磁兼容性测试报告编写指南	2014-10-1		HB/Z 261—1994	修试	检修、试验	基础综合	
206.1-20	HJ 681—2013	交流输变电工程电磁环境监测方法（试行）	2014-1-1			修试	检修、试验	基础综合	
206.1-21	JGJ/T 101—2015	建筑抗震试验规程	2015-10-1			建设、修试	施工工艺、验收与质量评定、检修、试验	基础综合	

续表

体系结构号	标准编号	标准名称	实施日期	与国际标准对应关系	代替标准	阶段	分阶段	专业	分专业
206.1-22	JGJ 340—2015	建筑地基检测技术规范	2015-12-1			建设、修试	验收与质量评定、检修、试验	基础综合	
206.1-23	SJ/T 11692—2017	电子电气产品限用物质检测样品拆分指南	2018-1-1			修试	检修、试验	基础综合	
206.1-24	SJ/T 31001—2016	设备完好要求和检查评定方法编写导则	2016-6-1		SJ/T 31001—1994	修试	检修、试验	基础综合	
206.1-25	SJ/T 31389—2016	高温试验设备完好要求和检查评定方法	2016-6-1		SJ/T 31389—1994	修试	检修、试验	基础综合	
206.1-26	GB/T 311.6—2005	高电压测量标准空气间隙	2005-12-1	IEC 60052: 2002，IDT	GB/T 311.6—1983	修试	检修、试验	基础综合	
206.1-27	GB/T 1408.1—2016	绝缘材料 电气强度试验方法 第1部分:工频下试验	2017-7-1	IEC 60243-1: 2013	GB/T 1408.1—2006	修试	检修、试验	基础综合	
206.1-28	GB/T 1408.2—2016	绝缘材料 电气强度试验方法 第2部分：对应用直流电压试验的附加要求	2017-7-1	IEC 60243-2: 2013	GB/T 1408.2—2006	修试	检修、试验	基础综合	
206.1-29	GB/T 1408.3—2016	绝缘材料 电气强度试验方法 第3部分：1.2/50μs冲击试验补充要求	2017-7-1	IEC 60243-3: 2013	GB/T 1408.3—2007	修试	检修、试验	基础综合	
206.1-30	GB/T 2317.1—2008	电力金具试验方法 第1部分：机械试验	2009-8-1		GB/T 2317.1—2000	修试	检修、试验	基础综合	
206.1-31	GB/T 2317.2—2008	电力金具试验方法 第2部分:电晕和无线电干扰试验	2009-10-1		GB/T 2317.2—2000	修试	检修、试验	基础综合	
206.1-32	GB/T 2317.3—2008	电力金具试验方法 第3部分：热循环试验	2009-10-1	IEC 61284: 1997，MOD	GB/T 2317.3—2000	修试	检修、试验	基础综合	
206.1-33	GB/T 3785.3—2018	电声学 声级计 第3部分：周期试验	2019-1-1			修试	检修、试验	基础综合	
206.1-34	GB 4793.1—2007	测量、控制和实验室用电气设备的安全要求 第1部分：通用要求	2007-9-1	IEC 61010-1—2001，IDT	GB 4793.1—1995	修试	检修、试验	基础综合	
206.1-35	GB 4793.2—2008	测量、控制和实验室用电气设备的安全要求 第2部分：电工测量和试验用手持和手操电流传感器的特殊要求	2009-9-1	IEC 61010-2-032: 2002，IDT	GB 4793.2—2001	修试	检修、试验	基础综合	
206.1-36	GB 4793.5—2008	测量、控制和实验室用电气设备的安全要求 第5部分：电工测量和试验用手持探头组件的安全要求	2009-9-1	IEC 61010-031: 2002，IDT	GB 4793.5—2001	修试	检修、试验	基础综合	

体系结构号	标准编号	标 准 名 称	实施日期	与国际标准对应关系	代替标准	阶段	分阶段	专业	分专业
206.1-37	GB 4793.8—2008	测量、控制和试验室用电气设备的安全要求 第 2-042 部分：使用有毒气体处理医用材料及供试验室用的压力灭菌器和灭菌器的专用要求	2009-1-1	IEC 61010-2-042: 1997，IDT		修试	检修、试验	基础综合	
206.1-38	GB/T 6379.2—2004	测量方法与结果的准确度（正确度与精密度）第 2 部分：确定标准测量方法重复性与再现性的基本方法	2005-1-1	ISO 5725-2—1994，IDT; ISO 5725-2 AMD.1—2002，IDT	GB/T 11792—1989 部分；GB/T 6379—1986	修试	检修、试验	基础综合	
206.1-39	GB/T 7349—2002	高压架空送电线、变电站无线电干扰测量方法	2002-8-1		GB/T 7349—1987	修试	检修、试验	基础综合	
206.1-40	GB/T 7354—2018	高电压试验技术 局部放电测量	2019-4-1		GB/T 7354—2003	修试	检修、试验	基础综合	
206.1-41	GB 8702—2014	电磁环境控制限值	2015-1-1		GB 8702—1988；GB 9175—1988	修试	检修、试验	基础综合	
206.1-42	GB/T 11021—2014	电气绝缘 耐热性和表示方法	2014-10-28	IEC 60085: 2004，IDT	GB/T 11021—2007	修试	检修、试验	基础综合	
206.1-43	GB/T 11337—2004	平面度误差检测	2005-7-1		GB/T 11337—1989	修试	检修、试验	基础综合	
206.1-44	GB/T 12190—2006	电磁屏蔽室屏蔽效能的测量方法	2006-11-1		GB/T 12190—1990	修试	检修、试验	基础综合	
206.1-45	GB/T 12720—1991	工频电场测量	1991-10-1	IEC 833: 1987，REF		修试	检修、试验	基础综合	
206.1-46	GB/T 14165—2008	金属和合金 大气腐蚀试验 现场试验的一般要求	2008-12-1	ISO 8565: 1992，IDT	GB 11112—1989；GB 14165—1993；GB 6464—1997	修试	检修、试验	基础综合	
206.1-47	GB/T 16927.1—2011	高电压试验技术 第 1 部分：一般定义及试验要求	2012-5-1	IEC 60060-1: 2010，MOD	GB/T 16927.1—1997	修试	检修、试验	基础综合	
206.1-48	GB/T 16927.2—2013	高电压试验技术 第 2 部分：测量系统	2013-7-1		GB/T 16927.2—1997	修试	检修、试验	基础综合	
206.1-49	GB/T 16927.3—2010	高电压试验技术 第 3 部分：现场试验的定义及要求	2011-5-1	IEC 60060-3: 2006，MOD		修试	检修、试验	基础综合	
206.1-50	GB/T 16927.4—2014	高电压和大电流试验技术 第 4 部分：试验电流和测量系统的定义和要求	2014-10-28	IEC 62475: 2010，MOD		修试	检修、试验	基础综合	
206.1-51	GB/T 17215.911—2011	电测量设备 可信性 第 11 部分：一般概念	2011-12-1	IEC/TR 62059-11: 2002，IDT		修试	检修、试验	基础综合	

续表

体系结构号	标准编号	标准名称	实施日期	与国际标准对应关系	代替标准	阶段	分阶段	专业	分专业
206.1-52	GB/T 17215.9311—2017	电测量设备　可信性　第311部分：温度和湿度加速可靠性试验	2018-7-1	IEC 62059-31-1: 2008		修试	检修、试验	基础综合	
206.1-53	GB/T 17215.9321—2016	电测量设备　可信性　第321部分：耐久性-高温下的计量特性稳定性试验	2017-3-1	IEC/TR 62059-32-1: 2011		修试	检修、试验	基础综合	
206.1-54	GB/Z 17624.2—2013	电磁兼容　综述　与电磁现象相关设备的电气和电子系统实现功能安全的方法	2014-4-9	IEC/TS 6000-1-2: 2008，IDT		修试	检修、试验	基础综合	
206.1-55	GB 17625.1—2012	电磁兼容　限值　谐波电流发射限值（设备每相输入电流≤16A）	2013-7-1	IEC 61000-3-2: 2009，IDT	GB 17625.1—2003	修试	检修、试验	基础综合	
206.1-56	GB/Z 17625.4—2000	电磁兼容限值中、高压电力系统中畸变负荷发射限值的评估	2000-12-1			修试	检修、试验	基础综合	
206.1-57	GB/T 17625.7—2013	电磁兼容　限值　对额定电流≤75A且有条件接入的设备在公用低压供电系统中产生的电压变化、电压波动和闪烁的限制	2013-12-2	IEC 61000-3-11: 2000，MOD		修试	检修、试验	基础综合	
206.1-58	GB/T 17626.15—2011	电磁兼容　试验和测量技术　闪烁仪　功能和设计规范	2012-8-1	IEC 61000-4-15: 2003，MOD		修试	检修、试验	基础综合	
206.1-59	GB/T 17626.1—2006	电磁兼容　试验和测量技术　抗扰度试验总论	2007-7-1	IEC 61000-4-1: 2000，IDT	GB/T 17626.1—1998	修试	检修、试验	基础综合	
206.1-60	GB/T 17626.2—2018	电磁兼容　试验和测量技术　静电放电抗扰度试验	2019-1-1		GB/T 17626.2—2006	修试	检修、试验	基础综合	
206.1-61	GB/T 17626.3—2016	电磁兼容　试验和测量技术　射频电磁场辐射抗扰度试验	2017-7-1	IEC 61000-4-3: 2010	GB/T 17626.3—2006	修试	检修、试验	基础综合	
206.1-62	GB/T 17626.4—2018	电磁兼容　试验和测量技术　电快速瞬变脉冲群抗扰度试验	2019-1-1		GB/T 17626.4—2008	修试	检修、试验	基础综合	
206.1-63	GB/T 17626.5—2008	电磁兼容　试验和测量技术　浪涌（冲击）抗扰度试验	2009-1-1	IEC 61000-4-5: 2005，IDT	GB/T 17626.5—1999	修试	检修、试验	基础综合	

续表

体系结构号	标准编号	标 准 名 称	实施日期	与国际标准对应关系	代替标准	阶段	分阶段	专业	分专业
206.1-64	GB/T 17626.6—2017	电磁兼容 试验和测量技术 射频场感应的传导骚扰抗扰度	2018-7-1	IEC 61000-4-6: 2013	GB/T 17626.6—2008	修试	检修、试验	基础综合	
206.1-65	GB/T 17626.7—2017	电磁兼容 试验和测量技术 供电系统及所连设备谐波、间谐波的测量和测量仪器导则	2018-2-1	IEC 61000-4-7: 2009	GB/T 17626.7—2008	修试	检修、试验	基础综合	
206.1-66	GB/T 17626.8—2006	电磁兼容 试验和测量技术 工频磁场抗扰度试验	2007-7-1	IEC 61000-4-8: 2001, IDT	GB/T 17626.8—1998	修试	检修、试验	基础综合	
206.1-67	GB/T 17626.9—2011	电磁兼容 试验和测量技术 脉冲磁场抗扰度试验	2012-8-1	IEC 61000-4-9: 1993, IDT	GB/T 17626.9—1998	修试	检修、试验	基础综合	
206.1-68	GB/T 17626.10—2017	电磁兼容 试验和测量技术 阻尼振荡磁场抗扰度试验	2018-7-1	IEC 61000-4-10: 2001	GB/T 17626.10—1998	修试	检修、试验	基础综合	
206.1-69	GB/T 17626.11—2008	电磁兼容 试验和测量技术 电压暂降、短时中断和电压变化的抗扰度试验	2009-1-1	IEC 61000-4-11: 2004, IDT	GB/T 17626.11—1999	修试	检修、试验	基础综合	
206.1-70	GB/T 17626.12—2013	电磁兼容 试验和测量技术 振铃波抗扰度试验	2014-4-9		GB/T 17626.12—1998	修试	检修、试验	基础综合	
206.1-71	GB/T 17626.13—2006	电磁兼容 试验和测量技术 交流电源端口谐波、谐间波及电网信号的低频抗扰度试验	2007-7-1	IEC 61000-4-13: 2002, IDT		修试	检修、试验	基础综合	
206.1-72	GB/T 17626.14—2005	电磁兼容 试验和测量技术 电压波动抗扰度试验	2005-12-1	IEC 61000-4-14: 2002, IDT		修试	检修、试验	基础综合	
206.1-73	GB/T 17626.16—2007	电磁兼容 试验和测量技术 0Hz～150kHz 共模传导骚扰抗扰度试验	2007-9-1	IEC 61000-4-16: 2002, IDT		修试	检修、试验	基础综合	
206.1-74	GB/T 17626.17—2005	电磁兼容 试验和测量技术 直流电源输入端口纹波抗扰度试验	2005-12-1	IEC 61000-4-17: 2002, IDT		修试	检修、试验	基础综合	
206.1-75	GB/T 17626.18—2016	电磁兼容 试验和测量技术 阻尼振荡波抗扰度试验	2017-7-1	IEC 61000-4-18: 2011		修试	检修、试验	基础综合	
206.1-76	GB/T 17626.20—2014	电磁兼容 试验和测量技术 横电磁波（TEM）波导中的发射和抗扰度试验	2015-6-1	IEC 61000-4-20: 2010		修试	检修、试验	基础综合	
206.1-77	GB/T 17626.21—2014	电磁兼容 试验和测量技术 混波室试验方法	2015-6-1	IEC 61000-4-21: 2011, IDT		修试	检修、试验	基础综合	

续表

体系结构号	标准编号	标准名称	实施日期	与国际标准对应关系	代替标准	阶段	分阶段	专业	分专业
206.1-78	GB/T 17626.22—2017	电磁兼容　试验和测量技术　全电波暗室中的辐射发射和抗扰度测量	2018-7-1	IEC 61000-4-22: 2010		修试	检修、试验	基础综合	
206.1-79	GB/T 17626.24—2012	电磁兼容　试验和测量技术　HEMP 传导骚扰保护装置的试验方法	2013-2-1	IEC 61000-4-24: 1997，IDT		修试	检修、试验	基础综合	
206.1-80	GB/T 17626.27—2006	电磁兼容　试验和测量技术　三相电压不平衡抗扰度试验	2007-7-1	IEC 61000-4-27: 2000，IDT		修试	检修、试验	基础综合	
206.1-81	GB/T 17626.28—2006	电磁兼容　试验和测量技术工频频率变化抗扰度试验	2007-7-1	IEC 61000-4-28: 2001，IDT		修试	检修、试验	基础综合	
206.1-82	GB/T 17626.29—2006	电磁兼容　试验和测量技术　直流电源输入端口电压暂降、短时中断和电压变化的抗扰度试验	2007-9-1	IEC 61000-4-29: 2000，IDT		修试	检修、试验	基础综合	
206.1-83	GB/T 17626.30—2012	电磁兼容　试验和测量技术　电能质量测量方法	2013-2-1	IEC 61000-4-30: 2008，IDT		修试	检修、试验	基础综合	
206.1-84	GB/T 17799.1—2017	电磁兼容　通用标准　居住、商业和轻工业环境中的抗扰度	2018-4-1	IEC 61000-6-1: 2005	GB/T 17799.1—1999	修试	检修、试验	基础综合	
206.1-85	GB/T 17799.2—2003	电磁兼容　通用标准　工业环境中的抗扰度试验	2003-8-1	IEC 61000-6-2: 1999，IDT		修试	检修、试验	基础综合	
206.1-86	GB 17799.3—2012	电磁兼容　通用标准　居住、商业和轻工业环境中的发射	2013-7-1	CISPR/OEC 61000-6-3: 2011，IDT	GB 17799.3—2001	修试	检修、试验	基础综合	
206.1-87	GB 17799.4—2012	电磁兼容　通用标准　工业环境中的发射	2013-7-1	IEC 61000-6-4: 2011，IDT	GB 17799.4—2001	修试	检修、试验	基础综合	
206.1-88	GB/Z 17799.6—2017	电磁兼容　通用标准　发电厂和变电站环境中的抗扰度	2018-2-1	IEC/TS 61000-6-5: 2001		修试	检修、试验	基础综合	
206.1-89	GB/T 17949.1—2000	接地系统的土壤电阻率、接地阻抗和地面电位测量导则　第 1 部分：常规测量	2000-8-1	ANSI/IEEE 81—1993，IDT		修试	检修、试验	基础综合	
206.1-90	GB/Z 18039.1—2000	电磁兼容　环境　电磁环境的分类	2000-12-1	IEC 61000-2-5: 1996，IDT		修试	检修、试验	基础综合	
206.1-91	GB/Z 18039.2—2000	电磁兼容　环境　工业设备电源低频传导骚扰发射水平的评估	2000-12-1	IEC 61000-2-6: 1996，IDT		修试	检修、试验	基础综合	

续表

体系结构号	标准编号	标准名称	实施日期	与国际标准对应关系	代替标准	阶段	分阶段	专业	分专业
206.1-92	GB/T 18039.3—2017	电磁兼容　环境　公用低压供电系统低频传导骚扰及信号传输的兼容水平	2018-7-1	IEC 61000-2-2: 2002	GB/T 18039.3—2003	修试	检修、试验	基础综合	
206.1-93	GB/T 18039.4—2017	电磁兼容　环境　工厂低频传导骚扰的兼容水平	2018-7-1	IEC 61000-2-4: 2002	GB/T 18039.4—2003	修试	检修、试验	基础综合	
206.1-94	GB/Z 18039.5—2003	电磁兼容　环境　公用供电系统低频传导骚扰及信号传输的电磁环境	2003-8-1	IEC 61000-2-1: 1990，IDT		修试	检修、试验	基础综合	
206.1-95	GB/Z 18039.6—2005	电磁兼容　环境　各种环境中的低频磁场	2005-12-1	IEC 61000-2-7: 1998，IDT		修试	检修、试验	基础综合	
206.1-96	GB/Z 18039.7—2011	电磁兼容　环境　公用供电系统中的电压暂降、短时中断及其测量统计结果	2012-6-1			修试	检修、试验	基础综合	
206.1-97	GB/T 18039.8—2012	电磁兼容　环境　高空核电磁脉冲（HEMP）环境描述　传导骚扰	2013-2-1	IEC 61000-2-10: 1998，IDT		修试	检修、试验	基础综合	
206.1-98	GB/T 18039.9—2013	电磁兼容　环境　公用中压供电系统低频传导骚扰及信号传输的兼容水平	2014-3-7	IEC 61000-2-12: 2003		修试	检修、试验	基础综合	
206.1-99	GB/T 18039.10—2018	电磁兼容　环境　HEMP 环境描述　辐射骚扰	2018-12-1			修试	检修、试验	基础综合	
206.1-100	GB/T 18134.1—2000	极快速冲击高电压试验技术　第1部分：气体绝缘变电站中陡波前过电压用测量系统	2000-12-1	IEC 61321-1: 1994，IDT		修试	检修、试验	基础综合	
206.1-101	GB/T 18268.1—2010	测量、控制和实验室用的电设备　电磁兼容性要求　第1部分：通用要求	2011-5-1	IEC 61326-1: 2005，IDT	GB/T 18268—2000	修试	检修、试验	基础综合	
206.1-102	GB/T 19022—2003	测量管理体系　测量过程和测量设备的要求	2004-3-1	ISO 10012: 2003，IDT	GB 19022.1—1994；GB 19022.2—2000	修试	检修、试验	基础综合	
206.1-103	GB/T 19212.1—2016	变压器、电抗器、电源装置及其组合的安全　第1部分：通用要求和试验	2017-3-1	IEC 61558-1: 2009		修试	检修、试验	基础综合	
206.1-104	GB/T 19212.27—2017	变压器、电抗器、电源装置及其组合的安全　第27部分：节能和其他目的用变压器和电源装置的特殊要求和试验	2018-7-1	IEC 61558-2-26: 2013		修试	检修、试验	基础综合	

续表

体系结构号	标准编号	标 准 名 称	实施日期	与国际标准对应关系	代替标准	阶段	分阶段	专业	分专业
206.1-105	GB/T 21222—2007	绝缘液体 雷电冲击击穿电压测定方法	2008-5-20	IEC 60897: 1987，IDT		修试	检修、试验	基础综合	
206.1-106	GB/T 26955—2011	金属材料焊缝破坏性试验 焊缝宏观和微观检验	2012-3-1	ISO 17639—2003，MOD		修试	检修、试验	基础综合	
206.1-107	GB/T 27025—2008	检测和校准实验室能力的通用要求	2008-8-1	ISO/IEC 17025—2005，IDT	GB/T 15481—2000	修试	检修、试验	基础综合	
206.1-108	GB/T 33260.3—2018	检出能力 第3部分：无校准数据情形响应变量临界值的确定方法	2019-1-1			修试	检修、试验	基础综合	
206.1-109	GB/T 33260.4—2018	检出能力 第4部分：最小可检出值与给定值的比较方法	2019-1-1			修试	检修、试验	基础综合	
206.1-110	GB/T 33260.5—2018	检出能力 第5部分：非线性校准情形检出限的确定方法	2019-1-1			修试	检修、试验	基础综合	
206.1-111	GB/T 34861—2017	确定大电机各项损耗的专用试验方法	2018-5-1	IEC 60034-2-2: 2010		修试	检修、试验	基础综合	
206.1-112	GB/T 34989—2017	连接器 安全要求和试验	2018-5-1	IEC 61984: 2008		采购、运维	招标、品控、运行、维护	其他	
206.1-113	GB/T 35967—2018	标签符合性测试指南	2018-9-1			修试	检修、试验	基础综合	
206.1-114	GB/T 35969—2018	标签符合性测试通用技术规范	2018-9-1			修试	检修、试验	基础综合	
206.1-115	GB/T 35970—2018	标签符合性测试样例库建设规范	2018-9-1			修试	检修、试验	基础综合	
206.1-116	GB/T 36260.2—2018	检出能力 第2部分：线性校准情形检出限的确定方法	2019-1-1			修试	检修、试验	基础综合	
206.1-117	GB/T 36457—2018	复杂产品虚拟样机建模方法	2019-1-1			修试	检修、试验	基础综合	
206.1-118	GB/T 37139—2018	直流供电设备的EMC测量方法要求	2019-7-1			修试	检修、试验	基础综合	
206.1-119	JJF 1507—2015	标准物质的选择与应用技术规范	2015-4-30			修试	检修、试验	基础综合	
206.1-120	ANSI C63.5—2006	电磁兼容性 磁干扰（EMI）控制中辐射测量 天线的校准（9kHz～40GHz）			ANSI C 63.5—1998；ANSI C 63.5—2004	修试	检修、试验	基础综合	

续表

体系结构号	标准编号	标准名称	实施日期	与国际标准对应关系	代替标准	阶段	分阶段	专业	分专业
206.1-121	ANSI IEEE C63.22—2004	自动 EMC 测量指南		IEEE C 63.22—2004，IDT		修试	检修、试验	基础综合	
206.1-122	ANSI IEEE C63.23—2012	电磁兼容性标准指南 测量不确定性的计算和处理				修试	检修、试验	基础综合	
206.1-123	ANSI SCTE 81—2012	耐电涌试验规程			ANSI SCTE 81—2007	修试	检修、试验	基础综合	
206.1-124	ASTM A343/A343M—2014	用瓦特表—安培表—电压表方法和25cm爱泼斯坦试验格式测定材料低频时交流电磁性的试验方法	2014-5-1		ASTM A 343 M—2008	修试	检修、试验	基础综合	
206.1-125	ASTM B277—2018	电接触材料硬度的试验方法	2018-4-1		ASTM B 277—2012	修试	检修、试验	基础综合	
206.1-126	ASTM B896—2010（2015）	评定电导体材料连接特性的试验方法	2010-10-1		ASTM B 896 E1—2010	修试	检修、试验	基础综合	
206.1-127	ASTM F1236—2018	电气保护橡胶制品外观检验标准指南	2018-10-1		ASTM F 1236—2047	修试	检修、试验	基础综合	
206.1-128	NF C27-240—2007	填充矿物油的电气设备在电气设备上将溶解气体分析（DGA）应用于工厂试验	2007-8-4	EN 61181—2007，IDT; IEC 61181—2007，IDT	NF C 27-240—1993	修试	检修、试验	基础综合	
206.1-129	NF C93-642-2—2012	软绝缘套管 第 2 部分：测试方法	2012-7-27	EN 60684-2—2011，IDT；CEI 60684-2—2011，IDT	NF EN 60684-2—199801（C93-642-2）；NF EN 60684-2/A1—200312（C93- 642-2/ A1）; NF EN 60684-2/A2—200605（C93- 642- 2/A2）	修试	检修、试验	基础综合	
206.1-130	IEC 60212—2010	固体电气绝缘材料试验前和试验时采用的标准条件	2010-12-15		IEC 60212—1971	修试	检修、试验	基础综合	
206.1-131	IEC 60216-1—2013	电绝缘材料耐热性能 第 1 部分：老化规程和试验结果评定	2013-3-15	EN 60216-1—2013，IDT	IEC 60216-1—2001	修试	检修、试验	基础综合	
206.1-132	IEC 60216-8—2013	电绝缘材料耐热性能 第 8 部分：使用简化规程计算耐热性能用指令	2013-3-15	EN 60216-8—2013，IDT	IEC 112/236/FDIS—2012	修试	检修、试验	基础综合	

续表

体系结构号	标准编号	标 准 名 称	实施日期	与国际标准对应关系	代替标准	阶段	分阶段	专业	分专业
206.1-133	IEC 60243-2—2013	绝缘材料的耐电强度 试验方法 第2部分:采用直流电压进行试验的补充要求	2013-11-26		IEC 60243-2—2001	修试	检修、试验	基础综合	
206.1-134	IEC 60243-3—2013	绝缘材料的耐电强度 试验方法 第3部分:2/50s冲击试验的补充要求	2013-11-26		IEC 60243-3—2001	修试	检修、试验	基础综合	
206.1-135	IEC 60475—2011	液体电介质取样方法	2011-10-20		IEC 60475—1974；IEC 10/848/FDIS—2011	修试	检修、试验	基础综合	
206.1-136	IEC/TR 60493-2—2010	老化试验数据的统计分析用指南 第2部分:截尾标准分布数据的统计分析用验证程序	2010-3-30			修试	检修、试验	基础综合	
206.1-137	IEC 60544-1—2013	电气绝缘材料 电离辐射影响的测定 第1部分:辐射的交互作用和放射量测定	2013-6-27	BS EN 60544-1—2013，IDT；EN 60544-1—2013，IDT	IEC 60544-1—1994；IEC 112/254/FDIS—2013	修试	检修、试验	基础综合	
206.1-138	IEC/TS 61000-1-2—2016	电磁兼容性（EMC）第1-2部分:总则 电磁现象方面电气和电子设备实现功能安全性的方法	2016-4-13		IEC/TS 61000-1-2—2008	修试	检修、试验	基础综合	
206.1-139	IEC/TR 61000-1-6—2012/Cor 1—2014	电磁兼容性（EMC）第1-6部分:总则，测量不确定性评定指南：勘误表1	2014-10-15			修试	检修、试验	基础综合	
206.1-140	IEC/TR 61000-2-5—2017	电磁兼容性（EMC）第2-5部分：环境 电磁环境的描述和分类	2017-1-19		IEC/TR 61000-2-5—2011	修试	检修、试验	基础综合	
206.1-141	IEC 61000-2-13—2005	电磁兼容性(EMC)第2-13部分:环境辐射和传导的大功率电磁（HEMP ）环境	2005-3-9	DIN IEC 61000-2-13—2005，IDT	IEC 77 C/153/FDIS—2004	修试	检修、试验	基础综合	
206.1-142	IEC 61000-3-2—2018	电磁兼容性（EMC）第3-2部分：限值 谐波电流发射限值（设备输入电流≤16A/相）	2018-1-26		IEC 61000-3-2—2009	修试	检修、试验	基础综合	
206.1-143	IEC/TS 61000-3-5 Corrigendum 2—2010	电磁兼容性（EMC）第3-5部分:限值一含有额定电流大于75A设备的低压电源系统中电压的波动和闪变的极限	2010-5-19			修试	检修、试验	基础综合	
206.1-144	IEC/TR 61000-3-6—2008	电磁兼容性（EMC）第3-6部分：限值变形装置对MV，HV和EHV动力系统的连接用排放限值的评估	2008-2-22	CAN/CSA-C61000-3-6-09—2009，NEQ	IEC/TR 61000-3-6—1996	修试	检修、试验	基础综合	

续表

体系结构号	标准编号	标 准 名 称	实施日期	与国际标准对应关系	代替标准	阶段	分阶段	专业	分专业
206.1-145	IEC/TR 61000-3-7—2008	电磁兼容性（EMC）第 3-7 部分：限值变动载荷装置对 MV，HV 和 EHV 动力系统的连接用排放限值的评估	2008-2-22	CAN/CSA-C61000-3-7-09—2009，IDT	IEC TR 61000-3-7—1996；IEC 77 A/576/DTR—2007	修试	检修、试验	基础综合	
206.1-146	IEC 61000-3-12—2011	电磁兼容性（EMC）第 3-12 部分：限值 与每相输入电流 16A 和 75A 的公用低压系统连接的设备产生的谐波电流限值	2011-5-12		IEC 61006-3-12—2004；IEC 77 A/740/FDIS—2011	修试	检修、试验	基础综合	
206.1-147	IEC/TR 61000-3-13 Corri 1—2010	电磁兼容性（EMC）第 3-13 部分：限值不平衡装置对 MV，HV、和 EHV 动力系统的连接用排放限值的评估修改单 1	2010-4-22			修试	检修、试验	基础综合	
206.1-148	IEC/TR 61000-3-14—2011	电磁兼容性（EMC）第 3-14 部分，对安装在低压系	2011-10-20			修试	检修、试验	基础综合	
206.1-149	IEC/TR 61000-4-1—2016	电磁磁兼容（EMC）第 4-1 部分：试验与测量技术 IEC 61000-4 系列的总览	2016-4-27		IEC 61000-4-1—2006	修试	检修、试验	基础综合	
206.1-150	IEC 61000-4-2—2008	电磁兼容性（EMC）第 4-2 部分：试验和测量技术静电放电抗扰试验	2008-12-9		IEC 61000-4-2—1995；IEC 61000-4-2—1995/Amd 1—1998；IEC 61000-4-2—1995/Amd 2—2000；IEC 61000-4-2—1995+Amd 1—1998+Amd 2—2000	修试	检修、试验	基础综合	
206.1-151	IEC 61000-4-3—2010	电磁兼容性（EMC）第 4-3 部分：试验和测量技术辐射、射频和电磁场抗扰试验	2016-4-27		IEC 61000-4-1—2006	修试	检修、试验	基础综合	
206.1-152	IEC 61000-4-4—2012	电磁兼容性（EMC）第 4-4 部分：试验和测量技术快速瞬变脉冲/脉冲串抗扰性试验	2012-4-30	EN 61000-4-4—2012，IDT	IEC 61000-4-4—2004；IEC 61000-4-4—2004/Amd 1—2010；IEC 61000-4-4—2004+Amd 1—2010	修试	检修、试验	基础综合	
206.1-153	IEC 61000-4-5—2014	电磁兼容性（EMC）第 4-5 部分：试验和测量技术电涌抗扰试验	2014-5-15		IEC 61000-4-5—2005	修试	检修、试验	基础综合	
206.1-154	IEC 61000-4-6—2013	电磁兼容性（EMC）第 4-6 部分：测试和测量技术 射频场感应的传导干扰抗扰性	2013-10-23		IEC 61000-4-6—2008	修试	检修、试验	基础综合	

续表

体系结构号	标准编号	标　准　名　称	实施日期	与国际标准对应关系	代替标准	阶段	分阶段	专业	分专业
206.1-155	IEC 61000-4-7—2009	电磁兼容性（EMC）第 4-7 部分：试验和测量挂本供电系统及其相连设备谐波和间谐波的测量和使用仪器的通用指南	2009-10-28			修试	检修、试验	基础综合	
206.1-156	IEC 61000-4-8—2009	电磁兼容性（EMC）第 4-8 部分：试验和测量技术工频磁场抗扰度试验	2009-9-3	DIN EN 61000-4-8—2010 IDT；BS EN 61000-4-8—2010 IDT；EN 61000-4-8—2010，IDT；NF C91-004-8—2010，IDT；PN-EN 61000-4-8—2010，IDT	IEC 61000-4-8—1993；IEC 61000-4-8—1993/Amd 1—2000；IEC 61000-4-8—1993+Amd 1—2000	修试	检修、试验	基础综合	
206.1-157	IEC 61000-4-11—2004	电磁兼容性（EMC）第 4-11 部分：试验和测量技术第 11 节：电压磁倾角、短暂中断及电压渐变抗扰度试验	2004-3-24	EN 61000-4-11—2004，IDT：DIN EN 61000-4-11—2005，IDT；NF C91-004-11—2004，IDT	IEC 61000-4-11—1994；IEC 61000-4-11—1994/Amd 1—2000；IEC 61000-4-11—1994+Amd 1—2000	修试	检修、试验	基础综合	
206.1-158	IEC 61000-4-12—2017	电磁兼容性（EMC）第 4-12 部分：测试和测量技术　环形波抗扰度试验	2017-7-18		IEC 61000-4-12—2006	修试	检修、试验	基础综合	
206.1-159	IEC 61000-4-13—2009	电磁兼容性（EMC）第 4-13 部分：试验和测量技术包括交流电端口电源信号的谐波和间谐波低频抗性试验	2009-7-30			修试	检修、试验	基础综合	
206.1-160	IEC 61000-4-14—2009	电池兼容性（EMC）第 4-14 部分：试验和测量技输入电流不超过 16A 的设备的电压波动抗扰性试验	2009-8-12		IEC 61000-4-14—2002	修试	检修、试验	基础综合	
206.1-161	IEC 61000-4-15—2010	电磁兼容性（EMC）第 4-15 部分：测试与测量技术功能与设计规范	2010-8-24	EN 61000-4-15—2011，IDT	IEC 61000-4-15—1997；IEC 61000-4-15—1997/Amd 1—2003；IEC 61000-4-15—1997+Amd 1—2003	修试	检修、试验	基础综合	
206.1-162	IEC 61000-4-16—2015	电磁兼容性（EMC）第 4-16 部分：试验和测量技术频率范围为 0Hz～150kHz 内进行的共模干扰抗扰试验	2015-12-9		IEC 61000-4-16—1998；IEC 61000-4-16—1998/Amd 1—2001；IEC 61000-4-16—1998+Amd 1—2001；IEC 61000-4-16—1998/Amd 2—2009；IEC 61000 -4-16—1998+ Amd 1— 2001 +Amd 2—2009	修试	检修、试验	基础综合	

续表

体系结构号	标准编号	标准名称	实施日期	与国际标准对应关系	代替标准	阶段	分阶段	专业	分专业
206.1-163	IEC 61000-4-17—2009	电磁兼容性（EMC）第4-17部分：试验和测量技术直流电输入功率端口纹波抗扰度试验	2009-1-28		IEC 61000-4-17—2002	修试	检修、试验	基础综合	
206.1-164	IEC 61000-4-18—2011	电磁兼容性（EMC）第4-18部分：试验和测量技术　阻尼振荡波免疫测试	2011-3-30			修试	检修、试验	基础综合	
206.1-165	IEC 61000-4-19—2014	电磁兼容性（EMC）第4-19部分：试验和测量技术　交流电源端口处频率范围为2kHz～150kHz的差模扰动和信号传输所致抗干扰性的试验	2014-5-7			修试	检修、试验	基础综合	
206.1-166	IEC 61000-4-20—2010	电磁兼容性（EMC）第4-20部分：试验和测量技术横向电磁波导（（TEM）辐射和干扰试验	2010-8-31	EN 61000-4-20—2010，IDT；C91-004-20PR，IDT；PN-EN 61000-4-20—2011，IDT	IEC 61000-4-20—2003；IEC 61000-4-20—2003/Amd 1—2006；IEC 61000-4-20—2003+Amd 1—2006	修试	检修、试验	基础综合	
206.1-167	IEC 61000-4-21—2011	电池兼容性（EMC）第4-21部分：试验和测量技术　混响室试验方法	2011-1-27		IEC 61000-4-21—2003；IEC 77 B/619/CDV—2009	修试	检修、试验	基础综合	
206.1-168	IEC 61000-4-22—2010	电磁兼容性（EMC）第4-22部分：试验和测量技术完全消声室（FARs）内辐射排放和免疫测量	2010-10-27	EN 61000-4-22—2011，IDT	CISPR A 912 FDIS—2010	修试	检修、试验	基础综合	
206.1-169	IEC 61000-4-27—2009	电磁兼容性（EMC）第4-27部分：试验与测量技术在各相输入电流不超过16A情况下设备不平衡与抗扰能力测试	2009-4-7			修试	检修、试验	基础综合	
206.1-170	IEC 61000-4-28—2009	电磁兼容性（EMC）第4-28部分：试验与测量技术在各相输入电流不超过16A情况下设备电力频率变化与抗扰能力测试	2009-4-7		IEC 61000-4-28—2002	修试	检修、试验	基础综合	
206.1-171	IEC 61000-4-30—2015	电磁兼容性（EMC）第4-30部分：试验和测量技术电源质量测量方法	2015-2-20		IEC 61000-4-30—2008	修试	检修、试验	基础综合	

续表

体系结构号	标准编号	标 准 名 称	实施日期	与国际标准对应关系	代替标准	阶段	分阶段	专业	分专业
206.1-172	IEC 61000-4-34—2009	电磁兼容性（EMC） 第4-34部分：试验及测量技术 每相主电流超过16A的设备用电压骤降、短时中断及电压变化免疫测试	2009-11-26			修试	检修、试验	基础综合	
206.1-173	IEC/TR 61000-4-35—2009	电磁兼容性（EMC） 第4-35部分：测试和测量技术 HPEM模拟器汇编	2009-7-23			修试	检修、试验	基础综合	
206.1-174	IEC 61000-4-36—2014	电磁兼容性(EMC)第4-36部分:试验和测量技术 设备和系统的有意电磁干扰抗扰度的试验方法	2014-11-7			修试	检修、试验	基础综合	
206.1-175	IEC/TS 61000-5-8—2009	电磁兼容性(EMC) 第5-8部分:安装和缓解指南布式基础设施的HEMP保护方法	2009-8-31	BS DD IEC/TS 61000-5-8—2010，IDT		修试	检修、试验	基础综合	
206.1-176	IEC/TS 61000-5-9—2009	电磁兼容性(EMC) 第5-9部分:安装和缓解指南高空电磁脉冲（HEMP）和大功率电磁（HPEM）的系统水平敏感性评定	2009-7-8	BS DD IEC/TS 61000-5-9—2010，IDT		修试	检修、试验	基础综合	
206.1-177	IEC 61000-6-1—2016	电磁兼容性(EMC) 第6-1部分:通用标准 居住、商业和轻工业环境的抗扰度	2016-8-10		IEC 61000-6-1—2005	修试	检修、试验	基础综合	
206.1-178	IEC 61000-6-3—2011	电磁兼容性(EMC) 第6-3部分:通用标准 住宅、商业和轻型工业环境排放标准	2011-2-1			修试	检修、试验	基础综合	
206.1-179	IEC 61000-6-4—2018	电磁兼容性(EMC) 第6-4部分：通用标准 工业环境的排放标准	2018-2-7		IEC 61000-6-4—2006	修试	检修、试验	基础综合	
206.1-180	IEC 61000-6-7—2014	电磁兼容性(EMC) 第6-7部分：通用标准 旨在工业场所中的安全相关系统(功能安全)中行使功能的设备的抗干扰要求	2014-10-9			修试	检修、试验	基础综合	
206.1-181	IEC 61010-1—2010+Amd 1—2016	测量、控制和实验室用电气设备的安全性要求 第1部分：一般要求	2017-1-10			修试	检修、试验	基础综合	

续表

体系结构号	标准编号	标准名称	实施日期	与国际标准对应关系	代替标准	阶段	分阶段	专业	分专业
206.1-182	IEC 61010-2-030—2017	测量、控制和实验室用电气设备的安全要求　第 2-030 部分：试验和测量电路的特殊要求	2017-1-12		IEC 61010-2-030—2010	修试	检修、试验	基础综合	
206.1-183	IEC 61030-2-201—2013	测量、控制和实验室用电气设备的安全性要求　第 2-201 部分：控制设备的详细要求		EN 61010-2-201—2013，IDT	IEC 65/515/FDIS—2012	修试	检修、试验	基础综合	
206.1-184	IEC 61124—2012	可靠性试验　恒定失效率和恒定失效密度假设下的验证试验	2012-5-23		IEC 61124—2006	修试	检修、试验	基础综合	
206.1-185	IEC 61326-2-4—2012	测量、控制和实验室用电气设备　电磁兼容性（EMC）的要求　第 2-4 部分：特殊要求 根据 IEC 61557-8 的绝缘监测设备和根据 IEC 61557-9 的绝缘失效定位设备用试验结构、操作条件和性能标准	2012-7-10		IEC 61326-2-4—2006	修试	检修、试验	基础综合	
206.1-186	IEC 61326-3-2—2017	测量、控制和实验室用电气设备　电磁兼容性要求　第 3-2 部分：安全相关系统和用于执行安全相关功能的设备的抗干扰要求（功能安全）具有特定电磁环境的工业应用	2017-5-16		IEC 61326-3-2—2008	修试	检修、试验	基础综合	
206.1-187	IEC 61558-1—2017	变压器、电抗器、电源装置及其组合的安全性　第 1 部分：一般要求和试验	2017-9-29		IEC 61558-1—2005	采购、运维	招标、运行、维护	变电	变压器
206.1-188	IEC 61558-2-3—2010	变压器、反应器、供电机组及其组合的安全性　第 2-3 部分：气体燃烧器和燃油器用点火变压器的试验和详细要求	2010-6-29	BS EN 61558-2-3—2010 IDT；EN 61558-2-3—2010，IDT	IEC 61558-2-3—1999；IEC 96/357/FDIS—2010	采购、运维	招标、运行、维护	变电	变压器
206.1-189	IEC 61558-2-5—2010	变压器、反应器、供电机组及其组合的安全性　第 2-5 部分：剃须刀变压器和其电源装置的试验和详细要求	2010-6-29	BS EN 61558-2-5—2010，IDT；EN 61558-2-5—2010，IDT	IEC 61558-2-5—1997	采购、运维	招标、运行、维护	变电	变压器
206.1-190	IEC 61558-2-8—2010	变压器、反应器、供电机组及其组合的安全性　第 2-8 部分：变压器和供电机组的详细要求和试验	2010-6-29	BS EN 61558-2-8—2010，IDT；EN 61558-2-8—2010，IDT	IEC 61558-2-8—1998	采购、运维	招标、运行、维护	变电	变压器

续表

体系结构号	标准编号	标 准 名 称	实施日期	与国际标准对应关系	代替标准	阶段	分阶段	专业	分专业
206.1-191	IEC 61558-2-9—2010	变压器、反应器、供电机组及其组合的安全性 第 2-9 部分:Ⅲ类手用钨丝灯变压器和供电机组的详细要求和试验	2010-6-29	BS EN 61558-2-9—2011，IDT；EN 61558-2-9—2011，IDT	IEC 61558-2-9—2002；IEC 96/355/FDIS—2010	采购、运维	招标、运行、维护	变电	变压器
206.1-192	IEC 61558-2-12—2011	电力变压器、电源装置及类似设备的安全性 第 2-12 部分:恒压用恒变压器和供电机组的试验和详细要求	2011-1-27	EN 61558-2-12—2011，TDT	IEC 61558-2-12—2001；IEC 96/370/FDIS—2010	采购、运维	招标、运行、维护	变电	变压器
206.1-193	IEC 61558-2-15—2011	电力变压器、电源装置及类似设备的安全性 第 2-15 部分:医学区域供电用隔离变压器的特殊要求	2011-11-22		IEC 61558-2-15—1999	采购、运维	招标、运行、维护	变电	变压器
206.1-194	IEC 61558-2-16 Edition 1.1—2013	电压小于 1100kV 用变压器、电抗器、电源装置、及类似设备的安全性 第 2-16 部分:开关电源装置和开关电源装置用变压器的详细要求和试验	2013-8-12			采购、运维	招标、运行、维护	变电	变压器、电抗器
206.1-195	IEC 61558-2-20—2010	电力变压器、电源装置及类似设备的安全性 第 2-20 部分:小型电抗器试验详细要求	2010-6-29	BS EN 61558-2-26—2011 IDT；EN 61558-2-20—2011，IDT	IEC 61558-2-20—2000；IEC 96/356/FDIS—2010	采购、运维	招标、运行、维护	变电	变压器
206.1-196	IEC 61558-2-23—2010	变压器、反应器、供电机组及其组合的安全性 第 2-23 部分:建筑工地用变压器和供电机组的试验和详细要求	2010-8-31	EN 61558-2-23—2010，IDT	IEC 61558-2-23—2000；IEC 96/359/FDIS—2010	采购、运维	招标、运行、维护	变电	变压器
206.1-197	IEC 61786-1—2013	关于人体暴露于 1Hz～100kHz 直流电磁场、交流电磁场及交流电场的测量 第 1 部分：测量仪器的要求（提案的横向标准）	2013-12-12			修试	检修、试验	基础综合	
206.1-198	IEC/TS 61934—2011	电绝缘材料和系统 在短上升时间和反复电压脉冲下局部放电（PD）的电测量	2011-4-28		IEC TS 61934—2006；IEC 112/163/DTS—2010	修试	检修、试验	基础综合	
206.1-199	IEC 62433-1—2019	电磁兼容性（EMC）集成电路（IC）模型 第 1 部分：一般模型结构	2019-3-8		IEC/TS 62433-1—2011	修试	检修、试验	基础综合	

体系结构号	标准编号	标 准 名 称	实施日期	与国际标准对应关系	代替标准	阶段	分阶段	专业	分专业
206.1-200	IEC 62475—2010	大电流试验技术试验电流和测量系统用定义和需求	2010-9-29	EN 62475—2010，IDT；PN-EN 62475—2010，IDT		修试	检修、试验	基础综合	
206.1-201	IEC/TR 62630—2010	曝露于多个电磁源的评估指南	2010-3-10			修试	检修、试验	基础综合	
206.1-202	ISO 21748—2017	测量不确定度估算中可重复性、再现性和真实度估算指南	2017-4-24		ISO 21748—2010	修试	检修、试验	基础综合	
206.1-203	JIS C 2143-2—2011	电气绝缘材料 耐热属性 第2部分：耐热属性的测定，试验标准的选择	2011-8-22	IEC 60216-2—2005，IDT		修试	检修、试验	基础综合	
206.1-204	JIS C 2550-1—2011	电工钢条和电工钢板试验方法 第1部分:采用爱普斯坦方圈测量电工钢条和电工钢板磁特性测量方法	2011-9-20	IEC 60404-2—2008，MOD	JIS C2550—2000	修试	检修、试验	基础综合	
206.1-205	JIS C 2550-2—2011	电工钢条和电工钢板的试验方法 第2部分：电工钢条和电工钢板的几何特性测定方法	2011-9-20	IEC 60404-9—1987，MOD	JIS C2550—2000	修试	检修、试验	基础综合	
206.1-206	JIS C 2550-3—2011	电工钢条和电工钢板试验方法 第3部分:中频时测量电工钢条和电工钢板磁特性测量方法	2011-9-20	IEC 60404-10—1988，MOD	JIS C2550—2000	修试	检修、试验	基础综合	
206.1-207	JIS C 2550-4—2011	电工钢条和电工钢板试验方法 第4部分:测定电工钢条和电工钢板表面绝缘特性试验方法	2011-9-20	IEC 60404-11—1999，MOD	JIS C2550—2000	修试	检修、试验	基础综合	
206.1-208	JIS C 2550-5—2011	电工钢条和电工钢板试验方法 第5部分:电工钢条和电工钢板密度、电阻率和堆垛系数的测量方法	2011-9-20	IEC 60404-13—1995，MOD	JIS C2550—2000	修试	检修、试验	基础综合	
206.1-209	JIS C 62024-2—2011	高频感应部件 电气特性和测量方法 第2部分:直流转直流转换器用感应器的额定电流	2011-8-22	IEC 62024-2—2008，IDT		采购、运维	招标、品控、运行、维护	换流	其他
206.2 试验与计量-高压电力设备									
206.2-1	Q/CSG 11401—2010	气体绝缘金属封闭开关设备（GIS）局部放电特高频检测技术规范	2010-12-20			修试	检修、试验	变电	开关

续表

体系结构号	标准编号	标准名称	实施日期	与国际标准对应关系	代替标准	阶段	分阶段	专业	分专业
206.2-2	Q/CSG 1205018—2018	高压直流输电晶闸管换流阀现场试验导则	2018-4-16			修试	检修、试验	换流	换流阀
206.2-3	T/CSEE 0003—2016	变压器智能组件地电位升高防护性能检测技术规范	2017-5-1			修试	检修、试验	变电	变压器
206.2-4	T/CSEE 0006—2016	输变电设备带电检修机器人试验检测规范	2017-5-1			修试	检修、试验	变电	其他
206.2-5	T/CSEE 0005—2016 T/CEEIA 259—2016	智能隔离断路器试验检测规范	2017-5-1			修试	检修、试验	变电	开关
206.2-6	T/CSEE 0029—2017	绝缘管型母线现场交接及运行检测技术导则	2018-5-1			采购、建设、修试	品控、验收与质量评定、试验	变电	其他
206.2-7	T/CSEE 0038—2017	变电站站界噪声测试技术规范	2018-5-1			修试	检修、试验	变电	其他
206.2-8	DL/T 264—2012	油浸式电力变压器（电抗器）现场密封性试验导则	2012-7-1			修试	检修、试验	变电	变压器
206.2-9	DL/T 265—2012	变压器有载分接开关现场试验导则	2012-7-1			修试	检修、试验	变电	变压器
206.2-10	DL/T 276—2012	高压直流设备无线电干扰测量方法	2012-3-1			修试	检修、试验	变电	其他
206.2-11	DL/T 303—2014	电网在役支柱绝缘子及瓷套超声波检验技术导则	2015-3-1			修试	检修、试验	变电	其他
206.2-12	DL/T 304—2011	气体绝缘金属封闭输电线路现场交接试验导则	2011-11-1			修试	检修、试验	变电	其他
206.2-13	DL/T 366—2010	串联电容器补偿装置一次设备预防性试验规程	2010-10-1			修试	检修、试验	变电	其他
206.2-14	DL/T 555—2004	气体绝缘金属封闭开关设备现场耐压及绝缘试验导则	2004-6-1		DL/T 555—1994	修试	检修、试验	变电	开关
206.2-15	DL/T 911—2016	电力变压器绕组变形的频率响应分析法	2016-7-1		DL/T 911—2004	修试	检修、试验	变电	变压器
206.2-16	DL/T 984—2018	油浸式变压器绝缘老化判断导则	2018-7-1		DL/T 984—2005	修试	检修、试验	变电	变压器
206.2-17	DL/T 1015—2006	现场直流和交流耐压试验电压测量系统的使用导则	2007-3-1			修试	检修、试验	变电	变压器
206.2-18	DL/T 1093—2018	电力变压器绕组变形的电抗法检测判断导则	2018-7-1		DL/T 1093—2008	修试	检修、试验	变电	变压器

续表

体系结构号	标准编号	标 准 名 称	实施日期	与国际标准对应关系	代替标准	阶段	分阶段	专业	分专业
206.2-19	DL/T 1131—2009	±800kV 高压直流输电工程系统试验规程	2009-12-1			修试	检修、试验	变电	其他
206.2-20	DL/T 1154—2012	高压电气设备额定电压下介质损耗因数试验导则	2012-12-1			修试	检修、试验	变电	其他
206.2-21	DL/T 1215.2—2013	链式静止同步补偿器 第2部分：换流链的试验	2013-8-1			修试	检修、试验	变电	其他
206.2-22	DL/T 1215.4—2013	链式静止同步补偿器 第4部分：现场试验	2013-8-1			修试	检修、试验	变电	其他
206.2-23	DL/T 1243—2013	换流变压器现场局部放电测试技术	2013-8-1			修试	检修、试验	变电	变压器
206.2-24	DL/T 1250—2013	气体绝缘金属封闭开关设备带电超声局部放电检测应用导则	2013-8-1			修试	检修、试验	变电	开关
206.2-25	DL/T 1299—2013	直流融冰装置试验导则	2014-4-1			修试	检修、试验	变电	其他
206.2-26	DL/T 1300—2013	气体绝缘金属封闭开关设备现场冲击试验导则	2014-4-1			修试	检修、试验	变电	开关
206.2-27	DL/T 1304—2013	500kV 串联电容器补偿装置系统调试规程	2014-4-1			修试	检修、试验	变电	其他
206.2-28	DL/T 1323—2014	现场宽频率交流耐压试验电压测量导则	2014-8-1			修试	检修、试验	变电	其他
206.2-29	DL/T 1327—2014	高压交流变电站可听噪声测量方法	2014-8-1			修试	检修、试验	变电	其他
206.2-30	DL/T 1331—2014	交流变电设备不拆高压引线试验导则	2014-8-1			修试	检修、试验	变电	其他
206.2-31	DL/T 1332—2014	电流互感器励磁特性现场低频试验方法测量导则	2014-8-1			修试	检修、试验	变电	互感器
206.2-32	DL/T 1432.1—2015	变电设备在线监测装置检验规范 第1部分:通用检验规范	2015-9-1			修试	检修、试验	变电	其他
206.2-33	DL/T 1432.2—2016	变电设备在线监测装置检验规范 第2部分:变压器油中溶解气体在线监测装置	2016-6-1			修试	检修、试验	变电	其他
206.2-34	DL/T 1432.3—2016	变电设备在线监测装置检验规范 第3部分:电容型设备及金属氧化物避雷器绝缘在线监测装置	2016-6-1			修试	检修、试验	变电	其他

续表

体系结构号	标准编号	标准名称	实施日期	与国际标准对应关系	代替标准	阶段	分阶段	专业	分专业
206.2-35	DL/T 1432.4—2017	变电设备在线监测装置检验规范 第4部分:气体绝缘金属封闭开关设备局部放电特高频在线监测装置	2017-12-1			修试	检修、试验	变电	其他
206.2-36	DL/T 1474—2015	标称电压高于1000V交、直流系统用复合绝缘子憎水性测量方法	2015-12-1			修试	检修、试验	变电	其他
206.2-37	DL/T 1534—2016	油浸式电力变压器局部放电的特高频检测方法	2016-6-1			修试	检修、试验	变电	变压器
206.2-38	DL/T 1540—2016	油浸式交流电抗器（变压器）运行振动测量方法	2016-6-1			修试	检修、试验	变电	变压器
206.2-39	DL/T 1560—2016	解体运输电力变压器现场组装与试验导则	2016-6-1			修试	检修、试验	变电	变压器
206.2-40	DL/T 1568—2016	换流阀现场试验导则	2016-7-1			修试	检修、试验	变电	变压器
206.2-41	DL/T 1577—2016	直流设备不拆高压引线试验导则	2016-7-1			修试	检修、试验	变电	变压器
206.2-42	DL/T 1630—2016	气体绝缘金属封闭开关设备局部放电特高频检测技术规范	2017-5-1			修试	检修、试验	变电	变压器
206.2-43	DL/T 1669—2016	±800kV直流设备现场直流耐压试验实施导则	2017-5-1			修试	检修、试验	变电	变压器
206.2-44	DL/T 1774—2017	电力电容器外壳耐受爆破能量试验导则	2018-6-1			修试	检修、试验	变电	变压器
206.2-45	DL/T 1788—2017	高压直流互感器现场校验规范	2018-6-1			修试	检修、试验	变电	变压器
206.2-46	DL/T 1799—2018	电力变压器直流偏磁耐受能力试验方法	2018-7-1			修试	检修、试验	变电	变压器
206.2-47	DL/T 1807—2018	油浸式电力变压器、电抗器局部放电超声波检测与定位导则	2018-7-1			修试	检修、试验	变电	变压器、电抗器
206.2-48	DL/T 1808—2018	干式空心电抗器匝间过电压现场试验导则	2018-7-1			修试	检修、试验	变电	电抗器
206.2-49	DL/T 1946—2018	气体绝缘金属封闭开关设备X射线透视成像现场检测技术导则	2019-5-1			修试	检修、试验	变电	开关

续表

体系结构号	标准编号	标准名称	实施日期	与国际标准对应关系	代替标准	阶段	分阶段	专业	分专业
206.2-50	DL/T 1960—2018	变电站电气设备抗震试验技术规程	2019-5-1			修试	检修、试验	变电	变压器、互感器、电抗器、开关类、避雷器、其他
206.2-51	NB/T 42004—2013	高压交流电机定子线圈对地绝缘电老化试验方法	2013-8-1			修试	检修、试验	变电	变压器
206.2-52	NB/T 42005—2013	高压交流电机定子线圈对地绝缘电热老化试验方法	2013-8-1			修试	检修、试验	变电	变压器
206.2-53	NB/T 42137—2017	高压交流隔离开关和接地开关试验导则	2018-3-1			修试	检修、试验	变电	变压器
206.2-54	NB/T 42138—2017	高压交流断路器试验导则	2018-3-1			修试	检修、试验	变电	变压器
206.2-55	JB/T 501—2006	电力变压器试验导则	2006-10-1		JB/T 501—1991	修试	检修、试验	变电	变压器
206.2-56	JB/T 1544—2015	电气绝缘浸渍漆和漆布快速热老化试验方法—热重点斜法	2015-10-1		JB/T 1544—1999	修试	检修、试验	变电	变压器
206.2-57	JB/T 3730—2015	电气绝缘用柔软复合材料耐热性能评定试验方法 卷管检查电压法	2015-10-1		JB/T 3730—1999	修试	检修、试验	变电	变压器
206.2-58	JB/T 7618—2011	避雷器密封试验	2012-4-1		JB/T 7618—1994	修试	检修、试验	变电	避雷器
206.2-59	JB/T 8314—2008	分接开关 试验导则	2008-7-1		JB/T 8314—1996	修试	检修、试验	变电	开关
206.2-60	NB/T 42065—2016	真空断路器容性电流开合老炼试验导则	2016-6-1			修试	检修、试验	变电	开关
206.2-61	NB/T 42099—2016	高压交流断路器合成试验导则	2017-5-1			修试	检修、试验	变电	开关
206.2-62	NB/T 42101—2016	高压开关设备型式试验及型式试验报告通用导则	2017-5-1			修试	检修、试验	变电	开关
206.2-63	NB/T 42102—2016	高压电器高电压试验技术操作细则	2017-5-1			修试	检修、试验	变电	开关
206.2-64	SJ/T 31399—1994	避雷器完好要求和检查评定方法	1994-6-1			修试	检修、试验	变电	避雷器
206.2-65	GB/T 1094.4—2005	电力变压器 第4部分：电力变压器和电抗器的雷电冲击和操作冲击试验导则	2006-4-1	IEC 60076-4: 2002，MOD	GB/T 7449—1987	修试	检修、试验	变电	变压器
206.2-66	GB/T 1094.101—2008	电力变压器 第10.1部分：声级测定 应用导则	2009-4-1	IEC 60076-10-1: 2005，IDT		修试	检修、试验	变电	变压器

续表

体系结构号	标准编号	标准名称	实施日期	与国际标准对应关系	代替标准	阶段	分阶段	专业	分专业
206.2-67	GB/T 1094.18—2016	电力变压器　第18部分：频率响应测量	2017-3-1	IEC 60076-18: 2012		修试	检修、试验	变电	变压器
206.2-68	GB/T 4074.1—2008	绕组线试验方法　第1部分：一般规定	2008-12-1	IEC 60851-1: 1996，IDT	GB/T 4074.1—1999	修试	检修、试验	变电	变压器
206.2-69	GB/T 4473—2018	高压交流断路器的合成试验	2019-7-1		GB/T 4473—2008	修试	检修、试验	变电	开关
206.2-70	GB/T 11020—2005	固体非金属材料暴露在火焰源时的试验方法清单	2006-4-1		GB/T 11020—1989	修试	检修、试验	变电	其他
206.2-71	GB/T 11023—2018	高压开关设备六氟化硫气体密封试验方法	2019-7-1		GB/T 11023—1989	修试	检修、试验	变电	开关
206.2-72	GB/T 11604—2015	高压电气设备无线电干扰测试方法	2016-4-1		GB/T 11604—1989	修试	检修、试验	变电	开关
206.2-73	GB/T 19212.2—2012	电力变压器、电源、电抗器和类似产品的安全　第2部分：一般用途分离变压器和内装分离变压器的电源的特殊要求和试验	2017-3-23	IEC 61558-2-1: 2007	GB 19212.2—2012	修试	检修、试验	变电	变压器
206.2-74	GB/T 19212.3—2012	电力变压器、电源、电抗器和类似产品的安全　第3部分：控制变压器和内装控制变压器的电源的特殊要求和试验	2017-3-23	IEC 61558-2-2: 2007	GB 19212.3—2012	修试	检修、试验	变电	变压器
206.2-75	GB/T 19212.10—2014	变压器、电抗器、电源装置及其组合的安全　第10部分：Ⅲ类手提钨丝灯用变压器和电源装置的特殊要求和试验	2017-3-23	IEC 61558-2-9: 2010	GB 19212.10—2014	修试	检修、试验	变电	变压器
206.2-76	GB/T 19212.21—2014	变压器、电抗器、电源装置及其组合的安全　第21部分：小型电抗器的特殊要求和试验	2017-3-23	IEC 61558-2-20: 2010	GB 19212.21—2014	修试	检修、试验	变电	变压器
206.2-77	GB/T 20138—2006	电器设备外壳对外界机械碰撞的防护等级（IK代码）	2006-8-1	IEC 62262: 2002，IDT		修试	检修、试验	变电	其他
206.2-78	GB/T 20160—2006	旋转电机绝缘电阻测试	2006-9-1	IEEE Std 43: 2000，IDT		修试	检修、试验	变电	其他
206.2-79	GB/T 20990.1—2007	高压直流输电晶闸管阀　第1部分：电气试验	2008-2-1	IEC 60700-1: 1998，IDT		修试	检修、试验	变电	其他
206.2-80	GB/T 20992—2007	高压直流输电用普通晶闸管的一般要求	2008-2-1	IEC 60747-6-3: 1993，NEQ		修试	检修、试验	变电	其他
206.2-81	GB/T 22071.1—2018	互感器试验导则　第1部分：电流互感器	2019-7-1		GB/T 22071.1—2008	修试	检修、试验	变电	互感器

续表

体系结构号	标准编号	标准名称	实施日期	与国际标准对应关系	代替标准	阶段	分阶段	专业	分专业
206.2-82	GB/T 22071.2—2017	互感器试验导则　第2部分：电磁式电压互感器	2018-7-1		GB/T 22071.2—2008	修试	检修、试验	变电	互感器
206.2-83	GB/T 22075—2008	高压直流换流站的可听噪声	2009-4-1			修试	检修、试验	变电	其他
206.2-84	GB/T 22720.1—2017	旋转电机　电压型变频器供电的旋转电机无局部放电（Ⅰ型）电气绝缘结构的鉴别和质量控制试验	2018-5-1	IEC 60034-18-41: 2014	GB/T 22720.1—2008	修试	检修、试验	变电	其他
206.2-85	GB/T 24623—2009	高压绝缘子无线电干扰试验	2010-4-1	IEC 60437: 1997，MOD		修试	检修、试验	变电	其他
206.2-86	GB/T 26869—2011	标称电压高于1000V低于300kV系统用户内有机材料支柱绝缘子的试验	2011-12-1	IEC 60660: 1999，MOD		修试	检修、试验	变电	其他
206.2-87	GB/T 28543—2012	电力电容器噪声测量方法	2012-11-1			修试	检修、试验	变电	其他
206.2-88	GB/T 28563—2012	±800kV特高压直流输电用晶闸管阀电气试验	2012-11-1			修试	检修、试验	变电	其他
206.2-89	GB/T 29489—2013	高压交流开关设备和控制设备的感性负载开合	2013-7-1			修试	检修、试验	变电	开关
206.2-90	GB/T 30109—2013	交流损耗测量 液氦温度下横向交变磁场中圆形截面超导线总交流损耗的探测线圈测量法	2014-5-15	IEC 61788-8 Ed.2: 2010		修试	检修、试验	变电	其他
206.2-91	GB/T 30423—2013	高压直流设施的系统试验	2014-7-13	IEC 61975: 2010，IDT		修试	检修、试验	变电	其他
206.2-92	GB/T 31487.3—2015	直流融冰装置　第3部分：试验	2015-12-1			修试	检修、试验	变电	其他
206.2-93	GB/T 32291—2015	高压超高压安全阀离线校验与评定	2016-7-1			修试	检修、试验	变电	其他
206.2-94	GB/T 32518.1—2016	超高压可控并联电抗器现场试验技术规范　第1部分：分级调节式	2016-9-1			修试	检修、试验	变电	其他
206.2-95	GB/T 33348—2016	高压直流输电用电压源换流器阀 电气试验	2017-7-1	IEC 62501: 2014		修试	检修、试验	变电	其他
206.2-96	GB/T 33981—2017	高压交流断路器声压级测量的标准规程	2018-2-1	IEC/IEEE 62271-37-082: 2012		修试	检修、试验	变电	开关
206.2-97	GB/T 34925—2017	高原110kV变电站交流回路系统现场检验方法	2018-5-1			修试	检修、试验	变电	其他

续表

体系结构号	标准编号	标准名称	实施日期	与国际标准对应关系	代替标准	阶段	分阶段	专业	分专业
206.2-98	GB/T 36956—2018	柔性直流输电用电压源换流器阀基控制设备试验	2019-7-1			修试	检修、试验	换流	换流阀
206.2-99	GB/T 37137—2018	高原 220kV 变电站交流回路系统现场检验方法	2019-7-1			修试	检修、试验	变电	其他
206.2-100	ANSI C37.54—2003	金属封装开关组件中作为可拆除元件的室内交流高压断路器的一致性试验规程	2010-9-29		IEC 60060-1—1989	修试	检修、试验	变电	开关
206.2-101	IEC 60060-1—2010	高压试验技术 第 1 部分：一般定义和试验要求	2010-9-1	GOST 1516.2—1997，EQV；GOST IEC 384-14—1995，EQV；GOST RIEC384-14—1994，EQV；HD 588.1 S1—1991，IDT	IEC 60060-1—1989；IEC 60060-1 CORRI 1-I992；IEC 60060-1 Corri 1—1992；IEC 42/277/FDIS—2010	修试	检修、试验	变电	其他
206.2-102	IEC 60060-2—2010	高压试验技术 第 2 部分：测量系统	2010-11-29	EN 6006D-2—1994，IDT；BS EN 60060-2，IDT；DIN EN 60060-2-I996，IDT	IEC 60060-2—1994；IEC 60060-2—1994/Amd 1—1996	修试	检修、试验	变电	其他
206.2-103	IEC 60060-3—2006	高电压测试技术 第 3 部分：现场测试的定义和要求	2006-2-7	DIN EN 60060-3—2006，IDT；BS EN 60060-3—2006，IDT；EN 60060-3—2006，IDT；NF C41-103—2006，IDT；OEVE/OENORM EN 60060-3—2006，IDT	IEC 60060-3—1976	修试	检修、试验	变电	其他
206.2-104	IEC 60684-2—2011	IEC 60684-2，3.0 版本：软绝缘套管 第 2 部分：测试方法	2013-12-13		IEC 60507—1991	修试	检修、试验	变电	其他
206.2-105	IEC 61975—2010	高压直流装置的系统试验	2010-7-29	BS EN 61975—2010，IDT；EN 61975—2010，IDT	IEC PAS 61975—2004；IEC 22 F/221/FDIS—2010	修试	检修、试验	变电	其他
206.2-106	IEC/TR 62271-310—2008	高压开关装置和控制器 第 320 部分：额定电压 52kV 断路器的电气耐久性测试	2008-3-27		IEC TR 62271-370—2004；IEC 17 A/803/DTR—2007	修试	检修、试验	变电	开关
206.2-107	IEEE C37.09—1999（R2007）	基于平衡电流的额定交流高压电路断路器的测试程序	1999-6-26		IEEE C37.09—1979（R1989）	修试	检修、试验	变电	开关
206.2-108	IEEE C57.13.1—2017	Guide for Field Testing of Relaying Current Transformers	2017-12-6		IEEE C57.13.1—2006	修试	检修、试验	变电	其他

体系结构号	标准编号	标 准 名 称	实施日期	与国际标准对应关系	代替标准	阶段	分阶段	专业	分专业
206.2-109	IEEE 1277—2010	IEEE Standard General Requirements and Test Code for Dry-Type and Oil-Immersed Smoothing Re-actors for DC Power Transm- ission	2010-3-25			修试	检修、试验	变电	其他
206.3 试验与计量-中、低压电力设备									
206.3-1	T/CEC 112—2016	饱和铁芯型高温超导限流电抗器预防性试验规程	2017-1-1			修试	检修、试验	配电	其他
206.3-2	T/CSEE/Z 0065—2017	直流配电网用直流控制与保护设备试验规程	2018-5-1			修试	检修、试验	配电	其他
206.3-3	NB/T 42063—2015	3.6kV～40.5kV 高压交流负荷开关试验导则	2016-3-1	Guide to the interpretation of IEC 60265-1，MOD		修试	检修、试验	配电	其他
206.3-4	NB/T 42064—2015	3.6kV～40.5kV 交流金属封闭开关设备和控制设备试验导则	2016-3-1	Guide to the interpretation of IEC 62271-200，MOD		修试	检修、试验	配电	其他
206.3-5	NB/T 42093.1—2016	干式变压器绝缘系统 热评定试验规程 第 1 部分：600V 以上绕组	2017-5-1			修试	检修、试验	配电	其他
206.3-6	JB/T 5351—2014	真空开关触头材料 基本性能试验方法	2014-11-1		JB/T 5351—1991	修试	检修、试验	配电	其他
206.3-7	GB/T 507—2002	绝缘油 击穿电压测定法	2003-4-1	IEC 156: 1995，EQV	GB/T 507—1986	修试	检修、试验	配电	其他
206.3-8	GB/T 1032—2012	三相异步电动机试验方法	2012-11-1	IEC 60034-2-1: 2007	GB/T 1032—2005	修试	检修、试验	配电	其他
206.3-9	GB/T 5171.21—2016	小功率电动机 第 21 部分：通用试验方法	2017-3-1			修试	检修、试验	配电	其他
206.3-10	GB/T 7113.2—2014	绝缘软管 第 2 部分：试验方法	2015-2-1	IEC 60684-2: 2003，MOD	GB/T 7113.2—2005	修试	检修、试验	配电	其他
206.3-11	GB/T 10233—2016	低压成套开关设备和电控设备基本试验方法	2016-9-1		GB/T 10233—2005	修试	检修、试验	配电、用电	其他
206.3-12	GB/T 11026.1—2016	电气绝缘材料 耐热性 第 1 部分：老化程序和试验结果的评定	2017-7-1	IEC 60216-1: 2013	GB/T 11026.1—2003	修试	检修、试验	配电、用电	其他
206.3-13	GB/T 11026.3—2017	电气绝缘材料 耐热性 第 3 部分：计算耐热特征参数的规程	2018-7-1	IEC 60216-3: 2006	GB/T 11026.3—2006	修试	检修、试验	配电、用电	其他

续表

体系结构号	标准编号	标准名称	实施日期	与国际标准对应关系	代替标准	阶段	分阶段	专业	分专业
206.3-14	GB/T 11026.9—2016	电气绝缘材料 耐热性 第9部分：利用简化程序计算耐热性导则	2017-7-1	IEC 60216-8: 2013		修试	检修、试验	配电、用电	其他
206.3-15	GB/T 11313.1—2013	射频连接器 第1部分：总规范 一般要求和试验方法	2014-4-15	IEC 61169-1: 1998，IDT	GB/T 11313—1996；GB/T 11313.1—2000	修试	检修、试验	配电、用电	其他
206.3-16	GB/T 11313.201—2018	射频连接器 第201部分：电气试验方法 反射系数和电压驻波比	2019-1-1			修试	检修、试验	配电、用电	其他
206.3-17	GB/T 11313.202—2018	射频连接器 第202部分：电气试验方法 插入损耗	2019-1-1			修试	检修、试验	配电、用电	其他
206.3-18	GB/T 16895.21—2011	低压电气装置 第4-41部分：安全防护 电击防护	2017-3-23	IEC 60364-4-41: 2005	GB 16895.21—2011	修试	检修、试验	配电、用电	其他
206.3-19	GB/T 16895.23—2012	低压电气装置 第6部分：检验	2012-11-1	IEC 60364-6: 2006，IDT	GB/T 16895.23—2005	修试	检修、试验	配电、用电	其他
206.3-20	GB/Z 16935.2—2013	低压系统内设备的绝缘配合 第2-1部分：应用指南 GB/T 16935系列应用解释，定尺寸示例及介电试验	2014-4-9			设计、采购	初设、施工图、招标、品控	配电、用电	其他
206.3-21	GB/T 17627.1—1998	低压电气设备的高电压试验技术 第一部分：定义和试验要求	1999-12-1	IEC 1180-1: 1992，EQV		修试	检修、试验	配电、用电	其他
206.3-22	GB/T 17627.2—1998	低压电气设备的高电压试验技术 第二部分：测量系统和试验设备	1999-12-1	IEC 1180-2: 1994，EQV		修试	检修、试验	配电、用电	其他
206.3-23	GB/T 18216.1—2012	交流1000V和直流1500V以下低压配电系统电气安全防护措施的试验、测量或监控设备 第1部分：通用要求	2013-2-15		GB/T 18216.1—2000	修试、运维	试验、运行、维护	配电、用电	其他
206.3-24	GB/T 18216.2—2012	交流1000V和直流1500V以下低压配电系统电气安全防护措施的试验、测量或监控设备 第2部分：绝缘电阻	2013-2-15	IEC 61557-2: 2007，IDT	GB/T 18216.2—2002	修试、运维	试验、运行、维护	配电、用电	其他
206.3-25	GB/T 18216.3—2012	交流1000V和直流1500V以下低压配电系统电气安全防护措施的试验、测量或监控设备 第3部分：环路阻抗	2013-2-15	IEC 61557-3: 2007，IDT	GB/T 18216.3—2007	修试、运维	试验、运行、维护	配电、用电	其他

续表

体系结构号	标准编号	标 准 名 称	实施日期	与国际标准对应关系	代替标准	阶段	分阶段	专业	分专业
206.3-26	GB/T 18216.4—2012	交流 1000V 和直流 1500V 以下低压配电系统电气安全防护措施的试验、测量或监控设备 第 4 部分：接地电阻和等电位接地电阻	2013-2-15	IEC 61557-4: 2007，IDT	GB/T 18216.4—2007	修试、运维	试验、运行、维护	配电、用电	其他
206.3-27	GB/T 18216.5—2012	交流 1000V 和直流 1500V 以下低压配电系统电气安全防护措施的试验、测量或监控设备 第 5 部分：对地阻抗	2013-2-15	IEC 61557-5: 2007，IDT	GB/T 18216.5—2007	修试、运维	试验、运行、维护	配电、用电	其他
206.3-28	GB/T 18216.8—2015	交流 1000V 和直流 1500V 以下低压配电系统电气安全防护设施的试验、测量或监控设备 第 8 部分：IT 系统中绝缘监控装置	2016-7-1	IEC 61557-8: 2007，IDT		修试、运维	试验、运行、维护	配电、用电	其他
206.3-29	GB/T 18216.9—2015	交流 1000V 和直流 1500V 以下低压配电系统电气安全防护措施的试验、测量或监控设备 第 9 部分：IT 系统中的绝缘故障定位设备	2016-7-1	IEC 61557-9: 2007，IDT		修试、运维	试验、运行、维护	配电、用电	其他
206.3-30	GB/T 18859—2016	封闭式低压成套开关设备和控制设备 在内部故障引起电弧情况下的试验导则	2017-7-1	IEC/TR 61641: 2014	GB/Z 18859—2002	修试、运维	试验、运行、维护	配电	开关
206.3-31	GB/T 19212.5—2011	电源电压为 1100V 及以下的变压器、电抗器、电源装置和类似产品的安全 第 5 部分：隔离变压器和内装隔离变压器的电源装置的特殊要求和试验	2017-3-23	IEC 61558-2-4: 2009	GB 19212.5—2011	修试、运维	试验、运行、维护	配电	变压器
206.3-32	GB/T 19212.7—2012	电源电压为 1100V 及以下的变压器、电抗器、电源装置和类似产品的安全 第 7 部分：安全隔离变压器和内装安全隔离变压器的电源装置的特殊要求和试验	2017-3-23	IEC 61558-2-6: 2009	GB 19212.7—2012	修试、运维	试验、运行、维护	配电	变压器
206.3-33	GB/T 19212.14—2012	电源电压为 1100V 及以下的变压器、电抗器、电源装置和类似产品的安全 第 14 部分：自耦变压器和内装自耦变压器的电源装置的特殊要求和试验	2017-3-23	IEC 61558-2-13: 2009	GB 19212.14—2012	修试、运维	试验、运行、维护	配电	变压器

续表

体系结构号	标准编号	标 准 名 称	实施日期	与国际标准对应关系	代替标准	阶段	分阶段	专业	分专业
206.3-34	GB/T 19212.17—2013	电源电压为 1100V 及以下的变压器、电抗器、电源装置和类似产品的安全 第 17 部分：开关型电源装置和开关型电源装置用变压器的特殊要求和试验	2017-3-23	IEC 61558-2-16: 2009	GB 19212.17—2013	修试、运维	试验、运行、维护	配电	变压器
206.3-35	GB/T 20114—2006	普通电源或整流电源供电直流电机的特殊试验方法	2006-6-1	IEC 60034-19: 1995，IDT		修试、运维	试验、维护	配电、用电	其他
206.3-36	GB/Z 22074—2016	塑料外壳式断路器可靠性试验方法	2016-11-1		GB/Z 22074—2008	修试、运维	试验、维护	配电、用电	其他
206.3-37	GB/Z 22200—2016	小容量交流接触器可靠性试验方法	2016-11-1		GB/Z 22200—2008	修试、运维	试验、维护	配电、用电	其他
206.3-38	GB/Z 22202—2016	家用和类似用途的剩余电流动作断路器可靠性试验方法	2016-11-1		GB/Z 22202—2008	修试、运维	试验、维护	用电	其他
206.3-39	GB/Z 22203—2016	家用及类似场所用过电流保护断路器的可靠性试验方法	2016-11-1		GB/Z 22203—2008	修试、运维	试验、维护	用电	其他
206.3-40	GB/T 22670—2018	变频器供电三相笼型感应电动机试验方法	2019-4-1		GB/T 22670—2008	修试、运维	试验、维护	用电	其他
206.3-41	GB/T 24276—2017	通过计算进行低压成套开关设备和控制设备温升验证的一种方法	2018-5-1	IEC/TR 60890: 2014	GB/T 24276—2009	修试、运维	试验、维护	配电、用电	其他
206.3-42	GB/T 32877—2016	变频器供电交流感应电动机确定损耗和效率的特定试验方法	2017-3-1	IEC/TS 60034-2-3: 2013		修试、运维	试验、维护	配电、用电	其他
206.3-43	GB/T 34862—2017	确定三相低压笼型感应电动机等值电路参数的试验方法	2018-5-1	IEC 60034-28: 2012		修试、运维	试验、维护	配电、用电	其他
206.3-44	GB/T 35710—2017	35kV 及以下电压等级电力变压器容量评估导则	2018-7-1			修试、运维	试验、维护	配电	变压器
206.3-45	JJG 163—1991	电容工作基准检定规程	1993-7-1	IEC 61854: 1998，MOD		修试、运维	试验、维护	配电、用电	其他
206.3-46	JJF 1261.18—2017	交流接触器能源效率计量检测规则	2018-3-26		JJF 1261.18—2015	修试、运维	试验、维护	配电、用电	其他
206.3-47	ANSI C37.51—2003	金属封装低压交流电力断路器开关设备组件 合格试验规程		NEMA C 37.51—2003，IDT	ANSI C 37.51—1989；ANSI C 37.51—1995	修试、运维	试验、维护	配电	开关

体系结构号	标准编号	标 准 名 称	实施日期	与国际标准对应关系	代替标准	阶段	分阶段	专业	分专业
206.3-48	DIN EN 60831-2—2014	额定电压不超过 1000V 交流设备用自恢复型旁路电容器 第 2 部分：老化试验、自恢复试验和破坏试验（IEC 33/495/CDV—2012）.德文版本 FprEN 60831-2：2012	2014-11-1	FprEN 60831-2—2012，IDT；IEC 33/495/CDV—2012，IDT	DIN EN 60831-2—1997；VDE 0560-47—1997	修试、运维	试验、维护	配电、用电	其他
206.3-49	IEC 61557-13—2011	1000V 交流和 1500V 直流低压配电系统电气安全保护措施试验、测量或监测用设备 第 13 部分：泄漏测量用手持和用手控制电流夹件和传感器	2011-7-8			修试、运维	试验、维护	配电、用电	其他
206.3-50	IEEE C57.12.37—2015	配电变压器试验数据的电子报告的标准	2015-9-3			修试、运维	试验、维护	配电	变压器
——电缆和光缆									
206.3-51	GA/T 716—2007	电缆或光缆在受火条件下的火焰传播及热释放和产烟特性的试验方法	2007-12-1	prEn 50399: 2003，MOD		修试、运维	试验、维护	输电、配电	电缆、线缆
206.3-52	GB/T 2951.11—2008	电缆和光缆绝缘和护套材料通用试验方法 第 11 部分：通用试验方法 厚度和外形尺寸测量 机械性能试验	2009-4-1	IEC 60811-1-1: 2001，IDT	GB/T 2951.1—1997	修试、运维	试验、维护	输电、配电	电缆、线缆
206.3-53	GB/T 2951.12—2008	电缆和光缆绝缘和护套材料通用试验方法 第 12 部分：通用试验方法 热老化试验方法	2009-4-1	IEC 60811-1-2: 1985，IDT	GB/T 2951.2—1997	修试、运维	试验、维护	输电、配电	电缆、线缆
206.3-54	GB/T 2951.13—2008	电缆和光缆绝缘和护套材料通用试验方法 第 13 部分：通用试验方法 密度测定方法 吸水试验 收缩试验	2009-4-1	IEC 60811-1-3: 2001，IDT	GB/T 2951.3—1997	修试、运维	试验、维护	输电、配电	电缆、线缆
206.3-55	GB/T 2951.14—2008	电缆和光缆绝缘和护套材料通用试验方法 第 14 部分：通用试验方法 低温试验	2009-4-1	IEC 60811-1-4: 1985，IDT	GB/T 2951.4—1997	修试、运维	试验、维护	输电、配电	电缆、线缆
206.3-56	GB/T 2951.21—2008	电缆和光缆绝缘和护套材料通用试验方法 第 21 部分：弹性体混合料专用试验方法 耐臭氧试验 热延伸试验 浸矿物油试验	2009-4-1	IEC 60811-2-1: 2001	GB/T 2951.5—1997	修试、运维	试验、维护	输电、配电	电缆、线缆

续表

体系结构号	标准编号	标准名称	实施日期	与国际标准对应关系	代替标准	阶段	分阶段	专业	分专业
206.3-57	GB/T 2951.31—2008	电缆和光缆绝缘和护套材料通用试验方法　第31部分：聚氯乙烯混合料专用试验方法　高温压力试验　抗开裂试验	2009-4-1	IEC 60811-3-1: 1985，IDT	GB/T 2951.6—1997	修试、运维	试验、维护	输电、配电	电缆、线缆
206.3-58	GB/T 2951.32—2008	电缆和光缆绝缘和护套材料通用试验方法　第32部分：聚氯乙烯混合料专用试验方法　失重试验　热稳定性试验	2009-4-1	IEC 60811-3-2: 1985，IDT	GB/T 2951.7—1997	修试、运维	试验、维护	输电、配电	电缆、线缆
206.3-59	GB/T 2951.41—2008	电缆和光缆绝缘和护套材料通用试验方法　第41部分：聚乙烯和聚丙烯混合料专用试验方法　耐环境应力开裂试验　熔体指数测量方法　直接燃烧法测量聚乙烯中碳黑和（或）矿物质填料含量　热重分析法（TGA）测量碳黑含量　显微镜法评估聚乙烯中碳黑分散度	2009-4-1	IEC 60811-4-1: 2004		修试、运维	试验、维护	输电、配电	电缆、线缆
206.3-60	GB/T 2951.42—2008	电缆和光缆绝缘和护套材料通用试验方法　第42部分：聚乙烯和聚丙烯混合料专用试验方法　高温处理后抗张强度和断裂伸长率试验　高温处理后卷绕试验　空气热老化后的卷绕试验　测定质量的增加　长期热稳定性试验　铜催化氧化降解试验方法	2009-4-1	IEC 60811-4-2: 2004	GB/T 2951.9—1997	修试、运维	试验、维护	输电、配电	电缆、线缆
206.3-61	GB/T 2951.51—2008	电缆和光缆绝缘和护套材料通用试验方法　第51部分：填充膏专用试验方法　滴点　油分离　低温脆性　总酸值　腐蚀性　23℃时的介电常数23℃和100℃时的直流电阻率	2009-4-1	IEC 60811-5-1: 1990	GB/T 2951.10—1997	修试、运维	试验、维护	输电、配电	电缆、线缆
206.3-62	GB/T 17651.1—1998	电缆或光缆在特定条件下燃烧的烟密度测定　第1部分：试验装置	1999-10-1	IEC 61034-1: 1997，IDT	GB/T 12666.7—1990	修试、运维	试验、维护	输电、配电	电缆、线缆

续表

体系结构号	标准编号	标 准 名 称	实施日期	与国际标准对应关系	代替标准	阶段	分阶段	专业	分专业
206.3-63	GB/T 17651.2—1998	电缆或光缆在特定条件下燃烧的烟密度测定 第 2 部分：试验步骤和要求	1999-10-1	IEC 61034-2: 1997，IDT	GB 12666.7—1990	修试、运维	试验、维护	输电、配电	电缆、线缆
206.3-64	GB/T 18380.11—2008	电缆和光缆在火焰条件下的燃烧试验 第 11 部分：单根绝缘电线电缆火焰垂直蔓延试验 试验装置	2009-4-1	IEC 60332-1-1: 2004，IDT	GB/T 18380.1—2001	修试、运维	试验、维护	输电、配电	电缆、线缆
206.3-65	GB/T 18380.12—2008	电缆和光缆在火焰条件下的燃烧试验 第 12 部分：单根绝缘电线电缆火焰垂直蔓延试验 1kW 预混合型火焰试验方法	2009-4-1	IEC 60332-1-2: 2004，IDT		修试、运维	试验、维护	输电、配电	电缆、线缆
206.3-66	GB/T 18380.13—2008	电缆和光缆在火焰条件下的燃烧试验 第 13 部分：单根绝缘电线电缆火焰垂直蔓延试验 测定燃烧的滴落（物）/微粒的试验方法	2009-4-1	IEC 60332-1-3: 2004，IDT		修试、运维	试验、维护	输电、配电	电缆、线缆
206.3-67	GB/T 18380.21—2008	电缆和光缆在火焰条件下的燃烧试验 第 21 部分：单根绝缘细电线电缆火焰垂直蔓延试验 试验装置	2009-4-1	IEC 60332-2-1—2004，IDT	GB/T 18380.2—2001	修试、运维	试验、维护	输电、配电	电缆、线缆
206.3-68	GB/T 18380.22—2008	电缆和光缆在火焰条件下的燃烧试验 第 22 部分：单根绝缘细电线电缆火焰垂直蔓延试验 扩散型火焰试验方法	2009-4-1	IEC 60332-2-2: 2004，IDT		修试、运维	试验、维护	输电、配电	电缆、线缆
206.3-69	GB/T 18380.31—2008	电缆和光缆在火焰条件下的燃烧试验 第 31 部分：垂直安装的成束电线电缆火焰垂直蔓延试验 试验装置	2009-4-1	IEC 60332-3-10: 2000，IDT	GB/T 18380.3—2001	修试、运维	试验、维护	输电、配电	电缆、线缆
206.3-70	GB/T 18380.32—2008	电缆和光缆在火焰条件下的燃烧试验 第 32 部分：垂直安装的成束电线电缆火焰垂直蔓延试验 A F/R 类	2009-4-1	IEC 60332-3-21: 2000，IDT		修试、运维	试验、维护	输电、配电	电缆、线缆
206.3-71	GB/T 18380.33—2008	电缆和光缆在火焰条件下的燃烧试验 第 33 部分：垂直安装的成束电线电缆火焰垂直蔓延试验 A 类	2009-4-1	IEC 60332-3-22: 2000，IDT		修试、运维	试验、维护	输电、配电	电缆、线缆

续表

体系结构号	标准编号	标 准 名 称	实施日期	与国际标准对应关系	代替标准	阶段	分阶段	专业	分专业
206.3-72	GB/T 18380.34—2008	电缆和光缆在火焰条件下的燃烧试验 第34部分：垂直安装的成束电线电缆火焰垂直蔓延试验 B类	2009-4-1	IEC 60332-3-23: 2000, IDT		修试、运维	试验、维护	输电、配电	电缆、线缆
206.3-73	GB/T 18380.35—2008	电缆和光缆在火焰条件下的燃烧试验 第35部分：垂直安装的成束电线电缆火焰垂直蔓延试验 C类	2009-4-1	IEC 60332-3-24: 2000, IDT		修试、运维	试验、维护	输电、配电	电缆、线缆
206.3-74	GB/T 18380.36—2008	电缆和光缆在火焰条件下的燃烧试验 第36部分：垂直安装的成束电线电缆火焰垂直蔓延试验 D类	2009-4-1	IEC 60332-3-25: 2000, IDT		修试、运维	试验、维护	输电、配电	电缆、线缆
206.3-75	GB/T 19216.11—2003	在火焰条件下电缆或光缆的线路完整性试验 第11部分：试验装置 火焰温度不低于750℃的单独供火	2004-2-1	IEC 60331-11: 1999, IDT	GB/T 12666.6—1990	修试、运维	试验、维护	输电、配电	电缆、线缆
206.3-76	GB/T 19216.21—2003	在火焰条件下电缆或光缆的线路完整性试验 第21部分：试验步骤和要求 额定电压0.6/1.0kV及以下电缆	2004-2-1	IEC 60331-21: 1999, IDT	GB/T 12666.6—1990	修试、运维	试验、维护	输电、配电	电缆、线缆
206.3-77	GB/T 19216.23—2003	在火焰条件下电缆或光缆的线路完整性试验 第23部分：试验步骤和要求 数据电缆	2004-2-1	IEC 60331-23: 1999, IDT		修试、运维	试验、维护	输电、配电	电缆、线缆
206.3-78	GB/T 19216.25—2003	在火焰条件下电缆或光缆的线路完整性试验 第25部分：试验步骤和要求 光缆	2004-2-1	IEC 60331-25: 1999, IDT		修试、运维	试验、维护	输电、配电	电缆、线缆
——电线电缆									
206.3-79	JB/T 10696.1—2007	电线电缆机械和理化性能试验方法 第1部分：一般规定	2007-7-1			修试、运维	试验、维护	输电、配电	电缆、线缆
206.3-80	JB/T 10696.2—2007	电线电缆机械和理化性能试验方法 第2部分：软电线和软电缆曲挠试验	2007-7-1			修试、运维	试验、维护	输电、配电	电缆、线缆
206.3-81	JB/T 10696.3—2007	电线电缆机械和理化性能试验方法 第3部分：弯曲试验	2007-7-1			修试、运维	试验、维护	输电、配电	电缆、线缆
206.3-82	JB/T 10696.4—2007	电线电缆机械和理化性能试验方法 第4部分：外护层环烷酸铜含量试验	2007-7-1			修试、运维	试验、维护	输电、配电	电缆、线缆

续表

体系结构号	标准编号	标准名称	实施日期	与国际标准对应关系	代替标准	阶段	分阶段	专业	分专业
206.3-83	JB/T 10696.5—2007	电线电缆机械和理化性能试验方法 第5部分：腐蚀扩展试验	2007-7-1			修试、运维	试验、维护	输电、配电	电缆、线缆
206.3-84	JB/T 10696.6—2007	电线电缆机械和理化性能试验方法 第6部分：挤出外套刮磨试验	2007-7-1			修试、运维	试验、维护	输电、配电	电缆、线缆
206.3-85	JB/T 10696.7—2007	电线电缆机械和理化性能试验方法 第7部分：抗撕试验	2007-7-1			修试、运维	试验、维护	输电、配电	电缆、线缆
206.3-86	JB/T 10696.8—2007	电线电缆机械和理化性能试验方法 第8部分：氧化诱导期试验	2007-7-1			修试、运维	试验、维护	输电、配电	电缆、线缆
206.3-87	GB/T 3048.1—2007	电线电缆电性能试验方法 第1部分：总则	2008-5-1		GB/T 3048.1—1994	修试、运维	试验、维护	输电、配电	电缆、线缆
206.3-88	GB/T 3048.2—2007	电线电缆电性能试验方法 第2部分：金属材料电阻率试验	2008-5-1		GB/T 3048.2—1994	修试、运维	试验、维护	输电、配电	电缆、线缆
206.3-89	GB/T 3048.3—2007	电线电缆电性能试验方法 第3部分：半导电橡塑材料体积电阻率试验	2008-5-1		GB/T 3048.3—1994	修试、运维	试验、维护	输电、配电	电缆、线缆
206.3-90	GB/T 3048.4—2007	电线电缆电性能试验方法 第4部分：导体直流电阻试验	2008-5-1		GB/T 3048.4—1994	修试、运维	试验、维护	输电、配电	电缆、线缆
206.3-91	GB/T 3048.5—2007	电线电缆电性能试验方法 第5部分：绝缘电阻试验	2008-5-1		GB 3048.5—1994；GB 3048.6—1994	修试、运维	试验、维护	输电、配电	电缆、线缆
206.3-92	GB/T 3048.7—2007	电线电缆电性能试验方法 第7部分：耐电痕试验	2008-5-1		GB/T 3048.7—1994	修试、运维	试验、维护	输电、配电	电缆、线缆
206.3-93	GB/T 3048.8—2007	电线电缆电性能试验方法 第8部分：交流电压试验	2008-5-1	IEC 60060-1: 1989，NEQ	GB/T 3048.8—1994	修试、运维	试验、维护	输电、配电	电缆、线缆
206.3-94	GB/T 3048.9—2007	电线电缆电性能试验方法 第9部分：绝缘线芯火花试验	2008-5-1		GB 3048.15—1992；GB 3048.9—1994	修试、运维	试验、维护	输电、配电	电缆、线缆
206.3-95	GB/T 3048.10—2007	电线电缆电性能试验方法 第10部分：挤出护套火花试验	2008-5-1		GB/T 3048.10—1994	修试、运维	试验、维护	输电、配电	电缆、线缆
206.3-96	GB/T 3048.11—2007	电线电缆电性能试验方法 第11部分：介质损耗角正切试验	2008-5-1		GB/T 3048.11—1994	修试、运维	试验、维护	输电、配电	电缆、线缆
206.3-97	GB/T 3048.12—2007	电线电缆电性能试验方法 第12部分：局部放电试验	2008-5-1	IEC 60885-3: 1988，MOD	GB/T 3048.12—1994	修试、运维	试验、维护	输电、配电	电缆、线缆

续表

体系结构号	标准编号	标准名称	实施日期	与国际标准对应关系	代替标准	阶段	分阶段	专业	分专业
206.3-98	GB/T 3048.13—2007	电线电缆电性能试验方法 第13部分：冲击电压试验	2008-5-1	IEC 60230: 1966，MOD	GB/T 3048.13—1992	修试、运维	试验、维护	输电、配电	电缆、线缆
206.3-99	GB/T 3048.14—2007	电线电缆电性能试验方法 第14部分：直流电压试验	2008-5-1	IEC 60060-1: 1989，NEQ	GB/T 3048.14—1992	修试、运维	试验、维护	输电、配电	电缆、线缆
206.3-100	GB/T 3048.16—2007	电线电缆电性能试验方法 第16部分：表面电阻试验	2008-5-1		GB/T 3048.16—1994	修试、运维	试验、维护	输电、配电	电缆、线缆
206.3-101	GB/T 12666.1—2008	单根电线电缆燃烧试验方法 第1部分：垂直燃烧试验	2009-4-1		GB/T 12666.1—1990	修试、运维	试验、维护	输电、配电	电缆、线缆
206.3-102	GB/T 12666.2—2008	单根电线电缆燃烧试验方法 第2部分：水平燃烧试验	2009-4-1		GB 12666.1—1990；GB 12666.3—1990	修试、运维	试验、维护	输电、配电	电缆、线缆
206.3-103	GB/T 12666.3—2008	单根电线电缆燃烧试验方法 第3部分：倾斜燃烧试验	2009-4-1		GB 12666.1—1990；GB 12666.4—1990	修试、运维	试验、维护	输电、配电	电缆、线缆
206.4 试验与计量-线路									
206.4-1	Q/CSG 1203048—2018	架空输电线路压接金具无损检测技术导则	2018-4-16			采购、建设、修试	品控、验收与质量评定、试验	输电	线路
206.4-2	Q/CSG 1203056.3—2018	110kV～500kV 架空输电线路杆塔复合横担技术规定 第3部分：试验技术（试行）	2018-12-28			采购、建设、修试	品控、验收与质量评定、试验	输电	线路
206.4-3	T/CEC 184—2018	绝缘子用防覆冰涂层的测试	2019-2-1			修试	检修、试验	输电	线路
206.4-4	DL/T 253—2012	直流接地极接地电阻、地电位分布、跨步电压和分流的测量方法	2012-7-1			运维、修试	维护、检修	输电	线路
206.4-5	DL/T 501—2017	高压架空输电线路可听噪声测量方法	2017-12-1		DL 501—1992	建设、修试	验收与质量评定、试验	输电	线路
206.4-6	DL/T 557—2005	高压线路绝缘子空气中冲击击穿试验—定义、试验方法和判据	2005-6-1		DL/T 557—1994	修试	检修、试验	输电	线路
206.4-7	DL/T 626—2015	劣化悬式绝缘子检测规程	2015-12-1		DL/T 626—2005	修试	检修、试验	输电	线路
206.4-8	DL/T 685—1999	放线滑轮基本要求、检验规定及测试方法	2000-7-1		SD 158—1985	建设、修试	验收与质量评定、试验	输电	线路
206.4-9	DL/T 812—2002	标称电压高于1000V架空线路绝缘子串工频电弧试验方法	2002-9-1	IEC 61467: 1997，EQV		采购、建设、修试	品控、验收与质量评定、检修	输电	线路

续表

体系结构号	标准编号	标 准 名 称	实施日期	与国际标准对应关系	代替标准	阶段	分阶段	专业	分专业
206.4-10	DL/T 887—2004	杆塔工频接地电阻测量	2005-4-1			采购、建设、修试	品控、验收与质量评定、试验	输电	线路
206.4-11	DL/T 899—2012	架空线路杆塔结构荷载试验	2012-12-1		DL/T 899—2004	采购、建设、修试	品控、验收与质量评定、试验	输电	线路
206.4-12	DL/T 1089—2008	直流换流站与线路合成场强、离子流密度测试方法	2008-11-1			采购、建设、修试	品控、验收与质量评定、试验	输电	线路
206.4-13	DL/T 1244—2013	交流系统用高压绝缘子人工覆冰闪络试验方法	2013-8-1			修试	检修、试验	输电	线路
206.4-14	DL/T 1247—2013	高压直流绝缘子覆冰闪络试验方法	2013-8-1			修试	检修、试验	输电	线路
206.4-15	DL/T 1367—2014	输电线路检测技术导则	2015-3-1			采购、建设、修试	品控、验收与质量评定、试验	输电	线路
206.4-16	DL/T 1566—2016	直流输电线路及接地极线路参数测试导则	2016-7-1			采购、建设、修试	品控、验收与质量评定、试验	输电	线路
206.4-17	DL/T 1569—2016	750kV 及以上交流输电线路绝缘子串分布电压测量导则	2016-7-1			采购、建设、修试	品控、验收与质量评定、试验	输电	线路
206.4-18	DL/T 1583—2016	交流输电线路工频电气参数测量导则	2016-7-1			采购、建设、修试	品控、验收与质量评定、试验	输电	线路
206.4-19	DL/T 1611—2016	输电线路铁塔钢管对接焊缝超声波检测与质量评定	2016-12-1			采购、建设、修试	品控、验收与质量评定、试验	输电	线路
206.4-20	DL/T 1622—2016	钎焊型铜铝过渡设备线夹超声波检测导则	2016-12-1			采购、建设、修试	品控、验收与质量评定、试验	输电	线路
206.4-21	DL/T 1693—2017	输电线路金具磨损试验方法	2017-8-1			采购、建设、修试	品控、验收与质量评定、试验	输电	线路
206.4-22	DL/T 1889—2018	输电杆塔用紧固件横向振动试验方法	2019-5-1			采购、建设、修试	品控、验收与质量评定、试验	输电	线路
206.4-23	DL/T 1935—2018	架空导线载流量试验方法	2019-5-1			采购、建设、修试	品控、验收与质量评定、试验	输电	线路
206.4-24	JB/T 3567—1999	高压绝缘子无线电干扰试验方法	2000-1-1	IEC 60437: 1997, MOD	JB 3567—1984	修试	检修	输电	线路
206.4-25	JB/T 12064—2014	高海拔环境绝缘子覆冰（雪）人工模拟方法	2014-11-1			修试	检修、试验	输电	线路
206.4-26	GB/T 1001.2—2010	标准电压高于 1000V 的架空线路绝缘子 第 2 部分：交流系统用绝缘子串及绝缘子串组 定义、试验方法和接收准则	2011-7-1	IEC 60383-2: 1993, MOD		采购、建设、修试	品控、验收与质量评定、试验	输电	线路

续表

体系结构号	标准编号	标 准 名 称	实施日期	与国际标准对应关系	代替标准	阶段	分阶段	专业	分专业
206.4-27	SN/T 4125—2015	进出口高压电器检验技术要求 高压绝缘子	2015-9-1			修试	检修、试验	输电	线路
206.4-28	GB/T 4585—2004	交流系统用高压绝缘子的人工污秽试验	2005-2-1	IEC 60507: 1991，IDT	GB 4585.1—1984；GB 4585.2—1991	修试	检修、试验	输电	线路
206.4-29	GB/T 4909.1—2009	裸电线试验方法 第 1 部分：总则	2009-12-1		GB/T 4909.1—1985	采购、建设、修试	品控、验收与质量评定、试验	输电	线路
206.4-30	GB/T 4909.2—2009	裸电线试验方法 第 2 部分：尺寸测量	2009-12-1		GB/T 4909.2—1985	采购、建设、修试	品控、验收与质量评定、试验	输电	线路
206.4-31	GB/T 4909.3—2009	裸电线试验方法 第 3 部分：拉力试验	2009-12-1		GB/T 4909.3—1985	采购、建设、修试	品控、验收与质量评定、试验	输电	线路
206.4-32	GB/T 4909.4—2009	裸电线试验方法 第 4 部分：扭转试验	2009-12-1		GB/T 4909.4—1985	采购、建设、修试	品控、验收与质量评定、试验	输电	线路
206.4-33	GB/T 4909.5—2009	裸电线试验方法 第 5 部分：弯曲试验 反复弯曲	2009-12-1		GB/T 4909.5—1985	采购、建设、修试	品控、验收与质量评定、试验	输电	线路
206.4-34	GB/T 4909.6—2009	裸电线试验方法 第 6 部分：弯曲试验 单向弯曲	2009-12-1		GB/T 4909.6—1985	采购、建设、修试	品控、验收与质量评定、试验	输电	线路
206.4-35	GB/T 4909.7—2009	裸电线试验方法 第 7 部分：卷绕试验	2009-12-1		GB/T 4909.7—1985	采购、建设、修试	品控、验收与质量评定、试验	输电	线路
206.4-36	GB/T 4909.8—2009	裸电线试验方法 第 8 部分：硬度试验 布氏法	2009-12-1		GB/T 4909.8—1985	采购、建设、修试	品控、验收与质量评定、试验	输电	线路
206.4-37	GB/T 4909.9—2009	裸电线试验方法 第 9 部分：镀层连续性试验 多硫化钠法	2009-12-1		GB/T 4909.9—1985	采购、建设、修试	品控、验收与质量评定、试验	输电	线路
206.4-38	GB/T 4909.10—2009	裸电线试验方法 第 10 部分：镀层连续性试验 过硫酸铵法	2009-12-1		GB/T 4909.10—1985	采购、建设、修试	品控、验收与质量评定、试验	输电	线路
206.4-39	GB/T 4909.11—2009	裸电线试验方法 第 11 部分：镀层附着性试验	2009-12-1		GB/T 4909.11—1985	采购、建设、修试	品控、验收与质量评定、试验	输电	线路
206.4-40	GB/T 4909.12—2009	裸电线试验方法 第 12 部分：镀层可焊性试验 焊球法	2009-12-1		GB/T 4909.12—1985	采购、建设、修试	品控、验收与质量评定、试验	输电	线路
206.4-41	GB/T 10580—2015	固体绝缘材料在试验前和试验时采用的标准条件	2016-2-1		GB/T 10580—2003	修试	检修、试验	输电	线路
206.4-42	GB/T 19443—2017	标称电压高于 1500V 的架空线路用绝缘子 直流系统用瓷或玻璃绝缘子串元件定义、试验方法及接收准则	2018-5-1	IEC 61325: 1995	GB/T 19443—2004	采购、建设、修试	品控、验收与质量评定、试验	输电	线路

续表

体系结构号	标准编号	标准名称	实施日期	与国际标准对应关系	代替标准	阶段	分阶段	专业	分专业
206.4-43	GB/T 19519—2014	架空线路绝缘子 标称电压高于 1000V 交流系统用悬垂和耐张复合绝缘子 定义、试验方法及接收准则	2015-1-22		GB/T 19519—2004	采购、建设、修试	品控、验收与质量评定、试验	输电	线路
206.4-44	GB/T 20142—2006	标称电压高于 1000V 的交流架空线路用线路柱式复合绝缘子—定义、试验方法及接收准则	2006-8-1	IEC 61952: 2002，MOD		采购、建设、修试	品控、验收与质量评定、试验	输电	线路
206.4-45	GB/T 20642—2006	高压线路绝缘子空气中冲击击穿试验	2007-5-1	IEC 61211: 2004，MOD		采购、建设、修试	品控、验收与质量评定、试验	输电	线路
206.4-46	GB/T 22077—2008	架空导线蠕变试验方法	2009-4-1	IEC 61395: 1998，IDT		采购、建设、修试	品控、验收与质量评定、试验	输电	线路
206.4-47	GB/T 22079—2008	标称电压高于 1000V 使用的户内和户外聚合物绝缘子 一般定义、试验方法和接收准则	2009-4-1	IEC 62217: 2005，MOD		采购、建设、修试	品控、验收与质量评定、试验	输电	线路
206.4-48	GB/T 22707—2008	直流系统用高压绝缘子的人工污秽试验	2009-10-1	IEC/TR 61245: 1993，MOD		采购、建设、修试	品控、验收与质量评定、试验	输电	线路
206.4-49	GB/T 22708—2008	绝缘子串元件的热机和机械性能试验	2009-10-1	IEC/TR 60575: 1977，MOD		采购、建设、修试	品控、验收与质量评定、试验	输电	线路
206.4-50	GB/T 25084—2010	标称电压高于 1000V 的架空线路用绝缘子串和绝缘子串组 交流工频电弧试验	2011-2-1	IEC 61467—2008，MOD		修试	检修、试验	输电	线路
206.4-51	GB/T 35708—2017	高原型配电网故障定位系统检验方法	2018-7-1			采购、建设、修试	品控、验收与质量评定、试验	输电	线路
206.4-52	GB/T 36279—2018	架空导线自阻尼特性测试方法	2019-1-1			修试	检修、试验	输电	线路
206.4-53	GB/T 37141.2—2018	高海拔地区电气设备紫外线成像检测导则 第 2 部分：输电线路	2019-7-1			采购、建设、修试	品控、验收与质量评定、试验	输电	线路
206.4-54	IEC 60507—2013	交流电流系统用高压陶瓷和玻璃绝缘子的人工污染度试验	2013-12-13		IEC 60507—1991	修试	检修、试验	输电	线路
206.4-55	IEC/TS 61245—2015	直流系统用高压绝缘子的人工污秽试验	2015-3-30		IEC/TS 61245—1993	采购、建设、修试	品控、验收与质量评定、试验	输电	线路
——电力电缆									
206.4-56	T/CSEE 0007—2016	66kV～220kV 电缆振荡波局部放电现场测试方法	2017-5-1			采购、建设、修试	品控、验收与质量评定、试验	输电	电缆

续表

体系结构号	标准编号	标准名称	实施日期	与国际标准对应关系	代替标准	阶段	分阶段	专业	分专业
206.4-57	T/CSEE 0084—2018	高压交联电缆线路分布式局部放电检测技术导则				采购、建设、修试	品控、验收与质量评定、试验	输电	电缆
206.4-58	DL/T 1070—2007	中压交联电缆抗水树性能鉴定试验方法和要求	2007-12-1			采购、建设、修试	品控、验收与质量评定、试验	输电	电缆
206.4-59	DL/T 1301—2013	海底充油电缆直流耐压试验导则	2014-4-1			采购、建设、修试	品控、验收与质量评定、试验	输电	电缆
206.4-60	DL/T 1575—2016	6kV～35kV 电缆振荡波局部放电测量系统	2016-7-1			采购、建设、运维	招标、品控、试运行、运行	输电	电缆
206.4-61	DL/T 1576—2016	6kV～35kV 电缆振荡波局部放电测试方法	2016-7-1			采购	招标	输电	电缆
206.4-62	DL/T 1721—2017	电力电缆线路沿线土壤热阻系数测量方法	2017-12-1			设计、建设	施工图、施工工艺	输电	电缆
206.4-63	JB/T 11167.1—2011	额定电压 10kV（U_m=12kV）至 110kV（U_m=126kV）交联聚乙烯绝缘大长度交流海底电缆及附件　第1部分：试验方法和要求	2011-8-1			采购、建设、修试	品控、验收与质量评定、试验	输电	电缆
206.4-64	JB/T 12748—2015	代木复合材料电线电缆交货盘材料材性测试方法	2016-3-1			采购、建设、修试	品控、验收与质量评定、试验	输电	电缆
206.4-65	JB/T 12749—2015	代木复合材料电线电缆交货盘性能评价方法	2016-3-1			采购、建设、修试	品控、验收与质量评定、试验	输电	电缆
206.4-66	GB/T 3333—1999	电缆纸工频击穿电压试验方法	2000-2-1	IEC 554-2: 1977，NEQ	GB/T 3333—1982	采购、建设、修试	品控、验收与质量评定、试验	输电	电缆
206.4-67	GB/T 3334—1999	电缆纸介质损耗角正切（tanδ）试验方法（电桥法）	2000-2-1	IEC 554-2: 1977，NEQ	GB/T 3334—1982	修试	试验	输电	电缆
206.4-68	GB/T 5013.2—2008	额定电压 450/750V 及以下橡皮绝缘电缆　第2部分：试验方法	2008-9-1	IEC 60245-2: 1998，IDT	GB 5013.2—1997	采购、建设、修试	品控、验收与质量评定、试验	输电	电缆
206.4-69	GB/T 5023.2—2008	额定电压 450/750V 及以下聚氯乙烯绝缘电缆　第2部分：试验方法	2009-5-1	IEC 60224-2: 2003，IDT	GB 5023.2—1997	采购、建设、修试	品控、验收与质量评定、试验	输电	电缆
206.4-70	GB/T 9326.1—2008	交流 500kV 及以下纸或聚丙烯复合纸绝缘金属套充油电缆及附件　第1部分：试验	2009-5-1	IEC 60141-1: 1993，MOD	GB 9326.1—1988	采购、建设、修试	品控、验收与质量评定、试验	输电	电缆

续表

体系结构号	标准编号	标 准 名 称	实施日期	与国际标准对应关系	代替标准	阶段	分阶段	专业	分专业
206.4-71	GB/T 9327—2008	额定电压 35kV（U_m=40.5kV）及以下电力电缆导体用压接式和机械式连接金具试验方法和要求	2009-11-1		GB 9327.1—1988；GB 9327.2—1988；GB 9327.3—1988；GB 9327.4—1988；GB 9327.5—1988	采购、建设、修试	品控、验收与质量评定、试验	输电	电缆
206.4-72	GB/T 11017.1—2014	额定电压 110kV（U_m=126kV）交联聚乙烯绝缘电力电缆及其附件　第1部分：试验方法和要求	2015-1-22		GB/T 11017.1—2002	采购、建设、修试	品控、验收与质量评定、试验	输电	电缆
206.4-73	GB/T 12706.4—2008	额定电压 1kV（U_m=1.2kV）到 35kV（U_m=40.5kV）挤包绝缘电力电缆及附件　第4部分：额定电压 6kV（U_m=7.2kV）到 35kV（U_m=40.5kV）电力电缆附件试验要求	2009-11-1		GB/T 12706.4—2002	采购、建设、修试	品控、验收与质量评定、试验	输电	电缆
206.4-74	GB/T 12976.3—2008	额定电压 35kV（U_m=40.5kV）及以下纸绝缘电力电缆及其附件　第3部分：电缆和附件试验	2009-4-1		GB 12976.1—1991；GB 12976.2—1991；GB 12976.3—1991	采购、建设、修试	品控、验收与质量评定、试验	输电	电缆
206.4-75	GB/T 18889—2002	额定电压 6kV（U_m=7.2kV）到 35kV（U_m=40.5kV）电力电缆附件试验方法	2003-6-1	IEC 61442，MOD	JB/T 8138.1—1995	采购、建设、修试	品控、验收与质量评定、试验	输电	电缆
206.4-76	GB/T 18890.1—2015	额定电压 220kV（U_m=252kV）交联聚乙烯绝缘电力电缆及其附件　第1部分：试验方法和要求	2016-5-1	IEC 62067: 2011，MOD	GB/Z 18890.1—2002	采购、建设、修试	品控、验收与质量评定、试验	输电	电缆
206.4-77	GB/T 26171—2010	电线电缆专用设备检测方法	2011-7-1			采购、建设	品控、验收与质量评定	输电	电缆
206.4-78	GB/T 31489.1—2015	额定电压 500kV 及以下直流输电用挤包绝缘电力电缆系统　第1部分：试验方法和要求	2015-12-1			采购、建设、修试	品控、验收与质量评定、试验	输电	电缆
206.4-79	GB/T 32346.1—2015	额定电压 220 kV（U_m=252kV）交联聚乙烯绝缘大长度交流海底电缆及附件　第1部分：试验方法和要求	2016-7-1			采购、建设、修试	品控、验收与质量评定、试验	输电	电缆

续表

体系结构号	标准编号	标 准 名 称	实施日期	与国际标准对应关系	代替标准	阶段	分阶段	专业	分专业
206.4-80	GB/T 22078.1—2008	额定电压 500 kV（U_m=550kV）交联聚乙烯绝缘电力电缆及其附件 第1部分：额定电压500kV（U_m=550 kV）交联聚乙烯绝缘电力电缆及其附件——试验方法和要求	2009-4-1	IEC 62067: 2006, MOD		采购、建设、修试	品控、验收与质量评定、试验	输电	电缆
206.4-81	IEC 60229—2007	电缆 具有特殊保护作用挤压成型的外护套的试验	2007-10-10		IEC 60229—1982	采购、建设、修试	品控、验收与质量评定、试验	输电	电缆
206.4-82	IEC 60840—2011	额定电压从 30kV（U_m=36kV）以下的挤压绝缘的动力电缆试验试验方法和要求	2011-11-23		IEC 60840—2004	采购、建设、修试	品控、验收与质量评定、试验	输电	电缆
206.4-83	IEC 60885-3—2015	电缆的电气试验方法 第3部分：测量挤压电力电缆段局部放电的试验方法	2015-4-9		IEC 60885-3—1988	采购、建设、修试	品控、验收与质量评定、试验	输电	电缆
206.4-84	IEC 62067—2011	额定电压 150kV 以上（U_m=170kV）至 500kV（U_m=550kV）的挤包绝缘电力电缆及其附件试验方法和要求	2011-11-24		IEC 62067—2001；IEC 62067—2001/Amd 1—2006；IEC 62067—2001 +Amd 1—2006	采购、建设、修试	品控、验收与质量评定、试验	输电	电缆
206.4-85	IEC 62230 AMD 1—2013	电缆 火花试验方法	2013-11-27			采购、建设、修试	品控、验收与质量评定、试验	输电	电缆
206.4-86	IEC/TR 62470—2011	测量电缆与导体间摩擦系数的技术指南	2011-10-21			采购、建设、修试	品控、验收与质量评定、试验	输电	电缆
206.4-87	IEEE 400.2—2013	使用超低频（VLF）的屏蔽电力电缆系统的现场试验指南（少于1赫兹）	2013-3-6			采购、建设、修试	品控、验收与质量评定、试验	输电	电缆
206.5 试验与计量-调度及二次									
——继电保护及安全自动装置									
206.5-1	Q/CSG 110038—2012	南方电网继电保护检验规程	2011-3-1			建设、运维、修试	验收与质量评定、运行、维护、检修、试验	调度及二次	继电保护及安全自动装置
206.5-2	Q/CSG 114001—2012	南方电网安全自动装置检验规范	2012-2-1			建设、运维、修试	验收与质量评定、运行、维护、检修、试验	调度及二次	继电保护及安全自动装置
206.5-3	Q/CSG 1203058—2018	±100kV 及以下直流控制保护及保护设备试验导则	2018-12-28			建设、运维、修试	验收与质量评定、运行、维护、检修、试验	调度及二次	继电保护及安全自动装置

续表

体系结构号	标准编号	标准名称	实施日期	与国际标准对应关系	代替标准	阶段	分阶段	专业	分专业
206.5-4	Q/CSG 1206003—2017	变电站自动化系统检验技术规范	2017-4-1			建设、运维、修试	验收与质量评定、运行、维护、检修、试验	调度及二次	调度自动化
206.5-5	Q/CSG 1206004—2017	串联电容器补偿装置控制保护系统检验规程	2017-5-1			建设、运维、修试	验收与质量评定、运行、维护、检修、试验	调度及二次	继电保护及安全自动装置
206.5-6	Q/CSG 1206005—2017	高压直流保护检验技术规程	2017-5-1			建设、运维、修试	验收与质量评定、运行、维护、检修、试验	调度及二次	继电保护及安全自动装置
206.5-7	Q/CSG 1206006—2017	行波测距装置检验规范	2017-5-1			建设、运维、修试	验收与质量评定、运行、维护、检修、试验	调度及二次	继电保护及安全自动装置
206.5-8	Q/CSG 1206008—2019	（特）高压直流输电控制保护功能试验和动态性能试验规范	2019-2-27			建设、运维、修试	验收与质量评定、运行、维护、检修、试验	调度及二次	继电保护及安全自动装置
206.5-9	T/CSEE 0027—2017	配电系统继电保护及自动化产品动模试验技术规范	2017-12-1			建设、运维、修试	验收与质量评定、运行、维护、检修、试验	调度及二次	继电保护及安全自动装置
206.5-10	T/CSEE 0055—2017	小电流接地系统单相接地故障选线装置检验规程	2018-5-1			建设、运维、修试	验收与质量评定、运行、维护、检修、试验	调度及二次	继电保护及安全自动装置
206.5-11	DL/T 281—2012	合并单元测试规范	2012-3-1			建设、运维、修试	验收与质量评定、运行、维护、检修、试验	调度及二次	继电保护及安全自动装置
206.5-12	DL/T 308—2012	中性点不接地系统电容电流测试规程	2012-3-1			建设、运维、修试	验收与质量评定、运行、维护、检修、试验	调度及二次	继电保护及安全自动装置
206.5-13	DL/T 365—2010	串联电容器补偿装置控制保护系统现场检验规程	2010-10-1			建设、运维、修试	验收与质量评定、运行、维护、检修、试验	调度及二次	继电保护及安全自动装置
206.5-14	DL/T 540—2013	气体继电器检验规程	2014-4-1		DL/T 540—1994	建设、运维、修试	验收与质量评定、运行、维护、检修、试验	调度及二次	继电保护及安全自动装置
206.5-15	DL/T 995—2016	继电保护和电网安全自动装置检验规程	2017-5-1		DL/T 995—2006	建设、运维、修试	验收与质量评定、运行、维护、检修、试验	调度及二次	继电保护及安全自动装置

续表

体系结构号	标准编号	标准名称	实施日期	与国际标准对应关系	代替标准	阶段	分阶段	专业	分专业
206.5-16	DL/T 1391—2014	数字式自动电压调节器涉网性能检测导则	2015-3-1			建设、运维、修试	验收与质量评定、运行、维护、检修、试验	调度及二次	继电保护及安全自动装置
206.5-17	DL/T 1501—2016	数字化继电保护试验装置技术条件	2016-6-1			建设、运维、修试	验收与质量评定、运行、维护、检修、试验	调度及二次	继电保护及安全自动装置
206.5-18	DL/T 1503—2016	变压器用速动油压继电器检验规程	2016-6-1			建设、运维、修试	验收与质量评定、运行、维护、检修、试验	调度及二次	继电保护及安全自动装置
206.5-19	DL/T 1517—2016	二次压降及二次负荷现场测试技术规范	2016-6-1			建设、运维、修试	验收与质量评定、运行、维护、检修、试验	调度及二次	继电保护及安全自动装置
206.5-20	DL/T 1529—2016	配电自动化终端设备检测规程	2016-6-1			建设、运维、修试	验收与质量评定、运行、维护、检修、试验	调度及二次	调度自动化
206.5-21	DL/T 1641—2016	磁保持继电器可靠性试验通则	2017-5-1			建设、运维、修试	验收与质量评定、运行、维护、检修、试验	调度及二次	继电保护及安全自动装置
206.5-22	DL/T 1651—2016	继电保护光纤通道检验规程	2017-5-1			建设、运维、修试	验收与质量评定、运行、维护、检修、试验	调度及二次	继电保护及安全自动装置
206.5-23	DL/T 1780—2017	超(特)高压直流输电控制保护系统检验规范	2018-6-1			建设、运维、修试	验收与质量评定、运行、维护、检修、试验	调度及二次	继电保护及安全自动装置
206.5-24	DL/T 1794—2017	柔性直流输电控制保护系统联调试验技术规程	2018-6-1			建设、运维、修试	验收与质量评定、运行、维护、检修、试验	调度及二次	继电保护及安全自动装置
206.5-25	DL/T 1860—2018	自动电压控制试验技术导则	2018-10-1			建设、运维、修试	验收与质量评定、运行、维护、检修、试验	调度及二次	调度自动化
206.5-26	DL/T 1898—2018	智能变电站监控系统测试规范	2019-5-1			建设、运维、修试	验收与质量评定、运行、维护、检修、试验	调度及二次	调度自动化
206.5-27	DL/T 1943—2018	合并单元现场检验规范	2019-5-1			建设、运维、修试	验收与质量评定、运行、维护、检修、试验	调度及二次	继电保护及安全自动装置
206.5-28	JB/T 5777.3—2002	电力系统二次电路用控制及继电保护屏(柜、台)基本试验方法	2002-12-1		JB/T 5777.3—1991	建设、运维、修试	验收与质量评定、运行、维护、检修、试验	调度及二次	继电保护及安全自动装置

续表

体系结构号	标准编号	标 准 名 称	实施日期	与国际标准对应关系	代替标准	阶段	分阶段	专业	分专业
206.5-29	GB/T 7260.3—2003	不间断电源设备（UPS）第3部分：确定性能的方法和试验要求	2003-8-1	IEC 62040-3：1999，MOD	GB/T 7260—1987	建设、运维、修试	验收与质量评定、运行、维护、检修、试验	调度及二次	继电保护及安全自动装置
206.5-30	GB/T 7261—2016	继电保护和安全自动装置基本试验方法	2016-5-2		GB/T 7261—2008	建设、运维、修试	验收与质量评定、运行、维护、检修、试验	调度及二次	继电保护及安全自动装置
206.5-31	GB/T 11287—2000	电气继电器　第21部分：量度继电器和保护装置的振动、冲击、碰撞和地震试验　第1篇：振动试验（正弦）	2000-8-1	IEC 255-21-1：1988，IDT	GB/T 11287—1989	采购	品控	调度及二次	继电保护及安全自动装置
206.5-32	GB/T 14537—1993	量度继电器和保护装置的冲击与碰撞试验	1994-2-1	IEC 255-21-2，IDT		采购	品控	调度及二次	继电保护及安全自动装置
206.5-33	GB/T 14598.3—2006	电气继电器　第5部分：量度继电器和保护装置的绝缘配合要求和试验	2006-9-1	IEC 60255-5: 2000，IDT	GB/T 14598.3—1993	采购	品控	调度及二次	继电保护及安全自动装置
206.5-34	GB/T 14598.23—2017	电气继电器　第21部分：量度继电器和保护装置的振动、冲击、碰撞和地震试验　第3篇：地震试验	2018-7-1	IEC 60255-21-3: 1993		采购	品控	调度及二次	继电保护及安全自动装置
206.5-35	GB/T 14598.26—2015	量度继电器和保护装置　第26部分：电磁兼容要求	2016-4-1	IEC 60255-26: 2013，IDT	GB/T 14598.20—2007	采购	品控	调度及二次	继电保护及安全自动装置
206.5-36	GB/T 15149.1—2002	电力系统远方保护设备的性能及试验方法　第1部分：命令系统	2002-12-1	IEC 60834-1: 1999，IDT		采购	品控	调度及二次	继电保护及安全自动装置
206.5-37	GB/T 15510—2008	控制用电磁继电器可靠性试验通则	2009-3-1		GB/T 15510—1995	采购	品控	调度及二次	继电保护及安全自动装置
206.5-38	GB/T 18272.1—2000	工业过程测量和控制系统评估中系统特性的评定　第1部分：总则和方法学	2001-8-1	IEC 61069-1: 1991，IDT		采购	品控	调度及二次	继电保护及安全自动装置
206.5-39	GB/Z 22201—2016	接触器式继电器可靠性试验方法	2016-11-1		GB/Z 22201—2008	采购	品控	调度及二次	继电保护及安全自动装置
206.5-40	GB/Z 22204—2016	过载继电器可靠性试验方法	2016-11-1		GB/Z 22204—2008	建设、运维、修试	验收与质量评定、运行、维护、检修、试验	调度及二次	继电保护及安全自动装置

续表

体系结构号	标准编号	标 准 名 称	实施日期	与国际标准对应关系	代替标准	阶段	分阶段	专业	分专业
206.5-41	GB/T 22384—2008	电力系统安全稳定控制系统检验规范	2009-8-1			建设、运维、修试	验收与质量评定、运行、维护、检修、试验	调度及二次	继电保护及安全自动装置
206.5-42	GB/T 26862—2011	电力系统同步相量测量装置检测规范	2011-12-1			建设、运维、修试	验收与质量评定、运行、维护、检修、试验	调度及二次	继电保护及安全自动装置
206.5-43	GB/T 26864—2011	电力系统继电保护产品动模试验	2011-12-1			采购	品控	调度及二次	继电保护及安全自动装置
206.5-44	GB/T 34871—2017	智能变电站继电保护检验测试规范	2018-5-1			采购	品控	调度及二次	继电保护及安全自动装置
206.5-45	IEC 60255-24—2013	测量继电器和保护设备 第24部分：电力系统瞬态数据交换的通用格式（COMTRADE）	2013-4-30	IEEE C 37.111—2013，IDT	IEC 60255-24—2001	采购	品控	调度及二次	继电保护及安全自动装置
206.5-46	IEC 60255-26—2013	测量继电器和保护设备 第26部分：电磁兼容性要求	2013-5-24		IEC 60255-22-4—2008；IEC 60255-26—2008；IEC 60255-22-1—2007；IEC 60255-22-5—2008；IEC 60255-22-6—2001；IEC 60255-22-7—2003；IEC 60255-25—2000；IEC 60255-22-3—2007；IEC 60255-22-2—2008；IEC 60255-11—2008	采购	品控	调度及二次	继电保护及安全自动装置
206.5-47	IEEE C37.98—2013	Seismic Qualification Testing of Protective Relays and Auxiliaries for Nuclear Facilities	2013-12-11		IEEE C 37.98—1987	采购	品控	调度及二次	继电保护及安全自动装置
——电力通信									
206.5-48	Q/CSG 114002—2012	南方电网电力系统稳定器整定试验导则	2012-2-1			建设、运维、修试	验收与质量评定、试运行、运行、维护、试验	调度及二次	继电保护及安全自动装置
206.5-49	DL/T 394—2010	电力数字调度交换机测试方法	2010-10-1			采购、建设	品控、验收与质量评定	调度及二次	电力通信
206.5-50	DL/T 1235—2013	同步发电机原动机及其调节系统参数实测与建模导则	2013-8-1			采购、建设	品控、验收与质量评定	调度及二次	电力通信

续表

体系结构号	标准编号	标准名称	实施日期	与国际标准对应关系	代替标准	阶段	分阶段	专业	分专业
206.5-51	DL/T 1379—2014	电力调度数据网设备测试规范	2015-3-1			采购、建设	品控、验收与质量评定	调度及二次	电力通信
206.5-52	DL/T 1510—2016	电力系统光传送网（OTN）测试规范	2016-6-1			采购、建设	品控、验收与质量评定	调度及二次	电力通信
206.5-53	DL/T 1940—2018	智能变电站以太网交换机测试规范	2019-5-1			采购、建设	品控、验收与质量评定	调度及二次	电力通信
206.5-54	DL/T 1950—2018	变电站数据通信网关机检测规范	2019-5-1			采购、建设	品控、验收与质量评定	调度及二次	电力通信
206.5-55	YD/T 839.1—2015	通信电缆光缆用填充和涂覆复合物　第1部分：试验方法	2015-7-1		YD/T 839.1—2000	采购、建设	品控、验收与质量评定	调度及二次	电力通信
206.5-56	YD/T 902—1997	STM-1，STM-4，STM-16再生中继设备测试方法	1997-7-1			采购、建设	品控、验收与质量评定	调度及二次	电力通信
206.5-57	YD/T 944—2007	通信电源设备的防雷技术要求和测试方法	2007-12-1		YD/T 944—1998	采购、建设	品控、验收与质量评定	调度及二次	电力通信
206.5-58	YD/T 954—1998	数字程控调度机技术要求和测试方法	1998-7-1			采购、建设	品控、验收与质量评定	调度及二次	电力通信
206.5-59	YD 983—2013	通信电源设备电磁兼容性要求及测量方法	2013-6-1		YD/T 983—1998	采购、建设	品控、验收与质量评定	调度及二次	电力通信
206.5-60	YD/T 1001—2014	非零色散位移单模光纤特性	2015-4-1		YD/T 1001—1999	设计、采购	初设、招标、品控	调度及二次	电力通信
206.5-61	YD/T 1065.1—2014	单模光纤偏振模色散的试验方法　第1部分：测量方法	2014-10-14		YD/T 1065—2000	采购、建设	品控、验收与质量评定	调度及二次	电力通信
206.5-62	YD/T 1065.2—2015	单模光纤偏振模色散的试验方法　第2部分：链路偏振模色散系数（PMDQ）的统计计算方法	2015-7-1			采购、建设	品控、验收与质量评定	调度及二次	电力通信
206.5-63	YD/T 1100—2013	同步数字体系（SDH）上传送IP的同步数字体系链路接入规程（LAPS）测试方法	2014-1-1		YD/T 1100—2001	采购、建设	品控、验收与质量评定	调度及二次	电力通信
206.5-64	YD/T 1141—2007	千兆比以太网交换机测试方法	2008-1-1		YD/T 1141—2001	采购、建设	品控、验收与质量评定	调度及二次	电力通信
206.5-65	YD/T 1251.1—2013	路由协议一致性测试方法中间系统到中间系统路由交换协议（IS-IS）	2014-1-1		YD/T 1251.1—2003	设计、采购	初设、招标、品控	调度及二次	电力通信

续表

体系结构号	标准编号	标准名称	实施日期	与国际标准对应关系	代替标准	阶段	分阶段	专业	分专业
206.5-66	YD/T 1251.2—2013	路由协议一致性测试方法 开放最短路径优先协议（OSPF）	2014-1-1		YD/T 1251.2—2003	设计、采购	初设、招标、品控	调度及二次	电力通信
206.5-67	YD/T 1251.3—2013	路由协议一致性测试方法 边界网关协议（BGP4）	2014-1-1		YD/T 1251.3—2003	设计、采购	初设、招标、品控	调度及二次	电力通信
206.5-68	YD/T 1287—2013	具有路由功能的以太网交换机测试方法	2014-1-1		YD/T 1287—2003	采购、建设	品控、验收与质量评定	调度及二次	电力通信
206.5-69	YD/T 1353—2015	光通信用高速光探测器-前置放大器组件技术要求及测试方法	2016-1-1		YD/T 1353—2005	采购、建设	品控、验收与质量评定	调度及二次	电力通信
206.5-70	YD/T 1363.4—2014	通信局（站）电源、空调及环境集中监控管理系统 第4部分：测试方法	2014-10-14		YD/T 1363.4—2005	采购、建设	品控、验收与质量评定	调度及二次	电力通信
206.5-71	YD/T 1464—2017	光纤收发器测试方法	2018-1-1		YD/T 1464—2006	采购、建设	品控、验收与质量评定	调度及二次	电力通信
206.5-72	YD/T 1538—2014	数字移动终端音频性能技术要求及测试方法	2014-10-14		YD/T 1538—2011	采购、建设	品控、验收与质量评定	调度及二次	电力通信
206.5-73	YD/T 1540—2014	电信设备的过电压和过电流抗力测试方法	2014-10-14			采购、建设	品控、验收与质量评定	调度及二次	电力通信
206.5-74	YD/T 1588.1—2006	光缆线路性能测量方法 第1部分：链路衰减	2007-1-1			采购、建设	品控、验收与质量评定	调度及二次	电力通信
206.5-75	YD/T 1588.2—2006	光缆线路性能测量方法 第2部分：光纤接头损耗	2007-1-1			采购、建设	品控、验收与质量评定	调度及二次	电力通信
206.5-76	YD/T 1607—2016	移动终端图像及视频传输特性技术要求和测试方法	2017-1-1		YD/T 1607—2007	采购、建设	品控、验收与质量评定	调度及二次	电力通信
206.5-77	YD/T 1633—2016	电信设备的电磁兼容性现场测试方法	2016-4-1		YD/T 1633—2007	采购、建设	品控、验收与质量评定	调度及二次	电力通信
206.5-78	YD/T 1766—2016	光通信用光收发合一模块的可靠性试验失效判据	2016-4-1		YD/T 1766—2008	采购、建设	品控、验收与质量评定	调度及二次	电力通信
206.5-79	YD/T 1809—2013	接入网设备测试方法 以太网无源光网络（EPON）系统互通性	2014-1-1		YD/T 1809—2008	采购、建设	品控、验收与质量评定	调度及二次	电力通信
206.5-80	YD/T 2148—2010	光传送网（OTN）测试方法	2011-1-1			采购、建设	品控、验收与质量评定	调度及二次	电力通信

续表

体系结构号	标准编号	标准名称	实施日期	与国际标准对应关系	代替标准	阶段	分阶段	专业	分专业
206.5-81	YD/T 2487—2013	分组传送网（PTN）设备测试方法	2013-6-1			采购、建设	品控、验收与质量评定	调度及二次	电力通信
206.5-82	YD/T 2583.14—2013	蜂窝式移动通信设备电磁兼容性要求和测量方法　第14部分：LTE 用户设备及其辅助设备	2013-7-22	ETSI TS 136.124，NEQ		采购、建设	品控、验收与质量评定	调度及二次	电力通信
206.5-83	YD/T 2742—2014	分组数字微波通信设备和系统技术要求及测试方法	2014-10-14			采购、建设	品控、验收与质量评定	调度及二次	电力通信
206.5-84	YD/T 2754—2014	同步数字体系（SDH）网元管理功能验证和协议栈检测	2014-10-14		YDN 114—1999	采购、建设	品控、验收与质量评定	调度及二次	电力通信
206.5-85	YD/T 2756—2014	接入网设备测试方法 10Gbit/s 无源光网络（XG-PON）	2014-10-14			采购、建设	品控、验收与质量评定	调度及二次	电力通信
206.5-86	YD/T 2757—2014	接入网设备测试方法 PON 系统支持 IPv6	2014-10-14			采购、建设	品控、验收与质量评定	调度及二次	电力通信
206.5-87	YD/T 2758—2014	通信光缆检验规程	2014-10-14			采购、建设	品控、验收与质量评定	调度及二次	电力通信
206.5-88	YD/T 2766—2014	富通信业务测试方法	2014-10-14			采购、建设	品控、验收与质量评定	调度及二次	电力通信
206.5-89	YD/T 2770—2014	通信基站用热管换热设备技术要求和试验方法	2014-10-14			采购、建设	品控、验收与质量评定	调度及二次	电力通信
206.5-90	YD/T 2824—2015	TD-LTE 数字蜂窝移动通信网无线操作维护中心（OMC-R）测量报告技术要求	2015-7-1			采购、建设	品控、验收与质量评定	调度及二次	电力通信
206.5-91	YD/T 2827.1—2015	无线通信射频和微波器件无源互调电平测量方法　第1部分：通用要求	2015-7-1			采购、建设	品控、验收与质量评定	调度及二次	电力通信
206.5-92	YD/T 2827.2—2015	无线通信射频和微波器件无源互调电平测量方法　第2部分：同轴电缆组件	2015-7-1			采购、建设	品控、验收与质量评定	调度及二次	电力通信
206.5-93	YD/T 2827.3—2015	无线通信射频和微波器件无源互调电平测量方法　第3部分：同轴连接器	2015-7-1			采购、建设	品控、验收与质量评定	调度及二次	电力通信
206.5-94	YD/T 2827.4—2015	无线通信射频和微波器件无源互调电平测量方法　第4部分：同轴电缆	2015-7-1			采购、建设	品控、验收与质量评定	调度及二次	电力通信

续表

体系结构号	标准编号	标准名称	实施日期	与国际标准对应关系	代替标准	阶段	分阶段	专业	分专业
206.5-95	YD/T 2827.5—2015	无线通信射频和微波器件无源互调电平测量方法　第5部分：滤波器类器件	2015-7-1			采购、建设	品控、验收与质量评定	调度及二次	电力通信
206.5-96	YD/T 2827.6—2015	无线通信射频和微波器件无源互调电平测量方法　第6部分：天线	2015-7-1			采购、建设	品控、验收与质量评定	调度及二次	电力通信
206.5-97	YD/T 2828—2015	多发射器终端比吸收率（SAR）评估要求	2015-7-1			采购、建设	品控、验收与质量评定	调度及二次	电力通信
206.5-98	YD/T 2829—2015	感知层设备的电磁兼容性要求与测量方法	2015-7-1			采购、建设	品控、验收与质量评定	调度及二次	电力通信
206.5-99	YD/T 2832—2015	通信用过电压过电流保护装置节能参数和测试方法	2015-7-1			采购、建设	品控、验收与质量评定	调度及二次	电力通信
206.5-100	YD/T 2833.1—2015	LTE终端电磁干扰技术要求和测量方法　第1部分：TD-LTE终端	2015-7-1			设计、采购	初设、招标、品控	调度及二次	电力通信
206.5-101	YD/T 2964—2015	接入网用弯曲损耗不敏感单模光纤测量方法	2016-1-1			采购、建设	品控、验收与质量评定	调度及二次	电力通信
206.5-102	YD/T 2965—2015	弯曲损耗不敏感多模光纤特性	2016-1-1			设计、采购	初设、招标、品控	调度及二次	电力通信
206.5-103	YD/T 2980—2015	基于IMS的固定网语音业务计费系统计费性能技术要求和检测方法	2015-10-14			采购、建设	品控、验收与质量评定	调度及二次	电力通信
206.5-104	YD/T 3003—2016	分组传送网（PTN）互通测试方法	2016-4-1			采购、建设	品控、验收与质量评定	调度及二次	电力通信
206.5-105	YD/T 3013—2016	无源光网络（PON）测试诊断技术要求　光时域反射仪（OTDR）数据格式	2016-4-1			采购、建设	品控、验收与质量评定	调度及二次	电力通信
206.5-106	YD/T 3021.1—2016	通信光缆电气性能试验方法　第1部分：金属元构件的电气连续性	2016-4-1			采购、建设	品控、验收与质量评定	调度及二次	电力通信
206.5-107	YD/T 3022.1—2016	通信光缆机械性能试验方法　第1部分：护套拔出力	2016-4-1			采购、建设	品控、验收与质量评定	调度及二次	电力通信
206.5-108	YD/T 3022.2—2016	通信光缆机械性能试验方法　第2部分：接插线光缆中被覆光纤的压缩位移	2016-4-1			采购、建设	品控、验收与质量评定	调度及二次	电力通信

续表

体系结构号	标准编号	标 准 名 称	实施日期	与国际标准对应关系	代替标准	阶段	分阶段	专业	分专业
206.5-109	YD/T 3022.3—2016	通信光缆机械性能试验方法 第3部分：撕裂绳功能	2016-4-1			采购、建设	品控、验收与质量评定	调度及二次	电力通信
206.5-110	YD/T 3022.4—2016	通信光缆机械性能试验方法 第4部分：舞动	2016-4-1			采购、建设	品控、验收与质量评定	调度及二次	电力通信
206.5-111	YD/T 3022.5—2016	通信光缆机械性能试验方法 第5部分：机械可靠性	2016-4-1			采购、建设	品控、验收与质量评定	调度及二次	电力通信
206.5-112	YD/T 3045—2016	900MHz WCDMA 数字蜂窝移动通信网 无线接入子系统设备技术要求与测试方法	2016-7-1			采购、建设	品控、验收与质量评定	调度及二次	电力通信
206.5-113	YD/T 3046—2016	移动核心网设备节能参数和测试方法	2016-7-1			采购、建设	品控、验收与质量评定	调度及二次	电力通信
206.5-114	YD/T 3048.1—2016	通信产品碳足迹评估技术要求 第1部分：移动通信手持机	2016-7-1			采购、建设	品控、验收与质量评定	调度及二次	电力通信
206.5-115	YD/T 3048.2—2016	通信产品碳足迹评估技术要求 第2部分：以太网交换机	2016-7-1			采购、建设	品控、验收与质量评定	调度及二次	电力通信
206.5-116	YD/T 3071—2016	接入网技术要求 SFP/SFP+封装的 PON ONU	2016-7-1			设计、采购	初设、招标、品控	调度及二次	电力通信
206.5-117	YD/T 3072—2016	接入网设备测试方法 PON 系统承载频率同步和时间同步	2016-7-1			采购、建设	品控、验收与质量评定	调度及二次	电力通信
206.5-118	YD/T 3074—2016	基于分组网络的频率同步互通技术要求及测试方法	2016-7-1			采购、建设	品控、验收与质量评定	调度及二次	电力通信
206.5-119	YD/T 3075—2016	高精度时间同步互通技术要求和测试方法	2016-7-1			采购、建设	品控、验收与质量评定	调度及二次	电力通信
206.5-120	YD/T 3093—2016	平板型移动通信终端测试方法	2016-10-1			采购、建设	品控、验收与质量评定	调度及二次	电力通信
206.5-121	YD/T 3109—2016	GSM 数字蜂窝移动通信网无线操作维护中心（OMC-R）测量报告技术要求	2016-10-1			采购、建设	品控、验收与质量评定	调度及二次	电力通信
206.5-122	YD/T 3110—2016	WCDMA 数字蜂窝移动通信网无线操作维护中心（OMC-R）测量报告技术要求	2016-10-1			采购、建设	品控、验收与质量评定	调度及二次	电力通信
206.5-123	YD/T 3121—2016	基于 CORBA 的多技术传送网网络管理（MTNM）接口通用部分一致性测试方法	2016-10-1			采购、建设	品控、验收与质量评定	调度及二次	电力通信

续表

体系结构号	标准编号	标 准 名 称	实施日期	与国际标准对应关系	代替标准	阶段	分阶段	专业	分专业
206.5-124	YD/T 3134—2016	支持 LTE 到 TD-SCDMA/WCDMA/GSM 的电路域业务回落技术的核心网设备测试方法	2016-10-1			采购、建设	品控、验收与质量评定	调度及二次	电力通信
206.5-125	YD/T 3135—2016	支持 LTE 到 TD-SCDMA/WCDMA/GSM 的语音呼叫连续性的核心网设备测试方法	2016-10-1			采购、建设	品控、验收与质量评定	调度及二次	电力通信
206.5-126	YD/T 3138—2016	基于统一IMS的业务测试方法 点击拨号业务(第一阶段)	2016-10-1			采购、建设	品控、验收与质量评定	调度及二次	电力通信
206.5-127	YD/T 3179.1—2016	移动终端支持基于 LTE 的语音解决方案(VoLTE)的测试方法 第 1 部分:功能和性能测试	2017-1-1			采购、建设	品控、验收与质量评定	调度及二次	电力通信
206.5-128	YD/T 3179.2—2016	移动终端支持基于LTE的语音解决方案(VoLTE)的测试方法 第 2 部分:一致性测试	2017-1-1			采购、建设	品控、验收与质量评定	调度及二次	电力通信
206.5-129	YD/T 3181—2016	基于 LTE 的语音解决方案(VoLTE)演进分组系统(EPS)设备测试方法	2017-1-1			采购、建设	品控、验收与质量评定	调度及二次	电力通信
206.5-130	YD/T 3185—2016	通信终端支持富通信业务测试方法	2017-1-1			采购、建设	品控、验收与质量评定	调度及二次	电力通信
206.5-131	YD/T 3248.1—2017	通信光缆安装性能试验方法 第 1 部分:微管净空间验证	2017-7-1			采购、建设	品控、验收与质量评定	调度及二次	电力通信
206.5-132	YD/T 3248.2—2017	通信光缆安装性能试验方法 第 2 部分:微管耐内压	2017-7-1			采购、建设	品控、验收与质量评定	调度及二次	电力通信
206.5-133	YD/T 3248.3—2017	通信光缆安装性能试验方法 第 3 部分:微管管路验证	2017-7-1			采购、建设	品控、验收与质量评定	调度及二次	电力通信
206.5-134	YD/T 3248.4—2017	通信光缆安装性能试验方法 第 4 部分:微管气吹布线试验	2017-7-1			采购、建设	品控、验收与质量评定	调度及二次	电力通信
206.5-135	YD/T 3269—2017	数字蜂窝移动通信终端支持 IPv6 测试方法	2018-1-1			采购、建设	品控、验收与质量评定	调度及二次	电力通信
206.5-136	YD/T 3278—2017	无线传感器网与电信网结合的网关设备测试方法	2018-1-1			设计、采购	初设、招标、品控	调度及二次	电力通信

续表

体系结构号	标准编号	标 准 名 称	实施日期	与国际标准对应关系	代替标准	阶段	分阶段	专业	分专业
206.5-137	YD/T 3287.1—2017	智能光分配网络 接口测试方法 第1部分：智能光分配网络设施与智能管理终端的接口	2018-1-1			设计、采购	初设、招标、品控	调度及二次	电力通信
206.5-138	YD/T 3287.21—2017	智能光分配网络 接口测试方法 第21部分：基于SNMP的智能光分配网络设施与智能光分配网络管理系统的接口	2018-1-1			设计、采购	初设、招标、品控	调度及二次	电力通信
206.5-139	YD/T 3330—2018	支持通信应用的北斗授时设备测试方法	2019-4-1			采购、建设	品控、验收与质量评定	调度及二次	电力通信
206.5-140	YD/T 3348—2018	截止波长位移单模光纤特性	2019-4-1			采购、建设	品控、验收与质量评定	调度及二次	电力通信
206.5-141	YD/T 3404—2018	分组增强型光传送网设备测试方法	2019-4-1			采购、建设	品控、验收与质量评定	调度及二次	电力通信
206.5-142	YD/T 3405—2018	基于分组网络的同步网操作管理维护（OAM）测试方法	2019-4-1			采购、建设	品控、验收与质量评定	调度及二次	电力通信
206.5-143	YD/T 3406—2018	接入网设备测试方法 具有远端自串音消除功能的第二代甚高速数字用户线收发器	2019-4-1			采购、建设	品控、验收与质量评定	调度及二次	电力通信
206.5-144	BMB 9.1—2007	保密会议移动通信干扰器技术要求和测试方法	2007-12-18			采购、建设	品控、验收与质量评定	调度及二次	电力通信
206.5-145	GB/T 3971.3—1983	电话自动交换网多频记发器信号技术指标测试方法	1984-10-1			采购、建设	品控、验收与质量评定	调度及二次	电力通信
206.5-146	GB/T 5441—2016	通信电缆试验方法	2016-11-1		GB/T 5441.1—1985；GB/T 5441.10—1985；GB/T 5441.9—1985；GB/T 5441.7—1985；GB/T 5441.6—1985；GB/T 5441.5—1985；GB/T 5441.4—1985；GB/T 5441.3—1985；GB/T 5441.2—1985	采购、建设	品控、验收与质量评定	调度及二次	电力通信
206.5-147	GB/T 5444—1985	电话自动交换网用户信号技术指标测试方法	1986-6-1			采购、建设	品控、验收与质量评定	调度及二次	电力通信
206.5-148	GB/T 7609—1995	电信网中脉冲编码调制音频通路传输特性常用测试方法	1996-6-1		GB 4572—1984；GB 7609—1987	采购、建设	品控、验收与质量评定	调度及二次	电力通信

体系结构号	标准编号	标准名称	实施日期	与国际标准对应关系	代替标准	阶段	分阶段	专业	分专业
206.5-149	GB/T 8554—1998	电子和通信设备用变压器和电感器测量方法及试验程序	1999-7-1	IEC 61007—1994，IDT	GB/T 8554—1987	采购、建设	品控、验收与质量评定	调度及二次	电力通信
206.5-150	GB/T 12640—1990	数字微波接力通信设备测量方法	1991-10-1	IEC 835，REF		采购、建设	品控、验收与质量评定	调度及二次	电力通信
206.5-151	GB/T 13543—1992	数字通信设备环境试验方法	1993-3-1			采购、建设	品控、验收与质量评定	调度及二次	电力通信
206.5-152	GB/T 14760—1993	光缆通信系统传输性能测试方法	1994-8-1			采购、建设	品控、验收与质量评定	调度及二次	电力通信
206.5-153	GB/T 15972.30—2008	光纤试验方法规范　第30部分:机械性能的测量方法和试验程序　光纤筛选试验	2008-11-1	IEC 60793-1-30: 2001，MOD	部分代替 GB/T 15972.3—1998	采购、建设	品控、验收与质量评定	调度及二次	电力通信
206.5-154	GB/T 16821—2007	通信用电源设备通用试验方法	2007-9-1		GB/T 16821—1997	采购、建设	品控、验收与质量评定	调度及二次	电力通信
206.5-155	GB/T 17626.34—2012	电磁兼容　试验和测量技术　主电源每相电流大于16A的设备的电压暂降、短时中断和电压变化抗扰度试验	2012-9-1	IEC 61000-4-34: 2009，IDT		采购、建设	品控、验收与质量评定	调度及二次	电力通信
206.5-156	GB/T 17737.100—2018	同轴通信电缆　第1-100部分：电气试验方法　通用要求	2018-10-1			采购、建设	品控、验收与质量评定	调度及二次	电力通信
206.5-157	GB/T 17737.101—2018	同轴通信电缆　第1-101部分：电气试验方法　导体直流电阻试验	2018-10-1			采购、建设	品控、验收与质量评定	调度及二次	电力通信
206.5-158	GB/T 17737.102—2018	同轴通信电缆　第1-102部分：电气试验方法　电缆介质绝缘电阻试验	2018-10-1			采购、建设	品控、验收与质量评定	调度及二次	电力通信
206.5-159	GB/T 17737.103—2018	同轴通信电缆　第1-103部分：电气试验方法　电缆的电容试验	2018-10-1			采购、建设	品控、验收与质量评定	调度及二次	电力通信
206.5-160	GB/T 17737.104—2018	同轴通信电缆　第1-104部分：电气试验方法　电缆的电容稳定性试验	2018-10-1			采购、建设	品控、验收与质量评定	调度及二次	电力通信
206.5-161	GB/T 17737.105—2018	同轴通信电缆　第1-105部分：电气试验方法　电缆介质的耐电压试验	2018-10-1			采购、建设	品控、验收与质量评定	调度及二次	电力通信
206.5-162	GB/T 17737.106—2018	同轴通信电缆　第1-106部分：电气试验方法　电缆护套的耐电压试验	2018-10-1			采购、建设	品控、验收与质量评定	调度及二次	电力通信

续表

体系结构号	标准编号	标 准 名 称	实施日期	与国际标准对应关系	代替标准	阶段	分阶段	专业	分专业
206.5-163	GB/T 17737.107—2018	同轴通信电缆 第1-107部分：电气试验方法 电缆颤噪电荷电平（机械感应噪声）试验	2019-4-1			采购、建设	品控、验收与质量评定	调度及二次	电力通信
206.5-164	GB/T 17737.108—2018	同轴通信电缆 第1-108部分：电气试验方法 特性阻抗、相位延迟、群延迟、电长度和传播速度试验	2018-10-1			采购、建设	品控、验收与质量评定	调度及二次	电力通信
206.5-165	GB/T 17737.112—2018	同轴通信电缆 第1-112部分：电气试验方法 回波损耗（阻抗一致性）试验	2018-10-1			采购、建设	品控、验收与质量评定	调度及二次	电力通信
206.5-166	GB/T 17737.115—2018	同轴通信电缆 第1-115部分：电气试验方法 阻抗均匀性（脉冲/阶跃函数回波损耗）试验	2018-10-1			采购、建设	品控、验收与质量评定	调度及二次	电力通信
206.5-167	GB/T 17737.122—2018	同轴通信电缆 第1-122部分：电气试验方法 同轴电缆间串音试验	2018-10-1			采购、建设	品控、验收与质量评定	调度及二次	电力通信
206.5-168	GB/T 17737.200—2018	同轴通信电缆 第1-200部分：环境试验方法 通用要求	2018-10-1			采购、建设	品控、验收与质量评定	调度及二次	电力通信
206.5-169	GB/T 17737.201—2015	同轴通信电缆 第1-201部分：环境试验方法 电缆的冷弯性能试验	2016-2-1	IEC 61196-1-201: 2009，IDT		采购、建设	品控、验收与质量评定	调度及二次	电力通信
206.5-170	GB/T 17737.203—2018	同轴通信电缆 第1-203部分：环境试验方法 电缆的渗水试验	2018-10-1			采购、建设	品控、验收与质量评定	调度及二次	电力通信
206.5-171	GB/T 17737.205—2018	同轴通信电缆 第1-205部分：环境试验方法 耐溶剂及污染液试验	2018-10-1			采购、建设	品控、验收与质量评定	调度及二次	电力通信
206.5-172	GB/T 17737.301—2018	同轴通信电缆 第1-301部分：机械试验方法 椭圆度试验	2018-10-1			设计、采购	初设、招标、品控	调度及二次	电力通信
206.5-173	GB/T 17737.302—2018	同轴通信电缆 第1-302部分：机械试验方法 偏心度试验	2019-4-1			设计、采购	初设、招标、品控	调度及二次	电力通信
206.5-174	GB/T 17737.308—2018	同轴通信电缆 第1-308部分：机械试验方法 铜包金属的抗拉强度和延伸率试验	2018-10-1			设计、采购	初设、招标、品控	调度及二次	电力通信

续表

体系结构号	标准编号	标 准 名 称	实施日期	与国际标准对应关系	代替标准	阶段	分阶段	专业	分专业
206.5-175	GB/T 17737.310—2018	同轴通信电缆 第 1-310 部分：机械试验方法 铜包金属的扭转特性试验	2018-10-1			设计、采购	初设、招标、品控	调度及二次	电力通信
206.5-176	GB/T 17737.313—2015	同轴通信电缆 第 1-313 部分：机械试验方法 介质和护套的附着力	2016-2-1	IEC 61196-1-313: 2009，IDT		设计、采购	初设、招标、品控	调度及二次	电力通信
206.5-177	GB/T 17737.314—2018	同轴通信电缆 第 1-314 部分：机械试验方法 电缆的弯曲试验	2018-10-1			设计、采购	初设、招标、品控	调度及二次	电力通信
206.5-178	GB/T 17737.316—2018	同轴通信电缆 第 1-316 部分：机械试验方法 电缆的最大抗拉力试验	2018-10-1			设计、采购	初设、招标、品控	调度及二次	电力通信
206.5-179	GB/T 17737.317—2018	同轴通信电缆 第 1-317 部分：机械试验方法 电缆抗压试验	2018-10-1			设计、采购	初设、招标、品控	调度及二次	电力通信
206.5-180	GB/T 17737.318—2018	同轴通信电缆 第 1-318 部分：机械试验方法 热性能试验	2018-10-1			设计、采购	初设、招标、品控	调度及二次	电力通信
206.5-181	GB/T 17737.324—2018	同轴通信电缆 第 1-324 部分：机械试验方法 电缆耐磨性试验	2018-10-1			设计、采购	初设、招标、品控	调度及二次	电力通信
206.5-182	GB/T 17737.325—2018	同轴通信电缆 第 1-325 部分：机械试验方法 风激振动试验	2018-10-1			设计、采购	初设、招标、品控	调度及二次	电力通信
206.5-183	GB/T 17799.5—2012	电磁兼容 通用标准 室内设备高空电磁脉冲（HEMP）抗扰度	2012-9-1	IEC 61000-6-6: 2003，IDT		设计、采购	初设、招标、品控	调度及二次	电力通信
206.5-184	GB/T 31723.405—2015	金属通信电缆试验方法 第 4-5 部分：电磁兼容 耦合或屏蔽衰减 吸收钳法	2016-2-1	IEC 62153-4-5: 2006，IDT		采购、建设	品控、验收与质量评定	调度及二次	电力通信
206.5-185	GB/T 31723.406—2015	金属通信电缆试验方法 第 4-6 部分：电磁兼容 表面转移阻抗 线注入法	2016-2-1	IEC 62153-4-6: 2006，IDT		采购、建设	品控、验收与质量评定	调度及二次	电力通信
206.5-186	GB/T 31723.411—2018	金属通信电缆试验方法 第 4-11 部分：电磁兼容 跳线、同轴电缆组件、接连接器电缆的耦合衰减或屏蔽衰减 吸收钳法	2019-1-1			采购、建设	品控、验收与质量评定	调度及二次	电力通信

续表

体系结构号	标准编号	标准名称	实施日期	与国际标准对应关系	代替标准	阶段	分阶段	专业	分专业
206.5-187	GB/T 33676—2017	通信局（站）防雷装置检测技术规范	2017-12-1			设计、采购	初设、招标、品控	调度及二次	电力通信
206.5-188	GB/T 33843—2017	接入网设备测试方法 基于以太网方式的无源光网络（EPON）	2017-12-1			设计、采购	初设、招标、品控	调度及二次	电力通信
206.5-189	GB/T 33849—2017	接入网设备测试方法 吉比特的无源光网络（GPON）	2017-12-1			设计、采购	初设、招标、品控	调度及二次	电力通信
206.5-190	GB/T 37172—2018	接入网设备测试方法 EPON 系统互通性	2019-4-1			设计、采购	初设、招标、品控	调度及二次	电力通信
206.5-191	GB/T 37174—2018	接入网设备测试方法 GPON 系统互通性	2019-4-1			设计、采购	初设、招标、品控	调度及二次	电力通信
206.5-192	ASTM D4565—2015	测试电信电线和电缆用绝缘体和套管的物理和环境工作性能的方法	2015-4-1		ASTM D 4565—2010	采购、建设	品控、验收与质量评定	调度及二次	电力通信
206.5-193	ASTM D4566—2014	电信电线和电缆用绝缘体及套管电性能的试验方法	2014-5-15		ASTM D 4566 E1—2008	采购、建设	品控、验收与质量评定	调度及二次	电力通信
206.5-194	IEC 60793-1-34—2006	光纤 第 1-34 部分：测量方法和测试程序光纤卷曲	2006-3-20	EN 60793-1-34—2006，IDT	IEC 60793-1-34—2001；IEC 86 A/1049/FDIS—2005	采购、建设	品控、验收与质量评定	调度及二次	电力通信
206.5-195	IEC 61196-1-112—2006	同轴通信电缆第 1-112 部分：电测试方法返回损耗的测试（阻抗的一致性）	2006-3-13		IEC 46A/780/FDIS—2005	采购、建设	品控、验收与质量评定	调度及二次	电力通信
206.5-196	IEC 61196-1-115—2006	同轴通信电缆 第 1-115 部分：电测试方法阻抗规律性测试（脉冲/步进功能返回损耗）	2006-3-13			采购、建设	品控、验收与质量评定	调度及二次	电力通信
206.5-197	IEC 61196-1-122—2006	同轴通信电缆 第 1-122 部分：电气试验方法同轴电缆之间的串音试验	2006-3-13		IEC 46 A/1782/FDIS—2005	采购、建设	品控、验收与质量评定	调度及二次	电力通信
206.5-198	IEC 61196-1-314—2015	同轴通信电缆 第 1-314 部分：机械试验方法 弯曲试验	2015-8-18		IEC 61196-1-314—2006	采购、建设	品控、验收与质量评定	调度及二次	电力通信
206.5-199	IEC 61196-1-317—2006	同轴通信电缆 第 1-317 部分：机械测试方法电缆耐变形的测试	2006-3-13			采购、建设	品控、验收与质量评定	调度及二次	电力通信
206.5-200	IEC 61196-1-324—2006	同轴通信电缆 第 1-324 部分：机械测试方法电缆耐磨损性测试	2006-3-13			采购、建设	品控、验收与质量评定	调度及二次	电力通信

续表

体系结构号	标准编号	标准名称	实施日期	与国际标准对应关系	代替标准	阶段	分阶段	专业	分专业
206.5-201	IEC 62153-4-3—2013	金属通信电缆试验方法　第4-3部分：电磁兼容性（EMC）表面传输阻抗三维法	2013-10-22		IEC 62153-4-3—2006	采购、建设	品控、验收与质量评定	调度及二次	电力通信
206.5-202	IEC 62153-4-8—2018	金属电缆和其他无源元件试验方法　第4-8部分：电磁兼容性（EMC）电容耦合通道	2018-6-25		IEC 62153-4-8—2006	采购、建设	品控、验收与质量评定	调度及二次	电力通信
206.5-203	IEC 62153-4-10—2015	金属通信电缆试验方法　第4-9部分：电磁兼容性（EMC）测量馈通和电磁垫片双同轴法屏蔽效果的屏蔽衰减试验方法	2015-11-4		IEC 62153-4-10—2009	采购、建设	品控、验收与质量评定	调度及二次	电力通信
206.5-204	IEC/TS 62153-4-1—2014	金属通信电缆试验方法　第4-1部分：电磁兼容性（EMC），电磁屏蔽测量的介绍	2014-1-22		IEC/TR 62153-4-1—2010	采购、建设	品控、验收与质量评定	调度及二次	电力通信
206.5-205	IEEE 1591.1—2012	复合光缆地线（OPGW）用五金件性能测试	2012-2-6			采购、建设	品控、验收与质量评定	调度及二次	电力通信
206.5-206	ANSI IEEE 1682—2011	光纤电缆、连接、光纤捻接审查试验使用标准	2011-9-10	IEEE 1682—2411，IDT		采购、建设	品控、验收与质量评定	调度及二次	电力通信
206.6　试验与计量-信息									
206.6-1	NB/T 42053—2015	防孤岛试验装置技术规范	2015-9-1			采购、建设、修试	品控、验收与质量评定、试验	信息	基础设施
206.6-2	GB/T 15969.2—2008	可编程序控制器　第2部分：设备要求和测试	2009-1-1	IEC 61131-2: 2007，IDT	GB/T 15969.2—1995	采购、建设、修试	品控、验收与质量评定、试验	信息	基础设施
206.7　试验与计量-电力电子									
206.7-1	DL/T 1010.2—2006	高压静止无功补偿装置　第2部分：晶闸管阀试验	2007-3-1	IEC 61954: 2003，MOD		建设、修试	验收与质量评定、试验	换流	其他
206.7-2	DL/T 1010.4—2006	高压静止无功补偿装置　第4部分：现场试验	2007-3-1			建设、修试	验收与质量评定、试验	换流	其他
206.7-3	DL/T 1513—2016	柔性直流输电用电压源型换流阀　电气试验	2016-6-1			建设、修试	验收与质量评定、试验	换流	其他
206.7-4	DL/T 1526—2016	柔性直流输电工程系统试验规程	2016-6-1			建设、修试	验收与质量评定、试验	换流	其他
206.7-5	NB/T 32008—2013	光伏发电站逆变器电能质量检测技术规程	2014-4-1			采购、建设、修试	品控、验收与质量评定、试验	发电	光伏
206.7-6	NB/T 32009—2013	光伏发电站逆变器电压与频率响应检测技术规程	2014-4-1			采购、建设、修试	品控、验收与质量评定、试验	发电	光伏
206.7-7	NB/T 32010—2013	光伏发电站逆变器防孤岛效应检测技术规程	2014-4-1			采购、建设、修试	品控、验收与质量评定、试验	发电	光伏

续表

体系结构号	标准编号	标准名称	实施日期	与国际标准对应关系	代替标准	阶段	分阶段	专业	分专业
206.7-8	SJ/T 2214—2015	半导体光电二极管和光电晶体管测试方法	2015-10-1		SJ 2214.1—1982；SJ 2214.2—1982；SJ 2214.3—1982；SJ 2214.4—1982；SJ 2214.5—1982；SJ 2214.6—1982；SJ 2214.7—1982；SJ 2214.8—1982；SJ 2214.9—1982；SJ 2214.10—1982	采购、建设、修试	品控、验收与质量评定、试验	发电	光伏
206.7-9	SJ/T 2215—2015	半导体光电耦合器测试方法	2015-10-1		SJ 2215.1—1982；SJ 2215.2—1982；SJ 2215.3—1982；SJ 2215.4—1982；SJ 2215.5—1982；SJ 2215.6—1982；SJ 2215.7—1982；SJ 2215.8—1982；SJ 2215.9—1982；SJ 2215.10—1982；SJ 2215.11—1982；SJ 2215.12—1982；SJ 2215.13—1982；SJ 2215.14—1982	采购、建设、修试	品控、验收与质量评定、试验	发电	光伏
206.7-10	SJ/T 2216—2015	硅光电二极管技术规范	2015-10-1		SJ 2216—1982	设计、采购、建设	初设、招标、验收与质量评定	发电	光伏
206.7-11	SJ/T 2354—2015	ＰＩＮ、雪崩光电二极管测试方法	2015-10-1		SJ 2354.1—1982；SJ 2354.2—1982；SJ 2354.3—1982；SJ 2354.4—1982；SJ 2354.5—1982；SJ 2354.6—1982；SJ 2354.7—1982；SJ 2354.8—1982；SJ 2354.9—1982；SJ 2354.10—1982；SJ 2354.11—1982；SJ 2354.12—1982；SJ 2354.13—1982；SJ 2354.14—1982	采购、建设、修试	品控、验收与质量评定、试验	发电	光伏

体系结构号	标准编号	标　准　名　称	实施日期	与国际标准对应关系	代替标准	阶段	分阶段	专业	分专业
206.7-12	SJ/T 11487—2015	半绝缘半导体晶片电阻率的无接触测量方法	2015-10-1			采购、建设、修试	品控、验收与质量评定、试验	发电	光伏
206.7-13	SJ/T 11488—2015	半绝缘砷化镓电阻率、霍尔系数和迁移率测试方法	2015-10-1			采购、建设、修试	品控、验收与质量评定、试验	发电	光伏
206.7-14	GB/T 2421.1—2008	电工电子产品环境试验概述和指南	2009-11-1	IEC 60068-1: 1988，IDT	GB/T 2421—1999	采购、建设、修试	品控、验收与质量评定、试验	其他	
206.7-15	GB/T 2423.1—2008	电工电子产品环境试验　第2部分：试验方法 试验A：低温	2009-10-1	IEC 60068-2-1: 2007，IDT	GB/T 2423.1—2001	采购、建设、修试	品控、验收与质量评定、试验	其他	
206.7-16	GB/T 2423.18—2012	环境试验　第2部分：试验方法 试验Kb：盐雾，交变（氯化钠溶液）	2013-2-1	IEC 60068-2-52—1996，IDT	GB/T 2423.18—2000	采购、建设、修试	品控、验收与质量评定、试验	其他	
206.7-17	GB/T 2423.24—2013	环境试验　第2部分：试验方法 试验Sa：模拟地面上的太阳辐射及其试验导则	2014-3-7	IEC 60068-2-5—2010，IDT	GB/T 2423.24—1995；GB/T 2424.14—1995	采购、建设、修试	品控、验收与质量评定、试验	其他	
206.7-18	GB/T 2423.38—2008	电工电子产品环境试验　第2部分：试验方法 试验R：水试验方法和导则	2009-3-1	IEC 60068-2-18—2000，IDT	GB/T 2423.38—2005	采购、建设、修试	品控、验收与质量评定、试验	其他	
206.7-19	GB/T 2423.60—2008	电工电子产品环境试验　第2部分：试验方法.试验U：引出端及整体安装件强度	2009-11-1	IEC 60068-2-21—2006，IDT		采购、建设、修试	品控、验收与质量评定、试验	其他	
206.7-20	GB/T 2424.5—2006	电工电子产品环境试验温度试验箱性能确认	2007-9-1	IEC 60068-3-5: 2001，IDT		采购、建设、修试	品控、验收与质量评定、试验	其他	
206.7-21	GB/T 2424.6—2006	电工电子产品环境试验温度/湿度试验箱性能确认	2007-9-1	IEC 60068-3-6: 2001，IDT		采购、建设、修试	品控、验收与质量评定、试验	其他	
206.7-22	GB/T 2424.7—2006	电工电子产品环境试验　试验A和B（带负载）用温度试验箱的测量	2007-9-1	IEC 60068-3-7: 2001，IDT		采购、建设、修试	品控、验收与质量评定、试验	其他	
206.7-23	SJ/T 2658.1—2015	半导体红外发射二极管测量方法　第1部分：总则	2016-4-1		SJ 2658.1—1986	采购、建设、修试	品控、验收与质量评定、试验	其他	
206.7-24	GB/T 3482—2008	电子设备雷击试验方法	2008-11-1		GB/T 3482—1983；GB/T 3483—1983；GB/T 7450—1987	采购、建设、修试	品控、验收与质量评定、试验	其他	
206.7-25	GB/T 4796.1—2017	环境条件分类　第1部分：环境参数及其严酷程度	2018-7-1	IEC 60721-1: 2002	GB/T 4796—2008	采购、建设、修试	品控、验收与质量评定、试验	其他	

续表

体系结构号	标准编号	标 准 名 称	实施日期	与国际标准对应关系	代替标准	阶段	分阶段	专业	分专业
206.7-26	GB/T 5169.2—2013	电工电子产品着火危险试验 第2部分:着火危险评定导则 总则	2014-7-13	IEC 60695-1-10: 2009	GB/T 5169.2—2002	采购、建设、修试	品控、验收与质量评定、试验	其他	
206.7-27	GB/T 5169.5—2008	电工电子产品着火危险试验 第5部分:试验火焰针焰试验方法 装置、确认试验方法和导则	2009-10-1	IEC 60695-11-5: 2004	GB/T 5169.5—1997	采购、建设、修试	品控、验收与质量评定、试验	其他	
206.7-28	GB/T 5169.9—2013	电工电子产品着火危险试验 第9部分:着火危险评定导则 预选试验程序 总则	2014-7-13	IEC 60695-1-30: 2008	GB/T 5169.9—2006	采购、建设、修试	品控、验收与质量评定、试验	其他	
206.7-29	GB/T 5169.10—2017	电工电子产品着火危险试验 第10部分:灼热丝/热丝基本试验方法 灼热丝装置和通用试验方法	2018-7-1	IEC 60695-2-10: 2013	GB/T 5169.10—2006	采购、建设、修试	品控、验收与质量评定、试验	其他	
206.7-30	GB/T 5169.12—2013	电工电子产品着火危险试验 第12部分:灼热丝/热丝基本试验方法 材料的灼热丝可燃性指数(GWFI)试验方法	2014-4-9	IEC 60695-2-12: 2010, IDT	GB/T 5169.12—2006	采购、建设、修试	品控、验收与质量评定、试验	其他	
206.7-31	GB/T 5169.13—2013	电工电子产品着火危险试验 第13部分:灼热丝/热丝基本试验方法 材料的灼热丝起燃温度(GWIT)试验方法	2014-4-9	IEC 60695-2-13: 2010, IDT	GB/T 5169.13—2006	采购、建设、修试	品控、验收与质量评定、试验	其他	
206.7-32	GB/T 5169.15—2015	电工电子产品着火危险试验 第15部分:试验火焰 500W火焰 装置和确认试验方法	2016-5-1	IEC 60695-11-3: 2012, IDT	GB/T 5169.15—2008	采购、建设、修试	品控、验收与质量评定、试验	其他	
206.7-33	GB/T 5169.18—2013	电工电子产品着火危险试验 第18部分:燃烧流的毒性 总则	2014-7-13	IEC 60695-7-1: 2010, IDT	GB/T 5169.18—2005	采购、建设、修试	品控、验收与质量评定、试验	其他	
206.7-34	GB/T 5169.20—2013	电工电子产品着火危险试验 第20部分:火焰表面蔓延 试验方法概要和相关性	2014-7-13	IEC/TS 60695-9-2: 2005, IDT	GB/T 5169.20—2006	采购、建设、修试	品控、验收与质量评定、试验	其他	
206.7-35	GB/T 5169.22—2015	电工电子产品着火危险试验 第22部分:试验火焰 50W火焰 装置和确认试验方法	2016-5-1	IEC 60695-11-4: 2011, IDT	GB/T 5169.22—2008	采购、建设、修试	品控、验收与质量评定、试验	其他	
206.7-36	GB/T 5169.24—2018	电工电子产品着火危险试验 第24部分:着火危险评定导则 绝缘液体	2019-4-1		GB/T 5169.24—2008	采购、建设、修试	品控、验收与质量评定、试验	其他	

续表

体系结构号	标准编号	标准名称	实施日期	与国际标准对应关系	代替标准	阶段	分阶段	专业	分专业
206.7-37	GB/T 5169.25—2018	电工电子产品着火危险试验 第25部分：烟模糊 总则	2019-4-1		GB/T 5169.25—2008	采购、建设、修试	品控、验收与质量评定、试验	其他	
206.7-38	GB/T 5169.26—2018	电工电子产品着火危险试验 第26部分：烟模糊试验方法概要和相关性	2019-4-1		GB/T 5169.26—2008	采购、建设、修试	品控、验收与质量评定、试验	其他	
206.7-39	GB/Z 5169.32—2013	电工电子产品着火危险试验 第32部分：热释放绝缘液体的热释放	2014-4-9	IEC/TS 60695-8-3: 2008，IDT		采购、建设、修试	品控、验收与质量评定、试验	其他	
206.7-40	GB/Z 5169.34—2014	电工电子产品着火危险试验 第34部分：着火危险评定导则 起燃性 试验方法概要和相关性	2015-4-1	IEC/TR 60695-1-21: 2008，IDT		采购、建设、修试	品控、验收与质量评定、试验	其他	
206.7-41	GB/T 5169.35—2015	电工电子产品着火危险试验 第35部分：燃烧流的腐蚀危害 总则	2016-5-1	IEC 60695-5-1: 2002，IDT		采购、建设、修试	品控、验收与质量评定、试验	其他	
206.7-42	GB/T 5169.36—2015	电工电子产品着火危险试验 第36部分：燃烧流的腐蚀危害 试验方法概要和相关性	2016-5-1	IEC/TS 60695-5-2: 2002，IDT		采购、建设、修试	品控、验收与质量评定、试验	其他	
206.7-43	GB/T 5169.38—2014	电工电子产品着火危险试验 第38部分：燃烧流的毒性 试验方法概要和相关性	2015-4-1	IEC 60695-7-2: 2011，IDT		采购、建设、修试	品控、验收与质量评定、试验	其他	
206.7-44	GB/T 5169.39—2015	电工电子产品着火危险试验 第39部分：燃烧流的毒性 试验结果的使用和说明	2016-5-1	IEC 60695-7-3: 2011，IDT		采购、建设、修试	品控、验收与质量评定、试验	其他	
206.7-45	GB/T 5169.40—2015	电工电子产品着火危险试验 第40部分：燃烧流的毒性 毒效评定 装置和试验方法	2016-5-1	IEC/TS 60695-7-50: 2002，IDT		采购、建设、修试	品控、验收与质量评定、试验	其他	
206.7-46	GB/T 5169.41—2015	电工电子产品着火危险试验 第41部分：燃烧流的毒性 毒效评定 试验结果的计算和说明	2016-5-1	IEC/TS 60695-7-51: 2002，IDT		采购、建设、修试	品控、验收与质量评定、试验	其他	
206.7-47	GB/Z 5169.42—2013	电工电子产品着火危险试验 第42部分：试验火焰确认试验 导则	2014-4-9	IEC/TS 60695-11-40: 2002，IDT		采购、建设、修试	品控、验收与质量评定、试验	其他	
206.7-48	GB/T 5169.44—2013	电工电子产品着火危险试验 第44部分：着火危险评定导则 着火危险评定	2014-4-9	IEC 60695-1-30: 2008	部分代替：GB/T 5169.2—2002	采购、建设、修试	品控、验收与质量评定、试验	其他	

体系结构号	标准编号	标准名称	实施日期	与国际标准对应关系	代替标准	阶段	分阶段	专业	分专业
206.7-49	GB/T 5170.1—2016	电工电子产品环境试验设备检验方法　第1部分：总则	2017-7-1		GB/T 5170.1—2008	采购、建设、修试	品控、验收与质量评定、试验	其他	
206.7-50	GB/T 5170.5—2016	电工电子产品环境试验设备检验方法　第5部分：湿热试验设备	2017-7-1		GB/T 5170.5—2008	采购、建设、修试	品控、验收与质量评定、试验	其他	
206.7-51	GB/T 13422—2013	半导体变流器 电气试验方法	2013-12-2		GB/T 13422—1992	设计、采购、建设、修试	初设、品控、验收与质量评定、试验	换流	其他
206.7-52	GB/T 13951—2016	移动式平台及海上设施用电工电子产品环境试验一般要求	2017-7-1		GB/T 13951—1992	采购、建设、修试	品控、验收与质量评定、试验	其他	
206.7-53	GB/T 13952—2016	移动式平台及海上设施用电工电子产品环境条件参数分级	2017-7-1		GB/T 13952—1992	采购、建设、修试	品控、验收与质量评定、试验	其他	
206.7-54	GB/T 18293—2001	电力整流设备运行效率的在线测量	2001-7-1			建设、运维、修试	试运行、运行、检修	换流	其他
206.7-55	GB/T 20995—2007	输配电系统的电力电子技术　静止无功补偿装置用晶闸管阀的试验	2008-2-1	IEC 61954: 2003，MOD		建设、修试	验收与质量评定、试验	换流	其他
206.7-56	GB/T 28568—2012	电工电子设备机柜 安全设计要求	2012-11-1			设计、采购、建设	初设、品控、验收与质量评定	其他	
206.7-57	GB/T 31839—2015	电工电子设备机械结构 安全要求和试验	2016-2-1			设计、采购、建设、修试	初设、品控、验收与质量评定、试验	其他	
206.7-58	GB/T 37143—2018	电工电子产品成熟度试验方法	2019-7-1			采购、建设、修试	品控、验收与质量评定、试验	其他	
206.7-59	JJF（电子）0002—2015	交流电子负载校准规范	2015-12-1			运维、修试	维护、检修	其他	
206.7-60	IEC 61954—2011+Amd 1—2013+Amd 2—2017	静止无功补偿器（SVC）晶闸管阀的试验	2017-4-12			建设、修试	验收与质量评定、试验	换流	其他
206.7-61	IEC 62310-3—2008	静态转换系统（STS）第3部分：性能和试验要求的详细说明方法	2008-6-11	EN 62310-3—2008，IDT；NF C53-010-3—2008. IDT		设计、采购、建设、修试	初设、品控、验收与质量评定、试验	其他	
206.8 试验与计量-仪器仪表									
206.8-1	T/CEC 113—2016	电力检测型红外成像仪校准规范	2017-1-1			运维、修试	维护、检修、试验	附属设施及工器具	工器具

续表

体系结构号	标准编号	标准名称	实施日期	与国际标准对应关系	代替标准	阶段	分阶段	专业	分专业
206.8-2	T/CEC 114—2016	闪络定位仪校准规范	2017-1-1			运维、修试	维护、检修、试验	附属设施及工器具	工器具
206.8-3	T/CEC 126—2016	六氟化硫气体分解产物检测仪校验方法	2017-1-1			运维、修试	维护、检修、试验	附属设施及工器具	工器具
206.8-4	DL/T 356—2010	局部放电测量仪校准规范	2010-10-1			运维、修试	维护、检修、试验	附属设施及工器具	工器具
206.8-5	DL/T 677—2018	发电厂在线化学仪表检验规程	2018-7-1		DL/T 677—2009	运维、修试	维护、检修、试验	附属设施及工器具	工器具
206.8-6	DL/T 967—2005	回路电阻测试仪与直流电阻快速测试仪检定规程	2006-6-1			运维、修试	维护、检修、试验	附属设施及工器具	工器具
206.8-7	DL/T 973—2005	数字高压表检定规程	2006-6-1			运维、修试	维护、检修、试验	附属设施及工器具	工器具
206.8-8	DL/T 979—2005	直流高压高阻箱检定规程	2006-6-1			运维、修试	维护、检修、试验	附属设施及工器具	工器具
206.8-9	DL/T 1028—2006	电能质量测试分析仪检定规程	2007-5-1			运维、修试	维护、检修、试验	附属设施及工器具	工器具
206.8-10	DL/T 1153—2012	继电保护测试仪校准规范	2012-12-1			运维、修试	维护、检修、试验	附属设施及工器具	工器具
206.8-11	DL/T 1191—2012	电力作业用手持式电动工具安全性能检验规程	2012-12-1			运维、修试	维护、检修、试验	附属设施及工器具	工器具
206.8-12	DL/T 1222—2013	冲击分压器校准规范	2013-8-1			运维、修试	维护、检修、试验	附属设施及工器具	工器具
206.8-13	DL/T 1254—2013	差动电阻式监测仪器鉴定技术规程	2014-4-1			运维、修试	维护、检修、试验	附属设施及工器具、发电	工器具、水电
206.8-14	DL/T 1400—2015	油浸式变压器测温装置现场校准规范	2015-9-1			运维、修试	维护、检修、试验	附属设施及工器具	工器具
206.8-15	DL/T 1462—2015	发电厂在线氢气系统仪表检测规程	2015-12-1			运维、修试	维护、检修、试验	附属设施及工器具	工器具
206.8-16	DL/T 1478—2015	电子式交流电能表现场检验规程	2015-12-1			运维、修试、退役	运行、维护、检修、试验、退役、报废	用电	电能计量
206.8-17	DL/T 1507—2016	数字化电能表校准规范	2016-6-1			采购、修试、退役	招标、品控、检修、试验、退役、报废	用电	电能计量

续表

体系结构号	标准编号	标 准 名 称	实施日期	与国际标准对应关系	代替标准	阶段	分阶段	专业	分专业
206.8-18	DL/T 1561—2016	避雷器监测装置校准规范	2016-6-1			运维、修试	维护、检修、试验	附属设施及工器具	工器具
206.8-19	DL/T 1562—2016	容性设备在线监测装置校准规范	2016-6-1			运维、修试	维护、检修、试验	附属设施及工器具	工器具
206.8-20	DL/T 1582—2016	直流输电阀冷系统仪表检测导则	2016-7-1			运维、修试	维护、检修、试验	附属设施及工器具	工器具
206.8-21	DL/T 1681—2016	高压试验仪器设备选配导则	2017-5-1			运维、修试	维护、检修、试验	附属设施及工器具	工器具
206.8-22	DL/T 1694.1—2017	高压测试仪器及设备校准规范　第1部分:特高频局部放电在线监测装置	2017-8-1			运维、修试	维护、检修、试验	附属设施及工器具	工器具
206.8-23	DL/T 1694.2—2017	高压测试仪器及设备校准规范　第2部分:电力变压器分接开关测试仪	2017-8-1			运维、修试	维护、检修、试验	附属设施及工器具	工器具
206.8-24	DL/T 1694.3—2017	高压测试仪器及设备校准规范　第3部分:高压开关动作特性测试仪	2017-8-1			运维、修试	维护、检修、试验	附属设施及工器具	工器具
206.8-25	DL/T 1694.4—2017	高压测试仪器及设备校准规范　第4部分:绝缘油耐压测试仪	2017-8-1			运维、修试	维护、检修、试验	附属设施及工器具	工器具
206.8-26	DL/T 1694.5—2017	高压测试仪器及设备校准规范　第5部分:氧化锌避雷器阻性电流测试仪	2017-8-1			运维、修试	维护、检修、试验	附属设施及工器具	工器具
206.8-27	DL/T 1763—2017	电能表检测抽样要求	2018-3-1			采购、修试、退役	招标、品控、检修、试验、退役、报废	用电	电能计量
206.8-28	DL/T 1787—2017	相对介损及电容检测仪校准规范	2018-6-1			运维、修试	维护、检修、试验	附属设施及工器具	工器具
206.8-29	DL/T 1825—2018	六氟化硫在线湿度测量装置校验　静态法	2018-7-1			运维、修试	维护、检修、试验	附属设施及工器具	工器具
206.8-30	DL/T 1852—2018	工频接地电阻测量设备检测规程	2018-10-1			运维、修试	维护、检修、试验	附属设施及工器具	工器具
206.8-31	DL/T 1876.1—2018	六氟化硫检测仪技术条件—分解产物检测仪	2019-5-1			运维、修试	维护、检修、试验	附属设施及工器具	工器具
206.8-32	DL/T 1932—2018	6kV～35kV 电缆振荡波局部放电测量系统检定方法	2019-5-1			运维、修试	维护、检修、试验	附属设施及工器具	工器具

续表

体系结构号	标准编号	标准名称	实施日期	与国际标准对应关系	代替标准	阶段	分阶段	专业	分专业
206.8-33	DL/T 1952—2018	变压器绕组变形测试仪校准规范	2019-5-1			采购、运维、修试	招标、品控、维护、检修、试验	附属设施及工器具	工器具
206.8-34	DL/T 1954—2018	基于暂态地电压法局部放电检测仪校准规范	2019-5-1			运维、修试	维护、检修、试验	附属设施及工器具	工器具
206.8-35	NB/SH/T 0911—2015	在用油状态监测用傅里叶变换红外（FT-IR）光谱仪的设置和操作规程	2016-3-1			运维、修试	维护、检修、试验	附属设施及工器具	工器具
206.8-36	NB/T 42120—2017	低频振动传感器校准规范	2017-12-1			运维、修试	维护、检修、试验	附属设施及工器具	工器具
206.8-37	NB/T 42123—2017	电测量变送器校准规范	2017-12-1			采购、修试、退役	招标、品控、检修、试验、退役、报废	附属设施及工器具	工器具
206.8-38	NB/T 42124—2017	测控装置校准规范	2017-12-1			运维、修试	维护、检修、试验	附属设施及工器具	工器具
206.8-39	JB/T 11606—2013	无损检测仪器　金属磁记忆检测仪　性能试验方法	2014-7-1			采购、运维、修试	招标、品控、维护、检修、试验	附属设施及工器具	工器具
206.8-40	JB/T 12457—2015	无损检测仪器　线路板检测用 X 射线检测仪性能试验方法	2016-3-1			运维、修试	维护、检修、试验	附属设施及工器具	工器具
206.8-41	JB/T 12584—2015	仪器仪表现场工作可靠性、可用性数据收集指南	2016-3-1		JB/T 50123—1999	运维、修试	维护、检修、试验	附属设施及工器具	工器具
206.8-42	SJ/T 2089—2015	电子测量仪器型号命名方法	2016-4-1		SJ/T 2089—2001	运维、修试	维护、检修、试验	附属设施及工器具	工器具
206.8-43	GB/T 6587—2012	电子测量仪器通用规范	2013-6-1		GB/T 6587.1—1986；GB/T 6587.2—1986；GB/T 6587.3—1986；GB/T 6587.4—1986；GB/T 6587.5—1986；GB/T 6587.6—1986；GB/T 6587.8—1986；GB/T 6593—1996	运维、修试	维护、检修、试验	附属设施及工器具	工器具
206.8-44	GB/T 11007—2008	电导率仪试验方法	2009-1-1		GB/T 11007—1989	运维、修试	维护、检修、试验	附属设施及工器具	工器具
206.8-45	GB/T 13166—2018	电子测量仪器设计余量与模拟误用试验	2019-1-1			采购、运维、修试	招标、品控、维护、检修、试验	附属设施及工器具	工器具

续表

体系结构号	标准编号	标　准　名　称	实施日期	与国际标准对应关系	代替标准	阶段	分阶段	专业	分专业
206.8-46	GB/T 14480.1—2015	无损检测仪器 涡流检测设备 第1部分:仪器性能和检验	2016-7-1	ISO 15548-1: 2008		运维、修试	维护、检修、试验	附属设施及工器具	工器具
206.8-47	GB/T 14480.2—2015	无损检测仪器 涡流检测设备 第2部分:探头性能和检验	2016-7-1	ISO 15548-2: 2008		运维、修试	维护、检修、试验	附属设施及工器具	工器具
206.8-48	GB/T 15430—1995	红外探测器环境试验方法	1995-8-1			运维、修试	维护、检修、试验	附属设施及工器具	工器具
206.8-49	GB/T 27743—2011	变压器专用设备检测方法	2012-5-1			运维、修试	维护、检修、试验	附属设施及工器具	工器具
206.8-50	GB/T 27761—2011	热重分析仪失重和剩余量的试验方法	2012-5-1			采购、运维、修试	招标、品控、维护、检修、试验	附属设施及工器具	工器具
206.8-51	GB/T 33112—2016	岩土工程原型观测专用仪器校验方法	2017-5-1			运维、修试	维护、检修、试验	附属设施及工器具	工器具
206.8-52	GB/T 33888—2017	无损检测仪器 超声测厚仪特性与验证	2018-2-1			运维、修试	维护、检修、试验	附属设施及工器具	工器具
206.8-53	GB/T 37006—2018	数字化电能表检验装置	2019-7-1			采购、建设、运维、修试	招标、品控、验收与质量评定、维护、检修、试验	用电	电能计量
206.8-54	JJG 01—1994	电测量变送器检定规程	1994-11-1			运维、修试	维护、检修、试验	附属设施及工器具	工器具
206.8-55	JJG 123—2004	直流电位差计检定规程	2005-3-21		JJG 123—1988	运维、修试	维护、检修、试验	附属设施及工器具	工器具
206.8-56	JJG 125—2004	直流电桥检定规程	2005-3-21		JJG 125—1986	运维、修试	维护、检修、试验	附属设施及工器具	工器具
206.8-57	JJG 126—1995	交流电量变换为直流电量电工测量变送器	1996-5-1			运维、修试	维护、检修、试验	附属设施及工器具	工器具
206.8-58	JJG 137—1986	CC-6型小电容测量仪检定规程	1987-9-11			运维、修试	维护、检修、试验	附属设施及工器具	工器具
206.8-59	JJG 139—2014	拉力、压力和万能试验机检定规程	2015-2-1		JJG 139—1999; JJG 157—2008	运维、修试	维护、检修、试验	附属设施及工器具	工器具
206.8-60	JJG 153—1996	标准电池检定规程	1997-6-1		JJG 153—86	运维、修试	维护、检修、试验	附属设施及工器具	工器具

续表

体系结构号	标准编号	标准名称	实施日期	与国际标准对应关系	代替标准	阶段	分阶段	专业	分专业
206.8-61	JJG 158—2013	补偿式微压计检定规程	2014-1-4		JJG 158—1994	采购	招标	附属设施及工器具	工器具
206.8-62	JJG 183—2017	标准电容器检定规程	2018-3-26		JJG 183—1992	运维、修试	维护、检修、试验	附属设施及工器具	工器具
206.8-63	JJG 188—2017	声级计检定规程	2018-5-20		JJG 188—2002 检定部分	运维、修试	维护、检修、试验	附属设施及工器具	工器具
206.8-64	JJG 225—2001	热能表检定规程	2002-3-1		JJG 225—1992	运维、修试	维护、检修、试验	附属设施及工器具	工器具
206.8-65	JJG 244—2003	感应分压器检定规程	2004-3-23		JJG 244—1981	运维、修试	维护、检修、试验	附属设施及工器具	工器具
206.8-66	JJG 307—2006	机电式交流电能表检定规程	2006-9-8		JJG 307—1988	采购、修试、退役	招标、品控、检修、试验、退役、报废	用电	电能计量
206.8-67	JJG 316—1983	磁通量具试行检定规程	1984-3-1			运维、修试	维护、检修、试验	附属设施及工器具	工器具
206.8-68	JJG 317—1983	磁通表试行检定规程	1984-3-1			运维、修试	维护、检修、试验	附属设施及工器具	工器具
206.8-69	JJG 366—2004	接地电阻表检定规程	2004-12-1		JJG 366—1986	运维、修试	维护、检修、试验	附属设施及工器具	工器具
206.8-70	JJG 381—1986	BX-21 型低频数字相位计检定规程	1987-1-1			运维、修试	维护、检修、试验	附属设施及工器具	工器具
206.8-71	JJG 440—2008	工频单相相位表检定规程	2009-6-22		JJG 440—1986	运维、修试	维护、检修、试验	附属设施及工器具	工器具
206.8-72	JJG 441—2008	交流电桥检定规程	2008-10-23		JJG 441—1986	运维、修试	维护、检修、试验	附属设施及工器具	工器具
206.8-73	JJG 449—2014	倍频程和分数倍频程滤波器检定规程	2015-2-25		JJG 449—2001	运维、修试	维护、检修、试验	附属设施及工器具	工器具
206.8-74	JJG 486—1987	微调电阻箱试行检定规程	1988-1-9			运维、修试	维护、检修、试验	附属设施及工器具	工器具
206.8-75	JJG 494—2005	高压静电电压表检定规程	2006-6-20		JJG 494—1987	运维、修试	维护、检修、试验	附属设施及工器具	工器具
206.8-76	JJG 495—2006	直流磁电系检流计检定规程	2007-6-8		JJG 495—1987	运维、修试	维护、检修、试验	附属设施及工器具	工器具
206.8-77	JJG 496—2016	工频高压分压器检定规程	2017-5-25		JJG 496—1996	采购	招标	附属设施及工器具	工器具

续表

体系结构号	标准编号	标　准　名　称	实施日期	与国际标准对应关系	代替标准	阶段	分阶段	专业	分专业
206.8-78	JJG 499—2004	精密露点仪检定规程	2004-12-1		JJG 499—1987	运维、修试	维护、检修、试验	附属设施及工器具	工器具
206.8-79	JJG 508—2004	四探针电阻率测试仪检定规程	2005-3-21		JJG 508—1987	运维、修试	维护、检修、试验	附属设施及工器具	工器具
206.8-80	JJG 520—2005	粉尘采样器检定规程	2005-10-28		JJG 520—2002	运维、修试	维护、检修、试验	附属设施及工器具	工器具
206.8-81	JJG 531—2003	直流电阻分压箱检定规程	2003-11-12		JJG 531—1988	运维、修试	维护、检修、试验	附属设施及工器具	工器具
206.8-82	JJG 546—2010	直流比较电桥检定规程	2010-7-5		JJG 546—1988	运维、修试	维护、检修、试验	附属设施及工器具	工器具
206.8-83	JJG 563—2004	高压电容电桥检定规程	2004-9-2		JJG 563—1988	运维、修试	维护、检修、试验	附属设施及工器具	工器具
206.8-84	JJG 588—2018	冲击峰值电压表检定规程	2018-8-27		JJG 588—1996	采购、建设、运维、修试	招标、验收与质量评定、试运行、运行、维护、检修、试验	附属设施及工器具	工器具
206.8-85	JJG 602—2014	低频信号发生器检定规程	2015-5-17		JJG 602—1996；JJG 64—1990；JJG 230—1980	运维、修试	维护、检修、试验	附属设施及工器具	工器具
206.8-86	JJG 603—2006	频率表检定规程	2006-11-23		JJG 509—1987；JJG 603—1989	运维、修试	维护、检修、试验	附属设施及工器具	工器具
206.8-87	JJG 608—2014	悬臂梁式冲击试验机检定规程	2015-2-25		JJG 608—1989	运维、修试	维护、检修、试验	附属设施及工器具	工器具
206.8-88	JJG 617—1996	数字温度指示调节仪检定规程	1997-4-1		JJG 617—89	运维、修试	维护、检修、试验	附属设施及工器具	工器具
206.8-89	JJG 622—1997	绝缘电阻表（兆欧表）检定规程	1998-5-1		JJG 622—89	运维、修试	维护、检修、试验	附属设施及工器具	工器具
206.8-90	JJG 644—2003	振动位移传感器检定规程	2004-3-23		JJG 644—1990	运维、修试	维护、检修、试验	附属设施及工器具	工器具
206.8-91	JJG 690—2003	高绝缘电阻测量仪（高阻计）检定规程	2004-3-23		JJG 690—1990	运维、修试	维护、检修、试验	附属设施及工器具	工器具
206.8-92	JJG 722—2018	标准数字时钟检定规程	2018-8-27		JJG 722—1991	采购、运维、修试	招标、品控、维护、检修、试验	附属设施及工器具	工器具

续表

体系结构号	标准编号	标准名称	实施日期	与国际标准对应关系	代替标准	阶段	分阶段	专业	分专业
206.8-93	JJG 726—2017	标准电感器检定规程	2018-3-26		JJG 726—1991	运维、修试	维护、检修、试验	附属设施及工器具	工器具
206.8-94	JJG 795—2016	耐电压测试仪检定规程	2017-5-25		JJG 795—2004	运维、修试	维护、检修、试验	附属设施及工器具	工器具
206.8-95	JJG 837—2003	直流低电阻表检定规程	2004-3-23		JJG 837—1993	运维、修试	维护、检修、试验	附属设施及工器具	工器具
206.8-96	JJG 842—2017	电子式直流电能表检定规程	2018-3-26		JJG 842—1993	采购、修试、退役	招标、品控、检修、试验、退役、报废	用电	电能计量
206.8-97	JJG 970—2002	变压比电桥检定规程	2002-8-24			运维、修试	维护、检修、试验	附属设施及工器具	工器具
206.8-98	JJG 982—2003	直流电阻箱检定规程	2004-3-23		JJG 166—1993	运维、修试	维护、检修、试验	附属设施及工器具	工器具
206.8-99	JJG 1003—2016	流量积算仪检定规程	2017-5-25		JJG 1003—2005	运维、修试	维护、检修、试验	附属设施及工器具	工器具
206.8-100	JJG 1007—2005	直流高压分压器检定规程	2006-3-20			运维、修试	维护、检修、试验	附属设施及工器具	工器具
206.8-101	JJG 1033—2007	电磁流量计检定规程	2008-2-21		JJG 198—1994	运维、修试	维护、检修、试验	附属设施及工器具	工器具
206.8-102	JJG 1045—2017	泥浆密度计检定规程	2018-5-20		JJG 1045—2008	运维、修试	维护、检修、试验	附属设施及工器具	工器具
206.8-103	JJG 1052—2009	回路电阻测试仪、直阻仪检定规程	2010-1-9			运维、修试	维护、检修、试验	附属设施及工器具	工器具
206.8-104	JJG 1095—2014	环境噪声自动监测仪检定规程	2014-4-23			运维、修试	维护、检修、试验	附属设施及工器具	工器具
206.8-105	JJG 1106—2015	工作用静止式谐波有功电能表检定规程	2015-4-30			采购、修试、退役	招标、品控、检修、试验、退役、报废	用电	电能计量
206.8-106	JJG 1112—2015	继电保护测试仪检定规程	2015-7-10			运维、修试	维护、检修、试验	附属设施及工器具	工器具
206.8-107	JJG 1115—2015	局部放电校准器检定规程	2015-9-15			运维、修试	维护、检修、试验	附属设施及工器具	工器具
206.8-108	JJG 1120—2015	高压开关动作特性测试仪检定规程	2015-11-24			运维、修试	维护、检修、试验	附属设施及工器具	工器具
206.8-109	JJG 1126—2016	高压介质损耗因数测试仪检定规程	2016-9-27			运维、修试	维护、检修、试验	附属设施及工器具	工器具

续表

体系结构号	标准编号	标准名称	实施日期	与国际标准对应关系	代替标准	阶段	分阶段	专业	分专业
206.8-110	JJG 1137—2017	高压相对介损及电容测试仪检定规程	2017-5-28			运维、修试	维护、检修、试验	附属设施及工器具	工器具
206.8-111	JJG 1139—2017	计量用低压电流互感器自动化检定系统检定规程	2017-5-28			采购、修试、退役	招标、品控、检修、试验、退役、报废	用电	电能计量
206.8-112	JJG 1054—2009	钳形接地电阻仪	2010-1-9			运维、修试	维护、检修、试验	附属设施及工器具	工器具
206.8-113	JJG 1072—2011	直流高压高值电阻器	2012-5-30		JJG 166—1993	运维、修试	维护、检修、试验	附属设施及工器具	工器具
206.8-114	JJG 2021—1989	磁通计量器具检定系统	1990-5-21			运维、修试	维护、检修、试验	附属设施及工器具	工器具
206.8-115	JJG 2051—1990	直流电阻计量器具检定系统	1991-1-1			运维、修试	维护、检修、试验	附属设施及工器具	工器具
206.8-116	JJG 2073—1990	损耗因素计量器具检定系统	1991-5-1			运维、修试	维护、检修、试验	附属设施及工器具	工器具
206.8-117	JJG 2075—1990	电容计量器具检定系统	1991-5-1			运维、修试	维护、检修、试验	附属设施及工器具	工器具
206.8-118	JJG 2076—1990	电感计量器具检定系统	1991-5-1			运维、修试	维护、检修、试验	附属设施及工器具	工器具
206.8-119	JJG 2084—1990	交流电流计量器具检定系统	1991-5-1			运维、修试	维护、检修、试验	附属设施及工器具	工器具
206.8-120	JJG 2085—1990	交流电功率计量器具检定系统	1991-5-1			运维、修试	维护、检修、试验	附属设施及工器具	工器具
206.8-121	JJG 2086—1990	交流电压计量器具检定系统	1991-5-1			运维、修试	维护、检修、试验	附属设施及工器具	工器具
206.8-122	JJG（航天）5—1984	直流标准电源检定规程	1999-8-31			运维、修试	维护、检修、试验	附属设施及工器具	工器具
206.8-123	JJG（航天）34—1999	交流数字电压表检定规程	1999-8-31		JJG 34—87	运维、修试	维护、检修、试验	附属设施及工器具	工器具
206.8-124	JJG（航天）35—1999	交流数字电流表检定规程	1999-8-31		JJG 35—87	运维、修试	维护、检修、试验	附属设施及工器具	工器具
206.8-125	JJF 1021—1990	产品质量检验机构计量认证技术考核规范	1990-11-1			运维、修试	维护、检修、试验	附属设施及工器具	工器具
206.8-126	JJF 1024—2006	测量仪器可靠性分析	2007-3-6		JJF 1024—1991	运维、修试	维护、检修、试验	附属设施及工器具	工器具

续表

体系结构号	标准编号	标 准 名 称	实施日期	与国际标准对应关系	代替标准	阶段	分阶段	专业	分专业
206.8-127	JJF 1067—2014	工频电压比例标准装置校准规范	2014-10-21		JJF 1067—2000	运维、修试	维护、检修、试验	附属设施及工器具	工器具
206.8-128	JJF 1075—2015	钳形电流表校准规范	2016-6-7		JJF 1075—2001	运维、修试	维护、检修、试验	附属设施及工器具	工器具
206.8-129	JJF 1094—2002	测量仪器特性评定	2003-2-4		JJF 1027—1991 部分	运维、修试	维护、检修、试验	附属设施及工器具	工器具
206.8-130	JJF 1095—2002	电容器介质损耗测量仪校准规范	2003-5-4		JJG 136—1986	运维、修试	维护、检修、试验	附属设施及工器具	工器具
206.8-131	JJF 1200—2008	声频功率放大器校准规范	2008-7-16			运维、修试	维护、检修、试验	附属设施及工器具	工器具
206.8-132	JJF 1284—2011	交直流电表校验仪校准规范	2011-9-14			运维、修试	维护、检修、试验	附属设施及工器具	工器具
206.8-133	JJF 1306—2011	X 射线荧光镀层测厚仪校准规范	2011-12-14			采购、运维、修试	招标、品控、维护、检修、试验	附属设施及工器具	工器具
206.8-134	JJF 1366—2012	温度数据采集仪校准规范	2013-1-8			采购、运维、修试	招标、品控、维护、检修、试验	附属设施及工器具	工器具
206.8-135	JJF 1384—2012	开口/闭口闪点测定仪校准规范	2013-3-21			运维、修试	维护、检修、试验	附属设施及工器具	工器具
206.8-136	JJF 1443—2014	LTE 数字移动通信综合测试仪校准规范	2014-4-23			运维、修试	维护、检修、试验	附属设施及工器具	工器具
206.8-137	JJF 1444—2014	直流比较仪式测温电桥校准规范	2014-4-23			运维、修试	维护、检修、试验	附属设施及工器具	工器具
206.8-138	JJF 1445—2014	落锤式冲击试验机校准规范	2014-4-23			运维、修试	维护、检修、试验	附属设施及工器具	工器具
206.8-139	JJF 1448—2014	超导脉冲傅里叶变换核磁共振谱仪校准规范	2014-5-14			运维、修试	维护、检修、试验	附属设施及工器具	工器具
206.8-140	JJF 1456—2014	通信用光偏振度测试仪校准规范	2014-7-21			运维、修试	维护、检修、试验	附属设施及工器具	工器具
206.8-141	JJF 1457—2014	线缆测试仪校准规范	2014-7-21			运维、修试	维护、检修、试验	附属设施及工器具	工器具
206.8-142	JJF 1460—2014	噪声系数分析仪校准规范	2014-10-21		JJG 839—1993	运维、修试	维护、检修、试验	附属设施及工器具	工器具

续表

体系结构号	标准编号	标准名称	实施日期	与国际标准对应关系	代替标准	阶段	分阶段	专业	分专业
206.8-143	JJF 1469—2014	应变式传感器测量仪校准规范	2014-11-1			运维、修试	维护、检修、试验	附属设施及工器具	工器具
206.8-144	JJF 1471—2014	全球导航卫星系统（GNSS）信号模拟器校准规范	2014-11-1			运维、修试	维护、检修、试验	附属设施及工器具	工器具
206.8-145	JJF 1490—2014	恒定带宽滤波器校准规范	2014-11-25			运维、修试	维护、检修、试验	附属设施及工器具	工器具
206.8-146	JJF 1491—2014	数字式交流电参数测量仪校准规范	2015-2-17			运维、修试	维护、检修、试验	附属设施及工器具	工器具
206.8-147	JJF 1502—2015	基准镇流器校准规范	2015-4-30			运维、修试	维护、检修、试验	附属设施及工器具	工器具
206.8-148	JJF 1503—2015	电容薄膜真空计校准规范	2015-4-30			运维、修试	维护、检修、试验	附属设施及工器具	工器具
206.8-149	JJF 1506—2015	适调放大器校准规范	2015-4-30			运维、修试	维护、检修、试验	附属设施及工器具	工器具
206.8-150	JJF 1516—2015	非铁磁金属电导率样（标）块校准规范	2015-5-9			运维、修试	维护、检修、试验	附属设施及工器具	工器具
206.8-151	JJF 1517—2015	非接触式静电电压测量仪校准规范	2015-7-10			运维、修试	维护、检修、试验	附属设施及工器具	工器具
206.8-152	JJF 1584—2016	电流互感器伏安特性测试仪校准规范	2017-2-25			运维、修试	维护、检修、试验	附属设施及工器具	工器具
206.8-153	JJF 1587—2016	数字多用表校准规范	2017-5-25		JJG 315—1983； JJG 598—1989； JJG 724—1991	运维、修试	维护、检修、试验	附属设施及工器具	工器具
206.8-154	JJF 1600—2016	辐射型太赫兹功率计校准规范	2017-2-28			运维、修试	维护、检修、试验	附属设施及工器具	工器具
206.8-155	JJF 1602—2016	射频识别（RFID）测试仪校准规范	2017-2-28			运维、修试	维护、检修、试验	附属设施及工器具	工器具
206.8-156	JJF 1616—2017	脉冲电流法局部放电测试仪校准规范	2017-5-28			运维、修试	维护、检修、试验	附属设施及工器具	工器具
206.8-157	JJF 1617—2017	电子式互感器校准规范	2017-5-28			采购、修试、退役	招标、品控、检修、试验、退役、报废	用电	电能计量
206.8-158	JJF 1618—2017	绝缘油介质耗损因数及体积电阻率测试仪校准规范	2017-5-28			运维、修试	维护、检修、试验	附属设施及工器具	工器具

续表

体系结构号	标准编号	标准名称	实施日期	与国际标准对应关系	代替标准	阶段	分阶段	专业	分专业
206.8-159	JJF 1619—2017	互感器二次压降及负荷测试仪校准规范	2017-5-28			采购、修试、退役	招标、品控、检修、试验、退役、报废	用电	电能计量
206.8-160	JJF 1620—2017	电池内阻测试仪校准规范	2017-5-28			运维、修试	维护、检修、试验	附属设施及工器具	工器具
206.8-161	JJF 1631—2017	连续热电偶校准规范	2017-12-26			运维、修试	维护、检修、试验	附属设施及工器具	工器具
206.8-162	JJF 1636—2017	交流电阻箱校准规范	2017-12-26			运维、修试	维护、检修、试验	附属设施及工器具	工器具
206.8-163	JJF 1638—2017	多功能标准源校准规范	2018-3-26		JJG 445—1986	采购、修试、退役	招标、品控、检修、试验、退役、报废	用电	电能计量
206.8-164	JJF 1658—2017	电压失压计时器校准规范	2018-2-20			采购、修试、退役	招标、品控、检修、试验、退役、报废	用电	电能计量
206.8-165	JJF 1667—2017	工频谐波测量仪器校准规范	2018-2-20			运维、修试	维护、检修、试验	附属设施及工器具	工器具
206.8-166	JJF 1672—2017	电快速瞬变脉冲群模拟器校准规范	2018-2-20			运维、修试	维护、检修、试验	附属设施及工器具	工器具
206.8-167	JJF 1673—2017	电压暂降、短时中断和电压变化试验发生器校准规范	2018-2-20			运维、修试	维护、检修、试验	附属设施及工器具	工器具
206.8-168	JJF 1681—2017	声级计型式评价大纲	2018-2-20		JJG 188—2002 型式评价部分	运维、修试	维护、检修、试验	附属设施及工器具	工器具
206.8-169	JJF 1686—2018	脉冲计数器校准规范	2018-5-27			采购、运维、修试	招标、品控、维护、检修、试验	附属设施及工器具	工器具
206.8-170	JJF 1691—2018	绕组匝间绝缘冲击电压试验仪校准规范	2018-5-27			运维、修试	维护、检修、试验	附属设施及工器具	工器具
206.8-171	JJF 1692—2018	涡流电导率仪校准规范	2018-5-27			运维、修试	维护、检修、试验	附属设施及工器具	工器具
206.8-172	JJF 1710—2018	频率响应分析仪校准规范	2018-9-25			运维、修试	维护、检修、试验	附属设施及工器具	工器具
206.8-173	JJF 1711—2018	六氟化硫分解物检测仪校准规范	2018-9-25			运维、修试	维护、检修、试验	附属设施及工器具	工器具
206.8-174	JJF 1713—2018	高频电容损耗标准器校准规范	2018-12-25		JJG 66—1990	运维、修试	维护、检修、试验	附属设施及工器具	工器具

续表

体系结构号	标准编号	标 准 名 称	实施日期	与国际标准对应关系	代替标准	阶段	分阶段	专业	分专业
206.8-175	JJF（电子）0001—2015	半导体器件动态参数测试系统校准规范	2015-12-1		JJG（电子）31013—2007	运维、修试	维护、检修、试验	附属设施及工器具	工器具
206.8-176	JJF（电子）0004—2015	安规综合测试仪校准规范	2015-12-1		JJG（电子）05048—1991	运维、修试	维护、检修、试验	附属设施及工器具	工器具
206.8-177	JJF（电子）0005—2015	电子镇流器性能测试仪校准规范	2015-12-1			运维、修试	维护、检修、试验	附属设施及工器具	工器具
206.8-178	JJF（电子）0006—2015	频率切换器校准规范	2015-12-1			运维、修试	维护、检修、试验	附属设施及工器具	工器具
206.8-179	JJF（电子）0007—2015	振铃波发生器校准规范	2015-12-1			运维、修试	维护、检修、试验	附属设施及工器具	工器具
206.8-180	JJF（电子）0008—2015	交流电阻箱校准规范	2015-12-1			运维、修试	维护、检修、试验	附属设施及工器具	工器具
206.8-181	JJF（电子）0009—2015	无线电高度表模拟器校准规范	2015-12-1			运维、修试	维护、检修、试验	附属设施及工器具	工器具
206.8-182	JJF（电子）0010—2015	继电器触点抖动故障测试仪校准规范	2015-12-1		JJG（电子）05010—1988	运维、修试	维护、检修、试验	附属设施及工器具	工器具
206.8-183	JJF（通信）015—2015	IMS 网络协议分析仪校准规范	2015-12-1			运维、修试	维护、检修、试验	附属设施及工器具	工器具
206.8-184	JJF（通信）016—2015	LTE 网络协议分析仪校准规范	2015-12-1			运维、修试	维护、检修、试验	附属设施及工器具	工器具
206.8-185	JJF（通信）017—2015	定向耦合器校准规范	2015-12-1			运维、修试	维护、检修、试验	附属设施及工器具	工器具
206.8-186	JJF（通信）018—2015	时间综合测试仪校准规范	2015-12-1			运维、修试	维护、检修、试验	附属设施及工器具	工器具
206.8-187	JJF（通信）019—2015	无线通信终端电磁辐射（SAR）测量系统校准规范	2015-12-1			运维、修试	维护、检修、试验	附属设施及工器具	工器具
206.8-188	JJF（机械）1012—2018	氧化锌避雷器泄漏电流测试仪校准规范	2018-7-1		JJF（机械）022—2008	运维、修试	维护、检修、试验	附属设施及工器具	工器具
206.8-189	ASTM D5374—2013	评价电绝缘用压力对流实验室炉的试验方法	2013-9-1		ASTM D 5374—2005	运维、修试	维护、检修、试验	附属设施及工器具	工器具
206.8-190	IEC 61010-1—2010	测量、控制和实验室用电气设备的安全性要求 第 1 部分：一般要求	2010-6-10	EN 61010-1—2010，IDT	IEC 61010-1—2001	运维、修试	维护、检修、试验	附属设施及工器具	工器具

续表

体系结构号	标准编号	标准名称	实施日期	与国际标准对应关系	代替标准	阶段	分阶段	专业	分专业
206.8-191	IEC 61010-2-081—2019	测量、控制和实验室用电气设备的安全性要求　第 2-081 部分：分析及其他用途的自动和半自动实验室设备的详细要求	2019-2-12		IEC 61010-2-081—2015	运维、修试	维护、检修、试验	附属设施及工器具	工器具
206.8-192	IEC 61746-1—2009	光学时域反射计（OTDR）校准　第 1 部分：单模光纤的 OTDR	2009-12-17	EN 61746-1—2011，IDT	IEC 61746—2005	运维、修试	维护、检修、试验	附属设施及工器具	工器具
206.8-193	IEC 61746-2—2010	在线分析仪系统设计和安装指导	2010-6-21			运维、修试	维护、检修、试验	附属设施及工器具	工器具
206.8-194	IEC 62056-5-3—2017	电力计量数据交换 DLMS/COSEM 套件　第 5-3 部分：DLMS/COSEM 应用程序阶层	2017-8-10		IEC 62056-53—2006	运维、修试	维护、检修、试验	附属设施及工器具	工器具
206.8-195	IEC/TR 61831—2011	光学时域反射计（OTDR）校准　第 2 部分：多模光纤的 OTDR	2010-6-1	EN 61746-2—2011，IDT	IEC/TR 61831—1999	运维、修试	维护、检修、试验	附属设施及工器具	工器具
206.9　试验与计量-电测计量									
206.9-1	T/CSEE/Z 0004—2016	气体绝缘金属封闭开关设备局部放电带电测试缺陷定位技术应用导则	2017-5-1			修试	检修、试验	变电	开关
206.9-2	T/CSEE/Z 0028—2017	基于天线阵列的变电站内放电点检测与定位导则	2017-12-1			修试	检修、试验	变电	其他
206.9-3	T/CSEE 0032—2017	电容型设备相对介质损耗因数及电容量比值带电测试方法	2018-5-1			修试	检修、试验	基础综合	
206.9-4	T/CSEE 0052—2017	气体绝缘金属封闭式电气设备外壳焊接接头无损检测技术规程	2018-5-1			修试	检修、试验	基础综合	
206.9-5	DL/T 266—2012	接地装置冲击特性参数测试导则	2012-7-1			建设、修试	验收与质量评定、试验	其他	
206.9-6	DL 410—1991	电工测量变送器运行管理规程	1992-4-1			运维、修试	运行、检修、试验	用电	电能计量
206.9-7	DL/T 460—2016	智能电能表检验装置检定规程	2017-5-1		DL/T 460—2005	运维、修试	运行、检修、试验	用电	电能计量

续表

体系结构号	标准编号	标准名称	实施日期	与国际标准对应关系	代替标准	阶段	分阶段	专业	分专业
206.9-8	DL/T 475—2017	接地装置特性参数测量导则	2017-12-1		DL/T 475—2006	建设、修试	验收与质量评定、试验	其他	
206.9-9	DL/T 826—2002	交流电能表现场测试仪	2002-12-1			运维、修试	运行、检修、试验	用电	电能计量
206.9-10	DL/T 1112—2009	交、直流仪表检验装置检定规程	2009-12-1		SD 111—1983；SD 112—1983	运维、修试	运行、检修、试验	用电	电能计量
206.9-11	DL/T 1473—2016	电测量指示仪表检定规程	2016-6-1		SD 110—1983	运维、修试	运行、检修、试验	用电	电能计量
206.9-12	DL/T 5533—2017	电力工程测量精度标准	2017-12-1			修试	检修、试验	基础综合	
206.9-13	DL/T 1715—2017	铝及铝合金制电力设备对接接头超声检测方法与质量分级	2017-12-1			修试	检修、试验	基础综合	
206.9-14	DL/T 1719—2017	采用便携式布氏硬度计检验金属部件技术导则	2017-12-1			修试	检修、试验	基础综合	
206.9-15	DL/T 1785—2017	电力设备 X 射线数字成像检测技术导则	2018-6-1			修试	检修、试验	基础综合	
206.9-16	DL/T 1786—2017	直流偏磁电流分布同步监测技术导则	2018-6-1			修试	检修、试验	基础综合	
206.9-17	JB/T 12153—2015	工业机械电气设备及系统工频磁场抗扰度试验方法	2015-10-1			修试	检修、试验	基础综合	
206.9-18	JB/T 12154—2015	工业机械电气设备及系统射频场感应的传导干扰抗扰度试验方法	2015-10-1			修试	检修、试验	基础综合	
206.9-19	JB/T 12155—2015	工业机械电气设备及系统射频电磁场辐射抗扰度试验方法	2015-10-1			修试	检修、试验	基础综合	
206.9-20	JB/T 12421—2015	变频电机用绝缘材料耐重复脉冲电应力试验方法	2016-3-1			修试	检修、试验	基础综合	
206.9-21	JB/T 12422—2015	电气绝缘材料和绝缘制件局部放电试验方法	2016-3-1			修试	检修、试验	基础综合	
206.9-22	JB/T 12464—2015	无损检测　机翼数字射线成像检测方法	2016-3-1			修试	检修、试验	基础综合	
206.9-23	JB/T 12925—2016	层压母线柔性绝缘衬垫材料的绝缘性能试验方法	2017-4-1			修试	检修、试验	基础综合	

续表

体系结构号	标准编号	标 准 名 称	实施日期	与国际标准对应关系	代替标准	阶段	分阶段	专业	分专业
206.9-24	JB/T 12927—2016	固体绝缘材料中空间电荷分布的电声脉冲测试方法	2017-4-1			修试	检修、试验	基础综合	
206.9-25	JB/T 12928—2016	固体绝缘材料中空间电荷分布的压力波测试方法	2017-4-1			修试	检修、试验	基础综合	
206.9-26	JB/T 13536—2018	电磁屏蔽吸波材料磁导率测试方法	2019-5-1			修试	检修、试验	基础综合	
206.9-27	JB/T 13537—2018	电磁屏蔽用导电粉体体积电阻率测试方法	2019-5-1			修试	检修、试验	基础综合	
206.9-28	SJ/T 11582—2016	动力型超级电容器电性能测试方法	2016-6-1			采购、建设、修试	品控、验收与质量评定、检修、试验	用电	电动汽车
206.9-29	GB/T 1409—2006	测量电气绝缘材料在工频、音频、高频（包括米波波长在内）下电容率和介质损耗因数的推荐方法	2006-6-1	IEC 60250—1969，MOD	GB/T 1409—1988	修试	检修、试验	基础综合	
206.9-30	GB/T 1410—2006	固体绝缘材料体积电阻率和表面电阻率试验方法	2006-6-1	IEC 60093: 1980，IDT	GB/T 1410—1989	采购、修试	品控、检修、试验	其他	
206.9-31	GB/T 1695—2005	硫化橡胶工频击穿电压强度和耐电压的测定方法	2006-5-1	IEC 62539: 2007	GB/T 1695—1981（1989）	采购、修试	品控、检修、试验	其他	
206.9-32	GB/T 4074.21—2018	绕组线试验方法 第21部分：耐高频脉冲电压性能	2018-10-1			采购、修试	品控、检修、试验	其他	
206.9-33	GB/T 6378.1—2008	计量抽样检验程序 第1部分：按接收质量限（AQL）检索的对单一质量特性和单个AQL的逐批检验的一次抽样方案	2009-1-1	ISO 3951-1：2005，IDT	GB/T 6378—2002	采购、修试	品控、检修、试验	其他	
206.9-34	GB/T 6378.4—2018	计量抽样检验程序 第4部分：对均值的声称质量水平的评定程序	2019-2-1		GB/T 6378.4—2008	采购、修试	品控、检修、试验	其他	
206.9-35	GB/T 8054—2008	计量标准型一次抽样检验程序及表	2009-1-1		GB/T 8054—1995；GB/T 8053—2001	采购、修试	品控、检修、试验	其他	
206.9-36	GB/T 16818—2008	中、短程光电测距规范	2008-12-1		GB/T 16818—1997	修试	检修、试验	基础综合	
206.9-37	GB/T 17215.421—2008	交流测量-费率和负荷控制 第21部分：时间开关的特殊要求	2009-3-1		GB/T 9092—1998	运维、修试	运行、检修、试验	用电	电能计量

续表

体系结构号	标准编号	标准名称	实施日期	与国际标准对应关系	代替标准	阶段	分阶段	专业	分专业
206.9-38	GB/T 17215.831—2017	交流电测量设备　验收检验　第 31 部分：静止式有功电能表的特殊要求（0.2S 级、0.5S 级、1 级和 2 级）	2017-12-29	IEC 62058-31—2008，IDT	GB/T 17442—1998	建设、修试	验收与质量评定、检修、试验	用电	电能计量
206.9-39	GB/T 17925—2011	气瓶对接焊缝 X 射线数字成像检测	2012-6-1			修试	检修、试验	基础综合	
206.9-40	GB/T 18502—2018	临界电流测量　银和/或银合金包套 Bi 2212 和 Bi 2223 氧化物超导体的直流临界电流	2018-7-1		GB/T 18502—2001	修试	检修、试验	基础综合	
206.9-41	GB/T 21223.1—2015	老化试验数据统计分析导则　第 1 部分：建立在正态分布试验结果的平均值基础上的方法	2016-2-1	IEC 60493-1：2011，IDT	GB/T 21223—2007	修试	检修、试验	基础综合	
206.9-42	GB/T 21223.2—2015	老化试验数据统计分析导则　第 2 部分：截尾正态分布数据统计分析的验证程序	2016-2-1			修试	检修、试验	基础综合	
206.9-43	GB/T 22586—2018	电子学特性测量　超导体在微波频率下的表面电阻	2018-10-1		GB/T 22586—2008	修试	检修、试验	基础综合	
206.9-44	GB/T 22689—2008	测定固体绝缘材料相对耐表面放电击穿能力的推荐试验方法	2009-11-1	IEC 60343: 1991，IDT		修试	检修、试验	基础综合	
206.9-45	GB/T 26168.1—2018	电气绝缘材料　确定电离辐射的影响　第 1 部分：辐射相互作用和剂量测定	2019-1-1		GB/T 26168.1—2010	修试	检修、试验	基础综合	
206.9-46	GB/T 26168.2—2018	电气绝缘材料　确定电离辐射的影响　第 2 部分：辐照和试验程序	2019-1-1		GB/T 26168.2—2010	修试	检修、试验	基础综合	
206.9-47	GB/T 26168.4—2018	电气绝缘材料　确定电离辐射的影响　第 4 部分：运行中老化的评定程序	2019-1-1		GB/T 26168.4—2010	修试	检修、试验	基础综合	
206.9-48	GB/T 28706—2012	无损检测　机械及电气设备红外热成像检测方法	2013-3-1			修试	检修、试验	基础综合	
206.9-49	GB/T 32514.1—2016	电阻焊　焊接电流的测量　第 1 部分：测量指南	2016-9-1	ISO 17657-1: 2005，IDT		修试	检修、试验	基础综合	

续表

体系结构号	标准编号	标准名称	实施日期	与国际标准对应关系	代替标准	阶段	分阶段	专业	分专业
206.9-50	GB/T 32514.2—2016	电阻焊 焊接电流的测量 第2部分：带电流感应线圈的焊接电流测量仪	2016-9-1	ISO 17657-2: 2005，IDT		修试	检修、试验	基础综合	
206.9-51	GB/T 32514.3—2016	电阻焊 焊接电流的测量 第3部分：电流感应线圈	2016-9-1	ISO 17657-3: 2005，IDT		修试	检修、试验	基础综合	
206.9-52	GB/T 32514.4—2016	电阻焊 焊接电流的测量 第4部分：校准系统	2016-9-1	ISO 17657-4: 2005，IDT		修试	检修、试验	基础综合	
206.9-53	GB/T 32514.5—2016	电阻焊 焊接电流的测量 第5部分：焊接电流测量系统的确认	2016-9-1	ISO 17657-5: 2005，IDT		修试	检修、试验	基础综合	
206.9-54	GB/T 32791—2016	铜及铜合金导电率涡流测试方法	2017-7-1			修试	检修、试验	基础综合	
206.9-55	GB/T 33977—2017	高压成套开关设备和高压/低压预装式变电站产生的稳态、工频电磁场的量化方法	2018-2-1	IEC/TR 62271-208: 2009		修试	检修、试验	基础综合	
206.9-56	GB/T 34665—2017	电机线圈/绕组绝缘介质损耗因数测量方法	2018-5-1			修试	试验	发电	火电
206.9-57	GB/T 35033—2018	30MHz～1GHz 电磁屏蔽材料导电性能和金属材料搭接阻抗测量方法	2018-12-1			修试	检修、试验	基础综合	
206.9-58	GB/T 36361—2018	LED 加速寿命试验方法	2019-1-1			修试	检修、试验	基础综合	
206.9-59	GB/T 36362—2018	LED 应用产品可靠性试验的点估计和区间估计（指数分布）	2019-1-1			修试	检修、试验	基础综合	
206.9-60	GB/T 37132—2018	无线充电设备的电磁兼容性通用要求和测试方法	2019-7-1			修试	检修、试验	基础综合	
206.9-61	ANSI ESD STM 11.13—2004	静电放电敏感元件的保护用 ESD 协会草案标准规程两点电阻测量	2004-5-10			修试	检修、试验	基础综合	
206.9-62	ASTM A341/A341M—2016	用直流磁导计和冲击强力试验方法测定材料直流磁性能的试验方法	2016-5-1		ASTM A 341 M—2011	修试	检修、试验	基础综合	
206.9-63	ASTM A348/A348M—2005（2015）	用瓦特计—安培计—伏特计法、100～10000Hz 和 25cm 爱泼斯坦框测定材料交流磁性能的试验方法	2005-11-1		ASTM A 348 M—2011	修试	检修、试验	基础综合	

续表

体系结构号	标准编号	标 准 名 称	实施日期	与国际标准对应关系	代替标准	阶段	分阶段	专业	分专业
206.9-64	ASTM A697/A697M—2013（2018）	用伏特计—电表—瓦特计法测定叠片铁芯试样交流电磁性的试验方法	2018-5-1		ASTM A 697 M—2008	修试	检修、试验	基础综合	
206.9-65	ASTM A772/A772M—2000（2016）	使用正弦电流的材料的交流电磁导率试验方法	2016-4-1		ASTM A 772 M—2005	修试	检修、试验	基础综合	
206.9-66	ASTM A927/A927M—2018	使用伏特计—电流计—瓦特计方法测定环形铁芯试样交流磁性能的试验方法	2018-5-1		ASTM A 927 M—2011	修试	检修、试验	基础综合	
206.9-67	ASTM A1013—2000（2013）e1	使用瓦特表—安培表和电压表方法在控制温度下测量软磁芯部件高频（10kHz～1MHz）磁芯损耗的试验方法	2000-10-10		ASTM A 1013—2005	修试	检修、试验	基础综合	
206.9-68	ASTM B539—2018	测量电气连接（静触点）电阻的试验方法	2018-11-1		ASTM B 539—2098	修试	检修、试验	基础综合	
206.9-69	ASTM B794—1997（2015）	用电阻测量方法测量可分式电气连接器系统耐磨损性的测试方法	1997-12-10		ASTM B 794—2009	修试	检修、试验	基础综合	
206.9-70	ASTM B854—1998（2016）	电触头间歇性测量指南	2016-5-1		ASTM B 854 E1—2010	修试	检修、试验	基础综合	
206.9-71	ASTM B878—1997（2014）	电触头和电插塞毫微秒连接点检测的试验方法	1997-1-10		ASTM B 878—2009	修试	检修、试验	基础综合	
206.9-72	ASTM D116—1986（2016）	电绝缘液体电阻率（电阻系数）的标准试验方法	2016-7-1		ASTM D 116—2011	修试	检修、试验	基础综合	
206.9-73	ASTM D495—2014	固体绝缘材料耐高电压、低电流和干弧性的试验方法	2014-4-1		ASTM D 495—2004	修试	检修、试验	基础综合	
206.9-74	ASTM D876—2013	电气绝缘用非刚性氯乙烯高聚物管材的试验方法	2013-11-1	ASTM D 876，2009，IDT	ASTM D 876—2009	修试	检修、试验	基础综合	
206.9-75	ASTM D924—2015	电绝缘液损耗因数（或功率因数）和相对电容率（介电常数）的试验方法	2015-10-1		ASTM D 924—2008	修试	检修、试验	基础综合	
206.9-76	ASTM D1169—2011	电绝缘液体电阻率（电阻系数）的标准试验方法	2011-5-1		ASTM D 1169—2009	修试	检修、试验	基础综合	
206.9-77	ASTM D 1169—2011	电绝缘液体电阻率（电阻系数）的标准试验方法	2011-5-1		ASTM D 1169—2009	修试	检修、试验	基础综合	

续表

体系结构号	标准编号	标 准 名 称	实施日期	与国际标准对应关系	代替标准	阶段	分阶段	专业	分专业
206.9-78	ASTM D1458—2013	电绝缘用完全硫化硅橡胶涂覆的玻璃布与玻璃带的试验方法	2013-11-1		ASTM D 1458—2007	修试	检修、试验	基础综合	
206.9-79	ASTM D1676—2017	带绝缘薄膜的磁性导线的测试方法	2017-11-1		ASTM D 1676—2011	修试	检修、试验	基础综合	
206.9-80	ASTM D1816—2012	用VDE电极测量绝缘油介电击穿电压的标准试验方法	2012-6-15		ASTM D 1816—2004	修试	检修、试验	基础综合	
206.9-81	ASTM D2149—2013	在频率为10MHz及温度至500℃时固体陶瓷电介质的介电常数及耗散因数的测试方法	2013-5-1		ASTM D 2149—2004	修试	检修、试验	基础综合	
206.9-82	ASTM D2275—2014	固体电绝缘材料表面局部放电下耐电压性的试验方法	2014-11-1		ASTM D 2275 E1—2008	修试	检修、试验	基础综合	
206.9-83	ASTM D3756—2018	使用分散电场法对固体介电材料抗树枝状电击穿性进行评估的标准试验方法	2018-11-1		ASTM D3756—1997（2010）	修试	检修、试验	基础综合	
206.9-84	ASTM D4872—2014	电线和电缆充填化合物介电测试的试验方法	2014-11-1		ASTM D 4872—2010	修试	检修、试验	基础综合	
206.9-85	ASTM D5288—2014	用各类电极材料（铂除外）测定电绝缘材料路径指数的试验方法	2014-11-1		ASTM D 5288—2010	修试	检修、试验	基础综合	
206.9-86	ASTM D5388—1993（2013）	用回水步推法间接测量流水的试验方法	1993-4-15		ASTM D 5388—2007	修试	检修、试验	基础综合	
206.9-87	ASTM D7449/D7449M—2014	用同轴架空电缆测量微波频率下固定材料相对复数电容率和相对导磁率的试验方法	2014-11-1		ASTM D 7449 M E1—2008	修试	检修、试验	基础综合	
206.9-88	ASTM E1004—2017	用电磁（涡电流）法测定导电性的规程	2017-6-1		ASTM E 1004—2009	修试	检修、试验	基础综合	
206.9-89	ASTM E1606—2015	电气用铜制重拉拔杆电磁（涡流）检验规程	2015-12-1		ASTM E 1606—2009	修试	检修、试验	基础综合	
206.9-90	ASTM F2249—2018	释放电力线路和设备用临时接地跨接装置实际使用试验方法规格	2018-4-15		ASTM F 2249—2003	修试	检修、试验	基础综合	
206.9-91	ASTM G59—1997（2014）	实施动电位极化电阻测量的试验方法	1997-12-10		ASTM G 59—2009	修试	检修、试验	基础综合	

续表

体系结构号	标准编号	标 准 名 称	实施日期	与国际标准对应关系	代替标准	阶段	分阶段	专业	分专业
206.9-92	BS EN 61000-4-2—2009	电磁兼容性（MEC）试验和测量技术 抗静电放射试验 基础 EMC	2009-5-31		BS EN 61000-4-2—1995	修试	检修、试验	基础综合	
206.9-93	IEC CISPR 16-2-3—2016	无线电干扰和防干扰测试仪及方法规范 第 2-3 部分：干扰和防干扰测量方法辐射干扰测量	2016-9-15		IEC CISPR 16-2-3—2010 +Amd 1—2010；IEC CISPR 16-2-3—2010/Amd 2—2014；IEC CISPR 16-2-3—2010+Amd 1— 2010 +Amd 2—2014；IEC CISPR 16-2-3—2010；IEC CISPR 16-2-3—2010/ Amd 1—2010	修试	检修、试验	基础综合	
206.9-94	DIN EN 62059-32-1— 2012	电力计量设备 可靠性 第 32-1 部分：耐久性通过提高温度测试计量特性的稳定性（IEC 62059-32-1—2011）德文版本 EN62059-32—2012	2012-10-1		EN 62059-32-1—2012，IDT；IEC 62059-32-1—2011，IDT	修试	检修、试验	基础综合	
206.9-95	EN 60544-5—2012	电绝缘材料 电离辐射效应的测定 第 5 部分：使用中老化的评定方法（IEC 60544-5—2011）.德文版本 EN 60544-5—2012	2012-4-13	DIN EN 60544-5—2012，IDT；IEC 60544-5—2011，IDT	EN 60544-5—2003	修试	检修、试验	基础综合	
206.9-96	IEC/TS 60076-19—2013	电力变压器 第 19 部分：电力变压器和电抗器损失测量不确定性的测定规则	2013-3-22			采购、运维	招标、品控、运行、维护	变电	变压器
206.9-97	IEC 60851-5—2011	绕组线测试方法 第 5 部分：电气性能	2013-1-1		IEC 60851-5—2008	修试	检修、试验	基础综合	
206.9-98	IEC/TR 60996—1989	可用于电容器的介质损耗角 tan 测量的核校准确度的方法	1989-11-15	C54-106—1990，IDT		修试	检修、试验	基础综合	
206.9-99	IEC/TR 62001-4—2016	高压直流 （HVDC）系统交流滤波器的规范和设计评价指南 第 4 部分：设备	2016-5-13		IEC/TR 62001—2009	采购、运维	招标、品控、运行、维护	变电	其他
206.9-100	IEC 62110—2009	交流电系统产生的电场和磁场有关公众照射量的测量程序	2009-8-31	DIN EN 62110— 2010，IDT；BS EN 62110—2010，IDT；EN 62110—2009，IDT；NF C99-128— 2010，IDT		修试	检修、试验	基础综合	

续表

体系结构号	标准编号	标准名称	实施日期	与国际标准对应关系	代替标准	阶段	分阶段	专业	分专业
206.9-101	IEC 62132-2—2010	集成电路电磁抗扰度测量 第2部分：辐射抗干扰的测定 横电磁波传输室和宽带横电磁波传输室方法	2010-3-30	C96-261-2PR，IDT	IEC 47 A/838/FDIS—2010	修试	检修、试验	基础综合	
206.9-102	IEC/TR 62730—2012	用于室内和室外的高压聚合绝缘子的漏电迹象和侵蚀测试 轮测试和5000H测试方法	2012-3-27			修试	检修、试验	基础综合	
206.9-103	DIN EN 61803—2017	带线路换流转换器的高压直流（HVDC）换流站的功率损失测定	2017-4-1	EN 61803—1999，IDT；EN 61803/A1—2010，IDT；EN 61803/A2—2016，IDT；IEC 61803—1999，IDT；IEC 61803 Corrigendum 1—1999，IDT；IEC 61803 AMD 1—2010，IDT；IEC 61803 AMD 2—2016，IDT	DIN EN 61803—2011；DIN EN 61803/A2—2015	采购、运维	招标、品控、运行、维护	变电	其他
206.10 试验与计量-化学检测									
206.10-1	T/CEC 125—2016	矿物绝缘油中总腐蚀性硫含量检测方法	2017-1-1			建设、运维、修试	试运行、运行、试验	其他	
206.10-2	T/CEC 127—2016	变压器油、涡轮机油运动黏度测定法 胡隆黏度计法	2017-1-1			建设、运维、修试	试运行、运行、试验	发电、变电	水电、变压器
206.10-3	T/CEC 128—2016	绝缘纸中酸值测定法	2017-1-1			建设、运维、修试	试运行、运行、试验	其他	
206.10-4	T/CEC 140—2017	六氟化硫电气设备中六氟化硫气体纯度测量方法	2017-8-1			建设、运维、修试	试运行、运行、试验	变电	其他
206.10-5	T/CEC 144—2017	过热器和再热器化学清洗导则	2017-8-1			建设、运维	施工工艺、维护	其他	
206.10-6	T/CSEE 0018—2016	纯水中痕量有机物的测量方法	2017-5-1			建设、运维、修试	验收与质量评定、试运行、运行、试验	其他	
206.10-7	T/CSEE 0031—2017	电气设备六氟化硫气体泄漏红外成像现场测试方法	2018-5-1			建设、运维、修试	试运行、运行、试验	变电	其他
206.10-8	CSM 01010103—2006	原子吸收光谱法测量结果不确定度评定规范	2006-8-1			建设、运维、修试	试运行、运行、试验	其他	

续表

体系结构号	标准编号	标 准 名 称	实施日期	与国际标准对应关系	代替标准	阶段	分阶段	专业	分专业
206.10-9	DL/T 263—2012	变压器油中金属元素的测定方法	2012-7-1			采购、建设、运维、修试	品控、验收与质量评定、试运行、运行、试验	变电	变压器
206.10-10	DL/T 285—2012	矿物绝缘油腐蚀性硫检测法裹绝缘纸铜扁线法	2012-3-1	IEC 62535: 2008，MOD		建设、运维、修试	试运行、运行、试验	其他	
206.10-11	DL/T 385—2010	变压器油带电倾向性检测方法	2010-10-1			采购、建设、运维、修试	品控、验收与质量评定、试运行、运行、试验	变电	变压器
206.10-12	DL/T 421—2009	电力用油体积电阻率测定法	2009-12-1		DL 421—1991	采购、建设、修试	品控、验收与质量评定、试验	其他	
206.10-13	DL/T 423—2009	绝缘油中含气量测定方法真空压差法	2009-12-1		DL/T 423—1991	采购、建设、运维、修试	品控、验收与质量评定、试运行、运行、试验	其他	
206.10-14	DL/T 429.1—2017	电力用油透明度测定法	2017-12-1		DL/T 429.1—1991	采购、建设、修试	品控、验收与质量评定、试验	其他	
206.10-15	DL/T 429.2—2016	电力用油颜色测定法	2016-6-1		DL 429.2—1991	采购、建设、修试	品控、验收与质量评定、试验	其他	
206.10-16	DL/T 429.6—2015	电力用油开口杯老化测定法	2015-12-1		DL/T 429.6—1991	采购、建设、修试	品控、验收与质量评定、试验	其他	
206.10-17	DL/T 429.7—2017	电力用油油泥析出测定方法	2017-12-1		DL/T 429.7—1991	采购、建设、修试	品控、验收与质量评定、试验	其他	
206.10-18	DL/T 432—2018	电力用油中颗粒度测定方法	2018-7-1		DL/T 432—2007	采购、建设、修试	品控、验收与质量评定、试验	其他	
206.10-19	DL/T 449—2015	油浸纤维质绝缘材料含水量测定法	2015-12-1		DL/T 449—1991	采购、建设、修试	品控、验收与质量评定、试验	其他	
206.10-20	DL/T 506—2018	六氟化硫电气设备中绝缘气体湿度测量方法	2018-10-1		DL/T 506—2007	采购、建设、修试	品控、验收与质量评定、试验	其他	
206.10-21	DL/T 580—2013	用露点法测定变压器绝缘纸中平均含水量的方法	2014-4-1		DL/T 580—1995	采购、建设、修试	品控、验收与质量评定、试验	其他	
206.10-22	DL/T 703—2015	绝缘油中含气量的气相色谱测定法	2015-12-1		DL/T 703—1999	采购、建设、修试	品控、验收与质量评定、试验	其他	
206.10-23	DL/T 722—2014	变压器油中溶解气体分析和判断导则	2015-3-1		DL/T 722—2000	采购、建设、修试	品控、验收与质量评定、试验	变电	变压器

续表

体系结构号	标准编号	标 准 名 称	实施日期	与国际标准对应关系	代替标准	阶段	分阶段	专业	分专业
206.10-24	DL/T 772—2001	火力发电厂水处理用离子交换树脂标准工作交换容量测定方法	2002-2-1	eqv ASTM D1782-95; eqv ASTM D3087-91(94)		采购、建设、修试	品控、验收与质量评定、试验	发电	火电
206.10-25	DL/T 914—2005	六氟化硫气体湿度测定法(重量法)	2005-6-1		SD 305—1989	采购、建设、修试	品控、验收与质量评定、试验	其他	
206.10-26	DL/T 915—2005	六氟化硫气体湿度测定法(电解法)	2005-6-1		SD 306—1989	采购、建设、修试	品控、验收与质量评定、试验	其他	
206.10-27	DL/T 916—2005	六氟化硫气体酸度测定法	2005-6-1		SD 307—1989	采购、建设、修试	品控、验收与质量评定、试验	其他	
206.10-28	DL/T 917—2005	六氟化硫气体密度测定法	2005-6-1		SD 308—1989	采购、建设、修试	品控、验收与质量评定、试验	其他	
206.10-29	DL/T 918—2005	六氟化硫气体中可水解氟化物含量测定法	2005-6-1		SD 309—1989	采购、建设、修试	品控、验收与质量评定、试验	其他	
206.10-30	DL/T 919—2005	六氟化硫气体中矿物油含量测定法(红外光谱分析法)	2005-6-1		SD 310—1989	采购、建设、修试	品控、验收与质量评定、试验	其他	
206.10-31	DL/T 920—2005	六氟化硫气体中空气、四氟化碳的气相色谱测定法	2005-6-1		SD 311—1989	采购、建设、修试	品控、验收与质量评定、试验	其他	
206.10-32	DL/T 921—2005	六氟化硫气体毒性生物试验方法	2005-6-1		SD 312—1989	采购、建设、修试	品控、验收与质量评定、试验	其他	
206.10-33	DL/T 929—2018	矿物绝缘油、润滑油结构族组成的测定 红外光谱法	2018-7-1		DL/T 929—2005	采购、建设、修试	品控、验收与质量评定、试验	其他	
206.10-34	DL/T 1002—2006	微量溶解氧仪标定方法标准气体标定法	2006-10-1			采购、建设、修试	品控、验收与质量评定、试验	其他	
206.10-35	DL/T 1032—2006	电气设备用六氟化硫(SF_6)气体取样方法	2007-5-1			采购、建设、修试	品控、验收与质量评定、试验	其他	
206.10-36	DL/T 1095—2018	变压器油带电度现场测试方法	2018-7-1		DL/T 1095—2008	采购、建设、修试	品控、验收与质量评定、试验	变电	变压器
206.10-37	DL/T 1205—2013	六氟化硫电气设备分解产物试验方法	2013-8-1			运维、修试	维护、试验	其他	
206.10-38	DL/T 1354—2014	电力用油闭口闪点测定微量常闭法	2015-3-1			采购、建设、修试	品控、验收与质量评定、试验	其他	
206.10-39	DL/T 1355—2014	变压器油中糠醛含量的测定 液相色谱法	2015-3-1			采购、建设、修试	品控、验收与质量评定、试验	变电	变压器

续表

体系结构号	标准编号	标准名称	实施日期	与国际标准对应关系	代替标准	阶段	分阶段	专业	分专业
206.10-40	DL/T 1359—2014	六氟化硫电气设备故障气体分析和判断方法	2015-3-1			采购、建设、修试	品控、验收与质量评定、试验	其他	
206.10-41	DL/T 1458—2015	矿物绝缘油中铜、铁、铝、锌金属含量的测定　原子吸收光谱法	2015-12-1			采购、建设、修试	品控、验收与质量评定、试验	其他	
206.10-42	DL/T 1459—2015	矿物绝缘油中金属钝化剂含量的测定　高效液相色谱法	2015-12-1			采购、建设、修试	品控、验收与质量评定、试验	其他	
206.10-43	DL/T 1460—2015	矿物绝缘油中腐蚀性硫的定量测试 铜粉腐蚀法	2015-12-1			采购、建设、修试	品控、验收与质量评定、试验	其他	
206.10-44	DL/T 1463—2015	变压器油中溶解气体组分含量分析用工作标准油的配制	2015-12-1			采购、建设、修试	品控、验收与质量评定、试验	变电	变压器
206.10-45	DL/T 1532—2016	接地网腐蚀诊断技术导则	2016-6-1			运维、修试	维护、试验	基础综合	
206.10-46	DL/T 1550—2016	矿物绝缘油中金属铜、铁含量测定法旋转圆盘电极发射光谱法	2016-6-1	ASTM D6728-11，MOD		采购、建设、修试	品控、验收与质量评定、试验	其他	
206.10-47	DL/T 1551—2016	六氟化硫气体中二氧化硫、硫化氢、氟化硫酰、氟化亚硫酰的测定方法-气质联用法	2016-6-1			采购、建设、修试	品控、验收与质量评定、试验	其他	
206.10-48	DL/T 1581—2016	直流系统用盘形悬式瓷或玻璃绝缘子金属附件加速电解腐蚀试验方法	2016-7-1			采购、建设、修试	品控、验收与质量评定、试验	换流	其他
206.10-49	DL/T 1599—2016	油中酚类及胺类抗氧化剂含量测定法 伏安线性扫描法	2016-12-1			采购、建设、修试	品控、验收与质量评定、试验	其他	
206.10-50	DL/T 1607—2016	六氟化硫分解产物的测定红外光谱法	2016-12-1			采购、建设、修试	品控、验收与质量评定、试验	其他	
206.10-51	DL/T 1653—2016	磷酸酯抗燃油氯含量的测定能量色散X射线荧光光谱法	2017-5-1			采购、建设、修试	品控、验收与质量评定、试验	其他	
206.10-52	DL/T 1654—2016	磷酸酯抗燃油氧化安定性和腐蚀性试验方法	2017-5-1			采购、建设、修试	品控、验收与质量评定、试验	其他	
206.10-53	DL/T 1705—2017	磷酸酯抗燃油闭口杯老化测定法	2017-12-1			采购、建设、修试	品控、验收与质量评定、试验	其他	
206.10-54	DL/T 1706—2017	超高压直流输电换流变运行油质量	2017-12-1			采购、建设、运维、修试	品控、验收与质量评定、试运行、运行、试验	换流	换流变

续表

体系结构号	标准编号	标准名称	实施日期	与国际标准对应关系	代替标准	阶段	分阶段	专业	分专业
206.10-55	DL/T 1814—2018	油浸式电力变压器工厂试验油中溶解气体分析判断导则	2018-7-1			采购、建设、修试	品控、验收与质量评定、试验	变电	变压器
206.10-56	DL/T 1823—2018	六氟化硫气体中矿物油、可水解氟化物、酸度的现场检测方法	2018-7-1			采购、建设、修试	品控、验收与质量评定、试验	其他	
206.10-57	DL/T 1824—2018	运行变压器油中丙酮含量的测量方法 顶空气相色谱法	2018-7-1			采购、建设、修试	品控、验收与质量评定、试验	变电、配电	变压器
206.10-58	DL/T 1836—2018	矿物绝缘油与变压器材料相容性测定方法	2018-7-1	ASTM D 3455-11，MOD		采购、建设、修试	品控、验收与质量评定、试验	变电、配电	变压器
206.10-59	DL/T 1884.1—2018	现场污秽度测量及评定 第1部分：一般原则	2019-5-1			采购、建设、修试	品控、验收与质量评定、试验	其他	
206.10-60	DL/T 1884.3—2018	现场污秽度测量及评定 第3部分：污秽成分测定方法	2019-5-1			采购、建设、修试	品控、验收与质量评定、试验	其他	
206.10-61	NB/T 10069—2018	煤基费托合成油、合成蜡铁含量的测定 电感耦合等离子体发射光谱	2019-3-1			采购、建设、修试	品控、验收与质量评定、试验	其他	
206.10-62	NB/T 42006—2013	全钒液流电池用电解液测试方法	2013-10-1			采购、建设、修试	品控、验收与质量评定、试验	其他	
206.10-63	NB/T 42140—2017	绝缘液体 油浸纸和油浸纸板用卡尔费休自动电量滴定法测定水分	2018-3-1			采购、建设、修试	品控、验收与质量评定、试验	其他	
206.10-64	NB/SH/T 0915—2015	轻质石油馏分中总活性硫值的测定 电位滴定法	2016-3-1			采购、建设、修试	品控、验收与质量评定、试验	其他	
206.10-65	NB/SH/T 0923—2016	绝缘油中元素含量的测定 电感耦合等离子体原子发射光谱法	2017-5-1	ASTM D7151-13，MOD		采购、建设、修试	品控、验收与质量评定、试验	其他	
206.10-66	SH/T 0206—1992	变压器油氧化安定性测定法	1992-5-20	IEC 74—1963（1974），REF	ZB E38003—88	采购、建设、修试	品控、验收与质量评定、试验	变电	变压器
206.10-67	SH/T 0304—1999	电气绝缘油腐蚀性硫试验法	2000-5-1	ISO 5662: 1997，EQV	SH/T 0304—1992	采购、建设、修试	品控、验收与质量评定、试验	其他	
206.10-68	JB/T 4107.1—2014	电触头材料化学分析方法 第1部分：总则及一般规定	2014-11-1		JB/T 4107.1—1999	采购、建设、修试	品控、验收与质量评定、试验	其他	

续表

体系结构号	标准编号	标准名称	实施日期	与国际标准对应关系	代替标准	阶段	分阶段	专业	分专业
206.10-69	JB/T 4107.2—2014	电触头材料化学分析方法　第2部分：铜钨中铜含量的测定	2014-11-1		JB/T 4107.2—1999	采购、建设、修试	品控、验收与质量评定、试验	其他	
206.10-70	JB/T 4107.3—2014	电触头材料化学分析方法　第3部分：银石墨中碳含量的测定	2014-11-1		JB/T 4107.7—1999	采购、建设、修试	品控、验收与质量评定、试验	其他	
206.10-71	JB/T 4107.4—2014	电触头材料化学分析方法　第4部分：银钨中银含量的测定	2014-11-1		JB/T 4107.4—1999	采购、建设、修试	品控、验收与质量评定、试验	其他	
206.10-72	JB/T 4107.5—2014	电触头材料化学分析方法　第5部分：银镍中镍含量的测定	2014-11-1		JB/T 4107.5—1999	采购、建设、修试	品控、验收与质量评定、试验	其他	
206.10-73	JB/T 4107.6—2014	电触头材料化学分析方法　第6部分：银铁中铁含量的测定	2014-11-1		JB/T 4107.6—1999	采购、建设、修试	品控、验收与质量评定、试验	其他	
206.10-74	JB/T 8443.1—2014	铜铬触头材料化学分析方法　第1部分：铬的测定	2014-11-1		JB/T 8443.1—1996	采购、建设、修试	品控、验收与质量评定、试验	其他	
206.10-75	JB/T 8443.2—2014	铜铬触头材料化学分析方法　第2部分：铜的测定	2014-11-1		JB/T 8443.2—1996	采购、建设、修试	品控、验收与质量评定、试验	其他	
206.10-76	JB/T 12344—2015	铅酸蓄电池中砷元素测定方法	2016-3-1			采购、建设、修试	品控、验收与质量评定、试验	其他	
206.10-77	SN/T 1792—2014	电气绝缘油中多氯联苯含量的测定　气相色谱法	2014-8-1		SN/T 1792—2006	采购、建设、修试	品控、验收与质量评定、试验	其他	
206.10-78	SN/T 2688—2010	旧机电产品电容电解液中多环芳烃的测定　气相色谱—质谱法	2011-5-1			采购、建设、修试	品控、验收与质量评定、试验	其他	
206.10-79	SN/T 4239—2015	实验室大型化学分析设备管理要求	2016-1-1			采购、建设、修试	品控、验收与质量评定、试验	基础综合	
206.10-80	SH/T 0253—1992	轻质石油产品中总硫含量测定法（电量法）	1992-5-20		SY 2506—83	采购、建设、修试	品控、验收与质量评定、试验	其他	
206.10-81	SH/T 0689—2000	轻质烃及发动机燃料和其他油品的总硫含量测定法（紫外荧光法）	2000-12-1	ASTM D5453—1993，MOD		采购、建设、修试	品控、验收与质量评定、试验	其他	
206.10-82	SH/T 0804—2007	电气绝缘油腐蚀性硫试验　银片试验法	2008-1-1	DIN 51353—1985，MOD		采购、建设、修试	品控、验收与质量评定、试验	其他	

续表

体系结构号	标准编号	标准名称	实施日期	与国际标准对应关系	代替标准	阶段	分阶段	专业	分专业
206.10-83	HJ 592—2010	水质 硝基苯类化合物的测定 气相色谱法	2011-1-1		GB 4919—85	采购、建设、修试	品控、验收与质量评定、试验	其他	
206.10-84	HJ 618—2011	环境空气 PM_{10} 和 $PM_{2.5}$ 的测定 重量法	2011-11-1		GB 6921—86	建设、运维、修试	试运行、运行、试验	其他	
206.10-85	HB 5057—1993	铝及铝合金硬质阳极氧化膜层质量检验	1994-3-1			采购、建设、修试	品控、验收与质量评定、试验	其他	
206.10-86	YB/T 4161—2007	耐火材料 抗熔融冰晶石电解液侵蚀试验方法	2007-9-1			采购、建设、修试	品控、验收与质量评定、试验	其他	
206.10-87	GB/T 261—2008	闪点的测定 宾斯基—马丁闭口杯法	2009-2-1	ISO 2719: 2002，MOD	GB/T 261—1983	修试	试验	其他	
206.10-88	GB/T 264—1983	石油产品酸值测定法	1983-1-2	UDC 665.5: 543.241.5	GB 264—1977	采购、建设、修试	品控、验收与质量评定、试验	其他	
206.10-89	GB 265—1988	石油产品运动黏度测定法和动力黏度计算法	1989-4-1		GB 265—83	采购、建设、修试	品控、验收与质量评定、试验	其他	
206.10-90	GB/T 510—2018	石油产品凝点测定法	2019-7-1		GB/T 510—1983	修试	试验	其他	
206.10-91	GB/T 601—2016	化学试剂 标准滴定溶液的制备	2017-5-1		GB/T 601—2002	修试	试验	其他	
206.10-92	GB/T 1725—2007	色漆、清漆和塑料 不挥发物含量的测定	2008-4-1	ISO 3251: 2003，IDT	GB/T 1725—1979（1989）；GB/T 6740 —1986；GB/T 6751 —1986	采购、建设、修试	品控、验收与质量评定、试验	其他	
206.10-93	GB 1771—2007	色漆和清漆 耐中性盐雾性能的测定	2008-4-1	ISO 7253: 1996，IDT	GB/T 1771—1991	采购、建设、修试	品控、验收与质量评定、试验	其他	
206.10-94	GB/T 1884—2000	原油和液体石油产品密度实验室测定法（密度计法）	2000-7-1	ISO 3675: 1998，EQV	GB/T 1884—1992	采购、建设、修试	品控、验收与质量评定、试验	其他	
206.10-95	GB/T 3535—2006	石油产品倾点测定法	2006-10-1	ISO 3016: 1994，MOD	GB/T 3535—1983	修试	试验	其他	
206.10-96	GB/T 3536—2008	石油产品闪点和燃点的测定 克利夫兰开口杯法	2009-2-1	ISO 2592: 2000，MOD	GB/T 3536—1983	修试	试验	其他	
206.10-97	GB 5121.1—2008	铜及铜合金化学分析方法 第 1 部分：铜含量的测定	2008-12-1	ISO 1554: 1976，ISO 1553: 1976 MOD	GB/T 5121.1—1996	采购、建设、修试	品控、验收与质量评定、试验	其他	
206.10-98	GB/T 5484—2012	石膏化学分析方法	2013-8-1		GB/T 5484—2000	修试	试验	其他	
206.10-99	GB/T 5654—2007	液体绝缘材料 相对电容率、介质损耗因数和直流电阻率的测量	2008-5-20	IEC 60247: 2004，IDT	GB/T 5654—1985	采购、建设、修试	品控、验收与质量评定、试验	其他	

续表

体系结构号	标准编号	标准名称	实施日期	与国际标准对应关系	代替标准	阶段	分阶段	专业	分专业
206.10-100	GB/T 5832.2—2016	气体分析 微量水分的测定 第2部分：露点法	2017-7-1		GB/T 5832.2—2008	采购、建设、修试	品控、验收与质量评定、试验	其他	
206.10-101	GB/T 6541—1986	石油产品油对水界面张力测定法（圆环法）	1987-6-1	ISO 6295: 1983，EQV		采购、建设、修试	品控、验收与质量评定、试验	其他	
206.10-102	GB/T 7106—2008	建筑外门窗气密、水密、抗风压性能分级及检测方法	2009-3-1	ISO 6612: 1980，NEQ	GB/T 13685—1992；GB/T 13686—1992；GB/T 7106—2002；GB/T 7107—2002；GB/T 7108—2002	采购、建设、修试	品控、验收与质量评定、试验	其他	
206.10-103	GB/T 7304—2014	石油产品酸值的测定 电位滴定法	2014-6-1		GB/T 7304—2000	采购、建设、修试	品控、验收与质量评定、试验	其他	
206.10-104	GB/T 7597—2007	电力用油（变压器油、汽轮机油）取样方法	2008-1-1		GB 7597—1987	采购、建设、修试	品控、验收与质量评定、试验	发电、变电	火电、变压器
206.10-105	GB/T 7598—2008	运行中变压器油水溶性酸测定法	2009-8-1		GB/T 7598—1987	采购、建设、修试	品控、验收与质量评定、试验	变电	变压器
206.10-106	GB/T 7600—2014	运行中变压器油和汽轮机油水分含量测定法（库仑法）	2015-4-1		GB/T 7600—1987	采购、建设、修试	品控、验收与质量评定、试验	发电、变电	火电、变压器
206.10-107	GB/T 7601—2008	运行中变压器油、汽轮机油水分测定法（气相色谱法）	2009-8-1		GB/T 7601—1987	采购、建设、修试	品控、验收与质量评定、试验	发电、变电	火电、变压器
206.10-108	GB/T 7602.1—2008	变压器油、汽轮机油中T501抗氧化剂含量测定法 第1部分：分光光度法	2009-8-1		GB/T 7602—1987	采购、建设、修试	品控、验收与质量评定、试验	发电、变电	火电、变压器
206.10-109	GB/T 7602.2—2008	变压器油、汽轮机油中T501抗氧化剂含量测定法 第2部分：液相色谱法	2009-10-1			采购、建设、修试	品控、验收与质量评定、试验	发电、变电	火电、变压器
206.10-110	GB/T 7602.3—2008	变压器油、汽轮机油中T501抗氧化剂含量测定法 第3部分：红外光谱法	2009-10-1			采购、建设、修试	品控、验收与质量评定、试验	发电、变电	火电、变压器
206.10-111	GB/T 7602.4—2017	变压器油、涡轮机油中T501抗氧化剂含量测定法 第4部分：气质联用法	2018-5-1	IEC 60666: 2010		采购、建设、修试	品控、验收与质量评定、试验	发电、变电	水电、变压器
206.10-112	GB/T 7603—2012	矿物绝缘油中芳碳含量测定法	2012-11-1		GB/T 7603—1987	采购、建设、修试	品控、验收与质量评定、试验	其他	
206.10-113	GB/T 8484—2008	建筑外门窗保温性能分级及检测方法	2009-3-1		GB/T 16729—1997；GB/T 8484—2002	设计、采购、建设、修试	初设、品控、验收与质量评定、试验	其他	

续表

体系结构号	标准编号	标准名称	实施日期	与国际标准对应关系	代替标准	阶段	分阶段	专业	分专业
206.10-114	GB/T 8650—2015	管线钢和压力容器钢抗氢致开裂评定方法	2016-11-1		GB/T 8650—2006	采购、建设、修试	品控、验收与质量评定、试验	其他	
206.10-115	GB/T 9443—2007	铸钢件渗透检测	2008-1-1	ISO 4987: 1992，IDT	GB/T 9443—1988	采购、建设、修试	品控、验收与质量评定、试验	其他	
206.10-116	GB/T 9444—2007	铸钢件磁粉检测	2008-1-1	ISO 4986: 1992，IDT	GB/T 9444—1988	采购、建设、修试	品控、验收与质量评定、试验	其他	
206.10-117	GB/T 9790—1988	金属覆盖层及其他有关覆盖层维氏和努氏显微硬度试验	1989-9-1	ISO 4516—1980，NEQ		采购、建设、修试	品控、验收与质量评定、试验	其他	
206.10-118	GB/T 11133—2015	石油产品、润滑油和添加剂中水含量的测定　卡尔费休库仑滴定法	2016-6-1	ASTM D6304-07	GB/T 11133—1989	采购、建设、修试	品控、验收与质量评定、试验	其他	
206.10-119	GB 11142—1989	绝缘油在电场和电离作用下析气性测定法	1990-4-1			采购、建设、修试	品控、验收与质量评定、试验	其他	
206.10-120	GB/T 11446.5—2013	电子级水中痕量金属的原子吸收分光光度测试方法	2014-8-15		GB/T 11446.5—1997	采购、建设、修试	品控、验收与质量评定、试验	其他	
206.10-121	GB/T 11446.6—2013	电子级水中二氧化硅的分光光度测试方法	2014-8-15		GB/T 11446.6—1997	采购、建设、修试	品控、验收与质量评定、试验	其他	
206.10-122	GB/T 11446.7—2013	电子级水中痕量阴离子的离子色谱测试方法	2014-8-15		GB/T 11446.7—1997	采购、建设、修试	品控、验收与质量评定、试验	其他	
206.10-123	GB/T 11446.8—2013	电子级水中总有机碳的测试方法	2014-8-15		GB/T 11446.8—1997	采购、建设、修试	品控、验收与质量评定、试验	其他	
206.10-124	GB/T 11976—2015	建筑外窗采光性能分级及检测方法	2015-12-1		GB/T 11976—2002	采购、建设、修试	品控、验收与质量评定、试验	其他	
206.10-125	GB/T 12897—2006	国家一、二等水准测量规范	2006-10-1		GB 12897—1991	采购、建设、修试	品控、验收与质量评定、试验	其他	
206.10-126	GB/T 13277.3—2015	压缩空气　第3部分：湿度测量方法	2016-6-30	ISO 8573-3—1999，MOD		采购、建设、修试	品控、验收与质量评定、试验	其他	
206.10-127	GB/T 13298—2015	金属显微组织检验方法	2016-6-1		GB/T 13298—1991	采购、建设、修试	品控、验收与质量评定、试验	其他	
206.10-128	GB/T 13528—2015	纸和纸板　表面pH的测定	2016-4-1		GB/T 13528—1992	采购、建设、修试	品控、验收与质量评定、试验	其他	

续表

体系结构号	标准编号	标准名称	实施日期	与国际标准对应关系	代替标准	阶段	分阶段	专业	分专业
206.10-129	GB/T 13912—2002	金属覆盖层 钢铁制件热浸镀锌层 技术要求及试验方法	2002-12-1	ISO 1461: 1999，MOD	GB/T 13912—1992	采购、建设、修试	招标、品控、验收与质量评定、试验	其他	
206.10-130	GB/T 15057.2—1994	化工用石灰石中氧化钙和氧化镁含量的测定	1995-2-1			采购、建设、修试	品控、验收与质量评定、试验	其他	
206.10-131	GB/T 15057.3—1994	化工用石灰石中盐酸不溶物含量的测定 重量法	1995-2-1			采购、建设、修试	品控、验收与质量评定、试验	其他	
206.10-132	GB/T 15227—2007	建筑幕墙气密、水密、抗风压性能检测方法	2008-2-1		GB/T 15226—1994；GB/T 15227—1994；GB/T 15228—1994	采购、建设、修试	品控、验收与质量评定、试验	其他	
206.10-133	GB/T 16581—1996	绝缘液体燃烧性能试验方法 氧指数法	1997-5-1	IEC 1144: 1992，EQV		采购、建设、修试	品控、验收与质量评定、试验	其他	
206.10-134	GB/T 16921—2005	金属覆盖层 覆盖层厚度测量 X射线光谱法	2006-4-1	ISO 3497—2000，IDT	GB/T 16921—1997	采购、建设、修试	品控、验收与质量评定、试验	其他	
206.10-135	GB/T 17623—2017	绝缘油中溶解气体组分含量的气相色谱测定法	2017-12-1		GB/T 17623—1998	采购、建设、修试	品控、验收与质量评定、试验	其他	
206.10-136	GB/T 17650.1—1998	取自电缆或光缆的材料燃烧时释出气体的试验方法 第1部分：卤酸气体总量的测定	1999-10-1	IEC 60754-1: 1994，IDT		修试	试验	其他	
206.10-137	GB/T 17650.2—1998	取自电缆或光缆的材料燃烧时释出气体的试验方法 第2部分：用测量pH值和电导率来测定气体的酸度	1999-10-1	IEC 60754-2: 1991，IDT		修试	试验	其他	
206.10-138	GB/T 18204.2—2014	公共场所卫生检验方法 第2部分：化学污染物	2014-12-1		GB/T 18204.23—2000；GB/T 18204.24—2000；GB/T 18204.25—2000；GB/T 18204.26—2000；GB/T 18204.27—2000；GB/T 18204.29—2000；部分代替：GB/T 17220—1998	建设、运维、修试	验收与质量评定、试运行、运行、试验	基础综合	
206.10-139	GB/T 20018—2005	金属与非金属覆盖层 覆盖层厚度测量 β射线背散射法	2006-4-1	ISO 3543: 2000，IDT		采购、建设、修试	品控、验收与质量评定、试验	其他	

续表

体系结构号	标准编号	标 准 名 称	实施日期	与国际标准对应关系	代替标准	阶段	分阶段	专业	分专业
206.10-140	GB/T 22567—2008	电气绝缘材料 测定玻璃化转变温度的试验方法	2009-11-1	IEC 61006—2004，IDT		采购、建设、修试	品控、验收与质量评定、试验	其他	
206.10-141	GB/T 25961—2010	电气绝缘油中腐蚀性硫的试验法	2011-5-1	ASTM D 1275-06		采购、建设、修试	品控、验收与质量评定、试验	其他	
206.10-142	GB/T 26872—2011	电触头材料金相图谱	2011-12-1			采购、建设、修试	品控、验收与质量评定、试验	其他	
206.10-143	GB/T 28552—2012	变压器油、汽轮机油酸值测定法（BTB 法）	2012-11-1			采购、建设、修试	品控、验收与质量评定、试验	发电、变电	火电、变压器
206.10-144	GB/T 28817—2012	聚合物电解质燃料电池单电池测试方法	2013-2-1	IEC/TS 62282-7-1: 2010，IDT		采购、建设、修试	品控、验收与质量评定、试验	变电、配电、用电	其他
206.10-145	GB/T 29305—2012	新的和老化后的纤维素电气绝缘材料粘均聚合度的测量	2013-6-1	IEC 60450: 2006+AI: 2007，IDT		修试	试验	其他	
206.10-146	GB/T 29627.2—2013	电气用聚芳酰胺纤维纸板 第 2 部分：试验方法	2013-12-2	IEC 61629-2: 1996，MOD		修试	试验	其他	
206.10-147	GB/T 31586.1—2015	防护涂料体系对钢结构的防腐蚀保护 涂层附着力/内聚力（破坏强度）的评定和验收准则 第 1 部分：拉开法试验	2016-1-1	ISO 16276-1: 2007，IDT		设计、建设、修试	初设、验收与质量评定、试验	其他	
206.10-148	GB/T 31707—2015	气相色谱法本底大气一氧化碳浓度在线观测数据处理方法	2016-1-1			建设、运维、修试	试运行、运行、试验	其他	
206.10-149	GB/T 32508—2016	绝缘油中腐蚀性硫（二苄基二硫醚）定量检测方法	2016-9-1	IEC 62697-1: 2012，MOD		采购、建设、修试	品控、验收与质量评定、试验	其他	
206.10-150	GB/T 32887—2016	电子电气产品中多氯联苯的测定 气相色谱-质谱法	2017-3-1			采购、建设、修试	品控、验收与质量评定、试验	其他	
206.10-151	GB/T 32888—2016	电子电气产品中有机锡的筛选 红外光谱法	2017-3-1			采购、建设、修试	品控、验收与质量评定、试验	其他	
206.10-152	GB/T 32889—2016	电子电气产品中四溴双酚 A 的测定 气相色谱—质谱法	2017-3-1			采购、建设、修试	品控、验收与质量评定、试验	其他	
206.10-153	GB/T 33328—2016	色漆和清漆 电导率和电阻的测定	2017-7-1	ISO 15091: 2012，MOD		设计、采购、建设、修试	初设、品控、验收与质量评定、试验	其他	

续表

体系结构号	标准编号	标准名称	实施日期	与国际标准对应关系	代替标准	阶段	分阶段	专业	分专业
206.10-154	GB/T 33370—2016	铜及铜合金软化温度的测定方法	2017-11-1			设计、修试	初设、试验	其他	
206.10-155	GB/T 35839—2018	无损检测 工业计算机层析成像（CT）密度测量方法	2018-9-1			采购、建设、修试	品控、验收与质量评定、试验	其他	
206.10-156	GB/Z 35959—2018	液相色谱—质谱联用分析方法通则	2018-9-1			采购、建设、修试	品控、验收与质量评定、试验	其他	
206.10-157	ASTM D831/D831M—2012	电缆及电容器油的气体含量的标准试验方法	2012-11-1			采购、建设、修试	品控、验收与质量评定、试验	输电、变电	电缆、其他
206.10-158	ASTM D2132—2012	电绝缘材料的尘雾起痕和耐腐蚀性的标准试验方法	2012-1-1		ASTM D 2132—2011	采购、建设、修试	品控、验收与质量评定、试验	其他	
206.10-159	ASTM D2300—2008(2017)	在电场应力和电离作用下绝缘液体放气的试验方法（改进的皮勒里法）	2017-1-1		ASTM D 2300—2008	采购、建设、修试	品控、验收与质量评定、试验	其他	
206.10-160	ASTM D5637—2005(2017)	电工绝缘清漆抗潮湿性的试验方法	2017-11-1		ASTM D 5637—2012	采购、建设、修试	品控、验收与质量评定、试验	其他	
206.10-161	ASTM D5638—2018	电绝缘漆的耐化学性能的标准试验方法	2018-11-1		ASTM D 5638—2014	采购、建设、修试	品控、验收与质量评定、试验	其他	
206.10-162	ASTM D6097—2016	固体介电绝缘材料抗水树生长性能的试验方法	2016-11-1		ASTM D 6097A—2008	采购、建设、修试	品控、验收与质量评定、试验	其他	
206.10-163	ASTM D6343—2014(2018)	电工绝缘和电介质用薄型导热固体材料的试验方法	2018-11-1		ASTM D 6343—2010	设计、采购、建设、修试	初设、品控、验收与质量评定、试验	其他	
206.10-164	ASTM G106—1989（2015）	电化学阻抗测量计算方法和仪器检定规程	2015-11-1		ASTM G 106—1999	设计、采购、建设、修试	初设、品控、验收与质量评定、试验	其他	
206.10-165	ASTM G199—2009（2014）	电化学噪声测量指南	2009-3-15		ASTM G 199—2009	设计、采购、建设、修试	初设、品控、验收与质量评定、试验	其他	
206.10-166	IEC 60567—2011	充油电气设备分析游离气体和溶解气体用气体和油的取样指南	2011-10-20	EN 60567—2011，IDT	IEC 60567—2005；IEC 10/849/FDIS—2011	采购、建设、修试	品控、验收与质量评定、试验	其他	
206.10-167	IEC 60666—2010	矿物绝缘油中规定的添加剂的检验和测定	2010-4-26	EN 60666—2010，IDT；PN-EN 60666—2010，IDT	IEC 60666—1979；IEC 10/803/FDIS—2010	采购、建设、修试	品控、验收与质量评定、试验	其他	

续表

体系结构号	标准编号	标 准 名 称	实施日期	与国际标准对应关系	代替标准	阶段	分阶段	专业	分专业
206.10-168	IEC 60754-1 Corri 1—2013	电缆材质燃烧产生气体检测 第1部分：氢卤酸气体含量测定.勘误表1	2013-11-5			采购、建设、修试	品控、验收与质量评定、试验	输电	电缆
206.10-169	IEC 62021-3—2014	绝缘液体酸度的测定 第3部分：非矿物绝缘准的试验方法	2014-3-19			采购、建设、修试	品控、验收与质量评定、试验	其他	
206.10-170	IEC 62535—2008	绝缘液体在使用和不使用的绝缘油中硫磺潜在腐蚀性试验方法	2008-10-8	DIN EN 62535—2009，IDT；BS EN 62535—2009，IDT；EN 62535—2009，IDT；NF C27-603—2009，IDT；C27-603PR，IDT；OEVE/OENORM EN 62535—2009，IDT；PN-EN 62535—2009，IDT；UNE-EN 62535—2009，IDT	IEC 10/746/FDIS—2008	采购、建设、修试	品控、验收与质量评定、试验	其他	
206.11 试验与计量-发电									
206.11-1	Q/CSG 1206001—2015	同步发电机励磁系统参数实测与建模导则	2015-1-29		Q/CSG 114003—2011	修试	试验	发电	水电、火电
206.11-2	Q/CSG 1206002—2015	同步发电机原动机及调节系统参数测试与建模导则	2015-2-3		Q/CSG 114003—2012	修试	试验	发电	水电、火电
206.11-3	T/CEC 5001—2016	水电水利工程砂砾石料压实质量密度桶法检测技术规程	2017-1-1			修试	试验	发电	水电、火电
206.11-4	T/CSEE/Z 0013—2016	同步发电机进相试验进相能力计算导则	2017-5-1			修试	试验	发电	水电、火电
206.11-5	T/CSEE 0039—2017	隐极式同步发电机启动试验导则	2018-5-1			修试	试验	发电	水电、火电
206.11-6	T/CSEE 0041—2017	隐极同步发电机转子重复脉冲（RSO）试验导则	2018-5-1			修试	试验	发电	水电、火电
206.11-7	T/CSEE 0042—2017	大型发电机定子线棒及绕组离线局部放电测量评定导则	2018-5-1			修试	试验	发电	水电、火电

续表

体系结构号	标准编号	标 准 名 称	实施日期	与国际标准对应关系	代替标准	阶段	分阶段	专业	分专业
206.11-8	T/CSEE 0058—2017	循环流化床发电机组模拟量控制系统扰动试验技术规程	2018-5-1			修试	试验	发电	水电、火电
206.11-9	DL/T 298—2011	发电机定子绕组端部电晕检测与评定导则	2011-11-1			修试	试验	发电	水电、火电
206.11-10	DL/T 330—2010	水电水利工程金属结构及设备焊接接头衍射时差法超声检测	2011-5-1			修试	试验	发电	水电
206.11-11	DL/T 489—2018	大中型水轮发电机静止整流励磁系统试验规程	2018-7-1		DL/T 489—2006	修试	试验	发电	火电、水电、其他
206.11-12	DL/T 492—2009	发电机环氧云母定子绕组绝缘老化鉴定导则	2009-12-1		DL/T 492—1992	运维、修试	运行、维护、试验	发电	水电
206.11-13	DL/T 496—2016	水轮机电液调节系统及装置调整试验导则	2016-6-1		DL/T 496—2001	运维、修试	运行、维护、试验	发电	水电
206.11-14	DL/T 507—2014	水轮发电机组启动试验规程	2014-8-1		DL/T 507—2002	修试	试验	发电	水电
206.11-15	DL/T 607—2017	汽轮发电机漏水、漏氢的检验	2018-3-1		DL/T 607—1996	修试	试验	发电	火电
206.11-16	DL/T 835—2003	水工钢闸门和启闭机安全检测技术规程	2003-6-1			运维、修试	运行、维护、检修	发电	水电
206.11-17	DL/T 809—2016	发电厂水质浊度的测定方法	2017-5-1		DL/T 809—2002	修试	试验	发电	水电
206.11-18	DL/T 986—2016	湿法烟气脱硫工艺性能检测技术规范	2016-6-1		DL/T 986—2005	修试	试验	发电	火电
206.11-19	DL/T 1003—2006	水轮发电机组推力轴承润滑参数测量方法	2007-3-1			运维、修试	运行、维护、试验	发电	水电
206.11-20	DL/T 1027—2006	工业冷却塔测试规程	2007-5-1			修试	试验	发电	火电
206.11-21	DL/T 1166—2012	大型发电机励磁系统现场试验规程	2012-12-1			修试	试验	发电	火电、水电、其他
206.11-22	DL/T 1207—2013	发电厂纯水电导率在线测量方法	2013-8-1	ASTM D5391-99，MOD		修试	试验	发电	水电
206.11-23	DL/T 1418—2015	燃煤电厂 SCR 烟气脱硝流场模拟技术规范	2015-9-1			修试	试验	发电	火电
206.11-24	DL/T 1448—2015	发电工程混凝土试验规程	2015-9-1			修试	试验	发电	水电、火电

续表

体系结构号	标准编号	标 准 名 称	实施日期	与国际标准对应关系	代替标准	阶段	分阶段	专业	分专业
206.11-25	DL/T 1479—2015	发电厂水汽中乙醇胺浓度的测定 离子色谱法	2015-12-1			采购、建设、修试	品控、验收与质量评定、试验	发电	其他
206.11-26	DL/T 1520—2016	火电厂烟气中细颗粒物（PM2.5）测试技术规范 重量法	2016-6-1			修试	试验	发电	火电
206.11-27	DL/T 1522—2016	发电机定子绕组内冷水系统水流量超声波测量方法及评定导则	2016-6-1			修试	试验	发电	火电、水电、其他
206.11-28	DL/T 1523—2016	同步发电机进相试验导则	2016-6-1			修试	试验	发电	火电、水电、其他
206.11-29	DL/T 1524—2016	发电机红外检测方法及评定导则	2016-6-1			修试	试验	发电	火电、水电、其他
206.11-30	DL/T 1525—2016	隐极同步发电机转子匝间短路故障诊断导则	2016-6-1			修试	试验	发电	火电、水电、其他
206.11-31	DL/T 1602—2016	发电厂纯水脱气氢电导率在线测量方法	2016-12-1	ASTM D 4519—2010，NEQ		修试	试验	发电	水电
206.11-32	DL/T 1612—2016	发电机定子绕组手包绝缘施加直流电压测量方法及评定导则	2016-12-1			修试	试验	发电	火电、水电、其他
206.11-33	DL/T 1616—2016	火力发电机组性能试验导则	2016-12-1			修试	试验	发电	火电
206.11-34	DL/T 1704—2017	脱硫湿磨机石灰石制浆系统性能测试方法	2017-8-1			修试	试验	发电	火电
206.11-35	DL/T 1718—2017	火力发电厂焊接接头相控阵超声检测技术规程	2017-12-1			修试	试验	发电	火电
206.11-36	DL/T 1768—2017	旋转电机预防性试验规程	2018-3-1			修试	试验	发电	水电、火电
206.11-37	DL/T 1800—2018	水轮机调节系统建模及参数实测技术导则	2018-7-1			修试	试验	发电	水电
206.11-38	DL/T 1801—2018	水电金属结构及设备焊接接头相控阵超声检测	2018-7-1			修试	试验	发电	水电
206.11-39	DL/T 1818—2018	可逆式水泵水轮机调节系统试验规程	2018-7-1			修试	试验	发电	水电
206.11-40	DL/T 1854—2018	发电厂水处理用强碱性阴离子交换树脂动力学性能试验方法	2018-10-1			修试	试验	发电	水电、火电

续表

体系结构号	标准编号	标 准 名 称	实施日期	与国际标准对应关系	代替标准	阶段	分阶段	专业	分专业
206.11-41	DL/T 1895—2018	火力发电厂烟气中铅的测定——石墨炉原子吸收分光光度法	2019-5-1			采购、建设、修试	品控、验收与质量评定、试验	发电	火电
206.11-42	DL/T 1915—2018	火电厂低浓度颗粒物测试技术规范 重量法	2019-5-1			修试	试验	发电	火电
206.11-43	DL/T 5117—2000	水下不分散混凝土试验规程	2001-1-1			修试	试验	发电	水电
206.11-44	DL/T 5126—2001	聚合物改性水泥砂浆试验规程	2001-7-1			修试	试验	发电	水电
206.11-45	DL/T 5150—2017	水工混凝土试验规程	2018-3-1		DL/T 5150—2001	修试	试验	发电	水电
206.11-46	DL/T 5152—2017	水工混凝土水质分析试验规程	2018-3-1		DL/T 5152—2001	修试	试验	发电	水电
206.11-47	DL/T 5178—2016	混凝土坝安全监测技术规范	2016-7-1		DL/T 5178—2003	运维、修试	运行、维护、试验	发电	水电
206.11-48	DL/T 5259—2010	土石坝安全监测技术规范	2011-5-1			设计、采购、运维、修试	初设、招标、运行、维护、试验	发电	水电
206.11-49	DL/T 5299—2013	大坝混凝土声波检测技术规程	2014-4-1			修试	试验	发电	水电
206.11-50	DL/T 5303—2013	水工塑性混凝土试验规程	2014-4-1			修试	试验	发电	水电
206.11-51	DL/T 5332—2005	水工混凝土断裂试验规程（附条文说明）	2006-6-1			修试	试验	发电	水电
206.11-52	DL/T 5355—2006	水电水利工程土工试验规程	2007-5-1		SD 128—1984；SD 128—1986；SD 128—1987；SDS 01—1979	修试	试验	发电	水电
206.11-53	DL/T 5356—2006	水电水利工程粗粒土试验规程	2007-5-1		SD 128—1984；SD 128—1986；SD 128—1987；SDS 01—1979	修试	试验	发电	水电
206.11-54	DL/T 5357—2006	水电水利工程岩土化学分析试验规程	2007-5-1		SD 128—1984；SD 128—1986；SD 128—1987；SDS 01—1979	修试	试验	发电	水电

续表

体系结构号	标准编号	标准名称	实施日期	与国际标准对应关系	代替标准	阶段	分阶段	专业	分专业
206.11-55	DL/T 5359—2006	水电水利工程水流空化模型试验规程	2007-5-1			修试	试验	发电	水电
206.11-56	DL/T 5360—2006	水电水利工程溃坝洪水模拟技术规程	2007-5-1			修试	试验	发电	水电
206.11-57	DL/T 5361—2006	水电水利工程施工导截流模型试验规程	2007-5-1			修试	试验	发电	水电
206.11-58	DL/T 5362—2018	水工沥青混凝土试验规程	2019-5-1		DL/T 5362—2006	修试	试验	发电	水电
206.11-59	DL/T 5367—2007	水电水利工程岩体应力测试规程	2007-12-1		DLJ 204—1981；DL 5006—1992	修试	试验	发电	水电
206.11-60	DL/T 5368—2007	水电水利工程岩石试验规程	2007-12-1		DLJ 204—1981；DL 5006—1992	修试	试验	发电	水电
206.11-61	DL/T 5401—2007	水力发电厂电气试验设备配置导则	2008-6-1			采购	招标	发电	水电
206.11-62	DL/T 5422—2009	混凝土面板堆石坝挤压边墙混凝土试验规程	2009-12-1			修试	试验	发电	水电
206.11-63	DL/T 5433—2009	水工碾压混凝土试验规程	2009-12-1			修试	试验	发电	水电
206.11-64	DL/T 5747—2017	水电水利工程闸门水力学和流激振动模型试验规程	2018-3-1			修试	试验	发电	水电
206.11-65	DL/T 1271—2013	钢弦式监测仪器鉴定技术规程	2014-4-1			修试	试验	发电	水电
206.11-66	NB/T 35058—2015	水电工程岩体质量检测技术规程	2016-3-1			修试	试验	发电	水电
206.11-67	NB/T 35081—2016	水电工程金属结构涂层强度拉开法测试规程	2016-6-1	ISO 16276-1—2007，MOD		修试	试验	发电	水电
206.11-68	NB/T 35113—2018	水电工程钻孔压水试验规程	2018-7-1		DL/T 5331—2005	修试	试验	发电	水电
206.11-69	NB/T 42052—2015	小水电机组启动试验规程	2015-9-1			修试	试验	发电	水电
206.11-70	NB/T 42094—2016	小水电机组电气试验规程	2017-5-1			修试	试验	发电	水电
206.11-71	NB/T 42114—2017	中小功率燃气发电机组试验方法	2017-12-1			修试	试验	发电	其他
206.11-72	NB/T 42146—2018	锌溴液流电池 电极、隔膜、电解液测试方法	2018-7-1			修试	试验	发电	其他

续表

体系结构号	标准编号	标 准 名 称	实施日期	与国际标准对应关系	代替标准	阶段	分阶段	专业	分专业
206.11-73	NB/T 47066—2018	冷凝锅炉热工性能试验方法	2018-10-1			修试	试验	发电	其他
206.11-74	SL 06—2006	水文测验铅鱼	2006-7-1		SL 06—1989	修试	试验	发电	水电
206.11-75	SL 155—2012	水工（常规）模型试验规程	2012-10-13		SL 155—95	修试	试验	发电	水电
206.11-76	SL 530—2012	大坝安全监测仪器检验测试规程	2012-8-16			修试	试验	发电	水电
206.11-77	SL 537—2011	水工建筑物与堰槽测流规范	2011-7-12		SL 20—92； SL 24—91； SD 174—85	修试	试验	发电	水电
206.11-78	SL 580—2012	水工金属结构三维坐标测量技术规程	2013-1-19			修试	试验	发电	水电
206.11-79	SL/T 746—2016	中小型水轮发电机组启动试验规程	2017-2-25			修试	试验	发电	水电
206.11-80	JB/T 4010—2018	汽轮发电机钢质护环超声检测	2018-10-1			修试	试验	发电	火电
206.11-81	JB/T 6752—2013	中小型水轮机转轮静平衡试验规程	2014-7-1		JB/T 6752—1993	修试	试验	发电	水电
206.11-82	JB/T 7608—2006	测量高压交流电机线圈介质损耗角正切试验方法及限值	2007-3-1		JB/T 7608—1994	修试	试验	发电	水电
206.11-83	JB/T 8446—2013	隐极式同步发电机转子匝间短路测定方法	2014-7-1		JB/T 8446—2005	修试	试验	发电	水电
206.11-84	JB/T 8888—2018	环芯法测量汽轮机、汽轮发电机转子锻件残余应力的试验方法	2018-10-1			修试	试验	发电	火电
206.11-85	JB/T 11236—2011	铅酸蓄电池中镉元素测定方法	2012-4-1			修试	试验	发电	其他
206.11-86	JB/T 12239—2015	直流电源的回馈式老化测试方法	2015-10-1			修试	试验	发电	其他
206.11-87	JB/T 13370—2018	大型空冷隐极同步发电机转子热运转试验导则	2018-10-1			修试	试验	发电	火电、水电、其他
206.11-88	JB/T 13555—2018	往复式内燃机 气缸密封性试验方法	2019-5-1			修试	试验	发电	火电

续表

体系结构号	标准编号	标 准 名 称	实施日期	与国际标准对应关系	代替标准	阶段	分阶段	专业	分专业
206.11-89	SJ/T 11558.5—2015	LED 驱动电源 第 5 部分：测试方法	2016-4-1			修试	试验	发电	其他
206.11-90	GB/T 1029—2005	三相同步电机试验方法	2006-4-1	IEC 60034-4: 1985，MOD	GB/T 1029—1993	修试	试验	发电	火电、水电、其他
206.11-91	GB/T 1859.1—2015	往复式内燃机 声压法声功率级的测定 第 1 部分：工程法	2016-7-1		GB/T 1859—2000	修试	试验	发电	其他
206.11-92	GB/T 1859.4—2017	往复式内燃机 声压法声功率级的测定 第 4 部分：使用标准声源简易法	2017-12-1			修试	试验	发电	其他
206.11-93	GB/T 6075.4—2015	机械振动 在非旋转部件上测量评价机器的振动 第 4 部分：具有滑动轴承的燃气轮机组	2016-7-1	ISO 10816-4: 2009，IDT	GB/T 6075.4—2001	修试	试验	发电	火电
206.11-94	GB/T 6075.5—2002	在非旋转部件上测量和评价机器的机械振动 第 5 部分：水力发电厂和泵站机组	2002-12-1	ISO 10816-5: 2000，IDT		修试	试验	发电	火电
206.11-95	GB/T 7441—2008	汽轮机及被驱动机械发出的空间噪声的测量	2009-4-1	IEC 61063: 1991，IDT	GB/T 7441—1987	修试	试验	发电	火电
206.11-96	GB/T 8117.3—2014	汽轮机热力性能验收试验规程 第 3 部分：方法 C 改造汽轮机的热力性能验证试验	2015-6-1	IEC 60953-3: 2001，IDT		修试	试验	发电	火电
206.11-97	GB/T 9359—2016	水文仪器基本环境试验条件及方法	2017-1-1		GB/T 9359—2001	修试	试验	发电	水电
206.11-98	GB/T 9652.2—2007	水轮机控制系统试验	2008-2-1	IEC 60308，REF	GB/T 9652.2—1997	修试	试验	发电	水电
206.11-99	GB/T 10184—2015	电站锅炉性能试验规程	2016-7-1		GB/T 10184—1988	修试	试验	发电	火电
206.11-100	GB/T 11348.1—1999	旋转机械转轴径向振动的测量和评定 第 1 部分：总则	1999-9-1	ISO 7919-1: 1996，IDT	GB/T 11348.1—1989	修试	试验	发电	水电、火电
206.11-101	GB/T 11348.2—2012	机械振动 在旋转轴上测量评价机器的振动 第 2 部分：功率大于 50MW，额定工作转速 1500r/min、1800r/min、3000r/min、3600r/min 陆地安装的汽轮机和发电机	2013-3-1	ISO 7919-2: 2009，MOD	GB/T 11348.2—2007	修试	试验	发电	火电

续表

体系结构号	标准编号	标 准 名 称	实施日期	与国际标准对应关系	代替标准	阶段	分阶段	专业	分专业
206.11-102	GB/T 11348.4—2015	机械振动 在旋转轴上测量评价机器的振动 第4部分：具有滑动轴承的燃气轮机组	2016-7-1	ISO 7979-4: 2009，MOD	GB/T 11348.4—1999	修试	试验	发电	火电
206.11-103	GB/T 11348.5—2008	旋转机械转轴径向振动的测量和评定 第5部分：水力发电厂和泵站机组	2009-5-1	ISO 7919-5: 2005，IDT	GB/T 11348.5—2002	修试	试验	发电	水电
206.11-104	GB/T 12898—2009	国家三、四等水准测量规范	2009-10-1		GB 12898—1991	修试	试验	发电	水电
206.11-105	GB/T 13866—1992	振动与冲击测量 描述惯性式传感器特性的规定	1993-10-1	ISO 8042: 1988，REF		修试	试验	发电	水电
206.11-106	GB/T 15613.2—2008	水轮机、蓄能泵和水泵水轮机模型验收试验 第2部分：常规水力性能试验	2009-4-1	IEC 60193: 1999，NEQ		修试	试验	发电	水电
206.11-107	GB/T 15613.3—2008	水轮机、蓄能泵和水泵水轮机模型验收试验 第3部分：辅助性能试验	2009-4-1	IEC 60193: 1999，NEQ		修试	试验	发电	水电
206.11-108	GB/T 16752—2017	混凝土和钢筋混凝土排水管试验方法	2018-9-1		GB/T 16752—2006	修试	试验	发电	水电
206.11-109	GB/T 17189—2017	水力机械（水轮机、蓄能泵和水泵水轮机）振动和脉动现场测试规程	2018-7-1	IEC 60994: 1991	GB/T 17189—2007	修试	试验	发电	水电
206.11-110	GB/T 17948.1—2018	旋转电机 绝缘结构功能性评定 散绕绕组试验规程 热评定和分级	2019-2-1		GB/T 17948.1—2000	修试	试验	发电	火电
206.11-111	GB/T 17948.2—2006	旋转电机绝缘结构功能性评定散绕绕组试验规程 变更和绝缘组分替代的分级	2006-6-1	IEC 60034-18-22: 2000，IDT		修试	试验	发电	火电
206.11-112	GB/T 17948.3—2017	旋转电机 绝缘结构功能性评定 成型绕组试验规程 旋转电机绝缘结构热评定和分级	2018-5-1	IEC 60034-18-31: 2012	GB/T 17948.3—2006	修试	试验	发电	火电
206.11-113	GB/T 17948.6—2018	旋转电机 绝缘结构功能性评定 成型绕组试验规程 绝缘结构热机械耐久性评定	2019-2-1		GB/T 17948.6—2007	修试	试验	发电	火电

续表

体系结构号	标准编号	标准名称	实施日期	与国际标准对应关系	代替标准	阶段	分阶段	专业	分专业
206.11-114	GB/T 20140—2016	隐极同步发电机定子绕组端部动态特性和振动测量方法及评定	2016-9-1		GB/T 20140—2006	修试	试验	发电	火电
206.11-115	GB/T 20833.1—2016	旋转电机 旋转电机定子绕组绝缘 第1部分：离线局部放电测量	2016-9-1	IEC/TS 60034-27: 2006	GB/T 20833—2007	修试	试验	发电	火电
206.11-116	GB/T 20833.2—2016	旋转电机 旋转电机定子绕组绝缘 第2部分：在线局部放电测量	2016-9-1	IEC/TS 60034-27-2: 2012 IDT		修试	试验	发电	火电
206.11-117	GB/T 20833.3—2018	旋转电机 旋转电机定子绕组绝缘 第3部分：介质损耗因数测量	2019-2-1			修试	试验	发电	火电
206.11-118	GB/T 20835—2016	发电机定子铁芯磁化试验导则	2016-9-1		GB/T 20835—2007	修试	试验	发电	水电
206.11-119	GB 20943—2013	单路输出式交流—直流和交流—交流外部电源能效限定值及节能评价值	2014-9-1		GB 20943—2007	修试	试验	发电	水电
206.11-120	GB/T 26871—2011	电触头材料金相试验方法	2011-12-1			修试	试验	发电	水电
206.11-121	GB/T 29849—2013	光伏电池用硅材料表面金属杂质含量的电感耦合等离子体质谱测量方法	2014-4-15			修试	试验	发电	光伏
206.11-122	GB/T 29850—2013	光伏电池用硅材料补偿度测量方法	2014-4-15			修试	试验	发电	光伏
206.11-123	GB/T 29851—2013	光伏电池用硅材料中B、Al受主杂质含量的二次离子质谱测量方法	2014-4-15			修试	试验	发电	光伏
206.11-124	GB/T 29852—2013	光伏电池用硅材料中P、As、Sb施主杂质含量的二次离子质谱测量方法	2014-4-15			修试	试验	发电	光伏
206.11-125	GB/Z 32519.2—2016	1000MW级水轮发电机 第2部分：试验、检验导则	2016-9-1			修试	试验	发电	水电
206.11-126	GB/T 32899—2016	抽水蓄能机组静止变频启动装置试验规程	2017-3-1			修试	试验	发电	水电
206.11-127	GB/T 33347—2016	往复式内燃燃气发电机组气体燃料分类及组分分析方法	2017-7-1			修试	试验	发电	火电

续表

体系结构号	标准编号	标准名称	实施日期	与国际标准对应关系	代替标准	阶段	分阶段	专业	分专业
206.11-128	GB/T 34582—2017	固体氧化物燃料电池单电池和电池堆性能试验方法	2018-4-1	IEC TS 62282-7-2:2014		修试	试验	发电	储能
206.11-129	GB/Z 35717—2017	水轮机、蓄能泵和水泵水轮机流量的测量 超声传播时间法	2018-7-1			修试	试验	发电	水电
206.11-130	ASME PTC 6—2004（R2014）	汽轮机	2004-1-1			修试	试验	发电	火电
206.11-131	ASME PTC 22—2014	燃气轮机动力装置性能测试规范	2014-12-31		ASME PTC 22—2005	修试	试验	发电	火电
206.11-132	IEC 60683—2011	埋弧炉的试验方法	2011-10-19		IEC 60683—1980；IEC 27/780/CDV—2010	修试	试验	发电	火电
206.11-133	IEC 61810-7—2006	机电基本继电器 第7部分：测试和测量程序	2006-3-14	BS EN 61810-7—2006，IDT；EN 61810-7—2006，IDT	IEC 61810-7—1997；IEC 94/226/FDIS—2005	修试	试验	发电	水电、火电
206.11-134	IEC 62282-3-201—2017	燃料电池技术 第3-201部分：固定燃料电池动力系统 小型燃料电池动力系统性能试验方法	2017-8-10		IEC 62282-3-201—2013	修试	试验	发电	储能
206.11-135	IEC 62282-3-200—2015	燃料电池工艺 第3-200部分：固定燃料电池电源系统性能试验方法	2015-11-19		IEC 62282-3-2—2006	修试	试验	发电	储能
206.11-136	IEC 60034-27-1—2017	Rotating electrical machines. Part 27-1：Off-line partial discharge measurements on the winding insulation	2017-12-13		IEC/TS 60034-27—2006	修试	试验	发电	火电
206.11-137	IEEE 115—2009	指南：同步电机的试验程序 第1部分：验收和性能试验 第2部分：动态分析的试验程序和参数测定	2009-12-9		IEEE 115—1995（R2002）	修试	试验	发电	水电、火电
206.12 试验与计量-其他									
206.12-1	DL/T 454—2005	水利电力建设用起重机检验规程	2005-6-1		DL 454—1991	修试	试验	发电	水电
206.12-2	DL/T 542—2014	钢熔化焊T形接头超声波检测方法和质量评定	2014-8-1		DL/T 542—1994	修试	试验	其他	
206.12-3	DL/T 588—2015	水质 污染指数测定	2015-9-1		DL/T 588—1996	修试	试验	其他	

续表

体系结构号	标准编号	标 准 名 称	实施日期	与国际标准对应关系	代替标准	阶段	分阶段	专业	分专业
206.12-4	DL/T 694—2012	高温紧固螺栓超声检测技术导则	2012-12-1		DL/T 694—1999	修试	试验	其他	
206.12-5	DL/T 709—1999	压力钢管安全检测技术规程	2000-7-1			修试	试验	发电	水电
206.12-6	DL/T 786—2001	碳钢石墨化检验及评级标准	2002-2-1			修试	试验	其他	
206.12-7	DL/T 1114—2009	钢结构腐蚀防护热喷涂（锌、铝及合金涂层）及其试验方法	2009-12-1			修试	试验	其他	
206.12-8	DL/T 1741—2017	电力作业用小型施工机具预防性试验规程	2018-3-1			修试	试验	其他	
206.12-9	DL/T 1907.1—2018	变电站视频监控图像质量评价 第1部分：技术要求	2019-5-1			修试	试验	变电	其他
206.12-10	DL/T 1907.2—2018	变电站视频监控图像质量评价 第2部分：测试规范	2019-5-1			修试	试验	变电	其他
206.12-11	DL/T 5151—2014	水工混凝土砂石骨料试验规程	2014-8-1		DL/T 5151—2001	修试	试验	其他	
206.12-12	DL/T 5721—2015	水工喷射混凝土试验规程	2015-9-1			修试	试验	其他	
206.12-13	NB/T 20049—2011	电缆贯穿挡火封堵件性能试验	2011-10-1		EJ/T 674—1992	修试	试验	输电	电缆
206.12-14	NB/T 42007—2013	全钒液流电池用双极板测试方法	2013-10-1			修试	试验	其他	
206.12-15	NB/T 42024—2013	大容量实验室以标准分流器为基准的大电流测量系统的溯源	2014-4-1	STL TR2—2008，MOD		修试	试验	其他	
206.12-16	NB/T 42080—2016	全钒液流电池用离子传导膜 测试方法	2016-12-1			修试	试验	其他	
206.12-17	NB/T 42081—2016	全钒液流电池 单电池性能测试方法	2016-12-1			修试	试验	其他	
206.12-18	NB/T 42082—2016	全钒液流电池 电极测试方法	2016-12-1			修试	试验	其他	
206.12-19	NB/T 42132—2017	全钒液流电池 电堆测试方法	2018-3-1			修试	试验	其他	
206.12-20	YS/T 542—2006	热喷涂层抗拉强度的测定	2006-10-11			修试	试验	其他	
206.12-21	SL 58—2014	水文测量规范	2014-12-10		SL 58—1993	修试	试验	其他	

续表

体系结构号	标准编号	标 准 名 称	实施日期	与国际标准对应关系	代替标准	阶段	分阶段	专业	分专业
206.12-22	SL 548—2012	泵站现场测试与安全检测规程（附条文说明）	2012-7-23		SD 140—1985	修试	试验	其他	
206.12-23	JB/T 3958.2—2015	电气用热固性模塑料 第2部分：试验方法	2016-3-1		JB/T 3958.2—1999	修试	试验	其他	
206.12-24	JB/T 5890—1991	绝缘子用玻璃材料性能及测试方法	1992-10-1	IEC 672-1；IEC 672-2；IEC 672-3		修试	试验	其他	
206.12-25	JB/T 6040—2011	工程机械 螺栓拧紧力矩的检验方法	2011-8-1		JB/T 6040—1992	修试	试验	其他	
206.12-26	JB/T 8632—2011	电触头材料电弧烧损试验方法指南	2012-4-1	ASTM B576：1994，NEQ	JB/T 8632—1997	修试	试验	其他	
206.12-27	JB/T 9008.2—2015	钢丝绳电动葫芦 第2部分：试验方法	2016-3-1		JB/T 9008.2—2004	修试	试验	其他	
206.12-28	JB/T 9674—1999	超声波探测瓷件内部缺陷	2000-1-1		JB/Z 262—1986	修试	试验	其他	
206.12-29	JB/T 12465—2017	无损检测 零部件表面无色渗透检测方法	2018-1-1			修试	试验	其他	
206.12-30	JB/T 13155—2017	无损检测 电工用再拉制铜棒电磁（涡流）检测方法	2018-1-1			修试	试验	其他	
206.12-31	JB/T 13156—2017	无损检测 工业射线照相底片光学密度的测定方法	2018-1-1			修试	试验	其他	
206.12-32	JB/T 13157—2017	无损检测 声扫频检测方法	2018-1-1			修试	试验	其他	
206.12-33	JB/T 13158—2017	无损检测 在役非铁磁性热交换器管电磁（涡流）检测方法	2018-1-1			修试	试验	其他	
206.12-34	JB/T 13159—2017	无损检测 在役铁磁性热交换器管的远场涡流检测方法	2018-1-1			修试	试验	其他	
206.12-35	JB/T 13463—2018	无损检测 超声检测用斜入射试块的制作与检验方法	2018-12-1			修试	试验	其他	
206.12-36	JB/T 13464—2018	无损检测 闪光灯激励红外热像法 蜂窝夹层结构检测	2018-12-1			修试	试验	其他	
206.12-37	JB/T 13465—2018	无损检测 低功率微焦点X射线数字成像检测方法	2018-12-1			修试	试验	其他	

续表

体系结构号	标准编号	标 准 名 称	实施日期	与国际标准对应关系	代替标准	阶段	分阶段	专业	分专业
206.12-38	JB/T 13466—2018	无损检测 接头熔深相控阵超声测定方法	2018-12-1			修试	试验	其他	
206.12-39	JB/T 13467—2018	无损检测 扫描激光激励超声场可视化检测方法	2018-12-1			修试	试验	其他	
206.12-40	JB/T 13468—2018	无损检测 涡流-磁记忆集成检测方法	2018-12-1			修试	试验	其他	
206.12-41	JB/T 13469—2018	无损检测 涡流检测 对比试块	2018-12-1			修试	试验	其他	
206.12-42	JB/T 13470—2018	无损检测 陶瓷球荧光渗透检测方法	2018-12-1			修试	试验	其他	
206.12-43	JB/T 13471—2018	无损检测 在线油液金属磨粒电磁监测方法	2018-12-1			修试	试验	其他	
206.12-44	JGJ/T 27—2014	钢筋焊接接头试验方法标准	2014-12-1			修试	试验	其他	
206.12-45	JGJ/T 70—2009	建筑砂浆基本性能试验方法标准	2009-6-1		JGJ 70—1990	修试	试验	其他	
206.12-46	JIS Z3198-7—2003	铅制焊料的检测方法 第7部分：芯片产品的焊料切割检测方法	2003-6-20			修试	试验	其他	
206.12-47	SY/T 5268—2018	油气田电网线损率测试和计算方法	2019-3-1		SY/T 5268—2012	修试	试验	其他	
206.12-48	GB/T 228.2—2015	金属材料 拉伸试验 第2部分：高温试验方法	2016-6-1		GB/T 4338—2006	修试	试验	其他	
206.12-49	GB/T 235—2013	金属材料 薄板和薄带 反复弯曲试验方法	2014-5-1		GB/T 235—1999	修试	试验	其他	
206.12-50	GB/T 238—2013	金属材料 线材 反复弯曲试验方法	2014-5-1		GB/T 238—2002	修试	试验	其他	
206.12-51	GB/T 1310.1—2006	电气用浸渍织物第1部分：定义和一般要求	2007-4-1	IEC 60394-1：1972，IDT	GB/T 1310—1987	修试	试验	其他	
206.12-52	GB/T 1310.2—2009	电气用浸渍织物 第2部分：试验方法	2009-12-1	IEC 60394-2：1972，IDT	GB/T 1309—1987	修试	试验	其他	
206.12-53	GB/T 2423.7—2018	环境试验 第2部分：试验方法 试验Ec：粗率操作造成的冲击（主要用于设备型样品）	2019-7-1		GB/T 2423.7—1995；GB/T 2423.8—1995	修试	试验	其他	

续表

体系结构号	标准编号	标 准 名 称	实施日期	与国际标准对应关系	代替标准	阶段	分阶段	专业	分专业
206.12-54	GB 2423.23—2013	环境试验 第2部分：试验方法 试验Q：密封	2014-3-7	IEC 60068-2-17: 1994，IDT	GB/T 2423.23—1995	修试	试验	其他	
206.12-55	GB/T 2812—2006	安全帽测试方法	2007-7-1	ANSI Z 89.1—2003 EN 397—1995 ISO 3873—1987 JIS T 8131—2000	GB/T 2812—1989	修试	试验	其他	
206.12-56	GB/T 3186—2006	色漆、清漆和色漆与清漆用原材料取样	2007-2-1	ISO 15528: 2000，IDT	GB 9285—1988；GB 3186—1982	修试	试验	其他	
206.12-57	GB/T 3222.2—2009	声学 环境噪声的描述、测量与评价 第2部分：环境噪声级测定	2009-12-1	ISO 1996-2: 2007，IDT	GB/T 3222—1994	修试	试验	其他	
206.12-58	GB/T 5019.2—2009	以云母为基的绝缘材料 第2部分：试验方法	2009-12-1	ISO 60371-2: 2004，MOD	GB/T 5019—2002	修试	试验	其他	
206.12-59	GB/T 5132.1—2009	电气用热固性树脂工业硬质圆形层压管和棒 第1部分：一般要求	2009-12-1	ISO 61212-1: 2006，MOD	GB/T 1305—1985	修试	试验	其他	
206.12-60	GB/T 5132.2—2009	电气用热固性树脂工业硬质圆形层压管和棒 第2部分：试验方法	2009-12-1	IEC 61212-2: 2006，IDT	GB 5132—1985；GB 5134—1985	修试	试验	其他	
206.12-61	GB/T 5210—2006	色漆和清漆 拉开法附着力试验	2007-2-1	ISO 4624: 2002，IDT	GB/T 5210—1985	修试	试验	其他	
206.12-62	GB/T 5586—2016	电触头材料基本性能试验方法	2016-9-1		GB/T 5586—1998	修试	试验	其他	
206.12-63	GB/T 5591.2—2017	电气绝缘用柔软复合材料 第2部分：试验方法	2018-5-1	IEC60626-2: 2009	GB/T 5591.2—2002	修试	试验	其他	
206.12-64	GB/T 6075.7—2015	机械振动 在非旋转部件上测量评价机器的振动 第7部分：工业应用的旋转动力泵（包括旋转轴测量）	2016-7-1	ISO 10816-7: 2009		修试	试验	其他	
206.12-65	GB/T 6113.101—2016	无线电骚扰和抗扰度测量设备和测量方法规范 第1-1部分：无线电骚扰和抗扰度测量设备 测量设备	2016-11-1	CISPR 16-1-1: 2010	GB/T 6113.101—2008	修试	试验	其他	

续表

体系结构号	标准编号	标 准 名 称	实施日期	与国际标准对应关系	代替标准	阶段	分阶段	专业	分专业
206.12-66	GB/T 6113.102—2018	无线电骚扰和抗扰度测量设备和测量方法规范 第1-2部分：无线电骚扰和抗扰度测量设备 传导骚扰测量的耦合装置	2019-2-1		GB/T 6113.102—2008	修试	试验	其他	
206.12-67	GB/T 6113.103—2008	无线电骚扰和抗扰度测量设备和测量方法规范 第1-3部分：无线电骚扰和抗扰度测量设备 辅助设备 骚扰功率	2008-9-1	CISPP 16-1-3: 2004，IDT	GB/T 6113.1—1995	修试	试验	其他	
206.12-68	GB/T 6113.104—2016	无线电骚扰和抗扰度测量设备和测量方法规范 第1-4部分：无线电骚扰和抗扰度测量设备 辐射骚扰测量用天线和试验场地	2016-11-1	CISPR 16-1-4 2012	GB/T 6113.104—2008	修试	试验	其他	
206.12-69	GB/T 6113.105—2018	无线电骚扰和抗扰度测量设备和测量方法规范 第1-5部分：无线电骚扰和抗扰度测量设备 5MHz～18GHz天线校准场地和参考试验场地	2019-7-1			修试	试验	其他	
206.12-70	GB/T 6113.106—2018	无线电骚扰和抗扰度测量设备和测量方法规范 第1-6部分：无线电骚扰和抗扰度测量设备 EMC 天线校准	2019-7-1			修试	试验	其他	
206.12-71	GB/T 6113.201—2018	无线电骚扰和抗扰度测量设备和测量方法规范 第2-1部分：无线电骚扰和抗扰度测量方法 传导骚扰测量	2019-7-1		GB/T 6113.201—2017	修试	试验	其他	
206.12-72	GB/T 6113.202—2018	无线电骚扰和抗扰度测量设备和测量方法规范 第2-2部分：无线电骚扰和抗扰度测量方法 骚扰功率测量	2019-2-1		GB/T 6113.202—2008	修试	试验	其他	
206.12-73	GB/T 6113.203—2016	无线电骚扰和抗扰度测量设备和测量方法规范 第2-3部分：无线电骚扰和抗扰度测量方法 辐射骚扰测量	2016-11-1	CISPR 16-2-3 2010	GB/T 6113.203—2008	修试	试验	其他	

体系结构号	标准编号	标 准 名 称	实施日期	与国际标准对应关系	代替标准	阶段	分阶段	专业	分专业
206.12-74	GB/T 6113.204—2008	无线电骚扰和抗扰度测量设备和测量方法规范　第2-4部分：无线电骚扰和抗扰度测量方法　抗扰度测量	2008-9-1	CISPR 16-2-4: 2003，IDT	GB/T 6113.2—1998	修试	试验	其他	
206.12-75	GB/T 6553—2014	严酷环境条件下使用的电气绝缘材料　评定耐电痕化和蚀损的试验方法	2014-10-28	IEC 60587: 2007，IDT	GB/T 6553—2003	修试	试验	其他	
206.12-76	GB/T 6742—2007	色漆和清漆　弯曲试验(圆柱轴)	2008-4-1	ISO 1519: 2002	GB/T 6742—1986	修试	试验	其他	
206.12-77	GB/T 6753.1—2007	色漆、清漆和印刷油墨　研磨细度的测定	2008-4-1	ISO 1524: 2000，IDT	GB/T 6753.1—1986	修试	试验	其他	
206.12-78	GB/T 7735—2016	无缝和焊接(埋弧焊除外)钢管缺欠的自动涡流检测	2017-9-1	ISO 10893-2: 2011	GB/T 7735—2004	修试	试验	其他	
206.12-79	GB 8802—2001	热塑性塑料管材、管件维卡软化温度的测定	2002-5-1	ISO 2507: 1995	GB/T 8802—1988	修试	试验	其他	
206.12-80	GB/T 8923.1—2011	涂覆涂料前钢材表面处理　表面清洁度的目视评定　第1部分：未涂覆过的钢材表面和全面清除原有涂层后的钢材表面的锈蚀等级和处理等级	2012-10-1	ISO 8501-1: 2007	GB/T 8923—1988	修试	试验	其他	
206.12-81	GB/T 10069.1—2006	旋转电机噪声测定方法及限值　第1部分：旋转电机噪声测定方法	2006-12-1	ISO 1680: 1999，MOD	GB 10069.1—1988；GB 10069.2—1988	修试	试验	其他	
206.12-82	GB/T 10069.3—2008	旋转电机噪声测定方法及限值　第3部分：噪声限值	2017-3-23	IEC 60034-9: 2007	GB 10069.3—2008	修试	试验	其他	
206.12-83	GB/T 10120—2013	金属材料　拉伸应力松弛试验方法	2014-5-1		GB/T 10120—1996	修试	试验	其他	
206.12-84	GB/T 10178—2006	工业通风机　现场性能试验	2007-7-1	ISO 5802—2001	GB/T 10178—1988	修试	试验	其他	
206.12-85	GB/T 10707—2008	橡胶燃烧性能的测定	2008-12-1		GB 10707—1989；GB/T 13488—1992	修试	试验	其他	
206.12-86	GB/T 10870—2014	《蒸气压缩循环冷水（热泵）机组性能试验方法》国家标准第1号修改单	2014-12-31			修试	试验	其他	

续表

体系结构号	标准编号	标准名称	实施日期	与国际标准对应关系	代替标准	阶段	分阶段	专业	分专业
206.12-87	GB/T 11026.7—2014	电气绝缘材料 耐热性 第7部分：确定绝缘材料的相对耐热指数（RTE）	2014-10-28	IEC 60216-5: 2008，IDT		修试	试验	其他	
206.12-88	GB/T 11026.8—2014	电气绝缘材料 耐热性 第8部分：用固定时限法确定绝缘材料的耐热指数（TI和RTE）	2014-10-28	IEC 60216-6: 2006，IDT		修试	试验	其他	
206.12-89	GB/T 11344—2008	无损检测 接触式超声脉冲回波法测厚方法	2009-2-1	MOD ASTM E0797: 2005		修试	试验	其他	
206.12-90	GB/T 11345—2013	焊缝无损检测 超声检测技术、检测等级和评定	2014-6-1		GB/T 11345—1989	修试	试验	其他	
206.12-91	GB/T 12113—2003	接触电流和保护导体电流的测量方法	2004-8-1	IEC 60990: 1999，IDT	GB/T 12113—1996	修试	试验	其他	
206.12-92	GB/T 12137—2015	气瓶气密性试验方法	2016-7-1		GB/T 12137—2002	修试	试验	其他	
206.12-93	GB/T 12914—2018	纸和纸板 抗张强度的测定 恒速拉伸法（20mm/min）	2019-7-1		GB/T 12914—2008	修试	试验	其他	
206.12-94	GB/T 13288.1—2008	涂覆涂料前钢材表面处理 喷射清理后的钢材表面粗糙度特性 第1部分：用于评定喷射清理后钢材表面粗糙度的ISO	2008-9-1	ISO 8503-1: 1988，IDT		修试	试验	其他	
206.12-95	GB/T 13288.2—2011	涂覆涂料前钢材表面处理 喷射清理后的钢材表面粗糙度特性 第2部分：磨料喷射清理后钢材表面粗糙度等级的测定方法 比较样块法	2012-10-1	ISO 8503-2: 1988	GB/T 13288—1991	修试	试验	其他	
206.12-96	GB/T 13452.2—2008	色漆和清漆 漆膜厚度的测定	2008-10-1	ISO 2808: 2007，IDT	GB/T 13452.2—1992	修试	试验	其他	
206.12-97	GB/T 13542.2—2009	电气绝缘用薄膜 第2部分：试验方法	2009-12-1	IEC 60674-2: 1988，MOD	GB/T 13541—1992	修试	试验	其他	
206.12-98	GB/T 15822.1—2005	无损检测 磁粉检测 第1部分：总则	2006-4-1	ISO 9934-1: 2001，IDT	GB/T 15822—1995	修试	试验	其他	
206.12-99	GB/T 15822.2—2005	无损检测 磁粉检测 第2部分：检测介质	2006-4-1		IDT ISO 9934-2：2002	修试	试验	其他	

续表

体系结构号	标准编号	标 准 名 称	实施日期	与国际标准对应关系	代替标准	阶段	分阶段	专业	分专业
206.12-100	GB/T 16839.1—2018	热电偶 第1部分：电动势规范和允差	2019-2-1			修试	试验	其他	
206.12-101	GB/T 17431.1—2010	轻集料及其试验方法 第1部分：轻集料	2011-5-1	EN 13055.1: 2002	GB/T 17431.1—1998	修试	试验	其他	
206.12-102	GB/T 17431.2—2010	轻集料及其试验方法 第2部分：轻集料试验方法	2011-8-1	EN 13055.1: 2002	GB/T 17431.2—1998	修试	试验	其他	
206.12-103	GB/T 17743—2017	电气照明和类似设备的无线电骚扰特性的限值和测量方法	2018-7-1	CISPR 15: 2015	GB/T 17743—2007	修试	试验	其他	
206.12-104	GB/T 18314—2009	全球定位系统（GPS）测量规范	2009-6-1		GB/T 18314—2001	修试	试验	其他	
206.12-105	GB/T 18851.1—2012	无损检测 渗透检测 第1部分：总则	2013-3-1			修试	试验	其他	
206.12-106	GB/T 19212.4—2016	变压器、电抗器、电源装置及其组合的安全 第4部分：燃气和燃油燃烧器点火变压器的特殊要求和试验	2017-3-1	IEC 61558-2-3—2010，MOD	GB 19212.4—2005	修试	试验	变电	变压器
206.12-107	GB/T 19212.9—2016	变压器、电抗器、电源装置及其组合的安全 第9部分：电铃和电钟用变压器及电源装置的特殊要求和试验	2017-3-1	IEC 61558-2-8—2010，MOD	GB 19212.9—2007	修试	试验	变电	变压器
206.12-108	GB/T 19212.15—2016	变压器、电抗器、电源装置及其组合的安全 第15部分：调压器和内装调压器的电源装置的特殊要求和试验	2017-3-1			修试	试验	变电	变压器
206.12-109	GB/T 19264.2—2013	电气用压纸板和薄纸板 第2部分：试验方法	2013-12-2	IEC 60641-2: 2004，MOD		修试	试验	其他	
206.12-110	GB/T 19264.3—2013	电气用压纸板和薄纸板 第3部分：压纸板	2013-12-2	IEC 60641-3-1: 2008，MOD	GB/T 19264.3—2003	修试	试验	其他	
206.12-111	GB/T 20112—2015	电气绝缘系统的评定与鉴别	2016-2-1	IEC 60505: 2011	GB/T 20112—2006	修试	试验	其他	
206.12-112	GB/T 20113—2006	电气绝缘结构（EIS）热分级	2006-6-1	IEC 62114: 2001，IDT		修试	试验	其他	
206.12-113	GB/T 20629.2—2013	电气用非纤维素纸 第2部分：试验方法	2013-12-2			修试	试验	其他	

续表

体系结构号	标准编号	标 准 名 称	实施日期	与国际标准对应关系	代替标准	阶段	分阶段	专业	分专业
206.12-114	GB/T 20935.1—2018	金属材料 电磁超声检测方法 第1部分：电磁超声换能器指南	2018-12-1			修试	试验	其他	
206.12-115	GB/T 20935.2—2018	金属材料 电磁超声检测方法 第2部分：利用电磁超声换能器技术进行超声检测的方法	2018-12-1			修试	试验	其他	
206.12-116	GB/T 20935.3—2018	金属材料 电磁超声检测方法 第3部分：利用电磁超声换能器技术进行超声表面检测的方法	2018-12-1			修试	试验	其他	
206.12-117	GB/T 21086—2007	建筑幕墙	2008-2-1		GB/T 15225—1994；JG 3035—1996	修试	试验	其他	
206.12-118	GB/T 21431—2015	建筑物防雷装置检测技术规范	2016-4-1		GB/T 21431—2008	修试	试验	其他	
206.12-119	GB/T 21508—2008	燃煤烟气脱硫设备性能测试方法	2008-9-1			修试	试验	其他	
206.12-120	GB/T 23901.1—2009	无损检测 射线照相底片像质 第1部分：线型像质计 像质指数的测定	2009-12-1	IDT ISO 19232-1: 2004		修试	试验	其他	
206.12-121	GB/T 23909.3—2009	无损检测 射线透视检测 第3部分：金属材料X和伽玛射线透视检测总则	2009-12-1		MOD EN 13068-3: 2001	修试	试验	其他	
206.12-122	GB/T 25858—2010	精密空调机组性能测试方法	2011-10-1			修试	试验	其他	
206.12-123	GB/T 26641—2011	无损检测 磁记忆检测总则	2012-3-1			修试	试验	其他	
206.12-124	GB/T 26643—2011	无损检测 闪光灯激励红外热像法 导则	2012-3-1			修试	试验	其他	
206.12-125	GB/T 26953—2011	焊缝无损检测 焊缝渗透检测 验收等级	2012-3-1	ISO 23277: 2006 MOD		修试	试验	其他	
206.12-126	GB/T 27043—2012	合格评定 能力验证的通用要求	2013-7-1	ISO/IEC 17043: 2010	GB/T 15483.1—1999；GB/T 15483.2—1999	修试	试验	其他	
206.12-127	GB/T 29627.1—2013	电气用聚芳酰胺纤维纸板 第1部分：定义、名称及一般要求	2013-12-2	IEC 61629-1: 1996		修试	试验	其他	

续表

体系结构号	标准编号	标准名称	实施日期	与国际标准对应关系	代替标准	阶段	分阶段	专业	分专业
206.12-128	GB/T 29711—2013	焊缝无损检测　超声检测　焊缝中的显示特征	2014-6-1	ISO 23279: 2010 IDT		修试	试验	其他	
206.12-129	GB/T 29712—2013	焊缝无损检测　超声检测　验收等级	2014-6-1	ISO 11666: 2010 MOD		修试	试验	其他	
206.12-130	GB/T 30069.2—2016	金属材料　高应变速率拉伸试验　第2部分：液压伺服型与其他类型试验系统	2016-11-1			修试	试验	其他	
206.12-131	GB/T 30148—2013	安全防范报警设备　电磁兼容抗扰度要求和试验方法	2014-8-1			修试	试验	其他	
206.12-132	GB/T 30832—2014	阀门　流量系数和流阻系数试验方法	2015-3-1			修试	试验	其他	
206.12-133	GB/T 31527—2015	力学性能测量 NbTi/Cu 复合超导线室温拉伸试验方法	2015-12-1	IEC 61788-6: 2011，IDT		修试	试验	其他	
206.12-134	GB/T 31554—2015	金属和非金属基体上非磁性金属覆盖层　覆盖层厚度测量　相敏涡流法	2016-1-1	ISO 21968: 2005		修试	试验	其他	
206.12-135	GB/T 31591—2015	色漆和清漆　耐擦伤性的测定	2015-11-1	ISO 12137: 2011		修试	试验	其他	
206.12-136	GB/T 31768.2—2015	无损检测　闪光灯激励红外热像法　第2部分：检测规范	2016-3-1			修试	试验	其他	
206.12-137	GB/T 31768.4—2015	无损检测　闪光灯激励红外热像法　第4部分：检测系统	2016-3-1			修试	试验	其他	
206.12-138	GB/T 31850—2015	非金属密封材料热分解温度测定方法	2016-6-1			修试	试验	其他	
206.12-139	GB/T 31930—2015	金属材料　延性试验　多孔状和蜂窝状金属压缩试验方法	2016-6-1	ISO 13314: 2011		修试	试验	其他	
206.12-140	GB/T 32198—2015	红外光谱定量分析技术通则	2016-7-1			修试	试验	其他	
206.12-141	GB/T 32199—2015	红外光谱定性分析技术通则	2016-7-1			修试	试验	其他	
206.12-142	GB/T 32218—2015	真空技术　真空系统漏率测试方法	2017-1-1			修试	试验	其他	

续表

体系结构号	标准编号	标　准　名　称	实施日期	与国际标准对应关系	代替标准	阶段	分阶段	专业	分专业
206.12-143	GB/T 32259—2015	焊缝无损检测　熔焊接头目视检测	2016-7-1			修试	试验	其他	
206.12-144	GB/T 32293—2015	真空技术　真空设备的检漏方法选择	2016-7-1			修试	试验	其他	
206.12-145	GB/T 32563—2016	无损检测　超声检测　相控阵超声检测方法	2016-10-1			修试	试验	其他	
206.12-146	GB/T 32660.1—2016	金属材料　韦氏硬度试验　第 1 部分：试验方法	2017-3-1			修试	试验	其他	
206.12-147	GB/T 32660.2—2016	金属材料　韦氏硬度试验　第 2 部分：硬度计的检验与校准	2017-1-1			修试	试验	其他	
206.12-148	GB/T 32660.3—2016	金属材料　韦氏硬度试验　第 3 部分：标准硬度块的标定	2017-1-1			修试	试验	其他	
206.12-149	GB/T 32937—2016	爆炸和火灾危险场所防雷装置检测技术规范	2017-3-1			修试	试验	其他	
206.12-150	GB/T 33207—2016	无损检测　在役金属管内氧化皮堆积的磁性检测方法	2017-4-1			修试	试验	其他	
206.12-151	GB/T 33208—2016	无损检测　基于叶尖定时原理的叶片在线监测方法	2017-4-1			修试	试验	其他	
206.12-152	GB/T 33210—2016	无损检测　残余应力的电磁检测方法	2017-4-1			修试	试验	其他	
206.12-153	GB/T 33213—2016	无损检测　基于光纤传感技术的应力监测方法	2017-4-1			修试	试验	其他	
206.12-154	GB/T 33218—2016	无损检测　基于光纤传感技术的设备健康监测方法	2017-4-1			修试	试验	其他	
206.12-155	GB/T 33339—2016	全钒液流电池系统　测试方法	2017-7-1			修试	试验	其他	
206.12-156	GB/T 33365—2016	钢筋混凝土用钢筋焊接网试验方法	2017-9-1			修试	试验	其他	
206.12-157	GB/T 33643—2017	无损检测　声发射泄漏检测方法	2017-12-1			修试	试验	其他	
206.12-158	GB/T 33655—2017	超导供电装置　超导装置供电电流引线特性测试的一般要求	2017-12-1	IEC 61788-14: 2010		修试	试验	其他	

续表

体系结构号	标准编号	标 准 名 称	实施日期	与国际标准对应关系	代替标准	阶段	分阶段	专业	分专业
206.12-159	GB/T 33820—2017	金属材料 延性试验 多孔状和蜂窝状金属高速压缩试验方法	2017-12-1	ISO 17340: 2014		修试	试验	其他	
206.12-160	GB/T 33877—2017	无损检测 荧光渗透剂亮度测定方法	2018-2-1			修试	试验	其他	
206.12-161	GB/T 33965—2017	金属材料 拉伸试验 矩形试样减薄率的测定	2018-4-1			修试	试验	其他	
206.12-162	GB/T 34018—2017	无损检测 超声显微检测方法	2018-2-1			修试	试验	其他	
206.12-163	GB/T 34035—2017	热电偶现场试验方法	2018-2-1			修试	试验	其他	
206.12-164	GB/T 34104—2017	金属材料 试验机加载同轴度的检验	2018-4-1	ISO 23788: 2012		修试	试验	其他	
206.12-165	GB/T 34108—2017	金属材料 高应变速率室温压缩试验方法	2018-4-1			修试	试验	其他	
206.12-166	GB/T 34205—2017	金属材料 硬度试验 超声接触阻抗法	2018-6-1			修试	试验	其他	
206.12-167	GB/T 34362—2017	无损检测 适形阵列涡流检测导则	2018-4-1			修试	试验	其他	
206.12-168	GB/T 34363—2017	无损检测 铝合金超声标准试块制作和校验方法	2018-4-1			修试	试验	其他	
206.12-169	GB/T 34637—2017	无损检测 气泡泄漏检测方法	2018-4-1			修试	试验	其他	
206.12-170	GB/T 34638—2017	无损检测 超声泄漏检测方法	2018-4-1			修试	试验	其他	
206.12-171	GB/T 34641—2017	无损检测 直接热中子照相检测的像质测定方法	2018-4-1			修试	试验	其他	
206.12-172	GB/T 34361—2017	无损检测 扫频涡流检测方法	2018-5-1			修试	试验	其他	
206.12-173	GB/T 34477—2017	金属材料 薄板和薄带抗凹性能试验方法	2018-7-1			修试	试验	其他	
206.12-174	GB/T 34681—2017	色漆和清漆 涂料配套性和再涂性的测定	2018-5-1	ISO 16927: 2014		修试	试验	其他	
206.12-175	GB/T 34885—2017	无损检测 电磁超声检测总则	2018-5-1			修试	试验	其他	

续表

体系结构号	标准编号	标 准 名 称	实施日期	与国际标准对应关系	代替标准	阶段	分阶段	专业	分专业
206.12-176	GB/T 34886—2017	无损检测 复合材料激光错位散斑检测方法	2018-5-1			修试	试验	其他	
206.12-177	GB/T 34892—2017	无损检测 机械手超声检测方法	2018-5-1			修试	试验	其他	
206.12-178	GB/T 35049—2018	真空技术 四极质谱检漏方法	2018-12-1			修试	试验	其他	
206.12-179	GB/T 35090—2018	无损检测 管道弱磁检测方法	2018-12-1			修试	试验	其他	
206.12-180	GB/T 35385—2017	无损检测 铁磁性金属电磁（涡流）分选方法	2018-4-1	ISO 10791-10: 2007		修试	试验	其他	
206.12-181	GB/T 35388—2017	无损检测 X射线数字成像检测 检测方法	2018-4-1	ISO 10791-10: 2007		修试	试验	其他	
206.12-182	GB/T 35389—2017	无损检测 X射线数字成像检测 导则	2018-4-1			修试	试验	其他	
206.12-183	GB/T 35392—2017	无损检测 电导率电磁（涡流）测定方法	2018-4-1			修试	试验	其他	
206.12-184	GB/T 35393—2017	无损检测 非铁磁性金属电磁（涡流）分选方法	2018-4-1			修试	试验	其他	
206.12-185	GB/T 35394—2017	无损检测 X射线数字成像检测 系统特性	2018-4-1			修试	试验	其他	
206.12-186	GB/T 36024—2018	金属材料 薄板和薄带 十字形试样双向拉伸试验方法	2018-12-1			修试	试验	其他	
206.12-187	GB/T 36212—2018	无损检测 地下金属构件水泥防护层胶结声波检测及结果评价	2018-12-1			修试	试验	其他	
206.12-188	GB/T 36228—2018	无损检测 平面型伤高度超声定量导则	2018-12-1			修试	试验	其他	
206.12-189	GB/T 36232—2018	焊缝无损检测 电子束焊接接头工业计算机层析成像（CT）检测方法	2018-12-1			修试	试验	其他	
206.12-190	GB/T 36611—2018	力学性能测量 Ag 和/或 Ag 合金包套 Bi 2223 和 Bi 2212 复合超导体室温拉伸试验方法	2019-1-1			修试	试验	其他	
206.12-191	GB/T 50344—2004	建筑结构检测技术标准	2004-12-1			修试	试验	其他	

续表

体系结构号	标准编号	标准名称	实施日期	与国际标准对应关系	代替标准	阶段	分阶段	专业	分专业
206.12-192	ANSI ASTM D 295—2012	电绝缘用浸漆棉织物新试验方法	2012-1-15	ASTM D 295—2012，IDT	ASTM D 295—1999	修试	试验	其他	
206.12-193	ANSI EIA-364-100A—2012	电气连接器和插座标记永久性的试验规程		EIA-364-100A—2012，IDT	ANSI EIA 364-100—1999	修试	试验	其他	
206.12-194	ANSI EIA-364-45C—2012	电连接器防火墙焰火试验规程	2012-11-1	EIA-364-45C—2012，IDT	ANSI EIA 364-45 B—2011	修试	试验	其他	
206.12-195	ANSI EIA-364-46C—2012	包括环境分类的电气连接器/插座试验规程		EIA-364-46C—2012，IDT	ANSI EIA 364-46 B—2005	修试	试验	其他	
206.12-196	ASTM D115—2017	电气绝缘材料用含清漆的测试溶剂的标准试验方法	2017-11-1		ASTM D 115—2012	修试	试验	其他	
206.12-197	ASTM D116—1986（2016）	电气设备用上釉陶瓷材料的试验	2016-7-1		ASTM D116—1986（2011）	修试	试验	其他	
206.12-198	ASTM D229—2013	电工绝缘材料用刚性薄板和中厚板材料的试验方法	2013-11-1		ASTM D 229 B—2009	修试	试验	其他	
206.12-199	ASTM D350—2013	电工绝缘用经处理软套管的试验方法	2013-11-1		ASTM D 350-20D9	修试	试验	其他	
206.12-200	ASTM D352—1997（2016）	电绝缘用涂浆云母的标准试验方法	2016-5-15		ASTM D352—1997（2008）e1	修试	试验	其他	
206.12-201	ASTM D668—2012	电绝缘用硬条及硬管尺寸的测量方法	2012-11-1		ASTM D 668—2004	修试	试验	其他	
206.12-202	ASTM D790—2017	非增强及增强型塑料及电气绝缘材料弯曲性能的标准试验方法	2017-7-1		ASTM D 790—2010	修试	试验	其他	
206.12-203	ASTM D1039—2016	用作电工绝缘材料的玻璃黏合云母的试验方法	2016-11-1		ASTM D 1039—2010	修试	试验	其他	
206.12-204	ASTM D1677—2017	电绝缘用未处理云母纸的取样与试验方法	2017-11-1		ASTM D 1677—2011	修试	试验	其他	
206.12-205	ASTM D1932—2018	柔性电绝缘清漆耐热性的标准试验方法	2018-11-1		ASTM D 1932—2009	修试	试验	其他	
206.12-206	ASTM D2148—2018	电绝缘用可粘结的硅橡胶带的试验方法	2018-11-1		ASTM D 2148 E1—2008	修试	试验	其他	
206.12-207	ASTM D2304—2018	硬质电绝缘材料耐热性试验方法	2018-5-1		ASTM D 2304—2010	修试	试验	其他	
206.12-208	ASTM D2305—2018	电绝缘用聚合物薄膜的标准试验方法	2018-5-1		ASTM D2305—2010	修试	试验	其他	

体系结构号	标准编号	标 准 名 称	实施日期	与国际标准对应关系	代替标准	阶段	分阶段	专业	分专业
206.12-209	ASTM D2671—2013	电气用热收缩管道系统的试验方法	2013-11-1	ASTM D 2671—2009，IDT	ASTM D2671—2009	修试	试验	其他	
206.12-210	ASTM D3394—2016	电工绝缘板抽样和测试的试验方法	2016-11-1		ASTM D 3394—2009	修试	试验	其他	
206.12-211	ASTM D4243—2016	测量新的和老化的电绝缘纸和纸板聚合作用的平均粘滞程度的试验方法	2016-11-1		ASTM D 4243—2009	修试	试验	其他	
206.12-212	ASTM D4568—2013	评估兼容性电缆填充物，注入化合物同聚烯烃电缆材料间标准测试方法	2013-11-1		ASTM D 4568—2009	修试	试验	其他	
206.12-213	ASTM D4881—2005（2017）	涂漆纤维或包薄膜磁线的耐热性的试验方法	2017-9-1		ASTM D 4881—2012	修试	试验	其他	
206.12-214	ASTM D4882—2017	用扭曲线圈法确定电绝缘清漆的黏结强度的试验方法	2017-11-1		ASTM D 4882—2012	修试	试验	其他	
206.12-215	ASTM D5470—2017	热传导固体电绝缘薄材料热传导性能测试方法	2017-11-1		ASTM D 5470—2011	修试	试验	其他	
206.12-216	IEC 60034-14—2007	旋转式电气机械 第14部分：轴高为56mm和更高机械振动严酷度的测量和评估	2007-4-5			修试	试验	其他	
206.12-217	IEC 61189-5—2006	电气材料、互连结构和组件的试验方法 第5部分：印制电路板组件的试验方法	2006-8-29	EN 61189-5—2006，IDT		修试	试验	其他	
206.12-218	ISO 11666—2018	焊缝无损检测 超声波检测 验收标准	2018-2-1		ISO 11666—2010	修试	试验	其他	
207 安健环									
207.1 安健环-基础综合									
207.1-1	DL/T 1123—2009	火力发电企业生产安全设施配置	2009-12-1			安全监管		发电	火电
207.1-2	DL/T 5209—2005	混凝土坝安全监测资料整编规程	2005-6-1			安全监管		发电	水电
207.1-3	DL/T 5494—2014	电力工程场地地震安全性评价规程	2015-3-1			建设	验收与质量评定	基础综合	
207.1-4	AQ/T 9004—2008	企业安全文化建设导则	2009-1-1			安全监管		基础综合	
207.1-5	AQ/T 9005—2008	企业安全文化建设评价准则	2009-1-1			安全监管		基础综合	

续表

体系结构号	标准编号	标 准 名 称	实施日期	与国际标准对应关系	代替标准	阶段	分阶段	专业	分专业
207.1-6	QX/T 400—2017	防雷安全检查规程	2018-4-1			安全监管		基础综合	
207.1-7	QX/T 405—2017	雷电灾害风险区划技术指南	2018-4-1			安全监管		基础综合	
207.1-8	SY 4063—1993	电气设施抗震鉴定技术标准	1993-9-1			安全监管		基础综合	
207.1-9	GB 4793.9—2013	测量、控制和实验室用电气设备的安全要求　第9部分：实验室用分析和其他目的自动和半自动设备的特殊要求	2014-11-1	IEC6 1010-2-081: 2009，IDT		安全监管		基础综合	
207.1-10	GB 5226.1—2008	机械电气安全　机械电气设备　第1部分：通用技术条件	2010-2-1	IEC 60204-1: 2005，IDT	GB 5226.1—2002	安全监管		基础综合	
207.1-11	GB/T 15408—2011	安全防范系统供电技术要求	2011-12-1		GB/T 15408—1994	安全监管		基础综合	
207.1-12	GB 18871—2002	电离辐射防护与辐射源安全基本标准	2003-4-1		GB 4792—1984；GB 8703—1988	安全监管		基础综合	
207.1-13	GB/T 24612.1—2009	电气设备应用场所的安全要求　第1部分：总则	2010-5-1			安全监管		基础综合	
207.1-14	GB/T 24612.2—2009	电气设备应用场所的安全要求　第2部分：在断电状态下操作的安全措施	2010-5-1			安全监管		基础综合	
207.1-15	GB/T 26444—2010	危险货物运输　物质可运输性试验方法和判据	2011-7-1			安全监管		基础综合	
207.1-16	GB/Z 30249—2013	测量、控制和实验室用电气设备的安全要求　GB 4793的符合性验证报告的编写规程	2014-7-1			安全监管		基础综合	
207.1-17	GB/Z 30993—2014	测量、控制和实验室用电气设备的安全要求 GB 4793.1—2007的符合性验证报告格式	2014-11-1	ISO 10817-1: 1998		安全监管		基础综合	
207.1-18	GB/T 33170.1—2016	大型活动安全要求　第1部分：安全评估	2017-4-1			安全监管		基础综合	
207.1-19	GB/T 33170.2—2016	大型活动安全要求　第2部分：人员管控	2017-4-1			安全监管		基础综合	
207.1-20	GB/T 33170.3—2016	大型活动安全要求　第3部分：场地布局和安全导向标识	2017-4-1			安全监管		基础综合	

续表

体系结构号	标准编号	标 准 名 称	实施日期	与国际标准对应关系	代替标准	阶段	分阶段	专业	分专业
207.1-21	GB/T 33170.4—2016	大型活动安全要求 第 4 部分：临建设施指南	2017-4-1			安全监管		基础综合	
207.1-22	GB/T 33170.5—2016	大型活动安全要求 第 5 部分：安保资源配置	2017-2-1			安全监管		基础综合	
207.1-23	GB/T 33587—2017	充电电气系统与设备安全导则	2017-12-1			安全监管		基础综合	
207.1-24	GB/T 33980—2017	电工产品使用说明书中包含电气安全信息的导则	2018-2-1			安全监管		基础综合	
207.1-25	GB/T 33985—2017	电工产品标准中包括安全方面的导则 引入风险评估的因素	2018-2-1			安全监管		基础综合	
207.1-26	GB/T 34924—2017	低压电气设备安全风险评估和风险降低指南	2018-5-1	IEC Guide 116: 2010		安全监管		基础综合	
207.1-27	GB/T 34835—2017	电气安全 与信息技术和通信技术网络连接设备的接口分类	2018-4-1	IEC/TR 62102: 2005		安全监管		基础综合	
207.1-28	GB/T 35247—2017	产品质量安全风险信息监测技术通则	2018-7-1			安全监管		基础综合	
207.1-29	GB/T 35253—2017	产品质量安全风险预警分级导则	2018-7-1			安全监管		基础综合	
207.1-30	GB/T 36291.1—2018	电力安全设施配置技术规范 第 1 部分：变电站	2019-1-1			安全监管		基础综合	
207.1-31	GB/T 36291.2—2018	电力安全设施配置技术规范 第 2 部分：线路	2019-1-1			安全监管		基础综合	
207.1-32	GB/T 36966—2018	公共预警短消息业务测试方法	2019-4-1			安全监管		基础综合	
207.1-33	GB/T 37157—2018	机械安全 串联的无电势触点联锁装置故障掩蔽的评价	2019-7-1			安全监管		基础综合	
207.1-34	GB 50348—2018	安全防范工程技术标准	2018-12-1		GB 50348—2004	安全监管		基础综合	
207.1-35	GB 50656—2011	施工企业安全生产管理规范	2012-4-1			安全监管		基础综合	
207.1-36	ANSI/UL 514B—2012	导线管、管道和电缆配件用安全标准				安全监管		基础综合	

续表

体系结构号	标准编号	标准名称	实施日期	与国际标准对应关系	代替标准	阶段	分阶段	专业	分专业
207.1-37	UL 1581—2016	电线，电缆和软线的安全性参考标准			ANSI/UL 1581—2013	安全监管		基础综合	
207.1-38	ANSI/UL 5085-1-200	低压变压器安全标准　第1部分：一般要求	2006-4-17	UL 5085-1—2006，IDT		安全监管		配电	变压器
207.1-39	ANSI/UL 5085-2—2006	低压变压器安全标准　第2部分：一般用途变压器	2006-4-17	UL 5085-2—2006，IDT		安全监管		配电	变压器
207.1-40	ANSI/UL 5085-3—2006	低压变压器安全标准　第3部分：2和3类变压器	2006-4-17	UL 5085-3—2006，IDT		安全监管		配电	变压器
207.1-41	IEC 61558-1—2009	电力变压器、电源、电抗器及类似设备的安全性　第1部分：一般要求和试验	2009-4-1			安全监管		基础综合	
207.1-42	IEC/TR 60479-4—2011	电流对人和家畜的影响　第4部分：雷击对人和家畜的影响	2011-10-12		IEC TR 60479-4 2004；IEC 64/1772/DTR 2011	安全监管		基础综合	
207.1-43	IEEE 1402—2000（R2008）	变电站的物理和电子安全指南	2000-1-30			安全监管		变电	
207.1-44	UL 2250—2017	UL安全标准 仪表托盘电缆（第3版）	2017-3-30			安全监管		基础综合	
207.2　安健环-作业安全									
207.2-1	Q/CSG 510001—2015	中国南方电网有限责任公司电力安全工作规程	2015-9-1			安全监管		基础综合	
207.2-2	T/CEC 196—2018	超、特高压设备检修作业安全预警系统	2019-2-1			安全监管		基础综合	
207.2-3	T/CEC 5004—2017	电力工程测绘作业安全工作规程	2017-8-1			安全监管		基础综合	
207.2-4	CH/Z 3001—2010	无人机航摄安全作业基本要求	2010-10-1			安全监管		基础综合	
207.2-5	DL 408—1991	电业安全工作规程（发电厂和变电所电气部分）	1991-9-1			安全监管		基础综合	
207.2-6	DL 409—1991	电业安全工作规程（电力线路部分）	1991-9-1			安全监管		输电	线路
207.2-7	DL 560—1995	电业安全工作规程（高压试验室部分）	1995-7-1			安全监管		基础综合	
207.2-8	DL/T 854—2017	带电作业用绝缘斗臂车使用导则	2018-3-1		DL/T 854—2004	安全监管		基础综合	

续表

体系结构号	标准编号	标准名称	实施日期	与国际标准对应关系	代替标准	阶段	分阶段	专业	分专业
207.2-9	DL/T 1200—2013	电力行业缺氧危险作业监测与防护技术规范	2013-8-1			安全监管		基础综合	
207.2-10	DL/T 1475—2015	电力安全工器具配置与存放技术要求	2015-12-1			安全监管		附属设施及工器具	工器具
207.2-11	DL/T 1476—2015	电力安全工器具预防性试验规程	2015-12-1			安全监管		附属设施及工器具	工器具
207.2-12	DL/T 1886—2018	水电水利工程砂石筛分机械安全操作规程	2019-5-1			安全监管		发电	水电
207.2-13	DL/T 1887—2018	水电水利工程砂石破碎机械安全操作规程	2019-5-1			安全监管		发电	水电
207.2-14	DL 5009.1—2014	电力建设安全工作规程 第1部分：火力发电	2015-3-1		DL 5009.1—2002	安全监管		发电	火电
207.2-15	DL 5009.2—2013	电力建设安全工作规程 第2部分：电力线路	2014-4-1		DL 5009.2—2004	安全监管		输电	线路
207.2-16	DL 5009.3—2013	电力建设安全工作规程第3部分：变电站	2014-4-1		DL 5009.3—1997	安全监管		变电	
207.2-17	DL/T 5261—2010	水电水利工程施工机械安全操作规程 挖掘机	2011-5-1			安全监管		发电	水电
207.2-18	DL/T 5262—2010	水电水利工程施工机械安全操作规程 推土机	2011-5-1			安全监管		发电	水电
207.2-19	DL/T 5263—2010	水电水利工程施工机械安全操作规程 装载机	2011-5-1			安全监管		发电	水电
207.2-20	DL/T 5265—2011	水电水利工程混凝土搅拌楼安全操作规程	2011-11-1			安全监管		发电	水电
207.2-21	DL/T 5266—2011	水电水利工程缆索起重机安全操作规程	2011-11-1			安全监管		发电	水电
207.2-22	DL/T 5280—2012	水电水利工程施工机械安全操作规程 凿岩台车	2012-12-1			安全监管		发电	水电
207.2-23	DL/T 5281—2012	水电水利工程施工机械安全操作规程 平地机	2012-12-1			安全监管		发电	水电
207.2-24	DL/T 5282—2012	水电水利工程施工机械安全操作规程 塔式起重机	2012-12-1			安全监管		发电	水电
207.2-25	DL/T 5283—2012	水电水利工程施工机械安全操作规程 混凝土泵车	2012-12-1			安全监管		发电	水电

续表

体系结构号	标准编号	标准名称	实施日期	与国际标准对应关系	代替标准	阶段	分阶段	专业	分专业
207.2-26	DL/T 5370—2017	水电水利工程施工通用安全技术规程	2018-3-1		DL/T 5370—2007	安全监管		发电	水电
207.2-27	DL/T 5371—2017	水电水利工程土建施工安全技术规程	2018-3-1		DL/T 5371—2007	安全监管		发电	水电
207.2-28	DL/T 5372—2017	水电水利工程金属结构与机电设备安装安全技术规程	2018-3-1		DL/T 5372—2007	安全监管		发电	水电
207.2-29	DL/T 5373—2017	水电水利工程施工作业人员安全技术操作规程	2018-3-1		DL/T 5373—2007	安全监管		发电	水电
207.2-30	DL/T 5701—2014	水电水利工程施工机械安全操作规程 反井钻机	2015-3-1			安全监管		发电	水电
207.2-31	DL/T 5711—2014	水电水利工程施工机械安全操作规程 带式输送机	2015-3-1			安全监管		发电	水电
207.2-32	DL/T 5722—2015	水电水利工程施工机械安全操作规程 塔带机	2015-9-1			安全监管		发电	水电
207.2-33	DL/T 5723—2015	水电水利工程施工机械安全操作规程 履带式布料机	2015-9-1			安全监管		发电	水电
207.2-34	DL/T 5730—2016	水电水利工程施工机械安全操作规程 振捣机械	2016-7-1			安全监管		发电	水电
207.2-35	DL/T 5752—2017	水电水利工程施工机械安全操作规程 混凝土预冷系统	2018-3-1			安全监管		发电	水电
207.2-36	DL/T 5731—2016	水电水利工程施工机械安全操作规程 振动机	2016-7-1			安全监管		发电	水电
207.2-37	NB/T 10096—2018	电力建设工程施工安全管理导则	2019-1-1			安全监管		基础综合	
207.2-38	SL 400—2016	水利水电工程机电设备安装安全技术规程	2017-3-20		SL 400—2007	安全监管		发电	水电
207.2-39	YD 5221—2015	通信设施拆除安全暂行规定	2015-7-1			安全监管		调度及二次、信息	
207.2-40	AQ/T 4268—2015	工作场所空气中粉尘浓度快速检测方法——光散射法	2015-9-1			安全监管		其他	
207.2-41	AQ 4273—2016	粉尘爆炸危险场所用除尘系统安全 技术规范	2017-3-1			安全监管		其他	
207.2-42	AQ 5205—2008	油漆与粉刷作业安全规范	2009-1-1			安全监管		其他	

续表

体系结构号	标准编号	标准名称	实施日期	与国际标准对应关系	代替标准	阶段	分阶段	专业	分专业
207.2-43	SJ/T 11532.1—2015	危险化学品气瓶标识用电子标签通用技术要求 第1部分：气瓶电子标识代码	2015-10-1			安全监管		基础综合	
207.2-44	SJ/T 11532.2—2015	危险化学品气瓶标识用电子标签通用技术要求 第2部分：应用技术规范	2015-10-1			安全监管		基础综合	
207.2-45	SJ/T 11532.3—2015	危险化学品气瓶标识用电子标签通用技术要求 第3部分：读写器特殊要求	2015-10-1			安全监管		基础综合	
207.2-46	MH/T 1064.1—2017	直升机电力作业安全规程 第1部分：通用要求	2017-4-1			安全监管		基础综合	
207.2-47	MH/T 1064.2—2017	直升机电力作业安全规程 第2部分：巡检作业	2017-4-1			安全监管		基础综合	
207.2-48	MH/T 1064.3—2017	直升机电力作业安全规程 第3部分：激光扫描作业	2017-4-1			安全监管		基础综合	
207.2-49	MH/T 1064.4—2017	直升机电力作业安全规程 第4部分：带电作业	2017-4-1			安全监管		基础综合	
207.2-50	MH/T 1064.5—2017	直升机电力作业安全规程 第5部分：带电水冲洗作业	2017-4-1			安全监管		基础综合	
207.2-51	MH/T 1064.6—2017	直升机电力作业安全规程 第6部分：带装组塔作业	2017-4-1			安全监管		基础综合	
207.2-52	MH/T 1064.7—2017	直升机电力作业安全规程 第7部分：展放导引绳作业	2017-4-1			安全监管		基础综合	
207.2-53	QX/T 246—2014	建筑施工现场雷电安全技术规范	2015-3-1			安全监管		基础综合	
207.2-54	JGJ 80—2016	建筑施工高处作业安全技术规范	2016-12-1		JGJ 80—91	安全监管		基础综合	
207.2-55	JGJ 128—2010	建筑施工门式钢管脚手架安全技术规范	2010-12-1		JGJ 128—2000	安全监管		基础综合	
207.2-56	JGJ 130—2011	建筑施工扣件式钢管脚手架安全技术规范	2011-12-1		JGJ 130—2001	安全监管		基础综合	
207.2-57	JGJ 160—2016	施工现场机械设备检查技术规范	2017-3-1		JGJ 160—2008	安全监管		基础综合	
207.2-58	JGJ/T 429—2018	建筑施工易发事故防治安全标准	2018-10-1			安全监管		基础综合	

续表

体系结构号	标准编号	标 准 名 称	实施日期	与国际标准对应关系	代替标准	阶段	分阶段	专业	分专业
207.2-59	GBZ 117—2015	工业X射线探伤放射防护要求	2015-6-1		GBZ 117—2006	安全监管		基础综合	
207.2-60	GB/T 1251.1—2008	人类工效学 公共场所和工作区域的险情信号 险情听觉信号	2009-1-1	ISO 7731: 2003，IDT	GB 1251.1—1989	安全监管		基础综合	
207.2-61	GB/T 3787—2017	手持式电动工具的管理、使用、检查和维修安全技术规程	2018-2-1		GB/T 3787—2006	安全监管		附属设施及工器具	工器具
207.2-62	GB/T 3883.1—2014	手持式、可移式电动工具和园林工具的安全 第1部分：通用要求	2017-3-23		GB 3883.1—2014	安全监管		附属设施及工器具	工器具
207.2-63	GB/T 5082—1985	起重吊运指挥信号	2017-3-23		GB 5082—1985	安全监管		基础综合	
207.2-64	GB/T 5905—2011	起重机试验规范和程序	2012-6-1	ISO 4310: 2009，IDT	GB/T 5905—1986	安全监管		基础综合	
207.2-65	GB/T 6067.1—2010	起重机械安全规程.第1部分：总则	2011-6-1		GB 6067.1—2010	安全监管		基础综合	
207.2-66	GB/T 6441—1986	企业职工伤亡事故分类	1987-2-1			安全监管		基础综合	
207.2-67	GB 6514—2008	涂装作业安全规程 涂漆工艺安全及其通风净化	2009-10-1	NFPA 33: 2007，NEQ	GB 6514—1995	安全监管		其他	
207.2-68	GB 8958—2006	缺氧危险作业安全规程	2006-12-1		GB 8958—1988	安全监管		基础综合	
207.2-69	GB/T 9465—2018	高空作业车	2018-12-1		GB/T 9465—2008	安全监管		基础综合	
207.2-70	GB 12158—2006	防止静电事故通用导则	2006-12-1		GB 12158—1990	安全监管		基础综合	
207.2-71	GB/T 13441.1—2007	机械振动与冲击 人体暴露于全身振动的评价 第1部分：一般要求	2007-11-1	ISO 2631-1: 1997 IDT	GB/T 13441—1992；GB/T 13442—1992	安全监管		基础综合	
207.2-72	GB 15831—2006	钢管脚手架扣件	2007-3-1	ISO 4054: 1980，REF	GB 15831—1995	安全监管		基础综合	
207.2-73	GB/T 16180—2014	劳动能力鉴定 职工工伤与职业病致残等级	2015-1-1		GB/T 16180—2006	安全监管		基础综合	
207.2-74	GB/T 16755—2015	机械安全 安全标准的起草与表述规则	2016-7-1	ISO Guide 78: 2012，MOD	GB/T 16755—2008	安全监管		基础综合	
207.2-75	GB/T 16804—2011	气瓶警示标签	2017-3-23	ISO 7225: 2005	GB 16804—2011	安全监管		基础综合	
207.2-76	GB/T 16855.2—2015	机械安全 控制系统安全相关部件 第2部分：确认	2016-7-1	ISO 13849-2: 2012，IDT	GB/T 16855.2—2007	安全监管		基础综合	
207.2-77	GB/T 16856—2015	机械安全 风险评估 实施指南和方法举例	2016-7-1	ISO/TR 14121-2: 2012，MOD	GB/T 16856.2—2008	安全监管		基础综合	

续表

体系结构号	标准编号	标准名称	实施日期	与国际标准对应关系	代替标准	阶段	分阶段	专业	分专业
207.2-78	GB/T 20118—2017	钢丝绳通用技术条件	2018-9-1	ISO 2408: 2017	GB/T 20118—2006	安全监管		基础综合	
207.2-79	GB/T 23723.1—2009	起重机　安全使用　第1部分：总则	2010-1-1	ISO 12480-1: 1997，IDT		安全监管		基础综合	
207.2-80	GB/T 23724.1—2016	起重机　检查　第1部分：总则	2016-9-1	ISO 9927-1: 2013，IDT	GB/T 23724.1—2009	安全监管		基础综合	
207.2-81	GB 26164.1—2010	电业安全工作规程　第1部分：热力和机械	2011-12-1			安全监管		基础综合	
207.2-82	GB 26504—2011	移动式道路施工机械通用安全要求	2012-4-1	EN 500-1: 2006 MOD		安全监管		基础综合	
207.2-83	GB 26504—2011/XG1—2012	《移动式道路施工机械通用安全要求》国家标准第1号修改单	2013-5-1	EN 500-1: 2006，MOD		安全监管		基础综合	
207.2-84	GB 26545—2011	建筑施工机械与设备　钻孔设备安全规范	2012-5-1			安全监管		基础综合	
207.2-85	GB 26859—2011	电力安全工作规程　电力线路部分	2012-6-1			安全监管		输电	
207.2-86	GB 26860—2011	电力安全工作规程　发电厂和变电站电气部分	2012-6-1			安全监管		基础综合	
207.2-87	GB 26861—2011	电力安全工作规程　高压试验室部分	2012-6-1			安全监管		基础综合	
207.2-88	GB/T 28264—2017	起重机械　安全监控管理系统	2018-5-1			安全监管		基础综合	
207.2-89	GB/T 32821—2016	燃气轮机应用　安全	2017-3-1	ISO 21789: 2009		安全监管		发电	火电
207.2-90	GB/T 33080—2016	塔式起重机安全评估规程	2017-5-1			安全监管		基础综合	
207.2-91	GB/T 33082—2016	机械式停车设备　使用与操作安全要求	2017-5-1			安全监管		基础综合	
207.2-92	GB/T 34137—2017	电气设备的安全　人体工程的安全指南	2018-2-1			安全监管		基础综合	
207.2-93	GB/T 34525—2017	气瓶搬运、装卸、储存和使用安全规定	2018-5-1			安全监管		基础综合	
207.2-94	GB/T 35076—2018	机械安全　生产设备安全通则	2018-12-1			安全监管		基础综合	
207.2-95	GB/T 35077—2018	机械安全　局部排气通风系统　安全要求	2018-12-1			安全监管		基础综合	

续表

体系结构号	标准编号	标 准 名 称	实施日期	与国际标准对应关系	代替标准	阶段	分阶段	专业	分专业
207.2-96	GB/T 36039—2018	燃气电站天然气系统安全生产管理规范	2018-10-1			安全监管		发电	其他
207.2-97	GB/T 36507—2018	工业车辆 使用、操作与维护安全规范	2019-2-1			安全监管		基础综合	
207.2-98	GB 51210—2016	建筑施工脚手架安全技术统一标准	2017-7-1			安全监管		基础综合	
207.2-99	IEC 60745-2-3 Edition 2.2—2012	手持式电动工具安全性 第2-3部分：研磨机、抛光机和盘式砂光机详细要求	2012-7-30		IEC 60745-2-3—2011	安全监管		附属设施及工器具	工器具
207.2-100	IEC 60745-2-13 Edition 2.1—2011	手持式电动工具安全性 第2-13部分：链锯的详细要求	2011-4-14		IEC 60745-2-13—2006	安全监管		附属设施及工器具	工器具
207.2-101	IEC 60745-2-19—2005/Amd 1—2010	手持式电动工具安全性 第2-19部分：连接器的详细要求	2010-5-26		IEC 60745-2-19—2005	安全监管		附属设施及工器具	工器具
207.3 安健环-劳动保护									
207.3-1	Q/CSG 112001—2012	一般劳动防护用品制作标准（2012型）	2012-5-1			安全监管		基础综合	
207.3-2	Q/CSG 1106001—2012	中国南方电网有限责任公司作业安全体感实训室功能和建设标准	2012-11-1			安全监管		基础综合	
207.3-3	DL/T 320—2010	个人电弧防护用品通用技术要求	2011-5-1			安全监管		附属设施及工器具	工器具
207.3-4	DL/T 639—2016	六氟化硫电气设备、试验及检修人员安全防护导则	2016-6-1		DL/T 639—1997	安全监管		基础综合	
207.3-5	DL/T 1147—2018	电力高处作业防坠器	2018-7-1		DL/T 1147—2009	安全监管		附属设施及工器具	工器具
207.3-6	DL/T 1209.1—2013	变电站登高作业及防护器材技术要求 第1部分：抱杆梯、梯具、梯台及过桥	2013-8-1			安全监管		附属设施及工器具	工器具
207.3-7	DL/T 1238—2013	1000kV 交流系统用静电防护服装	2013-8-1			安全监管		附属设施及工器具	工器具
207.3-8	DL/T 1435—2015	速差式防坠器疲劳试验装置技术要求	2015-9-1			安全监管		附属设施及工器具	工器具
207.3-9	AQ 6109—2012	坠落防护 登杆脚扣	2013-3-1			安全监管		附属设施及工器具	工器具

续表

体系结构号	标准编号	标 准 名 称	实施日期	与国际标准对应关系	代替标准	阶段	分阶段	专业	分专业
207.3-10	YB/T 4575—2016	高处作业吊篮用钢丝绳	2017-4-1			安全监管		附属设施及工器具	工器具
207.3-11	JGJ 184—2009	建筑施工作业劳动保护用品配备及使用标准	2010-6-1			安全监管		附属设施及工器具	工器具
207.3-12	GBZ/T 205—2007	密闭空间作业职业危害防护规范	2008-3-1			安全监管		基础综合	
207.3-13	GB 2626—2006	呼吸防护用品——自吸过滤式防颗粒物呼吸器	2006-12-1		GB 6224.1—1986; GB 6224.2—1986; GB 6224.3—1986; GB 6224.4—1986; GB 2626—1992; GB 6223—1997	安全监管		附属设施及工器具	工器具
207.3-14	GB 2811—2007	安全帽	2007-12-1		GB 2811—1989	安全监管		附属设施及工器具	工器具
207.3-15	GB 2890—2009	呼吸防护 自吸过滤式防毒面具	2009-12-1		GB 2890—1995; GB 2891—1995; GB 2892—1995	安全监管		附属设施及工器具	工器具
207.3-16	GB/T 3609.1—2008	职业眼面部防护 焊接防护 第1部分：焊接防护具	2009-10-1		GB 3609.2—1983; GB 3609.3—1983; GB 3609.1—1994	安全监管		附属设施及工器具	工器具
207.3-17	GB 4053.1—2009	固定式钢梯及平台安全要求 第1部分：钢直梯	2009-12-1		GB 4053.1—1993	安全监管		基础综合	
207.3-18	GB 4053.2—2009	固定式钢梯及平台安全要求 第2部分：钢斜梯	2009-12-1		GB 4053.2—1993	安全监管		基础综合	
207.3-19	GB 4053.3—2009	固定式钢梯及平台安全要求 第3部分：工业防护栏杆及钢平台	2009-12-1		GB 4053.3—1993; GB 4053.4—1983	安全监管		基础综合	
207.3-20	GB 5725—2009	安全网	2009-12-1		GB 16909—1997; GB 5725—1997	安全监管		附属设施及工器具	工器具
207.3-21	GB 6095—2009	安全带	2009-12-1		GB 6095—1985	安全监管		附属设施及工器具	工器具
207.3-22	GB/T 6096—2009	安全带测试方法	2009-12-1		GB/T 6096—1985	安全监管		附属设施及工器具	工器具
207.3-23	GB 7000.17—2003	限制表面温度灯具安全要求	2004-2-1	IEC 60598-2-24: 1997, IDT		安全监管		附属设施及工器具	工器具

体系结构号	标准编号	标 准 名 称	实施日期	与国际标准对应关系	代替标准	阶段	分阶段	专业	分专业
207.3-24	GB 7059—2007	便携式木梯安全要求	2008-2-1		GB 7059.1—1986；GB 7059.2—1986	安全监管		附属设施及工器具	工器具
207.3-25	GB/T 8196—2018	机械安全 防护装置 固定式和活动式防护装置的设计与制造一般要求	2019-7-1		GB/T 8196—2003	安全监管		附属设施及工器具	工器具
207.3-26	GB/T 11651—2008	个体防护装备选用规范	2009-10-1		GB/T 11651—1989	安全监管		附属设施及工器具	工器具
207.3-27	GB 12011—2009	足部防护 电绝缘鞋	2009-12-1		GB 12011—2000	安全监管		附属设施及工器具	工器具
207.3-28	GB 12014—2009	防静电服	2009-12-1		GB 12014—1989	安全监管		附属设施及工器具	工器具
207.3-29	GB 12142—2007	便携式金属梯安全要求	2008-2-1		GB 12142—1989；GB 7059.3—1986	安全监管		附属设施及工器具	工器具
207.3-30	GB/T 12624—2009	手部防护 通用技术条件及测试方法	2009-12-1		GB/T 12624—2006	安全监管		基础综合	
207.3-31	GB/T 13547—1992	工作空间人体尺寸	1993-4-1			安全监管		基础综合	
207.3-32	GB 14050—2008	系统接地的型式及安全技术要求	2009-8-1		GB 14050—1993	安全监管		基础综合	
207.3-33	GB/T 14775—1993	操纵器一般人类工效学要求	1994-7-1			安全监管		基础综合	
207.3-34	GB/T 14776—1993	人类工效学 工作岗位尺寸设计原则及其数值	1994-7-1	DIN 33406-88		安全监管		基础综合	
207.3-35	GB/T 16842—2016	外壳对人和设备的防护检验用试具	2016-9-1	IEC 61032: 1997，IDT	GB/T 16842—2008	安全监管		附属设施及工器具	工器具
207.3-36	GB/T 16895.2—2017	低压电气装置 第 4-42 部分：安全防护 热效应保护	2018-5-1	IEC 60364-4-42: 2010	GB 16895.2—2005	安全监管		基础综合	
207.3-37	GB/T 17045—2008	电击防护 装置和设备的通用部分	2009-4-1	IEC 61140: 2001，IDT	GB/T 17045—2006	安全监管		基础综合	
207.3-38	GB/T 18136—2008	交流高压静电防护服装及试验方法	2009-8-1		GB 18136—2000	安全监管		附属设施及工器具	工器具
207.3-39	GB/T 20098—2006	低温环境作业保护靴通用技术要求	2006-9-1	ISO 2252: 1993，NEQ		安全监管		附属设施及工器具	工器具
207.3-40	GB/T 20991—2007	个体防护装备 鞋的测试方法	2008-2-1	ISO 20344—2004，MOD		安全监管		附属设施及工器具	工器具

续表

体系结构号	标准编号	标 准 名 称	实施日期	与国际标准对应关系	代替标准	阶段	分阶段	专业	分专业
207.3-41	GB 21146—2007	个体防护装备职业鞋	2008-6-1	ISO 20347: 2004，MOD	GB 4385—1995；GB 16756—1997	安全监管		附属设施及工器具	工器具
207.3-42	GB 21147—2007	个体防护装备　防护鞋	2008-6-1	ISO 20436—2004，MOD		安全监管		附属设施及工器具	工器具
207.3-43	GB 21148—2007	个体防护装备安全鞋	2008-6-1	ISO 20345: 2004，MOD		安全监管		附属设施及工器具	工器具
207.3-44	GB/T 23465—2009	呼吸防护用品　实用性能评价	2009-12-1			安全监管		附属设施及工器具	工器具
207.3-45	GB/T 23468—2009	坠落防护装备安全使用规范	2009-12-1			安全监管		附属设施及工器具	工器具
207.3-46	GB/T 23469—2009	坠落防护　连接器	2009-12-1	ISO 10333-5: 2001，NEQ		安全监管		附属设施及工器具	工器具
207.3-47	GB/T 24536—2009	防护服装　化学防护服的选择、使用和维护	2010-9-1			安全监管		附属设施及工器具	工器具
207.3-48	GB/T 24538—2009	坠落防护　缓冲器	2010-9-1	ISO 10333-2: 2000，MOD		安全监管		附属设施及工器具	工器具
207.3-49	GB 24539—2009	防护服装　化学防护服通用技术要求	2010-9-1	ISO 16602—2002，NEQ		安全监管		附属设施及工器具	工器具
207.3-50	GB 24540—2009	防护服装　酸碱类化学品防护服	2010-9-1			安全监管		附属设施及工器具	工器具
207.3-51	GB 24543—2009	坠落防护　安全绳	2010-9-1	ISO 10333-2: 2000，MOD		安全监管		附属设施及工器具	工器具
207.3-52	GB 24544—2009	坠落防护　速差自控器	2010-9-1	ISO 10333-3: 2000，MOD		安全监管		附属设施及工器具	工器具
207.3-53	GB/T 28409—2012	个体防护装备.足部防护鞋（靴）的选择、使用和维护指南	2013-3-1			安全监管		附属设施及工器具	工器具
207.3-54	GB/T 29483—2013	机械电气安全　检测人体存在的保护设备应用	2013-7-1	IEC/TS 62046: 2008，IDT		安全监管		基础综合	
207.3-55	GB/T 29510—2013	个体防护装备配备基本要求	2014-2-1			安全监管		附属设施及工器具	工器具
207.3-56	GB/T 29511—2013	防护服装　固体颗粒物化学防护服	2014-2-1			安全监管		附属设施及工器具	工器具

续表

体系结构号	标准编号	标　准　名　称	实施日期	与国际标准对应关系	代替标准	阶段	分阶段	专业	分专业
207.3-57	GB/T 29512—2013	手部防护　防护手套的选择、使用和维护指南	2014-2-1			安全监管		附属设施及工器具	工器具
207.3-58	GB/T 30041—2013	头部防护　安全帽选用规范	2014-9-1			安全监管		附属设施及工器具	工器具
207.3-59	GB 30862—2014	坠落防护　挂点装置	2015-6-1			安全监管		附属设施及工器具	工器具
207.3-60	GB 30863—2014	个体防护装备　眼面部防护　激光防护镜	2015-6-1		—	安全监管		附属设施及工器具	工器具
207.3-61	GB 30864—2014	呼吸防护　动力送风过滤式呼吸器	2015-6-1			安全监管		附属设施及工器具	工器具
207.3-62	GB/T 31008—2014	足部防护　鞋（靴）材料安全性选择规范	2015-8-1			安全监管		附属设施及工器具	工器具
207.3-63	GB/T 31009—2014	足部防护　鞋（靴）安全性要求及测试方法	2015-8-1			安全监管		附属设施及工器具	工器具
207.3-64	GB/T 31254—2014	机械安全　固定式直梯的安全设计规范	2015-7-1			安全监管		基础综合	
207.3-65	GB/T 31255—2014	机械安全　工业楼梯、工作平台和通道的安全设计规范	2015-7-1			安全监管		基础综合	
207.3-66	GB/T 31421—2015	防静电工作帽	2015-10-1			安全监管		附属设施及工器具	工器具
207.3-67	GB/T 31422—2015	个体防护装备　护听器的通用技术条件	2015-10-1			安全监管		附属设施及工器具	工器具
207.3-68	GB/T 31975—2015	呼吸防护用压缩空气技术要求	2016-10-1			安全监管		附属设施及工器具	工器具
207.3-69	GB 32166.1—2016	个体防护装备　眼面部防护　职业眼面部防护具　第1部分：要求	2017-3-1			安全监管		附属设施及工器具	工器具
207.3-70	GB/T 32166.2—2015	个体防护装备　眼面部防护　职业眼面部防护具　第2部分：测量方法	2016-11-1			安全监管		附属设施及工器具	工器具
207.3-71	IEC 60903—2014	带电作业　电气绝缘手套	2014-7-28		IEC 60903—2002	安全监管		附属设施及工器具	工器具
207.3-72	IEC 61140—2016	电击防护　安装和设备的共同方面	2016-1-7		IEC 61140—2001	安全监管		基础综合	

续表

体系结构号	标准编号	标 准 名 称	实施日期	与国际标准对应关系	代替标准	阶段	分阶段	专业	分专业
207.4 安健环-职业卫生									
207.4-1	DL/T 669—1999	室外高温作业分级	1999-10-1			安全监管		基础综合	
207.4-2	DL 5053—2012	火力发电厂职业安全设计规程	2012-3-1		DL 5053—1996	安全监管		发电	火电
207.4-3	NB/T 35025—2014	水电工程劳动安全与工业卫生验收规程	2014-11-1			安全监管		发电	水电
207.4-4	JGJ 146—2013	建筑施工现场环境与卫生标准	2014-6-1		JGJ 146—2004	安全监管		基础综合	
207.4-5	AQ/T 4206—2010	作业场所职业危害基础信息数据	2011-5-1			安全监管		基础综合	
207.4-6	AQ/T 4207—2010	作业场所职业危害监管信息系统基础数据结构	2011-5-1			安全监管		基础综合	
207.4-7	AQ/T 4233—2013	建设项目职业病防护设施设计专篇编制导则	2013-10-1			设计	初设、施工图	基础综合	
207.4-8	AQ/T 4234—2014	职业病危害监察导则	2014-6-1			安全监管		基础综合	
207.4-9	AQ/T 4235—2014	作业场所职业卫生检查程序	2014-6-1			安全监管		基础综合	
207.4-10	AQ/T 4236—2014	职业卫生监管人员现场检查指南	2014-6-1			安全监管		基础综合	
207.4-11	AQ/T 4256—2015	建筑施工企业职业病危害防治技术规范	2015-9-1			安全监管		基础综合	
207.4-12	AQ/T 4269—2015	工作场所职业病危害因素检测工作规范	2015-9-1			安全监管		基础综合	
207.4-13	AQ/T 4270—2015	用人单位职业病危害现状评价技术导则	2015-9-1			安全监管		基础综合	
207.4-14	AQ/T 4276—2016	噪声职业病危害风险管理指南	2017-3-1			安全监管		基础综合	
207.4-15	AQ/T 4280—2016	火力发电企业建设项目职业病危害控制效果评价细则	2017-3-1			安全监管		发电	火电
207.4-16	AQ/T 8009—2013	建设项目职业病危害预评价导则	2013-10-1			安全监管		基础综合	
207.4-17	AQ/T 8010—2013	建设项目职业病危害控制效果评价导则	2013-10-1			安全监管		基础综合	

续表

体系结构号	标准编号	标 准 名 称	实施日期	与国际标准对应关系	代替标准	阶段	分阶段	专业	分专业
207.4-18	YD/T 3030—2015	人体暴露于无线通信设施周边的射频电磁场的评定、评估和监测方法	2016-7-1			安全监管		基础综合	
207.4-19	GBZ 1—2010	工业企业设计卫生标准	2010-8-1		GBZ 1—2002	安全监管		基础综合	
207.4-20	GBZ 2.1—2007	工作场所有害因素职业接触限值　第 1 部分：化学有害因素	2007-11-1		GBZ 2—2002	安全监管		基础综合	
207.4-21	GBZ 2.2—2007	工作场所有害因素职业接触限值　第 2 部分：物理因素	2007-11-1		GBZ 2—2002	安全监管		基础综合	
207.4-22	GBZ 158—2003	工作场所职业病危害警示标识	2003-12-1			安全监管		基础综合	
207.4-23	GBZ 188—2014	职业健康监护技术规范	2014-10-1		GBZ 188—2007	安全监管		基础综合	
207.4-24	GBZ/T 194—2007	工作场所防止职业中毒卫生工程防护措施规范	2008-2-1			安全监管		基础综合	
207.4-25	GBZ/T 223—2009	工作场所有毒气体检测报警装置设置规范	2010-6-1			安全监管		基础综合	
207.4-26	GBZ/T 229.1—2010	工作场所职业病危害作业分级　第 1 部分：生产性粉尘	2010-10-1			安全监管		基础综合	
207.4-27	GBZ/T 229.2—2010	工作场所职业病危害作业分级　第 2 部分：化学物	2010-11-1			安全监管		基础综合	
207.4-28	GBZ/T 229.3—2010	工作场所职业病危害作业分级　第 3 部分：高温	2010-10-1			安全监管		基础综合	
207.4-29	GBZ 235—2011	放射工作人员职业健康监护技术规范	2011-8-1			安全监管		基础综合	
207.4-30	GB 2760—2014	食品安全国家标准　食品添加剂使用标准	2015-5-24		GB 2760—2011	安全监管		基础综合	
207.4-31	GB 14934—2016	食品安全国家标准　消毒餐（饮）具	2017-4-19		GB 14934—1994	安全监管		基础综合	
207.4-32	GB 14930.2—2012	消毒剂	2012-10-25		GB 14930.2—1994	安全监管		基础综合	
207.4-33	GB/T 16127—1995	居室空气中甲醛的卫生标准	1996-7-1			安全监管		基础综合	
207.4-34	GB/T 17093—1997	室内空气中细菌总数卫生标准	1998-1-2			安全监管		基础综合	

续表

体系结构号	标准编号	标准名称	实施日期	与国际标准对应关系	代替标准	阶段	分阶段	专业	分专业
207.4-35	GB/T 21230—2014	声学 职业噪声暴露的测定 工程法	2015-2-1	ISO 9612: 2009，IDT	GB/T 21230—2007	安全监管		基础综合	
207.4-36	GB/T 25915.1—2010	洁净室及相关受控环境 第1部分：空气洁净度等级	2011-5-1	ISO 14644-1: 1999 IDT		安全监管		基础综合	
207.4-37	GB/T 31275—2014	照明设备对人体电磁辐射的评价	2015-4-1	IEC 62493: 2009，IDT		安全监管		基础综合	
207.4-38	GB 51155—2016	机械工程建设项目职业安全卫生设计规范	2016-12-1			安全监管		基础综合	
207.5 安健环-环境保护									
207.5-1	Q/CSG 10001—2004	变电站安健环设施标准	2004-6-1			安全监管		变电	变压器、互感器、电抗器、开关类、避雷器、其他
207.5-2	Q/CSG 10003—2004	发电厂安健环设施标准	2004-6-1			安全监管		发电	火电、水电、光伏、风电、储能、其他
207.5-3	Q/CSG 1207001—2015	配电网安健环设施标准	2015-7-20			安全监管		配电	变压器、线缆、开关类、其他
207.5-4	Q/CSG 1207002—2016	南方电网公司架空线路及电缆安健环设施标准	2017-1-10		Q/CSG 10002—2004	安全监管		输电	线路、电缆、其他
207.5-5	DL/T 582—2016	发电厂水处理用活性炭使用导则	2016-6-1		DL/T 582—2004	安全监管		发电	火电
207.5-6	DL/T 799.1—2010	电力行业劳动环境监测技术规范 第1部分：总则	2011-5-1		DL/T 799.1—2002	安全监管		基础综合	
207.5-7	DL/T 799.2—2010	电力行业劳动环境监测技术规范 第2部分：生产性粉尘监测	2011-5-1		DL/T 799.2—2002	安全监管		基础综合	
207.5-8	DL/T 799.3—2010	电力行业劳动环境监测技术规范 第3部分：生产性噪声监测	2011-5-1		DL/T 799.3—2002	安全监管		基础综合	
207.5-9	DL/T 799.4—2010	电力行业劳动环境监测技术规范 第4部分：生产性毒物监测	2011-5-1		DL/T 799.4—2002	安全监管		基础综合	
207.5-10	DL/T 799.5—2010	电力行业劳动环境监测技术规范 第5部分：高温作业监测	2011-5-1		DL/T 799.5—2002	安全监管		基础综合	

续表

体系结构号	标准编号	标 准 名 称	实施日期	与国际标准对应关系	代替标准	阶段	分阶段	专业	分专业
207.5-11	DL/T 799.6—2010	电力行业劳动环境监测技术规范 第6部分：微波辐射监测	2011-5-1		DL/T 799.6—2002	安全监管		基础综合	
207.5-12	DL/T 799.7—2010	电力行业劳动环境监测技术规范 第7部分：工频电场、磁场监测	2011-5-1		DL/T 799.7—2002	安全监管		基础综合	
207.5-13	DL/T 1727—2017	110kV～750kV 交流架空输电线路可听噪声控制技术导则	2017-12-1			安全监管		输电	线路
207.5-14	DL/T 5260—2010	水电水利工程施工环境保护技术规程	2011-5-1			安全监管		发电	水电
207.5-15	YD/T 2830—2015	电磁辐射在线监测系统的技术要求	2015-7-1			安全监管		基础综合	
207.5-16	JB/T 12287—2015	电动工具环境意识设计导则	2016-3-1			安全监管		附属设施及工器具	工器具
207.5-17	JB/T 12288—2015	铅酸蓄电池环境意识设计导则	2016-3-1			安全监管		基础综合	
207.5-18	JB/T 12332—2015	往复式内燃机 空气滤清器噪声测量方法	2016-3-1			安全监管		其他	
207.5-19	HJ/T 10.2—1996	辐射环境保护管理导则 电磁辐射监测仪器和方法	1996-5-10			安全监管		基础综合	
207.5-20	HJ/T 10.3—1996	辐射环境保护管理导则 电磁辐射环境影响评价方法与标准	1996-5-10			安全监管		基础综合	
207.5-21	HJ 19—2011	环境影响评价技术导则 生态影响	2011-9-1		HJ/T 19—1997	安全监管		基础综合	
207.5-22	HJ 168—2010	环境监测 分析方法标准制修订技术导则	2010-5-1		HJ/T 168—2004	安全监管		基础综合	
207.5-23	HJ/T 265—2006	环境保护产品技术要求 刮泥机	2006-9-15		HCRJ 056—1999	安全监管		基础综合	
207.5-24	HJ/T 266—2006	环境保护产品技术要求 吸泥机	2006-9-15		HCRJ 055—1999	安全监管		基础综合	
207.5-25	HJ/T 267—2006	环境保护产品技术要求 电凝聚处理设备	2006-9-15		HCRJ 059—1999	安全监管		基础综合	
207.5-26	HJ/T 268—2006	环境保护产品技术要求 中和装置	2006-9-15		HCRJ 060—1999	安全监管		基础综合	

体系结构号	标准编号	标准名称	实施日期	与国际标准对应关系	代替标准	阶段	分阶段	专业	分专业
207.5-27	HJ/T 269—2006	环境保护产品技术要求 自动清洗网式过滤器	2006-9-15		HCRJ 061—1999	安全监管		基础综合	
207.5-28	HJ/T 270—2006	环境保护产品技术要求 反渗透水处理装置	2006-9-15		HCRJ 065—1999	安全监管		基础综合	
207.5-29	HJ/T 271—2006	环境保护产品技术要求 超滤装置	2006-9-15		HCRJ 066—1999	安全监管		基础综合	
207.5-30	HJ/T 272—2006	环境保护产品技术要求 化学法二氧化氯消毒剂发生器	2006-9-15		HCRJ 067—1999	安全监管		基础综合	
207.5-31	HJ/T 277—2006	环境保护产品技术要求 旋转式滗水器	2006-9-15		HBC 26—2004	安全监管		基础综合	
207.5-32	HJ/T 278—2006	环境保护产品技术要求 单级高速曝气离心鼓风机	2006-9-15		HBC 28—2004	安全监管		基础综合	
207.5-33	HJ/T 280—2006	环境保护产品技术要求 转盘曝气装置	2006-9-15		HCRJ 050—1999	安全监管		基础综合	
207.5-34	HJ/T 281—2006	环境保护产品技术要求 散流式曝气器	2006-9-15		HCRJ 051—1999	安全监管		基础综合	
207.5-35	HJ/T 282—2006	环境保护产品技术要求 浅池气浮装置	2006-9-15		HCRJ 052—1999	安全监管		基础综合	
207.5-36	HJ/T 283—2006	环境保护产品技术要求 厢式压滤机和板框压滤机	2006-9-15		HCRJ 054—1999	安全监管		基础综合	
207.5-37	HJ/T 284—2006	环境保护产品技术要求 袋式除尘器用电磁脉冲阀	2006-9-15		HCRJ 043—1999	安全监管		基础综合	
207.5-38	HJ/T 285—2006	环境保护产品技术要求 工业粉尘湿式除尘装置	2006-9-15		HCRJ 039—1999	安全监管		发电	火电
207.5-39	HJ/T 286—2006	环境保护产品技术要求 工业锅炉多管旋风除尘器	2006-9-15		HCRJ 001—1996	安全监管		发电	火电
207.5-40	HJ/T 287—2006	环境保护产品技术要求 中小型燃油、燃气锅炉	2006-9-15		HBC 31—2004	安全监管		发电	火电
207.5-41	HJ/T 288—2006	环境保护产品技术要求 湿式烟气脱硫除尘装置	2006-9-15		HCRJ 012—1998	安全监管		发电	火电
207.5-42	HJ/T 289—2006	汽油车双怠速法排气污染物测量设备技术要求	2006-9-1			安全监管		基础综合	
207.5-43	HJ/T 365—2007	危险废物（含医疗废物）焚烧处置设施二噁英排放监测技术规范	2008-1-1			安全监管		基础综合	

体系结构号	标准编号	标　准　名　称	实施日期	与国际标准对应关系	代替标准	阶段	分阶段	专业	分专业
207.5-44	HJ 496—2009	环境工程技术分类与命名	2009-12-1			安全监管		基础综合	
207.5-45	HJ 2301—2017	火电厂污染防治可行技术指南	2017-6-1			安全监管		发电	火电
207.5-46	HG/T 4333.2—2012	氰化物泄漏的处理处置方法　第2部分：氰化钾	2013-6-1			安全监管		基础综合	
207.5-47	AQ/T 4208—2010	有毒作业场所危害程度分级	2011-5-1			安全监管		基础综合	
207.5-48	GB/T 2888—2008	风机和罗茨鼓风机噪声测量方法	2009-2-1		GB/T 2888—1991	安全监管		基础综合	
207.5-49	GB 3838—2002	地表水环境质量标准	2002-6-1		GB 3838—1988；GHZB 1—1999	安全监管		基础综合	
207.5-50	GB 5749—2006	生活饮用水卫生标准	2007-7-1		GB 5749—1985	安全监管		基础综合	
207.5-51	GB 6830—1986	电信线路遭受强电线路危险影响的容许值	1987-10-1			安全监管		输电	线路
207.5-52	GB 7000.18—2003	钨丝灯用特低电压照明系统安全要求	2004-2-1	IEC 60598-2-23: 1996，IDT		安全监管		基础综合	
207.5-53	GB 7000.203—2013	灯具　第2-3部分：特殊要求　道路与街路照明灯具	2015-7-1	IEC 60598-2-3: 2002+A1: 2011，IDT	GB 7000.5—2005	安全监管		基础综合	
207.5-54	GB/T 8190.1—2010	往复式内燃机　排放测量　第1部分：气体和颗粒排放物的试验台测量	2011-3-1	ISO 8178-1: 2006，IDT	GB/T 8190.1—1999	安全监管		发电	火电
207.5-55	GB/T 8190.2—2011	往复式内燃机　排放测量　第2部分：气体和颗粒排放物的现场测量	2012-1-1	ISO 8178-2: 2008，IDT	GB/T 8190.2—1999	安全监管		发电	火电
207.5-56	GB/T 8190.3—2003	往复式内燃机　排放测量　第3部分：稳态工况排气烟度的定义和测量方法	2003-9-1	ISO 8178-3: 1994，IDT		安全监管		发电	火电
207.5-57	GB 11806—2004	放射性物质安全运输规程	2005-8-1	IAEA NO.TS-R-1，IDT	GB 11806—1989	安全监管		基础综合	
207.5-58	GB 13223—2011	火电厂大气污染物排放标准	2012-1-1		GB 13223—2003	安全监管		发电	火电
207.5-59	GB 13271—2014	锅炉大气污染物排放标准	2014-7-1		GB 13271—2001	安全监管		发电	火电
207.5-60	GB 13614—2012	短波无线电收信台（站）及测向台（站）电磁环境要求	2013-4-1		GB 13614—1992；GB 13617—1992	安全监管		信息	基础设施

续表

体系结构号	标准编号	标 准 名 称	实施日期	与国际标准对应关系	代替标准	阶段	分阶段	专业	分专业
207.5-61	GB 13618—1992	对空情报雷达站电磁环境防护要求	1993-9-1			安全监管		信息	基础设施
207.5-62	GB/T 14097—2018	往复式内燃机 噪声限值	2018-9-1		GB/T 14097—1999；GB/T 15739—1995	安全监管		发电	火电
207.5-63	GB/T 14098—1993	燃气轮机 噪声	2017-3-23		GB 14098—1993	安全监管		发电	火电
207.5-64	GB/T 15190—2014	声环境功能区划分技术规范	2015-1-1		GB/T 15190—1994	安全监管		基础综合	
207.5-65	GB 17741—2005	工程场地地震安全性评价	2005-10-1		GB 17741—1999	安全监管		基础综合	
207.5-66	GB 18597—2001	危险废物贮存污染控制标准	2002-7-1			安全监管		基础综合	
207.5-67	GB 18597—2001/XG1—2013	《危险废物贮存污染控制标准》国家标准第 1 号修改单	2013-6-8			安全监管		基础综合	
207.5-68	GB 19652—2005	放电灯（荧光灯除外）安全要求	2005-8-1	IEC 62035: 1999，IDT	GB 7248—1987	安全监管		基础综合	
207.5-69	GB/T 20159.1—2006	环境条件分类 环境条件分类与环境试验之间的关系及转换指南 贮存	2006-9-1	IEC TR 60721 4-1: 2003，IDT		安全监管		基础综合	
207.5-70	GB 22337—2008	社会生活环境噪声排放标准	2008-10-1			安全监管		基础综合	
207.5-71	GB/T 28179—2011	电工电子产品环境意识设计 环境因素的识别	2012-6-1			安全监管		基础综合	
207.5-72	GB/T 28180—2011	变压器环境意识设计导则	2012-6-1			安全监管		基础综合	
207.5-73	GB/T 33017.1—2016	高效能大气污染物控制装备评价技术要求 第 1 部分：编制通则	2017-5-1			安全监管		发电	火电
207.5-74	GB/T 33017.2—2016	高效能大气污染物控制装备评价技术要求 第 2 部分：电除尘器	2017-5-1			安全监管		发电	火电
207.5-75	GB/T 33017.3—2016	高效能大气污染物控制装备评价技术要求 第 3 部分：袋式除尘器	2017-5-1			安全监管		发电	火电
207.5-76	GB/T 33017.4—2016	高效能大气污染物控制装备评价技术要求 第 4 部分：电袋复合除尘器	2017-5-1			安全监管		发电	火电

续表

体系结构号	标准编号	标准名称	实施日期	与国际标准对应关系	代替标准	阶段	分阶段	专业	分专业
207.5-77	GB/T 33017.5—2017	高效能大气污染物控制装备评价技术要求　第5部分：空气净化器	2018-7-1			安全监管		发电	火电
207.5-78	GB/T 34696—2017	废弃化学品收集技术指南	2018-5-1			安全监管		基础综合	
207.5-79	GB 50325—2010	民用建筑工程室内环境污染控制规范	2011-6-1		GB 50325—2001	安全监管		基础综合	
207.5-80	ISO 14031—2013	环境管理环境表现评价指南	2013-7-25	EN ISO 14031—2013，IDT；NF X30-241—2013，IDT	ISO 14031—1999；ISO FDIS 14031—2013	安全监管		基础综合	
207.6 安健环-应急机制									
207.6-1	Q/CSG 11201—2009	南方电网公司应急指挥平台建设规范	2009-8-1			安全监管		基础综合	
207.6-2	T/CEC 179—2018	大中型水电站地质灾害预警及应急管理技术规范	2018-9-1			安全监管		发电	水电
207.6-3	T/CSEE 0036—2017	低压电力应急电源车通用技术要求	2018-5-1			安全监管		基础综合	
207.6-4	DL/T 1352—2014	电力应急指挥中心技术导则	2015-3-1			安全监管		基础综合	
207.6-5	DL/T 1614—2016	电力应急指挥通信车技术规范	2016-12-1			安全监管		基础综合	
207.6-6	DL/T 1901—2018	水电站大坝运行安全应急预案编制导则	2019-5-1			安全监管		发电	水电
207.6-7	DL/T 1919—2018	发电企业应急能力建设评估规范	2019-5-1			安全监管		发电	火电、水电、光伏、风电、其他
207.6-8	DL/T 1920—2018	电网企业应急能力建设评估规范	2019-5-1			安全监管		基础综合	
207.6-9	DL/T 1921—2018	电力建设企业应急能力建设评估规范	2019-5-1			安全监管		基础综合	
207.6-10	DL/T 5314—2014	水电水利工程施工安全生产应急能力评估导则	2014-8-1			安全监管		发电	水电
207.6-11	SL 611—2012	防台风应急预案编制导则	2013-1-8			安全监管		基础综合	
207.6-12	SJ/T 11663—2016	应急用车载计算机通用规范	2017-1-1			安全监管		调度及二次	电力通信

续表

体系结构号	标准编号	标准名称	实施日期	与国际标准对应关系	代替标准	阶段	分阶段	专业	分专业
207.6-13	AQ/T 3052—2015	危险化学品事故应急救援指挥导则	2015-9-1			安全监管		其他	
207.6-14	AQ/T 9007—2011	生产安全事故应急演练指南	2011-9-1			安全监管		基础综合	
207.6-15	AQ/T 9009—2015	生产安全事故应急演练评估规范	2015-9-1			安全监管		基础综合	
207.6-16	HJ 589—2010	突发环境事件应急监测技术规范	2011-1-1			安全监管		其他	
207.6-17	QX/T 116—2010	重大气象灾害应急响应启动等级	2010-6-1			安全监管		基础综合	
207.6-18	QC/T 911—2013	电源车	2013-9-1			安全监管		用电	其他
207.6-19	WB/T 1072—2018	应急物资仓储设施设备配置规范	2018-8-1			安全监管		基础综合	
207.6-20	GB/T 29328—2018	重要电力用户供电电源及自备应急电源配置技术规范	2019-7-1		GB/Z 29328—2012	安全监管		用电	其他
207.6-21	GB/T 29639—2013	生产经营单位生产安全事故应急预案编制导则	2013-10-1			安全监管		基础综合	
207.6-22	GB/T 33942—2017	特种设备事故应急预案编制导则	2018-2-1			安全监管		附属设施及工器具	工器具
207.6-23	GB/T 34312—2017	雷电灾害应急处置规范	2018-4-1			安全监管		输电、变电、配电	其他、其他、其他
207.6-24	GB/T 35245—2017	企业产品质量安全事件应急预案编制指南	2018-7-1			安全监管		技术经济	
207.6-25	GB/T 35649—2017	突发事件应急标绘符号规范	2018-7-1			安全监管		基础综合	
207.6-26	GB/T 35651—2017	突发事件应急标绘图层规范	2018-7-1			安全监管		基础综合	
207.6-27	GB/T 35965.1—2018	应急信息交互协议 第1部分：预警信息	2018-8-1			安全监管		基础综合	
207.6-28	GB/T 35965.2—2018	应急信息交互协议 第2部分：事件信息	2018-8-1			安全监管		基础综合	
207.6-29	GB/T 37228—2018	公共安全 应急管理 突发事件响应要求	2019-6-1			安全监管		基础综合	
207.6-30	GB/T 37230—2018	公共安全 应急管理 预警颜色指南	2019-6-1			安全监管		基础综合	

体系结构号	标准编号	标 准 名 称	实施日期	与国际标准对应关系	代替标准	阶段	分阶段	专业	分专业
207.7 安健环-消防									
207.7-1	DL 5027—2015	电力设备典型消防规程	2015-9-1		DL 5027—1993	安全监管		基础综合	
207.7-2	DLGJ 154—2000	电缆防火措施设计和施工验收标准	2001-1-1			安全监管		输电、配电	电缆、电缆
207.7-3	YD/T 2199—2010	通信机房防火封堵安全技术要求	2011-1-1			安全监管		调度及二次、信息	电力通信
207.7-4	GA 10—2014	消防员灭火防护服	2014-3-1		GA 10—2002；GA 140—1996	安全监管		附属设施及工器具	工器具
207.7-5	GA 139—2009	灭火器箱	2009-12-1		GA 139—1996	安全监管		附属设施及工器具	工器具
207.7-6	GA 185—2014	火灾损失统计方法	2014-5-1		GA 185—1998	安全监管		基础综合	
207.7-7	GA 632—2006	正压式消防氧气呼吸器	2007-1-1	EN 145—1997，NEQ		安全监管		附属设施及工器具	工器具
207.7-8	GA 653—2006	重大火灾隐患判定方法	2007-1-1			安全监管		基础综合	
207.7-9	GA 834—2009	泡沫喷雾灭火装置	2009-7-1			安全监管		基础综合	
207.7-10	GA 835—2009	油浸变压器排油注氮灭火装置	2009-7-1			安全监管		基础综合	
207.7-11	GA 836—2016	建设工程消防验收评定规则	2016-9-1		GA 836—2009	安全监管		基础综合	
207.7-12	GA 1025—2012	消防产品.消防安全要求	2012-11-23			安全监管		基础综合	
207.7-13	GA 1131—2014	仓储场所消防安全管理通则	2014-3-1			安全监管		基础综合	
207.7-14	GA 1151—2014	火灾报警系统无线通信功能通用要求	2014-4-16			安全监管		基础综合	
207.7-15	GA 1157—2014	消防技术服务机构设备配备	2014-5-1			安全监管		基础综合	
207.7-16	GA 1167—2014	探火管式灭火装置	2014-7-1			安全监管		基础综合	
207.7-17	GA/T 1192—2014	火灾信息报告规定	2014-9-28			安全监管		基础综合	
207.7-18	GA 1203—2014	气体灭火系统灭火剂充装规定	2014-11-13			安全监管		基础综合	
207.7-19	GA 1204—2014	移动式消防储水装置	2015-3-1			安全监管		基础综合	
207.7-20	GA/T 1249—2015	火灾现场照相规则	2015-3-11			安全监管		基础综合	

续表

体系结构号	标准编号	标 准 名 称	实施日期	与国际标准对应关系	代替标准	阶段	分阶段	专业	分专业
207.7-21	GA/T 1270—2015	火灾事故技术调查工作规则	2015-9-28			安全监管		基础综合	
207.7-22	GA 1282—2015	灭火救援装备储备管理通则	2016-2-1			安全监管		基础综合	
207.7-23	GA 1290—2016	建设工程消防设计审查规则	2016-7-8			安全监管		基础综合	
207.7-24	GA 1301—2016	火灾原因认定规则	2016-8-1			安全监管		基础综合	
207.7-25	GA/T 1340—2016	火警和应急救援分级	2016-12-1			安全监管		基础综合	
207.7-26	GB 3446—2013	消防水泵接合器	2014-8-1		GB 3446—1993	安全监管		基础综合	
207.7-27	GB 4351.1—2005	手提式灭火器 第 1 部分：性能和结构要求	2005-12-1	ISO 7165: 1999，NEQ	GB 4399—1984； GB 4400—1984； GB 4401—1984； GB 12515—1990； GB 15368—1994； GB 4351—1997； GB 4397—1998； GB 4402—1998； GB 4398—1999	安全监管		基础综合	
207.7-28	GB/T 4351.3—2005	手提式灭火器第 3 部分：检验细则	2005-12-1		GA 90—1994	安全监管		基础综合	
207.7-29	GB 4717—2005	火灾报警控制器	2006-6-1		GB 4717—1993	安全监管		基础综合	
207.7-30	GB/T 4968—2008	火灾分类	2009-4-1	ISO 3941: 2007，MOD	GB/T 4968—1985	安全监管		基础综合	
207.7-31	GB/Z 5169.33—2014	电工电子产品着火危险试验 第 33 部分：着火危险评定导则 起燃性 总则	2015-4-1	IEC/TS 60695-1-20: 2008，IDT		安全监管		基础综合	
207.7-32	GB 6245—2006	消防泵	2006-12-1	NFPA 20—2003，UL 448—1994，UL 1247—1995，NEQ	GB 6245—1998	安全监管		基础综合	
207.7-33	GB 8109—2005	推车式灭火器	2005-12-1	ISO 11601: 1999，NEQ	GB 8109—1987	安全监管		基础综合	
207.7-34	GB 8181—2005	消防水枪	2006-4-1		GB 8181—1987	安全监管		基础综合	
207.7-35	GB 12955—2008	防火门	2009-1-1		GB 12955—1991； GB 14101—1993	安全监管		基础综合	
207.7-36	GB 14287.1—2014	电气火灾监控系统 第 1 部分：电气火灾监控设备	2015-6-1		GB 14287.1—2005	安全监管		基础综合	

续表

体系结构号	标准编号	标准名称	实施日期	与国际标准对应关系	代替标准	阶段	分阶段	专业	分专业
207.7-37	GB 14287.2—2014	电气火灾监控系统　第2部分：剩余电流式电气火灾监控探测器	2015-6-1		GB 14287.2—2005	安全监管		基础综合	
207.7-38	GB 14287.3—2014	电气火灾监控系统　第3部分：测温式电气火灾监控探测器	2015-6-1		GB 14287.3—2005	安全监管		基础综合	
207.7-39	GB 14287.4—2014	电气火灾监控系统　第4部分：故障电弧探测器	2015-6-1			安全监管		基础综合	
207.7-40	GB 15308—2006	泡沫灭火剂	2007-7-1	ISO 7203，NEQ	GB 15308—1994；GB 17427—1998；GB 13463—1992	安全监管		附属设施及工器具	工器具
207.7-41	GB 16280—2014	线型感温火灾探测器	2015-6-1		GB 16280—2005；GB/T 21197—2007	安全监管		基础综合	
207.7-42	GB 16806—2006	消防联动控制系统	2007-4-1		GB 16806—1997	安全监管		基础综合	
207.7-43	GB 16806—2006/XG1—2016	《消防联动控制系统》国家标准第1号修改单	2016-5-1		GB 16806—2006	安全监管		基础综合	
207.7-44	GB/T 16840.1—2008	电气火灾痕迹物证技术鉴定方法　第1部分：宏观法	2009-5-1		GB 16840.1—1997	安全监管		基础综合	
207.7-45	GB/T 16840.2—1997	电气火灾原因技术鉴定方法　第2部分：剩磁法	2017-3-23		GB 16840.2—1997	安全监管		基础综合	
207.7-46	GB/T 16840.3—1997	电气火灾原因技术鉴定方法　第3部分：成分分析法	2017-3-23		GB 16840.3—1997	安全监管		基础综合	
207.7-47	GB/T 16840.4—1997	电气火灾原因技术鉴定方法　第4部分：金相法	2017-3-23		GB 16840.4—1997	安全监管		基础综合	
207.7-48	GB 17945—2010	消防应急照明和疏散指示系统	2011-5-1		GB 17945—2000	安全监管		基础综合	
207.7-49	GB/T 20162—2006	火灾技术鉴定物证提取方法	2006-10-1			安全监管		基础综合	
207.7-50	GB 25201—2010	建筑消防设施的维护管理	2011-3-1			安全监管		基础综合	
207.7-51	GB 25972—2010	气体灭火系统及部件	2011-6-1			安全监管		基础综合	
207.7-52	GB 26755—2011	消防移动式照明装置	2011-11-1			安全监管		基础综合	
207.7-53	GB/T 26875.7—2015	城市消防远程监控系统　第7部分：消防设施维护管理软件功能要求	2016-2-1			安全监管		基础综合	

续表

体系结构号	标准编号	标 准 名 称	实施日期	与国际标准对应关系	代替标准	阶段	分阶段	专业	分专业
207.7-54	GB/T 26875.8—2015	城市消防远程监控系统 第8部分：监控中心对外数据交换协议	2016-2-1			安全监管		基础综合	
207.7-55	GB/T 27476.1—2014	检测实验室安全 第1部分：总则	2014-12-15			安全监管		基础综合	
207.7-56	GB/T 27476.2—2014	检测实验室安全 第2部分：电气因素	2014-12-15			安全监管		基础综合	
207.7-57	GB/T 27476.3—2014	检测实验室安全 第3部分：机械因素	2014-12-15			安全监管		基础综合	
207.7-58	GB/T 27476.4—2014	检测实验室安全 第4部分：非电离辐射因素	2014-12-15			安全监管		基础综合	
207.7-59	GB/T 27476.5—2014	检测实验室安全 第5部分：化学因素	2014-12-15			安全监管		基础综合	
207.7-60	GB 27898.2—2011	固定消防给水设备.第2部分：消防自动恒压给水设备	2012-6-1			安全监管		附属设施及工器具	工器具
207.7-61	GB 29837—2013	火灾探测报警产品的维修保养与报废	2014-8-7			安全监管		基础综合	
207.7-62	GB 31247—2014	电缆及光缆燃烧性能分级	2015-9-1			安全监管		基础综合	
207.7-63	GB/T 31248—2014	电缆或光缆在受火条件下火焰蔓延、热释放和产烟特性的试验方法	2015-4-1			安全监管		基础综合	
207.7-64	GB/T 31419—2015	火灾逃生面具有毒有害物质检测方法	2015-10-1			安全监管		基础综合	
207.7-65	GB/T 31540.1—2015	消防安全工程指南 第1部分：性能化在设计中的应用	2015-8-1	ISO/TR 13387-1: 1999，MOD		安全监管		基础综合	
207.7-66	GB/T 31540.2—2015	消防安全工程指南 第2部分：火灾发生、发展及烟气的生成	2015-8-1	ISO/TR 13387-4: 1999，MOD		安全监管		基础综合	
207.7-67	GB/T 31540.3—2015	消防安全工程指南 第3部分：结构响应和室内火灾的对外蔓延	2015-8-1	ISO/TR 13387-6: 1999，MOD		安全监管		基础综合	
207.7-68	GB/T 31540.4—2015	消防安全工程指南 第4部分：探测、启动和灭火	2015-8-1	ISO/TR 13387-7: 1999，MOD		安全监管		基础综合	
207.7-69	GB/T 31592—2015	消防安全工程 总则	2015-8-1	ISO 23932: 2009，MOD		安全监管		基础综合	

续表

体系结构号	标准编号	标 准 名 称	实施日期	与国际标准对应关系	代替标准	阶段	分阶段	专业	分专业
207.7-70	GB/T 31593.1—2015	消防安全工程 第 1 部分：计算方法的评估、验证和确认	2015-8-1	ISO 16730: 2008，MOD		安全监管		基础综合	
207.7-71	GB/T 31593.2—2015	消防安全工程 第 2 部分：所需数据类型与信息	2015-8-1			安全监管		基础综合	
207.7-72	GB/T 31593.3—2015	消防安全工程 第 3 部分：火灾风险评估指南	2015-8-1	ISO/TS 16732: 2005，MOD		安全监管		基础综合	
207.7-73	GB/T 31593.4—2015	消防安全工程 第 4 部分：设定火灾场景和设定火灾的选择	2015-8-1	ISO/TS 16733: 2006，MOD		安全监管		基础综合	
207.7-74	GB/T 31593.5—2015	消防安全工程 第 5 部分：火羽流的计算要求	2015-8-1	ISO 16734: 2006，MOD		安全监管		基础综合	
207.7-75	GB/T 31593.6—2015	消防安全工程 第 6 部分：烟气层的计算要求	2015-8-1	ISO 16735: 2006，MOD		安全监管		基础综合	
207.7-76	GB/T 31593.7—2015	消防安全工程 第 7 部分：顶棚射流的计算要求	2015-8-1	ISO 16736: 2006，MOD		安全监管		基础综合	
207.7-77	GB/T 31593.8—2015	消防安全工程 第 8 部分：开口气流的计算要求	2015-8-1	ISO 16737: 2006，MOD		安全监管		基础综合	
207.7-78	GB/T 31593.9—2015	消防安全工程 第 9 部分：人员疏散评估指南	2015-8-1	ISO/TR 16738: 2009，MOD		安全监管		基础综合	
207.7-79	GB 35181—2017	重大火灾隐患判定方法	2018-7-1			安全监管		基础综合	
207.7-80	GB 50193—1993	二氧化碳灭火系统设计规范（2010 年版）	2010-8-1		GB 50193—1999	安全监管		基础综合	
207.7-81	GB 50263—2007	气体灭火系统施工及验收规范	2007-7-1		GB 50263—1997	安全监管		基础综合	
207.7-82	GB 50354—2005	建筑内部装修防火施工及验收规范	2005-8-1			安全监管		基础综合	
207.7-83	GB 50370—2005	气体灭火系统设计规范	2006-5-1			安全监管		基础综合	
207.7-84	GB 50720—2011	建设工程施工现场消防安全技术规范	2011-8-1			安全监管		基础综合	
207.7-85	GB 50872—2014	水电工程设计防火规范	2014-8-1			安全监管		发电	水电
207.7-86	GB 50987—2014	水利工程设计防火规范	2015-8-1			安全监管		发电	水电
207.7-87	NFPA 80A—2017	建筑物外部防火的推荐实施规程	2017-1-1		NFPA 80A—2012	安全监管		基础综合	

体系结构号	标准编号	标 准 名 称	实施日期	与国际标准对应关系	代替标准	阶段	分阶段	专业	分专业
207.7-88	IEC/TR 62222—2012	安装在建筑物中的通信电缆的防火性能	2012-7-4		IEC/TR 62222—2005	安全监管		基础综合	
207.7-89	ISO 7240-14—2013	火灾探测和报警系统 第14部分：建筑物中和周围火灾探测和火灾报警系统的设计、安装、调试和服务	2013-7-29		ISO TR 7240-14 2003；ISO FDIS 7240-14—2013	安全监管		基础综合	
207.8 安健环-其他									
207.8-1	NB/T 42115—2017	中小功率燃气发电机组安全要求	2017-12-1			安全监管		发电	火电
207.8-2	AQ/T 3049—2013	危险与可操作性分析（HAZOP分析）应用导则	2013-10-1	IEC 61882: 2001，MOD		安全监管		基础综合	
207.8-3	TSG 03—2015	特种设备事故报告和调查处理导则	2016-6-1			安全监管		基础综合	
207.8-4	TSG 01—2014	特种设备安全技术规范制定导则	2015-4-1			安全监管		基础综合	
207.8-5	TSG 08—2017	特种设备使用管理规则	2017-8-1			安全监管		基础综合	
207.8-6	TSG Q7014—2008	起重机械安全保护装置型式试验细则	2008-6-1			安全监管		基础综合	
207.8-7	GB 5226.6—2014	机械电气安全 机械电气设备 第6部分：建设机械技术条件	2015-6-29			安全监管		基础综合	
207.8-8	GB/T 5226.33—2017	机械电气安全 机械电气设备 第33部分：半导体设备技术条件	2018-5-1	IEC 60204-33: 2009		安全监管		基础综合	
207.8-9	GB 16796—2009	安全防范报警设备 安全要求和试验方法	2010-6-1		GB 16796—1997	安全监管		基础综合	
207.8-10	GB 30439.6—2014	工业自动化产品安全要求 第6部分：电磁阀的安全要求	2015-2-1			安全监管		基础综合	
207.8-11	GB 30439.7—2014	工业自动化产品安全要求 第7部分：回路调节器的安全要求	2015-2-1			安全监管		基础综合	
207.8-12	GB 30439.8—2014	工业自动化产品安全要求 第8部分：电动执行机构的安全要求	2015-2-1			安全监管		基础综合	

体系结构号	标准编号	标 准 名 称	实施日期	与国际标准对应关系	代替标准	阶段	分阶段	专业	分专业
207.8-13	GB 30439.9—2014	工业自动化产品安全要求 第9部分：数字显示仪表的安全要求	2015-2-1			安全监管		基础综合	
207.8-14	GB 30439.10—2014	工业自动化产品安全要求 第10部分：记录仪表的安全要求	2015-2-1			安全监管		基础综合	
207.8-15	GB/T 32634—2016	公共预警短消息业务技术要求	2016-11-1			安全监管		基础综合	
207.8-16	GB/T 34136—2017	机械电气安全 GB 28526和GB/T 16855.1用于机械安全相关控制系统设计的应用指南	2018-2-1	IEC/TR 62061-1: 2010		安全监管		基础综合	
207.8-17	GB/T 34866—2017	全钒液流电池 安全要求	2018-5-1			安全监管		基础综合	
207.8-18	GB/T 34934—2017	机械电气安全 安全相关设备中的通信系统使用指南	2018-5-1	IEC/TS 62513: 2008		安全监管		基础综合	
207.8-19	GB/T 36373.1—2018	特种设备信息资源管理数据元规范 第1部分：气瓶	2019-1-1			安全监管		基础综合	
207.8-20	GB 50233—2008	建筑工程抗震设防分类标准	2008-7-30			安全监管		基础综合	
208 技术监督									
208.1 技术监督-基础综合									
208.1-1	DL/T 836.1—2016	供电系统供电可靠性评价规程 第1部分：通用要求	2016-6-1		DL/T 836—2012	技术监督		配电	其他
208.1-2	DL/T 836.2—2016	供电系统供电可靠性评价规程 第2部分：高中压用户	2016-6-1			技术监督		配电	其他
208.1-3	DL/T 836.3—2016	供电系统供电可靠性评价规程 第3部分：低压用户	2016-6-1			技术监督		配电	其他
208.1-4	DL/T 989—2013	直流输电系统可靠性评价规程	2014-4-1		DL/T 989—2005	技术监督		配电	其他
208.1-5	DL/T 1051—2007	电力技术监督导则	2007-12-1			技术监督		基础综合	
208.1-6	DL/T 1090—2008	串联补偿系统可靠性统计评价规程	2008-11-1			技术监督		输电	线路
208.1-7	DL/T 1320—2014	电力企业能源管理体系实施指南	2014-8-1			技术监督		技术经济	

续表

体系结构号	标准编号	标 准 名 称	实施日期	与国际标准对应关系	代替标准	阶段	分阶段	专业	分专业
208.1-8	DL/T 1424—2015	电网金属技术监督规程	2015-9-1			技术监督		基础综合	
208.1-9	DL/T 1563—2016	中压配电网可靠性评估导则	2016-6-1			技术监督		配电	其他
208.1-10	DL/T 1680—2016	大型接地网状态评估技术导则	2017-5-1			技术监督		变电	其他
208.1-11	DL/T 1781—2017	电力器材质量监督检验技术规程	2018-6-1			技术监督		附属设施及工器具	工器具
208.1-12	DL/T 1839.1—2018	电力可靠性管理信息系统数据接口规范 第1部分：通用要求	2018-7-1			技术监督		基础综合	
208.1-13	DL/T 1839.2—2018	电力可靠性管理信息系统数据接口规范 第2部分：输变电设施	2018-7-1			技术监督		基础综合	
208.1-14	DL/T 1839.4—2018	电力可靠性管理信息系统数据接口规范 第4部分：供电系统用户供电	2018-7-1			技术监督		基础综合	
208.1-15	DL/T 1957—2018	电网直流偏磁风险评估与防御导则	2019-5-1			技术监督		基础综合	
208.1-16	JB/T 8690—2014	通风机 噪声限值	2014-11-1		JB/T 8690—1998	技术监督		附属设施及工器具	工器具
208.1-17	RB/T 171—2018	实验室测量结果评价指南	2018-10-1			技术监督		基础综合	
208.1-18	GB/T 7119—2018	节水型企业评价导则	2019-4-1		GB/T 7119—2006	技术监督		技术经济	
208.1-19	GB/T 7826—2012	系统可靠性分析技术 失效模式和影响分析（FMEA）程序	2013-2-15	IEC 60812: 2006	GB/T 7826—1987	技术监督、采购、建设	品控、验收与质量评定	基础综合	
208.1-20	GB/T 13264—2008	不合格品百分数的小批计数抽样检验程序及抽样表	2009-1-1		GB/T 13264—1991	技术监督		其他	
208.1-21	GB/T 13393—2008	验收抽样检验导则	2009-1-1		GB/T 13393—1992	技术监督		其他	
208.1-22	GB/T 21419—2013	变压器、电抗器、电源装置及其组合的安全 电磁兼容（EMC）要求	2013-12-2	IEC 62041: 2010	GB/T 21419—2008	技术监督		基础综合	
208.1-23	GB/T 27007—2011	合格评定 合格评定用规范性文件的编写指南	2012-3-1	ISO/IEC 17007—2009，IDT		技术监督		其他	
208.1-24	GB/T 27022—2017	合格评定 管理体系第三方审核报告内容要求和建议	2018-4-1	ISO/IEC TS 17022: 2012		技术监督		其他	

续表

体系结构号	标准编号	标 准 名 称	实施日期	与国际标准对应关系	代替标准	阶段	分阶段	专业	分专业
208.1-25	GB/Z 30556.1—2017	电磁兼容 安装和减缓导则 一般要求	2018-7-1	IEC/TR 61000-5-1: 1996		技术监督		基础综合	
208.1-26	GB/Z 30556.2—2017	电磁兼容 安装和减缓导则 接地和布线	2018-7-1	IEC/TR 61000-5-2: 1997		技术监督		基础综合	
208.1-27	GB/Z 30556.3—2017	电磁兼容 安装和减缓导则 高空核电磁脉冲(HEMP)的防护概念	2018-4-1	IEC TR 61000-5-3: 1999		技术监督		基础综合	
208.1-28	GB/T 30556.7—2014	电磁兼容 安装和减缓导则 外壳的电磁骚扰防护等级（EM 编码）	2014-10-28	IEC 61000-5-7: 2001		技术监督		基础综合	
208.1-29	GB/T 30716—2014	能量系统绩效评价通则	2014-10-1			技术监督		技术经济	
208.1-30	GB/T 30842—2014	高压试验室电磁屏蔽效能要求与测量方法	2015-1-22			技术监督		基础综合	
208.1-31	GB/T 31274—2014	电子电气产品限用物质管理体系 要求	2015-4-16			技术监督		基础综合	
208.1-32	GB/T 31342—2014	公共机构能源审计技术导则	2015-7-1			技术监督		技术经济	
208.1-33	GB/Z 32513—2016	低压电器可靠性通则	2016-9-1			技术监督		基础综合	
208.1-34	GB/T 36272—2018	电子电气产品系统生态效率评估 原则、要求与指南	2019-1-1			技术监督		基础综合	
208.1-35	GB/T 37079—2018	设备可靠性 可靠性评估方法	2018-12-28			技术监督		基础综合	
208.1-36	GB/T 37080—2018	可信性分析技术 事件树分析（ETA）	2018-12-28			技术监督		基础综合	
208.1-37	GB/Z 36046—2018	电力监管指标评价规范	2018-10-1			技术监督		基础综合	
208.1-38	GB/Z 37150—2018	电磁兼容可靠性风险评估导则	2019-7-1			技术监督		基础综合	
208.1-39	IEC 60812—2018	Failure modes and effects analysis（FMEA and FMECA）	2018-8-10		IEC 60812—2006	技术监督		基础综合	
208.1-40	IEC/TR 60943—2009	关于电气设备部件(尤其是终端）的容许温升指导意见	2009-3-1			技术监督		基础综合	
208.2 技术监督-电能质量									
208.2-1	DL/T 837—2012	输变电设施可靠性评价规程	2012-3-1		DL/T 837—2003	技术监督、规划、设计、采购、运维	规划、初设、施工图、招标、品控、验收与质量判定、运行、维护	配电、用电	其他

续表

体系结构号	标准编号	标准名称	实施日期	与国际标准对应关系	代替标准	阶段	分阶段	专业	分专业
208.2-2	DL/T 1053—2017	电能质量技术监督规程	2017-8-1		DL/T 1053—2007	技术监督、规划、设计、采购、运维	规划、初设、施工图、招标、品控、验收与质量判定、运行、维护	配电、用电	其他
208.2-3	DL/T 1198—2013	电力系统电能质量技术管理规定	2013-8-1		SD 126—1984	技术监督、规划、设计、运维	规划、初设、运行	配电、用电	其他
208.2-4	DL/T 1208—2013	电能质量评估技术导则 供电电压偏差	2013-8-1			技术监督、设计、采购、修试	初设、施工图、招标、品控、试验	调度及二次	基础综合
208.2-5	DL/T 1351—2014	电力系统暂态过电压在线测量及记录系统技术导则	2015-3-1			技术监督、修试	试验	配电、用电	其他
208.2-6	DL/T 1368—2014	电能质量标准源校准规范	2015-3-1			技术监督、规划、设计、运维	规划、初设、运行	配电、用电	其他
208.2-7	DL/T 1375—2014	电能质量评估技术导则 三相电压不平衡	2015-3-1			技术监督、运维	运行	配电、用电	其他
208.2-8	DL/T 1585—2016	电能质量监测系统运行维护规范	2016-7-1			技术监督、规划、设计、采购、运维	规划、初设、施工图、招标、品控、验收与质量判定、运行、维护	配电、用电	其他
208.2-9	DL/T 1608—2016	电能质量数据交换格式规范	2016-12-1			技术监督、规划、设计、运维	规划、初设、运行	配电、用电	其他
208.2-10	DL/T 1724—2017	电能质量评估技术导则 电压波动和闪变	2017-12-1			技术监督、规划、设计、采购、运维	规划、初设、施工图、招标、品控、验收与质量判定、运行、维护	配电、用电	其他
208.2-11	DL/T 1862—2018	电能质量监测终端检测技术规范	2018-10-1			技术监督、修试	检修、试验	配电、用电	其他
208.2-12	NB/T 41004—2014	电能质量现象分类	2014-8-1			技术监督、规划、设计、采购	规划、初设、施工图、招标、品控、验收与质量判定	配电、用电	其他

续表

体系结构号	标准编号	标　准　名　称	实施日期	与国际标准对应关系	代替标准	阶段	分阶段	专业	分专业
208.2-13	NB/T 41005—2014	电能质量控制设备通用技术要求	2014-8-1			技术监督、规划、设计、运维	规划、初设、运行	配电、用电	其他
208.2-14	NB/T 41008—2017	交流电弧炉供电技术导则　电能质量评估	2017-12-1			技术监督、规划、设计、采购	规划、初设、施工图、招标、品控、验收与质量判定	配电、用电	其他
208.2-15	NB/T 41010—2018	交流电弧炉供电技术导则　电能质量控制	2018-7-1			技术监督、规划、设计、采购	规划、初设、施工图、招标、品控、验收与质量判定	配电、用电	其他
208.2-16	TB/T 3328—2015	便携式牵引变电所电能质量检测装置	2015-11-1			技术监督、规划、设计、采购、运维	规划、初设、施工图、招标、品控、验收与质量判定、运行、维护	配电、用电	其他
208.2-17	GB/T 12325—2008	电能质量　供电电压偏差	2009-5-1		GB/T 12325—2003	技术监督、规划、设计、采购、运维	规划、初设、施工图、招标、品控、验收与质量判定、运行、维护	配电、用电	其他
208.2-18	GB/T 12326—2008	电能质量　电压波动和闪变	2009-5-1		GB 12326—2000	技术监督、规划、设计、采购、运维	规划、初设、施工图、招标、品控、验收与质量判定、运行、维护	配电、用电	其他
208.2-19	GB/T 14549—1993	电能质量　公用电网谐波	1994-3-1			技术监督、规划、设计、采购、运维	规划、初设、施工图、招标、品控、验收与质量判定、运行、维护	配电、用电	其他
208.2-20	GB/T 15543—2008	电能质量　三相电压不平衡	2009-5-1		GB/T 15543—1995	技术监督、规划、设计、采购、运维	规划、初设、施工图、招标、品控、验收与质量判定、运行、维护	配电、用电	其他
208.2-21	GB/T 15945—2008	电能质量　电力系统频率偏差	2009-5-1		GB/T 15945—1995	技术监督、规划、设计、运维	规划、初设、运行	用电	其他
208.2-22	GB/T 17625.2—2007	电磁兼容　限值　对每相额定电流≤16A 且无条件接入的设备在公用低压供电系统中产生的电压变化、电压波动和闪烁的限制	2017-3-23	IEC 61000-3-3: 2005	GB 17625.2—2007	技术监督、规划、设计、运维	规划、初设、运行	用电	其他

续表

体系结构号	标准编号	标 准 名 称	实施日期	与国际标准对应关系	代替标准	阶段	分阶段	专业	分专业
208.2-23	GB/Z 17625.3—2000	电磁兼容 限值 对额定电流大于16A的设备在低压供电系统中产生的电压波动和闪烁的限制	2000-12-1	IEC 61000-3-5: 1994，IDT		技术监督、规划、设计、运维	规划、初设、运行	变电、配电	其他
208.2-24	GB/Z 17625.5—2000	电磁兼容 限值 中、高压电力系统中波动负荷发射限值的评估	2000-12-1	IEC 61000-3-7: 1996，IDT		技术监督、规划、设计、运维	规划、初设、运行	配电、用电	其他
208.2-25	GB/Z 17625.6—2003	电磁兼容 限值 对额定电流大于16A的设备在低压供电系统中产生的谐波电流的限制	2003-8-1	IEC TR 61000-3-4: 1988，IDT		技术监督、规划、设计、运维	规划、初设、运行	配电、用电	其他
208.2-26	GB/T 17625.8—2015	电磁兼容 限值 每相输入电流大于 16A 小于等于75A 连接到公用低压系统的设备产生的谐波电流限值	2016-4-1	IEC 61000-3-12—2004，IDT		技术监督、规划、设计、运维	规划、初设、运行	配电、用电	其他
208.2-27	GB/T 17625.9—2016	电磁兼容 限值 低压电气设施上的信号传输 发射电平、频段和电磁骚扰电平	2017-7-1	IEC 61000-3-8: 1997		技术监督、规划、设计、运维	规划、初设、运行	配电、用电	其他
208.2-28	GB/Z 17625.14—2017	电磁兼容 限值 骚扰装置接入低压电力系统的谐波、间谐波、电压波动和不平衡的发射限值评估	2018-5-1	IEC/TR 61000-3-14: 2011		技术监督、规划、设计、运维	规划、初设、运行	配电、用电	其他
208.2-29	GB/Z 17625.15—2017	电磁兼容 限值 低压电网中分布式发电系统低频电磁抗扰度和发射要求的评估	2018-5-1	IEC/TR 61000-3-15: 2011		技术监督、规划、设计、采购、运维	规划、初设、施工图、招标、品控、验收与质量判定、运行、维护	配电、用电	其他
208.2-30	GB/T 18481—2001	电能质量 暂时过电压和瞬态过电压	2002-4-1			技术监督、规划、设计、采购	规划、初设、施工图、招标、品控、验收与质量判定	配电、用电	其他
208.2-31	GB/T 19862—2016	电能质量监测设备通用要求	2017-3-1		GB/T 19862—2005	技术监督、规划、设计、运维	规划、初设、运行	配电、用电	其他
208.2-32	GB/T 20320—2013	风力发电机组 电能质量测量和评估方法	2014-10-1	IEC 61400-21: 2008	GB/T 20320—2006	技术监督、规划、设计、采购、运维	规划、初设、施工图、招标、品控、验收与质量判定、运行、维护	配电、用电	其他

续表

体系结构号	标准编号	标 准 名 称	实施日期	与国际标准对应关系	代替标准	阶段	分阶段	专业	分专业
208.2-33	GB/T 24337—2009	电能质量 公用电网间谐波	2010-6-1			技术监督、设计	初设、施工图	用电	其他
208.2-34	GB/T 26870—2011	滤波器和并联电容器在受谐波影响的工业交流电网中的应用	2011-12-1	IEC 61642: 1997, MOD		技术监督、规划、设计、采购、运维	规划、初设、施工图、招标、品控、验收与质量判定、运行、维护	配电、用电	其他
208.2-35	GB/T 30137—2013	电能质量 电压暂降与短时中断	2014-5-10			技术监督、规划、设计、运维	规划、初设、运行	配电、用电	其他
208.2-36	GB/Z 32880.1—2016	电能质量经济性评估 第1部分：电力用户的经济性评估方法	2017-7-1			技术监督、规划、设计、运维	规划、初设、运行	配电、用电	其他
208.2-37	GB/Z 32880.2—2016	电能质量经济性评估 第2部分：公用配电网的经济性评估方法	2017-7-1			技术监督、规划、设计、运维	规划、初设、运行	配电、用电	其他
208.2-38	GB/T 32880.3—2016	电能质量经济性评估 第3部分：数据收集方法	2017-3-1			技术监督、设计	初设	换流	其他
208.2-39	GB/T 35711—2017	高压直流输电系统直流侧谐波分析、抑制与测量导则	2018-7-1			技术监督、规划、设计、采购	规划、初设、施工图、招标、品控、验收与质量判定	配电、用电	其他
208.2-40	GB/T 35725—2017	电能质量监测设备自动检测系统通用技术要求	2018-7-1			技术监督、建设	验收与质量评定	配电、用电	其他
208.2-41	GB/T 35726—2017	并联型有源电能质量治理设备性能检测规程	2018-7-1			技术监督、规划、设计、运维	规划、初设、运行	用电	其他
208.2-42	IEEE 1159—2009	电能质量数据传送用实施规程	2009-3-18	ANSI/IEEE 1159—1995，IDT	IEEE 1159—1995（R2001）	技术监督、运维	维护	用电	其他
208.2-43	IEEE 1250—2018	对瞬时电压干扰敏感设备的维护指南	2018-9-27		IEEE 1250—2011	技术监督、运维	维护	用电	其他
208.3 技术监督-绝缘									
208.3-1	T/CSEE 0008—2016 T/CEEIA 260—2016	大中型电机定子绕组绝缘性能检测方法	2017-5-1			技术监督		发电	其他
208.3-2	DL/T 278—2012	直流电子式电流互感器技术监督导则	2012-3-1			技术监督		变电	互感器

续表

体系结构号	标准编号	标　准　名　称	实施日期	与国际标准对应关系	代替标准	阶段	分阶段	专业	分专业
208.3-3	DL/T 381—2010	电子设备防雷技术导则	2010-10-1			技术监督		基础综合	
208.3-4	DL/T 1054—2007	高压电气设备绝缘技术监督规程	2007-12-1			技术监督		基础综合	
208.3-5	NB/T 42093.2—2018	干式变压器绝缘系统　热评定试验规程　第2部分：600V及以下绕组	2018-7-1			技术监督		变电	变压器
208.3-6	SD 258—1988	全国地方小型火力发电厂绝缘监督实施细则	1988-7-1			技术监督		发电	火电
208.3-7	SH/T 0205—1992	电气绝缘液体的折射率和比色散测定法	1992-5-20	ASTM D1807—84(89)部分，NEQ	ZB E38001—88	技术监督		基础综合	
208.3-8	QX/T 106—2018	雷电防护装置设计技术评价规范	2019-2-1		QX/T 106—2009	技术监督		基础综合	
208.3-9	QX/T 232—2014	防雷装置定期检测报告编制规范	2014-12-1			技术监督		基础综合	
208.3-10	QX/T 317—2016	防雷装置检测质量考核通则	2016-10-1			技术监督		基础综合	
208.3-11	QX/T 318—2016	防雷装置检测机构信用评价规范	2016-10-1			技术监督		基础综合	
208.3-12	GB/T 311.1—2012	绝缘配合　第1部分：定义、原则和规则	2017-3-23	IEC 60071-1: 2006; IEC 60071-1 Aml: 2010	GB 311.1—2012	技术监督		基础综合	
208.3-13	GB/T 311.2—2013	绝缘配合　第2部分：使用导则	2013-7-1		GB/T 311.2—2002	技术监督		基础综合	
208.3-14	GB/T 17948.4—2016	旋转电机　绝缘结构功能性评定　成型绕组试验规程　电压耐久性评定	2016-9-1	IEC 60034-18-32: 2010	GB/T 17948.4—2006	技术监督		发电	其他
208.3-15	GB/T 17948.5—2016	旋转电机　绝缘结构功能性评定　成型绕组试验规程　热、电综合应力耐久性多因子评定	2016-9-1	IEC/TS 60034-18-33: 2010，IDT	GB/T 17948.5—2007	技术监督		发电	其他
208.3-16	GB/T 17948.7—2016	旋转电机　绝缘结构功能性评定　总则	2016-9-1	IEC 60034-18-1: 2010，IDT	GB/T 17948—2003	技术监督		发电	其他
208.3-17	GB/T 20111.1—2015	电气绝缘系统　热评定规程　第1部分：通用要求　低压	2016-2-1	IEC 61857-1: 2008，IDT	GB/T 20111.1—2006	技术监督		基础综合	

续表

体系结构号	标准编号	标 准 名 称	实施日期	与国际标准对应关系	代替标准	阶段	分阶段	专业	分专业
208.3-18	GB/T 20111.2—2016	电气绝缘系统 热评定规程 第2部分：通用模型的特殊要求 散绕绕组应用	2017-3-1	IEC 61857-21: 2009	GB/T 20111.2—2008	技术监督		基础综合	
208.3-19	GB/T 20111.3—2016	电气绝缘系统 热评定规程 第3部分：包封线圈模型的特殊要求 散绕绕组电气绝缘系统（EIS）	2017-3-1	IEC 61857-22: 2008	GB/T 20111.3—2008	技术监督		基础综合	
208.3-20	GB/T 20111.4—2017	电气绝缘系统 热评定规程 第4部分：评定和分级电气绝缘系统试验方法的选用导则	2018-7-1	IEC/TR 61857-2: 2015		技术监督		基础综合	
208.3-21	GB/T 20139.1—2016	电气绝缘系统 已确定等级的电气绝缘系统（EIS）组分调整的热评定 第1部分：散绕绕组EIS	2017-3-1	IEC 61858-1: 2014	GB/T 20139—2006	技术监督		基础综合	
208.3-22	GB/T 20139.2—2017	电气绝缘系统 已确定等级的电气绝缘系统（EIS）组分调整的热评定 第2部分：成型绕组EIS	2017-12-1	IEC 61858-2: 2014		技术监督		基础综合	
208.3-23	GB/T 21697—2008	低压电力线路和电子设备系统的雷电过电压绝缘配合	2008-12-1			技术监督		输电	线路
208.3-24	GB/T 21714.1—2015	雷电防护 第1部分：总则	2016-4-1	IEC 62305-1: 2010，IDT	GB/T 21714.1—2008	技术监督		基础综合	
208.3-25	GB/T 21714.2—2015	雷电防护 第2部分：风险管理	2016-4-1	IEC 62305-2: 2010，IDT	GB/T 21714.2—2008	技术监督		基础综合	
208.3-26	GB/T 21714.3—2015	雷电防护 第3部分：建筑物的物理损坏和生命危险	2016-4-1	IEC 62305-3: 2010，IDT	GB/T 21714.3—2008	技术监督		基础综合	
208.3-27	GB/T 21714.4—2015	雷电防护 第4部分：建筑物内电气和电子系统	2016-4-1	IEC 62305-4: 2010，IDT	GB/T 21714.4—2008	技术监督		基础综合	
208.3-28	GB/T 22566—2017	电气绝缘材料和系统 重复电压冲击下电气耐久性评定的通用方法	2018-7-1	IEC 62068: 2013	GB/T 22566.1—2008	技术监督		基础综合	
208.3-29	GB/T 22578.1—2017	电气绝缘系统（EIS）液体和固体组件的热评定 第1部分：通用要求	2018-7-1	IEC/TS 62332-1: 2011	GB/T 22578.1—2008	技术监督		基础综合	

续表

体系结构号	标准编号	标 准 名 称	实施日期	与国际标准对应关系	代替标准	阶段	分阶段	专业	分专业
208.3-30	GB/T 22578.2—2017	电气绝缘系统（EIS）液体和固体组件的热评定 第2部分：简化试验	2018-7-1	IEC/TS 62332-2: 2014		技术监督		基础综合	
208.3-31	GB/T 23642—2017	电气绝缘材料和系统 瞬时上升和重复电压冲击条件下的局部放电（PD）电气测量	2018-7-1	IEC/TS 61934: 2011	GB/T 23642—2009	技术监督		基础综合	
208.3-32	GB/T 23756.2—2010	电气绝缘系统耐电寿命评定 第2部分：在极值分布基础上的评定程序	2011-7-1	IEC/TR 60727-2—1993，IDT		技术监督		基础综合	
208.3-33	GB 24790—2009	电力变压器能效限定值及能效等级	2010-7-1			技术监督		基础综合	
208.3-34	GB/T 29310—2012	电气绝缘击穿数据统计分析导则	2013-6-1	IEC 62539: 2007，IDT		技术监督		基础综合	
208.3-35	GB/T 32938—2016	防雷装置检测服务规范	2017-3-1			技术监督		基础综合	
208.3-36	GB 50952—2013	农村民居雷电防护工程技术规范	2014-7-1			技术监督		基础综合	
208.3-37	IEC 60505—2011	电气绝缘系统的评定和鉴定	2011-7-1		IEC 60505—2004；IEC 112/174/FDIS—2011	技术监督		基础综合	
208.3-38	IEC 60544-5—2011	电绝缘材料 确定电离辐射的影响 第5部分：在使用讨程中的老化评定方法	2011-12-14		IEC 60544-5—2003；IEC 112/171/CDV—2011	技术监督		基础综合	
208.3-39	IEC 61858-2—2014	电气绝缘系统 对现有电气绝缘系统改造的热评估 第2部分：模绕电气绝缘系统	2014-2-12			技术监督		基础综合	
208.3-40	IEC/TS 62332-1—2011	电气绝缘系统（EIS）液态和固态联合部件的热评定 第1部分：一般要求	2011-3-14		IEC TS 62332-1—2005；IEC 112/160/DTS—2010	技术监督		基础综合	
208.4 技术监督-计量及热工									
208.4-1	DL/T 259—2012	六氟化硫气体密度继电器校验规程	2012-7-1			技术监督		基础综合	
208.4-2	DL/T 589—2010	火力发电厂燃煤锅炉的检测与控制技术条件	2010-10-1		DL/T 589—1996	技术监督		发电	火电

续表

体系结构号	标准编号	标 准 名 称	实施日期	与国际标准对应关系	代替标准	阶段	分阶段	专业	分专业
208.4-3	DL/T 590—2010	火力发电厂凝汽式汽轮机的检测与控制技术条件	2010-10-1		DL/T 590—1996	技术监督		发电	火电
208.4-4	DL/T 591—2010	火力发电厂汽轮发电机的检测与控制技术条件	2010-10-1		DL 591—1996	技术监督		发电	火电
208.4-5	DL/T 592—2010	火力发电厂锅炉给水泵的检测与控制技术条件	2010-10-1		DL/T 592—1996	技术监督		发电	火电
208.4-6	DL/T 612—2017	电力行业锅炉压力容器安全监督规程	2018-3-1		DL/T 612—1996	技术监督		发电	火电
208.4-7	DL/T 647—2004	电站锅炉压力容器检验规程	2004-6-1		DL 647—2004	技术监督		发电	火电
208.4-8	DL/T 711—1999	汽轮机调节控制系统试验导则	2000-7-1			技术监督、修试	试验	发电	火电、其他
208.4-9	DL/T 824—2002	汽轮机电液调节系统性能验收导则	2002-12-11			技术监督、修试	试验	发电	火电、其他
208.4-10	DL/T 874—2017	电力行业锅炉压力容器安全监督管理工程师培训考核规程	2018-3-1		DL/T 874—2004	技术监督		发电	火电
208.4-11	DL/T 1199—2013	电测技术监督规程	2013-8-1		SD 261—1988	技术监督		用电	电能计量
208.4-12	DL/T 1425—2015	变电站金属材料腐蚀防护技术导则	2015-9-1			技术监督		变电	其他
208.4-13	DL/T 1924—2018	燃气—蒸汽联合循环机组余热锅炉水汽质量控制标准	2019-5-1			技术监督		发电	火电
208.4-14	DL/T 1949—2018	火力发电厂热工自动化系统电磁干扰防护技术导则	2019-5-1			技术监督		发电	火电
208.4-15	DL/T 5182—2004	火力发电厂热工自动化就地设备安装、管路及电缆设计技术规定	2004-6-1		NDGJ 16—1989 部分	技术监督		发电	火电
208.4-16	DRZ/T 02—2004	火力发电厂厂级监控信息系统实时/历史数据库系统基准测试规范	2004-12-20			技术监督		发电	火电
208.4-17	JB/T 12583—2015	仪器仪表可靠性评估程序	2016-3-1		JB/T 50125—1999	技术监督		基础综合	
208.4-18	GB/T 12993—1991	电子设备热性能评定	1992-4-1			技术监督		基础综合	

续表

体系结构号	标准编号	标准名称	实施日期	与国际标准对应关系	代替标准	阶段	分阶段	专业	分专业
208.4-19	GB 17167—2006	用能单位能源计量器具配备和管理通则	2007-1-1		GB/T 17167—1997	技术监督		用电	电能计量
208.4-20	GB 20028—2005	硫化橡胶或热塑性橡胶应用阿累尼乌斯图推算寿命和最高使用温度	2006-5-1	ISO 11346: 1997，IDT		技术监督		基础综合	
208.4-21	GB/T 21369—2008	火力发电企业能源计量器具配备和管理要求	2008-7-1			技术监督		发电	火电
208.4-22	GB/T 33656—2017	企业能源计量网络图绘制方法	2017-12-1			技术监督		用电	电能计量
208.4-23	JJG 49—2013	弹性元件式精密压力表和真空表检定规程	2013-12-27		JJG 49—1999	技术监督		基础综合	
208.4-24	JJG 52—2013	弹性元件式一般压力表、压力真空表和真空表	2013-12-27		JJG 52—1999； JJG 573—2003	技术监督		基础综合	
208.4-25	JJG 59—2007	活塞式压力计检定规程	2007-12-14		JJG 59—1990	技术监督		基础综合	
208.4-26	JJG 105—2000	转速表检定规程	2000-10-1		JJG 67—1985	技术监督		基础综合	
208.4-27	JJG 134—2003	磁电式速度传感器检定规程	2004-3-23		JJG 134—1987	技术监督		基础综合	
208.4-28	JJG 160—2007	标准铂电阻温度计检定规程	2007-12-14		JJG 716—1991； JJG 160—1992； JJG 859—1994	技术监督		基础综合	
208.4-29	JJG 161—2010	标准水银温度计检定规程	2011-3-6		JJG 161—1994； JJG 128—2003	技术监督		基础综合	
208.4-30	JJG 172—2011	倾斜式微压计	2012-6-28		JJG 172—1994	技术监督		基础综合	
208.4-31	JJG 226—2001	双金属温度计检定规程	2001-10-1		JJG 226—1989	技术监督		基础综合	
208.4-32	JJG 229—2010	工业铂、铜热电阻检定规程	2011-3-6		JJG 229—1998	技术监督		基础综合	
208.4-33	JJG 310—2002	压力式温度计检定规程	2003-5-4		JJG 310—1983	技术监督		基础综合	
208.4-34	JJG 326—2006	转速标准装置检定规程	2006-9-8		JJG 326—1983	技术监督		基础综合	
208.4-35	JJG 856—2015	工作用辐射温度计检定规程	2016-6-7		JJG 415—2001； JJG 67—2003； JJG 856—1994	技术监督		基础综合	
208.4-36	JJG 544—2011	压力控制器检定规程	2012-6-28		JJG 544—1997	技术监督		基础综合	

续表

体系结构号	标准编号	标 准 名 称	实施日期	与国际标准对应关系	代替标准	阶段	分阶段	专业	分专业
208.4-37	JJG 640—2016	差压式流量计检定规程	2017-5-30		JJG 640—1994	技术监督		基础综合	
208.4-38	JJG 875—2005	数字压力计检定规程	2006-6-20		JJG 875—1994	技术监督		基础综合	
208.4-39	JJG 882—2004	压力变送器检定规程	2004-12-1		JJG 882—1994	技术监督		基础综合	
208.4-40	JJG 926—2015	记录式压力表、压力真空表和真空表检定规程	2015-7-30		JJG 926—1997	技术监督		基础综合	
208.4-41	JJG 1073—2011	压力式六氟化硫气体密度控制器	2012-3-28			技术监督		基础综合	
208.4-42	JJG 2046—1990	湿度计量器具检定系统	1990-11-1			技术监督		基础综合	
208.4-43	JJF 1030—2010	恒温槽技术性能测试规范	2011-3-6		JJF 1030—1998	技术监督		基础综合	
208.4-44	JJF 1033—2016	计量标准考核规范	2017-5-30		JJF 1033—2008	技术监督		基础综合	
208.4-45	JJF 1069—2012	法定计量检定机构考核规范	2012-6-2		JJF 1069—2007	技术监督		基础综合	
208.4-46	JJF 1071—2010	国家计量校准规范编写规则	2011-5-5		JJF 1071—2000	技术监督		基础综合	
208.4-47	JJF 1098—2003	热电偶、热电阻自动测量系统校准规范	2003-6-1			技术监督		基础综合	
208.4-48	JJF 1178—2007	用于标准铂电阻温度计的固定点装置校准规范	2007-9-14			技术监督		基础综合	
208.4-49	JJF 1183—2007	温度变送器校准规范	2008-5-21		JJG 829—1993	技术监督		基础综合	
208.4-50	JJF 1187—2008	热像仪校准规范	2008-4-30			技术监督		基础综合	
208.4-51	JJF 1257—2010	干体式温度校准器校准方法	2010-9-10			技术监督		基础综合	
208.4-52	JJF 1262—2010	铠装热电偶校准规范	2010-12-6			技术监督		基础综合	
208.4-53	JJF 1263—2010	六氟化硫检测报警仪校准规范	2011-3-6		JJG 914—1996	技术监督		变电	其他
208.4-54	JJF 1511—2015	记录式压力表、压力真空表及真空表型式评价大纲	2015-4-30			技术监督		基础综合	
208.4-55	JJF 1538—2015	安装式交流电能表制造计量器具许可考核必备条件	2015-9-15			技术监督		用电	电能计量
208.4-56	JJF 1590—2016	差压式流量计型式评价大纲	2017-2-25			技术监督		用电	电能计量
208.4-57	JJF 1608—2016	中小型三相异步电动机能源效率计量检测规则	2017-2-28			技术监督		用电	电能计量

续表

体系结构号	标准编号	标准名称	实施日期	与国际标准对应关系	代替标准	阶段	分阶段	专业	分专业
208.4-58	JJF 1356—2012	重点用能单位能源计量审查规范	2012-11-3			技术监督		用电	电能计量
208.4-59	JJF 1637—2017	廉金属热电偶校准规范	2018-3-26		JJG 351—1996	技术监督		基础综合	
208.4-60	JJF 1640—2017	压阻式压力传感器（静态）型式评价大纲	2017-12-26			技术监督		基础综合	
208.4-61	IEC 62479—2010	与人体曝露在电磁场（10MHz～300GHz）相关的带有基本限制的小功率电子和电气设备的合格评定	2010-6-16	EN 62479—2010，MOD	IEC 106/198/FDIS—2010	技术监督		基础综合	
208.5 技术监督-无功									
208.5-1	GB/T 20297—2006	静止无功补偿装置（SVC）现场试验	2007-1-1	IEEE Std 1303—1994，NEQ		技术监督		变电	电抗器
208.5-2	GB/T 20298—2006	静止无功补偿装置（SVC）功能特性	2007-1-1	IEEE Std 1031—2000，NEQ		技术监督		变电	电抗器
208.6 技术监督-节能									
208.6-1	Q/CSG 11301—2008	线损理论计算技术标准	2008-9-20			技术监督		输电	线路
208.6-2	Q/CSG 11302—2008	线损理论计算软件技术标准（试行）	2008-9-20			技术监督		输电	线路
208.6-3	T/CEC 134—2017	电能替代项目减排量核定方法	2017-8-1			技术监督		技术经济	
208.6-4	T/CEC 191—2018	吸收式热泵热电联产机组能耗试验导则	2019-2-1			技术监督		发电	火电
208.6-5	T/CSEE 0069—2018	大中型电站汽轮机冷端节能技术导则				技术监督		发电	火电
208.6-6	DL/T 783—2018	火力发电厂节水导则	2018-7-1		DL/T 783—2001	技术监督		发电	火电
208.6-7	DL/T 985—2012	配电变压器能效技术经济评价导则	2012-7-1		DL/T 985—2005	技术监督		配电	变压器
208.6-8	DL/T 1052—2016	电力节能技术监督导则	2017-5-1		DL/T 1052—2007	技术监督		技术经济	
208.6-9	DL/T 1629—2016	火电机组供电煤耗率构成分析技术导则　基于热力学第二定律方法	2017-5-1			技术监督		发电	火电
208.6-10	DL/T 1755—2017	燃煤电厂节能量计算方法	2018-3-1			技术监督		发电	火电

续表

体系结构号	标准编号	标 准 名 称	实施日期	与国际标准对应关系	代替标准	阶段	分阶段	专业	分专业
208.6-11	DL/T 1929—2018	燃煤机组能效评价方法	2019-5-1			技术监督		发电	火电
208.6-12	DL/T 1948—2018	架空导体能耗试验方法	2019-5-1			技术监督		输电	线路
208.6-13	SL 555—2012	小型水电站现场效率试验规程	2012-7-5			技术监督		发电	水电
208.6-14	JB/T 12731—2016	中小电机单位产品能源消耗限额	2016-9-1			技术监督		基础综合	
208.6-15	TSG G0002—2010	锅炉节能技术监督管理规程	2010-12-1			技术监督		发电	火电
208.6-16	GB/T 2589—2008	综合能耗计算通则	2008-6-1		GB/T 2589—1990	技术监督		技术经济	
208.6-17	GB/T 12723—2013	单位产品能源消耗限额编制通则	2014-7-1		GB/T 12723—2008	技术监督		技术经济	
208.6-18	GB/T 15316—2009	节能监测技术通则	2009-11-1		GB/T 15316—1994	技术监督		技术经济	
208.6-19	GB/T 16664—1996	企业供配电系统节能监测方法	1997-7-1			技术监督		技术经济	
208.6-20	GB/T 17166—1997	企业能源审计技术通则	1998-10-1			技术监督		技术经济	
208.6-21	GB/T 30944—2014	小水电电网电能损耗计算导则	2015-1-19			技术监督		发电	水电
208.6-22	GB 31339—2014	铝及铝合金线坯及线材单位产品能源消耗限额	2016-1-1			技术监督		配电	线缆
208.6-23	GB/T 31341—2014	节能评估技术导则	2015-7-1			技术监督		技术经济	
208.6-24	GB/T 31346—2014	节能量测量和验证技术要求　水泥余热发电项目	2015-7-1			技术监督		技术经济	
208.6-25	GB/T 31347—2014	节能量测量和验证技术要求　通信机房项目	2015-7-1			技术监督		技术经济	
208.6-26	GB/T 31367—2015	中低压配电网能效评估导则	2015-9-1			技术监督		配电	其他
208.6-27	GB/T 31960.1—2015	电力能效监测系统技术规范　第1部分：总则	2016-4-1			技术监督		调度及二次	电力通信
208.6-28	GB/T 31960.2—2015	电力能效监测系统技术规范　第2部分：主站功能规范	2016-4-1			技术监督		调度及二次	电力通信

续表

体系结构号	标准编号	标 准 名 称	实施日期	与国际标准对应关系	代替标准	阶段	分阶段	专业	分专业
208.6-29	GB/T 31960.3—2015	电力能效监测系统技术规范　第3部分：通信协议	2016-4-1			技术监督		调度及二次	电力通信
208.6-30	GB/T 31960.4—2015	电力能效监测系统技术规范　第4部分：子站功能设计规范	2016-4-1			技术监督		调度及二次	电力通信
208.6-31	GB/T 31960.5—2015	电力能效监测系统技术规范　第5部分：主站设计导则	2016-4-1			技术监督		调度及二次	电力通信
208.6-32	GB/T 31960.6—2015	电力能效监测系统技术规范　第6部分：电力能效信息集中与交互终端技术条件	2016-4-1			技术监督		调度及二次	电力通信
208.6-33	GB/T 31960.7—2015	电力能效监测系统技术规范　第7部分：电力能效监测终端技术条件	2016-4-1			技术监督		调度及二次	电力通信
208.6-34	GB/T 31960.8—2015	电力能效监测系统技术规范　第8部分：安全防护规范	2016-4-1			技术监督		调度及二次	电力通信
208.6-35	GB/T 31960.9—2016	电力能效监测系统技术规范　第9部分：系统检验规范	2016-11-1			技术监督		调度及二次	电力通信
208.6-36	GB/T 31960.10—2016	电力能效监测系统技术规范　第10部分：电力能效监测终端检验规范	2016-11-1			技术监督		调度及二次	电力通信
208.6-37	GB/T 31960.11—2016	电力能效监测系统技术规范　第11部分：电力能效信息集中与交互终端检验规范	2016-11-1			技术监督		调度及二次	电力通信
208.6-38	GB/T 32038—2015	照明工程节能监测方法	2016-4-1			技术监督		技术经济	
208.6-39	GB/T 32823—2016	电网节能项目节约电力电量测量和验证技术导则	2017-3-1			技术监督		技术经济	
208.6-40	GB/T 33857—2017	节能评估技术导则　热电联产项目	2017-12-1			技术监督		技术经济	
208.6-41	GB/T 35115—2017	工业自动化能效	2018-7-1	IEC/TR 62837: 2013		技术监督		技术经济	
208.6-42	GB 35574—2017	热电联产单位产品能源消耗限额	2019-1-1			技术监督		技术经济	
208.6-43	GB/T 36675—2018	节能评估技术导则　公共建筑项目	2019-4-1			技术监督		技术经济	

体系结构号	标准编号	标　准　名　称	实施日期	与国际标准对应关系	代替标准	阶段	分阶段	专业	分专业
208.6-44	GB/T 36712—2018	节能评估技术导则　风力发电项目	2019-4-1			技术监督		技术经济	
208.6-45	GB/T 36716—2018	节能评估技术导则　燃煤发电项目	2019-4-1			技术监督		技术经济	
208.6-46	JJF 1261.20—2017	电力变压器能源效率计量检测规则	2018-3-26		JJF 1261.20—2015	技术监督		基础综合	
208.7 技术监督-调度、二次及信息									
208.7-1	YD/T 2975—2015	统一 IMS 网络支持多模单待语音呼叫连续性的技术要求	2016-1-1			技术监督、设计、采购	初设、招标、品控	调度及二次	电力通信
208.7-2	YD/T 3026—2016	通信基站电磁辐射管理技术要求	2016-4-1			技术监督、设计、采购	初设、招标、品控	调度及二次	电力通信
208.7-3	YD/T 3029—2015	移动通信钢塔桅结构检测鉴定规范	2016-7-1			技术监督、采购、建设	品控、验收与质量评定	调度及二次	电力通信
208.7-4	YD 5084.1—2014	交换设备抗地震性能检测规范第一部分：程控数字电话交换机	2014-7-1		YD 5084—2005	技术监督、采购、建设	品控、验收与质量评定	调度及二次	电力通信
208.7-5	YD 5084.2—2014	交换设备抗地震性能检测规范第二部分：IP 网络交换设备	2014-7-1		YD 5084—2005	技术监督、采购、建设	品控、验收与质量评定	调度及二次	电力通信
208.7-6	YD 5084.3—2015	交换设备抗震性能检测规范　第三部分：移动通信核心网设备	2015-7-1		YD 5084—2005	技术监督、采购、建设	品控、验收与质量评定	调度及二次	电力通信
208.7-7	YD 5091.1—2015	传输设备抗地震性能检测规范　第一部分：光传输设备	2015-7-1		YD 5091—2005	技术监督、采购、建设	品控、验收与质量评定	调度及二次	电力通信
208.7-8	YD 5195—2014	数字微波通信设备抗地震性能检测规范	2014-7-1			技术监督、采购、建设	品控、验收与质量评定	调度及二次	电力通信
208.7-9	YD 5196.1—2014	服务器和网关设备抗地震性能检测规范　第一部分：服务器设备	2014-7-1			技术监督、采购、建设	品控、验收与质量评定	信息	基础设施

续表

体系结构号	标准编号	标 准 名 称	实施日期	与国际标准对应关系	代替标准	阶段	分阶段	专业	分专业
208.7-10	YD 5196.2—2014	服务器和网关设备抗地震性能检测规范　第二部分：网关设备	2014-7-1			技术监督、采购、建设	品控、验收与质量评定	信息	基础设施
208.7-11	YD 5197.1—2014	接入设备抗地震性能检测规范　第一部分：有线接入网局端设备	2014-7-1			技术监督、设计、采购	初设、招标、品控	调度及二次	电力通信
208.7-12	JJF 1534—2015	数据网络性能测试仪校准规范	2015-9-15			技术监督、采购、建设	品控、验收与质量评定	调度及二次	电力通信
208.8 技术监督-化学									
208.8-1	DL/T 246—2015	化学监督导则	2015-9-1		DL/T 246—2006	技术监督		基础综合	
208.8-2	DL/T 561—2013	火力发电厂水汽化学监督导则	2014-4-1		DL/T 561—1995	技术监督		发电	火电
208.8-3	DL/T 595—2016	六氟化硫电气设备气体监督导则	2016-6-1		DL/T 595—1996	技术监督		基础综合	
208.8-4	DL/T 673—2015	火力发电厂水处理用 001×7 强酸性阳离子交换树脂报废标准	2015-9-1		DL/T 673—1999	技术监督		发电	火电
208.8-5	DL/T 705—1999	运行中氢冷发电机用密封油质量标准	2000-7-1			技术监督		发电	火电
208.8-6	DL/T 889—2015	电力基本建设热力设备化学监督导则	2015-12-1		DL/T 889—2004	技术监督		基础综合	
208.8-7	DL/T 941—2005	运行中变压器用六氟化硫质量标准	2005-6-1			技术监督		基础综合	
208.8-8	DL/T 1096—2018	变压器油中颗粒度限值	2018-7-1		DL/T 1096—2008	技术监督		基础综合	
208.8-9	DL/T 1360—2014	大豆植物变压器油质量标准	2015-3-1			技术监督		基础综合	
208.8-10	DL/T 1419—2015	变压器油再生与使用导则	2015-9-1			技术监督		基础综合	
208.8-11	GB/T 7595—2017	运行中变压器油质量	2017-12-1		GB/T 7595—2008	技术监督		基础综合	
208.8-12	GB/T 7596—2017	电厂运行中矿物涡轮机油质量	2017-12-1		GB/T 7596—2008	技术监督		发电	火电
208.8-13	GB/T 8905—2012	六氟化硫电气设备中气体管理和检测导则	2013-2-1		GB/T 8905—1996	技术监督		基础综合	

续表

体系结构号	标准编号	标 准 名 称	实施日期	与国际标准对应关系	代替标准	阶段	分阶段	专业	分专业
208.8-14	GB/T 12145—2016	火力发电机组及蒸汽动力设备水汽质量	2016-9-1		GB/T 12145—2008	技术监督		发电	火电
208.8-15	GB 15603—1995	常用化学危险品贮存通则	1996-2-1			技术监督		基础综合	
208.8-16	GB/T 22906.3—2008	纸芯的测定 第3部分：水分含量的测定（烘箱干燥法）	2009-9-1	ISO 11093-3：1994，IDT		技术监督		基础综合	
208.8-17	GB/T 27417—2017	合格评定 化学分析方法确认和验证指南	2018-4-1			技术监督		基础综合	
208.8-18	GB 31040—2014	混凝土外加剂中残留甲醛的限量	2015-12-1			技术监督		基础综合	
208.8-19	GB/T 32464—2015	化学分析实验室内部质量控制 利用控制图核查分析系统	2016-7-1			技术监督		基础综合	
208.8-20	GB/T 32465—2015	化学分析方法验证确认和内部质量控制要求	2016-7-1			技术监督		基础综合	
208.8-21	GB/T 35655—2017	化学分析方法验证确认和内部质量控制实施指南 色谱分析	2018-7-1			技术监督		基础综合	
208.8-22	GB/T 35656—2017	化学分析方法验证确认和内部质量控制实施指南 报告定性结果的方法	2018-7-1			技术监督		基础综合	
208.8-23	GB/T 35657—2017	化学分析方法验证确认和内部质量控制实施指南 基于样品消解的金属组分分析	2018-7-1			技术监督		基础综合	
208.9 技术监督-环保									
208.9-1	DL/T 275—2012	±800kV特高压直流换流站电磁环境限值	2012-3-1			技术监督		换流	其他
208.9-2	DL/T 287—2012	火电企业清洁生产审核指南	2012-3-1			技术监督		发电	火电
208.9-3	DL/T 334—2010	输变电工程电磁环境监测技术规范	2011-5-1			技术监督		基础综合	
208.9-4	DL/T 362—2016	火力发电厂环保设施运行状况评价技术	2016-7-1		DL/T 362—2010	技术监督		发电	火电
208.9-5	DL/T 414—2012	火电厂环境监测技术规范	2012-7-1		DL/T 414—2004	技术监督		发电	火电

续表

体系结构号	标准编号	标准名称	实施日期	与国际标准对应关系	代替标准	阶段	分阶段	专业	分专业
208.9-6	DL/T 1050—2016	电力环境保护技术监督导则	2016-6-1		DL/T 1050—2007	技术监督		基础综合	
208.9-7	DL/T 1088—2008	±800kV 特高压直流线路电磁环境参数限值	2008-11-1			技术监督		输电	线路
208.9-8	DL/T 1328—2014	燃煤电厂二氧化碳排放统计指标体系	2014-8-1			技术监督		发电	火电
208.9-9	DL/T 1518—2016	变电站噪声控制技术导则	2016-6-1			技术监督		变电	其他
208.9-10	DL/T 1545—2016	燃气发电厂噪声防治技术导则	2016-6-1			技术监督		发电	火电
208.9-11	DL/T 1554—2016	接地网土壤腐蚀性评价导则	2016-7-1			技术监督		变电	其他
208.9-12	DL/T 1606—2016	燃气轮机烟气排放测量与评估	2016-12-1	ISO11042-1: 1996		技术监督		发电	火电
208.9-13	NB/T 35059—2015	河流水电开发环境影响后评价规范	2016-3-1			技术监督		发电	水电
208.9-14	NB/T 35063—2015	水电工程环境监理规范	2016-3-1			技术监督		发电	水电
208.9-15	NB/T 42112—2017	往复式内燃燃气发电机组污染物排放限值	2017-12-1			技术监督		发电	火电
208.9-16	JB/T 10088—2016	6kV～1000kV 级电力变压器声级	2017-4-1		JB/T 10088—2004	技术监督		基础综合	
208.9-17	YD/T 3111—2016	通信终端设备环境噪声抑制性能要求和测试方法	2016-10-1			技术监督		基础综合	
208.9-18	YD/T 3137—2016	低功率电子与电气设备的电磁场（10MHz 到 300GHz）人体照射基本限值符合性评估方法	2016-10-1			技术监督		基础综合	
208.9-19	YD/T 3142—2016	通信设施对环境影响的评估方法	2016-10-1			技术监督		基础综合	
208.9-20	SJ/T 11346—2014	电子电气产品有害物质限制使用标识要求	2015-1-1		SJ/T 11346—2006	技术监督		基础综合	
208.9-21	SJ/T 11364—2014	电子电气产品有害物质限制使用标识要求	2015-1-1		SJ/T 11364—2006	技术监督		基础综合	
208.9-22	SJ/T 11364—2014/XG1—2017	电子电气产品有害物质限制使用标识要求第 1 号修改单	2017-4-12			技术监督		基础综合	

续表

体系结构号	标准编号	标准名称	实施日期	与国际标准对应关系	代替标准	阶段	分阶段	专业	分专业
208.9-23	SJ/T 11467—2014	电子电气产品中有害物质的风险评估指南	2015-4-1			技术监督		基础综合	
208.9-24	HJ 24—2014	环境影响评价技术导则 输变电工程	2015-1-1			技术监督		基础综合	
208.9-25	HJ 25.1—2014	场地环境调查技术导则	2014-7-1		HJ/T 25—1999	技术监督		基础综合	
208.9-26	HJ 25.2—2014	场地环境监测技术导则	2014-7-1		HJ/T 25—1999	技术监督		基础综合	
208.9-27	HJ 25.3—2014	污染场地风险评估技术导则	2014-7-1		HJ/T 25—1999	技术监督		基础综合	
208.9-28	HJ 25.4—2014	污染场地土壤修复技术导则	2014-7-1		HJ/T 25—1999	技术监督		基础综合	
208.9-29	HJ 130—2014	规划环境影响评价技术导则 总纲	2014-9-1		HJ/T 130—2003	技术监督		基础综合	
208.9-30	HJ/T 164—2004	地下水环境监测技术规范	2004-12-9			技术监督		基础综合	
208.9-31	HJ/T 167—2004	室内环境空气质量监测技术规范	2004-12-9			技术监督		基础综合	
208.9-32	HJ 192—2015	生态环境状况评价技术规范	2015-3-13		HJ/T 192—2006	技术监督		基础综合	
208.9-33	HJ/T 298—2007	危险废物鉴别技术规范	2007-7-1			技术监督		基础综合	
208.9-34	HJ 479—2009	环境空气 氮氧化物（一氧化氮和二氧化氮）的测定 盐酸萘乙二胺分光光度法	2009-11-1		GB 8969—1988；GB 15436—1995	技术监督		基础综合	
208.9-35	HJ 482—2009	环境空气 二氧化硫的测定 甲醛吸收—副玫瑰苯胺分光光度法	2009-11-1		GB/T 15262—94	技术监督		基础综合	
208.9-36	HJ 705—2014	建设项目竣工环境保护验收技术规范 输变电工程	2015-1-1			技术监督		基础综合	
208.9-37	HJ 706—2014	环境噪声监测技术规范 噪声测量值修正	2015-1-1			技术监督		基础综合	
208.9-38	HJ 707—2014	环境噪声监测技术规范 结构传播固定设备噪声	2015-1-1			技术监督		基础综合	
208.9-39	HJ 2042—2014	危险废物处置工程技术导则	2014-9-1			技术监督		基础综合	
208.9-40	RB/T 253—2018	电网企业温室气体排放核查技术规范	2018-10-1			技术监督		基础综合	
208.9-41	RB/T 254—2018	发电企业温室气体排放核查技术规范	2018-10-1			技术监督		基础综合	
208.9-42	AQ/T 4271—2015	通风除尘系统运行监测与评估技术规范	2015-9-1			技术监督		基础综合	

续表

体系结构号	标准编号	标 准 名 称	实施日期	与国际标准对应关系	代替标准	阶段	分阶段	专业	分专业
208.9-43	GB 3095—2012	环境空气质量标准	2016-1-1		GB 3095—1996; GB 9137—1988	技术监督		基础综合	
208.9-44	GB 3836.4—2010	爆炸性环境　第4部分:由本质安全型"i"保护的设备	2011-8-1	IEC 60079-11: 2006，MOD	GB 3836.4—2000	技术监督		基础综合	
208.9-45	GB 3836.8—2014	爆炸性环境　第8部分:由"n"型保护的设备	2015-10-16		GB 3836.8—2003	技术监督		基础综合	
208.9-46	GB 3836.9—2014	爆炸性环境　第9部分:由浇封型"m"保护的设备	2015-10-16		GB 3836.9—2006	技术监督		基础综合	
208.9-47	GB/T 3836.11—2017	爆炸性环境　第11部分:气体和蒸气物质特性分类试验方法和数据	2018-7-1	IEC 60079-20-1—2010，IDT	GB/T 3836.11—2008; GB/T 3836.12—2008	技术监督		基础综合	
208.9-48	GB/T 3836.21—2017	爆炸性环境　第21部分:设备生产质量体系的应用	2018-2-1	ISO/IEC 80079-34: 2011		技术监督		基础综合	
208.9-49	GB 3836.14—2014	爆炸性环境　第14部分:场所分类　爆炸性气体环境	2015-10-16	IEC 60079-10-1: 2008，IDT	GB 3836.14—2000	技术监督		基础综合	
208.9-50	GB/T 4798.3—2007	电工电子产品应用环境条件　第3部分:有气候防护场所固定使用	2008-3-1	IEC 60721-3-3: 2002，MOD	GB 4798.3—1990	技术监督		基础综合	
208.9-51	GB/T 4798.4—2007	电工电子产品应用环境条件　第4部分:无气候防护场所固定使用	2008-3-1	IEC 60721-3-4: 1995，MOD	GB/T 4798.4—1990	技术监督		基础综合	
208.9-52	GB/T 5699—2017	采光测量方法	2017-12-1		GB/T 5699—2008	技术监督		基础综合	
208.9-53	GB 8978—1996	污水综合排放标准	1998-1-1		GB 8978—1988; GBJ 48—1983; GB 3545—1983; GB 3546—1983; GB 3547—1983; GB 3548—1983; GB 3549—1983; GB 3550—1983; 3551—1983; GB 3553—1983; GB 4280—1984; GB 4281—1984; GB 4282—1984; 4283—1984; GB 4912—1983; GB 4913—1983	技术监督		基础综合	

续表

体系结构号	标准编号	标 准 名 称	实施日期	与国际标准对应关系	代替标准	阶段	分阶段	专业	分专业
208.9-54	GB 13015—2017	含多氯联苯废物污染控制标准	2017-10-1		GB 13015—1991	技术监督		基础综合	
208.9-55	GB/T 15264—1994	环境空气 铅的测定 火焰原子吸收分光光度法	1995-6-1			技术监督		基础综合	
208.9-56	GB/T 15432—1995	环境空气 总悬浮颗粒物的测定 重量法	1995-8-1			技术监督		基础综合	
208.9-57	GB/T 15658—2012	无线电噪声测量方法	2013-6-1		GB/T 15658—1995	技术监督		基础综合	
208.9-58	GB/T 18204.1—2013	公共场所卫生检验方法 第1部分：物理因素	2014-12-1		GB/T 18204.13—2000；GB/T 18204.14—2000；GB/T 18204.15—2000；GB/T 18204.16—2000；GB/T 18204.17—2000；GB/T 18204.18—2000；GB/T 18204.19—2000；GB/T 18204.20—2000；GB/T 18204.21—2000；GB/T 18204.22—2000；GB/T 18204.28—2000；GB/T 17220—1998 部分	技术监督		基础综合	
208.9-59	GB/T 18204.22—2000	公共场所噪声测定方法	2001-1-1			技术监督		基础综合	
208.9-60	GB 18599—2001	一般工业固体废物贮存、处置场污染控制标准	2002-7-1			技术监督		基础综合	
208.9-61	GB/T 20877—2016	电子电气产品标准中引入环境因素的指南	2017-3-1	IEC Guide 109: 2012，MOD	GB/T 20877—2007	技术监督		基础综合	
208.9-62	GB/T 28534—2012	高压开关设备和控制设备中六氟化硫（SF_6）气体的释放对环境和健康的影响	2012-11-1	IEC 62271-303: 2008，MOD		技术监督		基础综合	
208.9-63	GB/T 32357—2015	废弃电器电子产品回收处理污染控制导则	2016-7-1			技术监督		基础综合	
208.9-64	GB/T 32881—2016	电子电气产品环境信息编制指南	2017-3-1			技术监督		基础综合	
208.9-65	GB/T 34143—2017	电子电气循环经济产品评价通则	2018-2-1			技术监督		基础综合	

续表

体系结构号	标准编号	标 准 名 称	实施日期	与国际标准对应关系	代替标准	阶段	分阶段	专业	分专业
208.9-66	GB/T 34664—2017	电子电气生态设计产品评价通则	2018-5-1			技术监督		基础综合	
208.9-67	GB 50033—2013	建筑采光设计标准	2013-5-1		GB 50033—2001	技术监督		基础综合	
208.9-68	GB/T 50087—2013	工业企业噪声控制设计规范	2014-6-1		GBJ 87—1985	技术监督		基础综合	
208.9-69	GBZ/T 189.2—2007	工作场所物理因素测量 第2部分：高频电磁场	2007-11-1			技术监督		基础综合	
208.9-70	GBZ/T 189.3—2007	工作场所物理因素测量 第3部分：工频电场	2007-11-1			技术监督		基础综合	
208.9-71	GBZ/T 189.5—2007	工作场所物理因素测量 第5部分：微波辐射	2007-11-1			技术监督		基础综合	
208.9-72	GBZ/T 189.7—2007	工作场所物理因素测量 第7部分：高温	2007-11-1			技术监督		基础综合	
208.9-73	GBZ/T 189.8—2007	工作场所物理因素测量 第8部分：噪声	2007-11-1			技术监督		基础综合	
208.9-74	GBZ/T 189.9—2007	工作场所物理因素测量 第9部分：手传振动	2007-11-1			技术监督		基础综合	
208.9-75	GBZ/T 192.1—2007	工作场所空气中粉尘测定 第1部分：总粉尘浓度	2007-12-30		GB 5748—1985	技术监督		基础综合	
208.9-76	GBZ/T 192.2—2007	工作场所空气中粉尘测定 第2部分：呼吸性粉尘浓度	2007-12-30		GB 16225—1996	技术监督		基础综合	
208.9-77	GBZ/T 192.4—2007	工作场所空气中粉尘测定 第4部分：游离二氧化硅含量	2007-12-30		GB 5748—1985；GB 16225—1996；GB 16245—1996	技术监督		基础综合	
208.10 技术监督-发电									
208.10-1	T/CEC 190—2018	热电联产机组供热管网技术监督规程	2019-2-1			技术监督		发电	火电
208.10-2	T/CSEE 0070—2018	火力发电厂用压缩空气质量监督检测导则				技术监督		发电	火电
208.10-3	T/CSEE 0079—2018	发电机低励限制功能的源网协调评价技术规范				技术监督		发电	水电、火电
208.10-4	DL/T 261—2012	火力发电厂热工自动化系统可靠性评估技术导则	2012-7-1			技术监督		发电	火电

体系结构号	标准编号	标准名称	实施日期	与国际标准对应关系	代替标准	阶段	分阶段	专业	分专业
208.10-5	DL/T 338—2010	并网运行汽轮机调节系统技术监督导则	2011-5-1			技术监督		发电	火电
208.10-6	DL/T 438—2016	火力发电厂金属技术监督规程	2016-12-1		DL/T 438—2009	技术监督		发电	火电
208.10-7	DL/T 793.1—2017	发电设备可靠性评价规程 第1部分：通则	2017-12-1		DL/T 793—2012	技术监督		发电	水电、火电
208.10-8	DL/T 793.2—2017	发电设备可靠性评价规程 第2部分：燃煤机组	2017-12-1			技术监督		发电	水电、火电
208.10-9	DL/T 793.5—2018	发电设备可靠性评价规程 第5部分：燃气轮发电机组	2018-7-1			技术监督		发电	水电、火电
208.10-10	DL/T 1049—2007	发电机励磁系统技术监督规程	2007-12-1			技术监督		发电	水电、火电
208.10-11	DL/T 1055—2007	发电厂汽轮机、水轮机技术监督导则	2007-12-1			技术监督		发电	火电
208.10-12	DL/T 1056—2007	发电厂热工仪表及控制系统技术监督导则	2007-12-1			技术监督		发电	火电
208.10-13	DL/T 1213—2013	火力发电机组辅机故障减负荷技术规程	2013-8-1			技术监督		发电	火电
208.10-14	DL/T 1318—2014	水电厂金属技术监督规程	2014-8-1			技术监督		发电	水电
208.10-15	DL/T 1329—2014	火力发电厂经济性实时在线监测技术导则	2014-8-1			技术监督		发电	火电
208.10-16	DL/T 1559—2016	水电站水工技术监督导则	2016-6-1			技术监督		发电	水电
208.10-17	DL/T 1717—2017	燃气—蒸汽联合循环发电厂化学监督技术导则	2017-12-1			技术监督		发电	火电
208.10-18	DL/T 5313—2014	水电站大坝运行安全评价导则	2014-8-1			技术监督、运维	运行、维护	发电	水电
208.10-19	HJ 888—2018	污染源源强核算技术指南 火电	2018-3-27			技术监督		发电	火电
208.10-20	NB/T 35015—2013	水力发电厂安全预评价报告编制规程	2013-10-1			技术监督		发电	水电
208.10-21	SL 75—2014	水闸技术管理规程	2014-12-10		SL 75—1994	技术监督		发电	水电
208.10-22	SL 255—2000	泵站技术管理规程（附条文说明）	2000-8-1		SD 204—1986	技术监督		发电	水电

续表

体系结构号	标准编号	标准名称	实施日期	与国际标准对应关系	代替标准	阶段	分阶段	专业	分专业
208.10-23	SL 775—2018	水工混凝土结构耐久性评定规范	2019-3-5			技术监督		发电	水电
208.10-24	TSG 21—2016	固定式压力容器安全技术监察规程	2016-10-1		TSG R0004—2009；TSG R0001—2004；TSG R0002—2005；TSG R0003—2007；TSG R5002—2013；TSG R7004—2013 部分；TSG R7001—2013 部分	技术监督		发电	水电
208.10-25	TSG R0005—2011	移动式压力容器安全技术监察规程	2012-6-1			技术监督		发电	水电
208.10-26	JG/T 379—2012	通断时间面积法热计量装置技术条件	2012-9-1			技术监督		发电	其他
208.10-27	GB/T 15469.1—2008	水轮机、蓄能泵和水泵水轮机空蚀评定　第 1 部分：反击式水轮机的空蚀评定	2009-4-1	IEC 60609-1：2004，MOD	GB/T 15469—1995	技术监督		发电	水电
208.10-28	GB/T 15469.2—2007	水轮机、蓄能泵和水泵水轮机空蚀评定　第 2 部分：蓄能泵和水泵水轮机的空蚀评定	2008-5-1	MOD IEC 60609-1：2004		技术监督		发电	水电
208.10-29	GB/T 30948—2014	泵站技术管理规程	2015-1-10			技术监督、运维	运行	发电	水电
208.10-30	GB/T 30951—2014	小型水电站机电设备报废条件	2015-1-10			技术监督、退役	退役、报废	发电	水电
208.10-31	GB/T 32150—2015	工业企业温室气体排放核算和报告通则	2016-6-1			技术监督		发电	火电
208.10-32	GB/T 32151.1—2015	温室气体排放核算与报告要求　第 1 部分：发电企业	2016-6-1			技术监督		发电	火电
208.10-33	GB/T 32151.2—2015	温室气体排放核算与报告要求　第 2 部分：电网企业	2016-6-1			技术监督		发电	火电
208.10-34	GB/T 32584—2016	水力发电厂和蓄能泵站机组机械振动的评定	2016-11-1			技术监督、修试	试验	发电	水电
208.10-35	GB/T 34605—2017	燃煤烟气脱硫装备运行效果评价技术要求	2018-5-1			技术监督		发电	火电

续表

体系结构号	标准编号	标 准 名 称	实施日期	与国际标准对应关系	代替标准	阶段	分阶段	专业	分专业
208.10-36	GB/T 35023—2018	液压元件可靠性评估方法	2018-12-1			技术监督		发电	水电
208.10-37	GB/T 36045—2018	燃煤火电机组增容改造监管规范	2018-10-1			技术监督		发电	火电
208.10-38	JJF 1540—2015	在线绕组温升测试仪校准规范	2015-9-15			技术监督、修试	试验	发电	水电
208.11 技术监督-其他									
208.11-1	DL/T 541—2014	钢熔化焊T形接头和角接接头焊缝射线照相和质量分级	2014-8-1		DL/T 541—1994	技术监督		其他	
208.11-2	NB/SH/T 0586—2010	工业闭式齿轮油换油指标	2010-10-1		SH/T 0586—1994	技术监督		其他	
208.11-3	NB/T 47013.1—2015	承压设备无损检测 第1部分：通用要求	2015-9-1		JB/T 4730.1—2005	技术监督		其他	
208.11-4	NB/T 47013.2—2015	承压设备无损检测 第2部分：射线检测	2015-9-1		JB/T 4730.2—2005	技术监督		其他	
208.11-5	NB/T 47013.2—2015/XG1—2018	《承压设备无损检测 第2部分：射线检测》第1号修改单	2018-7-1		NB/T 47013.2—2015	技术监督		其他	
208.11-6	NB/T 47013.3—2015	承压设备无损检测 第3部分：超声检测	2015-9-1		JB/T 4730.3—2005	技术监督		其他	
208.11-7	NB/T 47013.3—2015/XG1—2018	《承压设备无损检测 第3部分：超声检测》第1号修改单	2018-7-1		NB/T 47013.3—2015	技术监督		其他	
208.11-8	NB/T 47013.4—2015	承压设备无损检测 第4部分：磁粉检测	2015-9-1		JB/T 4730.4—2005	技术监督		其他	
208.11-9	NB/T 47013.5—2015	承压设备无损检测 第5部分：渗透检测	2015-9-1		JB/T 4730.5—2005	技术监督		其他	
208.11-10	NB/T 47013.6—2015	承压设备无损检测 第6部分：涡流检测	2015-9-1		JB/T 4730.6—2005	技术监督		其他	
208.11-11	NB/T 47013.10—2015	承压设备无损检测 第10部分：衍射时差法超声检测	2015-9-1		NB/T 47013.10—2010	技术监督		其他	
208.11-12	NB/T 47013.11—2015	承压设备无损检测 第11部分：X射线数字成像检测	2015-9-1			技术监督		其他	
208.11-13	NB/T 47013.11—2015/XG1—2018	《承压设备无损检测 第11部分：X射线数字成像检测》第1号修改单	2018-7-1		NB/T 47013.11—2015	技术监督		其他	

续表

体系结构号	标准编号	标 准 名 称	实施日期	与国际标准对应关系	代替标准	阶段	分阶段	专业	分专业
208.11-14	NB/T 47013.12—2015	承压设备无损检测 第12部分：漏磁检测	2015-9-1			技术监督		其他	
208.11-15	NB/T 47013.13—2015	承压设备无损检测 第13部分：脉冲涡流检测	2015-9-1			技术监督		其他	
208.11-16	NB/T 47013.14—2016	承压设备无损检测 第14部分：X射线计算机辅助成像检测	2016-12-1			技术监督		其他	
208.11-17	JB/T 6183—2014	仪器仪表可靠性要求及评估方法的编写指南	2014-10-1		JB/T 6183—1992	技术监督		其他	
208.11-18	QX/T 404—2017	电涌保护器产品质量监督抽查规范	2018-4-1			技术监督		其他	
208.11-19	RB/T 301—2016	合格评定 服务认证技术通则	2017-2-1			技术监督		其他	
208.11-20	GB/T 1766—2008	色漆和清漆 涂层老化的评级方法	2008-12-1		GB/T 14826—1993；GB/T 1766—1995	技术监督		其他	
208.11-21	GB/T 3098.2—2015	紧固件机械性能 螺母	2017-1-1		GB/T 3098.2—2000；GB/T 3098.4—2000	技术监督		其他	
208.11-22	GB/T 3098.3—2016	紧固件机械性能 紧定螺钉	2016-6-1	ISO 898-5: 2012 MOD	GB/T 3098.3—2000	技术监督		其他	
208.11-23	GB/T 3098.5—2016	紧固件机械性能 自攻螺钉	2016-6-1	ISO 2702: 2011 MOD	GB/T 3098.5—2000	技术监督		其他	
208.11-24	GB/T 3098.6—2014	紧固件机械性能 不锈钢螺栓、螺钉和螺柱	2015-3-1		GB/T 3098.6—2000	技术监督		其他	
208.11-25	GB/T 3098.15—2014	紧固件机械性能 不锈钢螺母	2015-3-1		GB/T 3098.15—2000	技术监督		其他	
208.11-26	GB/T 3098.16—2014	紧固件机械性能 不锈钢紧定螺钉	2015-3-1		GB/T 3098.16—2000	技术监督		其他	
208.11-27	GB/T 3098.20—2004	紧固件机械性能 蝶形螺母 保证扭矩	2004-8-1	JIS B1185—1994 NEQ		技术监督		其他	
208.11-28	GB/T 3098.21—2014	紧固件机械性能 不锈钢自攻螺钉	2015-3-1		GB/T 3098.21—2008	技术监督		其他	
208.11-29	GB/T 3106—2016	紧固件 螺栓、螺钉和螺柱 公称长度和螺纹长度	2016-6-1		GB/T 3106—1982	技术监督		其他	

续表

体系结构号	标准编号	标 准 名 称	实施日期	与国际标准对应关系	代替标准	阶段	分阶段	专业	分专业
208.11-30	GB/T 6461—2002	金属基体上金属和其他无机覆盖层 经腐蚀试验后的试样和试件的评级	2003-4-1	ISO 10289: 1999，IDT	GB/T 6461—1986；GB/T 12335—1990	技术监督		其他	
208.11-31	GB/T 13320—2007	钢质模锻件 金相组织评级图及评定方法	2007-11-1		GB/T 13320—1991	技术监督		其他	
208.11-32	GB/T 27011—2005	合格评定 认可机构通用要求	2005-12-1	ISO/IEC 17011: 2004，IDT	GB/T 15486—1995	技术监督		其他	
208.11-33	GB/T 27020—2016	合格评定 各类检验机构的运作要求	2016-8-1	ISO/IEC 17020: 2012 IDT	GB/T 18346—1998	技术监督		其他	
208.11-34	GB/T 27021.1—2017	合格评定 管理体系审核认证机构要求 第1部分：要求	2018-5-1	ISO/IEC 17021-1: 2015		技术监督		其他	
208.11-35	GB/T 27021.2—2017	合格评定 管理体系审核认证机构要求 第2部分：环境管理体系审核认证能力要求	2018-7-1	ISO/IEC TS 17021-2: 2012		技术监督		其他	
208.11-36	GB/T 27021.4—2018	合格评定 管理体系审核认证机构要求 第4部分：大型活动可持续性管理体系审核和认证能力要求	2019-7-1			技术监督		其他	
208.11-37	GB/T 27021.5—2018	合格评定 管理体系审核认证机构要求 第5部分：资产管理体系审核和认证能力要求	2019-7-1			技术监督		其他	
208.11-38	GB/T 27065—2015	合格评定 产品、过程和服务认证机构要求	2015-6-10	ISO/IEC 17065: 2012，IDT	GB/T 27065—2004	技术监督		其他	
208.11-39	GB/T 27204—2017	合格评定 确定管理体系认证审核时间指南	2018-5-1	ISO/IEC TS 17023: 2013		技术监督		其他	
208.11-40	GB/T 27309—2014	合格评定 能源管理体系认证机构要求	2014-10-1			技术监督		其他	
208.11-41	GB/T 30052—2013	钢铁产品制造生命周期评价技术规范（产品种类规则）	2014-5-1			技术监督		其他	
208.11-42	GB/T 30789.2—2014	色漆和清漆 涂层老化的评价 缺陷的数量和大小以及外观均匀变化程度的标识：第2部分：起泡等级的评定	2014-12-1	ISO 4628-2: 2003，IDT		技术监督		其他	

续表

体系结构号	标准编号	标　准　名　称	实施日期	与国际标准对应关系	代替标准	阶段	分阶段	专业	分专业
208.11-43	GB/T 30789.3—2014	色漆和清漆　涂层老化的评价　缺陷的数量和大小以及外观均匀变化程度的标识　第3部分：生锈等级的评定	2014-12-1	ISO 4628-3: 2003，IDT		技术监督		其他	
208.11-44	GB/T 30789.9—2014	色漆和清漆　涂层老化的评价　缺陷的数量和大小以及外观均匀变化程度的标识　第9部分：丝状腐蚀等级的评定	2014-12-1	ISO 4628-10: 2003，IDT		技术监督		其他	
208.11-45	GB/T 30790.1—2014	色漆和清漆　防护涂料体系对钢结构的防腐蚀保护　第1部分：总则	2014-12-1	ISO 12944-1: 1988，MOD		技术监督		其他	
208.11-46	GB/T 30790.2—2014	色漆和清漆　防护涂料体系对钢结构的防腐蚀保护　第2部分：环境分类	2014-12-1	ISO 12944-2: 1988，MOD		技术监督		其他	
208.11-47	GB/T 30790.3—2014	色漆和清漆　防护涂料体系对钢结构的防腐蚀保护　第3部分：设计依据	2014-12-1	ISO 12944-3: 1988，MOD		技术监督		其他	
208.11-48	GB/T 30790.4—2014	色漆和清漆　防护涂料体系对钢结构的防腐蚀保护　第4部分：表面类型和表面处理	2014-12-1	ISO 12944-4: 1988，MOD		技术监督		其他	
208.11-49	GB/T 30790.5—2014	色漆和清漆　防护涂料体系对钢结构的防腐蚀保护　第5部分：防护涂料体系	2014-12-1	ISO 12944-5: 2007，MOD		技术监督		其他	
208.11-50	GB/T 30790.6—2014	色漆和清漆　防护涂料体系对钢结构的防腐蚀保护　第6部分：实验室性能测试方法	2014-12-1	ISO 12944-6: 1988，MOD		技术监督		其他	
208.11-51	GB/T 30790.7—2014	色漆和清漆　防护涂料体系对钢结构的防腐蚀保护　第7部分：涂装的实施和管理	2014-12-1	ISO 12944-7: 1988，MOD		技术监督		其他	
208.11-52	GB/T 30790.8—2014	色漆和清漆　防护涂料体系对钢结构的防腐蚀保护　第8部分：新建和维护技术规格书的制定	2014-12-1	ISO 12944-8: 1988，MOD		技术监督		其他	

续表

体系结构号	标准编号	标 准 名 称	实施日期	与国际标准对应关系	代替标准	阶段	分阶段	专业	分专业
208.11-53	GB/T 30791—2014	色漆和清漆 T弯试验	2014-12-1	ISO 17132: 2007, IDT		技术监督		其他	
208.11-54	GB/T 31586.2—2015	防护涂料体系对钢结构的防腐蚀保护 涂层附着力/内聚力（破坏强度）的评定和验收准则 第2部分：划格试验和划叉试验	2016-2-1	ISO 16276: 2007, IDT		技术监督		其他	
208.11-55	JJF 1533—2015	白噪声信号发生器校准规范	2015-9-15			技术监督		基础综合	
209 市场营销									
209.1 市场营销-基础综合									
209.1-1	GB/T 28583—2012	供电服务规范	2012-10-1			建设、运维	施工工艺、验收与质量评定、试运行、运行、维护	用电	营销服务
209.2 市场营销-电能计量									
209.2-1	Q/CSG 11303—2008	电能计量检定实验室建设规范（试行）	2008-2-25			设计、采购、建设、运维	初设、施工图、招标、品控、施工工艺、验收与质量评定、试运行、运行、维护	用电	电能计量
209.2-2	Q/CSG 11621—2008	测量用互感器标准装置订货及验收技术标准（试行）	2008-2-25			采购、修试、退役	招标、品控、检修、试验、退役、报废	用电	电能计量
209.2-3	Q/CSG 113003—2011	单相电子式电能表技术规范	2011-11-3			采购、修试、退役	招标、品控、检修、试验、退役、报废	用电	电能计量
209.2-4	Q/CSG 113006—2011	普通三相电子式电能表技术规范	2011-11-3			采购、修试、退役	招标、品控、检修、试验、退役、报废	用电	电能计量
209.2-5	Q/CSG 113007—2011	三相多功能电能表技术规范	2011-11-3			采购、修试、退役	招标、品控、检修、试验、退役、报废	用电	电能计量
209.2-6	Q/CSG 113009—2011	0.2S级三相多功能电能表技术规范	2011-11-3			采购、修试、退役	招标、品控、检修、试验、退役、报废	用电	电能计量
209.2-7	Q/CSG 113011—2011	单相电子式电能表外形结构规范	2011-11-3			采购、修试、退役	招标、品控、检修、试验、退役、报废	用电	电能计量
209.2-8	Q/CSG 113012—2011	三相电子式电能表外形结构规范	2011-11-3			采购、修试、退役	招标、品控、检修、试验、退役、报废	用电	电能计量

续表

体系结构号	标准编号	标 准 名 称	实施日期	与国际标准对应关系	代替标准	阶段	分阶段	专业	分专业
209.2-9	Q/CSG 1209001—2013	计量自动化系统主站技术规范	2013-10-20			设计、采购、建设、运维	初设、施工图、招标、品控、施工工艺、验收与质量评定、试运行、运行、维护	用电	电能计量
209.2-10	Q/CSG 1209002—2013	计量自动化系统数据上传规范	2013-10-20			采购、修试、退役	招标、品控、检修、试验、退役、报废	用电	电能计量
209.2-11	Q/CSG 1209003—2015	单相费控电能表技术规范	2015-5-21			采购、修试、退役	招标、品控、检修、试验、退役、报废	用电	电能计量
209.2-12	Q/CSG 1209004—2015	三相费控电能表技术规范	2015-5-21			采购、修试、退役	招标、品控、检修、试验、退役、报废	用电	电能计量
209.2-13	Q/CSG 1209005—2015	费控电能表信息交换安全认证技术要求	2015-5-21			采购、修试、退役	招标、品控、检修、试验、退役、报废	用电	电能计量
209.2-14	Q/CSG 1209006—2015	关于 DL/T 645—2007 多功能电能表通信协议的扩展协议	2015-5-21		Q/CSG 113013—2011	采购、修试、退役	招标、品控、检修、试验、退役、报废	用电	电能计量
209.2-15	Q/CSG 1209007—2015	负荷管理终端技术规范	2016-1-1		Q/CSG 11109002—2013	采购、修试、退役	招标、品控、检修、试验、退役、报废	用电	电能计量
209.2-16	Q/CSG 1209008—2015	费控交互终端技术规范	2016-1-1			采购、修试、退役	招标、品控、检修、试验、退役、报废	用电	电能计量
209.2-17	Q/CSG 1209009—2016	计量用组合互感器技术规范	2016-9-1			采购、修试、退役	招标、品控、检修、试验、退役、报废	用电	电能计量
209.2-18	Q/CSG 1209010—2016	计量用低压电流互感器技术规范	2016-9-1			采购、修试、退役	招标、品控、检修、试验、退役、报废	用电	电能计量
209.2-19	Q/CSG 1209011—2016	10kV/20kV 计量用电流互感器技术规范	2016-9-1		Q/CSG 11622—2008	采购、修试、退役	招标、品控、检修、试验、退役、报废	用电	电能计量
209.2-20	Q/CSG 1209012—2016	10kV/20kV 计量用电压互感器技术规范	2016-9-1		Q/CSG 11623—2008	采购、修试、退役	招标、品控、检修、试验、退役、报废	用电	电能计量
209.2-21	Q/CSG 11109001—2013	中国南方电网有限责任公司厂站电能量采集终端技术规范	2013-2-7		Q/CSG 12101.7—2008	采购、修试、退役	招标、品控、检修、试验、退役、报废	用电	电能计量
209.2-22	Q/CSG 11109003—2013	中国南方电网有限责任公司低压电力用户集中抄表系统集中器技术规范	2013-2-7		Q/CSG 12101.6—2008	采购、修试、退役	招标、品控、检修、试验、退役、报废	用电	电能计量

续表

体系结构号	标准编号	标 准 名 称	实施日期	与国际标准对应关系	代替标准	阶段	分阶段	专业	分专业
209.2-23	Q/CSG 11109004—2013	中国南方电网有限责任公司计量自动化终端上行通信规约	2013-2-7		Q/CSG 12101.8—2008; Q/CSG 12101.9—2008	采购、修试、退役	招标、品控、检修、试验、退役、报废	用电	电能计量
209.2-24	Q/CSG 11109005—2013	中国南网电网有限责任公司低压电力用户集中抄表系统采集器技术规范	2013-2-7			采购、修试、退役	招标、品控、检修、试验、退役、报废	用电	电能计量
209.2-25	Q/CSG 11109006—2013	中国南方电网有限责任公司计量自动化终端外形结构规范	2013-2-7			采购、修试、退役	招标、品控、检修、试验、退役、报废	用电	电能计量
209.2-26	Q/CSG 11109007—2013	中国南方电网有限责任公司配变监测计量终端技术规范	2013-2-7		Q/CSG 12101.5—2008	采购、修试、退役	招标、品控、检修、试验、退役、报废	用电	电能计量
209.2-27	Q/CSG 11109008—2013	中国南方电网有限责任公司电能计量非金属表箱技术规范	2013-4-15			采购、修试、退役	招标、品控、检修、试验、退役、报废	用电	电能计量
209.2-28	Q/CSG 11109009—2013	中国南方电网有限责任公司电能计量柜技术规范	2013-4-15			采购、修试、退役	招标、品控、检修、试验、退役、报废	用电	电能计量
209.2-29	Q/CSG 11109010—2013	中国南方电网有限责任公司电能计量金属表箱技术规范	2013-4-15			采购、修试、退役	招标、品控、检修、试验、退役、报废	用电	电能计量
209.2-30	T/CEC 115—2016	电能表用外置继路器技术规范	2017-1-1			采购、修试、退役	招标、品控、检修、试验、退役、报废	用电	电能计量
209.2-31	T/CEC 116—2016	数字化电能表技术规范	2017-1-1			采购、修试、退役	招标、品控、检修、试验、退役、报废	用电	电能计量
209.2-32	T/CEC 122.1—2016	电、水、气、热能源计量管理系统　第1部分：总则	2017-1-1			设计、采购、建设、运维	初设、施工图、招标、品控、施工工艺、验收与质量评定、试运行、运行、维护	用电	电能计量
209.2-33	T/CEC 122.2—2016	电、水、气、热能源计量管理系统　第2部分：系统功能规范	2017-1-1			设计、采购、建设、运维	初设、施工图、招标、品控、施工工艺、验收与质量评定、试运行、运行、维护	用电	电能计量
209.2-34	T/CEC 122.31—2016	电、水、气、热能源计量管理系统　第3-1部分：集中器技术规范	2017-1-1			设计、采购、建设、运维	初设、施工图、招标、品控、施工工艺、验收与质量评定、试运行、运行、维护	用电	电能计量

体系结构号	标准编号	标 准 名 称	实施日期	与国际标准对应关系	代替标准	阶段	分阶段	专业	分专业
209.2-35	T/CEC 122.32—2016	电、水、气、热能源计量管理系统 第3-2部分：采集器技术规范	2017-1-1			设计、采购、建设、运维	初设、施工图、招标、品控、施工工艺、验收与质量评定、试运行、运行、维护	用电	电能计量
209.2-36	T/CEC 122.41—2016	电、水、气、热能源计量管理系统 第4-1部分：主站远程通信协议	2017-1-1			设计、采购、建设、运维	初设、施工图、招标、品控、施工工艺、验收与质量评定、试运行、运行、维护	用电	电能计量
209.2-37	T/CEC 122.42—2016	电、水、气、热能源计量管理系统 第4-2部分：低功耗微功率无线通信协议	2017-1-1			设计、采购、建设、运维	初设、施工图、招标、品控、施工工艺、验收与质量评定、试运行、运行、维护	用电	电能计量
209.2-38	T/CSEE 0014—2016	基于电能信息采集系统的多表合一无线数据传输技术规范	2017-5-1			采购、修试、退役	招标、品控、检修、试验、退役、报废	用电	电能计量
209.2-39	T/CSEE/Z 0037—2017	电能计量装置远程校验监测系统技术导则	2018-5-1			设计、采购、建设、运维	初设、施工图、招标、品控、施工工艺、验收与质量评定、试运行、运行、维护	用电	电能计量
209.2-40	DL/T 448—2016	电能计量装置技术管理规程	2017-5-1		DL/T 448—2000	采购、运维、修试、退役	招标、品控、运行、维护、检修、试验、退役、报废	用电	电能计量
209.2-41	DL/T 532—1993	无线电负荷控制单向终端技术条件	1994-5-1			设计、采购、建设、运维	初设、施工图、招标、品控、施工工艺、验收与质量评定、试运行、运行、维护	用电	电能计量
209.2-42	DL/T 533—2007	电力负荷管理终端	2007-12-1		DL/T 533—1993	采购、修试、退役	招标、品控、检修、试验、退役、报废	用电	电能计量
209.2-43	DL/T 535—2009	电力负荷管理系统数据传输规约	2009-12-1		DL/T 535—1993	采购、修试、退役	招标、品控、检修、试验、退役、报废	用电	电能计量
209.2-44	DL/T 549—1994	电能计量柜基本试验方法	1994-11-1			采购、修试、退役	招标、品控、检修、试验、退役、报废	用电	电能计量
209.2-45	DL/T 585—1995	电子式标准电能表技术条件	1996-5-1			采购、修试、退役	招标、品控、检修、试验、退役、报废	用电	电能计量

续表

体系结构号	标准编号	标 准 名 称	实施日期	与国际标准对应关系	代替标准	阶段	分阶段	专业	分专业
209.2-46	DL/T 614—2007	多功能电能表	2008-6-1		DL/T 614—1997	采购、运维、修试、退役	招标、品控、运行、维护、检修、试验、退役、报废	用电	电能计量
209.2-47	DL/T 645—2007	多功能电能表通信协议	2008-6-1		DL/T 645—1997	采购、修试、退役	招标、品控、检修、试验、退役、报废	用电	电能计量
209.2-48	DL/T 698.1—2009	电能信息采集与管理系统 第1部分：总则	2009-12-1		DL/T 698—1999	设计、采购、建设、运维	初设、施工图、招标、品控、施工工艺、验收与质量评定、试运行、运行、维护	用电	电能计量
209.2-49	DL/T 698.2—2010	电能信息采集与管理系统 第2部分：主站技术规范	2010-10-1		DL/T 698—1999	设计、采购、建设、运维	初设、施工图、招标、品控、施工工艺、验收与质量评定、试运行、运行、维护	用电	电能计量
209.2-50	DL/T 698.31—2010	电能信息采集与管理系统 第3-1部分：电能信息采集终端技术规范通用要求	2010-10-1		DL/T 698—1999	设计、采购、建设、运维	初设、施工图、招标、品控、施工工艺、验收与质量评定、试运行、运行、维护	用电	电能计量
209.2-51	DL/T 698.32—2010	电能信息采集与管理系统 第3-2部分：电能信息采集终端技术规范厂站采集终端特殊要求	2010-10-1		DL/T 698—1999	设计、采购、建设、运维	初设、施工图、招标、品控、施工工艺、验收与质量评定、试运行、运行、维护	用电	电能计量
209.2-52	DL/T 698.33—2010	电能信息采集与管理系统 第3-3部分：电能信息采集终端技术规范专变采集终端特殊要求	2010-10-1		DL/T 698—1999	设计、采购、建设、运维	初设、施工图、招标、品控、施工工艺、验收与质量评定、试运行、运行、维护	用电	电能计量
209.2-53	DL/T 698.34—2010	电能信息采集与管理系统 第3-4部分：电能信息采集终端技术规范公变采集终端特殊要求	2010-10-1		DL/T 698—1999	设计、采购、建设、运维	初设、施工图、招标、品控、施工工艺、验收与质量评定、试运行、运行、维护	用电	电能计量
209.2-54	DL/T 698.35—2010	电能信息采集与管理系统 第3-5部分：电能信息采集终端技术规范低压集中抄表终端特殊要求	2010-10-1		DL/T 698—1999	设计、采购、建设、运维	初设、施工图、招标、品控、施工工艺、验收与质量评定、试运行、运行、维护	用电	电能计量
209.2-55	DL/T 698.36—2013	电能信息采集与管理系统 第3-6部分：电能信息采集终端技术规范－通信单元要求	2013-8-1		DL/T 698—1999	设计、采购、建设、运维	初设、施工图、招标、品控、施工工艺、验收与质量评定、试运行、运行、维护	用电	电能计量

体系结构号	标准编号	标准名称	实施日期	与国际标准对应关系	代替标准	阶段	分阶段	专业	分专业
209.2-56	DL/T 698.41—2010	电能信息采集与管理系统 第4-1部分：通信协议-主站与电能信息采集终端通信	2010-10-1		DL/T 698—1999	设计、采购、建设、运维	初设、施工图、招标、品控、施工工艺、验收与质量评定、试运行、运行、维护	用电	电能计量
209.2-57	DL/T 698.42—2013	电能信息采集与管理系统 第4-2部分：通信协议－集中器下行通信	2013-8-1		DL/T 698—1999	设计、采购、建设、运维	初设、施工图、招标、品控、施工工艺、验收与质量评定、试运行、运行、维护	用电	电能计量
209.2-58	DL/T 698.44—2016	电能信息采集与管理系统 第4-4部分：通信协议—微功率无线通信协议	2016-12-1		DL/T 698—1999	设计、采购、建设、运维	初设、施工图、招标、品控、施工工艺、验收与质量评定、试运行、运行、维护	用电	电能计量
209.2-59	DL/T 698.45—2017	电能信息采集与管理系统 第4-5部分：通信协议—面向对象的数据交换协议	2018-3-1			设计、采购、建设、运维	初设、施工图、招标、品控、施工工艺、验收与质量评定、试运行、运行、维护	用电	电能计量
209.2-60	DL/T 698.46—2016	电能信息采集与管理系统 第4-6部分：通信协议—采集终端远程通信模块接口协议	2016-12-1		DL/T 698—1999	设计、采购、建设、运维	初设、施工图、招标、品控、施工工艺、验收与质量评定、试运行、运行、维护	用电	电能计量
209.2-61	DL/T 698.51—2016	电能信息采集与管理系统 第5-1部分：测试技术规范—功能测试	2016-12-1		DL/T 698—1999	设计、采购、建设、运维	初设、施工图、招标、品控、施工工艺、验收与质量评定、试运行、运行、维护	用电	电能计量
209.2-62	DL/T 698.52—2016	电能信息采集与管理系统 第5-2部分：远程通信协议一致性测试	2016-6-1		DL/T 698—1999	设计、采购、建设、运维	初设、施工图、招标、品控、施工工艺、验收与质量评定、试运行、运行、维护	用电	电能计量
209.2-63	DL/T 731—2000	电能表测量用误差计算器	2001-1-1			采购、修试、退役	招标、品控、检修、试验、退役、报废	用电	电能计量
209.2-64	DL/T 732—2000	电能表测量用光电采样器	2001-1-1			采购、修试、退役	招标、品控、检修、试验、退役、报废	用电	电能计量
209.2-65	DL/T 743—2001	电能量远方终端	2001-7-1	IEC 60870-5-102:1996, NEQ		采购、修试、退役	招标、品控、检修、试验、退役、报废	用电	电能计量

续表

体系结构号	标准编号	标 准 名 称	实施日期	与国际标准对应关系	代替标准	阶段	分阶段	专业	分专业
209.2-66	DL/T 828—2002	单相交流感应式长寿命技术电能表使用导则	2002-12-1			采购、修试、退役	招标、品控、检修、试验、退役、报废	用电	电能计量
209.2-67	DL/T 829—2002	单相交流感应式有功电能表使用导则	2002-12-1			采购、修试、退役	招标、品控、检修、试验、退役、报废	用电	电能计量
209.2-68	DL/T 830—2002	静止式单相交流有功电能表使用导则	2002-12-1			采购、修试、退役	招标、品控、检修、试验、退役、报废	用电	电能计量
209.2-69	DL/T 1496—2016	电能计量封印技术规范	2016-6-1			采购、修试、退役	招标、品控、检修、试验、退役、报废	用电	电能计量
209.2-70	DL/T 1497—2016	电能计量用电子标签技术规范	2016-6-1			采购、修试、退役	招标、品控、检修、试验、退役、报废	用电	电能计量
209.2-71	DL/T 1592—2016	电能信息采集终端检测装置技术规范	2016-12-1			采购、修试、退役	招标、品控、检修、试验、退役、报废	用电	电能计量
209.2-72	DL/T 1593—2016	电能信息采集终端可靠性验证方法	2016-12-1			采购、修试、退役	招标、品控、检修、试验、退役、报废	用电	电能计量
209.2-73	DL/T 1652—2016	电能计量设备用超级电容器技术规范	2017-5-1			采购、修试、退役	招标、品控、检修、试验、退役、报废	用电	电能计量
209.2-74	DL/T 1664—2016	电能计量装置现场检验规程	2017-5-1		SD 109—1983	运维、修试、退役	运行、维护、检修、试验、退役、报废	用电	电能计量
209.2-75	DL/T 1665—2016	数字化电能计量装置现场检测规范	2017-5-1			运维、修试、退役	运行、维护、检修、试验、退役、报废	用电	电能计量
209.2-76	DL/T 1783—2017	IEC 61850 工程电能计量应用模型	2018-6-1			设计、采购	初设、招标	用电	电能计量
209.2-77	DL/T 1955—2018	计量用合并单元测试仪通用技术条件	2019-5-1			设计、采购、建设、运维	初设、施工图、招标、品控、施工工艺、验收与质量评定、试运行、运行、维护	用电	电能计量
209.2-78	RB/T 197—2015	检测和校准结果及与规范符合性的报告指南	2016-7-1			采购、修试、退役	招标、品控、检修、试验、退役、报废	用电	电能计量
209.2-79	JG/T 162—2017	民用建筑远传抄表系统	2018-5-1		JG/T 162—2009	设计、采购、建设、运维	初设、施工图、招标、品控、施工工艺、验收与质量评定、试运行、运行、维护	用电	电能计量

续表

体系结构号	标准编号	标 准 名 称	实施日期	与国际标准对应关系	代替标准	阶段	分阶段	专业	分专业
209.2-80	JB/T 11722—2013	电能表用分流器	2014-7-1			采购、修试、退役	招标、品控、检修、试验、退役、报废	用电	电能计量
209.2-81	CJ/T 188—2018	户用计量仪表数据传输技术条件	2018-10-1		CJ/T 188—2004	设计、采购、建设、运维	初设、施工图、招标、品控、施工工艺、验收与质量评定、试运行、运行、维护	用电	电能计量
209.2-82	GB/T 2829—2002	周期检验计数抽样程序及表（适用于对过程稳定性的检验）	2003-1-1		GB 2829—1987	运维、修试、退役	运行、维护、检修、试验、退役、报废	用电	电能计量
209.2-83	GB/T 15148—2008	电力负荷管理系统技术规范	2009-8-1		GB/T 15148—1994	采购、修试、退役	招标、品控、检修、试验、退役、报废	用电	电能计量
209.2-84	GB/T 15284—2002	多费率电能表 特殊要求	2003-1-1		GB/T 15284—1994	采购、修试、退役	招标、品控、检修、试验、退役、报废	用电	电能计量
209.2-85	GB/T 16934—2013	电能计量柜	2014-2-1		GB/T 16934—1997	采购、修试、退役	招标、品控、检修、试验、退役、报废	用电	电能计量
209.2-86	GB/T 17215.211—2006	交流电测量设备 通用要求、试验和试验条件 第11部分：测量设备	2006-10-1	IEC 62052-11: 2003, IDT		采购、修试、退役	招标、品控、检修、试验、退役、报废	用电	电能计量
209.2-87	GB/T 17215.301—2007	多功能电能表 特殊要求	2007-12-1			采购、修试、退役	招标、品控、检修、试验、退役、报废	用电	电能计量
209.2-88	GB/T 17215.302—2013	交流电测量设备 特殊要求 第2部分：静止式谐波有功电能表	2014-4-15			采购、修试、退役	招标、品控、检修、试验、退役、报废	用电	电能计量
209.2-89	GB/T 17215.303—2013	交流电测量设备 特殊要求 第3部分：数字化电能表	2014-7-15			采购、修试、退役	招标、品控、检修、试验、退役、报废	用电	电能计量
209.2-90	GB/T 17215.304—2017	交流电测量设备 特殊要求 第4部分：经电子互感器接入的静止式电能表	2018-2-1			采购、修试、退役	招标、品控、检修、试验、退役、报废	用电	电能计量
209.2-91	GB/T 17215.311—2008	交流电测量设备 特殊要求 第11部分：机电式有功电能表（0.5、1和2级）	2009-1-1	IEC 62053-11: 2003, MOD	GB/T 15283—1994	采购、修试、退役	招标、品控、检修、试验、退役、报废	用电	电能计量
209.2-92	GB/T 17215.321—2008	交流电测量设备 特殊要求 第21部分：静止式有功电能表（1级和2级）	2009-1-1	IEC 62053-21: 2003, IDT	GB/T 17215—2002	采购、修试、退役	招标、品控、检修、试验、退役、报废	用电	电能计量

续表

体系结构号	标准编号	标准名称	实施日期	与国际标准对应关系	代替标准	阶段	分阶段	专业	分专业
209.2-93	GB/T 17215.322—2008	交流电测量设备　特殊要求　第22部分：静止式有功电能表（0.2S级和0.5S级）	2009-1-1	IEC 62053-22: 2003，IDT	GB/T 17883—1999	采购、修试、退役	招标、品控、检修、试验、退役、报废	用电	电能计量
209.2-94	GB/T 17215.323—2008	交流电测量设备　特殊要求　第23部分：静止式无功电能表（2级和3级）	2009-1-1	IEC 62053-23: 2003，IDT	GB/T 17882—1999	采购、修试、退役	招标、品控、检修、试验、退役、报废	用电	电能计量
209.2-95	GB/T 17215.324—2017	交流电测量设备　特殊要求　第24部分：静止式基波频率无功电能表（0.5S级，1S级和1级）	2017-12-1	IEC 62053-24: 2014		采购、修试、退役	招标、品控、检修、试验、退役、报废	用电	电能计量
209.2-96	GB/T 17215.610—2018	电测量数据交换　DLMS/COSEM组件　第10部分：智能测量标准化框架	2019-7-1			设计、采购、建设、运维	初设、施工图、招标、品控、施工工艺、验收与质量评定、试运行、运行、维护	用电	电能计量
209.2-97	GB/T 17215.676—2018	电测量数据交换　DLMS/COSEM组件　第76部分：基于HDLC的面向连接的三层通信配置	2019-7-1			设计、采购、建设、运维	初设、施工图、招标、品控、施工工艺、验收与质量评定、试运行、运行、维护	用电	电能计量
209.2-98	GB/T 17215.697—2018	电测量数据交换　DLMS/COSEM组件　第97部分：基于TCP-UDP/IP网络的通信配置	2019-7-1			设计、采购、建设、运维	初设、施工图、招标、品控、施工工艺、验收与质量评定、试运行、运行、维护	用电	电能计量
209.2-99	GB/T 17215.701—2011	标准电能表	2011-12-1			采购、修试、退役	招标、品控、检修、试验、退役、报废	用电	电能计量
209.2-100	GB/T 18460.1—2001	IC卡预付费售电系统　第1部分：总则	2002-5-1			设计、采购、建设、运维	初设、施工图、招标、品控、施工工艺、验收与质量评定、试运行、运行、维护	用电	电能计量
209.2-101	GB/T 18460.2—2001	IC卡预付费售电系统　第2部分：IC卡及其管理	2002-5-1			设计、采购、建设、运维	初设、施工图、招标、品控、施工工艺、验收与质量评定、试运行、运行、维护	用电	电能计量
209.2-102	GB/T 18460.3—2001	IC卡预付费售电系统　第3部分：预付费电度表	2002-5-1		JB/T 8382—1996	设计、采购、建设、运维	初设、施工图、招标、品控、施工工艺、验收与质量评定、试运行、运行、维护	用电	电能计量

续表

体系结构号	标准编号	标 准 名 称	实施日期	与国际标准对应关系	代替标准	阶段	分阶段	专业	分专业
209.2-103	GB/T 19882.1—2005	自动抄表系统 总则	2006-4-1			设计、采购、建设、运维	初设、施工图、招标、品控、施工工艺、验收与质量评定、试运行、运行、维护	用电	电能计量
209.2-104	GB/T 17215.661—2018	电测量数据交换 DLMS/COSEM 组件 第 61 部分：对象标识系统（OBIS）	2019-7-1		GB/T 19882.31—2007	设计、采购、建设、运维	初设、施工图、招标、品控、施工工艺、验收与质量评定、试运行、运行、维护	用电	电能计量
209.2-105	GB/T 17215.662—2018	电测量数据交换 DLMS/COSEM 组件 第 62 部分：COSEM 接口类	2019-7-1		GB/T 19882.32—2007	设计、采购、建设、运维	初设、施工图、招标、品控、施工工艺、验收与质量评定、试运行、运行、维护	用电	电能计量
209.2-106	GB/T 17215.653—2018	电测量数据交换 DLMS/COSEM 组件 第 53 部分：DLMS/COSEM 应用层	2019-7-1		GB/T 19882.33—2007	设计、采购、建设、运维	初设、施工图、招标、品控、施工工艺、验收与质量评定、试运行、运行、维护	用电	电能计量
209.2-107	GB/T 19882.211—2010	自动抄表系统 第 211 部分：低压电力线载波抄表系统 系统要求	2011-6-1			设计、采购、建设、运维	初设、施工图、招标、品控、施工工艺、验收与质量评定、试运行、运行、维护	用电	电能计量
209.2-108	GB/T 19882.212—2012	自动抄表系统 第 212 部分：低压电力线载波抄表系统 载波集中器	2013-6-1			设计、采购、建设、运维	初设、施工图、招标、品控、施工工艺、验收与质量评定、试运行、运行、维护	用电	电能计量
209.2-109	GB/T 19882.213—2012	自动抄表系统 .第 213 部分：低压电力线载波抄表系统.载波采集器	2013-6-1			设计、采购、建设、运维	初设、施工图、招标、品控、施工工艺、验收与质量评定、试运行、运行、维护	用电	电能计量
209.2-110	GB/T 19882.222—2017	自动抄表系统 第 222 部分：无线通信抄表系统 物理层规范	2018-7-1			设计、采购、建设、运维	初设、施工图、招标、品控、施工工艺、验收与质量评定、试运行、运行、维护	用电	电能计量
209.2-111	GB/T 19882.223—2017	自动抄表系统 第 223 部分：无线通信抄表系统 数据链路层（MAC 子层）	2018-7-1			设计、采购、建设、运维	初设、施工图、招标、品控、施工工艺、验收与质量评定、试运行、运行、维护	用电	电能计量

体系结构号	标准编号	标　准　名　称	实施日期	与国际标准对应关系	代替标准	阶段	分阶段	专业	分专业
209.2-112	GB/T 19897.1—2005	自动抄表系统低层通信协议　第1部分：直接本地数据交换	2006-4-1	IEC 62056-21: 2002，MOD	JB/T 8610—1997	设计、采购、建设、运维	初设、施工图、招标、品控、施工工艺、验收与质量评定、试运行、运行、维护	用电	电能计量
209.2-113	GB/T 17215.631—2018	电测量数据交换　DLMS/COSEM组件　第31部分：基于双绞线载波信号的局域网使用	2019-7-1		GB/T 19897.2—2005	设计、采购、建设、运维	初设、施工图、招标、品控、施工工艺、验收与质量评定、试运行、运行、维护	用电	电能计量
209.2-114	GB/T 19897.3—2005	自动抄表系统低层通信协议　第3部分：面向连接的异步数据交换的物理层服务进程	2006-4-1	IEC 62056-42: 2002，IDT		设计、采购、建设、运维	初设、施工图、招标、品控、施工工艺、验收与质量评定、试运行、运行、维护	用电	电能计量
209.2-115	GB/T 17215.646—2018	电测量数据交换　DLMS/COSEM组件　第46部分：使用HDLC协议的数据链路层	2019-7-1		GB/T 19897.4—2005	设计、采购、建设、运维	初设、施工图、招标、品控、施工工艺、验收与质量评定、试运行、运行、维护	用电	电能计量
209.2-116	GB/T 26831.2—2012	社区能源计量抄收系统规范　第2部分：物理层与链路层	2013-2-15	EN 13757，REF		设计、采购、建设、运维	初设、施工图、招标、品控、施工工艺、验收与质量评定、试运行、运行、维护	用电	电能计量
209.2-117	GB/T 26831.3—2012	社区能源计量抄收系统规范　第3部分：专用应用层	2013-2-15	EN 13757，REF		设计、采购、建设、运维	初设、施工图、招标、品控、施工工艺、验收与质量评定、试运行、运行、维护	用电	电能计量
209.2-118	GB/T 26831.4—2017	社区能源计量抄收系统规范　第4部分：仪表的无线抄读	2018-2-1			设计、采购、建设、运维	初设、施工图、招标、品控、施工工艺、验收与质量评定、试运行、运行、维护	用电	电能计量
209.2-119	GB/T 26831.5—2017	社区能源计量抄收系统规范　第5部分：无线中继	2018-2-1			设计、采购、建设、运维	初设、施工图、招标、品控、施工工艺、验收与质量评定、试运行、运行、维护	用电	电能计量
209.2-120	GB/T 26831.6—2015	社区能源计量抄收系统规范　第6部分：本地总线	2016-4-1			设计、采购、建设、运维	初设、施工图、招标、品控、施工工艺、验收与质量评定、试运行、运行、维护	用电	电能计量

续表

体系结构号	标准编号	标 准 名 称	实施日期	与国际标准对应关系	代替标准	阶段	分阶段	专业	分专业
209.2-121	GB/T 29149—2012	公共机构能源资源计量器具配备和管理要求	2013-10-1			设计、采购、建设、运维	初设、施工图、招标、品控、施工工艺、验收与质量评定、试运行、运行、维护	用电	电能计量
209.2-122	GB/T 29871—2013	能源计量仪表通用数据接口技术协议	2014-4-15			采购、修试、退役	招标、品控、检修、试验、退役、报废	用电	电能计量
209.2-123	GB/T 29872—2013	工业企业能源计量数据集中采集终端通用技术条件	2014-4-15			采购、修试、退役	招标、品控、检修、试验、退役、报废	用电	电能计量
209.2-124	JJG 169—2010	互感器校验仪检定规程	2011-5-5		JJG 169—1993	采购、修试、退役	招标、品控、检修、试验、退役、报废	用电	电能计量
209.2-125	JJG 313—2010	测量用电流互感器检定规程	2011-5-5		JJG 313—1994	采购、修试、退役	招标、品控、检修、试验、退役、报废	用电	电能计量
209.2-126	JJG 314—2010	测量用电压互感器检定规程	2011-5-5		JJG 314—1994	采购、修试、退役	招标、品控、检修、试验、退役、报废	用电	电能计量
209.2-127	JJG 569—2014	最大需量电能表检定规程	2015-2-1		JJG 569—1988	采购、修试、退役	招标、品控、检修、试验、退役、报废	用电	电能计量
209.2-128	JJG 596—2012	电子式交流电能表	2013-4-8		JJG 596—1999	采购、修试、退役	招标、品控、检修、试验、退役、报废	用电	电能计量
209.2-129	JJG 597—2005	交流电能表检定装置检定规程	2006-6-20		JJG 597—1989	采购、修试、退役	招标、品控、检修、试验、退役、报废	用电	电能计量
209.2-130	JJG 691—2014	多费率交流电能表检定规程	2014-12-15		JJG 691—1990	采购、修试、退役	招标、品控、检修、试验、退役、报废	用电	电能计量
209.2-131	JJG 1021—2007	电力互感器检定规程	2007-5-28			采购、修试、退役	招标、品控、检修、试验、退役、报废	用电	电能计量
209.2-132	JJG 1085—2013	标准电能表检定规程	2013-8-27		JJG 596—1999	采购、修试、退役	招标、品控、检修、试验、退役、报废	用电	电能计量
209.2-133	JJG 1099—2014	预付费交流电能表检定规程	2014-11-1			采购、修试、退役	招标、品控、检修、试验、退役、报废	用电	电能计量
209.2-134	JJG 2074—1990	交流电能计量器具检定系统	1991-5-1			采购、修试、退役	招标、品控、检修、试验、退役、报废	用电	电能计量

续表

体系结构号	标准编号	标准名称	实施日期	与国际标准对应关系	代替标准	阶段	分阶段	专业	分专业
209.2-135	JJF 1036—1993	交流电能表检定装置试验规范	1993-10-1			采购、修试、退役	招标、品控、检修、试验、退役、报废	用电	电能计量
209.2-136	JJF 1264—2010	互感器负荷箱校准规范	2010-12-6			采购、修试、退役	招标、品控、检修、试验、退役、报废	用电	电能计量
209.2-137	ANSI C 12.7—2014	电度表插座要求			ANSI C 12.7—2005	采购、修试、退役	招标、品控、检修、试验、退役、报废	用电	电能计量
209.2-138	IEC 62056-6-2—2017	电力计量数据交换 DLMS/COSEM 套件　第 6-2 部分：COSEM 接口类	2017-9-6		IEC 62056-6-2—2013	设计、采购、建设、运维	初设、施工图、招标、品控、施工工艺、验收与质量评定、试运行、运行、维护	用电	电能计量
209.2-139	IEC 62056-7-6—2013	电量测量数据交换 DLMS/COSEM 套件　第 7-6 部分：3 层面向连接的 HDLC 基础通信配置文件	2013-5-16		IEC 13/1527/FDIS—2013	设计、采购、建设、运维	初设、施工图、招标、品控、施工工艺、验收与质量评定、试运行、运行、维护	用电	电能计量
209.2-140	IEC 62056-8-3—2013	电量测量数据交换 DLMS/COSEM 套件　第 8-3 部分：社区网络 PLCS-FSK 通信配置文件	2013-5-16		IEC 13/1526/FDIS—2013	设计、采购、建设、运维	初设、施工图、招标、品控、施工工艺、验收与质量评定、试运行、运行、维护	用电	电能计量
209.2-141	IEC 62056-9-7—2013	电量测量数据交换 DLMS/COSEM 套件　第 9-7 部分：TCP-UDP/IP 网络用通信配置文件	2013-4-23		IEC 13/1520/FDIS—2013	设计、采购、建设、运维	初设、施工图、招标、品控、施工工艺、验收与质量评定、试运行、运行、维护	用电	电能计量
209.3 市场营销-营业服务									
209.3-1	DL/T 1008—2006	电力市场运营系统功能规范和技术要求	2007-3-1			设计、采购、建设、运维	初设、施工图、招标、品控、施工工艺、验收与质量评定、试运行、运行、维护	用电	营销服务
209.3-2	DL/T 1917—2018	电力用户业扩报装技术规范	2019-5-1			设计、采购、建设、运维	初设、施工图、招标、品控、施工工艺、验收与质量评定、试运行、运行、维护	用电	营销服务
209.3-3	SB/T 11221—2018	客户服务专业人员技术要求	2019-4-1			设计、采购、建设、运维	初设、施工图、招标、品控、施工工艺、验收与质量评定、试运行、运行、维护	用电	营销服务

续表

体系结构号	标准编号	标准名称	实施日期	与国际标准对应关系	代替标准	阶段	分阶段	专业	分专业
209.3-4	GB/T 36339—2018	智能客服语义库技术要求	2019-1-1			设计、采购、建设、运维	初设、施工图、招标、品控、施工工艺、验收与质量评定、试运行、运行、维护	用电	营销服务
209.4 市场营销-营销技术									
209.4-1	DL/T 1747—2017	电力营销现场移动作业终端技术规范	2018-3-1			采购、修试、退役	招标、品控、检修、试验、退役、报废	用电	营销服务
209.5 市场营销-售电市场									
209.5-1	T/CEC 104—2016	电力企业能源管理系统设计导则	2017-1-1			设计、建设	初设、施工图、施工工艺、验收与质量评定、试运行	用电	售电市场
209.5-2	T/CEC 105—2016	电力企业能源管理系统验收规范	2017-1-1			建设	施工工艺、验收与质量评定、试运行	用电	售电市场
209.5-3	DL/T 1834—2018	电力市场主体信用信息采集指南	2018-7-1			规划、设计、采购、建设、运维	规划、初设、招标、品控、施工工艺、验收与质量评定、试运行、运行、维护	用电	售电市场
209.5-4	SD 125—1984	近期需电量和电力负荷预测导则（试行）	1984-10-5			规划、设计	规划、初设、施工图	用电	售电市场
209.5-5	GB/T 3485—1998	评价企业合理用电技术导则	1998-9-1		GB 3485—1983	建设	施工工艺、验收与质量评定、试运行	用电	售电市场
209.6 市场营销-需求侧管理									
209.6-1	T/CEC 133—2017	工业园区电力需求响应系统技术规范	2017-8-1			设计、采购、建设、运维、修试、退役	初设、施工图、招标、品控、施工工艺、验收与质量评定、试运行、运行、维护、检修、试验、退役、报废	用电	需求侧管理
209.6-2	T/CEC 5009.1—2018	工业园区电力需求侧管理系统建设　第1部分：总则	2018-9-1			规划、设计、采购、建设、运维	规划、初设、施工图、招标、品控、施工工艺、验收与质量评定、试运行、运行、维护	用电	需求侧管理
209.6-3	T/CEC 5009.2—2018	工业园区电力需求侧管理系统建设　第2部分：设计要求	2018-9-1			设计	初设、施工图	用电	需求侧管理

续表

体系结构号	标准编号	标准名称	实施日期	与国际标准对应关系	代替标准	阶段	分阶段	专业	分专业
209.6-4	T/CSEE 0016—2016	面向分布式电源的家庭能效管理系统功能规范	2017-5-1			设计、采购、建设、运维、修试、退役	初设、施工图、招标、品控、施工工艺、验收与质量评定、试运行、运行、维护、检修、试验、退役、报废	用电	需求侧管理
209.6-5	T/CSEE/Z 0024—2016	电力需求响应接口技术规范	2017-5-1			设计	初设、施工图	用电	需求侧管理
209.6-6	DL/T 268—2012	工商业电力用户应急电源配置技术导则	2012-7-1			设计、采购、建设、运维、修试、退役	初设、施工图、招标、品控、施工工艺、验收与质量评定、试运行、运行、维护、检修、试验、退役、报废	用电	需求侧管理
209.6-7	DL/T 1330—2014	电力需求侧管理项目效果评估导则	2014-8-1			设计、建设	初设、施工图、施工工艺、验收与质量评定、试运行	用电	需求侧管理
209.6-8	DL/T 1398.1—2014	智能家居系统　第 1 部分：总则	2015-3-1			规划、设计、采购、建设、运维、修试、退役	规划、初设、施工图、招标、品控、施工工艺、验收与质量评定、试运行、运行、维护、检修、试验、退役、报废	用电	需求侧管理
209.6-9	DL/T 1398.2—2014	智能家居系统　第 2 部分：功能规范	2015-3-1			设计、采购、建设、运维、修试、退役	初设、施工图、招标、品控、施工工艺、验收与质量评定、试运行、运行、维护、检修、试验、退役、报废	用电	需求侧管理
209.6-10	DL/T 1398.31—2014	智能家居系统　第 3-1 部分：家庭能源网关技术规范	2015-3-1			设计、采购、建设、运维、修试	初设、施工图、招标、品控、试运行、运行、维护、检修、试验	用电	需求侧管理
209.6-11	DL/T 1398.32—2014	智能家居系统　第 3-2 部分：智能用电交互终端技术规范	2015-3-1			设计、采购、建设、运维、修试	初设、施工图、招标、品控、试运行、运行、维护、检修、试验	用电	需求侧管理
209.6-12	DL/T 1398.33—2014	智能家居系统　第 3-3 部分：智能插座技术规范	2015-3-1			设计、采购、建设、运维、修试	初设、施工图、招标、品控、试运行、运行、维护、检修、试验	用电	需求侧管理

续表

体系结构号	标准编号	标 准 名 称	实施日期	与国际标准对应关系	代替标准	阶段	分阶段	专业	分专业
209.6-13	DL/T 1398.34—2014	智能家居系统 第3-4部分：家电监控模块技术规范	2015-3-1			设计、采购、建设、运维、修试	初设、施工图、招标、品控、试运行、运行、维护、检修、试验	用电	需求侧管理
209.6-14	DL/T 1398.41—2014	智能家居系统 第4-1部分：通信协议-服务中心主站与家庭能源网关通信	2015-3-1			规划、采购	规划、招标、品控	用电	需求侧管理
209.6-15	DL/T 1398.42—2014	智能家居系统 第4-2部分：通信协议—家庭能源网关下行通信	2015-3-1			规划、采购	规划、招标、品控	用电	需求侧管理
209.6-16	DL/T 1756—2017	高载能负荷参与电网互动节能技术条件	2018-3-1			采购、运维、退役	招标、品控、运行、维护、退役、报废	用电	需求侧管理
209.6-17	DL/T 1759—2017	电力负荷聚合服务商需求响应系统技术规范	2018-3-1			采购、运维、退役	招标、品控、运行、维护、退役、报废	用电	需求侧管理
209.6-18	DL/T 1867—2018	电力需求响应信息交换规范	2018-10-1			设计、建设、运维	初设、施工图、施工工艺、验收与质量评定、试运行、运行、维护	用电	需求侧管理
209.6-19	NB/T 42058—2015	智能电网用户端系统通用技术要求	2015-12-1			设计、采购、建设、运维	初设、施工图、招标、品控、施工工艺、验收与质量评定、试运行、运行、维护	用电	需求侧管理
209.6-20	NB/T 42119.1—2017	智能电网用户端能源管理系统 第1部分：技术导则	2017-12-1			采购、运维、退役	招标、品控、运行、维护、退役、报废	用电	需求侧管理
209.6-21	NB/T 42119.2—2017	智能电网用户端能源管理系统 第2部分：主站系统技术规范	2017-12-1			采购、运维、退役	招标、品控、运行、维护、退役、报废	用电	需求侧管理
209.6-22	DL/T 1764—2017	电力用户有序用电价值评估技术导则	2018-3-1			采购、建设	招标、品控、施工工艺、验收与质量评定、试运行	用电	需求侧管理
209.6-23	DL/T 1765—2017	非生产性空调负荷柔性调控技术导则	2018-3-1			设计、采购、建设、运维	初设、施工图、招标、品控、试运行、运行、维护	用电	需求侧管理
209.6-24	GB/T 3484—2009	企业能量平衡通则	2009-11-1		GB/T 3484—1993	规划、设计、采购、建设	规划、初设、施工图、招标、品控、施工工艺、验收与质量评定	用电	需求侧管理

续表

体系结构号	标准编号	标 准 名 称	实施日期	与国际标准对应关系	代替标准	阶段	分阶段	专业	分专业
209.6-25	GB/T 5623—2008	产品电耗定额制定和管理导则	2009-5-1		GB/T 5623—1985	设计、采购、退役	初设、施工图、招标、品控、退役、报废	用电	需求侧管理
209.6-26	GB/T 8222—2008	用电设备电能平衡通则	2009-5-1		GB/T 8222—1987	规划、设计、运维	规划、初设、施工图、运行、维护	用电	需求侧管理
209.6-27	GB/T 28219—2018	智能家用电器通用技术要求	2019-1-1		GB/T 28219—2011	采购、运维、修试	招标、品控、运行、维护、检修	其他	
209.6-28	GB/T 31991.1—2015	电能服务管理平台技术规范　第1部分：总则	2016-4-1			设计、采购、建设、运维	初设、施工图、招标、品控、施工工艺、验收与质量评定、试运行、运行、维护	用电	需求侧管理
209.6-29	GB/T 31991.2—2015	电能服务管理平台技术规范　第2部分：功能规范	2016-4-1			设计、采购、建设、运维	初设、施工图、招标、品控、施工工艺、验收与质量评定、试运行、运行、维护	用电	需求侧管理
209.6-30	GB/T 31991.3—2015	电能服务管理平台技术规范　第3部分：接口规范	2016-4-1			设计、采购、建设、运维	初设、施工图、招标、品控、施工工艺、验收与质量评定、试运行、运行、维护	用电	需求侧管理
209.6-31	GB/T 31991.4—2015	电能服务管理平台技术规范　第4部分：设计规范	2016-4-1			设计、采购、建设、运维	初设、施工图、招标、品控、施工工艺、验收与质量评定、试运行、运行、维护	用电	需求侧管理
209.6-32	GB/T 31991.5—2015	电能服务管理平台技术规范　第5部分：安全防护规范	2016-4-1			设计、采购、建设、运维	初设、施工图、招标、品控、施工工艺、验收与质量评定、试运行、运行、维护	用电	需求侧管理
209.6-33	GB/T 31993—2015	电能服务管理平台管理规范	2016-4-1			设计、采购、建设、运维	初设、施工图、招标、品控、施工工艺、验收与质量评定、试运行、运行、维护	用电	需求侧管理
209.6-34	GB/T 32127—2015	需求响应效果监测与综合效益评价导则	2016-5-1			设计、建设	初设、施工图、施工工艺、验收与质量评定、试运行	用电	需求侧管理
209.6-35	GB/T 32672—2016	电力需求响应系统通用技术规范	2016-11-1			设计	初设、施工图	用电	需求侧管理

续表

体系结构号	标准编号	标准名称	实施日期	与国际标准对应关系	代替标准	阶段	分阶段	专业	分专业
209.6-36	GB/T 33905.1—2017	智能传感器　第1部分：总则	2018-2-1			规划、设计、采购、建设、运维、修试、退役	规划、初设、施工图、招标、品控、施工工艺、验收与质量评定、试运行、运行、维护、检修、试验、退役、报废	用电	需求侧管理
209.6-37	GB/T 33905.2—2017	智能传感器　第2部分：物联网应用行规	2018-2-1			设计	初设、施工图	用电	需求侧管理
209.6-38	GB/T 33905.4—2017	智能传感器　第4部分：性能评定方法	2018-2-1			设计、采购	初设、施工图、招标、品控	用电	需求侧管理
209.6-39	GB/T 33905.5—2017	智能传感器　第5部分：检查和例行试验方法	2018-2-1			运维、修试	运行、维护、检修、试验	用电	需求侧管理
209.6-40	GB/T 34067.1—2017	户内智能用电显示终端　第1部分：通用技术要求	2018-2-1			设计、采购、建设、运维、修试、退役	初设、施工图、招标、品控、施工工艺、验收与质量评定、试运行、运行、维护、检修、试验、退役、报废	用电	需求侧管理
209.6-41	GB/T 34068—2017	物联网总体技术　智能传感器接口规范	2018-2-1			设计、采购、运维	初设、施工图、招标、品控、运行、维护	用电	需求侧管理
209.6-42	GB/T 34069—2017	物联网总体技术　智能传感器特性与分类	2018-2-1			设计、采购、运维	初设、施工图、招标、品控、运行、维护	用电	需求侧管理
209.6-43	GB/T 34070—2017	物联网电流变送器规范	2018-2-1			设计、采购、运维	初设、施工图、招标、品控、运行、维护	用电	需求侧管理
209.6-44	GB/T 34071—2017	物联网总体技术　智能传感器可靠性设计方法与评审	2018-2-1			设计	初设、施工图	用电	需求侧管理
209.6-45	GB/T 34072—2017	物联网温度变送器规范	2018-2-1			设计、采购、运维	初设、施工图、招标、品控、运行、维护	用电	需求侧管理
209.6-46	GB/T 34073—2017	物联网压力变送器规范	2018-2-1			设计、采购、运维	初设、施工图、招标、品控、运行、维护	用电	需求侧管理
209.6-47	GB/T 34116—2017	智能电网用户自动需求响应　分散式空调系统终端技术条件	2018-2-1			设计、采购、运维	初设、施工图、招标、品控、运行、维护	用电	需求侧管理
209.6-48	GB/T 35031.1—2018	用户端能源管理系统　第1部分：导则	2018-12-1			规划、设计、采购、建设、运维	规划、初设、施工图、招标、品控、施工工艺、验收与质量评定、试运行、运行、维护	用电	需求侧管理

续表

体系结构号	标准编号	标 准 名 称	实施日期	与国际标准对应关系	代替标准	阶段	分阶段	专业	分专业
209.6-49	GB/T 35031.2—2018	用户端能源管理系统 第2部分：主站功能规范	2018-12-1			设计、采购、运维	初设、施工图、招标、品控、运行、维护	用电	需求侧管理
209.6-50	GB/T 35031.301—2018	用户端能源管理系统 第3-1部分：子系统接口网关一般要求	2018-12-1			设计、采购、运维	初设、施工图、招标、品控、运行、维护	用电	需求侧管理
209.6-51	GB/T 35134—2017	物联网智能家居 设备描述方法	2018-7-1			设计、采购、运维	初设、施工图、招标、品控、运行、维护	用电	需求侧管理
209.6-52	GB/T 35136—2017	智能家居自动控制设备通用技术要求	2018-7-1			设计、采购、运维、修试、退役	初设、施工图、招标、品控、运行、维护、检修、试验、退役、报废	用电	需求侧管理
209.6-53	GB/T 35143—2017	物联网智能家居 数据和设备编码	2018-7-1			设计、采购、运维	初设、施工图、招标、品控、运行、维护	用电	需求侧管理
209.6-54	GB/T 35681—2017	电力需求响应系统功能规范	2018-7-1			设计、采购	初设、施工图、招标、品控	用电	需求侧管理
209.6-55	GB/T 36423—2018	智能家用电器操作有效性通用要求	2019-1-1			采购、运维、修试	招标、品控、运行、维护、检修	用电	需求侧管理
209.6-56	GB/T 36424.1—2018	物联网家电接口规范 第1部分：控制系统与通信模块间接口	2019-1-1			设计、采购、建设、运维	初设、施工图、招标、品控、施工工艺、验收与质量评定、试运行、运行、维护	用电	需求侧管理
209.6-57	GB/T 36426—2018	智能家用电器服务平台通用要求	2019-1-1			设计、采购、建设、运维	初设、施工图、招标、品控、施工工艺、验收与质量评定、试运行、运行、维护	用电	需求侧管理
209.6-58	GB/T 36427—2018	物联网家电一致性测试规范	2019-1-1			建设、修试	验收与质量评定、试验	用电	需求侧管理
209.6-59	GB/T 36428—2018	物联网家电公共指令集	2019-1-1			设计、采购、建设、运维	初设、施工图、招标、品控、施工工艺、验收与质量评定、试运行、运行、维护	用电	需求侧管理
209.6-60	GB/T 36429—2018	物联网家电系统结构及应用模型	2019-1-1			设计、采购	初设、招标	用电	需求侧管理

续表

体系结构号	标准编号	标准名称	实施日期	与国际标准对应关系	代替标准	阶段	分阶段	专业	分专业
209.6-61	GB/T 36430—2018	物联网家电描述文件	2019-1-1			设计、采购、建设、运维	初设、施工图、招标、品控、施工工艺、验收与质量评定、试运行、运行、维护	用电	需求侧管理
209.6-62	GB/T 36432—2018	智能家用电器系统架构和参考模型	2019-1-1			设计、采购	初设、招标	用电	需求侧管理
209.6-63	GB/T 36461—2018	物联网标识体系 OID应用指南	2019-1-1			设计、采购、运维	初设、施工图、招标、品控、运行、维护	用电	需求侧管理
209.6-64	GB/T 36464.2—2018	信息技术 智能语音交互系统 第2部分：智能家居	2019-1-1			设计、采购、建设、运维、修试、退役	初设、施工图、招标、品控、施工工艺、验收与质量评定、试运行、运行、维护、检修、试验、退役、报废	用电	需求侧管理
209.6-65	GB/T 36464.3—2018	信息技术 智能语音交互系统 第3部分：智能客服	2019-1-1			设计、采购、建设、运维、修试、退役	初设、施工图、招标、品控、施工工艺、验收与质量评定、试运行、运行、维护、检修、试验、退役、报废	用电	需求侧管理
209.6-66	GB/T 36464.4—2018	信息技术 智能语音交互系统 第4部分：移动终端	2019-1-1			设计、采购、建设、运维、修试、退役	初设、施工图、招标、品控、施工工艺、验收与质量评定、试运行、运行、维护、检修、试验、退役、报废	用电	需求侧管理
209.6-67	GB/T 36464.5—2018	信息技术 智能语音交互系统 第5部分：车载终端	2019-1-1			设计、采购、建设、运维、修试、退役	初设、施工图、招标、品控、施工工艺、验收与质量评定、试运行、运行、维护、检修、试验、退役、报废	用电	需求侧管理
209.6-68	GB/T 36468—2018	物联网 系统评价指标体系编制通则	2019-1-1			技术监督		信息	基础设施
209.6-69	GB/T 36552—2018	智慧安居信息服务资源描述格式	2019-2-1			设计、采购、建设、运维	初设、施工图、招标、品控、施工工艺、验收与质量评定、试运行、运行、维护	用电	需求侧管理

续表

体系结构号	标准编号	标 准 名 称	实施日期	与国际标准对应关系	代替标准	阶段	分阶段	专业	分专业
209.6-70	GB/T 36553—2018	智慧安居应用系统基本功能要求	2018-11-1			设计、采购、建设、运维	初设、施工图、招标、品控、施工工艺、验收与质量评定、试运行、运行、维护	用电	需求侧管理
209.6-71	GB/T 36555.1—2018	智慧安居应用系统接口规范 第1部分：基于表述性状态转移（REST）技术接口	2018-11-1			设计、采购、建设、运维	初设、施工图、招标、品控、施工工艺、验收与质量评定、试运行、运行、维护	用电	需求侧管理
209.6-72	GB/T 36620—2018	面向智慧城市的物联网技术应用指南	2019-5-1			设计、采购、建设、运维	初设、施工图、招标、品控、施工工艺、验收与质量评定、试运行、运行、维护	用电	需求侧管理
209.6-73	GB/T 37016—2018	电力用户需求响应节约电力测量与验证技术要求	2019-7-1			规划、设计、建设	规划、初设、施工图、施工工艺、验收与质量评定、试运行	用电	需求侧管理
209.6-74	IEC 62746-10-1—2018	客户能源管理系统和电源管理系统之间的系统接口 第10-1部分：开放式自开放式自动化需求响应	2018-11-19		IEC/PAS 62746-10-1—2014	设计	初设、施工图	用电	需求侧管理
209.6-75	IEEE 2030.6—2016	电力用户需求响应效益评价技术导则	2016-5-16			运维	运行、维护	用电	需求侧管理
209.7 市场营销-用电安全									
209.7-1	GB/T 31989—2015	高压电力用户用电安全	2016-4-1			设计、采购、建设、运维、修试	初设、施工图、招标、品控、施工工艺、验收与质量评定、试运行、运行、维护、检修、试验	用电	其他
209.8 市场营销-其他									
210 信息技术									
210.1 信息技术-基础综合									
210.1-1	DL/Z 398—2010	电力行业信息化标准体系	2010-10-1			规划	规划	信息	基础设施、信息资源、信息安全、其他

续表

体系结构号	标准编号	标准名称	实施日期	与国际标准对应关系	代替标准	阶段	分阶段	专业	分专业
210.1-2	YD/T 1402—2018	互联网网间互联总体技术要求	2019-4-1	YD/T 1402—2009		规划、设计、建设、运维	规划、初设、施工图、施工工艺、验收与质量评定、运行、维护	信息	基础设施、信息资源、信息安全、其他
210.1-3	YD/T 2024—2018	互联网骨干网网间互联扩容技术要求	2019-4-1	YD/T 2024—2009		规划、设计、建设、运维	规划、初设、施工图、施工工艺、验收与质量评定、运行、维护	信息	基础设施、信息资源、信息安全、其他
210.1-4	YD/T 2441—2013	互联网数据中心技术及分级分类标准	2013-6-1			规划、设计、建设、运维	规划、初设、施工图、施工工艺、验收与质量评定、运行、维护	信息	基础设施、信息资源、信息安全、其他
210.1-5	YD/T 2442—2013	互联网数据中心资源占用、能效及排放技术要求和评测方法	2013-6-1			规划、设计、建设	规划、初设、施工图、施工工艺、验收与质量评定、试运行	信息	基础设施、信息资源、信息安全、其他
210.1-6	YD/T 2750—2014	移动微件业务平台设备测试方法	2015-4-1			建设、修试	验收与质量评定、试验	信息	基础设施、信息资源、信息安全、其他
210.1-7	YD/T 2752—2014	移动微件业务终端设备测试方法	2015-4-1			建设、修试	验收与质量评定、试验	信息	基础设施、信息资源、信息安全、其他
210.1-8	YD/T 3015—2016	公众无线局域网运行管理指标	2016-4-1			运维	运行、维护	信息	基础设施、信息资源、信息安全、其他
210.1-9	YD/T 3331—2018	面向物联网的蜂窝窄带接入（NB-IoT）无线网总体技术要求	2019-4-1			运维	运行、维护	信息	基础设施、信息资源、信息安全、其他
210.1-10	YD/T 3332—2018	面向物联网的蜂窝窄带接入（NB-IoT）核心网总体技术要求	2019-4-1			运维	运行、维护	信息	基础设施、信息资源、信息安全、其他
210.1-11	YD/T 3333—2018	面向物联网的蜂窝窄带接入（NB-IoT）核心网设备技术要求	2019-4-1			运维	运行、维护	信息	基础设施、信息资源、信息安全、其他
210.1-12	YD/T 3334—2018	面向物联网的蜂窝窄带接入（NB-IoT）核心网设备测试方法	2019-4-1			运维	运行、维护	信息	基础设施、信息资源、信息安全、其他

体系结构号	标准编号	标 准 名 称	实施日期	与国际标准对应关系	代替标准	阶段	分阶段	专业	分专业
210.1-13	YD/T 3335—2018	面向物联网的蜂窝窄带接入（NB-IoT）基站设备技术要求	2019-4-1			运维	运行、维护	信息	基础设施、信息资源、信息安全、其他
210.1-14	YD/T 3336—2018	面向物联网的蜂窝窄带接入（NB-IoT）基站设备测试方法	2019-4-1			运维	运行、维护	信息	基础设施、信息资源、信息安全、其他
210.1-15	YD/T 3337—2018	面向物联网的蜂窝窄带接入（NB-IoT）终端设备技术要求	2019-4-1			运维	运行、维护	信息	基础设施、信息资源、信息安全、其他
210.1-16	YD/T 3338—2018	面向物联网的蜂窝窄带接入（NB-IoT）终端设备测试方法	2019-4-1			运维	运行、维护	信息	基础设施、信息资源、信息安全、其他
210.1-17	YD/T 3368—2018	互联网网间路由策略及流量调整技术要求	2019-4-1			运维	运行、维护	信息	基础设施、信息资源、信息安全、其他
210.1-18	YD/T 3373—2018	运营商向企业用户提供业务的 SIP 中继技术要求	2019-4-1			运维	运行、维护	信息	基础设施、信息资源、信息安全、其他
210.1-19	SJ/T 11234—2001	软件过程能力评估模型	2001-5-1			规划	规划	信息	基础设施、信息资源、信息安全、其他
210.1-20	SJ/T 11235—2001	软件能力成熟度模型	2001-5-1			规划	规划	信息	基础设施、信息资源、信息安全、其他
210.1-21	SJ/T 11374—2007	软件构件产品质量 第 1 部分：质量模型	2008-1-20			建设	验收与质量评定	信息	基础设施、信息资源、信息安全、其他
210.1-22	SJ/T 11375—2007	软件构件产品质量 第 2 部分：质量度量	2008-1-20			建设	验收与质量评定	信息	基础设施、信息资源、信息安全、其他
210.1-23	SJ/T 11435—2015	信息技术服务 服务管理技术要求	2016-4-1			规划、运维	规划、运行、维护	信息	基础设施、信息资源、信息安全、其他
210.1-24	SJ/T 11445.2—2012	信息技术服务 外包 第 2 部分：数据（信息）保护规范	2013-1-1			规划、采购、运维	规划、招标、品控、运行、维护	信息	基础设施、信息资源、信息安全、其他

续表

体系结构号	标准编号	标 准 名 称	实施日期	与国际标准对应关系	代替标准	阶段	分阶段	专业	分专业
210.1-25	SJ/T 11445.5—2018	信息技术服务 外包 第5部分：发包方项目管理规范	2018-10-1			规划、采购、运维	规划、招标、品控、运行、维护	信息	基础设施、信息资源、信息安全、其他
210.1-26	SJ/T 11548.1—2015	信息技术 社会服务管理三维数字社会服务管理系统技术规范 第1部分：总则	2016-4-1			规划	规划	信息	基础设施、信息资源、信息安全、其他
210.1-27	SJ/T 11561—2015	软件构件运行环境规范	2016-4-1			运维	运行	信息	基础设施、信息资源、信息安全、其他
210.1-28	SJ/T 11562—2015	软件协同开发平台技术规范	2016-4-1			建设	施工工艺	信息	基础设施、信息资源、信息安全、其他
210.1-29	SJ/T 11564.4—2015	信息技术服务 运行维护 第4部分：数据中心规范	2016-4-1			规划、运维	规划、运行、维护	信息	基础设施、信息资源、信息安全、其他
210.1-30	SJ/T 11565.1—2015	信息技术服务 咨询设计 第1部分：通用要求	2016-4-1			规划、设计	规划、初设	信息	基础设施、信息资源、信息安全、其他
210.1-31	SJ/T 11620—2016	信息技术 软件和系统工程 FiSMA1.1功能规模测量方法	2016-6-1	ISO/IEC 29881: 2010，IDT		修试	试验	信息	基础设施、信息资源、信息安全、其他
210.1-32	SJ/T 11621—2016	信息技术 软件资产管理成熟度评估基准	2016-6-1			规划	规划	信息	基础设施、信息资源、信息安全、其他
210.1-33	SJ/T 11622—2016	信息技术 软件资产管理实施指南	2016-6-1			建设、运维	施工工艺、验收与质量评定、运行、维护	信息	基础设施、信息资源、信息安全、其他
210.1-34	SJ/T 11623—2016	信息技术服务 从业人员能力规范	2016-6-1			采购、运维、建设	招标、运行、维护、施工工艺、验收与质量评定、试运行	信息	基础设施、信息资源、信息安全、其他
210.1-35	SJ/T 11445.4—2017	信息技术服务 外包 第4部分：非结构化数据管理与服务规范	2017-7-1			规划、运维	规划、运行、维护	信息	基础设施、信息资源、信息安全、其他

续表

体系结构号	标准编号	标 准 名 称	实施日期	与国际标准对应关系	代替标准	阶段	分阶段	专业	分专业
210.1-36	SJ/T 11673.3—2017	信息技术服务 外包 第3部分：交付中心规范	2017-7-1			采购、建设、运维、修试	招标、品控、施工工艺、验收与质量评定、试运行、运行、维护、检修、试验	信息	基础设施、信息资源、信息安全、其他
210.1-37	SJ/T 11674.3—2017	信息技术服务 集成实施 第3部分：项目验收规范	2017-7-1			建设	验收与质量评定	信息	基础设施、信息资源、信息安全、其他
210.1-38	SJ/T 11564.5—2017	信息技术服务 运行维护 第5部分：桌面及外围设备规范	2017-7-1			运维	运行、维护	信息	基础设施、信息资源、信息安全、其他
210.1-39	SJ/T 11674.1—2017	信息技术服务 集成实施 第1部分：通用要求	2018-1-1			建设	施工工艺	信息	基础设施、信息资源、信息安全、其他
210.1-40	SJ/T 11674.2—2017	信息技术服务 集成实施 第2部分：项目实施规范	2017-7-1			建设	施工工艺	信息	基础设施、信息资源、信息安全、其他
210.1-41	SJ/T 11675—2017	信息技术 一体化系统建模方法	2017-7-1			设计	初设	信息	基础设施、信息资源、信息安全、其他
210.1-42	SJ/T 11680—2017	信息技术 软件项目度量元	2017-7-1			规划、设计、采购、建设、运维、修试	规划、初设、招标、品控、施工工艺、验收与质量评定、试运行、运行、维护、检修、试验	信息	基础设施、信息资源、信息安全、其他
210.1-43	SJ/T 11681—2017	C#语言源代码缺陷控制与测试指南	2017-7-1			建设、修试	施工工艺、验收与质量评定、试验	信息	基础设施、信息资源、信息安全、其他
210.1-44	SJ/T 11682—2017	C/C++语言源代码缺陷控制与测试规范	2017-7-1			建设、修试	施工工艺、验收与质量评定、试验	信息	基础设施、信息资源、信息安全、其他
210.1-45	SJ/T 11683—2017	Java语言源代码缺陷控制与测试指南	2017-7-1			建设、修试	施工工艺、验收与质量评定、试验	信息	基础设施、信息资源、信息安全、其他

续表

体系结构号	标准编号	标 准 名 称	实施日期	与国际标准对应关系	代替标准	阶段	分阶段	专业	分专业
210.1-46	SJ/T 11684—2018	信息技术服务 信息系统服务监理规范	2018-10-1			规划、设计、采购、建设、运维、修试、退役	规划、初设、施工图、招标、品控、施工工艺、验收与质量评定、试运行、运行、维护、检修、试验、退役、报废	信息	基础设施、信息资源、信息安全、其他
210.1-47	SJ/T 11691—2017	信息技术服务 服务级别协议指南	2018-1-1			规划、设计、采购、建设、运维、修试、退役	规划、初设、施工图、招标、品控、施工工艺、验收与质量评定、试运行、运行、维护、检修、试验、退役、报废	信息	基础设施、信息资源、信息安全、其他
210.1-48	SJ/T 11693.1—2017	信息技术服务 服务管理 第1部分：通用要求	2018-1-1			规划、设计、采购、建设、运维、修试、退役	规划、初设、施工图、招标、品控、施工工艺、验收与质量评定、试运行、运行、维护、检修、试验、退役、报废	信息	基础设施、信息资源、信息安全、其他
210.1-49	JGJ/T 121—2015	工程网络计划技术规程	2015-11-1		JGJ/T 121—99	规划、设计	规划、初设、施工图	信息	基础设施、信息资源、信息安全、其他
210.1-50	RB/T 206—2014	数据中心服务能力成熟度评价要求	2015-3-1			规划、设计、采购、建设	规划、初设、施工图、招标、品控、施工工艺、验收与质量评定、试运行	信息	基础设施、信息资源、信息安全、其他
210.1-51	CH/T 1035—2014	地理信息系统软件验收测试规程	2015-1-1			建设、修试	验收与质量评定、试验	信息	基础设施、信息资源、信息安全、其他
210.1-52	GB/T 5271.2—1988	数据处理词汇 02部分 算术和逻辑运算	1989-5-1	ISO 2382/2-76，EQV		规划、设计、采购、建设、运维、修试、退役	规划、初设、施工图、招标、品控、施工工艺、验收与质量评定、试运行、运行、维护、检修、试验、退役、报废	信息	基础设施、信息资源、信息安全、其他
210.1-53	GB/T 5271.3—2008	信息技术 词汇 第3部分：设备技术	2008-12-1	ISO 2382-3: 1987，IDT	GB/T 5271.3—1987	规划、设计、采购、建设、运维、修试、退役	规划、初设、施工图、招标、品控、施工工艺、验收与质量评定、试运行、运行、维护、检修、试验、退役、报废	信息	基础设施、信息资源、信息安全、其他

续表

体系结构号	标准编号	标 准 名 称	实施日期	与国际标准对应关系	代替标准	阶段	分阶段	专业	分专业
210.1-54	GB/T 5271.4—2000	信息技术 词汇 第4部分：数据的组织	2001-3-1	ISO/IEC 2382-4: 1987，EQV	GB/T 5271.4—1985	规划、设计、采购、建设、运维、修试、退役	规划、初设、施工图、招标、品控、施工工艺、验收与质量评定、试运行、运行、维护、检修、试验、退役、报废	信息	基础设施、信息资源、信息安全、其他
210.1-55	GB/T 5271.5—2008	信息技术 词汇 第5部分：数据表示	2008-12-1	ISO/IEC 2382-5: 1999，IDT	GB/T 5271.5—1987	规划、设计、采购、建设、运维、修试、退役	规划、初设、施工图、招标、品控、施工工艺、验收与质量评定、试运行、运行、维护、检修、试验、退役、报废	信息	基础设施、信息资源、信息安全、其他
210.1-56	GB/T 5271.6—2000	信息技术 词汇 第6部分：数据的准备与处理	2001-3-1	ISO/IEC 2382-6: 1987，EQV	GB/T 5271.6—1985	规划、设计、采购、建设、运维、修试、退役	规划、初设、施工图、招标、品控、施工工艺、验收与质量评定、试运行、运行、维护、检修、试验、退役、报废	信息	基础设施、信息资源、信息安全、其他
210.1-57	GB/T 5271.7—2008	信息技术 词汇 第7部分：计算机编程	2008-12-1	ISO/IEC 2382-7: 2000，IDT	GB/T 5271.7—1986	规划、设计、采购、建设、运维、修试、退役	规划、初设、施工图、招标、品控、施工工艺、验收与质量评定、试运行、运行、维护、检修、试验、退役、报废	信息	基础设施、信息资源、信息安全、其他
210.1-58	GB/T 5271.8—2001	信息技术 词汇 第8部分：安全	2002-3-1	ISO/IEC 2382-8: 1998，IDT	GB/T 5271.8—1993	规划、设计、采购、建设、运维、修试、退役	规划、初设、施工图、招标、品控、施工工艺、验收与质量评定、试运行、运行、维护、检修、试验、退役、报废	信息	基础设施、信息资源、信息安全、其他
210.1-59	GB/T 5271.9—2001	信息技术 词汇 第9部分：数据通信	2002-3-1	ISO/IEC 2382-9: 1995，EQV	GB/T 5271.9—1986	规划、设计、采购、建设、运维、修试、退役	规划、初设、施工图、招标、品控、施工工艺、验收与质量评定、试运行、运行、维护、检修、试验、退役、报废	信息	基础设施、信息资源、信息安全、其他
210.1-60	GB/T 5271.11—2000	信息技术 词汇 第11部分：处理器	2001-3-1	ISO/IEC 2382-11: 1987，EQV	GB/T 5271.11—1985	规划、设计、采购、建设、运维、修试、退役	规划、初设、施工图、招标、品控、施工工艺、验收与质量评定、试运行、运行、维护、检修、试验、退役、报废	信息	基础设施、信息资源、信息安全、其他

续表

体系结构号	标准编号	标准名称	实施日期	与国际标准对应关系	代替标准	阶段	分阶段	专业	分专业
210.1-61	GB/T 5271.12—2000	信息技术　词汇　第 12 部分：外围设备	2001-3-1	ISO/IEC 2382-12—1988，EQV	GB/T 5271.12—1985	规划、设计、采购、建设、运维、修试、退役	规划、初设、施工图、招标、品控、施工工艺、验收与质量评定、试运行、运行、维护、检修、试验、退役、报废	信息	基础设施、信息资源、信息安全、其他
210.1-62	GB/T 5271.13—2008	信息技术　词汇　第 13 部分：计算机图形	2008-12-1	ISO/IEC 2382-13: 1996，IDT	GB/T 5271.13—1988	规划、设计、采购、建设、运维、修试、退役	规划、初设、施工图、招标、品控、施工工艺、验收与质量评定、试运行、运行、维护、检修、试验、退役、报废	信息	基础设施、信息资源、信息安全、其他
210.1-63	GB/T 5271.14—2008	信息技术　词汇　第 14 部分：可靠性、可维护性与可用性	2008-12-1	ISO/IEC 2382-14: 1997，IDT	GB/T 5271.14—1985	规划、设计、采购、建设、运维、修试、退役	规划、初设、施工图、招标、品控、施工工艺、验收与质量评定、试运行、运行、维护、检修、试验、退役、报废	信息	基础设施、信息资源、信息安全、其他
210.1-64	GB/T 5271.15—2008	信息技术　词汇　第 15 部分：编程语言	2008-12-1	ISO/IEC 2382-15: 1999，IDT	GB/T 5271.15—1986	规划、设计、采购、建设、运维、修试、退役	规划、初设、施工图、招标、品控、施工工艺、验收与质量评定、试运行、运行、维护、检修、试验、退役、报废	信息	基础设施、信息资源、信息安全、其他
210.1-65	GB/T 5271.16—2008	信息技术　词汇　第 16 部分：信息论	2008-12-1	ISO/IEC 2382-16: 1996，IDT	GB/T 5271.16—1986	规划、设计、采购、建设、运维、修试、退役	规划、初设、施工图、招标、品控、施工工艺、验收与质量评定、试运行、运行、维护、检修、试验、退役、报废	信息	基础设施、信息资源、信息安全、其他
210.1-66	GB/T 5271.18—2008	信息技术　词汇　第 18 部分：分布式数据处理	2008-12-1	ISO/IEC 2382-18: 1999，IDT	GB/T 5271.18—1993	规划、设计、采购、建设、运维、修试、退役	规划、初设、施工图、招标、品控、施工工艺、验收与质量评定、试运行、运行、维护、检修、试验、退役、报废	信息	基础设施、信息资源、信息安全、其他
210.1-67	GB/T 5271.19—2008	信息技术　词汇　第 19 部分：模拟计算	2008-12-1	ISO/IEC 2382-19: 1989，IDT	GB/T 5271.19—1986	规划、设计、采购、建设、运维、修试、退役	规划、初设、施工图、招标、品控、施工工艺、验收与质量评定、试运行、运行、维护、检修、试验、退役、报废	信息	基础设施、信息资源、信息安全、其他

续表

体系结构号	标准编号	标准名称	实施日期	与国际标准对应关系	代替标准	阶段	分阶段	专业	分专业
210.1-68	GB/T 5271.20—1994	信息技术词汇 20 部分系统开发	1995-8-1	ISO/IEC 2382-20: 1990，EQV		规划、设计、采购、建设、运维、修试、退役	规划、初设、施工图、招标、品控、施工工艺、验收与质量评定、试运行、运行、维护、检修、试验、退役、报废	信息	基础设施、信息资源、信息安全、其他
210.1-69	GB/T 5271.22—1993	数据处理词汇 22 部分：计算器	1993-8-1	ISO 2382-22: 1986，EQV		规划、设计、采购、建设、运维、修试、退役	规划、初设、施工图、招标、品控、施工工艺、验收与质量评定、试运行、运行、维护、检修、试验、退役、报废	信息	基础设施、信息资源、信息安全、其他
210.1-70	GB/T 5271.23—2000	信息技术 词汇 第 23 部分：文本处理	2001-3-1	ISO/IEC 2382-23: 1994，EQV		规划、设计、采购、建设、运维、修试、退役	规划、初设、施工图、招标、品控、施工工艺、验收与质量评定、试运行、运行、维护、检修、试验、退役、报废	信息	基础设施、信息资源、信息安全、其他
210.1-71	GB/T 5271.24—2000	信息技术 词汇 第 24 部分：计算机集成制造	2001-3-1	ISO/IEC 2382-24: 1995，EQV		规划、设计、采购、建设、运维、修试、退役	规划、初设、施工图、招标、品控、施工工艺、验收与质量评定、试运行、运行、维护、检修、试验、退役、报废	信息	基础设施、信息资源、信息安全、其他
210.1-72	GB/T 5271.25—2000	信息技术 词汇 第 25 部分：局域网	2001-3-1	ISO/IEC 2382-25: 1992，EQV		规划、设计、采购、建设、运维、修试、退役	规划、初设、施工图、招标、品控、施工工艺、验收与质量评定、试运行、运行、维护、检修、试验、退役、报废	信息	基础设施、信息资源、信息安全、其他
210.1-73	GB/T 5271.27—2001	信息技术 词汇 第 27 部分：办公自动化	2002-3-1	ISO/IEC 2382-27: 1994，EQV		规划、设计、采购、建设、运维、修试、退役	规划、初设、施工图、招标、品控、施工工艺、验收与质量评定、试运行、运行、维护、检修、试验、退役、报废	信息	基础设施、信息资源、信息安全、其他
210.1-74	GB/T 5271.28—2001	信息技术 词汇 第 28 部分：人工智能 基本概念与专家系统	2002-3-1	ISO/IEC 2382-28: 1995，EQV		规划、设计、采购、建设、运维、修试、退役	规划、初设、施工图、招标、品控、施工工艺、验收与质量评定、试运行、运行、维护、检修、试验、退役、报废	信息	基础设施、信息资源、信息安全、其他

续表

体系结构号	标准编号	标 准 名 称	实施日期	与国际标准对应关系	代替标准	阶段	分阶段	专业	分专业
210.1-75	GB/T 5271.29—2006	信息技术　词汇　第29部分：人工智能 语音识别与合成	2006-7-1	ISO/IEC 2382-29: 1999，IDT		规划、设计、采购、建设、运维、修试、退役	规划、初设、施工图、招标、品控、施工工艺、验收与质量评定、试运行、运行、维护、检修、试验、退役、报废	信息	基础设施、信息资源、信息安全、其他
210.1-76	GB/T 5271.31—2006	信息技术　词汇　第31部分：人工智能 机器学习	2006-7-1	ISO/IEC 2382-31: 1997，IDT		规划、设计、采购、建设、运维、修试、退役	规划、初设、施工图、招标、品控、施工工艺、验收与质量评定、试运行、运行、维护、检修、试验、退役、报废	信息	基础设施、信息资源、信息安全、其他
210.1-77	GB/T 5271.32—2006	信息技术　词汇　第32部分：电子邮件	2006-7-1	ISO/IEC 2382-32: 1998，IDT		规划、设计、采购、建设、运维、修试、退役	规划、初设、施工图、招标、品控、施工工艺、验收与质量评定、试运行、运行、维护、检修、试验、退役、报废	信息	基础设施、信息资源、信息安全、其他
210.1-78	GB/T 5271.34—2006	信息技术　词汇　第34部分：人工智能 神经网络	2006-7-1	ISO/IEC 2382-34: 1999，IDT		规划、设计、采购、建设、运维、修试、退役	规划、初设、施工图、招标、品控、施工工艺、验收与质量评定、试运行、运行、维护、检修、试验、退役、报废	信息	基础设施、信息资源、信息安全、其他
210.1-79	GB/T 8566—2007	信息技术　软件生存周期过程	2007-7-1	ISO/IEC 12207: 1995，MOD	GB/T 8566—2001	规划、设计、采购、建设、运维、修试、退役	规划、初设、施工图、招标、品控、施工工艺、验收与质量评定、试运行、运行、维护、检修、试验、退役、报废	信息	基础设施、信息资源、信息安全、其他
210.1-80	GB/T 8567—2006	计算机软件文档编制规范	2006-7-1		GB/T 8567—1988	规划、设计、采购、建设、运维、修试、退役	规划、初设、施工图、招标、品控、施工工艺、验收与质量评定、试运行、运行、维护、检修、试验、退役、报废	信息	基础设施、信息资源、信息安全、其他
210.1-81	GB/T 9385—2008	计算机软件需求规格说明规范	2008-9-1		GB/T 9385—1988	规划、设计	规划、初设	信息	基础设施、信息资源、信息安全、其他
210.1-82	GB/T 9386—2008	计算机软件测试文档编制规范	2008-9-1		GB/T 9386—1988	建设	验收与质量评定	信息	基础设施、信息资源、信息安全、其他

续表

体系结构号	标准编号	标　准　名　称	实施日期	与国际标准对应关系	代替标准	阶段	分阶段	专业	分专业
210.1-83	GB/T 12118—1989	数据处理词汇　21 部分：过程计算机系统和技术过程间的接口	1990-7-1	ISO 2382-21: 1985，EQV		规划、设计、采购、建设、运维、修试、退役	规划、初设、施工图、招标、品控、施工工艺、验收与质量评定、试运行、运行、维护、检修、试验、退役、报废	信息	基础设施、信息资源、信息安全、其他
210.1-84	GB/T 12200.2—1994	汉语信息处理词汇　02 部分：汉语和汉字	1995-8-1			规划、设计、采购、建设、运维、修试、退役	规划、初设、施工图、招标、品控、施工工艺、验收与质量评定、试运行、运行、维护、检修、试验、退役、报废	信息	基础设施、信息资源、信息安全、其他
210.1-85	GB/T 13191—2009	信息与文献　图书馆统计	2009-9-1	ISO 2789: 2006，IDT	GB/T 13191—1991	规划、设计、采购、建设、运维、修试、退役	规划、初设、施工图、招标、品控、施工工艺、验收与质量评定、试运行、运行、维护、检修、试验、退役、报废	信息	基础设施、信息资源、信息安全、其他
210.1-86	GB/T 15532—2008	计算机软件测试规范	2008-9-1		GB/T 15532—1995	建设、修试	验收与质量评定、试验	信息	基础设施、信息资源、信息安全、其他
210.1-87	GB/T 16260.2—2006	软件工程　产品质量　第 2 部分：外部度量	2006-7-1	ISO/IEC TR 9126-2: 2003，IDT		规划、设计、采购、建设、运维、修试、退役	规划、初设、施工图、招标、品控、施工工艺、验收与质量评定、试运行、运行、维护、检修、试验、退役、报废	信息	基础设施、信息资源、信息安全、其他
210.1-88	GB/T 16260.3—2006	软件工程　产品质量　第 3 部分：内部度量	2006-7-1	ISO/IEC TR 9126-3: 2003，IDT		规划、设计、采购、建设、运维、修试、退役	规划、初设、施工图、招标、品控、施工工艺、验收与质量评定、试运行、运行、维护、检修、试验、退役、报废	信息	基础设施、信息资源、信息安全、其他
210.1-89	GB/T 16260.4—2006	软件工程　产品质量　第 4 部分：使用质量的度量	2006-7-1	ISO/IEC TR 9126-4: 2004，IDT		规划、设计、采购、建设、运维、修试、退役	规划、初设、施工图、招标、品控、施工工艺、验收与质量评定、试运行、运行、维护、检修、试验、退役、报废	信息	基础设施、信息资源、信息安全、其他
210.1-90	GB/T 16264.2—2008	信息技术　开放系统互连　目录　第 2 部分：模型	2009-1-1	ISO/IEC 9594-2: 2005，IDT	GB/T 16264.2—1996	规划、设计	规划、初设	信息	基础设施、信息资源、信息安全、其他

续表

体系结构号	标准编号	标准名称	实施日期	与国际标准对应关系	代替标准	阶段	分阶段	专业	分专业
210.1-91	GB/T 16644—2008	信息技术 开放系统互连公共管理信息服务	2009-1-1	ISO/IEC 9595: 1998, IDT	GB/T 16644—1996	规划、设计、建设	规划、初设、施工工艺、验收与质量评定	信息	基础设施、信息资源、信息安全、其他
210.1-92	GB/T 16645.1—2008	信息技术 开放系统互连公共管理信息协议 第1部分：规范	2009-1-1	ISO/IEC 9596-1: 1998, IDT	GB/T 16645.1—1996	规划、设计、建设	规划、初设、施工工艺、验收与质量评定	信息	基础设施、信息资源、信息安全、其他
210.1-93	GB/T 16680—2015	系统与软件工程 用户文档的管理者要求	2016-7-1		GB/T 16680—1996	运维	运行、维护	信息	基础设施、信息资源、信息安全、其他
210.1-94	GB/T 16973.1—1997	信息技术 文本与办公系统 文件归档和检索（DFR）第1部分：抽象服务定义和规程	1998-4-1	ISO/IEC 10166-1: 1991，IDT		运维	运行、维护	信息	基础设施、信息资源、信息安全、其他
210.1-95	GB/T 17142—2008	信息技术 开放系统互连系统管理综述	2009-2-1	IDT ISO/IEC 10040: 1998	GB/T 17142—1997	规划	规划	信息	基础设施、信息资源、信息安全、其他
210.1-96	GB/T 17143.1—1997	信息技术 开放系统互连系统管理 第1部分：客体管理功能	1998-8-1	ISO/IEC 10164-1: 1993，IDT		规划、设计	规划、初设	信息	基础设施、信息资源、信息安全、其他
210.1-97	GB/T 17143.2—1997	信息技术 开放系统互连系统管理 第2部分：状态管理功能	1998-8-1	ISO/IEC 10164-2: 1993，IDT		规划、设计	规划、初设	信息	基础设施、信息资源、信息安全、其他
210.1-98	GB/T 17143.3—1997	信息技术 开放系统互连系统管理 第3部分：表示关系的属性	1998-8-1	ISO/IEC 10164-3: 1993，IDT		规划、设计、运维	规划、初设、运行、维护	信息	基础设施、信息资源、信息安全、其他
210.1-99	GB/T 17143.4—1997	信息技术 开放系统互连系统管理 第4部分：告警报告功能	1998-8-1	ISO/IEC 10164-4: 1992，IDT		规划、设计、运维	规划、初设、运行、维护	信息	基础设施、信息资源、信息安全、其他
210.1-100	GB/T 17143.5—1997	信息技术 开放系统互连系统管理 第5部分：事件报告管理功能	1998-8-1	ISO/IEC 10164-5: 1993，IDT		规划、设计、运维	规划、初设、运行、维护	信息	基础设施、信息资源、信息安全、其他
210.1-101	GB/T 17143.6—1997	信息技术 开放系统互连系统管理 第6部分：日志控制功能	1998-8-1	ISO/IEC 10164-6: 1993，IDT		规划、设计、运维	规划、初设、运行、维护	信息	基础设施、信息资源、信息安全、其他

续表

体系结构号	标准编号	标 准 名 称	实施日期	与国际标准对应关系	代替标准	阶段	分阶段	专业	分专业
210.1-102	GB/T 17173.1—2015	信息技术　开放系统互连　分布式事务处理　第 1 部分：OSI TP 模型	2016-1-1	ISO/IEC 10026-1: 1998，IDT	GB/T 17173.1—1997	规划、设计	规划、初设	信息	基础设施、信息资源、信息安全、其他
210.1-103	GB/T 17173.2—2015	信息技术　开放系统互连　分布式事务处理　第 2 部分：OSI TP 服务	2016-1-1	ISO/IEC 10026-2: 1998，IDT	GB/T 17173.2—1997	规划、设计	规划、初设	信息	基础设施、信息资源、信息安全、其他
210.1-104	GB/T 17173.3—2014	信息技术　开放系统互连　分布式事务处理　第 3 部分：协议规范	2014-12-1		GB/T 17173.3—1997	规划、设计	规划、初设	信息	基础设施、信息资源、信息安全、其他
210.1-105	GB/T 17175.1—1997	信息技术　开放系统互连　管理信息结构　第 1 部分：管理信息模型	1998-8-1	ISO/IEC 10165-1: 1993，IDT		规划、设计	规划、初设	信息	基础设施、信息资源、信息安全、其他
210.1-106	GB/T 17176—1997	信息技术　开放系统互连　应用层结构	1998-8-1	ISO/IEC 9545: 1994，IDT		规划、设计	规划、初设	信息	基础设施、信息资源、信息安全、其他
210.1-107	GB/T 17178.1—1997	信息技术　开放系统互连　一致性测试方法和框架　第 1 部分：基本概念	1998-8-1	ISO/IEC 9646-1: 1994，IDT		规划、设计、修试	规划、初设、检修	信息	基础设施、信息资源、信息安全、其他
210.1-108	GB/T 17179.1—2008	信息技术　提供无连接方式网络服务的协议　第 1 部分：协议规范	2009-1-1	ISO/IEC 8473-1: 1998，IDT	GB/T 17179.1—1997	规划、设计	规划、初设	信息	基础设施、信息资源、信息安全、其他
210.1-109	GB/T 17533.1—1998	信息技术　开放系统互联　远程数据库访问　第 1 部分：类属模型、服务与协议	1999-6-1	ISO/IEC 9579-1: 1993，IDT		规划、设计	规划、初设	信息	基础设施、信息资源、信息安全、其他
210.1-110	GB/T 17533.2—1998	信息技术　开放系统互联　远程数据库访问　第 2 部分：SQL 专门化	1999-6-1	ISO/IEC 9579-2: 1993，IDT		规划、设计	规划、初设	信息	基础设施、信息资源、信息安全、其他
210.1-111	GB/T 17535—1998	信息技术　系统间远程通信和信息交换在 S 和 T 参考点上定位的 ISDN 基本接入接口用的接口连接器和接触件分配	1999-6-1	ISO/IEC 8877: 1992，IDT		设计	初设	信息	基础设施、信息资源、信息安全、其他

续表

体系结构号	标准编号	标准名称	实施日期	与国际标准对应关系	代替标准	阶段	分阶段	专业	分专业
210.1-112	GB/T 17545.1—1998	信息技术　开放系统互连联系控制服务元素的无连接协议　第1部分：协议规范	1999-6-1	ISO/IEC 10035-1: 1995，IDT		规划、设计	规划、初设	信息	基础设施、信息资源、信息安全、其他
210.1-113	GB/T 17545.2—2000	信息技术　开放系统互连联系控制服务元素的无连接协议　第2部分：协议实现一致性声明形式表	2000-8-1	ISO/IEC 10035-2: 1995，IDT		规划、设计	规划、初设	信息	基础设施、信息资源、信息安全、其他
210.1-114	GB/T 17967—2000	信息技术　开放系统互连基本参考模型　OSI 服务定义约定	2000-8-1	ISO/IEC 10731: 1994，IDT		规划、设计	规划、初设	信息	基础设施、信息资源、信息安全、其他
210.1-115	GB/T 17969.1—2015	信息技术　开放系统互连 OSI 登记机构的操作规程　第1部分：一般规程和国际对象标识符树的顶级弧	2016-8-1	ISO/IEC 9834-1: 2008，NEQ	GB/T 17969.1—2000	规划、设计	规划、初设	信息	基础设施、信息资源、信息安全、其他
210.1-116	GB/T 18234—2000	信息技术　CASE 工具的评价与选择指南	2001-8-1	ISO/IEC 14102: 1995，IDT		采购、建设、修试	招标、品控、施工工艺、验收与质量评定、试运行、检修、试验	信息	基础设施、信息资源、信息安全、其他
210.1-117	GB/Z 18493—2001	信息技术　软件生存周期过程指南	2002-6-1	ISO/IEC TR 15271: 1998，IDT		规划、设计、采购、建设、运维、修试、退役	规划、初设、施工图、招标、品控、施工工艺、验收与质量评定、试运行、运行、维护、检修、试验、退役、报废	信息	基础设施、信息资源、信息安全、其他
210.1-118	GB/T 18787.1—2015	信息技术　电子书　第1部分：设备通用规范	2017-1-1		GB/T 18787—2002	规划、设计、采购、建设、运维、修试、退役	规划、初设、施工图、招标、品控、施工工艺、验收与质量评定、试运行、运行、维护、检修、试验、退役、报废	信息	基础设施、信息资源、信息安全、其他
210.1-119	GB/T 18787.3—2015	信息技术　电子书　第3部分：元数据	2017-1-1			规划、设计、采购、建设、运维、修试、退役	规划、初设、施工图、招标、品控、施工工艺、验收与质量评定、试运行、运行、维护、检修、试验、退役、报废	信息	基础设施、信息资源、信息安全、其他

续表

体系结构号	标准编号	标 准 名 称	实施日期	与国际标准对应关系	代替标准	阶段	分阶段	专业	分专业
210.1-120	GB/T 18787.4—2015	信息技术　电子书　第 4 部分：标识	2017-1-1			规划、设计、采购、建设、运维、修试、退役	规划、初设、施工图、招标、品控、施工工艺、验收与质量评定、试运行、运行、维护、检修、试验、退役、报废	信息	基础设施、信息资源、信息安全、其他
210.1-121	GB/T 18903—2002	信息技术　服务质量：框架	2003-5-1	ISO/IEC 13236: 1998，IDT		采购、建设、运维	招标、品控、施工工艺、验收与质量评定、运行、维护	信息	基础设施、信息资源、信息安全、其他
210.1-122	GB/T 25000.40—2018	系统与软件工程　系统与软件质量要求和评价（SQuaRE）第 40 部分：评价过程	2021-1-1		GB/T 18905.1—2002	采购、建设	招标、验收与质量评定	信息	基础设施、信息资源、信息安全、其他
210.1-123	GB/T 25000.2—2018	系统与软件工程　系统与软件质量要求和评价（SQuaRE）第 2 部分：计划与管理	2021-1-1		GB/T 18905.2—2002	采购、建设	招标、验收与质量评定	信息	基础设施、信息资源、信息安全、其他
210.1-124	GB/T 18905.3—2002	软件工程　产品评价　第 3 部分：开发者用的过程	2003-5-1	ISO/IEC 14598-3: 2000，IDT		采购、建设	招标、验收与质量评定	信息	基础设施、信息资源、信息安全、其他
210.1-125	GB/T 18905.4—2002	软件工程　产品评价　第 4 部分：需方用的过程	2003-5-1	ISO/IEC 14598-4: 1999，IDT		采购、建设	招标、验收与质量评定	信息	基础设施、信息资源、信息安全、其他
210.1-126	GB/T 18905.5—2002	软件工程　产品评价　第 5 部分：评价者用的过程	2003-5-1	ISO/IEC 14598-5: 1998，IDT		采购、建设	招标、验收与质量评定	信息	基础设施、信息资源、信息安全、其他
210.1-127	GB/T 18905.6—2002	软件工程　产品评价　第 6 部分：评价模块的文档编制	2003-5-1	ISO/IEC 14598-6: 2001，IDT		采购、建设	招标、验收与质量评定	信息	基础设施、信息资源、信息安全、其他
210.1-128	GB 18914—2002	信息技术　软件工程 CASE 工具的采用指南	2003-5-1	ISO/IEC TR 14471: 1999，IDT		采购、建设、修试	招标、品控、施工工艺、验收与质量评定、试运行、检修、试验	信息	基础设施、信息资源、信息安全、其他
210.1-129	GB/T 19529—2004	技术信息与文件的构成	2005-1-1	IEC 62023: 2000，IDT		规划、设计、采购、建设、运维、修试、退役	规划、初设、施工图、招标、品控、施工工艺、验收与质量评定、试运行、运行、维护、检修、试验、退役、报废	信息	基础设施、信息资源、信息安全、其他

续表

体系结构号	标准编号	标准名称	实施日期	与国际标准对应关系	代替标准	阶段	分阶段	专业	分专业
210.1-130	GB/T 19668.1—2014	信息技术服务 监理 第1部分：总则	2015-4-1		GB/T 19668.1—2005	建设	施工工艺、验收与质量评定	信息	基础设施、信息资源、信息安全、其他
210.1-131	GB/T 19668.2—2017	信息技术服务 监理 第2部分：基础设施工程监理规范	2018-2-1		GB/T 19668.2—2007；GB/T 19668.3—2007；GB/T 19668.4—2007	建设	施工工艺、验收与质量评定	信息	基础设施、信息资源、信息安全、其他
210.1-132	GB/T 19668.3—2017	信息技术服务 监理 第3部分：运行维护监理规范	2018-2-1			建设	施工工艺、验收与质量评定	信息	基础设施、信息资源、信息安全、其他
210.1-133	GB/T 19668.4—2017	信息技术服务 监理 第4部分：信息安全监理规范	2018-2-1		GB/T 19668.6—2007	建设	施工工艺、验收与质量评定	信息	基础设施、信息资源、信息安全、其他
210.1-134	GB/T 19668.5—2018	信息技术服务 监理 第5部分：软件工程监理规范	2019-1-1		GB/T 19668.5—2007	建设	施工工艺、验收与质量评定	信息	基础设施、信息资源、信息安全、其他
210.1-135	GB/T 19679—2005	信息技术—用于电工技术文件起草和信息交换的编码图形字符集	2005-8-1	IEC 61286: 2001，IDT		规划、设计、采购、建设、运维、修试、退役	规划、初设、施工图、招标、品控、施工工艺、验收与质量评定、试运行、运行、维护、检修、试验、退役、报废	信息	基础设施、信息资源、信息安全、其他
210.1-136	GB/T 19710—2005	地理信息 元数据	2005-8-1	ISO 19115: 2003，MOD		规划、设计	规划、初设	信息	基础设施、信息资源、信息安全、其他
210.1-137	GB/T 19710.2—2016	地理信息 元数据 第2部分：影像和格网数据扩展	2017-2-1	ISO 19115-2: 2009		规划、设计	规划、初设	信息	基础设施、信息资源、信息安全、其他
210.1-138	GB/T 19898—2005	工业过程测量和控制 应用软件文档集	2006-4-1	IEC 61506: 1997，IDT		规划、设计、采购、建设、运维、修试、退役	规划、初设、施工图、招标、品控、施工工艺、验收与质量评定、试运行、运行、维护、检修、试验、退役、报废	信息	基础设施、信息资源、信息安全、其他

续表

体系结构号	标准编号	标 准 名 称	实施日期	与国际标准对应关系	代替标准	阶段	分阶段	专业	分专业
210.1-139	GB/T 20157—2006	信息技术 软件维护	2006-7-1	ISO/IEC 14764: 1999，IDT		规划、设计、采购、建设、运维、修试、退役	规划、初设、施工图、招标、品控、施工工艺、验收与质量评定、试运行、运行、维护、检修、试验、退役、报废	信息	基础设施、信息资源、信息安全、其他
210.1-140	GB/T 20158—2006	信息技术 软件生存周期过程 配置管理	2006-7-1	ISO/IEC TR 15846: 1998，IDT		规划、设计、采购、建设、运维、修试、退役	规划、初设、施工图、招标、品控、施工工艺、验收与质量评定、试运行、运行、维护、检修、试验、退役、报废	信息	基础设施、信息资源、信息安全、其他
210.1-141	GB/T 20918—2007	信息技术 软件生存周期过程 风险管理	2007-7-1			规划、设计、采购、建设、运维、修试、退役	规划、初设、施工图、招标、品控、施工工艺、验收与质量评定、试运行、运行、维护、检修、试验、退役、报废	信息	基础设施、信息资源、信息安全、其他
210.1-142	GB/T 22118—2008	企业信用信息采集、处理和提供规范	2008-11-1			规划、设计、采购、建设、运维	规划、初设、招标、品控、施工工艺、验收与质量评定、试运行、运行、维护	信息	基础设施、信息资源、信息安全、其他
210.1-143	GB/Z 23283—2009	基于文件的电子信息的长期保存	2009-9-1	ISO/TR 18492: 2005，IDT		运维	运行、维护	信息	基础设施、信息资源、信息安全、其他
210.1-144	GB/T 23001—2017	信息化和工业化融合管理体系 要求	2017-5-22			规划、设计、采购、建设、运维、修试、退役	规划、初设、施工图、招标、品控、施工工艺、验收与质量评定、试运行、运行、维护、检修、试验、退役、报废	信息	基础设施、信息资源、信息安全、其他
210.1-145	GB/T 23002—2017	信息化和工业化融合管理体系 实施指南	2017-11-1			规划、设计、采购、建设、运维、修试、退役	规划、初设、施工图、招标、品控、施工工艺、验收与质量评定、试运行、运行、维护、检修、试验、退役、报废	信息	基础设施、信息资源、信息安全、其他

续表

体系结构号	标准编号	标 准 名 称	实施日期	与国际标准对应关系	代替标准	阶段	分阶段	专业	分专业
210.1-146	GB/T 23003—2018	信息化和工业化融合管理体系 评定指南	2018-12-28			规划、设计、采购、建设、运维、修试、退役	规划、初设、施工图、招标、品控、施工工艺、验收与质量评定、试运行、运行、维护、检修、试验、退役、报废	信息	基础设施、信息资源、信息安全、其他
210.1-147	GB/T 25000.10—2016	系统与软件工程 系统与软件质量要求和评价（SQuaRE）第10部分：系统与软件质量模型	2017-5-1	ISO/IEC 25010: 2011	GB/T 16260.1—2006	规划、设计、采购、建设	规划、初设、施工图、招标、品控、施工工艺、验收与质量评定、试运行	信息	基础设施、信息资源、信息安全、其他
210.1-148	GB/T 25000.12—2017	系统与软件工程 系统与软件质量要求和评价（SQuaRE）第12部分：数据质量模型	2018-5-1	ISO/IEC 25012: 2008		规划、设计、采购、建设	规划、初设、施工图、招标、品控、施工工艺、验收与质量评定、试运行	信息	基础设施、信息资源、信息安全、其他
210.1-149	GB/T 25000.24—2017	系统与软件工程 系统与软件质量要求和评价（SQuaRE）第24部分：数据质量测量	2018-5-1	ISO/IEC 25024: 2015		规划、设计、采购、建设	规划、初设、施工图、招标、品控、施工工艺、验收与质量评定、试运行	信息	基础设施、信息资源、信息安全、其他
210.1-150	GB/T 25000.41—2018	系统与软件工程 系统与软件质量要求和评价（SQuaRE）第41部分：开发方、需方和独立评价方评价指南	2021-1-1		GB/T 18905.3—2002; GB/T 18905.4—2002; GB/T 18905.5—2002	规划、设计、采购、建设	规划、初设、施工图、招标、品控、施工工艺、验收与质量评定、试运行	信息	基础设施、信息资源、信息安全、其他
210.1-151	GB/T 25000.45—2018	系统与软件工程 系统与软件质量要求和评价（SQuaRE）第45部分：易恢复性的评价模块	2021-1-1			规划、设计、采购、建设	规划、初设、施工图、招标、品控、施工工艺、验收与质量评定、试运行	信息	基础设施、信息资源、信息安全、其他
210.1-152	GB/T 25000.51—2016	系统与软件工程 系统与软件质量要求和评价（SQuaRE）第51部分：就绪可用软件产品（RUSP）的质量要求和测试细则	2017-5-1	ISO/IEC 25051: 2014	GB/T 25000.51—2010	规划、设计、采购、建设、修试	规划、初设、施工图、招标、品控、施工工艺、验收与质量评定、试运行、试验	信息	基础设施、信息资源、信息安全、其他
210.1-153	GB/T 26231—2017	信息技术 开放系统互连对象标识符（OID）的国家编号体系和操作规程	2017-12-29		GB/T 26231—2010	规划、设计、采购、建设、运维、修试、退役	规划、初设、施工图、招标、品控、施工工艺、验收与质量评定、试运行、运行、维护、检修、试验、退役、报废	信息	基础设施、信息资源、信息安全、其他

续表

体系结构号	标准编号	标准名称	实施日期	与国际标准对应关系	代替标准	阶段	分阶段	专业	分专业
210.1-154	GB/T 26857.4—2018	信息技术 开放系统互连测试方法和规范（MTS）测试和测试控制记法 第3版 第4部分：TTCN-3操作语义	2019-4-1			规划、设计、采购、建设、运维、修试、退役	规划、初设、施工图、招标、品控、施工工艺、验收与质量评定、试运行、运行、维护、检修、试验、退役、报废	信息	基础设施、信息资源、信息安全、其他
210.1-155	GB/T 27308—2011	合格评定 信息技术服务管理体系认证机构要求	2012-3-1			规划、设计、采购、建设、运维、修试、退役	规划、初设、施工图、招标、品控、施工工艺、验收与质量评定、试运行、运行、维护、检修、试验、退役、报废	信息	基础设施、信息资源、信息安全、其他
210.1-156	GB/T 28827.2—2012	信息技术服务 运行维护 第2部分：交付规范	2013-2-1			运维	运行、维护	信息	基础设施、信息资源、信息安全、其他
210.1-157	GB/T 28827.3—2012	信息技术服务 运行维护 第3部分：应急响应规范	2013-2-1			运维	运行、维护	信息	基础设施、信息资源、信息安全、其他
210.1-158	GB/T 29263—2012	信息技术 面向服务的体系结构（SOA）应用的总体技术要求	2013-6-1			规划、设计、采购、建设	规划、初设、招标、品控、施工工艺、验收与质量评定	信息	基础设施、信息资源、信息安全、其他
210.1-159	GB/T 29831.1—2013	系统与软件功能性 第1部分：指标体系	2014-2-1			规划、设计、采购、建设、运维、修试、退役	规划、初设、施工图、招标、品控、施工工艺、验收与质量评定、试运行、运行、维护、检修、试验、退役、报废	信息	基础设施、信息资源、信息安全、其他
210.1-160	GB/T 29831.2—2013	系统与软件功能性 第2部分：度量方法	2014-2-1			规划、设计、采购、建设、运维、修试、退役	规划、初设、施工图、招标、品控、施工工艺、验收与质量评定、试运行、运行、维护、检修、试验、退役、报废	信息	基础设施、信息资源、信息安全、其他
210.1-161	GB/T 29831.3—2013	系统与软件功能性 第3部分：测试方法	2014-2-1			建设、修试	验收与质量评定、试验	信息	基础设施、信息资源、信息安全、其他
210.1-162	GB/T 29832.1—2013	系统与软件可靠性 第1部分：指标体系	2014-2-1			规划、设计、采购、建设、运维、修试、退役	规划、初设、施工图、招标、品控、施工工艺、验收与质量评定、试运行、运行、维护、检修、试验、退役、报废	信息	基础设施、信息资源、信息安全、其他

续表

体系结构号	标准编号	标准名称	实施日期	与国际标准对应关系	代替标准	阶段	分阶段	专业	分专业
210.1-163	GB/T 29832.2—2013	系统与软件可靠性 第 2 部分：度量方法	2014-2-1			规划、设计、采购、建设、运维、修试、退役	规划、初设、施工图、招标、品控、施工工艺、验收与质量评定、试运行、运行、维护、检修、试验、退役、报废	信息	基础设施、信息资源、信息安全、其他
210.1-164	GB/T 29832.3—2013	系统与软件可靠性 第 3 部分：测试方法	2014-2-1			建设、修试	验收与质量评定、试验	信息	基础设施、信息资源、信息安全、其他
210.1-165	GB/T 29833.1—2013	系统与软件可移植性 第 1 部分：指标体系	2014-2-1			规划、设计、采购、建设、运维、修试、退役	规划、初设、施工图、招标、品控、施工工艺、验收与质量评定、试运行、运行、维护、检修、试验、退役、报废	信息	基础设施、信息资源、信息安全、其他
210.1-166	GB/T 29833.2—2013	系统与软件可移植性 第 2 部分：度量方法	2014-2-1			规划、设计、采购、建设、运维、修试、退役	规划、初设、施工图、招标、品控、施工工艺、验收与质量评定、试运行、运行、维护、检修、试验、退役、报废	信息	基础设施、信息资源、信息安全、其他
210.1-167	GB/T 29833.3—2013	系统与软件可移植性 第 3 部分：测试方法	2014-2-1			建设、修试	验收与质量评定、试验	信息	基础设施、信息资源、信息安全、其他
210.1-168	GB/T 29834.1—2013	系统与软件维护性 第 1 部分：指标体系	2014-2-1			规划、设计、采购、建设、运维、修试、退役	规划、初设、施工图、招标、品控、施工工艺、验收与质量评定、试运行、运行、维护、检修、试验、退役、报废	信息	基础设施、信息资源、信息安全、其他
210.1-169	GB/T 29834.2—2013	系统与软件维护性 第 2 部分：度量方法	2014-2-1			规划、设计、采购、建设、运维、修试、退役	规划、初设、施工图、招标、品控、施工工艺、验收与质量评定、试运行、运行、维护、检修、试验、退役、报废	信息	基础设施、信息资源、信息安全、其他
210.1-170	GB/T 29834.3—2013	系统与软件维护性 第 3 部分：测试方法	2014-2-1			建设、修试	验收与质量评定、试验	信息	基础设施、信息资源、信息安全、其他

续表

体系结构号	标准编号	标 准 名 称	实施日期	与国际标准对应关系	代替标准	阶段	分阶段	专业	分专业
210.1-171	GB/T 29835.1—2013	系统与软件效率　第1部分：指标体系	2014-2-1			规划、设计、采购、建设、运维、修试、退役	规划、初设、施工图、招标、品控、施工工艺、验收与质量评定、试运行、运行、维护、检修、试验、退役、报废	信息	基础设施、信息资源、信息安全、其他
210.1-172	GB/T 29835.2—2013	系统与软件效率　第2部分：度量方法	2014-2-1			规划、设计、采购、建设、运维、修试、退役	规划、初设、施工图、招标、品控、施工工艺、验收与质量评定、试运行、运行、维护、检修、试验、退役、报废	信息	基础设施、信息资源、信息安全、其他
210.1-173	GB/T 29835.3—2013	系统与软件效率　第3部分：测试方法	2014-2-1			建设、修试	验收与质量评定、试验	信息	基础设施、信息资源、信息安全、其他
210.1-174	GB/T 29836.1—2013	系统与软件易用性　第1部分：指标体系	2014-2-1			规划、设计、采购、建设、运维、修试、退役	规划、初设、施工图、招标、品控、施工工艺、验收与质量评定、试运行、运行、维护、检修、试验、退役、报废	信息	基础设施、信息资源、信息安全、其他
210.1-175	GB/T 29836.2—2013	系统与软件易用性　第2部分：度量方法	2014-2-1			规划、设计、采购、建设、运维、修试、退役	规划、初设、施工图、招标、品控、施工工艺、验收与质量评定、试运行、运行、维护、检修、试验、退役、报废	信息	基础设施、信息资源、信息安全、其他
210.1-176	GB/T 29836.3—2013	系统与软件易用性　第3部分：测评方法	2014-2-1			建设、修试	验收与质量评定、试验	信息	基础设施、信息资源、信息安全、其他
210.1-177	GB/T 30847.1—2014	系统与软件工程　可信计算平台可信性度量　第1部分：概述与词汇	2015-2-1			规划、设计、采购、建设、运维、修试、退役	规划、初设、施工图、招标、品控、施工工艺、验收与质量评定、试运行、运行、维护、检修、试验、退役、报废	信息	基础设施、信息资源、信息安全、其他
210.1-178	GB/T 30847.2—2014	系统与软件工程　可信计算平台可信性度量　第2部分：信任链	2015-2-1			规划、设计、采购、建设、运维、修试、退役	规划、初设、施工图、招标、品控、施工工艺、验收与质量评定、试运行、运行、维护、检修、试验、退役、报废	信息	基础设施、信息资源、信息安全、其他

续表

体系结构号	标准编号	标 准 名 称	实施日期	与国际标准对应关系	代替标准	阶段	分阶段	专业	分专业
210.1-179	GB/T 30975—2014	信息技术 基于计算机的软件系统的性能测量与评级	2015-2-1	ISO/IEC 14756: 1999, IDT		规划、设计、采购、建设、运维、修试、退役	规划、初设、施工图、招标、品控、施工工艺、验收与质量评定、试运行、运行、维护、检修、试验、退役、报废	信息	基础设施、信息资源、信息安全、其他
210.1-180	GB/T 30994—2014	关系数据库管理系统检测规范	2015-2-1			建设、修试	验收与质量评定、试验	信息	基础设施、信息资源、信息安全、其他
210.1-181	GB/Z 31102—2014	软件工程 软件工程知识体系指南	2015-2-1	ISO/IEC TR 19759: 2005，MOD		规划、设计、采购、建设、运维、修试、退役	规划、初设、施工图、招标、品控、施工工艺、验收与质量评定、试运行、运行、维护、检修、试验、退役、报废	信息	基础设施、信息资源、信息安全、其他
210.1-182	GB/T 31360—2015	固定资产核心元数据	2015-8-1			规划、设计	规划、初设	信息	基础设施、信息资源、信息安全、其他
210.1-183	GB/T 32420—2015	无线局域网测试规范	2017-1-1			建设、修试	验收与质量评定、试验	信息	基础设施、信息资源、信息安全、其他
210.1-184	GB/T 33474—2016	物联网 参考体系结构	2017-7-1			规划、设计、采购、建设、运维、修试、退役	规划、初设、施工图、招标、品控、施工工艺、验收与质量评定、试运行、运行、维护、检修、试验、退役、报废	信息	基础设施、信息资源、信息安全、其他
210.1-185	GB/T 33770.1—2017	信息技术服务 外包 第1部分：服务提供方通用要求	2017-12-1			规划、设计、采购、建设、运维、修试、退役	规划、初设、施工图、招标、品控、施工工艺、验收与质量评定、试运行、运行、维护、检修、试验、退役、报废	信息	基础设施、信息资源、信息安全、其他
210.1-186	GB/T 33846.1—2017	信息技术 SOA 支撑功能单元互操作 第1部分：总体框架	2017-12-1			规划、设计、采购、建设、运维、修试、退役	规划、初设、施工图、招标、品控、施工工艺、验收与质量评定、试运行、运行、维护、检修、试验、退役、报废	信息	基础设施、信息资源、信息安全、其他

续表

体系结构号	标准编号	标准名称	实施日期	与国际标准对应关系	代替标准	阶段	分阶段	专业	分专业
210.1-187	GB/T 33846.2—2017	信息技术 SOA 支撑功能单元互操作 第 2 部分：技术要求	2017-12-1			规划、设计、采购、建设、运维、修试、退役	规划、初设、施工图、招标、品控、施工工艺、验收与质量评定、试运行、运行、维护、检修、试验、退役、报废	信息	基础设施、信息资源、信息安全、其他
210.1-188	GB/T 33846.3—2017	信息技术 SOA 支撑功能单元互操作 第 3 部分：服务交互通信	2017-12-1			规划、设计、采购、建设、运维、修试、退役	规划、初设、施工图、招标、品控、施工工艺、验收与质量评定、试运行、运行、维护、检修、试验、退役、报废	信息	基础设施、信息资源、信息安全、其他
210.1-189	GB/T 33846.4—2017	信息技术 SOA 支撑功能单元互操作 第 4 部分：服务编制	2018-5-1			规划、设计、采购、建设、运维、修试、退役	规划、初设、施工图、招标、品控、施工工艺、验收与质量评定、试运行、运行、维护、检修、试验、退役、报废	信息	基础设施、信息资源、信息安全、其他
210.1-190	GB/T 33848.1—2017	信息技术 射频识别 第 1 部分：参考结构和标准化参数定义	2017-12-1	ISO/IEC 18000-1: 2008		规划、设计、采购、建设、运维、修试、退役	规划、初设、施工图、招标、品控、施工工艺、验收与质量评定、试运行、运行、维护、检修、试验、退役、报废	信息	基础设施、信息资源、信息安全、其他
210.1-191	GB/T 33850—2017	信息技术服务 质量评价指标体系	2017-12-1			规划、设计、采购、建设、运维、修试、退役	规划、初设、施工图、招标、品控、施工工艺、验收与质量评定、试运行、运行、维护、检修、试验、退役、报废	信息	基础设施、信息资源、信息安全、其他
210.1-192	GB/T 34941—2017	信息技术服务 数字化营销服务 程序化营销技术要求	2018-5-1			规划、设计、采购、建设、运维、修试、退役	规划、初设、施工图、招标、品控、施工工艺、验收与质量评定、试运行、运行、维护、检修、试验、退役、报废	信息	基础设施、信息资源、信息安全、其他
210.1-193	GB/T 34960.1—2017	信息技术服务 治理第 1 部分：通用要求	2018-2-1			设计、建设、运维	初设、施工工艺、验收与质量评定、试运行、运行、维护	信息	基础设施、信息资源、信息安全、其他

续表

体系结构号	标准编号	标 准 名 称	实施日期	与国际标准对应关系	代替标准	阶段	分阶段	专业	分专业
210.1-194	GB/T 34960.2—2017	信息技术服务 治理第 2 部分：实施指南	2018-5-1			建设、修试、运维	验收与质量评定、试验、运行、维护	信息	基础设施、信息资源、信息安全、其他
210.1-195	GB/T 34960.3—2017	信息技术服务 治理第 3 部分：绩效评价	2018-5-1			建设、修试、运维	验收与质量评定、试验、运行、维护	信息	基础设施、信息资源、信息安全、其他
210.1-196	GB/T 34960.4—2017	信息技术服务 治理第 4 部分：审计导则	2018-5-1			建设、运维	验收与质量评定、试运行、运行、维护	信息	基础设施、信息资源、信息安全、其他
210.1-197	GB/T 34960.5—2018	信息技术服务 治理第 5 部分：数据治理规范	2019-1-1			规划、设计、采购、建设、运维、修试、退役	规划、初设、施工图、招标、品控、施工工艺、验收与质量评定、试运行、运行、维护、检修、试验、退役、报废	信息	基础设施、信息资源、信息安全、其他
210.1-198	GB/T 35128—2017	集团企业经营管理信息化核心构件	2018-7-1			规划、设计、采购、建设、运维、修试、退役	规划、初设、施工图、招标、品控、施工工艺、验收与质量评定、试运行、运行、维护、检修、试验、退役、报废	信息	基础设施、信息资源、信息安全、其他
210.1-199	GB/T 35133—2017	集团企业经营管理参考模型	2018-7-1			设计	初设	信息	基础设施、信息资源、信息安全、其他
210.1-200	GB/T 35292—2017	信息技术 开放虚拟化格式（OVF）规范	2018-7-1	ISO/IEC 17203: 2011		设计	初设	信息	基础设施、信息资源、信息安全、其他
210.1-201	GB/T 35299—2017	信息技术 开放系统互连对象标识符解析系统	2017-12-29	ISO/IEC 29168-1: 2011		规划、设计、采购、建设、运维、修试、退役	规划、初设、施工图、招标、品控、施工工艺、验收与质量评定、试运行、运行、维护、检修、试验、退役、报废	信息	基础设施、信息资源、信息安全、其他
210.1-202	GB/T 35300—2017	信息技术 开放系统互连用于对象标识符解析系统运营机构的规程	2017-12-29			运维、修试	运行、维护、检修、试验	信息	基础设施、信息资源、信息安全、其他

续表

体系结构号	标准编号	标 准 名 称	实施日期	与国际标准对应关系	代替标准	阶段	分阶段	专业	分专业
210.1-203	GB/T 35304—2017	统一内容标签格式规范	2018-4-1			规划、设计、采购、建设、运维、修试、退役	规划、初设、施工图、招标、品控、施工工艺、验收与质量评定、试运行、运行、维护、检修、试验、退役、报废	信息	基础设施、信息资源、信息安全、其他
210.1-204	GB/T 36074.2—2018	信息技术服务 服务管理 第 2 部分：实施指南	2018-10-1			规划、设计、采购、建设、运维、修试、退役	规划、初设、施工图、招标、品控、施工工艺、验收与质量评定、试运行、运行、维护、检修、试验、退役、报废	信息	基础设施、信息资源、信息安全、其他
210.1-205	GB/T 36341.1—2018	信息技术 形状建模信息表示 第 1 部分：框架和基本组件	2019-1-1			规划、设计、采购、建设、运维、修试、退役	规划、初设、施工图、招标、品控、施工工艺、验收与质量评定、试运行、运行、维护、检修、试验、退役、报废	信息	基础设施、信息资源、信息安全、其他
210.1-206	GB/T 36341.2—2018	信息技术 形状建模信息表示 第 2 部分：特征约束	2019-1-1			规划、设计、采购、建设、运维、修试、退役	规划、初设、施工图、招标、品控、施工工艺、验收与质量评定、试运行、运行、维护、检修、试验、退役、报废	信息	基础设施、信息资源、信息安全、其他
210.1-207	GB/T 36341.3—2018	信息技术 形状建模信息表示 第 3 部分：流式传输	2019-1-1			规划、设计、采购、建设、运维、修试、退役	规划、初设、施工图、招标、品控、施工工艺、验收与质量评定、试运行、运行、维护、检修、试验、退役、报废	信息	基础设施、信息资源、信息安全、其他
210.1-208	GB/T 36341.4—2018	信息技术 形状建模信息表示 第 4 部分：存储格式	2019-1-1			规划、设计、采购、建设、运维、修试、退役	规划、初设、施工图、招标、品控、施工工艺、验收与质量评定、试运行、运行、维护、检修、试验、退役、报废	信息	基础设施、信息资源、信息安全、其他
210.1-209	GB/Z 36442.1—2018	信息技术 用于物品管理的射频识别 实现指南 第 1 部分：无源超高频 RFID 标签	2019-1-1			规划、设计、采购、建设、运维、修试、退役	规划、初设、施工图、招标、品控、施工工艺、验收与质量评定、试运行、运行、维护、检修、试验、退役、报废	信息	基础设施、信息资源、信息安全、其他

续表

体系结构号	标准编号	标 准 名 称	实施日期	与国际标准对应关系	代替标准	阶段	分阶段	专业	分专业
210.1-210	GB/Z 36442.3—2018	信息技术　用于物品管理的射频识别 实现指南　第3部分：超高频 RFID 读写器系统在物流应用中的实现和操作	2019-1-1			规划、设计、采购、建设、运维、修试、退役	规划、初设、施工图、招标、品控、施工工艺、验收与质量评定、试运行、运行、维护、检修、试验、退役、报废	信息	基础设施、信息资源、信息安全、其他
210.1-211	GB/T 36443—2018	信息技术　用户、系统及其环境的需求和能力的公共访问轮廓（CAP）框架	2019-1-1			规划、设计、采购、建设、运维、修试、退役	规划、初设、施工图、招标、品控、施工工艺、验收与质量评定、试运行、运行、维护、检修、试验、退役、报废	信息	基础设施、信息资源、信息安全、其他
210.1-212	GB/T 36444—2018	信息技术　开放系统互连简化目录协议及服务	2019-1-1			规划、设计、采购、建设、运维、修试、退役	规划、初设、施工图、招标、品控、施工工艺、验收与质量评定、试运行、运行、维护、检修、试验、退役、报废	信息	基础设施、信息资源、信息安全、其他
210.1-213	GB/T 36450.1—2018	信息技术　存储管理　第1部分：概述	2019-1-1			规划、设计、采购、建设、运维、修试、退役	规划、初设、施工图、招标、品控、施工工艺、验收与质量评定、试运行、运行、维护、检修、试验、退役、报废	信息	基础设施、信息资源、信息安全、其他
210.1-214	GB/T 36456.1—2018	面向工程领域的共享信息模型　第1部分：领域信息模型框架	2019-1-1			规划、设计、采购、建设、运维、修试、退役	规划、初设、施工图、招标、品控、施工工艺、验收与质量评定、试运行、运行、维护、检修、试验、退役、报废	信息	基础设施、信息资源、信息安全、其他
210.1-215	GB/T 36456.2—2018	面向工程领域的共享信息模型　第2部分：领域信息服务接口	2019-1-1			规划、设计、采购、建设、运维、修试、退役	规划、初设、施工图、招标、品控、施工工艺、验收与质量评定、试运行、运行、维护、检修、试验、退役、报废	信息	基础设施、信息资源、信息安全、其他
210.1-216	GB/T 36456.3—2018	面向工程领域的共享信息模型　第3部分：测试方法	2019-1-1			规划、设计、采购、建设、运维、修试、退役	规划、初设、施工图、招标、品控、施工工艺、验收与质量评定、试运行、运行、维护、检修、试验、退役、报废	信息	基础设施、信息资源、信息安全、其他

续表

体系结构号	标准编号	标 准 名 称	实施日期	与国际标准对应关系	代替标准	阶段	分阶段	专业	分专业
210.1-217	GB/T 36463.1—2018	信息技术服务 咨询设计 第1部分：通用要求	2019-1-1			规划、设计、采购、建设、运维、修试、退役	规划、初设、施工图、招标、品控、施工工艺、验收与质量评定、试运行、运行、维护、检修、试验、退役、报废	信息	基础设施、信息资源、信息安全、其他
210.1-218	GB/T 36478.1—2018	物联网 信息交换和共享 第1部分：总体架构	2019-1-1			规划、设计、采购、建设、运维、修试、退役	规划、初设、施工图、招标、品控、施工工艺、验收与质量评定、试运行、运行、维护、检修、试验、退役、报废	信息	基础设施、信息资源、信息安全、其他
210.1-219	GB/T 36478.2—2018	物联网 信息交换和共享 第2部分：通用技术要求	2019-1-1			规划、设计、采购、建设、运维、修试、退役	规划、初设、施工图、招标、品控、施工工艺、验收与质量评定、试运行、运行、维护、检修、试验、退役、报废	信息	基础设施、信息资源、信息安全、其他
210.1-220	GB/T 36621—2018	智慧城市 信息技术运营指南	2019-5-1			规划、设计、采购、建设、运维、修试、退役	规划、初设、施工图、招标、品控、施工工艺、验收与质量评定、试运行、运行、维护、检修、试验、退役、报废	信息	基础设施、信息资源、信息安全、其他
210.1-221	GB/T 36622.1—2018	智慧城市 公共信息与服务支撑平台 第1部分：总体要求	2019-5-1			规划、设计、采购、建设、运维、修试、退役	规划、初设、施工图、招标、品控、施工工艺、验收与质量评定、试运行、运行、维护、检修、试验、退役、报废	信息	基础设施、信息资源、信息安全、其他
210.1-222	GB/T 36622.2—2018	智慧城市 公共信息与服务支撑平台 第2部分：目录管理与服务要求	2019-5-1			规划、设计、采购、建设、运维、修试、退役	规划、初设、施工图、招标、品控、施工工艺、验收与质量评定、试运行、运行、维护、检修、试验、退役、报废	信息	基础设施、信息资源、信息安全、其他
210.1-223	GB/T 36622.3—2018	智慧城市 公共信息与服务支撑平台 第3部分：测试要求	2021-1-1			规划、设计、采购、建设、运维、修试、退役	规划、初设、施工图、招标、品控、施工工艺、验收与质量评定、试运行、运行、维护、检修、试验、退役、报废	信息	基础设施、信息资源、信息安全、其他

续表

体系结构号	标准编号	标 准 名 称	实施日期	与国际标准对应关系	代替标准	阶段	分阶段	专业	分专业
210.1-224	GB/T 36625.1—2018	智慧城市 数据融合 第1部分：概念模型	2019-5-1			规划、设计、采购、建设、运维、修试、退役	规划、初设、施工图、招标、品控、施工工艺、验收与质量评定、试运行、运行、维护、检修、试验、退役、报废	信息	基础设施、信息资源、信息安全、其他
210.1-225	GB/T 36625.2—2018	智慧城市 数据融合 第2部分：数据编码规范	2019-5-1			规划、设计、采购、建设、运维、修试、退役	规划、初设、施工图、招标、品控、施工工艺、验收与质量评定、试运行、运行、维护、检修、试验、退役、报废	信息	基础设施、信息资源、信息安全、其他
210.1-226	GB/T 36964—2018	软件工程 软件开发成本度量规范	2021-1-1			规划、设计、采购、建设、运维、修试、退役	规划、初设、施工图、招标、品控、施工工艺、验收与质量评定、试运行、运行、维护、检修、试验、退役、报废	信息	基础设施、信息资源、信息安全、其他
210.1-227	GB 50174—2017	数据中心设计规范	2018-1-1		GB 50174—2008	设计	初设、施工图	信息	基础设施、信息资源、信息安全、其他
210.1-228	ANSI INCITS 495—2012	信息技术 平台管理				规划、设计、采购、建设、运维、修试、退役	规划、初设、施工图、招标、品控、施工工艺、验收与质量评定、试运行、运行、维护、检修、试验、退役、报废	信息	基础设施、信息资源、信息安全、其他
210.1-229	ANSI INCITS 497—2012（R2017）	信息技术 自动化/驱动接口命令-3（ADC-3）	2017-1-1		ANSI INCITS497—2012	规划、设计、采购、建设、运维、修试、退役	规划、初设、施工图、招标、品控、施工工艺、验收与质量评定、试运行、运行、维护、检修、试验、退役、报废	信息	基础设施、信息资源、信息安全、其他
210.1-230	ANSI INCITS/ISO/IEC 9075-2—2008（R2012）	信息技术 数据库语言结构化查询语言（SQL）第2部分：基础（SQL/Foundation）	2008-12-18	ISO/IEC 9075-2—2011，IDT	ANSI INCITS ISO IEC 9075-2—2008	规划、设计、采购、建设、运维、修试、退役	规划、初设、施工图、招标、品控、施工工艺、验收与质量评定、试运行、运行、维护、检修、试验、退役、报废	信息	基础设施、信息资源、信息安全、其他
210.1-231	ANSI INCITS/ISO/IEC 19496-3—2012	信息技术 视听对象编码 第3部分：音频		ISO/IEC 14996-3—2009，IDT	ANSI INCITS ISO IEC 14496-3—2001；ANSI INCITS ISO IEC 14496-3—2007	规划、设计、采购、建设、运维、修试、退役	规划、初设、施工图、招标、品控、施工工艺、验收与质量评定、试运行、运行、维护、检修、试验、退役、报废	信息	基础设施、信息资源、信息安全、其他

续表

体系结构号	标准编号	标 准 名 称	实施日期	与国际标准对应关系	代替标准	阶段	分阶段	专业	分专业
210.1-232	BS EN ISO IEC 19762-1—2012	信息技术 自动识别和数据采集（AIDC）技术校准词表 AIDC 相关的通用术语	2012-4-30	BN ISO/IEC 19762-1—2012，IDT；ISO/IEC 19762-1—2008. IDT	BS TSO IEC 19762-1—2005	规划、设计、采购、建设、运维、修试、退役	规划、初设、施工图、招标、品控、施工工艺、验收与质量评定、试运行、运行、维护、检修、试验、退役、报废	信息	基础设施、信息资源、信息安全、其他
210.1-233	BS EN ISO IEC 19762-3—2012	信息技术 自动识别和数据采集 （AIDC）技术校准词表 射频识别（RFID ）	2012-4-30	EN ISO/IEC 19762-3一2012，IDT；ISO/IEC 19762-3—2008，IDT	BS ISO IEC 19762-3—2005	规划、设计、采购、建设、运维、修试、退役	规划、初设、施工图、招标、品控、施工工艺、验收与质量评定、试运行、运行、维护、检修、试验、退役、报废	信息	基础设施、信息资源、信息安全、其他
210.1-234	IS0/IEC 11002—2008	信息技术多路径管理 API	2008-7-1			规划、设计、采购、建设、运维、修试、退役	规划、初设、施工图、招标、品控、施工工艺、验收与质量评定、试运行、运行、维护、检修、试验、退役、报废	信息	基础设施、信息资源、信息安全、其他
210.1-235	ISO/IEC 12139-1—2009/Cor 1—2010	信息技术系统间通信和信息交换电力线通信（PLC）高速 PLC 的媒体访问控制（MAC）和物理层（PHY）第 1 部分：通用要求技术勘误表 1	2010-1-28			规划、设计、采购、建设、运维、修试、退役	规划、初设、施工图、招标、品控、施工工艺、验收与质量评定、试运行、运行、维护、检修、试验、退役、报废	信息	基础设施、信息资源、信息安全、其他
210.1-236	ISO/IEC 14496-3—2009/Cor 7—2015	勘误 7：信息技术 音频-可视对象的编码 第 3 部分：音频	2015-11-15			规划、设计、采购、建设、运维、修试、退役	规划、初设、施工图、招标、品控、施工工艺、验收与质量评定、试运行、运行、维护、检修、试验、退役、报废	信息	基础设施、信息资源、信息安全、其他
210.1-237	ISO/IEC 14776-223—2008	信息技术小型计算机系统接口（SCSI）第 223 部分：光纤信道协议第 3 版（FCP-3）	2008-5-1			规划、设计、采购、建设、运维、修试、退役	规划、初设、施工图、招标、品控、施工工艺、验收与质量评定、试运行、运行、维护、检修、试验、退役、报废	信息	基础设施、信息资源、信息安全、其他
210.1-238	ISO/IEC 15424—2008	信息技术自动识别和数据捕获技术数据载体标识符(包括符号标识符）	2008-7-15	CAN/CSA-ISO/IEC 15424-09—2009，IDT	ISO IEC 15424—2000	规划、设计、采购、建设、运维、修试、退役	规划、初设、施工图、招标、品控、施工工艺、验收与质量评定、试运行、运行、维护、检修、试验、退役、报废	信息	基础设施、信息资源、信息安全、其他

续表

体系结构号	标准编号	标 准 名 称	实施日期	与国际标准对应关系	代替标准	阶段	分阶段	专业	分专业
210.1-239	ISO/IEC 19762—2016	信息技术 自动识别和数据采集技术（AIDC）协调词汇	2016-2-3		ISO/IEC 19762-2—2008	规划、设计、采购、建设、运维、修试、退役	规划、初设、施工图、招标、品控、施工工艺、验收与质量评定、试运行、运行、维护、检修、试验、退役、报废	信息	基础设施、信息资源、信息安全、其他
210.1-240	ISO/IEC 21000-7—2007/Cor 1—2008	信息技术多媒体框架（MPEG-21）第 7 部分：数字项匹配技术勘误 1	2008-12-11			规划、设计、采购、建设、运维、修试、退役	规划、初设、施工图、招标、品控、施工工艺、验收与质量评定、试运行、运行、维护、检修、试验、退役、报废	信息	基础设施、信息资源、信息安全、其他
210.1-241	ISO/IEC 22535—2009	信息技术系统间通信和信息交换联合通信网络 SIP 上 QSIG 的隧道效应	2009-4-15		ISO IEC 22535—2006	规划、设计、采购、建设、运维、修试、退役	规划、初设、施工图、招标、品控、施工工艺、验收与质量评定、试运行、运行、维护、检修、试验、退役、报废	信息	基础设施、信息资源、信息安全、其他
210.1-242	ISO/IEC 24754—2008	信息技术文件描述和处理语言规定文件描述体系的最低要求	2008-5-8	ANSI/INCITS/ISO/IEC 24754—2008，IDT；BS ISO/IEC 24754—2008，IDT；CAN/CSA-ISO/IEC 24754-09—2009，IDT		设计、采购、建设	初设、施工图、招标、品控、施工工艺、验收与质量评定、试运行	信息	基础设施、信息资源、信息安全、其他
210.1-243	ISO/IEC 24756—2009	信息技术用户需求和能力、系统及其环境的通用访问轮廓（CAP）的详细说明框架	2009-4-1			规划、设计、采购、建设、运维、修试、退役	规划、初设、施工图、招标、品控、施工工艺、验收与质量评定、试运行、运行、维护、检修、试验、退役、报废	信息	基础设施、信息资源、信息安全、其他
210.1-244	ISO/IEC 26514—2008	系统和软件工程用户文件的设计者和开发者用要求	2008-6-15	BS ISO/IEC 26514—2008，IDT	ISO 9127—1988；ISO/IEC 6592—2000；ISO/IEC 18019—2004	规划、设计、采购、建设、运维、修试、退役	规划、初设、施工图、招标、品控、施工工艺、验收与质量评定、试运行、运行、维护、检修、试验、退役、报废	信息	基础设施、信息资源、信息安全、其他
210.1-245	ISO/IEC 33003—2015	信息技术 过程评定 过程测量框架的要求	2015-2-27		ISO/IEC 15504-2—2003；ISO/IEC TR 15504-7—2008	规划、设计、采购、建设、运维、修试、退役	规划、初设、施工图、招标、品控、施工工艺、验收与质量评定、试运行、运行、维护、检修、试验、退役、报废	信息	基础设施、信息资源、信息安全、其他

续表

体系结构号	标准编号	标 准 名 称	实施日期	与国际标准对应关系	代替标准	阶段	分阶段	专业	分专业
210.1-246	ISO/IEC/TR 12860—2009	信息技术系统间的远程通信和信息交换下一代社团网络（NGCN）总则	2009-4-15			规划、设计、采购、建设、运维、修试、退役	规划、初设、施工图、招标、品控、施工工艺、验收与质量评定、试运行、运行、维护、检修、试验、退役、报废	信息	基础设施、信息资源、信息安全、其他
210.1-247	ISO/IEC/TR 12861—2009	信息技术系统间远程通信和信息交换下一代社团网络（NGCN）识别和路由	2009-4-15	ECMA/TR 96—2008，IDT		规划、设计、采购、建设、运维、修试、退役	规划、初设、施工图、招标、品控、施工工艺、验收与质量评定、试运行、运行、维护、检修、试验、退役、报废	信息	基础设施、信息资源、信息安全、其他
210.1-248	ISO/IEC/TR 14165-372—2011	信息技术光纤信道 第372部分：互连2的方法（FC-MI-2）	2011-2-18			规划、设计、采购、建设、运维、修试、退役	规划、初设、施工图、招标、品控、施工工艺、验收与质量评定、试运行、运行、维护、检修、试验、退役、报废	信息	基础设施、信息资源、信息安全、其他
210.1-249	ISO/IEC/TR 24720—2008	信息技术自动识别和数据采集技术直接部分标记（DPM）用指南	2008-6-1			规划、设计、采购、建设、运维、修试、退役	规划、初设、施工图、招标、品控、施工工艺、验收与质量评定、试运行、运行、维护、检修、试验、退役、报废	信息	基础设施、信息资源、信息安全、其他
210.1-250	ISO/IEC/TR 24729-1—2008	信息技术项目管理的射频识别（RFID）执行指南 第1部分：RFID 激活的标签和包装支持 ISO/IEC 18000-6C	2008-4-15			规划、设计、采购、建设、运维、修试、退役	规划、初设、施工图、招标、品控、施工工艺、验收与质量评定、试运行、运行、维护、检修、试验、退役、报废	信息	基础设施、信息资源、信息安全、其他
210.1-251	ISO/IEC/TR 24729-2—2008	信息技术项目管理的射频识别（RFID）执行指南 第2部分：再循环和 RFID 标签	2008-4-15			规划、设计、采购、建设、运维、修试、退役	规划、初设、施工图、招标、品控、施工工艺、验收与质量评定、试运行、运行、维护、检修、试验、退役、报废	信息	基础设施、信息资源、信息安全、其他
210.1-252	ISO/IEC/TR 24729-4—2009	信息技术项目管理的射频识别（RFID）执行指南 第4部分：标签数据安全	2009-3-15			规划、设计、采购、建设、运维、修试、退役	规划、初设、施工图、招标、品控、施工工艺、验收与质量评定、试运行、运行、维护、检修、试验、退役、报废	信息	基础设施、信息资源、信息安全、其他

续表

体系结构号	标准编号	标 准 名 称	实施日期	与国际标准对应关系	代替标准	阶段	分阶段	专业	分专业
210.1-253	ISO/IEC/TR 29147-1—2010	信息技术智能家庭规范的分类方法 第1部分：方案				规划、设计	规划、初设、施工图	信息	基础设施、信息资源、信息安全、其他
210.1-254	ITU-T G.780/Y.1351—2010	同步数字体系（SDH）网络的术语和定义	2010-7-29		ITU-T G.780/Y.1351—2008	规划、设计、采购、建设、运维、修试、退役	规划、初设、施工图、招标、品控、施工工艺、验收与质量评定、试运行、运行、维护、检修、试验、退役、报废	信息	基础设施、信息资源、信息安全、其他
210.1-255	ITU-T G.870/Y.1352—2016	光传输网络的术语和定义	2016-11-13		ITU-T G.870/Y.1352—2012	规划、设计、采购、建设、运维、修试、退役	规划、初设、施工图、招标、品控、施工工艺、验收与质量评定、试运行、运行、维护、检修、试验、退役、报废	信息	基础设施、信息资源、信息安全、其他
210.1-256	ITU-T H.248.65—2009	网关控制协议资源预留协议的支持	2009-3-16			规划、设计、采购、建设、运维、修试、退役	规划、初设、施工图、招标、品控、施工工艺、验收与质量评定、试运行、运行、维护、检修、试验、退役、报废	信息	基础设施、信息资源、信息安全、其他
210.1-257	ITU-T H.248.70—2009	网关控制协议拨号方法信息包	2009-3-16			规划、设计、采购、建设、运维、修试、退役	规划、初设、施工图、招标、品控、施工工艺、验收与质量评定、试运行、运行、维护、检修、试验、退役、报废	信息	基础设施、信息资源、信息安全、其他
210.1-258	ITU-T L.80—2008	支持使用 ID 技术的基础设施和网络元件管理的系统要求的运转	2008-5-1			规划、设计、采购、建设、运维、修试、退役	规划、初设、施工图、招标、品控、施工工艺、验收与质量评定、试运行、运行、维护、检修、试验、退役、报废	信息	基础设施、信息资源、信息安全、其他
210.1-259	ITU-T X.607.1—2008	信息技术增强通信传输协议规范双向组播传送的 QoS 管理规范	2008-11-13			规划、设计、采购、建设、运维、修试、退役	规划、初设、施工图、招标、品控、施工工艺、验收与质量评定、试运行、运行、维护、检修、试验、退役、报废	信息	基础设施、信息资源、信息安全、其他
210.1-260	ITU-T X.608.1—2008	信息技术增强通信传输协议规范 N-plex 组播传送的 QoS 管理规范	2008-11-13			规划、设计、采购、建设、运维、修试、退役	规划、初设、施工图、招标、品控、施工工艺、验收与质量评定、试运行、运行、维护、检修、试验、退役、报废	信息	基础设施、信息资源、信息安全、其他

续表

体系结构号	标准编号	标 准 名 称	实施日期	与国际标准对应关系	代替标准	阶段	分阶段	专业	分专业
210.1-261	ITU-T Y.1401—2008	互通原则	2008-2-29		ITU-T Y 1401—2000	规划、设计、采购、建设、运维、修试、退役	规划、初设、施工图、招标、品控、施工工艺、验收与质量评定、试运行、运行、维护、检修、试验、退役、报废	信息	基础设施、信息资源、信息安全、其他
210.1-262	ITU-T Y.2234—2008	NGN 开放业务环境能力	2008-9-12			规划、设计、采购、建设、运维、修试、退役	规划、初设、施工图、招标、品控、施工工艺、验收与质量评定、试运行、运行、维护、检修、试验、退役、报废	信息	基础设施、信息资源、信息安全、其他
210.1-263	ITU-T Y.2720—2009	NGN 身份管理架构	2009-1-23			规划、设计、采购、建设、运维、修试、退役	规划、初设、施工图、招标、品控、施工工艺、验收与质量评定、试运行、运行、维护、检修、试验、退役、报废	信息	基础设施、信息资源、信息安全、其他
210.2 信息技术-基础设施									
210.2-1	Q/CSG 118005—2012	信息机房建设技术规范	2012-5-1			规划、设计、采购、建设	规划、初设、施工图、招标、品控、施工工艺、验收与质量评定、试运行	信息	基础设施
210.2-2	Q/CSG 118012—2011	办公局域网建设技术规范	2011-12-15			规划、设计、采购、建设、运维、修试、退役	规划、初设、施工图、招标、品控、施工工艺、验收与质量评定、试运行、运行、维护、检修、试验、退役、报废	信息	基础设施
210.2-3	Q/CSG 1210004—2015	企业云建设技术规范	2015-3-13			规划、设计、采购、建设、运维、修试、退役	规划、初设、施工图、招标、品控、施工工艺、验收与质量评定、试运行、运行、维护、检修、试验、退役、报废	信息	基础设施
210.2-4	T/CSEE/Z 0049—2017	电力企业私有云架构基础设施技术规范	2018-5-1			规划、设计、采购、建设、运维、修试、退役	规划、初设、施工图、招标、品控、施工工艺、验收与质量评定、试运行、运行、维护、检修、试验、退役、报废	信息	基础设施

续表

体系结构号	标准编号	标 准 名 称	实施日期	与国际标准对应关系	代替标准	阶段	分阶段	专业	分专业
210.2-5	DL/T 283.2—2018	电力视频监控系统及接口 第2部分：测试方法	2019-5-1		DL/T 283.2—2012	修试	试验	信息	基础设施
210.2-6	DL/T 283.3—2018	电力视频监控系统及接口 第3部分：工程验收	2019-5-1			修试	试验	信息	基础设施
210.2-7	DL/T 1456—2015	电力系统数据库通用访问接口规范	2015-12-1			规划、设计、采购、建设、运维、修试、退役	规划、初设、施工图、招标、品控、施工工艺、验收与质量评定、试运行、运行、维护、检修、试验、退役、报废	信息	基础设施
210.2-8	DL/T 1598—2016	信息机房（A级）综合监控技术规范	2016-12-1			规划、设计、采购、建设、运维、修试、退役	规划、初设、施工图、招标、品控、施工工艺、验收与质量评定、试运行、运行、维护、检修、试验、退役、报废	信息	基础设施
210.2-9	DL/T 1730—2017	电力信息网络设备测试规范	2017-12-1			修试	试验	信息	基础设施
210.2-10	DL/T 1732—2017	电力物联网传感器信息模型规范	2017-12-1			规划、设计、采购、建设、运维、修试、退役	规划、初设、施工图、招标、品控、施工工艺、验收与质量评定、试运行、运行、维护、检修、试验、退役、报废	信息	基础设施
210.2-11	DL/T 1880—2018	智能用电电力线宽带通信技术要求	2019-5-1			规划、设计、采购、建设、运维、修试、退役	规划、初设、施工图、招标、品控、施工工艺、验收与质量评定、试运行、运行、维护、检修、试验、退役、报废	信息	基础设施
210.2-12	DL/T 5197—2004	电力勘测设计企业计算机网络管理规定	2005-4-1			规划、设计、采购、建设、运维、修试、退役	规划、初设、施工图、招标、品控、施工工艺、验收与质量评定、试运行、运行、维护、检修、试验、退役、报废	信息	基础设施
210.2-13	YDN 106—1998	基于 ATM 的多媒体宽带骨干网技术要求	2000-4-1			规划、设计、采购、建设、运维、修试、退役	规划、初设、施工图、招标、品控、施工工艺、验收与质量评定、试运行、运行、维护、检修、试验、退役、报废	信息	基础设施

续表

体系结构号	标准编号	标准名称	实施日期	与国际标准对应关系	代替标准	阶段	分阶段	专业	分专业
210.2-14	YD/T 926.1—2009	大楼通信综合布线系统 第1部分：总规范	2009-9-1	ISO/IEC 11801 Ed. 2.1: 2008，MOD	YD/T 926.1—2001	规划、设计	规划、初设、施工图	信息	基础设施
210.2-15	YD/T 926.2—2009	大楼通信综合布线系统 第2部分：电缆、光缆技术要求	2009-9-1	IEC 11801 Ed.2.1: 2008，MOD	YD/T 926.2—2001	规划、设计、采购、建设、运维、修试、退役	规划、初设、施工图、招标、品控、施工工艺、验收与质量评定、试运行、运行、维护、检修、试验、退役、报废	信息	基础设施
210.2-16	YD/T 926.3—2009	大楼通信综合布线系统 第3部分：连接硬件和接插软线技术要求	2009-9-1	IEC 11801 Ed.2.1: 2008，MOD	YD/T 926.3—2001	规划、设计、采购、建设、运维、修试、退役	规划、初设、施工图、招标、品控、施工工艺、验收与质量评定、试运行、运行、维护、检修、试验、退役、报废	信息	基础设施
210.2-17	YD/T 1035—2000	基于 IP 网络的事务处理业务技术规范	2000-4-1			规划、设计、运维、修试	规划、初设、施工图、运行、维护、检修、试验	信息	基础设施
210.2-18	YD/T 1096—2009	路由器设备技术要求 边缘路由器	2009-9-1		YD/T 1096—2001	规划、设计、采购、建设、运维、修试、退役	规划、初设、施工图、招标、品控、施工工艺、验收与质量评定、试运行、运行、维护、检修、试验、退役、报废	信息	基础设施
210.2-19	YD/T 1097—2009	路由器设备技术要求 核心路由器	2009-9-1		YD/T 1097—2001	规划、设计、采购、建设、运维、修试、退役	规划、初设、施工图、招标、品控、施工工艺、验收与质量评定、试运行、运行、维护、检修、试验、退役、报废	信息	基础设施
210.2-20	YD/T 1130—2001	基于 IP 网的信息点播业务技术要求	2001-11-1			规划、设计、运维、修试	规划、初设、施工图、运行、维护、检修、试验	信息	基础设施
210.2-21	YD/T 1148—2005	网络接入服务器技术要求—宽带网络接入服务器	2005-11-1		YD/T 1148—2001	规划、设计、采购、建设、运维、修试、退役	规划、初设、施工图、招标、品控、施工工艺、验收与质量评定、试运行、运行、维护、检修、试验、退役、报废	信息	基础设施
210.2-22	YD/T 1162.2—2001	在 ATM 上实现 MPLS 的技术要求	2001-11-1			规划、设计、建设	规划、初设、施工图、施工工艺、验收与质量评定、试运行	信息	基础设施

续表

体系结构号	标准编号	标准名称	实施日期	与国际标准对应关系	代替标准	阶段	分阶段	专业	分专业
210.2-23	YD/T 1170—2001	IP网络技术要求—网络总体	2001-12-11			规划、设计、建设	规划、初设、施工图、施工工艺、验收与质量评定、试运行	信息	基础设施
210.2-24	YD/T 1190—2002	基于网络的虚拟IP专用网（IP-VPN）框架	2002-4-22			规划、设计	规划、初设	信息	基础设施
210.2-25	YD/T 1196—2002	基于IP网的远程教学技术要求	2002-6-1			规划、设计	规划、初设	信息	基础设施
210.2-26	YD/T 1317—2004	IP网络技术要求—IP网与PSTN、ATM、移动网互通	2005-1-1	ITU-T H.323，NEQ；IETF RFC1661，NEQ		规划、设计	规划、初设	信息	基础设施
210.2-27	YD/T 1341—2005	IPv6基本协议—IPv6协议	2005-11-1	RFC 2460（1998），MOD		规划、设计、采购、建设、运维、修试、退役	规划、初设、施工图、招标、品控、施工工艺、验收与质量评定、试运行、运行、维护、检修、试验、退役、报废	信息	基础设施
210.2-28	YD/T 1381—2005	IP网络技术要求—网络性能测试方法	2005-12-1	IETF RFC2330，MOD		建设、修试	验收与质量评定、试验	信息	基础设施
210.2-29	YD/T 1442—2006	IPv6网络技术要求—地址、过渡及服务质量	2006-10-1	RFC 2460，NEQ；RFC 2463，NEQ；RFC 2473，NEQ		规划、设计、建设	规划、初设、施工图、施工工艺、验收与质量评定、试运行	信息	基础设施
210.2-30	YD/T 1452—2014	IPv6网络设备技术要求边缘路由器	2015-4-1		YD/T 1452—2006	规划、设计、建设	规划、初设、施工图、施工工艺、验收与质量评定、试运行	信息	基础设施
210.2-31	YD/T 1453—2014	IPv6网络设备测试方法边缘路由器	2015-4-1		YD/T 1453—2006	建设、修试	验收与质量评定、试验	信息	基础设施
210.2-32	YD/T 1454—2014	IPv6网络设备技术要求核心路由器	2015-4-1		YD/T 1454—2006	规划、设计、建设	规划、初设、施工图、施工工艺、验收与质量评定、试运行	信息	基础设施
210.2-33	YD/T 1455—2014	IPv6网络设备测试方法核心路由器	2015-4-1		YD/T 1455—2006	建设、修试	验收与质量评定、试验	信息	基础设施
210.2-34	YD/T 1477—2006	基于边界网关协议/多协议标记交换的虚拟专用网（BGP/ MPLS VPN）组网要求	2006-10-1			规划、设计、采购、建设、运维、修试、退役	规划、初设、施工图、招标、品控、施工工艺、验收与质量评定、试运行、运行、维护、检修、试验、退役、报废	信息	基础设施

续表

体系结构号	标准编号	标准名称	实施日期	与国际标准对应关系	代替标准	阶段	分阶段	专业	分专业
210.2-35	YD/T 1638—2007	跨运营商的 IPv4 网络与 IPv6 网络互通技术要求	2007-12-1			规划、设计、建设	规划、初设、施工图、施工工艺、验收与质量评定、试运行	信息	基础设施
210.2-36	YD/T 1651—2007	IP用户业务网关技术要求	2007-12-1			规划、设计、建设	规划、初设、施工图、施工工艺、验收与质量评定、试运行	信息	基础设施
210.2-37	YD/T 1652—2007	IP用户业务网关测试方法	2007-12-1			建设、修试	验收与质量评定、试验	信息	基础设施
210.2-38	YD/T 1657.1—2007	支持多媒体业务网络地址翻译/防火墙（NAT/FW）穿越的代理设备技术要求　第1部分：H.323 代理	2007-12-1			规划、设计、建设	规划、初设、施工图、施工工艺、验收与质量评定、试运行	信息	基础设施
210.2-39	YD/T 1657.2—2007	支持多媒体业务网络地址翻译/防火墙（NAT/FW）穿越的代理设备技术要求　第2部分：SIP 代理	2007-12-1			规划、设计、建设	规划、初设、施工图、施工工艺、验收与质量评定、试运行	信息	基础设施
210.2-40	YD/T 1657.3—2007	支持多媒体业务网络地址翻译/防火墙（NAT/FW）穿越的代理设备技术要求　第3部分：MGCP 代理	2007-12-1			规划、设计、建设	规划、初设、施工图、施工工艺、验收与质量评定、试运行	信息	基础设施
210.2-41	YD/T 1657.4—2007	支持多媒体业务网络地址翻译/防火墙（NAT/FW）穿越的代理设备技术要求　第4部分：H.248 代理	2007-12-1			规划、设计、建设	规划、初设、施工图、施工工艺、验收与质量评定、试运行	信息	基础设施
210.2-42	YD/T 1698—2016	IPv6 网络设备技术要求 具有 IPv6 路由功能的以太网交换机	2016-7-1		YD/T 1698—2007	规划、设计、建设	规划、初设、施工图、施工工艺、验收与质量评定、试运行	信息	基础设施
210.2-43	YD/T 1806—2008	基于 IP 的远程视频监控设备技术要求	2008-11-1			规划、设计、建设	规划、初设、施工图、施工工艺、验收与质量评定、试运行	信息	基础设施
210.2-44	YD/T 1814.2—2014	基于公用电信网的宽带客户网络远程管理　第2部分：协议	2015-4-1		YD/T 1815—2008	规划、设计、采购、建设、运维、修试、退役	规划、初设、施工图、招标、品控、施工工艺、验收与质量评定、试运行、运行、维护、检修、试验、退役、报废	信息	基础设施

续表

体系结构号	标准编号	标 准 名 称	实施日期	与国际标准对应关系	代替标准	阶段	分阶段	专业	分专业
210.2-45	YD/T 1814.3—2016	基于公用电信网的宽带客户网络的远程管理 第3部分：家庭用宽带客户网关管理参数	2016-4-1		YD/T 1814.3—2010	规划、设计、采购、建设、运维、修试、退役	规划、初设、施工图、招标、品控、施工工艺、验收与质量评定、试运行、运行、维护、检修、试验、退役、报废	信息	基础设施
210.2-46	YD/T 1814.5—2017	基于公用电信网的宽带客户网络的远程管理 第5部分：客户终端设备管理参数	2018-1-1			规划、设计、采购、建设、运维、修试、退役	规划、初设、施工图、招标、品控、施工工艺、验收与质量评定、试运行、运行、维护、检修、试验、退役、报废	信息	基础设施
210.2-47	YD/T 2019.4—2018	基于公用电信网的宽带客户网络设备测试方法 第4部分：支持轻型双栈（DS-Lite）协议的网关	2019-4-1			规划、设计、采购、建设、运维、修试、退役	规划、初设、施工图、招标、品控、施工工艺、验收与质量评定、试运行、运行、维护、检修、试验、退役、报废	信息	基础设施
210.2-48	YD/T 2289.3—2013	无线射频拉远单元（RRU）用线缆 第3部分：光电混合缆	2014-1-1			规划、设计、采购、建设、运维、修试、退役	规划、初设、施工图、招标、品控、施工工艺、验收与质量评定、试运行、运行、维护、检修、试验、退役、报废	信息	基础设施
210.2-49	YD/T 2289.4—2017	无线射频拉远单元（RRU）用线缆 第4部分：预制成端线缆组件	2017-7-1			规划、设计、采购、建设、运维、修试、退役	规划、初设、施工图、招标、品控、施工工艺、验收与质量评定、试运行、运行、维护、检修、试验、退役、报废	信息	基础设施
210.2-50	YD/T 2435.2—2017	通信电源和机房环境节能技术指南 第2部分：应用条件	2018-1-1			规划、设计、建设	规划、初设、施工图、施工工艺、验收与质量评定、试运行	信息	基础设施
210.2-51	YD/T 2443—2013	防火墙设备能效参数和测试方法	2013-6-1			规划、设计、采购、建设、运维、修试、退役	规划、初设、施工图、招标、品控、施工工艺、验收与质量评定、试运行、运行、维护、检修、试验、退役、报废	信息	基础设施
210.2-52	YD/T 2616.1—2014	无源光网络（PON）网络管理技术要求 第1部分：基本原则	2015-4-1			规划、设计、建设	规划、初设、施工图、施工工艺、验收与质量评定、试运行	信息	基础设施

续表

体系结构号	标准编号	标 准 名 称	实施日期	与国际标准对应关系	代替标准	阶段	分阶段	专业	分专业
210.2-53	YD/T 2616.5—2014	无源光网络（PON）网络管理技术要求 第5部分：EMS-NMS 接口通用信息模型	2015-4-1			规划、设计、建设	规划、初设、施工图、施工工艺、验收与质量评定、试运行	信息	基础设施
210.2-54	YD/T 2616.6—2014	无源光网络（PON）网络管理技术要求 第6部分：基于 TL1 技术的 EMS-NMS 接口信息模型	2015-4-1			规划、设计、建设	规划、初设、施工图、施工工艺、验收与质量评定、试运行	信息	基础设施
210.2-55	YD/T 2616.7—2017	无源光网络（PON）网络管理技术要求 第7部分：基于 XML 技术的 EMS-NMS 接口信息模型	2018-1-1			规划、设计、建设	规划、初设、施工图、施工工艺、验收与质量评定、试运行	信息	基础设施
210.2-56	YD/T 2616.8—2016	无源光网络（PON）网络管理技术要求 第8部分：基于 IDL/IIOP 技术的 EMS-NMS 接口信息模型	2016-7-1			规划、设计、建设	规划、初设、施工图、施工工艺、验收与质量评定、试运行	信息	基础设施
210.2-57	YD/T 2682—2014	IPv6 接入地址编址编码技术要求	2014-5-6			规划、设计、建设	规划、初设、施工图、施工工艺、验收与质量评定、试运行	信息	基础设施
210.2-58	YD/T 2709—2014	基于承载网信息的网络服务优化技术	2015-4-1			设计、建设、运维	初设、施工图、施工工艺、验收与质量评定、试运行、运行、维护	信息	基础设施
210.2-59	YD/T 2710—2014	IPv6 路由协议 适用于低功耗有损网络的 IPv6 路由协议（RPL）技术要求	2015-4-1	IETF RFC6550，MOD		规划、设计、建设	规划、初设、施工图、施工工艺、验收与质量评定、试运行	信息	基础设施
210.2-60	YD/T 2711—2014	宽带网络接入服务器节能参数和测试方法	2015-4-1			规划、设计、建设	规划、初设、施工图、施工工艺、验收与质量评定、试运行	信息	基础设施
210.2-61	YD/T 2712—2014	互联网服务拨测技术要求	2015-4-1			规划、设计、建设	规划、初设、施工图、施工工艺、验收与质量评定、试运行	信息	基础设施
210.2-62	YD/T 2727—2014	互联网数据中心运维管理技术要求	2015-4-1			规划、设计、建设	规划、初设、施工图、施工工艺、验收与质量评定、试运行	信息	基础设施

续表

体系结构号	标准编号	标 准 名 称	实施日期	与国际标准对应关系	代替标准	阶段	分阶段	专业	分专业
210.2-63	YD/T 2728—2014	集装箱式数据中心总体技术要求	2015-4-1			规划、设计、建设	规划、初设、施工图、施工工艺、验收与质量评定、试运行	信息	基础设施
210.2-64	YD/T 2730—2014	IPv6技术要求　基于网络的流切换移动管理技术	2015-4-1			规划、设计、建设	规划、初设、施工图、施工工艺、验收与质量评定、试运行	信息	基础设施
210.2-65	YD/T 2771—2014	公共告警协议技术要求	2015-4-1	ITU X.1303，MOD		规划、设计、建设	规划、初设、施工图、施工工艺、验收与质量评定、试运行	信息	基础设施
210.2-66	YD/T 2786.1—2014	支持多业务承载的IP/MPLS网络管理技术要求　第1部分：基本原则	2014-12-24			规划、设计、建设	规划、初设、施工图、施工工艺、验收与质量评定、试运行	信息	基础设施
210.2-67	YD/T 2786.2—2017	支持多业务承载的IP/MPLS网络管理技术要求　第2部分：NMS系统功能	2017-7-1			规划、设计、建设	规划、初设、施工图、施工工艺、验收与质量评定、试运行	信息	基础设施
210.2-68	YD/T 2786.3—2017	支持多业务承载的IP/MPLS网络管理技术要求　第3部分：EMS-NMS接口功能	2017-7-1			规划、设计、建设	规划、初设、施工图、施工工艺、验收与质量评定、试运行	信息	基础设施
210.2-69	YD/T 2786.4—2017	支持多业务承载的IP/MPLS网络管理技术要求　第4部分：EMS-NMS接口通用信息模型	2017-7-1			规划、设计、建设	规划、初设、施工图、施工工艺、验收与质量评定、试运行	信息	基础设施
210.2-70	YD/T 2793—2015	接入网技术要求　GPON/XG-PON ONU管理和控制接口（OMCI）	2015-7-1	ITU-T G，988（10/2012），NEQ		规划、设计、建设	规划、初设、施工图、施工工艺、验收与质量评定、试运行	信息	基础设施
210.2-71	YD/T 2806—2015	云计算基础设施即服务（IaaS）功能要求与架构	2015-7-1			规划、设计、建设	规划、初设、施工图、施工工艺、验收与质量评定、试运行	信息	基础设施
210.2-72	YD/T 2917—2015	智能型通信网络　支持开放标识（OpenID）和开放认证（OAuth）的技术要求	2015-10-1			规划、设计、采购、建设、运维	规划、初设、施工图、招标、品控、施工工艺、验收与质量评定、试运行、运行、维护	信息	基础设施
210.2-73	YD/T 2918—2015	超文本传输协议状态（Cookie）管理机制技术规范	2015-10-1			规划、设计、建设	规划、初设、施工图、施工工艺、验收与质量评定、试运行	信息	基础设施

续表

体系结构号	标准编号	标准名称	实施日期	与国际标准对应关系	代替标准	阶段	分阶段	专业	分专业
210.2-74	YD/T 2962—2015	M2M 终端设备业务能力技术要求	2016-1-1			规划、设计、建设	规划、初设、施工图、施工工艺、验收与质量评定、试运行	信息	基础设施
210.2-75	YD/T 2999—2016	移动终端设备管理　网关管理对象功能技术要求	2016-4-1			规划、设计、建设	规划、初设、施工图、施工工艺、验收与质量评定、试运行	信息	基础设施
210.2-76	YD/T 3014—2016	基于公用电信网的宽带客户网关节能参数和测试方法	2016-4-1			建设、修试	验收与质量评定、试验	信息	基础设施
210.2-77	YD/T 3016—2016	面向移动互联网的业务托管和运行平台技术要求	2016-4-1			规划、设计、建设	规划、初设、施工图、施工工艺、验收与质量评定、试运行	信息	基础设施
210.2-78	YD/T 3019—2016	基于 FDN 的宽带客户网络应用场景及需求	2016-4-1			规划、设计、采购、建设	规划、初设、施工图、招标、品控、施工工艺、验收与质量评定、试运行	信息	基础设施
210.2-79	YD/T 3020—2016	基于 SDN 的 IP RAN 网络技术要求	2016-4-1			规划、设计、建设	规划、初设、施工图、施工工艺、验收与质量评定、试运行	信息	基础设施
210.2-80	YD/T 3049—2016	IPv6 技术要求　基于代理移动 IPv6 的组播	2016-7-1			规划、设计、建设	规划、初设、施工图、施工工艺、验收与质量评定、试运行	信息	基础设施
210.2-81	YD/T 3050—2016	多介质桥接宽带客户网络组网技术要求	2016-7-1			规划、设计、建设	规划、初设、施工图、施工工艺、验收与质量评定、试运行	信息	基础设施
210.2-82	YD/T 3053—2016	基于 FDN 的宽带网络接入服务器技术要求	2016-7-1			规划、设计、建设	规划、初设、施工图、施工工艺、验收与质量评定、试运行	信息	基础设施
210.2-83	YD/T 3064—2016	轻量级 IPv6 业务网关设备技术要求	2016-10-1			规划、设计、建设	规划、初设、施工图、施工工艺、验收与质量评定、试运行	信息	基础设施
210.2-84	YD/T 3065—2016	IPv6 地址编码与管理技术要求　基于 DHCPv6 的地址租约查询	2016-7-1			规划、设计、建设	规划、初设、施工图、施工工艺、验收与质量评定、试运行	信息	基础设施

续表

体系结构号	标准编号	标 准 名 称	实施日期	与国际标准对应关系	代替标准	阶段	分阶段	专业	分专业
210.2-85	YD/T 3066—2016	电信级虚拟桌面系统 总体技术要求	2016-7-1			规划、设计、建设、运维	规划、初设、施工图、施工工艺、验收与质量评定、试运行、运行、维护	信息	基础设施
210.2-86	YD/T 3067—2016	电信级虚拟桌面系统 终端技术要求	2016-7-1			规划、设计、建设、运维	规划、初设、施工图、施工工艺、验收与质量评定、试运行、运行、维护	信息	基础设施
210.2-87	YD/T 3068—2016	电信级虚拟桌面系统 平台技术要求	2016-7-1			规划、设计、建设、运维	规划、初设、施工图、施工工艺、验收与质量评定、试运行、运行、维护	信息	基础设施
210.2-88	YD/T 3118—2016	网站 IPv6 支持度评测指标与测试方法	2016-10-1			建设、修试	验收与质量评定、试验	信息	基础设施
210.2-89	YD/T 3140—2016	用于内容分发的元数据框架	2016-10-1			规划、设计、采购、建设	规划、初设、施工图、招标、品控、施工工艺、验收与质量评定、试运行	信息	基础设施
210.2-90	YD/T 3186—2016	运营级网络地址翻译（NAT）技术要求 NAT64	2017-1-1			规划、设计、建设	规划、初设、施工图、施工工艺、验收与质量评定、试运行	信息	基础设施
210.2-91	YD/T 3192—2016	点对点短信集中接入网关技术要求	2017-1-1			规划、设计、建设	规划、初设、施工图、施工工艺、验收与质量评定、试运行	信息	基础设施
210.2-92	YD/T 3198—2016	支持远程管理的嵌入式通用集成电路卡（eUICC）技术要求（第一阶段）	2017-1-1			规划、设计、建设	规划、初设、施工图、施工工艺、验收与质量评定、试运行	信息	基础设施
210.2-93	YD/T 3220—2017	基于移动蜂窝网络二维码识读业务测试方法	2017-7-1			建设、修试	验收与质量评定、试验	信息	基础设施
210.2-94	YD/T 3221—2017	运营级 NAT44 设备测试方法	2017-7-1			建设、修试	验收与质量评定、试验	信息	基础设施
210.2-95	YD/T 3222—2017	SCDMA/GSM 双模双待数字终端设备技术要求	2017-7-1			规划、设计、建设	规划、初设、施工图、施工工艺、验收与质量评定、试运行	信息	基础设施

续表

体系结构号	标准编号	标　准　名　称	实施日期	与国际标准对应关系	代替标准	阶段	分阶段	专业	分专业
210.2-96	YD/T 3231—2017	边缘网络 4over6 过渡技术要求	2017-7-1			规划、设计、建设	规划、初设、施工图、施工工艺、验收与质量评定、试运行	信息	基础设施
210.2-97	YD/T 3232—2017	基于IPv6传输的DHCPv4技术要求	2017-7-1			规划、设计、建设	规划、初设、施工图、施工工艺、验收与质量评定、试运行	信息	基础设施
210.2-98	YD/T 3233—2017	支持分配端口段的DHCPv4选项技术要求	2017-7-1			规划、设计、建设	规划、初设、施工图、施工工艺、验收与质量评定、试运行	信息	基础设施
210.2-99	YD/T 3234—2017	支持端口信息下发的IPCP协议扩展选项技术要求	2017-7-1			规划、设计、建设	规划、初设、施工图、施工工艺、验收与质量评定、试运行	信息	基础设施
210.2-100	YD/T 3235—2017	具有双栈内容交换功能的以太网交换机测试方法	2017-7-1			建设、修试	验收与质量评定、试验	信息	基础设施
210.2-101	YD/T 3236—2017	宽带网络接入服务器（BNAS）设备的流量分析控制测试方法	2017-7-1			建设、修试	验收与质量评定、试验	信息	基础设施
210.2-102	YD/T 3249—2017	无线射频拉远单元用光纤活动连接器	2017-7-1			规划、设计、采购、建设、运维、修试、退役	规划、初设、施工图、招标、品控、施工工艺、验收与质量评定、试运行、运行、维护、检修、试验、退役、报废	信息	基础设施
210.2-103	YD/T 3265—2017	电信和数据设备直流端口电磁兼容要求及测量方法	2017-7-1			规划、设计、采购、建设、运维、修试、退役	规划、初设、施工图、招标、品控、施工工艺、验收与质量评定、试运行、运行、维护、检修、试验、退役、报废	信息	基础设施
210.2-104	YD/T 3280—2017	网络机柜用分布式电源系统	2018-1-1			规划、设计、采购、建设、运维、修试、退役	规划、初设、施工图、招标、品控、施工工艺、验收与质量评定、试运行、运行、维护、检修、试验、退役、报废	信息	基础设施
210.2-105	YD/T 3292—2017	整机柜服务器总体技术要求	2018-1-1			规划、设计、采购、建设	规划、初设、施工图、招标、品控、施工工艺、验收与质量评定、试运行	信息	基础设施

续表

体系结构号	标准编号	标 准 名 称	实施日期	与国际标准对应关系	代替标准	阶段	分阶段	专业	分专业
210.2-106	YD/T 3293—2017	整机柜服务器供电子系统技术要求	2018-1-1			规划、设计、采购、建设	规划、初设、施工图、施工工艺、招标、品控、验收与质量评定、试运行	信息	基础设施
210.2-107	YD/T 3294—2017	整机柜服务器管理子系统技术要求	2018-1-1			规划、设计、采购、建设	规划、初设、施工图、施工工艺、招标、品控、验收与质量评定、试运行	信息	基础设施
210.2-108	YD/T 3295—2017	整机柜服务器节点子系统技术要求	2018-1-1			规划、设计、采购、建设	规划、初设、施工图、施工工艺、招标、品控、验收与质量评定、试运行	信息	基础设施
210.2-109	YD/T 3306—2017	未来数据网络（FDN）功能体系架构	2018-1-1			规划、设计、采购、建设	规划、初设、施工图、施工工艺、招标、品控、验收与质量评定、试运行	信息	基础设施
210.2-110	YD/T 3307—2017	基于 FDN 的存储网络技术要求	2018-1-1			规划、设计、建设	规划、初设、施工图、施工工艺、验收与质量评定、试运行	信息	基础设施
210.2-111	YD/T 3343—2018	基于 SDN 的宽带接入网的应用场景及需求	2019-4-1			规划、设计、采购、建设、运维、修试、退役	规划、初设、施工图、施工工艺、招标、品控、验收与质量评定、试运行	信息	基础设施
210.2-112	YD/T 3346—2018	基于公用电信网的宽带客户网络 可见光与电力线融合 总体技术要求	2019-4-1			规划、设计、采购、建设、运维、修试、退役	规划、初设、施工图、施工工艺、招标、品控、验收与质量评定、试运行	信息	基础设施
210.2-113	YD/T 3347.1—2018	基于公用电信网的宽带客户智能网关测试方法 第 1 部分：家庭用智能网关	2019-4-1			规划、设计、采购、建设、运维、修试、退役	规划、初设、施工图、施工工艺、招标、品控、验收与质量评定、试运行	信息	基础设施
210.2-114	YD/T 3362—2018	支持轻型双栈（DS-Lite）的 RADIUS 属性技术要求	2019-4-1			规划、设计、采购、建设、运维、修试、退役	规划、初设、施工图、施工工艺、招标、品控、验收与质量评定、试运行	信息	基础设施

续表

体系结构号	标准编号	标 准 名 称	实施日期	与国际标准对应关系	代替标准	阶段	分阶段	专业	分专业
210.2-115	YD/T 3363—2018	基于 FDN 的 IPv6 网络设备技术要求	2019-4-1			规划、设计、采购、建设、运维、修试、退役	规划、初设、施工图、施工工艺、招标、品控、验收与质量评定、试运行	信息	基础设施
210.2-116	YD/T 3366.1—2018	移动和宽带网络应用评价指标体系　第 1 部分：参考模型	2019-4-1			规划、设计、采购、建设、运维、修试、退役	规划、初设、施工图、施工工艺、招标、品控、验收与质量评定、试运行	信息	基础设施
210.2-117	YD/T 3386—2018	移动互联网流量综合网关技术要求	2019-4-1			规划、设计、采购、建设、运维、修试、退役	规划、初设、施工图、施工工艺、招标、品控、验收与质量评定、试运行	信息	基础设施
210.2-118	YD/T 3395—2018	基于链路聚合的分布式弹性网络互联技术要求	2019-4-1			规划、设计、采购、建设、运维、修试、退役	规划、初设、施工图、施工工艺、招标、品控、验收与质量评定、试运行	信息	基础设施
210.2-119	YD/T 3396—2018	宽带网络接入服务器支持 WLAN 接入的 Portal 认证协议技术要求	2019-4-1			规划、设计、采购、建设、运维、修试、退役	规划、初设、施工图、施工工艺、招标、品控、验收与质量评定、试运行	信息	基础设施
210.2-120	YD/T 3397—2018	数据中心交换机设备 VxLAN 组网技术要求	2019-4-1			规划、设计、采购、建设、运维、修试、退役	规划、初设、施工图、施工工艺、招标、品控、验收与质量评定、试运行	信息	基础设施
210.2-121	YD/T 3398—2018	整机柜服务器机柜子系统技术要求	2019-4-1			规划、设计、采购、建设、运维、修试、退役	规划、初设、施工图、施工工艺、招标、品控、验收与质量评定、试运行	信息	基础设施
210.2-122	YD/T 3420.1—2018	基于公用电信网的宽带客户网关虚拟化　第 1 部分：总体要求	2019-4-1			规划、设计、采购、建设、运维、修试、退役	规划、初设、施工图、施工工艺、招标、品控、验收与质量评定、试运行	信息	基础设施
210.2-123	YD/T 3420.2—2018	基于公用电信网的宽带客户网关虚拟化　第 2 部分：语音虚拟化技术要求	2019-4-1			规划、设计、采购、建设、运维、修试、退役	规划、初设、施工图、施工工艺、招标、品控、验收与质量评定、试运行	信息	基础设施

续表

体系结构号	标准编号	标准名称	实施日期	与国际标准对应关系	代替标准	阶段	分阶段	专业	分专业
210.2-124	YD/T 3420.5—2018	基于公用电信网的宽带客户网关虚拟化　第5部分：虚拟家庭网关功能技术要求	2019-4-1			规划、设计、采购、建设、运维、修试、退役	规划、初设、施工图、施工工艺、招标、品控、验收与质量评定、试运行	信息	基础设施
210.2-125	YD/T 3421.1—2018	基于公用电信网的宽带客户智能网关　第1部分：总体技术要求	2019-4-1			规划、设计、采购、建设、运维、修试、退役	规划、初设、施工图、施工工艺、招标、品控、验收与质量评定、试运行	信息	基础设施
210.2-126	YD 5194—2014	互联网数据中心（IDC）工程验收规范	2014-7-1			建设	验收与质量评定	信息	基础设施
210.2-127	GA 173—2002	计算机信息系统防雷保安器	2003-5-1		GA 173—1998	规划、设计、采购、建设、运维、修试、退役	规划、初设、施工图、招标、品控、施工工艺、验收与质量评定、试运行、运行、维护、检修、试验、退役、报废	信息	基础设施
210.2-128	SJ/T 11381—2008	信息查询自助终端通用规范	2008-3-10			规划、设计、采购、建设、运维、修试、退役	规划、初设、施工图、招标、品控、施工工艺、验收与质量评定、试运行、运行、维护、检修、试验、退役、报废	信息	基础设施
210.2-129	SJ/T 11439—2015	信息技术　面阵式二维码识读引擎通用规范	2016-4-1			规划、设计、采购、建设、运维、修试、退役	规划、初设、施工图、招标、品控、施工工艺、验收与质量评定、试运行、运行、维护、检修、试验、退役、报废	信息	基础设施
210.2-130	SJ/T 11526—2015	信息技术　SCSI 基于对象的存储设备命令	2015-10-1			设计、建设、运维、修试	初设、施工图、施工工艺、验收与质量评定、试运行、运行、维护、检修、试验	信息	基础设施
210.2-131	SJ/T 11527—2015	磁盘阵列通用规范	2015-10-1			规划、设计、采购、建设、运维、修试、退役	规划、初设、施工图、招标、品控、施工工艺、验收与质量评定、试运行、运行、维护、检修、试验、退役、报废	信息	基础设施

续表

体系结构号	标准编号	标 准 名 称	实施日期	与国际标准对应关系	代替标准	阶段	分阶段	专业	分专业
210.2-132	SJ/T 11528—2015	信息技术 移动存储 存储卡通用规范	2015-10-1			规划、设计、采购、建设、运维、修试、退役	规划、初设、施工图、招标、品控、施工工艺、验收与质量评定、试运行、运行、维护、检修、试验、退役、报废	信息	基础设施
210.2-133	SJ/T 11530—2015	信息技术 开关型电源适配器通用规范	2015-10-1			规划、设计、采购、建设、运维、修试、退役	规划、初设、施工图、招标、品控、施工工艺、验收与质量评定、试运行、运行、维护、检修、试验、退役、报废	信息	基础设施
210.2-134	SJ/T 11531—2015	电子标签读写设备无线技术指标和测试方法	2015-10-1			采购、建设、修试	招标、品控、验收与质量评定、试验	信息	基础设施
210.2-135	SJ/T 11536.1—2015	高性能计算机 刀片服务器 第1部分：管理模块技术要求	2016-4-1			规划、设计、采购、建设	规划、初设、施工图、招标、品控、施工工艺、验收与质量评定、试运行	信息	基础设施
210.2-136	SJ/T 11537—2015	高性能计算机 机群监控系统技术要求	2016-4-1			规划、设计、采购、建设	规划、初设、施工图、招标、品控、施工工艺、验收与质量评定、试运行	信息	基础设施
210.2-137	SJ/T 11539—2015	接触式图像传感器通用规范	2016-4-1			规划、设计、采购、建设、运维、修试、退役	规划、初设、施工图、招标、品控、施工工艺、验收与质量评定、试运行、运行、维护、检修、试验、退役、报废	信息	基础设施
210.2-138	SJ/T 11546—2015	拼接显示墙技术要求及测量方法	2016-4-1			建设、修试	验收与质量评定、试验	信息	基础设施
210.2-139	SJ/T 11585—2016	串行存储器接口要求	2016-6-1			规划、设计、采购、建设、运维、修试、退役	规划、初设、施工图、招标、品控、施工工艺、验收与质量评定、试运行、运行、维护、检修、试验、退役、报废	信息	基础设施
210.2-140	SJ/T 11601—2016	信息技术 非接触式二维码扫描枪通用规范	2016-6-1			规划、设计、采购、建设、运维、修试、退役	规划、初设、施工图、招标、品控、施工工艺、验收与质量评定、试运行、运行、维护、检修、试验、退役、报废	信息	基础设施

续表

体系结构号	标准编号	标准名称	实施日期	与国际标准对应关系	代替标准	阶段	分阶段	专业	分专业
210.2-141	SJ/T 11602—2016	信息技术　非接触式一维码扫描枪通用规范	2016-6-1			规划、设计、采购、建设、运维、修试、退役	规划、初设、施工图、招标、品控、施工工艺、验收与质量评定、试运行、运行、维护、检修、试验、退役、报废	信息	基础设施
210.2-142	SJ/T 11605—2016	基于射频识别技术的用于产品和服务域名规范	2016-6-1			规划、设计、采购、建设、运维、修试、退役	规划、初设、施工图、招标、品控、施工工艺、验收与质量评定、试运行、运行、维护、检修、试验、退役、报废	信息	基础设施
210.2-143	SJ/T 11606—2016	射频识别标签信息查询服务的网络架构技术规范	2016-6-1			规划、设计、建设	规划、初设、施工图、施工工艺、验收与质量评定、试运行	信息	基础设施
210.2-144	SJ/T 11609—2016	信息技术　拍摄仪通用规范	2016-6-1			规划、设计、采购、建设、运维、修试、退役	规划、初设、施工图、招标、品控、施工工艺、验收与质量评定、试运行、运行、维护、检修、试验、退役、报废	信息	基础设施
210.2-145	SJ/T 11647—2016	信息技术　盘阵列接口要求	2016-9-1			设计、采购、建设、运维	初设、施工图、招标、品控、施工工艺、验收与质量评定、试运行、运行、维护、测试	信息	基础设施
210.2-146	SJ/Z 11648—2016	射频识别技术仓储业务应用指南	2016-9-1			规划、设计、采购、建设、运维	规划、初设、施工图、招标、品控、施工工艺、验收与质量评定、试运行、运行、维护	信息	基础设施
210.2-147	SJ/T 11654—2016	固态盘通用规范	2016-9-1			规划、设计、采购、建设、运维、修试、退役	规划、初设、施工图、招标、品控、施工工艺、验收与质量评定、试运行、运行、维护、检修、试验、退役、报废	信息	基础设施
210.2-148	SJ/T 11655—2016	信息技术　移动存储　移动硬盘通用规范	2016-9-1			规划、设计、采购、建设、运维、修试、退役	规划、初设、施工图、招标、品控、施工工艺、验收与质量评定、试运行、运行、维护、检修、试验、退役、报废	信息	基础设施

续表

体系结构号	标准编号	标准名称	实施日期	与国际标准对应关系	代替标准	阶段	分阶段	专业	分专业
210.2-149	SJ/T 11677—2017	信息技术　交易中间件性能测试规范	2017-7-1			规划、设计、采购、建设、运维、修试、退役	规划、初设、施工图、招标、品控、施工工艺、验收与质量评定、试运行、运行、维护、检修、试验、退役、报废	信息	基础设施
210.2-150	SJ/T 11719—2018	高性能计算机　刀片式服务器 计算刀片电气技术要求	2018-7-1			规划、设计、采购、建设、运维、修试、退役	规划、初设、施工图、施工工艺、招标、品控、验收与质量评定、试运行	信息	基础设施
210.2-151	SJ/T 11720—2018	高性能计算机　刀片式服务器 计算刀片机械技术要求	2018-10-1			规划、设计、采购、建设、运维、修试、退役	规划、初设、施工图、施工工艺、招标、品控、验收与质量评定、试运行	信息	基础设施
210.2-152	SJ/T 11721—2018	高性能计算机　刀片式服务器 计算刀片固件技术要求	2018-7-1			规划、设计、采购、建设、运维、修试、退役	规划、初设、施工图、施工工艺、招标、品控、验收与质量评定、试运行	信息	基础设施
210.2-153	CJ/T 330—2010	电子标签通用技术要求	2010-10-1			规划、设计、采购、建设	规划、初设、施工图、招标、品控、施工工艺、验收与质量评定、试运行	信息	基础设施
210.2-154	GB/T 2887—2011	计算机场地通用规范	2011-11-1		GB/T 2887—2000	规划、设计、采购、建设、运维、修试、退役	规划、初设、施工图、招标、品控、施工工艺、验收与质量评定、试运行、运行、维护、检修、试验、退役、报废	信息	基础设施
210.2-155	GB/T 4313—2014	信息技术　办公设备　针式打印机用编织打印色带通用规范	2014-12-1		GB/T 4313—2002	规划、设计、采购、建设、运维、修试、退役	规划、初设、施工图、招标、品控、施工工艺、验收与质量评定、试运行、运行、维护、检修、试验、退役、报废	信息	基础设施
210.2-156	GB/T 9254—2008	信息技术设备的无线电骚扰限值和测量方法	2017-3-23	CISPR 22：2006（第5.2版）	GB 9254—2008	规划、设计、采购、建设、运维、修试、退役	规划、初设、施工图、招标、品控、施工工艺、验收与质量评定、试运行、运行、维护、检修、试验、退役、报废	信息	基础设施

续表

体系结构号	标准编号	标准名称	实施日期	与国际标准对应关系	代替标准	阶段	分阶段	专业	分专业
210.2-157	GB/T 9387.1—1998	信息技术　开放系统互连　基本参考模型　第1部分：基本模型	1998-10-1	ISO/IEC 7498-1: 1994, IDT	GB 9387—1988	规划、设计、采购、建设、运维、修试、退役	规划、初设、施工图、招标、品控、施工工艺、验收与质量评定、试运行、运行、维护、检修、试验、退役、报废	信息	基础设施
210.2-158	GB/T 9387.3—2008	信息技术　开放系统互联　基本参考模型　第3部分：命名与编制	2009-2-1	ISO/IEC 7498-3: 1997, IDT	GB/T 9387.3—1995	规划、设计、采购、建设、运维、修试、退役	规划、初设、施工图、招标、品控、施工工艺、验收与质量评定、试运行、运行、维护、检修、试验、退役、报废	信息	基础设施
210.2-159	GB/T 9387.4—1996	信息处理系统　开放系统互连　基本参考模型　第4部分：管理框架	1997-7-1	ISO/IEC 7498-4: 1989, IDT		规划、设计、采购、建设、运维、修试、退役	规划、初设、施工图、招标、品控、施工工艺、验收与质量评定、试运行、运行、维护、检修、试验、退役、报废	信息	基础设施
210.2-160	GB/T 9813.1—2016	计算机通用规范　第1部分：台式微型计算机	2017-3-1		GB/T 9813—2000	规划、设计、采购、建设、运维、修试、退役	规划、初设、施工图、招标、品控、施工工艺、验收与质量评定、试运行、运行、维护、检修、试验、退役、报废	信息	基础设施
210.2-161	GB/T 9813.2—2016	计算机通用规范　第2部分：便携式微型计算机	2017-3-1			规划、设计、采购、建设、运维、修试、退役	规划、初设、施工图、招标、品控、施工工艺、验收与质量评定、试运行、运行、维护、检修、试验、退役、报废	信息	基础设施
210.2-162	GB/T 9813.3—2017	计算机通用规范　第3部分：服务器	2017-12-1			规划、设计、采购、建设、运维、修试、退役	规划、初设、施工图、招标、品控、施工工艺、验收与质量评定、试运行、运行、维护、检修、试验、退役、报废	信息	基础设施
210.2-163	GB/T 9813.4—2017	计算机通用规范　第4部分：工业应用微型计算机	2017-12-1			规划、设计、采购、建设、运维、修试、退役	规划、初设、施工图、招标、品控、施工工艺、验收与质量评定、试运行、运行、维护、检修、试验、退役、报废	信息	基础设施

续表

体系结构号	标准编号	标 准 名 称	实施日期	与国际标准对应关系	代替标准	阶段	分阶段	专业	分专业
210.2-164	GB/T 11589—2011	公用数据网和综合业务数字网（ISDN）的国际用户业务类别和接入种类	2011-11-1	ITU-T X.1—2000，IDT	GB/T 11589—1999	规划、设计、采购、建设、运维、修试、退役	规划、初设、施工图、招标、品控、施工工艺、验收与质量评定、试运行、运行、维护、检修、试验、退役、报废	信息	基础设施
210.2-165	GB/T 11595—1999	用专用电路连接到公用数据网上的分组式数据终端设备（DTE）与数据电路终接设备（DCE）之间的接口	2000-6-1	ITU-T X.25: 1996，IDT	GB/T 11595—1989	设计、建设、运维	初设、施工图、施工工艺、验收与质量评定、试运行、运行、维护	信息	基础设施
210.2-166	GB/T 14715—2017	信息技术设备用不间断电源通用规范	2018-7-1		GB/T 14715—1993	规划、设计、采购、建设、运维、修试、退役	规划、初设、施工图、招标、品控、施工工艺、验收与质量评定、试运行、运行、维护、检修、试验、退役、报废	信息	基础设施
210.2-167	GB/T 15274—1994	信息处理系统　开放系统互连　网络层的内部组织结构	1995-8-1	ISO 8648: 1988，IDT		规划、设计、采购、建设、运维、修试、退役	规划、初设、施工图、招标、品控、施工工艺、验收与质量评定、试运行、运行、维护、检修、试验、退役、报废	信息	基础设施
210.2-168	GB/Z 15629.1—2000	信息技术　系统间远程通信和信息交换　局域网和城域网　特定要求　第1部分：局域网标准综述	2000-8-1	ISO/IEC TR 8802-1: 1997，IDT		规划、设计、采购、建设、运维、修试、退役	规划、初设、施工图、招标、品控、施工工艺、验收与质量评定、试运行、运行、维护、检修、试验、退役、报废	信息	基础设施
210.2-169	GB/T 15629.5—1996	信息技术　局域网和城域网　第5部分：令牌环访问方法和物理层规范	1997-7-1	ISO/IEC 8802-5: 1992，IDT		规划、设计、采购、建设、运维、修试、退役	规划、初设、施工图、招标、品控、施工工艺、验收与质量评定、试运行、运行、维护、检修、试验、退役、报废	信息	基础设施
210.2-170	GB 15629.11—2003	信息技术　系统间远程通信和信息交换　局域网和城域网　特定要求　第11部分：无线局域网媒体访问控制和物理层规范	2003-12-1	ISO/IEC 8802-11: 1999，MOD		规划、设计、采购、建设、运维、修试、退役	规划、初设、施工图、招标、品控、施工工艺、验收与质量评定、试运行、运行、维护、检修、试验、退役、报废	信息	基础设施

续表

体系结构号	标准编号	标准名称	实施日期	与国际标准对应关系	代替标准	阶段	分阶段	专业	分专业
210.2-171	GB/T 15629.16—2017	信息技术　系统间远程通信和信息交换　局域网和城域网　特定要求　第16部分：宽带无线多媒体系统的空中接口	2017-12-1			规划、设计、采购、建设、运维、修试、退役	规划、初设、施工图、招标、品控、施工工艺、验收与质量评定、试运行、运行、维护、检修、试验、退役、报废	信息	基础设施
210.2-172	GB 15629.1102—2003	信息技术　系统间远程通信和信息交换　局域网和城域网　特定要求　第11部分：无线局域网媒体访问控制和物理层规范：2.4GHz频段较高速物理层扩展规范	2003-12-1	IEEE Std 802.11b—1999，MOD		规划、设计、采购、建设、运维、修试、退役	规划、初设、施工图、招标、品控、施工工艺、验收与质量评定、试运行、运行、维护、检修、试验、退役、报废	信息	基础设施
210.2-173	GB/T 15969.1—2007	可编程序控制器　第1部分：通用信息	2007-12-1	IEC 61131-1: 2003，IDT	GB/T 15969.1—1995	规划、设计、采购、建设、运维、修试、退役	规划、初设、施工图、招标、品控、施工工艺、验收与质量评定、试运行、运行、维护、检修、试验、退役、报废	信息	基础设施
210.2-174	GB/T 15969.4—2007	可编程序控制器　第4部分：用户导则	2007-12-1	IEC 61131-4: 2004，IDT	GB/T 15969.4—1995	规划、设计、采购、建设、运维、修试、退役	规划、初设、施工图、招标、品控、施工工艺、验收与质量评定、试运行、运行、维护、检修、试验、退役、报废	信息	基础设施
210.2-175	GB/T 15969.6—2015	可编程序控制器　第6部分：功能安全	2016-7-1	IEC 61131-6: 2012，IDT		规划、设计、采购、建设、运维、修试、退役	规划、初设、施工图、招标、品控、施工工艺、验收与质量评定、试运行、运行、维护、检修、试验、退役、报废	信息	基础设施
210.2-176	GB/T 16678.1—1996	信息处理系统　光纤分布式数据接口（FDDI）第1部分：令牌环物理层协议（PHY）	1997-7-1	ISO 9314-1: 1989，IDT		规划、设计、采购、建设、运维、修试、退役	规划、初设、施工图、招标、品控、施工工艺、验收与质量评定、试运行、运行、维护、检修、试验、退役、报废	信息	基础设施
210.2-177	GB/T 16678.2—1996	信息处理系统　光纤分布式数据接口（FDDI）第2部分　令牌环媒体访问控制（MAC）	1997-7-1	ISO 9314-2: 1989，IDT		规划、设计、采购、建设、运维、修试、退役	规划、初设、施工图、招标、品控、施工工艺、验收与质量评定、试运行、运行、维护、检修、试验、退役、报废	信息	基础设施

续表

体系结构号	标准编号	标 准 名 称	实施日期	与国际标准对应关系	代替标准	阶段	分阶段	专业	分专业
210.2-178	GB/T 16678.3—1996	信息处理系统 光纤分布式数据接口（FDDI）第3部分：令牌环物理层媒体相关部分（PMD）	1997-7-1	ISO/IEC 9314-3: 1990，IDT		规划、设计、采购、建设、运维、修试、退役	规划、初设、施工图、招标、品控、施工工艺、验收与质量评定、试运行、运行、维护、检修、试验、退役、报废	信息	基础设施
210.2-179	GB/T 16974—2009	信息技术 数据通信 数据终端设备用 X.25 包层协议	2009-12-1	ISO/IEC 8208: 2000，IDT	GB/T 16974—1997	规划、设计、采购、建设、运维、修试、退役	规划、初设、施工图、招标、品控、施工工艺、验收与质量评定、试运行、运行、维护、检修、试验、退役、报废	信息	基础设施
210.2-180	GB/T 16976—1997	信息技术 系统间远程通信和信息交换使用 X.25 提供 OSI 连接方式网络服务	1998-4-1	ISO/IEC 8878: 1992，IDT		规划、设计、采购、建设、运维、修试、退役	规划、初设、施工图、招标、品控、施工工艺、验收与质量评定、试运行、运行、维护、检修、试验、退役、报废	信息	基础设施
210.2-181	GB/T 17559—1998	信息技术 系统间远程通信和信息交换 26 插针接口连接器配合性尺寸和接触件编号分配	1999-6-1	ISO/IEC 11569: 1993，IDT		规划、设计、采购、建设、运维、修试、退役	规划、初设、施工图、招标、品控、施工工艺、验收与质量评定、试运行、运行、维护、检修、试验、退役、报废	信息	基础设施
210.2-182	GB/T 17959—2000	信息技术 系统间远程通信和信息交换 50 插针接口连接器配合性尺寸和接触件编号分配	2000-8-1	ISO/IEC 13575: 1995，IDT		规划、设计、采购、建设、运维、修试、退役	规划、初设、施工图、招标、品控、施工工艺、验收与质量评定、试运行、运行、维护、检修、试验、退役、报废	信息	基础设施
210.2-183	GB/T 17972—2000	信息处理系统 数据通信 局域网中使用 X.25 包级协议	2000-8-1	ISO/IEC 8881: 1989，IDT		规划、设计、采购、建设、运维、修试、退役	规划、初设、施工图、招标、品控、施工工艺、验收与质量评定、试运行、运行、维护、检修、试验、退役、报废	信息	基础设施
210.2-184	GB/T 18031—2016	信息技术 数字键盘汉字输入通用要求	2016-11-1		GB/T 18031—2000	规划、设计、采购、建设、运维、修试、退役	规划、初设、施工图、招标、品控、施工工艺、验收与质量评定、试运行、运行、维护、检修、试验、退役、报废	信息	基础设施

续表

体系结构号	标准编号	标 准 名 称	实施日期	与国际标准对应关系	代替标准	阶段	分阶段	专业	分专业
210.2-185	GB/T 18220—2012	信息技术　手持式信息处理设备通用规范	2013-2-1		GB/T 18220—2000	规划、设计、采购、建设、运维、修试、退役	规划、初设、施工图、招标、品控、施工工艺、验收与质量评定、试运行、运行、维护、检修、试验、退役、报废	信息	基础设施
210.2-186	GB/T 20965—2013	控制网络HBES技术规范　住宅和楼宇控制系统	2013-12-15		GB/Z 20965—2007	规划、设计、采购、建设、运维、修试、退役	规划、初设、施工图、招标、品控、施工工艺、验收与质量评定、试运行、运行、维护、检修、试验、退役、报废	信息	基础设施
210.2-187	GB/T 21639—2008	基于IP网络的视讯会议系统总体技术要求	2008-11-1			规划、设计、建设	规划、初设、施工图、施工工艺、验收与质量评定、试运行	信息	基础设施
210.2-188	GB/T 21671—2018	基于以太网技术的局域网（LAN）系统验收测试方法	2019-1-1		GB/T 21671—2008	规划、设计、采购、建设、运维、修试、退役	规划、初设、施工图、招标、品控、施工工艺、验收与质量评定、试运行、运行、维护、检修、试验、退役、报废	信息	基础设施
210.2-189	GB/T 29768—2013	信息技术　射频识别800/900MHz空中接口协议	2014-5-1			规划、设计、采购、建设、运维、修试、退役	规划、初设、施工图、招标、品控、施工工艺、验收与质量评定、试运行、运行、维护、检修、试验、退役、报废	信息	基础设施
210.2-190	GB/T 29798—2013	信息技术　基于Web服务的IT资源管理规范	2014-5-1			规划、设计、采购、建设、运维、修试、退役	规划、初设、施工图、招标、品控、施工工艺、验收与质量评定、试运行、运行、维护、检修、试验、退役、报废	信息	基础设施
210.2-191	GB/T 30001.1—2013	信息技术　基于射频的移动支付　第1部分：射频接口	2014-5-1			规划、设计、采购、建设、运维、修试、退役	规划、初设、施工图、招标、品控、施工工艺、验收与质量评定、试运行、运行、维护、检修、试验、退役、报废	信息	基础设施

续表

体系结构号	标准编号	标 准 名 称	实施日期	与国际标准对应关系	代替标准	阶段	分阶段	专业	分专业
210.2-192	GB/T 30001.2—2013	信息技术 基于射频的移动支付 第2部分：卡技术要求	2014-5-1			规划、设计、采购、建设、运维、修试、退役	规划、初设、施工图、招标、品控、施工工艺、验收与质量评定、试运行、运行、维护、检修、试验、退役、报废	信息	基础设施
210.2-193	GB/T 30001.3—2013	信息技术 基于射频的移动支付 第3部分：设备技术要求	2014-5-1			规划、设计、采购、建设、运维、修试、退役	规划、初设、施工图、招标、品控、施工工艺、验收与质量评定、试运行、运行、维护、检修、试验、退役、报废	信息	基础设施
210.2-194	GB/T 30001.4—2013	信息技术 基于射频的移动支付 第4部分：卡应用管理和安全	2014-5-1			规划、设计、采购、建设、运维、修试、退役	规划、初设、施工图、招标、品控、施工工艺、验收与质量评定、试运行、运行、维护、检修、试验、退役、报废	信息	基础设施
210.2-195	GB/T 30001.5—2013	信息技术 基于射频的移动支付 第5部分：射频接口测试方法	2014-5-1			建设、修试	验收与质量评定、试验	信息	基础设施
210.2-196	GB/T 30269.1—2015	信息技术 传感器网络 第1部分：参考体系结构和通用技术要求	2016-8-1			规划、设计、建设	规划、初设、施工图、施工工艺、验收与质量评定、试运行	信息	基础设施
210.2-197	GB/T 30269.301—2014	信息技术 传感器网络 第301部分：通信与信息交换：低速无线传感器网络网络层和应用支持子层规范	2015-4-1			规划、设计、采购、建设、运维、修试、退役	规划、初设、施工图、招标、品控、施工工艺、验收与质量评定、试运行、运行、维护、检修、试验、退役、报废	信息	基础设施
210.2-198	GB/T 30269.303—2018	信息技术 传感器网络 第303部分：通信与信息交换：基于IP的无线传感器网络网络层规范	2019-1-1			规划、设计、采购、建设、运维、修试、退役	规划、初设、施工图、招标、品控、施工工艺、验收与质量评定、试运行、运行、维护、检修、试验、退役、报废	信息	基础设施
210.2-199	GB/T 30269.401—2015	信息技术 传感器网络 第401部分：协同信息处理：支撑协同信息处理的服务及接口	2016-8-1	ISO/IEC 20005: 2013，IDT		规划、设计、采购、建设、运维、修试、退役	规划、初设、施工图、招标、品控、施工工艺、验收与质量评定、试运行、运行、维护、检修、试验、退役、报废	信息	基础设施

续表

体系结构号	标准编号	标 准 名 称	实施日期	与国际标准对应关系	代替标准	阶段	分阶段	专业	分专业
210.2-200	GB/T 30269.501—2014	信息技术 传感器网络 第 501 部分：标识：传感节点标识符编制规则	2015-4-1			规划、设计、采购、建设、运维、修试、退役	规划、初设、施工图、招标、品控、施工工艺、验收与质量评定、试运行、运行、维护、检修、试验、退役、报废	信息	基础设施
210.2-201	GB/T 30269.502—2017	信息技术 传感器网络 第 502 部分：标识：传感节点标识符解析	2018-7-1			规划、设计、采购、建设、运维、修试、退役	规划、初设、施工图、招标、品控、施工工艺、验收与质量评定、试运行、运行、维护、检修、试验、退役、报废	信息	基础设施
210.2-202	GB/T 30269.503—2017	信息技术 传感器网络 第 503 部分：标识：传感节点标识符注册规程	2018-5-1			规划、设计、采购、建设、运维、修试、退役	规划、初设、施工图、招标、品控、施工工艺、验收与质量评定、试运行、运行、维护、检修、试验、退役、报废	信息	基础设施
210.2-203	GB/T 30269.601—2016	信息技术 传感器网络 第 601 部分：信息安全：通用技术规范	2016-8-1			规划、设计、采购、建设、运维、修试、退役	规划、初设、施工图、招标、品控、施工工艺、验收与质量评定、试运行、运行、维护、检修、试验、退役、报废	信息	基础设施
210.2-204	GB/T 30269.602—2017	信息技术 传感器网络 第 602 部分：信息安全：低速率无线传感器网络网络层和应用支持子层安全规范	2017-12-29			规划、设计、采购、建设、运维、修试、退役	规划、初设、施工图、招标、品控、施工工艺、验收与质量评定、试运行、运行、维护、检修、试验、退役、报废	信息	基础设施
210.2-205	GB/T 30269.701—2014	信息技术 传感器网络 第 701 部分：传感器接口：信号接口	2015-4-1			规划、设计、采购、建设、运维、修试、退役	规划、初设、施工图、招标、品控、施工工艺、验收与质量评定、试运行、运行、维护、检修、试验、退役、报废	信息	基础设施
210.2-206	GB/T 30269.702—2016	信息技术 传感器网络 第 702 部分：传感器接口：数据接口	2016-11-1			规划、设计、采购、建设、运维、修试、退役	规划、初设、施工图、招标、品控、施工工艺、验收与质量评定、试运行、运行、维护、检修、试验、退役、报废	信息	基础设施

续表

体系结构号	标准编号	标准名称	实施日期	与国际标准对应关系	代替标准	阶段	分阶段	专业	分专业
210.2-207	GB/T 30269.801—2017	信息技术 传感器网络 第 801 部分：测试：通用要求	2017-12-29			规划、设计、采购、建设、运维、修试、退役	规划、初设、施工图、招标、品控、施工工艺、验收与质量评定、试运行、运行、维护、检修、试验、退役、报废	信息	基础设施
210.2-208	GB/T 30269.802—2017	信息技术 传感器网络 第 802 部分：测试：低速无线传感器网络媒体访问控制和物理层	2017-12-1			规划、设计、采购、建设、运维、修试、退役	规划、初设、施工图、招标、品控、施工工艺、验收与质量评定、试运行、运行、维护、检修、试验、退役、报废	信息	基础设施
210.2-209	GB/T 30269.803—2017	信息技术 传感器网络 第 803 部分：测试：低速无线传感器网络网络层和应用支持子层	2018-7-1			规划、设计、采购、建设、运维、修试、退役	规划、初设、施工图、招标、品控、施工工艺、验收与质量评定、试运行、运行、维护、检修、试验、退役、报废	信息	基础设施
210.2-210	GB/T 30269.804—2018	信息技术 传感器网络 第 804 部分：测试：传感器接口	2019-1-1			规划、设计、采购、建设、运维、修试、退役	规划、初设、施工图、招标、品控、施工工艺、验收与质量评定、试运行、运行、维护、检修、试验、退役、报废	信息	基础设施
210.2-211	GB/T 30269.806—2018	信息技术 传感器网络 第 806 部分：测试：传感节点标识符编码和解析	2019-1-1			规划、设计、采购、建设、运维、修试、退役	规划、初设、施工图、招标、品控、施工工艺、验收与质量评定、试运行、运行、维护、检修、试验、退役、报废	信息	基础设施
210.2-212	GB/T 30269.808—2018	信息技术 传感器网络 第 808 部分：测试：低速率无线传感器网络网络层和应用支持子层安全	2021-1-1			规划、设计、采购、建设、运维、修试、退役	规划、初设、施工图、招标、品控、施工工艺、验收与质量评定、试运行、运行、维护、检修、试验、退役、报废	信息	基础设施
210.2-213	GB/T 30269.901—2016	信息技术 传感器网络 第 901 部分：网关：通用技术要求	2017-5-1			规划、设计、采购、建设、运维、修试、退役	规划、初设、施工图、招标、品控、施工工艺、验收与质量评定、试运行、运行、维护、检修、试验、退役、报废	信息	基础设施

续表

体系结构号	标准编号	标 准 名 称	实施日期	与国际标准对应关系	代替标准	阶段	分阶段	专业	分专业
210.2-214	GB/T 30269.902—2018	信息技术 传感器网络 第902部分：网关：远程管理技术要求	2019-1-1			规划、设计、采购、建设、运维、修试、退役	规划、初设、施工图、招标、品控、施工工艺、验收与质量评定、试运行、运行、维护、检修、试验、退役、报废	信息	基础设施
210.2-215	GB/T 30269.903—2018	信息技术 传感器网络 第903部分：网关：逻辑接口	2019-1-1			规划、设计、采购、建设、运维、修试、退役	规划、初设、施工图、招标、品控、施工工艺、验收与质量评定、试运行、运行、维护、检修、试验、退役、报废	信息	基础设施
210.2-216	GB/T 30269.1001—2017	信息技术 传感器网络 第1001部分：中间件：传感器网络节点接口	2017-12-1			规划、设计、采购、建设、运维、修试、退役	规划、初设、施工图、招标、品控、施工工艺、验收与质量评定、试运行、运行、维护、检修、试验、退役、报废	信息	基础设施
210.2-217	GB/T 31916.1—2015	信息技术 云数据存储和管理 第1部分：总则	2016-5-1			规划、设计、采购、建设、运维、修试、退役	规划、初设、施工图、招标、品控、施工工艺、验收与质量评定、试运行、运行、维护、检修、试验、退役、报废	信息	基础设施
210.2-218	GB/T 32396—2015	信息技术 系统间远程通信和信息交换 基于单载波无线高速率超宽带（SC-UWB）物理层规范	2017-1-1			规划、设计、采购、建设、运维、修试、退役	规划、初设、施工图、招标、品控、施工工艺、验收与质量评定、试运行、运行、维护、检修、试验、退役、报废	信息	基础设施
210.2-219	GB/T 32399—2015	信息技术云计算 参考架构	2017-1-1	ISO/IEC 17789: 2014，MOD		规划、设计、采购、建设、运维、修试、退役	规划、初设、施工图、招标、品控、施工工艺、验收与质量评定、试运行、运行、维护、检修、试验、退役、报废	信息	基础设施
210.2-220	GB/T 32400—2015	信息技术云计算 概览与词汇	2017-1-1	ISO/IEC 17788: 2014，IDT		规划、设计、采购、建设、运维、修试、退役	规划、初设、施工图、招标、品控、施工工艺、验收与质量评定、试运行、运行、维护、检修、试验、退役、报废	信息	基础设施

续表

体系结构号	标准编号	标　准　名　称	实施日期	与国际标准对应关系	代替标准	阶段	分阶段	专业	分专业
210.2-221	GB/T 32913—2016	信息技术元对象设施（MOF）	2017-3-1	ISO/IEC 19502: 2005		规划、设计、采购、建设、运维、修试、退役	规划、初设、施工图、招标、品控、施工工艺、验收与质量评定、试运行、运行、维护、检修、试验、退役、报废	信息	基础设施
210.2-222	GB/T 33267—2016	机器人仿真开发环境接口	2017-7-1			规划、设计、采购、建设、运维、修试、退役	规划、初设、施工图、招标、品控、施工工艺、验收与质量评定、试运行、运行、维护、检修、试验、退役、报废	信息	基础设施
210.2-223	GB/T 33848.3—2017	信息技术　射频识别　第3部分：13.56MHz的空中接口通信参数	2018-2-1	ISO/IEC 18000-3: 2004		规划、设计、采购、建设、运维、修试、退役	规划、初设、施工图、招标、品控、施工工艺、验收与质量评定、试运行、运行、维护、检修、试验、退役、报废	信息	基础设施
210.2-224	GB/T 33851—2017	信息技术　系统间远程通信和信息交换　基于双载波的无线高速率超宽带物理层测试规范	2017-12-1			规划、设计、采购、建设、运维、修试、退役	规划、初设、施工图、招标、品控、施工工艺、验收与质量评定、试运行、运行、维护、检修、试验、退役、报废	信息	基础设施
210.2-225	GB/T 33854—2017	基于公用电信网的宽带客户网络联网技术要求　电力线联网	2017-12-1			规划、设计、建设	规划、初设、施工图、施工工艺、验收与质量评定、试运行	信息	基础设施
210.2-226	GB/T 34094—2017	信息技术设备功耗测量方法	2017-11-1	IEC 62018: 2003		建设、修试	验收与质量评定、试验	信息	基础设施
210.2-227	GB/T 34948—2017	信息技术　8路（含）以上服务器功能基本要求	2018-5-1			规划、设计、采购、建设、运维、修试、退役	规划、初设、施工图、招标、品控、施工工艺、验收与质量评定、试运行、运行、维护、检修、试验、退役、报废	信息	基础设施
210.2-228	GB/T 34959—2017	音频、视频、信息技术和通信技术设备　环境意识设计	2018-2-1	IEC 62075: 2012		设计	初设、施工图	信息	基础设施
210.2-229	GB/T 34961.1—2018	信息技术　用户建筑群布缆的实现和操作　第1部分：管理	2019-1-1			规划、设计、建设	规划、初设、施工图、施工工艺	信息	基础设施

续表

体系结构号	标准编号	标准名称	实施日期	与国际标准对应关系	代替标准	阶段	分阶段	专业	分专业
210.2-230	GB/T 34961.2—2017	信息技术 用户建筑群布缆的实现和操作 第2部分：规划和安装	2018-5-1	ISO/IEC 14763-2: 2012		规划、设计、建设	规划、初设、施工图、施工工艺	信息	基础设施
210.2-231	GB/T 34961.3—2017	信息技术 用户建筑群布缆的实现和操作 第3部分：光纤布缆测试	2018-5-1	ISO/IEC 14763-3: 2014		建设、修试	验收与质量评定、试验	信息	基础设施
210.2-232	GB/T 34984—2017	信息技术 系统间远程通信和信息交换 局域网和城域网 超高速无线个域网的媒体访问控制和物理层规范	2018-5-1			规划、设计、采购、建设、运维、修试、退役	规划、初设、施工图、招标、品控、施工工艺、验收与质量评定、试运行、运行、维护、检修、试验、退役、报废	信息	基础设施
210.2-233	GB/T 35102—2017	信息技术 射频识别 800/900MHz 空中接口符合性测试方法	2018-5-1			建设、修试	验收与质量评定、试验	信息	基础设施
210.2-234	GB/T 35103—2017	信息技术 Web服务互操作基本轮廓	2018-5-1	ISO 10791-10: 2007		规划、设计、采购、建设、运维、修试、退役	规划、初设、施工图、招标、品控、施工工艺、验收与质量评定、试运行、运行、维护、检修、试验、退役、报废	信息	基础设施
210.2-235	GB/T 35293—2017	信息技术 云计算 虚拟机管理通用要求	2018-7-1			规划、设计、采购、建设、运维、修试、退役	规划、初设、施工图、招标、品控、施工工艺、验收与质量评定、试运行、运行、维护、检修、试验、退役、报废	信息	基础设施
210.2-236	GB/T 35297—2017	信息技术 盘阵列通用规范	2018-7-1			规划、设计、采购、建设、运维、修试、退役	规划、初设、施工图、招标、品控、施工工艺、验收与质量评定、试运行、运行、维护、检修、试验、退役、报废	信息	基础设施
210.2-237	GB/T 35301—2017	信息技术 云计算 平台即服务（PaaS）参考架构	2017-12-29			规划、设计、采购、建设、运维、修试、退役	规划、初设、施工图、招标、品控、施工工艺、验收与质量评定、试运行、运行、维护、检修、试验、退役、报废	信息	基础设施

续表

体系结构号	标准编号	标准名称	实施日期	与国际标准对应关系	代替标准	阶段	分阶段	专业	分专业
210.2-238	GB/T 35589—2017	信息技术　大数据　技术参考模型	2018-7-1			规划、设计、采购、建设、运维、修试、退役	规划、初设、施工图、招标、品控、施工工艺、验收与质量评定、试运行、运行、维护、检修、试验、退役、报废	信息	基础设施
210.2-239	GB/T 35590—2017	信息技术　便携式数字设备用移动电源通用规范	2018-7-1			规划、设计、采购、建设、运维、修试、退役	规划、初设、施工图、招标、品控、施工工艺、验收与质量评定、试运行、运行、维护、检修、试验、退役、报废	信息	基础设施
210.2-240	GB/T 36009—2018	可编程序控制器性能评定方法	2018-10-1			规划、设计、采购、建设、运维、修试、退役	规划、初设、施工图、招标、品控、施工工艺、验收与质量评定、试运行、运行、维护、检修、试验、退役、报废	信息	基础设施
210.2-241	GB/T 36011—2018	可编程序控制器抽样检查和例行试验方法	2018-10-1			规划、设计、采购、建设、运维、修试、退役	规划、初设、施工图、招标、品控、施工工艺、验收与质量评定、试运行、运行、维护、检修、试验、退役、报废	信息	基础设施
210.2-242	GB/T 36355—2018	信息技术　固态盘测试方法	2019-1-1			规划、设计、采购、建设、运维、修试、退役	规划、初设、施工图、招标、品控、施工工艺、验收与质量评定、试运行、运行、维护、检修、试验、退役、报废	信息	基础设施
210.2-243	GB/T 36364—2018	信息技术　射频识别 2.45GHz 标签通用规范	2019-1-1			规划、设计、采购、建设、运维、修试、退役	规划、初设、施工图、招标、品控、施工工艺、验收与质量评定、试运行、运行、维护、检修、试验、退役、报废	信息	基础设施
210.2-244	GB/T 36365—2018	信息技术　射频识别 800/900MHz 无源标签通用规范	2019-1-1			规划、设计、采购、建设、运维、修试、退役	规划、初设、施工图、招标、品控、施工工艺、验收与质量评定、试运行、运行、维护、检修、试验、退役、报废	信息	基础设施

续表

体系结构号	标准编号	标 准 名 称	实施日期	与国际标准对应关系	代替标准	阶段	分阶段	专业	分专业
210.2-245	GB/T 36435—2018	信息技术 射频识别 2.45GHz 读写器通用规范	2019-1-1			规划、设计、采购、建设、运维、修试、退役	规划、初设、施工图、招标、品控、施工工艺、验收与质量评定、试运行、运行、维护、检修、试验、退役、报废	信息	基础设施
210.2-246	GB/T 36441—2018	硬件产品与操作系统兼容性规范	2019-1-1			规划、设计、采购、建设、运维、修试、退役	规划、初设、施工图、招标、品控、施工工艺、验收与质量评定、试运行、运行、维护、检修、试验、退役、报废	信息	基础设施
210.2-247	GB/T 36448—2018	集装箱式数据中心机房通用规范	2019-1-1			规划、设计、采购、建设、运维、修试、退役	规划、初设、施工图、招标、品控、施工工艺、验收与质量评定、试运行、运行、维护、检修、试验、退役、报废	信息	基础设施
210.2-248	GB/T 36451—2018	信息技术 系统间远程通信和信息交换 社区节能控制网络协议	2019-1-1			规划、设计、采购、建设、运维、修试、退役	规划、初设、施工图、招标、品控、施工工艺、验收与质量评定、试运行、运行、维护、检修、试验、退役、报废	信息	基础设施
210.2-249	GB/T 36454—2018	信息技术 系统间远程通信和信息交换 中高速无线局域网媒体访问控制和物理层规范	2019-1-1			规划、设计、采购、建设、运维、修试、退役	规划、初设、施工图、招标、品控、施工工艺、验收与质量评定、试运行、运行、维护、检修、试验、退役、报废	信息	基础设施
210.2-250	GB/T 36458—2018	信息技术 无线接入点的用户建筑群布缆	2019-1-1			规划、设计、采购、建设、运维、修试、退役	规划、初设、施工图、招标、品控、施工工艺、验收与质量评定、试运行、运行、维护、检修、试验、退役、报废	信息	基础设施
210.2-251	GB/T 36465—2018	网络终端操作系统总体技术要求	2019-1-1			规划、设计、采购、建设、运维、修试、退役	规划、初设、施工图、招标、品控、施工工艺、验收与质量评定、试运行、运行、维护、检修、试验、退役、报废	信息	基础设施

续表

体系结构号	标准编号	标准名称	实施日期	与国际标准对应关系	代替标准	阶段	分阶段	专业	分专业
210.2-252	GB/T 36469—2018	信息技术　系统间远程通信和信息交换局域网和城域网 特定要求　Q 波段超高速无线局域网媒体访问控制和物理层规范	2019-1-1			规划、设计、采购、建设、运维、修试、退役	规划、初设、施工图、招标、品控、施工工艺、验收与质量评定、试运行、运行、维护、检修、试验、退役、报废	信息	基础设施
210.2-253	GB/T 36628.1—2018	信息技术　系统间远程通信和信息交换　可见光通信　第1部分：媒体访问控制和物理层总体要求	2019-4-1			规划、设计、采购、建设、运维、修试、退役	规划、初设、施工图、招标、品控、施工工艺、验收与质量评定、试运行、运行、维护、检修、试验、退役、报废	信息	基础设施
210.2-254	GB/T 36638—2018	信息技术　终端设备远程供电通信布缆要求	2019-1-1			规划、设计、采购、建设、运维、修试、退役	规划、初设、施工图、招标、品控、施工工艺、验收与质量评定、试运行、运行、维护、检修、试验、退役、报废	信息	基础设施
210.2-255	GB/T 37020—2018	信息技术　系统间远程通信和信息交换　局域网和城域网　特定要求　面向视频的无线个域网（VPAN）媒体访问控制和物理层规范	2022-1-1			规划、设计、采购、建设、运维、修试、退役	规划、初设、施工图、招标、品控、施工工艺、验收与质量评定、试运行、运行、维护、检修、试验、退役、报废	信息	基础设施
210.2-256	GB 50311—2016	综合布线系统工程设计规范（附条文说明）	2017-4-1		GB 50311—2007	设计	初设、施工图	信息	基础设施
210.2-257	GB 50343—2012	建筑物电子信息系统防雷技术规范	2012-12-1		GB 50343—2004	规划、设计、建设	规划、初设、施工图、施工工艺、验收与质量评定、试运行	信息	基础设施
210.2-258	ISO/IEC 14165-122—2005/Amd 1—2008	信息技术光纤信道　第122部分：仲裁环路-2（PC-AL-2）	2008-10-21		ISO IEC 14165-122—2005	规划、设计、采购、建设、运维、修试、退役	规划、初设、施工图、招标、品控、施工工艺、验收与质量评定、试运行、运行、维护、检修、试验、退役、报废	信息	基础设施
210.2-259	ISO/IEC 14165-251—2008	信息技术光纤信道　第251部分：光纤信道定位和信号传输（FC FS）	2008-1-1			规划、设计、采购、建设、运维、修试、退役	规划、初设、施工图、招标、品控、施工工艺、验收与质量评定、试运行、运行、维护、检修、试验、退役、报废	信息	基础设施

续表

体系结构号	标准编号	标 准 名 称	实施日期	与国际标准对应关系	代替标准	阶段	分阶段	专业	分专业
210.2-260	ISO/IEC 14165-521—2009	信息技术光纤信道 第521部分：光纤应用接口标准（FAIS）	2009-1-28			规划、设计、采购、建设、运维、修试、退役	规划、初设、施工图、招标、品控、施工工艺、验收与质量评定、试运行、运行、维护、检修、试验、退役、报废	信息	基础设施
210.2-261	ISO/IEC 23004-7—2008	信息技术多媒体中间设备 第7部分：系统完整性管理	2008-2-15	ANSI/INCITS/ISO/IEC 23004-7—2009，IDT；CAN/CSA-ISO/IEC 23004-7-08—2008，IDT	ISO IEC FDIS 23004-7—2007	规划、设计、采购、建设、运维、修试、退役	规划、初设、施工图、招标、品控、施工工艺、验收与质量评定、试运行、运行、维护、检修、试验、退役、报废	信息	基础设施
210.2-262	ISO/IEC 23004-8—2009	信息技术多媒体中间设备 第8部分：参考软件	2009-4-1			规划、设计、采购、建设、运维、修试、退役	规划、初设、施工图、招标、品控、施工工艺、验收与质量评定、试运行、运行、维护、检修、试验、退役、报废	信息	基础设施
210.2-263	ISO/IEC/IEEE 8802-3—2017	信息技术 系统间的通信信息交换 地方和都市地区网络特定要求 第3部分：以太网标准	2017-3-31		ISO/IEC 8802-3—2000	规划、设计、采购、建设、运维、修试、退役	规划、初设、施工图、招标、品控、施工工艺、验收与质量评定、试运行、运行、维护、检修、试验、退役、报废	信息	基础设施
210.2-264	IEC 62455—2010	互联网协议（IP）和基于服务访问的传输流（TS）	2010-12-15	EN 62455—2011，IDT	IEC 624SS—2007；IEC 100/1551/CDV—2009	规划、设计、采购、建设、运维、修试、退役	规划、初设、施工图、招标、品控、施工工艺、验收与质量评定、试运行、运行、维护、检修、试验、退役、报废	信息	基础设施
210.2-265	IEC 62481-3—2017	数字生活网络联盟（DLNA）家庭网络设备互操作性指南 第3部分：DLNA链接保护	2017-7-27		IEC 62481-3—2013	规划、设计、采购、建设、运维、修试、退役	规划、初设、施工图、招标、品控、施工工艺、验收与质量评定、试运行、运行、维护、检修、试验、退役、报废	信息	基础设施
210.2-266	IEC 62657-1—2017	工业通信网络 无线通信网络 第1部分：无线通信要求和频谱考虑因素	2017-6-19		IEC TS 62657-1—2014	规划、设计、采购、建设、运维、修试、退役	规划、初设、施工图、招标、品控、施工工艺、验收与质量评定、试运行、运行、维护、检修、试验、退役、报废	信息	基础设施

体系结构号	标准编号	标准名称	实施日期	与国际标准对应关系	代替标准	阶段	分阶段	专业	分专业
210.2-267	IEEE 802.22—2011	无线局域网标准　第22部分：认知无线局域网（RAN）媒体存取控制（MAC）和物理层（PHY）规范：电视频道中操作用政策与规程	2011-6-16	IEEE 802.22—2011，IDT		规划、设计、采购、建设、运维、修试、退役	规划、初设、施工图、招标、品控、施工工艺、验收与质量评定、试运行、运行、维护、检修、试验、退役、报废	信息	基础设施
210.2-268	ITU-T G.8011/Y.1307—2018	以太网服务特性	2018-11-29		ITU-T G.8011/Y.1307—2016	规划、设计、采购、建设、运维、修试、退役	规划、初设、施工图、招标、品控、施工工艺、验收与质量评定、试运行、运行、维护、检修、试验、退役、报废	信息	基础设施
210.2-269	ITU-T G.8261/Y.1361—2013/Cor 1—2016	分组网络中的时分和同步	2016-4-13		ITU-T G 8261 Y 1361—2008	规划、设计、采购、建设、运维、修试、退役	规划、初设、施工图、招标、品控、施工工艺、验收与质量评定、试运行、运行、维护、检修、试验、退役、报废	信息	基础设施
210.2-270	ITU-T Y.1563—2009	以太网帧传输和可用性能	2009-1-13			规划、设计、采购、建设、运维、修试、退役	规划、初设、施工图、招标、品控、施工工艺、验收与质量评定、试运行、运行、维护、检修、试验、退役、报废	信息	基础设施
210.2-271	ITU-T Y.2051—2008	基于IPv6的NGN概述	2008-2-29			规划、设计、采购、建设、运维、修试、退役	规划、初设、施工图、招标、品控、施工工艺、验收与质量评定、试运行、运行、维护、检修、试验、退役、报废	信息	基础设施
210.2-272	ITU-T Y.2052—2008	基于IPv6NGN的多链路框架	2008-2-29			规划、设计、采购、建设、运维、修试、退役	规划、初设、施工图、招标、品控、施工工艺、验收与质量评定、试运行、运行、维护、检修、试验、退役、报废	信息	基础设施
210.2-273	ITU-T Y.2054—2008	基于IPv6NGN的支持信令框架	2008-2-29			规划、设计、采购、建设、运维、修试、退役	规划、初设、施工图、招标、品控、施工工艺、验收与质量评定、试运行、运行、维护、检修、试验、退役、报废	信息	基础设施
210.3 信息技术-信息资源									
210.3-1	Q/CSG 11806—2008	基本数据集标准	2010-1-1			规划、设计、采购、建设、运维、修试、退役	规划、初设、施工图、招标、品控、施工工艺、验收与质量评定、试运行、运行、维护、检修、试验、退役、报废	信息	信息资源

续表

体系结构号	标准编号	标 准 名 称	实施日期	与国际标准对应关系	代替标准	阶段	分阶段	专业	分专业
210.3-2	Q/CSG 11807—2009	数据模型规范 总册 编制原则和要求	2010-1-1			规划、设计、采购、建设、运维、修试、退役	规划、初设、施工图、招标、品控、施工工艺、验收与质量评定、试运行、运行、维护、检修、试验、退役、报废	信息	信息资源
210.3-3	Q/CSG 1210020—2016	信息分类和编码体系框架	2015-9-15		Q/CSG 11801.1—2008	规划、设计、采购、建设、运维、修试、退役	规划、初设、施工图、招标、品控、施工工艺、验收与质量评定、试运行、运行、维护、检修、试验、退役、报废	信息	信息资源
210.3-4	Q/CSG 1210021—2016	公共信息分类和编码	2015-9-15		Q/CSG 11801.2—2008	规划、设计、采购、建设、运维、修试、退役	规划、初设、施工图、招标、品控、施工工艺、验收与质量评定、试运行、运行、维护、检修、试验、退役、报废	信息	信息资源
210.3-5	Q/CSG 1210022—2015	资产管理类信息分类和编码	2015-8-11		Q/CSG 11801.8—2008; Q/CSG 11819—2010; Q/CSG 11801.3—2008; Q/CSG 11818—2010; Q/CSG 11801.7—2008; Q/CSG 11801.11—2008	规划、设计、采购、建设、运维、修试、退役	规划、初设、施工图、招标、品控、施工工艺、验收与质量评定、试运行、运行、维护、检修、试验、退役、报废	信息	信息资源
210.3-6	Q/CSG 1210023—2016	综合管理类信息分类和编码	2015-9-15		Q/CSG 11801.7.1—2008; Q/CSG 11801.8.1—2008; Q/CSG 11801.8.2—2008; Q/CSG 11801.12—2008	规划、设计、采购、建设、运维、修试、退役	规划、初设、施工图、招标、品控、施工工艺、验收与质量评定、试运行、运行、维护、检修、试验、退役、报废	信息	信息资源
210.3-7	Q/CSG 1210025—2015	财务信息分类和编码	2015-8-11		Q/CSG 11801.5—2008	规划、设计、采购、建设、运维、修试、退役	规划、初设、施工图、招标、品控、施工工艺、验收与质量评定、试运行、运行、维护、检修、试验、退役、报废	信息	信息资源
210.3-8	Q/CSG 1210026—2015	营销信息分类和编码	2015-8-11		Q/CSG 11801.9—2008	规划、设计、采购、建设、运维、修试、退役	规划、初设、施工图、招标、品控、施工工艺、验收与质量评定、试运行、运行、维护、检修、试验、退役、报废	信息	信息资源
210.3-9	Q/CSG 110019—2011	南方电网通信网资源编码命名规范	2011-8-1			规划、设计、采购、建设、运维、修试、退役	规划、初设、施工图、招标、品控、施工工艺、验收与质量评定、试运行、运行、维护、检修、试验、退役、报废	信息	信息资源

续表

体系结构号	标准编号	标 准 名 称	实施日期	与国际标准对应关系	代替标准	阶段	分阶段	专业	分专业
210.3-10	Q/CSG 118009—2011	数据中心数据交换规范	2011-12-1			规划、设计、采购、建设、运维、修试、退役	规划、初设、施工图、招标、品控、施工工艺、验收与质量评定、试运行、运行、维护、检修、试验、退役、报废	信息	信息资源
210.3-11	Q/CSG 118010—2011	数据中心 ETL 规范	2011-12-1			规划、设计、采购、建设、运维、修试、退役	规划、初设、施工图、招标、品控、施工工艺、验收与质量评定、试运行、运行、维护、检修、试验、退役、报废	信息	信息资源
210.3-12	Q/CSG 1210005—2015	企业架构总体架构技术规范	2015-3-18			规划、设计、建设	规划、初设、施工图、施工工艺、验收与质量评定、试运行	信息	信息资源
210.3-13	Q/CSG 1210006—2015	企业架构系统架构技术规范	2015-3-27			规划、设计、建设	规划、初设、施工图、施工工艺、验收与质量评定、试运行	信息	信息资源
210.3-14	Q/CSG 1210007—2015	数据传输安全标准	2015-8-11			规划、设计、采购、建设、运维、修试、退役	规划、初设、施工图、招标、品控、施工工艺、验收与质量评定、试运行、运行、维护、检修、试验、退役、报废	信息	信息资源
210.3-15	Q/CSG 1210014—2015	企业公共信息模型 第 1 部分 概述	2015-8-11			规划、设计、采购、建设、运维、修试、退役	规划、初设、施工图、招标、品控、施工工艺、验收与质量评定、试运行、运行、维护、检修、试验、退役、报废	信息	信息资源
210.3-16	Q/CSG 1210015—2015	企业公共信息模型 第 2 部分 基础	2015-8-11			规划、设计、采购、建设、运维、修试、退役	规划、初设、施工图、招标、品控、施工工艺、验收与质量评定、试运行、运行、维护、检修、试验、退役、报废	信息	信息资源
210.3-17	Q/CSG 1210016—2015	企业公共信息模型 第 3 部分 配网扩展	2015-8-11			规划、设计、采购、建设、运维、修试、退役	规划、初设、施工图、招标、品控、施工工艺、验收与质量评定、试运行、运行、维护、检修、试验、退役、报废	信息	信息资源
210.3-18	Q/CSG 1210017—2015	内外网数据安全交换平台技术规范	2015-8-24			规划、设计、建设	规划、初设、施工图、施工工艺、验收与质量评定、试运行	信息	信息资源

续表

体系结构号	标准编号	标 准 名 称	实施日期	与国际标准对应关系	代替标准	阶段	分阶段	专业	分专业
210.3-19	Q/CSG 1210018—2015	内外网数据安全交互规范	2015-8-11			规划、设计、建设	规划、初设、施工图、施工工艺、验收与质量评定、试运行	信息	信息资源
210.3-20	Q/CSG 1210036—2016	人力资源管理类信息分类和编码	2016-9-8		Q/CSG 11801.4—2008	规划、设计、采购、建设、运维、修试、退役	规划、初设、施工图、招标、品控、施工工艺、验收与质量评定、试运行、运行、维护、检修、试验、退役、报废	信息	信息资源
210.3-21	DL/T 1255—2013	TDM 系统输出数据及格式规范	2014-4-1			规划、设计、采购、建设、运维、修试、退役	规划、初设、施工图、招标、品控、施工工艺、验收与质量评定、试运行、运行、维护、检修、试验、退役、报废	信息	信息资源
210.3-22	DL/T 1782—2017	变电站继电保护信息规范	2018-6-1			规划、设计、采购、建设、运维、修试、退役	规划、初设、施工图、招标、品控、施工工艺、验收与质量评定、试运行、运行、维护、检修、试验、退役、报废	信息	信息资源
210.3-23	YD/T 2807.1—2015	云资源管理技术要求 第1部分：总体要求	2015-7-1			规划、设计、建设	规划、初设、施工图、施工工艺、验收与质量评定、试运行	信息	信息资源
210.3-24	YD/T 2807.2—2015	云资源管理技术要求 第2部分：综合管理平台	2015-7-1			规划、设计、建设	规划、初设、施工图、施工工艺、验收与质量评定、试运行	信息	信息资源
210.3-25	YD/T 2807.3—2015	云资源管理技术要求 第3部分：分平台	2015-7-1			规划、设计、建设	规划、初设、施工图、施工工艺、验收与质量评定、试运行	信息	信息资源
210.3-26	YD/T 2807.4—2015	云资源管理技术要求 第4部分：接口	2015-7-1			规划、设计、建设	规划、初设、施工图、施工工艺、验收与质量评定、试运行	信息	信息资源
210.3-27	YD/T 2807.5—2015	云资源管理技术要求 第5部分：存储系统	2015-7-1			规划、设计、建设	规划、初设、施工图、施工工艺、验收与质量评定、试运行	信息	信息资源
210.3-28	YD/T 3054—2016	云资源运维管理功能技术要求	2016-7-1			规划、设计、建设	规划、初设、施工图、施工工艺、验收与质量评定、试运行	信息	信息资源
210.3-29	YD/T 3290—2017	一体化微型模块化数据中心技术要求	2018-1-1			规划、设计、建设	规划、初设、施工图、施工工艺、验收与质量评定、试运行	信息	信息资源

续表

体系结构号	标准编号	标 准 名 称	实施日期	与国际标准对应关系	代替标准	阶段	分阶段	专业	分专业
210.3-30	YD/T 3291—2017	数据中心预制模块总体技术要求	2018-1-1			规划、设计、建设	规划、初设、施工图、施工工艺、验收与质量评定、试运行	信息	信息资源
210.3-31	SJ/T 11373—2007	软件构件管理　第1部分：管理信息模型	2008-1-20			规划、设计、采购、建设、运维、修试、退役	规划、初设、施工图、招标、品控、施工工艺、验收与质量评定、试运行、运行、维护、检修、试验、退役、报废	信息	信息资源
210.3-32	SJ/T 11603—2016	用于信息处理产品和服务数字标识格式	2016-6-1			规划、设计、采购、建设、运维、修试、退役	规划、初设、施工图、招标、品控、施工工艺、验收与质量评定、试运行、运行、维护、检修、试验、退役、报废	信息	信息资源
210.3-33	SJ/T 11676—2017	信息技术　元数据属性	2017-7-1			规划、设计、采购、建设、运维、修试、退役	规划、初设、施工图、招标、品控、施工工艺、验收与质量评定、试运行、运行、维护、检修、试验、退役、报废	信息	信息资源
210.3-34	GB/T 1988—1998	信息技术　信息交换用七位编码字符集	1999-6-1	ISO/IEC 646: 1991，EQV	GB/T 1988—1989	规划、设计、采购、建设、运维、修试、退役	规划、初设、施工图、招标、品控、施工工艺、验收与质量评定、试运行、运行、维护、检修、试验、退役、报废	信息	信息资源
210.3-35	GB/T 2312—1980	信息交换用汉字编码字符集 基本集	2017-3-23		GB 2312—1980	规划、设计、采购、建设、运维、修试、退役	规划、初设、施工图、招标、品控、施工工艺、验收与质量评定、试运行、运行、维护、检修、试验、退役、报废	信息	信息资源
210.3-36	GB/T 5271.10—1986	数据处理词汇　10部分操作技术和设施	1987-5-1	ISO 2382/10: 1979，EQV		规划、设计、采购、建设、运维、修试、退役	规划、初设、施工图、招标、品控、施工工艺、验收与质量评定、试运行、运行、维护、检修、试验、退役、报废	信息	信息资源
210.3-37	GB/T 7027—2002	信息分类和编码的基本原则与方法	2002-12-1		GB/T 7027—1986	规划、设计、采购、建设、运维、修试、退役	规划、初设、施工图、招标、品控、施工工艺、验收与质量评定、试运行、运行、维护、检修、试验、退役、报废	信息	信息资源

续表

体系结构号	标准编号	标 准 名 称	实施日期	与国际标准对应关系	代替标准	阶段	分阶段	专业	分专业
210.3-38	GB/T 12345—1990	信息交换用汉字编码字符集 辅助集	2017-3-23		GB 12345—1990	规划、设计、采购、建设、运维、修试、退役	规划、初设、施工图、招标、品控、施工工艺、验收与质量评定、试运行、运行、维护、检修、试验、退役、报废	信息	信息资源
210.3-39	GB/T 16263.4—2015	信息技术 ASN.1 编码规则 第 4 部分：XML 编码规则（XER）	2016-8-1	ISO/IEC 8825-4: 2008，IDT		规划、设计、采购、建设、运维、修试、退役	规划、初设、施工图、招标、品控、施工工艺、验收与质量评定、试运行、运行、维护、检修、试验、退役、报废	信息	信息资源
210.3-40	GB/T 16263.5—2015	信息技术 ASN.1 编码规则 第 5 部分：W3C XML 模式定义到 ASN.1 的映射	2016-8-1	ISO/IEC 8825-5: 2008，IDT		规划、设计、采购、建设、运维、修试、退役	规划、初设、施工图、招标、品控、施工工艺、验收与质量评定、试运行、运行、维护、检修、试验、退役、报废	信息	信息资源
210.3-41	GB 18030—2005	信息技术 中文编码字符集	2006-5-1		GB 18030—2000	规划、设计、采购、建设、运维、修试、退役	规划、初设、施工图、招标、品控、施工工艺、验收与质量评定、试运行、运行、维护、检修、试验、退役、报废	信息	信息资源
210.3-42	GB/T 18124—2000	质量数据报文	2001-3-1	UN/EDIFACT D.96A		规划、设计、采购、建设、运维、修试、退役	规划、初设、施工图、招标、品控、施工工艺、验收与质量评定、试运行、运行、维护、检修、试验、退役、报废	信息	信息资源
210.3-43	GB/Z 18219—2008	信息技术 数据管理参考模型	2008-11-1	ISO/IEC TR 10032: 2003，IDT	GB/T 18219—2000	规划、设计、采购、建设、运维、修试、退役	规划、初设、施工图、招标、品控、施工工艺、验收与质量评定、试运行、运行、维护、检修、试验、退役、报废	信息	信息资源
210.3-44	GB/T 18391.1—2009	信息技术 元数据注册系统（MDR）第 1 部分：框架	2009-12-1	ISO/IEC 11179-1: 2004，IDT	GB/T 18391.1—2002	规划、设计、采购、建设、运维、修试、退役	规划、初设、施工图、招标、品控、施工工艺、验收与质量评定、试运行、运行、维护、检修、试验、退役、报废	信息	信息资源
210.3-45	GB/T 18391.2—2009	信息技术 元数据注册系统（MDR）第 2 部分：分类	2009-12-1	ISO/IEC 11179-2: 2005，IDT	GB/T 18391.2—2003	规划、设计、采购、建设、运维、修试、退役	规划、初设、施工图、招标、品控、施工工艺、验收与质量评定、试运行、运行、维护、检修、试验、退役、报废	信息	信息资源

续表

体系结构号	标准编号	标准名称	实施日期	与国际标准对应关系	代替标准	阶段	分阶段	专业	分专业
210.3-46	GB/T 18391.3—2009	信息技术　元数据注册系统（MDR）第3部分：注册系统元模型与基本属性	2009-12-1	ISO/IEC 11179-3: 2003，IDT	GB/T 18391.3—2001	规划、设计、采购、建设、运维、修试、退役	规划、初设、施工图、招标、品控、施工工艺、验收与质量评定、试运行、运行、维护、检修、试验、退役、报废	信息	信息资源
210.3-47	GB/T 18391.4—2009	信息技术　元数据注册系统（MDR）第4部分：数据定义的形成	2009-12-1	ISO/IEC 11179-4: 2004，IDT	GB/T 18391.4—2001	规划、设计、采购、建设、运维、修试、退役	规划、初设、施工图、招标、品控、施工工艺、验收与质量评定、试运行、运行、维护、检修、试验、退役、报废	信息	信息资源
210.3-48	GB/T 18391.5—2009	信息技术　元数据注册系统（MDR）第5部分：命名和标识原则	2009-12-1	ISO/IEC 11179-5: 2005，IDT	GB/T 18391.5—2001	规划、设计、采购、建设、运维、修试、退役	规划、初设、施工图、招标、品控、施工工艺、验收与质量评定、试运行、运行、维护、检修、试验、退役、报废	信息	信息资源
210.3-49	GB/T 18391.6—2009	信息技术　元数据注册系统（MDR）第6部分：注册	2009-12-1	ISO/IEC 11179-6: 2005，IDT	GB/T 18391.6—2001	规划、设计、采购、建设、运维、修试、退役	规划、初设、施工图、招标、品控、施工工艺、验收与质量评定、试运行、运行、维护、检修、试验、退役、报废	信息	信息资源
210.3-50	GB/T 19688.5—2009	信息与文献　书目数据元目录　第5部分：编目和元数据交换用数据元	2009-9-1	ISO 8459-5: 2002，IDT		规划、设计、采购、建设、运维、修试、退役	规划、初设、施工图、招标、品控、施工工艺、验收与质量评定、试运行、运行、维护、检修、试验、退役、报废	信息	信息资源
210.3-51	GB/T 20258.1—2007	基础地理信息要素数据字典　第1部分：1:500 1:1000、1:2000基础地理信息要素数据字典	2007-12-1			规划、设计、采购、建设、运维、修试、退役	规划、初设、施工图、招标、品控、施工工艺、验收与质量评定、试运行、运行、维护、检修、试验、退役、报废	信息	信息资源
210.3-52	GB/T 20258.2—2006	基础地理信息要素数据字典　第2部分：1:5000 1:10000 基础地理信息要素数据字典	2006-10-1			规划、设计、采购、建设、运维、修试、退役	规划、初设、施工图、招标、品控、施工工艺、验收与质量评定、试运行、运行、维护、检修、试验、退役、报废	信息	信息资源
210.3-53	GB/T 20258.3—2006	基础地理信息要素数据字典　第3部分：1:25000 1:50000 1:100000 基础地理信息要素数据字典	2007-5-1			规划、设计、采购、建设、运维、修试、退役	规划、初设、施工图、招标、品控、施工工艺、验收与质量评定、试运行、运行、维护、检修、试验、退役、报废	信息	信息资源

续表

体系结构号	标准编号	标 准 名 称	实施日期	与国际标准对应关系	代替标准	阶段	分阶段	专业	分专业
210.3-54	GB/T 20720.3—2010	企业控制系统集成 第 3 部分：制造运行管理的活动模型	2011-5-1	IEC 62264-3: 2007，IDT		规划、设计、采购、建设、运维、修试、退役	规划、初设、施工图、招标、品控、施工工艺、验收与质量评定、试运行、运行、维护、检修、试验、退役、报废	信息	信息资源
210.3-55	GB/T 23824.1—2009	信息技术 实现元数据注册系统（MDR）内容一致性的规程 第 1 部分：数据元	2009-11-1	ISO/IEC TR 20943-1: 2003，IDT		规划、设计、采购、建设、运维、修试、退役	规划、初设、施工图、招标、品控、施工工艺、验收与质量评定、试运行、运行、维护、检修、试验、退役、报废	信息	信息资源
210.3-56	GB/T 23824.3—2009	信息技术 实现元数据注册系统（MDR）内容一致性的规程 第 3 部分：值域	2009-11-1	ISO/IEC TR 20943-3: 2004，IDT		规划、设计、采购、建设、运维、修试、退役	规划、初设、施工图、招标、品控、施工工艺、验收与质量评定、试运行、运行、维护、检修、试验、退役、报废	信息	信息资源
210.3-57	GB/T 26163.1—2010	信息与文献 文件管理过程 文件元数据 第 1 部分：原则	2011-6-1	ISO 23081-1: 2006，IDT		规划、设计、采购、建设、运维、修试、退役	规划、初设、施工图、招标、品控、施工工艺、验收与质量评定、试运行、运行、维护、检修、试验、退役、报废	信息	信息资源
210.3-58	GB/T 29854—2013	社区基础数据元	2014-4-15			规划、设计、采购、建设、运维、修试、退役	规划、初设、施工图、招标、品控、施工工艺、验收与质量评定、试运行、运行、维护、检修、试验、退役、报废	信息	信息资源
210.3-59	GB/T 31916.2—2015	信息技术 云数据存储和管理 第 2 部分：基于对象的云存储应用接口	2016-5-1			规划、设计、采购、建设、运维、修试、退役	规划、初设、施工图、招标、品控、施工工艺、验收与质量评定、试运行、运行、维护、检修、试验、退役、报废	信息	信息资源
210.3-60	GB/T 31916.3—2018	信息技术 云数据存储和管理 第 3 部分：分布式文件存储应用接口	2019-1-1			规划、设计、采购、建设、运维、修试、退役	规划、初设、施工图、招标、品控、施工工艺、验收与质量评定、试运行、运行、维护、检修、试验、退役、报废	信息	信息资源
210.3-61	GB/T 31916.5—2015	信息技术 云数据存储和管理 第 5 部分：基于键值（Key-Value）的云数据管理应用接口	2016-5-1			规划、设计、采购、建设、运维、修试、退役	规划、初设、施工图、招标、品控、施工工艺、验收与质量评定、试运行、运行、维护、检修、试验、退役、报废	信息	信息资源

体系结构号	标准编号	标　准　名　称	实施日期	与国际标准对应关系	代替标准	阶段	分阶段	专业	分专业
210.3-62	GB/T 32627—2016	信息技术　地址数据描述要求	2016-11-1			规划、设计、采购、建设、运维、修试、退役	规划、初设、施工图、招标、品控、施工工艺、验收与质量评定、试运行、运行、维护、检修、试验、退役、报废	信息	信息资源
210.3-63	GB/T 32630—2016	非结构化数据管理系统技术要求	2016-11-1			规划、设计、采购、建设、运维、修试、退役	规划、初设、施工图、招标、品控、施工工艺、验收与质量评定、试运行、运行、维护、检修、试验、退役、报废	信息	信息资源
210.3-64	GB/T 32633—2016	分布式关系数据库服务接口规范	2016-11-1			设计、采购、建设、运维、修试	初设、施工图、招标、品控、施工工艺、验收与质量评定、试运行、运行、维护、检修、试验	信息	信息资源
210.3-65	GB/T 32908—2016	非结构化数据访问接口规范	2017-3-1			设计、采购、建设、运维、修试	初设、施工图、招标、品控、施工工艺、验收与质量评定、试运行、运行、维护、检修、试验	信息	信息资源
210.3-66	GB/T 32909—2016	非结构化数据表示规范	2017-3-1			规划、设计、采购、建设、运维、修试、退役	规划、初设、施工图、招标、品控、施工工艺、验收与质量评定、试运行、运行、维护、检修、试验、退役、报废	信息	信息资源
210.3-67	GB/T 32910.2—2017	数据中心　资源利用　第2部分：关键性能指标设置要求	2018-2-1			设计、采购、建设、运维、修试	初设、施工图、招标、品控、施工工艺、验收与质量评定、试运行、运行、维护、检修、试验	信息	信息资源
210.3-68	GB/T 32910.3—2016	数据中心　资源利用　第3部分：电能能效要求和测量方法	2017-3-1			规划、设计、采购、建设、运维、修试、退役	规划、初设、施工图、招标、品控、施工工艺、验收与质量评定、试运行、运行、维护、检修、试验、退役、报废	信息	信息资源
210.3-69	GB/T 33136—2016	信息技术服务　数据中心服务能力成熟度模型	2017-5-1			规划、设计、采购、建设、运维、修试、退役	规划、初设、施工图、招标、品控、施工工艺、验收与质量评定、试运行、运行、维护、检修、试验、退役、报废	信息	信息资源

续表

体系结构号	标准编号	标准名称	实施日期	与国际标准对应关系	代替标准	阶段	分阶段	专业	分专业
210.3-70	GB/T 33183—2016	基础地理信息 1：50 000 地形要素数据规范	2017-2-1			规划、设计、采购、建设、运维、修试、退役	规划、初设、施工图、招标、品控、施工工艺、验收与质量评定、试运行、运行、维护、检修、试验、退役、报废	信息	信息资源
210.3-71	GB/T 33185—2016	地理信息 基于地理标识符的空间参照	2017-2-1	ISO 19112: 2003		规划、设计、采购、建设、运维、修试、退役	规划、初设、施工图、招标、品控、施工工艺、验收与质量评定、试运行、运行、维护、检修、试验、退役、报废	信息	信息资源
210.3-72	GB/T 33187.1—2016	地理信息 简单要素访问 第1部分：通用架构	2017-2-1	ISO 19125-1: 2004		规划、设计、采购、建设、运维、修试、退役	规划、初设、施工图、招标、品控、施工工艺、验收与质量评定、试运行、运行、维护、检修、试验、退役、报废	信息	信息资源
210.3-73	GB/T 33187.2—2016	地理信息 简单要素访问 第2部分：SQL 选项	2017-2-1	ISO 19125-2: 2004		设计、建设、运维	初设、施工图、施工工艺、验收与质量评定、试运行、运行、维护	信息	信息资源
210.3-74	GB/T 33188.1—2016	地理信息 参考模型 第1部分：基础	2017-2-1	ISO 19101-1: 2014		规划、设计、采购、建设、运维、修试、退役	规划、初设、施工图、招标、品控、施工工艺、验收与质量评定、试运行、运行、维护、检修、试验、退役、报废	信息	信息资源
210.3-75	GB/Z 33451—2016	地理信息 空间抽样与统计推断	2017-7-1			规划、设计、采购、建设、运维、修试、退役	规划、初设、施工图、招标、品控、施工工艺、验收与质量评定、试运行、运行、维护、检修、试验、退役、报废	信息	信息资源
210.3-76	GB/T 33453—2016	基础地理信息数据库建设规范	2017-7-1			设计、建设	初设、施工图、施工工艺、验收与质量评定	信息	信息资源
210.3-77	GB/T 33462—2016	基础地理信息 1:10 000 地形要素数据规范	2017-7-1			规划、设计、采购、建设、运维、修试、退役	规划、初设、施工图、招标、品控、施工工艺、验收与质量评定、试运行、运行、维护、检修、试验、退役、报废	信息	信息资源
210.3-78	GB/T 33475.2—2016	信息技术 高效多媒体编码 第2部分：视频	2017-7-1			规划、设计、采购、建设、运维、修试、退役	规划、初设、施工图、招标、品控、施工工艺、验收与质量评定、试运行、运行、维护、检修、试验、退役、报废	信息	信息资源

续表

体系结构号	标准编号	标准名称	实施日期	与国际标准对应关系	代替标准	阶段	分阶段	专业	分专业
210.3-79	GB/T 34950—2017	非结构化数据管理系统参考模型	2018-5-1			规划、设计、采购、建设、运维、修试、退役	规划、初设、施工图、招标、品控、施工工艺、验收与质量评定、试运行、运行、维护、检修、试验、退役、报废	信息	信息资源
210.3-80	GB/T 34952—2017	多媒体数据语义描述要求	2018-5-1			规划、设计、采购、建设、运维、修试、退役	规划、初设、施工图、招标、品控、施工工艺、验收与质量评定、试运行、运行、维护、检修、试验、退役、报废	信息	信息资源
210.3-81	GB/T 34982—2017	云计算数据中心基本要求	2018-5-1			规划、设计、采购、建设、运维、修试、退役	规划、初设、施工图、招标、品控、施工工艺、验收与质量评定、试运行、运行、维护、检修、试验、退役、报废	信息	信息资源
210.3-82	GB/T 35294—2017	信息技术　科学数据引用	2018-7-1			规划、设计、采购、建设、运维、修试、退役	规划、初设、施工图、招标、品控、施工工艺、验收与质量评定、试运行、运行、维护、检修、试验、退役、报废	信息	信息资源
210.3-83	GB/T 35311—2017	中文新闻图片内容描述元数据规范	2018-4-1			规划、设计、采购、建设、运维、修试、退役	规划、初设、施工图、招标、品控、施工工艺、验收与质量评定、试运行、运行、维护、检修、试验、退役、报废	信息	信息资源
210.3-84	GB/T 35313—2017	模块化存储系统通用规范	2018-7-1			规划、设计、采购、建设、运维、修试、退役	规划、初设、施工图、招标、品控、施工工艺、验收与质量评定、试运行、运行、维护、检修、试验、退役、报废	信息	信息资源
210.3-85	GB/T 36073—2018	数据管理能力成熟度评估模型	2018-10-1			规划、设计、采购、建设、运维、修试、退役	规划、初设、施工图、招标、品控、施工工艺、验收与质量评定、试运行、运行、维护、检修、试验、退役、报废	信息	信息资源
210.3-86	GB/T 36343—2018	信息技术　数据交易服务平台　交易数据描述	2019-1-1			规划、设计、采购、建设、运维、修试、退役	规划、初设、施工图、招标、品控、施工工艺、验收与质量评定、试运行、运行、维护、检修、试验、退役、报废	信息	信息资源

续表

体系结构号	标准编号	标 准 名 称	实施日期	与国际标准对应关系	代替标准	阶段	分阶段	专业	分专业
210.3-87	GB/T 36344—2018	信息技术 数据质量评价指标	2019-1-1			规划、设计、采购、建设、运维、修试、退役	规划、初设、施工图、招标、品控、施工工艺、验收与质量评定、试运行、运行、维护、检修、试验、退役、报废	信息	信息资源
210.3-88	GB/T 36345—2018	信息技术 通用数据导入接口	2019-1-1			规划、设计、采购、建设、运维、修试、退役	规划、初设、施工图、招标、品控、施工工艺、验收与质量评定、试运行、运行、维护、检修、试验、退役、报废	信息	信息资源
210.3-89	ANSI INCITS ISO IEC 19118—2012	地理信息 编码	2012-10-5		ANSI INCITS ISO IEC 19118—2005	规划、设计、采购、建设、运维、修试、退役	规划、初设、施工图、招标、品控、施工工艺、验收与质量评定、试运行、运行、维护、检修、试验、退役、报废	信息	信息资源
210.3-90	ISO/IEC 8825-2—2015/Cor 1—2017	信息技术 ASN.1 编码规则：包编码规则（PER）规范，技术勘误表 1	2017-3-8			规划、设计、采购、建设、运维、修试、退役	规划、初设、施工图、招标、品控、施工工艺、验收与质量评定、试运行、运行、维护、检修、试验、退役、报废	信息	信息资源
210.3-91	ISO/IEC 8825-4—2015	信息技术 ASN.1 编码规则：XML 编码规则（XER）	2015-11-15		ISO/IEC 8825-4—2008；ISO/IEC 8825-4—2008/Cor 1—2012；ISO/IEC 8825-4—2008/Cor 2—2014	规划、设计、采购、建设、运维、修试、退役	规划、初设、施工图、招标、品控、施工工艺、验收与质量评定、试运行、运行、维护、检修、试验、退役、报废	信息	信息资源
210.3-92	ISO/IEC 8825-5—2015	信息技术 ASN.1 编码规则 第 5 部分：映射 W3C XML 模式定义进入 ASN.1	2015-11-15	ITU-T X.694 Corrigendum 1—2011，IDT	ISO/IEC 8825-5—2008；ISO/IEC 8825-5—2008/Cor 1—2012；ISO/IEC 8825-5—2008/Cor 2—2014	规划、设计、采购、建设、运维、修试、退役	规划、初设、施工图、招标、品控、施工工艺、验收与质量评定、试运行、运行、维护、检修、试验、退役、报废	信息	信息资源
210.3-93	ITU-T X.693—2015	信息技术 ASN.1 编码规则：XML 编码规则（XER）	2015-8-13		ITU-T X 693—2008	规划、设计、采购、建设、运维、修试、退役	规划、初设、施工图、招标、品控、施工工艺、验收与质量评定、试运行、运行、维护、检修、试验、退役、报废	信息	信息资源
210.3-94	ITU-T X.644—2008	信息技术 ASN.1 编码规则：W3CXML 图解定义到 ASN.I 的映射	2008-11-1		ITU-T X 694—2004；ITU-T X 594 AMD 1—2007	规划、设计、采购、建设、运维、修试、退役	规划、初设、施工图、招标、品控、施工工艺、验收与质量评定、试运行、运行、维护、检修、试验、退役、报废	信息	信息资源

续表

体系结构号	标准编号	标 准 名 称	实施日期	与国际标准对应关系	代替标准	阶段	分阶段	专业	分专业
210.4 信息技术-信息应用									
210.4-1	Q/CSG 118001—2012	IT 集中运行监控系统接入规范	2012-3-1			设计、建设、运维	初设、施工图、施工工艺、验收与质量评定、运行、维护	信息	信息应用
210.4-2	Q/CSG 118013—2012	营配信息集成规范	2012-10-8			设计、建设、运维	初设、施工图、施工工艺、验收与质量评定、运行、维护	信息	信息应用
210.4-3	Q/CSG 1210001—2014	GIS 空间信息服务平台图元规范	2014-9-1			规划、设计、采购、建设、运维、修试、退役	规划、初设、施工图、招标、品控、施工工艺、验收与质量评定、试运行、运行、维护、检修、试验、退役、报废	信息	信息应用
210.4-4	Q/CSG 1210001.1—2013	SOA 框架规范	2013-12-1		Q/CSG 11817—2010	规划、设计、采购、建设、运维、修试、退役	规划、初设、施工图、招标、品控、施工工艺、验收与质量评定、试运行、运行、维护、检修、试验、退役、报废	信息	信息应用
210.4-5	Q/CSG 1210001.2—2013	信息集成平台建设规范	2013-12-1		Q/CSG 118007—2011	规划、设计、建设	规划、初设、施工图、施工工艺、验收与质量评定	信息	信息应用
210.4-6	Q/CSG 1210001.3—2013	SOA 信息集成技术规范	2013-12-1		Q/CSG 118006—2011	规划、设计、建设	规划、初设、施工图、施工工艺、验收与质量评定	信息	信息应用
210.4-7	Q/CSG 1210001.4—2013	SOA 服务运营管理规范	2013-12-1			运维	运行、维护	信息	信息应用
210.4-8	Q/CSG 1210002—2014	GIS 空间信息服务平台基础地理空间数据规范	2014-9-30			规划、设计、采购、建设、运维、修试、退役	规划、初设、施工图、招标、品控、施工工艺、验收与质量评定、试运行、运行、维护、检修、试验、退役、报废	信息	信息应用
210.4-9	Q/CSG 1210003—2015	数据管理平台接入技术规范	2015-3-4			规划、设计、建设	规划、初设、施工图、施工工艺、验收与质量评定	信息	信息应用
210.4-10	Q/CSG 1210008—2015	GIS 空间信息服务平台空间信息服务规范	2015-3-19			设计、建设、运维	初设、施工图、施工工艺、验收与质量评定、运行、维护	信息	信息应用
210.4-11	Q/CSG 1210009—2015	GIS 空间信息服务平台集成规范	2015-3-27			设计、建设、运维	初设、施工图、施工工艺、验收与质量评定、运行、维护	信息	信息应用

体系结构号	标准编号	标 准 名 称	实施日期	与国际标准对应关系	代替标准	阶段	分阶段	专业	分专业
210.4-12	Q/CSG 1210010—2015	4A 平台技术规范 总册 总体架构和功能规范	2015-8-11			规划、设计、采购、建设、运维、修试、退役	规划、初设、施工图、招标、品控、施工工艺、验收与质量评定、试运行、运行、维护、检修、试验、退役、报废	信息	信息应用
210.4-13	Q/CSG 1210011—2015	4A 平台技术规范 第一分册 应用系统集成接口规范	2015-8-11			设计、建设、运维	初设、施工图、施工工艺、验收与质量评定、运行、维护	信息	信息应用
210.4-14	Q/CSG 1210012—2015	4A 平台技术规范 第二分册 系统资源集成规范	2015-8-11			设计、建设、运维	初设、施工图、施工工艺、验收与质量评定、运行、维护	信息	信息应用
210.4-15	Q/CSG 1210013—2015	4A 平台技术规范 第三分册 安全规范	2015-8-11			规划、设计、采购、建设、运维、修试、退役	规划、初设、施工图、招标、品控、施工工艺、验收与质量评定、试运行、运行、维护、检修、试验、退役、报废	信息	信息应用
210.4-16	Q/CSG 1210032—2016	企业信息门户单点登录集成规范	2016-8-1			设计、建设、运维	初设、施工图、施工工艺、验收与质量评定、运行、维护	信息	信息应用
210.4-17	Q/CSG 1210033—2016	企业信息门户界面集成规范	2016-8-1			设计、建设、运维	初设、施工图、施工工艺、验收与质量评定、运行、维护	信息	信息应用
210.4-18	Q/CSG 1210034—2016	企业信息门户统一展现规范	2016-8-1			设计、建设、运维	初设、施工图、施工工艺、验收与质量评定、运行、维护	信息	信息应用
210.4-19	Q/CSG 1210035—2016	企业信息门户应用集成规范	2016-8-1			设计、建设、运维	初设、施工图、施工工艺、验收与质量评定、运行、维护	信息	信息应用
210.4-20	T/CSEE 0050.1—2017	电网地理信息服务平台（GIS）第 1 部分：总则	2018-5-1			设计、建设、运维	初设、施工图、施工工艺、验收与质量评定、运行、维护	信息	信息应用
210.4-21	T/CSEE 0050.2—2017	电网地理信息服务平台（GIS）第 2 部分：术语	2018-5-1			设计、建设、运维	初设、施工图、施工工艺、验收与质量评定、运行、维护	信息	信息应用
210.4-22	T/CSEE 0050.3—2017	电网地理信息服务平台（GIS）第 3 部分：图元规范	2018-5-1			设计、建设、运维	初设、施工图、施工工艺、验收与质量评定、运行、维护	信息	信息应用

续表

体系结构号	标准编号	标 准 名 称	实施日期	与国际标准对应关系	代替标准	阶段	分阶段	专业	分专业
210.4-23	T/CSEE 0050.4—2017	电网地理信息服务平台（GIS）第4部分：电网图模共享交换规范	2018-5-1			设计、建设、运维	初设、施工图、施工工艺、验收与质量评定、运行、维护	信息	信息应用
210.4-24	T/CSEE 0050.8—2017	电网地理信息服务平台（GIS）第8部分：与配电自动化系统集成规范	2018-5-1			设计、建设、运维	初设、施工图、施工工艺、验收与质量评定、运行、维护	信息	信息应用
210.4-25	T/CSEE 0051—2017	智能配用电大数据应用业务接口技术规范	2018-5-1			设计、建设、运维	初设、施工图、施工工艺、验收与质量评定、运行、维护	信息	信息应用
210.4-26	DL/T 1080.1—2016	电力企业应用集成 配电管理的系统接口 第1部分：接口体系与总体要求	2016-6-1	IEC 61968-1: 2012，IDT	DL/T 1080.1—2008	设计、建设、运维	初设、施工图、施工工艺、验收与质量评定、运行、维护	信息	信息应用
210.4-27	DL/T 1080.3—2010	电力企业应用集成 配电管理的系统接口 第3部分：电网运行接口	2010-10-1	IEC 61968-3: 2003，IDT		设计、建设、运维	初设、施工图、施工工艺、验收与质量评定、运行、维护	信息	信息应用
210.4-28	DL/T 1080.4—2010	电力企业应用集成 配电管理的系统接口 第4部分：台账与资产管理接口	2010-10-1	IEC 61968-4: 2007，IDT		设计、建设、运维	初设、施工图、施工工艺、验收与质量评定、运行、维护	信息	信息应用
210.4-29	DL/T 1080.9—2013	供电企业应用集成 配电管理的系统接口 第9部分：抄表与表计控制的接口	2014-4-1	IEC 61968-9: 2009，IDT		设计、建设、运维	初设、施工图、施工工艺、验收与质量评定、运行、维护	信息	信息应用
210.4-30	DL/T 1080.11—2015	电力企业应用集成 配电管理系统接口 第11部分：配电公共信息模型	2015-9-1	IEC 61968-11: 2013，IDT		设计、建设、运维	初设、施工图、施工工艺、验收与质量评定、运行、维护	信息	信息应用
210.4-31	DL/T 1080.13—2012	电力企业应用集成 配电管理系统接口 第13部分：配电CIM RDF模型交换格式	2012-3-1	IEC 60968-13: 2008，IDE		设计、建设、运维	初设、施工图、施工工艺、验收与质量评定、运行、维护	信息	信息应用
210.4-32	DL/T 1080.100—2018	电力企业应用集成 配电管理系统接口 第100部分：实现框架	2019-5-1			设计、建设、运维	初设、施工图、施工工艺、验收与质量评定、运行、维护	信息	信息应用
210.4-33	DL/T 1450—2015	电力行业统计数据接口规范	2015-9-1			设计、建设、运维	初设、施工图、施工工艺、验收与质量评定、运行、维护	信息	信息应用

续表

体系结构号	标准编号	标 准 名 称	实施日期	与国际标准对应关系	代替标准	阶段	分阶段	专业	分专业
210.4-34	DL/T 1729—2017	电力信息系统功能及非功能性测试规范	2017-12-1			规划、设计、采购、建设、运维、修试、退役	规划、初设、施工图、招标、品控、施工工艺、验收与质量评定、试运行、运行、维护、检修、试验、退役、报废	信息	信息应用
210.4-35	DL/T 1731—2017	电力信息系统非功能性需求规范	2017-12-1			规划、设计、采购、建设、运维、修试、退役	规划、初设、施工图、招标、品控、施工工艺、验收与质量评定、试运行、运行、维护、检修、试验、退役、报废	信息	信息应用
210.4-36	DL/T 5026—1993	电力工程计算机辅助设计技术规定	1994-3-1			设计、建设、运维	初设、施工图、施工工艺、验收与质量评定、运行、维护	信息	信息应用
210.4-37	DLGJ 112—1993	电力设计部门计算机软件管理规定	1993-12-1			规划、设计、采购、建设、运维、修试、退役	规划、初设、施工图、招标、品控、施工工艺、验收与质量评定、试运行、运行、维护、检修、试验、退役、报废	信息	信息应用
210.4-38	DLGJ 117—1994	电力勘测设计管理信息系统技术规定	1994-6-1			设计、建设、运维	初设、施工图、施工工艺、验收与质量评定、运行、维护	信息	信息应用
210.4-39	YDB 030—2009	公众电信网支持应急通信的业务需求	2009-4-29			规划、设计、建设	规划、初设、施工图、施工工艺、验收与质量评定、试运行	信息	信息应用
210.4-40	YD/T 1245—2002	基于移动环境的电子商务应用层协议（非购物型）	2002-12-10			设计、建设	初设、施工工艺、验收与质量评定、试运行	信息	信息应用
210.4-41	YD/T 1322.1—2004	电子商务技术要求 第一部分：基于扩充标记语言（XML）的企业对消费者(B2C）电子商务总体框架	2005-1-1	IETF RFC 2801，NEQ		规划、设计、建设	规划、初设、施工图、施工工艺、验收与质量评定、试运行	信息	信息应用
210.4-42	YD/T 1322.2—2004	电子商务技术要求 第二部分：支付网关	2005-1-1			规划、设计、建设	规划、初设、施工图、施工工艺、验收与质量评定、试运行	信息	信息应用
210.4-43	YD/T 1322.4—2004	电子商务技术要求 第四部分：票据的表示层句法	2005-1-1			规划、设计、建设	规划、初设、施工图、施工工艺、验收与质量评定、试运行	信息	信息应用

续表

体系结构号	标准编号	标 准 名 称	实施日期	与国际标准对应关系	代替标准	阶段	分阶段	专业	分专业
210.4-44	YD/T 1653—2007	基于 IP 网络的流媒体业务总体技术要求	2007-12-1			规划、设计、建设	规划、初设、施工图、施工工艺、验收与质量评定、试运行	信息	信息应用
210.4-45	YD/T 1823—2008	IPTV 业务系统总体技术要求	2008-11-1			规划、设计、建设	规划、初设、施工图、施工工艺、验收与质量评定、试运行	信息	信息应用
210.4-46	YD/T 2332—2011	移动网络二维码识读业务技术要求	2011-12-20			规划、设计、建设	规划、初设、施工图、施工工艺、验收与质量评定、试运行	信息	信息应用
210.4-47	YD/T 2436.1—2018	多模移动终端电磁干扰技术要求和测试方法 第 1 部分：通用要求	2019-4-1		YD/T 2436—2012（2017）	规划、设计、建设	规划、初设、施工图、施工工艺、验收与质量评定、试运行	信息	信息应用
210.4-48	YD/T 2436.2—2018	多模移动终端电磁干扰技术要求和测试方法 第 2 部分：蜂窝无线模组与无线局域网间电磁干扰	2019-4-1		YD/T 2436—2012（2017）	规划、设计、建设	规划、初设、施工图、施工工艺、验收与质量评定、试运行	信息	信息应用
210.4-49	YD/T 2743—2014	移动终端设备应用程序开放接口技术要求	2015-4-1			规划、设计、建设	规划、初设、施工图、施工工艺、验收与质量评定、试运行	信息	信息应用
210.4-50	YD/T 2745—2014	移动终端设备能力管理功能测试方法	2015-4-1			建设、修试	验收与质量评定、试验	信息	信息应用
210.4-51	YD/T 2746—2014	移动终端软件组件管理功能测试方法	2015-4-1			建设、修试	验收与质量评定、试验	信息	信息应用
210.4-52	YD/T 2747—2014	移动终端管理业务技术要求（第二阶段）	2015-4-1			规划、设计、建设	规划、初设、施工图、施工工艺、验收与质量评定、试运行	信息	信息应用
210.4-53	YD/T 2749—2014	移动微件业务平台设备技术要求	2015-4-1			规划、设计、建设	规划、初设、施工图、施工工艺、验收与质量评定、试运行	信息	信息应用
210.4-54	YD/T 2751—2014	移动微件业务终端设备技术要求	2015-4-1			规划、设计、建设	规划、初设、施工图、施工工艺、验收与质量评定、试运行	信息	信息应用
210.4-55	YD/T 2753—2014	移动微件业务总体技术要求	2015-4-1			规划、设计、建设	规划、初设、施工图、施工工艺、验收与质量评定、试运行	信息	信息应用

续表

体系结构号	标准编号	标准名称	实施日期	与国际标准对应关系	代替标准	阶段	分阶段	专业	分专业
210.4-56	YD/T 2841—2015	基于域名系统（DNS）的网站可信标识服务技术规范	2015-7-1			规划、设计、建设	规划、初设、施工图、施工工艺、验收与质量评定、试运行	信息	信息应用
210.4-57	YD/T 2843—2015	基于 Radius 上报用户溯源信息的技术要求	2015-7-1			规划、设计、建设	规划、初设、施工图、施工工艺、验收与质量评定、试运行	信息	信息应用
210.4-58	YD/T 2785—2014	双栈宽带接入服务器技术要求	2014-12-24			规划、设计、建设	规划、初设、施工图、施工工艺、验收与质量评定、试运行	信息	信息应用
210.4-59	YD/T 2887—2015	基于统一 IMS 的紧急呼叫业务测试方法（第一阶段）	2015-10-1			建设、修试	验收与质量评定、试验	信息	信息应用
210.4-60	YD/T 2912—2015	移动互联网应用编程接口的授权技术要求	2015-10-1			规划、设计、建设	规划、初设、施工图、施工工艺、验收与质量评定、试运行	信息	信息应用
210.4-61	YD/T 2961—2015	M2M 业务平台技术要求	2016-1-1			规划、设计、建设	规划、初设、施工图、施工工艺、验收与质量评定、试运行	信息	信息应用
210.4-62	YD/T 2963—2015	互联网数据中心（IDC）综合布线系统	2016-1-1			规划、设计、采购、建设、运维、修试、退役	规划、初设、施工图、招标、品控、施工工艺、验收与质量评定、试运行、运行、维护、检修、试验、退役、报废	信息	信息应用
210.4-63	YD/T 3028—2015	IP 网络流量采集分析平台技术要求	2016-7-1			规划、设计、建设	规划、初设、施工图、施工工艺、验收与质量评定、试运行	信息	信息应用
210.4-64	YD/T 3078—2016	移动增强现实业务能力总体技术要求	2016-7-1			规划、设计、建设	规划、初设、施工图、施工工艺、验收与质量评定、试运行	信息	信息应用
210.4-65	YD/T 3079—2016	移动互联网长在线应用系统总体技术要求	2016-7-1			规划、设计、建设	规划、初设、施工图、施工工艺、验收与质量评定、试运行	信息	信息应用
210.4-66	YD/T 3080—2016	移动互联网用户上下文感知平台技术要求	2016-7-1			规划、设计、建设	规划、初设、施工图、施工工艺、验收与质量评定、试运行	信息	信息应用

续表

体系结构号	标准编号	标准名称	实施日期	与国际标准对应关系	代替标准	阶段	分阶段	专业	分专业
210.4-67	YD/T 3139—2016	互联网业务质量监测系统技术要求	2016-10-1			规划、设计、建设	规划、初设、施工图、施工工艺、验收与质量评定、试运行	信息	信息应用
210.4-68	YD/T 3240—2017	移动互联网智能托管平台技术要求	2017-7-1			规划、设计、建设	规划、初设、施工图、施工工艺、验收与质量评定、试运行	信息	信息应用
210.4-69	YD/T 3241—2017	受限应用协议（CoAP）技术要求	2017-7-1			规划、设计、建设	规划、初设、施工图、施工工艺、验收与质量评定、试运行	信息	信息应用
210.4-70	YD/T 3262—2017	LTE 网元管理系统　网络管理系统（EMS-NMS）接口功能技术要求	2017-7-1			规划、设计、建设	规划、初设、施工图、施工工艺、验收与质量评定、试运行	信息	信息应用
210.4-71	YD/T 3263—2017	LTE 网元管理系统　网络管理系统（EMS-NMS）接口功能测试方法	2017-7-1			建设、修试	验收与质量评定、试验	信息	信息应用
210.4-72	YD/T 3385—2018	移动互联网业务关键性能指标系统技术要求	2019-4-1			规划、设计、建设	规划、初设、施工图、施工工艺、验收与质量评定、试运行	信息	信息应用
210.4-73	YD/T 3387—2018	移动终端管理业务（第二阶段）测试方法	2019-4-1			规划、设计、建设	规划、初设、施工图、施工工艺、验收与质量评定、试运行	信息	信息应用
210.4-74	YD/T 3388—2018	移动终端管理业务技术要求（第三阶段）	2019-4-1			规划、设计、建设	规划、初设、施工图、施工工艺、验收与质量评定、试运行	信息	信息应用
210.4-75	YD/T 3389—2018	基于近场通信技术的移动智能终端快速配对技术要求	2019-4-1			规划、设计、建设	规划、初设、施工图、施工工艺、验收与质量评定、试运行	信息	信息应用
210.4-76	YD/T 3390—2018	紧急情况下移动终端位置信息传送技术要求	2019-4-1			规划、设计、建设	规划、初设、施工图、施工工艺、验收与质量评定、试运行	信息	信息应用
210.4-77	YD/T 3430—2018	内容分发网络技术要求　应用场景和需求	2019-4-1			规划、设计、建设	规划、初设、施工图、施工工艺、验收与质量评定、试运行	信息	信息应用
210.4-78	SJ/T 11310.2—2015	信息设备资源共享协同服务　第2部分：应用框架	2015-10-1			规划、设计、采购、建设、运维、修试、退役	规划、初设、施工图、招标、品控、施工工艺、验收与质量评定、试运行、运行、维护、检修、试验、退役、报废	信息	信息应用

续表

体系结构号	标准编号	标　准　名　称	实施日期	与国际标准对应关系	代替标准	阶段	分阶段	专业	分专业
210.4-79	SJ/T 11310.3—2015	信息设备资源共享协同服务　第3部分：基础应用	2015-10-1			规划、设计、采购、建设、运维、修试、退役	规划、初设、施工图、招标、品控、施工工艺、验收与质量评定、试运行、运行、维护、检修、试验、退役、报废	信息	信息应用
210.4-80	SJ/T 11310.5—2015	信息设备资源共享协同服务　第5部分：设备类型	2015-10-1			规划、设计、采购、建设、运维、修试、退役	规划、初设、施工图、招标、品控、施工工艺、验收与质量评定、试运行、运行、维护、检修、试验、退役、报废	信息	信息应用
210.4-81	SJ/T 11310.6—2015	信息设备资源共享协同服务　第6部分：服务类型	2015-10-1			规划、设计、采购、建设、运维、修试、退役	规划、初设、施工图、招标、品控、施工工艺、验收与质量评定、试运行、运行、维护、检修、试验、退役、报废	信息	信息应用
210.4-82	SJ/T 11372—2007	中文办公软件用户界面要求	2008-1-20			设计、建设	初设、施工图、施工工艺、验收与质量评定、试运行	信息	信息应用
210.4-83	SJ/T 11563—2015	网络化可信软件生产过程与环境	2016-4-1			规划、设计、采购、建设、运维、修试、退役	规划、初设、施工图、招标、品控、施工工艺、验收与质量评定、试运行、运行、维护、检修、试验、退役、报废	信息	信息应用
210.4-84	SJ/T 11604—2016	基于十进制网络的射频识别标签信息定位、查询与服务发现技术规范	2016-6-1			规划、设计、建设	规划、初设、施工图、施工工艺、验收与质量评定、试运行	信息	信息应用
210.4-85	SJ/T 11615.1—2016	网络数据采集分析软件规范　第1部分：框架	2016-6-1			规划、设计、采购、建设、运维、修试、退役	规划、初设、施工图、招标、品控、施工工艺、验收与质量评定、试运行、运行、维护、检修、试验、退役、报废	信息	信息应用
210.4-86	SJ/T 11615.2—2016	网络数据采集分析软件规范　第2部分：数据格式描述	2016-6-1			规划、设计、采购、建设、运维、修试、退役	规划、初设、施工图、招标、品控、施工工艺、验收与质量评定、试运行、运行、维护、检修、试验、退役、报废	信息	信息应用

续表

体系结构号	标准编号	标准名称	实施日期	与国际标准对应关系	代替标准	阶段	分阶段	专业	分专业
210.4-87	SJ/T 11615.3—2016	网络数据采集分析软件规范　第3部分：信息识别	2016-6-1			规划、设计、采购、建设、运维、修试、退役	规划、初设、施工图、招标、品控、施工工艺、验收与质量评定、试运行、运行、维护、检修、试验、退役、报废	信息	信息应用
210.4-88	SJ/T 11615.4—2016	网络数据采集分析软件规范　第4部分：服务要求	2016-6-1			规划、设计、采购、建设、运维、修试、退役	规划、初设、施工图、招标、品控、施工工艺、验收与质量评定、试运行、运行、维护、检修、试验、退役、报废	信息	信息应用
210.4-89	SJ/T 11616—2016	信息技术　移动信息终端基于关键词引导的规范	2016-6-1			规划、设计、采购、建设、运维、修试、退役	规划、初设、施工图、招标、品控、施工工艺、验收与质量评定、试运行、运行、维护、检修、试验、退役、报废	信息	信息应用
210.4-90	SJ/T 11617—2016	软件工程　COSMIC-FFP一种功能规模测量方法	2016-6-1	ISO/IEC 19761: 2011，IDT		建设、修试	验收与质量评定、试验	信息	信息应用
210.4-91	SJ/T 11618—2016	软件工程　MK II 功能点分析计数实践指南	2016-6-1			规划、设计、采购、建设、运维、修试、退役	规划、初设、施工图、招标、品控、施工工艺、验收与质量评定、试运行、运行、维护、检修、试验、退役、报废	信息	信息应用
210.4-92	SJ/T 11619—2016	软件工程　NESMA 功能规模测量方法版本 2.1　使用功能点分析的定义和统计准则	2016-6-1			建设、修试	验收与质量评定、试验	信息	信息应用
210.4-93	SJ/T 11690—2017	软件运营服务能力通用要求	2018-1-1			规划、设计、建设	规划、初设、施工图、施工工艺、验收与质量评定、试运行	信息	信息应用
210.4-94	QX/T 147—2011	基于手机客户端的气象灾害预警信息播发规范	2012-1-1			规划、设计、建设	规划、初设、施工图、施工工艺、验收与质量评定、试运行	信息	信息应用
210.4-95	AQ 9003.1—2008	企业安全生产网络化监测系统技术规范.第1部分：危险场所网络化监测系统现场接入技术规范	2009-1-1			设计、建设、运维	初设、施工图、施工工艺、验收与质量评定、试运行、运行、维护	信息	信息应用
210.4-96	AQ 9003.2—2008	企业安全生产网络化监测系统技术规范.第2部分：危险场所网络化监测系统集成技术规范	2009-1-1			设计、建设	初设、施工图、施工工艺、验收与质量评定	信息	信息应用

续表

体系结构号	标准编号	标 准 名 称	实施日期	与国际标准对应关系	代替标准	阶段	分阶段	专业	分专业
210.4-97	AQ 9003.3—2008	企业安全生产网络化监测系统技术规范.第3部分：危险场所网络化监测设备通用检测检验技术规范	2009-1-1			修试	检修、试验	信息	信息应用
210.4-98	CH/T 9024—2014	三维地理信息模型数据产品质量检查与验收	2015-1-1			建设	验收与质量评定	信息	信息应用
210.4-99	GM/T 0032—2014	基于角色的授权管理与访问控制技术规范	2014-2-13			规划、设计、建设	规划、初设、施工图、施工工艺、验收与质量评定、试运行	信息	信息应用
210.4-100	GM/T 0033—2014	时间戳接口规范	2014-2-13			设计、建设、运维	初设、施工图、施工工艺、验收与质量评定、试运行、运行、维护	信息	信息应用
210.4-101	GB/T 3453—1994	数据通信基本型控制规程	1995-3-1	ISO 745: 1975，NEQ	GB 3453—1982	规划、设计、采购、建设、运维、修试、退役	规划、初设、施工图、招标、品控、施工工艺、验收与质量评定、试运行、运行、维护、检修、试验、退役、报废	信息	信息应用
210.4-102	GB/T 7408—2005	数据元和交换格式 信息交换 日期和时间表示法	2005-10-1	ISO 8601: 2000，IDT	GB/T 7408—1994	规划、设计、采购、建设、运维、修试、退役	规划、初设、施工图、招标、品控、施工工艺、验收与质量评定、试运行、运行、维护、检修、试验、退役、报废	信息	信息应用
210.4-103	GB/T 12991.1—2008	信息技术 数据库语言SQL 第1部分：框架	2008-12-1	ISO/IEC 9075-1: 2003，IDT	GB/T 12991—1991	规划、设计、采购、建设、运维、修试、退役	规划、初设、施工图、招标、品控、施工工艺、验收与质量评定、试运行、运行、维护、检修、试验、退役、报废	信息	信息应用
210.4-104	GB/T 13502—1992	信息处理 程序构造及其表示的约定	1993-5-1			规划、设计、采购、建设、运维、修试、退役	规划、初设、施工图、招标、品控、施工工艺、验收与质量评定、试运行、运行、维护、检修、试验、退役、报废	信息	信息应用
210.4-105	GB/T 14394—2008	计算机软件可靠性和可维护性管理	2008-12-1		GB/T 14394—1993	规划、设计、采购、建设、运维、修试、退役	规划、初设、施工图、招标、品控、施工工艺、验收与质量评定、试运行、运行、维护、检修、试验、退役、报废	信息	信息应用

体系结构号	标准编号	标 准 名 称	实施日期	与国际标准对应关系	代替标准	阶段	分阶段	专业	分专业
210.4-106	GB/T 15387.1—2014	术语数据库开发文件编制指南	2014-11-1		GB/T 15387.1—2001	设计、建设	初设、施工工艺、验收与质量评定、试运行	信息	信息应用
210.4-107	GB/T 15387.2—2014	术语数据库开发指南	2014-11-1		GB/T 15387.2—2001	设计、建设	初设、施工工艺、验收与质量评定、试运行	信息	信息应用
210.4-108	GB/T 15625—2014	术语数据库技术评价指南	2014-11-1		GB/T 15625—2001	建设、修试	验收与质量评定、试验	信息	信息应用
210.4-109	GB/T 16262.1—2006	信息技术 抽象语法记法一（ASN.1）第 1 部分：基本记法规范	2006-7-1	ISO/IEC 8824-1: 2002，IDT	GB/T 16262—1996	规划、设计、采购、建设、运维、修试、退役	规划、初设、施工图、招标、品控、施工工艺、验收与质量评定、试运行、运行、维护、检修、试验、退役、报废	信息	信息应用
210.4-110	GB/T 16262.2—2006	信息技术 抽象语法记法一（ASN.1）第 2 部分：信息客体规范	2006-7-1	ISO/IEC 8824-2：2002，IDT		规划、设计、采购、建设、运维、修试、退役	规划、初设、施工图、招标、品控、施工工艺、验收与质量评定、试运行、运行、维护、检修、试验、退役、报废	信息	信息应用
210.4-111	GB/T 16262.3—2006	信息技术 抽象语法记法一（ASN.1）第 3 部分：约束规范	2006-7-1	ISO/IEC 8824-3: 2002，IDT		规划、设计、采购、建设、运维、修试、退役	规划、初设、施工图、招标、品控、施工工艺、验收与质量评定、试运行、运行、维护、检修、试验、退役、报废	信息	信息应用
210.4-112	GB/T 16262.4—2006	信息技术 抽象语法记法一(ASN.1)第 4 部分:ASN.1 规范的参数化	2006-7-1	ISO/IEC 8824-4: 2002，IDT		规划、设计、采购、建设、运维、修试、退役	规划、初设、施工图、招标、品控、施工工艺、验收与质量评定、试运行、运行、维护、检修、试验、退役、报废	信息	信息应用
210.4-113	GB/T 16284.8—2016	信息技术 信报处理系统（MHS）第 8 部分：电子数据交换信报处理服务	2016-11-1	ISO/IEC 10021-8 1999		规划、设计、采购、建设、运维、修试、退役	规划、初设、施工图、招标、品控、施工工艺、验收与质量评定、试运行、运行、维护、检修、试验、退役、报废	信息	信息应用
210.4-114	GB/T 16284.9—2016	信息技术 信报处理系统（MHS）第 9 部分：电子数据交换信报处理系统	2016-11-1	ISO/IEC 10021-9: 1999		规划、设计、采购、建设、运维、修试、退役	规划、初设、施工图、招标、品控、施工工艺、验收与质量评定、试运行、运行、维护、检修、试验、退役、报废	信息	信息应用
210.4-115	GB/T 16284.10—2016	信息技术 信报处理系统（MHS）第 10 部分：MHS 路由选择	2016-11-1	ISO/IEC 10021-10: 1999		规划、设计、采购、建设、运维、修试、退役	规划、初设、施工图、招标、品控、施工工艺、验收与质量评定、试运行、运行、维护、检修、试验、退役、报废	信息	信息应用

续表

体系结构号	标准编号	标准名称	实施日期	与国际标准对应关系	代替标准	阶段	分阶段	专业	分专业
210.4-116	GB/T 17304—2009	CAD通用技术规范	2009-11-1		GB/T 17304—1998	规划、设计、采购、建设、运维、修试、退役	规划、初设、施工图、招标、品控、施工工艺、验收与质量评定、试运行、运行、维护、检修、试验、退役、报废	信息	信息应用
210.4-117	GB/T 17618—2015	信息技术设备　抗扰度限值和测量方法	2015-9-1	CISPR 24: 2010	GB/T 17618—1998	建设、修试	验收与质量评定、试验	信息	信息应用
210.4-118	GB/T 18491.1—2001	信息技术　软件测量　功能规模测量　第1部分：概念定义	2002-6-1	ISO/IEC 14143-1: 1998，IDT		建设、修试	验收与质量评定、试验	信息	信息应用
210.4-119	GB/T 18729—2011	基于网络的企业信息集成规范	2012-5-1		GB/Z 18729—2002	设计、建设、运维	初设、施工图、施工工艺、验收与质量评定、试运行、运行、维护	信息	信息应用
210.4-120	GB/T 18792—2002	信息技术　文件描述和处理语言　超文本置标语言（HTML）	2002-12-1	ISO/IEC 15445: 2000，IDT		规划、设计、采购、建设、运维、修试、退役	规划、初设、施工图、招标、品控、施工工艺、验收与质量评定、试运行、运行、维护、检修、试验、退役、报废	信息	信息应用
210.4-121	GB/T 18793—2002	信息技术　可扩展置标语言（XML）1.0	2002-12-1	W3C RFC-xml—1998，NEQ		规划、设计、采购、建设、运维、修试、退役	规划、初设、施工图、招标、品控、施工工艺、验收与质量评定、试运行、运行、维护、检修、试验、退役、报废	信息	信息应用
210.4-122	GB/T 18976—2003	以人为中心的交互系统设计过程	2003-8-1	ISO 13407: 1999，IDT		规划、设计、采购、建设、运维	规划、初设、施工图、招标、品控、施工工艺、验收与质量评定、试运行、运行、维护	信息	信息应用
210.4-123	GB/T 18978.151—2014	人-系统交互工效学　第151部分：互联网用户界面指南	2015-2-1	ISO 9241-151: 2008		规划、设计、采购、建设、运维、修试、退役	规划、初设、施工图、招标、品控、施工工艺、验收与质量评定、试运行、运行、维护、检修、试验、退役、报废	信息	信息应用
210.4-124	GB/T 19252—2010	电子商务协议样本	2011-5-1	UN/CEFACT Recommendation No.31，MOD	GB/T 19252—2003	设计、采购、建设、运维、修试、退役	初设、施工图、招标、品控、施工工艺、验收与质量评定、试运行、运行、维护、检修、试验、退役、报废	信息	信息应用

续表

体系结构号	标准编号	标 准 名 称	实施日期	与国际标准对应关系	代替标准	阶段	分阶段	专业	分专业
210.4-125	GB/T 19581—2004	信息技术 会计核算软件数据接口	2005-1-1			设计、建设、运维	初设、施工图、施工工艺、验收与质量评定、试运行、运行、维护	信息	信息应用
210.4-126	GB/T 19667.1—2005	基于 XML 的电子公文格式规范 第 1 部分：总则	2005-5-1			规划、设计、采购、建设、运维、修试、退役	规划、初设、施工图、招标、品控、施工工艺、验收与质量评定、试运行、运行、维护、检修、试验、退役、报废	信息	信息应用
210.4-127	GB/T 19667.2—2005	基于 XML 的电子公文格式规范 第 2 部分：公文体	2005-5-1			规划、设计、采购、建设、运维、修试、退役	规划、初设、施工图、招标、品控、施工工艺、验收与质量评定、试运行、运行、维护、检修、试验、退役、报废	信息	信息应用
210.4-128	GB/T 20090.2—2013	信息技术 先进音视频编码 第 2 部分：视频	2014-7-15		GB/T 20090.2—2006	规划、设计、采购、建设、运维、修试、退役	规划、初设、施工图、招标、品控、施工工艺、验收与质量评定、试运行、运行、维护、检修、试验、退役、报废	信息	信息应用
210.4-129	GB/T 20090.11—2015	信息技术 先进音视频编码 第 11 部分：同步文本	2016-8-1			规划、设计、采购、建设、运维、修试、退役	规划、初设、施工图、招标、品控、施工工艺、验收与质量评定、试运行、运行、维护、检修、试验、退役、报废	信息	信息应用
210.4-130	GB/T 20090.12—2015	信息技术 先进音视频编码 第 12 部分：综合场景	2016-8-1			规划、设计、采购、建设、运维、修试、退役	规划、初设、施工图、招标、品控、施工工艺、验收与质量评定、试运行、运行、维护、检修、试验、退役、报废	信息	信息应用
210.4-131	GB/T 20090.13—2017	信息技术 先进音视频编码 第 13 部分：视频工具集	2018-7-1			规划、设计、采购、建设、运维、修试、退役	规划、初设、施工图、招标、品控、施工工艺、验收与质量评定、试运行、运行、维护、检修、试验、退役、报废	信息	信息应用
210.4-132	GB/T 20090.16—2016	信息技术 先进音视频编码 第 16 部分：广播电视视频	2016-11-1			规划、设计、采购、建设、运维、修试、退役	规划、初设、施工图、招标、品控、施工工艺、验收与质量评定、试运行、运行、维护、检修、试验、退役、报废	信息	信息应用

续表

体系结构号	标准编号	标准名称	实施日期	与国际标准对应关系	代替标准	阶段	分阶段	专业	分专业
210.4-133	GB/T 20299.1—2006	建筑及居住区数字化技术应用　第1部分：系统通用要求	2006-12-1			规划、设计、采购、建设、运维、修试、退役	规划、初设、施工图、招标、品控、施工工艺、验收与质量评定、试运行、运行、维护、检修、试验、退役、报废	信息	信息应用
210.4-134	GB/T 20299.2—2006	建筑及居住区数字化技术应用　第2部分：检测验收	2006-12-1			建设、修试	验收与质量评定、试验	信息	信息应用
210.4-135	GB/T 20299.3—2006	建筑及居住区数字化技术应用　第3部分：物业管理	2006-12-1			运维	运行、维护	信息	信息应用
210.4-136	GB/T 20299.4—2006	建筑及居住区数字化技术应用　第4部分：控制网络通信协议应用要求	2006-12-1			设计、建设、运维	初设、施工图、施工工艺、验收与质量评定、试运行、运行、维护	信息	信息应用
210.4-137	GB/T 20501.3—2017	公共信息导向系统　导向要素的设计原则与要求　第3部分：平面示意图	2017-12-1	ISO 28564-1: 2010	GB/T 20501.3—2006	设计	初设、施工图	信息	信息应用
210.4-138	GB/T 20501.4—2018	公共信息导向系统　导向要素的设计原则与要求　第4部分：街区导向图	2018-10-1		GB/T 20501.4—2006	设计	初设、施工图	信息	信息应用
210.4-139	GB/T 20501.5—2006	公共信息导向系统　要素的设计原则与要求　第5部分：便携印刷品	2006-11-1			设计	初设、施工图	信息	信息应用
210.4-140	GB/T 20530—2006	文献档案资料数字化工作导则	2007-3-1			规划、设计、采购、建设、运维、修试、退役	规划、初设、施工图、招标、品控、施工工艺、验收与质量评定、试运行、运行、维护、检修、试验、退役、报废	信息	信息应用
210.4-141	GB/T 20532—2006	信息处理用现代汉语词类标记规范	2007-3-1			规划、设计、采购、建设、运维、修试、退役	规划、初设、施工图、招标、品控、施工工艺、验收与质量评定、试运行、运行、维护、检修、试验、退役、报废	信息	信息应用
210.4-142	GB/T 21644—2008	网络远程教育平台总体要求	2008-11-1			规划、设计、采购、建设、运维、修试、退役	规划、初设、施工图、招标、品控、施工工艺、验收与质量评定、试运行、运行、维护、检修、试验、退役、报废	信息	信息应用

续表

体系结构号	标准编号	标准名称	实施日期	与国际标准对应关系	代替标准	阶段	分阶段	专业	分专业
210.4-143	GB/T 24405.2—2010	信息技术 服务管理 第2部分：实践规则	2011-4-1			设计、采购、建设、运维	初设、施工图、招标、品控、施工工艺、验收与质量评定、试运行、运行、维护	信息	信息应用
210.4-144	GB/T 24463.2—2009	交互式电子技术手册 第2部分：用户界面与功能要求	2009-12-1			设计、建设、运维	初设、施工图、施工工艺、验收与质量评定、试运行、运行、维护	信息	信息应用
210.4-145	GB/T 25000.1—2010	软件工程 软件产品质量要求与评价（SQuaRE） SQuaRE 指南	2011-2-1	ISO/IEC 25000: 2005，IDT	GB/T 17544—1998	规划、设计、采购、建设、修试	规划、初设、施工图、招标、验收与质量评定、试运行、检修、试验	信息	信息应用
210.4-146	GB/T 25000.62—2014	软件工程 软件产品质量要求与评价（SQuaRE）易用性测试报告行业通用格式（CIF）	2015-2-1	ISO/IEC 25062: 2006，IDT		规划、设计、采购、建设、修试	规划、初设、施工图、招标、验收与质量评定、试运行、检修、试验	信息	信息应用
210.4-147	GB/T 26802.1—2011	工业控制计算机系统通用规范 第1部分：通用要求	2011-12-1			规划、设计、采购、建设、运维、修试、退役	规划、初设、施工图、招标、品控、施工工艺、验收与质量评定、试运行、运行、维护、检修、试验、退役、报废	信息	信息应用
210.4-148	GB/T 26802.2—2017	工业控制计算机系统通用规范 第2部分：工业控制计算机的安全要求	2018-7-1			规划、设计、采购、建设、运维、修试、退役	规划、初设、施工图、招标、品控、施工工艺、验收与质量评定、试运行、运行、维护、检修、试验、退役、报废	信息	信息应用
210.4-149	GB/T 26804.5—2011	工业控制计算机系统功能模块模板 第5部分：数字量输入输出通道模板通用技术条件	2011-12-1			规划、设计、采购、建设、运维、修试、退役	规划、初设、施工图、招标、品控、施工工艺、验收与质量评定、试运行、运行、维护、检修、试验、退役、报废	信息	信息应用
210.4-150	GB/T 26804.7—2017	工业控制计算机系统功能模块模板 第7部分：视频采集模块通用技术条件及评定方法	2018-2-1			规划、设计、采购、建设、运维、修试、退役	规划、初设、施工图、招标、品控、施工工艺、验收与质量评定、试运行、运行、维护、检修、试验、退役、报废	信息	信息应用
210.4-151	GB/T 26805.3—2011	工业控制计算机系统软件第3部分：文档管理指南	2011-12-1			规划、设计、采购、建设、运维、修试、退役	规划、初设、施工图、招标、品控、施工工艺、验收与质量评定、试运行、运行、维护、检修、试验、退役、报废	信息	信息应用

续表

体系结构号	标准编号	标 准 名 称	实施日期	与国际标准对应关系	代替标准	阶段	分阶段	专业	分专业
210.4-152	GB/T 26805.4—2011	工业控制计算机系统 软件 第4部分：工程化文档规范	2011-12-1			规划、设计、采购、建设、运维、修试、退役	规划、初设、施工图、招标、品控、施工工艺、验收与质量评定、试运行、运行、维护、检修、试验、退役、报废	信息	信息应用
210.4-153	GB/T 26806.1—2011	工业控制计算机系统 工业控制计算机基本平台 第1部分：通用技术条件	2011-12-1			规划、设计、采购、建设、运维、修试、退役	规划、初设、施工图、招标、品控、施工工艺、验收与质量评定、试运行、运行、维护、检修、试验、退役、报废	信息	信息应用
210.4-154	GB/T 26852—2011	CAx 系统中机电和电气应用之间的互操作要求	2011-12-1	IEC/PAS 62515: 2007，IDT		规划、设计、采购、建设、运维、修试、退役	规划、初设、施工图、招标、品控、施工工艺、验收与质量评定、试运行、运行、维护、检修、试验、退役、报废	信息	信息应用
210.4-155	GB/T 28827.1—2012	信息技术服务 运行维护 第1部分：通用要求	2013-2-1			规划、设计、采购、建设、运维、修试、退役	规划、初设、施工图、招标、品控、施工工艺、验收与质量评定、试运行、运行、维护、检修、试验、退役、报废	信息	信息应用
210.4-156	GB/T 29261.5—2014	信息技术 自动识别和数据采集技术 词汇 第5部分：定位系统	2015-2-1	ISO/IEC 19762-5: 2008，IDT		规划、设计、采购、建设、运维、修试、退役	规划、初设、施工图、招标、品控、施工工艺、验收与质量评定、试运行、运行、维护、检修、试验、退役、报废	信息	信息应用
210.4-157	GB/T 29265.1—2017	信息技术 信息设备资源共享协同服务 第1部分：系统结构与参考模型	2019-11-1			规划、设计、采购、建设、运维、修试、退役	规划、初设、施工图、招标、品控、施工工艺、验收与质量评定、试运行、运行、维护、检修、试验、退役、报废	信息	信息应用
210.4-158	GB/T 29265.102—2017	信息技术 信息设备资源共享协同服务 第102部分：远程访问系统结构	2018-5-1			规划、设计、采购、建设、运维、修试、退役	规划、初设、施工图、招标、品控、施工工艺、验收与质量评定、试运行、运行、维护、检修、试验、退役、报废	信息	信息应用
210.4-159	GB/T 29265.201—2017	信息技术 信息设备资源共享协同服务 第201部分：基础协议	2017-12-1			规划、设计、采购、建设、运维、修试、退役	规划、初设、施工图、招标、品控、施工工艺、验收与质量评定、试运行、运行、维护、检修、试验、退役、报废	信息	信息应用

续表

体系结构号	标准编号	标 准 名 称	实施日期	与国际标准对应关系	代替标准	阶段	分阶段	专业	分专业
210.4-160	GB/T 29265.204—2017	信息技术 信息设备资源共享协同服务 第204部分：网关	2018-5-1			规划、设计、采购、建设、运维、修试、退役	规划、初设、施工图、招标、品控、施工工艺、验收与质量评定、试运行、运行、维护、检修、试验、退役、报废	信息	信息应用
210.4-161	GB/T 29265.205—2017	信息技术 信息设备资源共享协同服务 第205部分：远程访问基础协议	2018-5-1			规划、设计、采购、建设、运维、修试、退役	规划、初设、施工图、招标、品控、施工工艺、验收与质量评定、试运行、运行、维护、检修、试验、退役、报废	信息	信息应用
210.4-162	GB/T 29265.206—2017	信息技术 信息设备资源共享协同服务 第206部分：远程访问服务平台	2018-5-1			规划、设计、采购、建设、运维、修试、退役	规划、初设、施工图、招标、品控、施工工艺、验收与质量评定、试运行、运行、维护、检修、试验、退役、报废	信息	信息应用
210.4-163	GB/T 29265.301—2017	信息技术 信息设备资源共享协同服务 第301部分：设备类型	2017-12-1			规划、设计、采购、建设、运维、修试、退役	规划、初设、施工图、招标、品控、施工工艺、验收与质量评定、试运行、运行、维护、检修、试验、退役、报废	信息	信息应用
210.4-164	GB/T 29265.302—2017	信息技术 信息设备资源共享协同服务 第302部分：服务类型	2017-12-1			规划、设计、采购、建设、运维、修试、退役	规划、初设、施工图、招标、品控、施工工艺、验收与质量评定、试运行、运行、维护、检修、试验、退役、报废	信息	信息应用
210.4-165	GB/T 29265.304—2016	信息技术 信息设备资源共享协同服务 第304部分：数字媒体内容保护	2016-11-1			规划、设计、采购、建设、运维、修试、退役	规划、初设、施工图、招标、品控、施工工艺、验收与质量评定、试运行、运行、维护、检修、试验、退役、报废	信息	信息应用
210.4-166	GB/T 29265.307—2017	信息技术 信息设备资源共享协同服务 第307部分：远程用户界面	2018-5-1			规划、设计、采购、建设、运维、修试、退役	规划、初设、施工图、招标、品控、施工工艺、验收与质量评定、试运行、运行、维护、检修、试验、退役、报废	信息	信息应用
210.4-167	GB/T 29265.401—2017	信息技术 信息设备资源共享协同服务 第401部分：基础应用	2017-12-1			规划、设计、采购、建设、运维、修试、退役	规划、初设、施工图、招标、品控、施工工艺、验收与质量评定、试运行、运行、维护、检修、试验、退役、报废	信息	信息应用

续表

体系结构号	标准编号	标　准　名　称	实施日期	与国际标准对应关系	代替标准	阶段	分阶段	专业	分专业
210.4-168	GB/T 29265.402—2017	信息技术　信息设备资源共享协同服务　第 402 部分：应用框架	2017-12-1			规划、设计、采购、建设、运维、修试、退役	规划、初设、施工图、招标、品控、施工工艺、验收与质量评定、试运行、运行、维护、检修、试验、退役、报废	信息	信息应用
210.4-169	GB/T 29265.403—2017	信息技术　信息设备资源共享协同服务　第 403 部分：远程音视频访问框架	2018-5-1			规划、设计、采购、建设、运维、修试、退役	规划、初设、施工图、招标、品控、施工工艺、验收与质量评定、试运行、运行、维护、检修、试验、退役、报废	信息	信息应用
210.4-170	GB/T 29265.404—2018	信息技术　信息设备资源共享协同服务　第 404 部分：远程访问管理应用框架	2019-1-1			规划、设计、采购、建设、运维、修试、退役	规划、初设、施工图、招标、品控、施工工艺、验收与质量评定、试运行、运行、维护、检修、试验、退役、报废	信息	信息应用
210.4-171	GB/T 29265.407—2017	信息技术　信息设备资源共享协同服务　第 407 部分：音频互连协议	2018-5-1			规划、设计、采购、建设、运维、修试、退役	规划、初设、施工图、招标、品控、施工工艺、验收与质量评定、试运行、运行、维护、检修、试验、退役、报废	信息	信息应用
210.4-172	GB/T 29265.501—2017	信息技术　信息设备资源共享协同服务　第 501 部分：测试	2017-12-1			建设、修试	验收与质量评定、试验	信息	信息应用
210.4-173	GB/T 29265.502—2017	信息技术　信息设备资源共享协同服务　第 502 部分：远程访问测试	2018-5-1			建设、修试	验收与质量评定、试验	信息	信息应用
210.4-174	GB/T 29853.1—2013	信息技术　业务操作视图　第 1 部分：实现电子业务的业务操作	2014-3-15	ISO/IEC 15944-1: 2002		运维	运行、维护	信息	信息应用
210.4-175	GB/T 29853.2—2013	信息技术　业务操作视图　第 2 部分：作为业务对象的剧本及其构件的注册	2014-4-15	ISO/IEC 15911-2: 2006		运维	运行、维护	信息	信息应用
210.4-176	GB/T 29873—2013	能源计量数据公共平台数据传输协议	2014-4-15			设计、建设、运维	初设、施工图、施工工艺、验收与质量评定、试运行、运行、维护	信息	信息应用
210.4-177	GB/T 30095—2013	网络化制造环境中业务互操作协议与模型	2014-5-1			设计、建设、运维	初设、施工图、施工工艺、验收与质量评定、试运行、运行、维护	信息	信息应用

续表

体系结构号	标准编号	标 准 名 称	实施日期	与国际标准对应关系	代替标准	阶段	分阶段	专业	分专业
210.4-178	GB/T 30850.1—2014	电子政务标准化指南 第1部分：总则	2015-2-1			规划、设计、采购、建设、运维、修试、退役	规划、初设、施工图、招标、品控、施工工艺、验收与质量评定、试运行、运行、维护、检修、试验、退役、报废	信息	信息应用
210.4-179	GB/T 30850.2—2014	电子政务标准化指南 第2部分：工程管理	2015-2-1			设计、建设、运维	初设、施工图、施工工艺、验收与质量评定、试运行、运行、维护	信息	信息应用
210.4-180	GB/T 30850.3—2014	电子政务标准化指南 第3部分：网络建设	2015-2-1			规划、设计、建设、运维	规划、初设、施工图、施工工艺、验收与质量评定、试运行、运行、维护	信息	信息应用
210.4-181	GB/T 30850.4—2017	电子政务标准化指南 第4部分：信息共享	2018-5-1			规划、设计、建设、运维	规划、初设、施工图、施工工艺、验收与质量评定、试运行、运行、维护	信息	信息应用
210.4-182	GB/T 30850.5—2014	电子政务标准化指南 第5部分：支撑技术	2015-2-1			规划、设计、建设、运维	规划、初设、施工图、施工工艺、验收与质量评定、试运行、运行、维护	信息	信息应用
210.4-183	GB/T 30881—2014	信息技术 元数据注册系统（MDR）模块	2015-2-1	ISO/IEC 19773: 2011		规划、设计、采购、建设、运维、修试、退役	规划、初设、施工图、招标、品控、施工工艺、验收与质量评定、试运行、运行、维护、检修、试验、退役、报废	信息	信息应用
210.4-184	GB/T 30882.1—2014	信息技术 应用软件系统技术要求 第1部分：基于B/S体系结构的应用软件系统基本要求	2015-2-1			规划、设计、采购、建设、运维、修试、退役	规划、初设、施工图、招标、品控、施工工艺、验收与质量评定、试运行、运行、维护、检修、试验、退役、报废	信息	信息应用
210.4-185	GB/T 30883—2014	信息技术 数据集成中间件	2015-2-1			规划、设计、采购、建设、运维、修试、退役	规划、初设、施工图、招标、品控、施工工艺、验收与质量评定、试运行、运行、维护、检修、试验、退役、报废	信息	信息应用
210.4-186	GB/T 30971—2014	软件工程 用于互联网的推荐实践 网站工程、网站管理和网站生存周期	2015-2-1	ISO/IEC 23026: 2006，MOD		规划、设计、采购、建设、运维、修试、退役	规划、初设、施工图、招标、品控、施工工艺、验收与质量评定、试运行、运行、维护、检修、试验、退役、报废	信息	信息应用

续表

体系结构号	标准编号	标准名称	实施日期	与国际标准对应关系	代替标准	阶段	分阶段	专业	分专业
210.4-187	GB/T 30972—2014	系统与软件工程　软件工程环境服务	2015-2-1	ISO/IEC 15940: 2013，IDT		规划、设计、采购、建设、运维、修试、退役	规划、初设、施工图、招标、品控、施工工艺、验收与质量评定、试运行、运行、维护、检修、试验、退役、报废	信息	信息应用
210.4-188	GB/T 30996.1—2014	信息技术　实时定位系统　第1部分：应用程序接口	2015-2-1	ISO/IEC 24730-1: 2006，MOD		设计、建设、运维	初设、施工图、施工工艺、验收与质量评定、试运行、运行、维护	信息	信息应用
210.4-189	GB/T 30996.2—2017	信息技术　实时定位系统　第2部分：2.45GHz 空中接口协议	2017-12-1			设计、建设、运维	初设、施工图、施工工艺、验收与质量评定、试运行、运行、维护	信息	信息应用
210.4-190	GB/T 30996.3—2018	信息技术　实时定位系统　第3部分：433MHz 空中接口协议	2019-1-1			设计、建设、运维	初设、施工图、施工工艺、验收与质量评定、试运行、运行、维护	信息	信息应用
210.4-191	GB/T 30999—2014	系统和软件工程　生存周期管理　过程描述指南	2015-2-1	ISO/IEC TR 24774: 2010，IDT		规划、设计、采购、建设、运维、修试、退役	规划、初设、施工图、招标、品控、施工工艺、验收与质量评定、试运行、运行、维护、检修、试验、退役、报废	信息	信息应用
210.4-192	GB/T 31101—2014	信息技术　自动识别和数据采集技术　实时定位系统性能测试方法	2015-2-1			建设、修试	验收与质量评定、试验	信息	信息应用
210.4-193	GB/Z 31103—2014	系统工程　GB/T 22032（系统生存周期过程）应用指南	2015-2-1	ISO/IEC 19760: 2003，MOD		规划、设计、采购、建设、运维、修试、退役	规划、初设、施工图、招标、品控、施工工艺、验收与质量评定、试运行、运行、维护、检修、试验、退役、报废	信息	信息应用
210.4-194	GB/T 31523.1—2015	安全信息识别系统　第1部分：标志	2015-12-1			规划、设计、采购、建设、运维、修试、退役	规划、初设、招标、品控、施工工艺、验收与质量评定、试运行、运行、维护、检修、试验、退役、报废	信息	信息应用
210.4-195	GB/T 31523.2—2015	安全信息识别系统　第2部分：设置原则与要求	2015-12-1			规划、设计、采购、建设、运维、修试、退役	规划、初设、招标、品控、施工工艺、验收与质量评定、试运行、运行、维护、检修、试验、退役、报废	信息	信息应用

续表

体系结构号	标准编号	标 准 名 称	实施日期	与国际标准对应关系	代替标准	阶段	分阶段	专业	分专业
210.4-196	GB/T 31915—2015	信息技术 弹性计算应用接口	2016-5-1			设计、建设、运维	初设、施工图、施工工艺、验收与质量评定、试运行、运行、维护	信息	信息应用
210.4-197	GB/T 32180.1—2015	财经信息技术 企业资源计划软件数据接口 第 1 部分：公共基础数据	2016-6-1			设计、建设、运维	初设、施工图、施工工艺、验收与质量评定、试运行、运行、维护	信息	信息应用
210.4-198	GB/T 32180.2—2015	财经信息技术 企业资源计划软件数据接口 第 2 部分：采购	2016-6-1			设计、建设、运维	初设、施工图、施工工艺、验收与质量评定、试运行、运行、维护	信息	信息应用
210.4-199	GB/T 32180.3—2015	财经信息技术 企业资源计划软件数据接口 第 3 部分：库存	2016-6-1			设计、建设、运维	初设、施工图、施工工艺、验收与质量评定、试运行、运行、维护	信息	信息应用
210.4-200	GB/T 32180.4—2015	财经信息技术 企业资源计划软件数据接口 第 4 部分：销售	2016-6-1			设计、建设、运维	初设、施工图、施工工艺、验收与质量评定、试运行、运行、维护	信息	信息应用
210.4-201	GB/T 32180.5—2015	财经信息技术 企业资源计划软件数据接口 第 5 部分：预算	2016-6-1			设计、建设、运维	初设、施工图、施工工艺、验收与质量评定、试运行、运行、维护	信息	信息应用
210.4-202	GB/T 32180.6—2015	财经信息技术 企业资源计划软件数据接口 第 6 部分：资金	2016-6-1			设计、建设、运维	初设、施工图、施工工艺、验收与质量评定、试运行、运行、维护	信息	信息应用
210.4-203	GB/T 32214.2—2015	信息技术 ASN.1 的一般应用 第 2 部分：快速 Web 服务	2016-8-1	ISO/IEC 24824-2: 2006		规划、设计、采购、建设、运维、修试、退役	规划、初设、施工图、招标、品控、施工工艺、验收与质量评定、试运行、运行、维护、检修、试验、退役、报废	信息	信息应用
210.4-204	GB/T 32392.1—2015	信息技术 互操作性元模型框架（MFI）第 1 部分：参考模型	2017-1-1	ISO/IEC 19763-1: 2007, IDT		规划、设计、采购、建设、运维	规划、初设、施工图、招标、品控、施工工艺、验收与质量评定、试运行、运行、维护	信息	信息应用
210.4-205	GB/T 32392.2—2015	信息技术 互操作性元模型框架（MFI）第 2 部分：核心模型	2017-1-1			规划、设计、采购、建设、运维	规划、初设、施工图、招标、品控、施工工艺、验收与质量评定、试运行、运行、维护	信息	信息应用
210.4-206	GB/T 32392.3—2015	信息技术 互操作性元模型框架（MFI）第 3 部分：本体注册元模型	2017-1-1	ISO/IEC 19763-3: 2007, IDT		规划、设计、采购、建设、运维	规划、初设、施工图、招标、品控、施工工艺、验收与质量评定、试运行、运行、维护	信息	信息应用

续表

体系结构号	标准编号	标 准 名 称	实施日期	与国际标准对应关系	代替标准	阶段	分阶段	专业	分专业
210.4-207	GB/T 32392.4—2015	信息技术 互操作性元模型框架（MFI）第 4 部分：模型映射元模型	2017-1-1			规划、设计、采购、建设、运维	规划、初设、施工图、招标、品控、施工工艺、验收与质量评定、试运行、运行、维护	信息	信息应用
210.4-208	GB/T 32392.5—2018	信息技术 互操作性元模型框架（MFI）第 5 部分：过程模型注册元模型	2018-10-1			规划、设计、采购、建设、运维	规划、初设、施工图、招标、品控、施工工艺、验收与质量评定、试运行、运行、维护	信息	信息应用
210.4-209	GB/T 32392.7—2018	信息技术 互操作性元模型框架（MFI）第 7 部分：服务模型注册元模型	2018-10-1			规划、设计、采购、建设、运维	规划、初设、施工图、招标、品控、施工工艺、验收与质量评定、试运行、运行、维护	信息	信息应用
210.4-210	GB/T 32392.8—2018	信息技术 互操作性元模型框架（MFI）第 8 部分：角色和目标模型注册元模型	2018-10-1			规划、设计、采购、建设、运维	规划、初设、施工图、招标、品控、施工工艺、验收与质量评定、试运行、运行、维护	信息	信息应用
210.4-211	GB/T 32392.9—2018	信息技术 互操作性元模型框架（MFI）第 9 部分：按需模型选择	2018-10-1			规划、设计、采购、建设、运维	规划、初设、施工图、招标、品控、施工工艺、验收与质量评定、试运行、运行、维护	信息	信息应用
210.4-212	GB/T 32393—2015	信息技术 工作流中间件 参考模型和接口功能要求	2015-12-31			规划、设计、采购、建设、运维、修试、退役	规划、初设、施工图、招标、品控、施工工艺、验收与质量评定、试运行、运行、维护、检修、试验、退役、报废	信息	信息应用
210.4-213	GB/T 32394—2015	信息技术 中文 Linux 操作系统运行环境扩充要求	2016-7-1			设计、建设、运维	初设、施工图、施工工艺、验收与质量评定、试运行、运行、维护	信息	信息应用
210.4-214	GB/T 32395—2015	信息技术 中文 Linux 操作系统应用编程接口（API）扩充要求	2016-7-1			设计、建设、运维	初设、施工图、施工工艺、验收与质量评定、试运行、运行、维护	信息	信息应用
210.4-215	GB/T 32397—2015	中文电子邮件地址 邮件头格式技术要求	2016-7-1			设计、建设、运维	初设、施工图、施工工艺、验收与质量评定、试运行、运行、维护	信息	信息应用
210.4-216	GB/T 32398—2015	中文电子邮件地址 简单邮件传输协议扩展技术要求	2016-7-1			设计、建设、运维	初设、施工图、施工工艺、验收与质量评定、试运行、运行、维护	信息	信息应用

续表

体系结构号	标准编号	标准名称	实施日期	与国际标准对应关系	代替标准	阶段	分阶段	专业	分专业
210.4-217	GB/T 32416—2015	信息技术 Web服务可靠传输消息	2017-1-1			规划、设计、采购、建设、运维	规划、初设、施工图、招标、品控、施工工艺、验收与质量评定、试运行、运行、维护	信息	信息应用
210.4-218	GB/T 32419.1—2015	信息技术 SOA技术实现规范 第1部分：服务描述	2017-1-1			规划、设计、采购、建设、运维	规划、初设、施工图、招标、品控、施工工艺、验收与质量评定、试运行、运行、维护	信息	信息应用
210.4-219	GB/T 32419.2—2016	信息技术 SOA技术实现规范 第2部分：服务注册与发现	2017-3-1			规划、设计、采购、建设、运维	规划、初设、施工图、招标、品控、施工工艺、验收与质量评定、试运行、运行、维护	信息	信息应用
210.4-220	GB/T 32419.3—2016	信息技术 SOA技术实现规范 第3部分：服务管理	2017-3-1			规划、设计、采购、建设、运维	规划、初设、施工图、招标、品控、施工工艺、验收与质量评定、试运行、运行、维护	信息	信息应用
210.4-221	GB/T 32419.4—2016	信息技术 SOA技术实现规范 第4部分：基于发布/订阅的数据服务接口	2017-5-1			规划、设计、采购、建设、运维	规划、初设、施工图、招标、品控、施工工艺、验收与质量评定、试运行、运行、维护	信息	信息应用
210.4-222	GB/T 32419.5—2017	信息技术 SOA技术实现规范 第5部分：服务集成开发	2018-4-1			规划、设计、采购、建设、运维	规划、初设、施工图、招标、品控、施工工艺、验收与质量评定、试运行、运行、维护	信息	信息应用
210.4-223	GB/T 32419.6—2017	信息技术 SOA技术实现规范 第6部分：身份管理服务	2018-5-1			规划、设计、采购、建设、运维	规划、初设、施工图、招标、品控、施工工艺、验收与质量评定、试运行、运行、维护	信息	信息应用
210.4-224	GB/T 32421—2015	软件工程 软件评审与审核	2016-8-1			建设、修试	验收与质量评定、试验	信息	信息应用
210.4-225	GB/T 32422—2015	软件工程 软件异常分类指南	2016-7-1			设计、建设、运维	初设、施工图、施工工艺、验收与质量评定、试运行、运行、维护	信息	信息应用
210.4-226	GB/T 32423—2015	系统与软件工程 验证与确认	2016-7-1			建设	施工工艺、验收与质量评定、试运行	信息	信息应用
210.4-227	GB/T 32424—2015	系统与软件工程 用户文档的设计者和开发者要求	2016-7-1			采购、建设	招标、品控、施工工艺、验收与质量评定、试运行	信息	信息应用

续表

体系结构号	标准编号	标准名称	实施日期	与国际标准对应关系	代替标准	阶段	分阶段	专业	分专业
210.4-228	GB/T 32427—2015	信息技术　SOA 成熟度模型及评估方法	2017-1-1	ISO/IEC 16680: 2012，MOD		规划、设计、建设	规划、初设、施工工艺、验收与质量评定、试运行	信息	信息应用
210.4-229	GB/T 32428—2015	信息技术　SOA 服务质量模型及测评规范	2017-1-1			设计、建设、运维、修试	初设、施工图、施工工艺、验收与质量评定、试运行、运行、维护、试验	信息	信息应用
210.4-230	GB/T 32429—2015	信息技术　SOA 应用的生存周期过程	2017-1-1			规划、设计、采购、建设、运维、修试、退役	规划、初设、施工图、招标、品控、施工工艺、验收与质量评定、试运行、运行、维护、检修、试验、退役、报废	信息	信息应用
210.4-231	GB/T 32430—2015	信息技术　SOA 应用的服务分析与设计	2017-1-1			设计、建设	初设、施工工艺、验收与质量评定、试运行	信息	信息应用
210.4-232	GB/T 32431—2015	信息技术　SOA 服务交付保障规范	2017-1-1			建设、运维	施工工艺、验收与质量评定、试运行、运行、维护	信息	信息应用
210.4-233	GB/Z 32500—2016	智能电网用户端系统数据接口一般要求	2016-9-1			设计、建设、运维	初设、施工图、施工工艺、验收与质量评定、试运行、运行、维护	信息	信息应用
210.4-234	GB/Z 32501—2016	智能电网用户端通信系统一般要求	2016-9-1			规划、设计、采购、建设、运维、修试、退役	规划、初设、施工图、招标、品控、施工工艺、验收与质量评定、试运行、运行、维护、检修、试验、退役、报废	信息	信息应用
210.4-235	GB/T 32904—2016	软件质量量化评价规范	2017-3-1			建设、修试	验收与质量评定、试验	信息	信息应用
210.4-236	GB/T 32911—2016	软件测试成本度量规范	2017-3-1			采购、修试	招标、试验	信息	信息应用
210.4-237	GB/T 33137—2016	基于传感器的产品监测软件集成接口规范	2017-5-1			设计、建设、运维	初设、施工图、施工工艺、验收与质量评定、试运行、运行、维护	信息	信息应用
210.4-238	GB/T 33264—2016	面向多核处理器的机器人实时操作系统应用框架	2017-7-1			设计、建设、运维	初设、施工图、施工工艺、验收与质量评定、试运行、运行、维护	信息	信息应用
210.4-239	GB/T 33447—2016	地理信息系统软件测试规范	2017-7-1			建设、修试	验收与质量评定、试验	信息	信息应用

体系结构号	标准编号	标 准 名 称	实施日期	与国际标准对应关系	代替标准	阶段	分阶段	专业	分专业
210.4-240	GB/T 33448—2016	数字城市地理信息公共平台运行服务质量规范	2017-7-1			设计、采购、建设	初设、招标、品控、施工工艺、验收与质量评定、试运行	信息	信息应用
210.4-241	GB/T 34840.1—2017	信息与文献 电子办公环境中文件管理原则与功能要求 第1部分：概述和原则	2018-2-1	ISO 16175-1: 2010		规划、设计、采购、建设、运维、修试、退役	规划、初设、施工图、招标、品控、施工工艺、验收与质量评定、试运行、运行、维护、检修、试验、退役、报废	信息	信息应用
210.4-242	GB/T 34949—2017	实时数据库C语言接口规范	2018-5-1			设计、建设、运维	初设、施工图、施工工艺、验收与质量评定、试运行、运行、维护	信息	信息应用
210.4-243	GB/T 34962—2017	信息技术 系统间远程通信和信息交换 休眠主机代理	2018-2-1	ISO/IEC 16317: 2011		规划、设计、采购、建设、运维、修试、退役	规划、初设、施工图、招标、品控、施工工艺、验收与质量评定、试运行、运行、维护、检修、试验、退役、报废	信息	信息应用
210.4-244	GB/T 34979.1—2017	智能终端软件平台测试规范 第1部分：操作系统	2018-5-1			建设、修试	验收与质量评定、试验	信息	信息应用
210.4-245	GB/T 34979.2—2017	智能终端软件平台测试规范 第2部分：应用与服务	2018-5-1			建设、修试	验收与质量评定、试验	信息	信息应用
210.4-246	GB/T 34980.1—2017	智能终端软件平台技术要求 第1部分：操作系统	2018-5-1			设计、建设、运维	初设、施工图、施工工艺、验收与质量评定、试运行、运行、维护	信息	信息应用
210.4-247	GB/T 34980.2—2017	智能终端软件平台技术要求 第2部分：应用与服务	2018-5-1			设计、建设、运维	初设、施工图、施工工艺、验收与质量评定、试运行、运行、维护	信息	信息应用
210.4-248	GB/T 34981.1—2017	机构编制统计及实名制管理系统数据规范 第1部分：总则	2018-5-1			规划、设计、采购、建设、运维	规划、初设、施工图、招标、品控、施工工艺、验收与质量评定、试运行、运行、维护	信息	信息应用
210.4-249	GB/T 34981.2—2017	机构编制统计及实名制管理系统数据规范 第2部分：代码集	2018-5-1			设计、采购、建设、运维	初设、施工图、招标、品控、施工工艺、验收与质量评定、试运行、运行、维护	信息	信息应用
210.4-250	GB/T 34981.3—2017	机构编制统计及实名制管理系统数据规范 第3部分：数据字典	2018-5-1			设计、采购、建设、运维	初设、施工图、招标、品控、施工工艺、验收与质量评定、试运行、运行、维护	信息	信息应用

续表

体系结构号	标准编号	标准名称	实施日期	与国际标准对应关系	代替标准	阶段	分阶段	专业	分专业
210.4-251	GB/T 34985—2017	信息技术　SOA 治理	2018-5-1			规划、设计、采购、建设、运维、修试、退役	规划、初设、施工图、招标、品控、施工工艺、验收与质量评定、试运行、运行、维护、检修、试验、退役、报废	信息	信息应用
210.4-252	GB/T 34997—2017	中文办公软件　网页应用编程接口	2018-5-1			设计、建设、运维	初设、施工图、施工工艺、验收与质量评定、试运行、运行、维护	信息	信息应用
210.4-253	GB/T 34998—2017	移动终端浏览器软件技术要求	2018-5-1			设计、建设、运维	初设、施工图、施工工艺、验收与质量评定、试运行、运行、维护	信息	信息应用
210.4-254	GB/T 35296—2017	财经信息技术　建设项目投资管理软件通用数据	2017-12-29			设计、采购、建设、运维	初设、施工图、招标、品控、施工工艺、验收与质量评定、试运行、运行、维护	信息	信息应用
210.4-255	GB/T 35312—2017	中文语音识别终端服务接口规范	2018-7-1	ISO 10791-10: 2007		设计、建设、运维	初设、施工图、施工工艺、验收与质量评定、试运行、运行、维护	信息	信息应用
210.4-256	GB/T 35319—2017	物联网 系统接口要求	2017-12-29			设计、建设、运维	初设、施工图、施工工艺、验收与质量评定、试运行、运行、维护	信息	信息应用
210.4-257	GB/T 36092—2018	信息技术　备份存储　备份技术应用要求	2018-10-1			设计、建设、运维	初设、施工图、施工工艺、验收与质量评定、试运行、运行、维护	信息	信息应用
210.4-258	GB/T 36093—2018	信息技术　网际互联协议的存储区域网络（IP-SAN）应用规范	2018-10-1			设计、建设、运维	初设、施工图、施工工艺、验收与质量评定、试运行、运行、维护	信息	信息应用
210.4-259	GB/T 36325—2018	信息技术　云计算　云服务级别协议基本要求	2019-1-1			设计、建设、运维	初设、施工图、施工工艺、验收与质量评定、试运行、运行、维护	信息	信息应用
210.4-260	GB/T 36326—2018	信息技术　云计算　云服务运营通用要求	2019-1-1			设计、建设、运维	初设、施工图、施工工艺、验收与质量评定、试运行、运行、维护	信息	信息应用
210.4-261	GB/T 36327—2018	信息技术　云计算　平台即服务（PaaS）应用程序管理要求	2019-1-1			设计、建设、运维	初设、施工图、施工工艺、验收与质量评定、试运行、运行、维护	信息	信息应用

续表

体系结构号	标准编号	标 准 名 称	实施日期	与国际标准对应关系	代替标准	阶段	分阶段	专业	分专业
210.4-262	GB/T 36328—2018	信息技术 软件资产管理 标识规范	2019-1-1			设计、建设、运维	初设、施工图、施工工艺、验收与质量评定、试运行、运行、维护	信息	信息应用
210.4-263	GB/T 36329—2018	信息技术 软件资产管理 授权管理	2019-1-1			设计、建设、运维	初设、施工图、施工工艺、验收与质量评定、试运行、运行、维护	信息	信息应用
210.4-264	GB/T 36446—2018	软件构件管理 管理信息模型	2019-1-1			设计、建设、运维	初设、施工图、施工工艺、验收与质量评定、试运行、运行、维护	信息	信息应用
210.4-265	GB/T 36455—2018	软件构件模型	2019-1-1			设计、建设、运维	初设、施工图、施工工艺、验收与质量评定、试运行、运行、维护	信息	信息应用
210.4-266	GB/T 36462—2018	面向组件的虚拟样机软件开发通用要求	2019-1-1			设计、建设、运维	初设、施工图、施工工艺、验收与质量评定、试运行、运行、维护	信息	信息应用
210.4-267	GB/T 36623—2018	信息技术 云计算 文件服务应用接口	2019-4-1			设计、建设、运维	初设、施工图、施工工艺、验收与质量评定、试运行、运行、维护	信息	信息应用
210.4-268	JJF 1048—1995	数据采集系统校准规范	1996-5-1		QJ 2218—1992	建设、运维、修试	施工工艺、验收与质量评定、试运行、运行、维护、检修、试验	信息	信息应用
210.4-269	IEC 61937-1—2007+Amd 1—2011	数字音频 应用 IEC60958 的非线性 PCM 编码音频位流接口 第 1 部分：总则	2011-12-15		IEC 61937-1—2007	设计、建设、运维	初设、施工图、施工工艺、验收与质量评定、试运行、运行、维护	信息	信息应用
210.4-270	IEC 61937-2—2007+Amd 1—2011+Amd 2—2018	数字音频 应用 IEC60958 的非线性 PCM 编码音频位流接口 第 2 部分：突发信息	2018-3-22			设计、建设、运维	初设、施工图、施工工艺、验收与质量评定、试运行、运行、维护	信息	信息应用
210.4-271	IEC 61968-1—2012	电业的应用综合 配电管理的系统接口 第 1 部分：接口结构和总体建议	2012-10-30		IEC 61968-1—2003	设计、建设、运维	初设、施工图、施工工艺、验收与质量评定、试运行、运行、维护	信息	信息应用
210.4-272	IEC 61968-3—2017	电气设施的应用集成 配电管理的系统接口 第 3 部分：网络运营的接口	2017-4-11		IEC 61968-3—2004	设计、建设、运维	初设、施工图、施工工艺、验收与质量评定、试运行、运行、维护	信息	信息应用
210.4-273	IEC 61968-11—2013	电业的应用综合 配电管理的系统接口 第 11 部分：配电用公共信息模型（CIM）扩展	2013-3-6		IEC 61968-11—2010	设计、建设、运维	初设、施工图、施工工艺、验收与质量评定、试运行、运行、维护	信息	信息应用

续表

体系结构号	标准编号	标 准 名 称	实施日期	与国际标准对应关系	代替标准	阶段	分阶段	专业	分专业
210.4-274	IEC 62264-1—2013	企业系统集成 第 1 部分：模型和术语	2013-5-22	ANIS/ISA 95.00.01—2010，ENQ	IEC 62264-1—2003；IEC 65 E/285/FDIS —2013	规划、设计、采购、建设、运维、修试、退役	规划、初设、施工图、招标、品控、施工工艺、验收与质量评定、试运行、运行、维护、检修、试验、退役、报废	信息	信息应用
210.4-275	IEC 62379-2—2008	网络数字音频和视频产品的通用控制接口 第 2 部分：音频	2008-9-8	BS EN 62379-2—2010，IDT；EN 62379-2—2009，IDT；C90-202-2PR，IDT	IEC 100/1405/FDIS—2008	设计、建设、运维	初设、施工图、施工工艺、验收与质量评定、试运行、运行、维护	信息	信息应用
210.4-276	IEEE 24748-2—2012	IEEE 指南 采用 ISO/IECTR 24748-2—2011 标准、系统与软件工程生命周期管理 第 2 部分：采用 ISO/IEC 15288 标准（系统生命周期过程）应用指南	2012-3-29	ISO/IEC TR 24748-2—2011，IDT		规划、设计、采购、建设、运维、修试、退役	规划、初设、施工图、招标、品控、施工工艺、验收与质量评定、试运行、运行、维护、检修、试验、退役、报废	信息	信息应用
210.4-277	IEEE 24748-3—2012	IEEE 指南 采用 ISO/IECTR 24748-3—2011 标准、系统与软件工程生命周期管理 第 3 部分：采用 IS0/IEC 12207 标准（软件生命周期过程）应用指南	2012-3-29	ISO/IEC TR 24748-3—2011，IDT		规划、设计、采购、建设、运维、修试、退役	规划、初设、施工图、招标、品控、施工工艺、验收与质量评定、试运行、运行、维护、检修、试验、退役、报废	信息	信息应用
210.4-278	ISO/IEC 9075-1—2016	信息技术 数据库语言 SQL 第 1 部分：框架（SQL/框架）	2016-12-14		ISO/IEC 9075-1—2011	设计、建设、运维	初设、施工图、施工工艺、验收与质量评定、试运行、运行、维护	信息	信息应用
210.4-279	ISO/IEC 9075-2—2016	信息技术 数据库语言 SQL 第 2 部分：基本原则（SQL/基本原则）	2016-12-14		ISO/IEC 9075-2—2011/Cor 2—2015；ISO/IEC 9075-2—2011/Cor 1—2013；ISO/IEC 9075-2—2011	设计、建设、运维	初设、施工图、施工工艺、验收与质量评定、试运行、运行、维护	信息	信息应用
210.4-280	ISO/IEC 9075-3—2016	信息技术 数据库语言 SQL 第 3 部分：调用级接口（SQL/ CLI）	2016-12-14		ISO/IEC 9075-3—2008	设计、建设、运维	初设、施工图、施工工艺、验收与质量评定、试运行、运行、维护	信息	信息应用
210.4-281	ISO/IEC 9075-4—2016	信息技术 数据库语言 SQL 第 4 部分：持久存储模块（SQL/ PSM）	2016-12-14		ISO/IEC 9075-4—2011；ISO/IEC 9075-4—2011/Cor 1—2013；ISO/IEC 9075-4—2011/Cor 2—2015	设计、建设、运维	初设、施工图、施工工艺、验收与质量评定、试运行、运行、维护	信息	信息应用

续表

体系结构号	标准编号	标 准 名 称	实施日期	与国际标准对应关系	代替标准	阶段	分阶段	专业	分专业
210.4-282	ISO/IEC 9075-9—2016	信息技术 数据库语言SQL 第9部分：外部数据的管理（SQL/ MED）	2016-12-14		ISO/IEC 9075-9—2008/Cor 1—2010；ISO/IEC 9075-9—2008	设计、建设、运维	初设、施工图、施工工艺、验收与质量评定、试运行、运行、维护	信息	信息应用
210.4-283	ISO/IEC 9075-10—2016	信息技术 数据库语言SQL 第10部分：对象语言联编（SQL/ OLB）	2016-12-14		ISO/IEC 9075-10—2008/Cor 1—2010；ISO/IEC 9075-10—2008	设计、建设、运维	初设、施工图、施工工艺、验收与质量评定、试运行、运行、维护	信息	信息应用
210.4-284	ISO/IEC 9075-11—2016	信息技术 数据库语言SQL 第11部分：信息和定义模式（SQL/ Schemata）	2016-12-14		ISO/IEC 9075-11—2011	设计、建设、运维	初设、施工图、施工工艺、验收与质量评定、试运行、运行、维护	信息	信息应用
210.4-285	ISO/IEC 9075-13—2016	信息技术 数据库语言SQL 第13部分：使用Java TM 程序设计语言（SQL/JRT）的SQL例程和类型	2016-12-14		ISO/IEC 9075-13—2008/Cor 1—2010；ISO/IEC 9075-13—2008	设计、建设、运维	初设、施工图、施工工艺、验收与质量评定、试运行、运行、维护	信息	信息应用
210.4-286	ISO/IEC 9075-14—2016	信息技术 数据库语言SQL 第14部分：与XML相关的规范（SQL/XML）	2016-12-14		ISO/IEC 9075-14—2011/Cor 2—2015；ISO/IEC 9075-14—2011/Cor 1—2013；ISO/IEC 9075-14—2011	设计、建设、运维	初设、施工图、施工工艺、验收与质量评定、试运行、运行、维护	信息	信息应用
210.4-287	ISO/IEC 19501—2005	信息技术开放式分布处理通用建模语言（UML）版本1.4.2	2005-4-13	BS ISO/IEC 19501—2005，IDT	ISO IEC DIS 19501-1—2000	规划、设计、采购、建设、运维、修试、退役	规划、初设、施工图、招标、品控、施工工艺、验收与质量评定、试运行、运行、维护、检修、试验、退役、报废	信息	信息应用
210.4-288	ISO/IEC 19757-2—2008	信息技术文献模式定义语言（DSDL）第2部分：基于语法规则的有效性RelaxNG	2008-12-15	ANSI/INCITS/ISO/IEC 19757-2—2009，IDT；BS ISO/IEC 19757-2—2009，IDT	ISO IEC 19757-2—2003；ISO IEC 19757-2 AMD 1—2006	规划、设计、采购、建设、运维、修试、退役	规划、初设、施工图、招标、品控、施工工艺、验收与质量评定、试运行、运行、维护、检修、试验、退役、报废	信息	信息应用
210.4-289	ISO/IEC 19793—2015	信息技术 开放分布式处理（ODP）ODP系统规范的统一建模语言（UML）使用	2015-3-18		ISO/IEC 19793—2008	规划、设计、采购、建设、运维、修试、退役	规划、初设、施工图、招标、品控、施工工艺、验收与质量评定、试运行、运行、维护、检修、试验、退役、报废	信息	信息应用
210.5 信息技术-信息安全									
210.5-1	Q/CSG 11803.1—2008	PKI/CA身份认证系统标准 第1分册 数字证书统一规范	2009-2-1			规划、设计、采购、建设、运维、修试、退役	规划、初设、施工图、招标、品控、施工工艺、验收与质量评定、试运行、运行、维护、检修、试验、退役、报废	信息	信息安全

续表

体系结构号	标准编号	标 准 名 称	实施日期	与国际标准对应关系	代替标准	阶段	分阶段	专业	分专业
210.5-2	Q/CSG 11803.2—2008	PKI/CA 身份认证系统标准 第 2 分册 证书信息目录服务统一规范	2009-2-1			规划、设计、采购、建设、运维、修试、退役	规划、初设、施工图、招标、品控、施工工艺、验收与质量评定、试运行、运行、维护、检修、试验、退役、报废	信息	信息安全
210.5-3	Q/CSG 11803.4—2008	PKI/CA 身份认证系统标准 第 4 分册 应用安全开发规范	2009-2-1			建设、运维	施工工艺、验收与质量评定、试运行、运行、维护	信息	信息安全
210.5-4	Q/CSG 11803.5—2008	PKI/CA 身份认证系统标准 第 5 分册 应用安全开发接口规范	2009-2-1			设计、建设、运维	初设、施工图、施工工艺、验收与质量评定、试运行、运行、维护	信息	信息安全
210.5-5	Q/CSG 11803.6—2008	PKI/CA 身份认证系统标准 第 6 分册 应用安全密码接口规范	2009-2-1			设计、建设、运维	初设、施工图、施工工艺、验收与质量评定、试运行、运行、维护	信息	信息安全
210.5-6	Q/CSG 11803.8—2008	PKI/CA 身份认证系统标准 第 8 分册 证书存储介质规范	2009-2-1			设计、采购、建设、运维、修试、退役	初设、施工图、招标、品控、施工工艺、验收与质量评定、试运行、运行、维护、检修、试验、退役、报废	信息	信息安全
210.5-7	Q/CSG 11804—2010	IT 主流设备安全基线技术规范	2010-10-28		Q/CSG 11804—2010	设计、建设、运维	初设、施工图、施工工艺、验收与质量评定、试运行、运行、维护	信息	信息安全
210.5-8	Q/CSG 11805—2011	信息系统应用开发安全技术规范 第一卷 网站开发和运行维护安全指南	2011-2-1			设计、建设、运维	初设、施工图、施工工艺、验收与质量评定、试运行、运行、维护	信息	信息安全
210.5-9	Q/CSG 11814—2009	网络与信息安全风险评估规范	2010-1-1			建设、运维、修试	施工工艺、验收与质量评定、试运行、运行、维护、检修、试验	信息	信息安全
210.5-10	Q/CSG 118006—2012	管理信息系统 PKI/CA 身份认证系统技术规范	2012-4-25			设计、建设、运维	初设、施工图、施工工艺、验收与质量评定、试运行、运行、维护	信息	信息安全
210.5-11	Q/CSG 118012—2012	重要应用与数据灾难备份系统建设导则	2012-7-15			建设	施工工艺、验收与质量评定、试运行	信息	信息安全
210.5-12	Q/CSG 1210019—2015	管理信息系统企密检查标准	2015-8-11			建设、修试	验收与质量评定、试验	信息	信息安全

续表

体系结构号	标准编号	标 准 名 称	实施日期	与国际标准对应关系	代替标准	阶段	分阶段	专业	分专业
210.5-13	Q/CSG 1210027—2015	远程移动安全接入平台技术框架	2015-8-11			设计、建设、运维	初设、施工图、施工工艺、验收与质量评定、试运行、运行、维护	信息	信息安全
210.5-14	Q/CSG 1210028—2015	远程移动安全接入平台功能要求	2015-8-11			规划、设计、采购、建设、运维、修试、退役	规划、初设、施工图、招标、品控、施工工艺、验收与质量评定、试运行、运行、维护、检修、试验、退役、报废	信息	信息安全
210.5-15	Q/CSG 1210029—2015	远程移动安全接入平台接口配置规范	2015-8-11			设计、建设、运维	初设、施工图、施工工艺、验收与质量评定、试运行、运行、维护	信息	信息安全
210.5-16	Q/CSG 1210030—2015	远程移动安全接入平台数据管理规范	2015-8-11			建设、运维	施工工艺、验收与质量评定、试运行、运行、维护	信息	信息安全
210.5-17	Q/CSG 1210031—2015	远程移动安全接入平台运维管理规范	2015-8-11			运维	运行、维护	信息	信息安全
210.5-18	DL/T 1597—2016	电力行业数据灾备系统存储监控技术规范	2016-12-1			设计、建设、运维	初设、施工图、施工工艺、验收与质量评定、试运行、运行、维护	信息	信息安全
210.5-19	YD/T 1163—2001	IP 网络安全技术要求——安全框架	2001-11-1			设计、建设、运维	初设、施工图、施工工艺、验收与质量评定、试运行、运行、维护	信息	信息安全
210.5-20	YD/T 1322.3—2004	电子商务技术要求 第三部分：证书及认证系统	2005-1-1			设计、建设、运维	初设、施工图、施工工艺、验收与质量评定、试运行、运行、维护	信息	信息安全
210.5-21	YD/T 1699—2007	移动终端信息安全技术要求	2008-1-1			设计、建设、运维	初设、施工图、施工工艺、验收与质量评定、试运行、运行、维护	信息	信息安全
210.5-22	YD/T 1746—2014	IP 承载网安全防护要求	2015-4-1		YD/T 1746—2013	规划、设计、采购、建设、运维、修试、退役	规划、初设、施工图、招标、品控、施工工艺、验收与质量评定、试运行、运行、维护、检修、试验、退役、报废	信息	信息安全
210.5-23	YD/T 1747—2014	IP 承载网安全防护检测要求	2015-4-1		YD/T 1747—2013	建设、修试	验收与质量评定、试验	信息	信息安全

续表

体系结构号	标准编号	标准名称	实施日期	与国际标准对应关系	代替标准	阶段	分阶段	专业	分专业
210.5-24	YD/T 2052—2015	域名系统安全防护要求	2015-4-30		YD/T 2052—2009	规划、设计、采购、建设、运维、修试、退役	规划、初设、施工图、招标、品控、施工工艺、验收与质量评定、试运行、运行、维护、检修、试验、退役、报废	信息	信息安全
210.5-25	YD/T 2053—2016	域名系统安全防护检测要求	2016-10-1		YD/T 2053—2009	建设、修试	验收与质量评定、试验	信息	信息安全
210.5-26	YD/T 2057—2009	通信机房安全管理总体要求	2010-1-1			规划、设计、采购、建设、运维、修试、退役	规划、初设、施工图、招标、品控、施工工艺、验收与质量评定、试运行、运行、维护、检修、试验、退役、报废	信息	信息安全
210.5-27	YD/T 2092—2015	网上营业厅安全防护要求	2015-4-30		YD/T 2092—2010	规划、设计、采购、建设、运维	规划、初设、施工图、招标、品控、施工工艺、验收与质量评定、试运行、运行、维护	信息	信息安全
210.5-28	YD/T 2093—2018	网上营业厅安全防护检测要求	2018-4-1			规划、设计、采购、建设、运维	规划、初设、施工图、招标、品控、施工工艺、验收与质量评定、试运行、运行、维护	信息	信息安全
210.5-29	YD/T 2243—2016	电信网和互联网信息服务业务系统安全防护要求	2016-10-1		YD/T 2243—2011	规划、设计、采购、建设、运维	规划、初设、施工图、招标、品控、施工工艺、验收与质量评定、试运行、运行、维护	信息	信息安全
210.5-30	YD/T 2248—2015	互联网数据中心和互联网接入服务信息安全管理系统技术要求	2015-4-30		YD/T 2248—2012	设计、建设、运维	初设、施工图、施工工艺、验收与质量评定、试运行、运行、维护	信息	信息安全
210.5-31	YD/T 2376.3—2011	传送网设备安全技术要求 第3部分：基于SDH的MSTP设备	2012-2-1			设计、建设、运维	初设、施工图、施工工艺、验收与质量评定、试运行、运行、维护	信息	信息安全
210.5-32	YD/T 2387—2011	网络安全监控系统技术要求	2012-2-1			设计、建设、运维	初设、施工图、施工工艺、验收与质量评定、试运行、运行、维护	信息	信息安全
210.5-33	YD/T 2388—2011	网络脆弱性指数评估方法	2011-12-20			设计、建设、运维	初设、施工图、施工工艺、验收与质量评定、试运行、运行、维护	信息	信息安全
210.5-34	YD/T 2405—2015	互联网数据中心和互联网接入服务信息安全管理系统接口规范	2015-4-30		YD/T 2405—2012	设计、建设、运维	初设、施工图、施工工艺、验收与质量评定、试运行、运行、维护	信息	信息安全

续表

体系结构号	标准编号	标 准 名 称	实施日期	与国际标准对应关系	代替标准	阶段	分阶段	专业	分专业
210.5-35	YD/T 2584—2015	互联网数据中心（IDC）安全防护要求	2015-4-30		YD/T 2584—2013	规划、设计、采购、建设、运维、修试、退役	规划、初设、施工图、招标、品控、施工工艺、验收与质量评定、试运行、运行、维护、检修、试验、退役、报废	信息	信息安全
210.5-36	YD/T 2585—2016	互联网数据中心安全防护检测要求	2016-10-1		YD/T 2585—2013	建设、修试	验收与质量评定、试验	信息	信息安全
210.5-37	YD/T 2586—2013	域名服务系统安全扩展（DNSSec）协议和实现要求	2013-10-1			设计、建设	初设、施工图、施工工艺、验收与质量评定、试运行	信息	信息安全
210.5-38	YD/T 2587—2013	移动互联网应用商店安全防护要求	2013-10-1			规划、设计、采购、建设、运维	规划、初设、施工图、招标、品控、施工工艺、验收与质量评定、试运行、运行、维护	信息	信息安全
210.5-39	YD/T 2588—2013	移动互联网应用商店安全防护检测要求	2013-10-1			建设、修试	验收与质量评定、试验	信息	信息安全
210.5-40	YD/T 2589—2013	内容分发网（CDN）安全防护要求	2013-10-1			规划、设计、采购、建设、运维	规划、初设、施工图、招标、品控、施工工艺、验收与质量评定、试运行、运行、维护	信息	信息安全
210.5-41	YD/T 2590—2013	内容分发网（CDN）安全防护检测要求	2013-10-1			建设、修试	验收与质量评定、试验	信息	信息安全
210.5-42	YD/T 2591—2013	统一 IMS 媒体面安全技术要求	2013-10-1	3GPP TS 33.3.328 V9.2.0，NEQ		设计、建设、运维	初设、施工图、施工工艺、验收与质量评定、试运行、运行、维护	信息	信息安全
210.5-43	YD/T 2660—2013	互联网网间路由发布和控制技术要求	2014-1-1			设计、建设、运维	初设、施工图、施工工艺、验收与质量评定、试运行、运行、维护	信息	信息安全
210.5-44	YD/T 2665—2013	通信存储介质（SSD）加密安全测试方法	2014-1-1			建设、修试	验收与质量评定、试验	信息	信息安全
210.5-45	YD/T 2666—2013	双栈防火墙设备技术要求	2014-1-1			设计、建设、运维	初设、施工图、施工工艺、验收与质量评定、试运行、运行、维护	信息	信息安全
210.5-46	YD/T 2667—2013	基于 Web 方式的以太网接入身份认证技术要求	2014-1-1			设计、建设、运维	初设、施工图、施工工艺、验收与质量评定、试运行、运行、维护	信息	信息安全

续表

体系结构号	标准编号	标准名称	实施日期	与国际标准对应关系	代替标准	阶段	分阶段	专业	分专业
210.5-47	YD/T 2692—2014	电信和互联网用户个人电子信息保护通用技术要求和管理要求	2015-4-1			设计、建设、运维	初设、施工图、施工工艺、验收与质量评定、试运行、运行、维护	信息	信息安全
210.5-48	YD/T 2693—2014	电信和互联网用户个人电子信息保护检测要求	2015-4-1			建设、修试	验收与质量评定、试验	信息	信息安全
210.5-49	YD/T 2694—2014	移动互联网联网应用安全防护要求	2015-4-1			规划、设计、采购、建设、运维	规划、初设、施工图、招标、品控、施工工艺、验收与质量评定、试运行、运行、维护	信息	信息安全
210.5-50	YD/T 2695—2014	移动互联网联网应用安全防护检测要求	2015-4-1			建设、修试	验收与质量评定、试验	信息	信息安全
210.5-51	YD/T 2696—2014	公众无线局域网网络安全防护要求	2015-4-1			规划、设计、采购、建设、运维	规划、初设、施工图、招标、品控、施工工艺、验收与质量评定、试运行、运行、维护	信息	信息安全
210.5-52	YD/T 2697—2014	公众无线局域网网络安全防护检测要求	2015-4-1			建设、修试	验收与质量评定、试验	信息	信息安全
210.5-53	YD/T 2698—2014	电信网和互联网安全防护基线配置要求及检测要求 网络设备	2015-4-1			建设、运维、修试	施工工艺、验收与质量评定、试运行、运行、维护、检修、试验	信息	信息安全
210.5-54	YD/T 2699—2014	电信网和互联网安全防护基线配置要求及检测要求 安全设备	2015-4-1			建设、运维、修试	施工工艺、验收与质量评定、试运行、运行、维护、检修、试验	信息	信息安全
210.5-55	YD/T 2700—2014	电信网和互联网安全防护基线配置要求及检测要求 数据库	2015-4-1			建设、运维、修试	施工工艺、验收与质量评定、试运行、运行、维护、检修、试验	信息	信息安全
210.5-56	YD/T 2701—2014	电信网和互联网安全防护基线配置要求及检测要求 操作系统	2015-4-1			建设、运维、修试	施工工艺、验收与质量评定、试运行、运行、维护、检修、试验	信息	信息安全
210.5-57	YD/T 2702—2014	电信网和互联网安全防护基线配置要求及检测要求 中间件	2015-4-1			建设、运维、修试	施工工艺、验收与质量评定、试运行、运行、维护、检修、试验	信息	信息安全
210.5-58	YD/T 2703—2014	电信网和互联网安全防护基线配置要求及检测要求 Web应用系统	2015-4-1			建设、运维、修试	施工工艺、验收与质量评定、试运行、运行、维护、检修、试验	信息	信息安全

续表

体系结构号	标准编号	标准名称	实施日期	与国际标准对应关系	代替标准	阶段	分阶段	专业	分专业
210.5-59	YD/T 2704—2014	电信信息服务的安全准则	2015-4-1			规划、设计、采购、建设、运维	规划、初设、施工图、招标、品控、施工工艺、验收与质量评定、试运行、运行、维护	信息	信息安全
210.5-60	YD/T 2705—2014	持续数据保护（CDP）灾备技术要求	2015-4-1			设计、建设、运维	初设、施工图、施工工艺、验收与质量评定、试运行、运行、维护	信息	信息安全
210.5-61	YD/T 2707—2014	互联网主机网络安全属性描述格式	2015-4-1			规划、设计、采购、建设、运维	规划、初设、施工图、招标、品控、施工工艺、验收与质量评定、试运行、运行、维护	信息	信息安全
210.5-62	YD/T 2781—2014	电信和互联网服务 用户个人信息保护 定义及分类	2014-12-24			规划、设计、采购、建设、运维	规划、初设、施工图、招标、品控、施工工艺、验收与质量评定、试运行、运行、维护	信息	信息安全
210.5-63	YD/T 2782—2014	电信和互联网服务 用户个人信息保护 分级指南	2014-12-24			规划、设计、采购、建设、运维	规划、初设、施工图、招标、品控、施工工艺、验收与质量评定、试运行、运行、维护	信息	信息安全
210.5-64	YD/T 2842—2015	宽带网络接入服务器支持 WLAN 接入及用户认证的技术要求	2015-7-1			设计、建设、运维	初设、施工图、施工工艺、验收与质量评定、试运行、运行、维护	信息	信息安全
210.5-65	YD/T 2844.1—2015	移动终端可信环境技术要求 第1部分：总体	2015-7-1			设计、建设、运维	初设、施工图、施工工艺、验收与质量评定、试运行、运行、维护	信息	信息安全
210.5-66	YD/T 2844.2—2015	移动终端可信环境技术要求 第2部分：可信执行环境	2015-7-1			设计、建设、运维	初设、施工图、施工工艺、验收与质量评定、试运行、运行、维护	信息	信息安全
210.5-67	YD/T 2844.3—2015	移动终端可信环境技术要求 第3部分：安全存储	2015-7-1			设计、建设、运维	初设、施工图、施工工艺、验收与质量评定、试运行、运行、维护	信息	信息安全
210.5-68	YD/T 2844.4—2015	移动终端可信环境技术要求 第4部分：安全操作系统	2015-7-1			设计、建设、运维	初设、施工图、施工工艺、验收与质量评定、试运行、运行、维护	信息	信息安全
210.5-69	YD/T 2844.5—2015	移动终端可信环境技术要求 第5部分：与输入输出设备的安全交互	2016-7-1			设计、建设、运维	初设、施工图、施工工艺、验收与质量评定、试运行、运行、维护	信息	信息安全

续表

体系结构号	标准编号	标 准 名 称	实施日期	与国际标准对应关系	代替标准	阶段	分阶段	专业	分专业
210.5-70	YD/T 2845—2015	嵌入式通用集成电路卡（eUICC）及其远程管理的安全技术要求（第一阶段）	2015-7-1			设计、建设、运维	初设、施工图、施工工艺、验收与质量评定、试运行、运行、维护	信息	信息安全
210.5-71	YD/T 2846—2015	移动互联网安全监测体系架构	2015-7-1			规划、设计、建设	规划、初设、施工图、施工工艺、验收与质量评定、试运行	信息	信息安全
210.5-72	YD/T 2847—2015	移动互联网恶意程序监测与处置管理平台数据接口规范	2015-7-1			设计、建设、运维	初设、施工图、施工工艺、验收与质量评定、试运行、运行、维护	信息	信息安全
210.5-73	YD/T 2848.1—2015	移动互联网恶意程序检测方法　第1部分：网络侧	2015-7-1			建设、修试	验收与质量评定、试验	信息	信息安全
210.5-74	YD/T 2848.2—2015	移动互联网恶意程序检测方法　第2部分：终端侧	2015-7-1			建设、修试	验收与质量评定、试验	信息	信息安全
210.5-75	YD/T 2849—2015	移动互联网恶意程序疑似样本报送接口规范	2015-7-1			设计、建设、运维	初设、施工图、施工工艺、验收与质量评定、试运行、运行、维护	信息	信息安全
210.5-76	YD/T 2850—2015	灾备系统性能测试方法	2015-7-1			建设、修试	验收与质量评定、试验	信息	信息安全
210.5-77	YD/T 2851—2015	集中式僵尸网络检测与响应框架	2015-7-1			建设、运维、修试	验收与质量评定、运行、维护、试验	信息	信息安全
210.5-78	YD/T 2852—2015	移动增值业务公共安全框架和安全功能	2015-7-1			规划、设计、采购、建设、运维	规划、初设、施工图、招标、品控、施工工艺、验收与质量评定、试运行、运行、维护	信息	信息安全
210.5-79	YD/T 2908—2015	基于域名系统（DNS）的IP安全协议（IPSec）认证密钥存储技术要求	2016-4-1			设计、建设、运维	初设、施工图、施工工艺、验收与质量评定、试运行、运行、维护	信息	信息安全
210.5-80	YD/T 2914—2015	信息系统灾难恢复能力评估指标体系	2015-10-1			建设	验收与质量评定	信息	信息安全
210.5-81	YD/T 2915—2015	集中式远程数据备份技术要求	2015-10-1			设计、建设、运维	初设、施工图、施工工艺、验收与质量评定、试运行、运行、维护	信息	信息安全
210.5-82	YD/T 2916—2015	基于存储复制技术的数据灾备技术要求	2015-10-1			设计、建设、运维	初设、施工图、施工工艺、验收与质量评定、试运行、运行、维护	信息	信息安全

续表

体系结构号	标准编号	标 准 名 称	实施日期	与国际标准对应关系	代替标准	阶段	分阶段	专业	分专业
210.5-83	YD/T 3008—2016	域名服务安全状态检测要求	2016-4-1			建设、修试	验收与质量评定、试验	信息	信息安全
210.5-84	YD/T 3038—2015	钓鱼攻击举报数据交换协议技术要求	2016-7-1			设计、建设、运维	初设、施工图、施工工艺、验收与质量评定、试运行、运行、维护	信息	信息安全
210.5-85	YD/T 3039—2015	移动智能终端应用软件安全技术要求	2016-7-1			设计、建设、运维	初设、施工图、施工工艺、验收与质量评定、试运行、运行、维护	信息	信息安全
210.5-86	YD/T 3082—2016	移动智能终端上的个人信息保护技术要求	2016-7-1			设计、建设、运维	初设、施工图、施工工艺、验收与质量评定、试运行、运行、维护	信息	信息安全
210.5-87	YD/T 3148—2016	云计算安全框架	2016-10-1			规划、设计、采购、建设	规划、初设、施工图、招标、品控、施工工艺、验收与质量评定、试运行	信息	信息安全
210.5-88	YD/T 3149—2016	面向移动互联网的公共认证授权体系技术要求	2016-10-1			设计、建设、运维	初设、施工图、施工工艺、验收与质量评定、试运行、运行、维护	信息	信息安全
210.5-89	YD/T 3150—2016	网络电子身份标识 eID 验证服务接口技术要求	2016-10-1			设计、建设、运维	初设、施工图、施工工艺、验收与质量评定、试运行、运行、维护	信息	信息安全
210.5-90	YD/T 3151—2016	网络电子身份标识 eID 桌面应用接口技术要求	2016-10-1			设计、建设、运维	初设、施工图、施工工艺、验收与质量评定、试运行、运行、维护	信息	信息安全
210.5-91	YD/T 3152—2016	网络电子身份标识 eID 移动应用接口技术要求	2016-10-1			设计、建设、运维	初设、施工图、施工工艺、验收与质量评定、试运行、运行、维护	信息	信息安全
210.5-92	YD/T 3153—2016	Web 应用安全评估系统技术要求	2016-10-1			设计、建设、运维	初设、施工图、施工工艺、验收与质量评定、试运行、运行、维护	信息	信息安全
210.5-93	YD/T 3154—2016	网络电子身份标识 eID 验证服务接口测试方法	2016-10-1			建设、修试	验收与质量评定、试验	信息	信息安全
210.5-94	YD/T 3155—2016	网络电子身份标识 eID 移动应用接口测试方法	2016-10-1			建设、修试	验收与质量评定、试验	信息	信息安全
210.5-95	YD/T 3156—2016	网络电子身份标识 eID 桌面应用接口测试方法	2016-10-1			建设、修试	验收与质量评定、试验	信息	信息安全

续表

体系结构号	标准编号	标 准 名 称	实施日期	与国际标准对应关系	代替标准	阶段	分阶段	专业	分专业
210.5-96	YD/T 3157—2016	公有云服务安全防护要求	2016-10-1			规划、设计、采购、建设、运维	规划、初设、施工图、招标、品控、施工工艺、验收与质量评定、试运行、运行、维护	信息	信息安全
210.5-97	YD/T 3158—2016	公有云服务安全防护检测要求	2016-10-1			建设、修试	验收与质量评定、试验	信息	信息安全
210.5-98	YD/T 3159—2016	互联网接入服务系统安全防护要求	2016-10-1			规划、设计、采购、建设、运维	规划、初设、施工图、招标、品控、施工工艺、验收与质量评定、试运行、运行、维护	信息	信息安全
210.5-99	YD/T 3160—2016	互联网接入服务系统安全防护检测要求	2016-10-1			建设、修试	验收与质量评定、试验	信息	信息安全
210.5-100	YD/T 3161—2016	邮件系统安全防护要求	2016-10-1			规划、设计、采购、建设、运维	规划、初设、施工图、招标、品控、施工工艺、验收与质量评定、试运行、运行、维护	信息	信息安全
210.5-101	YD/T 3162—2016	邮件系统安全防护检测要求	2016-10-1			建设、修试	验收与质量评定、试验	信息	信息安全
210.5-102	YD/T 3163—2016	网络交易系统安全防护要求	2016-10-1			规划、设计、采购、建设、运维	规划、初设、施工图、招标、品控、施工工艺、验收与质量评定、试运行、运行、维护	信息	信息安全
210.5-103	YD/T 3164—2016	互联网资源协作服务信息安全管理系统技术要求	2016-7-11			设计、建设、运维	初设、施工图、施工工艺、验收与质量评定、试运行、运行、维护	信息	信息安全
210.5-104	YD/T 3165—2016	内容分发网络服务信息安全管理系统技术要求	2016-7-11			设计、建设、运维	初设、施工图、施工工艺、验收与质量评定、试运行、运行、维护	信息	信息安全
210.5-105	YD/T 3166—2016	IPv4/IPv6 过渡场景下基于 SAVI 技术的源地址验证及溯源技术要求	2016-10-1			设计、建设、运维	初设、施工图、施工工艺、验收与质量评定、试运行、运行、维护	信息	信息安全
210.5-106	YD/T 3169—2016	互联网新技术新业务信息安全评估指南	2016-10-1			建设、修试	验收与质量评定、试验	信息	信息安全
210.5-107	YD/T 3204—2016	网络电子身份标识 eID 体系架构	2017-1-1			规划、设计、采购、建设、运维	规划、初设、施工图、招标、品控、施工工艺、验收与质量评定、试运行、运行、维护	信息	信息安全

续表

体系结构号	标准编号	标 准 名 称	实施日期	与国际标准对应关系	代替标准	阶段	分阶段	专业	分专业
210.5-108	YD/T 3207—2016	多应用 eID 载体商用密码算法接口技术要求	2017-1-1			设计、建设、运维	初设、施工图、施工工艺、验收与质量评定、试运行、运行、维护	信息	信息安全
210.5-109	YD/T 3212—2017	内容分发网络服务信息安全管理系统接口规范	2017-1-9			设计、建设、运维	初设、施工图、施工工艺、验收与质量评定、试运行、运行、维护	信息	信息安全
210.5-110	YD/T 3213—2017	内容分发网络服务信息安全管理系统及接口测试方法	2017-1-9			建设、修试	验收与质量评定、试验	信息	信息安全
210.5-111	YD/T 3214—2017	互联网资源协作服务信息安全管理系统接口规范	2017-1-9			设计、建设、运维	初设、施工图、施工工艺、验收与质量评定、试运行、运行、维护	信息	信息安全
210.5-112	YD/T 3215—2017	互联网资源协作服务信息安全管理系统及接口测试方法	2017-1-9			建设、修试	验收与质量评定、试验	信息	信息安全
210.5-113	YD/T 3228—2017	移动应用软件安全评估方法	2017-1-9			建设、修试	验收与质量评定、试验	信息	信息安全
210.5-114	YD/T 3229—2017	基于移动通信系统的公共预警系统的安全技术要求	2017-1-9			设计、建设、运维	初设、施工图、施工工艺、验收与质量评定、试运行、运行、维护	信息	信息安全
210.5-115	YD/T 3314—2018	网络交易系统安全防护检测要求	2018-4-1			设计、建设、运维	初设、施工图、施工工艺、验收与质量评定、试运行、运行、维护	信息	信息安全
210.5-116	YD/T 3315—2018	电信网和互联网安全服务实施要求	2018-4-1			设计、建设、运维	初设、施工图、施工工艺、验收与质量评定、试运行、运行、维护	信息	信息安全
210.5-117	YD/T 3327—2018	电信和互联网服务 用户个人信息保护技术要求 即时通信服务	2019-4-1			设计、建设、运维	初设、施工图、施工工艺、验收与质量评定、试运行、运行、维护	信息	信息安全
210.5-118	YD/T 3367—2018	移动浏览器个人信息保护技术要求	2019-4-1			设计、建设、运维	初设、施工图、施工工艺、验收与质量评定、试运行、运行、维护	信息	信息安全
210.5-119	YD/T 3384—2018	移动网络虚假主叫拦截系统技术要求	2019-4-1			设计、建设、运维	初设、施工图、施工工艺、验收与质量评定、试运行、运行、维护	信息	信息安全

续表

体系结构号	标准编号	标 准 名 称	实施日期	与国际标准对应关系	代替标准	阶段	分阶段	专业	分专业
210.5-120	YD/T 3407—2018	集装箱式互联网数据中心安全技术要求	2019-4-1			设计、建设、运维	初设、施工图、施工工艺、验收与质量评定、试运行、运行、维护	信息	信息安全
210.5-121	YD/T 3411—2018	移动互联网环境下个人数据共享导则	2019-4-1			设计、建设、运维	初设、施工图、施工工艺、验收与质量评定、试运行、运行、维护	信息	信息安全
210.5-122	YD/T 5202—2015	移动通信基站安全防护技术暂行规定	2015-7-1			设计、建设、运维	初设、施工图、施工工艺、验收与质量评定、试运行、运行、维护	信息	信息安全
210.5-123	GA 267—2000	计算机信息系统雷电电磁脉冲安全防护规范	2001-3-1			设计、建设、运维	初设、施工图、施工工艺、验收与质量评定、试运行、运行、维护	信息	信息安全
210.5-124	GA/T 403.1—2014	信息安全技术　入侵检测产品安全技术要求　第 1 部分：网络型产品	2014-3-24		GA/T 403.1—2002	设计、采购、建设、运维	初设、施工图、招标、品控、施工工艺、验收与质量评定、试运行、运行、维护	信息	信息安全
210.5-125	GA/T 403.2—2014	信息安全技术入侵检测产品安全技术要求　第 2 部分：主机型产品	2014-3-24		GA/T 403.2—2002	设计、采购、建设、运维	初设、施工图、招标、品控、施工工艺、验收与质量评定、试运行、运行、维护	信息	信息安全
210.5-126	GA 609—2006	互联网信息服务系统安全保护技术措施　信息代码	2006-6-1			设计、采购、建设、运维	初设、施工图、招标、品控、施工工艺、验收与质量评定、试运行、运行、维护	信息	信息安全
210.5-127	GA/T 698—2014	信息安全技术　信息过滤产品技术要求	2014-3-24		GA/T 698—2007	设计、采购、建设、运维	初设、施工图、招标、品控、施工工艺、验收与质量评定、试运行、运行、维护	信息	信息安全
210.5-128	GA/T 1137—2014	信息安全技术抗拒绝服务攻击产品安全技术要求	2014-3-10			设计、采购、建设、运维	初设、施工图、招标、品控、施工工艺、验收与质量评定、试运行、运行、维护	信息	信息安全
210.5-129	GA/T 1138—2014	信息安全技术　主机资源访问控制产品安全技术要求	2014-3-10			设计、采购、建设、运维	初设、施工图、招标、品控、施工工艺、验收与质量评定、试运行、运行、维护	信息	信息安全
210.5-130	GA/T 1139—2014	信息安全技术　数据库扫描产品安全技术要求	2014-3-10			设计、采购、建设、运维	初设、施工图、招标、品控、施工工艺、验收与质量评定、试运行、运行、维护	信息	信息安全
210.5-131	GA/T 1140—2014	信息安全技术　web 应用防火墙安全技术要求	2014-3-12			设计、采购、建设、运维	初设、施工图、招标、品控、施工工艺、验收与质量评定、试运行、运行、维护	信息	信息安全

续表

体系结构号	标准编号	标 准 名 称	实施日期	与国际标准对应关系	代替标准	阶段	分阶段	专业	分专业
210.5-132	GA/T 1141—2014	信息安全技术主机安全等级保护配置要求	2014-3-14			设计、采购、建设、运维	初设、施工图、招标、品控、施工工艺、验收与质量评定、试运行、运行、维护	信息	信息安全
210.5-133	GA/T 1142—2014	信息安全技术主机安全检查产品安全技术要求	2014-3-14			设计、采购、建设、运维	初设、施工图、招标、品控、施工工艺、验收与质量评定、试运行、运行、维护	信息	信息安全
210.5-134	GA/T 1143—2014	信息安全技术 数据销毁软件产品安全技术要求	2014-3-14			设计、采购、建设、运维	初设、施工图、招标、品控、施工工艺、验收与质量评定、试运行、运行、维护	信息	信息安全
210.5-135	GA/T 1144—2014	信息安全技术非授权外联监测产品安全技术要求	2014-3-14			设计、采购、建设、运维	初设、施工图、招标、品控、施工工艺、验收与质量评定、试运行、运行、维护	信息	信息安全
210.5-136	GA/T 1177—2014	信息安全技术 第二代防火墙安全技术要求	2014-9-1			设计、采购、建设、运维	初设、施工图、招标、品控、施工工艺、验收与质量评定、试运行、运行、维护	信息	信息安全
210.5-137	GA 1277—2015	信息安全技术 互联网交互式服务安全保护要求	2016-1-1			设计、建设、运维	初设、施工图、施工工艺、验收与质量评定、试运行、运行、维护	信息	信息安全
210.5-138	GA 1278—2015	信息安全技术 互联网服务安全评估基本程序及要求	2016-1-1			规划、设计、采购、建设、运维、修试、退役	规划、初设、施工图、招标、品控、施工工艺、验收与质量评定、试运行、运行、维护、检修、试验、退役、报废	信息	信息安全
210.5-139	GA/T 1345—2017	信息安全技术 云计算网络入侵防御系统安全技术要求	2017-11-20			设计、建设、运维	初设、施工图、施工工艺、验收与质量评定、试运行、运行、维护	信息	信息安全
210.5-140	GA/T 1346—2017	信息安全技术 云操作系统安全技术要求	2017-11-20			设计、建设、运维	初设、施工图、施工工艺、验收与质量评定、试运行、运行、维护	信息	信息安全
210.5-141	GA/T 1347—2017	信息安全技术 云存储系统安全技术要求	2017-11-20			设计、建设、运维	初设、施工图、施工工艺、验收与质量评定、试运行、运行、维护	信息	信息安全
210.5-142	GA/T 1348—2017	信息安全技术 桌面云系统安全技术要求	2017-11-20			设计、建设、运维	初设、施工图、施工工艺、验收与质量评定、试运行、运行、维护	信息	信息安全

续表

体系结构号	标准编号	标 准 名 称	实施日期	与国际标准对应关系	代替标准	阶段	分阶段	专业	分专业
210.5-143	GA/T 1349—2017	信息安全技术 网络安全等级保护专用知识库接口规范	2017-11-20			设计、建设、运维	初设、施工图、施工工艺、验收与质量评定、试运行、运行、维护	信息	信息安全
210.5-144	GA/T 1350—2017	信息安全技术 工业控制系统安全管理平台安全技术要求	2017-11-20			设计、建设、运维	初设、施工图、施工工艺、验收与质量评定、试运行、运行、维护	信息	信息安全
210.5-145	GA/T 1389—2017	信息安全技术 网络安全等级保护定级指南	2017-5-8			设计、建设、运维	初设、施工图、施工工艺、验收与质量评定、试运行、运行、维护	信息	信息安全
210.5-146	GA/T 1390.2—2017	信息安全技术 网络安全等级保护基本要求 第2部分：云计算安全扩展要求	2017-5-8			设计、建设、运维	初设、施工图、施工工艺、验收与质量评定、试运行、运行、维护	信息	信息安全
210.5-147	GA/T 1390.3—2017	信息安全技术 网络安全等级保护基本要求 第3部分：移动互联安全扩展要求	2017-5-8			设计、建设、运维	初设、施工图、施工工艺、验收与质量评定、试运行、运行、维护	信息	信息安全
210.5-148	GA/T 1390.5—2017	信息安全技术 网络安全等级保护基本要求 第5部分：工业控制系统安全扩展要求	2017-5-8			设计、建设、运维	初设、施工图、施工工艺、验收与质量评定、试运行、运行、维护	信息	信息安全
210.5-149	GA/T 1392—2017	信息安全技术 主机文件监测产品安全技术要求	2017-4-19			设计、采购、建设、运维	初设、施工图、招标、品控、施工工艺、验收与质量评定、试运行、运行、维护	信息	信息安全
210.5-150	GA/T 1393—2017	信息安全技术 主机安全加固系统安全技术要求	2017-4-19			设计、建设、运维	初设、施工图、施工工艺、验收与质量评定、试运行、运行、维护	信息	信息安全
210.5-151	GA/T 1394—2017	信息安全技术 运维安全管理产品安全技术要求	2017-4-19			设计、建设、运维	初设、施工图、施工工艺、验收与质量评定、试运行、运行、维护	信息	信息安全
210.5-152	GA/T 1396—2017	信息安全技术 网站内容安全检查产品安全技术要求	2017-4-19			设计、建设、运维	初设、施工图、施工工艺、验收与质量评定、试运行、运行、维护	信息	信息安全
210.5-153	GA/T 1397—2017	信息安全技术 远程接入控制产品安全技术要求	2017-4-19			设计、建设、运维	初设、施工图、施工工艺、验收与质量评定、试运行、运行、维护	信息	信息安全
210.5-154	GM/T 0003.1—2012	SM2 椭圆曲线公钥密码算法 第1部分：总则	2012-3-21			设计、建设、运维	初设、施工图、施工工艺、验收与质量评定、试运行、运行、维护	信息	信息安全

续表

体系结构号	标准编号	标准名称	实施日期	与国际标准对应关系	代替标准	阶段	分阶段	专业	分专业
210.5-155	GM/T 0003.2—2012	SM2 椭圆曲线公钥密码算法　第2部分：数字签名算法	2012-3-21			设计、建设、运维	初设、施工图、施工工艺、验收与质量评定、试运行、运行、维护	信息	信息安全
210.5-156	GM/T 0003.3—2012	SM2 椭圆曲线公钥密码算法　第3部分：密钥交换协议	2012-3-21			设计、建设、运维	初设、施工图、施工工艺、验收与质量评定、试运行、运行、维护	信息	信息安全
210.5-157	GM/T 0003.4—2012	SM2 椭圆曲线公钥密码算法　第4部分：公钥加密算法	2012-3-21			设计、建设、运维	初设、施工图、施工工艺、验收与质量评定、试运行、运行、维护	信息	信息安全
210.5-158	GM/T 0003.5—2012	SM2 椭圆曲线公钥密码算法　第5部分：参数定义	2012-3-21			设计、建设、运维	初设、施工图、施工工艺、验收与质量评定、试运行、运行、维护	信息	信息安全
210.5-159	GM/T 0005—2012	随机性检测规范	2012-3-21			设计、建设、运维	初设、施工图、施工工艺、验收与质量评定、试运行、运行、维护	信息	信息安全
210.5-160	GM/T 0009—2012	SM2 密码算法使用规范	2012-11-22			设计、建设、运维	初设、施工图、施工工艺、验收与质量评定、试运行、运行、维护	信息	信息安全
210.5-161	GM/T 0014—2012	数字证书认证系统密码协议规范	2012-11-22			设计、建设、运维	初设、施工图、施工工艺、验收与质量评定、试运行、运行、维护	信息	信息安全
210.5-162	GM/T 0015—2012	基于 SM2 密码算法的数字证书格式规范	2012-11-22			设计、建设、运维	初设、施工图、施工工艺、验收与质量评定、试运行、运行、维护	信息	信息安全
210.5-163	GM/T 0022—2014	IPSec VPN 技术规范	2014-2-13			设计、建设、运维	初设、施工图、施工工艺、验收与质量评定、试运行、运行、维护	信息	信息安全
210.5-164	GM/T 0023—2014	IPSec VPN 网关产品规范	2014-2-13			设计、采购、建设、运维	初设、施工图、招标、品控、施工工艺、验收与质量评定、试运行、运行、维护	信息	信息安全
210.5-165	GM/T 0024—2014	SSL VPN 技术规范	2014-2-13			设计、建设、运维	初设、施工图、施工工艺、验收与质量评定、试运行、运行、维护	信息	信息安全
210.5-166	GM/T 0025—2014	SSL VPN 网关产品规范	2014-2-13			设计、采购、建设、运维	初设、施工图、招标、品控、施工工艺、验收与质量评定、试运行、运行、维护	信息	信息安全

续表

体系结构号	标准编号	标准名称	实施日期	与国际标准对应关系	代替标准	阶段	分阶段	专业	分专业
210.5-167	GM/T 0026—2014	安全认证网关产品规范	2014-2-13			设计、采购、建设、运维	初设、施工图、招标、品控、施工工艺、验收与质量评定、试运行、运行、维护	信息	信息安全
210.5-168	GM/T 0027—2014	智能密码钥匙技术规范	2014-2-13			设计、建设、运维	初设、施工图、施工工艺、验收与质量评定、试运行、运行、维护	信息	信息安全
210.5-169	GM/T 0028—2014	密码模块安全技术要求	2014-2-13			设计、建设、运维	初设、施工图、施工工艺、验收与质量评定、试运行、运行、维护	信息	信息安全
210.5-170	GM/T 0029—2014	签名验签服务器技术规范	2014-2-13			设计、建设、运维	初设、施工图、施工工艺、验收与质量评定、试运行、运行、维护	信息	信息安全
210.5-171	GM/T 0030—2014	服务器密码机技术规范	2014-2-13			设计、建设、运维	初设、施工图、施工工艺、验收与质量评定、试运行、运行、维护	信息	信息安全
210.5-172	GM/T 0031—2014	安全电子签章密码技术规范	2014-2-13			设计、建设、运维	初设、施工图、施工工艺、验收与质量评定、试运行、运行、维护	信息	信息安全
210.5-173	GM/T 0034—2014	基于 SM2 密码算法的证书认证系统密码及其相关安全技术规范	2014-2-13			设计、建设、运维	初设、施工图、施工工艺、验收与质量评定、试运行、运行、维护	信息	信息安全
210.5-174	GM/T 0035—2014	射频识别系统密码应用技术要求	2014-2-13			设计、建设、运维	初设、施工图、施工工艺、验收与质量评定、试运行、运行、维护	信息	信息安全
210.5-175	GM/T 0035.1—2014	射频识别系统密码应用技术要求　第 1 部分：密码安全保护框架及安全级别	2014-2-13			设计、建设、运维	初设、施工图、施工工艺、验收与质量评定、试运行、运行、维护	信息	信息安全
210.5-176	GM/T 0035.2—2014	射频识别系统密码应用技术要求　第 2 部分：电子标签芯片密码应用技术要求	2014-2-13			设计、建设、运维	初设、施工图、施工工艺、验收与质量评定、试运行、运行、维护	信息	信息安全
210.5-177	GM/T 0035.3—2014	射频识别系统密码应用技术要求　第 3 部分：读写器密码应用技术要求	2014-2-13			设计、建设、运维	初设、施工图、施工工艺、验收与质量评定、试运行、运行、维护	信息	信息安全
210.5-178	GM/T 0035.4—2014	射频识别系统密码应用技术要求　第 4 部分：电子标签与读写器通信密码应用技术要求	2014-2-13			设计、建设、运维	初设、施工图、施工工艺、验收与质量评定、试运行、运行、维护	信息	信息安全

续表

体系结构号	标准编号	标准名称	实施日期	与国际标准对应关系	代替标准	阶段	分阶段	专业	分专业
210.5-179	GM/T 0035.5—2014	射频识别系统密码应用技术要求　第5部分：密钥管理技术要求	2014-2-13			设计、建设、运维	初设、施工图、施工工艺、验收与质量评定、试运行、运行、维护	信息	信息安全
210.5-180	GM/T 0036—2014	采用非接触卡的门禁系统密码应用技术指南	2014-2-13			设计、建设、运维	初设、施工图、施工工艺、验收与质量评定、试运行、运行、维护	信息	信息安全
210.5-181	GM/T 0037—2014	证书认证系统检测规范	2014-2-13			建设、修试	验收与质量评定、试验	信息	信息安全
210.5-182	GM/T 0038—2014	证书认证密钥管理系统检测规范	2014-2-13			建设、修试	验收与质量评定、试验	信息	信息安全
210.5-183	GM/T 0039—2015	密码模块安全检测要求	2015-4-1			建设、修试	验收与质量评定、试验	信息	信息安全
210.5-184	GM/T 0044.1—2016	SM9标识密码算法　第1部分：总则	2016-3-28			建设、运维、修试	施工工艺、验收与质量评定、试运行、运行、维护、检修、试验	信息	信息安全
210.5-185	GM/T 0044.2—2016	SM9标识密码算法　第2部分：数字签名算法	2016-3-28			建设、运维、修试	施工工艺、验收与质量评定、试运行、运行、维护、检修、试验	信息	信息安全
210.5-186	GM/T 0044.3—2016	SM9标识密码算法　第3部分：密钥交换协议	2016-3-28			建设、运维、修试	施工工艺、验收与质量评定、试运行、运行、维护、检修、试验	信息	信息安全
210.5-187	GM/T 0044.4—2016	SM9标识密码算法　第4部分：密钥封装机制和公钥加密算法	2016-3-28			建设、运维、修试	施工工艺、验收与质量评定、试运行、运行、维护、检修、试验	信息	信息安全
210.5-188	GM/T 0044.5—2016	SM9标识密码算法　第5部分：参数定义	2016-3-28			建设、运维、修试	施工工艺、验收与质量评定、试运行、运行、维护、检修、试验	信息	信息安全
210.5-189	GM/T 0047—2016	安全电子签章密码检测规范	2016-12-23			建设、修试	验收与质量评定、试验	信息	信息安全
210.5-190	GM/T 0048—2016	智能密码钥匙密码检测规范	2016-12-23			建设、修试	验收与质量评定、试验	信息	信息安全
210.5-191	GM/T 0049—2016	密码键盘密码检测规范	2016-12-23			建设、修试	验收与质量评定、试验	信息	信息安全
210.5-192	GM/T 0050—2016	密码设备管理　设备管理技术规范	2016-12-23			设计、建设、运维	初设、施工图、施工工艺、验收与质量评定、试运行、运行、维护	信息	信息安全

续表

体系结构号	标准编号	标准名称	实施日期	与国际标准对应关系	代替标准	阶段	分阶段	专业	分专业
210.5-193	GM/T 0051—2016	密码设备管理 对称密钥管理技术规范	2016-12-23			设计、建设、运维	初设、施工图、施工工艺、验收与质量评定、试运行、运行、维护	信息	信息安全
210.5-194	GM/T 0052—2016	密码设备管理 VPN 设备监察管理规范	2016-12-23			建设、运维	施工工艺、验收与质量评定、试运行、运行、维护	信息	信息安全
210.5-195	GM/T 0053—2016	密码设备管理 远程监控与合规性检验接口数据规范	2016-12-23			设计、建设、运维	初设、施工图、施工工艺、验收与质量评定、试运行、运行、维护	信息	信息安全
210.5-196	GM/T 0054—2018	信息系统密码应用基本要求	2018-2-8			设计、建设、运维	初设、施工图、施工工艺、验收与质量评定、试运行、运行、维护	信息	信息安全
210.5-197	GM/T 0055—2018	电子文件密码应用技术规范	2018-5-2			设计、建设、运维	初设、施工图、施工工艺、验收与质量评定、试运行、运行、维护	信息	信息安全
210.5-198	GM/T 0056—2018	多应用载体密码应用接口规范	2018-5-2			设计、建设、运维	初设、施工图、施工工艺、验收与质量评定、试运行、运行、维护	信息	信息安全
210.5-199	GM/T 0057—2018	基于IBC技术的身份鉴别规范	2018-5-2			设计、建设、运维	初设、施工图、施工工艺、验收与质量评定、试运行、运行、维护	信息	信息安全
210.5-200	GM/T 0058—2018	可信计算 TCM 服务模块接口规范	2018-5-2			设计、建设、运维	初设、施工图、施工工艺、验收与质量评定、试运行、运行、维护	信息	信息安全
210.5-201	GM/T 0059—2018	服务器密码机检测规范	2018-5-2			设计、建设、运维	初设、施工图、施工工艺、验收与质量评定、试运行、运行、维护	信息	信息安全
210.5-202	GM/T 0060—2018	签名验签服务器检测规范	2018-5-2			设计、建设、运维	初设、施工图、施工工艺、验收与质量评定、试运行、运行、维护	信息	信息安全
210.5-203	GM/T 0061—2018	动态口令密码应用检测规范	2018-5-2			设计、建设、运维	初设、施工图、施工工艺、验收与质量评定、试运行、运行、维护	信息	信息安全
210.5-204	GM/T 0062—2018	密码产品随机数检测要求	2018-5-2			设计、建设、运维	初设、施工图、施工工艺、验收与质量评定、试运行、运行、维护	信息	信息安全

体系结构号	标准编号	标　准　名　称	实施日期	与国际标准对应关系	代替标准	阶段	分阶段	专业	分专业
210.5-205	RB/T 204—2014	上网行为管理系统安全评价规范	2015-3-1			建设、运维、修试	验收与质量评定、运行、维护、试验	信息	信息安全
210.5-206	RB/T 205—2014	抗拒绝服务系统安全评价规范	2015-3-1			建设、运维、修试	验收与质量评定、运行、维护、试验	信息	信息安全
210.5-207	GB 4943.1—2011	信息技术设备　安全　第1部分：通用要求	2012-12-1	IEC 60950-1: 2005，MOD	GB 4943—2001	规划、设计、采购、建设、运维、修试、退役	规划、初设、施工图、招标、品控、施工工艺、验收与质量评定、试运行、运行、维护、检修、试验、退役、报废	信息	信息安全
210.5-208	GB/T 9361—2011	计算站场地安全要求	2012-5-1		GB 9361—1988	设计、建设、运维	初设、施工图、施工工艺、验收与质量评定、试运行、运行、维护	信息	信息安全
210.5-209	GB/T 9387.2—1995	信息处理系统　开放系统互连基本参考模型　第2部分：安全体系结构	1996-2-1	ISO 7498-2: 1989，IDT		规划、设计、建设	规划、初设、施工图、施工工艺、验收与质量评定、试运行	信息	信息安全
210.5-210	GB/T 15843.1—2017	信息技术　安全技术　实体鉴别　第1部分：总则	2018-7-1	ISO/IEC 9798-1: 2010	GB/T 15843.1—2008	规划、设计、采购、建设、运维、修试、退役	规划、初设、施工图、招标、品控、施工工艺、验收与质量评定、试运行、运行、维护、检修、试验、退役、报废	信息	信息安全
210.5-211	GB/T 15843.2—2017	信息技术　安全技术　实体鉴别　第2部分：采用对称加密算法的机制	2018-7-1	ISO/IEC 9798-2: 2008	GB/T 15843.2—2008	设计、建设、运维	初设、施工图、施工工艺、验收与质量评定、试运行、运行、维护	信息	信息安全
210.5-212	GB/T 15843.3—2016	信息技术　安全技术　实体鉴别　第3部分：采用数字签名技术的机制	2016-11-1	ISO/IEC 9798-3: 1998，IDT	GB/T 15843.3—2008	设计、建设、运维	初设、施工图、施工工艺、验收与质量评定、试运行、运行、维护	信息	信息安全
210.5-213	GB/T 15843.6—2018	信息技术　安全技术　实体鉴别　第6部分：采用人工数据传递的机制	2019-4-1			设计、建设、运维	初设、施工图、施工工艺、验收与质量评定、试运行、运行、维护	信息	信息安全
210.5-214	GB/T 15851.3—2018	信息技术　安全技术　带消息恢复的数字签名方案　第3部分：基于离散对数的机制	2019-7-1		GB/T 15851—1995	设计、建设、运维	初设、施工图、施工工艺、验收与质量评定、试运行、运行、维护	信息	信息安全
210.5-215	GB/T 17143.7—1997	信息技术　开放系统互连　系统管理　第7部分：安全告警报告功能	1998-8-1	ISO/IEC 10164-7: 1992，IDT		设计、建设、运维	初设、施工图、施工工艺、验收与质量评定、试运行、运行、维护	信息	信息安全

续表

体系结构号	标准编号	标 准 名 称	实施日期	与国际标准对应关系	代替标准	阶段	分阶段	专业	分专业
210.5-216	GB 17859—1999	计算机信息系统 安全保护等级划分准则	2001-1-1	DoD 5200.28-STD，REF；NCSC-TG-005，REF		规划、设计、采购、建设、运维、修试、退役	规划、初设、施工图、招标、品控、施工工艺、验收与质量评定、试运行、运行、维护、检修、试验、退役、报废	信息	信息安全
210.5-217	GB/T 17900—1999	网络代理服务器的安全技术要求	2000-5-1			设计、建设、运维	初设、施工图、施工工艺、验收与质量评定、试运行、运行、维护	信息	信息安全
210.5-218	GB/T 17902.2—2005	信息技术 安全技术 带附录的数字签名 第2部分：基于身份的机制	2005-10-1	ISO/IEC 14888-2: 1999，IDT		设计、建设、运维	初设、施工图、施工工艺、验收与质量评定、试运行、运行、维护	信息	信息安全
210.5-219	GB/T 17902.3—2005	信息技术 安全技术 带附录的数字签名 第3部分：基于证书的机制	2005-10-1	ISO/IEC 14888-3: 1998，IDT		设计、建设、运维	初设、施工图、施工工艺、验收与质量评定、试运行、运行、维护	信息	信息安全
210.5-220	GB/T 17963—2000	信息技术 开放系统互连 网络层安全协议	2000-8-1	ISO/IEC 11577: 1995，IDT		设计、采购、建设、运维、修试、退役	初设、施工图、招标、品控、施工工艺、验收与质量评定、试运行、运行、维护、检修、试验、退役、报废	信息	信息安全
210.5-221	GB/T 18018—2007	信息安全技术 路由器安全技术要求	2007-12-1		GB/T 18018—1999	设计、采购、建设、运维	初设、施工图、招标、品控、施工工艺、验收与质量评定、试运行、运行、维护	信息	信息安全
210.5-222	GB/T 18336.1—2015	信息技术 安全技术 信息技术安全评估准则 第1部分：简介和一般模型	2016-1-1	ISO/IEC 15408-1: 2009，IDT	GB/T 18336.1—2008	运维、修试	运行、维护、试验	信息	信息安全
210.5-223	GB/T 18336.2—2015	信息技术 安全技术 信息技术安全评估准则 第2部分：安全功能组件	2016-1-1	ISO/IEC 15408-2: 2008，IDT	GB/T 18336.2—2008	运维、修试	运行、维护、试验	信息	信息安全
210.5-224	GB/T 18336.3—2015	信息技术 安全技术 信息技术安全评估准则 第3部分：安全保障组件	2016-1-1	ISO/IEC 15408-3: 2008，IDT	GB/T 18336.3—2008	运维、修试	运行、维护、试验	信息	信息安全
210.5-225	GB/T 18794.1—2002	信息技术 开放系统互连 开放系统安全框架 第1部分：概述	2002-12-1	ISO/IEC 10181-1: 1996，IDT		设计、建设	初设、施工图、施工工艺、验收与质量评定、试运行	信息	信息安全
210.5-226	GB/T 18794.2—2002	信息技术 开放系统互连开放系统安全框架 第2部分：鉴别框架	2002-12-1	ISO/IEC 10181-2: 1996，IDT		设计、建设	初设、施工图、施工工艺、验收与质量评定、试运行	信息	信息安全

续表

体系结构号	标准编号	标 准 名 称	实施日期	与国际标准对应关系	代替标准	阶段	分阶段	专业	分专业
210.5-227	GB/T 18794.3—2003	信息技术 开放系统互连 开放系统安全框架 第3部分：访问控制框架	2004-8-1	ISO/IEC 10181-3: 1996，IDT		设计、建设	初设、施工图、施工工艺、验收与质量评定、试运行	信息	信息安全
210.5-228	GB/T 18794.4—2003	信息技术 开放系统互连 开放系统安全框架 第4部分：抗抵赖框架	2004-8-1	ISO/IEC 10181-4: 1997，IDT		设计、建设	初设、施工图、施工工艺、验收与质量评定、试运行	信息	信息安全
210.5-229	GB/T 18794.5—2003	信息技术 开放系统互连 开放系统安全框架 第5部分：机密性框架	2004-8-1	ISO/IEC 10181-5: 1996，IDT		设计、建设	初设、施工图、施工工艺、验收与质量评定、试运行	信息	信息安全
210.5-230	GB/T 18794.6—2003	信息技术 开放系统互连 开放系统安全框架 第6部分：完整性框架	2004-8-1	ISO/IEC 10181-6: 1996，IDT		设计、建设	初设、施工图、施工工艺、验收与质量评定、试运行	信息	信息安全
210.5-231	GB/T 18794.7—2003	信息技术 开放系统互连 开放系统安全框架 第7部分：安全审计和报警框架	2004-8-1	ISO/IEC 10181-7: 1996，IDT		设计、建设	初设、施工图、施工工艺、验收与质量评定、试运行	信息	信息安全
210.5-232	GB/T 19713—2005	信息技术 安全技术 公钥基础设施 在线证书状态协议	2005-10-1	IETF RFC2560，NEQ		设计、采购、建设、运维	初设、施工图、招标、品控、施工工艺、验收与质量评定、试运行、运行、维护	信息	信息安全
210.5-233	GB/T 19714—2005	信息技术 安全技术 公钥基础设施 证书管理协议	2005-10-1	IETF RFC2510，NEQ		设计、采购、建设、运维	初设、施工图、招标、品控、施工工艺、验收与质量评定、试运行、运行、维护	信息	信息安全
210.5-234	GB/T 19771—2005	信息技术 安全技术 公钥基础设施 PKI组件最小互操作规范	2005-12-1			设计、建设、运维	初设、施工图、施工工艺、验收与质量评定、试运行、运行、维护	信息	信息安全
210.5-235	GB/T 20008—2005	信息安全技术 操作系统安全评估准则	2006-5-1			建设、修试	验收与质量评定、试验	信息	信息安全
210.5-236	GB/T 20009—2005	信息安全技术 数据库管理系统安全评估准则	2006-5-1			建设、修试	验收与质量评定、试验	信息	信息安全
210.5-237	GB/T 20010—2005	信息安全技术 包过滤防火墙评估准则	2006-5-1			建设、修试	验收与质量评定、试验	信息	信息安全
210.5-238	GB/T 20011—2005	信息安全技术 路由器安全评估准则	2006-5-1			建设、修试	验收与质量评定、试验	信息	信息安全
210.5-239	GB/T 20269—2006	信息安全技术 信息系统安全管理要求	2006-12-1			运维	运行、维护	信息	信息安全

续表

体系结构号	标准编号	标准名称	实施日期	与国际标准对应关系	代替标准	阶段	分阶段	专业	分专业
210.5-240	GB/T 20270—2006	信息安全技术　网络基础安全技术要求	2006-12-1			设计、建设、运维	初设、施工图、施工工艺、验收与质量评定、试运行、运行、维护	信息	信息安全
210.5-241	GB/T 20271—2006	信息安全技术　信息系统通用安全技术要求	2006-12-1			设计、建设、运维	初设、施工图、施工工艺、验收与质量评定、试运行、运行、维护	信息	信息安全
210.5-242	GB/T 20272—2006	信息安全技术　操作系统安全技术要求	2006-12-1			设计、建设、运维	初设、施工图、施工工艺、验收与质量评定、试运行、运行、维护	信息	信息安全
210.5-243	GB/T 20273—2006	信息安全技术　数据库管理系统安全技术要求	2006-12-1			设计、建设、运维	初设、施工图、施工工艺、验收与质量评定、试运行、运行、维护	信息	信息安全
210.5-244	GB/T 20274.1—2006	信息安全技术　信息系统安全保障评估框架　第1部分：简介和一般模型	2006-12-1			建设、修试	验收与质量评定、试验	信息	信息安全
210.5-245	GB/T 20274.3—2008	信息安全技术　信息系统安全保障评估框架　第3部分：管理保障	2008-12-1			建设、修试	验收与质量评定、试验	信息	信息安全
210.5-246	GB/T 20274.2—2008	信息安全技术　信息系统安全保障评估框架　第2部分：技术保障	2008-12-1			建设、修试	验收与质量评定、试验	信息	信息安全
210.5-247	GB/T 20274.4—2008	信息安全技术　信息系统安全保障评估框架　第4部分：工程保障	2008-12-1			建设、修试	验收与质量评定、试验	信息	信息安全
210.5-248	GB/T 20275—2013	信息安全技术　网络入侵检测系统技术要求和测试评价方法	2014-7-15		GB/T 20275—2006	设计、建设、运维、修试	初设、施工图、施工工艺、验收与质量评定、试运行、运行、维护、试验	信息	信息安全
210.5-249	GB/T 20276—2016	信息安全技术　具有中央处理器的 IC 卡嵌入式软件安全技术要求	2017-3-1		GB/T 20276—2006	设计、建设、运维	初设、施工图、施工工艺、验收与质量评定、试运行、运行、维护	信息	信息安全
210.5-250	GB/T 20277—2015	信息安全技术　网络和终端隔离产品测试评价方法	2016-1-1		GB/T 20277—2006	建设、修试	验收与质量评定、试验	信息	信息安全
210.5-251	GB/T 20279—2015	信息安全技术　网络和终端隔离产品安全技术要求	2016-1-1		GB/T 20279—2006	设计、建设、运维	初设、施工图、施工工艺、验收与质量评定、试运行、运行、维护	信息	信息安全

续表

体系结构号	标准编号	标准名称	实施日期	与国际标准对应关系	代替标准	阶段	分阶段	专业	分专业
210.5-252	GB/T 20280—2006	信息安全技术 网络脆弱性扫描产品测试评价方法	2006-12-1			建设、修试	验收与质量评定、试验	信息	信息安全
210.5-253	GB/T 20281—2015	信息安全技术 防火墙安全技术要求和测试评价方法	2016-1-1		GB/T 20281—2006	设计、建设、运维、修试	初设、施工图、施工工艺、验收与质量评定、试运行、运行、维护、试验	信息	信息安全
210.5-254	GB/T 20282—2006	信息安全技术 信息系统安全工程管理要求	2006-12-1			建设、运维	施工工艺、验收与质量评定、试运行、运行、维护	信息	信息安全
210.5-255	GB/Z 20283—2006	信息安全技术 保护轮廓和安全目标产生指南	2006-12-1	ISO/IEC TR 15446: 2004		设计、建设	初设、施工图、施工工艺、验收与质量评定、试运行	信息	信息安全
210.5-256	GB/T 20518—2018	信息安全技术 公钥基础设施 数字证书格式	2019-1-1		GB/T 20518—2006	规划、设计、采购、建设、运维、修试、退役	规划、初设、施工图、招标、品控、施工工艺、验收与质量评定、试运行、运行、维护、检修、试验、退役、报废	信息	信息安全
210.5-257	GB/T 20520—2006	信息安全技术 公钥基础设施 时间戳规范	2007-2-1			设计、建设、运维	初设、施工图、施工工艺、验收与质量评定、试运行、运行、维护	信息	信息安全
210.5-258	GB/T 20945—2013	信息安全技术 信息系统安全审计产品技术要求和测试评价方法	2014-7-15		GB/T 20945—2007	设计、建设、运维、修试	初设、施工图、施工工艺、验收与质量评定、试运行、运行、维护、试验	信息	信息安全
210.5-259	GB/T 20984—2007	信息安全技术 信息安全风险评估规范	2007-11-1			建设、运维	验收与质量评定、运行、维护	信息	信息安全
210.5-260	GB/T 20985.1—2017	信息技术 安全技术 信息安全事件管理 第1部分：事件管理原理	2018-7-1	ISO/IEC 27035-1: 2016	GB/Z 20985—2007	运维	运行、维护	信息	信息安全
210.5-261	GB/Z 20986—2007	信息安全技术 信息安全事件分类分级指南	2007-11-1			运维	运行、维护	信息	信息安全
210.5-262	GB/T 20988—2007	信息安全技术 信息系统灾难恢复规范	2007-11-1			运维	运行、维护	信息	信息安全
210.5-263	GB/T 21028—2007	信息安全技术 服务器安全技术要求	2007-12-1			设计、建设、运维	初设、施工图、施工工艺、验收与质量评定、试运行、运行、维护	信息	信息安全

续表

体系结构号	标准编号	标准名称	实施日期	与国际标准对应关系	代替标准	阶段	分阶段	专业	分专业
210.5-264	GB/T 21050—2007	信息安全技术 网络交换机安全技术要求（评估保证级 3）	2008-1-1			设计、建设、运维	初设、施工图、施工工艺、验收与质量评定、试运行、运行、维护	信息	信息安全
210.5-265	GB/T 21052—2007	信息安全技术 信息系统物理安全技术要求	2008-1-1			设计、建设、运维	初设、施工图、施工工艺、验收与质量评定、试运行、运行、维护	信息	信息安全
210.5-266	GB/T 21053—2007	信息安全技术 公钥基础设施 PKI 系统安全等级保护技术要求	2008-1-1			设计、建设、运维	初设、施工图、施工工艺、验收与质量评定、试运行、运行、维护	信息	信息安全
210.5-267	GB/T 21054—2007	信息安全技术 公钥基础设施 PKI 系统安全等级保护评估准则	2008-1-1			建设、修试	验收与质量评定、试验	信息	信息安全
210.5-268	GB/T 22080—2016	信息技术 安全技术 信息安全管理体系 要求	2017-3-1	ISO/IEC 27001: 2013	GB/T 22080—2008	规划、设计、采购、建设、运维、修试、退役	规划、初设、施工图、招标、品控、施工工艺、验收与质量评定、试运行、运行、维护、检修、试验、退役、报废	信息	信息安全
210.5-269	GB/T 22081—2016	信息技术 安全技术 信息安全控制实践指南	2017-3-1	ISO/IEC 27002: 2013	GB/T 22081—2008	运维	运行、维护	信息	信息安全
210.5-270	GB/T 22186—2016	信息安全技术 具有中央处理器的 IC 卡芯片安全技术要求	2017-3-1		GB/T 22186—2008	设计、建设、运维	初设、施工图、施工工艺、验收与质量评定、试运行、运行、维护	信息	信息安全
210.5-271	GB/T 22239—2008	信息安全技术 信息系统安全等级保护基本要求	2008-11-1			规划、设计、采购、建设、运维	规划、初设、施工图、招标、品控、施工工艺、验收与质量评定、试运行、运行、维护	信息	信息安全
210.5-272	GB/T 22240—2008	信息安全技术 信息系统安全等级保护定级指南	2008-11-1			设计、采购、建设、运维	初设、施工图、招标、品控、施工工艺、验收与质量评定、试运行、运行、维护	信息	信息安全
210.5-273	GB/T 20278—2013	信息安全技术 网络脆弱性扫描产品安全技术要求	2014-7-15		GB/T 20278—2006	设计、建设、运维	初设、施工图、施工工艺、验收与质量评定、试运行、运行、维护	信息	信息安全
210.5-274	GB/Z 24364—2009	信息安全技术 信息安全风险管理指南	2009-12-1			运维	运行、维护	信息	信息安全
210.5-275	GB/T 25056—2018	信息安全技术 证书认证系统密码及其相关安全技术规范	2019-1-1		GB/T 25056—2010	设计、建设、运维	初设、施工图、施工工艺、验收与质量评定、试运行、运行、维护	信息	信息安全

续表

体系结构号	标准编号	标 准 名 称	实施日期	与国际标准对应关系	代替标准	阶段	分阶段	专业	分专业
210.5-276	GB/T 25063—2010	信息安全技术 服务器安全测评要求	2011-2-1			建设、修试	验收与质量评定、试验	信息	信息安全
210.5-277	GB/T 25066—2010	信息安全技术 信息安全产品类别与代码	2011-2-1		GA 163—1997	规划、设计、采购、建设、运维、修试、退役	规划、初设、施工图、招标、品控、施工工艺、验收与质量评定、试运行、运行、维护、检修、试验、退役、报废	信息	信息安全
210.5-278	GB/T 25067—2016	信息技术 安全技术 信息安全管理体系审核和认证机构要求	2017-5-1	ISO/IEC 27006: 2011	GB/T 25067—2010	采购、建设、运维	招标、品控、施工工艺、验收与质量评定、试运行、运行、维护	信息	信息安全
210.5-279	GB/T 25070—2010	信息安全技术 信息系统等级保护安全设计技术要求	2011-2-1			设计、建设、运维	初设、施工图、施工工艺、验收与质量评定、试运行、运行、维护	信息	信息安全
210.5-280	GB/T 28448—2012	信息安全技术 信息系统安全等级保护测评要求	2012-10-1			建设	验收与质量评定	信息	信息安全
210.5-281	GB/T 28449—2018	信息安全技术 网络安全等级保护测评过程指南	2019-7-1		GB/T 28449—2012	建设	验收与质量评定	信息	信息安全
210.5-282	GB/T 28452—2012	信息安全技术 应用软件系统通用安全技术要求	2012-10-1			设计、建设、运维	初设、施工图、施工工艺、验收与质量评定、试运行、运行、维护	信息	信息安全
210.5-283	GB/T 28453—2012	信息安全技术 信息系统安全管理评估要求	2012-10-1			建设	验收与质量评定	信息	信息安全
210.5-284	GB/T 28458—2012	信息安全技术 安全漏洞标识与描述规范	2012-10-1			规划、设计、采购、建设、运维	规划、初设、施工图、招标、品控、施工工艺、验收与质量评定、试运行、运行、维护	信息	信息安全
210.5-285	GB/T 29240—2012	信息安全技术 终端计算机通用安全技术要求与测试评价方法	2013-6-1			设计、建设、运维	初设、施工图、施工工艺、验收与质量评定、试运行、运行、维护	信息	信息安全
210.5-286	GB/T 29246—2017	信息技术 安全技术 信息安全管理体系 概述和词汇	2018-7-1	ISO/IEC 27000: 2016	GB/T 29246—2012	规划、设计、采购、建设、运维	规划、初设、施工图、招标、品控、施工工艺、验收与质量评定、试运行、运行、维护	信息	信息安全
210.5-287	GB/Z 29638—2013	电气/电子/可编程电子安全相关系统的功能安全 功能安全概念及 GB/T 20438 系列概况	2013-12-15	IEC/TR 61508-0: 2005, IDT		规划、设计、采购、建设、运维	规划、初设、施工图、招标、品控、施工工艺、验收与质量评定、试运行、运行、维护	信息	信息安全

续表

体系结构号	标准编号	标准名称	实施日期	与国际标准对应关系	代替标准	阶段	分阶段	专业	分专业
210.5-288	GB/T 29765—2013	信息安全技术　数据备份与恢复产品技术要求与测试评价方法	2014-5-1			设计、建设、运维	初设、施工图、施工工艺、验收与质量评定、试运行、运行、维护	信息	信息安全
210.5-289	GB/T 29766—2013	信息安全技术　网站数据恢复产品技术要求与测试评价方法	2014-5-1			设计、建设、运维	初设、施工图、施工工艺、验收与质量评定、试运行、运行、维护	信息	信息安全
210.5-290	GB/T 29767—2013	信息安全技术　公钥基础设施 桥 CA 体系证书分级规范	2014-5-1			建设、运维	施工工艺、验收与质量评定、试运行、运行、维护	信息	信息安全
210.5-291	GB/T 29827—2013	信息安全技术　可信计算规范 可信平台主板功能接口	2014-2-1			设计、建设、运维	初设、施工图、施工工艺、验收与质量评定、试运行、运行、维护	信息	信息安全
210.5-292	GB/T 29828—2013	信息安全技术　可信计算规范 可信连接架构	2014-2-1			设计、建设	初设、施工图、施工工艺、验收与质量评定、试运行	信息	信息安全
210.5-293	GB/T 29829—2013	信息安全技术　可信计算密码支撑平台功能与接口规范	2014-2-1			设计、建设、运维	初设、施工图、施工工艺、验收与质量评定、试运行、运行、维护	信息	信息安全
210.5-294	GB/Z 29830.1—2013	信息技术　安全技术　信息技术安全保障框架　第 1 部分：综述和框架	2014-2-1	ISO/IEC TR 15443-1: 2005，IDT		设计、建设	初设、施工图、施工工艺、验收与质量评定、试运行	信息	信息安全
210.5-295	GB/Z 29830.2—2013	信息技术　安全技术　信息技术安全保障框架　第 2 部分：保障方法	2014-2-1	ISO/IEC TR 15443-2: 2005，IDT		设计、建设	初设、施工图、施工工艺、验收与质量评定、试运行	信息	信息安全
210.5-296	GB/Z 29830.3—2013	信息技术　安全技术　信息技术安全保障框架　第 3 部分：保障方法分析	2014-2-1	ISO/IEC TR 15443-3: 2007，IDT		设计、建设	初设、施工图、施工工艺、验收与质量评定、试运行	信息	信息安全
210.5-297	GB/T 29861—2013	IPTV 安全体系架构	2014-2-1			规划、设计、采购、建设、运维	规划、初设、施工图、招标、品控、施工工艺、验收与质量评定、试运行、运行、维护	信息	信息安全
210.5-298	GB/T 30269.807—2018	信息技术　传感器网络　第 807 部分：测试网络传输安全	2019-4-1			建设、修试	验收与质量评定、试验	信息	信息安全
210.5-299	GB/T 30270—2013	信息技术　安全技术　信息技术安全性评估方法	2014-7-15	ISO/IEC 18045: 2005，IDT		建设、修试	验收与质量评定、试验	信息	信息安全

续表

体系结构号	标准编号	标准名称	实施日期	与国际标准对应关系	代替标准	阶段	分阶段	专业	分专业
210.5-300	GB/T 30271—2013	信息安全技术　信息安全服务能力评估准则	2014-7-15			建设、修试	验收与质量评定、试验	信息	信息安全
210.5-301	GB/T 30272—2013	信息安全技术　公钥基础设施 标准一致性测试评价指南	2014-7-15			建设、修试	验收与质量评定、试验	信息	信息安全
210.5-302	GB/T 30273—2013	信息安全技术　信息系统安全保障通用评估指南	2014-7-15			建设、修试	验收与质量评定、试验	信息	信息安全
210.5-303	GB/T 30275—2013	信息安全技术　鉴别与授权 认证中间件框架与接口规范	2014-7-15			设计、建设、运维	初设、施工图、施工工艺、验收与质量评定、试运行、运行、维护	信息	信息安全
210.5-304	GB/T 30276—2013	信息安全技术　信息安全漏洞管理规范	2014-7-15			运维	运行、维护	信息	信息安全
210.5-305	GB/T 30278—2013	信息安全技术　政务计算机终端核心配置规范	2014-7-15			建设、运维	施工工艺、验收与质量评定、试运行、运行、维护	信息	信息安全
210.5-306	GB/T 30279—2013	信息安全技术　安全漏洞等级划分指南	2014-7-15			规划、设计、采购、建设、运维	规划、初设、施工图、招标、品控、施工工艺、验收与质量评定、试运行、运行、维护	信息	信息安全
210.5-307	GB/T 30280—2013	信息安全技术　鉴别与授权 地理空间可扩展访问控制置标语言	2014-7-15			设计、采购、建设、运维	初设、施工图、招标、品控、施工工艺、验收与质量评定、试运行、运行、维护	信息	信息安全
210.5-308	GB/T 30281—2013	信息安全技术　鉴别与授权 可扩展访问控制标记语言	2014-7-15			设计、采购、建设、运维	初设、施工图、招标、品控、施工工艺、验收与质量评定、试运行、运行、维护	信息	信息安全
210.5-309	GB/T 30282—2013	信息安全技术　反垃圾邮件产品技术要求和测试评价方法	2014-7-15			设计、建设、运维、修试	初设、施工图、施工工艺、验收与质量评定、试运行、运行、维护、试验	信息	信息安全
210.5-310	GB/T 30283—2013	信息安全技术　信息安全服务 分类	2014-7-15			规划、设计、采购、建设、运维	规划、初设、施工图、招标、品控、施工工艺、验收与质量评定、试运行、运行、维护	信息	信息安全
210.5-311	GB/T 30285—2013	信息安全技术　灾难恢复中心建设与运维管理规范	2014-7-15			建设、运维	施工工艺、验收与质量评定、试运行、运行、维护	信息	信息安全

续表

体系结构号	标准编号	标 准 名 称	实施日期	与国际标准对应关系	代替标准	阶段	分阶段	专业	分专业
210.5-312	GB/Z 30286—2013	信息安全技术 信息系统保护轮廓和信息系统安全目标产生指南	2014-7-15			设计、建设	初设、施工图、施工工艺、验收与质量评定、试运行	信息	信息安全
210.5-313	GB/T 30998—2014	信息技术 软件安全保障规范	2015-2-1			设计、建设、运维	初设、施工图、施工工艺、验收与质量评定、试运行、运行、维护	信息	信息安全
210.5-314	GB/T 31167—2014	信息安全技术 云计算服务安全指南	2015-4-1			规划、设计、采购、建设、运维	规划、初设、施工图、招标、品控、施工工艺、验收与质量评定、试运行、运行、维护	信息	信息安全
210.5-315	GB/T 31168—2014	信息安全技术 云计算服务安全能力要求	2015-4-1			设计、建设	初设、施工图、施工工艺、验收与质量评定、试运行	信息	信息安全
210.5-316	GB/T 31491—2015	无线网络访问控制技术规范	2016-1-1			设计、建设、运维	初设、施工图、施工工艺、验收与质量评定、试运行、运行、维护	信息	信息安全
210.5-317	GB/T 31495.1—2015	信息安全技术 信息安全保障指标体系及评价方法 第1部分：概念和模型	2016-1-1			建设、运维	验收与质量评定、运行、维护	信息	信息安全
210.5-318	GB/T 31495.2—2015	信息安全技术 信息安全保障指标体系及评价方法 第2部分：指标体系	2016-1-1			建设、运维	验收与质量评定、运行、维护	信息	信息安全
210.5-319	GB/T 31495.3—2015	信息安全技术 信息安全保障指标体系及评价方法 第3部分：实施指南	2016-1-1			建设、运维	验收与质量评定、运行、维护	信息	信息安全
210.5-320	GB/T 31496—2015	信息技术 安全技术 信息安全管理体系实施指南	2016-1-1	ISO/IEC 27003: 2010, IDT		建设、运维	验收与质量评定、运行、维护	信息	信息安全
210.5-321	GB/T 31497—2015	信息技术 安全技术 信息安全管理 测量	2016-1-1	ISO/IEC 27004: 2009, IDT		建设、修试	验收与质量评定、试验	信息	信息安全
210.5-322	GB/T 31499—2015	信息安全技术 统一威胁管理产品技术要求和测试评价方法	2016-1-1			设计、建设、运维、修试	初设、施工图、施工工艺、验收与质量评定、试运行、运行、维护、试验	信息	信息安全
210.5-323	GB/T 31500—2015	信息安全技术 存储介质数据恢复服务要求	2016-1-1			运维、修试	运行、维护、试验	信息	信息安全

体系结构号	标准编号	标 准 名 称	实施日期	与国际标准对应关系	代替标准	阶段	分阶段	专业	分专业
210.5-324	GB/T 31501—2015	信息安全技术 鉴别与授权 授权应用程序判定接口规范	2016-1-1			建设、运维、修试	验收与质量评定、运行、维护、试验	信息	信息安全
210.5-325	GB/T 31502—2015	信息安全技术 电子支付系统安全保护框架	2016-1-1			设计、建设、运维	初设、施工图、施工工艺、验收与质量评定、试运行、运行、维护	信息	信息安全
210.5-326	GB/T 31503—2015	信息安全技术 电子文档加密与签名消息语法	2016-1-1			设计、建设、运维	初设、施工图、施工工艺、验收与质量评定、试运行、运行、维护	信息	信息安全
210.5-327	GB/T 31504—2015	信息安全技术 鉴别与授权 数字身份信息服务框架规范	2016-1-1			建设、修试	验收与质量评定、试验	信息	信息安全
210.5-328	GB/T 31505—2015	信息安全技术 主机型防火墙安全技术要求和测试评价方法	2016-1-1			设计、建设、运维、修试	初设、施工图、施工工艺、验收与质量评定、试运行、运行、维护、试验	信息	信息安全
210.5-329	GB/T 31506—2015	信息安全技术 政府门户网站系统安全技术指南	2016-1-1			设计、建设、运维	初设、施工图、施工工艺、验收与质量评定、试运行、运行、维护	信息	信息安全
210.5-330	GB/T 31507—2015	信息安全技术 智能卡通用安全检测指南	2016-1-1			建设、修试	验收与质量评定、试验	信息	信息安全
210.5-331	GB/T 31508—2015	信息安全技术 公钥基础设施 数字证书策略分类分级规范	2016-1-1			设计、采购、建设、运维、修试、退役	初设、施工图、招标、品控、施工工艺、验收与质量评定、试运行、运行、维护、检修、试验、退役、报废	信息	信息安全
210.5-332	GB/T 31509—2015	信息安全技术 信息安全风险评估实施指南	2016-1-1			建设、修试	验收与质量评定、试验	信息	信息安全
210.5-333	GB/T 31722—2015	信息技术 安全技术 信息安全风险管理	2016-2-1	ISO/IEC 27005: 2008，IDT		规划、设计、采购、建设、运维、修试、退役	规划、初设、施工图、招标、品控、施工工艺、验收与质量评定、试运行、运行、维护、检修、试验、退役、报废	信息	信息安全
210.5-334	GB/T 32213—2015	信息安全技术 公钥基础设施 远程口令鉴别与密钥建立规范	2016-8-1			运维	运行、维护	信息	信息安全

续表

体系结构号	标准编号	标 准 名 称	实施日期	与国际标准对应关系	代替标准	阶段	分阶段	专业	分专业
210.5-335	GB/T 32351—2015	电力信息安全水平评价指标	2016-7-1			建设、修试	验收与质量评定、试验	信息	信息安全
210.5-336	GB/T 32905—2016	信息安全技术 SM3 密码杂凑算法	2017-3-1			建设	施工工艺、验收与质量评定、试运行	信息	信息安全
210.5-337	GB/Z 32906—2016	信息安全技术 中小电子商务企业信息安全建设指南	2017-3-1			规划、设计、采购、建设	规划、初设、施工图、招标、品控、施工工艺、验收与质量评定、试运行	信息	信息安全
210.5-338	GB/T 32907—2016	信息安全技术 SM4 分组密码算法	2017-3-1			建设	施工工艺、验收与质量评定、试运行	信息	信息安全
210.5-339	GB/T 32914—2016	信息安全技术 信息安全服务提供方管理要求	2017-3-1			采购、建设、运维	招标、品控、施工工艺、验收与质量评定、试运行、运行、维护	信息	信息安全
210.5-340	GB/T 32915—2016	信息安全技术 二元序列随机性检测方法	2017-3-1			建设、修试	验收与质量评定、试验	信息	信息安全
210.5-341	GB/Z 32916—2016	信息技术 安全技术 信息安全控制措施审核员指南	2017-3-1	ISO/IEC TR 27008: 2011		运维	运行、维护	信息	信息安全
210.5-342	GB/T 32917—2016	信息安全技术 WEB 应用防火墙安全技术要求与测试评价方法	2017-3-1			设计、建设、运维、修试	初设、施工图、施工工艺、验收与质量评定、试运行、运行、维护、试验	信息	信息安全
210.5-343	GB/T 32918.1—2016	信息安全技术 SM2 椭圆曲线公钥密码算法 第 1 部分：总则	2017-3-1			建设	施工工艺、验收与质量评定、试运行	信息	信息安全
210.5-344	GB/T 32918.2—2016	信息安全技术 SM2 椭圆曲线公钥密码算法 第 2 部分：数字签名算法	2017-3-1			建设	施工工艺、验收与质量评定、试运行	信息	信息安全
210.5-345	GB/T 32918.3—2016	信息安全技术 SM2 椭圆曲线公钥密码算法 第 3 部分：密钥交换协议	2017-3-1			建设	施工工艺、验收与质量评定、试运行	信息	信息安全
210.5-346	GB/T 32918.4—2016	信息安全技术 SM2 椭圆曲线公钥密码算法 第 4 部分：公钥加密算法	2017-3-1			建设	施工工艺、验收与质量评定、试运行	信息	信息安全
210.5-347	GB/T 32918.5—2017	信息安全技术 SM2 椭圆曲线公钥密码算法 第 5 部分：参数定义	2017-12-1			建设	施工工艺、验收与质量评定、试运行	信息	信息安全

续表

体系结构号	标准编号	标 准 名 称	实施日期	与国际标准对应关系	代替标准	阶段	分阶段	专业	分专业
210.5-348	GB/T 32921—2016	信息安全技术　信息技术产品供应方行为安全准则	2017-3-1			采购、建设	招标、品控、施工工艺、验收与质量评定、试运行	信息	信息安全
210.5-349	GB/T 32922—2016	信息安全技术　IPSec VPN 安全接入基本要求与实施指南	2017-3-1			建设、运维	施工工艺、验收与质量评定、试运行、运行、维护	信息	信息安全
210.5-350	GB/T 32923—2016	信息技术　安全技术　信息安全治理	2017-3-1	ISO/IEC 27014: 2013		规划、设计、采购、建设、运维、修试、退役	规划、初设、施工图、招标、品控、施工工艺、验收与质量评定、试运行、运行、维护、检修、试验、退役、报废	信息	信息安全
210.5-351	GB/T 32924—2016	信息安全技术　网络安全预警指南	2017-3-1			建设、修试	验收与质量评定、试验	信息	信息安全
210.5-352	GB/T 32927—2016	信息安全技术　移动智能终端安全架构	2017-3-1			设计、建设	初设、施工图、施工工艺、验收与质量评定、试运行	信息	信息安全
210.5-353	GB/T 33131—2016	信息安全技术　基于 IPSec 的 IP 存储网络安全技术要求	2017-5-1			设计、建设、运维	初设、施工图、施工工艺、验收与质量评定、试运行、运行、维护	信息	信息安全
210.5-354	GB/T 33132—2016	信息安全技术　信息安全风险处理实施指南	2017-5-1			建设、运维	施工工艺、验收与质量评定、试运行、运行、维护	信息	信息安全
210.5-355	GB/T 33133.1—2016	信息安全技术　祖冲之序列密码算法　第 1 部分：算法描述	2017-5-1			建设	施工工艺、验收与质量评定、试运行	信息	信息安全
210.5-356	GB/T 33134—2016	信息安全技术　公共域名服务系统安全要求	2017-5-1			规划、设计	规划、初设、施工图	信息	信息安全
210.5-357	GB/T 33138—2016	存储备份系统等级和测试方法	2017-5-1			建设、修试	验收与质量评定、试验	信息	信息安全
210.5-358	GB/T 33560—2017	信息安全技术　密码应用标识规范	2017-12-1			规划、设计、采购、建设、运维	规划、初设、施工图、招标、品控、施工工艺、验收与质量评定、试运行、运行、维护	信息	信息安全
210.5-359	GB/T 33561—2017	信息安全技术　安全漏洞分类	2017-12-1			规划、设计、采购、建设、运维	规划、初设、施工图、招标、品控、施工工艺、验收与质量评定、试运行、运行、维护	信息	信息安全

续表

体系结构号	标准编号	标准名称	实施日期	与国际标准对应关系	代替标准	阶段	分阶段	专业	分专业
210.5-360	GB/T 33562—2017	信息安全技术　安全域名系统实施指南	2017-12-1			建设、运维	施工工艺、验收与质量评定、试运行、运行、维护	信息	信息安全
210.5-361	GB/T 33563—2017	信息安全技术　无线局域网客户端安全技术要求（评估保障级2级增强）	2017-12-1			设计、建设、运维	初设、施工图、施工工艺、验收与质量评定、试运行、运行、维护	信息	信息安全
210.5-362	GB/T 33565—2017	信息安全技术　无线局域网接入系统安全技术要求（评估保障级2级增强）	2017-12-1			设计、建设、运维	初设、施工图、施工工艺、验收与质量评定、试运行、运行、维护	信息	信息安全
210.5-363	GB/T 34942—2017	信息安全技术　云计算服务安全能力评估方法	2018-5-1			建设、修试	验收与质量评定、试验	信息	信息安全
210.5-364	GB/T 34943—2017	C/C++语言源代码漏洞测试规范	2018-5-1			建设、修试	验收与质量评定、试验	信息	信息安全
210.5-365	GB/T 34944—2017	Java语言源代码漏洞测试规范	2018-5-1			建设、修试	验收与质量评定、试验	信息	信息安全
210.5-366	GB/T 34945—2017	信息技术　数据溯源描述模型	2018-5-1			设计、建设、运维	初设、施工图、施工工艺、验收与质量评定、试运行、运行、维护	信息	信息安全
210.5-367	GB/T 34946—2017	C#语言源代码漏洞测试规范	2018-5-1	ISO 10791-10: 2007		建设、修试	验收与质量评定、试验	信息	信息安全
210.5-368	GB/T 34953.1—2017	信息技术　安全技术　匿名实体鉴别　第1部分：总则	2018-5-1	ISO/IEC 20009-1: 2013		规划、设计、采购、建设、运维、修试、退役	规划、初设、施工图、招标、品控、施工工艺、验收与质量评定、试运行、运行、维护、检修、试验、退役、报废	信息	信息安全
210.5-369	GB/T 34953.2—2018	信息技术　安全技术　匿名实体鉴别　第2部分：基于群组公钥签名的机制	2019-4-1			规划、设计、采购、建设、运维、修试、退役	规划、初设、施工图、招标、品控、施工工艺、验收与质量评定、试运行、运行、维护、检修、试验、退役、报废	信息	信息安全
210.5-370	GB/T 34975—2017	信息安全技术　移动智能终端应用软件安全技术要求和测试评价方法	2018-5-1			设计、建设、运维、修试	初设、施工图、施工工艺、验收与质量评定、试运行、运行、维护、试验	信息	信息安全
210.5-371	GB/T 34976—2017	信息安全技术　移动智能终端操作系统安全技术要求和测试评价方法	2018-5-1			设计、建设、运维、修试	初设、施工图、施工工艺、验收与质量评定、试运行、运行、维护、试验	信息	信息安全

续表

体系结构号	标准编号	标 准 名 称	实施日期	与国际标准对应关系	代替标准	阶段	分阶段	专业	分专业
210.5-372	GB/T 34977—2017	信息安全技术 移动智能终端数据存储安全技术要求与测试评价方法	2018-5-1			设计、建设、运维、修试	初设、施工图、施工工艺、验收与质量评定、试运行、运行、维护、试验	信息	信息安全
210.5-373	GB/T 34978—2017	信息安全技术 移动智能终端个人信息保护技术要求	2018-5-1			设计、建设、运维	初设、施工图、施工工艺、验收与质量评定、试运行、运行、维护	信息	信息安全
210.5-374	GB/T 34990—2017	信息安全技术 信息系统安全管理平台技术要求和测试评价方法	2018-5-1			设计、建设、运维、修试	初设、施工图、施工工艺、验收与质量评定、试运行、运行、维护、试验	信息	信息安全
210.5-375	GB/T 35101—2017	信息安全技术 智能卡读写机具安全技术要求（EAL4 增强）	2018-5-1			设计、建设、运维	初设、施工图、施工工艺、验收与质量评定、试运行、运行、维护	信息	信息安全
210.5-376	GB/T 35273—2017	信息安全技术 个人信息安全规范	2018-5-1			规划、设计、建设、运维	规划、初设、施工图、施工工艺、验收与质量评定、试运行、运行、维护	信息	信息安全
210.5-377	GB/T 35274—2017	信息安全技术 大数据服务安全能力要求	2018-7-1			设计、建设、运维	初设、施工图、施工工艺、验收与质量评定、试运行、运行、维护	信息	信息安全
210.5-378	GB/T 35275—2017	信息安全技术 SM2 密码算法加密签名消息语法规范	2018-7-1			规划、设计、建设、运维	规划、初设、施工图、施工工艺、验收与质量评定、试运行、运行、维护	信息	信息安全
210.5-379	GB/T 35276—2017	信息安全技术 SM2 密码算法使用规范	2018-7-1			建设、运维	施工工艺、验收与质量评定、试运行、运行、维护	信息	信息安全
210.5-380	GB/T 35277—2017	信息安全技术 防病毒网关安全技术要求和测试评价方法	2018-7-1			设计、建设、运维、修试	初设、施工图、施工工艺、验收与质量评定、试运行、运行、维护、试验	信息	信息安全
210.5-381	GB/T 35278—2017	信息安全技术 移动终端安全保护技术要求	2018-7-1			设计、建设、运维	初设、施工图、施工工艺、验收与质量评定、试运行、运行、维护	信息	信息安全
210.5-382	GB/T 35279—2017	信息安全技术 云计算安全参考架构	2018-7-1			设计、建设	初设、施工图、施工工艺、验收与质量评定、试运行	信息	信息安全

续表

体系结构号	标准编号	标 准 名 称	实施日期	与国际标准对应关系	代替标准	阶段	分阶段	专业	分专业
210.5-383	GB/T 35280—2017	信息安全技术 信息技术产品安全检测机构条件和行为准则	2018-7-1			建设、修试	验收与质量评定、试验	信息	信息安全
210.5-384	GB/T 35281—2017	信息安全技术 移动互联网应用服务器安全技术要求	2018-7-1			设计、建设、运维	初设、施工图、施工工艺、验收与质量评定、试运行、运行、维护	信息	信息安全
210.5-385	GB/T 35283—2017	信息安全技术 计算机终端核心配置基线结构规范	2018-7-1			设计、建设	初设、施工图、施工工艺	信息	信息安全
210.5-386	GB/T 35284—2017	信息安全技术 网站身份和系统安全要求与评估方法	2018-7-1			设计、建设、修试	初设、施工图、施工工艺、验收与质量评定、试运行、试验	信息	信息安全
210.5-387	GB/T 35285—2017	信息安全技术 公钥基础设施 基于数字证书的可靠电子签名生成及验证技术要求	2018-7-1			设计、建设、运维	初设、施工图、施工工艺、验收与质量评定、试运行、运行、维护	信息	信息安全
210.5-388	GB/T 35286—2017	信息安全技术 低速无线个域网空口安全测试规范	2018-7-1			建设、修试	验收与质量评定、试验	信息	信息安全
210.5-389	GB/T 35287—2017	信息安全技术 网站可信标识技术指南	2018-7-1			设计、建设、运维	初设、施工图、施工工艺、验收与质量评定、试运行、运行、维护	信息	信息安全
210.5-390	GB/T 35288—2017	信息安全技术 电子认证服务机构从业人员岗位技能规范	2018-7-1			建设、运维	施工工艺、验收与质量评定、试运行、运行、维护	信息	信息安全
210.5-391	GB/T 35289—2017	信息安全技术 电子认证服务机构服务质量规范	2018-7-1			建设、运维	施工工艺、验收与质量评定、试运行、运行、维护	信息	信息安全
210.5-392	GB/T 35290—2017	信息安全技术 射频识别（RFID）系统通用安全技术要求	2018-7-1			设计、建设、运维	初设、施工图、施工工艺、验收与质量评定、试运行、运行、维护	信息	信息安全
210.5-393	GB/T 35291—2017	信息安全技术 智能密码钥匙应用接口规范	2018-7-1			设计、建设、运维	初设、施工图、施工工艺、验收与质量评定、试运行、运行、维护	信息	信息安全
210.5-394	GB/T 35673—2017	工业通信网络 网络和系统安全 系统安全要求和安全等级	2018-7-1			设计、建设、运维	初设、施工图、施工工艺、验收与质量评定、试运行、运行、维护	信息	信息安全

续表

体系结构号	标准编号	标准名称	实施日期	与国际标准对应关系	代替标准	阶段	分阶段	专业	分专业
210.5-395	GB/T 36047—2018	电力信息系统安全检查规范	2018-10-1			设计、建设、运维	初设、施工图、施工工艺、验收与质量评定、试运行、运行、维护	信息	信息安全
210.5-396	GB/T 36099—2018	基于行为声明的应用软件可信性验证	2018-10-1			设计、建设、运维	初设、施工图、施工工艺、验收与质量评定、试运行、运行、维护	信息	信息安全
210.5-397	GB/T 36322—2018	信息安全技术　密码设备应用接口规范	2019-1-1			设计、建设、运维	初设、施工图、施工工艺、验收与质量评定、试运行、运行、维护	信息	信息安全
210.5-398	GB/T 36618—2018	信息安全技术　金融信息服务安全规范	2019-4-1			设计、建设、运维	初设、施工图、施工工艺、验收与质量评定、试运行、运行、维护	信息	信息安全
210.5-399	GB/T 36624—2018	信息技术　安全技术　可鉴别的加密机制	2019-4-1			设计、建设、运维	初设、施工图、施工工艺、验收与质量评定、试运行、运行、维护	信息	信息安全
210.5-400	GB/T 36626—2018	信息安全技术　信息系统安全运维管理指南	2019-4-1			设计、建设、运维	初设、施工图、施工工艺、验收与质量评定、试运行、运行、维护	信息	信息安全
210.5-401	GB/T 36627—2018	信息安全技术　网络安全等级保护测试评估技术指南	2019-4-1			设计、建设、运维	初设、施工图、施工工艺、验收与质量评定、试运行、运行、维护	信息	信息安全
210.5-402	GB/T 36630.1—2018	信息安全技术　信息技术产品安全可控评价指标　第1部分：总则	2019-4-1			设计、建设、运维	初设、施工图、施工工艺、验收与质量评定、试运行、运行、维护	信息	信息安全
210.5-403	GB/T 36630.2—2018	信息安全技术　信息技术产品安全可控评价指标　第2部分：中央处理器	2019-4-1			设计、建设、运维	初设、施工图、施工工艺、验收与质量评定、试运行、运行、维护	信息	信息安全
210.5-404	GB/T 36630.3—2018	信息安全技术　信息技术产品安全可控评价指标　第3部分：操作系统	2019-4-1			设计、建设、运维	初设、施工图、施工工艺、验收与质量评定、试运行、运行、维护	信息	信息安全
210.5-405	GB/T 36630.4—2018	信息安全技术　信息技术产品安全可控评价指标　第4部分：办公套件	2019-4-1			设计、建设、运维	初设、施工图、施工工艺、验收与质量评定、试运行、运行、维护	信息	信息安全
210.5-406	GB/T 36630.5—2018	信息安全技术　信息技术产品安全可控评价指标　第5部分：通用计算机	2019-4-1			设计、建设、运维	初设、施工图、施工工艺、验收与质量评定、试运行、运行、维护	信息	信息安全

续表

体系结构号	标准编号	标准名称	实施日期	与国际标准对应关系	代替标准	阶段	分阶段	专业	分专业
210.5-407	GB/T 36631—2018	信息安全技术　时间戳策略和时间戳业务操作规则	2019-4-1			设计、建设、运维	初设、施工图、施工工艺、验收与质量评定、试运行、运行、维护	信息	信息安全
210.5-408	GB/T 36633—2018	信息安全技术　网络用户身份鉴别技术指南	2019-4-1			设计、建设、运维	初设、施工图、施工工艺、验收与质量评定、试运行、运行、维护	信息	信息安全
210.5-409	GB/T 36635—2018	信息安全技术　网络安全监测基本要求与实施指南	2019-4-1			设计、建设、运维	初设、施工图、施工工艺、验收与质量评定、试运行、运行、维护	信息	信息安全
210.5-410	GB/T 36637—2018	信息安全技术　ICT 供应链安全风险管理指南	2019-5-1			设计、建设、运维	初设、施工图、施工工艺、验收与质量评定、试运行、运行、维护	信息	信息安全
210.5-411	GB/T 36639—2018	信息安全技术　可信计算规范　服务器可信支撑平台	2019-4-1			设计、建设、运维	初设、施工图、施工工艺、验收与质量评定、试运行、运行、维护	信息	信息安全
210.5-412	GB/T 36643—2018	信息安全技术　网络安全威胁信息格式规范	2019-5-1			设计、建设、运维	初设、施工图、施工工艺、验收与质量评定、试运行、运行、维护	信息	信息安全
210.5-413	GB/T 36644—2018	信息安全技术　数字签名应用安全证明获取方法	2019-4-1			设计、建设、运维	初设、施工图、施工工艺、验收与质量评定、试运行、运行、维护	信息	信息安全
210.5-414	GB/T 36950—2018	信息安全技术　智能卡安全技术要求（EAL4+）	2019-7-1			设计、建设、运维	初设、施工图、施工工艺、验收与质量评定、试运行、运行、维护	信息	信息安全
210.5-415	GB/T 36957—2018	信息安全技术　灾难恢复服务要求	2019-7-1			设计、建设、运维	初设、施工图、施工工艺、验收与质量评定、试运行、运行、维护	信息	信息安全
210.5-416	GB/T 36958—2018	信息安全技术　网络安全等级保护安全管理中心技术要求	2019-7-1			设计、建设、运维	初设、施工图、施工工艺、验收与质量评定、试运行、运行、维护	信息	信息安全
210.5-417	GB/T 36959—2018	信息安全技术　网络安全等级保护测评机构能力要求和评估规范	2019-7-1			设计、建设、运维	初设、施工图、施工工艺、验收与质量评定、试运行、运行、维护	信息	信息安全
210.5-418	GB/T 36960—2018	信息安全技术　鉴别与授权　访问控制中间件框架与接口	2019-7-1			设计、建设、运维	初设、施工图、施工工艺、验收与质量评定、试运行、运行、维护	信息	信息安全

续表

体系结构号	标准编号	标 准 名 称	实施日期	与国际标准对应关系	代替标准	阶段	分阶段	专业	分专业
210.5-419	GB/T 36968—2018	信息安全技术 IPSec VPN 技术规范	2019-7-1			设计、建设、运维	初设、施工图、施工工艺、验收与质量评定、试运行、运行、维护	信息	信息安全
210.5-420	GB/T 37002—2018	信息安全技术 电子邮件系统安全技术要求	2019-7-1			设计、建设、运维	初设、施工图、施工工艺、验收与质量评定、试运行、运行、维护	信息	信息安全
210.5-421	GB/T 37027—2018	信息安全技术 网络攻击定义及描述规范	2019-7-1			设计、建设、运维	初设、施工图、施工工艺、验收与质量评定、试运行、运行、维护	信息	信息安全
210.5-422	GB/T 37033.1—2018	信息安全技术 射频识别系统密码应用技术要求 第1部分：密码安全保护框架及安全级别	2019-7-1			设计、建设、运维	初设、施工图、施工工艺、验收与质量评定、试运行、运行、维护	信息	信息安全
210.5-423	GB/T 37033.2—2018	信息安全技术 射频识别系统密码应用技术要求 第2部分：电子标签与读写器及其通信密码应用技术要求	2019-7-1			设计、建设、运维	初设、施工图、施工工艺、验收与质量评定、试运行、运行、维护	信息	信息安全
210.5-424	GB/T 37033.3—2018	信息安全技术 射频识别系统密码应用技术要求 第3部分：密钥管理技术要求	2019-7-1			设计、建设、运维	初设、施工图、施工工艺、验收与质量评定、试运行、运行、维护	信息	信息安全
210.5-425	GB/T 37046—2018	信息安全技术 灾难恢复服务能力评估准则	2019-7-1			建设、修试	验收与质量评定、试验	信息	信息安全
210.5-426	GB/T 37090—2018	信息安全技术 病毒防治产品安全技术要求和测试评价方法	2019-7-1			设计、建设、运维	初设、施工图、施工工艺、验收与质量评定、试运行、运行、维护	信息	信息安全
210.5-427	GB/T 37091—2018	信息安全技术 安全办公U盘安全技术要求	2019-7-1			设计、建设、运维	初设、施工图、施工工艺、验收与质量评定、试运行、运行、维护	信息	信息安全
210.5-428	GB/T 37092—2018	信息安全技术 密码模块安全要求	2019-7-1			设计、建设、运维	初设、施工图、施工工艺、验收与质量评定、试运行、运行、维护	信息	信息安全
210.5-429	GB/T 37094—2018	信息安全技术 办公信息系统安全管理要求	2019-7-1			设计、建设、运维	初设、施工图、施工工艺、验收与质量评定、试运行、运行、维护	信息	信息安全

续表

体系结构号	标准编号	标 准 名 称	实施日期	与国际标准对应关系	代替标准	阶段	分阶段	专业	分专业
210.5-430	GB/T 37095—2018	信息安全技术 办公信息系统安全基本技术要求	2019-7-1			设计、建设、运维	初设、施工图、施工工艺、验收与质量评定、试运行、运行、维护	信息	信息安全
210.5-431	GB/T 37096—2018	信息安全技术 办公信息系统安全测试规范	2019-7-1			建设、修试	验收与质量评定、试验	信息	信息安全
210.5-432	GB/T 37138—2018	电力信息系统安全等级保护实施指南	2019-7-1			设计、建设、运维	初设、施工图、施工工艺、验收与质量评定、试运行、运行、维护	信息	信息安全
210.5-433	ANSI INCITS 494—2012（R2017）	信息技术 角色访问控制	2017-1-1		ANSI INCITS 494—2012	规划、设计、采购、建设、运维、修试、退役	规划、初设、施工图、招标、品控、施工工艺、验收与质量评定、试运行、运行、维护、检修、试验、退役、报废	信息	信息安全
210.5-434	ANSI INCITS ISO IEC 9797-2—2012	信息技术 保密技术 电文鉴别代码（MACS） 第2部分：专用散列函数的作用原理		ISO/IEC 9797-2—2011，IDT	ANSI INCITS ISO IEC 9797-2—2002	设计、建设、运维	初设、施工图、施工工艺、验收与质量评定、试运行、运行、维护	信息	信息安全
210.5-435	ANSI INCITS ISO IEC 9797-3—2012	信息技术 保密技术 消息验证码（MACs） 第3部分：利用一种普遍散列函数的机制		ISO/IEC 9797-3—2011，IDT		设计、建设、运维	初设、施工图、施工工艺、验收与质量评定、试运行、运行、维护	信息	信息安全
210.5-436	ANSI INCITS ISO IEC 11770-5—2012	信息技术 保密技术 密钥管理 第5部分：组秘钥管理		ISO/IEC 11770-5—2011，IDT		建设、运维	施工工艺、验收与质量评定、试运行、运行、维护	信息	信息安全
210.5-437	ANSI INCITS ISO IEC 15408-1—2012	信息技术 安全技术 IT安全的评价标准 第1部分：介绍和通用模型		ISO/IEC 15408-1—2009，IDT	ANSI INCITS ISO IEC 15408-1—2008	设计、建设、运维	初设、施工图、施工工艺、验收与质量评定、试运行、运行、维护	信息	信息安全
210.5-438	ANSI INCITS ISO IEC 15946-5—2012	信息技术 保密技术 基于椭圆曲线的密码技术 第5部分：椭圆曲线生成		ISO/IEC 15946-5—2009，IDT		设计、建设、运维	初设、施工图、施工工艺、验收与质量评定、试运行、运行、维护	信息	信息安全
210.5-439	ANSI INCITS ISO IEC 18033-3—2012	信息技术 保密技术 加密算法 第3部分：分组密码		ISO/IEC 18033-3—2010，IDT	ANSI INCITS IS0 IEC 18033-3—2005；ANSI INCITS ISO IEC 18033-3 Corri 1—2009；ANSI INCITS ISO IEC 18033-3 Corri 2—2009；ANSI INCITS ISO IEC 18033-3 Corri 3—2009	设计、建设、运维	初设、施工图、施工工艺、验收与质量评定、试运行、运行、维护	信息	信息安全

体系结构号	标准编号	标 准 名 称	实施日期	与国际标准对应关系	代替标准	阶段	分阶段	专业	分专业
210.5-440	ANSI INCITS ISO IEC 18033-4—2012	信息技术 保密技术 加密算法 第4部分：序列密码		ISO/IEC 18033-4—2011，IDT	ANSI INCITS ISO IEC 18033-4—2005	设计、建设、运维	初设、施工图、施工工艺、验收与质量评定、试运行、运行、维护	信息	信息安全
210.5-441	ANSI INCITS ISO IEC 19792—2012	信息技术 保密技术 生物统计学安全性评估		ISO/IEC 19792—2009，IDT		建设、修试	验收与质量评定、试验	信息	信息安全
210.5-442	ANSI INCITS ISO IEC 24745—2012	信息技术 保密技术 生物计量信息保护		ISO/IEC 24745—2011，IDT		规划、设计、采购、建设、运维、修试、退役	规划、初设、施工图、招标、品控、施工工艺、验收与质量评定、试运行、运行、维护、检修、试验、退役、报废	信息	信息安全
210.5-443	ANSI INCITS ISO IEC 27003—2012	信息技术 保密技术 信息安全管理系统执行指南		ISO/IEC 27003—2010，IDT		建设、运维	施工工艺、验收与质量评定、试运行、运行、维护	信息	信息安全
210.5-444	ANSI INCITS ISO IEC 27005—2012	信息技术 安全技术 信息安全风险管理		ISO/IEC 27005—2009，IDT	ANSI INCITS ISO TEC 27005—2009	建设、运维	施工工艺、验收与质量评定、试运行、运行、维护	信息	信息安全
210.5-445	ANSI INCITS ISO IEC 27007-—2012	信息技术 保密技术 信息安全管理系统审计导则		ISO/IEC 27007—2011，IDT		设计、建设、运维	初设、施工图、施工工艺、验收与质量评定、试运行、运行、维护	信息	信息安全
210.5-446	ANSI INCITS ISO IEC 27033-1—2012	信息技术 保密技术 网络安全 第1部分：概述和概念		ISO/IEC 27033-1—2009，IDT		规划、设计、采购、建设、运维、修试、退役	规划、初设、施工图、招标、品控、施工工艺、验收与质量评定、试运行、运行、维护、检修、试验、退役、报废	信息	信息安全
210.5-447	ANSI INCITS ISO IEC 29100—2012	信息技术 保密技术 隐私框架		ISO/IEC 29100—2011，IDT		设计、建设、运维	初设、施工图、施工工艺、验收与质量评定、试运行、运行、维护	信息	信息安全
210.5-448	ANSI INCITS ISO IEC 29128—2012	信息技术 保密技术 密码协议的验证		ISO/IEC 29128—2011，IDT		建设	施工工艺、验收与质量评定、试运行	信息	信息安全
210.5-449	ANSI INCITS ISO IEC 29150—2012	信息技术 保密技术 签密		ISO/IEC 29150—2011，IDT		规划、设计、采购、建设、运维、修试、退役	规划、初设、施工图、招标、品控、施工工艺、验收与质量评定、试运行、运行、维护、检修、试验、退役、报废	信息	信息安全
210.5-450	ANSI TNCITS ISO IEC 29192-2—2012	信息技术 保密技术 轻量级密码 第2部分：分组密码		ISO/IEC 29192-2—2012，IDT		设计、建设、运维	初设、施工图、施工工艺、验收与质量评定、试运行、运行、维护	信息	信息安全

续表

体系结构号	标准编号	标 准 名 称	实施日期	与国际标准对应关系	代替标准	阶段	分阶段	专业	分专业
210.5-451	ANSI INCITS ISO IEC TR 15446—2009（R2015）	信息技术　安全技术产品的保护轮廓及安全目标用指南（技术报告）	2015-6-28			建设、运维	施工工艺、验收与质量评定、试运行、运行、维护	信息	信息安全
210.5-452	IEC 60950-1—2005/Cor 2—2013	信息技术设备　安全性　第1部分：通用要求	2013-8-6			规划、设计、采购、建设、运维、修试、退役	规划、初设、施工图、招标、品控、施工工艺、验收与质量评定、试运行、运行、维护、检修、试验、退役、报废	信息	信息安全
210.5-453	IEC 62351-2—2008	功率系统管理和联合信息交换数据和通信安全性　第2部分：术语表	2008-8-19			规划、设计、采购、建设、运维、修试、退役	规划、初设、施工图、招标、品控、施工工艺、验收与质量评定、试运行、运行、维护、检修、试验、退役、报废	信息	信息安全
210.5-454	IEC/TS 62351-2—2008	电力系统管理和相关信息交换数据和通信安全　第2部分：术语表	2008-8-19	BS DD IEC/TS 62351-2—2009，IDT	IEC 57/853/DTS—2007	规划、设计、采购、建设、运维、修试、退役	规划、初设、施工图、招标、品控、施工工艺、验收与质量评定、试运行、运行、维护、检修、试验、退役、报废	信息	信息安全
210.5-455	IEC/TS 62351-5—2013	电力系统管理和相关信息的交换　数据和通信安全　第5部分：IEC 60870-5及其派生标准用安全设置	2013-4-29		IEC/TS 62351-5—2009	规划、设计、采购、建设、运维、修试、退役	规划、初设、施工图、招标、品控、施工工艺、验收与质量评定、试运行、运行、维护、检修、试验、退役、报废	信息	信息安全
210.5-456	IEC/TS 62351-7—2017	电力系统管理和相关信息的交换　数据和通信安全　第7部分：网络和系统管理（NSM）数据对象模型	2017-7-18		IEC/TS 62351-7—2010	规划、设计、采购、建设、运维、修试、退役	规划、初设、施工图、招标、品控、施工工艺、验收与质量评定、试运行、运行、维护、检修、试验、退役、报废	信息	信息安全
210.5-457	ISO/IEC 11770-2—2018	信息技术　密钥管理　第2部分：用对称技术的机制	2018-9-28		ISO/IEC 11770-2—2008	设计、建设、运维	初设、施工图、施工工艺、验收与质量评定、试运行、运行、维护	信息	信息安全
210.5-458	ISO/IEC 11770-3—2015	信息技术安全技术关键管理　第3部分：使用不对称技术的机械装置	2015-8-4	ANSI/INCITS/ISO/IEC 11770-3—2009，IDT；BS ISO/IEC 11770-3—2008，IDT；CAN/CSA-ISO/IEC 11770-3-09—2009，IDT	ISO/IEC 11770-3—2008	设计、建设、运维	初设、施工图、施工工艺、验收与质量评定、试运行、运行、维护	信息	信息安全

续表

体系结构号	标准编号	标准名称	实施日期	与国际标准对应关系	代替标准	阶段	分阶段	专业	分专业
210.5-459	ISO/IEC 11889-1—2015	信息技术　可信平台模块库　第1部分：体系结构	2015-12-15		ISO IEC DIS 11889-1—2008	规划、设计、采购、建设、运维、修试、退役	规划、初设、施工图、招标、品控、施工工艺、验收与质量评定、试运行、运行、维护、检修、试验、退役、报废	信息	信息安全
210.5-460	ISO/IEC 11889-2—2015	信息技术　可信平台模块库　第2部分：结构	2015-12-15		ISO/IEC 11889-2—2009	设计	初设、施工图	信息	信息安全
210.5-461	ISO/IEC 11889-3—2015	信息技术　可信平台模块库　第3部分：命令	2015-12-15		ISO/IEC 11889-3—2009	设计、建设、运维	初设、施工图、施工工艺、验收与质量评定、试运行、运行、维护	信息	信息安全
210.5-462	ISO/IEC 11889-4—2015	信息技术　可信平台模块库　第4部分：支持例程	2015-12-15		ISO/IEC 11889-4—2009	规划、设计、采购、建设、运维、修试、退役	规划、初设、施工图、招标、品控、施工工艺、验收与质量评定、试运行、运行、维护、检修、试验、退役、报废	信息	信息安全
210.5-463	ISO/IEC 14888-1—2008	信息技术安全技术有附录的数字信号　第1部分：总则	2008-4-15	ANSI/INCITS/ISO/IEC 14888-1—2010，IDT；BS ISO/IEC 14888-1—2008，IDT	ISO IEC 14888-1—1998	规划、设计、采购、建设、运维、修试、退役	规划、初设、施工图、招标、品控、施工工艺、验收与质量评定、试运行、运行、维护、检修、试验、退役、报废	信息	信息安全
210.5-464	ISO/IEC 14888-2—2008	信息技术安全技术有附录的数字信号　第2部分：基于整数因子的分解机制	2008-4-15	ANSI/INCITS/ISO/IEC 14888-12—2009，IDT；BS ISO/IEC 14888-2—2008，IDT	ISO IEC 14888-2—1999	设计、建设	初设、施工图、施工工艺、验收与质量评定、试运行	信息	信息安全
210.5-465	ISO/IEC 15408-3—2008	信息技术安全技术 IT 安全的评价标准　第3部分：安全保证元件	2008-8-15	ANSI/INCITS/ISO/IEC 15408-3—2008，IDT；BS ISO/IEC 15408-3—2009，IDT；CAN/CSA-ISO/IEC 15408-3-09—2009，IDT；COST R ISO/IEC TR 15446—2008，MOD	ISO IEC 15408-3—2005	建设、修试	验收与质量评定、试验	信息	信息安全
210.5-466	ISO/IEC 19772—2009	信息技术安全技术验证加密术	2009-2-15	ANSI/INCTTS/ISO/IEC 19772—2009，IDT；BS ISO/IEC 19772—2009，IDT		建设	施工工艺、验收与质量评定、试运行	信息	信息安全
210.5-467	ISO/IEC 21827—2008	信息技术安全技术系统安全工程能力成熟模型（SSE-CMM）	2008-10-15	ANSI/INCTTS/ISO/IEC 21827—2009，IDT；BS ISO/IEC 21827—2009，IDT	ISO IEC 21827—2002	规划、设计、采购、建设、运维	规划、初设、施工图、招标、品控、施工工艺、验收与质量评定、试运行、运行、维护	信息	信息安全

续表

体系结构号	标准编号	标准名称	实施日期	与国际标准对应关系	代替标准	阶段	分阶段	专业	分专业
210.5-468	ISO/IEC 24759—2017	信息技术 安全技术 密码模块的测试要求	2017-4-4		ISO/IEC 24759—2014	建设、修试	验收与质量评定、试验	信息	信息安全
210.5-469	ISO/IEC 24767-2—2009	信息技术家庭网络安全性 第2部分：内部安全服务中间设备安全通信协议（SCPM ）	2009-1-1			规划、设计、采购、建设、运维	规划、初设、施工图、招标、品控、施工工艺、验收与质量评定、试运行、运行、维护	信息	信息安全
210.5-470	ISO/IEC 24824-3—2008	信息技术 ASN.1 的一般应用：快速信息设备安全	2008-5-1	ITU-T X.893—2007，IDT		规划、设计、采购、建设、运维、修试、退役	规划、初设、施工图、招标、品控、施工工艺、验收与质量评定、试运行、运行、维护、检修、试验、退役、报废	信息	信息安全
210.5-471	ISO/IEC 27005—2018	信息技术 安全技术 信息安全风险管理	2018-7-9		ISO/IEC 27005—2011	建设、运维	施工工艺、验收与质量评定、试运行、运行、维护	信息	信息安全
210.5-472	ISO/IEC 27011—2016	信息技术 安全技术 基于电信组织 ISO/IEC 27002 的信息安全控制实务守则	2016-11-23		ISO/IEC 27011—2008	建设、运维	施工工艺、验收与质量评定、试运行、运行、维护	信息	信息安全
210.5-473	ITU-T X.1034—2011	数据通信网络中基于扩展认证协议的鉴别和秘钥管理指南	2011-2-13		ITU-T X.1034—2008	建设、运维	施工工艺、验收与质量评定、试运行、运行、维护	信息	信息安全
210.5-474	ITU-T X.1051—2016	信息技术 安全技术 电信组织的基于 ISO/IEC 27002 信息安全控制的实施规程	2016-4-29		ITU-T X.1051—2008	建设、运维	施工工艺、验收与质量评定、试运行、运行、维护	信息	信息安全
210.5-475	ITU-T X.1161—2008	安全点到点通信的框架	2008-5-29			设计、建设	初设、施工图、施工工艺、验收与质量评定、试运行	信息	信息安全
210.5-476	ITU-T X.1205—2008	信息安全综述	2008-4-18			规划、设计、采购、建设、运维	规划、初设、施工图、招标、品控、施工工艺、验收与质量评定、试运行、运行、维护	信息	信息安全
210.5-477	ITU-T X.1244—2008	基于 IP 多媒体应用中反垃圾邮件总述	2008-9-19			规划、设计、采购、建设、运维	规划、初设、施工图、招标、品控、施工工艺、验收与质量评定、试运行、运行、维护	信息	信息安全
210.6 信息技术-其他									
210.6-1	YD/T 2729—2014	运营级网络地址翻译（NAT）备份技术要求	2015-4-1			规划、设计、采购、建设、运维	规划、初设、施工图、招标、品控、施工工艺、验收与质量评定、试运行、运行、维护	信息	其他

续表

体系结构号	标准编号	标准名称	实施日期	与国际标准对应关系	代替标准	阶段	分阶段	专业	分专业
210.6-2	GB/T 23704—2017	二维条码符号印制质量的检验	2018-7-1	ISO/IEC 15415: 2011	GB/T 23704—2009	规划、设计、采购、建设、运维	规划、初设、施工图、招标、品控、施工工艺、验收与质量评定、试运行、运行、维护	信息	其他
210.6-3	GB/T 29799—2013	网页内容可访问性指南	2014-5-1			规划、设计、采购、建设、运维	规划、初设、施工图、招标、品控、施工工艺、验收与质量评定、试运行、运行、维护	信息	其他
210.6-4	GB/T 30104.101—2013	数字可寻址照明接口　第101部分：一般要求　系统	2014-11-1	IEC 62386-101: 2009，IDT		规划、设计、采购、建设、运维	规划、初设、施工图、招标、品控、施工工艺、验收与质量评定、试运行、运行、维护	信息	其他
210.6-5	GB/T 30104.102—2013	数字可寻址照明接口　第102部分：一般要求　控制装置	2014-11-1	IEC 62386-102: 2009，IDT		规划、设计、采购、建设、运维、修试、退役	规划、初设、施工图、招标、品控、施工工艺、验收与质量评定、试运行、运行、维护、检修、试验、退役、报废	信息	其他
210.6-6	GB/T 30104.103—2017	数字可寻址照明接口　第103部分：一般要求　控制设备	2018-11-1	IEC 62386-103: 2014		规划、设计、采购、建设、运维、修试、退役	规划、初设、施工图、招标、品控、施工工艺、验收与质量评定、试运行、运行、维护、检修、试验、退役、报废	信息	其他
210.6-7	GB/T 30104.201—2013	数字可寻址照明接口　第201部分：控制装置的特殊要求　荧光灯（设备类型0）	2014-11-1	IEC 62386-201: 2009，IDT		规划、设计、采购、建设、运维、修试、退役	规划、初设、施工图、招标、品控、施工工艺、验收与质量评定、试运行、运行、维护、检修、试验、退役、报废	信息	其他
210.6-8	GB/T 30104.202—2013	数字可寻址照明接口　第202部分：控制装置的特殊要求　自容式应急照明（设备类型1）	2014-11-1	IEC 62386-202: 2009，IDT		规划、设计、采购、建设、运维、修试、退役	规划、初设、施工图、招标、品控、施工工艺、验收与质量评定、试运行、运行、维护、检修、试验、退役、报废	信息	其他
210.6-9	GB/T 30104.203—2013	数字可寻址照明接口　第203部分：控制装置的特殊要求　放电灯（荧光灯除外）（设备类型2）	2014-11-1	IEC 62386-203: 2009，IDT		规划、设计、采购、建设、运维、修试、退役	规划、初设、施工图、招标、品控、施工工艺、验收与质量评定、试运行、运行、维护、检修、试验、退役、报废	信息	其他

续表

体系结构号	标准编号	标准名称	实施日期	与国际标准对应关系	代替标准	阶段	分阶段	专业	分专业
210.6-10	GB/T 30104.204—2013	数字可寻址照明接口　第204部分：控制装置的特殊要求　低压卤钨灯（设备类型3）	2014-11-1	IEC 62386-204: 2009，IDT		规划、设计、采购、建设、运维、修试、退役	规划、初设、施工图、招标、品控、施工工艺、验收与质量评定、试运行、运行、维护、检修、试验、退役、报废	信息	其他
210.6-11	GB/T 30104.205—2013	数字可寻址照明接口　第205部分：控制装置的特殊要求　白炽灯电源电压控制器（设备类型4）	2014-11-1	IEC 62386-205: 2009，IDT		规划、设计、采购、建设、运维、修试、退役	规划、初设、施工图、招标、品控、施工工艺、验收与质量评定、试运行、运行、维护、检修、试验、退役、报废	信息	其他
210.6-12	GB/T 30104.206—2013	数字可寻址照明接口　第206部分：控制装置的特殊要求　数字信号转换成直流电压（设备类型5）	2014-11-1	IEC 62386-206: 2009，IDT		规划、设计、采购、建设、运维、修试、退役	规划、初设、施工图、招标、品控、施工工艺、验收与质量评定、试运行、运行、维护、检修、试验、退役、报废	信息	其他
210.6-13	GB/T 30104.207—2013	数字可寻址照明接口　第207部分：控制装置的特殊要求　LED模块（设备类型6）	2014-11-1	IEC 62386-207: 2009，IDT		规划、设计、采购、建设、运维、修试、退役	规划、初设、施工图、招标、品控、施工工艺、验收与质量评定、试运行、运行、维护、检修、试验、退役、报废	信息	其他
210.6-14	GB/T 30104.208—2013	数字可寻址照明接口　第208部分：控制装置的特殊要求　开关功能（设备类型7）	2014-11-1	IEC 62386-208: 2009，IDT		规划、设计、采购、建设、运维、修试、退役	规划、初设、施工图、招标、品控、施工工艺、验收与质量评定、试运行、运行、维护、检修、试验、退役、报废	信息	其他
210.6-15	GB/T 30104.209—2013	数字可寻址照明接口　第209部分：控制装置的特殊要求　颜色控制（设备类型8）	2014-11-1	IEC 62386-209: 2011，IDT		规划、设计、采购、建设、运维、修试、退役	规划、初设、施工图、招标、品控、施工工艺、验收与质量评定、试运行、运行、维护、检修、试验、退役、报废	信息	其他
210.6-16	GB/T 31021.2—2014	电子文件系统测试规范　第2部分：归档管理系统功能符合性测试细则	2015-2-1			建设、修试	验收与质量评定、试验	信息	其他
210.6-17	GB/T 31132—2014	入侵报警系统　无线（射频）设备互联技术要求	2015-2-1	IEC 62643-5-3: 2010，MOD		设计、建设、运维	初设、施工图、施工工艺、验收与质量评定、试运行、运行、维护	信息	其他
210.6-18	GB/T 32581—2016	入侵和紧急报警系统技术要求	2016-11-1	IEC 62642-1: 2010		设计、建设、运维	初设、施工图、施工工艺、验收与质量评定、试运行、运行、维护	信息	其他

续表

体系结构号	标准编号	标准名称	实施日期	与国际标准对应关系	代替标准	阶段	分阶段	专业	分专业
210.6-19	GB/T 36546—2018	入侵和紧急报警系统告警装置技术要求	2019-2-1			设计、建设、运维	初设、施工图、施工工艺、验收与质量评定、试运行、运行、维护	信息	其他
211 新能源与节能									
211.1 新能源与节能-基础综合									
211.1-1	GB/T 26757—2011	节能自愿协议技术通则	2011-11-1			运维	运行	其他	
211.2 新能源与节能-新能源发电									
211.2-1	Q/CSG 1204021—2017	并网风电场有功控制技术规范	2017-1-26			设计、采购、建设、运维	初设、施工图、招标、品控、施工工艺、验收与质量评定、试运行、运行、维护	发电	风电
211.2-2	Q/CSG 1211001—2014	分布式光伏发电系统接入电网技术规范	2014-1-1			设计、采购、建设、运维	初设、施工图、招标、品控、施工工艺、验收与质量评定、试运行、运行、维护	发电	光伏
211.2-3	Q/CSG 1211002—2014	光伏发电站接入电网技术规范	2014-1-16			设计、建设、运维	初设、施工工艺、验收与质量评定、试运行、运行、维护	发电	光伏
211.2-4	Q/CSG 1211003—2016	南方电网光伏发电站无功补偿及电压控制技术规范	2016-2-1			设计、建设、运维	初设、施工工艺、验收与质量评定、试运行、运行、维护	发电	光伏
211.2-5	Q/CSG 1211004—2016	南方电网风电场无功补偿及电压控制技术规范	2016-1-12			设计、建设、运维	初设、施工工艺、验收与质量评定、试运行、运行、维护	发电	风电
211.2-6	Q/CSG 1211005—2016	风力发电并网技术标准	2016-2-1			设计、建设、运维	初设、施工工艺、验收与质量评定、试运行、运行、维护	发电	风电
211.2-7	Q/CSG 1211006—2016	光伏发电并网技术标准	2016-2-1			设计、建设、运维	初设、施工工艺、验收与质量评定、试运行、运行、维护	发电	光伏
211.2-8	Q/CSG 1211007—2016	并网风电场监控系统技术规范	2016-2-22			运维	运行、维护	调度及二次	调度自动化
211.2-9	Q/CSG 1211008—2016	光伏发电调度运行控制技术规范	2016-3-1			设计、采购、建设、运维	初设、施工图、招标、品控、施工工艺、验收与质量评定、试运行、运行、维护	发电	光伏
211.2-10	Q/CSG 1211009—2016	风电调度运行控制技术规范	2016-3-1			设计、采购、建设、运维	初设、施工图、招标、品控、施工工艺、验收与质量评定、试运行、运行、维护	发电	风电

续表

体系结构号	标准编号	标准名称	实施日期	与国际标准对应关系	代替标准	阶段	分阶段	专业	分专业
211.2-11	Q/CSG 1211010—2016	并网风电功率预测功能规范	2016-3-15			设计、采购、建设、运维	初设、施工图、招标、品控、施工工艺、验收与质量评定、试运行、运行、维护	调度及二次	调度自动化
211.2-12	Q/CSG 1211011—2016	并网光伏发电站监控系统技术规范	2016-3-18			设计、采购、建设、运维	初设、施工图、招标、品控、施工工艺、验收与质量评定、试运行、运行、维护	调度及二次	调度自动化
211.2-13	Q/CSG 1211014—2016	南方电网并网光伏发电功率预测功能规范	2016-6-6			规划、设计	规划、初设、施工图	调度及二次	调度自动化
211.2-14	Q/CSG 1211015—2018	风电场并网验收规范	2018-10-23			建设	验收与质量评定	发电	风电
211.2-15	Q/CSG 1211016—2018	光伏发电站并网验收规范	2018-10-23			建设	验收与质量评定	发电	光伏
211.2-16	Q/CSG 1211017—2018	风电场接入电网技术规范	2018-10-23		Q/CSG 110008—2011	设计、采购、建设、运维	初设、施工图、招标、品控、施工工艺、验收与质量评定、试运行、运行、维护	发电	风电
211.2-17	T/CSEE 0025—2017	海上风电工程设备监理技术导则	2017-12-1			采购、建设、运维	品控、施工工艺、验收与质量评定、试运行、运行、维护、	发电	风电
211.2-18	T/CSEE 0074—2018	风力发电机组最终验收技术规程				建设	验收与质量评定	发电	风电
211.2-19	T/CSEE 0080—2018	大规模新能源外送输电系统无功配置和电压控制技术规范				设计、建设、运维	初设、施工工艺、验收与质量评定、试运行、运行、维护	发电	光伏、风电
211.2-20	T/CSEE 0093—2018	分布式光伏专用电压型反孤岛装置技术规范				设计、建设、运维	初设、验收与质量评定、试运行、运行、维护	发电	光伏
211.2-21	T/CEC 129—2016	地区（县）太阳能发电规划编制导则	2017-1-1			规划	规划	发电	光伏
211.2-22	T/CEC 5007—2018	风力发电机组预应力现浇式混凝土塔筒技术规范	2018-9-1			设计、建设、运维	初设、验收与质量评定、试运行、运行、维护	发电	风电
211.2-23	T/CEC 5008—2018	风力发电机组预应力装配式混凝土塔筒技术规范	2018-9-1			设计、建设、运维	初设、验收与质量评定、试运行、运行、维护	发电	风电
211.2-24	T/CSEE 0012—2016	风电场及光伏发电站接入电力系统通信技术规范	2017-5-1			设计、建设、运维	初设、验收与质量评定、试运行、运行、维护	发电	光伏、风电

续表

体系结构号	标准编号	标准名称	实施日期	与国际标准对应关系	代替标准	阶段	分阶段	专业	分专业
211.2-25	T/CSEE 0017—2016	陆上风电场设备选型技术导则	2017-5-1			设计	初设	发电	风电
211.2-26	T/CSEE 0019—2016	分布式光伏发电一体化控制保护装置通用技术条件	2017-5-1			采购	招标、品控	发电	光伏
211.2-27	DL/T 666—2012	风力发电场运行规程	2012-12-1		DL/T 666—1999	运维	运行	发电	风电
211.2-28	DL/T 796—2012	风力发电场安全规程	2012-12-1		DL/T 796—2001	建设、运维	施工工艺、验收与质量评定、试运行、运行、维护	发电	风电
211.2-29	DL/T 797—2012	风力发电场检修规程	2012-12-1		DL/T 797—2001	修试	检修	发电	风电
211.2-30	DL/T 1084—2008	风电场噪声限值及测量方法	2008-11-1			设计、建设	初设、验收与质量评定	发电	风电
211.2-31	DL/T 1364—2014	光伏发电站防雷技术规程	2015-3-1			设计、建设	初设、施工图、施工工艺、验收与质量评定	发电	光伏
211.2-32	DL/T 1631—2016	并网风电场继电保护配置及整定技术规范	2017-5-1			设计、建设、运维	初设、施工工艺、验收与质量评定、试运行、运行、维护	发电	风电
211.2-33	DL/T 1638—2016	风力发电机组单元变压器保护测控装置技术条件	2017-5-1			设计、建设、运维	初设、施工工艺、验收与质量评定、试运行、运行、维护	发电	风电
211.2-34	DL/T 1842—2018	垃圾发电厂运行指标评价规范	2018-7-1			运维	运行、维护	发电	其他
211.2-35	DL/T 1843—2018	垃圾发电厂危险源辨识和评价规范	2018-7-1			运维	运行、维护	发电	其他
211.2-36	DL/T 5383—2007	风力发电场设计技术规范	2007-12-1			规划、设计	规划、初设	发电	风电
211.2-37	DL/T 5384—2007	风力发电工程施工组织设计规范	2007-12-1			建设	施工工艺	发电	风电
211.2-38	NB/T 10081—2018	潮汐电站水能设计规范	2019-3-1			规划、设计	规划、初设	发电	其他
211.2-39	NB/T 10082—2018	潮汐电站资源调查评价规范	2019-3-1			规划、设计	规划、初设	发电	其他
211.2-40	NB/T 10086—2018	风电场工程节能报告编制标准	2019-3-1			规划、设计、建设	规划、初设、验收与质量评定	发电	风电
211.2-41	NB/T 10087—2018	陆上风电场工程施工安装技术规程	2019-3-1			建设	施工工艺	发电	风电
211.2-42	NB/T 10088—2018	户外型光伏逆变成套装置技术规范	2019-3-1			采购	招标、品控	发电	光伏

续表

体系结构号	标准编号	标 准 名 称	实施日期	与国际标准对应关系	代替标准	阶段	分阶段	专业	分专业
211.2-43	NB/T 10100—2018	光伏发电工程地质勘察规范	2019-5-1			规划、设计	规划、初设	发电	光伏
211.2-44	NB/T 10101—2018	风电场工程等级划分及设计安全标准	2019-5-1			规划、设计	规划、初设	发电	风电
211.2-45	NB/T 10103—2018	风电场工程微观选址技术规范	2019-5-1			规划、设计	规划、初设	发电	风电
211.2-46	NB/T 10104—2018	海上风电场工程测量规程	2019-5-1			规划、设计	规划、初设	发电	风电
211.2-47	NB/T 10105—2018	海上风电场工程风电机组基础设计规范	2019-5-1			规划、设计	规划、初设	发电	风电
211.2-48	NB/T 10106—2018	海上风电场工程钻探规程	2019-5-1			规划、设计	规划、初设、施工图	发电	风电
211.2-49	NB/T 10107—2018	海上风电场工程岩土试验规程	2019-5-1			规划、设计	规划、初设、施工图	发电	风电
211.2-50	NB/T 10109—2018	风电场工程后评价规程	2019-5-1			建设	验收与质量评定	发电	风电
211.2-51	NB/T 10110—2018	风力发电场技术监督导则	2019-5-1			技术监督		发电	风电
211.2-52	NB/T 10111—2018	风力发电机组润滑剂运行检测规程	2019-5-1			运维、修试	运行、维护、检修、试验	发电	风电
211.2-53	NB/T 10112—2018	风力发电机组设备监造导则	2019-5-1			采购	品控	发电	风电
211.2-54	NB/T 10113—2018	光伏发电站技术监督导则	2019-5-1			技术监督		发电	光伏
211.2-55	NB/T 10114—2018	光伏发电站绝缘技术监督规程	2019-5-1			技术监督		发电	光伏
211.2-56	NB/T 10115—2018	光伏支架结构设计规程	2019-5-1			设计	初设、施工图	发电	光伏
211.2-57	NB/T 31002—2010	风力发电场监控系统通信—原则与模式	2010-10-1	IEC 61400-25-1: 2006，IDT		设计、建设、运维	初设、施工工艺、验收与质量评定、试运行、运行、维护	发电	风电
211.2-58	NB/T 31003—2011	大型风电场并网设计技术规范	2011-11-1			设计	初设	发电	风电
211.2-59	NB/T 31004—2011	风力发电机组振动状态监测导则	2011-11-1			运维	运行、维护	发电	风电

续表

体系结构号	标准编号	标　准　名　称	实施日期	与国际标准对应关系	代替标准	阶段	分阶段	专业	分专业
211.2-60	NB/T 31005—2011	风电场电能质量测试方法	2011-11-1			修试	试验	发电	风电
211.2-61	NB/T 31006—2011	海上风电场钢结构防腐蚀技术标准	2011-11-1			运维	维护	发电	风电
211.2-62	NB/T 31007—2011	风电场工程勘察设计收费标准	2011-11-1		计价格〔2002〕10 号	采购	招标	发电	风电
211.2-63	NB/T 31008—2011	海上风电场工程概算定额	2011-11-1			采购	招标	发电	风电
211.2-64	NB/T 31009—2011	海上风电场工程设计概算编制规定及费用标准	2011-11-1			采购	招标	发电	风电
211.2-65	NB/T 31010—2011	陆上风电场工程概算定额	2011-11-1			采购	招标	发电	风电
211.2-66	NB/T 31011—2011	陆上风电场工程设计概算编制规定及费用标准	2011-11-1			采购	招标	发电	风电
211.2-67	NB/T 31012—2011	永磁风力发电机制造技术规范	2011-11-1			设计、采购	初设、品控	发电	风电
211.2-68	NB/T 31013—2011	双馈风力发电机制造技术规范	2011-11-1			设计、采购	初设、品控	发电	风电
211.2-69	NB/T 31014—2018	双馈风力发电机变流器技术规范	2018-10-1		NB/T 31014—2011	设计、采购	初设、品控	发电	风电
211.2-70	NB/T 31015—2018	永磁风力发电机变流器技术规范	2018-10-1		NB/T 31015—2011	设计、采购	初设、品控	发电	风电
211.2-71	NB/T 31017—2018	风力发电机组主控制系统技术规范	2018-10-1		NB/T 31017—2011	设计	初设	发电	风电
211.2-72	NB/T 31018—2018	风力发电机组电动变桨控制系统技术规范	2018-10-1		NB/T 31018—2011	设计	初设	发电	风电
211.2-73	NB/T 31022—2012	风力发电工程达标投产验收规程	2012-7-1			建设	验收与质量评定	发电	风电
211.2-74	NB/T 31023—2012	风力发电机组　高速轴液压盘式制动器	2012-12-1			设计、采购	初设、品控	发电	风电
211.2-75	NB/T 31024—2012	风力发电机组　偏航液压盘式制动器	2012-12-1			设计、采购	初设、品控	发电	风电
211.2-76	NB/T 31025—2012	风力发电机组　环形锻件	2012-12-1			设计、采购	初设、品控	发电	风电
211.2-77	NB/T 31026—2012	风电场工程电气设计规范	2012-12-1			设计	初设	发电	风电

续表

体系结构号	标准编号	标准名称	实施日期	与国际标准对应关系	代替标准	阶段	分阶段	专业	分专业
211.2-78	NB/T 31027—2012	风电场工程安全验收评价报告编制规程	2012-12-1			建设	验收与质量评定	发电	风电
211.2-79	NB/T 31028—2012	风电场工程安全预评价报告编制规程	2012-12-1			建设	验收与质量评定	发电	风电
211.2-80	NB/T 31029—2012	海上风电场风能资源测量及海洋水文观测规范	2013-3-1			规划、设计、建设、运维	规划、初设、施工工艺、验收与质量评定、试运行、运行、维护	发电	风电
211.2-81	NB/T 31030—2012	陆地和海上风电场工程地质勘察规范	2013-3-1			规划、设计	规划、初设	发电	风电
211.2-82	NB/T 31031—2012	海上风电场工程预可行性研究报告编制规程	2013-3-1			规划	规划	发电	风电
211.2-83	NB/T 31032—2012	海上风电场工程可行性研究报告编制规程	2013-3-1			规划	规划	发电	风电
211.2-84	NB/T 31033—2012	海上风电场工程施工组织设计技术规定	2013-3-1			设计、建设	施工图、施工工艺	发电	风电
211.2-85	NB/T 31034—2012	额定电压1.8/3 kV及以下风力发电用耐扭曲软电缆 第1部分：额定电压0.6/1 kV及以下电缆	2013-3-1			设计、建设	初设、施工工艺	发电	风电
211.2-86	NB/T 31035—2012	额定电压1.8/3 kV及以下风力发电用耐扭曲软电缆 第2部分：额定电压1.8/3 kV电缆	2013-3-1			设计、建设	初设、施工工艺	发电	风电
211.2-87	NB/T 31036—2012	额定电压1.8/3 kV及以下风力发电用耐扭曲软电缆 第3部分：扭转试验方法	2013-3-1			设计、建设	初设、施工工艺	发电	风电
211.2-88	NB/T 31037—2012	风力发电用低压成套开关设备和控制设备	2013-3-1			采购	品控	发电	风电
211.2-89	NB/T 31038—2012	风力发电用低压成套无功功率补偿装置	2013-3-1			采购	品控	发电	风电
211.2-90	NB/T 31039—2012	风力发电机组雷电防护系统技术规范	2013-3-1			采购	品控	发电	风电
211.2-91	NB/T 31041—2012	海上双馈风力发电机变流器	2013-3-1			采购	品控	发电	风电
211.2-92	NB/T 31042—2012	海上永磁风力发电机变流器	2013-3-1			采购	品控	发电	风电

体系结构号	标准编号	标 准 名 称	实施日期	与国际标准对应关系	代替标准	阶段	分阶段	专业	分专业
211.2-93	NB/T 31043—2012	海上风力发电机组主控制系统技术规范	2013-3-1			运维	运行、维护	发电	风电
211.2-94	NB/T 31044—2012	永磁风力发电机-变流器组技术规范	2013-3-1			运维	运行、维护	发电	风电
211.2-95	NB/T 31045—2013	风电场运行指标与评价导则	2014-4-1			运维	运行、维护	发电	风电
211.2-96	NB/T 31046—2013	风电功率预测系统功能规范	2014-4-1			运维	运行、维护	发电	风电
211.2-97	NB/T 31049—2014	风力发电机绝缘规范	2014-11-1			采购	品控	发电	风电
211.2-98	NB/T 31050—2014	风力发电机绝缘系统的评定方法	2014-11-1			建设	验收与质量评定	发电	风电
211.2-99	NB/T 31051—2014	风电机组低电压穿越能力测试规程	2015-3-1			建设、运维、修试	验收与质量评定、试运行、运行、试验	发电	风电
211.2-100	NB/T 31052—2014	风力发电场高处作业安全规程	2015-3-1			运维	运行、维护	发电	风电
211.2-101	NB/T 31053—2014	风电机组低电压穿越建模及验证方法	2015-3-1			建设、运维、修试	验收与质量评定、试运行、运行、试验	发电	风电
211.2-102	NB/T 31054—2014	风电机组电网适应性测试规程	2015-3-1			建设、运维、修试	验收与质量评定、试运行、运行、试验	发电	风电
211.2-103	NB/T 31055—2014	风电场理论发电量与弃风电量评估导则	2015-3-1			规划、设计	规划、初设	发电	风电
211.2-104	NB/T 31056—2014	风力发电机组接地技术规范	2015-3-1			运维	运行、维护	发电	风电
211.2-105	NB/T 31057—2014	风力发电场集电系统过电压保护技术规范	2015-3-1			运维	运行、维护	发电	风电
211.2-106	NB/T 31058—2014	风力发电机组电气系统匹配及能效	2015-3-1			建设、运维	验收与质量评定、运行、维护	发电	风电
211.2-107	NB/T 31059—2014	风力发电机组 双馈异步发电机用瞬态过电压抑制器	2015-3-1			采购	品控	发电	风电
211.2-108	NB/T 31060—2014	风力发电设备 环境条件	2015-3-1			运维	运行、维护	发电	风电
211.2-109	NB/T 31061—2014	风力发电用组合式变压器	2015-3-1			采购	品控	发电	风电
211.2-110	NB/T 31062—2014	风力发电用干式变压器技术参数和要求	2015-3-1			采购	招标、品控	发电	风电
211.2-111	NB/T 31063—2014	海上永磁同步风力发电机	2015-3-1			采购	品控	发电	风电

体系结构号	标准编号	标　准　名　称	实施日期	与国际标准对应关系	代替标准	阶段	分阶段	专业	分专业
211.2-112	NB/T 31064—2014	海上双馈风力发电机技术条件	2015-3-1			运维	运行、维护	发电	风电
211.2-113	NB/T 31065—2015	风力发电场调度运行规程	2015-9-1			运维	运行、维护	发电	风电
211.2-114	NB/T 31066—2015	风电机组电气仿真模型建模导则	2015-9-1			运维、修试	运行、试验	发电	风电
211.2-115	NB/T 31067—2015	风力发电场监控系统通信-信息模型	2015-9-1	IEC 61400-25-2: 2006, IDT		运维	运行、维护	发电	风电
211.2-116	NB/T 31068—2015	风力发电场监控系统通信-信息交换模型	2015-9-1	IEC 61400-25-3: 2006, IDT		运维	运行、维护	发电	风电
211.2-117	NB/T 31069—2015	风力发电场监控系统通信-映射到通信规约	2015-9-1	IEC 61400-25-4: 2006, IDT		运维	运行、维护	发电	风电
211.2-118	NB/T 31070—2015	风力发电场监控系统通信——致性测试	2015-9-1	IEC 61400-25-5: 2006, IDT		运维	运行、维护	发电	风电
211.2-119	NB/T 31071—2015	风力发电场远程监控系统技术规程	2015-9-1			运维	运行、维护	发电	风电
211.2-120	NB/T 31072—2015	风电机组风轮系统技术监督规程	2015-9-1			运维	运行、维护	发电	风电
211.2-121	NB/T 31073—2015	风电场工程劳动安全与工业卫生验收规程	2015-9-1			建设	验收与质量评定	发电	风电
211.2-122	NB/T 31074—2015	高海拔风力发电机组技术导则	2015-9-1			规划、设计、建设、运维	规划、初设、验收与质量评定、运行、维护	发电	风电
211.2-123	NB/T 31075—2016	风电场电气仿真模型建模及验证规程	2016-6-1			建设、运维、修试	验收与质量评定、试运行、运行、试验	发电	风电
211.2-124	NB/T 31076—2016	风力发电场并网验收规范	2016-6-1			建设	验收与质量评定	发电	风电
211.2-125	NB/T 31077—2016	风电场低电压穿越建模及评价方法	2016-6-1			建设、运维、修试	验收与质量评定、试运行、运行、试验	发电	风电
211.2-126	NB/T 31078—2016	风电场并网性能评价方法	2016-6-1			建设、运维、修试	验收与质量评定、试运行、运行、试验	发电	风电
211.2-127	NB/T 31079—2016	风电功率预测系统测风塔数据测量技术要求	2016-6-1			规划、设计、建设、运维	规划、初设、施工工艺、验收与质量评定、试运行、运行、维护	发电	风电
211.2-128	NB/T 31080—2016	海上风力发电机组钢制基桩及承台制作技术规范	2016-6-1			设计、建设	初设、施工工艺	发电	风电

续表

体系结构号	标准编号	标 准 名 称	实施日期	与国际标准对应关系	代替标准	阶段	分阶段	专业	分专业
211.2-129	NB/T 31081—2016	风力发电场仿真机技术规范	2016-6-1			采购	招标、品控	发电	风电
211.2-130	NB/T 31083—2016	风电场控制系统功能规范	2016-6-1			运维	运行、维护	发电	风电
211.2-131	NB/T 31084—2016	风力发电工程建设施工监理规范	2016-6-1			建设	验收与质量评定	发电	风电
211.2-132	NB/T 31085—2016	风电场项目经济评价规范	2016-6-1			规划、设计	规划、初设	发电	风电
211.2-133	NB/T 31086—2016	风电场工程水土保持方案编制技术规范	2016-6-1			规划、设计	规划、初设	发电	风电
211.2-134	NB/T 31087—2016	风电场项目环境影响评价技术规范	2016-6-1			规划、设计	规划、初设	发电	风电
211.2-135	NB/T 31088—2016	风电场安全标识设置设计规范	2016-6-1			规划、设计	规划、初设	发电	风电
211.2-136	NB 31089—2016	风电场设计防火规范	2016-6-1			规划、设计	规划、初设	发电	风电
211.2-137	NB/T 31090—2016	并网型风力发电机组售后服务规范	2016-6-1			运维	运行、维护	发电	风电
211.2-138	NB/T 31091—2016	并网型风力发电机组成套供应规范	2016-6-1			运维	运行、维护	发电	风电
211.2-139	NB/T 31094—2016	风力发电设备海上特殊环境条件与技术要求	2016-6-1			规划、设计、建设、运维	规划、初设、施工工艺、验收与质量评定、试运行、运行、维护	发电	风电
211.2-140	NB/T 31095—2016	风电电气设备 安全通用要求	2016-6-1			规划、设计、建设、运维	规划、初设、施工工艺、验收与质量评定、试运行、运行、维护	发电	风电
211.2-141	NB/T 31096—2016	高原风力发电机组用双馈式变流器技术要求	2016-6-1			采购	招标、品控	发电	风电
211.2-142	NB/T 31097—2016	高原风力发电机组用全功率变流器技术要求	2016-6-1			采购	招标、品控	发电	风电
211.2-143	NB/T 31098—2016	风电场工程规划报告编制规程	2016-6-1			规划、设计	规划、初设	发电	风电
211.2-144	NB/T 31099—2016	风力发电场无功配置及电压控制技术规定	2016-12-1			规划、设计、建设、运维	规划、初设、施工工艺、验收与质量评定、试运行、运行、维护	发电	风电

续表

体系结构号	标准编号	标准名称	实施日期	与国际标准对应关系	代替标准	阶段	分阶段	专业	分专业
211.2-145	NB/T 31100—2016	电励磁同步风力发电机技术条件	2016-12-1			规划、设计、采购、建设、运维	规划、初设、品控、施工工艺、验收与质量评定、试运行、运行、维护	发电	风电
211.2-146	NB/T 31103—2016	直驱永磁风力发电机组主控制系统软件功能技术规范	2016-12-1			采购	品控	发电	风电
211.2-147	NB/T 31104—2016	陆上风电场工程预可行性研究报告编制规程	2017-5-1			规划	规划	发电	风电
211.2-148	NB/T 31105—2016	陆上风电场工程可行性研究报告编制规程	2017-5-1			规划	规划	发电	风电
211.2-149	NB/T 31106—2016	陆上风电场工程安全文明施工规范	2017-5-1			建设	施工工艺	发电	风电
211.2-150	NB/T 31107—2017	低风速风力发电机组选型导则	2017-8-1			设计	初设	发电	风电
211.2-151	NB/T 31108—2017	海上风电场工程规划报告编制规程	2017-8-1			规划、设计	规划、初设	发电	风电
211.2-152	NB/T 31109—2017	风电场调度运行信息交换规范	2017-12-1			运维	运行、维护	发电	风电
211.2-153	NB/T 31110—2017	风电场有功功率调节与控制技术规定	2017-12-1			运维	运行、维护	发电	风电
211.2-154	NB/T 31111—2017	风电机组高电压穿越测试规程	2017-12-1			建设、运维、修试	验收与质量评定、试运行、运行、试验	发电	风电
211.2-155	NB/T 31112—2017	风电场工程招标设计技术规定	2018-3-1			采购	招标	发电	风电
211.2-156	NB/T 31113—2017	陆上风电场工程施工组织设计规范	2018-3-1			建设	施工工艺	发电	风电
211.2-157	NB/T 31114—2017	风电清洁供热可行性研究专篇编制规程	2018-3-1			设计	初设	发电	风电
211.2-158	NB/T 31115—2017	风电场工程110kV～220kV海上升压变电站设计规范	2018-3-1			设计	初设	发电	风电
211.2-159	NB/T 31116—2017	风电场工程社会稳定风险分析技术规范	2018-3-1			运维	运行、维护	发电	风电
211.2-160	NB/T 31117—2017	海上风电场交流海底电缆选型敷设技术导则	2018-3-1			设计、建设	初设、施工工艺	发电	风电

体系结构号	标准编号	标 准 名 称	实施日期	与国际标准对应关系	代替标准	阶段	分阶段	专业	分专业
211.2-161	NB/T 31118—2017	风电场工程档案验收规程	2018-3-1			建设	验收与质量评定	发电	风电
211.2-162	NB/T 31119—2017	风力发电设备 干热特殊环境条件与技术要求	2018-3-1			采购	招标、品控	发电	风电
211.2-163	NB/T 31120—2017	风力发电设备 湿热特殊环境条件与技术要求	2018-3-1			采购	招标、品控	发电	风电
211.2-164	NB/T 31121—2017	风力发电设备 寒冷特殊环境条件与技术要求	2018-3-1			采购	招标、品控	发电	风电
211.2-165	NB/T 31122—2017	风力发电机组在线状态监测系统技术规范	2018-3-1			运维	运行、维护	发电	风电
211.2-166	NB/T 31123—2017	高原风力发电机组用全功率变流器试验方法	2018-3-1			修试	试验	发电	风电
211.2-167	NB/T 31124—2017	高原双馈风力发电机技术规范	2018-3-1			规划、设计、建设、运维	规划、初设、施工工艺、验收与质量评定、试运行、运行、维护	发电	风电
211.2-168	NB/T 31125—2017	高原永磁同步风力发电机技术规范	2018-3-1			规划、设计、建设、运维	规划、初设、施工工艺、验收与质量评定、试运行、运行、维护	发电	风电
211.2-169	NB/T 31126—2017	风力发电机组变桨驱动变频器技术规范	2018-3-1			规划、设计、建设、运维	规划、初设、施工工艺、验收与质量评定、试运行、运行、维护	发电	风电
211.2-170	NB/T 31127—2017	风电场工程建筑使用面积设计规程	2018-3-1			设计	初设	发电	风电
211.2-171	NB/T 31128—2017	风电场工程建筑设计规范	2018-3-1			设计	初设	发电	风电
211.2-172	NB/T 31129—2018	风力发电机组振动状态评价导则	2018-7-1			采购、运维	招标、品控、运行、维护	发电	风电
211.2-173	NB/T 31130—2018	风力发电场设备润滑技术监督规程	2018-7-1			技术监督		发电	风电
211.2-174	NB/T 31131—2018	风力发电场测量技术监督规程	2018-7-1			技术监督		发电	风电
211.2-175	NB/T 31132—2018	风力发电场电能质量技术监督规程	2018-7-1			技术监督		发电	风电
211.2-176	NB/T 31133—2018	海上风电场风力发电机组混凝土基础防腐蚀技术规范	2018-7-1			设计、建设、运维、修试	初设、施工图、施工工艺、验收与质量评定、试运行、运行、维护、检修、试验、	发电	风电

续表

体系结构号	标准编号	标 准 名 称	实施日期	与国际标准对应关系	代替标准	阶段	分阶段	专业	分专业
211.2-177	NB/T 31134—2018	海上用风力发电设备关键部件环境耐久性评价 发电机	2018-7-1			采购	招标、品控	发电	风电
211.2-178	NB/T 31135—2018	海上用风力发电设备关键部件环境耐久性评价 控制系统	2018-7-1			采购	招标、品控	发电	风电
211.2-179	NB/T 31136—2018	海上用风力发电设备关键部件环境耐久性评价 变流器	2018-7-1			采购	招标、品控	发电	风电
211.2-180	NB/T 31137—2018	海上用风力发电设备关键部件环境耐久性评价 结构件	2018-7-1			采购	招标、品控	发电	风电
211.2-181	NB/T 31138—2018	高原风力发电机组电气控制设备结构防腐技术要求	2018-7-1			设计、建设、运维、修试	初设、施工图、施工工艺、验收与质量评定、试运行、运行、维护、检修、试验、	发电	风电
211.2-182	NB/T 31139—2018	高原风力发电机组用全功率变流器液体冷却散热技术要求	2018-7-1			设计、建设、运维、修试	初设、施工图、施工工艺、验收与质量评定、试运行、运行、维护、检修、试验、	发电	风电
211.2-183	NB/T 31140—2018	高原风力发电机组主控制系统技术规范	2018-7-1			采购	招标、品控	发电	风电
211.2-184	NB/T 31141—2018	直驱风力发电机组 偏航、变桨轴承型式试验技术规范	2018-7-1			修试	检修、试验	发电	风电
211.2-185	NB/T 31142—2018	直驱风力发电机组 主轴轴承挂机测试方法规范	2018-7-1			修试	检修、试验	发电	风电
211.2-186	NB/T 31143—2018	直驱风力发电机组 主轴轴承型式试验技术规范	2018-7-1			修试	检修、试验	发电	风电
211.2-187	NB/T 31146—2018	风电机组检修提升机技术规范	2018-10-1			采购	招标、品控	发电	风电
211.2-188	NB/T 31147—2018	风电场工程风能资源测量与评估技术规范	2018-10-1			规划、设计	规划、初设	发电	风电
211.2-189	NB/T 31148—2018	风力发电机组钢制筒形塔架监造导则	2018-10-1			采购	品控	发电	风电
211.2-190	NB/T 31149—2018	风力发电机组变桨系统用超级电容器技术规范	2018-10-1			规划、设计、采购、运维	规划、初设、招标、品控、运行	发电	风电
211.2-191	NB/T 32001—2012	光伏发电站环境影响评价技术规范	2012-12-1			规划	规划	发电	光伏

续表

体系结构号	标准编号	标准名称	实施日期	与国际标准对应关系	代替标准	阶段	分阶段	专业	分专业
211.2-192	NB/T 32004—2018	光伏并网逆变器技术规范	2018-7-1		NB/T 32004—2013	采购、建设	招标、品控、施工工艺、验收与质量评定、试运行	发电	光伏
211.2-193	NB/T 32005—2013	光伏发电站低电压穿越检测技术规程	2014-4-1			规划、设计、采购、建设、运维	规划、初设、施工图、招标、品控、施工工艺、验收与质量评定、试运行、运行、维护	发电	光伏
211.2-194	NB/T 32006—2013	光伏发电站电能质量检测技术规程	2014-4-1			运维、修试	运行、维护、试验	发电	光伏
211.2-195	NB/T 32007—2013	光伏发电站功率控制能力检测技术规程	2014-4-1			修试	试验	发电	光伏
211.2-196	NB/T 32011—2013	光伏发电站功率预测系统技术要求	2014-4-1			建设、运维	验收与质量评定、试运行、运行	发电	光伏
211.2-197	NB/T 32012—2013	光伏发电站太阳能资源实时监测技术规范	2014-4-1			运维	运行、维护	发电	光伏
211.2-198	NB/T 32013—2013	光伏发电站电压与频率响应检测规程	2014-4-1			修试	试验	发电	光伏
211.2-199	NB/T 32014—2013	光伏发电站防孤岛效应检测技术规程	2014-4-1			修试	试验	发电	光伏
211.2-200	NB/T 32015—2013	分布式电源接入配电网技术规定	2014-4-1			设计、采购、建设、运维	初设、施工图、招标、品控、施工工艺、验收与质量评定、试运行、运行、维护	发电	光伏
211.2-201	NB/T 32016—2013	并网光伏发电监控系统技术规范	2014-4-1			运维	运行、维护	发电	光伏
211.2-202	NB/T 32025—2015	光伏发电调度技术规范	2015-9-1			运维	运行	发电	光伏
211.2-203	NB/T 32026—2015	光伏发电站并网性能测试与评价方法	2015-9-1			修试	试验	发电	光伏
211.2-204	NB/T 32027—2016	光伏发电工程设计概算编制规定及费用标准	2016-6-1			设计	初设	发电	光伏
211.2-205	NB/T 32028—2016	光热发电工程安全验收评价规程	2016-6-1			建设	验收与质量评定	发电	光伏
211.2-206	NB/T 32029—2016	光热发电工程安全预评价规程	2016-6-1			建设	验收与质量评定	发电	光伏
211.2-207	NB/T 32030—2016	光伏发电工程勘察设计费计算标准	2016-6-1			规划、设计	规划、初设	发电	光伏

续表

体系结构号	标准编号	标准名称	实施日期	与国际标准对应关系	代替标准	阶段	分阶段	专业	分专业
211.2-208	NB/T 32031—2016	光伏发电功率预测系统功能规范	2016-6-1			采购	招标、品控	发电	光伏
211.2-209	NB/T 32032—2016	光伏发电站逆变器效率检测技术要求	2016-6-1			修试	试验	发电	光伏
211.2-210	NB/T 32033—2016	光伏发电站逆变器电磁兼容性检测技术要求	2016-6-1			修试	试验	发电	光伏
211.2-211	NB/T 32034—2016	光伏发电站现场组件检测规程	2016-6-1			修试	试验	发电	光伏
211.2-212	NB/T 32035—2016	光伏发电工程概算定额	2016-12-1			设计、建设	初设、施工工艺	发电	光伏
211.2-213	NB/T 32036—2017	光伏发电工程达标投产验收规程	2018-3-1			建设	验收与质量评定	发电	光伏
211.2-214	NB/T 32037—2017	光伏发电建设项目文件归档与档案整理规范	2018-3-1			建设	施工工艺、验收与质量评定、试运行	发电	光伏
211.2-215	NB/T 32038—2017	光伏发电工程安全验收评价规程	2018-3-1			建设	验收与质量评定	发电	光伏
211.2-216	NB/T 32039—2017	光伏发电工程安全预评价规程	2018-3-1			建设	验收与质量评定	发电	光伏
211.2-217	NB/T 32040—2017	光伏发电工程劳动安全与职业卫生设计规范	2018-3-1			建设、运维	施工工艺、验收与质量评定、试运行、运行、维护	发电	光伏
211.2-218	NB/T 32041—2018	光伏发电站设备后评价规程	2018-7-1			建设	验收与质量评定	发电	光伏
211.2-219	NB/T 32042—2018	光伏发电工程建设监理规范	2018-7-1			建设	施工工艺、验收与质量评定	发电	光伏
211.2-220	NB/T 32043—2018	光伏发电工程可行性研究报告编制规程	2018-10-1			规划	规划	发电	光伏
211.2-221	NB/T 32044—2018	光伏发电工程预可行性研究报告编制规程	2018-10-1			规划	规划	发电	光伏
211.2-222	NB/T 32045—2018	光伏发电站直流发电系统设计规范	2018-10-1			设计	初设、施工图	发电	光伏
211.2-223	NB/T 32046—2018	光伏发电工程规划报告编制规程	2018-10-1			规划、设计	规划、初设	发电	光伏

续表

体系结构号	标准编号	标准名称	实施日期	与国际标准对应关系	代替标准	阶段	分阶段	专业	分专业
211.2-224	NB/T 32047—2018	光伏发电站土建施工单元工程质量评定标准	2018-10-1			建设	施工工艺、验收与质量评定、试运行	发电	光伏
211.2-225	NB/T 33010—2014	分布式电源接入电网运行控制规范	2015-3-1			运维	运行、维护	发电	其他
211.2-226	NB/T 33011—2014	分布式电源接入电网测试技术规范	2015-3-1			修试	试验	发电	其他
211.2-227	NB/T 33012—2014	分布式电源接入电网监控系统功能规范	2015-3-1			运维	运行、维护	发电	其他
211.2-228	NB/T 33013—2014	分布式电源孤岛运行控制规范	2015-3-1			运维	运行、维护	调度及二次	电力调度
211.2-229	NB/T 34038—2016	太阳能光伏水泵系统用逆变器	2016-12-1			设计、采购、建设、修试	初设、招标、品控、验收与质量评定、试验	发电	光伏
211.2-230	NB/T 42073—2016	光伏发电系统用电缆	2016-12-1			设计、采购、建设、修试	初设、招标、品控、验收与质量评定、试验	发电	光伏
211.2-231	NB/T 42104.1—2016	地面用晶体硅光伏组件环境适应性测试要求　第1部分：一般气候条件	2017-5-1			修试	试验	发电	光伏
211.2-232	NB/T 42104.2—2016	地面用晶体硅光伏组件环境适应性测试要求　第2部分：干热气候条件	2017-5-1			修试	试验	发电	光伏
211.2-233	NB/T 42104.3—2016	地面用晶体硅光伏组件环境适应性测试要求　第3部分：湿热气候条件	2017-5-1			修试	试验	发电	光伏
211.2-234	NB/T 42104.4—2016	地面用晶体硅光伏组件环境适应性测试要求　第4部分：高原气候条件	2017-5-1			修试	试验	发电	光伏
211.2-235	NB/T 42130—2017	光伏产品环境条件　气候环境条件分类分级	2018-3-1			规划	规划	发电	光伏
211.2-236	NB/T 42131—2017	光伏组件环境试验要求通则	2018-3-1			修试	试验	发电	光伏
211.2-237	NB/T 42139—2017	光伏系统用铅酸蓄电池技术规范	2018-3-1			采购	招标、品控	发电	光伏

续表

体系结构号	标准编号	标准名称	实施日期	与国际标准对应关系	代替标准	阶段	分阶段	专业	分专业
211.2-238	NB/T 42142—2018	光伏并网微型逆变器技术规范	2018-7-1			采购	招标、品控	发电	光伏
211.2-239	NB/T 42143—2018	光伏组件功率优化器技术规范	2018-7-1			采购	招标、品控	发电	光伏
211.2-240	JB/T 9478.1—2013	光电池测量方法　第1部分：总则	2014-7-1		JB/T 9478.1—1999	修试	试验	发电	光伏
211.2-241	JB/T 9478.2—2013	光电池测量方法　第2部分：伏安特性	2014-7-1		JB/T 9478.2—1999	修试	试验	发电	光伏
211.2-242	JB/T 9478.3—2013	光电池测量方法　第3部分：光电转换效率	2014-7-1		JB/T 9478.3—1999	修试	试验	发电	光伏
211.2-243	JB/T 9478.4—2013	光电池测量方法　第4部分：照度—电流特性	2014-7-1		JB/T 9478.4—1999	修试	试验	发电	光伏
211.2-244	JB/T 9478.5—2013	光电池测量方法　第5部分：积分灵敏度	2014-7-1		JB/T 9478.5—1999	修试	试验	发电	光伏
211.2-245	JB/T 9478.6—2013	光电池测量方法　第6部分：暗电流	2014-7-1		JB/T 9478.6—1999	修试	试验	发电	光伏
211.2-246	JB/T 9478.7—2013	光电池测量方法　第7部分：暗电流温度特性	2014-7-1		JB/T 9478.7—1999	修试	试验	发电	光伏
211.2-247	JB/T 9478.8—2013	光电池测量方法　第8部分：光谱灵敏度	2014-7-1		JB/T 9478.8—1999	修试	试验	发电	光伏
211.2-248	JB/T 9478.9—2013	光电池测量方法　第9部分：光谱响应特性	2014-7-1		JB/T 9478.9—1999	修试	试验	发电	光伏
211.2-249	JB/T 9478.10—2013	光电池测量方法　第10部分：上升时间、下降时间	2014-7-1		JB/T 9478.10—1999	修试	试验	发电	光伏
211.2-250	JB/T 9478.11—2013	光电池测量方法　第11部分：结电容	2014-7-1		JB/T 9478.11—1999	修试	试验	发电	光伏
211.2-251	JB/T 9478.12—2013	光电池测量方法　第12部分：反向击穿电压	2014-7-1		JB/T 9478.12—1999	修试	试验	发电	光伏
211.2-252	JB/T 10425.2—2004	风力发电机组偏航系统第2部分：试验方法	2004-6-1			修试	试验	发电	风电
211.2-253	JB/T 12238—2015	聚光光伏太阳能发电模组的测试方法	2015-10-1			修试	试验	发电	光伏

续表

体系结构号	标准编号	标 准 名 称	实施日期	与国际标准对应关系	代替标准	阶段	分阶段	专业	分专业
211.2-254	JG/T 466—2015	建筑光伏系统 无逆流并网逆变装置	2015-7-1			设计、采购、建设、运维、修试	初设、品控、施工工艺、验收与质量评定、运行、维护、试验	发电	光伏
211.2-255	JG/T 482—2015	建筑用光伏遮阳构件通用技术条件	2016-4-1			规划、设计、建设	规划、初设、施工图、施工工艺	发电	光伏
211.2-256	JG/T 490—2016	太阳能光伏系统支架通用技术要求	2016-7-1			规划、设计、建设	规划、初设、施工图、施工工艺	发电	光伏
211.2-257	JG/T 535—2017	建筑用柔性薄膜光伏组件	2018-8-1			采购	品控	发电	光伏
211.2-258	SN/T 3834.4—2014	进出口电力行业成套设备检验技术要求 第 4 部分：风力发电设备	2014-11-1			修试	试验	发电	风电
211.2-259	SN/T 4385—2015	进出口发电设备检验技术要求 输出功率小于 100 千瓦的离网式太阳能发电系统	2016-7-1			规划、设计、采购、建设、运维、修试	规划、初设、施工图、招标、品控、施工工艺、验收与质量评定、试运行、运行、维护、检修、测试	发电	光伏
211.2-260	SJ/T 11572—2016	运输环境下晶体硅光伏组件机械振动测试方法	2016-6-1			修试	试验	发电	光伏
211.2-261	SJ/T 11627—2016	太阳能电池用硅片电阻率在线测试方法	2016-9-1			修试	试验	发电	光伏
211.2-262	SJ/T 11628—2016	太阳能电池用硅片尺寸及电学表征在线测试方法	2016-9-1			修试	试验	发电	光伏
211.2-263	SJ/T 11629—2016	太阳能电池用硅片和电池片的在线光致发光分析方法	2016-9-1			修试	试验	发电	光伏
211.2-264	SJ/T 11630—2016	太阳能电池用硅片几何尺寸测试方法	2016-9-1			修试	试验	发电	光伏
211.2-265	SJ/T 11631—2016	太阳能电池用硅片外观缺陷测试方法	2016-9-1			修试	试验	发电	光伏
211.2-266	SJ/T 11632—2016	太阳能电池用硅片微裂纹缺陷的测试方法	2016-9-1			修试	试验	发电	光伏
211.2-267	SJ/T 11722—2018	光伏组件用背板	2018-7-1			采购	品控	发电	光伏
211.2-268	NY 1913—2010	农村太阳能光伏室外照明装置 第 1 部分：技术要求	2010-9-1			设计	初设	发电	光伏

续表

体系结构号	标准编号	标 准 名 称	实施日期	与国际标准对应关系	代替标准	阶段	分阶段	专业	分专业
211.2-269	NY 1914—2010	农村太阳能光伏室外照明装置 第2部分：安装规范	2010-9-1			设计、建设	施工图、施工工艺、验收与质量评定	发电	光伏
211.2-270	QX/T 73—2007	风电场风测量仪器检测规范	2007-10-1			修试	试验	发电	风电
211.2-271	QX/T 74—2007	风电场气象观测及资料审核、订正技术规范	2007-10-1			规划、设计	规划、初设	发电	风电
211.2-272	QX/T 89—2018	太阳能资源评估方法	2018-10-1		QX/T 89—2008	规划	规划	发电	光伏
211.2-273	QX/T 243—2014	风电场风速预报准确率评判方法	2015-3-1			规划、设计	规划、初设	发电	风电
211.2-274	QX/T 244—2014	太阳能光伏发电功率短期预报方法	2015-3-1			规划、设计、建设、运维	规划、初设、验收与质量评定、运行	发电	光伏
211.2-275	QX/T 263—2015	太阳能光伏系统防雷技术规范	2015-5-1			设计、建设	初设、施工图、施工工艺	发电	光伏
211.2-276	QX/T 308—2015	分散式风力发电风能资源评估技术导则	2016-4-1			规划、设计	规划、初设	发电	风电
211.2-277	QX/T 312—2015	风力发电机组防雷装置检测技术规范	2016-4-1			修试	试验	发电	风电
211.2-278	QX/T 397—2017	太阳能光伏发电规划编制规定	2018-3-1			规划	规划	发电	光伏
211.2-279	JGJ/T 264—2012	光伏建筑一体化系统运行与维护规范	2012-5-1			运维	运行、维护	发电	光伏
211.2-280	JGJ/T 365—2015	太阳能光伏玻璃幕墙电气设计规范	2015-11-1			设计	初设、施工图	发电	光伏
211.2-281	15D202-4	建筑一体化光伏系统电气设计与施工	2015-6-1			设计、建设	初设、施工图、施工工艺	发电	光伏
211.2-282	FD 002—2007	风电场工程等级划分及设计安全标准（试行）	2007-9-7			规划、设计、建设	初设、施工图、施工工艺、验收与质量评定	发电	风电
211.2-283	FD 007—2011	海上风电场工程 可行性研究报告编制办法（试行）	2009-12-17			规划	规划	发电	风电
211.2-284	GB/T 1094.16—2013	电力变压器 第16部分：风力发电用变压器	2017-3-23	IEC 60076-16: 2011	GB 1094.16—2013	采购	品控	发电	风电

体系结构号	标准编号	标 准 名 称	实施日期	与国际标准对应关系	代替标准	阶段	分阶段	专业	分专业
211.2-285	GB/T 3836.22—2017	爆炸性环境 第22部分：光辐射设备和传输系统的保护措施	2018-7-1	IEC 60079-28: 2006		运维	运行、维护	发电	光伏
211.2-286	GB 6495.10—2012	光伏器件 第10部分：线性特性测量方法	2013-6-1	IEC 60904-10: 1998，IDT		修试	试验	发电	光伏
211.2-287	GB/T 10760.1—2017	小型风力发电机组用发电机 第1部分：技术条件	2018-5-1		GB/T 10760.1—2003	运维	运行、维护	发电	风电
211.2-288	GB/T 10760.2—2017	小型风力发电机组用发电机 第2部分：试验方法	2018-5-1		GB/T 10760.2—2003	修试	试验	发电	风电
211.2-289	GB/T 17646—2017	小型风力发电机组	2018-2-1	IEC 61400-2: 2013	GB/T 17646—2013	采购	品控	发电	风电
211.2-290	GB/T 17683.1—1999	太阳能 在地面不同接收条件下的太阳光谱辐照度标准 第1部分：大气质量1.5的法向直接日射辐照度和半球向日射辐照度	1999-1-1			规划、设计	规划、初设	发电	光伏
211.2-291	GB/T 18451.1—2012	风力发电机组 设计要求	2012-10-1	IEC 61400-1: 2005，IDT	GB 18451.1—2001	设计	初设、施工图	发电	风电
211.2-292	GB/T 18451.2—2012	风力发电机组 功率特性测试	2012-10-1	IEC 61400-12-1: 2005，IDT	GB/T 18451.2—2003	修试	试验	发电	风电
211.2-293	GB/T 18709—2002	风电场风能资源测量方法	2002-10-1			规划	规划	发电	风电
211.2-294	GB/T 18710—2002	风电场风能资源评估方法	2002-10-1	AWEA 8.2—1993，NEQ NREL/SR-440—22223，NEQ		规划	规划	发电	风电
211.2-295	GB/T 18802.31—2016	低压电涌保护器 特殊应用（含直流）的电涌保护器 第31部分：用于光伏系统的电涌保护器（SPD）性能要求和试验方法	2016-9-1			设计、修试	初设、试验	发电	光伏
211.2-296	GB 18911—2002	地面用薄膜光伏组件设计鉴定和定型	2003-5-1	IEC 61646: 1996，IDT		设计	初设	发电	光伏
211.2-297	GB 18912—2002	光伏组件盐雾腐蚀试验	2003-5-1	IEC 61701: 1995，IDT		修试	试验	发电	光伏
211.2-298	GB/T 19068.1—2017	小型风力发电机组 第1部分：技术条件	2018-5-1		GB/T 19068.1—2003	采购	品控	发电	风电

续表

体系结构号	标准编号	标 准 名 称	实施日期	与国际标准对应关系	代替标准	阶段	分阶段	专业	分专业
211.2-299	GB/T 19068.2—2017	小型风力发电机组 第 2 部分：试验方法	2018-5-1		GB/T 19068.2—2003	修试	试验	发电	风电
211.2-300	GB/T 19068.3—2003	离网型风力发电机组 第 3 部分：风洞试验方法	2003-9-1			修试	试验	发电	风电
211.2-301	GB/T 19069—2017	失速型风力发电机组 控制系统 技术条件	2018-5-1		GB/T 19069—2003	采购	品控	发电	风电
211.2-302	GB/T 19070—2017	失速型风力发电机组 控制系统 试验方法	2018-5-1		GB/T 19070—2003	修试	试验	发电	风电
211.2-303	GB/T 19071.1—2018	风力发电机组 异步发电机 第 1 部分：技术条件	2018-12-1		GB/T 19071.1—2003	采购	品控	发电	风电
211.2-304	GB/T 19071.2—2018	风力发电机组 异步发电机 第 2 部分：试验方法	2019-2-1		GB/T 19071.2—2003	修试	试验	发电	风电
211.2-305	GB/T 19072—2010	风力发电机组 塔架	2011-3-1		GB/T 19072—2003	采购	品控	发电	风电
211.2-306	GB/T 19073—2018	风力发电机组 齿轮箱设计要求	2018-9-1		GB/T 19073—2008	采购	品控	发电	风电
211.2-307	GB 19394—2003	光伏（PV）组件紫外试验	2004-6-1	IEC 61345: 1998，IDT		修试	试验	发电	光伏
211.2-308	GB/T 19568—2017	风力发电机组 装配和安装规范	2018-7-1		GB/T 19568—2004	建设	施工工艺	发电	风电
211.2-309	GB/T 19939—2005	光伏系统并网技术要求	2006-1-1			设计、采购、建设、运维	初设、施工图、招标、品控、施工工艺、验收与质量评定、试运行、运行、维护	发电	光伏
211.2-310	GB/T 19960.1—2005	风力发电机组 第 1 部分：通用技术条件	2006-1-1			采购	品控	发电	风电
211.2-311	GB/T 19960.2—2005	风力发电机组 第 2 部分：通用试验方法	2006-1-1			修试	试验	发电	风电
211.2-312	GB/T 19963—2011	风电场接入电力系统技术规定	2012-6-1	ISO 4548-6: 1985，IDT	GB/Z 19963—2005	设计、采购、建设、运维	初设、施工图、招标、品控、施工工艺、验收与质量评定、试运行、运行、维护	发电	风电
211.2-313	GB/Z 19964—2012	光伏发电站接入电力系统技术规定	2013-6-1		GB/Z 19964—2005	设计、采购、建设、运维	初设、施工图、招标、品控、施工工艺、验收与质量评定、试运行、运行、维护	发电	光伏
211.2-314	GB/T 20042.7—2014	质子交换膜燃料电池 第 7 部分：炭纸特性测试方法	2015-7-1			修试	试验	发电	储能

续表

体系结构号	标准编号	标 准 名 称	实施日期	与国际标准对应关系	代替标准	阶段	分阶段	专业	分专业
211.2-315	GB/T 20046—2006	光伏（PV）系统电网接口特性	2006-2-1	IEC 61727: 2004，MOD		设计、修试	初设、试验	发电	光伏
211.2-316	GB/T 20047.1—2006	光伏（PV）组件安全鉴定 第1部分：结构要求	2006-2-1	IEC 61730-1: 2004，IDT		设计、修试	初设、试验	发电	光伏
211.2-317	GB/T 20319—2017	风力发电机组 验收规范	2018-2-1		GB/T 20319—2006	建设	验收与质量评定	发电	风电
211.2-318	GB/T 20513—2006	光伏系统性能监测 测量、数据交换和分析导则	2007-2-1	IEC 61724: 1998		运维	运行	发电	光伏
211.2-319	GB/T 20514—2006	光伏系统功率调节器效率测量程序	2007-2-1	IEC 61683: 1999		运维、修试	运行、检修、试验	发电	光伏
211.2-320	GB/T 21150—2007	失速型风力发电机组	2008-1-1			采购	品控	发电	风电
211.2-321	GB/T 21407—2015	双馈式变速恒频风力发电机组	2016-6-1		GB/T 21407—2008	采购	品控	发电	风电
211.2-322	GB/T 22516—2015	风力发电机组 噪声测量方法	2016-6-1	IEC 61400-11—2012，IDT	GB/T 22516—2008	修试	检修、试验	发电	风电
211.2-323	GB/T 23751.1—2009	微型燃料电池发电系统 第1部分：安全	2009-11-1	IEC 62282-6-100: 2007，MOD		采购	品控	发电	储能
211.2-324	GB/Z 23751.3—2013	微型燃料电池发电系统 第3部分：燃料容器互换性	2013-12-2	IEC 62282-6-300: 2009		采购	品控	发电	光伏
211.2-325	GB/T 25074—2017	太阳能级多晶硅	2018-5-1		GB/T 25074—2010	采购	品控	发电	光伏
211.2-326	GB/T 25381—2010	风力发电机组 系列型谱	2011-3-1			采购	品控	发电	风电
211.2-327	GB/T 25383—2010	风力发电机组 风轮叶片	2011-3-1		JB/T 10194—2000	采购	品控	发电	风电
211.2-328	GB/T 25384—2018	风力发电机组 风轮叶片全尺寸结构试验	2019-7-1		GB/T 25384—2010	运维	运行、维护	发电	风电
211.2-329	GB/T 25385—2010	风力发电机组 运行及维护要求	2011-3-1			运维	运行、维护	发电	风电
211.2-330	GB/T 25386.1—2010	风力发电机组 变速恒频控制系统 第1部分：技术条件	2011-3-1			采购	品控	发电	风电
211.2-331	GB/T 25386.2—2010	风力发电机组 变速恒频控制系统 第2部分：试验方法	2011-3-1			修试	试验	发电	风电
211.2-332	GB/T 25387.1—2010	风力发电机组 全功率变流器 第1部分：技术条件	2011-3-1			运维	运行、维护	发电	风电

续表

体系结构号	标准编号	标准名称	实施日期	与国际标准对应关系	代替标准	阶段	分阶段	专业	分专业
211.2-333	GB/T 25387.2—2010	风力发电机组　全功率变流器　第2部分：试验方法	2011-3-1			修试	试验	发电	风电
211.2-334	GB/T 25388.1—2010	风力发电机组　双馈式变流器　第1部分：技术条件	2011-3-1			运维	运行、维护	发电	风电
211.2-335	GB/T 25388.2—2010	风力发电机组　双馈式变流器　第2部分：试验方法	2011-3-1			修试	试验	发电	风电
211.2-336	GB/T 25389.1—2018	风力发电机组　永磁同步发电机　第1部分：技术条件	2018-12-1		GB/T 25389.1—2010	运维	运行、维护	发电	风电
211.2-337	GB/T 25389.2—2018	风力发电机组　永磁同步发电机　第2部分：试验方法	2018-12-1		GB/T 25389.2—2010	修试	试验	发电	风电
211.2-338	GB/Z 25425—2010	风力发电机组　公称视在声功率级和音值	2011-1-1	IEC TS 61400-14: 2005, IDT		设计	初设	发电	风电
211.2-339	GB/Z 25426—2010	风力发电机组　机械载荷测量	2011-1-1	IEC TS 61400-13: 2001, MOD		修试	试验	发电	风电
211.2-340	GB/Z 25427—2010	风力发电机组　雷电防护	2011-1-1	IEC TR 61400-24: 2002, MOD		设计	初设	发电	风电
211.2-341	GB/Z 25458—2010	风力发电机组　合格认证　规则及程序	2011-1-1	IEC WT 01: 2001 NEQ		建设	验收与质量评定	发电	风电
211.2-342	GB/T 26264—2010	通信用太阳能电源系统	2011-6-1			采购	品控	发电	光伏
211.2-343	GB/T 27748.1—2017	固定式燃料电池发电系统　第1部分：安全	2018-2-1	IEC 62282-3-100: 2012	GB/T 27748.1—2011	运维	运行、维护	发电	储能
211.2-344	GB/T 27748.3—2017	固定式燃料电池发电系统　第3部分：安装	2018-4-1	IEC 62282-3-300: 2012	GB/T 27748.3—2011	建设	验收与质量评定	发电	储能
211.2-345	GB/T 27748.4—2017	固定式燃料电池发电系统　第4部分：小型燃料电池发电系统性能试验方法	2018-2-1	IEC 62282-3-201: 2013		修试	试验	发电	储能
211.2-346	GB/T 28812—2012	地热发电用汽轮机规范	2013-5-1			运维	运行、维护	发电	风电
211.2-347	GB/T 28866—2012	独立光伏（PV）系统的特性参数	2013-2-15	IEC 61194: 1992		规划、设计、运维、修试	规划、初设、运行、检修、试验	发电	光伏
211.2-348	GB 29054—2012	太阳能级铸造多晶硅块	2013-10-1			采购	品控	发电	光伏
211.2-349	GB 29195—2012	地面用晶体硅太阳电池总规范	2013-6-1			规划、设计、运维、修试	规划、初设、运行、检修、试验	发电	光伏

体系结构号	标准编号	标 准 名 称	实施日期	与国际标准对应关系	代替标准	阶段	分阶段	专业	分专业
211.2-350	GB 29196—2012	独立光伏系统 技术规范	2013-6-1			规划、设计、运维、修试	规划、初设、运行、检修、试验	发电	光伏
211.2-351	GB/T 29319—2012	光伏发电系统接入配电网技术规定	2013-6-1			设计、采购、建设、运维	初设、施工图、招标、品控、施工工艺、验收与质量评定、试运行、运行、维护	发电	光伏
211.2-352	GB/T 29320—2012	光伏电站太阳跟踪系统技术要求	2013-6-1			设计、修试	初设、检修、试验	发电	光伏
211.2-353	GB/T 29321—2012	光伏发电站无功补偿技术规范	2013-6-1			设计、建设、运维	初设、验收与质量评定、运行、维护	发电	光伏
211.2-354	GB/T 29494—2013	小型垂直轴风力发电机组	2013-10-1			采购	品控	发电	风电
211.2-355	GB/T 29543—2013	低温型风力发电机组	2014-1-1			采购	品控	发电	其他
211.2-356	GB/T 29551—2013	建筑用太阳能光伏夹层玻璃	2017-3-23		GB 29551—2013	采购	品控	发电	风电
211.2-357	GB/T 29553—2013	风力发电复合材料整流罩	2014-3-1			采购	品控	发电	风电
211.2-358	GB/T 29631—2013	额定电压 1.8/3kV 及以下风力发电用耐扭曲软电缆	2013-12-2			采购	品控	发电	风电
211.2-359	GB/T 29717—2013	滚动轴承 风力发电机组偏航、变桨轴承	2014-6-1			采购	品控	发电	风电
211.2-360	GB/T 29718—2013	滚动轴承 风力发电机组主轴轴承	2014-6-1			采购	品控	发电	风电
211.2-361	GB/T 29913.1—2013	风力发电设备用轴承钢 第 1 部分：偏航、变桨轴承用钢	2014-8-1			采购	品控	发电	风电
211.2-362	GB/T 30123—2013	风力发电导电轨（空气型母线槽）	2014-6-14			采购	品控	发电	风电
211.2-363	GB/T 30152—2013	光伏发电系统接入配电网检测规程	2014-8-1			修试	试验	发电	光伏
211.2-364	GB/T 30153—2013	光伏发电站太阳能资源实时监测技术要求	2014-8-1			运维	运行、维护	发电	光伏
211.2-365	GB/T 30427—2013	并网光伏发电专用逆变器技术要求和试验方法	2014-8-15			设计、修试	初设、检修、试验	发电	光伏

续表

体系结构号	标准编号	标准名称	实施日期	与国际标准对应关系	代替标准	阶段	分阶段	专业	分专业
211.2-366	GB/T 30859—2014	太阳能电池用硅片翘曲度和波纹度测试方法	2015-4-1			设计、修试	初设、检修、试验	发电	光伏
211.2-367	GB/T 30860—2014	太阳能电池用硅片表面粗糙度及切割线痕测试方法	2015-4-1			设计、修试	初设、检修、试验	发电	光伏
211.2-368	GB/T 30861—2014	太阳能电池用锗衬底片	2015-4-1			设计、修试	初设、检修、试验	发电	光伏
211.2-369	GB/T 30869—2014	太阳能电池用硅片厚度及总厚度变化测试方法	2015-2-1			设计、修试	初设、检修、试验	发电	光伏
211.2-370	GB/T 30966.1—2014	风力发电机组　风力发电场监控系统通信　第1部分：原则与模型	2015-1-1	IEC 61400-25-1: 2006		运维	运行、维护	发电	风电
211.2-371	GB/T 30966.2—2014	风力发电机组　风力发电场监控系统通信　第2部分：信息模型	2015-1-1	IEC 61400-25-2: 26		运维	运行、维护	发电	风电
211.2-372	GB/T 30966.3—2014	风力发电机组　风力发电场监控系统通信　第3部分：信息交换模型	2015-1-1	IEC 61400-25-3: 2006		运维	运行、维护	发电	风电
211.2-373	GB/T 30966.4—2014	风力发电机组　风力发电场监控系统通信　第4部分：映射到通信规约	2015-1-1	IEC 61400-25-4: 2008		运维	运行、维护	发电	风电
211.2-374	GB/T 30966.5—2015	风力发电机组　风力发电场监控系统通信　第5部分：一致性测试	2016-2-1	IEC 61400-25-5: 2006		运维	运行、维护	发电	风电
211.2-375	GB/T 30966.6—2015	风力发电机组　风力发电场监控系统通信　第6部分：状态监测的逻辑节点类和数据类	2016-2-1	IEC 61400-25-6: 2010		运维	运行、维护	发电	风电
211.2-376	GB/T 30983—2014	光伏用玻璃光学性能测试方法	2015-3-1			修试	试验	发电	光伏
211.2-377	GB/T 31034—2014	晶体硅太阳电池组件用绝缘背板	2015-7-1			设计、修试	初设、检修、试验	发电	光伏
211.2-378	GB/T 31035—2014	质子交换膜燃料电池电堆低温特性试验方法	2015-7-1			修试	试验	发电	储能
211.2-379	GB/T 31036—2014	质子交换膜燃料电池备用电源系统　安全	2015-7-1			运维	运行、维护	发电	储能

续表

体系结构号	标准编号	标 准 名 称	实施日期	与国际标准对应关系	代替标准	阶段	分阶段	专业	分专业
211.2-380	GB/T 31140—2014	高原用风力发电设备环境技术要求	2015-4-1			设计	初设	发电	风电
211.2-381	GB/T 31365—2015	光伏发电站接入电网检测规程	2015-9-1			建设	验收与质量评定	发电	光伏
211.2-382	GB/T 31366—2015	光伏发电站监控系统技术要求	2015-9-1			设计	初设	发电	光伏
211.2-383	GB/T 31517—2015	海上风力发电机组　设计要求	2016-2-1	IEC 61400-3: 2009		设计	初设	发电	风电
211.2-384	GB/T 31518.1—2015	直驱永磁风力发电机组　第1部分：技术条件	2016-2-1			运维	运行、维护	发电	风电
211.2-385	GB/T 31518.2—2015	直驱永磁风力发电机组　第2部分：试验方法	2016-2-1			修试	试验	发电	风电
211.2-386	GB/T 31519—2015	台风型风力发电机组	2016-2-1			采购	品控	发电	风电
211.2-387	GB/T 31817—2015	风力发电设施防护涂装技术规范	2016-2-1			设计	初设	发电	风电
211.2-388	GB/T 31854—2015	光伏电池用硅材料中金属杂质含量的电感耦合等离子体质谱测量方法	2016-3-1			修试	试验	发电	光伏
211.2-389	GB/T 31984—2015	光伏组件用乙烯—醋酸乙烯共聚物中醋酸乙烯酯含量测试方法　热重分析法（TGA）	2016-5-1			修试	试验	发电	光伏
211.2-390	GB/T 31997—2015	风力发电场项目建设工程验收规程	2016-4-1			建设	验收与质量评定	发电	风电
211.2-391	GB/T 31999—2015	光伏发电系统接入配电网特性评价技术规范	2016-4-1			建设	验收与质量评定	发电	光伏
211.2-392	GB/T 32006—2015	金纳米棒光热效应的评价方法	2016-10-1			建设	验收与质量评定	发电	光伏
211.2-393	GB/T 32077—2015	风力发电机组　变桨距系统	2016-6-1			采购	品控	发电	风电
211.2-394	GB/T 32128—2015	海上风电场运行维护规程	2016-5-1			运维	运行、维护	发电	光伏
211.2-395	GB/T 32281—2015	太阳能级硅片和硅料中氧、碳、硼和磷量的测定　二次离子质谱法	2017-1-1			修试	试验	发电	光伏

续表

体系结构号	标准编号	标准名称	实施日期	与国际标准对应关系	代替标准	阶段	分阶段	专业	分专业
211.2-396	GB/T 32352—2015	高原用风力发电机组现场验收规范	2016-7-1			建设	验收与质量评定	发电	风电
211.2-397	GB/T 32512—2016	光伏发电站防雷技术要求	2016-9-1			设计、建设、运维	初设、施工图、施工工艺、验收与质量评定、运行、维护	发电	光伏
211.2-398	GB/T 32826—2016	光伏发电系统建模导则	2017-3-1			规划、设计、建设、运维	规划、初设、验收与质量评定、运行	发电	光伏
211.2-399	GB/T 32892—2016	光伏发电系统模型及参数测试规程	2017-3-1			规划、设计、采购、建设、运维	规划、初设、施工图、招标、品控、施工工艺、验收与质量评定、试运行、运行、维护	发电	光伏
211.2-400	GB/T 32900—2016	光伏发电站继电保护技术规范	2017-3-1			设计、运维	初设、运行	发电	光伏
211.2-401	GB/T 33225—2016	风力发电机组　基于机舱风速计法的功率特性测试	2017-7-1	IEC 61400-12-2: 2013		修试	试验	发电	风电
211.2-402	GB/T 33234—2016	光热发电玻璃反射镜反射比测试方法	2017-11-1			修试	试验	发电	光伏
211.2-403	GB/T 33235—2016	光热发电玻璃反射镜抗冰雹冲击试验方法	2017-11-1			修试	试验	发电	光伏
211.2-404	GB/T 33236—2016	多晶硅 痕量元素化学分析 辉光放电质谱法	2017-11-1			修试	试验	发电	光伏
211.2-405	GB/T 33342—2016	户用分布式光伏发电并网接口技术规范	2017-7-1			设计、建设、运维	初设、施工图、施工工艺、验收与质量评定、运行、维护	发电	光伏
211.2-406	GB/T 33346—2016	风力发电导电轨（密集型母线槽）	2017-7-1			采购	品控	发电	风电
211.2-407	GB/T 33423—2016	沿海及海上风电机组防腐技术规范	2017-7-1			运维	运行、维护	发电	风电
211.2-408	GB/T 33592—2017	分布式电源并网运行控制规范	2017-12-1			运维	运行	发电	光伏
211.2-409	GB/T 33593—2017	分布式电源并网技术要求	2017-12-1			设计、建设、运维	初设、施工图、施工工艺、验收与质量评定、运行、维护	发电	光伏

续表

体系结构号	标准编号	标 准 名 称	实施日期	与国际标准对应关系	代替标准	阶段	分阶段	专业	分专业
211.2-410	GB/T 33599—2017	光伏发电站并网运行控制规范	2017-12-1			运维	运行	发电	光伏
211.2-411	GB/T 33606—2017	额定电压 6kV（U_m=7.2kV）到 35kV（U_m=40.5kV）风力发电用耐扭曲软电缆	2017-12-1			采购	品控	发电	风电
211.2-412	GB/T 33623—2017	滚动轴承 风力发电机组齿轮箱轴承	2017-12-1			采购	品控	发电	风电
211.2-413	GB/T 33629—2017	风力发电机组 雷电保护	2017-12-1	IEC 61400-24: 2010		运维	运行、维护	发电	风电
211.2-414	GB/T 33630—2017	海上风力发电机组 防腐规范	2017-12-1			运维	运行、维护	发电	风电
211.2-415	GB/T 33677—2017	太阳能资源等级 直接辐射	2017-12-1			规划、设计	规划、初设	发电	光伏
211.2-416	GB/T 33764—2017	独立光伏系统验收规范	2017-12-1			建设	验收与质量评定	发电	光伏
211.2-417	GB/T 33765—2017	地面光伏系统用直流连接器	2017-12-1			规划、设计、运维、修试	规划、初设、运行、检修、试验	发电	光伏
211.2-418	GB/T 33766—2017	独立太阳能光伏电源系统技术要求	2017-12-1			规划、设计、运维、修试	规划、初设、运行、检修、试验	发电	光伏
211.2-419	GB/T 33979—2017	质子交换膜燃料电池发电系统低温特性测试方法	2018-2-1			修试	试验	发电	储能
211.2-420	GB/T 33982—2017	分布式电源并网继电保护技术规范	2018-2-1			设计、修试	初设、检修、试验	发电	光伏
211.2-421	GB/T 34160—2017	地面用光伏组件光电转换效率检测方法	2018-4-1			修试	试验	发电	光伏
211.2-422	GB/T 34521—2017	小型风力发电机组用控制器	2018-5-1			采购	品控	发电	风电
211.2-423	GB/T 34524—2017	风力发电机组 主轴	2018-5-1			设计、修试	初设、检修、试验	发电	风电
211.2-424	GB/T 34581—2017	光伏系统用直流断路器通用技术要求	2018-4-1			设计、建设、运维	初设、施工图、施工工艺、验收与质量评定、运行、维护	发电	光伏
211.2-425	GB/T 34931—2017	光伏发电站无功补偿装置检测技术规程	2018-5-1			修试	试验	发电	光伏

续表

体系结构号	标准编号	标 准 名 称	实施日期	与国际标准对应关系	代替标准	阶段	分阶段	专业	分专业
211.2-426	GB/T 34932—2017	分布式光伏发电系统远程监控技术规范	2018-5-1			运维	运行	发电	光伏
211.2-427	GB/T 34933—2017	光伏发电站汇流箱检测技术规程	2018-5-1			修试	试验	发电	光伏
211.2-428	GB/T 34936—2017	光伏发电站汇流箱技术要求	2018-5-1			设计、修试	初设、检修、试验	发电	光伏
211.2-429	GB/T 35050—2018	海洋能开发与利用综合评价规程	2018-12-1			规划、设计	规划、初设	发电	其他
211.2-430	GB/T 35204—2017	风力发电机组 安全手册	2018-7-1			运维	运行、维护	发电	风电
211.2-431	GB/T 35207—2017	电励磁直驱风力发电机组	2018-7-1			采购	品控	发电	风电
211.2-432	GB/Z 35482—2017	风力发电机组 时间可利用率	2018-7-1			规划、设计	规划、初设	发电	风电
211.2-433	GB/Z 35483—2017	风力发电机组 发电量可利用率	2018-7-1			规划、设计	规划、初设	发电	风电
211.2-434	GB/T 35694—2017	光伏发电站安全规程	2018-7-1			运维	运行、维护	发电	光伏
211.2-435	GB/T 35792—2018	风力发电机组 合格测试及认证	2018-9-1			采购、建设	招标、品控、验收与质量评定	发电	风电
211.2-436	GB/T 35854—2018	风力发电机组及其组件机械振动测量与评估	2018-9-1			修试	检修、试验	发电	风电
211.2-437	GB/T 36115—2018	精准扶贫 村级光伏电站技术导则	2018-10-1			设计、建设、修试	初设、施工图、施工工艺、验收与质量评定、试运行、检修、试验	发电	光伏
211.2-438	GB/T 36116—2018	村镇光伏发电站集群控制系统功能要求	2018-10-1			设计、建设、修试	初设、施工图、施工工艺、验收与质量评定、试运行、检修、试验	发电	光伏
211.2-439	GB/T 36117—2018	村镇光伏发电站集群接入电网规划设计导则	2018-10-1			规划、设计	规划、初设、施工图	发电	光伏
211.2-440	GB/T 36119—2018	精准扶贫 村级光伏电站管理与评价导则	2018-10-1			技术监督		发电	光伏
211.2-441	GB/T 36132—2018	绿色工厂评价通则	2018-12-1			技术监督		发电	风电、光伏
211.2-442	GB/T 36160.1—2018	分布式冷热电能源系统技术条件 第1部分：制冷和供热单元	2018-12-1			设计、建设、修试	初设、施工图、施工工艺、验收与质量评定、试运行、检修、试验	发电	风电

体系结构号	标准编号	标 准 名 称	实施日期	与国际标准对应关系	代替标准	阶段	分阶段	专业	分专业
211.2-443	GB/T 36160.2—2018	分布式冷热电能源系统技术条件 第2部分：动力单元	2018-12-1			设计、建设、修试	初设、施工图、施工工艺、验收与质量评定、试运行、检修、试验	发电	风电
211.2-444	GB/T 36237—2018	风力发电机组 电气仿真模型	2018-12-1			设计、采购、运维、修试	初设、招标、运行、维护、试验	发电	风电
211.2-445	GB/T 36270—2018	微电网监控系统技术规范	2019-1-1			设计、建设、修试	初设、施工图、施工工艺、验收与质量评定、试运行、检修、试验	发电	风电
211.2-446	GB/T 36274—2018	微电网能量管理系统技术规范	2019-1-1			设计、建设、修试	初设、施工图、施工工艺、验收与质量评定、试运行、检修、试验	发电	风电
211.2-447	GB/T 36289.1—2018	晶体硅太阳电池组件用绝缘薄膜 第1部分：聚酯薄膜	2019-1-1			采购	招标、品控	发电	光伏
211.2-448	GB/T 36289.2—2018	晶体硅太阳电池组件用绝缘薄膜 第2部分：氟塑料薄膜	2019-1-1			采购	招标、品控	发电	光伏
211.2-449	GB/T 36490—2018	风力发电机组 防雷装置检测技术规范	2019-2-1			修试	试验	发电	风电
211.2-450	GB/T 36567—2018	光伏组件检修规程	2019-4-1			修试	检修	发电	光伏
211.2-451	GB/T 36568—2018	光伏方阵检修规程	2019-4-1			修试	检修	发电	光伏
211.2-452	GB/T 36569—2018	海上风电场风力发电机组基础技术要求	2019-4-1			运维	运行、维护	发电	风电
211.2-453	GB/T 36963—2018	光伏建筑一体化系统防雷技术规范	2019-7-1			设计、建设	初设、施工图、施工工艺	发电	光伏
211.2-454	GB/T 36994—2018	风力发电机组 电网适应性测试规程	2019-7-1			修试	试验	发电	风电
211.2-455	GB/T 36995—2018	风力发电机组 故障电压穿越能力测试规程	2019-7-1			修试	试验	发电	风电
211.2-456	GB/T 36996—2018	风力发电机组用永磁盘式无铁芯发电机	2019-7-1			采购	招标、品控	发电	风电
211.2-457	GB/T 36999—2018	海洋波浪能电站环境条件要求	2019-7-1			规划、设计	规划、初设、施工图	发电	其他

续表

体系结构号	标准编号	标准名称	实施日期	与国际标准对应关系	代替标准	阶段	分阶段	专业	分专业
211.2-458	GB/T 37052—2018	光伏建筑一体化（BIPV）组件电池额定工作温度测试方法	2019-3-1			修试	试验	发电	光伏
211.2-459	GB/T 37240—2018	晶体硅光伏组件盖板玻璃透光性能测试评价方法	2019-7-1			修试	试验	发电	光伏
211.2-460	GB/T 37257—2018	风力发电机组　机械载荷测量	2019-7-1			修试	试验	发电	风电
211.2-461	GB/T 37268—2018	建筑用光伏遮阳板	2019-11-1			设计、修试	初设、检修、试验	发电	光伏
211.2-462	GB/T 50571—2010	海上风力发电工程施工规范	2010-12-1			建设	施工工艺	发电	风电
211.2-463	GB/T 50795—2012	光伏发电工程施工组织设计规范	2012-11-1			建设	施工工艺	发电	光伏
211.2-464	GB/T 50796—2012	光伏发电工程验收规范	2012-11-1			建设	验收与质量评定	发电	光伏
211.2-465	GB 50797—2012	光伏发电站设计规范	2012-11-1			设计	初设、施工图	发电	光伏
211.2-466	GB/T 50865—2013	光伏发电接入配电网设计规范	2014-5-1			设计	初设、施工图	发电	光伏
211.2-467	GB/T 50866—2013	光伏发电站接入电力系统设计规范	2013-9-1			设计	初设、施工图	发电	光伏
211.2-468	GB 51096—2015	风力发电场设计规范	2015-11-1			规划、设计	规划、初设	发电	风电
211.2-469	GB 51101—2016	太阳能发电站支架基础技术规范	2016-12-1			设计、建设	初设、施工图、施工工艺	发电	光伏
211.2-470	GB/T 51121—2015	风力发电工程施工与验收规范	2016-8-1			建设	施工工艺、验收与质量评定、试运行	发电	风电
211.2-471	GB/T 6495.11—2016	光伏器件　第11部分：晶体硅太阳电池初始光致衰减测试方法	2016-11-1			修试	试验	发电	光伏
211.2-472	ANSI UL 6142—2012	小型风力发电机系统的安全性标准	2012-11-30			设计、运维	初设、运行、维护	发电	风电
211.2-473	IEC 60904-1—2006	光伏器件　第1部分：光伏电流一电压特性的测量	2006-9-13	EN 60904-1—2006，IDT	IBC 60904-1—1987；IEC 82/433/FDIS—2006	修试	试验	发电	光伏
211.2-474	IEC 60904-2—2015	光伏设备　第2部分：光伏基准设备的要求	2015-1-23		IEC 60904-2—2007	设计	初设	发电	光伏

续表

体系结构号	标准编号	标 准 名 称	实施日期	与国际标准对应关系	代替标准	阶段	分阶段	专业	分专业
211.2-475	IEC 60904-5—2011	光伏器件　第5部分：用开路电压法测定光伏（PV）器件的等效电池温度（ECT）	2011-2-17		IEC 60904-5—1993；IEC 82/5951/DV—2010	修试	试验	发电	光伏
211.2-476	IEC 61400-3—2009	风力祸轮机　第3部分：海上风力涡轮机的设计要求	2009-2-11	DIN EN 61400-3—2010，IDT；BS EN 61400-3—2009，IDT；EN 61400-3—2009，IDT；NF C57-700-3—2009，TDT；C57-700-3PR，IDT	IEC 88/329/FDIS—2008	设计	初设	发电	风电
211.2-477	IEC 61400-11—2012+Amd 1—2018	风轮发电机系统　第11部分：噪声测量技术	2018-6-15			修试	试验	发电	风电
211.2-478	BS EN 61400-22—2011	风力涡轮机　第22部分：合格试验和认证	2011-3-31		IEC 61400-22—2010	修试	试验	发电	风电
211.2-479	IEC 61400-24—2010	风力祸轮机　第24部分：避雷保护	2010-6-16	EN 61400-24—2010，IDT	IEC TR 61400-24 2002；IEC 88/366/FDIS-2010	设计	初设	发电	风电
211.2-480	IEC 61400-25-4—2016	风力发电机　第25-4部分：风力发电厂的监测和控制用通信　绘图到通信轮廓	2016-11-30		IEC 61400-25-4—2008	设计、运维	初设、运行、维护	发电	风电
211.2-481	IEC 61400-25-6—2016	风力发电机　第25-6部分：风力电厂监控用通信设备　情况监控用逻辑节点类和数据类	2016-12-16		IEC 61400-25-6—2010	设计、运维	初设、运行、维护	发电	风电
211.2-482	IEC 61427-1—2013	太阳光伏能系统用蓄电池和蓄电池组　一般要求和试验方法　第1部分：光伏离网应用	2013-4-23		IEC 61427—2005; IEC 21/793/FDIS—2013	设计、修试	初设、试验	发电	光伏
211.2-483	IEC 61701—2011	光伏组件盐雾腐蚀试验	2011-12-15		IEC 61701—1995; IEC 82/667/FDIS—2011	修试	试验	发电	光伏
211.2-484	IEC 61727—2004	光伏（PV）系统电网接口的特性	2004-12-14		IEC 61727—1995; IEC 82/367/FDIS—2004	设计、修试	初设、试验	发电	光伏
211.2-485	IEC 61853-1—2011	光电（PV）模块性能试验和额定功率　第1部分：辐照度、温度性能测量和额定功率	2011-1-26	BS EN 61853-1—2011，IDT；EN 61853-1—2011，IDT	IEC 82/613/FD1S—2010	修试	试验	发电	光伏

续表

体系结构号	标准编号	标准名称	实施日期	与国际标准对应关系	代替标准	阶段	分阶段	专业	分专业
211.2-486	IEC 62109-1—2010	光伏电力系统用电源转换器的安全性　第1部分：一般要求	2010-4-28	BS EN 62109-1-2010, IDT；EN 62109-1—2010 IDT；PN-EN 62109-1—2010，IDT	IEC 82/593/FDIS—2010	运维	运行、维护	发电	光伏
211.2-487	IEC 62109-2—2011	光伏电力系统用电源转换器的安全性　第2部分：换流器详细要求	2011-6-23		IEC 82/636/FDIS—2011	设计	初设	发电	光伏
211.2-488	IEC 62509—2010	光伏系统用蓄电池充电控制器性能和功能	2010-12-16		IEC 82/614/FDIS—2010	运维	运行、维护	发电	储能
211.2-489	IEEE 1547.2—2008	IEEE 1547《分布式资源与电力系统互连用IEEE标准》应用指南	2008-12-10			设计	初设	发电	光伏、风电、储能
211.2-490	ANSI IEEE 1547.4—2011	带电力系统的分布式资源孤岛系统的设计、操作和集成指南	2011-6-16	IEEE 1547.4—2011，IDT		设计	初设	发电	其他
211.2-491	DIN EN 61683—2000	光伏系统　功率调节器测量效率程序	2000-8-1			修试	检修、试验	发电	光伏
211.3　新能源与节能-新能源汽车									
211.3-1	Q/CSG 11516.1—2010	电动汽车充电设施通用技术要求	2010-4-19			设计、建设、修试	初设、施工图、施工工艺、验收与质量评定、试运行、检修、试验	用电	电动汽车
211.3-2	Q/CSG 11516.2—2010	电动汽车充电站及充电桩设计规范	2010-4-19			设计、采购、建设	初设、施工图、招标、品控、施工工艺、验收与质量评定、试运行	用电	电动汽车
211.3-3	Q/CSG 11516.6—2010	电动汽车非车载充电机监控单元与电池管理系统通信协议	2010-4-19			设计、采购、建设	初设、施工图、招标、品控、施工工艺、验收与质量评定、试运行	用电	电动汽车
211.3-4	Q/CSG 11516.7—2010	电动汽车充电站监控系统技术规范	2010-4-19			设计、建设、修试	初设、施工图、施工工艺、验收与质量评定、试运行、检修、试验	用电	电动汽车
211.3-5	Q/CSG 12001—2010	电动汽车充电站及充电桩验收规范	2010-11-25			设计、建设	初设、施工图、施工工艺、验收与质量评定、试运行	用电	电动汽车
211.3-6	Q/CSG 1211012—2016	电动汽车交流充电桩技术规范	2016-4-1			设计、采购、修试	初设、施工图、招标、品控、检修、试验	用电	电动汽车

续表

体系结构号	标准编号	标 准 名 称	实施日期	与国际标准对应关系	代替标准	阶段	分阶段	专业	分专业
211.3-7	Q/CSG 1211013—2016	电动汽车非车载充电机技术规范	2016-4-1		Q/CSG 11516.3—2010	设计、采购、修试	初设、施工图、招标、品控、检修、试验	用电	电动汽车
211.3-8	T/CEC 102.1—2016	电动汽车充换电服务信息交换 第1部分：总则	2017-1-1			设计、建设、运维	初设、施工图、施工工艺、验收与质量评定、试运行、运行、维护	用电	电动汽车
211.3-9	T/CEC 102.2—2016	电动汽车充换电服务信息交换 第2部分：公共信息交换规范	2017-1-1			设计、建设、运维	初设、施工图、施工工艺、验收与质量评定、试运行、运行、维护	用电	电动汽车
211.3-10	T/CEC 102.3—2016	电动汽车充换电服务信息交换 第3部分：业务信息交换规范	2017-1-1			设计、建设、运维	初设、施工图、施工工艺、验收与质量评定、试运行、运行、维护	用电	电动汽车
211.3-11	T/CEC 102.4—2016	电动汽车充换电服务信息交换 第4部分：数据传输及安全	2017-1-1			设计、建设、运维	初设、施工图、施工工艺、验收与质量评定、试运行、运行、维护	用电	电动汽车
211.3-12	T/CSEE 0033—2017	电动汽车充换电设施网络规划导则	2018-5-1			规划、设计、建设	规划、初设、施工工艺	用电	电动汽车
211.3-13	T/CSEE 0035—2017	电动汽车充电设备环境适应性要求和试验方法	2018-5-1			设计、采购、运维、修试、退役	初设、施工图、招标、品控、运行、维护、检修、试验、退役、报废	用电	电动汽车
211.3-14	NB/T 33001—2018	电动汽车非车载传导式充电机技术条件	2018-7-1		NB/T 33001—2010	采购、建设、修试	招标、品控、施工工艺、验收与质量评定、试运行、检修、试验	用电	电动汽车
211.3-15	NB/T 33002—2018	电动汽车交流充电桩技术条件	2019-5-1		NB/T 33002—2010	采购、建设、修试	招标、品控、施工工艺、验收与质量评定、试运行、检修、试验	用电	电动汽车
211.3-16	NB/T 33004—2013	电动汽车充换电设施工程施工和竣工验收规范	2014-4-1			设计、建设	初设、施工图、施工工艺、验收与质量评定、试运行	用电	电动汽车
211.3-17	NB/T 33005—2013	电动汽车充电站及电池更换站监控系统技术规范	2014-4-1			设计、建设、运维	初设、施工图、施工工艺、验收与质量评定、试运行、运行、维护	用电	电动汽车
211.3-18	NB/T 33006—2013	电动汽车电池箱更换设备通用技术要求	2014-4-1			设计、建设、运维	初设、施工图、施工工艺、验收与质量评定、试运行、运行、维护	用电	电动汽车
211.3-19	NB/T 33007—2013	电动汽车充电站/电池更换站监控系统与充换电设备通信协议	2014-4-1			设计、建设、运维	初设、施工图、施工工艺、验收与质量评定、试运行、运行、维护	用电	电动汽车

续表

体系结构号	标准编号	标准名称	实施日期	与国际标准对应关系	代替标准	阶段	分阶段	专业	分专业
211.3-20	NB/T 33008.1—2018	电动汽车充电设备检验试验规范 第1部分：非车载充电机	2019-5-1		NB/T 33008.1—2013	运维、修试、退役	运行、维护、检修、试验、退役、报废	用电	电动汽车
211.3-21	NB/T 33008.2—2018	电动汽车充电设备检验试验规范 第2部分：交流充电桩	2019-5-1		NB/T 33008.2—2013	运维、修试、退役	运行、维护、检修、试验、退役、报废	用电	电动汽车
211.3-22	NB/T 33009—2013	电动汽车充换电设施建设技术导则	2014-4-1			设计、采购、建设	初设、施工图、招标、品控、施工工艺、验收与质量评定、试运行	用电	电动汽车
211.3-23	NB/T 33017—2015	电动汽车智能充换电服务网络运营监控系统技术规范	2015-9-1			设计、建设、运维	初设、施工图、施工工艺、验收与质量评定、试运行、运行、维护	用电	电动汽车
211.3-24	NB/T 33018—2015	电动汽车充换电设施供电系统技术规范	2015-9-1			设计、建设、运维	初设、施工图、施工工艺、验收与质量评定、试运行、运行、维护	用电	电动汽车
211.3-25	NB/T 33019—2015	电动汽车充换电设施运行管理规范	2015-9-1			运维	运行、维护	用电	电动汽车
211.3-26	NB/T 33020—2015	电动汽车动力蓄电池箱用充电机技术条件	2015-9-1			设计、采购、运维、修试	初设、施工图、招标、品控、运行、维护、检修、试验	用电	电动汽车
211.3-27	NB/T 33021—2015	电动汽车非车载充放电装置技术条件	2015-9-1			设计、采购、运维、修试	初设、施工图、招标、品控、运行、维护、检修、试验	用电	电动汽车
211.3-28	NB/T 33022—2015	电动汽车充电站初步设计内容深度规定	2015-9-1			设计、采购、建设	初设、施工图、招标、品控、施工工艺、验收与质量评定、试运行	用电	电动汽车
211.3-29	NB/T 33023—2015	电动汽车充换电设施规划导则	2015-9-1			规划、设计、建设	规划、初设、施工工艺	用电	电动汽车
211.3-30	NB/T 33024—2016	电动汽车用动力锂离子蓄电池检测规范	2016-7-1			采购、修试	招标、检修、试验	用电	电动汽车
211.3-31	NB/T 33025—2016	电动汽车快速更换电池箱通用要求	2016-7-1			设计、采购、运维、修试、退役	初设、施工图、招标、品控、运行、维护、检修、试验、退役、报废	用电	电动汽车
211.3-32	NB/T 33026—2016	电动汽车模块化电池仓技术要求	2016-7-1			设计、采购、运维、修试、退役	初设、施工图、招标、品控、运行、维护、检修、试验、退役、报废	用电	电动汽车

体系结构号	标准编号	标 准 名 称	实施日期	与国际标准对应关系	代替标准	阶段	分阶段	专业	分专业
211.3-33	NB/T 33027—2016	电动汽车模块化充电仓技术要求	2016-7-1			设计、采购、运维、修试、退役	初设、施工图、招标、品控、运行、维护、检修、试验、退役、报废	用电	电动汽车
211.3-34	NB/T 33029—2018	电动汽车充电与间歇性电源协同调度技术导则	2018-7-1			采购	招标、品控	用电	电动汽车
211.3-35	NB/T 42077—2016	电动汽车模式2充电的缆上控制与保护装置（IC-CPD）	2016-12-1	IEC 62752 FDIS，MOD		设计、采购	初设、施工图、招标、品控	用电	电动汽车
211.3-36	QC/T 743—2006	电动汽车用锂离子蓄电池	2006-8-1			采购	招标、品控	用电	电动汽车
211.3-37	QC/T 989—2014	电动汽车用动力蓄电池箱通用要求	2015-4-1			采购、运维、修试、退役	招标、品控、运行、维护、检修、试验、退役、报废	用电	电动汽车
211.3-38	QC/T 1023—2015	电动汽车用动力蓄电池系统通用要求	2016-3-1			采购、运维、修试、退役	招标、品控、运行、维护、检修、试验、退役、报废	用电	电动汽车
211.3-39	JT/T 1025—2016	混合动力城市客车技术条件	2016-4-10			设计、采购、运维、修试、退役	初设、施工图、招标、品控、运行、维护、检修、试验、退役、报废	用电	电动汽车
211.3-40	JT/T 1026—2016	纯电动城市客车通用技术条件	2016-4-10			设计、采购、运维、修试、退役	初设、施工图、招标、品控、运行、维护、检修、试验、退役、报废	用电	电动汽车
211.3-41	JT/T 1029—2016	混合动力电动汽车维护技术规范	2016-4-10			运维	运行、维护	用电	电动汽车
211.3-42	SJ/T 11695—2017	电动汽车电机控制器电源线通用规范	2018-1-1			采购	招标、品控	用电	电动汽车
211.3-43	GB/T 18333.2—2015	电动汽车用锌空气电池	2015-9-1		GB/Z 18333.2—2001	采购、运维、修试、退役	招标、品控、运行、维护、检修、试验、退役、报废	用电	电动汽车
211.3-44	GB/T 18384.1—2015	电动汽车 安全要求 第1部分：车载可充电储能系统（REESS）	2015-10-1		GB/T 18384.1—2001	设计、采购、运维、修试、退役	初设、施工图、招标、品控、运行、维护、检修、试验、退役、报废	用电	电动汽车
211.3-45	GB/T 18384.2—2015	电动汽车 安全要求 第2部分：操作安全和故障防护	2015-10-1		GB/T 18384.2—2001	设计、采购、运维、修试、退役	初设、施工图、招标、品控、运行、维护、检修、试验、退役、报废	用电	电动汽车

续表

体系结构号	标准编号	标准名称	实施日期	与国际标准对应关系	代替标准	阶段	分阶段	专业	分专业
211.3-46	GB/T 18384.3—2015	电动汽车　安全要求　第3部分：人员触电防护	2015-10-1		GB/T 18384.3—2001	设计、采购、运维、修试、退役	初设、施工图、招标、品控、运行、维护、检修、试验、退役、报废	用电	电动汽车
211.3-47	GB/T 18384.3—2015(第1号修改单)	电动汽车　安全要求　第3部分：人员触电防护（第1号修改单）	2017-7-1	ISO 6469-3: 2011		设计、采购、运维、修试、退役	初设、施工图、招标、品控、运行、维护、检修、试验、退役、报废	用电	电动汽车
211.3-48	GB/T 18487.1—2015	电动汽车传导充电系统　第1部分：通用要求	2016-1-1		GB/T 18487.1—2001	设计、采购、运维、修试、退役	初设、施工图、招标、品控、运行、维护、检修、试验、退役、报废	用电	电动汽车
211.3-49	GB/T 18487.2—2017	电动汽车传导充电系统　第2部分：非车载传导供电设备电磁兼容要求	2018-7-1		GB/T 18487.2—2001	设计、采购、运维、修试、退役	初设、施工图、招标、品控、运行、维护、检修、试验、退役、报废	用电	电动汽车
211.3-50	GB/T 18487.3—2001	电动车辆传导充电系统　电动车辆交流/直流充电机（站）	2002-5-1	IEC/CDV 61851-2-3: 1999，EQV；JEVS G101—1993，REF；SAE-J 1772— 1996，REF		设计、采购、运维、修试、退役	初设、施工图、招标、品控、运行、维护、检修、试验、退役、报废	用电	电动汽车
211.3-51	GB/T 20234.1—2015	电动汽车传导充电用连接装置　第1部分：通用要求	2016-1-1		GB/T 20234.1—2011	设计、采购、运维、修试、退役	初设、施工图、招标、品控、运行、维护、检修、试验、退役、报废	用电	电动汽车
211.3-52	GB/T 20234.2—2015	电动汽车传导充电用连接装置　第2部分：交流充电接口	2016-1-1		GB/T 20234.2—2011	设计、采购、运维、修试、退役	初设、施工图、招标、品控、运行、维护、检修、试验、退役、报废	用电	电动汽车
211.3-53	GB/T 20234.3—2015	电动汽车传导充电用连接装置　第3部分：直流充电接口	2016-1-1		GB/T 20234.3—2011	设计、采购、运维、修试、退役	初设、施工图、招标、品控、运行、维护、检修、试验、退役、报废	用电	电动汽车
211.3-54	GB/T 24549—2009	燃料电池电动汽车　安全要求	2010-7-1			设计、采购、运维、修试、退役	初设、施工图、招标、品控、运行、维护、检修、试验、退役、报废	用电	电动汽车
211.3-55	GB/T 26990—2011	燃料电池电动汽车　车载氢系统　技术条件	2012-3-1			设计、采购、运维、修试、退役	初设、施工图、招标、品控、运行、维护、检修、试验、退役、报废	用电	电动汽车
211.3-56	GB/T 26991—2011	燃料电池电动汽车　最高车速试验方法	2012-3-1	ISO/TR 11954: 2008，MOD		采购、修试	招标、品控、检修、试验	用电	电动汽车
211.3-57	GB/T 27930—2015	电动汽车非车载传导式充电机与电池管理系统之间的通信协议	2016-1-1		GB/T 27930—2011	设计、采购、运维	初设、施工图、招标、品控、运行、维护	用电	电动汽车

续表

体系结构号	标准编号	标 准 名 称	实施日期	与国际标准对应关系	代替标准	阶段	分阶段	专业	分专业
211.3-58	GB/T 28183—2011	客车用燃料电池发电系统测试方法	2012-6-1			采购、修试	招标、品控、检修、试验	用电	电动汽车
211.3-59	GB/T 28382—2012	纯电动乘用车 技术条件	2012-7-1			采购、运维、修试	招标、品控、运行、维护、检修、试验	用电	电动汽车
211.3-60	GB/T 28569—2012	电动汽车交流充电桩电能计量	2012-11-1			设计、采购、运维、修试、退役	初设、施工图、招标、品控、运行、维护、检修、试验、退役、报废	用电	电动汽车
211.3-61	GB/T 29316—2012	电动汽车充换电设施电能质量技术要求	2013-6-1			采购、建设、运维、修试	招标、品控、施工工艺、验收与质量评定、试运行、运行、维护、检修、试验	用电	电动汽车
211.3-62	GB/T 29318—2012	电动汽车非车载充电机电能计量	2013-6-1			设计、采购、运维、修试、退役	初设、施工图、招标、品控、运行、维护、检修、试验、退役、报废	用电	电动汽车
211.3-63	GB/T 29772—2013	电动汽车电池更换站通用技术要求	2014-2-1			设计、建设、运维	初设、施工图、施工工艺、验收与质量评定、试运行、运行、维护	用电	电动汽车
211.3-64	GB/T 29781—2013	电动汽车充电站通用要求	2014-2-1			设计、建设、运维	初设、施工图、施工工艺、验收与质量评定、试运行、运行、维护	用电	电动汽车
211.3-65	GB/T 31466—2015	电动汽车高压系统电压等级	2015-12-1			规划、设计	规划、初设、施工图	用电	电动汽车
211.3-66	GB/T 31467.1—2015	电动汽车用锂离子动力蓄电池包和系统 第 1 部分：高功率应用测试规程	2015-5-15	ISO 12405-1: 2011，NEQ		采购、运维、修试	招标、品控、运行、维护、检修、试验	用电	电动汽车
211.3-67	GB/T 31467.2—2015	电动汽车用锂离子动力蓄电池包和系统 第 2 部分：高能量应用测试规程	2015-5-15	ISO 12405-2: 2012，NEQ		采购、运维、修试	招标、品控、运行、维护、检修、试验	用电	电动汽车
211.3-68	GB/T 31467.3—2015	电动汽车用锂离子动力蓄电池包和系统 第 3 部分：安全性要求与测试方法	2015-5-15	ISO 12405-3: 2014，NEQ		采购、运维、修试	招标、品控、运行、维护、检修、试验	用电	电动汽车
211.3-69	GB/T 31467.3—2015（第 1 号修改单）	电动汽车用锂离子 动力蓄电池包和系统 第 3 部分：安全性要求与测试方法（第 1 号修改单）	2017-7-1	ISO 12405-1: 2011		采购、运维、修试	招标、品控、运行、维护、检修、试验	用电	电动汽车
211.3-70	GB/T 31484—2015	电动汽车用动力蓄电池循环寿命要求及试验方法	2015-5-15			采购、运维、修试	招标、品控、运行、维护、检修、试验	用电	电动汽车

续表

体系结构号	标准编号	标 准 名 称	实施日期	与国际标准对应关系	代替标准	阶段	分阶段	专业	分专业
211.3-71	GB/T 31485—2015	电动汽车用动力蓄电池安全要求及试验方法	2015-5-15			采购、运维、修试	招标、品控、运行、维护、检修、试验	用电	电动汽车
211.3-72	GB/T 31486—2015	电动汽车用动力蓄电池电性能要求及试验方法	2015-5-15			采购、运维、修试	招标、品控、运行、维护、检修、试验	用电	电动汽车
211.3-73	GB/T 31498—2015	电动汽车碰撞后安全要求	2015-10-1			设计、采购	初设、施工图、招标、品控	用电	电动汽车
211.3-74	GB/T 32620.1—2016	电动道路车辆用铅酸蓄电池　第1部分：技术条件	2016-9-1		GB/T 18332.1—2009	设计、采购	初设、施工图、招标、品控	用电	电动汽车
211.3-75	GB/T 32620.2—2016	电动道路车辆用铅酸蓄电池　第2部分：产品品种和规格	2016-9-1			设计、采购	初设、施工图、招标、品控	用电	电动汽车
211.3-76	GB/T 32694—2016	插电式混合动力电动乘用车　技术条件	2017-1-1			设计、采购、运维、修试、退役	初设、施工图、招标、品控、运行、维护、检修、试验、退役、报废	用电	电动汽车
211.3-77	GB/T 32879—2016	电动汽车更换用电池箱连接器通用技术要求	2017-3-1			设计、采购、运维、修试、退役	初设、施工图、招标、品控、运行、维护、检修、试验、退役、报废	用电	电动汽车
211.3-78	GB/T 32895—2016	电动汽车快换电池箱通信协议	2017-3-1			设计、采购、运维	初设、施工图、招标、品控、运行、维护	用电	电动汽车
211.3-79	GB/T 32896—2016	电动汽车动力仓总成通信协议	2017-3-1			设计、采购、运维	初设、施工图、招标、品控、运行、维护	用电	电动汽车
211.3-80	GB/T 32960.1—2016	电动汽车远程服务与管理系统技术规范　第1部分：总则	2016-10-1			设计、采购、运维	初设、施工图、招标、品控、运行、维护	用电	电动汽车
211.3-81	GB/T 32960.2—2016	电动汽车远程服务与管理系统技术规范　第2部分：车载终端	2016-10-1			设计、采购、运维	初设、施工图、招标、品控、运行、维护	用电	电动汽车
211.3-82	GB/T 32960.3—2016	电动汽车远程服务与管理系统技术规范　第3部分：通信协议及数据格式	2016-10-1			设计、采购、运维	初设、施工图、招标、品控、运行、维护	用电	电动汽车
211.3-83	GB/T 33341—2016	电动汽车快换电池箱架通用技术要求	2017-7-1			设计、采购、运维、修试、退役	初设、施工图、招标、品控、运行、维护、检修、试验、退役、报废	用电	电动汽车
211.3-84	GB/T 33594—2017	电动汽车充电用电缆	2017-12-1			采购、设计、修试	招标、品控、初设、施工图、检修、试验	用电	电动汽车

续表

体系结构号	标准编号	标 准 名 称	实施日期	与国际标准对应关系	代替标准	阶段	分阶段	专业	分专业
211.3-85	GB/T 33598—2017	车用动力电池回收利用拆解规范	2017-12-1			修试、退役	检修、试验、退役、报废	用电	电动汽车
211.3-86	GB/T 34013—2017	电动汽车用动力蓄电池产品规格尺寸	2018-2-1			设计、采购、建设	初设、施工图、招标、品控、施工工艺、验收与质量评定、试运行	用电	电动汽车
211.3-87	GB/T 34014—2017	汽车动力蓄电池编码规则	2018-2-1			设计、采购	初设、施工图、招标、品控	用电	电动汽车
211.3-88	GB/T 34015—2017	车用动力电池回收利用余能检测	2018-2-1			运维、退役	运行、维护、退役、报废	用电	电动汽车
211.3-89	GB/T 34598—2017	插电式混合动力电动商用车 技术条件	2018-5-1			设计、采购、运维、修试、退役	初设、施工图、招标、品控、运行、维护、检修、试验、退役、报废	用电	电动汽车
211.3-90	GB/T 34657.1—2017	电动汽车传导充电互操作性测试规范 第1部分：供电设备	2018-5-1			采购、运维、修试	招标、品控、运行、维护、检修、试验	用电	电动汽车
211.3-91	GB/T 34657.2—2017	电动汽车传导充电互操作性测试规范 第2部分：车辆	2018-5-1			采购、运维、修试	招标、品控、运行、维护、检修、试验	用电	电动汽车
211.3-92	GB/T 34658—2017	电动汽车非车载传导式充电机与电池管理系统之间的通信协议一致性测试	2018-5-1			采购、运维、修试	招标、品控、运行、维护、检修、试验	用电	电动汽车
211.3-93	GB/T 35178—2017	燃料电池电动汽车 氢气消耗量 测量方法	2018-7-1			采购、运维、修试	招标、品控、运行、维护、检修、试验	用电	电动汽车
211.3-94	GB/T 36277—2018	电动汽车车载静止式直流电能表技术条件	2019-1-1			采购、运维、修试、退役	招标、品控、运行、维护、检修、试验、退役、报废	用电	电动汽车
211.3-95	GB/T 36278—2018	电动汽车充换电设施接入配电网技术规范	2019-1-1			设计、采购、建设、运维	初设、施工图、招标、品控、施工工艺、验收与质量评定、试运行、运行、维护	用电	电动汽车
211.3-96	GB/T 36282—2018	电动汽车用驱动电机系统电磁兼容性要求和试验方法	2019-1-1			采购	招标、品控	用电	电动汽车
211.3-97	GB/T 36288—2018	燃料电池电动汽车 燃料电池堆安全要求	2019-1-1			采购	招标、品控	用电	电动汽车
211.3-98	GB/T 36980—2018	电动汽车能量消耗率限值	2019-7-1			采购	招标、品控	用电	电动汽车

续表

体系结构号	标准编号	标 准 名 称	实施日期	与国际标准对应关系	代替标准	阶段	分阶段	专业	分专业
211.3-99	GB/T 37133—2018	电动汽车用高压大电流线束和连接器技术要求	2019-7-1			采购	招标、品控	用电	电动汽车
211.3-100	GB/T 37154—2018	燃料电池电动汽车 整车氢气排放测试方法	2019-7-1			采购	招标、品控	用电	电动汽车
211.3-101	GB 50966—2014	电动汽车充电站设计规范	2014-10-1			设计、建设	初设、施工图、施工工艺、验收与质量评定、试运行	用电	电动汽车
211.3-102	JJG 1148—2018	电动汽车交流充电桩检定规程	2018-5-27			设计、采购、建设、运维、修试	初设、招标、验收与质量评定、运行、试验	用电	电动汽车
211.3-103	JJG 1149—2018	电动汽车非车载充电机检定规程	2018-5-27			设计、采购、建设、运维、修试	初设、招标、验收与质量评定、运行、试验	用电	电动汽车
211.3-104	ANSI UL 2202—2009	电子车辆（EV）充电系统设备	2009-10-2			采购、建设、运维、退役	招标、品控、施工工艺、验收与质量评定、试运行、运行、维护、退役、报废	用电	电动汽车
211.3-105	ANSI UL 2202A—2012	电动车辆（EV）充电系统设备安全性标准				采购、建设、运维	招标、品控、施工工艺、验收与质量评定、试运行、运行、维护	用电	电动汽车
211.3-106	ANSI UL 2231-1—2012	电动车辆（EV）供电线路的人员保护系统 通用要求	2012-9-7		ANSI UL 2231-1—2002；ANSI UL 2231-1—2011	采购、建设、运维、退役	招标、品控、施工工艺、验收与质量评定、试运行、运行、维护、退役、报废	用电	电动汽车
211.3-107	ANSI UL 2231-2—2012	电动车辆（EV）供电线路的人员保护系统 充电系统用保护装置的详细要求	2012-9-7		ANSI UL 2231-1—2002；ANSI UL 2231-1—2011	设计、采购、运维	初设、施工图、招标、品控、运行、维护	用电	电动汽车
211.3-108	DIN EN 62752—2017	In-cable control and protection device for mode 2 charging of electric road vehicles（IC-CPD）（IEC 62752：2016）；German version EN 62752：2016	2017-4-1	EN 62752—2016，IDT；IEC 62752—2016，IDT	DIN EN 61851-1—2012；DIN IEC 62752—2012；VDE 0666-10—2012	采购、设计、建设、运维、退役	招标、品控、初设、施工图、施工工艺、验收与质量评定、试运行、运行、维护、退役、报废	用电	电动汽车
211.3-109	IEC 61851-1—2017	电动车辆传导充电系统 第1部分：一般要求	2017-2-7		IEC 61851-1—2010	采购、设计、建设、运维、退役	招标、品控、初设、施工图、施工工艺、验收与质量评定、试运行、运行、维护、退役、报废	用电	电动汽车

续表

体系结构号	标准编号	标 准 名 称	实施日期	与国际标准对应关系	代替标准	阶段	分阶段	专业	分专业
211.3-110	IEC 61851-21-2—2018	电动汽车导电充电系统 第21-2部分：电动汽车与交流/直流电源的导电连接要求 车载充电系统电磁兼容要求	2018-4-18		IEC 61851-22—2001	采购、设计、建设、运维、退役	招标、品控、初设、施工图、施工工艺、验收与质量评定、试运行、运行、维护、退役、报废	用电	电动汽车
211.3-111	IEC 61851-23—2014	电动车辆传导式充电系统 第23部分：直流电动车辆充电站	2014-3-11			采购、设计、建设、运维、退役	招标、品控、初设、施工图、施工工艺、验收与质量评定、试运行、运行、维护、退役、报废	用电	电动汽车
211.3-112	IEC 61851-24—2014	电动车辆传导式充电系统 第24部分：用于控制直流充电的直流电动车辆充电站和电动车辆之间的数字通信	2014-3-7			采购、设计、建设、运维、退役	招标、品控、初设、施工图、施工工艺、验收与质量评定、试运行、运行、维护、退役、报废	用电	电动汽车
211.3-113	IEC 62196-1—2014	插头、电气插座、车辆连接器和车辆引入线 电动车导电充电 第1部分：一般要求	2014-6-19		IEC 62196-1—2011	采购、设计、建设、运维、退役	招标、品控、初设、施工图、施工工艺、验收与质量评定、试运行、运行、维护、退役、报废	用电	电动汽车
211.3-114	IEC 62282-6-100—2010/Amd 1—2012	修订1：燃料电池技术 第6-100部分：微型燃料电池动力系统 安全	2012-10-12			运维	运行、维护	用电	电动汽车
211.3-115	IEC 62576—2018	混合动力汽车用双层电容器 电气特性的试验方法	2018-2-20		IEC 62576—2009	采购、运维、修试	招标、品控、运行、维护、检修、试验	用电	电动汽车
211.4 新能源与节能-节能									
211.4-1	Q/CSG 11624—2008	配电变压器能效标准及技术经济评价导则	2008-4-11			设计、建设	初设、施工图、施工工艺、验收与质量评定、试运行	用电	需求侧管理
211.4-2	T/CEC 135—2017	余热余压发电项目节约电力电量测量与验证导则	2017-8-1			规划、设计、建设	规划、初设、施工图、施工工艺、验收与质量评定、试运行	用电	需求侧管理
211.4-3	DL/T 686—2018	电力网电能损耗计算导则	2019-5-1		DL/T 686—1999	规划、设计、采购、建设、运维、修试、退役	规划、初设、施工图、招标、品控、施工工艺、验收与质量评定、试运行、运行、维护、检修、试验、退役、报废	用电	需求侧管理

续表

体系结构号	标准编号	标准名称	实施日期	与国际标准对应关系	代替标准	阶段	分阶段	专业	分专业
211.4-4	DL/T 738—2000	农村电网节电技术规程	2001-1-1			设计	初设、施工图	用电	需求侧管理
211.4-5	DL/T 1464—2015	燃煤机组节能诊断导则	2015-12-1			技术监督		发电	火电
211.4-6	DL/T 1758—2017	移动式电力能效检测系统技术规范	2018-3-1			设计、采购、建设、运维、修试、退役	初设、施工图、招标、品控、施工工艺、验收与质量评定、试运行、运行、维护、检修、试验、退役、报废	用电	需求侧管理
211.4-7	DL/T 5513—2016	发电厂节水设计规程	2016-12-1			设计、建设	初设、施工图、施工工艺、验收与质量评定、试运行	发电	其他
211.4-8	NB/T 47061—2017	工业锅炉系统能源利用效率指标及分级	2018-6-1			技术监督		发电	火电
211.4-9	JB/T 11706.1—2013	三相交流电动机拖动典型负载机组能效等级　第1部分：清水离心泵机组能效等级	2014-3-1			技术监督		发电	火电
211.4-10	JB/T 11706.2—2015	三相交流电动机拖动典型负载机组能效等级　第2部分：螺杆空压机机组能效等级	2016-3-1			技术监督		发电	火电
211.4-11	JB/T 12345—2015	铅酸蓄电池单位产品能源消耗限额	2016-3-1			技术监督		发电	储能
211.4-12	JB/T 12992.1—2018	电动机系统节能量测量和验证方法　第1部分：电动机现场能效测试方法	2018-10-1			设计、修试	初设、施工图、检修、试验	用电	需求侧管理
211.4-13	JB/T 12992.2—2018	电动机系统节能量测量和验证方法　第2部分：泵系统节能量测量和验证方法	2018-10-1			设计、修试	初设、施工图、检修、试验	用电	需求侧管理
211.4-14	JGJ 26—2010	严寒和寒冷地区居住建筑节能设计标准	2010-8-1		JGJ 26—1995	设计、采购	初设、施工图、招标、品控	用电	需求侧管理
211.4-15	JGJ 75—2012	夏热冬暖地区居住建筑节能设计标准	2013-4-1		JGJ 75—2003	设计、采购	初设、施工图、招标、品控	用电	需求侧管理

续表

体系结构号	标准编号	标准名称	实施日期	与国际标准对应关系	代替标准	阶段	分阶段	专业	分专业
211.4-16	JGJ/T 129—2012	既有居住建筑节能改造技术规程	2013-3-1		JGJ 129—2000	设计、采购、建设、运维、修试、退役	初设、施工图、招标、品控、施工工艺、验收与质量评定、试运行、运行、维护、检修、试验、退役、报废	用电	需求侧管理
211.4-17	JGJ/T 132—2009	居住建筑节能检测标准	2010-7-1		JGJ 132—2001	设计、采购、修试	初设、施工图、招标、品控、检修、试验	用电	需求侧管理
211.4-18	JGJ 134—2010	夏热冬冷地区居住建筑节能设计标准	2010-8-1		JGJ 134—2001	设计、采购	初设、施工图、招标、品控	用电	需求侧管理
211.4-19	JGJ 176—2009	公共建筑节能改造技术规范	2009-12-1			设计、采购、建设、运维、修试、退役	初设、施工图、招标、品控、施工工艺、验收与质量评定、试运行、运行、维护、检修、试验、退役、报废	用电	需求侧管理
211.4-20	JGJ/T 177—2009	公共建筑节能检测标准	2010-7-1			设计、采购、建设、修试、退役	初设、施工图、招标、品控、施工工艺、验收与质量评定、试运行、检修、试验、退役、报废	用电	需求侧管理
211.4-21	GB/T 6422—2009	用能设备能量测试导则	2009-11-1		GB/T 6422—1986	设计、采购、建设、运维、修试、退役	初设、施工图、招标、品控、施工工艺、验收与质量评定、试运行、运行、维护、检修、试验、退役、报废	用电	需求侧管理
211.4-22	GB/T 13234—2018	用能单位节能量计算方法	2019-4-1		GB/T 13234—2009	设计	初设、施工图	用电	需求侧管理
211.4-23	GB/T 13471—2008	节电技术经济效益计算与评价方法	2009-5-1		GB/T 13471—1992	设计、建设	初设、施工图、施工工艺、验收与质量评定、试运行	用电	需求侧管理
211.4-24	GB/T 15320—2001	节能产品评价导则	2001-7-1		GB/T 15320—1994	采购、建设	招标、品控、施工工艺、验收与质量评定、试运行	用电	需求侧管理
211.4-25	GB/T 15913—2009	风机机组与管网系统节能监测	2010-5-1		GB/T 15913—1995	采购、运维、修试	招标、品控、运行、维护、检修、试验	用电	需求侧管理
211.4-26	GB/T 16666—2012	泵类液体输送系统节能监测	2013-10-1		GB/T 16666—1996	采购、运维、修试	招标、品控、运行、维护、检修、试验	用电	需求侧管理

续表

体系结构号	标准编号	标 准 名 称	实施日期	与国际标准对应关系	代替标准	阶段	分阶段	专业	分专业
211.4-27	GB/T 17981—2007	空气调节系统经济运行	2008-6-1		GB/T 17981—2000	采购、运维、修试	招标、品控、运行、维护、检修、试验	用电	需求侧管理
211.4-28	GB 19577—2015	冷水机组能效限定值及能效等级	2017-1-1		GB 19577—2004	设计、采购、退役	初设、施工图、招标、品控、退役、报废	用电	需求侧管理
211.4-29	GB/T 19761—2009	通风机能效限定值及能效等级	2010-9-1		GB 19761—2005	设计、采购、退役	初设、施工图、招标、品控、退役、报废	用电	需求侧管理
211.4-30	GB/T 19762—2007	清水离心泵能效限定值及节能评价值	2008-7-1		GB 19762—2005	设计、采购、退役	初设、施工图、招标、品控、退役、报废	用电	需求侧管理
211.4-31	GB/T 21056—2007	风机、泵类负载变频调速节电传动系统及其应用技术条件	2008-2-1			设计、采购、建设、运维、修试、退役	初设、施工图、招标、品控、施工工艺、验收与质量评定、试运行、运行、维护、检修、试验、退役、报废	用电	需求侧管理
211.4-32	GB 21454—2008	多联式空调（热泵）机组能效限定值及能源 效率等级	2008-9-1			设计、采购、退役	初设、施工图、招标、品控、退役、报废	用电	需求侧管理
211.4-33	GB/T 25959—2010	照明节电装置及应用技术条件	2011-5-1			设计、采购、建设、运维、修试、退役	初设、施工图、招标、品控、施工工艺、验收与质量评定、试运行、运行、维护、检修、试验、退役、报废	用电	需求侧管理
211.4-34	GB/T 26759—2011	中央空调水系统节能控制装置技术规范	2011-11-1			设计、采购、建设、运维、修试、退役	初设、施工图、招标、品控、施工工艺、验收与质量评定、试运行、运行、维护、检修、试验、退役、报废	用电	需求侧管理
211.4-35	GB/T 28557—2012	电力企业节能降耗主要指标的监管评价	2012-11-1			建设、运维	施工工艺、验收与质量评定、试运行、运行、维护	用电	需求侧管理
211.4-36	GB/T 28750—2012	节能量测量和验证技术通则	2013-1-1			设计、采购、建设、运维、修试、退役	初设、施工图、招标、品控、施工工艺、验收与质量评定、试运行、运行、维护、检修、试验、退役、报废	用电	需求侧管理
211.4-37	GB/T 30138—2013	往复式内燃燃气电站余热利用系统设计规范	2014-5-10			设计	初设、施工图	用电	需求侧管理

续表

体系结构号	标准编号	标 准 名 称	实施日期	与国际标准对应关系	代替标准	阶段	分阶段	专业	分专业
211.4-38	GB/T 32036—2015	公共机构节能优化控制通信接口技术要求	2016-4-1			设计、采购	初设、施工图、招标、品控	用电	需求侧管理
211.4-39	GB/T 32045—2015	节能量测量和验证实施指南	2016-4-1			运维、修试	运行、维护、检修、试验	用电	需求侧管理
211.4-40	GB/T 33757.1—2017	分布式冷热电能源系统的节能率 第1部分：化石能源驱动系统	2017-12-1			设计、采购	初设、施工图、招标、品控	用电	需求侧管理
211.4-41	GB/T 33760—2017	基于项目的温室气体减排量评估技术规范 通用要求	2017-12-1			设计、采购、建设、运维、修试、退役	初设、施工图、招标、品控、施工工艺、验收与质量评定、试运行、运行、维护、检修、试验、退役、报废	用电	需求侧管理
211.4-42	GB/T 34867.1—2017	电动机系统节能量测量和验证方法 第1部分：电动机现场能效测试方法	2018-5-1			设计、修试	初设、施工图、检修、试验	用电	需求侧管理
211.4-43	GB/T 35071—2018	能量系统优化导则	2018-12-1			设计、采购、建设、修试、退役	初设、施工图、招标、品控、施工工艺、验收与质量评定、试运行、检修、试验、退役、报废	用电	需求侧管理
211.4-44	GB/T 35724—2017	海洋能电站技术经济评价导则	2018-7-1			规划、设计	规划、初设	调度及二次	电力调度
211.4-45	GB/T 35972—2018	供暖与空调系统节能调试方法	2018-9-1			运维、修试	运行、维护、检修、试验	用电	需求侧管理
211.4-46	GB/T 36561—2018	清洁节能热处理装备技术要求及评价体系	2019-2-1			设计、采购、建设、修试、退役	初设、施工图、招标、品控、施工工艺、验收与质量评定、试运行、检修、试验、退役、报废	用电	需求侧管理
211.4-47	GB/T 36571—2018	并联无功补偿节约电力电量测量和验证技术规范	2019-4-1			设计、修试	初设、施工图、检修、试验	用电	需求侧管理
211.4-48	GB/T 36573—2018	电力线路升压运行节约电力电量测量和验证技术规范	2019-4-1			设计、修试	初设、施工图、检修、试验	用电	需求侧管理
211.4-49	GB/T 36674—2018	公共机构能耗监控系统通用技术要求	2019-4-1			设计、采购	初设、施工图、招标、品控	用电	需求侧管理

续表

体系结构号	标准编号	标准名称	实施日期	与国际标准对应关系	代替标准	阶段	分阶段	专业	分专业
211.4-50	GB/T 36710—2018	公共机构办公区节能运行管理规范	2019-4-1			运维	运行、维护	用电	需求侧管理
211.4-51	GB/T 36714—2018	用能单位能效对标指南	2019-4-1			设计、采购、建设、修试、退役	初设、施工图、招标、品控、施工工艺、验收与质量评定、试运行、检修、试验、退役、报废	用电	需求侧管理
211.4-52	GB 50189—2015	公共建筑节能设计标准	2015-10-1		GB 50189—2005	设计	初设、施工图	用电	需求侧管理
211.4-53	GB 50411—2007	建筑节能工程施工质量验收规范	2007-10-1			建设	施工工艺、验收与质量评定、试运行	用电	需求侧管理
211.4-54	GB/T 50845—2013	小水电电网节能改造工程技术规范	2014-3-1			设计、建设	初设、施工图、施工工艺、验收与质量评定、试运行	用电	需求侧管理
211.4-55	GB/T 51140—2015	建筑节能基本术语标准	2016-8-1			设计、采购、建设、运维、修试、退役	初设、施工图、招标、品控、施工工艺、验收与质量评定、试运行、运行、维护、检修、试验、退役、报废	用电	需求侧管理
211.5 新能源与节能-其他									
211.5-1	Q/CSG 1211018—2018	微电网接入电网技术规定	2018-10-23			设计、采购、建设、运维	初设、施工图、招标、品控、施工工艺、验收与质量评定、试运行、运行、维护	发电	其他
211.5-2	T/CEC 145—2018	微电网接入配电网系统调试与验收规范	2018-4-1			建设、运维	验收与质量评定、运行、维护	发电	其他
211.5-3	T/CEC 146—2018	微电网接入配电网测试规范	2018-4-1			建设、修试	验收与质量评定、检修、试验	发电	其他
211.5-4	T/CEC 147—2018	微电网接入配电网运行控制规范	2018-4-1			运维	运行	调度及二次	电力调度
211.5-5	T/CEC 148—2018	微电网监控系统技术规范	2018-4-1			运维	运行、维护	调度及二次	调度自动化
211.5-6	T/CEC 149—2018	微电网能量管理系统技术规范	2018-4-1			建设、运维	施工工艺、试运行、运行、维护	调度及二次	调度自动化
211.5-7	T/CEC 150—2018	低压微电网并网一体化装置技术规范	2018-4-1			建设、运维	施工工艺、试运行、运行、维护	发电	其他

续表

体系结构号	标准编号	标准名称	实施日期	与国际标准对应关系	代替标准	阶段	分阶段	专业	分专业
211.5-8	T/CEC 151—2018	并网型交直流混合微电网运行与控制技术规范	2018-4-1			运维	运行、维护	发电	其他
211.5-9	T/CEC 152—2018	并网型微电网需求响应技术要求	2018-4-1			规划	规划	发电	其他
211.5-10	T/CEC 153—2018	并网型微电网的负荷管理技术导则	2018-4-1			运维	运行、维护	发电	其他
211.5-11	T/CEC 5005—2018	微电网工程设计规范	2018-4-1			设计	初设	发电	其他
211.5-12	T/CEC 5006—2018	微电网接入系统设计规范	2018-4-1			设计	初设	发电	其他
211.5-13	T/CEC 168—2018	移动式电化学储能系统测试规程	2018-4-1			修试	试验	发电	储能
211.5-14	T/CEC 169—2018	电力储能用锂离子电池内短路测试方法	2018-4-1			修试	试验	发电	储能
211.5-15	T/CEC 170—2018	电力储能用锂离子电池爆炸试验方法	2018-4-1			修试	试验	发电	储能
211.5-16	T/CEC 171—2018	电力储能用锂离子电池循环寿命要求及快速检测试验方法	2018-4-1			修试	试验	发电	储能
211.5-17	T/CEC 172—2018	电力储能用锂离子电池安全要求及试验方法	2018-4-1			修试	试验	发电	储能
211.5-18	T/CEC 173—2018	分布式储能系统接入配电网设计规范	2018-4-1			设计	初设	发电	储能
211.5-19	T/CEC 174—2018	分布式储能系统远程集中监控技术规范	2018-4-1			运维	运行	发电	储能
211.5-20	T/CEC 175—2018	电化学储能系统方舱设计规范	2018-4-1			设计	初设	发电	储能
211.5-21	T/CEC 176—2018	大型电化学储能电站电池监控数据管理规范	2018-4-1			运维	运行、维护	发电	储能
211.5-22	T/CEC 182—2018	微电网并网调度运行规范	2018-9-1			运维	运行、维护	发电	其他
211.5-23	T/CSEE 0092—2018	光储联合变换装置技术规范				采购、建设、运维	招标、品控、施工工艺、试运行、运行、维护	发电	光伏、储能
211.5-24	DL/T 1336—2014	电力通信站光伏电源系统技术要求	2014-8-1			设计、采购、建设	初设、施工图、招标、品控、施工工艺、验收与质量评定、试运行	发电	光伏

续表

体系结构号	标准编号	标准名称	实施日期	与国际标准对应关系	代替标准	阶段	分阶段	专业	分专业
211.5-25	DL/T 1815—2018	电化学储能电站设备可靠性评价规程	2018-7-1			设计、建设、运维、修试	初设、施工图、施工工艺、验收与质量评定、试运行、运行、维护、检修、试验	发电	储能
211.5-26	DL/T 1863—2018	独立型微电网运行管理规范	2018-10-1			运维	运行、维护	发电	其他
211.5-27	DL/T 1864—2018	独立型微电网监控系统技术规范	2018-10-1			设计、采购、建设	初设、施工图、招标、品控、施工工艺、验收与质量评定、试运行	发电	其他
211.5-28	NB/T 31016—2011	电池储能功率控制系统技术条件	2011-11-1			设计	初设	发电	储能
211.5-29	NB/T 31092—2016	微电网用风力发电机组性能与安全技术要求	2016-6-1			运维	运行、维护	发电	风电
211.5-30	NB/T 31093—2016	微电网用风力发电机组主控制器技术规范	2016-6-1			运维	运行、维护	发电	风电
211.5-31	NB/T 32017—2013	太阳能光伏水泵系统	2014-4-1			设计、采购、建设	初设、施工图、招标、品控、施工工艺、验收与质量评定、试运行	发电	光伏
211.5-32	NB/T 32020—2014	便携式太阳能光伏电源	2014-11-1			设计、采购、建设	初设、施工图、招标、品控、施工工艺、验收与质量评定、试运行	发电	光伏
211.5-33	NB/T 32021—2014	太阳能光伏滴灌系统	2014-11-1			设计、采购、建设	初设、施工图、招标、品控、施工工艺、验收与质量评定、试运行	发电	光伏
211.5-34	NB/T 32018—2013	户用太阳能采暖系统技术条件	2014-4-1			设计、采购、建设	初设、施工图、招标、品控、施工工艺、验收与质量评定、试运行	发电	其他
211.5-35	NB/T 32019—2013	太阳能游泳池加热系统技术规范	2014-4-1			设计、采购、建设	初设、施工图、招标、品控、施工工艺、验收与质量评定、试运行	发电	其他
211.5-36	NB/T 32024—2014	太阳能热水工程联箱	2014-11-1			设计、采购、建设	初设、施工图、招标、品控、施工工艺、验收与质量评定、试运行	发电	其他
211.5-37	NB/T 33014—2014	电化学储能系统接入配电网运行控制规范	2015-3-1			运维	运行、维护	发电	储能
211.5-38	NB/T 33015—2014	电化学储能系统接入配电网技术规定	2015-3-1			运维	运行、维护	发电	储能

续表

体系结构号	标准编号	标准名称	实施日期	与国际标准对应关系	代替标准	阶段	分阶段	专业	分专业
211.5-39	NB/T 33016—2014	电化学储能系统接入配电网测试规程	2015-3-1			修试	试验	发电	储能
211.5-40	NB/T 42089—2016	电化学储能电站功率变换系统技术规范	2016-12-1			运维	运行、维护	发电	储能
211.5-41	NB/T 42090—2016	电化学储能电站监控系统技术规范	2016-12-1			运维	运行、维护	发电	储能
211.5-42	NB/T 42091—2016	电化学储能电站用锂离子电池技术规范	2016-12-1			设计、采购、建设、修试	初设、招标、品控、验收与质量评定、试验	发电	储能
211.5-43	NB/T 42103—2016	集散式汇流箱技术规范	2017-5-1			采购	招标、品控	发电	光伏
211.5-44	SJ/T 11723—2018	锂离子电池用电解液	2018-10-1			设计、采购、运维	初设、招标、运行、维护	发电	储能
211.5-45	SJ/T 11724—2018	锂原电池用电解液	2018-10-1			设计、采购、运维	初设、招标、运行、维护	发电	储能
211.5-46	JGJ 142—2012	辐射供暖供冷技术规程	2013-6-1		JGJ 142—2004	设计、采购、建设	初设、施工图、招标、品控、施工工艺、验收与质量评定、试运行	发电	其他
211.5-47	JGJ 158—2008	蓄冷空调工程技术规程	2008-12-1			设计、采购	初设、施工图、招标、品控	用电	需求侧管理
211.5-48	JGJ 174—2010	多联机空调系统工程技术规程	2010-9-1			设计、采购、建设	初设、施工图、招标、品控、施工工艺、验收与质量评定、试运行	用电	需求侧管理
211.5-49	JGJ/T 229—2010	民用建筑绿色设计规范	2011-10-1			设计	初设、施工图	用电	需求侧管理
211.5-50	YD/T 1669—2016	离网型通信用风/光互补供电系统	2016-4-1		YD/T 1669—2007	采购	品控	发电	光伏、风电
211.5-51	CJJ 145—2010	燃气冷热电三联供工程技术规程	2011-3-1			设计、采购、建设	初设、施工图、招标、品控、施工工艺、验收与质量评定、试运行	发电	其他
211.5-52	GB 18613—2012	中小型三相异步电动机能效限定值及能效等级	2012-9-1		GB 18613—2006	采购、退役	招标、品控、退役、报废	用电	需求侧管理
211.5-53	GB/T 19115.1—2018	风光互补发电系统　第1部分：技术条件	2019-7-1		GB/T 19115.1—2003	设计	初设	发电	光伏、风电
211.5-54	GB/T 19115.2—2018	风光互补发电系统　第2部分：试验方法	2019-4-1		GB/T 19115.2—2003	修试	试验	发电	光伏、风电

续表

体系结构号	标准编号	标准名称	实施日期	与国际标准对应关系	代替标准	阶段	分阶段	专业	分专业
211.5-55	GB 19393—2003	直接耦合光伏（PV）扬水系统的评估	2004-6-1	IEC 61702: 1995，IDT		设计、采购、建设	初设、施工图、招标、品控、施工工艺、验收与质量评定、试运行	发电	光伏
211.5-56	GB/T 20321.1—2006	离网型风能、太阳能发电系统用逆变器 第1部分：技术条件	2007-1-1			设计	初设	发电	光伏、风电
211.5-57	GB/T 20321.2—2006	离网型风能、太阳能发电系统用逆变器 第2部分：试验方法	2007-1-1			修试	试验	发电	光伏、风电
211.5-58	GB/T 29544—2013	离网型风光互补发电系统 安全要求	2014-1-1			采购	品控	发电	光伏、风电
211.5-59	GB/T 30724—2014	工业应用的太阳能热水系统技术规范	2014-10-1			设计、采购、建设	初设、施工图、招标、品控、施工工艺、验收与质量评定、试运行	发电	其他
211.5-60	GB/T 33589—2017	微电网接入电力系统技术规定	2017-12-1			运维	运行、维护	发电	其他
211.5-61	GB/T 34120—2017	电化学储能系统储能变流器技术规范	2018-2-1			运维	运行、维护	发电	储能
211.5-62	GB/T 34129—2017	微电网接入配电网测试规范	2018-2-1			修试	试验	发电	其他
211.5-63	GB/T 34131—2017	电化学储能电站用锂离子电池管理系统技术规范	2018-2-1			运维	运行、维护	发电	储能
211.5-64	GB/T 34133—2017	储能变流器检测技术规程	2018-2-1			修试	试验	发电	储能
211.5-65	GB/T 34930—2017	微电网接入配电网运行控制规范	2018-5-1			运维	运行、维护	发电	其他
211.5-66	GB/T 36276—2018	电力储能用锂离子电池	2019-1-1			设计、采购、运维	初设、招标、运行、维护	发电	储能
211.5-67	GB/T 36280—2018	电力储能用铅炭电池	2019-1-1			设计、采购、运维	初设、招标、运行、维护	发电	储能
211.5-68	GB/T 36545—2018	移动式电化学储能系统技术要求	2019-2-1			设计、采购、建设	初设、施工图、招标、品控、施工工艺、验收与质量评定、试运行	发电	储能
211.5-69	GB/T 36547—2018	电化学储能系统接入电网技术规定	2019-2-1			建设、运维	验收与质量评定、试运行、运行、维护	发电	储能
211.5-70	GB/T 36548—2018	电化学储能系统接入电网测试规范	2019-2-1			修试	试验	发电	储能

体系结构号	标准编号	标　准　名　称	实施日期	与国际标准对应关系	代替标准	阶段	分阶段	专业	分专业
211.5-71	GB/T 36549—2018	电化学储能电站运行指标及评价	2019-2-1			规划、设计、建设、运维	规划、初设、施工图、施工工艺、验收与质量评定、试运行、运行、维护	发电	储能
211.5-72	GB/T 36558—2018	电力系统电化学储能系统通用技术条件	2019-2-1			设计、采购、建设	初设、施工图、招标、品控、施工工艺、验收与质量评定、试运行	发电	储能
211.5-73	GB 50495—2009	太阳能供热采暖工程技术规范	2009-8-1			设计、采购、建设	初设、施工图、招标、品控、施工工艺、验收与质量评定、试运行	发电	其他
211.5-74	GB 51048—2014	电化学储能电站设计规范	2015-8-1			规划、设计	规划、初设	发电	储能
211.5-75	GB/T 51250—2017	微电网接入配电网系统调试与验收规范	2018-4-1			建设、运维	验收与质量评定、运行、维护	发电	其他
212　支持保障									
212.1　支持保障-基础综合									
212.1-1	DL/T 1108—2009	电力工程项目编号及产品文件管理规定	2009-12-1		DLGJ 28—1994；DLGJ 123—1995	辅助支持		其他	
212.1-2	DL/T 1381—2014	电力企业信用评价规范	2015-3-1			辅助支持		其他	
212.1-3	DL/T 1382—2014	电力企业信用评价指标体系分类及代码	2015-3-1			辅助支持		其他	
212.1-4	DL/T 1383—2014	电力行业供应商信用评价规范	2015-3-1			辅助支持		其他	
212.1-5	DL/T 1384—2014	电力行业供应商信用评价指标体系分类及代码	2015-3-1			辅助支持		其他	
212.1-6	DL/T 1644—2016	电力企业合同能源管理技术导则	2017-5-1			辅助支持		其他	
212.1-7	RB/T 116—2014	能源管理体系　电力企业认证要求	2015-3-1			辅助支持		其他	
212.1-8	RB/T 183—2017	实验室能力验证体系表	2017-12-1			辅助支持		其他	
212.1-9	RB/T 186—2017	定性类能力验证结果评价规范	2017-8-1			辅助支持		其他	
212.1-10	RB/T 195—2015	实验室管理评审指南	2016-7-1			辅助支持		其他	
212.1-11	RB/T 196—2015	实验室内部审核指南	2016-7-1			辅助支持		其他	

续表

体系结构号	标准编号	标准名称	实施日期	与国际标准对应关系	代替标准	阶段	分阶段	专业	分专业
212.1-12	RB/T 302—2016	合同能源管理服务认证要求	2017-6-1			辅助支持		其他	
212.1-13	SB/T 11222—2018	管理咨询服务规范	2019-4-1			辅助支持		其他	
212.1-14	GB/T 19011—2013	管理体系审核指南	2014-4-1	ISO 19011—2011，IDT	GB/T 19011—2003	辅助支持		其他	
212.1-15	GB/T 23331—2012	能源管理体系要求	2013-10-1	ISO 50001: 2011，IDT	GB/T 23331—2009	辅助支持		其他	
212.1-16	GB/T 23793—2017	合格供应商信用评价规范	2017-11-1		GB/T 23793—2009	辅助支持		其他	
212.1-17	GB/T 23794—2015	企业信用评价指标	2016-1-1		GB/T 23794—2009	辅助支持		其他	
212.1-18	GB/T 26817—2011	企业信用调查报告格式规范 基本信息报告、普通调查报告、深度调查报告	2011-12-1			辅助支持		其他	
212.1-19	GB/T 29186—2012	品牌价值 要素	2013-3-1			辅助支持		其他	
212.1-20	GB/T 29188—2012	品牌评价 多周期超额收益法	2013-3-1			辅助支持		其他	
212.1-21	GB/T 31863—2015	企业质量信用评价指标	2016-1-1			辅助支持		其他	
212.1-22	GB/T 31867—2015	社会组织信用评价指标	2016-1-1			辅助支持		其他	
212.1-23	GB/T 31870—2015	企业质量信用报告编写指南	2016-1-1			辅助支持		其他	
212.1-24	GB/T 31880—2015	检验检测机构诚信基本要求	2015-11-1			辅助支持		其他	
212.1-25	GB/T 31950—2015	企业诚信管理体系	2016-1-1			辅助支持		其他	
212.1-26	GB/T 31953—2015	企业信用评估报告编制指南	2016-1-1			辅助支持		其他	
212.1-27	GB/T 32019—2015	公共机构能源管理体系实施指南	2016-4-1			辅助支持		其他	
212.1-28	GB/T 32230—2015	企业质量文化建设指南	2016-7-1			辅助支持		其他	
212.1-29	GB/T 32555—2016	城市基础设施管理	2016-11-1			辅助支持		其他	
212.1-30	GB/T 33173—2016	资产管理 管理体系 要求	2017-5-1	ISO 55001: 2014		辅助支持		其他	
212.1-31	GB/T 33174—2016	资产管理 管理体系 GB/T 33173 应用指南	2017-5-1	ISO 55002: 2014		辅助支持		其他	
212.1-32	GB/T 33356—2016	新型智慧城市评价指标	2016-12-13			辅助支持		其他	
212.1-33	GB/T 33456—2016	工业企业供应商管理评价准则	2017-7-1			辅助支持		其他	
212.1-34	GB/T 33718—2017	企业合同信用指标指南	2017-12-1			辅助支持		其他	

体系结构号	标准编号	标 准 名 称	实施日期	与国际标准对应关系	代替标准	阶段	分阶段	专业	分专业
212.1-35	GB/T 35966—2018	高技术服务业服务质量评价指南	2018-9-1			辅助支持		其他	
212.1-36	GB/T 36000—2015	社会责任指南	2016-1-1			辅助支持		其他	
212.1-37	GB/T 36001—2015	社会责任报告编写指南	2016-1-1			辅助支持		其他	
212.1-38	GB/T 36002—2015	社会责任绩效分类指引	2016-1-1			辅助支持		其他	
212.1-39	GB/T 36308—2018	检验检测机构诚信评价规范	2018-10-1			辅助支持		其他	
212.1-40	GB/T 36445—2018	智慧城市 SOA 标准应用指南	2019-1-1			辅助支持		其他	
212.1-41	GB/T 36679—2018	品牌价值评价 自主创新企业	2019-4-1			辅助支持		其他	
212.1-42	GB/T 36689—2018	设施管理交底 一般要求	2019-4-1			辅助支持		其他	
212.1-43	GB/T 36713—2018	能源管理体系 能源基准和能源绩效参数	2019-4-1			辅助支持		其他	
212.1-44	GB/T 36733—2018	服务质量评价通则	2019-4-1			辅助支持		其他	
212.2 支持保障-科技创新									
212.2-1	ZC 0001—2001	专利申请人和专利权人（单位）代码标准	2002-1-1			辅助支持		其他	
212.2-2	ZC 0005—2012	专利公共统计数据项	2012-12-16		ZC 0005.1—2003	辅助支持		其他	
212.2-3	ZC 0006—2003	专利申请号标准	2003-10-1			辅助支持		其他	
212.2-4	ZC 0007—2012	中国专利文献号	2012-12-16		ZC 0007—2004	辅助支持		其他	
212.2-5	ZC 0008—2012	中国专利文献种类标识代码	2012-12-16		ZC 0008—2004	辅助支持		其他	
212.2-6	GB/T 7713.3—2014	科技报告编写规则	2014-11-1		GB/T 7713.3—2009	辅助支持		其他	
212.2-7	GB/T 11822—2008	科学技术档案案卷构成的一般要求	2009-5-1		GB/T 11822—2000	辅助支持		其他	
212.2-8	GB/T 15416—2014	科技报告编号规则	2014-11-1		GB/T 15416—1994	辅助支持		其他	
212.2-9	GB/T 22900—2009	科学技术研究项目评价通则	2009-6-1			辅助支持		其他	
212.2-10	GB/T 23703.7—2014	知识管理 第7部分：知识分类通用要求	2014-11-1			辅助支持		其他	
212.2-11	GB/T 23703.8—2014	知识管理 第8部分：知识管理系统功能构件	2015-2-1			辅助支持		其他	

续表

体系结构号	标准编号	标 准 名 称	实施日期	与国际标准对应关系	代替标准	阶段	分阶段	专业	分专业
212.2-12	GB/T 30522—2014	科技平台元数据标准化基本原则与方法	2014-8-1			辅助支持		其他	
212.2-13	GB/T 30523—2014	科技平台资源核心元数据	2014-8-1			辅助支持		其他	
212.2-14	GB/T 30524—2014	科技平台元数据注册与管理	2014-8-1			辅助支持		其他	
212.2-15	GB/Z 30525—2014	科技平台标准化工作指南	2014-8-1			辅助支持		其他	
212.2-16	GB/T 30534—2014	科技报告保密等级代码与标识	2014-11-1			辅助支持		其他	
212.2-17	GB/T 30535—2014	科技报告元数据规范	2014-11-1			辅助支持		其他	
212.2-18	GB/T 31071—2014	科技平台 一致性测试的原则与方法	2015-6-1			辅助支持		其他	
212.2-19	GB/T 31072—2014	科技平台 统一身份认证	2015-6-1			辅助支持		其他	
212.2-20	GB/T 31073—2014	科技平台 服务核心元数据	2015-6-1			辅助支持		其他	
212.2-21	GB/T 31074—2014	科技平台 数据元设计与管理	2015-6-1			辅助支持		其他	
212.2-22	GB/T 31075—2014	科技平台 通用术语	2015-6-1			辅助支持		其他	
212.2-23	GB/T 31769—2015	创新方法应用能力等级规范	2015-7-1			辅助支持		其他	
212.2-24	GB/T 31779—2015	科技服务产品数据描述规范	2016-2-1			辅助支持		其他	
212.2-25	GB/T 32003—2015	科技查新技术规范	2016-4-1			辅助支持		其他	
212.2-26	GB/T 32089—2015	科学技术研究项目知识产权管理	2016-7-1			辅助支持		其他	
212.2-27	GB/T 32152—2015	科技服务业分类	2016-4-1			辅助支持		其他	
212.2-28	GB/T 32845—2016	科技平台 元数据汇交业务流程	2017-3-1			辅助支持		其他	
212.2-29	GB/T 32846—2016	科技平台 元数据汇交报文格式的设计规则	2017-3-1			辅助支持		其他	
212.2-30	GB/T 33250—2016	科研组织知识产权管理规范	2017-1-1			辅助支持		其他	
212.2-31	GB/T 33268—2016	科技奖励评价分类单元	2017-7-1			辅助支持		其他	
212.2-32	GB/T 33450—2016	科技成果转化为标准指南	2017-7-1			辅助支持		其他	

续表

体系结构号	标准编号	标 准 名 称	实施日期	与国际标准对应关系	代替标准	阶段	分阶段	专业	分专业
212.2-33	GB/T 34061.1—2017	知识管理体系 第1部分：指南	2018-2-1			辅助支持		其他	
212.2-34	GB/T 34061.2—2017	知识管理体系 第2部分：研究开发	2018-2-1			辅助支持		其他	
212.2-35	GB/T 34670—2017	技术转移服务规范	2018-1-1			辅助支持		其他	
212.2-36	GB/T 35397—2017	科技人才元数据元素集	2018-4-1			辅助支持		其他	
212.2-37	GB/T 35559—2017	技术产权交易服务流程规范	2018-7-1			辅助支持		其他	
212.2-38	GB/T 37097—2018	企业创新方法工作规范	2019-7-1			辅助支持		其他	
212.2-39	GB/T 37098—2018	创新方法知识扩散能力等级划分要求	2018-12-28			辅助支持		其他	
212.3 支持保障-教育培训									
212.3-1	Q/CSG 125001—2011	中国南方电网有限责任公司培训基地功能和建设标准	2011-11-3			辅助支持		其他	
212.3-2	T/CEC 193—2018	电力行业无人机巡检作业人员培训考核规范	2019-2-1			辅助支持		其他	
212.3-3	T/CEC 194—2018	电力行业电缆附件安装人员培训考核规范	2019-2-1			辅助支持		其他	
212.3-4	DL/T 675—2014	电力行业无损检测人员资格考核规则	2015-3-1		DL/T 675—1999	辅助支持		其他	
212.3-5	DL/T 679—2012	焊工技术考核规程	2012-3-1		DL/T 679—1999	辅助支持		其他	
212.3-6	DL/T 816—2017	电力行业焊接操作技能教师考核规则	2017-12-1		DL/T 816—2003	辅助支持		其他	
212.3-7	DL/T 931—2017	电力行业理化检验人员考核规程	2017-8-1		DL/T 931—2005	辅助支持		其他	
212.3-8	DL/T 1265—2013	电力行业焊工培训机构基本能力要求	2014-4-1			辅助支持		其他	
212.3-9	DL/T 1377—2014	电力调度员培训仿真技术规范	2015-3-1			辅助支持		其他	
212.3-10	AQ/T 8011—2016	安全培训机构基本条件	2017-3-1			辅助支持		其他	
212.3-11	AQ/T 9008—2012	安全生产应急管理人员培训及考核规范	2013-3-1			辅助支持		其他	
212.3-12	QX/T 406—2017	雷电防护装置检测专业技术人员职业要求	2018-4-1			辅助支持		其他	

体系结构号	标准编号	标 准 名 称	实施日期	与国际标准对应关系	代替标准	阶段	分阶段	专业	分专业
212.3-13	QX/T 407—2017	雷电防护装置检测专业技术人员职业能力评价	2018-4-1			辅助支持		其他	
212.3-14	SB/T 11223—2018	管理培训服务规范	2019-4-1			辅助支持		其他	
212.3-15	SJ/T 11678.1—2017	信息技术 学习、教育和培训 协作技术 协作空间 第1部分：协作空间数据模型	2017-7-1			辅助支持		其他	
212.3-16	SJ/T 11678.2—2017	信息技术 学习、教育和培训 协作技术 协作空间 第2部分：协作环境数据模型	2017-7-1			辅助支持		其他	
212.3-17	SJ/T 11678.3—2017	信息技术 学习、教育和培训 协作技术 协作空间 第3部分：协作组数据模型	2017-7-1			辅助支持		其他	
212.3-18	SJ/T 11679.1—2017	信息技术 学习、教育和培训 协作技术 协作学习通信 第1部分：基于文本的通信	2017-7-1			辅助支持		其他	
212.3-19	GB/T 7713.1—2006	学位论文编写规则	2007-5-1	ISO 7144: 1986	部分替代 GB 7713—1987	辅助支持		其他	
212.3-20	GB/T 9445—2015	无损检测 人员资格鉴定与认证	2016-7-1	ISO 9712: 2012	GB/T 9445—2008	辅助支持		其他	
212.3-21	GB/T 19805—2005	焊接操作工 技能评定	2005-12-1	ISO 14732: 1998，IDT		辅助支持		其他	
212.3-22	GB/T 29811.2—2018	信息技术 学习、教育和培训 学习系统体系结构与服务接口 第2部分：教育管理信息服务接口	2019-1-1			辅助支持		其他	
212.3-23	GB/T 29811.3—2018	信息技术 学习、教育和培训 学习系统体系结构与服务接口 第3部分：资源访问服务接口	2019-1-1			辅助支持		其他	
212.3-24	GB/T 30265—2013	信息技术 学习、教育和培训 学习设计信息模型	2014-7-15			辅助支持		其他	
212.3-25	GB/T 30564—2014	无损检测 无损检测人员培训机构指南	2014-12-1	ISO/TR 25108: 2006		辅助支持		其他	
212.3-26	GB/T 32257—2015	镍及镍合金熔化焊焊工技能评定	2016-7-1	ISO 9606-4: 1999，MOD		辅助支持		其他	

续表

体系结构号	标准编号	标 准 名 称	实施日期	与国际标准对应关系	代替标准	阶段	分阶段	专业	分专业
212.3-27	GB/T 32624—2016	人力资源培训服务规范	2016-11-1			辅助支持		其他	
212.3-28	GB/T 32625—2016	人力资源管理咨询服务规范	2016-11-1			辅助支持		其他	
212.3-29	GB/T 33782—2017	信息技术 学习、教育和培训 教育管理基础代码	2017-12-1			辅助支持		其他	
212.3-30	GB/T 34569—2017	带电作业仿真训练系统	2018-4-1			辅助支持		其他	
212.3-31	GB/T 35298—2017	信息技术 学习、教育和培训 教育管理基础信息	2018-7-1			辅助支持		其他	
212.3-32	GB/T 36095—2018	信息技术 学习、教育和培训 电子书包终端规范	2018-10-1			辅助支持		其他	
212.3-33	GB/T 36096—2018	信息技术 学习、教育和培训 虚拟实验构件服务接口	2018-10-1			辅助支持		其他	
212.3-34	GB/T 36097—2018	信息技术 学习、教育和培训 虚拟实验构件元数据	2018-10-1			辅助支持		其他	
212.3-35	GB/T 36098—2018	信息技术 学习、教育和培训 虚拟实验构件封装	2018-10-1			辅助支持		其他	
212.3-36	GB/T 36234—2018	钛及钛合金、锆及锆合金熔化焊焊工技能评定	2018-12-1			辅助支持		其他	
212.3-37	GB/T 36347—2018	信息技术 学习、教育和培训 学习资源通用包装	2019-1-1			辅助支持		其他	
212.3-38	GB/T 36348—2018	信息技术 学习、教育和培训 虚拟实验 框架	2019-1-1			辅助支持		其他	
212.3-39	GB/T 36349—2018	信息技术 学习、教育和培训 虚拟实验 数据交换	2019-1-1			辅助支持		其他	
212.3-40	GB/T 36350—2018	信息技术 学习、教育和培训 数字化学习资源语义描述	2019-1-1			辅助支持		其他	
212.3-41	GB/T 36351.1—2018	信息技术 学习、教育和培训 教育管理数据元素 第1部分：设计与管理规范	2019-1-1			辅助支持		其他	
212.3-42	GB/T 36351.2—2018	信息技术 学习、教育和培训 教育管理数据元素 第2部分：公共数据元素	2019-1-1			辅助支持		其他	
212.3-43	GB/T 36352—2018	信息技术 学习、教育和培训 教育云服务：框架	2019-1-1			辅助支持		其他	

续表

体系结构号	标准编号	标 准 名 称	实施日期	与国际标准对应关系	代替标准	阶段	分阶段	专业	分专业
212.3-44	GB/T 36366—2018	信息技术 学习、教育和培训 电子学档信息模型规范	2019-1-1			辅助支持		其他	
212.3-45	GB/T 36436—2018	信息技术 学习、教育和培训 简单课程编列 XML 绑定	2019-1-1			辅助支持		其他	
212.3-46	GB/T 36437—2018	信息技术 学习、教育和培训 简单课程编列	2019-1-1			辅助支持		其他	
212.3-47	GB/T 36438—2018	学习设计 XML 绑定规范	2019-1-1			辅助支持		其他	
212.3-48	GB/T 36447—2018	多媒体教学环境设计要求	2019-1-1			辅助支持		其他	
212.3-49	GB/T 36449—2018	电子考场系统通用要求	2019-1-1			辅助支持		其他	
212.3-50	GB/T 36453—2018	信息技术 学习、教育和培训 电子课本信息模型	2019-1-1			辅助支持		其他	
212.3-51	GB/T 36459—2018	信息技术 学习、教育和培训 电子课本内容包装	2019-1-1			辅助支持		其他	
212.3-52	GB/T 36642—2018	信息技术 学习、教育和培训 在线课程	2019-4-1			辅助支持		其他	
212.4 支持保障-档案文献									
212.4-1	DL/T 1363—2014	电网建设项目文件归档与档案整理规范	2015-3-1			辅助支持		其他	
212.4-2	DL/T 1396—2014	水电建设项目文件收集与档案整理规范	2015-3-1			辅助支持		其他	
212.4-3	DL/T 1757—2017	电子数据恢复和销毁技术要求	2018-3-1			辅助支持		其他	
212.4-4	DLGJ 70—1999	电力勘测设计科技档案案卷质量标准	1999-5-1			辅助支持		其他	
212.4-5	DLGJ 86—1996	电力工程勘测设计科技档案分类编号办法	1996-10-1			辅助支持		其他	
212.4-6	DLGJ 105—2000	电力勘测设计科技文件材料立卷归档办法	2001-1-1		DLGJ 105—91	辅助支持		其他	
212.4-7	DLGJ 130—1997	电力工程勘测设计科技档案保管期限划分标准	1997-5-1			辅助支持		其他	
212.4-8	DLGJ 132—1997	电力工程计算机辅助设计成品校审及归档管理规定	1997-10-1			辅助支持		其他	

体系结构号	标准编号	标准名称	实施日期	与国际标准对应关系	代替标准	阶段	分阶段	专业	分专业
212.4-9	NB/T 31021—2012	风力发电企业科技文件归档与整理规范	2012-7-1			辅助支持		其他	
212.4-10	NB/T 35075—2015	水电工程项目编号及产品文件管理规定	2016-3-1			辅助支持		其他	
212.4-11	JGJ 25—2010	档案馆建筑设计规范	2011-2-1		JGJ 25—2000	辅助支持		其他	
212.4-12	JGJ/T 185—2009	建筑工程资料管理规程	2010-7-1			辅助支持		其他	
212.4-13	CJJ/T 187—2012	建设电子档案元数据标准	2013-3-1			辅助支持		其他	
212.4-14	CY/T 160—2017	主题分类词表描述规范	2018-2-1			辅助支持		其他	
212.4-15	HJ/T 295—2006	环境保护档案管理规范 环境监察	2006-12-1			辅助支持		其他	
212.4-16	QX/T 319—2016	防雷装置检测文件归档整理规范	2016-10-1			辅助支持		其他	
212.4-17	DA/T 2—1992	科学技术研究课题档案管理规范	1992-10-20			辅助支持		其他	
212.4-18	DA/T 22—2015	归档文件整理规则	2016-6-1		DA/T 22—2000	辅助支持		其他	
212.4-19	DA/T 28—2018	建设项目档案整理规范	2018-10-1		DA/T 28—2002	辅助支持		其他	
212.4-20	DA/T 31—2017	纸质档案数字化规范	2018-1-1		DA/T 31—2005	辅助支持		其他	
212.4-21	DA/T 42—2009	企业档案工作规范	2010-1-1			辅助支持		其他	
212.4-22	DA/T 48—2009	基于 XML 的电子文件封装规范	2010-6-1			辅助支持		其他	
212.4-23	DA/T 50—2014	数码照片归档与管理规范	2015-8-1			辅助支持		其他	
212.4-24	DA/T 52—2014	档案数字化光盘标识规范	2015-8-1			辅助支持		其他	
212.4-25	DA/T 53—2014	数字档案 COM 和 COLD 技术规范	2015-8-1			辅助支持		其他	
212.4-26	DA/T 54—2014	照片类电子档案元数据方案	2015-8-1			辅助支持		其他	
212.4-27	DA/T 55—2014	特藏档案库基本要求	2015-8-1			辅助支持		其他	
212.4-28	DA/T 56—2014	档案信息系统运行维护规范	2015-8-1			辅助支持		其他	
212.4-29	DA/T 57—2014	档案关系型数据库转换为 XML 文件的技术规范	2015-8-1			辅助支持		其他	
212.4-30	DA/T 62—2017	录音录像档案数字化规范	2018-1-1			辅助支持		其他	
212.4-31	DA/T 63—2017	录音录像类电子档案元数据方案	2018-1-1			辅助支持		其他	

续表

体系结构号	标准编号	标 准 名 称	实施日期	与国际标准对应关系	代替标准	阶段	分阶段	专业	分专业
212.4-32	DA/T 64.1—2017	纸质档案抢救与修复规范 第1部分：破损等级的划分	2018-1-1			辅助支持		其他	
212.4-33	DA/T 64.2—2017	纸质档案抢救与修复规范 第2部分：档案保存状况的调查方法	2018-1-1			辅助支持		其他	
212.4-34	DA/T 64.3—2017	纸质档案抢救与修复规范 第3部分：修复质量要求	2018-1-1			辅助支持		其他	
212.4-35	DA/T 65—2017	档案密集架智能管理系统技术要求	2018-1-1			辅助支持		其他	
212.4-36	DA/T 67—2017	档案保管外包服务管理规范	2018-1-1			辅助支持		其他	
212.4-37	DA/T 68—2017	档案服务外包工作规范	2018-1-1			辅助支持		其他	
212.4-38	DA/T 69—2018	纸质归档文件装订规范	2018-10-1			辅助支持		其他	
212.4-39	DA/T 70—2018	文书类电子档案检测一般要求	2018-10-1			辅助支持		其他	
212.4-40	DA/T 71—2018	纸质档案缩微数字一体化技术规范	2018-10-1			辅助支持		其他	
212.4-41	DA/Z 64.4—2018	纸质档案抢救与修复规范 第4部分：修复操作指南	2018-10-1			辅助支持		其他	
212.4-42	WH/T 71—2015	图书馆参考咨询服务规范	2015-8-1			辅助支持		其他	
212.4-43	WH/T 72—2015	图书馆数字资源长期保存信息包封装规范	2015-8-1			辅助支持		其他	
212.4-44	GB/T 7713—1987	科学技术报告、学位论文和学术论文的编写格式	1988-1-1		GB/T 7713.1—2006 部分；GB/T 7713.3—2009 部分	辅助支持		其他	
212.4-45	GB/T 7714—2015	信息与文献　参考文献著录规则	2015-12-1		GB/T 7714—2005	辅助支持		其他	
212.4-46	GB/T 9704—2012	党政机关公文格式	2012-7-1		GB/T 9704—1999	辅助支持		其他	
212.4-47	GB/T 9705—2008	文书档案案卷格式	2009-5-1		GB/T 9705—1988	辅助支持		其他	
212.4-48	GB/T 11821—2002	照片档案管理规范	2003-5-1		GB/T 11821—1989	辅助支持		其他	
212.4-49	GB/T 13190.1—2015	信息与文献　叙词表及与其他词表的互操作　第1部分：用于信息检索的叙词表	2015-12-1		GB/T 13190—1991；GB/T 15417—1994	辅助支持		其他	

续表

体系结构号	标准编号	标 准 名 称	实施日期	与国际标准对应关系	代替标准	阶段	分阶段	专业	分专业
212.4-50	GB/T 13190.2—2018	信息与文献 叙词表及与其他词表的互操作 第2部分：与其他词表的互操作	2019-1-1			辅助支持		其他	
212.4-51	GB/T 15418—2009	档案分类标引规则	2010-2-1		GB/T 15418—1994	辅助支持		其他	
212.4-52	GB/T 17678.1—1999	CAD电子文件光盘存储、归档与档案管理要求 第一部分：电子文件归档与档案管理	1999-10-1			辅助支持		其他	
212.4-53	GB/T 17678.2—1999	CAD电子文件光盘存储、归档与档案管理要求 第二部分：光盘信息组织结构	1999-10-1			辅助支持		其他	
212.4-54	GB/T 18894—2016	电子文件归档与电子档案管理规范	2017-3-1		GB/T 18894—2002	辅助支持		其他	
212.4-55	GB/T 29194—2012	电子文件管理系统通用功能要求	2013-6-1			辅助支持		其他	
212.4-56	GB/T 30541—2014	文献管理 电子内容/文档管理（CDM）数据交换格式	2014-11-1	ISO 22938: 2008		辅助支持		其他	
212.4-57	GB/T 31913—2015	文书类电子文件形成办理系统通用功能要求	2016-5-1			辅助支持		其他	
212.4-58	GB/T 31914—2015	电子文件管理系统建设指南	2016-5-1			辅助支持		其他	
212.4-59	GB/T 31952—2015	企业信用档案信息规范	2016-1-1			辅助支持		其他	
212.4-60	GB/Z 32002—2015	信息与文献 文件管理工作过程分析	2016-4-1	ISO/TR 26122: 2008		辅助支持		其他	
212.4-61	GB/T 32004—2015	信息与文献 纸张上书写、打印和复印字迹的耐久和耐用性 要求与测试方法	2016-4-1			辅助支持		其他	
212.4-62	GB/T 32010.1—2015	文献管理 可移植文档格式 第1部分：PDF 1.7	2016-4-1	ISO 32000-1: 2008		辅助支持		其他	
212.4-63	GB/T 32153—2015	文献分类标引规则	2016-7-1			辅助支持		其他	
212.4-64	GB/T 32623—2016	流动人员人事档案管理服务规范	2016-11-1			辅助支持		其他	
212.4-65	GB/T 33189—2016	电子文件管理装备规范	2017-5-1			辅助支持		其他	
212.4-66	GB/T 33190—2016	电子文件存储与交换格式版式文档	2017-5-1			辅助支持		其他	

续表

体系结构号	标准编号	标 准 名 称	实施日期	与国际标准对应关系	代替标准	阶段	分阶段	专业	分专业
212.4-67	GB/T 33870—2017	干部人事档案数字化技术规范	2017-7-1			辅助支持		其他	
212.4-68	GB/T 34112—2017	信息与文献　文件管理体系　要求	2017-11-1	ISO 30300: 2011		辅助支持		其他	
212.4-69	GB/T 34840.2—2017	信息与文献　电子办公环境中文件管理原则与功能要求　第 2 部分：数字文件管理系统指南与功能要求	2018-4-1	ISO 16175-2: 2011		辅助支持		其他	
212.4-70	GB/T 34840.3—2017	信息与文献　电子办公环境中文件管理原则与功能要求　第 3 部分：业务系统中文件管理指南与功能要求	2018-4-1	ISO 16175-3: 2010		辅助支持		其他	
212.4-71	GB/T 35430—2017	信息与文献　期刊描述型元数据元素集	2018-4-1			辅助支持		其他	
212.4-72	GB/T 36067—2018	信息与文献　引文数据库数据加工规则	2018-10-1			辅助支持		其他	
212.4-73	GB/T 36068—2018	中国机读馆藏格式	2018-10-1			辅助支持		其他	
212.4-74	GB/T 36294—2018	抽水蓄能发电企业档案分类导则	2019-1-1			辅助支持		其他	
212.4-75	GB/T 36303—2018	印刷数字水印	2018-10-1			辅助支持		其他	
212.4-76	GB/T 36369—2018	信息与文献　数字对象唯一标识符系统	2019-1-1			辅助支持		其他	
212.4-77	GB/T 36560—2018	电子电气产品有害物质限制使用符合性证明技术文档规范	2019-2-1			辅助支持		其他	
212.4-78	GB/T 37003.1—2018	文献管理　采用 PDF 的工程文档格式　第 1 部分：PDF1.6（PDF/E-1）的使用	2019-7-1			辅助支持		其他	
212.4-79	ISO 9707—2008	信息和文献　图书、报纸、期刊和电子出版物的出版和发行统计	2008-5-1	BS ISO 9707—2008，IDT	ISO 9707—1991	辅助支持		其他	
212.5　支持保障-其他									
212.5-1	Q/CSG 1205011—2017	变电站照明应用技术规范	2017-2-1			辅助支持		其他	
212.5-2	DL/T 1071—2014	电力大件运输规范	2014-8-1		DL/T 1071—2007	辅助支持		其他	

续表

体系结构号	标准编号	标准名称	实施日期	与国际标准对应关系	代替标准	阶段	分阶段	专业	分专业
212.5-3	DL/T 5390—2014	发电厂和变电站照明设计技术规定	2015-3-1		DL/T 5390—2007	辅助支持		其他	
212.5-4	SL 641—2014	水利水电工程照明系统设计规范	2014-6-19			辅助支持		其他	
212.5-5	SJ/T 11580—2016	普通照明用 LED 模块（LED 部件）接口规则	2016-6-1			辅助支持		其他	
212.5-6	CJJ/T 227—2014	城市照明自动控制系统技术规范	2015-5-1			辅助支持		其他	
212.5-7	JG/T 467—2014	建筑室内用发光二极管（LED）照明灯具	2015-5-1			辅助支持		其他	
212.5-8	QB/T 4847—2015	LED 平板灯具	2016-3-1			辅助支持		其他	
212.5-9	GB/T 2978—2014	轿车轮胎规格、尺寸、气压与负荷	2015-10-1		GB/T 2978—2008	辅助支持		其他	
212.5-10	GB/T 2981—2014	工业车辆充气轮胎技术条件	2015-10-1		GB/T 2981—2001	辅助支持		其他	
212.5-11	GB/T 2982—2014	工业车辆充气轮胎规格、尺寸、气压与负荷	2015-10-1		GB/T 2982—2001	辅助支持		其他	
212.5-12	GB 7000.1—2015	灯具　第 1 部分：一般要求与试验	2017-1-1	IEC 60598-1: 2004	GB 7000.1—2007	辅助支持		其他	
212.5-13	GB 7000.204—2008	灯具　第 2-4 部分：特殊要求　可移式通用灯具	2010-2-1	IEC 60598-2-4: 1997	GB 7000.11—1999	辅助支持		其他	
212.5-14	GB/T 18595—2014	一般照明用设备电磁兼容抗扰度要求	2015-6-1	IEC 61547: 2009	GB/T 18595—2001	辅助支持		其他	
212.5-15	GB/T 24908—2014	普通照明用非定向自镇流 LED 灯　性能要求	2015-8-1	IEC 62612: 2009，NEQ	GB/T 24908—2010	辅助支持		其他	
212.5-16	GB/T 29456—2012	能源管理体系　实施指南	2013-10-1			辅助支持		其他	
212.5-17	GB/T 30513—2014	乘用车爆胎监测及控制系统技术要求和试验方法	2014-6-1			辅助支持		其他	
212.5-18	GB/T 31232.1—2018	电子商务统计指标体系　第 1 部分：总体	2018-10-1			辅助支持		其他	
212.5-19	GB 31276—2014	普通照明用卤钨灯能效限定值及节能评价值	2015-9-1			辅助支持		其他	
212.5-20	GB/T 31524—2015	电子商务平台运营与技术规范	2015-12-1			辅助支持		其他	

续表

体系结构号	标准编号	标 准 名 称	实施日期	与国际标准对应关系	代替标准	阶段	分阶段	专业	分专业
212.5-21	GB/T 31526—2015	电子商务平台服务质量评价与等级划分	2015-12-1			辅助支持		其他	
212.5-22	GB/T 31782—2015	电子商务可信交易要求	2016-2-1			辅助支持		其他	
212.5-23	GB/T 31831—2015	LED 室内照明应用技术要求	2016-1-1			辅助支持		其他	
212.5-24	GB/T 31832—2015	LED 城市道路照明应用技术要求	2016-1-1			辅助支持		其他	
212.5-25	GB/T 31897.1—2015	灯具性能 第 1 部分：一般要求	2016-4-1	IEC 62722-1: 2014		辅助支持		其他	
212.5-26	GB/T 31897.201—2016	灯具性能 第 2-1 部分：LED 灯具特殊要求	2016-9-1	IEC 62722-1: 2014		辅助支持		其他	
212.5-27	GB/T 32481—2016	隧道照明用 LED 灯具性能要求	2016-9-1			辅助支持		其他	
212.5-28	GB/T 32482.1—2016	LED 分选 第 1 部分：一般要求和白光栅格	2016-9-1	IEC 62707-1: 2013		辅助支持		其他	
212.5-29	GB/T 32866—2016	电子商务产品质量信息规范通则	2016-12-1			辅助支持		其他	
212.5-30	GB/T 32873—2016	电子商务主体基本信息规范	2017-3-1			辅助支持		其他	
212.5-31	GB/T 33992—2017	电子商务产品质量信息规范	2018-2-1			辅助支持		其他	
212.5-32	GB/T 34051—2017	电子商务商品口碑指数评测规范	2018-2-1			辅助支持		其他	
212.5-33	GB/T 34446—2017	固定式通用 LED 灯具性能要求	2018-5-1			辅助支持		其他	
212.5-34	GB/T 34452—2017	可移式通用 LED 灯具性能要求	2018-5-1			辅助支持		其他	
212.5-35	GB/T 36061—2018	电子商务交易产品可追溯性通用规范	2018-10-1			辅助支持		其他	
212.5-36	GB/T 36298—2018	电子合同订立流程规范	2018-10-1			辅助支持		其他	
212.5-37	GB/T 36302—2018	电子商务信用 自营型网络零售平台信用管理体系要求	2018-10-1			辅助支持		其他	
212.5-38	GB/T 36304—2018	电子商务信用 第三方网络零售平台信用管理体系要求	2018-10-1			辅助支持		其他	

续表

体系结构号	标准编号	标准名称	实施日期	与国际标准对应关系	代替标准	阶段	分阶段	专业	分专业
212.5-39	GB/T 36310—2018	电子商务模式规范	2018-10-1			辅助支持		其他	
212.5-40	GB/T 36311—2018	电子商务管理体系　要求	2018-10-1			辅助支持		其他	
212.5-41	GB/T 36312—2018	电子商务第三方平台企业信用评价规范	2018-10-1			辅助支持		其他	
212.5-42	GB/T 36313—2018	电子商务供应商评价准则　优质服务商	2018-10-1			辅助支持		其他	
212.5-43	GB/T 36314—2018	电子商务企业信用档案信息规范	2018-10-1			辅助支持		其他	
212.5-44	GB/T 36315—2018	电子商务供应商评价准则　在线销售商	2018-10-1			辅助支持		其他	
212.5-45	GB/T 36316—2018	电子商务平台数据开放　第三方软件提供商评价准则	2018-10-1			辅助支持		其他	
212.5-46	GB/T 36318—2018	电子商务平台数据开放　总体要求	2018-10-1			辅助支持		其他	
212.5-47	GB/T 36319—2018	电子合同基础信息描述规范	2018-10-1			辅助支持		其他	
212.5-48	GB/T 36320—2018	第三方电子合同服务平台功能建设规范	2018-10-1			辅助支持		其他	
212.5-49	GB 50034—2013	建筑照明设计标准	2014-6-1		GB 50034—2004	辅助支持		其他	
212.5-50	GB 50617—2010	建筑电气照明装置施工与验收规范	2011-6-1			辅助支持		其他	
212.5-51	ANSI UL 153 A—2012	便携式电气照明设备的安全性标准			ANSI UL 153 A— 2004	辅助支持		其他